Die Bildprägung auf dem Umschlag stellt die älteste Eisenbahnlokomotive dar, die je gebaut worden ist. Diese wurde 1804 von Trevithick geschaffen und diente für kurze Zeit auf der Merthyr-Tidvil-Bahn in Südwales zur Roheisen-Beförderung. Sie vermochte mehrere mit insgesamt 10000 kg Eisen belastete Wagen zu ziehen. (Nach Troske: „Allgemeine Eisenbahnkunde")

20000
SCHRIFTQUELLEN
ZUR EISENBAHNKUNDE

1941

Springer-Verlag Berlin Heidelberg GmbH

ISBN 978-3-662-37059-9   ISBN 978-3-662-37758-1 (eBook)
DOI 10.1007/978-3-662-37758-1

Copyright 1941 by Springer-Verlag Berlin Heidelberg
Ursprünglich erschienen bei Henschel & Sohn GmbH, Kassel (Germany) 1941
Softcover reprint of the hardcover 1st edition 1941

Unsere Sammlung führt über zwanzigtausend Veröffentlichungen aus dem Gebiet des Eisenbahnwesens an, die in Zeitschriften, Broschüren und Buchwerken verstreut zu finden sind. Sie ermöglicht die Aufschließung und ständige Verwertung einer großen Zahl von Schriftquellen, die oftmals in Ermangelung von Notizen oder Hinweisen als „verschüttet" gelten mußten.

Die Schriftquellen sind unter dem Gesichtswinkel des Lokomotivingenieurs betrachtet und in ihrer Anordnung dementsprechend eingereiht. So stehen ganz selbstverständlich die Lokomotive und der Triebwagen im Vordergrund. Ihnen schließen sich die Gebiete des Eisenbahnwesens an, die den Lokomotiv-Fachmann interessieren müssen, weil sie oft in sein ureigenes Gebiet übergreifen. Es folgen dann diejenigen, deren Kenntnis ihm angenehm und oft auch nützlich sein kann. Aus dieser Zielsetzung erklärt sich die zuweilen unterschiedliche Behandlung der einzelnen Abschnitte. Zu einigen von ihnen konnte nur der Anfang einer Quellensammlung gemacht werden. Sie wurden trotz dieses Mangels in das Verzeichnis aufgenommen, da sie die Übersicht nicht stören und zudem hin und wieder von Nutzen sein werden.

Wenn auch diese oder jene Schriftquelle nicht erfaßt werden konnte, so erfüllt die Sammlung doch in hohem Maße den Zweck, für den weitaus größten Teil der praktisch auftretenden einschlägigen Fragen mühelos und schnell eine reiche Menge literarischer Unterlagen nachzuweisen. Sie kommt damit den Forderungen der Praxis entgegen. Die Reichhaltigkeit des bearbeiteten Schrifttums dürfte unsere Quellensammlung zu einem den Eisenbahnfachleuten weitester Kreise willkommenen Nachschlagewerk werden lassen.

Die Sammlung wurde im November 1940 abgeschlossen.

Kassel, im Januar 1941

HENSCHEL & SOHN GMBH

DAS HAUS HENSCHEL

Die Familie Henschel läßt sich bis ins 15. Jahrhundert zurück verfolgen. Sie gehört zu den ältesten Industriellenfamilien Deutschlands und blickt auf eine ehrenvolle und festverwurzelte Tradition zurück, denn ihre technische Betätigung führt in ununterbrochener Linie bis zum Jahre 1608. Durch mehr als drei Jahrhunderte ist innerhalb der Familie Henschel die Metallgießerei in ununterbrochener Folge nachzuweisen. Der erste Vertreter dieses ehrsamen Handwerks war ein Johannes Henschel, der in Mainz von 1614 an eine Geschütz- und Stückgießerei sowie den Glockenguß betrieb.

Als Gründungszeit der Henschel-Werke in Kassel hat der Spätsommer 1810 zu gelten. Damals, als die Heere Napoleons die deutschen Lande besetzt hielten, geschah es, daß der französische Kommandant Kassels den kurfürstlich-hessischen Stückgießer Georg Christian Carl Henschel seines Amtes enthob, worauf dieser mit mutigem Entschluß auf eigenem Grund eine eigene Gießerei mit einer kleinen Maschinenfabrik errichtete. Seither haben weitere fünf Generationen der Familie an der Spitze des Unternehmens gestanden. 1830 nahm die Firma den Namen Henschel & Sohn an.

Die Kunst des Metallgießens wurde der Ausgangspunkt für mannigfaltige Verarbeitung von Metallen. Es gab im Laufe des letzten Jahrhunderts kaum ein Gebiet des Maschinenbaues, des Gießereiwesens und des Eisenhochbaues, welches die Henschels nicht nach und nach in den Bereich ihres Wirkens einbezogen hätten.

Die Grundlage bildeten in älterer Zeit der Geschützguß, der Glockenguß und der Kunstguß. Mit der Zeit trat der Maschinenbau in den Vordergrund. Entscheidend aber war um die Mitte des 19. Jahrhunderts die Aufnahme des Lokomotivbaues. Im

Jahre 1848 wurde die erste Lokomotive, der „Drache", an die von der Landeshauptstadt Kassel südwärts bis Gerstungen, nach Norden bis Karlshafen und Haueda führende Hessische Friedrich-Wilhelms-Nordbahn geliefert.

Heute umfaßt der Wirkungsbereich der Henschelschen Unternehmen die Fertigung von Lokomotiven, schweren Kraftfahrzeugen, Straßenbaumaschinen sowie von Flugzeugen und Flugmotoren.

Der Weltruf des Namens Henschel gründet sich in erster Linie auf den Lokomotivbau. Henschel-Lokomotiven laufen in fast allen Ländern der Erde. Die Henschel-Werke sind mit nahezu einem Drittel ihrer Gesamterzeugung an der deutschen Ausfuhr beteiligt.

In Erkenntnis der vorwärtsstrebenden Entwicklung im Verkehr mit Motor-Straßenfahrzeugen wurde dem Lokomotivbau im Jahre 1925 der Bau von Lastkraftwagen angegliedert. Die Henschel-Kraftwagen haben sich gut und schnell eingeführt. Etwa zur gleichen Zeit wurde die Fertigung von Straßenbaumaschinen aufgenommen, als deren gewichtigste Vertreter heute die Dampf- und die Motorwalzen anzusehen sind. So ist die Firma Henschel & Sohn auch mit dem Werk der deutschen Reichsautobahnen in mehrfacher Hinsicht eng verbunden.

Für den Flugzeugbau hat der Henschel-Konzern 1935 ein eigenes Flugzeugwerk in Schönefeld bei Berlin errichtet, während Flugmotoren im Werk Altenbauna bei Kassel hergestellt werden. Um auf dem Rohstoffgebiet eine gewisse Unabhängigkeit zu gewinnen, sind dem Konzern mehrere Braunkohlengruben und Ziegelwerke angegliedert, deren Erzeugnisse vornehmlich für die Zwecke des Kasseler Stammwerkes Verwendung finden. Alle Henschel-Erzeugnisse nützen in erster Linie dem Verkehr, daher der Wahlspruch der Henschel-Werke

„Für die Schiene — Für die Straße — Für die Luft"

EINIGE ZAHLEN
AUS DEM HENSCHEL-LOKOMOTIVBAU

Über 25 000 Lokomotiven

gingen bisher aus den Henschel-Werkstätten hervor.

Von diesen wurde abgeliefert:

Fabrik-Nummer	im Jahre	Fabrik-Nummer	im Jahre
1	1848	12 000	1913
100	1865	13 000	1914
500	1873	14 000	1916
1 000	1879	15 000	1917
2 000	1885	16 000	1918
3 000	1890	17 000	1919
4 000	1894	18 000	1920
5 000	1899	19 000	1922
6 000	1902	20 000	1923
7 000	1905	21 000	1928
8 000	1907	22 000	1933
9 000	1909	23 000	1936
10 000	1910	24 000	1939
11 000	1911	25 000	1941

Über 18 000 Henschel-Lokomotiven

sind für das Inland bestimmt gewesen, und zwar (bis Mitte 1940)

11500 für die Deutsche Reichsbahn und die früheren Länderbahnen

6000 für deutsche Privatbahnen, Industriewerke und Bauunternehmungen

Über 7500 Henschel-Lokomotiven

sind für das Ausland geliefert worden, darunter (bis Mitte 1940)

1104 für Italien und Kolonien
572 für Britisch-Indien
526 für Frankreich und Kolonien
498 für Holland und Kolonien
469 für Südafrika einschließlich
    der deutschen Kolonien
443 für Argentinien
400 für die ehemalige Österreichisch-
    Ungarische Monarchie
395 für Spanien und Kolonien
357 für Rumänien
320 für Rußland
301 für die Türkei
230 für Portugal und Kolonien
221 für Chile
213 für Brasilien
208 für Dänemark
172 für Jugoslawien
156 für Japan
128 für China
123 für Ägypten
 99 für Bulgarien
 89 für Ungarn (seit 1919)
 67 für das ehemalige Lettland
 48 für die ehemalige Tschechoslowakei
 42 für die Philippinen
 32 für Iran
 28 für Thailand (Siam)
 25 für Cuba

Henschels Erstlieferungen für das Ausland

1857 Holland	1901 Frankreich
1876 Italien	1901 Ägypten
1878 Rumänien	1903 Spanien
1878 Portugal	1904 Japan
1879 Dänemark	1908 Bulgarien
1883 Österreich	1909 Brasilien
1884 Rußland	1909 Thailand (Siam)
1886 Argentinien	1912 Kuba
1886 China	1913 Britisch-Indien
1886 Serbien	1921 Südafrika
1888 Chile	1922 Philippinen
1892 Luxemburg	1926 ehem. Lettland
1895 Türkei	1938 Iran

Henschel erbaute

1848 seine erste Lokomotive, die 2 B-Personenzug-Lokomotive «Drache» für die Hessische Friedrich-Wilhelms-Nordbahn

1861 die erste Werklokomotive Europas — eine regelspurige B-Tenderlokomotive für den Hörder Verein

1878 die erste Straßenbahn-Lokomotive Europas — eine schmalspurige B-Lokomotive für Portugal

1882 die erste deutsche Verbund-Güterzug-Lokomotive, spätere Gattung G 4 der Kgl. Preußischen Staatsbahnen

1892 die erste betriebstüchtige Schneeschleuder-Maschine Europas, bestimmt für die Direktion Hannover der Kgl. Preußischen Staatsbahnen

11

1896 die kräftigste deutsche Tender-Lokomotive ihrer Zeit, Gattung T 15 (Bauart Hagans) der Kgl. Preußischen Staatsbahnen

1898 eine der beiden ersten Schmidt-Heißdampf-Lokomotiven der Welt, Gattung P 4^1 der Kgl. Preußischen Staatsbahnen

1900 die erste Schmidt-Heißdampf-Tender-Lokomotive der Welt, Gattung T 5^1 der Kgl. Preußischen Staatsbahnen (Berliner Stadtbahn)

1904 die 2 B 2 - Schnellbahn-Lokomotive der Kgl. Preußischen Staatsbahnen

1904 die 2 C 2 - Gebirgs-Schnellzug-Tender-Lokomotive der Kgl. Preußischen Staatsbahnen, die leistungsfähigste deutsche Tender-Lokomotive ihrer Zeit

1911 die „Kampf"-Lokomotive der Berliner Stadtbahn, Gattung T 14 der Kgl. Preußischen Staatsbahnen

1917 die erste deutsche Einheits-Lokomotive, Gattung G 12

1925 die erste Einheits-Lokomotive der Deutschen Reichsbahn, eine 2 C 1 - Heißdampf - Vierzylinder - Verbund - Schnellzug-Lokomotive der Reihe 02

1925 die erste Hochdruck-Lokomotive der Welt — die 2 C - Dreizylinder - Verbund - Schnellzug - Lokomotive H 17 206 der Deutschen Reichsbahn

1926 die erste Lokomotive der Welt, die mit Abdampfturbinen-Triebtender ausgerüstet ist — die 2 C - Heißdampf-Zwilling-Personenzug-Lokomotive T 38 3255 mit 1 B 2 - Triebtender der Deutschen Reichsbahn

1927 die einzigen außerenglischen „Modified Fairlie"-Lokomotiven, bestimmt für die Südafrikanischen Staatsbahnen

1928 die ersten Kohlenstaubfeuerungs-Lokomotiven der Bauart „Stug", Gattung G 12 der Deutschen Reichsbahn

1931 die erste Henschel-Kondenslokomotive (Kolben-Dampfloko-
motive mit Dampfniederschlag und Rückgewinnung des
Speisewassers), bestimmt für die Argentinischen Staatsbahnen

1932 die erste Reichsbahn-Motorlokomotive mit elektrischer
Kraftübertragung, eine benzin - elektrische Verschiebe-
Kleinlokomotive

1933 den ersten Schnell-Triebwagen mit Hochdruck-Dampf-
anlage und selbsttätiger Kesselregelung, bestimmt für die
Lübeck-Büchener Eisenbahn-Gesellschaft

1933 die erste elektrische Schnellzug-Lokomotive für 130 km/h
Höchstgeschwindigkeit mit Einzelachs-Antrieb durch Tatzen-
lager-Motoren, Reihe E 05 der Deutschen Reichsbahn.
Elektrischer Teil: SSW, Berlin

1934 das erste Motor-Triebwagen-Gestell mit über 400 PS-
Leistung und Flüssigkeits-Getriebe, bestimmt für die Südafrikanischen Staatsbahnen

1935 die erste Stromlinien-Lokomotive (Reihe 61) für den ersten
geschlossenen Schnellbahn-Dampfzug der Deutschen Reichsbahn

1935 die schwerste und leistungsfähigste elektrische deutsche
Abraum - Lokomotive ihrer Zeit für 900 mm Spur, eine
75 t-Lokomotive für die Riebeckschen Montanwerke AG,
Grube von der Heydt

1935 die Stromlinien-Tender-Lokomotive für den Lübeck-Büche-
ner-Doppeldeck-Stromlinienzug, den ersten deutschen
Dampfzug für Zug- und Schiebebetrieb

1938 die leistungsfähigste Motor-Lokomotive der Welt: Dieselelektrische 4 400 PS - Schnellzug-Lokomotive der Rumänischen Staatsbahnen. — Dieselmotoren: Gebr. Sulzer AG,
Winterthur — Elektrischer Teil: BBC, Baden (Schweiz)

1939 die schwerste und leistungsfähigste Dampf-Abraum-Loko-
motive der Welt für 900 mm Spur: 450 PS-Gelenklokomo-
tive Bauart Henschel für die Grube Phönix der Aktiengesellschaft für Braunkohlenverwertung, Mumsdorf/Thür.

1939 die schwerste und zugkräftigste deutsche elektrische Lokomotive: 150 t-Lokomotive mit 25 t Achsdruck der Riebeckschen Montanwerke AG, Otto-Scharf-Grube. Elektrischer
Teil: SSW, Berlin

1939 die elektrische 6 500 PS - Schnellbahn-Lokomotive Reihe
E 19 der Deutschen Reichsbahn. Elektrischer Teil: SSW,
Berlin

1939 die schwerste Schnellzug-Tender-Lokomotive der Welt, die
2 C 3-Drilling-Stromlinienlokomotive 61002 der Deutschen
Reichsbahn

1941 die erste deutsche Dampflokomotive mit Einzelachs-Antrieb, die 1 Do 1 - Stromlinienlokomotive 19 1001 der Deutschen Reichsbahn

SCHRIFTQUELLEN

HINWEISE

(Inhaltsübersicht am Schluß des Buches)

I. Anordnung der Schriftquellen

a) Die Schriftquellen sind jeweils nach ihrem Inhalt unter einzelnen Abschnitts-Überschriften (Leitworten) zusammengefaßt, die ihrerseits nach sachlichen Gesichtspunkten festgelegt und in möglichst folgerichtiger Reihenfolge aufgestellt wurden. Einen Überblick über die Leitworte und damit die Gliederung der Sammlung bietet das am Schluß des Werkes befindliche Inhaltsverzeichnis.

b) Innerhalb des gleichen Abschnittes sind die Schriftquellen nach dem Jahr der Veröffentlichung, innerhalb desselben Jahres nach dem Anfangsbuchstaben des Verfassers geordnet; anonyme Veröffentlichungen stehen am Schluß des betreffenden Jahres. — Die Anordnung der Schriftquellen nach dem Veröffentlichungsjahr gibt die Möglichkeit, sich innerhalb eines Abschnittes bis zu einem beliebigen Zeitpunkt eine schnelle Übersicht zu verschaffen. Diese Übersicht wird dadurch erhöht, daß die einzelnen Jahreszahlen jeweils v o r der ersten Schriftquelle des Veröffentlichungsjahres wiederholt sind.

c) Die einzelne Veröffentlichung ist grundsätzlich gekennzeichnet durch Verfasser, Titel, Zeitschrift oder Buchverlag, Jahreszahl und Seitenzahl. Heft- oder Bandnummern wurden nur in vereinzelten Fällen angeführt.

d) Jede einzelne Schriftquelle ist entsprechend ihrem Inhalt einem bestimmten Leitwort zugeteilt. In vielen Fällen mußte die betreffende Schriftquelle wiederholt unter verschiedenen Abschnitten aufgeführt werden, da ihr Inhalt verschiedenartige Kennzeichnungen erlaubt.

e) Dem Inhalt nach wesensgleiche Veröffentlichungen, die unter verschiedenen Titeln an verschiedenen Orten erschienen sind, wurden — soweit irgend angängig — unter e i n e m Titel zusammengefaßt.

f) Die Titel der Veröffentlichungen wurden nach Möglichkeit wortgetreu übernommen. Vielfach sind sie durch Zusätze ergänzt worden, die den Inhalt der Veröffentlichung genauer kennzeichnen (beispielsweise durch die Achsanordnung der betreffenden Lokomotive), in anderen Fällen hingegen wurden unnötige Worte weggelassen.

g) Die Quellensammlung wird ergänzt durch ein Verfasser-Verzeichnis und ein ausführlich gehaltenes Stichwort-Verzeichnis. Es führen also drei verschiedene Wege zu der gesuchten Schriftquelle. — Das 'Verfasser-Verzeichnis beschränkt sich auf die Angabe der Familiennamen. Es wurde darauf verzichtet, die Verfasser gleichen Familiennamens nach den verschiedenen Vornamen oder Standesbezeichnungen zu unterteilen.

2. Zeichenerklärung

a) Z e i c h e n * : Buchveröffentlichungen sind durch einen vor den Titel gesetzten Stern (*) gegenüber den Zeitschriften-Aufsätzen hervorgehoben.

Beispiel: * *Garbe: „Die zeitgemäße Heißdampflokomotive",*
Verlag Springer, Berlin 1924

Wird aus einer Buchveröffentlichung ein Teilaufsatz herausgegriffen, die Buchveröffentlichung also nicht als Ganzes angeführt, so erscheint der Aufsatztitel mit vorgesetztem * versehen und ergänzt durch Buchtitel, Verlag, Erscheinungsort, Erscheinungsjahr und Seitenzahl.

Beispiel: * *Matschoß: „100 Jahre deutsche Eisenbahn",*
Technik-Geschichte Bd. 24, VDI-Verlag, Berlin 1935, S.1

b) Z e i c h e n — : Eine Anzahl der aufgeführten Schriftquellen ist „fremden" Gebieten entnommen. Diese Veröffentlichungen wurden berücksichtigt, weil ihr Inhalt bei sinngemäßer Übertragung auf das Gebiet des Eisenbahnwesens auch im Rahmen unserer Quellensammlung von Bedeutung sein kann. Derartige Schriftquellen sind durch einen vorgesetzten Strich (—) gekennzeichnet.

Beispiel: — *Thiemann: „Neuere Fahrzeug-Dieselmotoren",*
ATZ 1937, S. 512

c) Z e i c h e n = : Durch einen vorgesetzten Doppelstrich (=) sind Veröffentlichungen gekennzeichnet, deren Inhalt zum Teil auch das Gebiet des Eisenbahnwesens betrifft, obwohl dies aus dem Titel der Veröffentlichung nicht ohne weiteres hervorgeht.

Beispiel für eine derartige Buchveröffentlichung:
=* *Baumann: „Deutsches Verkehrshandbuch",*
Deutsche Verlagsges. m. b. H., Berlin 1931

3. Inhaltsübersicht, Erklärung der Abkürzungen und einige Druckfehler-Berichtigungen befinden sich am Schluß des Buches.

DAS EISENBAHNWESEN

Allgemein

1893   * Zezula: „Im Bereich der Schmalspur", Verlag Spindler u. Löschner, Serajevo 1893

1894   Blum: „Fortschritte der Technik des deutschen Eisenbahnwesens in den letzten Jahren", Organ 1894, S. 255

1897   * Blum, v. Borries, Barkhausen: „Der Eisenbahnbau der Gegenwart", Kreidels Verlag, Wiesbaden 1897

         * Loewe u. Zimmermann: „Der Eisenbahnbau", Verlag Wilh. Engelmann, verschiedene Bände, Leipzig 1897/1902

1898   *„Geschichte der Eisenbahnen der Oesterr.-Ungarischen Monarchie", 4 Bde., Verlag Karl Prochaska, Wien-Teschen-Leipzig 1898-1899

1907   * Biedermann: „Die technische Entwicklung der Eisenbahnen der Gegenwart", Verlag Teubner, Leipzig 1907 (Sammlung «Aus Natur und Geisteswelt», 144. Bändchen)

         = Bolstorff: „Ein Rundgang durch das Verkehrs- und Baumuseum in Berlin", VW 1907, S. 513, 597, 802 — Loc 1908, S. 212

         * Troske: „Allgemeine Eisenbahnkunde", Verlag Spamer, Leipzig 1907

1911   *„Das deutsche Eisenbahnwesen der Gegenwart", Verlag Reimar Hobbing, Berlin 1911 — 2. Ausgabe 1923

         *„Special African Ry Number", Supplement to Gaz, Nov. 1911

1912   * v. Röll: „Enzyklopädie des Eisenbahnwesens", 10 Bände, Verlag Urban u. Schwarzenberg, Berlin-Wien 1912—1923

1913   * Klug: „Das Eisenbahnwesen", «Blücher, Moderne Technik», Bibliographisches Institut, Leipzig und Wien 1913

         * Weißenbach: „Das Eisenbahnwesen der Schweiz", 2 Bände, Verlag Orell Füssli, Zürich 1913 u. 1914 — Bespr. Organ 1913, S. 386 u. 1914, S. 372

1916   * Balzer: „Die Kolonialbahnen", Göschensche Verlagsbuchhandlung GmbH., Berlin und Leipzig 1916

1924   Przygode: „Rückblick auf die Eisenbahntechnische Tagung mit Ausstellungen in Seddin u. T. H. Charlottenburg", Annalen 1924-II, S. 283 u. f.

1925   * Schaedle: „Die Eisenbahntechnischen Ausstellungen in Seddin und in der T. H. Berlin", «Eisenbahnwesen», VDI-Verlag, Berlin 1925, S. 371

         *„Eisenbahnwesen", VDI-Verlag, Berlin 1925

1926   * Hoff, Kumbier u. Anger: „Das deutsche Eisenbahnwesen der Gegenwart", 3. Auflage, Verlag Hobbing, Berlin 1926

1927   *„Jubiläums-Sonderheft zum 50jährigen Bestehen von Glasers Annalen", Verlag F. C. Glaser, Berlin 1927

         Vintousky: „La naissance des chemins de fer en France", Revue 1927-II, S. 339

1930   * Ammann u. v. Gruenewaldt: „Bergbahnen", Verlag Springer, Berlin 1930

         * Wiener: „Les chemins de fer coloniaux de l'Afrique", Verlage Goemaere, Brüssel 1930, und Dunod, Paris 1930

         =*„Gesamtbericht über die 2. Weltkraft-Konferenz, Band XVII", VDI-Verlag, Berlin 1930

1934   Leibbrand: „Weiterentwicklung des Verkehrs auf der Schiene",
        Z 1934, S. 1311
        Wernekke: „Forschung und Fortschritt im Eisenbahnwesen der Ver-
        einigten Staaten", Annalen 1934-I, S. 59
1935   *„Hundert Jahre Deutsche Eisenbahnen", herausgegeben von der
        Hauptverwaltung der Deutschen Reichsbahn", VWL Berlin 1935
        — 2. Aufl. 1938
1937   *„Les Chemins de Fer Français", herausgegeben zur Internationalen
        Ausstellung Paris 1937, Druck Danel, Lille 1937
        „Les chemins de fer à l'Exposition Internationale de Paris 1937",
        Revue 1937-II, S. 189
1938   Randzio: „Kolonialbahnen" (m. Karte), VW 1938, S. 266
1939 = Wanner: „Das schweizerische Verkehrsschaffen an der Landes-
        ausstellung 1939 Zürich", ZMEV 1939, S. 621

        * Jahrbuch: „Universal Directory of Railway Officials and Railway
        Year Book", Verlag The Directory Publishing Company Limited,
        London
        *„Overseas Railway Number", Gaz Ergänzungsband 6. Dez. 1926 —
        22. Nov. 1926 — 21. Nov. 1927 — Dez. 1927 — 27. Nov. 1935 —
        25. Nov. 1936 — 24. Nov. 1937 — Nov. 1938

Eisenbahnwesen / geschichtlich

1890   „Fahrplan der Stockton & Darlington Ry von 1836", Engg 1890-I,
        S. 577
1896   Stambke: „Erinnerungen aus alter Eisenbahn-Zeit", Annalen 1896-I,
        S. 202
1898   *„Geschichte der Eisenbahnen der Oesterr.-Ungarischen Monarchie",
        4 Bände, Verlag Karl Prochaska, Wien-Teschen-Leipzig 1898-1899
1904   Bencke: „Wer ist der Vater der Eisenbahn?", Lok. 1904, S. 6
1907   Kunze: „Zur Geschichte der Eisenbahn", VW 1907, S. 832, 1267 u.
        1382
1908   „More railway reminiscenses", Loc 1908, S. 146 u. 195
1913   Colin Ross: „Eisenbahnen vor 100 Jahren", Klb-Ztg. 1913, S. 345
1924   Birk: „100 Jahre seit Ausfertigung der ersten Eisenbahn-Gesell-
        schaft des Festlandes (7. Sept. 1824, Oesterreich)", VT 1924,
        S. 464
1929   *„Jubiläumsbuch der Staatsbahnen des Königreiches Jugoslawien",
        Druckerei Vreme, Belgrad 1929
1930   Hoogen: „Die hundertjährige Eisenbahn im Spiegel des Verkehrs-
        und Baumuseums", ZVDEV 1930, S. 933
        * Lewin: „Early British railways 1801—1844", Verlag The Locomo-
        tive Publishing Co, Ltd, London 1930
        * Marshall: „Centenary history of the Liverpool & Manchester Ry",
        Verlag The Locomotive Publishing Co, Ltd, London 1930

1932   *„Jubiläumsschrift zur Feier des 50jährigen Betriebes der Gotthard-bahn 1882—1932", Verlag SBB-Revue, Bern 1932 — Schweiz. Bauzeitung 1932-I, S. 277

1935   Hammer: „Die Entwicklung der Wirtschaft durch die Eisenbahnen", Annalen 1935-II, S. 65
Metzeltin: „Aus der Frühzeit der Eisenbahn (Notizen)", Organ 1935, S. 521
Wernekke: „Eisenbahnen vor hundert Jahren und heute", Annalen 1935-II, S. 142
*„Hundert Jahre Deutsche Eisenbahnen", herausgegeben von der Hauptverwaltung der Deutschen Reichsbahn, VWL Berlin 1935 — 2. Aufl. 1938
„Centenary of the Belgian Rys", Gaz 1935-I, S. 777

1936   Marshall: „Notes on some London and Greenwich Railway relics" Loc 1936, S. 79
„The first Trans-Continental Ry, USA 1869", Loc 1936, S. 198

1937   * Arnaoutovitch: „Histoire des Chemins de Fer Yougoslaves 1835—1937", Verlag Dunod, Paris 1937 — Bespr. ZMEV 1938, S. 819
Fellows: „William James, Railway Engineer", Loc 1937, S. 73
Lee: „The evolution of railways", Gaz 1937-I, S. 847, 936, 1015, 1071, 1107, 1200
=* de Saunier, Dollfus & Geoffrey: „Histoire de la locomotion ter-restre", Verlag L'Illustration, Paris 1937 — Bespr. Gaz 1938-I, S. 887
*„Die österreichischen Eisenbahnen 1837—1937", Selbstverlag der Oesterreichischen Bundesbahnen, Wien 1937
„Rückblicke", Lok 1937, S. 50, 69, 126 u. 203. — 1938, S. 41

1938   * Hungerford: „Men and Iron: The history of the New York Cen-tral", Verlag Thomas Y. Crowell Company, New York 1938 — Bespr. Gaz 1938-I, S. 1195
* Marshall: „A history of British railways down to the year 1830", Verlag Oxford University Press, London 1938 — Bespr. Gaz 1938-II, S. 553
Saller: „100 Jahre russische Eisenbahnen (Anekdoten)", ZMEV 1938, S. 206
Wanner: „50 Jahre Schweizerische Brünigbahn", ZMEV 1938, S. 477
*„LMS Centenary of opening of first main-line railway", Gaz, Sonder-heft vom 16. 9. 1938
„Geschichtliche Erinnerungen an die Kaiser-Ferdinands-Nordbahn", ZMEV 1938, S. 242

1939   Brown: „Northampton's first ry. — Was it Britain's one and only «Railway-road»?", Gaz 1939-I, S. 502
Edwards: „The Nottingham and Derby Ry, 1839 (m. Karte)", Gaz 1939-I, S. 1059
„A main-line timetable of exactly 100 years ago, London and Bir-mingham Ry", Gaz 1939-I, S. 92
„«Golden Spike Days» honor Union Pacific. — Parades, pageants and a movie premiere commemorate linking of Atlantic and Pacific by rail". Age 1939-I, S. 765

1940   Schneider: „Zur italienischen Eisenbahngeschichte", Organ 1940, S. 206

Verkehrs-Geographie, -Politik und -Wirtschaft

1833   * List: „Ueber ein sächsisches Eisenbahn-System als Grundlage eines allgemeinen deutschen Eisenbahn-Systems und insbesondere über die Anlegung einer Eisenbahn von Leipzig nach Dresden", Druck A. G. Liebeskind, Leipzig 1883 — Reclam-Heft Nr. 3669

1878   * v. Weber: „Der staatliche Einfluß auf die Entwicklung der Eisenbahnen minderer Ordnung", Verlag A. Hartleben, Wien, Pest u. Leipzig 1878

1889   „Eisenbahnen in der Kolonie Natal, Südafrika", Z 1889, S. 110

1894   Launhardt: „Der gemeinwirtschaftliche Nutzen der Eisenbahnen", Zentralblatt der Bauverwaltung 1894, S. 253

1906   Sartiaux: „Note à propos du tunnel sous la Manche", Revue 1906-I, S. 309 u. 1913-II, S. 285

1911   * Birk: „Die Entwicklung des modernen Eisenbahnbaues", Göschen'sche Verlagshandlung, Leipzig 1911

1913 =* Heiderich: „Verkehrsgeographische Studien zu einer Isochronen-karte der österr.-ungarischen Monarchie", Verlag der Export-akademie Wien 1913

1918 =* Sax: „Die Verkehrsmittel in Volks- u. Staatswirtschaft", 3 Bände, 2. Aufl., Verlag Springer, Berlin 1918-22

1922   Wernekke: „Die Eisenbahnen von heute", Z 1922, S. 928

1924 =* Blum: „Zur Verkehrsgeographie Württembergs", VW Sonderausgabe Febr. 1924, S. 7

1925   Jackson: „Colombia's most expensive luxury", Baldwin Juli 1925, S. 66

1926 = Baltzer: „Die Verkehrsstraße von Kapstadt nach Kairo", Organ 1926, S. 322

1928   Röpnack: „Die panamerikanische Eisenbahn", Z 1928, S. 1925 — Gaz 1930-I, S. 22

Drew-Bear: „Important Junction of Colombian and Venezuelan Frontier Rys: Ferrocarril de Cucuta—Gran Ferrocarril del Tachira", Baldwin Januar 1928, S. 47

1929   * Fock: „Le Chemin de Fer Trans-Saharien", Société d'Editions Géographiques, Maritimes et Coloniales, Paris 1929

1930   Fürbringer: „Die Eisenbahnen Russisch-Turkestans", ZVDEV 1930, S. 455

Garau: „La question des Transpyrénéens", Revue 1930-I, S. 301

Pohl: „Die Eisenbahnen im hessischen Berg- und Hügelland", Archiv für Eisenbahnwesen 1930, S. 615

„Die PLM-Eisenbahn in Algerien", ZVDEV 1930, S. 650

1931 =* Cleinow: „Roter Imperialismus. — Eine Studie über die Verkehrsprobleme der Sowjetunion", Verlag Springer, Berlin 1931 — Bespr. ZMEV 1931, S. 229

   = Pirath: „Stellung der Verkehrswirtschaft in der Gesamtwirtschaft", Z 1931, S. 751

„Die erste transkontinentale Bahn durch Mittelafrika", Z 1931, S. 1203

1932   Momber: „Friedrich List", Annalen 1932-II, S. 74

1933   * Oberreuter, Margarete: „Die Eisenbahnen in Württemberg", Veröffentlichung des Geographischen Seminars der T. H. Stuttgart,
Verlag Fleischhauer u. Spohr, Stuttgart 1933
   = „Afrikanische Verkehrsfragen", Organ 1933, S. 300
1934 = * Pirath: „Die Grundlagen der Verkehrswirtschaft", Verlag Springer,
Berlin 1934
1935   Derikarß: „Die Entwicklung der Eisenbahnen im rheinisch-westf.
Industriegebiet im ersten Eisenbahn-Jahrhundert", ZMEV 1935,
S. 1001 u. 1029
Feuchtinger: „Eine neue Alpenbahn über den Fernpaß?", VT 1935,
S. 564
von Kieniß: „Was war uns Friedrich List", ZMEV 1935, S. 546
Oltersdorf: „Eisenbahnfragen in Verbindung mit der Rückkehr des
Saarlandes zum Reich", Z 1935, S. 945
Remy: „50 Jahre Eisenbahngeschichte und 15 Jahre Nachkriegsentwicklung der südslawischen und bulgarischen Eisenbahnen",
ZMEV 1935, S. 277
1936 = * Blum: „Verkehrsgeographie", Verlag Springer, Berlin 1936 —
Bespr. VW 1937, S. 130
   = Blum: „Verkehrs- und Siedlungspolitik in Niedersachsen", VW 1936,
S. 639
Luther: „Bedeutung des Rügendammes für den deutsch-skandinavischen Reisezugdienst", VW 1936, S. 563
   * Müller: „Die Eisenbahnen im Gebiet der Oberweser", Dissertation
Universität Göttingen, Verlag Gerhard Stalling, Oldenburg 1936 —
Bespr. Archiv für Eisenbahnwesen 1938, S. 226
   = von Renesse: „Die Mandschurei. — Zur jüngsten Entwicklung ihrer
Wirtschaft, ihrer Verkehrswege u. Verkehrsmittel", ZMEV 1936,
S. 973
1937   * Baker: „The formation of the New England Railroad Systems:
A study of railroad combination in the 19. century", Cambridge,
Massachusetts: Harvard University Press; London: Humphrey
Milford, Oxford University Press, 1937 — Bespr. Gaz 1938-I, S. 743
   = * Blum: „Verkehrspolitik und Verkehrswesen als Kriegsmittel der
Gegenwart", Militärwissenschaftl. Rundschau 1937, Sonderabdruck
Verlag Mittler & Sohn, Berlin 1937
   — Blum: „Grundlagen zur Beurteilung der Verkehrsprobleme des
Großen Ozeans", ZMEV 1937, S. 119
Dieckmann: „Die Eisenbahnen in Palästina (m. Karte)", ZMEV
1937, S. 758
   = Dieckmann: „Die Verkehrserschließung Iraks und Irans nach dem
Mittelmeer", ZMEV 1937, S. 180
   = * Förster: „Verkehrswirtschaft u. Krieg", Schriften zur kriegswirtschaftlichen Forschung und Schulung, Hanseatische Verlagsanstalt,
Hamburg 1937 — Bespr. VW 1937, S. 446
Fürbringer: „Die Transindonesische Eisenbahn, verkehrspolitisch
gesehen", ZMEV 1937, S. 504
   = * Helander: „Nationale Verkehrsplanung", Heft 3 der Verkehrswissenschaftlichen Abhandlungen des Verkehrswissenschaftlichen
Forschungsrates beim Reichsverkehrsministerium, Verlag Gustav
Fischer, Jena 1937 — Bespr. VW 1938, S. 187

1937 = Kleinmann: „Aufgaben und Ziele der deutschen Verkehrspolitik heute und in der Zukunft", VW 1937, S. 345
= Koenigs: „Der Verkehr als Grundlage der modernen Wirtschaft", Archiv für Eisenbahnwesen 1937, S. 1
v. Lochow: „Die Eisenbahnen Ostasiens", ZMEV 1937, S. 407 u. 423
= Mance: „Verkehrswesen in Deutschland", ZMEV 1937, S. 769
* Martin: „Eisenbahngeographie Jugoslawiens", Verlag Konrad Triltsch, Würzburg 1937 — Bespr. Kongreß 1938, S. 771
Metzeltin: „Die Transsaharabahn", Annalen 1937-I, S. 13
Paszcowski: „Eisenbahnpolitischer Streifzug durch die nordischen Staaten (m. Karten)", ZMEV 1937, S. 655 u. 671
Reichelt: „Bahnen und Bahnprojekte um den Gran Chaco", VW 1937, S. 395
= Remy: „Verkehrspolitik der «Treuen Hand» in den deutschen Mandatsgebieten", VW 1937, S. 449
Richard: „Eisenbahnen zwischen Landwirtschaft und Großstadt", VW 1937. S. 553
* Rieger: „Konjunkturpolitik der Eisenbahnen", 4. Folge, Heft 10 der Tübinger wirtschaftswissenschaftl. Abhandlungen, Verlag W. Kohlhammer, Stuttgart 1937 — Bespr. VW 1938, S. 66
Sand: „Die Kleinbahnen (verkehrspolitisch)", ZMEV 1937, S. 823
= Stanik: „Nahverkehrsfragen in der Hansastadt Hamburg", VT 1937, S. 308
=* Vogt: „Grundfragen der heutigen Verkehrs- und Tarifpolitik in Deutschland", VWL, Berlin 1937 — Bespr. ZMEV 1937, S. 545
=* Wiedenfeld: „Die Monopoltendenz des Kapitals im Spiegel der Verkehrsmittel", «Verkehrswissenschaftl. Abhandlungen», Heft 2, Verlag Gustav Fischer, Jena 1937 — Bespr. ZMEV 1937, S. 653
= Wischniakowsky: „Russische Verkehrsfragen", Archiv für Eisenbahnwesen 1937, S. 1451
= Wischniakowsky: „Ueber die Entwicklung des Verkehrswesens in der Mandschurei seit 1931", VW 1937, S. 485
„Dänemark, das Land der Inseln und seine Eisenbahnen", Organ 1937, S. 310 (m. Karte)
„Der Kap-Kairo-Weg" (m. Karte), ZMEV 1937, S. 522
„Eine neue wichtige Eisenbahnverbindung in USSR: Uralsk-Ilezk", ZMEV 1937, S. 543
=* „Verkehrspolitik im Dritten Reich", Techn.-Wirtschaftl. Bücherei, Heft 70, Otto Elsner Verlags-Ges. m. b. H., Berlin 1937 — Bespr. RB 1938, S. 110
1938 = Allmaras: „Verkehr der Kolonien", VW 1938, S. 262
= Blum: „Grundlagen zur Beurteilung der verkehrsgeographischen Bedeutung des Donau-Raums", ZMEV 1938, S. 271 und 533
= Blum: „Raumordnung u. Güterverkehr", ZMEV 1938, S. 629
* Campbell: „The reorganisation of the American Railroad System 1893-1900", Verlage Ring & Son, Ltd, u. Columbia University Press, New York 1938 — Bespr. Gaz 1938-I, S. 827
* Graze: „Die Eisenbahnen der Schweiz und die Einheit des Schweizer Volkes", Dissertation Nürnberg, Verlag Konrad Triltsch, Würzburg 1938. — Bespr. ZMEV 1939, S. 773

1938 == Hardt: „Polen und sein Verkehrswesen", VT 1938, S. 117

= Hesse: „Aufgabe, Mittel und Organisation des Verkehrs", VW 1938, S. 177

= Kleinmann: „Grundsätze einer einheitlichen großdeutschen Verkehrspolitik", VW 1938, S. 513

=* Koenigs: „Die neuen Gedanken in der Deutschen Verkehrspolitik", Verlag Felix Meiner, Leipzig 1938 — Bespr. Gaz 1938-II, S. 718

Marschner: „Die deutsch-tschechoslowakischen Korridore", ZMEV 1938, S. 909

Meinke: „Die Eisenbahnverbindungen Berlin-Wien. — Ein Abschnitt wechselvoller Eisenbahngeschichte", ZMEV 1938, S. 347

=* Pirath: „Verkehr und Landesplanung", Verlag W. Kohlhammer, Stuttgart 1938 — Bespr. Organ 1938, S. 384 — ZMEV 1938, S. 839 — Annalen 1939, S. 101

Randzio: „Kolonialbahnen", VW 1938, S. 266

= Reuleaux: „Die neuzeitlichen Verkehrsmittel in China" (mit Landkarten u. Schriftquellen), VW 1938, S. 189

= Remy: „Allgemeine Verkehrsprobleme in Afrika (m. Karten)", VW 1938, S. 309

= Remy: „Der deutsche politische Umbruch und der Verkehr der rheinischen Westmark", Organ 1938, S. 163

Rungis: „Die Entwicklung der Eisenbahnen in den Baltischen Staaten (m. Karte)", ZMEV 1938, S. 862

= Schultze: „Erdraumlage und Wehrpolitik der Weltreiche zu Lande und zur See", VW 1938, S. 106

Seraphim: „Polen als Transitgebiet", ZMEV 1938, S. 872

Spiess: „Verkehrsleitung", RB 1938, S. 174

= Sturm: „Wirtschaft und Verkehr in Sachsen", ZMEV 1938, S. 665

Tschau: „Das Eisenbahnnetz Chinas", ZMEV 1938, S. 897 u. 925

* Wiedenfeld: „Die Eisenbahn im Wirtschaftsleben", Verlag Springer, Berlin 1938 — Bespr. VW 1939, S. 42 u. Annalen 1939, S. 128

* Wilgus: „The railway interrelations of the United States and Canada", London: Oxford University Press; New Haven: Yale University Press, 1938 — Bespr. Gaz 1938-I, S. 791

„Die Aufgaben der Privat- und Kleinbahnen im Rahmen der Deutschen Verkehrspolitik", VW 1938, S. 572

= „Die Verkehrsverhältnisse in Deutsch-Ostafrika und -Südwestafrika unter englischer Mandatsverwaltung" (m. Karten), ZMEV 1938, S. 950

„Eine Nord-Süd-Magistrale in der europäischen Sowjetunion (Archangelsk-Rostow)" (m. Karte), ZMEV 1938, S. 157

= „Verkehrsfragen in Polen", ZMEV 1938, S. 133

„Zur Eröffnung der Strecke Nelaug-Kristiansand der norwegischen Südlandbahn (m. Karten)", ZMEV 1938, S. 550

„Peculiar Belgo-German frontier arrangements, Eupen district", Gaz 1938-II, S. 726

1939 =* Bach: „Das Verkehrsneß Thüringens, geographisch betrachtet", Verlag Max Niemeyer, Halle 1939. — Bespr. RB 1939, S. 880 — VW 1939, S. 417 — ZMEV 1940, S. 359

= Blake: „Travel conditions in Greece (Road, rail, sea and air)", Mod. Transp. 1. April 1939, S. 3 (m. Karte)

Eisele: „Die Entwicklung des Verkehrs im Bezirk der Reichsbahndirektion Halle und der Einfluß des Vierjahresplanes auf den Verkehr", VW 1939, S. 157

* Gutsche: „Die Southern Pacific Company, ihre Geschichte, Finanzierung und Rentabilität". A. Deichertsche Verlagsbuchhandlung, Leipzig 1939 — Bespr. Organ 1939, S. 352

= Hahn: „Geschichte der Verkehrspolitik im süddeutschen Raum", Archiv für Eisenbahnwesen 1939, S. 1081 (m. Karten u. Schriftquellen)

= Heubel: „Neue Wege zu einheitlicher Verkehrspolitik (im Deutschen Reich)", ZMEV 1939, S. 471

= Hoffmann: „Gegenwarts- und Zukunftsaufgaben der deutschen Verkehrswirtschaft", VW 1939, S. 45

= Kleinmann: „Die Bedeutung der Verkehrsmittel im deutschen Wirtschaftsleben", VW 1939, S. 129

= v. Lochow: „Südwestchinesische Verkehrsprobleme", ZMEV 1939, S. 233 (s. auch Karte in Gaz 1939-I, S. 539)

= Marr: „Cape to Cairo overland", Gaz 1939-I, S. 741

Marschner: „Eisenbahn-Durchzugsstrecken an Großdeutschlands Grenzen", VW 1939, S. 217

=* Martzsch, Ursula: „Moderne Verkehrswege im tropischen Negerafrika", Bd. 1 der «Forschungen zur Kolonialfrage», herausgeg. vom Kolonialgeographischen Institut der Universität Leipzig, Konrad Triltsch Verlag, Würzburg-Aumühle 1939. — Bespr. Archiv für Eisenbahnwesen 1940, S. 710

= Möbus: „Das Verkehrswesen Polens", VT 1939, S. 458

=* Most: „Grundlagen und Entwicklungsrichtungen der deutschen Verkehrswirtschaft", Heft 9 der Schriftenreihe der Deutschen Wirtschaftszeitung, Berlin 1939. — Bespr. RB 1940, S. 58

Overmann: „100 Jahre Eisenbahn in den Niederlanden", VW 1939, S. 325

Paschen: „Die Verkehrs- und Wirtschaftspolitik im Belgischen Kongo", Archiv für Eisenbahnwesen 1939, S. 27

= Prendergast: „From the Persian Gulf to Istanbul. — Through Iraq by rail and road", Mod. Transport 1. April 1939, S. 7 (m. Karte)

= Remy: „Die Verkehrslage in Afrika südlich der Sahara", ZMEV 1939, S. 447

=* Roß: „Steigende Verkehrsleistungen Ostpreußens. — Die Entwicklung des ostpreußischen Verkehrswesens seit der Machtübernahme", herausgegeben im Selbstverlag des Instituts für ostpreußische Wirtschaft an der Universität Königsberg 1939. — Bespr. ZMEV 1939, S. 590

= Salihbegovic: „Jugoslawien im internationalen Verkehr", Archiv für Eisenbahnwesen 1939, S. 405

* Schulz-Kiesow: „Eisenbahngüter-Tarifpolitik und Raumordnung, entwickelt am Beispiel Thüringens", Bd. 1 der «Berichte zur Raumforschung und Raumordnung», K. F. Koehler Verlag, Leipzig 1939 — Bespr. Spiess: Archiv für Eisenbahnwesen 1940, S. 713

Schwarz: „Wirtschaftliche und geographische Grundlagen für den Entwurf von elektrischen Bahnen für die deutschen Kolonialgebiete in Afrika", VW 1939, S. 277 uf.

== Seraphim: „Verkehrsverlagerungen im Ostseeraum und ihre Rückwirkungen auf den Eisenbahnverkehr", ZMEV 1939, S. 295

Treue: „Rußland und die persischen Eisenbahnbauten vor dem Weltkriege", Archiv für Eisenbahnwesen 1939, S. 471

== Wanner: „Die Verkehrspolitik der Eidgenossenschaft im Umbruch", VW 1939, S. 253

Wehde-Textor: „Aufbau des sowjetischen Eisenbahngüterverkehrs", ZMEV 1939, S. 890

*„Die Wirtschaft im neuen Deutschland in Einzeldarstellungen. 23. Folge: Deutschland auf Schienen", Beilage zu «Der Deutsche Volkswirt», Berlin, vom 26. Mai 1939

„Die 2200 km lange südsibirische Hauptbahn Magnitogorsk-Stalinsk (Jushsib)", ZMEV 1939, S. 659

„Ivory Coast Ry extension (m. Karte)", Gaz 1939-I, S. 540

„The Transsahara Ry (m. Karte)", Mod. Transport 8. April 1939, S. 3

1940 = Autenrieth: „Wandlungen im Fernverkehr durch Württemberg", VW 1940, S. 35 (m. Karten)

== Dorpmüller: „Verkehrsaufbau im Osten", VW 1940, S. 47

== Eiermann: „Wirtschaftsbewegungen und ihre mathematische Behandlung", VW 1940, S. 179

== Fahrner: „Kamerun. — Erinnerungen und Erfahrungen":
I. „Land, Wege und Flüsse", VW 1940, S. 27 (m. Karte)
II. „Erkundung und Bau der Eisenbahnen", VW 1940, S. 54
III. „Erschließung, Verwaltung, Handel, Wirtschaft", VW 1940, S. 70

== Feiler: „Die historische Bedeutung des Böhmisch-Mährischen Raumes für den Verkehr Großdeutschlands", VW 1940, S. 15

Haas: „Die Abhängigkeit des deutschen Eisenbahnnetzes von seiner politischen Entwicklung", Archiv für Eisenbahnwesen 1940, S. 369

Holtz: „Wieder Eisenbahnverkehr mit Rußland", ZMEV 1940, S. 145

== v. Lochow: „Verkehrspolitik und Verkehrsentwicklung in Südwest-China" (m. Karte), VW 1940, S. 79

== v. Lochow: „Verkehrswege Französisch-Indochinas" (m. Karte), ZMEV 1940, S. 79

v. Osterroht: „Die Bagdadbahn ist fertig. — Ein Rückblick auf 40 Jahre Bahnbau", VW 1940, S. 220

== Paschen: „Verkehrs- und Wirtschaftsfragen Argentiniens", Archiv für Eisenbahnwesen 1940, S. 429 u. 615

== Remy: „Die Verkehrsentwicklung in den deutsch-afrikanischen Kolonien unter der Mandatsherrschaft", Archiv für Eisenbahnwesen 1940, S. 185

== Remy: „Grundlagen der Exportwirtschaft für die kolonial-afrikanischen Verkehrsbetriebe", Annalen 1940, S. 35

1940   Remy: „Entwicklungstendenzen des kolonialafrikanischen Eisenbahn-
          betriebes nach dem Weltkrieg", ZMEV 1940, S. 303
  =   Saller: „Umstellungen im Verkehr der UdSSR", ZMEV 1940, S. 431
  =   Schmidt: „Die Verkehrsträger Großdeutschlands vor neuen Auf-
          gaben", ZMEV 1940, S. 411
  =   Schulße: „Der britische Reichsweg von Aegypten-Palästina nach In-
          dien", ZMEV 1940, S. 385
          Sommer: „Preußische Eisenbahnpolitik in den Ostprovinzen 1840 bis
          1914", VW 1940, S. 131 u. f.
          Wehde-Textor: „Die Verkehrsverhältnisse Rußlands beim Beginn
          des Eisenbahnbaus und ihre Entwicklung in 100 Jahren", ZMEV
          1940, S. 401
          Weidner: „Die Große Sibirische Eisenbahn", Lok 1940, S. 17
          (m. Karte)
          Wernekke: „Wirtschaft und Technik, Eisenbahnbau und Verkehr
          in Iran", ZMEV 1940, S. 31
          „Mandschukuo-Eisenbahnen in der Provinz Jehol" (m. Karte), VW
          1940, S. 42
          „The Trans-Balkan Ry (m. Karte)", Gaz 1940-I, S. 291

Eisenbahnwesen / statistisch

  *   Jahrbuch: „Universal Directory of Railway Officials and Railway
          Year Book", Verlag The Directory Publishing Company Limited,
          London
1923   „Vergleichende Eisenbahnstatistik", Lok 1923, S. 173
1926   Steuernagel: „Internationale Eisenbahn-Statistik", RB 1926, S. 516
1931   * Steuernagel: „Statistik und Eisenbahn", VWL 1931
1936 = * Kellerer: „Verkehrsstatistik", Otto Elsner Verlagsges., Berlin 1936
1938 = * Kellerer: „Mathematik und Statistik. — Einführung in die Methoden
          der Statistik", Verlag Teubner, Leipzig/Berlin 1938

Eisenbahnwesen / volkstümlich

          Monatszeitschrift „The Railway Magazine", Verlag The Railway
          Gazette, London SW 1
1912 = * Fürst: „Das Reich der Kraft (mit Anhang: Die Poesie der Eisen-
          bahn)", «Leuchtende Stunden». Eine Reihe schöner Bücher, heraus-
          gegeben von Franz Goerke, Vita-Verlag, Berlin-Charlottenburg
          1912
1918   * Fürst: „Die Welt auf Schienen", Verlag Langen, München 1918
   = * Weihe: „Max Maria von Weber", Verlag Springer, Berlin 1918
1922   * „Die Lokomotive in Kunst, Witz und Karikatur", Hanomag-Nach-
          richten-Verlag, Hannover-Linden 1922
1924   * Strauß: „Von eisernen Pferden und Pfaden", Verlag Göhmannsche
          Buchdruckerei, Hannover 1924
1925   * Fuhlberg-Horst: „Die Eisenbahn im Bild", 4 Bände, Dieck & Co —
          Francks Technischer Verlag, Stuttgart 1925
       * Fürst: „Die hundertjährige Eisenbahn", Verlag Langen, München
          1925
          Geitel: „Verkehrskuriosa aus alter und neuer Zeit", Verkehrsfahr-
          zeuge 1925, S. 55

* Strauß: „Einst und Jeßt auf Stephensons Spur", Göhmann'sche Druckerei u. Verlagsanstalt, Hannover 1925

* Talbot: „Cassell's Railways of the World", 3 Bände, The Waverley Book Co Ltd, London 1925 (?)

1926 =* Feldhaus: „Die Kinderschuhe der neuen Verkehrsmittel", Verlag «Der Eiserne Hammer» (Karl Robert Langewiesche), Königstein und Leipzig 1926 (?)

=* Weihe: „Aus dem Reich der Technik. — Novellen von Max Maria von Weber", VDI-Verlag, Berlin 1926

1927 * Günther: „Das Buch von der Eisenbahn", Franckh'sche Verlagshandlung, Stuttgart 1927

1934 * Reed: „Railway engines of the world", Verlag Humphrey Wilford, Oxford University Press, London 1934 — Bespr. Gaz 1934-II, S. 185

* Gairns: „Railways for all", Verlag Ward, Lock & Co, Ltd, London 1934 — Bespr. Gaz 1934-II, S. 843

1935 * Bell: „The modern of railways", Verlag A. & C. Black, Ltd, London 1935

* Hennch: „Ein Jahrhundert Deutsche Eisenbahnen", Verlag Quelle u. Meyer, Leipzig 1935 — Bespr. RB 1935, S. 1203

* Meßeltin: „Die Lokomotive feiert mit das 100jährige Bestehen der deutschen Eisenbahnen", VDI-Verlag, Berlin 1935

* Uges: „Klaar Achter?", Verlag Andreas Bliß, Amsterdam 1935

*„Hundert Jahre Deutsche Eisenbahnen 1835—1935", herausgegeben vom Reichsbahn-Werbeamt, Berlin 1935

*„Hundert Jahre Deutsche Eisenbahnen", herausgegeben von der Hauptverwaltung der Deutschen Reichsbahn, VWL Berlin 1935 — 2. Aufl. 1938

*„100 Jahre Eisenbahn in den Fliegenden Blättern", Verlag Braun u. Schneider, München 1935

*„Wir Eisenbahner", Otto Elsner Verlags-Ges., Berlin 1935

1937 * Kenward: „The Manewood Line: A romance", Verlag Stanley Paul & Co Ltd, London 1937 — Bespr. Gaz 1938-I, S. 205

* Chapman: „Loco's of the Royal-Road. — A new Railway Locomotive Book for Boys of all Ages", Selbstverlag Great Western Ry, Paddington Station, London 1937

1938 * Griffiths: „Dempster & Son. — Story of the railway engineering family of Dempster from the time of the American Civil War up to the present day", Verlag Rich & Cowan Ltd, London 1938 — Bespr. Gaz 1938-I, S. 1059

* Hungerford: „Men and Iron: The history of the New York Central", Verlag Thomas Y. Crowell Company, New York 1938

* Kuhler & Henry: „Portraits of the Iron Horse: The American locomotive in pictures and story", Verlag Rand Mc Nally & Co, Chicago 1938 — Bespr. Gaz 1938-I, S. 975

=* Noble: „The Brunels, Father & Son", Verlag Cobden-Sanderson Ltd, London 1938 — Bespr. Gaz 1938-II, S. 111

=* Siebold: „Wagen ohne Pferde, Roman einer Verkehrsrevolution", Frundsberg-Verlag, Berlin 1938. — Bespr. RB 1939, S. 80

1939   * Carter: „When railroads were new. — A fascinating human inte-
          rest story of the early American and Canadian railroads", Ver-
          lag Simmons-Boardman Publishing Corporation, New York 1939
        * Lee: „The evolution of railways", Verlag The Railway Gazette,
          London 1939
        * van Metre: „Trains, tracks and travel", Simmons-Boardman Publi-
          shing Corporation New York 1939, 5. Aufl.

Schrifttum und Schriftquellen-Nachweise

1902   „Die ersten 25 Jahre der «Annalen für Gewerbe und Bauwesen»",
          Annalen 1902-I, S. 1
1925   * Walther: „Neue deutsche Literatur des Eisenbahnwesens", «Eisen-
          bahnwesen», VDI-Verlag Berlin 1925, S. 382
1928   Godfernaux: „Le Cinquantenaire de la «Revue Générale des Che-
          mins de Fer»", Revue 1928-II, S. 1
1931   * Peddie: „Railway literature 1556—1830", Verlag Grafton & Co,
          London 1931
1935   * Hoeltzel: „Aus der Frühzeit der Eisenbahnen (Quellensammlung)",
          Verlag Springer, Berlin 1935 — Bespr. RB 1936, S. 255
          „One hundred years of railway publishing", Gaz 1935-I, S. 849
1936   „Ueberblick über die zur 100jährigen Gedenkfeier der ersten deut-
          schen Eisenbahn erschienene Literatur", Lok 1936, S. 225 und
          1937, S. 48, 110, 180
        *„Railway Age Book Guide" (Verzeichnis von Buchveröffent-
          lichungen), Verlag Simmons-Boardman Publishing Corporation,
          New York 1936. — Supplement 1938
1938   Harder: „Über Quellen zur deutschen Lokomotivgeschichte", Lok
          1938, S. 165
          „Jubilee of the «Great Western Railway Magazine», London", Gaz
          1938-II, S. 777

Eisenbahnwesen / Verschiedenes

1927   * Rühl: „Patentwesen und Eisenbahntechnik", Annalen 1927, Jubi-
          läums-Sonderheft S. 328
1935   Hammer: „Die Entwicklung der Wirtschaft durch die Eisenbahnen",
          Annalen 1935-II, S. 65
        * Metzeltin: „Geschichte der Normung im Eisenbahnwesen", «Technik-
          geschichte», Beiträge zur Geschichte der Technik und Industrie,
          Bd. 24, VDI-Verlag, Berlin 1935, S. 62
1937   * Raymond: „The elements of railroad engineering", Verlage Chap-
          man and Hall, Ltd, London, und John Wiley & Sons, New York,
          1937. — Bespr. Gaz 1937-I, S. 1155

DIE EISENBAHN IN IHREN BEZIEHUNGEN ZU ANDEREN VERKEHRSMITTELN

Allgemein

1916   v. Stockert: „Dampfeisenbahn, Kraftwagenlinien oder Kraftwagenbetrieb auf Schienen?" VW 1916, S. 261 u. 303

1918 = * Sax: „Die Verkehrsmittel in Volks- und Staatswirtschaft", 3 Bände, 2. Aufl., Verlag Springer, Berlin 1918—22

1925 =   Busch: „Die Aufgaben der verschiedenen Verkehrswege im Rahmen des Gesamtverkehrswesens", VT 1925, S. 653

1926 = *„Güterumschlag", VDI-Verlag, Berlin 1926 — Bespr. Annalen 1926-I, S. 183

1927   Sauter: „Rationalisierung und Eisenbahnverkehr", ZVDEV 1927, S. 505

    =   Sommerlatte: „Güterverkehr und Wirtschaft", ZVDEV 1927, S. 1401

1928 =   Adler: „Die Entwicklung des Berliner Verkehrs", Z 1928, S. 357

          Leibbrand: „Verkehrsschwankungen und Wirtschaftlichkeit des Eisenbahnbetriebes", Z 1928, S. 1205

          Leibbrand: „Leistung und Wirtschaftlichkeit im Eisenbahnbetrieb", ZVDEV 1928, S. 558

    =   Stein: „Ueber den wirtschaftlichen Geltungsbereich der verschiedenen öffentlichen Verkehrsmittel", Z 1928, S. 689

          v. Völcker: „Vom amerikanischen Eisenbahnbetrieb", RB 1928, S. 106

1929   * Heinrich: „Die Wettbewerber der Reichsbahn, insbesondere der Kraftwagen", Verlag der verkehrswissenschaftlichen Lehrmittel-G. m. b. H. bei der Deutschen Reichsbahn, Berlin 1929 — Bespr. RB 1930, S. 161

          Leibbrand: „Aufgaben des Eisenbahnbetriebes", RB 1929, S. 22

    =   Pirath: „Verkehrsprobleme der Gegenwart", VW 1929, Nr. 35/36 — Z 1929, S. 1405

    =   Richard: „Wetter und Verkehrswesen", RB 1929, S. 679

          Sauter: „Weltwirtschaftliche Bestrebungen und Eisenbahnen", ZVDEV 1929, S. 393

1930 =   Ballof: „Altersaufbau der Bevölkerung und Verkehrsentwicklung", RB 1930, S. 960 und 1197

    =   Heuer: „Der Berliner Nahverkehr im Jahre 1929", VT 1930, S. 584

    =   Jänecke: „Verkehrsmittel untereinander. — Abhängigkeit der Schnelligkeit der Personenbeförderung verschiedener Verkehrsmittel von der Reisezeit, dem Zu- und Abgang und der Zugfolge", VW 1930, S. 607, 621 u. 643

    =   Salinger: „Reichsverkehrsform", Magazin der Wirtschaft 1930, S. 1666

          Spiess: „Die Deutsche Reichsbahn im Wettbewerb mit anderen Verkehrsmitteln", ZVDEV 1930, S. 910

    =   Stegerwald: „Allgemeiner Überblick über die Entwicklung des deutschen Verkehrswesens in der Nachkriegszeit", RB 1930, S. 658

1930 = „Die Verkehrsmittel untereinander" (Diskussionsabend in der Deutschen Weltwirtschaftlichen Gesellschaft), Weltwirtschaft (Verlag Vohwinkel, Berlin) 1930, S. 315

1931   Bindewald: „Sind die Eisenbahnen auch heute noch berufen, jeden Verkehr zu bedienen?" VW 1931, S. 169

= Blum: „Das Tempo in der Entwicklung des Verkehrs und der Wirtschaft", VW 1931, S. 502

= Leibbrand: „Vorbedingungen für die Zusammenarbeit der Verkehrsmittel", VW 1931, S. 463

= Lohse: „Maßnahmen zur Gesundung der Verkehrswirtschaft", VW 1931, S. 478

= Merkert: „Theoretische Abhandlung über die Preisbildung im Verkehrswesen", Archiv für Eisenbahnwesen 1931, S. 803

= Pirath: „Die Stellung der Verkehrswirtschaft in der Gesamtwirtschaft", Z 1931, S. 751

* Remy: „Die Elektrisierung der Berliner Stadt-, Ring- und Vorortbahnen als Wirtschaftsproblem", Archiv für Eisenbahnwesen 1931, Beiheft zu Nr. 3 (m. Schriftquellen-Verzeichnis)

Rühs: „Ergänzung des Kleinbahnbetriebes durch Landstraßen-Verkehrsschlepper", VT 1931, S. 313

Sarter: „Gedanken über die Zukunft unserer Eisenbahnen", VW 1931, S. 467

Wulff: „Rückblick auf das Jahr 1930", ZVDEV 1931, S. 1

= „Verkehrsmittel untereinander", Fachheft der VW 1931, S. 463 u. f.

1932   Katter: „Die Deutsche Reichsbahn und ihre Wettbewerber in der deutschen Verkehrswirtschaft", RB 1932, S. 223

Leibbrand: „Gegenwartsaufgaben im Reichsbahnbetrieb", RB 1932, S. 478

1934 = * Pirath: „Die Grundlagen der Verkehrswirtschaft", Verlag Springer, Berlin 1934 — Bespr. RB 1934, S. 811

1935 = „Technische Verkehrsentwicklung im Dienst der Wirtschaft", Z 1935, S. 927

1936 = * Kellerer: „Verkehrsstatistik", Otto Elsner Verlagsges., Berlin 1936

= Müller: „Gemeinschaftsdienst im öffentlichen Nahverkehr", VT 1936, S. 217

= Neesen: „Der Einfluß der Geschwindigkeit auf den technischen und kostenmäßigen Aufwand der Verkehrsmittel", VW 1936, S. 651

= Seraphim: „Eisenbahn, Binnenschiffahrt und Kraftwagen in Polen", ZMEV 1936, S. 467

— „Kosten der Energiefortleitung: Elektrizität — Gas — Wärme — Kohle", Archiv für Wärmewirtschaft 1936, S. 343

1937 = Gretsch: „Zur Frage des New Yorker Nahverkehrs", ZMEV 1937, S. 227

= Hoffmann: „Die Bewertung der Nahverkehrsbedienung im rheinisch-westfälischen Industriegebiet", VT 1937, S. 58

= Mance: „Verkehrswesen in Deutschland", ZMEV 1937, S. 769

= Reinbrecht: „Nahverkehrsfragen des Ruhrbezirks", ZMEV 1937, S. 533

Das Wohnhaus und die Maschinenfabrik von Henschel & Sohn 1837.
Das kuppelgekrönte Gießhaus ist jetzt Werkmuseum.

1937=* Baudry de Saunier, Charles Dollfus et Edgar de Geoffroy: „Histoire de la Locomotion Terrestre: La Voiture, le Cycle, l'Automobile", Verlag l'Illustration, Paris 1937 — Bespr. Gaz 1938-I, S. 887
= Sommerlatte: „Verkehrsfragen", ZMEV 1937, S. 513
= Wintgen: „Das betriebliche Zusammenarbeiten der Verkehrsmittel in den Rhein-Ruhr-Häfen", RB 1937, S. 844
1938= Ahrens: „Güterverkehr und Tarifpolitik im rheinisch-westfälischen Wirtschaftsraum", ZMEV 1938, S. 743
= Hesse: „Aufgabe, Mittel und Organisation des Verkehrs", VW 1938, S. 177
Remy: „Die verkehrswirtschaftliche Bedeutung der Schienenbahnen", Stahl und Eisen 1938, S. 990
= Sommer: „Die deutschen Verkehrsmittel im Jahre 1937", VW 1938, S. 1
Verbeek: „Die Neuregelung des Verhältnisses der französischen Eisenbahnen zu den übrigen Verkehrsmitteln", VW 1938, S. 26
* Wiedenfeld: „Die Eisenbahnen im Wirtschaftsleben", Verlag Springer, Berlin 1933. — Bespr. VW 1939, S. 42 u. Annalen 1939, S. 128
„Der Wettbewerb zwischen Eisenbahn, Straße und Binnenschiffahrt in Britisch- und Deutsch-Ostafrika", ZMEV 1938, S. 778
1939= Hamacher: „Die öffentlichen Verkehrsmittel in Paris", VT 1939, S. 53 u. f.
= Marr: „Cape to Cairo overland", Gaz 1939-I, S. 741
=* Prof. Dr. Müller, Wilhelm: „Die Fahrdynamik der Verkehrsmittel", Verlag Springer, Berlin 1939. — Bespr. ZMEV 1940, S. 323
„Die «Square Deal»-Forderungen der britischen Eisenbahnen", Kongreß 1939, S. 1077
1940 = Scheu: „Zusammenarbeit der Verkehrsmittel bei der Beförderung von Personen und Gepäck", ZMEV 1940, S. 43

Straße / Schiene

1913= Pepper: „The possibilities of motor vehicles for ry purposes from the operator's point of view", Gaz. 1913-II, S. 8
1916 v. Stockert: „Dampfeisenbahn, Kraftwagenlinie oder Kraftwagenbetrieb auf Schienen?", VW 1916, S. 261 u. 303
1919= Th. Wolff: „Zur Frage der Verwendung von Motorlastwagen", VW 1919, S. 169
1922 Wernekke: „Eisenbahn und Lastkraftwagen", Z 1922, S. 1075
1925 Halter: „Die Wettbewerbsfähigkeit der Lastkraftwagen mit den Eisenbahnen", VT 1925, S. 669
≈ Hein: „Der Kraftfahrlinienverkehr", VT 1925, S. 821
1926 de Grahl: „Eisenbahn und Kraftwagen", Annalen 1926-I, S. 155
= Herrmann: „Ein amerikanischer Bericht über das Kraftfahrwesen in Amerika", RB 1926, S. 63
Kümmell: „Großbetrieb im Eisenbahn-Güterverkehr", Z 1926, S. 1011
1927= Teubner: „Der deutsche Eisenbahn-Kraftwagenverkehr", ZVDEV 1927, S. 893

2

1928   Scheu: „Eisenbahn und Kraftwagen in den Vereinigten Staaten",
        ZVDEV 1928, S. 881
        Teubner: „Schienenbahn und Kraftwagen", ZVDEV 1928, S. 253
 =   „Betriebskosten von Lastkraftwagen und Kraftschleppern", Archiv
        für Wärmewirtschaft 1928, S. 400
1929 = * Egert: „Der Kraftwagen im deutschen Verkehrswesen", Verlag
        Boerner-Halle (Saale), Berlin 1929
        König: „Das Autobuswesen in seiner Bedeutung für die Schienen-
        bahn", VT 1929, S. 515
 =   Kremer: „Amerikas großstädtischer Oberflächenverkehr", Annalen
        1929-I, S. 167
        Torau: „Autobus oder Straßenbahn, erläutert an den Leipziger Ver-
        kehrsverhältnissen", VT 1929, S. 775
1930 = Altmann: „Die Abhängigkeit der Wirtschaftlichkeit von Kraftfahr-
        linien mit periodischer Personenbeförderung von den Verkehrs-
        und Tarifverhältnissen', VT 1930, S. 35
        Blum: „Eisenbahn und Kraftwagen", RB 1930, S. 1130 und 1153
        Fischbach: „Selbstkostenvergleich Straßenbahn - Omnibus", VT 1930,
        S. 493
        Fischl: „Kraftwagen und Nebenbahn", ZVDEV 1930, S. 191, 507
        und 921
 =   Giese: „Die Wirtschaftlichkeit des Personenüberlandverkehrs (Kraft-
        omnibus und Eisenbahn)", VT 1930, S. 373 und 601. — *Als
        Sonderdruck im Verlag der VT, Berlin 1930
 = *   Merkert: „Personenkraftwagen, Kraftomnibus und Lastkraftwagen
        in den Vereinigten Staaten von Amerika", Verlag Springer,
        Berlin 1930 — Bespr. RB 1930, S. 931
   *   Mock: „Der Personen-Kraftfahrlinienbetrieb in Wettbewerb und
        Zusammenarbeit mit der Schienenbahn", «Personenzugdienst»
        S. 71, Verlag Hackebeil, Berlin 1930
        Moormann: „Eisenbahn und Lastkraftwagen", ZVDEV 1930, S. 633
        Müller-Touraine: „Der Einfluß des Kraftwagenverkehrs auf den Bau
        von Kleinbahnen in der Provinz Hannover", VT 1930, S. 357
 =   Quarg: „Die neuere Entwicklung des Großstadt-Omnibusses", Z 1930,
        S. 1312
 =   Salinger: „Reichsverkehrsreform", Magazin der Wirtschaft 1930,
        S. 1666
        Sarter: „Wirtschaftliche Gedanken über den Bau neuer Neben-
        bahnen", ZVDEV 1930, S. 1405
        Schubert: „Reichsbahn und Kraftwagen", RB 1930, S. 349
 = *   Strommenger u. a.: „Betriebsergebnisse und Selbstkosten von Auto-
        buslinien", Verlag Ruhfus, Dortmund 1930
        Sudborough: „Ueber die Frage des Wettbewerbes des Kraftwagen-
        verkehrs", Kongreß 1930, S. 221
        Vogt: „Landstraße und Eisenbahn", RB 1930, S. 586
        Vogt: „Eisenbahn und Kraftwagen", RB 1930, S. 635 — ferner
        «Denkschrift des Studienausschusses „Eisenbahn und Kraftwagen"
        beim deutschen Industrie- und Handelstag, März 1930», Heymanns
        Verlag, Berlin 1930
        Wächter: „Zur Wirtschaftlichkeit von Straßenbahn und Omnibus in
        Berlin", ATZ 1930, S. 452

Wasiutynsky: „Ueber die Frage des Wettbewerbes des Kraftwagenverkehrs", Kongreß 1930, S. 1369

Wilkinson: „Ueber die Frage des Wettbewerbes des Kraftwagenverkehrs", Kongreß 1930, S. 1679

Zietzschmann: „Ueber die Frage des Wettbewerbes des Kraftwagenverkehrs, Kongreß 1930, S. 235

*„Bundesbahnen und Automobil", herausgegeben von den SBB, Verlag
Francke, Bern 1930

*„Reichsbahn und Kraftwagenverkehr", herausgegeben von der
Deutschen Reichsbahn-Ges., Hauptverwaltung, Berlin 1930

„Verkehrsmittel untereinander. — Zur Frage Eisenbahn und Kraftwagen", VW 1930, S. 319 und 1931, S. 136

1931   Baumann: „Behälterbeförderung und Kraftwagenverkehr (Ro-railer)
bei den britischen Eisenbahnen", RB 1931, S. 623

von Beck: „Eisenbahn und Kraftwagenverkehr", VW 1931, S. 490

Fritze: „Selbstkosten, Wirtschaftlichkeit u. Fahrpreisermäßigungen",
ZVDEV 1931, S. 261

Fritzen: „Sind die Schienenbahnen überlebt?" VW 1931, S. 471

Meineke: „Straße und Schiene im Kampf um den Verkehr", VDI-
Nachrichten 1931, Nr. 52, S. 1

Preuß: „Folgerungen aus dem Selbstkostenvergleich Straßenbahn-
Omnibus für Hersteller und Verbraucher von Kraftomnibussen",
VT 1931, S. 97

Rühs: „Ergänzung des Kleinbahnbetriebes durch Landstraßen-Verkehrsschlepper", VT 1931, S. 313

Rudolphi: „Hemmnisse und Möglichkeiten für eine volkswirt-
schaftlich gesunde Verkehrsteilung im Eisenbahn- und Kraftwagen-
Personenverkehr", VW 1931, S. 482

Sarter: „Verbilligungen im Betrieb von Nebenbahnen", VW 1931,
S. 145

Wendt: „Ausflugsfahrscheinhefte. — Ein Beitrag zur Bekämpfung
des Kraftwagenwettbewerbs", ZVDEV 1931, S. 325

Wentzel: „Selbstkostenvergleich Straßenbahn - Omnibus", VT 1931,
S. 25

=   Zumpe: „Die Wirtschaftlichkeit des Omnibusses", Allg. Automobilzeitung 1931, Heft 9, S. 26

„Neuzeitliche Verkehrspolitik: Der Generaldirektor der französischen
Staatsbahnen für eine Verkehrsteilung zwischen Eisenbahn und
Kraftwagen. Die Rolle des Schienenautos", ATZ 1931, S. 717

1932   Pirath: „Eisenbahnen und Kraftwagen im öffentlichen Verkehrswesen", RB 1932, S. 374

1933 =   Boyer: „Reichsautobahnen über dem Schienenweg?" Automobilia
1933, Heft 9

Peschaud: „La question du rail et de la route en France et dans
les principaux pays étrangères", Revue 1933-II, S. 171

Teubner: „Reichsbahn und Kraftwagen im Dritten Reich", VW 1933,
S. 653

2*

1934   Brauner: „Kraftwagen statt Eisenbahn", Das Lastauto 1934, Heft 3a,
        S. 22

        Schager: „Die Zukunft der Eisenbahnen", Lok 1934, S. 165

        Wanner: „Die gesetzliche Verkehrsteilung und Zusammenarbeit von
        Bahn und Automobil in der Schweiz". Organ 1934, S. 240

1935   Capelle: „Eisenbahn und Autobahn im Nahschnellverkehr", Auto-
        bahn 1935, S. 55

      * Feuchtinger: „100 Jahre Wettbewerb zwischen Eisenbahn und Land-
        straße", Technik - Geschichte Bd. 24, VDI-Verlag, Berlin 1935,
        S. 101

      * Herbert R. Müller: „Gleisanschluß oder Kraftwagen?", Dissertation
        T H Braunschweig 1935. — Z 1936, S. 936 (Bespr.) — VW 1937,
        S. 1 — Siehe auch Z 1937, S. 1478

      *„Eisenbahn und Kraftwagen in 40 Ländern der Welt", Carl Hey-
        manns Verlag, Berlin 1935

1936   Benninghoff: „Straßenbahnen, Untergrundbahnen und Omnibusse im
        städtischen Verkehr", Z 1936, S. 373

      = Bergmann: „Neuzeitliche Fahrzeugtechnik der Verkehrsmittel der
        Schiene und Straße", VW 1936, S. 584

        Burger: „Ist es wirtschaftlich vertretbar, die Bedienung des Stück-
        gutverkehrs von der Schiene auf den Kraftwagen umzulegen?"
        ZVMEV 1936, S. 980

      = Müller: „Gemeinschaftsdienst im öffentlichen Nahverkehr", VT 1936,
        S. 217

        Wendt: „Umstellung der Kreuznacher Kleinbahnen auf Reichsbahn-
        Kraftwagenlinien", ZVMEV 1936, S. 912 und 1937, S. 869

      *„Eisenbahn und Kraftwagen", Verlag Springer, Wien 1936 — Bespr.
        ZMEV 1936, S. 565

1937   Berlit: „Gleisanschluß oder Kraftwagen?" Z 1937, S. 1478

        Cottier: „Auswirkungen der Weltwirtschaftskrise und des Kraft-
        wagenbewerbs auf die Lage der Eisenbahnen", Kongreß 1937,
        S. 2035

        Fritze: „Die Entwicklung des Personenverkehrs auf den Neben-
        bahnen des Reichsbahndirektionsbezirks Erfurt", ZMEV 1937,
        S. 733

        Jürgens: „Selbsterhaltung der Kleinbahnen", VT 1937, S. 530

    =* Mance: „Report on the Co-ordination of Transport in Kenya,
        Uganda and the Tanganyika Territory", Printed by the Govern-
        ment Printer, Nairobi, Kenya, 1937. — Buchbesprechung Remy:
        ZMEV 1937, S. 480

        Preuß: „Straßenbahn, Obus und Omnibus, vom Wirkungsgrad aus
        gesehen", VT 1937, S. 329, 477, 536

        Treibe: „Bedeutung von Kraftwagen und Eisenbahn für die Er-
        schließung dünnbesiedelter und verkehrsarmer Gebiete", VW 1937,
        S. 365

        Trierenberg: „Haus-Haus-Verkehr der Deutschen Reichsbahn", RB
        1937, S. 582

      = Wendt: „Ein Jahr Reichsbahn-Kraftfahrbetrieb in Bad Kreuznach",
        ZMEV 1937, S. 869

= Wüger: „Vergleich der Wirtschaftlichkeit öffentlicher Nahverkehrsmittel in Rußland" (Straßenbahn/Omnibus, Diagramm!), Schweiz. Bauzeitung 1937-I, S. 244

„Auswirkungen der Weltwirtschaftskrise und des Kraftwagenwettbewerbes auf die Lage der Eisenbahnen", Kongreß 1937, S. 1251 (Davies) und 1385 (La Valle und Mellini)

„Automobil- statt Eisenbahnbetrieb bei den Schweizerischen Bundesbahnen", Schweiz. Bauzeitung 1937-II, S. 25

= „Co-ordinated transport in Hyderabad", Gaz 1937-I, S. 492

1938 Berchtold: „Die Entwicklung der Verkehrsteilung zwischen Schiene und Straße in Frankreich", ZMEV 1938, S. 319

= Dieckmann: „Einrichtung eines regelmäßigen Autoverkehrs zwischen dem Schwarzen Meer und Iran", ZMEV 1938, S. 174

Fritze: „Die Flucht in die Fahrpreisermäßigungen", ZMEV 1938, S. 201

von Galléra: „Die Privat- und Kleinbahnen und der «gewerbliche Güterfernverkehr»", ZMEV 1938, S. 233

= Hoffmann: „Die Verkehrsentwicklung und Verkehrsbedeutung der Reichsautobahnen", VW 1938, S. 21

= Most: „Grundlagen, Entwicklung, neuester Stand des Kraftwagenverkehrs in Deutschland", VT 1938, S. 134

= Wanner: „Der schweizerische Güterverkehr mit Motorfahrzeugen im Lichte der Statistik", ZMEV 1938, S. 919

Warning: „Die Wirtschaftlichkeit der Privatanschlußgleise", VT 1938, S. 123

„Reichsbahn-Kraftomnibuslinien auf der Deutschen Weinstraße (mit Karte)", RB 1938, S. 618

„Road-rail coordination in Holland (mit Karte)", Gaz 1938-I, S. 1066

1939 Goudriaan: „Die Zukunft der Niederländischen Eisenbahnen", ZMEV 1939, S. 337

= Hamacher: „Die öffentlichen Verkehrsmittel in Rom", VT 1939, S. 337

— Heuer: „Der künftige Nahverkehrseinsatz in der Reichshauptstadt Berlin", VT 1939, S. 332

= Niemeyer u. Henning: „Städtebau und Nahverkehr", VT 1939, S. 434

= Otto: „Fahrzeuge für Massenbeförderung des großstädtischen Verkehrs und ihr zweckmäßiger Einsatz", VW 1939, S. 265

Pischel: „Die Bedienung des Güterverkehrs auf der Müglitztalbahn während der Betriebspause", RB 1939, S. 445

Schnock: „Parität zwischen Lokomotive und Kraftwagen?", Lok 1939, S. 68

= Schubert: „Das Grundproblem im Güterverkehr zu Lande in Europa", ZMEV 1939, S. 777

= Trierenberg: „Organisation und Entwicklung des Kraftverkehrs der Deutschen Reichsbahn", ZMEV 1939, S. 199

= Wanner: „Die Verkehrspolitik der Eidgenossenschaft im Umbruch", VW 1939, S. 253

Warning: „Gleisanschluß oder Straßenfahrzeug?", VT 1939, S. 233

= Woelck: „Die Privat- und Kleinbahnen und ihre Motorisierungsmaßnahmen", VT 1939, S. 529

1939   Züger: „Der Straßenbahn-, Omnibus- und Obusbetrieb in Zürich",
        VT 1939, S. 326
        „A simplified goods rate classification in Uruguay designed to place
        rail and road transport on an equality" (mit Karte), Gaz 1939-I,
        S. 217
        „Branch line closure in France" (m. Karte), Gaz 1939-I, S. 903
1940 = Remy: „Grundlagen der Exportwirtschaft für die kolonialafrikani-
        schen Verkehrsbetriebe", Annalen 1940, S. 35

Wasserstraße / Eisenbahn

1858 = „Der Rhein-Elbe-Canal", Z 1858, S. 21
1884   v. Borries: „Ueber die Frachtkosten auf Eisenbahnen und Kanälen",
        Z 1884, S. 298
     = Taaks: „Ueber die jetzige Lage der Binnenschiffahrt in Deutschland",
        Z 1884, S. 976
1885 * v. Nördling: „Die Selbstkosten des Eisenbahntransportes und die
        Wasserstraßenfrage in Frankreich, Preußen und Oesterreich", Ver-
        lag A. Hölder, Wien 1885 — Bespr. Z 1885, S. 604
      * Sympher: „Transportkosten auf Eisenbahn und Kanälen", Verlag
        Ernst & Korn, Berlin 1885 — Bespr. Z 1885, S. 666
1887   v. Borries: „Transportkosten auf Eisenbahnen und Kanälen", Z 1887,
        S. 290
1891 = Geck: „Der Rhein-Weser-Elbe-Kanal und seine Bedeutung für die
        Industrie", Z 1891, S. 1291
1918   Kummer: „Der Kraftbedarf der Schiffstraktion und der Bahn-
        traktion im Wettbewerb", Schweiz. Bauzeitung 1918-I, S. 75
1920   Helm: „Wasserstraßen oder Eisenbahnen?", VT 1920, S. 417 und
        1922, S. 18
1921   Helm: „Die Wasserstraßen und Eisenbahnen in volkswirtschaftlicher
        Beziehung", VW 1921, S. 115 u. 125
        Sanzin: „Widerstandverhältnisse bei der Förderung auf Wasser-
        straßen und Eisenbahnen", Lok 1921, S. 1, 30 u. 46
1924 = Teubert: „Untersuchungen über die Bauwürdigkeit der zwischen dem
        Ruhrgebiet und den deutschen Seehäfen geplanten Kanalverbin-
        dungen", Werft-Reederei-Hafen 1924, S. 313
1925   Plate: „Die Beziehungen des Hansakanals zu den Eisenbahnen und
        den Hansestädten", VW 1925, S. 138
1926   v. d. Leyden: „Der Großschiffahrtskanal des Staates Newyork und
        die Eisenbahnen", ZVDEV 1926, S. 993
      *„Wasserstraßen und Eisenbahn", Sonderausgabe der Berliner Börsen-
        zeitung 1926
1927 * Giese: „Eisenbahn- oder Wasserstraßenförderung?", Verlag der VT,
        Berlin 1927-I
     = v. Kienitz: „Neue Wasserstraßen", ZVDEV 1927, S. 65
1928   Giese: „Die Preisbildung bei der Eisenbahn und bei der Binnen-
        schiffahrt", ZVDEV 1928, S. 281

1929   Offenberg: „Wasserstraßen und Eisenbahnen", RB 1929, S. 350
           *„Binnenschiffahrt und Reichsbahn", Selbstverlag des Zentralvereins
           für deutsche Binnenschiffahrt e. V., Berlin 1929

1930 =   Engel: „Verkehr und Landwirtschaft", RB 1930, S. 1237
           Spieß: „Eisenbahn und Binnenschiffahrt", RB 1930, S. 691

1931   Petersen: „Reichsbahn und Binnenschiffahrt", VT 1931, S. 113

1932   * Heyenbrock: „Die Vereisung der deutschen Binnenwasserstraßen
           1928/29 und ihre Wirkung auf die Deutsche Reichsbahn", Verlag
           Aug. Baader, Münster 1932
           Runkel: „Der Kampf zwischen Wasserstraßen und Eisenbahnen in
           Nordamerika", Annalen 1932-I, S. 69

1936 =   Gährs: „Die Bedeutung der Wasserstraßen für das deutsche Ver-
           kehrswesen", VW 1936, S. 579
           Pertot: „Wettbewerb zwischen Bahn und Schiffahrt in Jugoslawien",
           ZMEV 1936, S. 705

1937 =   Gährs: „Die Binnenschiffahrt und ihre Zusammenarbeit mit den
           übrigen Verkehrsmitteln im deutschen Verkehr", VW 1937, S. 389
      =   Koenigs: „Binnenhäfen und Binnenschiffahrt", VW 1937, S. 377
           Nagel: „Die Binnenhäfen und Schienenbahnen in ihrer verkehrs-
           wirtschaftlichen Zusammenarbeit", VW 1937, S. 541
           Risch: „Grenzlängen im Wettbewerb zwischen Binnenschiffahrt und
           Eisenbahn", Zeitschrift für Verkehrswissenschaft 1937, Heft 1
      =   Wintgen: „Das betriebliche Zusammenarbeiten der Verkehrsmittel
           in den Rhein-Ruhr-Häfen", RB 1937, S. 844

1938 =   Ahrens: „Die verkehrswirtschaftliche Rückgliederung Oesterreichs:
           Die Donau im künftigen Reichs-Wasserstraßennetz", Stahl und
           Eisen 1938, S. 730
      =   Arp: „Der Mittellandkanal und seine Verkehrsbedeutung", VW
           1938, S. 85
      =   Grafe: „Zur Vollendung des Mittellandkanals", ZMEV 1938, S. 803
      =* Linden: „Der Einfluß von Frachtgestaltung und Verkehrswegen auf
           den Absatz der Ruhrkohle", «Verkehrswissenschaftliche Forschun-
           gen aus dem Verkehrs-Seminar an der Westf. Wilhelms-Universität
           zu Münster i. W.,» Heft 12, Wirtschafts- u. Sozialwissenschaft-
           licher Verlag E. V., Münster (Westf.) 1938 — Bespr. RB 1938,
           S. 366
      —   Most: „Die deutschen Wasserstraßen", ZMEV 1938, S. 431
      =   Schlegel: „Verkehrs- und tarifpolitische Fragen im Güterverkehr
           auf der Donau", ZMEV 1938, S. 503
           Wanner: „Rheinschiffahrt und Schweizerische Bundesbahnen", ZMEV
           1938, S. 460
           „Vom Eisenbahn- und Flußverkehrswesen in UdSSR (statistisch)",
           ZMEV 1938, S. 573
      =   „Neuere Entwicklungen in der Binnenschiffahrt", VW 1938, S. 543

1939   Steffler: „Abkommen über eine Verkehrsteilung zwischen der Eisen-
           bahn und der Rheinschiffahrt", ZMEV 1939, S, 397 — Revue
           1939-II, S. 124

1940   Paszkowski: „Zusammenarbeit zwischen Reichsbahn und Binnen-
           schiffahrt", ZMEV 1940, S. 67

Luftverkehr / Eisenbahn

1924=   Mader: „Betrachtungen über Flugzeugbau", Z 1924, S. 1041

1925=   Reynold: „Die neue Luftfahrnote und die Wirtschaftlichkeit des Luftverkehrs"; VT 1925, S. 831

1926=   Baumgarten: „Entwicklung und Möglichkeiten im Flugverkehr", RB 1926, S. 430

   =   Rühl: „Verkehrstechnische Bedingungen des Luftverkehrs", VW 1926, Heft 14

1928   Joseph: „Flugeisenbahnverkehr", RB 1928, S. 953 — ZVDEV 1928, S. 169

         Sommerlatte: „Das Verhältnis der Reichsbahn zu anderen Verkehrsmitteln, insbesondere zum Luftverkehr", RB 1928, S. 640

   =   Rühl: „Wirtschaftlichkeit des Luftverkehrs", Z 1928, S. 1059

1929—   Pirath: „Forschungsergebnisse des Verkehrswissenschaftlichen Instituts für Luftfahrt an der Technischen Hochschule Stuttgart", Verlag Oldenbourg, 1929

   =   Rieppel: „Wirtschaftlichkeitszahlen einiger Flugzeuge", Z 1929, S. 1513

1930   Baumann: „Flugeisenbahnverkehr", ZVDEV 1930, S. 967

=*   Meyer: „Flugdienst von heute", Verlag der Verkehrswissenschaftlichen Lehrmittel-G. m. b. H. bei der Deutschen Reichsbahn", Berlin 1930

—*   Pirath: „Preisbildung und Subventionen im Luftverkehr", Heft 3 der «Forschungsberichte des Verkehrswissenschaftlichen Instituts für Luftfahrt an der Techn. Hochschule Stuttgart», Verlag Oldenbourg, München 1930

1931—   Pirath: „Entwicklungsgrundlagen des Luftverkehrs in den Vereinigten Staaten von Nordamerika", VW 1931, S. 73

  —   Pirath: „Ziele im Luftverkehr", Magazin der Wirtschaft 1931, S. 422

   =   Wronsky: „Die Zusammenarbeit des Flugzeuges mit den übrigen Verkehrsmitteln", VW 1931, S. 499

1933=   Orlovius: „Schnellflugdienst", VW 1933, S. 664

   =   Pirath: „Der Schnellverkehr in der Luft und seine Auswirkung auf den Schnellverkehr der übrigen Verkehrsmittel", VW 1933, S. 658

         „Co-ordinated air-rail express brings fast service to entire country". Age 1933-I, S. 477

1936=   Pirath: „Lage und Entwicklung des Luftverkehrs (u. a. Sicherheitsfaktor gegenüber Eisenbahn, Anteil am Verkehr)", ZMEV 1936, S. 827

   =   Porger: „Wirtschaftlichkeit des Schnellverkehrs in der Luft", Z 1936, S. 1230

1937—   Pirath: „Der Luftverkehr als technisches und wirtschaftliches Problem", ZMEV 1937, S. 635

1938=   Arthurton: „Australian air services and developments", Gaz 1938-II, S. 780

1939=* Altmann: „Die Zusammenarbeit des Luftverkehrs mit anderen Verkehrszweigen", Bd. 14 «Neue Deutsche Forschungen», Verlag Junker u. Dünnhaupt, Berlin 1939. — Bespr. ZMEV 1939, S. 864

Ferngas / Eisenbahn

1906 — „Gasfernwerk in Aurora, Jll.", Z 1906, S. 924
1925 — Starke: „Gasfernleitung", Z 1925, S. 538
1927 Landsberg: „Die Bedeutung der Gasfernversorgung für die Deutsche Reichsbahn", ZVDEV 1927, S. 349
1928 Charitius: „Gasfernversorgung und Reichsbahn", ZVDEV 1928, S. 197
— Elvers: „Zur Ferngasfrage", Z 1928, S. 869
1929 — Lempelins: „Gasfernversorgung", Annalen 1929-II, S. 121
1930 —* Kemper: „Gasfernversorgung", Verlag Wilh. Knapp, Halle (S.) 1930
Kieckhoefer: „Ferngas und Eisenbahn", ZVDEV 1930, S. 1224
„Die Ferngasversorgung als Lebensfrage des deutschen Eisenbahners", Lok 1930, S. 52
1931 — Malamud: „Ferngasleitungen", Z 1931, S. 131
1935 — Vieler: „Ferngas an der Saar", Z 1935, S. 137
1937 — Segelken: „Großraumwirtschaft in der deutschen Gasversorgung", Verlag R. Oldenbourg, München und Berlin 1937
— „Gaswirtschaft in USA: Ferngasnetz", Z 1937, S. 104
1938 — „Plan eines deutschen Gasringnetzes", Archiv für Wärmewirtschaft 1938, S. 82
1939 — „Kosten der Gasfortleitung in der Großgasversorgung", Archiv für Wärmewirtschaft 1939, S. 222

Ölfernversorgung / Eisenbahn

1936 — Meischner: „Vom Bau der Ölleitungen von Mesopotamien zum Mittelmeer", Z 1936, S. 133
1937 — van Diermen: „Moderne Verlegung einer Öl-Rohrleitung durch den Urwald von Sumatra", Öl und Kohle 1937, S. 1001

DIE EISENBAHNEN DER ERDE

Allgemein

* Jahrbuch „The Universal Directory of Railway Officials and Railway Year-Book", Verlag The Directory Publishing Company Limited, London

1922   „Die Eisenbahnen der Erde im Jahre 1920", Z 1922, S. 899

1930   Wulff: „Rückblick auf das Jahr 1929", ZVDEV 1930, S. 1

1933   Wiener: „Über die Zuggeschwindigkeit: Untersuchung der Zuggeschwindigkeit in den einzelnen Ländern (Bahnnetz mit Karten, Fahrzeuge, Lademaße, Zugverbindungen usw.)", Kongreß 1933-1936

1936   „Die Lage der Eisenbahnen im Jahre 1935 gegenüber 1934 und 1933 und ihre finanzielle Entwicklung in den ersten Monaten 1936 (Reichsbahn und Ausland)", RB 1936, S. 1007

„90 Jahre Verein Mitteleuropäischer Eisenbahn-Verwaltungen", Organ 1936, Nr. 22 (Fachheft), S. 441 u. f.

*„Vereinshandbuch des Vereins Mitteleuropäischer Eisenbahn-Verwaltungen", Verlag Springer, Berlin 1936

1937   „Rückblick auf das Jahr 1936", ZMEV 1937, S. 1 u. f.

*„The Railway Handbook 1936—7", Verlag The Railway Publishing Co, Ltd, London 1937 — Bespr. Gaz 1937-II, S. 435

1938   Küchler: „Die Eisenbahnen der Erde", Archiv für Eisenbahnwesen 1938, S. 265

„Die Eisenbahnen der Erde (Gesamtlängen)", Zeitschrift für den internationalen Eisenbahnverkehr 1938, Heft 11 (Nov.) — ZMEV 1938, S. 1008

„Rückblick auf das Jahr 1937", ZMEV 1938, S. 1 u. f.

1939   „Rückblick auf das Jahr 1938", ZMEV 1939, S. 1 u. f.

1940   „Erste Eisenbahnen im Ausland", Lok 1940, S. 12

„Rückblick auf das Jahr 1939", ZMEV 1940, S. 91 u. f.

Die deutschen Bahnen / allgemein

1895   „Deutschlands Eisenbahnen im Betriebsjahre 1893/94", Z 1895, S. 519

1931 =* Baumann: „Deutsches Verkehrshandbuch", Deutsche Verlagsges. m. b. H., Berlin 1931 — Bespr. ZVDEV 1931, S. 451

„Die Eisenbahnen des Deutschen Reiches im Jahre 1928", Archiv für Eisenbahnwesen 1931, S. 183

1935   * „Deutsches Eisenbahn-Adreßbuch", 18. Aufl., Verlag H. Apitz GmbH., Berlin 1935

1936   Kittel: „Die Einheit der deutschen Eisenbahnen als Grundlage einer gesamtdeutschen Verkehrspolitik", VW 1936, S. 610

=   Koenigs: „Der Monopolgedanke im Verkehrswesen", VW 1936, S. 615

Wehrspan: „Die privaten Bahnen in der deutschen Verkehrswirtschaft", VW 1936, S. 627

„90 Jahre Verein Mitteleuropäischer Eisenbahn-Verwaltungen", Organ 1936, Nr. 22 (Fachheft), S. 441 u. f.

* Vereinshandbuch des Vereins Mitteleuropäischer Eisenbahnverwaltungen", Verlag Springer, Berlin 1936

1940 = * Pohl u. Strommenger: „Handbuch der öffentlichen Verkehrsbetriebe 1940", Verlag der VT, Berlin 1940 — Bespr. Galle: VT 1940, S. 191

Die Deutsche Reichsbahn / allgemein

1920   v. Moellendorf: „Reichseisenbahn", Z 1920, S. 293

1922   „Die Notlage der Reichsbahn", Z 1922, S. 1066

1924   Wernekke: „Die «Deutsche Reichsbahn»", Annalen 1924-I, S. 118

1926   Blum: „Reichsbahn und Wirtschaft", RB 1926, S. 136
         Heinrich: „Gegenwartsfragen der Deutschen Reichsbahn", RB 1926, S. 166
         Oeser: „Die Umstellung der Reichsbahn", RB 1926, S. 154

1927   Gaier: „Die Wirtschaftlichkeit in der Verwaltung der Deutschen Reichsbahn", RB 1927, S. 430

1928   Ottersbach: „Beschaffung von Normteilen bei der Reichsbahn", Maschinenbau 1928, S. 249

1929   Baumgarten: „Wiederaufbau der Reichsbahn im Personenverkehr", RB 1929, S. 855
         Dorpmüller: „Gegenwart und Zukunft der Reichsbahn", RB 1929, S. 109
         Utermann: „Der Lokomotivbedarf der DRG", Maschinenbau 1929, S. W 85
         *„Merkbuch für Werkstudenten und Reichsbahnbauführer im Lokomotivfahrdienst", herausgegeben vom Verkehrszentralamt der Deutschen Studentenschaft, Darmstadt 1929

1930   * Baumann: „5 Jahre Deutsche Reichsbahn-Gesellschaft", Verlag Hackebeil AG., Berlin 1930 — Bespr. RB 1930, S. 850
         Baumann: „Die DRG nach dem Young-Plan", VW 1930, S. 173
         Dorpmüller: „Zur Lage der Reichsbahn", RB 1930, S. 382
         Jacobi: „Der Bau neuer Bahnen seit Gründung der DRG", RB 1930, S. 491
         Kittel: „Die Länder und die Verreichlichung", RB 1930, S. 306
         Kronheimer: „Reich und Eisenbahnen in der Nachkriegszeit", ZVDEV 1930, S. 33
         * Sarter u. Kittel: „Was jeder von der Deutschen Reichsbahn-Gesellschaft wissen muß", Verlag der Verkehrswissenschaftl. Lehrmittel-G. m. b. H. bei der Deutschen Reichsbahn, Berlin 1930 (3. Auflage)
         Spieß: „Die Deutsche Reichsbahn im Wettbewerb mit anderen Verkehrsmitteln", ZVDEV 1930, S. 910
         Stieler: „Vor 10 Jahren", RB 1930, S. 302

1931 = * Baumann: „Deutsches Verkehrsbuch", Deutsche Verlagsges. m. b. H., Berlin 1931
         Homberger: „Die Reichsbahn in der Wirtschaftskrise", RB 1931, S. 1164
         * Sarter-Kittel: „Die Deutsche Reichsbahn-Gesellschaft, ihr Aufbau und ihr Wirken", 3. Auflage, Deutsche Verlags-G. m. b. H. — Verkehrswissenschaftliche Lehrmittelges. m. b. H. bei der DRB, Berlin 1931

1931   * Wolf: „Die Deutsche Reichsbahn und ihre Beziehungen zu aus-
         ländischen Bahnen", Verlag der Verkehrswissenschaftlichen Lehr-
         mittelges. m. b. H. bei der DRB, Berlin 1931 — Bespr. RB 1931,
         S. 197
         „Die Bedeutung der Reichsbahndirektion Breslau", VW 1931, S. 504
         „Die Deutsche Reichsbahn im Vergleich mit Eisenbahnen des Aus-
         landes", RB 1931, S. 1104
1932   Baumgarten: „Die Umstellung des Kursbuchwesens bei der Reichs-
         bahn", RB 1932, S. 402
         Katter: „Die Deutsche Reichsbahn und ihre Wettbewerber in der
         deutschen Verkehrswirtschaft", RB 1932, S. 223
         Leibbrand: „Gegenwartsaufgaben im Reichsbahnbetrieb", RB 1932,
         S. 478
1933   Anger: „Stand und Ziele der Fahrzeugwirtschaft der Deutschen
         Reichsbahn", RB 1933, S. 315
         * Hammer: „Die Reichsbahn als Auftraggeberin der Wirtschaft",
         VWL 1933
1934   Dorpmüller: „Schwebende Reichsbahnfragen", RB 1934, S. 1167
         Goedecke: „Die Wirtschaftsführung der Reichsbahn", Annalen
         1934-II, S. 85
         Leibbrand: „Maßnahmen für die Verkehrsbeschleunigung", RB
         1934, S. 241
         Meyer: „Die Steigerung der Reisegeschwindigkeit schnellfahrender
         Züge zum Sommer 1934", RB 1934, S. 910
         *„Die Reichsbahn motorisiert", herausgegeben von der Deutschen
         Reichsbahn zur Internationalen Automobil- und Motorrad-Aus-
         stellung Berlin 1934
         „Wirtschaftsführung und Finanzwesen der DRG", Verlag VWL 1934
1935   Emmelius: „Das Beschaffungswesen bei der Deutschen Reichsbahn",
         Z 1935, S. 1268
         Fuchs: „Die neuere Entwicklung des Lokomotivbaues bei der Deut-
         schen Reichsbahn", RB 1935, S. 1296
         * Hammer: „Reichsbahn und Wirtschaft", RB 1935, Sonderaus-
         gabe, S. 67
         Lindermayer: „Die nationale Rohstoffwirtschaft und die Deutsche
         Reichsbahn", Annalen 1935-I, S. 35
         Oltersdorf: „Eisenbahnfragen in Verbindung mit der Rückkehr des
         Saarlandes zum Reich", Z 1935, S. 945
         „Die Geschwindigkeiten der deutschen Schnellzüge 1935/36" (Tabel-
         len), RB 1935, S. 1133
         „Die Reichsbahn im Jahre 1934", RB 1935, S. 6 — Z 1935, S. 404
         *„Dem Reich wir dienen auf Straßen und Schienen", herausgegeben
         von der Deutschen Reichsbahn zur Internationalen Automobil-
         und Motorrad-Ausstellung Berlin 1935
         *„Die Deutsche Reichsbahn im Jahre 1935", RB 1935, Sonderausgabe
         *„Hundert Jahre deutsche Eisenbahnen", herausgegeben von der Haupt-
         verwaltung der Deutschen Reichsbahn, VWL Berlin 1935. —
         2. Aufl. 1938
1936   Busch: „Probleme der Finanzwirtschaft bei der DRB", RB 1936,
         S. 1113

Kleinmann: „Stellung und Aufgabe der Reichsbahn im national-
sozialistischen Staat", RB 1936, S. 999
Leibbrand: „Fortschritt und Wirtschaftlichkeit im Schienenverkehr",
Z 1936, S. 349
„Die Lage der Eisenbahnen im Jahre 1935 gegenüber 1934 und 1933
und ihre finanzielle Entwicklung in den ersten Monaten 1936"
(Reichsbahn und Ausland), RB 1936, S. 1007
„Geschwindigkeit der deutschen Schnellzüge 1936/37", RB 1936, S. 863

1937 * Göbel: „Die Bewältigung des modernen Güterverkehrs durch die
Deutsche Reichsbahn", Verlag Carl Nieft, Bleicherode 1937 —
Bespr. VW 1938, S. 378
Jaeger: „Neuregelung der Reichsbahn-Reklame", RB 1937, S. 566
Jaeger: „Die Werbetätigkeit der Reichsbahn: Wirtschaftswerbung
auf Reichsbahngebiet", Zentralblatt der Bauverwaltung 1937, S. 819
Kehl: „Zum Geschäftsbericht der Deutschen Reichsbahn über das
Geschäftsjahr 1936", ZMEV 1937, S. 883
Kleinmann: „Wirtschaftliche Gegenwartsfragen der Deutschen Reichs-
bahn", VW 1937, S. 41
  I. „Welche Stellung hat die Deutsche Reichsbahn innerhalb
    der Staats- und Wirtschaftsverfassung des Dritten
    Reiches?", VW 1937, S. 42
  II. „Welcher Sinn und welche Ziele schweben der Reichsbahn
    bei ihren Verkehrsaufgaben vor?", VW 1937, S. 73
* Leibbrand: „Die Entwicklung des Reichsbahnbetriebes in neuerer
Zeit", Beihefte der Rhein-Mainischen Wirtschafts-Zeitung, Schrif-
tenreihe der Wirtschaftskammer Hessen, Verlag H. L. Brönners
Druckerei, Frankfurt/Main 1937 — Bespr. RB 1937, S. 692
Müller-Hillebrand: „Filmarbeit bei der Reichsbahn", Annalen
1937-II, S. 157
= Reinbrecht: „Nahverkehrsfragen des Ruhrbezirkes", ZMEV 1937,
S. 533
Röttcher: „Der Hochbau der Deutschen Reichsbahn im 1. Vier-
jahresplan", VW 1937, S. 497
Schubert: „Die Reichsbahn betriebsökonomisch?" ZMEV 1937, S. 441
Sommerlatte: „Verkehrsfragen", ZMEV 1937, S. 513
Treibe: „Wandlungen in der Struktur des Reichsbahnverkehrs",
ZMEV 1937, S. 319
Trierenberg: „Haus-Haus-Verkehr der Deutschen Reichsbahn", RB
1937, S. 582
Wiener: „Ueber die Zuggeschwindigkeit: XX. Deutschland", Kon-
greß 1937, S. 1451 u. 1897
„Der Neuaufbau der Reichsbahn", RB 1937, S. 141
„Die Deutsche Reichsbahn im Jahre 1936", RB 1937, S. 5
„Geschäftsbericht der Deutschen Reichsbahn über das 12. Geschäfts-
jahr 1936", Organ 1937, S. 226 — Annalen 1937-II, S. 48
„Rückblick auf das Jahr 1936" (Reichsbahn und Ausland), ZMEV
1937, S. 1 u. f.

1938 Ahrens: „Eisenbahn und Eisenindustrie", Stahl und Eisen 1938,
S. 1001
Busch: „Die Wirtschaftslage der Deutschen Reichsbahn in ihrer Ent-
wicklung seit 1933", VW 1938, S. 165

1938   Emmelius: „Das Beschaffungswesen der Deutschen Reichsbahn",
ZMEV 1938, S. 99

Fritze: „Die Flucht in die Fahrpreisermäßigungen", ZMEV 1938, S. 201

Grospietsch: „Schönheit und Zweck des Reichsbahnplakates", RB
1938, S. 582

Kittel: „Zum Übergang der Österreichischen Bundesbahnen auf das
Reich", RB 1938, S. 273

Kruchen: „Das Hoheitszeichen des Dritten Reiches bei der Deutschen Reichsbahn", RB 1938, S. 521

Prang: „Gegenwartsfragen der Finanzpolitik der Deutschen Reichsbahn", RB 1938, S. 348

* Sarter: „Was jeder von der Deutschen Reichsbahn wissen muß",
6. Aufl., Verlag VWL, Berlin 1938

* Treibe: „Reichsbahnverkehrsprobleme unter dem Vierjahresplan",
Verlag Hanseatische Verlagsanstalt AG, Hamburg 1938 — Bespr.
VW 1938, S. 464

„Die Deutsche Reichsbahn im Jahre 1937", RB 1938, S. 4 — ZMEV
1938, S. 415

„5 Jahre Aufbauarbeit der Deutschen Reichsbahn (statistisch)",
ZMEV 1938, S. 279 — RB 1938, S. 308

„Verkehrswirtschaftliche Aufgaben der Deutschen Reichsbahn in
Großdeutschland", Lok 1938, S. 170

*„Reichsbahn-Handbuch 1937", VWL Leipzig 1938

1939   Charitius: „Die wirtschaftliche Bedeutung des Reichsbahndirektions-
bezirkes Regensburg", RB 1939, S. 545

Couvé: „Reisen und Schauen" (RB-Werbehefte), RB 1939, S. 825

Eisele: „Die Entwicklung des Verkehrs im Bezirk der Reichsbahndirektion Halle und der Einfluß des Vierjahresplanes auf den
Verkehr", VW 1939, S. 157

Grospietsch: „Gedanken zur Reichsbahnwerbung", ZMEV 1939, S. 611

Kehl: „Investitionen und Finanzen. — Betrachtungen zur Ertrags-
lage der Reichsbahn im Jahre 1938", ZMEV 1939, S. 423

Keller: „Wirtschaft und Verkehr im Bezirk der Reichsbahndirektion
Oppeln", RB 1939, S. 854

Leibbrand: „Leistungen des Reichsbahnbetriebes", VW 1939. S. 141

Lorenz: „Das Abnahmewesen der Deutschen Reichsbahn", Annalen
1939, S. 247

= Overmann: „Reichsbahn und Reichsautobahn", ZMEV 1939, S. 371

* Sarter u. Kittel: „Was jeder von der Deutschen Reichsbahn wissen
muß", 7. Aufl., VWL Leipzig 1939

Thomas: „5 Jahre Reichsbahn-Werbeamt für Personen- und Güterverkehr", RB 1939, S. 650

„Das vergrößerte Netz der Reichsbahn und ihr Verkehrszuwachs
1938/39 im Spiegel der Statistik", RB 1939, S. 330

„Die Reichsbahn im Jahr 1938", Bahn-Ing. 1939, S. 51 — RB 1939,
S. 3

*„Die Wirtschaft im neuen Deutschland in Einzeldarstellungen
23. Folge: Deutschland auf Schienen", Beilage zu «Der Deutsche
Volkswirt», Berlin, vom 26. Mai 1939

„Truth about German Rys:
1. Meeting about abnormal traffic demands", Mod. Transp.
20. Mai 1939, S. 3
2. Effect of rearmament and fortifications", Mod. Transp.
27. Mai 1939, S. 11

1940 Lehner: „Normung und Typisierung bei der Deutschen Reichsbahn",
ZMEV 1940, S. 296
Prang: „Der Jahresabschluß 1939 der DRB", ZMEV 1940, S. 291 —
RB 1940, S. 223 — VW 1940, S. 153 (Stumpf)

Bemerkenswerte Ereignisse

1927 Krümmel: „Der neue Eisenbahnweg durch das Wattenmeer nach
Westerland-Sylt", ZVDEV 1927, S. 557
1928 „Der Rheingold-Zug", RB 1928, S. 493
1934 Hoffmann: „Die Reichsbahndirektion Hannover und die Braunen
Messen", RB 1934, S. 1246
1935 Grabski: „Bildberichte vom Bau der Berliner Nordsüd-S-Bahn",
RB 1935, S. 704 — 1936, S. 131 u. 595 — 1937, S. 480 — 1938, S. 58
„Reichsbahn und Reichsparteitag der Freiheit", RB 1935, S. 986
1936 Luther: „Bedeutung des Rügendammes für den deutsch-skandinavischen Reisezugdienst", VW 1936, S. 563
Müller-Hillebrand: „Die Reichsbahn auf der Ausstellung »Deutschland«", RB 1936, S. 613 — ZMEV 1936, S. 652 (u. a. 2 A-Cramp-
ton-Lok. «Pfalz» 1853)
Schnell: „Reichsbahn und Olympiade", VW 1936, S. 699
„Zur Eröffnung des Eisenbahnbetriebes über den Rügendamm am
5. Oktober 1936", RB (Fachheft) 1936, S. 819 u. f.
= „Der Berliner Nahverkehr während der XI. Olympischen Spiele 1936",
VT 1936, Heft 21, S. 525 u. f.
1937 Brückner: „Die Brücke über den Ziegelgraben im Zug des Rügen-
dammes", Bautechnik 1937, S. 45
Kreß: „Die Brückenbauten des Rügendammes", VW 1937, S. 25
Winkler: „Erfahrungen mit Schüler-Sonderzügen", RB 1937, S. 866
Zetzsche und Schumann: „Die Reichsbahn im Dienst der Leipziger
Messen", RB 1937, S. 822
1938 von Altrock: „Leipziger Frühjahrsmesse 1938 und Deutsche Reichs-
bahn", RB 1938, S. 320
Marschner: „Die deutsch-tschechoslowakischen Korridore", ZMEV
1938, S. 909
Müller-Hillebrand: „Die Reichsbahn im Sudetenland — Ein Film
der Reichsbahn-Filmstelle", RB 1938, S. 1139
Nippe: „Von der Schmalspur zur Vollspur: Der Ausbau der Müglitz-
talbahn", ZMEV 1938, S. 689 — Bahn-Ing. 1939, S. 331 — RB
1939, S. 434 (Schmidt) — Organ 1939, S. 185 (Potthoff)
„Ausstellung »100 Jahre Staatsbahn — Land zwischen Harz und
Heide«", RB 1938, S. 923
„Die Hundertjahrfeier der Berlin-Potsdamer Eisenbahn", RB 1938,
S. 923 und 941
„Die Reichsbahn im Dienste der Wahlpropaganda", RB 1938, S. 358

1938   „Einweihung der neuen Rheinbrücken bei Speyer und Maxau", RB
         1938, S. 314 und 427
         „Feier zum Baubeginn des Schnellbahnnetzes in München in An-
         wesenheit des Führers am 22. Mai 1938", RB 1938, S. 571
         „Feierliche Einweihung der Strecke Langenhagen-Celle", RB 1938,
         S. 595 — HH Dezember 1938, S. 71
         „Großarbeitsbeginn zur Umgestaltung Berlins", RB 1938, S. 632
         „The new frontiers of Czechoslovakia (mit Karte)", Gaz 1938-II, S. 903
1939   Frohne: „Die Grundlagen für den vollspurigen Ausbau der Schmal-
         spurlinie Heidenau-Altenberg", Organ 1939, S. 154
         Potthoff: „Bau und Betrieb beim vollspurigen Ausbau der Linie
         Heidenau-Altenberg", Organ 1939, S. 185
         Schmidt: „Der Umbau der Schmalspurbahn Heidenau-Altenberg im
         Osterzgebirge auf Vollspur", RB 1939, S. 434
         Zissel u. Sack: „Die Reichsbahn und die Westbefestigungen", RB
         1939, S. 628 — VW 1939, S. 313 (Zissel)
         „Die Eisenbahndirektion Posen im Einsatz für Führer, Volk und
         Vaterland", RB 1939, S. 953
         „Die Hundertjahrfeier der ersten Deutschen Staatsbahn Braun-
         schweig—Wolfenbüttel", RB 1939, S. 60
         „Feierliche Grundsteinlegung zum Haus der Reichsbahn auf dem
         Gelände der Internationalen Verkehrsausstellung Köln 1940",
         RB 1939, S. 213

Aus der Vorgeschichte

1877   Buresch: „Die schmalspurige Eisenbahn von Ocholt nach Wester-
         stede (Oldenburg)", Zeitschr. des Architekten- und Ingenieur-Ver-
         eins zu Hannover 1877, S. 253 — HN 1916, S. 163
1882   *„Die Felda-Bahn — Schmalspurige Secundär-Bahn im Großherzogtum
         Sachsen-Weimar", Verlag Theodor Ackermann, München 1882 —
         Bespr. Z 1882, S. 356
1889   Bissinger: „Die Höllenthalbahn", Organ 1889, S. 95, 133, 219 —
         Z 1890, S. 121
1895   Froitzheim: „Die Kleinbahnen mit bes. Berücksichtigung der Meck-
         lenburg-Pommerschen Schmalspurbahn", Annalen 1895-II, S. 153
1901   „Die Entwicklung des preußischen Eisenbahnwesens", Z 1901, S. 522
1909   „Reconstruction de la gare de Stuttgart et de ses abords" (m. Grund-
         rissen), Revue 1909-II, S. 143
1912   * Schulze: „Die ersten deutschen Eisenbahnen Nürnberg-Fürth und
         Leipzig-Dresden", Voigtländers Quellenbücher, Band 1, R. Voigt-
         länders Verlag, Leipzig 1912
1916   „Die Kleinbahn Ocholt-Westerstede und ihre Betriebsmittel", HN
         1916, S. 163
1923   „Die Schwarzwaldbahn", Annalen 1923-II, S. 103
1926   *„75 Jahre Lübeck-Büchener Eisenbahn", LBE-Druck, Lübeck 1926
1927   Engelhardt: „Die Umstellung des Betriebes auf die Steilstrecke
         Erkrath-Hochdahl (Aufhebung d. Seilbetriebs)", ZVDEV 1927, S. 176
1928   Joseph: „40 Jahre Hauptpersonenbahnhof Frankfurt a. Main",
         ZMEV 1928, S. 916
         „Traditionsfeier bei der Reichsbahn", RB 1928, S. 69

1929   „25 Jahre Oberschlesischer Schmalspurbahnbetrieb", RB 1929, S. 490
        „Entwicklung des Schmalspurbahnamtes Beuthen", RB 1929, S. 497
        Nagel: „Die Höllentalbahn", RB 1929, S. 781
1930   Pohl: „Die Eisenbahnen im Hessischen Berg- und Hügelland", Ar-
        chiv für Eisenbahnwesen 1930, S. 615
        Schaper: „Die über die großen deutschen Ströme führenden Eisen-
        bahnbrücken", RB 1930, S. 526 (Rhein) — 1931, S. 203 (Elbe),
        519 (Oder), 766 und 786 (Weser)
1931   „Zum 25jährigen Bestehen des Hauptbahnhofes Hamburg", RB 1931,
        S. 1121
1932   Pokorny: „Die sächsischen Schmalspurbahnen — Entstehung und
        Betrieb", RB 1932, S. 790
        Steinbrink: „Bahnhofsbauten einst und jetzt (Erfurt, Weimar usw.)",
        RB 1932, S. 692
        „40 Jahre D-Züge", RB 1932, S. 211
        *„50 Jahre Berliner Stadtbahn", Otto Elsner Verlags-GmbH, Ber-
        lin 1932
        „90 Jahre Hamburg-Bergedorf", RB 1932, S. 411
1933   * Oberreuter, Margarete: „Die Eisenbahnen in Württemberg", Ver-
        öffentlichung des Geographischen Seminars der T. H. Stuttgart,
        Verlag Fleischhauer & Spohr, Stuttgart 1933
        Wiegels: „90 Jahre Eisenbahndirektion Hannover (Von der Han-
        noverschen Staatsbahn zur Deutschen Reichsbahn)", RB 1933, S. 186
        „The Black Forest Ry, Germany", Loc 1933, S. 118
1934   Dassau: „50 Jahre Brandleitetunnel", RB 1934, S. 966
        Fischer: „25 Jahre Eisenbahn-Fährverbindung Saßnitz-Trelleborg",
        RB 1934, S. 656
        „90 Jahre Altona-Kiel", RB 1934, S. 829
        „80 Jahre Eisenbahnen in Schleswig", RB 1934, S. 1074
        „70 Jahre Lübeck-Lüneburg", RB 1934, S. 254
        „60 Jahre Hamburg-Köln", RB 1934, S. 490
1935   Derikartz: „Die Entwicklung der Eisenbahnen im rheinisch-westf.
        Industriegebiet im 1. Eisenbahn-Jahrhundert", ZMEV 1935, S. 1001
        und 1029
        * Ewald: „125 Jahre Henschel", herausgegeben von der Henschel &
        Sohn AG, Kassel 1935 (S. 186: Die Eisenbahnen im Kurfürsten-
        tum Hessen)
        Gretzschel: „Die Ausgrabung des Oberauer Tunnels bei km 93 der
        Linie Leipzig-Dresden", RB 1935, S. 126
        Ott: „Zur Fertigstellung des Ausbaues der Felda-Bahn", RB 1935,
        S. 720
        Remy: „Ideenwandel und Persönlichkeit in der Deutschen Eisen-
        bahngeschichte", Z 1935, S. 1212
        * Sommer: „100 Jahre Deutsche Eisenbahnen", RB 1935, Sonder-
        ausgabe S. 9
        *„40 Jahre Reichsbahndirektion Kassel", als Manuskript gedruckt von
        der RBD Kassel 1935
        *„40 Jahre Reichsbahndirektion Münster", herausgegeben von der
        RBD Münster 1935
        „Bahnhof Braunschweig 1850 (Bild)", RB 1935, S. 1220
        „Bahnhof Stuttgart mit Drehscheibe, 1867", RB 1935, S. 1088

1935   „Kurhessische Genehmigungsurkunde der Frankfurt-Hanauer-Bahn", RB 1935, S. 847

„Oldenburgs Eisenbahnen", RB 1935, S. 66

*„Hundert Jahre Deutsche Eisenbahnen", herausgeg. von der Hauptverwaltung der Deutschen Reichsbahn, VWL Berlin 1935. — 2. Aufl. 1938

1936   Dassau: „90 Jahre Thüringische Stammbahn", RB 1936, S. 1064

Overmann: „Zum 90jährigen Bestehen der Berlin-Hamburger Bahn", RB 1936, S. 1055 — ZMEV 1936, S. 1000

Sarter: „Ein Jahr deutsche Saareisenbahnen", RB 1936, S. 178

1937   Eccardt: „Die Auflösung der Reichsbahndirektion Ludwigshafen", RB 1937, S. 382

Falck: „100 Jahre Empfangsgebäude der sächsischen Eisenbahnen", Organ 1937, S. 195

Friebe: „Erinnerungsschau «100 Jahre Leipzig-Dresdner Eisenbahn» in Leipzig", RB 1937, S. 504

Kreck: „40 Jahre Reichsbahndirektion Mainz", RB 1937, S. 317 — ZMEV 1937, S. 263

Overmann: „Die Hannoverschen Staatseisenbahnen (1843—1866)", Archiv für Eisenbahnwesen 1937, S. 303

Schmidt: „100 Jahre Leipzig-Dresdner Eisenbahn", ZMEV 1937, S. 308 — RB 1937, S. 430

Schmitt u. Mümpfer: „50 Jahre Höllentalbahn" (m. Karte), ZMEV 1937, S. 601

„The Berlin-Hamburg Ry", Gaz 1937-II, S. 280

1938   Düesberg: „Zur Verreichlichung der Lübeck-Büchener Eisenbahn", VT 1938, S. 145

Gerteis: „Aus dem Leben einer Privatbahn. — Zur Verstaatlichung der Lübeck-Büchener Eisenbahn-Gesellschaft", ZMEV 1938, S. 217

Grospietsch: „50 Jahre Hauptbahnhof Frankfurt a. M.", RB 1938, S. 806

Jüsgen: „99 Jahre Eisenbahnhochbau im Bezirk der Reichsbahndirektion Köln", Organ 1938, S. 176

Kraiger: „100 Jahre Eisenbahn Braunschweig-Wolfenbüttel", RB 1938, S. 1160

Lohse: „Zur Jahrhundertfeier der Berlin-Potsdamer Eisenbahn", RB 1938, S. 912 und 941 — VW 1938, S. 465

Metzeltin: „Erinnerungen an die Anfänge der Braunschweigischen Eisenbahn", Annalen 1938-II, S. 307

Müller-Freiburg: „Aus der Baugeschichte des Heidelberger Hauptbahnhofes", RB 1938, S. 694

Overmann: „Die Eisenbahnen Schleswig-Holsteins bis zur Verstaatlichung", Archiv für Eisenbahnwesen 1938, S. 49

* Siebenbrot: „Die Braunschweigische Staatseisenbahn 1838—1938", herausgegeben von der Reichsbahndirektion Hannover, Verlag E. Appelhans & Co., Braunschweig 1938

Stroebel: „90 Jahre Bahnhofshalle München", RB 1938, S. 124

Stumpf: „Die Entstehung des preußischen Eisenbahngesetzes vom 3. November 1838. — Ein Beitrag zur deutschen Eisenbahngeschichte", RB 1938, S. 1056 — ZMEV 1938, S. 832 — VT 1938, S. 493 (Kayser) — VW 1938, S. 549

Wessel, Leonore: „Geschichte der Kurhessischen Eisenbahnpolitik"
(m. Schriftquellen-Verzeichnis), Archiv für Eisenbahnwesen 1938,
S. 1131 und 1373
Woltering: „Das Eisenbahngesetz vom 3. November 1938", VW
1938, S. 549
„Rückblicke: Verspätete Lokomotivlieferungen", Lok 1938, S. 41
„Verstaatlichung der Münchener Localbahn", ZMEV 1938, S. 499
„Zum 25jährigen Bestehen des neuen Geschäftsgebäudes der Reichs-
bahndirektion Köln", RB 1938, S. 447

1939   Alzen: „100 Jahre Eisenbahn Köln-Müngersdorf", RB 1939, S. 779
Aschenbrenner: „Zur Baugeschichte der Taunusbahn", RB 1939, S. 1011
Frohne: „Die sächsischen Schmalspurbahnen", Organ 1939, S. 141
Hennig: „Aelteste deutsche Fernbahn (Leipzig-Riesa-Dresden) 100
Jahre im Betrieb", ZMEV 1939, S. 303 — RB 1939, S. 379
Kreck: „Bahn- und Straßenbau bei Bacharach", RB 1939, S. 1039
Rehberger: „Die Lokomotiven der Eisenbahn-Schiffbrücken über den
Rhein", Lok 1939, S. 53 u. 86
„100-Jahrfeier der Eisenbahn Düsseldorf-Erkrath", RB 1939, S. 89
*„Deutsche Verkehrsgeschichte", herausgegeben vom Reichsverkehrs-
ministerium, Bd. I/1—2 (Geschichte der Bahnen Berlin-Potsdam,
Braunschweig-Wolfenbüttel, Düsseldorf-Erkrath), Konkordia-Ver-
lag, Leipzig 1939. — Bespr. ZMEV 1939, S. 815

1940   Marschner: „Die Hohe-Venn-Bahn wieder deutsch", RB 1940, S. 281

100 Jahre deutsche Eisenbahnen

1922   Kreutzer: „Am Grabe der ersten deutschen Eisenbahn", HN 1922,
S. 199
1934   Schwarzenstein: „Centenary and development of the German rail-
ways", Gaz 1934-I, S. 305
1935   Aldinger: „Das Verkehrsmuseum Nürnberg im Rahmen der Jubi-
läumsfeier", ZMEV 1935, S. 601
* Beckh: „Deutschlands Erste Eisenbahn Nürnberg-Fürth. — Fest-
schrift zur Jahrhundertfeier", J. L. Schrag Verlag, Nürnberg 1935
Birkel: „Der Bau der ersten deutschen Eisenbahn", Organ 1935,
S. 482
Hennch: „Die erste deutsche Eisenbahn Nürnberg-Fürth", ZMEV
1935, S. 534
* Hennch: „Ein Jahrhundert Deutsche Eisenbahnen", Verlag Quelle u.
Meyer, Leipzig 1935
Klensch: „Die Lokomotive «Adler» der ersten deutschen Eisenbahn",
Organ 1935, S. 486
* Matchoß: „100 Jahre deutsche Eisenbahn", Technik-Geschichte
Bd. 24, VDI-Verlag, Berlin 1935, S. 1 (m. Schriftquellen!)
* Metzeltin: „Die Lokomotive feiert mit das 100jährige Bestehen der
Deutschen Eisenbahn", VDI-Verlag, Berlin 1935
Dr. Müller: „Hundert Jahre Eisenbahnen in Bayern", Bayerische
Wirtschaftszeitung 1935
Remy: „100 Jahre deutscher Schienenweg", ZMEV 1935, S. 551
* Schulz: „Die Ludwigsbahn — Die erste deutsche Eisenbahn", Biblio-
graphisches Institut Leipzig 1935

1935 * Sommer: „100 Jahre Deutsche Eisenbahnen", RB 1935, Sonder-
ausgabe, S. 9
Stumpf: „England, das Mutterland des Eisenbahnwesens, und die
erste deutsche Eisenbahn", Archiv f. Eisenbahnwesen 1935, S. 851
Uebelacker: „Die Ausstellung «100 Jahre deutsche Eisenbahn» in
Nürnberg", RB 1935, S. 955 — VT 1935, S. 413
„Hundert Jahre deutsche Eisenbahn", Deutsche Technik 1935, S. 624
*„Hundert Jahre Deutsche Eisenbahnen", herausgegeben von der
Hauptverwaltung der Deutschen Reichsbahn, VWL Berlin 1935. —
2. Aufl. 1938
*„Die Deutsche Reichsbahn im Jahre 1935", Sonderausgabe d. RB 1935
*„100 Jahre Eisenbahn in den Fliegenden Blättern", Verlag Braun u.
Schneider, München 1935
*„100 Jahre Eisenbahn", Sonderheft 7 des Bilderatlas zu den deutschen
Lesebüchern, herausgegeben v. d. Württ. Milchverwertung AG.,
Stuttgart 1935
„100 Jahre deutsche Eisenbahn: Die Parade vor dem Führer am 7.
und 8. Dezember 1935 in Nürnberg", HH Dez. 1935, S. 88. —
ZMEV 1935, S. 1065 — Organ 1935, S. 491
„Hundert Jahre Deutsche Eisenbahnen: Die Hauptdaten der Tech-
nischen Entwicklung", Organ 1935, S. 477
„Ueberblick über die Jubiläumsschau der Deutschen Reichsbahn",
Organ 1935, S. 264
„The first public ry in Germany", Gaz 1935-II, S. 150
„The German Railways Centenary", Loc 1935, S. 282

1936 „Die Jahrhundertfeier der deutschen Eisenbahnen", VW 1936, S. 2
„Ueberblick über die zur 100jährigen Gedenkfeier der ersten deutschen Eisenbahn erschienenen Literatur", Lok 1936, S. 225 und
1937, S. 48, 110 und 180

vorm. Österreichische Bundesbahnen und Sudetenland
einschl. Vorgeschichte

1925 „Die österreichische Eisenbahn-Jahrhundertfeier", Lok 1925, S. 21
1926 „Die «Holz- und Eisenbahn» Budweis-Linz-Gmunden", Lok 1926,
S. 21
1933 * Solvius: „Der Weg zur Neuordnung der Oesterreichischen Bundesbahnen", Verlag Springer, Wien 1933
1934 Feiler: „Zwei kostbare Denkmale aus der Frühzeit des Österreichischen Eisenbahnwesens", ZMEV 1934, S. 846
1937 Feiler: „Aus den Kinderjahren des Dampfeisenbahnbetriebes: Zum
Gedenktag der ersten öffentlichen Probefahrt in Österreich",
ZMEV 1937, S. 811
Steiner: „Österreichs Bahnen niederer Ordnung", VT 1937, S. 304
1938 = Feiler: „Die Entwicklung des Verkehrswesens in der Ostmark",
VW 1938, S. 369
Feyl: „Die erste Dampfeisenbahn in Österreich", Organ 1938, S. 2
Finger: „Finanzfragen der ehemaligen Oesterreichischen Bundes-
bahnen", RB 1938, S. 608
Garbeis: „Franz Xaver Riepl, der Vorkämpfer für Oesterreichs
Dampfeisenbahnen", ZMEV 1938, S. 150

Hardt: „Ueberblick über die Organisation und über statistische Zahlen der in die Deutsche Reichsbahn eingegliederten «Oesterreichischen Bundesbahnen»", RB 1938, S. 275

Kittel: „Zum Uebergang der Oesterreichischen Bundesbahnen auf das Reich", RB 1938, S. 273

„Die Deutsche Reichsbahn in der Ostmark. — Ihre Leistungen seit der Uebernahme der ehemaligen Oesterr. Bundesbahnen am 18. März 1938", Lok 1938, S. 130

„Geschäftsbericht der ehemaligen Oesterreichischen Bundesbahnen für das Jahr 1937", ZMEV 1938, S. 1002

„Geschichtliche Erinnerungen an die Kaiser-Ferdinands-Nordbahn", ZMEV 1938, S. 242

„Technische und volkswirtschaftliche Bedeutung der Oesterreichischen Bundesbahnen", Lok 1938, S. 102

„Early development of the Austrian Südbahn", Gaz 1938-I, S. 587

1939   Feiler: „Die geschichtliche Entwicklung der Sudetendeutschen Eisenbahnen im Habsburgerstaate", VW 1939, S. 33

    * Kargl: „70 Jahre Brennerbahn", Heft 6 der «Blätter für Geschichte der Technik», Verlag Springer, Wien 1939. — Bespr. ZMEV 1939, S. 865 — Z 1940, S. 196

Schmidt: „Die Deutsche Reichsbahn im Sudetengau", ZMEV 1939, S. 501

1940   Birk: „Die bau- und betriebstechnische Bedeutung der ersten Eisenbahnen in den Sudetenländern", VW 1940, S. 91

    * Birk: „Der große Gedanke. — Fügung und Schicksal um die erste Schienenbahn des europäischen Festlandes", Otto Elsner Verlagsges., Berlin-Wien-Leipzig 1940 — Bespr. RB 1940, S. 179

Feiler: „Franz Anton Ritter von Gerstner", RB 1940, S. 134 — Lok. 1940, S. 59

Reichsbahn und Polenfeldzug

1939   Möbus: „Der jetzige Zustand des Verkehrswesens im ehemaligen Polen", VT 1939, S. 500

Haeseler: „Erkundung und Wiederherstellung der Eisenbahnen des von der Deutschen Wehrmacht besetzten polnischen Gebietes während der Kampfhandlungen", RB 1939, S. 946

Joachimi: „Der erste Aufbau der Eisenbahndirektion Lodsch", RB 1939, S. 1007

Pferner: „Auf Erkundungsfahrt in Polen", RB 1939, S. 992

Pirath: „Kurzer Ueberblick über die von der Reichsbahndirektion Oppeln in Ostoberschlesien und im Olsagebiet geleistete Aufbauarbeit", RB 1939, S. 948

Zissel u. Sack: „Die Reichsbahn und die Westbefestigungen", RB 1939, S. 628 — VW 1939, S. 313 (Zissel)

Schaper: „Zerstörung und Wiederherstellung von Eisenbahnbrücken und Tunneln im ehemaligen Polen", ZMEV 1939, S. 817

1940 = Dorpmüller: „Verkehrsaufbau im Osten", VW 1940, S. 47

Marschner: „Gleis- und Weichenbauzüge bei der Wiederherstellung zerstörter Strecken im polnischen Gebiet", Bahn-Ing. 1940, S. 2

Reichsbahn - Schiffsdienst

1931   van Hees: „Die Schiffsbetriebe der Deutschen Reichsbahn", RB 1931, S. 398

1935   Nagel: „Der Reichsbahn-Schiffsdienst auf dem Bodensee in seiner Entwicklung", RB 1935, S. 1167

1936   Flemming: „Neuerungen im Schiffspark der Deutschen Reichsbahn", VW 1936, S. 261

1937   Graßl: „«Karlsruhe» und «Schwaben», die neuen Dieselmotorschiffe der Deutschen Reichsbahn für den Bodensee', RB 1937, S. 630
        Nagel: „Betriebs- und Verkehrszahlen von der Reichsbahn-Schiffahrt auf dem Bodensee", RB 1937, S. 604
        „100 Jahre Bodensee-Dampfschiffahrt in Bayern", ZMEV 1937, S. 900
        — RB 1937, S. 1121

Die deutschen Privat- und Kleinbahnen

1869   „The Broelthal Valley Ry" (m. Karte), Engg 1869-I, S. 165

1895   „Die Forster Stadteisenbahn", Annalen 1895-II, S. 54

1914   „Die Halberstadt-Blankenburger Eisenbahn. — Rückblick auf 40 Betriebsjahre", Annalen 1914-I, S. 227

1925   „Verzeichnis der Straßenbahnen, Nebenbahnen und Privateisenbahnen", VT 1925, S. 516

1926   Stein: „Uebersicht über die Hamburgischen Bahnanlagen und ihre Erweiterungen", Z 1926, S. 801

1928   *„Eutin-Lübecker Eisenbahn-Ges.", Industrie und Handel, Band 48, Transatlantische Verlagsanstalten Wilh. Raue, Berlin 1928
        *„Halberstadt-Blankenburger Eisenbahn-Ges.", Industrie und Handel, Band 51, Transatlantische Verlagsanstalten Wilh. Raue, Berlin 1928
        *„Handbuch der deutschen Straßenbahnen, Kleinbahnen und Privateisenbahnen sowie der angeschlossenen Kraftbetriebe", Verlag der VT, Berlin 1928

1930   Mumme: „Die deutschen Privateisenbahnen im Verein Deutscher Eisenbahn-Verwaltungen", VT 1930, S. 457
        Rieländer: „Die Betriebsformen der Privateisenbahnen", VT 1930, S. 481
        Wißmann: „Die deutschen Privateisenbahnen des allgemeinen Verkehrs", ZVDEV 1930, S. 961

1936 = *„Handbuch der öffentlichen Verkehrsbetriebe 1936", Verlag der VT, Berlin 1936. — Ausgabe 1940: Bespr. VT 1940, S. 191 (Galle)
        „The Weimar-Berka-Blankenhain Ry, Germany", Loc 1936, S. 327

1938   v. Galléra: „Das Netz der deutschen Privat- und Kleinbahnen vor dem Kriege und heute", VT 1938, S. 393

1939   v. Galléra: „Die Privat- und Kleinbahnen des Altreichs nach der Statistik des Jahres 1937", VT 1939, S. 186
        Grospietsch: „Die Hohenzollernsche Landesbahn", Archiv f. Eisenbahnwesen 1939, S. 709.

    =   Woelck: „Die Privat- und Kleinbahnen und ihre Motorisierungsmaßnahmen", VT 1939, S. 529

Europäisches Ausland
ohne England und Frankreich

1869   „The ry system of Holland" (m. Karte), Engg 1869-I, S. 394

1904   Bencke: „Eine neue Alpenbahn in den Schweizer Alpen: St. Moritz-Davos", Lok 1904, S. 62

1909   „The Bergen and Christiania Ry" (m. Karte), Engg 1909-II, S. 843

1911   van der Rydt: „Recent Belgian ry development", Gaz 1911-I, S. 391

1912   Martin: „The Rys of Greece" (m. Karte), Gaz 1912-I, S. 242, 298, 447 und 593
   „The Spanish railway system in 1912", Gaz 1912-II, S. 323

1921   v. Kelety: „Die verstümmelten ungarischen Staatseisenbahnen", Lok 1921, S. 119

1923   „Die Eisenbahnen Polens", Lok 1923, S. 68
   * Boag: „The railways of Spain", Verlag Gaz 1923

1924   Wiener: „Les chemins de fer de Bulgarie", Revue 1924-I, S. 243 u. f.

1929   Abél: „Päpstliches Eisenbahnwesen", Waggon- u. Lokbau 1929, S. 119
   *„Jubiläumsbuch der Staatsbahnen des Königsreiches Jugoslawien", Druckerei Vreme, Belgrad 1929

1930   „Die Eisenbahnen Spaniens", ZVDEV 1930, S. 638 — Mod. Transport 26. April 1930, S. 3

1935   „Centenary of the Belgian Rys", Gaz 1935-I, S. 777
   „Railway developments in Norway", Gaz 1935-II, S. 594

1936   Paszkowski: „Die schwedischen Privatbahnen und der Staatsbahngedanke in Schweden", ZMEV 1936, S. 932

1937   * Arnaoutovitch: „Histoire des Chemins de Fer Yougoslaves 1835 à 1937", Verlag Dunod, Paris 1937 — Bespr. ZMEV 1938, S. 819
   Granholm u. Schaefer: „Die Entwicklung der Schwedischen Staatsbahnen im Zeitraum 1932—1936", El. Bahnen 1937, S. 156
   Knutzen: „Die Modernisierung der Dänischen Staatsbahnen", ZMEV 1937, S. 157
   Ludewig: „Die Eisenbahnen Griechenlands in den Jahren 1932 bis 1934", Archiv für Eisenbahnwesen 1937, S. 447
   Nitschke: „Die Schweizerischen Bundesbahnen im Jahre 1935", Archiv für Eisenbahnwesen 1937, S. 399
   Paszkowski: „Die Dänische Staatsbahn unter besonderer Berücksichtigung der Geschäftsjahre 1934/35 und 1935/36", Archiv für Eisenbahnwesen 1937, S. 409

1938   v. Renesse: „10 Jahre Nationale Gesellschaft der Belgischen Eisenbahnen", ZMEV 1938, S. 457
   Wanner: „50 Jahre Schweizerische Brünigbahn", ZMEV 1938, S. 477
   „Die Entwicklung der schwedischen Privatbahnen im Jahre 1937", ZMEV 1938, S. 771
   „Latvia State Rys expansion" (m. Karte), Gaz 1938-II, S. 114
   „Poland-Lithuania: The Trans-frontier railways", Gaz 1938-I, S. 795. — ZMEV 1938, S. 371
   „Rhaetian Ry anniversaries", Gaz 1938-II, S. 82
   „Silver jubilee of the Lötschberg Ry" (m. Karte), Gaz 1938-II, S. 136
   „The new Dupnitza-Gorna Djumaya Ry, Bulgaria" (m. Karte), Gaz 1938-I, S. 302
   „The railways of Czechoslovakia" (m. Karten), Gaz 1938-II, S. 563

1938   *„50 Jahre Bulgarische Staatsbahnen", Sofia 1938 — Bespr. Kongreß
        1939, S. 1003
1939   Clavuot: „50 Jahre Rhätische Bahn", ZMEV 1939, S. 843
        Kieschke: „Die Eisenbahnen Lettlands in den letzten 5 Jahren",
        · ZMEV 1939, S. 394
        Overmann: „100 Jahre Eisenbahnpolitik in den Niederlanden",
        ZMEV 1939, S. 693
        Reitsma: „Zum hundertjährigen Bestehen der Niederländischen
        Eisenbahnen", Organ 1939, S. 369
        Sgureff: „Das 50jährige Bestehen der Bulgarischen Staatseisen-
        bahnen", ZMEV 1939, S. 525
        *„50 Jahre Rhätische Bahn. — Festschrift 1889—1939", Buchdruckerei
        Davos AG., Davos-Platz 1939. — Bespr. ZMEV 1939, S. 785
        „Die Belgische Landeskleinbahnges. im Jahre 1938", ZMEV 1939, S. 659
  = *„Festschrift zum 50jährigen Bestehen des Verbandes Schweizerischer
        Transportanstalten", 1939. — Bespr. VT 1939, S. 507
        „Karte der bulgarischen Bahnen mit Unterscheidung der Spur-
        weiten", Gaz 1939-I, S. 578
1940   Heeckt: „Die Verstaatlichung der Schwedischen Privatbahnen", ZMEV
        1940, S. 315
        Sommer: „Die Ofotenbahn, der norwegische Teil der Erzbahn", VW
        1940, S. 151
        Tosti: „Zum 100jährigen Bestehen der italienischen Eisenbahnen",
        ZMEV 1940, S. 325
        „The Lapland Iron-Ore Ry", Gaz 1940-I, S. 571, 606, 612

England einschl. Irland

1871   Spooner: „The Festiniog Ry", Engg 1871-II, S. 419 u. 1884-II, S. 283
1875   „Our ry system" (statistisch), Engg 1875-II, S. 275
        „The 18 inch ry at Chatam, Royal Dockgard", Engg 1875-I, S. 1 u. f.
1894   „The West Highland Ry" (m. Karte), Engg 1894-II, S. 63 u. f.
1913   Bennett: „The last broad gauge ry and locomotive", Gaz 1913-I, S. 613
        „The Jubilee of the Metropolitan Ry", Gaz 1913-I, S. 47
        „75 anniversary of the GWR", Gaz 1913-I, S. 698
1925   *„Railway Centenary" (Uebersicht über die 4 großen englischen Bahn-
        netze), Loc 1925, Ergänzungsband. — Revue 1925-I, S. 100
        (Peschaud)
1935   „One hundred years of the GWR", Loc 1935, S. 292
        *„Great Western Ry: Special Centenary Number", Supplement to Gaz
        1935, Aug. 30
1936   „Centenary of the Festiniog Ry" (m. Karte), Gaz 1936-I, S. 808 —
        ZMEV 1936, S. 926
1937   Pennoyer: „Ein Jahrhundert englische Westbahn", Lok 1937, S. 137,
        157, 186
        Wernekke: „Die Eisenbahnen Frankreichs, Englands und der Ver-
        einigten Staaten im Jahre 1936", Annalen 1937-II, S. 57
        „Die britischen Eisenbahnen im Jahre 1936", ZMEV 1937, S. 495
        „Great Northern Ry Company, Ireland", Gaz 1937-I, S. 391 — Gaz
        1938-I, S. 496

     „Great Southern Rys Company", Gaz 1937-I, S. 508
     „Great Western Ry Company", Gaz 1937-I, S. 386 und 1938-I, S. 378
     „London and North Eastern Ry Company", Gaz 1937-I, S. 502 —
        Gaz 1938-I, S. 490
     „London, Midland and Scottish Ry", Gaz 1937-I, S. 444 und 1938-I,
        S. 538
     „Southern Ry Company", Gaz 1937-I, S. 438 und 1938-I, S. 426
1938   * Kidner: „British Light Railways", London: The Oakwood Press 1938.
       — Bespr. Gaz 1939-I, S. 7. — Loc 1939, S. 28
     Wernekke: „Einiges von den englischen Eisenbahnen", Annalen
        1938-II, S. 247
     „Die britischen Eisenbahnen im Jahre 1937", ZMEV 1938, S. 435
1939   Wernekke: „Die britischen Eisenbahnen im Jahre 1938", ZMEV
        1939, S. 561
     „Great Northern Ry Company, Ireland", Gaz 1939-I, S. 382
     „Great Southern Rys Company (Ireland)", Gaz 1939-I, S. 435
     „London & North Eastern Ry Company", Gaz 1939-I, S. 426
     „London, Midland and Scottish Ry Company", Gaz 1939-I, S. 372
     „Southern Ry Company", Gaz 1939-I, S. 366
     „Railway services in the Isle of Wight", Mod. Transp. 24. Juni 1939,
        S. 21 u. f.
     „Southampton and the Southern Railway", Mod. Transp. 17. Juni
        1939, Sonderausgabe, S. 1—32
     „The Centenary of the Eastern Counties Rys", Loc 1939, S. 203

Frankreich und Kolonien

1889   „The «Decauville» Ry, Paris Exhibition", Engg 1889-I, S. 479 u. 662
1909   Godfernaux: „Note sur les chemins de fer de l'Indo-Chine" (m.
        Karte), Revue 1909-I, S. 395 und II, S. 13
     Godfernaux: „Note sur les chemins de fer de l'Afrique occidentale
        française", Revue 1909-II, S. 193, 275 und 1910-I, S. 11 [S. 193:
        Dakar—St. Louis. — S. 275: Chemin de fer de Kayes au Niger. —
        S. 11: Ligne de Cotonou au Niger]
1910   Godfernaux: „Note sur le Chemin de Fer de Brickaville à Tana-
        narive (Madagascar)", Revue 1910-I, S. 177
     „French ry development since 1905", Gaz 1910-II, S. 697
1911   Bloch: „Les chemins de fer français de 1905 à 1910", Revue 1911-II,
        S. 153
1917   „Von der Gafsa-Bahn (Tunis)", Schweiz. Bauzeitung 1917-II, S. 202
1925   Dorr: „The Paris, Lyon & Mediterranean Ry", Baldwin Oktober
        1925, S. 41
1930   „Die PLM-Bahn in Algerien", ZVDEV 1930, S. 650. — Gaz 1930-I,
        S. 447
     „Map of French State Ry system", Gaz 1930-II, S. 667
1931   „Les chemins de fer au Maroc", Revue 1931-II, S. 76
1934   „Die Bahnen Indochinas", Revue 1934-II, S. 54
     „Les Chemins de Fer Marocains", Revue 1934-II, S. 17 — Gaz
        1935-I, S. 438
1935   „The railway systems of Marocco", Gaz 1935-I, S. 438

1937   Metzeltin: „Die Transsaharabahn", Annalen 1937-I, S. 13
        Wernekke: „Die Eisenbahnen Frankreichs, Englands und der Ver-
            einigten Staaten im Jahre 1936", Annalen 1937-II, S. 57
        „Die französischen Eisenbahnen im Jahre 1936", ZMEV 1937, S. 846
        „Die Neuordnung im französischen Eisenbahnwesen", ZMEV 1937,
            S. 709
        *„Les Chemins de Fer Français", herausgegeben zur Internationalen
            Ausstellung Paris 1937, Druck Danel, Lille 1937
        „The Fianorantsoa-Mankara Ry, Madagascar", Gaz 1937-I, S. 664
        „Another tunnel through the Vosges", Gaz 1937-II, S. 279
        *„The railways of France", Gaz Supplement: International Ry Con-
            gress, Paris 1937, S. 1
1938   Riboud: „L'exploitation des grands réseaux de chemins de fer fran-
            çais de 1884 à 1937" (m. Karten, statistisch), Revue 1938-II,
            S. 139
        Stumpf: „Die Neuordnung des französischen Eisenbahnwesens",
            VW 1938, S. 101 — ZMEV 1938, S. 516 und 581 — 1939, S. 343
        „Die Satzung und das Lastenheft der Französischen Staatseisenbahn-
            Gesellschaft", ZMEV 1938, S. 826
        „Eisenbahnen in den französischen Kolonien", Lok 1938, S. 49
1939   Closset: „Les Chemins de Fer Algériens", Revue 1939-I, S. 178
        Legoux: „.Cent ans de Banlieue. — La Banlieue Ouest". Revue
            1939-I, S. 243
        „Interchange of sections of line between Western and South Western
            Regions of French National Rys (m. Karte)", Gaz 1939-I, S. 94

Afrika ohne die französischen Besitzungen

1873   „The Soudan Ry" (m. Karte), Engg 1873-I, S. 85, 163 u. f.
1893   „The development of the South African Rys", Engg 1893-II, S. 264,
            294, 324, 502
1905   * Troske: „Die Pariser Stadtbahn", Sonderdruck, Verlag Springer,
            Berlin 1905
1907   „The longest narrow gauge ry in the world: Otavi Ry", Engg 1907-II,
            S. 67
1909   Girouard: „Rys in Nigeria" (m. Karte), Gaz 1909-II, S. 10A
1910   Godfernaux: „Ligne de Djibouti à Addis Abeba" (m. Karte), Revue
            1910-I, S. 385
        „The Sudan Govt Rys", Gaz 1910-II, S. 673
1911   *„Special African Railway Number", Supplement to Gaz, Nov. 1911
1913   „Notes sur les chemins de fer africains" (m. Karten), Revue 1913-I,
            S. 326 und II, S. 14
1914   Harran: „Les chemins de fer agricoles de l'Egypte", (m. Karte),
            Revue 1914-I, S. 313
        „The rys of the Sudan", Gaz 1914-II, S. 98 u. 153
1932   „Les chemins de fer de l'Egypte et du Soudan Anglo-Egyptien",
            Revue 1932-II, S. 452
1934   „New Central African Ry: Congo-Atlantic", Gaz 1934-II, S. 67

1935   „Die Eisenbahn von Djibouti nach Addis Abeba", Organ 1935, S. 373
       — ZMEV 1935, S. 245 — Gaz 1935-II, S. 603 — Revue 1939-I,
       S. 286
       „The Cairo-Suez direct line, Egyptian State Rys", Gaz 1935-II, S. 592
1936   Poultney: „The Railways of South Africa", Loc 1936, S. 50
       „Die Trans-Sudanbahn", VW 1936, S. 116
1937   Metzeltin: „Die Transsaharabahn", Annalen 1937-I, S. 13
       „Die SAR im Jahre 1935/36", ZMEV 1937, S. 715
1939   „Le Chemin de Fer Franco-Ethiopien de Djibouti à Addis Abeba",
       Revue 1939-I, S. 286

Amerika / Nordamerika einschl. Kanada und Neufundland

1875   „The Underground Railway of New York", Engg 1875-1, S. 149, 161,
       193, 234, 248, 319
1877   „The Pennsylvania Rr", Engg 1877-I, S. 1 u. f.
1886   „The Queen City of the Plains: The Denver Meeting of the Ame-
       rican Society of Civil Engineers" (Amerikanisches Eisenbahn-
       wesen), Engg 1886-II, S. 173 u. f.
1892   * Büte u. von Borries: „Die nordamerikanischen Eisenbahnen in tech-
       nischer Beziehung", Kreidel's Verlag, Wiesbaden 1892
1893   „The World's Columbian Exposition, Chicago 1893: Pennsylvania Rr,
       New York Central Rr, Erie Rr, Baltimore & Ohio Rr", Engg
       1893-I, S. 503 u. f.
1906   Asselin u. Collin: „Notes de voyage en Amerique", Revue 1906-I,
       S. 226 und 1906-II, S. 3
1909   „Le Busch Terminal Railway Company de New York", Revue 1909-I,
       S. 131
1934   Thompson: „Notes on railway travel in Canada", Loc 1934, S. 318
       Wernekke: „Die Eisenbahnen der Vereinigten Staaten um die
       Jahreswende 1932/33", Annalen 1934-I, S. 44
1935   „Newfoundland Government Lines", Gaz 1935-II, S. 414
1936   „Die Eisenbahnen der Vereinigten Staaten von Amerika im Jahre
       1935", ZMEV 1936, S. 962
1937   Düesberg: „Auf langer Fahrt durch Kanada", VW 1937, S. 54
   =   Hardt: „Beobachtungen aus dem Verkehrswesen der Vereinigten
       Staaten von Nordamerika", VW 1937, S. 269
       „Die Eisenbahnen der Vereinigten Staaten von Amerika im Jahre
       1936", ZMEV 1937, S. 803
1938   Livesay: „Vancouver to Calgary on the footplate, Canadian Pacific
       Rr", Loc 1938, S. 244
       Wernekke: „Die Eisenbahnen der Vereinigten Staaten von Amerika
       im Jahre 1937", ZMEV 1938, S. 943
       „The Canadian Railways: Unification or co-operation?" (m. Karte),
       Gaz 1938-II, S. 115
1939   Gormley: „A. A. R. view of R. R. capacity", Age 1939-II, S. 526
       Schwering: „Die Eisenbahnen Amerikas zu Beginn des Jahres 1939",
       VW 1939, S. 137

1939   Wernekke: „Die Eisenbahnen der Vereinigten Staaten von Amerika
        im Jahre 1938", ZMEV 1939, S. 683
        „Economic preparation for war", Age 1939-II, S. 429
        „Railroads not ready for war even if U. S. stays out", Age 1939-II,
        S. 331

Amerika / Südamerika

1909   „The railways at Tucuman, Argentina", Gaz 1909-II, S. 607
1911   Wiener: „Les chemins de fer du Brésil", Revue 1911-II, S. 273,
        359 u. f.
1930   Bazley: „The railways of South America. — A brief survey", Loc
        1930, S. 30
1932   Schneider: „Die Kordillerenbahnen Südamerikas", Organ 1932,
        S. 381

Amerika / Mittelamerika

1892   „The interoceanic rys of Central America", Engg 1892-II, S. 235 u. f.
1910   „The Northern and Central Ry systems of Guatemala" Gaz 1910:I,
        S. 418
1938   „The Barbados Govt Rys", (m. Karte), Gaz 1938-I, S. 1001

Asien / allgemein

1935   Radermacher: „Die Eisenbahnen im fernen Osten", VW 1935, S. 373
1937   v. Lochow: „Die Eisenbahnen Ostasiens", ZMEV 1937, S. 407 u. 423

Asien / Britisch-Indien

1874   „Indian State Rys", Engg 1874-II, S. 19 u. f.
1906   Blum u. Giese: „Die Eisenbahnen Vorderindiens", Z 1906, S. 233 u. f.
1913   Freeman: „The Darjeeling Himalayan Ry", Gaz 1913-II, S. 681
1936   „Indiens Eisenbahnen seit 1914", ZMEV 1936, S. 881
1937   „Die Eisenbahnen Indiens im Jahre 1935/36", ZMEV 1937, S. 920
        „The Wedgwood report on Indian State Rys", Gaz 1937-II, S. 140

Asien / China

1898   „China and its railways" (m. Karte), Engg 1898-I, S. 600
1934   „Railway development in China" (m. Karte), Gaz 1934-II, S. 360
        und 603
1935   Reuleaux: „Die neuere Entwicklung der chinesischen Eisenbahnen",
        Z 1935, S. 1479
        „12 months new railways in China", Gaz 1935-II, S. 732
1936   v. Lochow: „Die Canton-Hankow-Bahn", VW 1936, S. 266 — Gaz
        1936-I, S. 249
        Reichelt: „Chinas Nordsüd-Bahn vor der Vollendung", VW 1936,
        S. 269
1937   v. Lochow: „Die Chekiang-Kiangsi-Bahn", VW 1937, S. 122
        „Peiping-Suiyuan Ry (m. Karte)", Gaz 1937-II, S. 470

1938   v. Lochow: „Das Jahr I des Fünfjahresplanes des Chinesischen
        Eisenbahnministeriums" (m. Karte), ZMEV 1938, S. 324
        v. Lochow: „Zum Hammond-Bericht über die Chinesischen National-
        bahnen", VW 1938, S. 360
        v. Lochow: „Die Kiangnan-Eisenbahn" (m. Karte), VW 1938, S. 424
        „The rehabilitation of China's railways", Loc 1938, S. 11 und 45

Asien / Hinterindien und Malaiischer Archipel

1925   * Reitsma: „Staatsspoor en Tramwegen in Nederlandsch-Indië 1875—
        1925", Topografische Inrichting Weltevreden 1925. — Z 1926,
        S. 57
1926   Krähling: „50 Jahre Staatseisenbahnen in Niederländisch-Indien",
        Z 1926, S. 57
1928   Widdecke: „Niederländisch-Indien, insbesondere Java und seine
        Eisenbahnen", Annalen 1928-II, S. 39
1930   *„De koloniale roeping van Nederland: De Spoor-en Tramwegen in
        Nederlandsch-Indië", N. V. Nederlandsch - Engelsche Uitgevers-
        maatschappij, den Haag 1930
1933   Kandaouroff: „Les Chemins de Fer du Siam", Mémoires de la So-
        ciété des Ingénieurs Civils de France, März/April 1933
1935   Meyer: „Die Siamesischen Staatsbahnen und ihr Umbau von Regel-
        auf Meterspur", VW 1935, S. 65 u. 86
1937   Fürbringer: „Die Transindonesische Eisenbahn, verkehrspolitisch ge-
        sehen", ZMEV 1937, S. 504
        Overmann: „Die Eisenbahnen in Niederländisch-Ostindien in den
        Jahren 1934 und 1935", Archiv für Eisenbahnen 1937, S. 187
1938   „Die Staatseisenbahnen der verbündeten Malaienstaaten", ZMEV
        1938, S. 315

Asien / Japan und Mandschurei

1929 =*„Industrial Japan", herausgegeben vom World Engineering Congress,
        Tokyo 1929 (S. 139: Eisenbahnen in Japan)
1936 = von Renesse: „Die Mandschurei. — Zur jüngsten Entwicklung ihrer
        Wirtschaft, ihrer Verkehrswege und Verkehrsmittel", ZMEV 1936,
        S. 973
        „Manchukuo railway development" (m. Karte), Gaz 1936-I, S. 197
1937   Pausin: „Die Mandschukuo-Staatseisenbahnen", Archiv für Eisen-
        bahnwesen 1937, S. 453
1938   „Die japanischen Eisenbahnen im Geschäftsjahr 1936/37", ZMEV
        1938, S. 423
1939   Wehde-Textor: „Die japanischen Eisenbahnen im Geschäftsjahr
        1936/37", ZMEV 1939, S. 320

Rußland

1870   „The ry system of Russia" (m. Karte), Engg 1870-I, S. 214
1906   Thieß: „Mitteilungen über die Sibirische Eisenbahn", Z 1906, S. 455
1914   „The Amur Railway", Gaz 1914-II, S. 90

1923   Endres: „Die russischen Eisenbahnen 1921—22", Lok 1923, S. 50
1933   * Erofejeff u. Raeff: „Das russische Eisenbahnwesen", Selbstverlag
        Berlin-Lichterfelde-West 1933
1935   * Goldmann: „Red road through Asia", Verlag Methuen & Co, Ltd,
        London 1935 — Bespr. Gaz 1935-I, S. 227
1937   Saller: „Die nördlichste Eisenbahn der Erde: Dudinska-Norilsk
        (Sibirien)", ZMEV 1937, S. 570
        „Der weitere Ausbau des Netzes der Sowjetunion", Lok 1937, S. 64
        und 170
1938 ͵ Fürbringer: „Die russischen Eisenbahnen an der Schwelle des dritten
        Fünfjahresplanes", ZMEV 1938, S. 773
        „Ausgestaltung der Bahnen im russischen Fernen Osten", Lok 1938,
        S. 50
        „Eisenbahnneubau in der Sowjetunion (m. Karte)", ZMEV 1938,
        S. 483
1939   Saller: „Sowjet-Eisenbahnverkehrswesen 1938", ZMEV 1939, S. 283
1940   Weidner: „Die Große Sibirische Eisenbahn", Lok 1940, S. 17 (m.
        Karte)

Südwestliches Asien

1903   „Le Chemin de Fer de Bagdad" (m. Karte), Revue 1903-II, S. 132
        und 1907-II, S. 59
1908   „Le Chemin de Fer du Hedjaz" (m. Karte), Revue 1908-II, S. 42
1920   Heslop: „The Baghdad Ry" (m. Karte), The Eng 1920-II, S. 469,
        523, 551 und 601
1928   „Die Eisenbahnen des Irak (m. Karte)", Z 1928, S. 993
1931   Dieckmann: „Die Sinaibahn", ZVDEV 1931, S. 1175
1934   „The proposed Haifa-Baghdad Ry", Mod. Transp. 19. Mai 1934, S. 3
1935   „The Indo-Iranian Ry" (Persien), Gaz 1935-II, S. 862
        „The Trans-Iranian Section, Iranian (Persian) State Rys", Gaz
        1935-II, S. 145 — Revue 1935-II, S. 253
1936   Grünhut: „Der Eisenbahnbau in Iran" (m. Karte), Schweiz. Bau-
        zeitung 1936-II, S. 251 — ZMEV 1937, S. 106
        „Proposed railway improvements in Palestine", Gaz 1936-I, S. 792
        „The Iraq Railways" (m. Karte), Gaz 1936-I, S. 946 — Engg 1938-I,
        S. 506
1937   „The Transiranian (Persian) Ry", Gaz 1937-I, S. 1112
1938   „Bau der Bagdadbahn", ZMEV 1938, S. 177
        „Die türkischen Eisenbahnen 1934—1936", Lok 1938, S. 105
        „Die türkische Kohlenbahn" (m. Karte), ZMEV 1938, S. 501
        „Railway development in Turkey" (m. Karte), Gaz 1938-II, S. 620
        „The railways of Iraq", Engg 1938-I, S. 506

Australien einschl. Neuseeland

1908   „Les chemins de fer australiens", Revue 1908-I, S. 57 (m. Karte)
1934   Rolland: „Inspection tour on the Victorian Rys", Loc 1934, S. 140
        „North Island main trunk line, New Zealand", Gaz 1934-II, S. 428
1937   „Fern tree gully — Gembrook Section, Victorian Govt Rys, 2 ft
        gauge", Gaz 1937-I, S. 289

FELDEISENBAHNWESEN

1894   „The war locomotive «General»", Engg 1894-I, S. 377
du Riche-Preller: „On strategic mountain rys", Engg 1894-II, S. 572, 627, 657

1896   „Die Tätigkeit unserer Feldeisenbahn-Abteilungen im Kriege 1870/71", Zentralblatt der Bauverwaltung 1896, S. 53

1902   Bauer: „Die Tätigkeit der deutschen Eisenbahntruppen in China 1900/1901", Annalen 1902-I, S. 149

1909   „0-6-2 Tenderlokomotive für die kgl. italienischen Eisenbahntruppen", Lok 1909, S. 19

1912   „Feldbahnlokomotiven für 600 mm Spur (Deutschland und Japan)", Lok 1912, S. 134

1913   * Hille: „Geschichte der preußischen Eisenbahntruppen 1871—1911", Verlag Mittler & Sohn, Berlin 1913

1914   Wernekke: „Die Kriegsleistungen der Eisenbahnen", Annalen 1914-II, S. 91

Longridge: „Rys in time of war", Gaz 1914-I, S. 67

„Les chemins de fer pendant la guerre", Revue Sept. 1914—Juni 1919

1916   „Die Lokomotiven und Eisenbahnen im Nordamerikanischen Bürgerkrieg 1862—1865", Lok 1916, S. 255

1917   „American railways in the Civil War 1861—65", Loc 1917, S. 95

1918   „Military rys in Mesopotamia (Bagdad Ry)", Loc 1918, S. 113

1919   Godfernaux: „Les chemins de fer stratégiques de campagne pendant la guerre 1914—1918", Revue 1919-II, S. 305

1920   Bode: „Das Feldeisenbahnwesen", Annalen 1920-I, S. 88

Epinay: „Gares américaines établies pendant là guerre sur le réseau d'Orléans", Revue 1920-I, S. 329

* Fodermayer, Popper u. Stiepel: „Der deutsche Lokomotivführer im Weltkrieg", «Führer»-Verlags- u. Vertriebs-Ges. m. b. H., Berlin 1920

„Mobile advanced headquarters train for the British Commander in Chief, France 1917", The Eng 1920-II, S. 163

1921   „Die italienischen Eisenbahnen im Kriege", Lok 1921, S. 178
„The Royal Arsenal Rys, Woolwich", Loc 1921, S. 257
„The war devastation of rys in Northern France", Engg 1921-I, S. 778

1925   „Les Chemins de Fer de l'Est et la guerre de 1914 à 1918", Revue 1925-II, S. 462

„GWR broad gauge 4-2-2 locomotive «The Lord of the Isles» bedecked to celebrate the fall of Sebastopol in the Crimean War in 1855", Loc 1925, S. 1

1930   * Heubes: „Das Ehrenbuch des Feldeisenbahners", Verlag Tradition 1930
„The Woolmer Instructional Military Ry", Loc 1930, S. 238

1934   Morris: „The Lydd (Kent) Military Ry and its locomotives", Loc 1934, S. 238

„Locomotives on the Military Camp Ry, Catterick", Loc 1934, S. 150

1936   „Armoured railcars", Loc 1936, S. 152

1937 =* Blum: „Verkehrspolitik und Verkehrswesen als Kriegsmittel der Gegenwart", Militärwissenschaftl. Rundschau 1937, Sonderabdruck Verlag Mittler & Sohn, Berlin 1937

=* Förster: „Verkehrswirtschaft und Krieg", Schriften zur kriegswirtschaftlichen Forschung und Schulung, Hanseatische Verlagsanstalt, Hamburg 1937

*„Krieg auf Schienen", Bd. 8 des Sammelwerkes «Unter flatternden Fahnen», Verlag «Deutscher Wille», Berlin 1937

1938 Meinke: „Beiträge zur frühesten Geschichte des Militär-Eisenbahnwesens", Archiv für Eisenbahnwesen 1938, S. 293 und 679

Radermacher: „Die Bedeutung der modernen Verkehrsmittel im chinesich-japanischen Krieg", VW 1938, S. 57

„Die Militäreisenbahn Zossen-Jüterbog", Lok 1938, S. 54

„War damage to railway buildings in Shanghai", Gaz 1938-I, S. 988

1939 Blum: „Die Bedeutung der Eisenbahn für die Kriegführung", ZMEV 1939, S. 384

* Blum: „Die Bedeutung der Eisenbahn für die Kriegführung mit Ableitung der besonderen Forderungen, die sich hieraus an die Privat- und Kleinbahnen ergeben", Sonderdruck eines Vortrages, gehalten auf der 37. fachwissenschaftlichen Tagung der Betriebsleiter-Vereinigung Deutscher Privateisenbahnen und Kleinbahnen am 4. Nov. 1938 in Hamburg. — Bespr. RB 1939, S. 897

Dost: „Ständige militärische Lazarettzüge", Archiv f. Eisenbahnwesen 1939, S. 737

Haeseler: „Erkundung und Wiederherstellung der Eisenbahnen des von der Deutschen Wehrmacht besetzten polnischen Gebietes während der Kampfhandlungen", RB 1939, S. 946

Joachimi: „Der erste Aufbau der Eisenbahndirektion Lodsch", RB 1939, S. 1007

Kühlwein: „Die Usambarabahn in Deutsch-Ostafrika während des Weltkrieges", VW 1939, S. 108

Marquardt: „Die Eisenbahnen im Dienst der Strategie", Archiv f. Eisenbahnwesen 1939, S. 911

Möbus: „Der jetzige Zustand des Verkehrswesens im ehemaligen Polen", VT 1939, S. 500

Pferner: „Auf Erkundungsfahrt in Polen", RB 1939, S. 992

Pirath: „Kurzer Ueberblick über die von der Reichsbahndirektion Oppeln in Ostoberschlesien und im Olsagebiet geleistete Aufbauarbeit", RB 1939, S. 948

Schaper: „Zerstörung und Wiederherstellung von Eisenbahnbrücken und Tunneln im ehemaligen Polen", ZMEV 1939, S. 817

Zissel u. Sack: „Die Reichsbahn und die Westbefestigungen", RB 1939, S. 628 — VW 1939, S. 313 (Zissel)

„The railway training centre, R. E. Longmoor", Gaz 1939-I, S. 20

1940 „The first mobile ry workshop train, recently completed by the Southern Ry for use with the B. E. F. in France", Gaz 1940-I, S. 463

„Transport in the Maginot Line", Gaz 1940-I, S. 417

Henschel-Lokomotive Fabrik-Nr. 1, der „Drache", geliefert am
29. Juli 1848 an die von Kassel südwärts bis Gerstungen, nach
Norden bis Karlshafen und Haueda führende Hessische
Friedrich-Wilhelms-Nordbahn.

EISENBAHN-BAU UND -BETRIEB

Allgemein

1869   * Heusinger v. Waldegg: „Handbuch für spezielle Eisenbahntechnik", Verschiedene Bände, Verlag Engelmann, Leipzig 1869/75

1873   * v. Weber: „Die Praxis des Baues und Betriebes der Secundärbahnen", Verlag Bernh. Fried. Voigt, Weimar 1873

1878   * Heusinger v. Waldegg: „Handbuch für spezielle Eisenbahn-Technik, 5. Bd.: Bau und Betrieb der Sekundär- und Tertiärbahnen", Verlag Wilh. Engelmann, Leipzig 1878 (m. Schriftquellen-Nachweisen!)

1879   * Lindner: „Die virtuelle Länge und ihre Anwendung auf Bau und Betrieb der Eisenbahnen", Verlag O. Füssli, Zürich 1879 — Bespr. Organ 1879, S. 111

1882   * Hostmann: „Bau und Betrieb der Schmalspurbahnen", Verlag J. F. Bergmann, Wiesbaden 1882

1887   v. Borries: „Reiseeindrücke über englische Eisenbahnen", Z 1887, S. 163

1891   Troske: „Die Londoner Untergrundbahnen", Z 1891, S. 145 u. f.

1892   v. Borries: „Die Eisenbahnen der Vereinigten Staaten von Nordamerika in technischer Beziehung", Z 1892, S. 1393

1893   * Zezula: „Im Bereich der Schmalspur", Verlag Spindler u. Löschner, Serajevo 1893 — Bespr. Organ 1894, S. 84

1897   *„Die Eisenbahntechnik der Gegenwart", 17 Teile in 10 Bänden, C. W. Kreidel's Verlag Wiesbaden/Berlin 1897—1920

1907   * Troske: „Allgemeine Eisenbahnkunde", Verlag Spamer, Leipzig 1907

1919   Monitier: „Note sur quelques-unes des dispositions techniques adopteés pendant la guerre sur le réseau du Nord", Revue 1919-II, S. 253

1929   * Fock: „Le chemin de fer Transsaharien", Société d'Editions Géographiques, Maritimes et Coloniales, Paris 1929

1938   Randzio: „Kolonialbahnen", VW 1938, S. 266
       Richard: „Kleine und kleinste Bahnhöfe", VW 1938, S. 441
       Semke: „Erstrebtes und Erreichtes. — Vom Bau und Betrieb der ehemaligen deutschen Kolonialbahnen", VW 1938, S. 381

1939   Potthoff: „Bau und Betrieb beim vollspurigen Ausbau der Linie Heidenau-Altenberg", Organ 1939, S. 185

Grundlegende Bestimmungen

1925   * Kommerell: „Das neue Achsdruckverzeichnis", Organ 1925, S. 57 — RB 1926, S. 778
       „Umgrenzungsprofile ausländischer Eisenbahnen", Z 1925, S. 733 und 1448
       „L'écartement des voies de chemin de fer dans le monde", Revue 1925-I, S. 238

1927   „Vergleich verschiedener Umgrenzungsprofile", Revue 1927-II, S. 497

1928   Besser: „Die neue Eisenbahn-Bau- und Betriebsordnung", RB 1928, S. 836

1928   * Besser: „Kommentar zur Eisenbahn-Bau- und Betriebsordnung vom
        17. Juli 1928", Verlag VWL, Berlin 1928. — 4. Aufl. 1934 —
        Bespr. RB 1934, S. 1181
        Derikartz: „Die neue Eisenbahnbau- und Betriebsordnung", ZVDEV
        1928, S. 1089
1930   „Neues Umgrenzungsprofil der Italienischen Staatsbahnen", Waggon-
        und Lokbau 1930, S. 410 — Gaz 1933-I, S. 138
        *„Technische Vereinbarungen über den Bau und den Betrieb der
        Hauptbahnen und Nebenbahnen", herausgegeben vom VDEV,
        Verlag Springer, Berlin 1930
1931   Kommerell: „Lademaßüberschreitungen", RB 1931, S. 310
        *„Achsdruckverzeichnis" (Achsdrücke, Achsstände, Lademaße), heraus-
        gegeben von der geschäftsführenden Verwaltung des VDEV, Ver-
        lag Springer, Berlin 1931
1932   Tetzlaff: „Das elektrische Bahnwesen in der deutschen Eisenbahn-
        Bau- und Betriebsordnung", El. Bahnen 1932, S. 197
1933   Besser: „Umgrenzung des lichten Raumes und Begrenzung der
        Fahrzeuge", Organ 1933, S. 441
1935   Baumann: „Der feste Achsstand der Lokomotiven im Wandel der
        Zeiten und Vorschriften", Annalen 1935-II, S. 71
1936   Feyl: „Die Grundlagen der Bestimmungen für die Umgrenzung des
        lichten Raumes", Organ 1936, S. 477
        Meckel: „Begrenzung der Breitenmaße bei Lokomotiven", Organ
        1936, S. 488
        Mertz: „Zur Entstehung und Entwicklung der »Technischen Ver-
        einbarungen«", Organ 1936, S. 444 u. 1940, S. 175 u. f.
1938   Besser: „Straßenbahn-Bau- und Betriebsordnung", Zeitschrift für
        das gesamte Eisenbahn-Sicherungswesen 1938, S. 89
        Friebe: „Die neue Eisenbahn-Verkehrsordnung", ZMEV 1938, S. 841
        Woltering: „Die neue Eisenbahn-Verkehrsordnung und die Klein-
        bahnen", VT 1938, S. 441
1939   * Besser: „Technische Einheit im Eisenbahnwesen, Fassung 1938. —
        Textausgabe mit Erläuterungen", Verlag Wilh. Ernst & Sohn,
        Berlin 1939. — Bespr. ZMEV 1939, S. 881

Spurweite / allgemein

1873   „Narrow gauge railways", Engg 1873-I, S. 87 und 187
        Sandberg: „Swedish railways" (m. Karte «Railway gauges in
        Sweden»), Engg 1873-I, S. 142
1887   Claus: „Die Spurweite der Eisenbahngleise", Z 1887, S. 916
1892   „The last of the broad gauge, GWR", Engg 1892-I, S. 657 und 690 —
        Gaz 1913-I, S. 613 — Loc 1913, S. 280
1893   * Zezula: „Im Bereich der Schmalspur", Verlag Spindler u. Löschner,
        Serajevo 1893 — Bespr. Organ 1894, S. 84
1911   Schmedes: „Die Entwicklung der Meterspur bei den Eisenbahnen
        Argentiniens", VW 1911, S. 393
1916   * Keller: „Die Spurweite der Eisenbahnen und der Kampf um die
        Spurweite", Beiträge zur Geschichte der Technik (Jahrbuch des
        VDI), 7. Band, 1916, S. 43

1919   Blum: „Die Spurweite der Kleinbahnen", Z 1919, S. 883 und 946
1920   Fasbender: „Die zweckmäßigste Schmalspurweite", Lok 1920, S. 1
1925   „Umgrenzungsprofile ausländischer Eisenbahnen", Z 1925, S. 733 u. 1448
        „L'ecartement des voies de chemin de fer dans le monde", Revue
        1925-I, S. 238
1927   von Littrow: „Zur Spurweitenfrage", Lok 1927, S. 63
        „Vergleich verschiedener Umgrenzungsprofile", Revue 1927-II, S. 497
1930   Williams: „The capacity of the metre gauge", Beyer-Peacock Okt.
        1930, S. 3
        „Neues Umgrenzungsprofil der Italienischen Staatsbahnen", Waggon-
        und Lokbau 1930, S. 410 — Gaz 1933-I, S. 138
1934   „Broad and narrow gauge, Great Western Ry", Loc 1934, S. 144
1935   Meyer: „Die Siamesischen Staatsbahnen und ihr Umbau von Regel-
        auf Meterspur", VW 1935, S. 65 und 86
        „Hohe Fahrgeschwindigkeiten auf schmaler Spur", ZMEV 1935, S. 89
        „3'9¼" gauge Arcata & Mad River Rr (California) only line of this
        gauge in existence", Gaz 1935-I, S. 772
1936   „Die Vereinheitlichung der australischen Bahnspurweiten", VW 1936,
        S. 70 — Gaz 1938-I, S. 383
1938   Randzio: „Kolonialbahnen", VW 1938, S. 266
        „Spurweitenumänderung in aller Welt", Lok 1938, S. 169
        „Early railways and gauges", Gaz 1938-I, S. 918
1939   Chapman: „Beginning of the gauge controversy, GWR", Gaz 1939-II,
        S. 17
        Frohne: „Die sächsischen Schmalspurbahnen" (u. a.: Voll- oder
        Schmalspur?), Organ 1939, S. 141
1940   „Normung der Spurweiten", Lok 1940, S. 26

Umsetzverkehr

1869   „Changeable gauge truck", Engg 1869-II, S. 334
1885   „Mackinlay's variable gauge trucks", Engg 1885-I, S. 499
1896   „The transport of normal gauge wagons on narrow gauge lines built
        by Eßlingen Factories", Engg 1896-II, S. 537
1909   „Rollböcke System Langbein", Lok 1909, S. 67
1916   Birk: „Die Beförderung vollspuriger Eisenbahnwagen auf Schmal-
        spurgleisen", VW 1916, S. 113
1926   Neubert: „Der Umsetzverkehr zwischen russischen Breitspurbahnen
        und Regelspurbahnen", Annalen 1926-II, S. 61
        „Gauge-transfer trucks", Loc 1926, S. 221
1928   Lange: „Versuche zur Ueberwindung des Unterschiedes in der Spur-
        weite", VT 1928, S. 235
        „Beförderung andersspuriger Lokomotiven", Z 1928, S. 1670
1932   * Randzio: „Uebergang von Gütern auf Bahnen anderer Spur", Be-
        richt über die 25. Fachtagung der Betriebsleiter-Vereinigung deut-
        scher Privateisenbahnen und Kleinbahnen 1932, S. 19
1936   Wiener: „Ueber die Zuggeschwindigkeit — Finnland: Wagen-
        verkehr auf Strecken von 1,52 m und von 1,435 m Spurweite",
        Kongreß 1936, S. 555
1938   „Breidsprecher break of gauge device", Loc 1938, S. 184

3*

Anwendung kleinster Spurweiten

1869 „The Wee locomotive »Topsy«, 3 ½ inch gauge", Engg 1869-II, S. 360

1881 „The Duffield Bank Ry, 15 in. gauge", Engg 1881-II, S. 64

1887 „0-4-2 locomotive for the 18 in. gauge ry at Chatam", Engg 1887-I, S. 174

1905 „A miniature Atlantic locomotive, 15 in. gauge, Blackpool Miniature Ry", Loc 1905, S. 142

1906 „Blakesley Hall miniature railway, 15" gauge", Loc 1906, S. 79

1911 „4-4-2 locomotive, Rhyl Miniature Ry, 15 in. gauge", Loc 1911, S. 186

1914 „15 in. gauge Pacific type locomotive, Staughton Manor Miniature Ry", Loc 1914, S. 139

1915 „The Ravenglass & Eskdale Ry", Loc 1915, S. 196

1919 „New 4-6-2 locomotive for the Eskdale Ry", Loc 1919, S. 65 u. 1920, S. 184

1920 „4-6-2 locomotive, Eskdale Ry", Loc 1920, S. 184

1923 „2-8-2 locomotive for mineral traffic, 15 in. gauge, Ravenglass & Eskdale Ry", Loc 1923, S. 161

1924 „New 2-8-2 type Lentz valve locomotive for the Eskdale Ry", Loc 1924, S. 4 und 120

1925 „Miniature Pacific locomotive for Munich Transport Exhibition, 15" gauge", Loc 1925, S. 226 — Organ 1926, S. 106
„Two new 15" gauge Pacific express locomotives; Romney, Hythe & Dymchurch Ry", Loc 1925, S. 380
„2 C 1-Schnellzuglokomotive der Eskdale-Bahn", Annalen 1925-II, S. 163

1926 „0-4-0 goods tender locomotive, Romney, Hythe & Dymchurch Ry, 15 in. gauge", Loc 1926, S. 312

1927 Household: „Some notes on the Eskdale Ry, 15 in. gauge", Loc 1927, S. 115
„New 15 in. gauge 4-8-2 type locomotive, Romney, Hythe & Dymchurch Ry", Loc 1927, S. 150
„Opening of the Romney, Hythe & Dymchurch Ry", Loc 1927, S. 253 — Revue 1926-II, S. 487

1928 Allen: „Locomotive development on the 15 inch gauge Ravenglass and Eskdale Ry", Loc 1928, S. 288
Jakobs: „Liliput-Ausstellungsbahn mit Jakobs-Gelenkwagen, 380 mm Spur", Z 1928, S. 190
„Bogie carriages, Romney, Hythe & Dymchurch Ry", Loc 1928, S. 158 — Age 1928-II, S. 33
„2-8-2 + 0-8-0 Poultney locomotive, Ravenglass and Eskdale Ry", Loc 1928, S. 348

1931 „New Pacific type locomotives, Romney, Hythe & Dymchurch Ry", Loc 1931, S. 111

1932 „Miniature Baltic type Diesel locomotive with Vickers-Coats torque converter, 20-in. gauge, Golden Acre Pleasure Park, Leeds", Loc 1932, S. 220
„Scarborough miniature railway collision", Gaz 1932-II, S. 68 u. 88

1933 „Miniature Diesel locomotives for the Blackpool Pleasure Beach Ry, 20 in. gauge", Loc 1933, S. 220 und 1935, S. 170
„The Romney, Hythe and Dymchurch Ry: Rolls-Royce locomotive", Loc 1933, S. 65

1934 Bullock: „Miniature Pacific type locomotive, 10¼ in. gauge", Loc 1934, S. 164
„Small power locomotives for narrow gauge railways", Loc 1934, S. 67

1935 „Miniature Pacific type locomotive, 1 ft 11½ in. gauge, used at the Brüssels Exhibition", Loc 1935, S. 342
„Miniature Pacific type Diesel locomotive, Blackpool Pleasure Beach", Loc 1935, S. 170

1936 „The Jaywick Miniature Ry, 18 in. gauge", Loc 1936, S. 282
„A miniature railway in India, 9¼ in. gauge", Loc 1936, S. 96

1937 „Farnborough Miniature Ry, 10¼ in. gauge", Loc 1937, S. 244
„Trentham Miniature Ry: Petrol driven locomotive", Loc 1937, S. 315
„Liliput railway train, Railway Exhibits at Dusseldorf", Gaz 1937-II, S. 452
„Developments on the Ravenglass and Eskdale Ry", Loc 1937, S. 401

1938 „Miniature locomotive for the garden railway at Dudley", Loc 1938, S. 173
„Oil-engined (Diesel) Pacific type locomotive at the Glasgow Exhibition", Loc 1938, S. 205 — Gaz 1938-II, S. 790
„Miniature Garratt type locomotives, Surrey Border & Camberley Ry", Loc 1938, S. 321

1939 * Strauß: „Liliputbahnen", Verlag Kichler, Darmstadt 1938. — Bespr. Organ 1939, S. 20
Strauß: „Liliputbahnen als Pioniere technischen Fortschritts", Lok 1939, S. 161

SICHERUNGSWESEN

Allgemein

1855 * von Weber: „Die Technik des Eisenbahnbetriebes in Bezug auf die
Sicherheit desselben", Verlag Teubner, Leipzig 1855 (?)

1885 Schön: „Ueber Eisenbahnsignale und Centralapparate", Z 1885,
S. 141 und 565

1888 Fink: „Das Signal- und Sicherungswesen auf den deutschen Eisenbahnen", Z 1888, S. 102, 128, 150 und 350

1889 Steding: „Zentral-Weichen- und Signal-Stell- und Sicherungsanlagen",
Z 1889, S. 68

1893 Heimann: „Weichen- und Signalsicherungen auf der Weltausstellung
in Chicago 1893", Z 1893, S. 1291 und 1894, S. 666 uf.

1901 *„Die Eisenbahntechnik der Gegenwart. — II. Bd., 4. Abschnitt:
Signal- u. Sicherungsanlagen", Kreidel's Verlag, Wiesbaden/Berlin
1901—1904

1908 Jullien: „Note sur les signaux, enclenchements et apparails de
sécurité des chemins de fer des Etats-Unis", Revue 1908-I, S. 92
und 173

1914 Hoogen: „Rückblick auf die Entwicklung des Eisenbahn-Sicherungs-
wesens bei den preußischen Bahnen seit 1870", VW 1914, S. 64
„Ry accidents and their preventions" (statistisch), Gaz 1914-I, S. 797

1925 * Balliet: „Amerikanische Sicherungsverfahren und Stellwerkanlagen
einschl. Zugüberwachung", «Eisenbahnwesen», VDI-Verlag, Berlin
1925, S. 213

1927 * Stäckel: „Neuerungen im Sicherungswesen der Deutschen Reichsbahn", Annalen 1927, Jubiläums-Sonderheft S. 162

1931 Mattersdorf: „Fortschritte der Automatik im Betriebe der Hamburger Hochbahn", Z 1931, S. 487
Risch: „Eisenbahn-Sicherungsanlagen / Ein Rundblick", Z 1931, S. 761

1932 Le Besnerais: „La sécurité des voyageurs en chemin de fer", Revue
1932-I, S. 509

1937 Bellomi u. Minucciani: „Erzielte Ergebnisse hinsichtlich der selbst-
tätigen Stellung und der Fernstellung der Signale, der Gleis-
apparate und der auf den Lokomotiven eingebauten Signal-
einrichtungen", Kongreß 1937, S. 1443
Freyss: „Durch welche Maßnahmen erreicht die Reichsbahn ihren
hohen Grad der Betriebssicherheit?" RB 1937, S. 144
Richard: „Das neue Institut für Sicherungswesen und Betrieb an der
T. H. Darmstadt", RB 1937, S. 812
„Beispiel einer neuzeitlichen Sicherungsanlage: Bahnhof Fredericia",
Organ 1937, S. 345
„Signalling on the German State Rys", Gaz 1937-II, S. 443

1938 Dobmaier: „Die Entwicklung der selbsttätigen Signalanlagen der S-
Bahn", Annalen 1938-I, S. 160
Lecomte: „Die Kraftstellwerksanlagen der französischen Ostbahn",
Kongreß 1938, S. 796
„Resignalling of Paragon Station, Hull, LNER", Gaz 1938-II, S. 23
„Resignalling on Chelmsford and Southend lines, LNER", Gaz 1938-II,
S. 783

1939 Buddenberg: „Some notable developments in railway safety engineering", Engineering Progressus (Berlin) 1939, S. 228
1940 Buddenberg: „Neuerungen im deutschen Signal- und Sicherungswesen", Organ 1940, S. 8
„Sicherungswesen", Fachheft Organ 1940, S. 1—42

Eisenbahn-Unfälle

1854 „Ueber die furchtbare Explosion eines Locomotives auf der Longsight Station bei Manchester", Zeitschr. des österr. Ingenieur-Vereins 1854, S. 294
1855 Müller u. Schmid: „Technischer Bericht über einen Eisenbahn-Unfall auf der Königl. bayr. Süd-Nordbahn", Zeitschr. des österr. Ingenieur-Vereins 1855, S. 450
1872 „Railway accidents", Engg 1872-II, S. 291
1873 Stambke: „Explosion eines Lokomotivkessels auf Bahnhof Witten", Z 1873, S. 126
1874 „The Thorpe collision", Engg 1874-II, S. 328
1875 Scheffler: „Die Explosion der Lokomotive «Seesen»", Organ 1875, S. 191
1876 „Die Catastrophe auf der nach Wetli's System erbauten Linie Wadensweil-Einsiedeln den 30. November", Die Eisenbahn (Zürich) 1876, S. 179 und 189
„Der Eisenbahn-Zusammenstoß in Bern am 19. Nov. 1876", Die Eisenbahn (Zürich) 1876, S. 177
1880 „The Tay Bridge (disaster)", Engg 1880-I, S. 92 — Loc 1930, S. 17
1888 Arndt: „Explosion einer Lokomotive am 9. Juni 1888, Strecke Travemünde-Lübeck", Z 1888, S. 551
Thomson: „American bridge failures" (Einstürze), Engg 1888-II, S. 252 und 294
„Einsturz von Brücken in Nordamerika", Z 1888, S. 1140
„The accident to the Czar's train", Engg 1888-II, S. 457
1890 „The boiler explosion on the Norwegian State Rys", Engg 1890-II, S. 333
1891 „Der Einsturz der Brücke über die Birs bei Mönchenstein", Z 1891, S. 1273 — 1892, S. 163 und 197 — 1893, S. 41
1893 „Heißläufer im Eisenbahnbetrieb", Z 1893, S. 1049
„Effects of earthquake on North Western Ry of India", Engg 1893-I, S. 698
„The Chester Bridge disaster, Old Colony Rr, USA", Engg 1893-II, S. 422
1895 „Kesselexplosion einer Güterzuglokomotive auf Haltestelle Marienburg (Hannover)". Z 1895, S. 145
„Accident at the Montparnasse Ry Station, Paris" (Absturz einer Lok.), Engg 1895-II, S. 544
1896 „The Snowdon Ry accident", Engg 1896-I, S. 512
„The GWR locomotive «Leopard» after boiler explosion in 1857", Engg 1896-II, S. 366
1897 „Railway accidents in 1896", Engg 1897-II, S. 17

„The effect of floods on ry works in South India", Gaz 1912-I, S. 322
„The Todmorden derailment, Lancashire & Yorkshire Ry", Gaz 1912-I, S. 671
„The Vauxhall rear-end collision, L & SW Ry", Gaz 1912-II, S. 287
„20th Century Limited derailed", Gaz 1912-I, S. 349

1913   * von Stockert: „Eisenbahnunfälle", Verlag Wilh. Engelmann, Leipzig 1913. — Neue Folge: Chronik einiger in den Jahren 1913—1918 bekanntgewordenen größeren Eisenbahnunfälle, Verlag Urban u. Schwarzenberg, Berlin-Wien 1920
„Derailment of the East Coast Express", Gaz 1913-II, S. 317
„Interesting tombstones at Bromsgrove", Gaz 1913-I, S. 758 — Lok 1927, S. 49 — Gaz 1937-II, S. 7
„The collision at Aisgill, Midland Ry", Gaz 1913-II, S. 253
„The derailments of tank engines", Gaz 1913-I, S. 488
„The Yeovil collision, August 8, GWR", Gaz 1913-II, S. 181

1914   „Fatal collision at Burntisland, North British Ry", Gaz 1914-I, S. 559
„The collision at Reading, GWR. — The Highland Ry disaster", Gaz 1914-I, S. 866
„Railway accidents and their preventions" (statistisch), Gaz 1914-I, S. 797

1915   „Collision in India", GIPR", Loc 1915, S. 8

1916   „Mishap at Killiecrankie, Highland Ry", Loc 1916, S. 180
„Derailment near Taumarunui, New Zealand Govt Rys", Loc 1916, S. 30

1917   „Accident on the GIPR", Loc 1917, S. 193 und 1918, S. 138
„Mishap to Fairlie locomotive, New Zealand", Loc 1917, S. 176

1920   * von Stockert: „Chronik einiger in den Jahren 1913—1918 bekanntgewordenen größeren Eisenbahnunfälle", Verlag Urban u. Schwarzenberg, Berlin—Wien 1920
„Der Eisenbahnunfall an der Ems-Drehbrücke bei Weener am 26. Juli 1913", HN 1920, S. 59 — Organ 1924, S. 381
„Eisenbahnunfall Kirchlengern am 22. Mai 1891", HN 1920, S. 60

1921   „The Welsh disaster, Cambrian Ry", The Eng 1921-I, S. 127 u. 145

1922   „The locomotive boiler explosion on the London & North-Western Ry at Buxton", Loc 1922, S. 83
„The East Horndon accident, Midland Ry. — Fracture of locomotive connecting rod", Loc 1922, S. 275
„Derailment of Great Indian Peninsula Ry, July 1922", Loc 1922, S. 278
„Accidents at Cheadle Hulme and Furness Vale, L&NWRy. — Broken connecting rods", Loc 1922, S. 332

1923   „An extraordinary mishap at Springwood, New South Wales Govt Rys", Loc 1923, S. 271

1924   Arzt: „Eisenbahn-Unfall an der Emsbrücke bei Weener", Organ 1924, S. 381
„Recent accidents", Loc 1924, S. 66

1925   Günther: „Eisenbahnunfälle", Annalen 1925-I, S. 3
Widdecke: „Eisenbahnunfall auf der Anatolischen Bahn 1917", Organ 1925, S. 312

1926   „Merklen: „Les ruptures accidentelles des rails", Revue 1926-I,
       S. 346
       „Die Entgleisung des D-Zuges 8 bei Leiferde am 19. August 1926",
       RB 1926, S. 513
       „Bullock v. locomotive", Loc 1926, S. 402
1927   Hildebrand: „Die Hochwasserkatastrophe im Osterzgebirge und ihre
       Einwirkungen auf die Reichsbahn-Anlagen", RB 1927, S. 659 u. 684
       Rinteln: „Das Zugunglück bei Chamonix", ZMEV 1927, S. 1049
     * v. Wechmar: „Eisenbahnunfälle im vorigen Jahrhundert", Beiträge
       zur Geschichte der Technik u. Industrie, 17. Bd., VDI-Verlag,
       Berlin 1927, S. 120
       „Zwei Grabstätten und ihre Denkmäler", Lok 1927, S. 49 u. 1929,
       S. 48 — Gaz 1937-II, S. 7
1928   „The «River» class derailments, Southern Ry", Loc 1928, S. 122
1929   Fritsche: „Der vergangene Winter in Ostpreußen", RB 1929, S. 447
       Mehlhose: „Die Einwirkungen der Frostperiode 1928/29 auf den
       Lokomotiv-Betriebsdienst", RB 1929, S. 363
       „Accident at Primrose Cutting, Winston, to double-headed goods
       train, October 24, 1905", Loc 1929, S. 262
       „Derailment at Lingdale Incline, NER, 1900", Loc 1929, S. 395
1930   * Gebauer: „Bericht über die Stellungnahme der Oeffentlichkeit zu
       einem schweren Autozusammenstoß mit einem Zug", Bericht über
       die Fachtagung der Vereinigung der Betriebsleiter deutscher
       Privat- und Kleinbahnen 1930, S. 38
       „Lokomotivschaden beim Dessauer Eisenbahnunfall (elektr. Loko-
       motive)", El. Bahnen 1930, S. 28
       „Derailment near Montereau, PLM Ry", Gaz 1930-I, S. 894
       „The Tay Bridge Disaster, 1879, N. B. Ry. Engine No. 224", Loc
       1930, S. 17
1931   „The Leighton Buzzard derailment, LMS", Gaz 1931-I, S. 492
     = „Die tödlichen Verunglückungen im Deutschen Reich 1929", RB 1931,
       S. 664
1932   Kühnel: „Achsbrüche von Eisenbahnfahrzeugen und ihre Ursachen",
       Annalen 1932-I, S. 29
       Wright: „Two locomotive boilers overboard", Baldwin Januar
       1932, S. 47
       „Scarborough miniatur railway collision", Gaz 1932-II, S. 68 und 88
1933   „When nature hampers the railways: Cloud-burst on September 30,
       1932", Baldwin Januar 1933, S. 28
       „Railway disaster in France (Lagny)", Gaz 1933-II, S. 972 u. 1935-I,
       S. 184
1935   „Ehrenbuch für die im Dienst tödlich verunglückten Arbeiter der
       Reichsbahn-Direktion Halle", RB 1935, S. 593
       „Derailment at Marcheprime near Bordeaux, PO-Midi Ry, Pyrenees-
       Cote d'Argent express", Gaz 1935-I, S. 794
       „The Lagny disaster", Gaz 1935-I, S. 184
1937   Chan: „A remarkable boiler explosion in France: Report on the
       explosion of a standard PLM 2-8-2 locomotive while hauling a
       Geneva-Paris express, August 2, 1935", Revue 1937-I, S. 106 —
       Gaz 1938-II, S. 123 — Organ 1939, S. 101
       Patterson: „Who is responsible?", Age 1937-I, S. 758

Steffan: „Straßenverkehrsunfälle durch Dampf oder Rauch von
Lokomotiven", RB 1937, S. 225
* Thomas: „Obstruction danger: Stories of memorable railway
disasters", Verlag Blackwood & Sons Ltd, London 1937
Wiener: „Ueber die Zuggeschwindigkeiten: Unfallsicherheit der
Eisenbahn gegenüber dem Kraftwagen", Kongreß 1937, S. 2458
„A «pitch-in» on the Bristol & Exeter Ry, 18 April 1865", Loc 1937,
S. 232
„Gravestones in Bromsgrave Churchgard erected in 1842 to the
memory of the 1840 boiler-explosion victims", Gaz 1937-II, S. 7
„Ministry of Transport accident report: Langrick LNER, March 8,
1937", Gaz 1937-II, S. 488
„Serious accident on PLM Ry, Villeneuve-St. Georges, July 1929",
Gaz 1937-II, S. 242 und 250

1938   Barbré: „Außergewöhnliches Zugunglück auf einer Eisenbahnbrücke
in den Vereinigten Staaten, Pittsburgh & West Virginia Rr", Der
Bauingenieur (Verlag Springer) 1938-I, S. 121
Dick: „New England roads ravaged by floods and hurricane", Age
1938-II, S. 471
„Zunahme der Unfälle an Wegübergängen in Amerika (m. Tabellen)",
Zeitschr. f. d. ges. Eisenbahn-Sicherungs- und Fernmeldewesen
1938, S. 39
„Collision on line equipped with A. T. C., New York Central Rr",
Gaz 1938-II, S. 835
„Derailment on American concrete track", Gaz 1938-I, S. 937
„East Indian Ry experimental derailments", Gaz 1938-I, S. 116
„Fire on Canton-Kowloon Express on January 16, 1937", Gaz 1938-II,
S. 462
„Ministry of Transport accident report: Castlecary, LNER, December
10, 1937", Gaz 1938-I, S. 1207
„Ministry of Transport accident report: Between Waterloo & Charing
Cross, Northern Line Tube, L. P. T. B., March 10, 1938", Gaz
1938-II, S. 178
„Ministry of Transport accident report: Oakley Junction, LMSR,
January 21, 1938", Gaz 1938-II, S. 539
*„Noteworthy British railway accidents", Universal Directory of Rail-
way Officials and Railway Year Brok 1938/39, S. 446. — Verlag
The Directory Publishing Company Limited, London 1938
„One of the Chicago, Rock Island & Pacific Rocket trains, hauled by
a 1200 bhp Diesel-electric locomotive, after striking at high speed
a heavy lorry at a level crossing", Gaz 1938-II, S. 97
„Presenting the facts about accidents", Gaz 1938-II, S. 244
„The Bihta accident. — A brief description of the «XB» type of
locomotive and of the permanent way concerned", Gaz 1938-I,
S. 986

1939   „Bilder von der Ueberschwemmung in Ostengland, LNER", Gaz
1939-I, S. 187
„Brückeneinsturz in Nordamerika: Chicago, Milwaukee, St. Paul &
Pacific Rr., 19. Juni 1938", Organ 1939, S. 79 — Age 1938-I,
S. 1050

1939 „Annual report of the bureau of locomotive inspection (boiler explosions!)", Mech 1939-I, S. 55

„A runaway engine collision, Chicago Great Western Rr, February 19", Gaz 1939-I, S. 546

„«City of San Francisco» derailed on August 12, 1939", Age 1939-II, S. 289 u. 444

„Collision between all-steel express at Tortuga, Southern Pacific Rr, Sept. 20, 1938", Gaz 1939-I, S. 125, 144 und 150

„Deliberate derailment of Calcutta-Dehra Dun Express, January 12, 1939, East Indian Ry", Gaz 1939-I, 237

„Derailment of Missouri Pacific Express 15 miles north of Austin, Texas" [The train was composed of all-steel stock, and of the 50 passengers only 4 were injured], Gaz 1939-I, S. 236 (Bild ohne Text!)

„Essais de déraillement sur les Chemin de Fer du Sud de l'Afrique", Revue 1939-I, S. 231 — The Eng 25. Nov. 1938

„Fire!", DRT 1939-I, S. 47

„Indian Pacific Locomotive Committee Report", Gaz 1939-II, S. 12. — Mod. Transp. 15. Juli 1939, S. 15 — The Eng 1939-II, S. 134

„Locomotive boiler explosions", Gaz 1939-I, S. 264

„Operating lessons from train accidents, USA 1937. — An analysis", Age 1939-II, S. 245

„The first fatal derailment in Jamaica", Gaz 1939-II, S. 110

„Unintentional track spirals", Gaz 1939-I, S. 702 und 770

Signalwesen

1884 Gattinger: „Mitteilungen über Signale für Eisenbahnzüge in Tunnels", Z 1884, S. 561

1885 Salomon: „Das Eisenbahnmaschinenwesen auf der Weltausstellung in Antwerpen 1885: Signalwesen", Z 1885, S. 989

1909 Byles: „The first principles of ry signalling", Gaz 1909-I, S. 661 u. f.

1912 „Railophone automatic signalling", Gaz 1912-II, S. 14

1914 Fenley: „The automatic signalling on the Panama Rr", Gaz 1914-I, S. 42

1925 * von Wageningen: „Das niederländische Signalwesen", «Eisenbahnwesen», VDI-Verlag, Berlin 1925, S. 210

1926 „Durch Windrad betriebene Eisenbahnsignale", Annalen 1926-I, S. 66

1927 „Le block-système automatique aux Etats-Unis", Revue 1927-I, S. 436

1928 * Bothe: „Die selbsttätige Signalanlage der Berliner Hoch- und Untergrundbahn", Verlag Springer, Berlin 1928 — Bespr. ZMEV 1928, S. 750

1929 * Schneider u. Gotter: „Die deutsche Eisenbahn-Signalordnung in Wort und Bild", 2. Aufl., VWL 1929

Zuleger: „Lichttagessignale", Organ 1929, S. 19

1931 Bloch: „Die Sichtbarkeit von Tageslichtsignalen", Organ 1931, S. 99

Mattersdorf: „Fortschritte der Automatik im Betrieb der Hamburger Hochbahn", Z 1931, S. 487

Tuja: „La nouvelle signalisation des chemins de fer français", Revue 1931-I, S. 3

„Power and colour light signalling at Johannesburg, South African Government Rys", Gaz 1931-II, S. 525

1933   „An early railway signal, GWR", Loc 1933, S. 359

1935   * Born: „Zur Entwicklungsgeschichte des Eisenbahn-Signalwesens", Technikgeschichte Bd. 24, VDI-Verlag, Berlin 1935, S. 89

Besser: „Das neue Signalbuch", ZVMEV 1935, S. 257

Galle: „Die deutsche Eisenbahn-Signalordnung und das Signalbuch in der Neufassung vom 28. September 1934", VW 1935, S. 185

Grünwald: „Die Dreibegriff-Vorsignale der Reichsbahn", ZVMEV 1935, S. 242

Recher: „Les feux colorés dans la signalisation des chemins de fer", Revue 1935-I, S. 3

„Automatic signalling on the Barmen-Elberfeld Ry", Gaz 1935-II, S. 625

„Changing the signals in France", Gaz 1935-II, S. 867

1937   Biddulph: „Signal school at the railway training centre, Royal Engineers, Langmoor", Gaz 1937-I, S. 659

Schmitz: „Die Entwicklung der Lichttagessignale seit dem Jahre 1928", Zeitschrift f. d. gesamte Eisenbahn-Sicherungs- und Fernmeldewesen 1937, S. 169

„An old distant light signal anticipating modern ideas (1840)", Gaz 1937-II, S. 108

„Colour-light signals replace semaphores on the Union Pacific", Ry Signaling 1937, S. 215

„New signalling at Brunswick, Cheshire Lines", Gaz 1937-I, S. 656

1938   Chaussette: „Die Ergänzung der Hauptsignale durch besondere Zeichen", Organ 1938, S. 307

Crook: „Considerations on the work of the signal engineer", Gaz 1938-I, S. 361

Dobmaier: „Die selbsttätigen Signalanlagen der S-Bahn", VW 1938, S. 254

Lévy: „Verwendung von Leuchtröhren als Ergänzung bei Signalen im Tunnel", Kongreß 1938, S. 978

Wyles: „Signalling developments in New Zealand", Gaz 1938-I, S. 169

*„Signale und Kennzeichen der Reichsbahn", VWL Berlin 1938 — Bespr. RB 1939, S. 114

„Automatic signalling on the Eastern Ry of France" (m. Landkarte), Gaz 1938-I, S. 800

„Colour-light signalling on the Chingford Branch, LNER", Gaz 1938-I, S. 835

„Resignalling of Paragon Station, Hull, LNER", Gaz 1938-II, S. 23

„Resignalling on Chelmsford and Southern lines, LNER", Gaz 1938-II, S. 783

„Signalling at the Gare de Lyon, Paris", Gaz 1938-I, S. 1169

„Zurich main station improvements: All-electric signalling installed", Gaz 1938-I, S. 216

1939   Buddenberg: „Signal lighting", Engg Progressus (Berlin) 1939, S. 228

Gläsel: „Die Signalanlagen des südlichen Teils der Nordsüd-S-Bahn", VW 1939, S. 487

Walter: „Evolution des postes à pouvoir", Revue 1939-I, S. 378

„Early electric signals at Victoria, S. R.", Gaz 1939-II, S. 209

1939 „Spring switches aud signalling on the Southern", Age 1939-I, S. 339
„Electric lighting for mechanical signals, French National Rys", Gaz 1939-I, S. 689
„Signaling for a train a minute on San Francisco Bridge", Age 1939-I, S. 818
„Resignalling of Victoria Station, Southern Railway", Gaz 1939-I, S. 1063

1940 Scheele: „Neues mehrbegriffiges Hauptsignal für Schnellverkehrsstrecken", Z 1940, S. 243

Zugbeeinflussung

1903 Raffálovich: „Das System Marin zur Sicherung fahrender Züge", Annalen 1903-I, S. 211

1904 „Neues selbsttätiges Blocksystem «System Österreicher»", Lok 1904, S. 145

1908 Gonell: „Versuche mit Zugsicherungsapparaten", Kongreß 1908, S. 1458

1910 Bardtke: „Die Mitwirkung des Eisenbahnzuges zu seiner Sicherung", Annalen 1910-II, S. 146
Bock: „Selbsttätige Zugsicherung von Braam", Organ 1910, S. 120

1911 Braam: „Selbsttätiger Zugsicherungsapparat", Annalen 1911-I, S. 2

1912 „Automatic train control demonstration: Angus system", Gaz 1912-II, S. 40

1919 Schulz: „Neuere Signalmelder", Organ 1919, S. 49

1921 „Automatic train control, Great Western Ry", Loc 1921, S. 29
„Electro-mechanical train control experiments on the North Staffordshire Ry", Loc 1921, S. 83

1924 Wolff, Carl: „Selbsttätige Zugsicherungsanlagen mit Wechselstrom, unter besonderer Berücksichtigung der Anlagen der Hamburger Hochbahn", Z 1924, S. 970

1925 Marty u. Picard: „Appareils de répétition des signaux sur les locomotives employés par la Compagnie de l'Est", Revue 1925-I, S. 185

1926 Stäckel: „Allgemeines über Zugbeeinflussungs-Einrichtungen", RB 1926, S. 407

1928 Arndt: „Die selbsttätige Zugbeeinflussung", Siemens-Zeitschrift 1928, S. 19 und 81
Arndt: „Das Punkt- und Liniensystem der selbsttätigen Zugbeeinflussung", Siemens-Zeitschrift 1928, S. 524, 599 und 650
Gläsel: „Die selbsttätige Zugsicherung für die Berliner Stadtbahn", Annalen 1928-I, S. 161
„Optische Zugbeeinflussung", ZVDEV 1928, S. 725

1929 Bäseler: „Die mechanisch-elektrische Zugbeeinflussung der Great Western Ry und ihre Bedeutung für uns", ZVDEV 1929, S. 1277
Bäseler: „Die weitere Entwicklung der optischen Zugbeeinflussung", ZVDEV 1929, S. 1125
Hausen: „Selbsttätige optische Zugsicherung", Z 1929, S. 654 — Ry Eng 1934, S. 18

1930   Wachsmuth: „Die mechanische Fahrsperre der elektrischen Stadt-
und Vorortbahn Blankenese-Altona-Hamburg-Poppenbüttel", El.
Bahnen 1930, S. 361

1931   Mattersdorf: „Fortschritte der Automatik im Betrieb der Hamburger Hochbahn", Z 1931, S. 487

1932   Bäseler: „Eine mechanische Fahrsperre über dem Gleis, Patent
Kofler", Organ 1932, S. 471

Müller: „Zur Frage der mechanischen Fahrsperre (System Büscher)",
El. Bahnen 1932, S. 118

„New train stop apparatus, Kofler system", Loc 1932, S. 372 — Ry
Eng 1932, S. 383 — Organ 1932, S. 471

1934   Bäseler: „Die Zugbeeinflussung im Schnellverkehr", ZMEV 1934,
S. 393

Müller-Bern: „Zugbeeinflussung bei den Schweiz. Bundesbahnen",
Organ 1934, S. 236 u. ZMEV 1937, S. 371

„Die elektromagnetische Zugbeeinflussung", Organ 1934, S. 58

„Automatic train control on the German State Rys (inductive
system)", Gaz 1934-II, S. 382

„Optical train control (Bäseler)", Ry Eng 1934, S. 18

1935   Stäckel: „Stand der Zugbeeinflussung bei der Deutschen Reichsbahn", Z 1935, S. 1455

„Continuous cab signalling" (Pennsylvania Rr), Gaz 1935-I, S. 552

1937   Chauveau: „Selbsttätige Zugbeeinflussung der französischen Eisenbahnen". Bull - Soc - franç. Electr. 1937, S. 1199 — ETZ 1938,
S. 616

Hofmann: „Die optische Zugbeeinflussung auf der Strecke Berlin—
Stettin", Zeitschrift für das gesamte Eisenbahn-Sicherungs- und
Fernmeldewesen, 1937, S. 29 u. f.

Müller-Bern: „Zugbeeinflussung bei der Schweizerischen Bundesbahn", ZMEV 1937, S. 371

Tuja u. Lemonnier: „Erzielte Ergebnisse hinsichtlich der selbsttätigen Stellung und der Fernstellung der Signale, der Gleis-
apparate und der auf den Lokomotiven eingebauten Signal-
einrichtungen", Kongreß 1937, S. 2024

1938   Liechty: „Von der optischen Zugbeeinflussung", Schweiz. Bauzeitung 1938-II, S. 139

Walter: „Automatic block and cab signalling in France", Gaz
1938-I, S. 416

„Die Wiederholung der Streckensignale auf der Lokomotive durch
das System «Parisienne-Metrum (P. A. M.)»", Kongreß 1938,
S. 959

„Automatic train control on LMSR", Gaz 1938-II, S. 295

„Automatic train control on the GWR", Gaz 1938-I, S. 1106

„Inductive A. T. C. apparatus in France: Métrum A. T. C. system
trials on the Alsace-Lorraine section of the Eastern Division,
French National Rys", Gaz 1938-II, S. 826

„Kofler A. T. C. in Poland, Polish State Rys", Gaz 1938-I, S. 1121 —
Loc 1938, S. 391

1939   * Krauskopf: „Die Entwicklung und der Stand der Zugbeeinflussung
bei der Deutschen Reichsbahn", Otto Elsner Verlagsges., Berlin
1939 — Bespr. Lok 1939, S. 38 u. RB 1939, S. 621

1939   Wittschell: „Train remote control on the German State Rys", Engi-
        neering Progressus (Berlin, VDI-Verlag) 1939, S. 239
        „Die Wiederholung der Signale auf der Lokomotive mittels des
        «Krokodils mit Ueberwachung»", Kongreß 1939, S. 1060
        „Erfahrungen mit der selbsttätigen Zugbeeinflussung Bauart Hudd
        der LMS", Kongreß 1939, S. 768
        „Automatic signalling in France (m. Karte)", Gaz 1939-I, S. 779
        „Automatic train control on the German State Rys" (m. Karte), Gaz
        1939-I, S. 581
1940   Wittschell: „Die Zugbeeinflussung im Bau und Betrieb bei der
        Deutschen Reichsbahn", Organ 1940, S. 13

Bauart der Personenwagen

1882   Claus: „Ueber Personenwagen schnellfahrender Züge", Annalen
        1882-II, S. 204
1907   „Union Pacific all-steel fireproof passenger car", Gaz 1907-II, S. 472
1912   „Verhalten stählerner Personenwagen bei dem Zusammenstoß von
        Odessa auf der Chicago, Milwaukee und St. Paul-Eisenbahn",
        Kongreß 1912, S. 1025
        „Rail motor cars in collision, USA" (Stahlwagen!), Gaz 1912-I, S. 91
        „Steel passenger cars in collision, Chicago, Milwaukee, St. Paul &
        Pacific Rr", Gaz 1912-I, S. 300
1921   Speer: „Die eisernen Personenwagen der preußisch-hessischen
        Staatsbahnen", Z 1921, S. 261, 295, 511, 549
1923   Speer: „Die eisernen Personenwagen der Deutschen Reichsbahn
        und ihre Bewährung", Annalen 1923-II, S. 55 und 64
1926   „Résistance au choc des voitures métalliques", Revue 1926-I, S. 303
1928   Lipschitz: „Die Bewährung stählerner Eisenbahn-Personenwagen",
        VT 1928, S. 81
1930   „Steel for passenger carriage construction", Loc 1930, S. 66
1932   Le Besnerais: „La sécurité des voyageurs en chemin de fer", Revue
        1932-I, S. 509
1938   Bertrand: „Der Umbau hölzerner Wagenkasten von Drehgestell-
        wagen auf Stahlkonstruktion" (u. a. Auflaufversuche!), Revue
        1938-I, S. 100 — Kongreß 1938, S. 1195
        „Versuche mit zusammenstoßenden Zügen, Französische Staatsbahn",
        ZMEV 1938, S. 299 u. 641 — Gaz 1938-I, S. 839
        „A new shock-absorber", Gaz 1938-II, S. 159
        „Fire effects in steel coaches", Gaz 1938-II, S. 409
        „Mr. Cantlie on minimising the risk of telescoping", Gaz 1938-II,
        S. 158
        „Steel and wood in railway coach construction", Loc 1938, S. 80
        und 126
1939   Patterson: „How car conditions affect safety", Age 1939-I, S. 660
        Taschinger: „Festigkeits- und Zerstörungsversuche von Wagen-
        kästen", Organ 1939, S. 385 u. 403 (S. 409: Auflaufversuche. —
        S. 415: Absturzversuche)
        „Englische Meinungen über die Zusammenstoß-Sicherheit stählerner
        Eisenbahn-Personenwagen", VW 1939, S. 261

Kletterschuß

1891   Schmid: „Wie können die Folgen der Zusammenstöße von Eisenbahnzügen weiter abgeschwächt werden?", Annalen 1891-I, S. 233

1893   Kroeber: „Ein Vorschlag zur Abänderung der Puffer der Eisenbahnfahrzeuge", Zentralblatt der Bauverwaltung 1893, S. 219

1908   „Hedley anti-telescoping device", Gaz 1908-II, S. 690

1910   „Anticlimber", Organ 1910, S. 442 — Gaz 1911-I, S. 623

1911   „View's on Colonel Yorke's suggestions for the prevention of teles-
coping", Gaz 1911-I, S. 623

1916   „Anti-collision buffers and fenders, Great Central Ry", Loc 1916,
S. 13

1921   „Verstärkung eiserner Personenwagen durch Drahtseilschleifen",
Z 1921, S. 1053

„«Robinson» anti-collision devices for ry carriages", The Eng
1921-II, S. 8

1928   Ewald: „Sicherheitswagen", VT 1928, S. 645. — Meinungsaus-
tausch: Annalen 1928-II, S. 178 u. 1929-I, S. 79

Mattersdorf: „Die Betriebssicherheit bei Kletterschuß und selbsttätiger Kupplung", VT 1928, S. 373

Paap: ‚Mittelpuffersteifkupplungen und Eisenbahnkatastrophen",
Annalen 1928-II, S. 81 u. 178. — 1929-I, S. 79

1929   Deichmüller: „Zur Frage der Abschwächung von Eisenbahnunfällen", Waggon- u. Lokbau 1929, S. 225

Sicherung der Wegübergänge

1900   Ritter: „Selbsttätige Warnungssignale für unbewachte Wegübergänge", Organ 1900, S. 29

1909   „Automatic crossing gate at Montreux", Gaz 1909-II, S. 334

1925   Hunziker: „Zur Sicherung der Niveau-Uebergänge", Schweiz. Bauzeitung 1925-II, S. 328

1928   Zeulmann: „Selbsttätige Warnsignaleinrichtungen für Straßenfahrzeuge an schienengleichen Wegübergängen", Annalen 1928-II,
S. 166 und 1930-I, S. 7

1929   Arndt: „Selbsttätige Ueberwegsignale an Bahnstrecken", Siemens-
Zeitschrift 1929, S. 287

„Vom Zug betätigte Blinklicht-Warnsignale an Eisenbahnübergängen",
Schweiz. Bauzeitung 1929-II, S. 161 — Z 1929, S. 1490

1931   Arndt: „Die selbsttätige Zugsicherung der Wegübergänge in Schienenhöhe", VW 1931, S. 13, 31, 42, 54

1932   * Müller: „Erfahrungen mit Lichtwarnsignalen an Eisenbahnüber-
gängen", Bericht über die 25. Fachtagung der Betriebsleiter-
Vereinigung deutscher Privateisenbahnen und Kleinbahnen 1932,
S. 35

1933   Rumpf: „Die Warnsignalanlage der Oesterreichischen Bundesbahnen
        beim schienengleichen Wegübergang in km 65,220 Bludenz—
        Lindau", Organ 1933, S. 397

        „Selbsttätige Warnlichtanlagen an schienengleichen Wegübergängen",
        Organ 1933, S. 401

1934   „New form of highway crossing protection", Age 1934-II, S. 409
        — Revue 1935-I, S. 589

1935   Rehschuh: „Selbsttätige Warnanlagen an Wegübergängen in Schienen-
        höhe", El. Bahnen 1935, S. 231

        Wilckens: „Sicherung der Wegübergänge durch Blinklicht", Annalen
        1935-I, S. 31

1936   Parow: „Wie verhütet man Unfälle an den Kreuzungspunkten von
        Eisenbahn und Straße?", VW 1936, S. 679

        „Barrières de passage à niveau à commande automatique, Etats-
        Unis", Revue 1936-II, S. 339

1937   Lamp: „Ueber die Bekämpfung der Unfälle auf Wegübergängen in
        Schienenhöhe", VW 1937, S. 45 u. 77

        „Neuzeitliche Sicherung von schienengleichen Uebergängen in
        Amerika", VW 1937, S. 285

        „Electrically-locked crossing gate", Ry Signaling 1937, S. 88

        „Suppression de la circulation des trains dans les rues de Syracuse
        (Etats-Unis)", Revue 1937-I, S. 250

1938   Binder: „Vergleich der Sicherheitsvorkehrungen an schienenglei-
        chen Eisenbahnübergängen im Altreich und im Land Oesterreich",
        VW 1938, S. 525

        Müller-Gleiwitz: „Die Sicherungsmaßnahmen der Reichsbahn an
        schienengleichen Wegübergängen", VT 1938, S. 229

        Verstegen: „Die selbsttätigen Warnanlagen an Wegübergängen bei
        den Niederländischen Eisenbahnen", Organ 1938, S. 450

        „Flutlichter an Straßenkreuzungen [Missouri-Kansas-Texas-Bahn]",
        Kongreß 1938, S. 872

        „Early headway clock, 1862", Gaz 1938-I, S. 406

1939   Behr: „Sicherung von Wegübergängen in Schienenhöhe", Z 1939,
        S. 965

        Buddenberg: „Some notable developments in ry safety engineering:
        Level crossings", Engg Progressus (Berlin) 1939, S. 231

        Schachenmeier: „Die Sicherung des Verkehrs auf Wegübergängen
        in Schienenhöhe", VW 1939, S. 146

        „Frisco baut Aufhalteschranken ein", Kongreß 1939, S. 761

        „Mirror at German level crossing", Gaz 1939-I, S. 1028

1940   Besser: „Schranken und Warnlichtanlagen", Organ 1940, S. 21 u. 145
        (Buddenberg)

        Verstegen: „Die selbsttätigen Warnanlagen an Wegübergängen auf
        elektrisch betriebenen Strecken der Niederländischen Eisen-
        bahnen", Organ 1940, S. 30

Schneebekämpfung

1857   Lang: „Die k. k. ausschließl. privilegirte Schneewurf-Maschine", Zeitschrift des österr. Ingenieur-Vereins 1857, S. 218

1867   „Schneepflüge auf der Highland-Bahn", Organ 1867, S. 168

1868   Herzbruch: „Verbesserter Schneepflug auf den Schleswigschen Bahnen", Zeitschrift des Architekten- und Ingenieur-Vereins zu Hannover 1868, S. 190

1869   „Ueber Schneeschutzvorkehrungen an der Sächsisch-Schlesischen Eisenbahn", Zeitschrift des Architekten- und Ingenieur-Vereins zu Hannover 1869, S. 142

1870   „Snow plough with expanding wings, Grand Trunk Ry of Canada", Engg 1870-I, S. 211

        „Snow plough and «team» (vier 1 B - Lokomotiven!) on the Highland Ry", Engg 1870-I, S. 327

1871   Stenger: „Centrifugaler Dampfschneepflug: Vorschlag einer Schneeschleuder mit eigener Kesselanlage", Organ 1871, S. 190

1878   Busse: „Neuer Schneepflug für die Seeländischen Eisenbahnen", Organ 1878, S. 233

1884   „A rotary steam snow shovel, USA", Engg 1884-II, S. 356

1888   Frank: „Schneeschutzvorrichtungen und Mittel zur Beseitigung des Schnees von den Eisenbahngleisen", Z 1888, S. 466

1889   „Neueste Gestalt der kreisenden Dampfschneeschaufel", Organ 1889, S. 39

1890   „Schneeschleuder der Scaletta-Bahn", Annalen 1890-I, S. 130

1891   Blum: „Die Störungen des Eisenbahnverkehrs durch Schnee", Zentralblatt der Bauverwaltung 1891, S. 309

     .   Fürnstein: „Paulitschky's Dampf-Schneebagger-Maschine", Oesterreichische Eisenbahn-Zeitung 1891, Heft 10

        Garcke: „Ueber Schneetreiben, Schneeverwehungen und Schutzwehren gegen dieselben (enthält u. a. den Vorschlag zu einer Schneeschleuder, deren Antriebsdampf der Schiebelokomotive entnommen wird)", Organ 1891, S. 1

1893   „Leslie's rotary steam snow shovel at the Columbian Exhibition", Engg 1893-II, S. 267

        „Snow plough at the Columbian Exposition", Engg 1893-II, S. 446

        „The Jull centrifugal snow excavator, World's Columbian Exposition", Engg 1893-II, S. 666

1895   „Electric traction: Snow plough and freight car, USA", Engg 1895-II, S. 8

1907   „Rotary snow plough: Denver, North Western and Pacific Rr", Engg 1907-I, S. 172

        „Snow plough, Caledonian Ry", Engg 1907-I, S. 308

1908   „Chasse-neige americain à action centrifuge", Revue 1908-I, S. 253

        „Engine with rotary snow plough, attached to Mallet compound locomotive, 1:5 scale model, Hungarian State Rys", Loc 1908, S. 133

1909   Conte: „Chasse-neige rotatif à vapeur de la Compagnie d'Orléans", Revue 1909-I, S. 320

1910	„Schneeschleuder der Hochgebirgsbahn Kristiania-Bergen", Z 1910, S. 665
	Feßler: „Die Kreisel-Schneeschleuder", Organ 1910, S. 400
1911	*„Die Eisenbahntechnik der Gegenwart. — I. Band, 1. Abschnitt, 2. Hälfte: Schneepflüge und Schneeräummaschinen", Kreidels Verlag Wiesbaden/Berlin 1911, S. 976
1913	Lheriaud: „Note sur le chemin de fer de Bernina: Chasse-neige", Revue 1913-I, S. 1
	„Rotary steam snow plough for the Bernina Ry", Loc 1913, S. 205
1914	„Canadian Pacific Ry: Rotary snow plough", Loc 1914, S. 100
1915	„Vierachsige Drehgestell-Schneeschleudermaschine der Kgl. Schwedischen Staatsbahnen", Lok 1915, S. 194
1925	Bierbaumer: „Sicherung des Eisenbahnbetriebes gegen Lawinengefahren", Organ 1925, S. 329
1926	Bergeret: „Chasse-neige rotatif électrique de la Cie PLM", Revue 1926-II, S. 445
	„Schneeschleudern in Schweden", Organ 1926, S. 362
1927 —	Zipfel: „Hanomag-WD-Kettenschlepper als Schneeschleuder in der Schweiz", HN 1927, S. 123
	„Elektrisch angetriebene Schneeschleuder in Schweden", ETZ 1927, S. 1082
1928 —	Betz: „Schneepflüge und Schneebeseitigung", Z 1928, S. 563
	„Elektr. Schneeschleuder für die Riksgränsbahn", Z 1928, S. 1667
	„Chasse-neige électrique des chemins de fer de l'Etat Suédois", Revue 1928-I, S. 317
1929	Fritsche: „Der vergangene Winter in Ostpreußen", RB 1929, S. 447
	Mehlhose: „Die Einwirkung der Frostperiode 1928/29 auf den Lokomotiv-Betriebsdienst", RB 1929, S. 363
	„Ausschwenkbarer Schneepflug, Bauart Klima", Lok 1929, S. 28
1930	„Henschel-Schneeschleudern", HH Dez. 1930, S. 66 — Ry Eng 1931, S. 90 — Lok 1932, S. 47
1931	Weiler: „Die Schnee- und Lawinenbekämpfung auf den norwegischen Eisenbahnen", VT 1931, S. 173
	„Mechanische und maschinelle Säuberung der Fahrbahn von Schnee", Der österreichische Eisenbahnfachmann 1931, 1. Folge, S. 9 u. f. — Ry Eng 1931, S. 90
1932	Metzeltin: „Schneepflug Bauart Klima", Annalen 1932-I, S. 26
	„Henschel-Schneeschleuder mit stehender, schnellaufender Maschine der Reichsbahndirektion Regensburg", HH Febr. 1932, S. 23
1934	Böhmig: „Schneebekämpfungsmaschinen für Eisenbahnstrecken", Z 1934, S. 1103 — Gaz 1934-I, S. 397
1936	Weber: „Lawinen- und Steinschlag-Galerien bei den Österreichischen Bundesbahnen", Organ 1936, S. 199
1937	Burger: „Die Lehren einer Schneeverwehung", RB 1937, S. 402
—	„Schneebekämpfung auf der Reichskraftfahrbahn", Z 1937, S. 278
1938 —	Kohler: „Verhütung von Schneeverwehungen", Z 1938, S. 330
	Schäfer: „Elektrisch betriebenes Heißluftgebläse zum Auftauen von Eis und Schnee", Zeitschrift für das gesamte Eisenbahn-Sicherungs- und Fernmeldewesen, 10. Dez. 1938 — Gaz 1939-I, S. 179

= „Die schweiz. Alpenposten im Winter (u. a. Schneeschleuder System Peter)", Schweiz. Bauzeitung 1938-I, S. 156
„Avalanche protection in France, PLM Mont Cenis line", Gaz 1938-II, S. 727
„Snow ploughs, Norwegian State Rys", Gaz 1938-I, S. 485
1939   Müller, Otto: „Die Bahnunterhaltung im Kampf gegen die Betriebsgefahren im Hochgebirge", RB 1939, S. 291
— „Französische Schneepflüge mit Motorbetrieb", ATZ 1939, S. 579
„More net on less gross", Age 1939-I, S. 1076
1940 — „Amerikanische Schneeräumgeräte", ATZ 1940, S. 95
— „Schneeräumung auf Landstraßen", Die Straße 1940, S. 72

Unfallhilfe / Hilfszug

1869   Clauß: „Werkzeugwagen der Braunschweigischen Staatsbahn", Organ 1869, S. 111
1874   „Accident van and crane", Engg 1874-I, S. 258
„French ambulance cars", Engg 1874-II, S. 201
1875   „Ry ambulance carriages, Waggonfabrik Ludwigshafen", Engg 1875-II, S. 63
1895   „Hilfs- und Rettungswesen der Kaiser Ferdinands - Nordbahn", Uhlands Verkehrsz. 1895, S. 259
1906   Lemercier: „Voiture de l'assistance publique pour le transport d'enfants aux sanatoria de Berck et d'Hendaye", Revue 1906-II, S. 35
1911   „Les wagons-ambulances des Chemins de Fer Fédéraux Suisses", Revue 1911-I, S. 140
1914   „Swedish hospital car", Loc 1914, S. 132
„Great Eastern Ry: Hospital ambulance train", Loc 1914, S. 247
1917   Guhl: „Hilfswagen der Rhätischen Bahn", Schweiz. Bauzeitung 1917-II, S. 21
1924   „New saloon for medical officer, G. I. P. Ry", Loc 1924, S. 29
1938   Binder: „Der Hilfsgerätezug beim Bahnbetriebswerk Saarbrücken Hbf." RB 1938, S. 1188
1939   Dost: „Ständige militärische Lazarettzüge", Archiv für Eisenbahnwesen 1939, S. 737
1940   Niederstadt: „Erste Hilfe bei Eisenbahnunfällen", ZMEV 1940, S. 279

Unfallhilfe / Fahrbare Krane

1861   Schwanke: „Fahrbarer Bahnhofskran", Z 1861, S. 299
1869   „Combined locomotive and crane", Engg 1869-I, S. 303
1876   „0-4-4 locomotive crane at the Newburn Steel Works, Newcastle", Engg 1876-II, S. 312
1888   „10 ton locomotive-crane, Swedish and Norwegian Ry", Engg 1888-II, S. 628
1889   „Accident crane for railway service", Engg 1889-II, S. 11
1891   „15 ton locomotive steam crane", Engg 1891-II, S. 367
1893   „10 ton railway crane", Engg 1893-I, S. 8 — 1896-II, S. 271 u. 337
1895   „15 ton steam breakdown crane", Engg 1895-II, S. 268
1896   „Steam crane, Lancashire & Yorkshire Ry Cy", Engg 1896-I, S. 634

1904   „Kranlokomotive", Lok 1904, S. 124

1908   „Crane locomotive for the Buenos Ayres & Rosario Ry Co", Engg 1908-I, S. 253

        „Groues roulantes à vapeur de 50 tonnes de la Cie d'Orleans", Revue 1908-I, S. 164

1909   „35 ton steam breakdown crane", Engg 1909-II, S. 699 u. 1911-II, S. 797

        „Electric locomotive and crane", Engg 1909-II, S. 329

1910   „Running shed breakdown tools and tackle", Loc 1910, S. 7

        „Crane locomotive, South Eastern & Chatam Ry", Loc 1910, S. 103

1915   „35 tons self-propelling steam breakdown crane, GNR", Loc 1915, S. 54

1918   „Breakdown van and crane, Jamaica Govt Rys", Loc 1918, S. 172

1922   „Great Western Ry combined engine and crane", Loc 1922, S. 127

1923   „Travelling cranes for railway service", Loc 1923, S. 7 u. f.

1924   „Locomotive shunting crane for the South African Rys", Loc 1924, S. 128

        „Combined shunting locomotive and crane, built by R. & W. Hawthorn, Leslie & Co., Ltd", Loc 1924, S. 138

1925   „Neue Kranlokomotive von Krauss u. Comp., München", Annalen 1925-II, S. 120

1926   Woeste: „Lokomotiv-Drehkrane mit Dieselmotorantrieb", Organ 1926, S. 408

        „Powerful ry crane for Colombia", Loc 1926, S. 381

1927   „Southern Ry 36-ton steam breakdown cranes", Loc 1927, S. 380

1928   Woeste: „Schwere Lokomotivkrane für Aufräumungsarbeiten", Z 1928, S. 320

        „60 t-Kranwagen der Deutschen Reichsbahn-Gesellschaft", RB 1928, S. 666

1929   „Crane locomotive, Great Northern Ry (Ireland)", Loc 1929, S. 346

1930   „Die Kranwagen der Deutschen Reichsbahn", RB 1930, S. 481

        „75 t steam breakdown crane, Bengal-Nagpur Ry", Loc 1930, S. 171

        „»Sentinel« crane locomotive, LNER", Loc 1930, S. 183

1932   Brown: „The history and development of locomotive cranes and heavy dock machinery", Baldwin Januar 1932, S. 38

1933   Caesar: „Die Fahrsicherheit von Kranwagen", Annalen 1933-I, S. 45

        „75 t-Wagendrehkran für Aufgleisungsarbeiten", Z 1933, S. 1123

1934   Witte: „Aufgleisungskräne der Cleveland Union Terminals Company und der New York Central Eisenbahn", Organ 1934, S. 342

1935   Riedig: „Deutsche Eisenbahn-Hilfskrane", Fördertechnik u. Frachtverkehr 1935, S. 56

        „25 t-Eisenbahnkrane", Z 1935, S. 472

        „Heavy German breakdown cranes", Ry Eng 1935, S. 407

1936   „The use of steam travelling cranes", Loc 1936, S. 400

1937   Koehne: „Neue Kranwagen der Deutschen Reichsbahn", Organ 1937, S. 269

        „New steam breakdown crane for the South Indian Ry, metre gauge section", Gaz 1937-II, S. 641

1938   Woeste: „Eisenbahnwagen-(Dampf-)Drehkran mit 90 t Tragkraft", Z 1938, S. 327

„Heavy mobile railway cranes, German State Rys", Gaz 1938-I, S. 118
„36-ton travelling cranes, Southern Ry", Loc 1938, S. 114

1939   Karl-Hans Meier: „Arbeiten am 15- und 25 t - Dampfkranwagen",
Bahn-Ing. 1939, S. 251

Woeste: „Lokomotiv-Drehkran mit neuzeitlichem mechanischem
Diesel-(Ardelt-) Antrieb", Annalen 1939-I, S. 13

1940   Woeste: „Eisenbahnwagen-Drehkrane", Annalen 1940, S. 61
Mindermann: „Die Ermittlung höchster Raddrucke an Drehkranen
und Verladebrücken", Annalen 1940, S. 139

Geschwindigkeitsmesser

1885   „Fink: „Ueber Fahrgeschwindigkeits-Controlle auf den Eisenbahnen",
Z 1885, S. 814

1895   Ziffer: „Pfeils Lokomotiv-Geschwindigkeitsmesser", Organ 1895, S. 10

1903   Dettmar: „Ein neuer elektromagnetischer Geschwindigkeitsmesser
(Lahmeyer)", Annalen 1903-I, S. 82

1906   Lux: „Der Frahmsche Frequenz- und Geschwindigkeitsmesser",
Annalen 1906-II, S. 1

1908   Hammer: „Ueber Lokomotiv-Geschwindigkeitsmesser", VW 1908, S. 1

1909 =* Pflug: „Geschwindigkeitsmesser für Motorfahrzeuge und Lokomo-
tiven", Verlag Springer, Berlin 1909 — Bespr. Organ 1909, S. 203
„The Hasler speed recorder and indicator", Loc 1909, S. 65
„Ridge's speed recorder", Loc 1909, S. 164

1910   Bauße: „Betriebserfahrungen über den aufzeichnenden Geschwindigkeitsmesser von Haußhälter", Organ 1910, S. 9, 24, 51

1922   „The Teloc locomotive speed indicator and recorder", Engg 1922-I,
S. 131

1930   Gaier: „Elektrische Geschwindigkeitsmessung an Fahrzeugen", El.
Bahnen 1930, S. 125

1937   „Jnductor speedometers", Gaz 1937-II, S. 858

1938   „Speedometers for GWR locomotives", Gaz 1938-I, S. 528
„A new «Hasler» speed indicator and recorder", Loc 1938, S. 216 —
Gaz 1939-I, S. 688
„Luminous speed indicators. — New optical arrangement on the
French railways", Gaz 1938-I, S. 1075

Sicherungswesen / Verschiedenes

1875   * Heusinger v. Waldegg: „Literatur a) über bedeckte Führerstände,
b) über Communication mit dem Zugpersonal", Handbuch für
specielle Eisenbahn-Technik, 3. Bd., Verlag Wilh. Engelmann,
Leipzig 1875, S. 828
„Train signal mirrors", Engg 1875-I, S. 432

1876   Daelen: „Die Unglücksfälle auf den Eisenbahnen und die Mittel
zur Verhütung derselben (Bremsstrang zwischen den Schienen)",
Z 1876, S. 395

1879   „Apparatus for replacing derailed rolling stock, Northern Ry of
France", Engg 1879-I, S. 459

88 *Sicherungswesen / Verschiedenes*

1882 * Moos, Pollnow u. Schwabach: „Die Gehörstörungen des Locomotivpersonals und deren Einfluß auf die Betriebssicherheit der Eisenbahnen", Verlag J. F. Bergmann, Wiesbaden 1882 — Bespr. Organ 1882, S. 116
Dülken: „Ueber Läutewerke für Secundär-Eisenbahnbetriebe", Z 1882, S. 281

1894 „The Union automatic pneumatic ry block system", Engg 1894-II, S. 483

1908 von Borries: „Versuche über die hemmende Wirkung von Sandgleisen", Zentralblatt der Bauverwaltung 1908, S. 258

1909 „Die Erhöhung der Betriebssicherheit bei der Zugförderung mit Dampflokomotiven" (bessere Sicht durch vorderes Führerhaus), Organ 1909, S. 226

1912 „Accidents due to the coupling and uncoupling of vehicles in the USA", Gaz 1912-II, S. 8

1913 „Les heurtoires à glissement et les voies ensablées", Revue 1913-II, S. 311

1915 „The fire protection of railway trains", Loc 1915, S. 208

1920 Jahn: „Der Schutzwagen", Organ 1920, S. 19

1922 „Safe working instruction car, New South Wales Govt Rys", Loc 1922, S. 276

1925 Bierbaumer: „Sicherung des Eisenbahnbetriebes gegen Lawinengefahren", Organ 1925, S. 329
* Hampke: „Drahtlose Telephonie im Verkehr mit fahrenden Zügen", «Eisenbahnwesen», VDI-Verlag, Berlin 1925, S. 221
Hunziker: „Zur Sicherung der Niveau-Uebergänge", Schweiz. Bauzeitung 1925-II, S. 328

1926 Möllering: „Signaltechnische Mittel gegen das Auffahren von Zügen", Organ 1926, S. 325

1927 Wolff, Carl: „Selbsttätige Zugüberwachung", Z 1927, S. 1665

1928 Arndt: „Das Punkt- und Liniensystem der selbsttätigen Zugbeeinflussung", Siemens-Zeitschrift 1928, S. 524, 599, 650

1930 Diehl: „Die bisherige Entwicklung der selbsttätigen Zugschlußmeldung", ZVDEV 1930, S. 521
Gläsel: „Die mechanische Fahrsperre auf den Berliner Stadt-, Ring- und Vorortstrecken", Organ 1930, S. 210
* Schlemmer: „Erhöhung der Betriebssicherheit der Eisenbahnen durch Einführung der elektrischen Zugförderung (Sicht)", Weltkraft, S. 379
*„Die Verhinderung von Eisenbahnunfällen durch die Einführung der automatischen Kupplung", Denkschrift der Internationalen Transportarbeiter-Föderation Amsterdam 1930

1931— Gresky: „Ultrarote Strahlen in der Nachrichtentechnik und im Sicherungswesen", Z 1931, S. 1270
Sanders: „The influence of springs in the locomotive derailments" Ry Eng 1931, S. 209

1932 Le Besnerais: „La sécurité des voyageurs en chemin de fer", Revue 1932-I, S. 509

1933 Baumann: „Neuer Tunneluntersuchungswagen der RBD Karlsruhe", Organ 1933, S. 202
Bloch: „Längswellen in Eisenbahnzügen", Organ 1933, S. 375

1934   Ermene: „Ueber Zugförderungsdienst und Streckensicherung im Karst (Jugoslawien)", Annalen 1934-II, S. 59

        Gottschalk: „Schädlichkeit der Rangierstöße beim Stoßverfahren", Organ 1934, S. 421

1935   Gottschalk: „Richtlinien für die Auswahl von Bremsprellböcken", RB 1935, S. 1013

1936   König: „Zerstörungsfreie Untersuchung von Radsätzen auf Anbrüche", Organ 1936, S. 504

1937   Buddenberg: „Schienenstromschließer", Zeitschrift für das gesamte Eisenbahn-Sicherungs- und Fernmeldewesen 1937, S. 119

        Dumas u. Lévy: „Triebwagen-Brände und ihre Bekämpfung", Kongreß 1937, S. 1812

        Hug: „Zur Unfallverhütung im Betrieb mit Schienenfahrzeugen (Compact-Kupplung)", Gi T 1937, S. 102 u. 121

        Jänecke: „Geschwindigkeitsüberwachung (automatic train control system) auf den Eisenbahnen in Nordamerika", VW 1937, S. 245

        Jänecke: „Zugüberwachung (train dispatching system) auf den amerikanischen Eisenbahnen", VW 1937, S. 257

        Strauß: „Der Einmannbetrieb von Schnelltriebwagen", Chronik für Unfallverhütung 1937, S. 103

1938 = Falk: „Fahrdiagramm und Verkehrssicherheit (Kienzle Tachograf)", ATZ 1938, S. 70

        Martens: „Grundlagen und Probleme der persönlichen Unfallverhütung bei der Deutschen Reichsbahn", RB 1938, S. 278

        Martens: „Unfallverhütung im Betriebsmaschinendienst", Annalen 1938-II, S. 276

        Towers: „Tail lamps", Gaz 1938-II, S. 954

        „Early headway clock, 1862", Gaz 1938-I, S. 406

        „Luminous speed indicators. — New optical arrangement on the French railways", Gaz 1938-I, S. 1075

        „Automatic train control on LMSR", Gaz 1938-II, S. 295

        „Speed in relation to signalling", Gaz 1938-II, S. 607

1939   Nordmann: „Die Laufsicherheit geschobener Züge nach Untersuchungen mit dem Schwingungsmeßwagen", Organ 1939, S. 83

        Müller: „Die Bahnunterhaltung im Kampf gegen die Betriebsgefahren im Hochgebirge", RB 1939, S. 291

        „Neuerungen im Signalwesen in Deutschland: Achszähleinrichtung", Kongreß 1939, S. 777

1940   Kirst: „Ergebnis des Preisausschreibens betr. Sicherung des Abraumzugverkehrs im Braunkohlentagebau". Braunkohle 1940, S. 1 und 13

DIE FRAGE NACH DEM ZWECKMÄSSIGEN ZUGFÖRDERUNGSMITTEL

Allgemein

1884 „Unterirdische Förderung mit Lokomotiven", Z 1884, S. 155

1907 * Spitzer u. Krakauer: „Motorwagen und Lokomotive", Verlag Alfred Hölder, Wien 1907

1912 Kliment: „Gedanken über die Zukunft des Lokomotivbaues", Lok 1912, S. 73

1921 Wist: „Die Antriebsarten von Kleinbahnen und Feldbahnen", Waggon- und Lokbau 1921, S. 343, 362, 383 u. 1922, S. 4, 18, 66

1922 Hagenbucher: „Diesellokomotiven", Kruppsche Monatshefte 1922, S. 61

1923 Lorenz: „Dampflokomotiven mit Kondensation", Annalen 1923-I, S. 69 u. 1924-I, S. 25 — Kruppsche Monatshefte 1923, S. 8
* Schelest: „Probleme der wirtschaftlichen Lokomotive", Verlag Deuticke, Leipzig und Wien 1923

1924 = Löffler: „Neue Wege der Energiewirtschaft", Z 1924, S. 161
Meinecke: „Neue Wege im Lokomotivbau", Z 1924, S. 937

1925 * Pforr: „Die Aussichten der elektrischen Zugförderung auf den Eisenbahnen", «Eisenbahnwesen», VDI-Verlag, Berlin 1925, S. 98

1926 Schulz: „Ueber Motorlokomotiven", Annalen 1926-II, S. 164
„The diesel-electric locomotive", Age 1926-I, S. 809

1928 v. Völcker: „Vom amerikanischen Eisenbahnbetrieb", RB 1928, S. 106

1929 de Grahl: „Vorteile eines Bahnbetriebes mit Wasserstoff", Annalen 1929-II, S. 49
* Landsberg: „Wärmewirtschaft im Eisenbahnwesen" (Verlag Steinkopff, Dresden u. Leipzig 1929), S. 48: Die Wärmewirtschaft der Zugförderung
Spackeler: „Die Grubenlokomotivbahnen in der Nachkriegszeit", Z 1929, S. 1339
„Mac Leod Diagramm", Modern Transport 26. Oktober 1929, S. 3

1930 Metzeltin: „Grenzen des Dampflokomotivbaues", Z 1930, S. 1179
Rieländer: „Die Betriebsform bei den Privateisenbahnen", VT 1930, S. 481
„Ueber die Frage der Lokomotiven neuerer Bauarten", Kongreß 1930, S. 1 (Cossart) und 2691 (Lipetz)
„Three types of locomotives — Steam turbine, reciprocating engine and Diesel-electric locomotive efficiencies", Ry Eng 1930, S. 81

1931 Dietze: „Die Bedeutung der Gewichtsausnutzung bei Eisenbahn-Triebfahrzeugen", Waggon- und Lokomotivbau 1931, S. 337, 358, 373, 392, 401
Freise: „Betriebsvergleiche zwischen verschiedenen Zugmitteln in brasilianischen Großpflanzungswirtschaften", Fördertechnik und Frachtverkehr 1931, S. 49
Wetzler: „Leistungs- und Verbrauchstafeln für Triebfahrzeuge", Organ 1931, S. 460

= Most: „Kommunale Verkehrspolitik", VW 1931, S. 49
Schmitt: „Der Weir-Bericht über die Elektrifizierung der englischen
Eisenbahnen", El. Bahnen 1931, S. 263
Walker: „Steam, electric and combustion locomotives", Age
1931-II, S. 593 (Vergleich der Zugkraft- und Leistungs-Schau-
linien)

1933 Michel: „Energiefragen im Eisenbahnverkehr", Z 1933, S. 1243
Tetzlaff: „Gedanken über Schnellverkehr und seine Fahrzeuge",
VW 1933, S. 639
„Rail transport with Diesel engines", Loc 1933, S. 73
„High-power Sulzer Diesel locomotives for express and goods
trains", Sulzer Technical Review 1933, Nr. 1B, S. 1 — DRT 27.
Januar 1933, 6. S. u. 1934, S. 162 — Lok 1933, S. 122 — Loc
1934, S. 189 — Gaz 1934-I, S. 162

1934 Litz: „Stand und Entwicklungsmöglichkeiten der mit Kohle ge-
feuerten Dampflokomotive", Glückauf 1934, S. 1237
Schager: „Die Zukunft der Eisenbahnen", Lok 1934, S. 165
„Some aspects of modern railway traction", Loc 1934, S. 147

1935 Binkerd: „What about the steam locomotive?", Age 1935-I, S. 800
Ewald: „Dampf, Elektrizität oder Schweröl?", HH Dez. 1935, S. 46
Heumann: „Das Anfahren von Triebfahrzeugen", Annalen 1935-II,
S. 157

1936= Vauclain: „What steam has meant to us", Baldwin Juli 1936, S. 12

1937 Bergmann: „Kohle, Elektrizität und Oel, die Energieträger für den
Eisenbahnbetrieb", Z 1937, S. 445
Rödiger: „Startdauer und Anfahrbeschleunigung" (Vergleich zwi-
schen Elektro- und Brennkraftwagen), El. Bahnen 1937, S. 289

1938= Münzinger: „Entwicklungsrichtungen im Bau von Kraftmaschinen
für Verkehrsmittel und ortsfeste Anlagen", Z 1938, S. 969
Tetzlaff: „Deutsches Triebwagenwesen", ZMEV 1938, S. 963
„Some problems of the new Netherlands timetable", Gaz 1938-II,
S. 325 — Revue 1939-I, S. 134

1939 Schwarz: „Wirtschaftliche und geographische Grundlagen für den
Entwurf von elektrischen Bahnen für die deutschen Kolonial-
gebiete in Afrika", VW 1939, S. 277 u. f.
„Mittel zur Beschleunigung der Reisezüge und dadurch verursachte
Kosten", Kongreß 1939, S. 387 (Stroebe u. Fesser), 519 (Royle u.
Harrison), 577 (Dumas), 675 u. 871

Energiewirtschaft / allgemein

1924= Löffler: „Neue Wege der Energiewirtschaft", Z 1924, S. 161 u. 1927,
S. 437
1925 — van Heys: „Einiges über Großkraftwirtschaft in Deutschland",
Annalen 1925-I, S. 41
1930= von Miller: „Die Energiewirtschaft im letzten Jahrhundert", Z 1930,
S. 777
1934= Münzinger: „Die deutsche Energiewirtschaft", Z 1934, S. 229

1935 —   Blume: „Energiewirtschaft und Kraftverkehr. — Neue Wege durch
         Elektrofahrzeuge", Annalen 1935-II, S. 149
         Neesen u. Löhr: „Entwicklungsmöglichkeiten der Dampflokomotive
         (u. a. Wirkungsgrad Lokomotive/ortsfestes Kraftwerk!)", Organ
         1935, S. 463
1936 =* „Deutsche Energiewirtschaft", Deutsche Berichte zur III. Weltkraft-
         konferenz Washington 1936, VDI-Verlag, Berlin 1936 — Bespr.
         Z 1936, S. 1068
    =* Friedrich: „Staat und Energiewirtschaft", Franck'sche Verlagshand-
         lung, Berlin 1936 — Bespr. Z 1937, S. 364
    —* Kloess: „Die allgemeine Energiewirtschaft mit Energiewirtschafts-
         gesetz und Energienrecht", Verlag Fritz Knapp, Frankfurt a. M.
         1936 — Bespr. Z 1936, S. 1339
1937 = Bauer: „Neue Betrachtungen über die schweizerische Energiewirt-
         schaft", Schweiz. Bauzeitung 1937-II, S. 83 u. 101
    =* Hünecke: „Gestaltungskräfte der Energiewirtschaft", Verlag F. Mei-
         ner, Leipzig 1937 — Bespr. Z 1938, S. 127
    —* Regul u. Mahnke: „Energiequellen der Welt. — Betrachtungen und
         Statistiken zur Energiewirtschaft", Schrift. Inst. f. Konjunktur-
         forschung, 44. Sonderheft, Hanseatische Verlagsanstalt, Hamburg
         1937 — Bespr. Z 1938, S. 127
    =* Krecke: „Die Energiewirtschaft der Welt. — Ergebnisse der
         3. Weltkraftkonferenz Washington 1936 in deutscher Betrach-
         tung", VDI-Verlag, Berlin 1937 — Bespr. Z 1938, S. 560
1938 —   v. Rautenkrantz: „Italienische Erddampf-Kraftwerke", Archiv für
         Wärmewirtschaft 1938, S. 197 und Z 1939, S. 1224
    =   Thierbach: „Großdeutsche energiewirtschaftliche Fragen", ETZ
         1938, S. 893
1939 =* Windel: „Deutsche Elektrizitätswirtschaft", Verlag für Sozialpolitik,
         Wirtschaft und Statistik, P. Schmidt, Berlin 1939. — Bespr.
         Z 1940, S. 124
1940 —   Birk: „Die internationale Kraftstoffwirtschaft", Öl und Kohle 1940,
         S. 67 und 93

Brennstoff- und Wärmewirtschaft

1920   Landsberg: „Kraft- und Wärmewirtschaft im Eisenbahnwesen",
        Z 1920, S. 517
1924   Landsberg: „Wärmewirtschaft und Zugförderung", Z 1924, S. 985
1925   Landsberg: „Meßwagen für Wärmewirtschaft bei der DRG", An-
        nalen 1925-I, S. 14
1926 —* Hermanns: „Taschenbuch für Brennstoffwirtschaft und Wärme-
        technik", Verlag Wilh. Knapp, Halle a. S. 1926 — Bespr. Wärme
        1926, S. 579
        Sußmann: „Ueber Durchführung und Ziel der Brennstoff-, Wärme-
        und Energiewirtschaft bei der Eisenbahn", Annalen 1926-II, S. 22
1929   * Landsberg: „Wärmewirtschaft im Eisenbahnwesen", Verlag Stein-
        kopff, Dresden u. Leipzig 1929
1933   Sußmann: „Einige Fortschritte der Brennstoff- und Wärmewirt-
        schaft in ihrer Anwendung bei der Reichsbahn", Annalen
        1933-II, S. 41

1934—   Drawe: „Technische Forschung u. Brennstoffwirtschaft", Z 1934, S. 793
1935 —*„50 Jahre Mitteldeutscher Braunkohlenbergbau", Festschrift zum 50jährigen Bestehen des deutschen Braunkohlen-Industrie-Vereins, Verlag Wilh. Knapp, Halle/Saale 1935—Bespr. Z 1935, S.1485
=   Schulte u. Lang: „Aufgaben der deutschen Brennstoffwirtschaft", Z 1935, S. 275
1937—   Raiß: „Der energiewirtschaftliche Wettbewerb in der Wärmeversorgung des Kleinabnehmers", Z 1937, S. 309
—   zur Nedden: „Der Wert der Wärmeersparnis: Die Kostenvalenz als wärmewirtschaftliche Kennzahl", Archiv für Wärmewirtschaft 1937, S. 65
1938=   Claassen: „Die Wärmewirtschaft vor 60 Jahren", Wärme 1938, S. 7
=   Münzinger: „Entwicklungsrichtungen im Bau von Kraftmaschinen für Verkehrsmittel und ortsfeste Anlagen", Z 1938, S. 969

Lokomotive oder Triebwagen?

1869   „The steam carriage system", Engg 1869-I, S. 259
1905   Guillery: „Triebwagen oder Lokomotive?", Annalen 1905-II, S. 9, 69, 91, 175
Heller: „Motorwagen im Eisenbahnbetrieb", Z1905, S.1541, 1634, 1705
1906   von Littrow: „Leichte Lokomotiven und Kleinzüge", Annalen 1906-I, S. 67
Riches u. Haslam: „Ry motor car traffic", Engg 1906-II, S. 264
1907   Schimanek: „Motorwagen oder Lokomotive", Annalen 1907-I, S. 268
* Spißer u. Krakauer: „Motorwagen und Lokomotive", Verlag Hölder, Wien 1907
1908 * Guillery: „Handbuch über Triebwagen für Eisenbahnen", Verlag Oldenbourg, München und Berlin 1908; 2. Auflage 1919. — Bespr. Organ 1919, S. 192
1911 * Drewes: „Verwendung von Triebwagen auf Kleinbahnen", Vortrag auf der 13. Versammlung des Vereins Deutscher Straßen- und Kleinbahn-Verwaltungen, Berlin 1911
1913   Borghaus: „Die Einführung des Akkumulator-Triebwagenbetriebes usw.", Annalen 1913-II, S. 63
Cauer: „Weshalb sollen auf der Berliner Stadtbahn nicht Motorwagen, sondern elektrische Lokomotiven verwendet werden?", VW 1913, S. 447
Zehme: „Elektrischer Lokomotivbetrieb auf Stadtschnellbahnen", ETZ 1913, S. 616
1924   Büttner: „Zur Triebwagenfrage", Annalen 1924-II, S. 334
Geisler: „Die Wirtschaftlichkeit des Triebwagenverkehrs", Z 1924, S. 1005
Hasse: „Die verkehrswirtschaftlichen Entwicklungsmöglichkeiten des Triebwagens", VW 1924, S. 291
Soberski: „Der Oeltriebwagen und seine Wirtschaftlichkeit im Eisenbahnverkehr", VT 1924, S. 208
Wechmann: „Kleinzüge auf Vollbahnen", VW 1924, S. 289
1925   Semke: „Vergleich der Betriebskosten von Triebwagen und Dampfzügen", VT 1925, S. 744

1926   Fratschner: „Ein neuer Benzol-Triebwagen der Stadt Spremberg (Lausitz)“, VT 1926, S. 288

* Kilgus: „Kleindampfzüge oder Triebwagen? — Handbuch für die Betriebskalkulation kleiner und kleinster Zugeinheiten“, Selbstverlag, Druck Becker u. Bärhold, Breslau 1926

Sell: „Die Bewährung eines benzolmechanischen Triebwagens auf der Kyffhäuser-Kleinbahn“, VT 1926, S. 588

Sieber: „Ein Jahr Triebwagenbetrieb auf der Südostmarnschen Kreisbahn“, VT 1926, S. 173

Straßburger u. Treptow: „Die Verbrennungstriebwagen. — Betriebserfahrungen und Betriebsergebnisse bei der Krefelder Eisenbahn-Ges.“, VT 1926, S. 656

1927   Guidoni: „The possibilities of the motor rail car“, Age 1927-II, S. 929

„Résultats obtenus sur les chemins de fer d'interêt local avec les automatrices à essence“, Revue 1927-II, S. 594

1928   * Fratschner: „Ueber die Wirtschaftlichkeit des Eisenbahnbetriebes mit Kleinzügen unter besonderer Berücksichtigung des benzolmechanischen Betriebes“, Dissertation T. H. Hannover 1928

Steinhoff u. Kettler: „Ein neuer Leichtmetall-Dieseltriebwagen mit mechanischer Kraftübertragung bei der Halberstadt-Blankenburger Eisenbahn“, VT 1928, S. 700

Student: „Kosten des Triebwagendienstes“, RB 1928, S. 922

1929   Hirschmann: „Förderung des Personenverkehrs auf den Lokalbahnen durch Triebwagen und Kleinlokomotiven“, Organ 1929, S. 330

*·Kettler: „Der Oeltriebwagen mit mechanischer Kraftübertragung“, Dissertation T. H. Hannover 1929

von Veress: „Grundsätzliches über die Verwendung von Oeltriebwagen“, Organ 1929, S. 371

„Betriebserfahrungen mit Triebwagen, die eine eigene Kraftquelle besitzen“, RB 1929, S. 344

1930   * Friedrich: „Der Eisenbahn-Triebwagen“, Verlag der Verkehrswissenschaftlichen Lehrmittelgesellschaft m. b. H. bei der DRB, Berlin 1930

* Hackbarth: „Erfahrungen mit Schienenomnibussen“, Bericht über die Fachtagung der Betriebsleiter-Vereinigung der deutschen Privat- und Kleinbahnen 1930, S. 10

Hübener: „Benzintriebwagen (im Betrieb der Flensburger Kreisbahn)“, VT 1930, S. 517

Mühl: „Betriebserfahrungen mit Triebwagen für Fahrleitungen“, RB 1930, S. 122 und 153

Nicholis: „Ueber die Frage der wirtschaftlichen Betriebsführung in besonderen Fällen“, Kongreß 1930, S. 1541

Whitfield: „Economy in rail-car operation“, Age 1930-II, S. 571

„Wirtschaftlichkeitskontrolle der Triebwagen mit eigener Kraftquelle“, RB 1930, S. 679

1931   Bäseler: „Gedanken zum Schnellverkehr“, ZVDEV 1931, S. 201

Grünwald: „Eisenbahnbetrieb mit Bahnhoftriebwagen“, Waggon- und Lokbau 1931, S. 216

„Neuzeitliche Verkehrspolitik: Die Rolle des Schienenautos", ATZ
1931, S. 717

„The scope of the steam rail-car", Gaz 1931-II, S. 204

1932   Jänecke: „Schnellere Personenbeförderung und Verwendung von
Triebwagen bei der Reichsbahn", VW 1932, S. 661, 677, 689 —
Z 1933, S. 747

Prüß: „Schienentriebwagen", VT 1932, S. 676

* Rabe: „Erfahrungen mit benzin-mechanischen Triebwagen", Bericht
über die 25. Fachtagung der Betriebsleiter-Vereinigung deutscher
Privateisenbahnen und Kleinbahnen 1932, S. 40

* Rehder: „Erfahrungen mit benzin-elektrischen Triebwagen", Bericht
über die 25. Fachtagung der Betriebsleiter-Vereinigung deutscher
Privateisenbahnen und Kleinbahnen 1932, S. 45

1933   Friedrich: „Erfahrungen mit Triebwagen im Bezirk der Reichsbahndirektion Nürnberg", RB 1933, S. 895

Glynn: „French road extends rail-car service", Age 1933-II, S. 238

1934   Bäseler: „Schnellfahren und nicht entgleisen", ZMEV 1934, S. 273

Dassau: „Vereinigter Personen- und Gütertriebwagen auf Nebenstrecken", RB 1934, S. 1123

Leibbrand: „Maßnahmen für die Verkehrsbeschleunigung", RB 1934,
S. 241

Schager: „Die Zukunft der Eisenbahnen", Lok 1934, S. 165

Semke: „Die Motorisierung der Bahnen des Nahverkehrs", VT 1934,
S. 321

Tritton: „Railcars", Loc 1934, S. 80

„The Flying Hamburger", Loc 1934, S. 144

1935   „Verbesserungen im amerikanischen Ueberlandverkehr durch Triebwagen", Lok 1935, S. 228

1936   Hamacher: „Der Schienentriebwagen auf den französischen Eisenbahnen", VT 1936, S. 256

Kohlmeyer u. Bauer: „Die Motorisierung der Kleinbahnen in der
Provinz Hannover", VT 1936, S. 246

Scharrer u. Friedrich: „Erfolgreiche Nebenbahnmotorisierung in der
Bayerischen Ostmark", RB 1936, S. 916 — Gaz 1937-I, S. 570

* Schlemmer: „Elektrische und Dieselelektrische Triebwagen", El.
Bahnen 1936, Ergänzungsheft S. 104

Semke: „Triebwagenbetrieb bei regelspurigen, nicht reichseigenen
Schienenbahnen", VT 1936, S. 594

1937   Koffmann: „Railcar acceleration", Gaz 1937-II, S. 1233

Schmer: „Vergleich zwischen Lokomotiv- und Triebwagenbetrieb im
elektrischen Fernschnellverkehr", El. Bahnen 1937, S. 255 —
Z 1938, S. 1114

Tetzlaff: „Elektrische Triebwagen für Fahrleitungsbetrieb: I. Technische Mittel und Grenzen des Triebwagendienstes", Annalen
1937-II, S. 69

„Entwicklung des Triebwagens", Kongreß 1937, S. 1715 (Wanamaker)
und 1968 (Dumas)

1938   Christensen: „Schnellverkehr mit Triebwagenzügen in Dänemark",
ZMEV 1938, S. 997

Gerteis u. Mauck: „Betriebserfahrungen mit Doppeldeckzügen",
ZMEV 1938, S. 451

1938   Schmer: „Vergleich zwischen Lokomotiv- und Triebwagenbetrieb im elektrischen Fernschnellverkehr", Z 1938, S. 1114

Seidel: „Triebwagen der Deutschen Reichsbahn als Mittel zur Beschleunigung des Personenverkehrs auf Schmalspurstrecken (Sachsen)", ZMEV 1938, S. 696

Teßlaff: „Deutsches Triebwagenwesen", ZMEV 1938, S. 963

„Ausnutzung und Betriebskosten von Triebwagen", Kongreß 1938, S. 132 uf.

„Die Entwicklung des Triebwagenverkehrs in Rumänien", ZMEV 1938, S. 210

„Triebwagen bei den französischen Eisenbahnen", VW 1938, S. 352 und 523

„Triebwagen oder Lokomotive?", Kongreß 1938, S. 107 uf.

1939   Münzer: „Dieselelektrischer Antrieb von Fahrgastzügen mit 7 bis 8 D-Wagen", VW 1939, S. 241

=   Woelck: „Die Privat- und Kleinbahnen und ihre Motorisierungsmaßnahmen", VT 1939, S. 529

„Mittel zur Beschleunigung der Reisezüge und dadurch verursachte Kosten, insbesondere Triebwagenbetrieb und dessen Bilanz", Kongreß 1939, S. 387 (Stroebe u. Fesser), 519 (Royle u. Harrison), 577 (Dumas), 675 und 871

„Triebwagen in Frankreich", ZMEV 1939, S. 646

„Accelerated railcar service in Norway" (m. Karte), DRT 1939, S. 125

„Etablissement des nouveaux horaires des Chemins de Fer Hollandais (m. Karte)", Revue 1939-I, S. 134 — Gaz 1938-II, S. 325

„Railcar services in France: Advantages over steam traction", Mod. Transport 10. Juni 1939, S. 9

„Railcar traction in Poland", DRT 1939, S. 123

„The improvement of services by railcar", DRT 1939-II, S. 102

Dampf oder Elektrizität?

1894   „Die Zweckmäßigkeit elektrischen Betriebes auf Hauptbahnen", Annalen 1894-I, S. 1 — Organ 1894, S. 202

1899   Feldmann: „Ueber den elektrischen Betrieb auf Vollbahnen", Z 1899, S. 170

1901   Pforr: „Der elektrische Betrieb der Berliner Stadt- und Ringbahn im Vergleich mit einem vervollkommneten Dampfbetrieb", Annalen 1901-I, S. 217

1902   * Roloff: „Elektrische Fernschnellbahnen. — Eine kritische Skizze", Gebauer-Schwetschke Druckerei, Halle 1902

1903   Cserhati: „Vergleich zwischen Dampf- und elektrischer Traktion auf Vollbahnen", Annalen 1903-II, S. 45

1904   von Borries: „Schnellbetrieb auf Hauptbahnen", Z 1904, S. 949 — Organ 1904, S. 160

1907   Mühlmann: „Elektrischer Betrieb auf Vollbahnstrecken mit starken Steigungen", Annalen 1907-I, S. 257 und 1907-II, S. 199

„Comparative tests of steam and electric locomotives an a 3-deg. curve", Gaz 1907-I, S. 326

1909   Aspinall: „Electrification of rys", Engg 1909-I, S. 609 und 646

Werkstattaufnahme der 25000. Henschel-Lokomotive, einer 1 Do 1-
Stromlinien - Lokomotive der Deutschen Reichsbahn für eine planmäßige Höchstgeschwindigkeit von 175 km/h. Die Lokomotive besitzt
Henschel - Einzelachsantrieb. Unser Bild zeigt die Lokomotive noch
ohne Stromlinienverkleidung seitlich der Räder. Auf jeder Loko-
motivseite sitzen zwei V-förmige Dampfmotoren, deren jeder eine
besondere Treibachse antreibt.

1912 *„Die Elektrifizierung der Schweizerischen Bahnen", Sonderbericht der Schweiz. Studienkommission für elektr. Bahnbetrieb, Buchdruckerei Berichthaus (vorm. Ulrich & Co), Zürich 1912
Insull: „Central power stations and ry electrification", Gaz 1912-II, S. 85
* Kresse: „Das Vaterland in Gefahr! — Denkschrift über die Nachteile der Elektrisierung der Staatseisenbahnen", John Schwerins Verlag AG., Berlin 1912

1913 Obergethmann: „Die Mechanik der Zugbewegung bei Stadtbahnen", Monatsblätter des Berliner Bezirksvereins Deutscher Ingenieure 1913, S. 47 — Z 1913, S. 702, 748, 787
Parodi: „Ry electrification problems in the United States", Engg 1913-I, S. 752

1914 Merz u. McLellan: „Eastern Bengal State Ry electrification", Gaz 1914-I, S. 601, 632, 662, 696
Roger T. Smith: „Some railway conditions governing electrification", Gaz 1914-I, S. 199

1917 Hansmann: „Vereinigung von Dampf- und elektrischem Betrieb auf Hauptbahnen", VW 1917, S. 185
Holmgren: „Ueber elektrischen Betrieb in Verbindung mit Dampfbetrieb bei Hauptbahnen", Elektrotechn. Zeitschrift 1917, S. 481

1919 Metzeltin: „Dampflokomotive und elektrische Lokomotive", HN 1919, S. 70

1921 Wichert: „Schüttelschwingungen an Schiffen und elektrischen Lokomotiven", Z 1921, S. 971 — El. Bahnen 1926, S. 270
Raven: „Railway electrification", The Eng 1921-II, S. 673 u. 711 — Engg 1922-I, S. 25 u. 39
Wichert: „Die Leistungseigenschaften der Elektrolokomotive", Z 1922, S. 1080

1923 Kleinow: „Elektrische Zugförderung", Annalen 1923-II, S. 76
Renfert: „Die Zuglänge elektrischer Schnellbahnen", Zentralblatt der Bauverwaltung 1923, S. 386
„Die Gutachten Acworths und Herolds über die Oesterreichischen Bundesbahnen", Lok 1923, S. 164

1924 * Bretschneider: „Die Kraftquellen und der Uebergang zur elektrischen Zugförderung in Württemberg", VW Sonderausgabe Februar 1924, S. 26
Kummer: „Die Wirtschaftlichkeit des elektrischen Betriebes der Schweizer Bundesbahnen nach den neuesten Untersuchungen", Schweiz. Bauzeitung 1924-II, S. 208
Naderer: „Die Wirtschaftlichkeit der elektrischen Zugförderung", Organ 1924, S. 237
Sorger: „Die Wirtschaftlichkeit der elektrischen Zugförderung in Abhängigkeit von der Unterhaltung der Lokomotiven und vom Bau und Betrieb größerer Ausbesserungswerke für elektrische Lokomotiven", Annalen 1924-II, S. 90
„Beurteilung des elektrischen Eisenbahnbetriebes in den Vereinigten Staaten und in England", HN 1924, S. 7 — Age 1923-I, S. 1279

1925 Nußbaum: „Zeichnerische Ermittelung des Fahrtverlaufes, der Fahrzeit, der Erwärmung und des Verbrauches für Dampf- und Elektrolokomotiven", Organ 1925, S. 1

4

1925   * Pforr: „Die Aussichten der elektrischen Zugförderung auf den Eisen-
          bahnen", «Eisenbahnwesen», VDI-Verlag Berlin 1925, S. 98
        * Reichel: „Gestaltung elektrischer Lokomotiven", «Eisenbahnwesen»,
          VDI-Verlag 1925, S. 36
        * Wechmann: „Betrieb auf elektrischen Hauptbahnen", «Eisenbahn-
          wesen», VDI-Verlag 1925, S. 94
1926   Draeger: „Verschiebedienst mit elektrischen Lokomotiven", El.
          Bahnen 1926, S. 172
        Gerstmeyer: „Die Umstellung der Fernbahnen auf elektrischen Be-
          trieb", El. Bahnen 1926, S. 38
        Prof. Dr. Müller: „Die dynamischen Grundlagen für den Betrieb
          und die Selbstkostenberechnung der elektrischen Zugförderung",
          El. Bahnen 1926, S. 162
        Peck: „Steam versus electric motive power", Age 1926-I, S. 1441
        Wichert: „Die Leistungseigenschaften der Elektrolokomotiven", El.
          Bahnen 1926, S. 270
        „Dampf gegen elektrische Lokomotive", Annalen 1926-I, S. 47
1927   Wechmann: „Weltkraftkonferenz Basel — Der elektrische Betrieb
          der Eisenbahnen", Z 1927, S. 1369
1928   Dorpmüller: „Reichsbahn und Elektrisierung", RB 1928, S. 367
        Naderer: „Betriebserfahrungen mit der elektrischen Zugförderung
          in Südbayern", Organ 1928, S. 321
        *„Gutachten über die Elektrisierung der Strecke Wien—Salzburg",
          Verlag Springer, Berlin 1928. — Bespr. Z 1929, S. 35
1929   Drescher: „Beitrag zur Frage der Anfahrmöglichkeit von elek-
          trischen Lokomotiven mit angehängter Zuglast", El. Bahnen 1929,
          S. 233 und 268
        Gelber u. Plietzsch: „Elektrisierung des Abraumbetriebes der Grube
          Marie III der Anhaltischen Kohlenwerke", BBC-Nachrichten 1929,
          S. 263
        Parodi: „Leistungsfähigkeit der Eisenbahnlinien", El. Bahnen 1929,
          S. 297
1930   * Bearce: „Economics of electric traction for trunk line railroads",
          Weltkraft S. 137
        * Carli: „Betriebsdaten und Versuchsergebnisse des elektrischen Zug-
          betriebes in Italien", Weltkraft S. 189
        Esser: „Betriebserfahrungen mit Hüttenwerkslokomotiven", AEG-
          Mitt. 1930, S. 573
        Gelber: „Die Elektrisierung der algerischen Staatsbahnen", El.
          Bahnen 1930, S. 265
        * Gibbs: „The economic aspects of railway electrification", Welt-
          kraft S. 152
        Koeppen: „Die Kriterien wirtschaftlichster Geschwindigkeit bei elek-
          trischen Bahnen", El. Bahnen 1930, S. 85, 114, 317
        Mühl: „Betriebserfahrungen mit Triebwagen für Fahrleitungen",
          RB 1930, S. 122
        Rieländer: „Die Betriebsformen der Privateisenbahnen. — Dampf-
          und elektrischer Betrieb in wirtschaftlicher Beziehung", VT 1930,
          S. 481

Schmitt: „Elektrischer Bahnbetrieb und Höchstdrucklokomotive — ein wirtschaftlicher Ausblick", AEG-Mitteilungen 1930, S. 684
Wechmann: „Die elektrische Zugförderung auf außerdeutschen Bahnen", El. Bahnen 1930, S. 1
Wechmann: „Betrachtungen über den elektrischen Zugbetrieb im Vergleich zum Dampfbetrieb", El. Bahnen 1930, S. 161

1931 Parodi: „Teilweise Elektrisierung des Netzes der Orléans-Bahn", Kongreß 1931, S. 27
* Remy: „Die Elektrisierung der Berliner Stadt-, Ring- und Vorortbahnen als Wirtschaftsproblem", Archiv für Eisenbahnwesen, Beiheft zu 1931
Roth: „Elektrischer Betrieb auf Nebenbahnen und nebenbahnähnlichen Kleinbahnen", Z 1931, S. 778
Schmitt: „Der Weir-Bericht über die Elektrifizierung der englischen Eisenbahnen", El. Bahnen 1931, S. 263

1932 Wernekke: „Die Einführung elektrischer Zugförderung bei den englischen Eisenbahnen", Annalen 1932-II, S. 79

1933 Croft: „Electric train movement and energy consumption", Ry Eng 1933, S. 46

1935 „The advantages of railway electrification with regard to acceleration and deceleration", Gaz 1935-I, S. 1098

1936 Kerr: „Motive power for high speed operation", Age 1936-I, S. 312
* Wechmann: „Berechtigung des elektrischen Zugbetriebes", El. Bahnen 1936, Ergänzungsheft S. 1
Wernekke: „Dampfbetrieb und elektrische Zugförderung", El. Bahnen 1936, S. 258

1937 Fairburn: „Railway electrification", Gaz 1937-I, S. 466
Tetzlaff: „Elektrische Triebwagen für Fahrleitungsbetrieb: I. Technische Mittel und Grenzen des Triebwagendienstes", Annalen 1937-II, S. 69
„Elektrik drift ved Bergensbanens hifjelds strekning?", Tekn. Ukebl. 1937, Nr. 6, S. 60

1938 Capelle: „Ueber die Wirtschaftlichkeit der Berliner S-Bahn", Annalen 1938-I, S. 133
Hülsenkamp: „10 Jahre elektrischer S-Bahnbetrieb in Berlin", VW 1938, S. 242
Kother: „Das Problem der Elektrisierung von Bahnen, besonders in Deutschland", VW 1938, S. 473
Steffan: „Praktischer Vergleich von Dampf- und elektrischen Lokomotiven hinsichtlich tatsächlicher Zugleistungen auf den Oesterreichischen Bundesbahnen", Lok 1938, S. 152
„Die Anfahrbeschleunigung verschiedener Triebfahrzeuge", Lok 1938, S. 168
„G. W. R. Taunton-Penzance electrification investigation" [Kostenfrage!], Gaz 1938-I, S. 385

1939 Dittes: „Die Energieversorgung der elektrischen Bahnen auf der Teiltagung Wien 1938 der Weltkraftkonferenz", El. Bahnen 1939, S. 39
Cansdale: „The economics of railway electrification", ERT 1939, S. 98

4*

1939   Schmer: „Gestaltungs- und Leistungsmöglichkeiten von elektrischen
        Lokomotiven im Fernschnellverkehr", El. Bahnen 1939, S. 225
        Schwarz: „Wirtschaftliche und geographische Grundlagen für den
        Entwurf von elektrischen Bahnen für die deutschen Kolonial-
        gebiete in Afrika", VW 1939, S. 277 u. f.
        „The Great Western Railway and electrification", ERT 1939, S. 54

Dampf oder Verbrennungsmotor?

1922   Hagenbucher: „Diesellokomotiven", Kruppsche Monatshefte 1922,
        S. 61

1923   Held u. Kuljinski: „Eine neue Diesellokomotive", VT 1923, S. 361
      * Schelest: „Probleme der wirtschaftlichen Lokomotiven", Verlag
        Franz Deuticke, Leipzig/Wien 1923

1924 * Brown: „Ueber dieselelektrische Lokomotiven für Vollbahnbetrieb",
        Dissertation T. H. Zürich 1924
        Lomonossoff: „Zur Theorie der Diesellokomotive", Z 1924, S. 198
        Lomonossoff: „Zur Untersuchung der Thermolokomotive", Z 1924,
        S. 849

1925   Achilles: „Ueber die Ausführung von Diesellokomotiven", Organ
        1925, S. 247
      * Lomonossoff: „Die Thermolokomotive", «Eisenbahnwesen», VDI-
        Verlag, Berlin 1925, S. 56
        Meineke: „Vergleichsversuche zwischen Diesel- und Dampflokomotive
        (Rußland)", Z 1925, S. 321 — Organ 1925, S. 82 (Uebelacker)

1926   Lomonossoff: „Der 100jährige Werdegang der Lokomotive", Organ
        1926, S. 347

1927   Achilles: „Ueber das Verhalten der Diesellokomotive mit Stufen-
        getriebe gegenüber der Dampflokomotive und der Diesellokomo-
        tive mit stetig veränderlicher Uebersetzung", VT 1927, S. 528
        Günther: „Die mechanisch angetriebene Diesellokomotive mit fester
        Uebersetzung und mehreren, einzeln kuppelbaren Motoren",
        Organ 1927, S. 39 und 283
        Schmidt: „Der Verbrennungsmotor-Triebwagen", VT 1927, S. 119

1928   Gerstmeyer: „Die Diesellokomotive und die moderne Zugförderung",
        Annalen 1928-II, S. 146
        Lomonossoff: „Widerstand und Trägheit der dieselelektrischen
        Lokomotive", Organ 1928, S. 133

1929   Grüning: „Dieselelektrische Lokomotiven", Organ 1929, S. 487
        Mangold: „Leistungs- und Zugkraftkurven der Diesellokomotive",
        Z 1929, S. 729
        Straßer: „Die Wirtschaftlichkeit der Diesellokomotive im Vollbahn-
        betrieb", Organ 1929, S. 123 u. 143 — Loc 1929, S. 334

1930   Leibbrand: „Verwendung von kleinen Motorlokomotiven auf Unter-
        wegsbahnhöfen zur Beseitigung der Rangieraufenthalte der Nah-
        güterzüge", RB 1930, S. 565
        Lipetz: Economics of the oil - engine locomotive", Age 1930-II,
        S. 451

1931   Geiger: „Die Wirtschaftlichkeit von Diesellokomotiven", Organ
        1931, S. 171

        von Sanden u. Wohlschläger: „Eine neue Lösung des Problems der
        Diesellokomotive mit unveränderbarem Antrieb", Organ 1931,
        S. 167

        „Burlington gas-electrics cut operating costs", Age 1931-I, S. 439

        „Oil-electrics are effecting savings in switching service", Age 1931-II,
        S. 620

        „The scope of the steam rail-car", Gaz 1931-II, S. 204

1932   Grime: „Steam or Diesel for shunting?", Ry Eng 1932, S. 204

        „300 HP Diesel-electric locomotive reduces operating expense, Jay
        Street Connecting Rr, USA", Age 1932-II, S. 975

1933   „Has Diesel traction a future for mountain lines?', DRT 24. Febr.
        1933, S. 11

        „High-power Sulzer Diesel locomotives for express and goods trains",
        Sulzer Technical Review 1933, Nr. 1B, S. 1 — DRT 27. Jan. 1933,
        S. 6 und 1934, S. 162 — Lok 1933, S. 122 und 1934, S. 3 —
        Loc 1934, S. 189 — Gaz 1934-I, S. 163

        „Rail-transport with Diesel engines", Loc 1933, S. 73

1934   Finsterwalder u. Bredenbreucker: „Eignung der Diesellokomotive
        mit unmittelbarem Antrieb für Schnellfahrten", Z 1934, S. 1089

        Johnson: „Motive power for high speed service", Baldwin Okt.
        1934, S. 21

1935   Binkerd: „Muzzle not the ox that treadeth out the corn", Baldwin
        April-Juli 1935, S. 11

        Lipetz: „Possibilities of the Diesel locomotive", Age 1935-II,
        S. 469 — Gaz 1935-II, S. 746

        Marschall: „Zugförderung durch Diesellokomotiven", Organ 1935,
        S. 210

        Wagner: „Die Dampflokomotiven und Motorkleinlokomotiven",
        Organ 1935, S. 271

1936   Alcock: „Some observations on old world transportation problems",
        Age 1936-I, S. 358

        Meyer - Baden: „Diesel-Großlokomotiven", Schweizer Bauzeitung
        1936-II, S. 271

        Scharrer u. Friedrich: „Erfolgreiche Nebenbahnmotorisierung in der
        Bayerischen Ostmark", RB 1936, S. 916 — Gaz 1937-I, S. 570

        „Dieselelektrische Schienenfahrzeuge", ATZ 1936, S. 489

        „The oil-engine for rail transport", Loc 1936, S. 201

1937   Binkerd: „Adaptability of steam locomotives to high-speed service",
        Baldwin Juli 1937, S. 10

        Gotschlich: „Diesellokomotivbetrieb in planmäßigem Streckendienst
        einer regelspurigen Schienenbahn", VT 1937, S. 205

        Müller (Wettingen): „Betrachtungen über den dieselelektrischen
        Bahnbetrieb", Schweiz. Technische Zeitschrift 1937, S. 139

   —   „Dampf- und Motorantrieb von Schiffen", Z 1937, S. 1122

     *„The motive power situation of American railroads", herausgegeben
        von den Baldwin Locomotive Works, Philadelphia 1937

1938   Chapman: „Diesel locomotives in high-speed service. — A review of the Diesel locomotive operation on the Chicago—Los Angeles Super-Chief train, in comparison with the steam locomotives used on other express services", Gaz 1938-II, S. 1124

„Leistung von Dampf- und Diesellokomotiven", Annalen 1938-II, S. 193

„Old and new inspection cars", Loc 1938, S. 119

„Heavy shunting locomotive operation", Gaz 1938-I, S. 966

„Diesel and steam locomotives in high-speed service", Age 1938-II, S. 733

1939   Sillcox: „Steam or Diesel-electrics for high speed passenger train service?", Age 1939-I, S. 459

Urbach: „Diesel locomotive operation. — Problems of Diesel-electric locomotives in switching and road service on the Chicago, Burlington and Quincy Rr", Age 1939-II, S. 108

„Der Dieselbetrieb auf den dänischen Eisenbahnen", VT 1939, S. 354 (m. Karte)

„Atchison, Topeka & Santa Fe Rr: 1 E 1-Dampflokomotive als Vorspann für den dieselelektrischen «Super Chief»", Loc 1939, S. 212

„American shunting locomotive costs", DRT 1939, S. 41 und 130

„Express Diesel locomotive operation", DRT 1939, S. 118

DIE ELEKTRISCHEN BAHNEN

Allgemein

1880   „New applications of the dynamo-electric current: Electric railway",
        Engg 1880-I, S. 487
1892   Rühlmann: „Die elektrischen Eisenbahnen", Z 1892, S. 14 u. f.
1894   Rasch: „Elektr. Bahnen mit oberirdischer Stromzuführung", Z 1894,
        S. 485
1895   Dawson: „Electric traction", Engg 1895-II, S. 38 u. f.
1899   Feldmann: „Ueber den elektrischen Betrieb auf Vollbahnen",
        Z 1899, S. 170
   =   Lasche: „Die elektrische Kraftverteilung in den Maschinenbauwerk-
        stätten der AEG", Z 1899, S. 113 u. f. [S. 141: Elektrische
        Fabrikbahn]
1900   Carus-Wilson: „Polyphase electric traction", Engg 1900-II, S. 99 u. f.
1901   Lasche: „Ueber elektrische Schnell- und Fernbahnen", Annalen
        1901-II, S. 229
1902 * Roloff: „Elektrische Fernschnellbahnen. — Eine kritische Skizze",
        Gebauer-Schwetschke Druckerei, Halle 1902
        Wittfeld: „Ueber Schnellbahnen und elektrische Zugförderung auf
        Hauptbahnen", Annalen 1902-I, S. 86
1903   Bork: „Die bisherigen Ergebnisse des elektrischen Betriebes auf
        Hauptbahnen usw.", Annalen 1903-I, S. 185
        Reichel: „Neues aus dem Gebiet des elektrischen Betriebes für
        Vollbahnen", Annalen 1903-I, S. 126 u. 221
1907   Mühlmann: „Elektrischer Betrieb auf Vollbahnstrecken mit starken
        Steigungen", Annalen 1907-I, S. 257 u. 1907-II, S. 199
        Pforr: „Der elektrische Vollbahnbetrieb", Annalen 1907-I, S. 201
1908   Zweiling: „Elektrische Vollbahnen", Annalen 1908-I, S. 30
      *„Berichte der Schweizerischen Studienkommission für elektrischen
        Bahnbetrieb: Elektrische Bahnen in Nordamerika", Verlag Rascher
        u. Co., Meyer u. Zellers Nachf., Zürich 1908
        „Chemins de fer industriels à traction électrique", Revue 1908-I,
        S. 234 und 241
1909   Aspinall: „Electrification of rys", Engg 1909-I, S. 609 und 646
      * Roedder: „Die Fortschritte auf dem Gebiet der elektrischen Fern-
        bahnen", Kreidels Verlag, Wiesbaden 1909
1910   Heilfron: „Ueber einige neuere Fragen aus dem elektrischen Voll-
        bahnwesen", ETZ 1910, S. 283
      * Hobart: „Electric trains", Verlag Harper & Brothers, London 1910
        Westinghouse: „Electrification of railways", Engg 1910-II, S. 244
1911 * Burch: „Electric traction for railway trains", Mc Graw-Hill Book
        Co, London u. New York 1911
        Eichberg: „Die Grundlagen der elektrischen Vollbahnen", Lok
        1911, S. 55
        Jullian: „Note sur les essais de traction électrique par locomotives
        équipées avec moteurs à courant monophasé", Revue 1911-I,
        S. 233
        „Ueber Einphasen-Wechselstrombahnen", VW 1911, S. 468 uf.
1912   Soberski: „Entwicklung, gegenwärtiger Stand und Aussichten des
        elektrischen Vollbahnwesens", Organ 1912, S. 276

1913   de Muralt: „Electrification of heavy grades", Gaz 1913-I, S. 141

1914   Smith, Roger T.: „Some railway conditions governing electrifi-
         cation", Gaz 1914-I, S. 199
         Dawson: „Heavy ry electrification in North America and on the
         European Continent", Gaz 1914-I, S. 369

1915   * Kummer: „Die Maschinenlehre der elektrischen Zugförderung", Ver-
         lag Springer, Berlin 1915

1916   Soberski: „Die Fortschritte im elektrischen Vollbahnwesen", Organ
         1916, S. 1

1918   Kummer: „Das Urteil über die Energie-Rückgewinnung der elektri-
         schen Bahnen angesichts der jüngsten technischen Fortschritte",
         Schweiz. Bauzeitung 1918-I, S. 191

1919=   Rosenberg: „Die Ersatzstoffe in der Elektrotechnik", El. Kraft-
         betriebe und Bahnen 1919, S. 156

1920   * Kummer: „Die Energieverteilung für elektrische Bahnen", Verlag
         Springer, Berlin 1920

1921   Raven: „Railway electrification", The Eng 1921-II, S. 673 und 711
         — Engg 1922-I, S. 25 u. 39

1922   * Seefehlner: „Elektrische Zugförderung", Verlag Springer, Berlin
         1922. — 2. Auflage 1924. — Bespr. Organ 1924, S. 247

1923   Kleinow: „Elektrische Zugförderung", Annalen 1923-II, S. 76
         Winkler: „Siemens und das Verkehrswesen 1847—1922", VT 1923,
         S. 10

1924=   Kunath: „Die Elektrizität im Baubetriebe", Z 1924, S. 708
         Scherzer: „Die elektrische Zugförderung in den verschiedenen Län-
         dern der Erde", Organ 1924, S. 241
       * Seefehlner: „Elektrische Zugförderung", Verlag Springer, 2. Auf-
         lage, Berlin 1924. — Bespr. Organ 1924, S. 247
         Usbeck: „Gegenwärtiger Stand der elektrischen Bahnbetriebe",
         Z 1924, S. 943

1925   *„Siemens-Schuckert und die elektrische Zugförderung", heraus-
         gegeben von SSW zur Deutschen Verkehrsausstellung München
         1925

1926   Müller: „Die dynamischen Grundlagen für den Betrieb und die
         Selbstkosten der elektrischen Zugförderung", El. Bahnen 1926,
         S. 162

1927   Wechmann: „Weltkraftkonferenz Basel 1926: Der elektrische Be-
         trieb der Eisenbahnen", Z 1927, S. 1369

1928   Grüning: „Bahnelektrisierung", BBC-Nachrichten 1928, S. 96
         „Post office tube railway, London", Loc 1928, S. 149 — Ry Eng
         1928, S. 145

1929   Frischmuth: „50 Jahre elektrische Bahnen", Siemens-Zeitschrift
         1929, S. 263 — Z 1929, S. 661
         Gelber: „Elektrisierung von Nebenbahnen mit hochgespanntem
         Gleichstrom", El. Bahnen 1929, S. 73 und 107
         Gelber: „Hochspannungs-Gleichstrombahnen", BBC-Nachrichten 1929,
         S. 1
       * Höring: „Elektrische Bahnen", Verlag de Gruyter u. Co., Berlin
         und Leipzig 1929

Spackeler: „Die Grubenlokomotivbahnen in der Nachkriegszeit", Z 1929, S. 1339

1930   Dräsel: „Gleisförderung mit elektrischen Lokomotiven im Steinbruchbetrieb Demitz der Sächsischen Granit AG.", AEG-Mitt. 1930, S. 577

Koob: „Planung elektr. Werkbahnanlagen", AEG-Mitt. 1930, S. 588

Krohne: „25 Jahre elektrischer Bahnbetrieb in der Landwirtschaft [Anschlußbahn des Rittergutes Bärfelde (Neumark)]", AEG-Mitt. 1930, S. 580

* Parodi: „Développement de l'électrification des chemins de fer", Weltkraft S. 120

Wechmann: „Die elektrische Zugförderung auf außerdeutschen Bahnen", El. Bahnen 1930, S. 1 und 74

1931   * Buchhold u. Trawnik: „Die elektrische Ausrüstung der Gleichstrombahnen", Verlag Springer, Berlin 1931

Graner: „Der Zusammenschluß des Wechselstrombahnnetzes von 16⅔ Hertz mit dem Drehstromnetz von 50 Hertz", El. Bahnen 1931, S. 322

Hinze: „Rechnerische Ermittelung des für die Fahrgäste günstigsten Haltestellenabstandes bei elektrisch betriebenen Verkehrsmitteln für Stadt- und Vorortverkehr", El. Bahnen 1931, S. 232

Schieb: „Zum 50jährigen Bestehen der elektrischen Eisenbahnen", ZVDEV 1931, S. 737

Tetzlaff: „Fragen des elektrischen Betriebes auf Steigungsstrecken". El. Bahnen 1931, S. 193

„Die Bahnelektrisierungen und deren Kupferverbrauch", Waggon- u. Lokbau 1931, S. 389

1932   Forwald: „Streckenimpedanz und Schienenstrom bei Einphasenbahnen", El. Bahnen 1932, S. 77 und 111

„Die elektrische Zugförderung auf dem Internationalen Elektrizitäts-Kongreß zu Paris", El. Bahnen 1932, S. 269

1933   Croft: „Electric train movement and energy consumption", Ry Eng 1933, S. 46

Reichel: „Mittel zum Schnellverkehr: Der elektrische Betrieb", VW 1933, S. 1, 21, 35

„Electrification of steam rys" (Tabellen), Gaz 1933-II, S. 768

1934   Croft: „Electric train movement and energy consumption: Points of importance in the design of equipment for frequent stop services", Gaz 1934-I, S. 432

Forwald: „Die Energie-Uebertragungsfähigkeit der bei Wechselstrombahnen gebräuchlichen Fahrleitungs-Speisesysteme, insbesondere bei 50 Hz", El. Bahnen 1934, S. 79

Rollert: „Die Entwicklung der elektrischen Zugförderung in den außerdeutschen Ländern", El. Bahnen 1934, S. 31 uf.

„Railway electrification in 1934", Gaz 1934-II, S. 996

„The early days of electric traction", Gaz 1934-I, S. 240

1935   Reichel: „High-speed electric railway traction", Gaz 1935-I, S. 884

Unger: „Die zweckmäßigste Stromart der elektrischen Vollbahnen", VW 1935, S. 41

„Stand der Elektrifizierung in Nordafrika", Organ 1935, S. 259

1936   * Benninghoff: „Straßenbahnen und Untergrundbahnen", El. Bahnen
        1936, Ergänzungsheft S. 119
        * Hilsenbeck: „Bergbahnen", El. Bahnen 1936, Ergänzungsheft S. 140
        Kaan: „Der elektrische Vollbahnbetrieb auf der Welt", Elektro-
        technik und Maschinenbau 1936, S. 433 u. 446 — Organ 1936,
        S. 491 — Kongreß 1936, S. 1687
        Schmer: „Stromversorgungsmöglichkeiten bei Bahnelektrisierung",
        El. Bahnen 1936, S. 247
        Schneider: „Der Frequenzumformer von Mezzocorona und andere
        Umformer für schwankende Leistungen", El. Bahnen 1936, S. 267
        * Wechmann: „Berechtigung des elektrischen Zugbetriebes", El.
        Bahnen 1936, Ergänzungsheft S. 1
        *„Das elektrische Eisenbahnwesen der Gegenwart", El. Bahnen, Er-
        gänzungsheft 1936

1937   Kaan: „Maßnahmen und Einrichtungen bei der elektrischen Zug-
        förderung zur Erzielung von Stromersparnis", Kongreß 1937, S. 1
        Schneider: „Bahnbetrieb mit Drehstrom niedriger Frequenz oder
        mit Gleichstrom hoher Spannung?", El. Bahnen 1937, S. 106
        „Die Entwicklung der elektrischen Zugförderung in der Welt 1936",
        El. Bahnen 1937, S. 127 — Gaz 1937-I, S. 82
        „Third-rail electrification", Gaz 1937-I, S. 468

1938   Garreau: „L'état actuel de l'électrification des chemins de fer",
        Revue 1938-I, S. 110
        Kother: „Das Problem der Elektrisierung von Bahnen, besonders
        in Deutschland", VW 1938, S. 473
        Przygode: „Die Weltkraftkonferenz, Teiltagung Wien 1938. —
        Energieversorgung der elektrischen Bahnen", ZMEV 1938, S. 719
        * Sachs: „Die ortsfesten Anlagen elektrischer Bahnen", Verlag Orell
        Füssli, Zürich u. Leipzig 1938. — Bespr. Z 1939, S. 1112 — Organ
        1939, S. 312
        Zehme: „Die Motorstromart im Rahmen der Energieversorgung
        elektrischer Eisenbahnen", ETZ 1938, S. 919
        „Die elektrischen Eisenbahnen Europas" (Statistik), ETZ 1938, S. 508
        — Revue 1938-I, S. 110
        „Ueber 30 000 km elektrische Eisenbahnen. — Zur Wiener Teil-
        tagung der Weltkraftkonferenz", Lok 1938, S. 163

1939   Dittes: „Die Energieversorgung der elektrischen Bahnen auf der
        Teiltagung Wien 1938 der Weltkraftkonferenz", El. Bahnen 1939,
        S. 39
        Kother: „Elektrische Bahnen für Fernschnellverkehr", El. Bahnen
        1939, S. 223
        Schwarz: „Wirtschaftliche und geographische Grundlagen für den
        Entwurf von elektrischen Bahnen für die deutschen Kolonial-
        gebiete in Afrika", VW 1939, S. 277 u. f.
        * Wechmann: „Das elektrische Eisenbahnwesen der Gegenwart", 2.
        Auflage, Verlag für Sozialpolitik, Wirtschaft und Statistik Paul
        Schmidt, Berlin 1939

1940   Oelschläger: „Der Stand der elektrischen Zugförderung in den
        außerdeutschen Ländern" (m. Karten), El. Bahnen 1940, S. 1

Fahrleitung

1911   „Overhead single-phase ry equipment, Chemins de Fer du Midi", Engg 1911-II, S. 858

1917   Kummer: „Ueber die Verwendbarkeit eiserner Fahrleitungen für Wechselstrombahnen", Schweiz. Bauzeitung 1917-II, S. 283

1918   Wintershalter: „Der Umbau von Rollenkontakt auf Bügelkontakt bei der Städtischen Straßenbahn Zürich", Schweiz. Bauzeitung 1918-I, S. 204

1921   Wenßel: „Ueber Tragkonstruktionen der Fahrleitung elektrisch betriebener Vollbahnen in bautechnischer und betriebstechnischer Hinsicht", Annalen 1921-II, S. 99

1922   Heyden: „Wechselstromfahrleitung", Annalen 1922-II, S. 5

1924   Naderer: „Grundlagen und Berechnungen zur Einheitsfahrleitung für die elektrischen Zugförderungsanlagen der Deutschen Reichsbahn", Organ 1924, S. 197

1925   * Naderer: „Fahrleitungen", «Eisenbahnwesen», VDI-Verlag, Berlin 1925, S. 126
Schuler: „Der Unterhalt der elektrischen Fahrleitungen der Schweizer Bundesbahnen", Schweiz. Bauzeitung 1925-II, S. 203

1927   * Naderer: „Die Fahrleitungen für den elektrischen Fernzugbetrieb der Deutschen Reichsbahn", Annalen 1927, Jubiläums-Sonderheft S. 198

1929   Naderer: „Fahrleitungen für Vollbahnen", Z 1929, S. 697
Thein: „Fahrleitungen für elektrische Bahnen im Braunkohlen-Tagebau", BBC-Nachrichten 1929, S. 296

1930   Buchhold: „Zeichnerisches Verfahren zur Ermittelung der geometrischen Eigenschaften windschiefer Kettenfahrleitungen", El. Bahnen 1930, S. 97
Heide: „Fahrleitung elektr. Werkbahnen", AEG-Mitt. 1930, S. 618
Usbeck: „Heizung der Fernleitungen für die schlesischen Gebirgsbahnen als Abwehr gegen Rauhreif", El. Bahnen 1930, S. 215

1932   Usbeck: „Hilfsmittel für die Fahrleitungs-Unterhaltung", El. Bahnen 1932, S. 134
Vogel: „Arbeitsorganisation und Zeitaufnahme des Tragseil- und Fahrdrahtzuges bei der Elektrisierung zweigleisiger Bahnen", El. Bahnen 1932, S. 136

1933   „Der P-Träger als Leitungsmast", «Der P-Träger», Peine 1933, Nr. 1, S. 1

1934   Bretschneider: „Ein neuer selbstfahrender (benzin-mechanischer) Fahrleitungs-Untersuchungswagen der Deutschen Reichsbahn", El. Bahnen 1934, S. 171
Stern: „Das Flimmern der Dampffahnen", El. Bahnen 1934, S. 228
Stöckl: „Pulsationen in den Dampffahnen von Lokomotiven", El. Bahnen 1934, S. 166
Vogel: „Arbeitsorganisation und Zeitaufnahmen der Kettenwerksmontage bei der Elektrisierung zweigleisiger Bahnen", El. Bahnen 1934, S. 133

108   *Fahrleitung*

1935   Holz: „Die Fahrleitung der Strecke Halle-Magdeburg", El. Bahnen
        1935, S. 19
        Hölzel: „Eine neuartige Kettenfahrleitung für Höchstgeschwindig-
        keit, System BBC", El. Bahnen 1935, S. 48
        Hölzel: „Einsparung von ausländischen Rohstoffen im Fahrleitungs-
        bau", El. Bahnen 1935, S. 137
        Kettler: „Fahrleitung mit drehbaren Rohrauslegern und nachge-
        spanntem Tragseil für hohe Geschwindigkeiten", El. Bahnen 1935,
        S. 45 u. 68
        Naderer: „Die Fahr- und Speiseleitungen der Strecke Augsburg—
        Nürnberg", El. Bahnen 1935, S. 112
        „The lubrication of overhead contact lines", Gaz 1935-II, S. 170
1936   Kaan: „Standard overhead equipment, Austrian Federal Rys", Gaz
        1936-II, S. 640
        Kristensen: „Die Fahrleitungsanlagen der Kopenhagener Nahver-
        kehrsstrecken", El. Bahnen 1936, S. 103, und 1937, S. 152 — Or-
        gan 1937, S. 343
1937   Engelhardt: „Schwingungsfestigkeit von Kadmiun-Kupfer-Fahr-
        draht", Z 1937, S. 281
        Karbus: „Die Fahrleitungsmeßeinrichtungen auf den Hilfsfahrzeugen
        für die Leitungserhaltung bei den Oesterreichischen Bundes-
        bahnen", El. Bahnen 1937, S. 107
        Merkmann: „Die Fahrleitungsanlagen der Kopenhagener Nahver-
        kehrsstrecken", El. Bahnen 1937, S. 152 — Organ 1937, S. 343
1938   Adolf: „Ein Beitrag zur Berechnung der windschiefen Fahrleitungs-
        kette mit gleichbleibender Nachspannung", El. Bahnen 1938, S. 94
        Escherich: „Beobachtungen an Nebel im elektrischen Wechselfeld
        (betr. Flimmern der Dampffahnen)", El. Bahnen 1938, S. 247
        Naderer: „Verwendung und Bewährung von Vollkernisolatoren bei
        Fahr- und Fernleitungen", El. Bahnen 1938, S. 229
        Reinicke: „Neuere Bauarten von eisensparenden Masten", El. Bah-
        nen 1938, S. 242
        Schwaiger: „Ueber die Einschlagstellen des Blitzes in Leitungs-
        anlagen", El. Bahnen 1938, S. 131
        Spies: „Straßenbahnfahrdraht und Vierjahresplan", VT 1938, S. 164
        Süberkrüb: „Nebelüberschlagsichere Isolatoren", El. Bahnen 1938,
        S. 235
        „Das maschinelle und elektrische Verhalten von Fahrleitungen aus
        Austauschstoffen", AEG-Mitt. 1938, S. 286
1939   David: „Die Fahrleitungsanlage Salzburg-Attnang-Puchheim der
        Deutschen Reichsbahn", El. Bahnen 1939, S. 9
        Grospietsch u. Heim: „Neuere Fahrleitungs-Untersuchungswagen der
        Deutschen Reichsbahn", El. Bahnen 1939, S. 194 und 204
        Karbus: „Die Hilfsfahrzeuge für die Fahrleitungserhaltung bei den
        ehem. Oesterr. Bundesbahnen", El. Bahnen 1939, S. 18
        Lang: „Verwendung von Heimstoffen im Fahrleitungsbau", VT
        1939, S. 49
        Wilke: „Ueberspannungen in elektrischen Bahnanlagen und ihre Be-
        kämpfung", El. Bahnen 1939, S. 148
1940   Süberkrüb: „Austauschstoffe in Fahrleitungsanlagen", Zeitschrift
        «Aluminium» (Berlin) 1940, S. 69

Überlandbahnen einschl. Stadtschnell- u. Vorortbahnen
Deutschland / allgemein

1902   Lochner: „Die Versuchsfahrten der Studiengesellschaft für elektrische Schnellbahnen auf der Militär-Eisenbahn zwischen Marienfelde und Zossen in den Monaten Sept./Nov. 1901", Annalen 1902-I, S. 191 — Revue 1902-I, S. 193

1904   v. Borries: „Schnellbetrieb auf Hauptbahnen", Z 1904, S. 949 — Organ 1904, S. 160

1909   Gleichmann: „Bericht über die elektrische Zugförderung in Deutschland", Kongreß 1909, S. 1741

1924   Usbeck: „Gegenwärtiger Stand der elektrischen Bahnbetriebe", Z 1924, S. 943

1928   Spies: „Die elektrische Zugförderung in Deutschland im Jahre 1927", Waggon- u. Lokbau 1928, S. 259

1932   Teßlaff: „Das elektrische Eisenbahnwesen in der deutschen Eisenbahn-Bau- und Betriebsordnung", El. Bahnen 1932, S. 197
        * Uhlig: „Erläuterungen zu den Vorschriften nebst Ausführungsregeln für elektrische Bahnen", Verlag Springer, Berlin 1932 (2. Auflage)

1934   „The position of electric traction in Germany", Gaz 1934-II, S. 168

1935   Denninghoff: „Rückblick auf die Versuchsfahrten mit 200 km Geschwindigkeit 1901—1903", Annalen 1935-II, S. 112
        Reichel: „Die ersten elektrischen Kleinbahnen in Deutschland", El. Bahnen 1935, S. 305
        Wechmann: „Die deutschen elektrischen Bahnen in den letzten 100 Jahren", El. Bahnen 1935, S. 303

Deutsche Reichsbahn
einschl. vorm. Länderbahnen, ohne das Land Oesterreich, ohne die Berliner und Hamburger Stadtschnell- und Vorortbahnen

1902   Lochner: „Die Versuchsfahrten der Studiengesellschaft für elektrische Schnellbahnen", Annalen 1902-I, S. 191

1904   Glinski: „Betrieb mit einphasigem Wechselstrom auf der Strecke Niederschöneweide—Spindlersfeld", Annalen 1904-II, S. 41

1911   Brecht: „Elektrische Zugförderung auf den preußischen Staatsbahnen", Z 1911, S. 1913

1913   „The Wiesenthal electric ry, Baden", Gaz 1913-II, S. 455

1919   Epstein: „Die elektrische Zugförderung auf den Schlesischen Gebirgsbahnen", VW 1919, S. 3

1922   Wechmann: „Die elektrische Zugförderung der Deutschen Reichsbahn", Z 1922, S. 1053 — Annalen 1922-II, S. 48
        Wechmann: „Mitteilungen aus dem elektrischen Fernzugbetrieb der Deutschen Reichsbahn", ETZ 1922, S. 805, 837, 904

1924   * Bretschneider: „Die Kraftquellen und der Uebergang zur elektrischen Zugförderung in Württemberg", VW Sonderausgabe Februar 1924, S. 26
        Heinemann: „Die Entwicklung des elektrischen Vollbahnbetriebes in Mitteldeutschland", Organ 1924, S. 188

1924   Kuntzemüller: „Elektrische Zugförderung in Baden", Organ 1924, S. 34

Usbeck: „Besichtigung der elektrischen Zugförderungsanlagen der schlesischen Gebirgsbahnen durch ausländische Fachleute", Organ 1924, S. 193

* Wechmann: „Der elektrische Zugbetrieb der Deutschen Reichsbahn", Verlag R. O. Mittelbach, Berlin-Ch. 1924

1925   Dawson u. Smith: „Main line electrification: Germany", The Eng 1925-I, S. 620

Rechenbach: „Die elektrische Lokomotiven, der Meßwagen und die Streckenausrüstung auf der eisenbahntechnischen Ausstellung in Seddin", Organ 1925, S. 89

1926   Naderer: „Arbeiten zur Einführung des elektrischen Zugbetriebes im bayerischen Netz der Deutschen Reichsbahn-Ges.", Organ 1926, S. 270

1927 * Wechmann: „Mitteilungen über den elektrischen Fernzugbetrieb der Deutschen Reichsbahn", Annalen 1927, Jubiläums-Sonderheft S. 178

1928   Dorpmüller: „Reichsbahn und Elektrisierung", RB 1928, S. 367

Naderer: „Betriebserfahrungen mit der elektrischen Zugförderung in Südbayern", Organ 1928, S. 321

Usbeck: „Elektrische Reichsbahnen in Schlesien", RB 1928, S. 482

Usbeck: „Das elektrische Reichsbahnnetz in Schlesien", Organ 1928, S. 371

1929   Schaar: „Eine Einphasen-Blindleistungsmaschine im elektrischen Vollbahnbetrieb der Deutschen Reichsbahn (Wiesentalbahn)", Siemens-Zeitschrift 1929, S. 302

Wechmann: „Elektrischer Zugbetrieb auf der Reichsbahn", Z 1929, S. 663

1930   Curtius: „Elektrische Meßwagen der Deutschen Reichsbahn", El. Bahnen 1930, S. 164

Mühl: „Betriebserfahrungen mit Triebwagen für Fahrleitungen", RB 1930, S. 122

1932   Wechmann: „Der elektrische Zugbetrieb der Deutschen Reichsbahn", El. Bahnen 1932, S. 1

1933   Boehm: „Messung von Bahnstrom bei der DRG.", El. Bahnen 1933, S. 191

* Rollert: „Die elektrische Zugförderung der DRB und Mitteldeutschland", Dissertation Vereinigte Friedrichs-Universität Halle-Wittenberg, Westfälische Vereinsdruckerei AG., Münster 1933 — Bespr. ZMEV 1934, S. 587

Wechmann: „Die Ausdehnung des elektrischen Zugbetriebes der Deutschen Reichsbahn auf die Linie Augsburg—Stuttgart", El. Bahnen 1933, S. 1

1934   Wechmann: „Der elektrische Zugbetrieb der Deutschen Reichsbahn 1932/33", El. Bahnen 1934, S. 1

„The position of electric traction in Germany", Gaz 1934-II, S. 168

1935   Gleichmann: „Werdegang des elektrischen Zugbetriebes bei den vorm. Bayerischen Staatseisenbahnen", El. Bahnen 1935, S. 315

Pforr: „Werdegang des elektrischen Zugbetriebes bei der vorm. Preussisch-Hessischen Eisenbahn und bei der Reichsbahn", El. Bahnen 1935, S. 310

Teßlaff: „Elektrisierung der Reichsbahnstrecke Halle-Magdeburg", El. Bahnen 1935, S. 3 — Organ 1935, S. 245

Ungewitter: „Augsburg-Nürnberg elektrisch", RB 1935, S. 505

„Zur Eröffnung der elektrisch betriebenen Strecke Augsburg-Nürnberg", El. Bahnen 1935, Heft 4, S. 83 u. f.

„Fahrbare elektrische Unterwerke der Deutschen Reichsbahn", Z 1935, S. 1481

1936   Teßlaff: „Vom elektrischen Zugbetrieb der DRB", Z 1936, S. 1267

Wechmann: „25 Jahre elektrischer Fernzugbetrieb in Deutschland", RB 1936, S. 88

Wechmann: „Der elektrische Zugbetrieb der DRB im Jahre 1935", El. Bahnen 1936, S. 31

„Höllentalbahn", El. Bahnen (Fachheft) 1936, S. 215 u. f. — Loc 1937, S. 187 — Organ 1938, S. 351

1937   Ganzenmüller: „Entwicklung und derzeitiger Stand der elektrischen Zugförderung (mit Berücksichtigung des Vierteljahresplans)", Annalen 1937-II, S. 145

Naderer: „Die Elektrisierung Nürnberg-Halle/Leipzig", Archiv für Eisenbahnwesen 1937, S. 603

Wiener: „Elektrische Zugförderung in Deutschland", Kongreß 1937, S. 1909

„Electrification of the Höllental Ry,.Germany", Loc 1937, S. 187

1938   Schuhmann: „Die Elektrisierung der Höllentalbahn", Organ 1938, S. 351

Wechmann: „Die elektrische Zugförderung der Deutschen Reichsbahn im Jahre 1937", El. Bahnen 1938, S. 1

1939   Eger: „Die Elektrisierung Nürnberg-Saalfeld", Organ 1939, S. 263

Ganzenmüller: „Electric traction on the German Railways", Engineering Progressus (Berlin) 1939, S. 252

Kasperowski: „Das elektrotechnische Versuchsamt der Deutschen Reichsbahn beim Reichsbahn-Zentralamt München", Organ 1939, S. 419

Kilb: „Die Elektrisierung der Höllentalbahn", RB 1939, S. 100

Schieb: „Die Elektrisierung Nürnberg-Halle/Leipzig", VW 1939, S. 17

Wechmann: „Die elektrische Zugförderung der Deutschen Reichsbahn im Jahre 1938", El. Bahnen 1939, S. 1

„Das elektrotechnische Versuchsamt der Deutschen Reichsbahn", El. Bahnen (Fachheft) 1939, S. 117—142

„Nürnberg-Saalfeld elektrisch", Lok 1939, S. 92 — RB 1939, S. 466

Die deutschen Privatbahnen
mit Ausnahme der Straßenbahnen

1897   Heimpel: „Die elektrische Nebeneisenbahn Meckenbeuren-Tettnang", Z 1897, S. 1020 und 1048

1899   Braun: „Die elektrische Kleinbahn Düsseldorf-Krefeld", ETZ 1899, S. 432 — Z 1899, S. 910

1929   Ackermann: „Das Verkehrsneß der Oberrheinischen Eisenbahn-
        Ges.", VT 1929, S. 427

        Buchhold u. Trawnik: „Die Elektrisierung der Strecke Mannheim—
        Heidelberg der Oberrheinischen Eisenbahn-Gesellschaft", BBC-
        Nachrichten 1929, S. 9

        Gelber u. Pließsch: „Elektrisierung des Abraumbetriebes der Grube
        Marie III der Anhaltischen Kohlenwerke", BBC-Nachr. 1929, S. 263

        Wolber: „Elektrisierung einer Erz-Transportbahn (Ilseder Hütte)",
        BBC-Nachrichten 1929, S. 152

1930   Dräsel: „Gleisförderung mit elektrischen Lokomotiven im Stein-
        bruchbetrieb Demiß, Sächsische Granit-AG.". AEG-Mitt. 1930, S. 577

        Duis: „Die Thüringerwaldbahn (Gotha-Friedrichroda-Tabarz-Walters-
        hausen)", VT 1930, S. 532

        Krohne: „25 Jahre elektrischer Bahnbetrieb in der Landwirtschaft
        (Anschlußbahn des Rittergutes Bärfelde, Neumark)", AEG-Mitt.
        1930, S. 580

        Roth: „Elektrische Bahnverbindung nach Buckow in der Mark",
        Z 1930, S. 1518

        Vossius: „Die Elektrifizierung der Herforder Kleinbahnen", VT
        1930, S. 528

        „Führerlose Postuntergrundbahn des Postamts 2, München", Organ
        1930, S. 385

1931   „Die bayerische Zugspißbahn", AEG-Mitteilungen 1931, S. 205 bis
        292 — Z 1931, S. 341 und 393 — ZMEV 1931, S. 744

        Roth: „Elektrischer Betrieb auf Nebenbahnen und nebenbahn-
        ähnlichen Kleinbahnen", Z 1931, S. 778

1935   Reichel: „Die ersten elektrischen Kleinbahnen in Deutschland",
        El. Bahnen 1935, S. 305

1936   Streiffeler & Blasberg: „Der elektrische Betrieb der Vorgebirgs-
        bahn Köln-Bonn', El. Bahnen 1936, S. 175

        „The Schleizer Railway, Germany", Loc 1936, S. 94

1937   „25 Jahre Wendelsteinbahn", Siemens-Zeitschrift 1937, S. 235

Berliner Stadtschnell- und Vorortbahnen

1892   Kolle: „Entwurf einer elektrischen Untergrundbahn für Berlin",
        Z 1892, S. 315

        Schwieger: „Entwurf von Siemens & Halske zu einem elektrischen
        Stadtbahnneß in Berlin", Z 1892, S. 664

1900   * Bork: „Die elektrische Zugförderung auf der Wannseebahn", Organ
        1900, Ergänzungsband

        Koß: „Der Vorschlag der Union-Elektrizitäts-Gesellschaft zur Ein-
        führung des elektrischen Betriebes auf der Berliner Stadt- und
        Ringbahn", Annalen 1900-I, S. 83 und 145. — Erwiderung Pforr:
        Annalen 1900-II, S. 76

        Rinkel: „Der elektrische Versuchsbetrieb auf der Wannseebahn bei
        Berlin", Z 1900, S. 1198

1901   Meyer: „Zur Frage des elektrischen Betriebes auf der Berliner
        Stadt- und Ringbahn", Annalen 1901-I, S. 60 und 129

Pforr: „Der elektrische Betrieb der Berliner Stadt- und Ringbahn im Vergleich mit einem vervollkommneten Dampfbetrieb", Annalen 1901-I, S. 217

Schimpff u. Kübler: „Der elektrische Betrieb auf der Berliner Stadt- und Ringbahn", Annalen 1901-I, S. 139

1902 Langbein: „Die elektrische Hoch- und Untergrundbahn in Berlin", Z 1902, S. 218, 261, 302 .

Le chemin de fer électrique de Wannsee à Berlin", Revue 1902-I, S. 220

„Le Chemin de Fer Métropolitain Electrique de Berlin", Revue 1902-II, S. 113

1903 Bork: „Die bisherigen Ergebnisse des elektrischen Betriebes auf Hauptbahnen und die Einrichtung der gegenwärtig in Ausführung begriffenen elektrischen Zugförderungsanlage für die Vorortstrecke Berlin - Groß-Lichterfelde (Ost)", Annalen 1903-I, S. 185

Unger: „Versuchsfahrten mit drei neuen Lokomotivgattungen behufs Ermittelung der für einen beschleunigten Stadtbahnbetrieb geeignetsten Lokomotive", Annalen 1903-II, S. 200 und 209

1907 Reichel: „Die Einführung des elektrischen Zugbetriebes auf den Berliner Stadt-, Ring- und Vorortbahnen", Z 1907, S. 965

1913 Brecht: „Elektrischer Betrieb auf den Berliner Stadt-, Ring- und Vorortbahnen", Archiv für Eisenbahnwesen 1913, S. 943

Cauer: „Weshalb sollen auf der Berliner Stadtbahn nicht Motorwagen, sondern elektrische Lokomotiven verwendet werden?", VW 1913, S. 447

Obergethmann: „Die Mechanik der Zugbewegung bei Stadtbahnen", Monatsblätter des Berliner Bezirksvereins Deutscher Ingenieure 1913, S. 47 — Z 1913, S. 702, 748, 787

1916 „Elektrischer Stadtbahn-Versuchszug mit Triebgestellen", El. Kraftbetriebe und Bahnen 1916, S. 265 — Z 1921, S. 170

1921 Wechmann: „Die elektrische Zugförderung auf den Berliner Bahnen", Z 1921, S. 1

Wechmann: „Die Fahrzeuge für den elektrischen Betrieb der Berliner Bahnen", Z 1921, S. 170

1922 Heyden: „Einführung der elektrischen Zugförderung auf den Berliner Stadt-, Ring- und Vorortbahnen", Annalen 1922-II, S. 105

1924 Gebauer: „Der elektrische Zugbetrieb der Berliner nördlichen Vorortstrecken", VT 1924, S. 453

Schlemmer: „Betrachtungen zur Elektrisierung der Berliner Stadt- und Vorortbahnen", Organ 1924, S. 205

1925 Jänecke: „Der Berliner Stadt-, Ring- und Vorortverkehr im Jahre 1924", VT 1925, S. 589

1926 Wechmann: „Die Einführung des elektrischen Zugbetriebes auf der Berliner Stadt- und Ringbahn nebst den anschließenden Vorortstrecken", RB 1926, S. 199

1927 * Emmelius: „Die Unterhaltung und Pflege der Triebwagenzüge der Berliner Stadt-, Ring- und Vorortbahnen nach Einführung der elektrischen Zugförderung", Annalen 1927, Jubiläums-Sonderheft S. 231

1927   Jänecke: „Elektrisierung der Berliner Stadt-, Ring- und Vorort-
         bahnen", ZVDEV 1927, S. 1257
         * Schlemmer: „Mitteilungen über die Elektrisierung der Berliner
         Stadt-, Ring- und Vorortbahnen", Annalen 1927, Jubiläums-
         Sonderheft S. 208

1928   Lang: „Die Elektrisierung der Berliner Stadt-, Ring- und Vorort-
         bahnen", Organ 1928, S. 377 — Z 1928, S. 893

1929   Bantze: „Neuzeitliche Ingenieuraufgaben im Groß-Berliner Schnell-
         bahnbau", Siemens-Zeitschrift 1929, S. 319
         Krieg: „Die Entwicklung der Stromversorgung für Hoch- und Unter-
         grundbahnen", Siemens-Zeitschrift 1929, S. 313

1930   * Remy: „Ein Jahr elektrisierte Berliner Stadtbahn", «Personenzug-
         dienst» S. 51, Verlag Hackebeil, Berlin 1930

1931   * Remy: „Die Elektrisierung der Berliner Stadt-, Ring- und Vorort-
         bahnen als Wirtschaftsproblem", Archiv für Eisenbahnwesen 1931,
         Beiheft zu Nr. 3 (im Anhang ausführliches Schriftquellen-Ver-
         zeichnis)

1932   Müller, Prof. Dr.: „Netztafeln für die Untersuchung des Betriebes
         der Berliner Stadtbahn", Organ 1932, S. 319

1933   Berg: „Der Umsteigebahnhof Schöneberg in Berlin", Z 1933, S. 288
         Lang: „Elektrischer Betrieb der Wannseebahn", Organ 1933, S. 283
         Schieb: „Zur Eröffnung des elektrischen Betriebes auf der Berliner
         Wannseebahn", Z 1933, S. 533

1934   Schmitt: „Vom Betrieb der Berliner S-Bahn", El. Bahnen 1934,
         S. 178

1935   * Bousset: „Die Berliner Untergrundbahn", Verlag Wilh. Ernst & Sohn,
         Berlin 1935 — Bespr. ZMEV 1936, S. 200
         Grabski: „Vom Bau der Berliner Nordsüd-S-Bahn", RB 1935, S. 704
         — 1936, S. 131 und 595 — 1937, S. 480 — 1938, S. 848 — 1939,
         S. 410 und 959

1936   * Benninghoff: „Straßenbahnen und Untergrundbahnen", El. Bahnen
         1936, Ergänzungsheft S. 119
         „Nordsüd-S-Bahn, Berlin", VW 1936, Nr. 30/31 (Fachheft), S. 383
         bis 438

1937   Grabski: „Die Berliner Nord-Süd-S-Bahn", Zentralblatt der Bau-
         verwaltung 1937, S. 495 — Z 1938, S. 1013
         Schieb: „Die Berliner Nordsüd-S-Bahn und ihre Stromversorgung",
         El. Bahnen 1937, S. 33

1938   Capelle: „10 Jahre elektrischer Betrieb auf der Berliner S-Bahn",
         ZMEV 1938, S. 611
         Dönges: „10 Jahre elektrischer Zugbetrieb auf der Berliner S-
         Bahn", VW 1938, S. 233
         Heuer: „Berliner U-Bahnstrecken 25 Jahre im Betrieb", VT 1938,
         S. 480
         Hülsenkamp: „10 Jahre elektrischer S-Bahnbetrieb in Berlin",
         VW 1938, S. 242
         Wachtel: „Rechtsfragen bei den Untergrundbahnbauten der Deut-
         schen Reichsbahn", RB 1938, S. 1001

„10 Jahre Berliner elektrische S-Bahn", Fachheft Annalen 1938-I, S. 133—170
„Ueber den Bau der Nordsüd-S-Bahn in Berlin", Annalen 1938-I, S. 119

1939   Grabski: „Die Berliner Nordsüd-S-Bahn", ZMEV 1939, S. 539
Grabski: „Der Bau der Berliner Nordsüd-S-Bahn. — Ein Rückblick", VW 1939, S. 443
Lübbeke: „Zur Eröffnung des Bahnhofes «Potsdamer Platz» der Berliner Nordsüd-S-Bahn", VW 1939, S. 169
Rasenack: „Die architektonische Gestaltung des neuen Bahnhofes «Potsdamer Platz» der Berliner Nordsüd-S-Bahn", VW 1939, S. 369

1940   Finck: „Sonderfahrzeuge der Berliner Untergrundbahn", Annalen 1940, S. 118

Hamburger Stadtschnell- und Vorortbahnen

1906   Schimpff: „Elektrischer Betrieb der Bahn Blankenese-Ohlsdorf", Annalen 1906-II, S. 81

1908   Röthig: „Einrichtung und Betrieb der elektrischen Stadt- und Vorortbahn Blankenese-Ohlsdorf", Annalen 1908-II, S. 41

1931   Mattersdorf: „Fortschritte der Automatik im Betriebe der Hamburger Hochbahn", Z 1931, S. 487

1932   Wachsmuth: „25 Jahre elektrischer Betrieb der Hamburg-Altonaer Stadt- und Vorortbahn", El. Bahnen 1932, S. 221

Land Oesterreich (Ostmark)

1907   Rosa u. List: „Elektrischer Betrieb der Wiener Stadtbahn", Lok 1907, S. 121 und 157

1909   „25 Jahre elektrischer Zugbetrieb in Oesterreich-Ungarn", Lok 1909, S. 147

1919   „Der elektrische Betrieb der Arlbergbahn", Lok 1919, S. 106 u. 154

1924   Dittes: „Zur Elektrisierung der Oesterreichischen Bundesbahnen", Organ 1924, S. 211 — Z 1924, S. 233
Luithlen: „Die elektrische Zugförderung auf den Oesterreichischen Bundesbahnen", ETZ 1924, S. 1368 und 1398

1925   Dawson u. Smith: „Main line electrification: Austria", The Eng 1925-II, S. 182
     * Dittes: „Elektrische Zugförderung auf den Oesterreichischen Bundesbahnen", «Eisenbahnwesen», VDI-Verlag 1925, S. 105

1926   Taschinger: „Einführung des elektrischen Betriebes auf der Wiener Stadtbahn", Organ 1926, S. 44

1927   Lorenz: „Elektrisierung der Oesterreichischen Bundesbahnen — Elektr. Triebfahrzeuge u. Zugförderungsanlagen", Organ 1927, S. 495
Spängler: „Die Wiener elektrische Stadtbahn", ETZ 1927, S. 1397

1928   „Der Elektro-Ausbau der Wiener Stadtbahn", Siemens-Zeitschrift 1928, S. 1 und 91

1929   „Die Elektrisierung der Brennerbahn", VT 1929, S. 1

1930   Heydmann: „Die Elektrisierung der Oesterreichischen Bundesbahnen", Annalen 1930-II, S. 31

1931   Fritsch: „Elektrische Lokalbahn Feldbach—Bad Gleichenberg", Organ
        1931, S. 482
        „Der elektrische Betrieb der Oesterreichischen Bundesbahnen",
        Z 1931, S. 68
1932   „Main line electrification in Austria", Ry Eng 1932, S. 211
1933   Strauß: „Railway electrification in Austria", Mod. Transport 13. Mai
        1933, S. 9
        Luithlen: „Ein Ueberblick über die Elektrifizierung der Oester.
        Bundesbahnen", El. Bahnen 1933, S. 129 u. Organ 1935, S. 1
1934   Kaan: „Die Elektrisierung der Südrampe der Tauernbahn", El.
        Bahnen 1934, S. 93
1935   Teichtmeister und Michalek: „Der elektrische Betrieb auf der Linie
        Wien-Preßburg", Organ 1935, S. 10
        Luithlen: „Ein Ueberblick über die Elektrifizierung der Oester-
        reichischen Bundesbahnen", Organ 1935, S. 1
        Kaan: „Die Elektrisierung der Tauernbahn", Organ 1935, S. 250 —
        Gaz 1935-II, S. 166
1937   Kaan: „Die Ausdehnung des elektrischen Zugbetriebes der Oester-
        reichischen Bundesbahnen auf die Teilstrecke Salzburg-Linz der
        Linie Salzburg-Wien", El. Bahnen 1937, S. 129
        Karbus: „Die Fahrleitungsmeßeinrichtungen auf den Hilfsfahr-
        zeugen für die Leitungserhaltung bei den Oesterreichischen
        Bundesbahnen", El. Bahnen 1937, S. 107
        Luithlen: „Ein Vierteljahrhundert elektr. Betrieb auf der Einphasen-
        wechselstrombahn St. Pölten-Mariazell', El. Bahnen 1937, S. 136
        Schmidt: „Die künftige Energieversorgung der Strecke Salzburg-
        Wien", El. Bahnen 1937, S. 131
        Schmidt: „Die Energieversorgung der Oesterreichischen Bundes-
        bahnen im Raume westlich von Salzburg", Bull. schweiz. elektro-
        techn. Ver. 1937, S. 138 und 185
        Waneck: „Die elektrische Bahn am Müllabladeplatz «Bruchhausen»
        der Stadt Wien", Elektrotechn. u. Masch.-Bau 1937, S. 149
1938   Dittes: „Die Elektrisierung der ehemaligen Oesterreichischen
        Bundesbahnen", Z 1938, S. 873
        Koci: „Die Starkstromtechnik im Dienst der Oesterreichischen
        Eisenbahnen (m. Karte)", ZMEV 1938, S. 539
        Lorenz: „Die Elektrisierung der ehemaligen Bundesbahnen im Lande
        Oesterreich", Deutsche Technik 1938, S. 382
1939   David: „Die neue vierseilige 110 kV-Bahnstromfernleitung der
        Deutschen Reichsbahn in der Ostmark", Organ 1939, S. 289

Argentinien

1928   „Electrification of the Transandine Ry", Ry Eng 1928, S. 212
1934   Kuntze: „Die neue U-Bahn in Buenos Aires", Siemens-Zeitschrift
        1934, S. 244
1935   „Central Argentine Ry electrification (suburban lines)", Gaz 1935-I,
        S. 480

Australien
ohne Neu-Seeland

1908 „Electrification of the Melbourne Suburban System", Engg 1908-II, S. 397
1920 „Electrification of Melbourne suburban rys", The Eng 1920-I, S. 44 und 70
1926 „Sydney suburban ry electrification", Loc 1926, S. 332
1935 Arthurton: „Suburban railway electrification in Australia", Gaz 1935-I, S. 1091
1939 „Sidney electrification extensions", ERT 1939-I, S. 37 (m. Karte) „The Melbourne electrified lines", ERT 1939, S. 95
1940 „Intensive working on the Brüssels-Antwerp electric line' (m. Streckenkarte und Fahrplan-Schaubild), ERT 1940, S. 28

Belgien

1932 Schmitt: „Elektrisierungspläne in Belgien", El. Bahnen 1932, S. 203
1933 „Electrification of a Brussels suburban line", Gaz 1933-II, S. 52
1935 „First Belgian main line electric ry (Brussels-Antwerp)", Gaz 1935-I, S. 666 — Loc 1935, S. 341

Brasilien

1925 „Campos do Jordoa Ry electrification", Loc 1925, S. 38
1930 „Electrification on the Oeste de Minas Ry of Brazil', Gaz 1930-I, S. 197
1934 „Paulista Ry electrification", Gaz 1934-I, S. 76
1935 „Electrification of the Central Ry of Brazil", Gaz 1935-I, S. 888
1937 „Electrification of the Central of Brazil Ry", Loc 1937, S. 274 — Gaz 1938-I, S. 446
1938 „L'électrification à 3000 V du Brasil Central Ry', Revue 1938-II, S. 71

Britisch-Indien

1914 Merz u. Mc Lellan: „Eastern Bengal State Ry electrification", Gaz 1914-I, S. 601, 632, 696, 728, 761, 788
1920 „The electrification of Indian Rỹs", The Eng 1920-II, S. 530 u. 550
1925 „Electrification of the Bombay Harbour Branch, GIPR", Loc 1925, S. 83
1928 „Elektrischer Eisenbahnbetrieb in Indien", El. Bahnen 1928, S. 219 und 1932, S. 191
1929 „Great Indian Peninsula Ry electrification", Gaz 1929-II, S. 962
1930 „New Bombay-Poona mail trains, Great Indian Peninsula Ry", Loc 1930, S. 64
1931 „South Indian Ry: Madras suburban electrification", Loc 1931, S. 229 — Ry Eng 1931, S. 296 — Gaz 1931-II, S. 108

1932   Wernekke: „Elektrischer Eisenbahnbetrieb in Indien", El. Bahnen
        1932, S. 191
1934   Sydall: „Railway electrification in India", Indian State Rys Maga-
        zine 1934, S. 742
1935   „Indian railway electrification results", Gaz 1935-I, S. 479

Chile

1922   „Electrification of the Chilean State Rys", The Eng 1922-I, S. 711
1928   „Electrification of the Transandine Ry", Ry Eng 1928, S. 212

China

1900   Fischer: „Die elektrische Bahn Peking—Ma-chia-pu", Z 1900, S 1172

Costa-Rica

1933   Süberkrüb u. Kopp: „Erste tropische Bahn mit Einphasen-Wechsel-
        strom", El. Bahnen 1933, S. 142
1934   „Electrification of the Costa Rica State Ry", Gaz 1934-II, S. 324

Dänemark

1933   „Danish State Rys electrification', Gaz 1933-I, S. 543
        „The Copenhagen suburban electrification", Gaz 1933-II, S. 627 —
        Gaz 1934-I, S. 441 und 812
1936   Kristensen u. Fogtmann: „Der elektrische Nahverkehr in Kopen-
        hagen", El. Bahnen 1936, S. 103 und 159
1937   Merkmann: „Die Fahrleitungsanlagen der Kopenhagener Nah-
        verkehrsstrecken", El. Bahnen 1937, S. 152 — Organ 1937, S. 343

England

1890   „The City and South London Ry", Engg 1890-II, S. 550
1892   Troske: „Die Londoner Untergrundbahnen. B: Die elektrische
        Bahn", Z 1892, S. 53 uf.
1905   „Electric motors built to haul L & NW Ry steam trains, Metropolitan
        District Rys", Loc 1905, S. 204
1907   „Chemin de fer électrique souterrain du Great Northern Piccadilly et
        Brompton Ry", Revue 1907-II, S. 71
1909   „The Brighton Ry Company's South London elevated electric line",
        Gaz 1909-II, S. 704c
1912   „The London, Brighton & South Coast Ry electrification", Engg
        1912-I, S. 105, 173, 237, 307, 378, 548
1913   „The electrification of the East London Ry", Gaz 1913-I, S. 343
1914   „Electrification of the London and South Western Ry", Loc 1914,
        S. 301
1917   „Electrification of the North Eastern Ry between Shildon and New-
        port", Loc 1917, S. 43

„Electrification of the Manchester and Bury Line, Lancashire & Yorkshire Ry", Loc 1917, S. 232

1921 Raven: „Railway electrification", The Eng 1921-II, S. 673 und 711 — Engg 1922-I, S. 25 und 39

1924 „Der elektrische Betrieb auf den englischen Hauptbahnen", Organ 1924, S. 244

1931 „Electrification of the Manchester-Altrincham Line", Loc 1931, S. 190 — Gaz 1931-I, S. 701 — Ry Eng 1931, S. 217

1932 „First main line electrification in England (Southern Ry)", Gaz 1932-II, S. 51 — *Ergänzungshefte zu Gaz von 22. Juli 1932 und 30. Dezember 1932

*„London Unterground extensions and improvements", Ergänzungsheft zu Gaz vom 18. Nov. 1932

1933 „London Brighton and Worthing electrification", Loc 1933, S. 1

1934 Dawson: „Ry electrification in Britain", Gaz 1934-I, S. 430

„Electic traction in Britain", Gaz 1934-I, S. 601—618

„Electrification history of the British Southern Ry", Gaz 1934-II, S. 478

„Glasgow subway electrification", Gaz 1934-II, S. 1003 — Loc 1935, S. 79

1935 „Southern Ry electrification extension to Eastbourne and Hastings", Gaz 1935-I, S. 1277 u. f. — Loc 1935, S. 209

Mattersdorf: „Versuche und Verbesserungen bei den Schnellbahnen von New York und London", VT 1935, S. 314 und 333

1936 „Electric traction activities at the Witton Works of the General Electric Co", Loc 1936, S. 192

„Ramsgate Tunnel Ry", Loc 1936, S. 323

1937 Fairburn: „Der elektrische Betrieb der LMS Ry", El. Bahnen 1937, S. 140

„Elektrische Zugförderung bei der englischen Süd-Eisenbahn", El. Bahnen 1937, S. 160

„London and Portsmouth electrification, Southern Ry", Loc 1937, S. 214 — El. Bahnen 1938, S. 173

1938 „The electrification of the Wirral Ry (LMS Ry), Cheshire", Engg 1938-I, S. 295 — Gaz 1938-I, S. 513, 523, 549 und 686 — Loc 1938, S. 108

„Tyneside electrification, inauguration of South Shields electrification, LNE Ry", Gaz 1938-I, S. 548

„Mid-Sussex and Sussex Coast electrification, Southern Ry", Gaz 1938-I, S. 1221—1240

1939 „Der elektrische Zugbetrieb bei der Englischen Südbahn", Organ 1939, S. 309

„The Great Western Railway and electrification", (m. Karte), ERT 1939, S. 54

„Southern Electrification to Reading", ERT 1939, S. 2

„Southern Railway electrification extension: Rochester, Chatam, Gillingham and Maidstone", ERT Sonderheft 1939-I, S. 57—76

ehem. Estland

1938 „Electrification in Estonia", Gaz 1938-I, S. 244

Frankreich und Kolonien

1902   Auvert: „La traction électrique sur la ligne du Fayet à Chamonix". Revue 1902-I, S. 248

Mazen: „La traction électrique sur la ligne des Invalides à Versailles", Revue 1902-II, S. 89

1903   Godfernaux: „Le Chemin de Fer Métropolitain de Paris", Revue 1903-I, S. 205

1904   Paul-Dubois: „Traction électrique des trains de banlieue de la Compagnie d'Orléans entre Paris et Juvisy", Revue 1904-II, S. 353

1905   Bérard u. de Grièges: „Note sur la ligne No 3 du Chemin de Fer Métropolitain de Paris", Revue 1905-I, S. 408

Moutier: „Le ligne de tramway de Gérardmer à Retournemer — La Schlucht — Le Honeck", Revue 1905-I, S. 3

1908   Auvert: „La traction électrique sur la ligne du Fayet à Chamonix et à la frontière suisse", Revue 1908-II, S. 308

1911   Auvert: „Traction électrique par courant alternatif monophasé transformé sur la locomotive en courant continu, essais effectués sur la ligne de Cannes à Grasse", Revue 1911-I, S. 497

1912   Jullian u. Lheriaud: „La traction électrique de la ligne de Villefranche — Vernet-Les-Bains à Bourg-Madame‘, Revue 1912-I, S. 275

„Le chemin de fer électrique de Martigny à Châtelard", Revue 1912-II, S. 303 und 358

1920   Parodi: „Le développement actuel de la traction électrique sur les grands réseaux de chemin de fer", Revue 1920-I, S. 3

1924   „Elektrische Zugförderung auf der PLM-Bahn", Organ 1924, S. 243

1925   Dawson u. Smith: „Main line electrification: in France", The Eng 1925-II, S. 341

Parodi: „Electrification partielle du réseau de la Cie d'Orléans", Revue 1925-II, S. 361, 426 u. f. — 1926-I, S, 101 u. 260 — 1926-II, S. 99 u. 187 — 1927-I, S. 195 u. 291 — 1927-II, S. 21, 144, 354, 468. — Kongreß 1931, S. 27

1926   Homolatsch: „Zur Einrichtung des elektrischen Betriebes auf der Paris-Orléans-Bahn", Organ 1926, S. 288

Parodi: „Electrification of the Paris-Orleans Ry", Ry Eng 1926, S. 43 und 83

1930   Gelber: „Die Elektrisierung der Algerischen Staatsbahnen", El. Bahnen 1930, S. 265

1931   Parodi: „Teilweise Elektrisierung der Orléans-Bahn", Kongreß 1931, S. 27

1933   „Orleans Ry electrification", Gaz 1933-II, S. 764

Nicolet: „Electrification de la ligne de Bône à Oued-Kébérit des Chemins de Fer Algériens de l'Etat", Revue 1933-II, S. 41

1934   „Notes on electrification in France", Gaz 1934-II, S. 321

1935   „Important French electrification opening: PO-Midi Ry", Gaz 1935-I, S. 882 — Organ 1935, S. 473

1936   „The electrified suburban lines of the French State Rys", Gaz 1936-II, S. 166

1937   Bachellery: „Elektrisierung der Bahnen Paris-Orléans-Midi" (mit
       Karte), Génie civil 1937, S. 450 — ETZ 1938, S. 177 — El.
       Bahnen 1938, S. 129
       „Elektrische Zugförderung im Pariser Vorortverkehr der französi-
       schen Staatseisenbahnen", El. Bahnen 1937, S. 158
       „First main line electrification on French State Rys (Paris-Le Mans)",
       Gaz 1937-I, S. 1046
1938   Devillers: „Le rattachement de la ligne de Sceaux au Chemin de Fer
       Métropolitain de Paris", Revue 1938-I, S. 328
       Garreau: „Données générales sur l'electrification de la ligne de
       Paris au Mans des Chemins de fer de l'Etat", Rev. gén. Electr.
       1938, S. 243 — Kongreß 1938, S. 817 — Revue 1938-II, S. 81
       „Elektrische Zugförderung in Frankreich", El. Bahnen 1938, S. 175
       „Tours - Bordeaux Main - Line conversion" (m. Karte), Gaz 1938-II,
       S. 478
       „Conversion of Paris outer suburban line", Gaz 1938-II, S. 848
1939   Gastine: „L'électrification de la ligne de Massy-Palaiseau à St.
       Remy-Les-Chevreuse", Revue 1939-II, S. 117
       Wernekke: „Paris-Le Mans elektrisch", Annalen 1939, S. 231
       „Die Pariser Untergrundbahn", VT 1939, S. 54

Griechenland

1935   Beaver: „The Hellenic electric railway", Gaz 1935-I, S. 674

Guatemala

1926   „Bahnbau in Guatemala", ETZ 1926, S. 1491
1931   „Die Gebirgsbahn San Felipe-Quezaltenango", Waggon- und Lokbau
       1931, S. 295
1932   Alexander: „Betrieb einer steilen Reibungsbahn in Guatemala", El.
       Bahnen 1932, S. 85

Holland

1905   „Le chemin de fer électrique d'interêt local d'Amsterdam et d'Haar-
       lem", Revue 1905-I, S. 356
1924   van Loenen, Martinet und Ebert: „Die Elektrisierungsfrage in
       Holland", Organ 1924, S. 230
1925   van Lessen: „De electrische inrichting van den spoorweg Leiden—
       s'Gravenshage en het nieuwe electrische materiel der Neder-
       landsche Spoorwegen", De Ingenieur 1925, S. 521
1931   „Electric traction on the Nederlands Rys", Gaz 1931-I, S. 281
1934   „Railway electrification in Holland", Gaz 1934-I, S. 992
1935   van Lessen: „Elektrisierungen in Holland", Organ 1935, S. 255 —
       Gaz 1935-II, S. 174
1939   Wernekke: „Elektrische Zugförderung in den Niederlanden",
       Annalen 1939, S. 273
       „Die Elektrisierung des Niederländischen Eisenbahnnetzes", Organ
       1939, S. 299 (m. Karte)
1940   van Patot: „Elektrisierungspläne der Niederländischen Eisen-
       bahnen", ZMEV 1940, S. 72 — ERT 1940, S. 24 (m. Karte)

Italien

1902 Frahm: „Der elektrische Betrieb auf den italienischen Eisenbahnen", Zentralblatt der Bauverwaltung 1902, S. 225, 240, 252
Pforr: „Ueber den elektrischen Betrieb auf den Mailänder Vorortbahnen", Annalen 1902-I, S. 117

1903 Cserhati u. von Kando: „Der Betrieb der Valtellina-Bahn mit hochgespanntem Drehstrom", Z 1903, S. 185, 276 und 303
„Le Chemin de Fer du Vésuve", Revue 1903-II, S. 271

1912 Verole: „Electrification de la ligne des Giovi", Revue 1912-I, S. 105

1913 „Die Einrichtung für den elektrischen Betrieb auf der Giovi-Linie", Lok 1913, S. 40

1924 Huldschiner: „Der Stand der Elektrisierung in Italien", Organ 1924, S. 233

1926 Eckinger: „Ferrovia Circum-Vesuviana", BBC-Mitt. 1926, S. 211

1927 Rautenkranß: „Die Elektrisierung der italienischen Bahnen", ETZ 1927, S. 995

1929 Scotari: „Elektrische Zugförderung auf der Mailänder Nordbahn", Z 1929, S. 696

1930 * Carli: „Betriebsdaten und Versuchsergebnisse des elektrischen Zugbetriebes in Italien", Weltkraft, S. 189
„Fahrbares Umspannwerk", Z 1930, S. 1553

1931 „State Ry electrification in Italy", Gaz 1931-I, S. 800 — Lok 1931, S. 217

1934 Bianchi: „The standardisation of high-tension D. C. locomotives in Italy", Gaz 1934-I, S. 1162
„The Bologna-Florence «Direct» route", Mod. Transport 31. März 1934, S. 3
„Italian railway electrification", Gaz 1934-I, S. 818
„Rome-Viterbo Ry", Gaz 1934-I, S. 245

1935 „Aosta-Pré St. Didier electric railway", Gaz 1935-I, S. 76
„High speed electric and Diesel developments in Italy", Gaz 1935-I, S. 117
„Railway electrification in Italy: Progress on Milan-Reggio-Calabria Line" (u. a. 2 Co 2 u. 2 Do 2 - Lokomotiven), Mod. Transport 21. Sept. 1935, S. 9

1936 Schneider: „Der Frequenzumformer von Mezzorocana und andere Umformer für schwankende Frequenzen", El. Bahnen 1936, S. 267

1938 „Die Elektrisierung der Italienischen Eisenbahnen (m. Karte)", ETZ 1938, S. 782
„Recent electric traction developments in Italy (m. Karte)", Gaz 1938-II, S. 1028

1939 Kother: „Die Stromversorgung der Italienischen Staatsbahnen", El. Bahnen 1939, S. 215
Velani: „Railway electrification in Italy", Mod. Transp. 22. April 1939, S. 3
„Der elektrische Zugbetrieb in Italien" (m. Karte), Organ 1939, S. 305

1940 Carli u. Albertazzi: „Die Elektrisierung der Linie Brenner-Reggio Calabria", El. Bahnen 1940, S. 33 u. 53

Japan

1914 „The electrification of the Usui-Toge Ry", Gaz 1914-I, S. 454 u. 550

1924 „Elektrische Zugförderung in Japan", Organ 1924, S. 247

1929 *„Industrial Japan", herausgegeben vom World Engineering Congress, Tokyo 1929 (S. 177: Masunaga / A brief history of the electrification of the Japanese Government Rys).

1931 Putze: „Die Betriebsmittel und ihre Entwicklung bei der Japanischen Staatsbahn", Organ 1931, S. 247

1933 Schmitt: „Die elektrischen Bahnen in Japan", El. Bahnen 1933, S. 47

Mexiko

1925 Bearce: „Mexican railway — Electrical operation of the Maltrate Incline", Loc 1925, S. 209

Neu-Seeland

1924 „The Arthur's Pass Railway and Tunnel, Midland Ry of New Zealand", Loc 1924, S. 141

1938 „The Wellington electrified lines in New Zealand", Gaz 1938-II, S. 845

Niederländisch-Indien

1923 de Gelder: „De electrificatie von Spoorwegen in Ned.-Indië", De Ingenieur 1923, S. 715

1925 *„Gedenkboek der Staatsspoor-en Tramwegen in Nederlandsch-Indië 1875-1925", Weltevreden 1925 — Z 1926, S. 57

1928 Hug: „Die Elektrisierung der Niederländisch-Indischen Staatsbahnen auf Java", El. Bahnen 1928, S. 236 u. 338 — 1929, S. 289 u. 317

1932 „Hug: „The Netherlands East India State Rys and electrification", Ry Eng 1932, S. 28

       Wernekke: „Elektrischer Betrieb der Eisenbahnen von Java", El. Bahnen 1932, S. 122

Norwegen

1924 „Elektrischer Bahnbetrieb in Norwegen", Organ 1924, S. 246

1934 Schreiner: „Elektrische Zugförderung in Norwegen", El. Bahnen 1934, S. 274

1935 Norwegian electrification", Gaz 1935-II, S. 659

1936 „The latest electric railway in Norway", Gaz 1936-I, S. 686

1937 Schreiner: „Elektrische Zugförderung in Norwegen", El. Bahnen 1937, S. 154

       „Oslo suburban electrification", Gaz 1937-I, S. 686

1938 Schreiner: „Untersuchung über die Elektrisierung der Bergensbahn", El. Bahnen 1938, S. 171

1940 „Railway communications in Norway: Ore traffic on Narvic Line", Mod. Transport 13. April 1940, S. 11

ehem. Polen

1932   „Ry electrification in Poland", Gaz 1932-II, S. 511 u. 1934-I, S. 70
1937   „Electrification of Polish State Rys: Opening of first section", Loc 1937, S. 38
        „Electrification of Warsaw suburban lines", Gaz 1937-I, S. 85 u. 1938-I, S. 42 — Mod. Transport 29. Mai 1937, Nr. 950, S. 11
1938   Podoski: „Stand und Aussichten der Elektrisierung der Hauptbahnen in Polen", El. Bahnen 1938, S. 168

Rumänien

1936   Serbescu: „Die Einrichtung des elektrischen Zugbetriebes auf der Linie Campina - Brasov des rumänischen Eisenbahnnetzes", El. Bahnen 1936, S. 77

Rußland

1931   Plietzsch: „Die Elektrisierung der Moskauer Vorortbahnen", BBC-Nachrichten 1931, S. 95
1933   „Ry electrification in the USSR", Modern Transport 29. April 1933, S. 5 — Gaz 1933-II, S. 922
        „Electrification of the Moscow Suburban Rys", Gaz 1933-II, S. 254
1934   „Brauer: „Elektrisierung der russischen Eisenbahnen', El. Bahnen 1934, S. 163
        „Caucasian electric suburban ry", Gaz 1934-II, S. 486
1935   Erofejeff: „Elektrisierung der Sowjetbahnen", ZMEV 1935, S. 1052
1936   Ilinsky: „The electrification of the Murmansk Ry", Gaz 1936-I, S. 1066 — El. Bahnen 1937, S. 161
        Kandaouroff: „Die Metro-Untergrundbahn von Moskau", Kongreß 1936, S. 816
        Phillips: „Moscow Metropolitan Ry", Loc 1936, S. 77
1939   „The Moscow Metro: Its present status" (m. Karte), ERT 1939-I, S. 38
        Wehde-Textor: „Die Moskauer Untergrundbahn", ZMEV 1939, S. 724

Schweden

1910   „The Swedish State Ry electrification trials", Gaz 1910-I, S. 313
1915   „Der elektrische Betrieb auf den kgl. Schwedischen Staatsbahnen", Lok 1915, S. 181
1921   „The electric railway between Lulea and Narwick in Sweden", The Eng 1921-II, S. 680
1922   Wist: „Die Elektrisierung der schwedischen Nordmark Klarälfvens-Eisenbahn", VT 1922, S. 541
1925   Dawson u. Smith: „Main line electrification: Scandinavia", The Eng 1925-I, S. 98
1927   „Railway electrification in Sweden: Stockholm and Gothenburg", Loc 1927, S. 5
1930   Weiler: „Die elektrische Zugförderung in Schweden", Annalen 1930-II, S. 89 — ETZ 1930, S. 1688

1933   „Swedish State Ry electrification", Gaz 1933-II, S. 916
1935   Hakansson: „Die Elektrisierung der Schwedischen Eisenbahnen",
        El. Bahnen 1935, S. 339
        Öfverholm: „Die Elektrisierung der Schwedischen Staatsbahnen",
        Organ 1935, S. 191
1936   Öfverholm: „Die Umformerwerke für den elektrischen Zugbetrieb
        der Schwedischen Staatseisenbahnen", El. Bahnen 1936, S. 259 —
        Gaz 1937-I, S. 258 u. 463
        „Railway electrification in Sweden", Gaz 1936-I, S. 683
        „Portable sub-station, Swedish State Rys", Loc 1936, S. 55
1937   Granholm u. Schaefer: „Die Entwicklung der Schwedischen Staats-
        bahnen im Zeitraum 1932-1936, unter besonderer Berücksichtigung
        der elektrischen Zugförderung", El. Bahnen 1937, S. 156
        Ellis: „The Gothenburg-Boras Ry electrification", Gaz 1937-II, S. 669
1938   Körner: „Neuere Privatbahnelektrisierungen in Schweden", El.
        Bahnen 1938, S. 32
1939   Öfverholm: „Die Elektrisierung der Schwedischen Staatseisenbahnen"
        (m. Karte), Organ 1939, S. 303

Schweiz / allgemein

1911   Huber-Stockar: „Electric traction in Switzerland", Engg 1911-II,
        S. 121, 189, 269, 285
1912   *„Die Elektrifizierung der Schweizerischen Bahnen", Sonderbericht der
        Schweiz. Studienkommission für elektr. Bahnbetrieb, Buchdruckerei
        Berichthaus (Verlag Ulrich & Co), Zürich 1912
1924   Dawson u. Smith: „Main line electrification: Switzerland", The Eng
        1924-I, S. 633
        Tetzlaff: „Die Elektrisierung der Schweizer Bahnen", Organ 1924,
        S. 218
1925   * Thormann: „Elektrischer Betrieb schweizerischer Bahnnetze und
        dessen Wirtschaftlichkeit", «Eisenbahnwesen», VDI-Verlag 1925,
        S. 117
1930   Huber-Stockar: „The state of railway electrification in Switzer-
        land", Journal 1930, S. 499
        Peters: „Mitteilungen über die Elektrisierung der Schweizerischen
        Bahnen, insbesondere der SBB", Annalen 1930-II, S. 63

Schweizerische Bundesbahnen (SBB)

1906   „Der elektrische Betrieb im Simplontunnel (m. 1 C 1 - Lok)", Z 1906,
        S. 265 — Lok 1906, S. 81 und 115 — Engg 1906-II, S. 683
1908   Studer: „Die elektr. Traktion mit Einphasen-Wechselstrom auf der
        SBB-Linie Seebach-Wettingen", Schweiz. Bauzeitg. 1908-I, S. 185 u. f.
1918   „Die Elektrisierung der Gotthardbahn", ETZ 1918, S. 261, 275, 283, 293
1922   Sachs: „Die Elektrisierung der Gotthardstrecke Luzern-Chiasso",
        ETZ 1922, S. 1, 47, 78, 114, 143, 180
1924   Dawson u. Smith: „Main line electrification: Switzerland", The Eng
        1924-I, S. 633

1924   Hope: „Lucerne to Chiasso by the electrified St. Gothard Ry",
        Loc 1924, S. 367
        Tetzlaff: „Die Elektrisierung der Schweizer Bahnen", Organ 1924,
        S. 218
1932   *„Jubiläumsschrift zur Feier des 50jährigen Betriebes der Gotthard-
        bahn 1882-1932", Verlag SBB-Revue, Bern 1932
        „An interesting Swiss electrification (Bodensee-Toggenburg)", Gaz
        1932-I, S. 841
1934   Eggenberger: „Entwicklung und Betrieb des elektr. Netzes der SBB",
        Organ 1934, S. 217

Schweizerische Privatbahnen

1893   du Riche-Preller: „The Murren wire-rope and electric mountain ry",
        Engg 1893-I, S. 433 u. f.
1897   du Riche-Preller: „The Orbe and Chavornay electric ry", Engg
        1897-II, S. 406
1899   „Die elektrische Bahn Stansstad-Engelberg", Z 1899, S. 416
1905   „Die elektrische Zahnradbahn Brunnen-Morschach", Schweiz. Bau-
        zeitung 1905-II, S. 121 u. 133 — Z 1906, S. 768
1909   „Die elektrische Monthey-Champéry-Zahnradbahn", Schweiz. Bau-
        zeitung 1909-I, S. 9 und 24
1913   „Die Einphasen-Wechselstrom-Hauptbahn Spiez - Brig (Lötschberg-
        Bahn)", ETZ 1913, S. 1275, 1311, 1340, 1460
1914   Thormann: „Die elektrische Traktion der Berner Alpenbahn-Gesell-
        schaft (Bern-Lötschberg-Simplon)", Schweiz. Bauzeitung 1914-I,
        S. 19 uf. — Lok 1914, S. 132 — Loc 1914, S. 245
1915   *„Rhätische Bahn: „Der elektrische Betrieb auf den Linien des Enga
        dins", herausgegeben von der Direktion der Rhätischen Bahn,
        Chur 1915
1916   Thormann: „Der Energieverbrauch der elektrischen Zugförderung
        der Berner Alpenbahn", El. Kraftbetriebe u. Bahnen 1916, S. 257
1918   Suder: „Die elektrische Solothurn-Bern-Bahn", Schweiz. Bauzeitung
        1918-II, S. 169, 179, 204, 209, 219
1923   „The completion of the Rhaetian Ry electrification", The Eng 1923-I,
        S. 464, 474, 492
1927   „Die elektrischen Einrichtungen der Chur-Arosa-Bahn", BBC-Mitt.
        1927, S. 343
1930   Hug: „Die Elektrisierung der Visp-Zermatt-Bahn", El. Bahnen 1930,
        S. 373
1931   Dürler: „Ergänzungen und Verbesserungen an den elektr. Einrich-
        tungen der Chur-Arosa-Bahn", El. Bahnen 1931, S. 16
1933   „Swiss private railway conversion: Appenzell Ry", Gaz 1933-II, S. 914
1934   Dürler: „10 Jahre voller elektrischer Betrieb der Rhätischen Bahn",
        El. Bahnen 1934, S. 20, 36, 80
        „Modernisation of early Swiss electrified line (Burgdorf-Thun)", Gaz
        1934-II, S. 488
1936   Marschall: „Die elektr. Einrichtungen der Emmental-Solothurn-
        Münster- und Burgdorf-Thun-Bahn", El. Bahnen 1936, S. 66
1937   „A notable mountain ry conversion: Electrification of the Pilatus-
        Ry" (mit Karte), Gaz 1937-I, S. 880

1938   Duerler: „Elektrisierungen von Nebenbahnen in der Schweiz", El.
        Bahnen 1938, S. 115
        „Swiss rack railway electrification: Rochers de Naye Ry (m. Karte)",
        Gaz 1938-II, S. 348
1940   „Electrification of the Swiss South Eastern Ry" (m. Karte), ERT
        1940, S. 25

Spanien

1925   Eckinger: „Ferrocarril Electrico del Guadarrama", BBC-Mitteilungen
        1925, S. 139
        de Sarria: „Consideraciones generales sobre la tracción eléctrica",
        Ingenieria y Construccion, Madrid 1925, S. 385
        Viani: „Estudio sobre la electrificación de algunas líneas princi-
        pales de la Conpañia del Norte", Ingenieria y Construccion,
        Madrid 1925, S. 392
1929   Hug: „Elektrischer Bahnbetrieb in Spanien", El. Bahnen 1929, S. 346
        „The new Trans-Pyrenean Ry" (Bedous-Jaga), Ry Eng 1929, S. 223
1934   „Spanische Bahn-Elektrisierungen mit 1500 Volt Gleichstrom", El.
        Bahnen 1934, S. 232
        „Die elektrische Zahnrad-Bergbahn Ribas-Nuria in den Pyrenäen",
        BBC-Mitt. 1934, S. 23 — DRT 1934, S. 473
1937   „Spanish railway electrification" (m. Karte), Gaz 1937-I, S. 882
1938   „Electrification of the Vasconavarras Provincial Ry" (m. Karte),
        Gaz 1938-II, S. 346

Südafrikanische Union

1928   Lydall: „The electrification of the Pietermaritzburg-Glencoe Section
        of the SAR", Engg 1928-I, S. 650 und 679
1934   „South African Rys electrification", Gaz 1934-I, S. 233
1935   „Electrification activity in South Africa", Gaz 1935-II, S. 326 — El.
        Bahnen 1935, S. 131
1937   „South African electrification notes", Gaz 1937-I, S. 687
1939   „The Reef electrification", ERT 1939, S. 48 (m. Karte)

Ungarn

1909   „25 Jahre elektrischer Zugbetrieb in Oesterreich-Ungarn", Lok 1909,
        S. 147
1924   von Verebély: „Versuche der Kgl. Ungarischen Staatsbahnen mit
        einem neuen Elektrisierungssystem", Organ 1924, S. 215
1929   von Verebély: „Die Elektrisierungsarbeiten der Kgl. Ungarischen
        Staatsbahnen", Organ 1929, S. 350
1931   „Hungarian State Rys electrification", Loc 1931, S. 156 u. 1933, S. 75
1932   von Verebély: „Die Elektrisierung der Linie Budapest-Hegyesha-
        lom", El. Bahnen 1932, S. 25
1933   Dominke: „Der elektrische Betrieb auf der Strecke Budapest-
        Hegyeshalom", Z 1933, S. 415
        „The Kando-system of electric traction on the Hungarian State Rys",
        Engg 1933-I, S. 58, 296, 349

1933   „Hungarian main line electrification", Gaz 1933-II, S. 18 — Ry Eng 1933, S. 291 — Loc 1933, S. 75

1934   von Verebély: „Betriebserfahrungen auf der mit 50 Herß Wechselstrom elektrisierten Linie Budapest-Hegyeshalom", El. Bahnen 1934, S. 73

1935   von Láner: „Die Elektrisierung der Hauptstrecke Budapest-Hegyeshalom der Kgl. Ungarischen Staatsbahnen", Organ 1935, S. 253

USA

1896   Lenß: „Der elektrische Betrieb auf den nordamerikanischen Eisenbahnen", Z 1896, S. 773

       „The Metropolitan Elevated Railway of Chicago", Engg 1896-I, S. 44

1906   Paul-Dubois: „Application de l'électricité à l'exploration des chemins de fer aux Etats-Unis", Revue 1906-I, S. 323

1907   Törpisch: „Die elektrischen Bahnen der Vereinigten Staaten von Nordamerika", Annalen 1907-II, S. 99

       Le Chatelier: „Le métropolitan à marchandises de Chicago", Revue 1907-II, S. 335

1908   „The electrification of the St. Clair Tunnel", Gaz 1908-II, S. 612

1909   Davies: „The Hudson & Manhattan Tunnel System", Gaz 1909-II, S. 450 u. f.

       Zehme: „Bau elektrischer Hauptbahnen in den Vereinigten Staaten", Annalen 1909-I, S. 248

1913   Parodi: „Ry electrification problems in the United States", Engg 1913-I, S. 752

1914   „The electrification of the Butte, Anaconda and Pacific Ry", Gaz 1914-I, S. 523

1916   „Electrification of the Rocky Mountain Section of the Chicago, Milwaukee & St. Paul Ry", Loc 1916, S. 169

1921   Raven: „Railway electrification", The Eng 1921-II, S. 673 u. 711 — Engg 1922-I, S. 25 und 39

1926   Dawson u. Smith: „Main line electrification: USA", The Eng 1926-I, S. 175

1927   Günther: „Elektrische Zugförderung bei der Great Northern Eisenbahn", Z 1927, S. 1594

1929   Jones: „The rehabilitation of the Chicago South Shore and South Bend Rr", Baldwin Juli 1929, S. 55

       Zehnder-Spörry: „Einige Angaben über die Elektrisierung nordamerikanischer Eisenbahnen", El. Bahnen 1929, S. 113

1930   Duer: „The Pennsylvania electrification", Age 1930-II, S. 734

       Norden: „Elektrischer Eisenbahnbetrieb in Nordamerika", Annalen 1930-I, S. 55

1931   Marschall: „Umstellung von Hauptbahnstrecken auf elektrischen Betrieb in USA", Z 1931, S. 1113

       Warner: „The Chicago, Milwaukee, St. Paul and Pacific Rr", Baldwin Januar 1931, S. 31

1932   „The Jllinois Terminal Rr system", Baldwin Juli 1932, S. 44

1933   Schmitt: „Der elektrische Betrieb der Eisenbahnen von New York", El. Bahnen 1933, S. 225, 257, 288

1 E 1 - Heißdampf - Drilling - Güterzug - Lokomotive der Deutschen
Reichsbahn bei der Ausfahrt aus dem Tunnel von Guxhagen
(Strecke Kassel-Bebra). Die Lokomotiven der Reihe 45 sind die
bisher stärksten Einheits-Lokomotiven der Reichsbahn, ihre planmäßige Höchstgeschwindigkeit beträgt 90 km/h.

1933	„Pennsylvania electrification links Philadelphia and New York City", Age 1933-I, S. 268 — Revue 1934-I, S. 68
1934	Warner: „Riding Baldwin-Westinghouse electric locomotives on the Pennsylvania", Baldwin Januar 1934, S. 17
	„An up-to-date American electrified system (New York, New Haven & Hartford Ry)", Gaz 1934-II, S. 162
1935	Simons: „The fastest electric service in the world: Chicago, North Shore & Milwaukee Rr", Gaz 1935-I, S. 70
	Mattersdorf: „Versuche und Verbesserungen bei den Schnellbahnen von New York und London", VT 1935, S. 314 und 333
1936	„Chicago underground freight railways", Gaz 1936-I, S. 750
1938	Griffith: „315 more miles of electrified lines, Pennsylvania Rr", Railway Electrical Eng 1938-I, S. 1 u. 22
	Stetza: „Das Chicago-Tunnel-System: Die Industrie-Untergrundbahn von Chicago", VW 1938, S. 436
	„A middle-west electrified line: Fort Dodge, Des Moines & Southern Rr", Gaz 1938-II, S. 188
	„The Chicago, North Shore electric line, Chicago, Nort Shore & Milwaukee Rr", Gaz 1938-II, S. 844 (m. Karte)
1939	„Die elektrische Schnellbahn über die Oakland Bay bei San Francisco", VT 1939, S. 176
	„Evolution from steam to electric traction, Pennsylvania Rr" (mit Karte), Age 1939-II, S. 440 — ERT 1940, S. 35 — El. Bahnen 1940, S. 81

Elektrische Straßenbahnen / allgemein

1883	Holroyd Smith: „A new system of electric tramways", Engg 1883-II, S. 357
1886	Rühlmann: „Elektrischer Betrieb von Straßenbahnwagen", Z 1886, S. 358
1887	Huber: „Anwendung der Elektrizität als Treibmittel für Straßenbahnen", Z 1887, S. 332
1890	„Elektrische Straßenbahnen", Z 1890, S. 47
1893	du Riche-Preller: „The Marseilles and St. Louis electric road ry", Engg 1893-II, S. 499 und 561
1894	Zeise: „Elektrische Straßenbahnen", Z 1894, S. 681
	„The Guernsey electric tramway", Engg 1894-I, S. 412
1895	Brückmann: „Neuere Straßenbahnen", Z 1895, S. 1277 u. f.
	Löwit: „Die Basler elektrische Straßenbahn", Schweiz. Bauzeitung 1895-II, S. 28 u. 37
	Ross: „Die elektrische Straßenbahn und ihre Bedeutung für den Verkehr der Städte", ZÖIA 1895-I, S. 109
	* Schiemann: „Bau und Betrieb elektrischer Bahnen: Straßenbahnen", Verlag Oskar Leiner, Leipzig 1895
	„Elektrische Straßenbahn (System Hörde) mit unterirdischer Stromzuführung", Annalen 1895-I, S. 141
	„The Bristol Electric Tramway", Engg 1895-II, S. 359
	„The «Hoerde» electric conduit system", Engg 1895-II, S. 253
	„The Nantasket Beach Electric Tramway, NY, NH & Hartford", Engg 1895-II, S. 536

5

1896   „Electric traction: Conduit systems", Engg 1896-II, S. 138 und 198
        „The Dublin electric tramway system", Engg 1896-I, S. 743 und 772
1898   du Riche-Preller: „The Lausanne electric tramway", Engg 1898-II,
        S. 769
        „Polyphase tramway at Evian-les-Bains, Savoy", Engg 1898-II, S. 320
1901   Gründler: „Das Straßenbahnwesen in Nordamerika", Z 1901, S. 1789
1906   Müller: „Die Wechselstrom-Hochbahn auf der Internationalen Aus-
        stellung Mailand 1906", Z 1906, S. 1736
1911   * Boshart: „Straßenbahnen", Göschen'sche Verlagshandlung, Leipzig
        1911
1918   Wintershalter: „Der Umbau von Rollenkontakt auf Bügelkontakt
        bei der Städtischen Straßenbahn Zürich", Schweiz. Bauzeitung
        1918-I, S. 204
        Musil: „Die Leistungsfähigkeit der städtischen Schnellbahnen",
        Organ 1918, S. 202
1922   Adler: „Gegenwart und Zukunft der Berliner Straßenbahn", Anna-
        len 1922-I, S. 221
1925   Pahin: „The Paris-Arpajon Light Ry", Loc 1925, S. 287
1929   Bethge: „Steigerung der Fahr- und Reisegeschwindigkeit bei groß-
        städtischen Straßenbahnen", VT 1929, S. 269
1930   Trautvetter: „Elektrische Weichenstellwerke für Straßenbahnen
        mit Bedienung vom Wagen aus", Z 1930, S. 1397
1931   Hammer: „Die Entwicklung des Zwillingwagenbetriebes mit Fahr-
        schaltersteuerung bei den Bahnen der Stadt Köln", VT 1931,
        S. 308
        Nier: „Die Reiselänge und ihre Bedeutung für die Wirtschaftlich-
        keit von städtischen Straßenbahnen", VT 1931, S. 161
        Schättler: „Die Kohlenversorgung des Wuppertal-Barmer Eltwerkes
        durch die Barmer Straßenbahn", VT 1931, S. 311
        Ullmann :„Elektrische Weichenstellvorrichtungen für Triebwagen
        mit zwei Stromabnehmern", El. Bahnen 1931, S. 341
1932   „Straßenbahn-Sonderheft zum XXIII. Kongreß des Internationalen
        Vereines der Straßenbahnen, Kleinbahnen und öffentlichen Ver-
        kehrsunternehmungen", AEG-Mitteilungen 1932, Heft 6, S. 195 u. f.
1935   Flügel: „Die große Reform der Straßenbahnen", VT 1935, S. 512
        Schwend: „Verlustzeiten im Straßenbahnbetrieb", VT 1935, S. 508
        Uhlig: „Die Weiterentwicklung der Straßenbahnen", VT 1935, S. 499
        „The Bessbrook and Newry Electric Tram", Loc 1935, S. 41
1936   * Benninghoff: „Straßenbahnen und Untergrundbahnen", El. Bahnen
        1936, Ergänzungsheft S. 119
        Voigtländer: „Grenzen der Reisegeschwindigkeit bei Straßenbahnen",
        El. Bahnen 1936, S. 309
1937   von Lengerke: „Erhöhung der Geschwindigkeit bei Straßenbahnen",
        Annalen 1937-II, S. 24
        Zehnder: „Folgerungen für die Straßenbahnen aus der Erhöhung
        der Fahrgeschwindigkeit", VT 1937, S. 61
1938   Schrödl: „Die Betriebsleistungen der Nürnberg-Fürther Straßenbahn
        während des Reichsparteitages Großdeutschland 1938", VT 1938
        S. 540
        Winter: „Die Einführung des Rechtsfahrens bei den Wiener Städt.
        Straßenbahnen", VT 1938, S. 465

"North London Tramway conversion", Gaz 1938-I, S. 480
1939   Bovie: „Straßenbahn-Schnellverkehr M.-Gladbach-Viersen-Dülken-Süchteln", VT 1939, S. 444
Morris: „The railway-tramway junction at Charlton Works", Gaz 1939-I, S. 1027
Pibl: „Die Einführung des Rechtsfahrens bei den Straßenbahnen in Prag", VT 1939, S. 224
1940 = Lehner: „Der Markthallenverkehr der Leipziger Verkehrsbetriebe", VT 1940, S. 52
Schneider: „Straßenbahn-Güterverkehr in Belgien", VT 1940, S. 105
Ulmer: „75 Jahre Berliner Straßenbahn", VT 1940, S. 183

Straßenbahn oder Omnibus?

1929   König: „Das Autobuswesen in seiner Bedeutung für die Schienenbahnen", VT 1929, S. 515
=   Kremer: „Amerikas großstädtischer Oberflächenverkehr", Annalen 1929-I, S. 167
Torau: „Autobus oder Straßenbahn, erläutert an den Leipziger Verkehrsverhältnissen", VT 1929, S. 775
1930   Fischbach: „Selbstkostenvergleich Straßenbahn-Omnibus", VT 1930, S. 493
=   Quarg: „Die neuere Entwicklung des Großstadt-Omnibusses", Z 1930, S. 1312
= * Strommenger u. a.: „Betriebsergebnisse und Selbstkosten von Autobuslinien", Verlag Ruhfus, Dortmund 1930
Wächter: „Zur Wirtschaftlichkeit von Straßenbahn und Omnibus in Berlin" ATZ 1930, S. 452
1931   Preuß: „Folgerungen aus dem Selbstkostenvergleich Straßenbahn-Omnibus für Hersteller und Verbraucher von Kraftomnibussen", VT 1931, S. 97
Wentzel: „Selbstkostenvergleich Straßenbahn-Omnibus", VT 1931, S. 25
=   Zumpe: „Die Wirtschaftlichkeit des Omnibusses", Allg. Automobilzeitung 1931, Heft 9, S. 26
1935   Capelle: „Eisenbahn und Autobahn im Nahschnellverkehr", Autobahn 1935, S. 55
1936   Benninghoff: „Straßenbahnen, Untergrundbahnen und Omnibusse im städtischen Verkehr", Z 1936, S. 373
Bockemühl: „Kraft-Omnibus oder Straßenbahn?", VT 1936, S. 81
Fester: „Zusammenarbeit von Straßenbahn und Omnibus in Frankfurt a. M.", VT 1936, S. 84
Mollenkopf: „Die Teilumstellung der Lübecker Straßenbahn auf Omnibusbetrieb", VT 1936, S. 77 und 1937, S. 548
=   Müller: „Gemeinschaftsdienst im öffentlichen Nahverkehr", VT 1936, S. 217
1937 = Mollenkopf: „Betriebserfahrungen und Auswirkungen der Teilverkraftungs-Maßnahmen in Lübeck", VT 1937, S. 548
Preuß: „Straßenbahn, Obus und Omnibus, vom Wirkungsgrad gesehen", VT 1937, S. 329, 477, 536
Schiffer: „Vergleichende Darstellung der Energieflußbilder bei Straßenbahn, Obus und Omnibus", VT 1937, S. 475

1937   Wüger: „Vergleich der Wirtschaftlichkeit öffentlicher Nahverkehrs-
        mittel in Rußland", (Straßenbahn/Omnibus, Diagramm!), Schweiz.
        Bauzeitung 1937-I, S. 244

1938=   Günter: „Die technisch-wirtschaftlichen Grundlagen für den Fahr-
        preis der liniengebundenen städtischen Verkehrsmittel", Archiv
        für Eisenbahnwesen 1938, S. 611
        Imelman: „Die Umstellung der Straßenbahn Utrecht auf Omnibus-
        betrieb", VT 1938, S. 489
   =   Immirzi: „Entwicklung der öffentlichen Verkehrsmittel der Stadt
        Rom", GiT 1938, S. 3 u. 33
   =*   Lademann u. Lehner: „Der öffentliche Nahverkehr der Gemeinden",
        Verlag Felix Meiner, Leipzig, Verlag W. Kohlhammer, Stuttgart-
        Berlin 1937 — Bespr. VW 1938, S. 428
        Stein: „Der Zeitrückhalt im Straßenbahnverkehr", VT 1938, S. 181
        „Umstellung der Straßenbahn in Trier auf Obusbetrieb", VW 1938,
        S. 545
        „North London Tramway conversion", Gaz 1938-I, S. 480

1939=   Birk: „Das Massenverkehrsproblem von Groß-Prag", VT 1939, S. 209
   =   Frischkorn: „10 Jahre Omnibusbetrieb in Wiesbaden", VT 1939,
        S. 257
   =   Hamacher: „Die öffentlichen Verkehrsmittel in Rom", VT 1939,
        S. 337
   =   Heuer: „Der künftige Nahverkehrseinsatz in der Reichshauptstadt
        Berlin", VT 1939, S, 332
   =   Niemeyer u. Henning: „Städtebau und Nahverkehr", VT 1939, S. 434
   =   Otto: „Fahrzeuge für Massenbeförderung des großstädtischen Ver-
        kehrs und ihr zweckmäßiger Einsatz", VW 1939, S. 265
   =   v. Stein: „Der Prager Nahverkehr und seine künftige Gestaltung",
        VT 1939, S. 220
        Züger: „Der Straßenbahn-, Omnibus- und Obusbetrieb in Zürich",
        VT 1939, S. 326
   =   „Der Massenverkehr in amerikanischen Großstädten", VT 1939, S. 42

AUSSERGEWÖHNLICHE BAHNSYSTEME

Einschienen-Standbahn

1904 — Föppl: „Die Theorie des Schickschen Schiffskreisels", Z 1904, S. 478

1907 „The Brennan monorail ry", Engg 1907-I, S. 623 und 1909-II, S. 659

1909 Klug: „Die Einschienenbahn", VW 1909, S. 183 und 196
  * Scherl: „Ein neues Schnellbahn-System", Verlag Scherl, Berlin 1909; Nachtrag 1910 — Bespr. Z 1909, S. 1038
  „The Brennan Mono-Railway", Gaz 1909-II, S. 670c und 1910-I, S. 261 — Engg 1909-II, S. 659. — Revue 1910-I, S. 315

1910 Barkhausen: „Einschienenbahn und Kreiselwagen", Organ 1910, S. 153 u. 171
  Bolstorff: „Die Wirkungsweise der Kreisel im Einschienenwagen", Annalen 1910-I, S. 74
  Föppl: „Zur Theorie des Kreiselwagens der Einschienenbahn", ETZ 1910, S. 83
  „Scherl monorail gyroscope car", Gaz 1910-I, S. 136

1913 = Cousins: „The stability of gyroscopic single-track vehicles", Engg 1913-II, S. 678 uf.

1919 = Lorenz: „Technische Anwendungen der Kreiselbewegung", Z 1919, S. 1224

1921 = Hort: „Die Dynamik des Kreisels und ihre technische Anwendung", Zentralblatt der Bauverwaltung 1921, S. 61, 67, 85, 140

1935 = Drechsel: „Die Theorie des Kreiselwagen-Fahrgestells", ATZ 1935, S. 603

1938 Drechsel: „Die Lösung der Schnellverkehrsfrage durch den kurvenneigenden Kreiselwagen", ZMEV 1938, S. 377 [S. 397: Worin besteht ein Kreisel?]

Einschienen-Hängebahn (Schwebebahn)

1886 Rühlmann: „Drahthängebahnen mit elektrischem Betrieb", Z 1886, S. 929

1894 Schröder: „Die Langensche Schwebebahn", Z 1894, S. 556 u. 795 — Annalen 1895-I, S. 2

1895 Brückmann: „Neuere Straßenbahnen", Z 1895, S. 1277 [S. 1453: Schwebebahnen]
  Feldmann: „Die Langensche Schwebebahn", Annalen 1895-I, S. 2 und 187
  „Wertbemessung des Hochbahn-Systems von Prof. Dietrich", Annalen 1895-I, S. 71, 117, 143, 187

1900 „Schwebebahn Elberfeld-Barmen", Z 1900, S. 130 und 1373

1901 Dolezalek: „Der Schnellverkehr und die Schwebebahnen", Organ 1901, S. 89

1902 Petri: „Die Schwebebahn Barmen-Elberfeld-Vohwinkel", Annalen 1902-I, S. 66

1905 „Entwurf einer Schwebebahn für Berlin", Dinglers Polytechn. Journal 1905, S. 704

1926 Koch: „Die Probeeisenbahn von 1826 in Elberfeld", VT 1926, S. 386

1930 „GVT-Hängeschnellbahn mit Luftschrauben-Antrieb", VW 1930, S. 679

1931　Steiniß: „Technik und Wirtschaftlichkeit der Propeller-Triebwagen", Annalen 1931-I, S. 13 und II, S. 113
　　　Wiesinger: „Propeller-Schwebebahn", Annalen 1931-II, S. 113
1934　Koffmann: „Barmen-Elberfeld Ry", Gaz 1934-I, S. 242 — Loc 1934, S. 128
　　　A. H. Müller-Altona (Blankenese): „Das Schwebezugsystem. — Neue Formen von Hängebahnen und ihre verkehrswirtschaftliche Bedeutung für Massengut- und Personenbeförderung", Annalen 1934-I, S. 25 und 33
1935　„Schnellverkehr auf Schiene und Autobahn", Neue Kraftfahrer-Zeitung (Stuttgart) 1934, S. 385
1939　„Suspension Railway, Royal Panarmonion Gardens, Liverpool 1830", Gaz 1939-I, S. 1012

Einschienen-Standbahn und Einschienen-Hängebahn mit Stützrädern

1876　„Erste einschienige Hochbahn (Bauart Haddan, Alexandrette-Alleppo, 157 km)", Organ 1876, S. 265
1887　Frank: „Die Einschienenbahn von Lartigue", Z 1887, S. 1073 und 1889, S. 875
1889　„Die Lartigueschen einschienigen Eisenbahnen", Zentralblatt der Bauverwaltung 1889, S. 215 — Z 1889, S. 875
1899　„Einschienige Bahn Bauart Behr", Zentralblatt der Bauverwaltung 1899, S. 550 — Z 1900, S. 132
1902　Behr: „Elektrische Schnellbahnen und die geplante Einschienenbahn zwischen Manchester und Liverpool", Z 1902, S. 486 und 517
1915　„Einschienen-Schwebebahn im Hafen von Genua", Schweiz. Bauzeitung 1915-II, S. 236
1930　„George Bennie railplane system of transport", Gaz 1930-II, S. 71
1935　„The Meigs Railway, USA 1886", Loc 1935, S. 130

Seilstraßenbahn

1875　„Wire rope street railways: Clay Street Hill Rr, San Francisco", Engg 1875-I, S. 402 — Engg 1884-II, S. 563 und 1885-I, S. 27
1884　Bucknall-Smith: „Cable tramways", Engg 1884-II, S. 354, 424, 444, 469, 561 u. f. — 1885-I, S. 27
1887　Voit: „Nordamerikanische Straßenbahnen mit Seilbetrieb", Z 1887, S. 182 und 211
1888　„Die Seilstraßenbahn in Birmingham", Z 1888, S. 835
1891　„Cable tramways", Engg 1891-II, S. 635
　　　„The Los Angeles Cable Railway", Engg 1891-II, S. 239
1893　Reichel: „Seilstraßenbahnen in Amerika", Z 1893, S. 676
　　　Riedler: „Kalifornische Seilbahnen", Z 1893, S. 884
1894　Kollmann: „Das Verkehrswesen auf der Weltausstellung in Chicago 1893: Seilstraßenbahnen", Z 1894, S. 17 u. f.
1897　„Glasgow subway and cable traction", Engg 1897-I, S. 306

Pferdebahn

1878   * Büsing: „Straßenbahnen", Heusingers Handbuch für spezielle Eisen-
        bahn-Technik, 5. Bd. Verlag Wilh. Engelmann, Leipzig 1878, S. 293
1885   „Große Berliner Pferdebahn-Gesellschaft", Z 1885, S. 611
        Keller: „Ueber die Anbringung von Schutzvorrichtungen an den
        Wagen der Karlsruher Pferde-Eisenbahn", Z 1885, S. 49
1907   „Horse traction on the Caledonian Ry", Loc 1907, S. 152
1914   „The last of the «Dandies» in England", Loc 1914, S. 129
1933   „The first tramway in Belgium, 1869", Loc 1933, S. 221
1938   „Early London tramway view", Gaz 1938-I, S. 477
1939   „Modern Oslo rolling stock", Gaz 1939-I, S. 1032
        „Horse-operated GNR (Ireland) branch line", Gaz 1939-I, S. 746
1940   „Eisenbahn mit Mauleselbetrieb", Lok 1940, S. 45

Verschiedene außergewöhnliche Bahnsysteme

1869   „Omnibus for the Tower Subway: The traffic is to be worked by
        giving the omnibus an impetus at the commencement of each trip
        by means of a rope hauled upon by a stationary engine", Engg
        1869-II, S. 319
        „The Paris, Sceaux & Limours Ry" (Fahrzeuge mit losen, schwenk-
        baren Laufrädern, die durch schräge Führungsräder gelenkt
        werden), Engg 1869-I, S. 35, 63 und 80 — Lok 1909, S. 117 —
        Loc 1934, S. 288
1870   „Larmanjat's single track ry" (Straßenfahrzeuge mit mittlerer Füh-
        rungsschiene), Engg 1870-I, S. 352
        „The Broadway Pneumatic Ry" (ähnlich der Rohrpost), Engg 1870-I,
        S. 289
1885   „The Tehuantepec ship railway, Mexico", Engg 1885-I, S. 30 und 77
1890   „Judson's (unterirdische) Treibwelle für Straßenbahnwagen", Z 1890,
        S. 1277
1892   „Schiffseisenbahnen", Z 1892, S. 442 und 939 — 1893, S. 1015
1921   „A relic of the South Devon atmospheric ry", Loc 1921, S. 10 u. 162
1934   Roscher: „Ein neues Hochbahn-System: Doppelgleisige Dreigurt-
        Träger-Hochbahn als Einschienen-Standbahn mit oberer Führung",
        VT 1934, S. 167
   =   Schmer: „Ueber Zusatz-Speicherantrieb (Druckluft, Schwungrad) bei
        Fahrzeugen", El. Bahnen 1934, S. 261
        „High-speed travel in USSR: Streamlined «ball-bearing» electric
        train", Mod. Transport 10. Febr. 1934, S. 9 — ZMEV 1934, S. 237
1935   „Schnellverkehr auf Schiene und Autobahn (u. a. System Wiesinger)",
        Neue Kraftfahrer-Zeitung (Stuttgart) 1935, S. 385
        „The «Oversea» electric railway at Brighton in 1898", Gaz 1935-I,
        S. 228
1937   Lee: „The evolution of railways", Gaz 1937-I, S. 847 u. f. (S. 1200:
        System Noble mit schrägen Führungsrädern)
        „Untergrundbahn für kontinuierliche Personenbeförderung «Biway»
        System Storer", Schweiz, Bauzeitung 1937-I, S. 203

1938   Wiesinger: „Entgleisungssicherer Schnellverkehr mit mehr als
         250 km/h Geschwindigkeit System Wiesinger", VT 1938, S. 526 —
         Gaz 1938-I, S. 413 — Annalen 1939, S. 203
         „The Wiesinger system of high-speed rail transport", Gaz 1938-I,
         S. 413 — VT 1938, S. 526 — Lok 1937, S. 145
         „Model in the Science Museum, London, of the locomotive «Rurik»,
         which worked between Petersburg and Cronstadt in 1861 on the
         ice of the River Neva", Gaz 1938-II, S. 1095

1939   „Rail links in a passenger-carrying canal, Oberland canal, East
         Prussia" (Schiffseisenbahn), Gaz 1939-I, S. 25
         „High speed tubes: Kearney tube railway (mit oberen und unteren
         einschienigen Führungsrädern). Employment as A. R. P. (Air Raid
         Protection) shelters", Mod. Transp. 18. Febr. 1939, S. 4 — Gaz
         1939-II, S. 57
         „John Pym's proposed «Metropolitan Super-Way» of 1854", Gaz
         1939-I, S. 645

EISENBAHN-BAU

Allgemein

1870 Ziebarth: „Die schweizer Alpenbahn (Entwürfe)", Z 1870, S. 554

1872 * Heusinger v. Waldegg: „Handbuch für specielle Eisenbahn-Technik. 1. Bd.: Der Eisenbahnbau", Verlag Wilh. Engelmann, Leipzig 1872

1873 * von Weber: „Die Praxis des Baues und Betriebes der Secundärbahnen mit normaler und schmaler Spur", Verlag Bernhard Friedrich Voigt, Weimar 1873

1884 v. Hänel: „Der Arlbergtunnel", Z 1884, S. 479

1886 Richard: „Ueber die Anlage und Ausrüstung von Forstbahnen", Z 1886, S. 141

1890 „The Transandine Ry", Engg 1890-II, S. 329 u. f.

1892 Closterhalfen: „Die russisch-sibirische Eisenbahn", Z 1892, S. 1097

1895 Brückmann: „Neuere Straßenbahnen", Z 1895, S. 1277 u. f.

1899 *„Die Eisenbahntechnik der Gegenwart. — II. Bd.: Der Eisenbahnbau", 5 Teile, C. W. Kreidels Verlag, Wiesbaden/Berlin 1899 bis 1914 [1. bzw. 2. Aufl.]

1906 Giese u. Blum: „Die Anlagen der Pittsburg & Lake Erie-Eisenbahn in Pittsburg", Z 1906, S. 1615

Sartiaux: „Note à propos du tunnel sous la Manche", Revue 1906-I, S. 309 und 1913-II, S. 285

1907 „Berner Alpenbahn (Lötschbergtunnel): Die Dienstbahn von Frutingen nach Kandersteg", Schweiz. Bauzeitung 1907-II, S. 261

1908 „Railway tunnels, London & North Western Ry", Loc 1908, S. 10 u. f.

1910 Heber: „Die neue Hochgebirgsbahn von Christiania nach Bergen", Z 1910, S. 617 und 663

1912 * Wegele: „Die Linienführung der Eisenbahnen", Göschen'sche Verlagshandlung, Berlin und Leipzig 1912

1918 * Boshart: „Schmalspurbahnen", Göschen'sche Verlagshandlung, Berlin und Leipzig 1918

Rothpletz u. Andreae: „Der Förderbetrieb beim Ausbau des zweiten Simplontunnels", Schweiz. Bauzeitung 1918-I, S. 99, 109, 123, 136, 152

1925 * Giese, Blum u. Risch: „Linienführung" (Handbibliothek für Bauingenieure, II. Teil, Bd. 2), Verlag Springer, Berlin 1925

1930 Garau: „La question des Transpyrénéens", Revue 1930-I, S. 301

1931 Steinhagen: „Der Tunnel Bologna—Florenz (m. Karte)", Z 1931, S. 637

1932 „Behelfsbrücken mit P-Trägern", Der P-Träger, Peine 1932, Nr. 2, S. 29

*„Jubiläumsschrift zur Feier des 50jährigen Betriebes der Gotthardbahn 1882—1932", Verlag SBB-Revue, Bern 1932

1935 Birkel: „Der Bau der ersten deutschen Eisenbahn", Organ 1935, S. 482

Bloß: „Linienführung der ersten deutschen Eisenbahnen", Organ 1935, S. 496

* Schau: „Eisenbahnbau", 1. Band, 6. Aufl. Verlag Teubner, Leipzig und Berlin 1935 — Bespr. VW 1935, S. 624

1937 Chaudre: „La nouvelle ligne de Saint-Dié à Sainte-Marie-aux-Mines" (m. Karte), Revue 1937-II, S. 342

1937   Kado: „Vom Bau der Transiranischen Bahn", VW 1937, S. 462
   *   Hauska: „Waldeisenbahnbau und Feldbahnen", Verlag Carl Gerolds
          Sohn, Wien und Leipzig 1937 — Bespr. RB 1937, S. 735
          Olzscha: „Die Transiranische Eisenbahn", Archiv f. Eisenbahnwesen
          1937, S. 467
          Weiß: „Grundlegendes über den Bau von Kolonialbahnen", VW
          1937, S. 458
   *„Travaux ececutés en Turquie par le Groupe Suédo-Danois 1927 —
          1935: Constructions des lignes de chemin de fer Irmak-Filyos et
          Fevzipasa-Diyarbekir", Göteborg et Copenhague 1937
1938 —   Andreae: „Zur Frage der Lüftung langer Autotunnel", Schweiz.
          Bauzeitung 1938-I, S. 225
          v. Rabcewicz: „Die Nordrampe der transiranischen Eisenbahn. —
          Geologische Verhältnisse und Trassenführung", Bautechnik 1938,
          S. 349
          Wernekke: „Die Eisenbahn St. Dié—Markirch und ihr Vogesen-
          tunnel", Organ 1938, S. 364
          Wernekke: „Neubau einer verfallenen Eisenbahn, Denver—Salt
          Lake City", Organ 1938, S. 366
   *„Elsners Taschenbuch für den bautechnischen Eisenbahndienst", 16.
          Jahrgang, Otto Elsner Verlagsges., Berlin 1938
          „Further progress of the Trans-Iranian Ry (m. Karte)", Gaz 1938-II,
          S. 165 und 1939-II, S. 64
          „Viergleisiger Ausbau einer französischen Eisenbahn, Strecke Paris—
          Lyon", Organ 1938, S. 365
1939   Ammer: „Entwurf und Bau des südlichen Streckenteils der Nord-
          süd-S-Bahn", VW 1939, S. 463
          Derikart: „Großstädtische Bahnhofanlagen im Spiegel der Stadt-
          entwicklung", Bahn-Ing. 1939, S. 411
          Grabski: „Der Bau der Berliner Nordsüd-S-Bahn. — Ein Rückblick",
          VW 1939, S. 443
          Hildebrand: „Die Tunnelbauten der neuen Vollspurbahn Heidenau-
          Altenberg", Organ 1939, S. 159
          Kreck: „Bahn- und Straßenbau bei Bacharach", RB 1939, S. 1039
          „Meeting the challenge of floods in Southern California", Age
          1939-II, S. 281
1940 —   „Ein neuer Plan für einen (Kraftwagen-) Kanaltunnel", VT 1940, S. 31

Hochbauten

1870   „The Lower Silesian Ry Terminus at Berlin", Engg 1870-I, S. 434
1912   „New railway station at Mulheim-on-Rhine, Prussian State Rys",
          Gaz 1912-II, S. 372
1913   „Nouvelle Gare Centrale de New York", Revue 1913-II, S. 137
1925   Mayer: „Der neue Personenbahnhof in Stuttgart", Organ 1925,
          S. 195
1933   * Röttcher: „Hochbauten der Reichsbahn: Empfangsgebäude der Per-
          sonenbahnhöfe", Verlag VWL 1933 — Bespr. RB 1933, S. 784
1937   „Einige bemerkenswerte Beispiele dänischer Eisenbahn-Hochbauten",
          Organ 1937, S. 331

1938	Falck: „Das neue Empfangsgebäude in Zwickau", VW 1938, S. 221

Müller-Hillebrand: „Das neue Empfangsgebäude zu Florenz", VW 1938, S. 150

Röttcher: „Bericht über eine Reise nach den Vereinigten Staaten zum Studium amerikanischer Bahnhofshäuser und ihrer Zufahrtsstraßen", VW 1938, S. 330

„25 Jahre Grand Central Terminal in New York", ZMEV 1938, S. 466

„Copenhagen Central Station", Gaz 1938-I, S. 1110

„Maritime Station at Naples", Engg 1938-I, S. 179

„New station for Harrow-on-the-Hill, LNER", Gaz 1938-II, S. 415

„New stations at Surbiton and Richmond, Southern Ry", Gaz 1938-I, S. 925

„New station for Christchurch, New Zealand", Gaz 1938-II, S. 246

1939   Grossart: „Versuche bodenständiger Bauweise", RB 1939, S. 306

Kraetsch: „Das neue Bahnhofsgebäude der Niederbarnimer Eisenbahn AG. in Berlin-Wilhelmsruh", VT 1939, S. 287

Lüttich: „Verbundenheit von Architekt und Ingenieur und die Bauten der Reichsbahn", VW 1939, S. 381

Spröggel: „Die Hochbauten der Linie Heidenau-Altenberg", Organ 1939, S. 194

„Open Union Passenger Terminal at Los Angeles, Cal.", Age 1939-I, S. 768

„New marine station at Calais", Gaz 1939-II, S. 108

Oberbau / allgemein

1871	* Heusinger v. Waldegg: „Die neuesten Oberbaukonstruktionen", Kreidels Verlag, Wiesbaden 1871 [2. Erg.-Bd. zu Organ 1871]
1875	Lynde: „On street tramways and cars", Engg 1875-I, S. 37 u. f.
1876	Heusinger v. Waldegg: „Über ganz eisernen Oberbau bei Haupt-, Secundär- und Straßenbahnen", Z 1876, S. 679
1878	Böttcher: „Eiserner Oberbau für Straßenbahnen", Z 1878, S. 270
1881	„Der eiserne Oberbau", Z 1881, S. 440
1884	Alverdes: „Vergleichende Zusammenstellung der bekanntesten Straßenbahn-Oberbausysteme", Z 1884, S. 169
1885	Frank: „Die Herstellung verschiedener Systeme eisernen Oberbaues auf dem Osnabrücker Stahlwerk und der Georgs-Marienhütte", Z 1885, S. 123
	Haarmann: „Die notwendigen Ziele der weiteren Entwicklung des Eisenbahn-Oberbaues", Z 1885, S. 559
1889	Muskewitz: „Über einen eisernen Querschwellen-Oberbau", Z 1889, S. 489
	Frank: „Eisenbahn-Oberbau", Z 1889, S. 221 und 269
1890	Goering: „Die Fortschritte auf dem Gebiet des Gleisbaues in Deutschland und Österreich", Z 1890, S. 1021 (Bespr. S. 1124, 1215 u. 1387)
	Macco: „Die Einführung von Güterwagen höherer Tragfähigkeit und ihr Einfluß auf den Oberbau der Preußischen Staatsbahnen", Z 1890, S. 114
	Muskewitz: „Die Verstärkungen des Eisenbahn-Oberbaues", Z 1890, S. 317
	„Der Oberbau der Midland-Bahn in England", Z 1890, S. 682

1891   * Haarmann: „Das Eisenbahngleis", Verlag Engelmann, Leipzig 1891
         Haarmann: „Die Geschichte des Eisenbahngleises", Verlag Wilh.
         Engelmann, Leipzig 1891. — Buchbespr. Mehrtens: Zentralblatt
         der Bauverwaltung 1891, S. 457, 479, 500, 505, 521

1892   Goering: „Neuer Oberbau der preuß. Staatsbahn im Vergleich mit
         anderweitigen neueren Vorschlägen und Ausführungen", Z 1892,
         S. 1040

         Watkins: „American rail and track", Engg 1892-I, S. 734 u. f.

1894   Schroeter: „Die Leistungsfähigkeit der gebräuchlichen Oberbau-
         arten", Organ 1894, S. 271

1895   Goering: „Der Oberbau der preußischen Staatsbahnen", Z 1895,
         S. 594

         Hunt: „Permanent way", Engg 1895-II, S. 62 und 127

1899   Birk: „Die Entwicklung des Straßenbahnoberbaues", Z 1899, S. 70

1906   Giese: „Einige Bemerkungen über den Oberbau amerikanischer
         Bahnen", Z 1906, S. 87

         Vietor: „Vom Eisenbahnoberbau", Z 1906, S. 1555

1907   Jullien: „Note sur la constitution de la voie aux Etats-Unis", Revue
         1907-I, S. 503

1908   Blum: „La superstructure des voies des Chemins de Fer Alle-
         mands", Revue 1908-II, S. 277

1909   Decamps: „La voie courante des Chemins de Fer de l'Etat Belge",
         Revue 1909-II, S. 241

1914   „The Great Indian Peninsula permanent way", Gaz 1914-I, S. 735

1922   Hanker: „Gestaltung des Gleises für große Fahrgeschwindigkeiten",
         Organ 1922, S. 297

         Stierl: „Oberbau für erhöhte Raddrücke", Z 1922, S. 891

1924   Kurth: „Neuere Ziele der Bewirtschaftung des deutschen Oberbaues",
         Z 1924, S. 994

1925   * Herwig: „Beabsichtigte Ausgestaltung des deutschen Oberbaues",
         «Eisenbahnwesen», VDI-Verlag, Berlin 1925, S. 326

1926   Semke: „Erst der Weg, dann das Fahrzeug", VT 1926, S. 233 u. 251

         Schlodtmann: „Der Reichsoberbau auf Holzschwellen", Organ 1926,
         S. 125

1927   Buchholz: „Der Rippenplatten-Oberbau auf Holzschwellen", Annalen
         1927-II, S. 109 und 1928-I, S. 110

         Wirth: „Der Oberbau der großen Geschwindigkeiten und großen
         Achsdrücke: Das Gleis auf Federn und festen Stützen", Organ
         1927, S. 177

         „Oberbau-Fachheft des Organ", Organ 1927, S. 177 u. f.

1928   Gerstenberg: „Der neue Rippenplattenoberbau der Reichsbahn",
         Z 1928, S. 510

1929   Wattmann: „Langschienen und Stoßfugen", Organ 1929, S. 297

         „Oberbau-Fachheft des Organ", Organ 1929, S. 427 u. f.

1930   Mast: „Die Lebensdauer der Schienen des Eisenbahn-Oberbaues",
         Z 1930, S. 1639

         Müller: „Der Oberbau der Reichsbahn in der Nachkriegszeit", RB
         1930, S. 1005

         Semke: „Oberbau und Lokomotiven regelspuriger Privateisen-
         bahnen", VT 1930, S. 474

„Neue Oberbauformen in Rußland (27 t Achsdruck)", ZVDEV 1930, S. 1160

„Three roads experiment with «Wirth» new type of track construction", Age 1930-I, S. 137. — Kongreß 1931, S. 419

1931   Kommerell: „Der Zusammenhang zwischen dem Achsdruck und Metergewicht der Wagen und der Tragfähigkeit des Oberbaues und der Brücken", RB 1931, S. 935

„Oberbau-Fachheft des Organ", Organ 1931, Nr. 8, S. 191 u. f.

„Eisenbahnen auf Eisflächen", Organ 1931, S. 125

„Einteilung der Reichsbahnstrecken nach der Tragfähigkeit der Brücken und des Oberbaues", RB 1931, S. 1073

1932   Cardew: „New method of automatically locating vertical defects in permanent way", Ry Eng 1932, S. 354

Petersen: „Der Übergangsbogen im Eisenbahngleis", Organ 1932, S. 409

Saller: „Blattfederoberbau nach Rüping", Organ 1932, S. 225

* Schott: „Oberbau-Erfahrungen", Bericht über die 25. Fachtagung der Betriebsleiter-Vereinigung deutscher Privat- u. Kleinbahnen 1932, S. 24

1933   Bäseler: „Der Selbstspannoberbau. — Ein weiterer Schritt zum durchgehend geschweißten Gleis", Organ 1933, S. 115

„Die Gestaltung des Gleisbogens", Organ 1933, S. 343 u. f.

1935   Saller: „Neuer Oberbau der Sowjetbahnen", Organ 1935, S. 52

Ashworth: „Permanent way in Victoria", Gaz 1935-I, S. 640

1936   * Lückerath: „Über die Verbesserung von Stahlschienen durch Umgestaltung des Primärgefüges im Schienenfuß beim Walzen", Mitt. der Kohle- und Eisenforschungs-GmbH, Dortmund 1936 — Bespr. ZMEV 1937, S. 300

Maser: „Der Oberbau in den ersten 18 Jahrgängen des Organs 1846—1863", Organ 1936, S. 457

*„III. Internationale Schienentagung in Budapest", Kommissionsverlag Fr. Kilians Nachf., Budapest 1936

1937   Kramm: „Normalspuriger Gleisbogen für Halbmesser unter 100 m", Z 1937, S. 864

Krauss: „Oberbau und Lokomotiven", VW 1937, S. 416

Lee: „Ralph Allen's combe down wagon-way, Bath (Earliest railway of which a detailed description has survived)", Gaz 1937-II, S. 610

Lee: „The evolution of rys", Gaz 1937-I, S. 847, 936, 1015, 1071, 1107, 1200 (S. 1200: System Noble mit schrägen Führungsrädern)

Petersen: „Neue dänische Oberbauformen VC und VBT", Organ 1937, S. 341

Tak: „Die Befestigung der gußeisernen Schienenstühle auf den kiefernen Schwellen des Oberbaues N. P. 46 der Niederländischen Eisenbahnen", Kongreß 1937, S. 2123

„Anforderungen, denen ein neuzeitliches Gleis für schwere Belastung entsprechen muß", Kongreß 1937, S. 187 (Lemaire), 1565 (Yamada u. Hashiguchi) u. 1937 (Flament)

„Flat-bottom track on LMSR main lines", Gaz 1937-I, S. 941

1938   Corini: „Die bauliche Ausbildung des Gleises in Krümmungen für große Geschwindigkeiten", Kongreß 1938, S. 42

Krauss: „Die Entwicklung der Oberbauformen bei der Deutschen Reichsbahn", ZMEV 1938, S. 703

„Early French permanent way, 1832—38", Gaz 1938-I, S. 68

„Derailment on American concrete track", Gaz 1938-I, S. 937

„Concrete track support", Gaz 1938-II, S. 779

„A famous railway crossing: Castle Junction, Newcastle-on-Tyne, LNER", Loc 1938, S. 401

„Long-lived early permanent way: Derbyshire plateway", Gaz 1938-II, S. 491

1939   Groth: „Allgemeine Oberbaufragen (leicht)", Bahn-Ing. 1939, S. 110

Hofmann: „Ein Beitrag zur Oberbauwirtschaft und Anregungen für die Gestaltung von Gleisplänen", Bahn-Ing. 1939, S. 220

Kleuker: „Allgemeine Oberbaufragen (schwer)", Bahn-Ing. 1939, S. 104

Leonhard: „Holz- oder Stahlschwelle?", Kongreß 1939, S. 215

Mandel: „Zur Frage der Verbesserung der Schienenstöße: Schienenstoßverbindung Bauart Dettmer", VT 1939, S. 492

Saller: „Englische Versuche mit Breitfußschienen", Organ 1939, S. 73

Wundenberg: „Einfluß des Oberbaues auf die zulässige Fahrgeschwindigkeit", Bahn-Ing. 1939, S. 427

„Roadmasters discuss problems at Chicago Meeting", Age 1939-II, S. 486 u. 519

1940   Propp: „Der Schienenstoß", Bahn-Ing. 1940, S. 281

Oberbau / Theorie, Berechnung, Messung, Versuch

1899   Blum: „Einfluß der Fahrgeschwindigkeit auf die Beanspruchung des Schienenstoßes", Zentralblatt der Bauverwaltung 1899, S. 373

Schubert: „Über die Vorgänge unter der Schwelle eines Eisenbahngleises", Annalen 1899-I, S. 178

1900   Ast: „Neuere Erfahrungen über den Schienenstoß', Organ 1900, S. 192

Schuler: „Fester Stoß, schwebender Stoß, Keilstoß", Organ 1900, S. 279

*„Bericht über die Frage der Anordnung des Schienenstoßes", Organ 1900, Erg.-Band

1914   Pihera: „Statische und dynamische Oberbau-Beanspruchungen", Organ 1914, S. 73

„Railway track scale-testing equipments of the United States Bureau of Standards", Engg 1914-I, S. 250

1922   Barkhausen: „Berechnung der Schienen auf Querschwellen", Organ 1922, S. 49

1925   Birk: „Lange oder kurze Schwellen?", Schweiz. Bauzeitung 1925-II, S. 107 u. 142

* Dreyer: „Beiträge zu einer dynamischen Theorie des Eisenbahn-Oberbaues", Verlag Johs. Albert Mahr, München 1925

1926   Saller: „Dymanische Messungen am Eisenbahn-Oberbau", Organ 1926, S. 183

1928   Ammann u. v. Gruenewaldt: „Versuche über die Wirkung von Längs-
        kräften im Gleis", Organ 1928, S. 308 und 1929, S. 239 u. 471 —
        Z 1929, S. 157
        Saller: „Dynamik und Schwingungen des Eisenbahn-Oberbaues", Z
        1928, S. 1323
        Sober: „Grundsätzliches zur Statik des Straßenbahnoberbaues", VT
        1928, S. 375
1929   von Gruenewaldt: „Amerikanische Oberbau-Untersuchungen", Organ
        1929, S. 89
        Patte: „Voiture de controle des voies de la Cie des Chemins de Fer
        de l'Est Français", Revue 1929-I, S. 265
1930   Berchtenbreiter und Doll: „Beitrag zur Klärung der Ursache von
        Schienenbrüchen", Organ 1930, S. 325
        Mast: „Die Lebensdauer der Schienen des Eisenbahnoberbaues",
        Z 1930, S. 1639
    *   Zimmermann: „Die Berechnung des Eisenbahn-Oberbaues", Verlag
        Wilh Ernst & Sohn, Berlin 1930 — Bespr. RB 1931, S. 1185
        „Three roads experiment with new type of track construction" (Ge-
        federter Oberbau System «Wirth»), Age 1930-I, S. 137 — Kon-
        greß 1931, S. 419
1931   Faaß: „Schwingungen im Oberbau", Organ 1931, S. 218
        Geisler: „Gerät zur Gleisuntersuchung, Belgische Staatsbahnen",
        Z 1931, S. 1084
        von Gruenewaldt: „Die Knicksicherheit des lückenlosen Gleises",
        Organ 1931, S. 109
        Mumme: „Die einheitliche Berechnungsweise des Oberbaues des
        VDEV", VT 1931, S. 17
    *   Wattmann: „Langschienen und Längskräfte im Eisenbahngleis",
        Verlag Otto Elsner, Berlin 1931 — Bespr. Organ 1931, S. 298
        Wattmann: „Die Lückentafel der Reichsbahn u. der Wärmeschub im
        Gleis", Organ 1931, S. 191
        Zinßer u. Herrmann: „Der Oberbau-Meßwagen der Deutschen Reichs-
        bahn", RB 1931, S. 478
        „Mechanische Pfeilmessung mit dem Dorpmüllerschen Gleismesser
        und dem Oberbau-Meßwagen", RB 1931, S. 774
1932   Bloch: „Die Stabilität des lückenlosen Gleises", Organ 1932, S. 169
        Koch: „Messung von Schwingungen am Eisenbahn-Oberbau", Organ
        1932, S. 389
        Wattmann: „Knicksicherheit von Gleisen", Organ 1932, S. 176
1933   Derikarß: „Über Schienensenkungen unter dem rollenden Rade",
        Organ 1933, S. 452
        Janicsek: „Zur Frage der einheitlichen Berechnung des Eisenbahn-
        Oberbaues", Organ 1933, S. 177
        Nemcsek: „Versuche der kgl. ungarischen Staatsbahnen über die
        Standsicherheit des Gleises", Organ 1933, S. 105
        Saller: „Einheitliche Berechnung des Eisenbahn-Oberbaues", Organ
        1933, S. 183 u. 390
        Spindel: „Eigenspannung und Verschleißwiderstand von Schienen",
        Organ 1933, S. 10
        Thoma: „Aufzeichnung der Schienenbeanspruchung unter schnell-
        fahrenden Zügen", Z 1933, S. 873

1934 Meier (Herm., Dr.-Ing.): „Die Stabilität des lückenlosen Vollbahngleises", Z 1934, S. 1153 u. 1935, S. 328
Raab: „Die Stabilität des Schienenweges unter neuen Gesichtspunkten", Z 1934, S. 405
„A track depression indicator", Loc 1934, S. 83
„Automatical recording of vertical track defects", Gaz 1934-I, S. 668
1935 Adler: „Über Statik und Dynamik (Schwingungen) des Oberbaues", Organ 1935, S. 41
Koch: „Neue Schwingungsuntersuchungen am Eisenbahnoberbau". Organ 1935, S. 228
Kühnel: „Untersuchungen an Schienen", Z 1935, S. 1480
Meier: „Kräfte und Spannungen im Langschienen-Oberbau", Z 1935. S. 380
Uebing: „Die Bogenradioide als Gleisübergangsbogen für starke Krümmungen", GHH Februar 1935, S. 178
1936 Czitary: „Beitrag zur Berechnung des Querschwellenoberbaues", Organ 1936, S. 154
Martinet: „Flambement (Verwerfen) des voies sans joints sur ballast et rails de grande longueur", Revue 1936-II, S. 212
Meier: „Beitrag zur Frage der Rahmensteifigkeit des Gleisrostes". Organ 1936, S. 148
Meier: „Eigenspannungen in Eisenbahnschienen", Organ 1936, S. 320
1937 Baud: „Zur Ermittelung der im Steg von Eisenbahnschienen winkelrecht zur Längsrichtung wirkenden Oberflächenspannungen", Organ 1937, S. 213
Chan: „Efforts transversaux exercés sur la voie", Revue 1937-I, S. 345
Christensen: „Fahrgeschwindigkeit und Genauigkeit der Gleislage", Organ 1937, S. 358
Driessen: „Die einheitliche Berechnung des Oberbaues im Verein Mitteleuropäischer Eisenbahnverwaltungen", Organ 1937, S. 113 — Kongreß 1938, S. 794
Feyl u. Pflanz: „Steifigkeit des Oberbaues, Verschleiß und Krümmungswiderstand", Organ 1937, S. 7
Hofer: „Die kraftschlüssige Verspannung der Gleisteile (Vorschlag: Spannungsoberbau)", Organ 1937, S. 47
Kandaouroff: „Studium des Zustandes der in der Vorkriegszeit in die Hauptgleise der Estnischen Bahnen eingebauten Schienen", Kongreß 1937, S. 2111
Lanos u. Leguille: „Maschine zur Prüfung der Lage der Gleiskrümmungen bei der Französischen Ostbahn", Revue 1937-II (Dez.), S. 331
Meier: „Eigenspannungen in Eisenbahnschienen", Z 1937, S. 362
Meier: „Ein vereinfachtes Verfahren zur theoretischen Untersuchung der Gleisverwerfung", Organ 1937, S. 369
Müller: „Der Oberbaumeßwagen der Deutschen Reichsbahn", Kongreß 1937, S. 279
Pretoni: „Grundsätzliches zum Langschienengleis", Gleistechnik 1937, S. 121
Raab: „Gleisverwerfungen durch Wärmespannungen", Gleistechnik 1937, S. 82

Stöcker: „Die Schienenriffelung — ein Walzfehler?", Bahn-Ing. 1937, S. 370

Wasiutynski: „Ergebnisse von Versuchen der Polnischen Staatsbahnen über die federnden Formänderungen und die Beanspruchung des Oberbaues", Kongreß 1937, S. 1891

Wattmann: „Der Schienenbruch im lückenlos geschweißten Gleis", Gleistechnik 1937, S. 90

Yamada u. Hashiguchi: „Beanspruchungen des Oberbaues", Kongreß 1937, S. 1576

1938   Czitary: „Beitrag zur Berechnung des Querschwellenoberbaues", Organ 1938, S. 403 u. 439

Driessen: „Die Entwicklung der Oberbauberechnung", Organ 1938, S. 304

Flament: „Über die Möglichkeiten der Verwendung sehr langer Schienen im Eisenbahnoberbau", Kongreß 1938, S. 747 — Revue 1937-I, S. 207

Fuchs: „Gleisprüfwagen der Dresdner Straßenbahn", VT 1938, S. 444

Hanker: „Die Entwicklung der Oberbauberechnung", Organ 1938, S. 45

Kandaouroff: „Die vom Verein Mitteleuropäischer Eisenbahnverwaltungen empfohlene Berechnung des Oberbaues", Kongreß 1938, S. 794

Pöschl: „Über die Stabilität des Eisenbahngleises", Z 1938, S. 759

1939   Kammerer: „Klärung des Knickvorganges bei der Bestimmung der Gleisverwerfung auf elektrischem Wege", El. Bahnen 1939, S. 234

Mauzin: „Description d'une voiture permettant d'effectuer, à grande vitesse, l'auscultation des voies de chemins de fer", Revue 1939-I, S. 160

Talbot: „More about rail joints", Age 1939-II, S. 37

* Wattmann: „Welche Kräfte wirken im Langschienengleis?", Otto Elsner Verlagsges., Berlin 1939

„Chesapeake & Ohio develops new track inspection car", Age 1939-I, S. 566

1940   Pihera: „Einfluß der Druckverteilung des Unterbaues und des Untergrundes auf die Biegemomente und Stützendrücke der Schiene", Organ 1940, S. 101

Vogel: „Veränderung der Bettung unter Stahl- und Holzschwellen", Organ 1940, S. 79 u. 93

Schienen

1876   Vojacek: „Das Schienenbiegen beim Bahnbau", Z 1876, S. 677

1882   Snelus: „Steel rails", Engg 1882-II, S. 605 u. 616

1890   Sandberg: „Steel rails considered chemically and mechanically", Engg 1890-II, S. 171

1906   „Note sur la longueur maxima adoptée pour les rails de la voie courante", Revue 1906-II, S. 151

1907   Perroud: „Note sur le défaut de nivellement parfait de la surface de roulement de certains rails en acier dur", Revue 1907-II, S. 89

1926 Merklen: „Les ruptures accidentelles des rails", Revue 1926-I, S. 346

1928 Lubimoff: „Einfluß der Beschaffenheit des Gleises auf die Abnutzung der Schienen", Organ 1928, S. 438

1930 Mast: „Die Lebensdauer der Schienen des Eisenbahnoberbaues", Z 1930, S. 1639
„Die Osnabrücker Verbundgußschiene", Annalen 1930-II, S. 153 u. 1937-I,S. 111 — Z 1935, S. 1094

1931 „Statistiken der im Laufe des Jahres 1930 vorgekommenen Schienenbrüche", Kongreß 1931, S. 1022
„New 152-lb. flat-bottomed rails, Pennsylvania Rr", Ry Eng 1931, S. 417

1932 Allen: „The detection of internal fissures in rails", Ry Eng 1932, S. 177

1933 * Thomas: „Erwägungen und Beobachtungen zur Frage der Riffelbildung auf Straßenbahnschienen", Dissertation, Selbstverlag Köln 1933

1935 Lueg: „Untersuchungen an einem Schienenstahl über die Aushärtung bei Zusatz von Kupfer", GHH April 1935, S. 199

1936 * Lückerath: „Ueber die Verbesserung von Stahlschienen durch Umgestaltung des Primärgefüges im Schienenfuß beim Walzen", Mitt. der Kohle- u. Eisenforschungs-GmbH., Dortmund 1936 — Bespr. ZMEV 1937, S. 300
Martinet: „Flambement (Verwerfen) des voies sans joints sur ballast et rails de grande longueur", Revue 1936-II, S. 212
*„III. Internationale Schienentagung in Budapest", Kommissionsverlag Fr. Kilians Nachf., Budapest 1936

1937 Berchtenbreiter: „Zum Stande der Schienenbaustoff-Fragen", Organ 1937, S. 52
Klein: „Die Umgestaltung des Primärgefüges im Schienenfuß durch Walzen", Z 1937, S. 1149
„Untersuchungen an gebrochenen Schienen der estnischen Bahnen", Kongreß 1937, S. 2111 — Stahl u. Eisen 1938, S. 171

1938 Allen: „Reproducing the wearing qualities of early steel rails under modern conditions", Gaz 1938-II, S. 557 — Kongreß 1939, S. 1043
Herwig: „Die Schienenbruch-Statistik der Deutschen Reichsbahn", Stahl u. Eisen 1938, S. 1129 — Organ 1939, S. 43
Heumann: „Verschleiß von Bogenschienenflanken", Schweiz. Bauzeitung 1938-I, S. 49 u. 62
Mandel: „Liegezeiten von Schienen. — Auswertung einer 25jährigen Statistik bei der Hamburger Hochbahn", VT 1938, S. 499
Schulz: „Die Schiene — eine metallurgische Leistung und ein metallurgisches Problem", Stahl u. Eisen 1938, S. 996
Tix: „Die Entwicklung der Rillenschiene", VT 1938, S. 451
„Die IV. Internationale Schienentagung in Düsseldorf", VT 1938, S. 476 u. 502 — ZMEV 1938, S. 911 (Kühnel) — Organ 1939, S. 21 (Berchtenbreiter) — Z 1939, S. 391
„The production of Martensitic rails. — A description of the methods used by the Eisenwerk Gesellschaft Maximilianshütte of Sulzbach-Rosenberg, Bavaria", Gaz 1938-II, S. 955

„The Brodgen lapped rail joint", Gaz 1938-I, S. 1104
„Wooden rails in New Zealand", Gaz 1938-I, S. 412

1939   Bronson: „Wie kann die Lebensdauer der Schienen verlängert werden?", Kongreß 1939, S. 275
Buckwalter u. Horger: „Steam locomotive slipping tests", Age 1939-I, S. 377 — Mech 1939-I, S. 85 u. 132
Jones: „Bekämpfung der Schienenkorrosion in dem 10 km langen Moffat-Tunnel", Kongreß 1939, S. 1082
Kühn: „Betriebserfahrungen mit Rillenschienen bei Straßenbahnen", VT 1939, S. 13
Kühnel: „Zweckmäßige Abnahmeprüfungen für Schienen", Organ 1939, S. 23
Kühnel: „Untersuchungen an Riffelschienen", Organ 1939, S. 27
Lange: „Die Abnutzung der Schienenoberfläche bei Straßenbahnen", VT 1939, S. 34
„Steel rail failures", Gaz 1939-II, S. 52

Schienenschweißung

1925   Schönberger: „Schienenschweißungen bei der Reichsbahndirektion Nürnberg", Organ 1925, S. 477

1926   „Schleifmaschine für geschweißte Schienenstöße", Annalen 1926-II, S. 184

1927   * Füchsel: „Schweißtechnik im Oberbau", Annalen 1927, Jubiläums-Sonderheft S. 149

1929   * Tewes: „Die Auftragsschweißung mit dem elektrischen Lichtbogen bei Straßenbahnschienen", Selbstverlag, Berlin-Britz 1929
Wattmann: „Langschienen und Stoßfugen", Organ 1929, S. 297

1930   Reiter: „Entwicklung und gegenwärtiger Stand der Schienenschweißung", Organ 1930, S. 398

1931   Quarmby: „Arc-welding battered rail ends", Baldwin Juli 1931, S. 32

1932   * Wuppermann: „Die Anwendung der elektr. Stumpfschweißung nach dem Abschmelzverfahren für das Schweißen von Schienen", Bericht über die 25. Fachtagung der Betriebsleiter-Vereinigung deutscher Privateisenbahnen und Kleinbahnen 1932, S. 29

1936   „Long welded rails (Delaware and Hudson Ry)", Gaz 1936-I, S. 447

1937   Ahlert: „Ein neues Schweißverfahren für hochverschleißfeste Schienen", Organ 1937, S. 222
v. d. Brincken: „Der Stand der alumino-thermischen Schienenschweißung", Gleistechnik u. Fahrbahnbau 1937, S. 150
Csillery u. Peter: „Prüfung geschweißter Schienenstoßverbindungen der Bull-Head-Schienen mit schrumpfender Fußlasche", Organ 1937, S. 409
van der Eb: „Über die Stabilität des geschweißten Gleises", Kongreß 1937, S. 2554
Lederle: „Sicherheit gegen Verwerfung im durchgehend geschweißten Gleis" (Schrägschwellen!), Organ 1937, S. 443
Ridet: „Anwendung der Schweißung für die Herstellung von Langschienen", Kongreß 1937, S. 59

1937   Wattmann: „Der Schienenbruch im lückenlos geschweißten Gleis",
       Gleistechnik 1937, S. 90
       „Long welded rails on the Southern Ry", Gaz 1937-II, S. 115
       „Welding bull-head rails by the Katona method", Gaz 1937-II, S. 441
       — Organ 1937, S. 409
1938   Desorgher: „Das Schweißen von Schienen bei der Nationalen Ge-
       sellschaft der Belgischen Eisenbahnen", Kongreß 1938, S. 203
       „Amerikanische Ansichten über das Verhalten langer, durchgehend
       geschweißter Schienen", ZMEV 1938, S. 751
       „Automatic butt welding of rails, London Transport: Portable 400
       bhp diesel-electric generating set and air-compressor set", Gaz
       1938-I, S. 271 — Engg 1938-I, S. 145
       „The Sperry rail-welding equipment", Engg 1938-I, S. 617 — Kon-
       greß 1939, S. 755
1939   Cantrell: „Long welded rails", Gaz 1939-II, S. 101
       Graf: „Versuche mit geschweißten Eisenbahnschienen", Z 1939,
       S. 1250
       Herwig: „Die Schienenstoßschweißung bei der Deutschen Reichs-
       bahn", Organ 1939, S. 36
       Nemesdy-Nemcsek: „Ueber einheitliche Bedingungen für Prüfung
       und Abnahme geschweißter Schienenstöße", Organ 1939, S. 32
       Warniez: „La soudure des rails à la région du Nord de la
       S. N. C. F.", Revue 1939-I, S. 446
       „Long rail welding, Delaware & Hudson Rr", Gaz 1939-I, S. 357
1940   Frankenbusch: „Fehlerquellen und ihre Vermeidung bei der auto-
       genen Schienenstoß- und Schienenauftragschweißung", «Autogene
       Metallbearbeitung» 1940, S. 81 — Bahn-Ing. 1940, S. 145

Weichen und Kreuzungen

1847   „Schneiders Beschreibung einer neuen selbstwirkenden Ausweichvor-
       richtung auf den Braunschweigischen Bahnen", Organ 1847, S. 47
1869   „Switches for ry junctions", Engg 1869-I, S. 387
1906   Blume u. Giese: „Die Weichen amerikanischer Eisenbahnen", Z 1906,
       S. 407
1931   Caesar: „Abgenutzte Radreifen und klaffende Weichenzungen",
       Organ 1931, S. 138
       „Der Weichenbau der Friedrich Krupp AG.", Kruppsche Monatshefte
       1931, S. 147
1933   Pohl: „Nickellegierte Weichen und Schienenkreuzungsstücke", VT
       1933, S. 538 — Z 1934, S. 299
       Requa: „Fahrtruhe in Weichen", GHH März 1933, S. 108
1934   Grosjean: „Les nouveaux appareils de voie de la Cie des Chemins
       de Fer de l'Est", Revue 1934-II, S. 395
       „The broad gauge track of the GWR, 1838", Ry Eng 1934, S. 418
1935   Hartmann (Prof. Dr.): „Die Weichen der Deutschen Reichsbahn",
       Z 1935, S. 1252
       Kühn: „Die Einheitsweiche für Rillenschienen", VT 1935, S. 503
       „Bogenweichen in neuer Beleuchtung", Organ 1935, S. 379
1936   Feyl: „Die neuen Weichen Form B der Oesterreichischen Bundes-
       bahnen", Organ 1936, S. 283

Hartmann: „Neuerungen an den Weichen der Deutschen Reichsbahn", Organ 1936, S. 265

1937 Vogel: „Bogenweichen mit Ueberhöhung und Untertiefung", Organ 1937, S. 385

„Weichen, die mit großen Geschwindigkeiten bei Ablenkung durchfahren werden können", Kongreß 1937, S. 1679 u. 1942

1938 „Early arrangement of permanent way to secure continuons rails at a junction, 1826", Gaz 1938-I, S. 801

„A modern single-switch point: Summit Station, Snaefell Mountain Ry, Isle of Man", Gaz 1938-I, S. 842

1939 Hartmann: „Weichenunterhaltung, Weichenpflege und Linienverbesserung", Bahn-Ing. 1939, S. 112

Siegle: „Die Entwicklung der Kreuzungsweiche mit außerhalb des Kreuzungsvierecks liegenden Zungenvorrichtungen", Bahn-Ing. 1939, S. 282

Wyant: „Elektrische Weichenheizung der Rock Island-Bahn", Kongreß 1939, S. 500

1940 Neumann: „Reichsbahn-Weichen und -Kreuzungen — einmal anders gesehen", Bahn-Ing. 1940, S. 345

Drehscheiben und Schiebebühnen

1847 v. Weber: „Drehscheiben der Chemnitz-Riesaer Eisenbahn", Organ 1847, S. 40

„Beschreibung der eisernen Drehscheiben auf der Frankfurt-Hanauer Eisenbahn", Organ 1847, S. 114

„Beschreibung der Schiebebühne oder Transportplattform in dem Offenbacher Bahnhof der Main-Neckar Eisenbahn zu Sachsenhausen", Organ 1847, S. 173

1851 „Große Drehscheibe von 1000 Ztr. Tragkraft auf der k. württembergischen Eisenbahn", Organ 1851, S. 53

1869 „Drehscheibe für Güterwagen", Organ 1869, Heft 5/6 — Z 1870, S. 458

1883 „Drehscheibe System Fritzsche", Z 1883, S. 715

1889 „Hydraulic traverse and turntable at the Gare St. Lazare, Paris", Engg 1889-II, S. 68

1895 Cox: „Elektrischer Antrieb von Drehscheiben und Schiebebühnen", Z 1895, S. 722

1915 Klensch: „Die Gelenk-Drehscheibe", Annalen 1915-II, S. 206

1916 „70-ft. electric traverser for railway carriages, GIPR", Loc 1916, S. 214

1920 Paterson u. Webster: „Locomotive turntables", Loc 1920, S. 232

1922 Berg: „Ungleicharmige Gelenkdrehscheibe mit Hilfsbrücke auf Bahnhof Bebra", Annalen 1922-II, S. 75

1923 Reutener: „Laufschiene und Radauflager für unterteilte Drehscheiben und für Schiebebühnen", Annalen 1923-II, S. 49

1926 Schmelzer: „Ueber die Bedeutung stetiger Betriebsüberwachung für die Wirtschaftlichkeit elektrischer Schiebebühnen und Drehscheiben-Antriebe, Annalen 1926-II, S. 17

Theobald: „Stoßfreies Ueberfahren der Gleislücken von Schiebebühnengleisen", Annalen 1926-I, S. 85

1926   „The construction of turntables", Ry Eng 1926, S. 107 u. 145
        „65 ft engine, turn-table, Bengal-Nagpur Ry", Loc 1926, S. 129
1927   Hubert: „Appareils de tournage pour locomotives à grand empate-
        ment employés sur le réseau PLM", Revue 1927-I, S. 309
1928   „Combined traverser and turntable at Grunewald locomotive depot",
        Loc 1928, S. 369
1930   Fuchs: „Umänderung einer starren Drehscheibe in eine Gelenk-
        drehscheibe", Annalen 1930-II, S. 104
1931   Reutener: „Neuere Lokomotiv-Drehscheiben", Organ 1931, S. 373
        Rosenkranz: „Einbau von Drehscheiben größter Länge bei be-
        schränkten Platzverhältnissen", Organ 1931, S. 384
1933   „Air-operated turntable, German State Rys", Loc 1933, S. 224
1936   „Locomotive turning by power from the vacuum or air brake
        systems, LNER", Loc 1936, S. 240
        „Non-balanced locomotive turntable, LMSR", Loc 1936, S. 248
        „Pont tournant de 24 m en charpente entièrement soudée pour
        locomotives", Revue 1936-II, S. 324
1937   Agnew: „The development of the locomotive turntable", Loc 1937,
        S. 55
        Fiedler: „Fundamentlose Drehscheiben", Organ 1937, S. 1
        „Drehscheibenantrieb mit Saugluftmotor", Organ 1937, S. 13
        „Neue französische Drehscheiben für Lokomotiven", Organ 1937,
        S. 284 — Revue 1936-II, S. 324
        „A railcar turntable" (Französische Ostbahn), Gaz 1937-I, S. 173
1938   Phillipson: „The steam locomotive in traffic: Turntables", Loc
        1938, S. 317
        „Early turntables, 1756-1842", Gaz 1938-II, S. 820
1939   Köhle: „Die Weiterentwicklung des Drehscheiben-Rollschemels
        System «Marjollet» zur Kreisschiebebühne", Organ 1939, S. 327
        Marjollet: „Drehscheiben-Trabantwagen zum Drehen von Güter-
        wagen mit großem Achsstand", Kongreß 1939, S. 877
        „Pont tournant «Secteur» de Port-Vendres", Revue 1939-I, S. 207

Oberbau-Geräte

1874   „Hilf's system of laying iron permanent way, Nassau State Ry", Engg
        1874-I, S. 42
1922   Ertz: „Die Entwicklung der Gleisstopfmaschinen", Z 1922, S. 1067
        Strommenger: „Gleisstopfmaschinen", Kruppsche Monatshefte 1922,
        S. 81
1924   „Gleisstopfmaschinen", Annalen 1924-II, S. 181
1927 * Müller: „Mitteilungen über den Reichsbahnoberbau und die für
        seine Unterhaltung benutzten neuzeitlichen maschinellen Hilfs-
        mittel, Annalen 1927, Jubiläums-Sonderheft S. 310
1928   Stübel: „Maschineller Gleisumbau nach dem Verfahren Nedder-
        meyer", Organ 1928, S. 435
1929   Tettelin: „Substitution de voies principales avec machines mécani-
        ques", Revue 1929-II, S. 295 u. 1931-I, S. 303
1931   Patte: „Réfection de voie principale avec engins mécaniques",
        Revue 1931-I, S. 385

1936 „Oberbau - Sondergeräte der Deutschen Reichsbahn während der letzten 10 Jahre", Organ 1936, S. 423
1937 = * Garbotz: „Handbuch des Maschinenwesens beim Baubetrieb, 3. Bd.,
2. Teil: Die Fördermittel des Erdbaues. Die Gleisrück- und
Gleisbaumaschinen", Verlag Springer, Berlin, u. VDI-Verlag, 1937
Lanos u. Leguille: „Mise en service sur le réseau de l'Est d'une
machine controlant le tracé des courbes de la voie", Revue
1937-II, S. 331
Müller: „Notwendigkeit und Wirtschaftlichkeit der Verwendung
maschineller Hilfsmittel bei den Arbeiten am Oberbau", Annalen
1937-II, S. 192
„Gleisrückmaschine für Bauarbeiten", Bautechnik 1937-I, S. 212
1938 Wernekke: „Gleisbau und Gleispflege mit mechanischen Hilfsmitteln
in den Vereinigten Staaten", Annalen 1938-II, S. 195
„Geleisestopf-Maschine System «Scheuchzer», Schweiz. Bauzeitung
1938-I, S. 234
1940 Török: „Neuere Werkzeuge und Gleisunterhaltungsmaschinen bei
den Kgl. Ungarischen Staatseisenbahnen", Organ 1940, S. 199

Oberbau / Verschiedenes

1886 v. Hodenberg: „Eisenbahnoberbau mit schraubenförmigen Glocken
für eine Eisenbahn nach Norderney", Z 1886, S. 652
1889 „Geleisemesser von Dorpmüller", Z 1889, S. 81
1899 Blum: „Einfluß der Fahrgeschwindigkeit auf die Beanspruchung
des Schienenstoßes", Zentralblatt der Bauverwaltung 1899, S. 373
1912 „Heurtoir hydraulique de la Compagnie d'Orléans", Revue 1912-I,
S. 215
1913 „Hydraulic buffer stops", Gaz 1913-II, S. 100
1922 König: „Das Schweißen eiserner Schwellen", Z 1922, S. 925
1924 „Elastische Schraubensicherungen im Eisenbahnoberbau", Z 1924, S. 996
1927 * Füchsel: „Schweißtechnik im Oberbau", Annalen 1927, Jubiläums-
Sonderheft S. 149
Hellmann: „Wiederherstellung von Schienenklemmplatten", Annalen
1927-II, S. 178
„Das Oelen von Kurvenschienen auf amerikanischen Eisenbahnen",
Annalen 1927-II, S. 150
1928 Lubimoff: „Einfluß der Beschaffenheit des Gleises auf die Abnutzung der Schienen", Organ 1928, S. 438
1929 Jurenak: „Ueber die Schienenwanderung", Organ 1929, S. 150
1930 Stübel: „Prüfung und Bewertung von Gleisbettungsstoffen", Organ
1930, S. 432
Faatz: „Ist die Bettung elastisch?" Organ 1930, S. 337 u. 1933, S. 16
1931 Lauboeck: „Die Schraubensicherung im Eisenbahnoberbau", Organ
1931, S. 421
1935 Williams: „Improved rail joints make better track", Baldwin Januar
1935, S. 23
1937 „New weed-killing train, Southern Ry", Gaz 1937-II, S. 152
„New weed-killing train, GWR", Gaz 1937-II, S. 323
„A new rail-lubricator, PLM Ry", Gaz 1937-II, S. 928

1938   Fahl: „Ueber die zukünftigen Aufgaben der Sandprellböcke", Bautechnik 1938, S. 431

Findeis: „Stuhlschienenstoß mit Spurregelung", Organ 1938, S. 214

Thomas: „Die Abhängigkeit des Schienenverschleißes von Unterbettung und Untergrund", VT 1938, S. 473

Wöhlbier: „Untersuchungen über zweckmäßige Formen von Schienenunterlagsplatten und Gleisrücklaschen", Braunkohle 1938, S. 501 u. 521

Wendland: „Beitrag zur Berechnung von Fahrzeitzuschlägen (abhängig von der Liegedauer der Schienen)", VW 1938, S. 398

„Rail expansion joints in India", Gaz 1938-I, S. 957

„Wooden rails in New Zealand, 1864" [Fahrzeuge mit schräggestellten seitlichen Führungsrädern], Gaz 1938-I, S. 412 u. 372

1939   * Bingmann: „Betrachtungen zur Oberbau-Stoffwirtschaft", Otto Elsner Verlagsges., Berlin-Wien-Leipzig 1939 — Bespr. Organ 1940, S. 136

Bloss: „Der Ringfeder-Schienenpuffer", Organ 1939, S. 315

Wundenberg: „Einfluß des Oberbaues auf die zulässige Fahrgeschwindigkeit", Bahn-Ing. 1939, S. 427

„Unusual scheme for light permanent way, India 1872, to accomodate road-rail vehicles", Gaz 1939-I, S. 136

„Relation of locomotive design to rail maintenance", Age 1939-I, S. 513

1940   Schischkoff: „Ueber die Lebensdauer der eisernen Querschwellen", VW 1940, S. 87

Steilrampen-, Gebirgs- und Bergbahnen

Allgemein

1866   Lommel: „Ueberschienung der Schweizeralpen", Organ 1866, S. 88
1870   „Mountain locomotives", Engg 1870-I, S. 245
1886   „Diagram showing the principal mountain rys of the world", Engg 1886-II, S. 173
1892   Goering: „Neuere Bergbahnen in der Schweiz", Z 1892, S. 270 u. f.
1894   du Riche-Preller: „On strategic mountain rys", Engg 1894-II, S. 572, 627, 657
1901   * Abt: „Lokomotiv-Steilbahnen und Seilbahnen", Sammelwerk: Der Eisenbahnbau, Verlag Wilh. Engelmann, Leipzig 1901
1909   Minshall: „The Transandine Ry", Gaz 1909-II, S. 709
1910   „Mountain railways" (m. Höhendiagramm), Gaz 1910-II, S. 55 u. 63 — Revue 1911-I, S. 204
1913   de Muralt: „Electrification of heavy grades", Gaz 1913-I, S. 141
         „The railway conquest of the Alps: From the Semmering to the Loetschberg Tunnel", Gaz 1913-II, S. 18
1914   „New line over Wasatch Mountains" (Verbesserung durch Einführung von Mallet-Lokomotiven. — Früher 5, jetzt 2 Lokomotiven je Zug erforderlich), Gaz 1914-I, S. 256
1929   von Enderes: „Die Semmeringbahn. — Zum 75. Jahrestag ihrer Eröffnung", ZMEV 1929, S. 525

1930 * Ammann u. von Gruenewaldt: „Bergbahnen", Verlag Springer, Berlin 1930
1936 * Hilsenbeck: „Bergbahnen", El. Bahnen 1936, Ergänzungsheft S. 140
1938 Müller-München: „Alpine Bergbahnen in Großdeutschland", Deutsche Technik 1938, S. 285
1940 Zehnder: „Die Bergbahnen der Schweiz", VT 1940, S. 10

Reibungs- oder Zahnradbetrieb?

1875 „Aufstellung bekannter Bahnen mit besonders starken Steigungen, die mit gewöhnlichen Lokomotiven betrieben werden", Organ 1875, S. 254
1883 Schneider: „Die Zahnrad-Eisenbahn und ihre Anwendung auf den Harz", Annalen 1883-II, S. 182
1911 „Some famous heavy grades", Loc 1911, S. 202 u. 1912, S. 137
1922 Hammer: „Die neuen Lokomotiven der Halberstadt-Blankenburger Eisenbahn-Gesellschaft", Annalen 1922-I, S. 192
1924 * Mayer: „Vergleich der Zugleistungen von Zahnradlokomotiven und Reibungslokomotiven auf Steilstrecken", VW Sonderausgabe Febr. 1924, S. 68
      Nordmann: „Der Eisenbahnbetrieb auf Steilrampen mit Zahnrad- oder Reibungslokomotiven", Organ 1924, S. 70
      Nordmann: „Lokomotiven für starke Steigungen", Annalen 1924-II, S. 99
1931 Avenmarg: „$^5/_5$ gek. Heißdampf-Tenderlokomotive für 1 m Spur (Brohltalbahn)", Z 1931, S, 199 — Beiträge Febr. 1937, S. 12
      Kersting: „Die Großraumförderung im rheinischen Braunkohlenbergbau", Z 1931, S. 1321
      „Reibungslokomotiven für starke Steigungen", Lok 1931, S. 89
1933 Wohllebe: „Reibungslokomotiven auf Zahnradstrecken / 1 E 1 - Einheits-Tenderlokomotiven der DRB", Z 1933, S. 904 — Organ 1934, S. 385
      „Has Diesel traction a future for mountain lines?", DRT 24. Febr. 1933, S. 11
      „The Black Forest Rys, Germany", Loc 1933, S. 118
1935 „Steilrampe mit Reibungsbetrieb auf Neuseeland", ZMEV 1935, S. 233
1937 Richard: „Eisenbahnbetrieb auf Steilrampen", Beiträge Februar 1937, S. 25

Zahnradbahnen / allgemein

1868 * Wetli: „Grundzüge eines neuen Locomotivsystems für Gebirgsbahnen", Verlags-Magazin, Zürich 1868
1869 *„Wetli's Locomotivsystem für Gebirgsbahnen. — Gutachten des Eidgenössischen Polytechnikums", Dalp'sche Buchhandlung, Bern 1869
      „The Mount Washington Railway, White Mountains, New Hampshire, USA", Engg 1869-II, S. 420
1871 * Harlacher: „Wetli's Eisenbahnsystem zur Ueberwindung starker Steigungen", Verlag Meyer u. Zeller, Zürich 1871
1872 „The Rigi Railway", Engg 1872-I, S. 211

1875   Brockmann: „Wetli's Eisenbahn-System", Organ 1875, S. 49
1877   * Abt: „Die drei Rigibahnen und das Zahnrad-System", Verlag Orell
        Füssli, Zürich 1877
1878   * Abt: „Zahnradbahnen", Heusingers Handbuch für specielle Eisen-
        bahntechnik, 5. Bd., Verlag Wilh. Engelmann, Leipzig 1878, S. 398
        (mit Literatur-Nachweis)
        * Sternberg: „Secundärbahn nach System Wetli", Heusingers Hand-
        buch für specielle Eisenbahntechnik, 5. Bd., Verlag Wilh. Engel-
        mann, Leipzig 1878, S. 456 (mit Literatur-Nachweis)
1882   Kuntze: „Die schmalspurige Eisenbahn von der Lahn nach der
        Grube Friedrichssegen bei Oberlahnstein" (mit 2achsiger Riggen-
        bach-Lokomotive, gebaut von der Hauptwerkstatt Olten der
        Schweizer Centralbahn), Z 1882, S. 169
1883   Schneider: „Die kombinierte Adhäsions- und Zahnradbahn System
        Abt von Blankenburg a. H. nach Tanne", Annalen 1883-II, S. 182
        und 1889-II, S. 177
1886   Lindner: „Die Geschichte der Zahnschienenbahn bis zur Eröffnung
        der ersten Rigibahn", Annalen 1886-I, S. 1
1887   Frank: „Zahnradbahn auf den Pilatus", Z 1887, S. 1117
        Frank: „Zahnradbahnen und deren Vereinigung mit Reibungs-
        bahnen", Z 1887, S. 136
        Kuntze: „Die Entwicklung der Zahnradbahnen in neuester Zeit und
        Vergleich der Konstruktionen von Riggenbach und Abt", Z 1887,
        S. 505 u. 539 — Bespr. S. 663 u. 684
1888   Abt: „Abts Zahnrad-Bahnbetrieb", Organ 1888, S. 287
1889   Bissinger: „Die Höllentalbahn", Organ 1889, S. 95, 133, 219 —
        Z 1890, S. 121 u. 146 — Engg 1891-I, S. 139, 153, 243, 304
1891   True: The Manitou and Pike's Peak Rr, Colorado", Engg 1891-II,
        S. 267
1892   du Riche-Preller: „The Brienz and Rothhorn Rack Ry", Engg
        1892-II, S. 593
        du Riche-Preller: „The St. Gall and Gais Mountain Rack Ry",
        Engg 1892-II, S. 741 u. 805
1894   du Riche-Preller: The Mont Salève electric rack ry", Engg 1894-I,
        S. 307, 375, 437, 452 u. 503
        Kikkawa: „Usui-Toge Rack Ry, Japan", Engg 1894-II, S. 508
1895   Strub: „Berner Oberlandbahnen mit besonderer Berücksichtigung
        der schweizer Zahnradbahnen mit Reibungsstrecken", Schweizer
        Bauzeitung 1895-I, S. 60 u. f.
        „Die Gaisberg-Bahn", The Eng 1895-I, S. 350
1896   „Snowdon Mountain Ry", Engg 1896-I, S. 427, 442, 478, 527 u. 595
1898   Abt: „Entwicklung des Zahnradsystems Abt während der letzten
        10 Jahre in Oesterreich-Ungarn", ZÖIA 1898, S. 297 u. 317
        Brückmann: „Neuere Zahnradbahnen", Z 1898, S. 169, 253, 291,
        457, 578, 755, 875, 959
        „The Nilgiri Rack Ry" (m. Karte), Engg 1898-II, S. 350
1901   * Abt: „Lokomotiv-Steilbahnen und Seilbahnen", 5. Bd. von Loewe:
        Der Eisenbahnbau, Verlag Wilhelm Engelmann, Leipzig 1901,
        2. Aufl.
1902   * Strub: „Bergbahnen der Schweiz bis 1900: II. Reine Zahnrad-
        bahnen", Verlag J. F. Bergmann, Wiesbaden 1902

1903   „Le Chemin de Fer du Vésuve", Revue 1903-II, S. 271
1905   * Dolezalek: „Die Zahnbahnen", Eisenbahntechnik der Gegenwart,
       4. Band, Abschnitt A, Kreidels Verlag, Wiesbaden 1905
       „Die elektrische Zahnradbahn Brunnen - Morschach", Schweiz. Bau-
       zeitung 1905-II, S. 121 u. 133 — Z 1906, S. 768
1907   „Zahnradbahnen nach Bauart Abt", Lok 1907, S. 222 u. 235
1908   „Chemin de fer électrique de Munster à la Schlucht (Lothringen)",
       Revue 1908-I, S. 66 u. 1909-II, S. 226
1909   „Die elektrische Monthey-Champéry-Bahn", Schweizer Bauzeitung
       1909-I, S. 9 u. 24
       „The Nilgiri Mountain Ry", Loc 1909, S. 207
1911   Wiener: „Les chemins de fer du Brésil", Revue 1911-II, S. 273 u. f.
       (Zahnradbetrieb: 1912-II, S. 18)
1912   „Le chemin de fer électrique de Martigny à Châtelard", Revue
       1912-II, S. 303 u. 358
1914   „The electrification of the Usui-Toge Ry, Japan", Gaz 1914-I,
       S. 454 u. 550
1916   * Keller: „Nikolaus Riggenbach — Zu seinem hundertjährigen Ge-
       burtstag", Beiträge zur Geschichte der Technik und Industrie,
       7. Band, VDI-Verlag 1916, S. 110
       „The Snowdon Mountain Tramroad", Loc 1916, S. 5 u. 1931, S. 231
1918   Abt: „Das neue vereinigte Reibungs- und Zahnbahn-System Peter
       (Kletterzahnstange mit horizontalem Eingriff)", Schweiz. Bau-
       zeitung 1918-I, S. 7 u. 13
1919   Abt: „Sicherungsvorrichtungen an Steilbahnen", Zeitschrift für
       Kleinbahnen 1919, Heft 2
1922   „Zahnrad-Anschlußbahnen", BBC-Mitteilungen 1922, S. 67
1927   *„Zahnradbahnen System Abt", herausgegeben von der Schweizerischen
       Lokomotiv- u. Maschinenfabrik, Winterthur 1927 — Annalen
       1927-I, S. 146
1930   * Ammann u. von Gruenewaldt: „Bergbahnen", Verlag Springer,
       Berlin 1930
       Kruse: „Zahndruck-Ausgleichvorrichtungen für Zahnrad-Lokomoti-
       ven", Waggon- u. Lokbau 1930, S. 342
1931   Abt: „The Snowdon Mountain Tramroad", Loc 1931, S. 231
       Baschwiß: „Die bayerische Zugspißbahn", Z 1931, S. 341 u. 393 —
       AEG-Mitt. 1931, S. 205 bis 292 — ZMEV 1931, S. 744
       Williams: „The Leopoldina Ry", Beyer Peacock Januar 1931, S. 3
       „The Transandine Railway", Beyer-Peacock April 1931, S. 9
1934   „Die elektrische Bergbahn Ribas-Nuria in den Pyrenäen (Spanien)",
       BBC-Mitt. 1934, S. 23 — DRT 1934, S. 473
1936   * Hilsenbeck: „Bergbahnen", El. Bahnen 1936, Ergänzungsheft S. 140
1937   „Der neue Zahnradbahnhof der Stadt Stuttgart", Bauzeitung 1937,
       S. 151 — VT 1937, S. 161
       „Petropolis incline, Leopoldina Ry, Brazil", Gaz 1937-I, S. 55
       „25 Jahre Wendelsteinbahn", Siemens-Zeitschrift 1937, S. 235
       „A notable mountain ry conversion: Electrification · of the Pilatus
       Rack Ry" (mit Karte), Gaz 1937-I, S. 880
1938   „Die einzige englische Zahnrad-Bahn (Snowden-Bahn)", Lok 1938, S. 52
       „30 years of rack working on the Benguela Ry", Gaz 1938-I, S. 841
1939   „Die schweizerischen Zahnrad- und Seilbahnen", VT 1939, S. 341

Dampf-Zahnrad-Lokomotiven und -Triebwagen

1877 „Locomotive for the Kahlenberg Rack Ry", Engg 1877-I, S. 165
„Rack-rail railways", Engg 1877-I, S. 413

1879 „Locomotives for rack rys at the Paris Exhibition", Engg 1879-I, S. 130

1880 * Müller: „Die Lokomotiven für Bahnen minderer Ordnung oder starker Steigung mit besonderer Berücksichtigung der Zahnradlokomotiven", Verlag Theodor Ackermann, München 1880

1883 Schneider: „Die kombinierte Adhäsions- und Zahnradbahn System Abt von Blankenburg a. H. nach Tanne", Annalen 1883-II, S. 182 und 1889-II, S. 177

1887 Glanz: „Die Lokomotiven der vereinigten Reibungs- und Zahnstangenbahn Blankenburg-Tanne und die beim Betrieb gemachten Erfahrungen", Organ 1887, S. 189
Frank: „Die Leistungsfähigkeit und das Verhalten der Lokomotiven für gemischte Zahnstangen- und Reibungsbahnen nach Abt's System", Z 1887, S. 362 u. 389

1889 „Rack locomotive for the Brünig Ry", Engg 1889-II, S. 392
„Locomotive and carriage for the Mount Pilatus Ry", Engg 1889-II, S. 514
Bissinger: „Die Höllentalbahn", Organ 1889, S. 95, 133, 219 — Z 1890, S. 121 u. 146 — Engg 1891-I, S. 139, 153, 243, 304

1894 „Beyer-Peacock rack-rail locomotive for the Puerto Cabello & Valencia Ry", Engg 1894-I, S. 477
„Usui-Toge Rack Ry, Japan", Engg 1894-II, S. 508 (S. 515: Lokomotive)
„Combined rack and adhesion locomotive, Beyrout and Damascus Ry", Engg 1894-II, S. 657

1896 „Snowdon Mountain Ry locomotives", Engg 1896-I, S. 527

1897 van Roggen: „Sumatra rack rail locomotives" (Eßlingen!), Engg 1897-II, S. 281

1898 Brückmann: „Neuere Zahnradbahnen", Z 1898, S. 169, 253, 291, 457, 578, 755, 875, 959

1903 Werner: „Kritische Beschreibung der bis jetzt gebauten Zahnradlokomotiven für gemischten Betrieb", Annalen 1903-II, S. 65, 92, 113, 125, 159
Tête: „Voitures automotrices à vapeur (système V. Purrey) construites pour la Cie PLM", Revue 1903-II, S. 7

1905 Kürsteiner: „Die Verlängerung der Appenzeller Straßenbahn von Gais nach Appenzell (u. a. 1 B 1 - Lok)", Schweiz. Bauzeitung 1905-I, S. 293
Steffan: „Neuere Zahnradlokomotiven, gebaut von der Maschinenfabrik Eßlingen", Lok 1905, S. 164 u. 180

1906 „Reibungs- und Zahnradlokomotive der Preuß. Staatsbahn (Strecke Ilmenau-Schleusingen), Nr. 6000 von A. Borsig", Z 1906, S. 1921 — Organ 1907, S. 40 — Lok 1912, S. 110
„Vierzylinder-Zahnrad- u. Adhäsionslokomotive der Brünigbahn", Lok 1906, S. 21

1907 „Neuere Zahnradlokomotiven von A. Borsig", Lok 1907, S. 194 — VW 1907, S. 1180

„Borsig Abt rack adhesion locomotives of the Transandine Ry", Engg 1907-I, S. 640

1908 „0-8-2 gek. Adhäsions- und Zahnradlokomotive Bauart Abt, 1 m Spur, für Bolivia, gebaut von der Maschinenfabrik Eßlingen", Lok 1908, S. 117

„Rack locomotive: Villa Nova de Gaya.Ry, Portugal", Engg 1908-I, S. 213

„Combined rack and adhesion tank engine, Japanese Imperial Rys", Gaz 1908-II, S. 570

1909 Steffan: „Oesterreichische Zahnradlokomotiven", Lok 1909, S. 62

„1C-Vierzyl.-Verb.-Adhäsions- und Zahnradlokomotive für Portugiesisch-Westafrika (Benguela-Bahn)", Lok 1909, S. 60

„2-6-2 adhesion and rack rail locomotive, Imperial Rys of Japan", Loc 1909, S. 39 — Loc 1910, S. 164

„The railways at Tucuman, Argentina" (u. a. D 1 - Reibungs- u. Zahnradlokomotive der Maschinenfabrik Eßlingen), Gaz 1909-II, S. 607

1911 Weber u. Abt: „Rack ry locomotives of the Swiss mountain rys", Engg 1911-II, S. 142

1912 „C 1 - kombinierte Zahnrad-Tenderlokomotive, System Abt, Gattung T 26 der kgl. preußischen Staatsbahnen", Lok 1912, S. 110

Sanzin: „Die Zugförderung auf vereinigten Reibungs- und Zahnstangenbahnen", Verhandlungen zur Beförderung des Gewerbefleißes 1912

1913 Velani: „Lokomotiven mit Reibungs- und Zahnradbetrieb der Italienischen Staatsbahn", Kongreß 1913, S. 222

„C-Vierzylinder-Verbund-Zahnrad- und Adhäsions-Tenderlokomotive Gruppe 980 der kgl. Italienischen St. B.", Lok 1913, S. 34

„0-12-0 rack and adhesion locomotive, Austrian State Rys", Loc 1913, S. 75

1914 „The Nilgiri Mountain Ry", Loc 1914, S. 288 und 1915, S. 50 u. 83

1916 „Die Lokomotiven der Furkabahn", Schweiz. Bauzeitung 1916-II, S. 177 — Loc 1915, S. 269

„C-Reibungs- u. Verbund-Zahnradlokomotive der Eisenbahn Rochette-Asiago (Schlegen)", Lok 1916, S. 214

„Rack-rail locomotives, Mount Washington Ry", Loc 1916, S. 199

„The Snowdon Mountain Tramroad", Loc 1916, S. 5 u. 1931, S. 231

1918 „D 1 - Vierzylinder-Reibungs- und Zahnradlokomotive der Nilgiri-Bahn", Organ 1918, S. 16 — Schweiz. Bauzeitung 1917-II, S. 75 u. 1925-I, S. 161 — Engg 1925-II, S. 165 — Loc 1915, S. 50 u. 83

1921 * Weber: „50 Jahre Lokomotivbau, 1871—1921", herausgegeben von der Schweizerischen Lokomotiv- und Maschinenfabrik Winterthur, Buchdruckerei Winterthur vorm. G. Binkert 1921

1922 Abt: „Adhesion and rack locomotive for Sumatra", Age 1922-I, S. 263 — Lok 1924, S. 83

Günther: „Die Vierzylinder-Verbund-Reibungs- und Zahnradlokomotiven (C 1 + Z) auf der badischen Höllentalbahn", Z 1922, S. 361

1923 „Rack locomotives for the Therezopolis Ry, Brazil", Loc 1923, S. 163

1924 Kittel: „E + 1 Z Heißdampf - Vierzylinder - Verbund - Zahnradlokomotive der Maschinenfabrik Eßlingen", Organ 1924, S. 249 u. Z 1925, S. 352 (Dürrenberger)

1924   * Mayer: „Eßlinger Lokomotiven, Wagen und Bergbahnen in ihrer geschichtlichen Entwicklung seit dem Jahre 1846", VDI-Verlag, Berlin 1924 [Zahnradlokomotiven: S. 146 u. f.]
           „E-Heißdampf-Verbund-Zahnrad-Tenderlokomotive für Sumatra", Lok 1924, S. 83
           „2-8-2 compound rack and adhesion locomotive, German State Rys", Loc 1924, S. 181 — Lok 1926, S. 144

1925   „Rack and adhesion locomotive for the Nilgiri Ry, India", Engg 1925-II, S. 165 — Schweiz. Bauzeitung 1925-I, S. 161

1926   „1 D 1 - Vierzylinder-Verbund-Heißdampf-Zahnrad-Tenderlokomotive Gattung T 28 der Deutschen Reichsbahn", Lok 1926, S. 144

1927   „Manitou & Pike's Peak Ry rack locomotive", Baldwin April 1927, S, 39

1929   „Rack and adhesion locomotives, Arica-La Paz Ry", Loc 1929, S. 83 (Eßlingen)

1930   „Locomotives for rack railways", Beyer-Peacock April 1930, S. 17

1931   Abt: „The Snowdon Mountain Tramroad", Loc 1931, S. 231

1937   „Rack locomotive of 1812 (Blenkinsop)", Gaz 1937-II, S. 281
           *„Die Entwicklung der Zahnradlokomotiven im Vereinsgebiet", «Entwicklung der Lokomotive 1880—1920», Verlag Oldenbourg, München und Berlin 1937, S. 436

1938   * Moser: „Der Dampfbetrieb der Schweizerischen Eisenbahnen: Die Dampflokomotiven der normal- und schmalspurigen Zahnradbahnen", Verlag Birkhäuser, Basel 1938, S. 350 u. f. sowie 384 u. f.

Elektrische Zahnrad-Lokomotiven und -Triebwagen

1899   „Die elektrische Bahn Stansstad—Engelberg", Z 1899, S. 416

1905   Burkard: „Neuer elektrischer Automobilwagen für Adhäsions- und Zahnstangenbetrieb der Stansstad-Engelberg-Bahn", Schweizer Bauzeitung 1905-I, S. 243

1911   „Swiss electric ry rack carriages", Engg 1911-II, S. 146

1915   „Die elektrischen Lokomotiven der Wendelsteinbahn in Oberbayern", Schweiz. Bauzeitung 1915-I, S. 141

1921   * Weber: „50 Jahre Lokomotivbau der Schweizerischen Lokomotiv- und Maschinenfabrik in Winterthur, 1871—1921", Buchdruckerei Winterthur vorm. G. Binckert, Winterthur 1921

1922   „Zahnrad-Anschlußbahnen", BBC-Mitteilungen 1922, S. 67

1926   „Die elektrischen Zahnradlokomotiven in ihrem mechanischen Aufbau", Technische Blätter (herausgegeben von der Lokomotivfabrik Winterthur), 1926, Nr. 3, S. 1
           „Neue elektrische Zahnradlokomotiven", Z 1926, S. 331 (Chilenische Transandenbahn und Usui-Toge [Japanische Staatsb.])
           „The Corcovado Rack Ry, Brazil", Loc 1926, S. 76

1928   „Die elektrischen 1 C + C 1 Adhäsions- und Zahnrad-Lokomotiven der Chilenischen Transanden-Bahn", Techn. Blätter (herausgegeben von der Lokomotivfabrik Winterthur) 1928, Heft 5, S. 1 — Loc 1928, S. 258 — Z 1926, S. 331

1930   Kleinow: „Lokomotiven der Bayrischen Zugspitzbahn", AEG-Mitt. 1930, S. 485 — El. Bahnen 1930, S. 233 — AEG-Mitt. 1931, S. 250 — ZMEV 1931, S. 744 — Lok 1932, S. 3
„Die elektrischen Zahnradlokomotiven der Bergbahn Visp—Zermatt", Waggon- u. Lokbau 1930, S. 138

1931   Baschwitz: „Die Bayrische Zugspitzbahn: Betriebsmittel," Z 1931, S. 393
Spies: „Elektrische Lokomotiven und Triebwagen für reinen Zahnrad- und gemischten Zahnrad- und Reibungsbetrieb", Waggon- u. Lokbau 1931, S. 129, 146, 161, 177, 193 u. 209
Westerkamp: „Drehstrom-Zahnradlokomotive für die Großraumförderung im rheinischen Braunkohlenbergbau", Z 1931, S. 1344

1932   Buchli: „Triebwagen für Zahnrad- und Reibungsbetrieb der Bahn St. Gallen-Gais-Appenzell", El. Bahnen 1932, S. 94
Stamm: „Elektrische Zahnradlokomotive für Rußland", Z 1932, S. 278 — Gaz 1936-I, S. 276

1936   Altdorfer: „Der elektrische Triebwagen der Pilatus-Bahn", Bull. Oerlikon 1936, S. 981 — Z 1937, S. 1368 — Schweiz. Bauzeitung 1937-II, S. 131 — GiT 1937, S. 140 — El. Bahnen 1938, S. 304 — Gaz 1937-II, S. 792

1937   „25 Jahre Wendelsteinbahn", Siemens-Zeitschrift 1937, S. 235
„Vitznau-Rigibahn elektrisch", ZMEV 1937, S. 952 — Schweiz. Bauzeitung 1938-II, S. 186 — Gaz 1937-II, S. 859 — VT 1938, S. 119

1938   Edelmann: „Zahnradbahn-Triebwagen (für Stuttgart-Degerloch) mit elektrischem Antrieb", GHH 1938, S. 149
Hugentobler: „Die elektrischen Zahnradtriebwagen der Rigi-Bahn", Schweiz. Bauzeitung 1938-II, S. 186 — El. Bahnen 1938, S. 302 — VT 1938, S. 119

1939   „Electrification of Swiss rack railways: Glion-Rochers de Naye line" (elektrischer Triebwagen), Mod. Transport 18. Februar 1939, S. 5

1940   „Elektrische Grubenlokomotive für Zahnrad- und Reibungsbetrieb", AEG-Mitt. 1940, S. 36

Zahnrad-Fahrzeuge mit Verbrennungsmotor

1925   Jenny: „Benzin-mechanischer Triebwagen für gemischten Adhäsions- und Zahnradbetrieb (Brasilien, Meterspur)", Schweiz. Bauzeitung 1925-II, S. 196 — VT 1926, S. 97

Bahnen mit Reibschienen

1853   Krauß: „Neue Lokomotiven für starke Steigungen", Organ 1853, S. 1

1866   „Fells Lokomotive für die Mont Cenis-Bahn mit dritter Schiene", Organ 1866, S. 236

1872   „Central rail «Fell» locomotive for the Cantagallo Ry, Brazil", Engg 1872-II, S. 5

1878   * Sternberg: „Eisenbahnen mit Mittelschienen", Heusingers Handbuch für specielle Eisenbahn-Technik, 5. Bd., Verlag Wilh. Engelmann, Leipzig 1878, S. 445 (m. Literatur-Nachweis)

1906   Dumas: „Tramway de Clermont-Ferrand au Puy de Dome à vapeur et à mécanismes d'adhérence supplémentaire système Hanscotte", Le Génie Civil 1906 — Revue 1907-I, S. 151

1907   Bonnin: „Zugförderung mit mittlerer Reibschiene, Bauart Hanscotte", Z 1907, S. 1852

1924   „A new system of rack-rail traction: Mc Ginness Railgrip Ry", Loc 1924, S. 274

1938   „Schnellfahrten in Neuseeland: Steilrampe für den Betrieb mit Fell-Lokomotiven", Lok 1938, S. 47

1939   „Notes on Fell's inventions", Loc 1939, S. 183

Seilbetrieb auf Hauptbahnen

1848   Galle: „Die schiefe Ebene der Altona-Kieler Eisenbahn in Altona", Organ 1848, S. 123

1849   „Beschreibung der Anlage von verschiedenen geneigten Ebenen und des Seilbetriebs auf denselben", Organ 1849, S. 4

1875   „Steep gradient locomotive" (m. Spill), Engg 1875-II, S. 189

1876   „Handyside's locomotive for working steep gradients" (m. Spill), Engg 1876-II, S. 321 u. 325

1882   Paulsen: „Abt's combiniertes Traktionssystem (mit Seilbetrieb) für Industrie- und Secundärbahnen", Z 1882, S. 27

1901   „Seilzug-Anlage der Uganda-Bahn", Z 1901, S. 1833

1907   Schmedes: „Die neue Drahtseilbahnstrecke der Sao Paulo-Bahn, Brasilien" (m. Karte), VW 1908, S. 1127 u. 1151 — Loc 1910, S. 189

1909   „The «Agudio» system of working cable rys", Loc 1909, S. 150

1911   Wiener: „Les chemins de fer du Brésil", Revue 1911-II, S. 273 u. f. (Seilbetrieb: 1912-II, S. 28)

1920   Bäseler: „Die Oberweißbacher Bergbahn", ZMEV 1920, S. 163

1923   Bäseler: „Seil und Eisenbahn", ZMEV 1923, S. 389

1925   * Flügel: „Seilstrecken im regelspurigen Verkehr", «Eisenbahnwesen», VDI-Verlag, Berlin 1925, S. 69

1927   Engelhardt: „Die Umstellung des Betriebes auf der Steilstrecke Erkrath-Hochdahl (Aufhebung des Seilbetriebes)", ZVDEV 1927, S. 176

1931   Bäseler: „Das Seil im Eisenbahnbetrieb", Organ 1931, S. 83

1938   „Incline working on the LMSR", Gaz 1938-I, S. 599 — Loc 1938, S. 91

1940   „Die schiefe Ebene bei Ashley in Pennsylvanien", Lok 1940, S. 13

Eisenbahnbrücken / Lastenzug und zulässige Beanspruchung

1880   am Ende: „The strenght of railway bridges", Engg 1880-I, S. 179

1888   Thomson: „American bridge failures" (Einstürze), Engg 1888-II, S. 252 u. 294

1893   „Berechnung und Prüfung der eisernen Brücken und Dachkonstruktionen auf den schweizerischen Bahnen", Z 1893, S. 159

2C3 - Heißdampf - Drilling - Schnellzug - Tenderlokomotive 61002 der Deutschen Reichsbahn. Stromlinienverkleidung, Scharfenberg-Kupplung. Höchstgeschwindigkeit 175 km/h.

1922   Kommerell: „Die Verstärkung der Eisenbahnbrücken — eine not-
        wendige Voraussetzung für die Einführung von Großgüterwagen
        und von schweren Lokomotiven", Z 1922, S. 895
        Schaechterle: „Verstärkung von eisernen Bahnbrücken für den Ver-
        kehr schwerer Lokomotiven", Organ 1922, S. 233
        „A special vehicle for testing bridges", Loc 1922, S. 263

1923   Kuhnke: „Lastenzüge und zulässige Beanspruchungen für die Be-
        rechnung von Eisenbahnbrücken", Zentralblatt der Bauverwaltung
        1923, S. 557

1925   * Kommerell: „Wissenschaftliche Grundlagen für Neubau und Ver-
        stärkung der Brücken", «Eisenbahnwesen», VDI-Verlag, Berlin 1925,
        S. 346
        Schaper: „Die neuen Lastenzüge der Deutschen Reichsbahn-Gesell-
        schaft und die Verstärkung der Brücken", Organ 1925, S. 103
        * Streletzki: „Ergebnisse der Brückenuntersuchungen in Rußland",
        «Eisenbahnwesen», VDI-Verlag, Berlin 1925, S. 340

1927   * Schaper: „Fortschritte im Bau eiserner Brücken der Deutschen
        Reichsbahn", Annalen 1927, Jubiläums-Sonderheft S. 155

1929   „Report of the Bridge Stress Committee" (Beanspruchung der
        Brücken durch die freien Fliehkräfte), Ry Eng 1929, S. 108

1931   Kommerell: „Der Zusammenhang zwischen dem Achsdruck und
        Metergewicht der Wagen und der Tragfähigkeit des Oberbaues
        und der Brücken", RB 1931, S. 935
        Vierendeel: „Statik und Dynamik der Eisenbahnbrücken und der
        eisernen Straßenbrücken", Kongreß 1931, S. 989
        „Einteilung der Reichsbahnstrecken nach der Tragfähigkeit der
        Brücken und des Oberbaues", RB 1931, S. 1073

1933   *„Mechanische Schwingungen der Brücken", VWL 1933 — Bespr.
        RB 1934, S. 132

1934   Rosteck: „Stand und Entwicklung der Verfahren zur Erforschung der
        Wirkungen bewegter Verkehrslasten auf Eisenbahnbrücken", Organ
        1934, S. 187 u. 197

1935   Small: „The use of the equivalent uniformly distributed load curve
        for comparing the effects of locomotives on bridges", Loc 1935,
        S. 254

1938   Brown: „Counterbalancing and its effect on the locomotives and on
        the bridges", Loc 1938, S. 86
        * Hailer: „Gleiskrümmung und Fliehkraft auf Eisenbahnbrücken", Ver-
        lag Wilh. Ernst & Sohn, Berlin 1938 — Bespr. ZMEV 1938, S. 468
        Morgenroth: „Der Einfluß der Lokomotivtriebräder auf die dyna-
        mische Beanspruchung der Brücken", Organ 1938, S. 369
        „Bestimmung der dynamischen Wirkung auf Stahlbrücken bei den
        Italienischen Staatsbahnen", Organ 1938, S. 381 und 1939, S. 75
        „Brückenunterhaltung", Organ 1938, Fachheft, S. 85—124

1939   Brückmann: „Versuchsmäßige Bestimmung von dynamischen Wir-
        kungen auf stählerne Eisenbahnbrücken", Organ 1939, S. 75
        Regis: „Geschweißte Stahlbrücken. — Versuch eines Vergleiches
        zwischen den deutschen und den französischen Vorschriften (Fall
        der Brücken mit Vollwandträgern)", Kongreß 1939, S. 253
        „Eliminating hammer blow: Tests in India", Gaz 1939-I, S. 504

6

Brückenbauten

1890   Westhofen: „The Forth Bridge", Engg 1890-I, S. 213—283
1892=   Manners: „A short history of bridge building", Engg 1892-I, S. 1 u. f.
1895=   „Thames bridges", Engg 1895-I bis 1896-II, S. 229
1924=* Schaechterle: „Aus der Entwicklungsgeschichte des württembergischen Brückenbaues", VW Sonderausgabe Februar 1924, S. 39
1928   Ehrenberg: „Die neue Eisenbahnbrücke über den Rhein bei Wesel", Z 1928, S. 485
1930   Schaper: „Die über die großen deutschen Ströme führenden Eisenbahnbrücken", RB 1930, S. 526 (Rhein), — 1931, S. 203 (Elbe), 519 (Oder), 766 u. 786 (Weser)
1934   „Crossing the Susquehanna River at Rockville, Pennsylvania Rr", Baldwin Okt. 1934, S. 18
1935   * Hertwig: „Die Eisenbahn und das Bauwesen", «Technikgeschichte», Beiträge zur Geschichte der Technik und Industrie, Bd. 24, VDI-Verlag, Berlin 1935, S. 29 (m. Schriftquellen!)
1937=* Schaechterle u. Leonhardt: „Die Gestaltung der Brücken", Volk- und Reich-Verlag, Berlin 1937 — Bespr. RB 1938, S. 1016
        Schaper: „Die Storstrom-Brücke in Dänemark", Bautechnik 1937, S. 691 — Z 1938, S. 507
        „Die dänischen Großbrückenbauten als Ersatz für Fährschiffverbindungen", Organ 1937, S. 312
1938   Flensborg: „Der Bau der Brücke über den Oddesund", Organ 1938, S. 385
        Schaper: „Die beiden neuen Rheinbrücken bei Maxau und Speyer", RB 1938, S. 314 — ZMEV 1938, S. 635
=   Schaper: „Einiges über die Gestaltung massiver Bogenbrücken", Bautechnik 1938, S. 433 u. f.
        Tils: „Eisenbahnbrücken im Rheinland zwischen Koblenz u. Kleve", Organ 1938, S. 166
        „Collapse of a welded bridge over the Albert Canal at Hasselt, Belgium", Gaz 1938-I, S. 984 — Engg 1938-I, S. 670 — Stahl und Eisen 1938, S. 807
        „The Chien Tang Bridge, China", Gaz 1938-I, S. 756
1939   Acatos: „Die Berner Linienverlegung der Schweizerischen Bundesbahnen, der Bau der größten viergleisigen Betonbrücke Europas", ZMEV 1939, S. 387
        Foest: „Die zweigleisige Hubbrücke über die Ringvaart bei Heerhugowaard (Holland)", Organ 1939, S. 443
        Kollmar: „Die Brücken der Linie Heidenau—Altenberg", Organ 1939, S. 190
        Mundt: „Die Eisenbahnklappbrücke über den Kanal durch Süd-Beveland auf der Strecke Roosendaal—Vlissingen", Kongreß 1939, S. 685
        „Dänemarks längste Brücken", ZMEV 1939, S. 254
        „Jubilee of the Lansdowne Bridge, India", Gaz 1939-I, S. 509
        „Die Brücke über die Bucht von San Francisco", Organ 1939, S. 77
        „New Nile bridge, Egyptian State Rys", Gaz 1939-II, S. 179

EISENBAHNBETRIEB

Allgemein

1872   * Heusinger v. Waldegg: „Handbuch für specielle Eisenbahn-Technik. — 4. Bd.: Die Technik des Eisenbahn-Betriebes mit Signalwesen und Werkstätten-Einrichtung", 2 Teile, Verlag Wilh. Engelmann, Leipzig 1872 u. 1875

1873   * von Weber: „Die Praxis des Baues und Betriebes der Secundärbahnen mit normaler und schmaler Spur", Verlag Bernhard Friedrich Voigt, Weimar 1873

1879   * Lindner: „Die virtuelle Länge und ihre Anwendung auf Bau und Betrieb der Eisenbahnen", Verlag O. Füssli, Zürich 1879

1907   Demoulin u. Bezier: „Note sur le service des trains et des machines en Angleterre", Revue 1907-II, S. 3

1923   Geitel: „Eisenbahntechnisches aus der Biedermeierzeit", Waggon- und Lokbau 1923, S. 161 u. f.

1925   * Blum, Jacobi u. Risch: „Verkehr und Betrieb der Eisenbahnen" (Handbibliothek für Bauingenieure, II. Teil, Bd. 8), Verlag Springer, Berlin 1925 — Bespr. Organ 1925, S. 410
     Ehrensberger: „Betriebswirtschaftliche Wertung der Strecken", Organ 1925, S. 300
     * Risch: „Personenbahnhöfe", «Eisenbahnwesen», VDI-Verlag, Berlin 1925, S. 250

1926   * Heinrich: „Eisenbahn-Betriebslehre", VWL, Berlin 1926 — Bespr. Organ 1926, S. 175
     Kümmell: „Großbetrieb im Eisenbahn-Güterverkehr", Z 1926, S. 1011

1927   Kittel: „Ein Weg zum Zweiklassensystem", VW 1927, S. 489
     Neuhahn: „Die Güterzugleistung", ZVDEV 1927, S. 181

1929   Jacobi: „Bewertung von Reichsbahnstrecken", RB 1929, S. 9
     Leibbrand: „Aufgaben des Eisenbahnbetriebes", RB 1929, S. 22
     Parodi: „Leistungsfähigkeit der Eisenbahnlinien", El. Bahnen 1929, S. 297

1930   * Blum: „Personen- und Güterbahnhöfe" (Handbibliothek für Bau-Ingenieure, II. Teil, 5. Bd./I), Verlag Springer, Berlin 1930 — Bespr. ZVDEV 1930, S. 999
     *„Der Personenzugdienst", herausgegeben von der Schriftleitung der «Verkehrstechnischen Woche», Verlag Hackebeil, Berlin 1930

1931   Grünwald: „Eisenbahnbetrieb mit Bahnhoftriebwagen", Waggon- u. Lokbau 1931, S. 216

1933   * Heinrich: „Eisenbahn-Betriebslehre", 4. Aufl., VWL Berlin 1933 — Bespr. Organ 1934, S. 40
     Leibbrand: „Ziele der Betriebsführung", RB 1933, S. 230
     Pfungen: „Grenzleistung von Eisenbahnstrecken", Organ 1933, S. 393

1934   Leibbrand: „Maßnahmen für die Verkehrsbeschleunigung", RB 1934, S. 241

1935   Sommerlatte: „Verkehrsdienst, Beförderungsdienst und Landwirtschaft", ZMEV 1935, S. 1085

1936=   Müller: „Gemeinschaftsdienst im öffentlichen Nahverkehr", VT 1936, S. 217

6*

1937   Freyss: „Fahrdienstleitung — Betriebsüberwachung — Betriebs-
        leitung", RB 1937, S. 1056
        Jänecke: „Wahlweise Benutzung der Streckengleise auf den amerika-
        nischen Eisenbahnen", VW 1937, S. 406
        Phillipson: „The steam locomotive in traffic", Loc 1937, S. 293 u. f.
        Schwanck: „Der Einfluß kurvenschneller Eisenbahnfahrzeuge auf die
        Betriebsführung der Eisenbahnen, erläutert am Beispiel des
        Kreiselwagens", (Beschleunigung, Geschw. in der Gleiskrümmung,
        Fahrplan), ZMEV 1937, S. 943
        Soltau: „Betrachtungen zur Einrichtung von Betriebsüberwachungen
        für Bahnhöfe der Reichsbahndirektion Berlin", RB 1937, S. 762
        Sommerlatte: „Verkehrsspitzen und verkehrliche Maßnahmen zu
        ihrer Bewältigung", RB 1937, S. 1107
1938   Bartels: „Der maschinentechnische Betriebsdienst der Reichsbahn",
        Annalen 1938-II, S. 256
        Kayser: „Der Betriebswagendienst" Annalen 1938-II, S. 267
        Kümmell: „Der Ausbau von Strecken mit mehr als zwei Gleisen",
        VW 1938, S. 417
        Röttcher: „Bericht über eine Reise nach den Vereinigten Staaten
        zum Studium amerikanischer Bahnhofshäuser und ihrer Zu-
        fahrtstraßen'", VW 1938, S. 330
        Spiess: „Verkehrsleitung", RB 1938, S. 174
        v. Strenge: „Der praktische Betriebsmaschinen- und Werkstätten-
        dienst bei Kolonialbahnen", VW 1938, S. 280
        *„Elsners Taschenbuch für den Werkstätten- und Betriebsmaschinen-
        dienst bei der Deutschen Reichsbahn", Otto Elsner Verlagsges.,
        Berlin 1938. — 4. Jahrgang 1939 (Bespr. Kongreß 1939, S. 881)
1939   Capelle: „Ueber Betriebs- u. Verkehrsfragen der Nordsüd-S-Bahn",
        VW 1939, S. 452
        Gormley: „A. A. R. view of R. R. capacity", Age 1939-II, S. 526
        Richter-Devroe u. Meyer-Nürnberg: „Betriebliche Betrachtungen
        über die Anordnung von Ueberholungsgleisen auf kleineren Bahn-
        höfen zweigleisiger Strecken", VW 1939, S. 421
        Sticht: „Fliegende Kreuzungen — Fliegende Ueberholung", ZMEV
        1939, S. 869
        „Some aspects of ry progress as they affect the locomotive depart-
        ment", Loc 1939, S. 238 u. f.
1940   Zosel: „Bildliche Darstellung von Betriebsvorgängen", RB 1940,
        S. 73

Wirtschaftlichkeit des Eisenbahnbetriebes / allgemein

1919=   Buschbaum: „Vorschläge zur Reform des deutschen Verkehrswesens",
        Z 1919, S. 1217
1925   Ehrensberger: „Betriebswirtschaftliche Wertung der Strecken",
        Organ 1925, S. 300
        Mühl: „Wirtschaftlichkeit im Zugförderungsdienst", Organ 1925,
        S. 525
        * Tecklenburg: „Wirtschaftlichkeitsfragen im Eisenbahnbetrieb",
        «Eisenbahnwesen», VDI-Verlag, Berlin 1925, S. 319

Walther: „Ueber den Aufbau und Charakter der Kosten von Eisenbahnbetrieben", Schweiz. Bauzeitung 1925-II, S. 5 u. 29

1926   Tecklenburg: „Fragen der Wirtschaftlichkeit der Betriebsführung bei der Reichsbahn", RB 1926, S. 210

Tecklenburg: „Die Betriebskostenermittlung der Deutschen Reichsbahn in ihrer neuen Form", RB 1926, S. 730

1927   Gottschalk: „Wirtschaftsstatistik für Verschiebebahnhöfe", RB 1927, S. 307

Tecklenburg: „Die Betriebskostenrechnung", RB 1927, S. 498

1928   * Giese: „Der Hamburger Vorortverkehr der Lübeck-Büchener Eisenbahngesellschaft: Ausbau oder Einschränkung?", Verlag der Verkehrstechnik 1928

Leibbrand: „Leistung und Wirtschaftlichkeit im Eisenbahnbetrieb", ZVDEV 1928, S. 558

Leibbrand: „Verkehrsschwankungen und Wirtschaftlichkeit des Eisenbahnbetriebes", Z 1928, S. 1205

1929   Jacobi: „Bewertung von Reichsbahnstrecken", RB 1929, S. 9

* Landsberg: „Wärmewirtschaft im Eisenbahnwesen", Verlag Steinkopff, Dresden und Leipzig 1929

Tecklenburg: „Die Betriebskostenrechnung der Deutschen Reichsbahn", RB 1929, S. 959

1930   Leibbrand: „Der Fahrplan als Mittel zur Verkehrswerbung und zur Steigerung der Rentabilität", RB 1930, S. 169

1932   * Grimrath: „Sparüberwachung bei kleinsten Bahnen", Bericht über die 25. Fachtagung der Betriebsleiter-Vereinigung deutscher Privateisenbahnen und Kleinbahnen 1932, S. 74

1936   Leibbrand: „Fortschritt und Wirtschaftlichkeit im Schienenverkehr", Z 1936, S. 349

1937   Baumann: „Durchführung sparwirtschaftlicher Organisationsverfahren im Güterverkehr", Kongreß 1937, S. 2008

Fritze: „Die Entwicklung des Personenverkehrs auf den Nebenbahnen des Reichsbahndirektionsbezirks Erfurt", ZMEV 1937, S. 733

Joseph: „Städtenachbarlicher Austauschverkehr. — Ein Versuch zur Belebung winterlicher Verkehrsdürre", ZMEV 1937, S. 929

„Wirtschaftlicher Betrieb auf Nebenstrecken der großen Eisenbahnnetze", Kongreß 1937, S. 1997 (Palmieri) und 2067 (Svoboda)

1939   Capelle: „Wirtschaftlichkeit einer Haltestelle der Nordsüd-S-Bahn", VW 1939, S. 457

Lévy: „L'équilibre financier d'une exploitation ferroviaire ne doit pas être considéré comme un problème annuel", Revue 1939-II, S. 3

Sillcox: „Motives controlling the purchase of rolling stock", Age 1939-II, S. 248

Zugförderungskosten

1916   Landsberg: „Die Ermittlung der sachlichen Förderkosten für die preußisch-hessischen Staatseisenbahnen", VW 1916, S. 157

1921   Tecklenburg: „Das Selbstkostenproblem in der Eisenbahnverwaltung", VW 1921, S. 386

1923   Helm: „Selbstkosten und Beförderungspreise im Eisenbahnverkehr",
        VT 1923, S. 9
1925   Ehrensberger: „Betriebswirtschaftliche Wertung der Strecken", Or-
        gan 1925, S. 300
        Mühl: „Wirtschaftlichkeit im Zugförderungsdienst", Organ 1925,
        S. 525
1926   Bethge: „Ein Beitrag zur Frage der Höchstgeschwindigkeiten bei
        elektr. Schnellbahnen im Fernverkehr", El. Bahnen 1926, Heft 11,
        S. 405
        Müller: „Die dynamischen Grundlagen für den Betrieb und die
        Selbstkostenberechnung der elektr. Zugförderung", El. Bahnen,1926,
        S. 162
1927   Baumann: „Die Ermittelung der Zugförderungskosten der Güterzüge
        als Unterlage für die Wahl der Leitungswege", Organ 1927, S. 164
1930   Koeppen: „Die Kriterien wirtschaftlichster Geschwindigkeiten bei
        elektr. Bahnen", El. Bahnen 1930, S. 85, 114, 225
        Student: „Vorspannleistungen im Zugförderungsdienst", RB 1930,
        S. 1027
1931   Ehrensberger: „Die Kosten einer Zugfahrt in Abhängigkeit von der
        Fahrweise und der Anstrengung des Triebfahrzeuges", Organ 1931,
        S. 431 u. 451
1934   „Some aspects of modern railway traction", Loc 1934, S. 146
1935   Schneider: „Einfluß der Form der Wagenenden auf die Zugförde-
        rungskosten bei hohen Geschwindigkeiten", El. Bahnen 1935, S. 53
1936   Ganz: „Hilfstafeln zur Vereinfachung der Zugkostenrechnung", El.
        Bahnen 1936, S. 73
 =   Neesen: „Der Einfluß der Geschwindigkeit auf den technischen und
        kostenmäßigen Aufwand der Verkehrsmittel", VW 1936, S. 651
1937   „Betriebs- und Unterhaltungskosten von Triebwagen", Kongreß 1937,
        S. 1838 (Dumas und Levy) und 1972 (Dumas)
1938 = Günter: „Die technisch-wirtschaftlichen Grundlagen für den Fahr-
        preis der liniengebundenen städtischen Verkehrsmittel", Archiv
        für Eisenbahnwesen 1938, S. 611, 939, 1203 (mit Schriftquellen-
        Verzeichnis)
        Kopp: „Der Einfluß der Langsamfahrstrecken der Eisenbahnen auf
        Fahrplan und Kosten", ZMEV 1938, S. 593 und 616
1939   „Mittel zur Beschleunigung der Reisezüge und dadurch verursachte
        Kosten, insbesondere Triebwagenbetrieb und dessen Bilanz",
        Kongreß 1939, S. 387 (Rohde, Stroebe u. Fesser), 519 (Royle u.
        Harrison), 577 (Dumas), 675 und 870
        „Why not streamline statistics?", Mech 1939, S. 480

Betriebskosten und Ausnutzung der Lokomotiven

1908   Caruthers: „A long continuous run at 1876, and the engine that
        made it", Gaz 1908-I, S. 389
1909   Isaacs u. Adams: „The effect of the physical characteristics of a
        railway upon the operation of trains", Gaz 1909-II, S. 158 u. f.
1912   Schmidt, Edward C.: „Effect of cold weather on tonnage rating",
        Gaz 1912-II, S. 671
1916   „Die durchschnittliche Lokomotivleistung", HN 1916, S. 72 u. 92

1923   Fry: „The useful life of American locomotives", Engg 1923-II, S. 609

1924   „Die Lebensdauer amerikanischer Lokomotiven", Organ 1924, S. 90
        „Engineering and business considerations of the steam locomotive", Loc 1924, S. 250

1925   Mühl: „Wirtschaftlichkeit im Zugförderungsdienst", Organ 1925, S. 525

1926   Maßmann: „Der Genauigkeitsbau im Dampflokomotivwesen", AEG-Mitteilungen 1926, S. 194

1928   Modrze: „Ausnutzung der Lokomotiven", RB 1928, S. 217 u. 1929, S. 654

1929   Stuebing: „Locomotive performance and operating costs", Age 1929-I, S. 954

1930   Metzeltin: „Ausnutzungsgrad der Lokomotiven", Waggon- u. Lokbau 1930, S. 22
        Student: „Kosten des Lokomotivdienstes der Jahre 1913 u. 1926 bis 1929", RB 1930, S. 732

1931   Clemens: „Lokomotivwirtschaft. — Eine Entgegnung", ZVDEV 1931, S. 345
        Dickerman: „The locomotive on the railroads' battlefield", Ry Eng 1931, S. 311
        Fiedler: „Lokomotivwirtschaft", ZVDEV 1931, S. 123
        „The modern locomotive", Age 1931-II, S. 776
        „Burlington gas-electrics cut operating costs", Age 1931-I, S. 439

1932   Binkerd: „What the modern locomotive can do for the American railroads", Baldwin Oktober 1932, S. 13
        Cook: „How new locomotives pay for themselves through saving in maintenance", Baldwin April 1932, S. 17
        Cook: „The determination of savings with modern power", Baldwin Okt. 1932, S. 27
        Johnson: „The effect of boiler capacity on revenue", Baldwin Juli 1932, S. 6

1933   Cook: „The effect of operating and maintenance savings with modern power on income account and cash position", Baldwin Januar 1933, S. 15
        Cook: „The relation of locomotive operation to railroad net operating income", Baldwin April 1933, S. 12
        „Dienstalter der Lokomotiven in den Vereinigten Staaten und in Deutschland", Z 1933, S. 1300
        „Lokomotivausbesserungskosten in Abhängigkeit vom Lebensalter", Z 1933, S. 496
        „Motive power obsolescence high", Age 1933-II, S. 593

1934   Cook: „The economic life of locomotives and its relation to locomotive performance and operating expense", Baldwin Januar 1934, S. 4
        Johnson: „Motive power for high speed service", Baldwin Oktober 1934, S. 21
        Velte: „Der Brennstoffverbrauch je Leistungstonnenkilometer als Leistungsmesser für die Brennstoffwirtschaft bei Dampflokomotiven", Organ 1934, S. 409

1934   Velte: „Ueber Bezugswerte im Lokomotivfahrdienst und ihre Verwendungsmöglichkeit zur Prüfung der Wirtschaftlichkeit", Annalen
1934-I, S. 93
Wright: „Steam meets the challenge", Baldwin Oktober 1934, S. 12
„Why should railways buy new locomotives?", Baldwin April/Juli
1934, S. 8

1935   Neesen u. Löhr: „Entwicklungsmöglichkeiten der Dampflokomotive
(u. a. Wirkungsgrad von Lokomotive und ortsfestem Kraftwerk!)", Organ 1935, S. 463
„Lange Lokomotivläufe in Nordamerika", Lok 1935, S. 76

1936   Binkerd: „Are your locomotives assets or liabilities?", Baldwin
April 1936, S. 3
Binkerd: „Modern locomotives. — The open Sesame to better rail-
road earnings", Baldwin Juli 1936, S. 7
Whright: „Why the single expansion articulated locomotive?",
Baldwin April 1936, S. 11

1937   Macken: „Economic life of a locomotive", Baldwin Oktober 1937,
S. 7 — Age 1937-II, S. 41 u. 483

1938   Binkerd: „Making money with locomotives", Baldwin April 1938,
S. 10
„Ungewöhnliche Leistung einer amerikanischen Schnellzuglokomotive:
3586 km (Los Angeles-Chicago) ohne Ablösung", ZMEV 1938,
S. 574

1939   Gormley: „A. A. R. view of R. R. capacity", Age 1939-II, S. 526
=* Prof. Dr. Wilhelm Müller: „Die Fahrdynamik der Verkehrsmittel",
Verlag Springer, Berlin 1939. — Bespr. ZMEV 1940, S. 323
Raymond: „Working the Iron Horse. — A discussion of vital fac-
tors in converting 90 per cent availability into maximum utiliza-
tion", Age 1939-I, S. 830 — Organ 1940, S. 120
„Intensive locomotive use pays Union Pacific big returns", Age
1939-I, S. 415
„Lokomotivleistungen bei den Eisenbahnen der Vereinigten Staaten
von Nordamerika", Bahn-Ing. 1939, S 33
„More miles — fewer locomotives", Loc 1939, S. 85

1940   „Amerikanische Schnellfahrversuche mit Dampfzügen", Annalen 1940,
S. 7

Wirtschaftlichkeit / Preisbildung

1931   Fritze: „Selbstkosten, Wirtschaftlichkeit u. Fahrpreisermäßigungen",
ZVDEV 1931, S. 261
=   Gesell: „Der neue Berliner Verkehrstarif", Z 1931, S. 1232
=   Merkert: „Theoretische Abhandlung über die Preisbildung im Ver-
kehrswesen", Archiv für Eisenbahnwesen 1931, S. 803 u. 1384

1937   Fischl: „Zur Preispolitik im Eisenbahnverkehr", ZMEV 1937, S. 430
Fischl: „Das Spannungsverhältnis im Personenverkehr", RB 1937,
S. 572
=* Merkert: „Kernpunkte der Preisbildung im Verkehrswesen", Verlag
Springer, Berlin 1937 — Bespr. VW 1937, S. 231

=* Vogt: „Grundfragen der heutigen Verkehrs- und Tarifpolitik in Deutschland", Verlag VWL., Berlin 1937 — Bespr. ZMEV 1937, S. 545

1938 Fritze: „Die Flucht in die Fahrpreisermäßigungen (Ursachen und Wirkungen)", ZMEV 1938, S. 201

= Günter: „Die technisch-wirtschaftlichen Grundlagen für den Fahrpreis der liniengebundenen städtischen Verkehrsmittel", Archiv für Eisenbahnwesen 1938, S. 611, 939, 1203 (m. Schriftquellen-Verzeichnis)

  * Schroff: „Die Eisenbahntariftheorien in Deutschland, England und Amerika", Wirtschafts- und Sozialwissenschaftlicher Verlag E. V., Münster 1938 — Bespr. RB 1938, S. 707

Spiess: „Verkehrsleitung", RB 1938, S. 174

1939 =* Bieling: „Das wirtschaftliche Gleichgewicht und die Verkehrsfinanzpolitik", Heft 17 der «Verkehrswissenschaftlichen Forschungen» aus dem Verkehrsseminar der Universität Münster, Verlag Fischer, Jena 1939. — Bespr. ZMEV 1939, S. 896

Fischl: „Der optimale Fahrpreis", ZMEV 1939, S. 801

Fischl: „Zur Tarifbildung im Personenverkehr", ZMEV 1939, S. 358

v. Gersdorff: „Die Nordsüd-S-Bahn und der Berliner S-Bahntarif", VW 1939, S. 505

  * Spiess: „Die Betriebswissenschaft des Eisenbahngütertarifs", Verlag Springer, Berlin 1939 — Bespr. ZMEV 1939, S. 648

Spiess: „Die Wahrnehmung der wirtschaftlichen Belange bei der Eisenbahntarifbildung", ZMEV 1939, S. 579

Fahrplan und Fahrplanbildung

1880 Baum: „Des longueurs virtuelles d'un tracé de chemin de fer", Annales des Ponts et Chaussées 1880

1887 von Borries: „Über die Leistungsfähigkeit der Lokomotiven und deren Beziehung zur Gestaltung der Fahrpläne", Organ 1887, S. 146

1893 von Borries: „Die Gestaltung der Fahrpläne für die zweckmäßigste Ausnutzung der Zugkraft", Organ 1893, S. 85

1895 Unger: „Über die Anfertigung von Lokomotiv-Belastungstafeln", Annalen 1895-I, S. 2

1905 Busse: „Über die Berechnung der Belastung von Lokomotiven und die Bestimmung der Fahrzeiten im täglichen Betriebe", Organ 1905, S. 123

1908 von Lilienstern: „Die Betriebslänge", Organ 1908, S. 445

1913 Obergethmann: „Die Mechanik der Zugbewegung bei Stadtbahnen", Z 1913, S. 702, 748, 787. — Monatsblätter des Berliner Bezirksvereins Deutscher Ingenieure 1913, S. 47

Strahl: „Die Berechnung der Fahrzeiten und Geschwindigkeiten von Eisenbahnzügen aus den Belastungsgrenzen der Lokomotiven", Annalen 1913-II, S. 86, 99, 124

1916 Arndt: „Zugfolge bei Schnellbahnen", VW 1916, S. 145

Müller: „Arbeitsleistung beim Lokomotivbetrieb", El. Kraftbetriebe und Bahnen 1916, S. 277

1919   Christiansen: „Die theoretische Bedeutung der Anfahrbeschleuni-
        gung für die Leistungsfähigkeit einer Stadtschnellbahn', Annalen
        1919-II, S. 25, 33, 41, 51
        Geibel: „Berechnung und Aufstellung der Fahrpläne", Organ 1919,
        S. 81 u. 97
1922   Caesar: „Bildliche Eisenbahnfahrpläne", Annalen 1922-I, S. 3
        Caesar: „Theoretischer Fahrplan und wirkliche Fahrt", Annalen
        1922-I, S. 164
        Jahn: „Zur Lehre vom Fahrplan", Annalen 1922-II, S. 19
1924   Dittmann: „Anweisungen für die Ermittlung der Fahrzeiten der
        Züge nach den zeichnerischen Verfahren von Unrein, Müller,
        Velte, Caesar und Strahl", Organ 1924, S. 117
1925   Ehrensberger: „Betriebswirtschaftliche Wertung der Strecken", Organ
        1925, S. 300
        Nußbaum: „Zeichnerische Ermittlung des Fahrtverlaufes, der Fahr-
        zeit, der Erwärmung und des Verbrauches für Dampf- und elek-
        trische Lokomotiven", Organ 1925, S. 1
        Pfaff: „Lokomotivleistung, Zuglast, Fahrzeit", Organ 1925, S. 313
1927   Baumgarten: „Aufgaben und Ziele des Personenzugfahrplanes", RB
        1927, S. 844
        Leibbrand: „Grundzüge des Güterzugfahrplanes", RB 1927, S. 224
        Nordmann: „Lokomotivbelastung und Fahrplanbildung", Annalen
        1927-II, S. 151
1929   Jacobi: „Bewertung von Reichsbahn-Strecken", RB 1929, S. 9
1930 * Baumgarten: „Über die Grundlagen des Personenzug-Fahrplanes der
        Deutschen Reichsbahn", «Der Personenzugdienst», Verlag VW, Ber-
        lin 1930, S. 3
        Freyss: „Gedankengänge zur Bearbeitung des Fahrplanes", RB 1930,
        S. 1068
      * Fröhlich: „Sind unsere Personenzüge zeitgemäß?" «Der Personenzug-
        dienst», Verlag VW, Berlin 1930, S. 8
        Leibbrand: „Der Fahrplan als Mittel zur Verkehrswerbung und zur
        Steigerung der Rentabilität", RB 1930, S. 169
1931   Hinze: „Rechnerische Ermittelung des für die Fahrgäste günstigsten
        Haltestellenabstandes bei elektrisch betriebenen Verkehrsmitteln
        für Stadt- und Vorortverkehr", El. Bahnen 1931, S. 232
1932   Baumgarten: „Der Personenzug-Fahrplan. — Seine Entwicklung und
        Bedeutung für die deutsche Wirtschaft", RB 1932, S. 543
        Tecklenburg: „Gestaltung des Güterzug-Fahrplanes für den Verkehr
        in der Nahzone", RB 1932, S. 671
1933   Aumund: „Neues zum Schnellverkehr: Eisenbahnverkehr durch teil-
        bare Züge", VW 1933, S. 644
        Lubimoff: „Ermittelung der Fahrzeiten von Eisenbahnzügen",
        Z 1933, S. 983
        Rüter: „Ueber die Ermittelung der Fahrzeiten von dieselmecha-
        nischen Triebwagen nach zeichnerischen Verfahren", Organ 1933,
        S. 63
1934   Shields: „Acceleration, coasting and braking in locomotive opera-
        tion", Loc 1934, S. 290
        Velte: „Normographische Lösung fahrmechanischer und energie-
        technischer Aufgaben", Annalen 1934-II, S. 49 u. 1936-I, S. 16

1935   Urban: „Aufgaben und Ziele des Personenzug-Fahrplanes", ZMEV
         1935, S. 397
1936   Raab: „Über eine exakte Methode der Fahrzeitenermittlung", Organ
         1936, S. 381
         Voigtländer: „Grenzen der Reisegeschwindigkeit bei Straßenbahnen",
         El. Bahnen 1936, S. 309
1937   Grabinski: „Eine graphische Methode zur Fahrzeit-Berechnung elek-
         trischer Züge", El. Bahnen 1937, S. 182
         Klein: „Die Ermittelung der kürzesten Fahrzeit auf mechanisch-
         dynamischer Grundlage", Organ 1937, S. 77
         Kother: „Rechentafel zur Fahrzeitermittlung", Organ 1937, S. 85
         Schwanck: „Der Einfluß kurvenschneller Eisenbahnfahrzeuge auf die
         Betriebsführung der Eisenbahnen, erläutert am Beispiel des Kreisel-
         wagens", ZMEV 1937, S. 943
         Tougas: „Etude théorique de la marche d'un train", Revue Générale
         de l'Electricité, 23. Jan. 1937. — Bespr. Gaz 1937-II, S. 180. —
1938   Kopp: „Der Einfluß der Langsamfahrstrecken der Eisenbahnen auf
         Fahrplan und Kosten", ZMEV 1938, S. 593 u. 616
         Spiess: „Verkehrsleitung", RB 1938, S. 174
         Wendland: „Beitrag zur Berechnung von Fahrzeitzuschlägen (ab-
         hängig von der Liegedauer der Schienen)", VW 1938, S. 398
1939   Evans: „A graphical device for the construction of electric railway
         speed time curves", ERT 1939 S. 27
         Prof. Dr. Müller: „Fahrzeitermittlung und Bestimmung der Be-
         anspruchung der Fahrmotoren und des Transformators elek-
         trischer Triebfahrzeuge", El. Bahnen 1939, S. 251

Personenzugdienst / allgemein

1888   „Fahrgeschwindigkeit der Eisenbahnen", Z 1888, S. 1127
1889   v. Borries: „Die Geschwindigkeit der Schnellzüge sowie die Leistun-
         gen deutscher und englischer Lokomotiven", Z 1889, S. 807
         Grauhahn: „Fahrgeschwindigkeit der Eisenbahnzüge", Z 1889, S. 347
         v. Morawski: „Unsere sogenannten Schnellzüge", Z 1889, S. 382 —
         Annalen 1889-I, S. 63
1904   Richter: „Bilder aus dem süddeutschen Eisenbahnbetrieb", Lok 1904,
         S. 178
         Steffan: „Mitteilungen über den Betrieb amerikanischer Schnell-
         züge", Lok 1904, S. 173
1905   „Les voyages sur les chemins de fer japonais", Revue 1905-I, S. 155
1907   „Schnelle Dauerfahrten englischer Bahnen", VW 1907, S. 1241
         „British trains and train services in 1906", Loc 1907, S. 9
1913   „Europäische Schnellzüge", Lok 1913, S. 108, 149 u. 207
1922   Hilscher: „Über die Anfänge des Schnellzugverkehrs in Österreich-
         Ungarn", Lok 1922, S. 29
1925   * Risch: „Personenbahnhöfe", «Eisenbahnwesen», VDI-Verlag, Berlin
         1925, S. 250
1926   „South African Rys: Long distance runs", Baldwin Januar 1926, S. 54
1927   Baumgarten: „Aufgaben und Ziele des Personenzugfahrplanes", RB
         1927, S. 844
         Kittel: „Ein Weg zum Zweiklassensystem", VW 1927, S. 489

1930   * Fröhlich: „Sind unsere Personenzüge zeitgemäß?", «Personenzug-
        dienst» Verlag der VW, Berlin 1930, S. 8
        *„Der Personenzugdienst", herausgegeben von der Schriftleitung der
        VW, Verlag Hackebeil, Berlin 1930
1931   Grünwald: „Eisenbahnbetrieb mit Bahnhoftriebwagen", Waggon-
        und Lokbau 1931, S. 216
1932   Baumgarten: „Der Personenzug-Fahrplan", RB 1932, S. 543
        Baumgarten: „Die Umstellung des Kursbuchwesens bei der Deut-
        schen Reichsbahn", RB 1932, S. 402
        „40 Jahre D-Züge", RB 1932, S. 211
1935   Urban: „Aufgaben und Ziele des Personenzug-Fahrplanes", ZMEV
        1935, S. 397
        „Die Geschwindigkeit der deutschen Schnellzüge 1935/36", RB 1935,
        S. 1133
1936   „Geschwindigkeit der deutschen Schnellzüge 1936/37", RB 1936, S. 863
1937   Fritze: „Die Entwicklung des Personenverkehrs auf den Nebenbahnen
        des Reichsbahndirektionsbezirks Erfurt", ZMEV 1937, S. 733
        Joseph: „Städtenachbarlicher Austauschverkehr. — Ein Versuch zur
        Belebung winterlicher Verkehrsdürre", ZMEV 1937, S. 929
        Kieschke: „Die Mitropa ist 20 Jahre alt", ZMEV 1937, S. 103
        Schwanck: „Der Einfluß kurvenschneller Eisenbahnfahrzeuge auf die
        Betriebsführung der Eisenbahnen, erläutert am Beispiel des Kreisel-
        wagens", ZMEV 1937, S. 943
        Wiener: „Über die Zuggeschwindigkeiten", Kongreß 1937, S. 2458
        uf. — *) In Buchform herausgegeben 1939
        Wiener: „Coming-of-age of the Mitropa", Gaz 1937-II, S. 917
        „Geschwindigkeit der deutschen Schnellzüge im Fahrplanjahr 1937/38
        (Tabelle), RB 1937, S. 854
1938   Allen: „Railway speed developments in 1937 (Tabellen)", Gaz 1938-I,
        S. 211
        Gerteis und Mauck: „Betriebserfahrungen mit Doppeldeckzügen",
        ZMEV 1938, S. 451
        Giesberger: „Der Fahrplan der Niederländischen Eisenbahnen vom
        15. Mai 1938 (mit Streckenskizzen)", ZMEV 1938, S. 881
        Larsen: „Verkehrszählung im Kopenhagener Vorortverkehr", ZMEV
        1938, S. 344
        Meinke: „Die Eisenbahnverbindungen Berlin—Wien. — Ein Ab-
        schnitt wechselvoller Eisenbahngeschichte", ZMEV 1938, S. 347.—
        Gaz 1938-II, S. 57
        Schnell: „Der Reisesonderzugdienst der Deutschen Reichsbahn und
        die zu seiner Bewältigung getroffenen Maßnahmen", VW 1938,
        S. 125
        Wiener: „Die Fahrausweise", Kongreß 1938, S. 245 uf.
        „Der Personenfahrplan der Deutschen Reichsbahn zum 15. Mai 1938",
        RB 1938, S. 381
        „Verbesserung des Eisenbahnfernverkehrs in Australien". ZMEV
        1938, S. 197
        „French 1938/39 train services", Gaz 1938-I, S. 1084
        „Some problems of the new Netherlands timetable (mit Karte)", Gaz
        1938-II, S. 325 — Revue 1939-I, S. 134
        „The longest non-stop runs in the world", Gaz 1938-I, S. 320

„The GWR London-Birmingham service", Gaz 1938-I, S. 257
„The Simplon-Orient Route to Bucharest (mit Karte)", Gaz 1938-II, S. 834

1939   * Wiener: „Train speeds and services in 1938", The International Railway Congress Association, Brüssel 1939. — Bespr. Loc 1939, S. 157
„LNER Pullman services", Loc 1939, S. 190

1940   Hüpeden: „40 Jahre Berlin-München über Probstzella", Lok 1940, S. 62

Schnellverkehr

1865   „Elektromagnetische Lokomotive für 200 km/h Geschwindigkeit (Vorschlag)", Zeitschrift des Hannoverschen Ingenieur- u. Architekten-Vereins 1865, S. 334

1901   v. Borries: „Die Dampflokomotive für große Geschwindigkeiten", Annalen 1901-I, S. 237
Lasche: „Der Schnellbahnwagen der AEG, Berlin", Z 1901, S. 1261 und 1303
Reichel: „Der Schnellbahnwagen der Siemens & Halske AG, Berlin", Z 1901, S. 1369, 1414 u. 1457

1902   Behr: „Elektrische Schnellbahnen und die geplante Einschienenbahn zwischen Liverpool u. Manchester", Z 1902, S. 486
„Schnellbahn-Lokomotive von Siemens & Halske AG", Z 1902, S. 1755

1903   „Lokomotiven und Wagen für Schnellverkehr", Annalen 1903-I, S. 93
* Mehlis: „Dampfschnellbahnzug", Dissertation T. H. Karlsruhe 1903

1904   v. Borries: „Schnellbetrieb auf Hauptbahnen", Z 1904, S. 949 — Organ 1904, S. 160
Wolters: „Lokomotiven zur Beförderung von Zügen mit großer Fahrgeschwindigkeit", Annalen 1904-I, S. 62 u. 135
„Deutsche Schnellfahrer", Lok 1904, S. 1
„Les grandes vitesses et les chemins de fer", Revue 1904-II, S. 311

1905   Lewin: „Welches ist der schnellste Eisenbahnzug der Welt?", Lok 1905, S. 72 u. 1907, S. 15
„Schnellfahrversuche mit Dampflokomotiven", Organ 1905, S. 1 — Annalen 1905-II, S. 57 — Lok 1905, S. 181

1907   „Schnellfahrten mit einer 2/6 gek. Verbund-Schnellzuglokomotive von J. A. Maffei", Z 1907, S. 1162

1909   * Scherl: „Ein neues Schnellbahn-System", Verlag Scherl, Berlin 1909 — Nachtrag 1910 — Bespr. Z 1909, S. 1038

1910   Courtin: „Bericht Nr. 2 betr. die Frage über die Dampflokomotiven für sehr große Geschwindigkeiten", Kongreß 1910, S. 1509

1926   Bethge: „Ein Beitrag zur Frage der Höchstgeschwindigkeiten bei elektr. Schnellbahnen im Fernverkehr", El. Bahnen 1926, Heft 11, S. 405

1928   Rusam: „Die neuen Schnelltriebwagen der DRG auf den Strecken Halle-Leipzig und Leipzig-Magdeburg", Verkehrstechnik 1928, S. 392

1930   Kruckenberg u. Stedefeld: „Der GVT-Propellertriebwagen und seine Bedeutung für die Eisenbahn und eine zukünftige Schnellbahn", Verkehrstechn. Woche 1930, S. 679

1931   Ballof: „Die Bedienung des Personenverkehrs mit schnellfahrenden Zügen", RB 1931, S. 856
Bäseler: „Gedanken zum Schnellverkehr", ZVDEV 1931, S. 201
Nordmann: „Maßnahmen zur Steigerung der Reisegeschwindigkeit im Eisenbahnverkehr", Z 1931, S. 1237

1932   Breuer: „Neuere Triebwagen mit Verbrennungsmotoren", Z 1932, S. 73
„A world's record ry run: The «Cheltenham Flyer», GWR", Beyer-Peacock Januar 1932, S. 38

1933   Baumann: „Der Schnellverkehrsgedanke im Eisenbahnbetrieb", VW 1933, S. 635
Imfeld: „Die Dampflokomotive im Schnellverkehr", HH Nov. 1933, S. 41 — Gaz 1934-I, S. 133
Leibbrand: „Geschwindigkeitssteigerung auf der Schiene", Deutsche Technik (Verlag Weicher, Leipzig-Berlin) 1933, S. 165 — VW 1933 (Festausgabe), S. 669
Nordmann: „Mittel zum Schnellverkehr: Der Dampf", VW 1933 (Festausgabe), S. 725
Reichel: „Mittel zum Schnellverkehr: Der elektrische Betrieb", VW 1933 (Festausgabe), S. 1, 21 u. 35
Steffan: „Die Grenzen der Fahrgeschwindigkeit auf den Eisenbahnen der Gegenwart mit Dampf- oder elektrischen Lokomotiven, Triebwagen oder Schienenauto", Lok 1933, S. 93
Ude: „Die Reichsbahn auf dem Wege zum Schnellverkehr", VDI-Nachrichten 1933, Nr. 45, S. 1
„Schnellverkehr", Festausgabe der Verkehrstechnischen Woche zum 25jährigen Bestehen der Vereinigung von höheren technischen Reichsbahnbeamten 1933, Heft 44, S. 633 u. f.
„Is speed what the public wants?" Age 1933-II, S. 276

1934   Johnson: „High-speed railroad service", Baldwin April/Juli 1934, S. 18
Leibbrand: „Maßnahmen für die Verkehrsbeschleunigung", RB 1934, S. 241
Meyer: „Die Steigerung der Reisegeschwindigkeit schnellfahrender Züge zum Sommer 1934", RB 1934, S. 910
Wright: „Steam meets the challenge", Baldwin Oktober 1934, S. 12
„The «Flying Hamburger»", Loc 1934, S. 144
„The high-speed steam locomotive", Loc 1934, S. 207 und 244
„The history of the British non-stop express", Loc 1934, S. 182
„Travel speeds of the future", Loc 1934, S. 363

1935   Simons: „The fastest electric service in the world: Chicago, North Shore & Milwaukee", Gaz 1935-I, S. 70
„Amerikanische Schnellfahrten 1893—1934", Lok 1935, S. 82
„Die Geschwindigkeit der deutschen Schnellzüge 1935/36" (Tabellen), RB 1935, S. 1133
„Rekord-Schnellzüge der Schmalspurbahnen", Lok 1935, S. 37
„Verbesserungen im französischen Schnellzugverkehr", Lok 1935, S. 221
„«Hiawatha», schnellster Dampfzug", Gaz 1935-I, S. 1224
„Les Grandes Express Européens", Loc 1934, S. 285

1936   Flemming: „Schnellverkehr mit Dampfzügen", ZMEV 1936, S. 871
Leibbrand: „Fortschritt u. Wirtschaftlichkeit im Schienenverkehr",
Z 1936, S. 349
=   Neesen: „Der Einfluß der Geschwindigkeit auf den technischen und
kostenmäßigen Aufwand der Verkehrsmittel", VW 1936, S. 651
Voigtländer: „Grenzen der Reisegeschwindigkeit bei Straßenbah-
nen", El. Bahnen 1936, S. 309
Wernekke: „Schnellzüge mit erhöhter Geschwindigkeit in den Ver-
einigten Staaten", Annalen 1936-I, S. 83
„Die Geschwindigkeit der deutschen Schnellzüge im Fahrplanjahr
1936/37", RB 1936, S. 863
„American trains hold world speed records (Pennsylvania 1905 —
1936)", Age 1936-I, S. 583
„Experimental high-speed test runs between London and Glasgow,
LMS Ry", Loc 1936, S. 375
„Fast runs on the French railways", Loc 1936, S. 259

1937   Allen: „Railway speed development in 1936" (Tafeln und Schau-
bilder), Gaz 1937-I, S. 865
*„Schnellfahrversuche in Preußen um 1904", «Entwicklung der Loko-
motive 1880—1920», Verlag Oldenbourg, München u. Berlin 1937,
S. 40
„Inaugural journeys of streamlined LNER «Coronation» and LMSR
«Coronation Scot» trains", Gaz 1937-II, S. 76
„Log of Denver Zephyr's record run", Gaz 1937-I, S. 573
„Table of speeds of British express trains, reproduced from Engg of
July 19, 1867", Gaz 1937-II, S. 511

1938   Allen: „Railway speed developments in 1937 (m. Tabellen)", Gaz
1938-I, S. 211
Chapman: „Diesel locomotives in high-speed service", Gaz 1938-II,
S. 1124
Drechsel: „Die Lösung der Schnellverkehrsfrage durch den kurven-
neigenden Kreiselwagen", ZMEV 1938, S. 377 u. 397
Kniffler: „Der Personen-Schnellverkehr der Deutschen Reichsbahn
unter besonderer Berücksichtigung der Triebfahrzeuge", Annalen
1938-I, S. 95
Weber: „The Burlington Zephyrs. — Their design, maintenance and
service", Gaz 1938-I, S. 958
Wiesinger: „Entgleisungssicherer Ultraschnellverkehr mit mehr als
250 km/h", VT 1938, S. 526 — Gaz 1938-I, S. 413 — Annalen
1939, S. 203
„Die britischen Eisenbahnen im Jahre 1937", ZMEV 1938, S. 435
(S. 440: Streckenkarte der schnellsten Züge).
„Die Geschwindigkeit der deutschen Schnellzüge im Fahrplanjahr
1937/38 und die schnellsten Züge der Deutschen Reichsbahn nach
dem Stande vom 15. Juli 1938 (mit Tabellen)", RB 1938, S. 815
„Die schnellsten Züge in den Vereinigten Staaten", ZMEV 1938,
S. 449
„Schnellfahrten in Neuseeland", Lok 1938, S. 45
„Triebwagen bei den französischen Eisenbahnen", VW 1938, S. 352
„A new LNER speed record", Gaz 1938-II, S. 78

1938 „Diesel and steam locomotives in high-speed service", Age 1938-II, S. 733
„Express railcar services in the Eastern Region of France (m. Landkarte und Fahrplänen)", Gaz 1938-II, S. 1112
„German summer train services" (m. Karte), Gaz 1938-I, S. 967
„Two miles a minute", Gaz 1938-II, S. 48 und 78
„High-speed electric running on the Pennsylvania", Gaz 1938-I, S. 1103
„High-speed performances in France. — A summary of the highest speeds that have been attained in France by locomotives rebuilt with the Chapelon modifications", Gaz 1938-II, S. 339
„Streamline enterprise on the Santa Fé", Gaz 1938-I, S. 764
„The Flying Scotsman Trains of 1888 and 1938", Gaz 1938-II, S. 77 — Loc 1938, S. 200

1939 Allen: „Railway speed developments in 1938 (m. Tabellen)", Gaz 1939-I, S. 174
Kother: „Elektrische Bahnen für Fernschnellverkehr", El. Bahnen 1939, S. 223
„Die schnellsten Züge der französischen Staatseisenbahn-Gesellschaft im Jahre 1938", ZMEV 1939, S. 479
„Die Geschwindigkeit der deutschen Schnellzüge im Fahrplanjahr 1939/40 und die schnellsten Züge der Deutschen Reichsbahn nach dem Stande vom 15. Juli 1939", RB 1939, S. 844 — Lok 1940, S. 40
„Mittel zur Beschleunigung der Reisezüge und dadurch verursachte Kosten, insbesondere Triebwagenbetrieb und dessen Bilanz", Kongreß 1939, S. 387 (Rohde, Stroebe u. Fesser), 519 (Royle u. Harrison), 577 (Dumas), 675 und 871
„Neuer Geschwindigkeitsrekord bei der Reichsbahn: Kruckenberg-Schnelltriebwagen fährt 215 Stundenkilometer", RB 1939, S. 678
„Accelerated railcar service in Norway" (m. Karte), DRT 1939, S. 125
„American Diesel-electric streamliners (m. Tabelle u. Streckenkarte)", DRT 1939-I, S. 49
„Diesel train operation in Holland (m. Karten)", DRT 1939-I, S. 74 — Mod. Transport 13. Mai 1939, S. 5
„Etablissement des nouveaux horaires des Chemins de Fer Hollandais (m. Karte)", Revue 1939-I, S. 134 — Gaz 1938-II, S. 325
„High-speed test runs in France: 4950 hp electric locomotive which has attained 115 m. p. h.", ERT 1939, S. 32
„Long-distance cross-country service in France (Bordeaux to Clermont-Ferrand)", DRT 1939-II, S. 105
„Main-line Diesel operation on the Baltimore & Ohio", DRT 1939, S. 96
„Railcar services in France: Advantages over steam traction", Mod. Transp. 10. Juni 1939, S. 9
„Remarkable Italian acceleration achievement", Gaz 1939-I, S. 1074
„The economics of acceleration", Gaz 1939-I, S. 1053
„The Italian rail speed revolution (m. Tabellen)", Gaz 1939-I, S. 707
„100 m. p. h. with steam", Gaz 1939-I, S. 929

1940 „High-speed locomotive work in Belgium: Performances by the new Atlantic locomotives and the Standard Pacifics on the Brussels-Ostend line", Gaz 1940-I, S. 390

Güterzugdienst / allgemein

1909 „Massengüterbahnen", Verlag Springer, Berlin 1909 — Bespr. Organ
1909, S. 305
1926 Kümmell: „Großbetrieb im Eisenbahn-Güterverkehr", Z 1926, S. 1011
1927 Baumann: „Die Ermittelung der Zugförderungskosten der Güterzüge als Grundlage für die Wahl der Leitungswege", Organ 1927,
S. 164
Leibbrand: „Grundzüge des Güterzugfahrplanes", RB 1927, S. 224
Neuhahn: „Die Güterzugleistung", ZVDEV 1927, S. 181
1931 „Beförderung von 14 000 t-Zügen auf der Erzbahn Mesabi (Minnesota) - Erzhafen Allouez in Wisconsin, USA", Organ 1931, S. 245
1932 Tecklenburg: „Gestaltung des Güterzugfahrplans für den Verkehr in
der Nahzone", RB 1932, S. 671
1937 Baumann: „Durchführung sparwirtschaftlicher Organisationsver-
fahren im Güterverkehr", Kongreß 1937, S. 2008
* Göbel: „Die Bewältigung des modernen Güterverkehrs durch die
Deutsche Reichsbahn", Verlag Carl Nieft, Bleicherode 1937 —
Bespr. VW 1938, S. 378
1938 Ottmann: „Fischereibahnhöfe und Fischbeförderung", ZMEV 1938,
S. 471
Philipp: „Die Aufgaben des Betriebs-Maschinendienstes beim
Fischereihafen Wesermünde-Geestemünde", Annalen 1938-I, S. 207
Wagner: „Die Beschleunigung des Güterverkehrs mittels der Dampf-
und der Motorlokomotive", ZMEV 1938, S. 993
Wendt: „Obst- und Gemüsebeförderung bei der Reichsbahn", RB
1938, S. 931
Wernekke: „Ein amerikanischer Eilgüterzug (Illinois Central Rr)",
Annalen 1938-I, S. 75
Wernekke: „Einiges vom Güterverkehr der englischen Eisen-
bahnen", VW 1938, S. 594
„Beschleunigung des Güterverkehrs bei den englischen Eisenbahnen",
ZMEV 1938, S. 519
1939 „Operating fast freight trains", Age 1939-I, S. 336
„A century of Express Service, Railway Express Agency", Age
1939-I, S. 365

Beschleunigung des Güterverkehrs durch schnellfahrende leichte Güterzüge (Leig-Verkehr)

1929 Adam: „Ein neues System für die Beförderung von Stückgut",
ZVDEV 1929, S. 1101 ·
Eggert: „Leichte Güterzüge", RB 1929, S. 398
„Leichte Güterzüge", RB 1929, S. 830
1930 Adam: „Behälterverkehr", RB 1930, S. 1308
Reffler: „Stückgutbeförderung (Geschichtliches — Gegenwärtiges —
Zukünftiges)", ZVDEV 1930, S. 447
1931 Adam: „Weitere Erfahrungen mit dem Einsatz leichter Güterzüge
(Gütertriebwagen) unter Verwendung von Behältern", ZVDEV
1931, S. 317

1931   Tecklenburg: „Maßnahmen zur Beschleunigung der Stückgüterzüge und Verbesserung der Stückgutbeförderung“, RB 1931, S. 723 und 951

„Light goods traffic to intermediate stations — Latest practice in Germany“, Mod. Transport 29. Aug. 1931, S. 7

„Triebwagen für den Stückgutverkehr (Diesel-Triebwagen)“, RB 1931, S. 608 — Gaz. 1932-II, S. 676

1933   Rud. Meyer: „Frachtstückgut-Schnellverkehr. — Neue Wege“, RB 1933, S. 131

Tecklenburg: „Betrachtungen über eine erstrebenswerte Güterbeförderung“, RB 1933, S. 453

1937   Dreyer: „10 Jahre leichte Güterzüge (Leig)“, RB 1937, S. 587

Verkürzung der Güterzug-Aufenthalte auf Unterwegsbahnhöfen durch Einsetzen von Motor-Verschiebe-Kleinlokomotiven

1929   Kaempf: „Schlepperbetrieb in Rangierbahnhöfen“, Organ 1929, S. 233

1930   Leibbrand: „Verwendung von kleinen Motorlokomotiven auf Unterwegsbahnhöfen zur Beseitigung der Rangieraufenthalte der Nahgüterzüge“, RB 1930, S. 565

Niederstraßer: „Leichte Motor-Verschiebelokomotiven der DRB“, Z 1930, S. 1697

1931   Landmann: „Die Akkumulatorenlokomotive als Kleinlokomotive für Unterwegsbahnhöfe“, Annalen 1931-II, S. 37

Norden: „Speicherschlepper für Rangierdienste der DRB“, El. Bahnen 1931, S. 76

Witte u. Stamm: „Motorkleinlokomotiven im Betriebe der DRB“, Verkehrstechnische Woche 1930, S. 643 — Verkehrstechnik 1931, S. 177 — Kongreß 1931, S. 407 — Lok 1931, S. 109

„Kleinlokomotiven im Rangierdienst der DRB“, RB 1931, S. 591

„Low-powered motor locomotives on the German Rys“, Loc 1931, S. 242

1932   * Galle u. Witte: „Die Kleinlokomotiven im Rangierdienst auf Unterwegsbahnhöfen der DRB“, 2. Aufl., Verlag der Verkehrswissenschaftlichen Lehrmittelges. m. b. H. bei der DRB, Berlin 1932 — Bespr. RB 1932, S. 305

Niederstraßer: „Bauliche Entwicklung der Kleinlokomotiven der DRB“, Annalen 1932-I, S. 85

Tecklenburg: „Ein Jahr streckenweiser Einsatz von Kleinlokomotiven“, RB 1932, S. 1050

Witte: „Die Kleinlokomotive — ein Betriebsmittel zur Rationalisierung des Nahgüterverkehrs“. Organ 1932, S. 269

1935   Wagner: „Die Dampflokomotiven und Motorkleinlokomotiven“, Organ 1935, S. 271

1937   Jessen: „Betriebsbewährung und Weiterentwicklung der Einheitsmotorkleinlokomotiven der Deutschen Reichsbahn“, Annalen 1937-II, S. 15

Behälterverkehr

1877   Brix: „Vorschlag zur Erbauung neuer Viehtransportwagen mit rollbaren Kästen für Kleinviehtransporte in einzelnen Stücken", Organ 1877, S. 197

1921   „The container railway car", The Eng 1921-II, S. 647

1927   „The freight container in 1846", Age 1927-II, S. 857

1928   Adam: „Welche Vorteile bietet die Verwendung von Behältern im Eisenbahn-Stückgutverkehr?", ZVDEV 1928, S. 1377
        Bäseler: „Der Einheitskasten für den Schnellgüterverkehr. — Ein zweiter Versuch", ZVDEV 1928, S. 852
        Bäseler: „Packwagen mit Einsatzkästen", ZVDEV 1928, S. 1197

1930   Adam: „Behälterverkehr", RB 1930, S. 1308
        Baumann: „Behälterverkehr der britischen Bahnen", Verkehrstechn. Woche 1930, S. 715

1931   Adam: „Weitere Erfahrungen mit dem Einsatz leichter Güterzüge unter Verwendung von Behältern", ZVDEV 1931, S. 317
        Baumann: „Behälterbeförderung und Kraftwagenverkehr bei den britischen Bahnen", RB 1931, S. 623
        Ebert: „Technische Fragen bei der Einführung von Behältern", Organ 1931, S. 229
        Schröder: „Behälterverkehr", Z 1931, S. 1038

1932   Seifert: „Behälterverkehr — Wirtschaftliche Bedeutung und Ergebnisse der Untersuchungen der Internationalen Handelskammer", Automobiltechn. Zeitschrift 1932, S. 144

1933   Sommerlatte: „Die Entwicklung des Verkehrs mit Stahlbehältern", RB 1933, S. 618
        * Brauner: „Behälterverkehr" (RKW-Veröffentlichung), Otto Elsner Verlagsges., Berlin 1933 — Bespr. RB 1934, S. 812

1934   Ahlbrecht: „Entwicklung des Behälterverkehrs", Z 1934, S. 316

1935   Haßfurter: „Behälterverkehr", Organ 1935, S. 143
        „Ladeschwinge für Großbehälter", Z 1935, S. 845

1936   Becker und Wolfframm: „Die Tagung des Internationalen Behälterbüros in Frankfurt a. M. vom 21. bis 24. April 1936", Rb 1936, S. 934

1937   Baumann: „Verwendung von Behältern und Straßenbeförderung von Eisenbahnwagen", Kongreß 1937, S. 2018
        Drugeon: „Les containers en 1936", Revue 1937-I, S. 155
        Lilliendahl: „Isolierte Kleinbehälter bei den Schwedischen Staatsbahnen", ZMEV 1937, S. 209
        Trierenberg: „Haus-Haus-Verkehr der Deutschen Reichsbahn", RB 1937, S. 582
        Warner: „Containers, past and present", Baldwin Juli 1937, S. 15
        „Insulated containers in Sweden", Gaz 1937-II, S. 528

1939   Baur: „Amerikanische Kühlbehälter", VW 1939, S. 111
        „Containers in France", Gaz 1939-I, S. 413
        „Handling containers on the Netherlands Rys", Gaz 1939-I, S. 417 — Revue 1939-II, S. 136

Das Straßenfahrzeug als Behälter

1849   Pellenz: „Beschreibung der auf der Rheinischen Eisenbahn aus-
geführten Transportvorrichtung für Frachtwagen", Organ 1849,
S. 13

1925   Bäseler: „Schnellgüterverkehr. — Ein Versuch zur Ueberwindung
der Zugbildung", ZVDEV 1925, S. 507 u. 1926, S. 934

1927   Becker: „Der Schnellgüterverkehr nach Dr. Bäseler in verkehrs-
dienstlicher Beleuchtung", ZVDEV 1927, S. 477

1932   „Six-wheel wagons for conveying road milk trailers, Great Western
Ry", Loc 1932, S. 258

1936   „An early door-to-door freight service, 1860", Loc 1936, S. 402

1937   „Stage coaches on rail, 1840", Gaz 1937-II, S. 1168

1938   „The Bulk Transport of edible oils, LMS Ry", Engg 1938-I, S. 394 —
Gaz 1938-I, S. 711 — Loc 1938, S. 159
„Two methods of motorcar transport by rail", Gaz 1938-I, S. 718

Straße-Schiene-Fahrzeuge im Güterverkehr

1905   „Ersatz von Gleisanschlüssen u. Anschlußgleisen", Annalen 1905-II, S. 81

1922   „Straße-Schiene-Züge", Waggon- u. Lokbau 1922, S. 6 u. 19

1923   „Four-wheel drive lorry for road or rail", Loc 1923, S. 342

1929   „Combination steam driven road and rail tractor for Kenya colony",
Loc 1929, S. 407

1931   Baumann: „Behälterbeförderung und Kraftwagenverkehr (Rorailer)
bei den britischen Eisenbahnen", RB 1931, S. 623
Heck: „Gemischter Straßen-Schienen-Transport", Das Lastauto 1931,
Heft 19, S. 16
„LMS-Karrier «Ro-railer»", Ry Eng 1931, S. 111

1933   Bourgougnon: „Essais sur le réseau du Nord d'un wagon route et
rail", Revue 1933-II, S. 128

1934   „Road-railer for permanent way work, West Highland Section
L & NER", Gaz 1934-I, S. 105

1935   „Latil «loco-traulier», with Firestone pneumatic tyres", Loc 1935, S. 403

1937   „Road-rail vehicles in Canada (Canadian National)", Gaz 1937-II,
S. 204 — Revue 1938-I, S. 52
„Highway trucks on rails, Great Northern Rr", Age 1937-II, S. 921

Straßenfahrzeuge für Eisenbahnwagen:
Das fahrbare Anschlußgleis

1911   „Kraftwagen zur Beförderung von Eisenbahnfahrzeugen", Klb. Ztg.
1911, S. 309

1933   Culemeyer: „Das Straßenfahrzeug für Eisenbahnwagen", RB 1933,
S. 553
Culemeyer: „Haus-Haus-Verkehr mit Wagenladungen. — Das fahrbare Anschlußgleis der DRB", ZMEV 1933, S. 929 — Revue
1934-I, S. 208
„Straßenfahrzeug für Eisenbahnwagen. — Das fahrbare Anschlußgleis der Reichsbahn", RB 1933, S. 378

1934   Bode: „Das Fahrzeug der DRB für die Beförderung von Eisenbahnwagen auf der Straße", Organ 1934, S. 159 (u. 82)

           Culemeyer: „Die Straße ruft", RB 1934, S. 441

1935   Culemeyer: „Die neuere Entwicklung der Straßenfahrzeuge für Eisenbahnwagen und ihre Hilfsvorrichtungen", RB 1935, S. 212

           Köpke: „Straßenfahrzeuge für Güterwagenbeförderung", Organ 1935, S. 315

           Lauterbach: „Eine Rückschau auf ein Jahr Beförderung von Eisenbahnwagen mit dem neuen Straßenfahrzeug der Reichsbahn", RB 1935, S. 225

           Schultheiß: „Erfahrungen mit dem Culemeyerschen Fahrzeug für Eisenbahnwagen", Organ 1935, S. 140

           „Fahrbares Anschlußgleis der Italienischen Staatsbahnen", Rivista Tecnica 1935-I, S. 313

           *„Die Eisenbahn ins Haus. — Ein Jahr Verkehr mit Straßenfahrzeugen für Eisenbahnwagen", herausgegeben von der Deutschen Reichsbahn, Berlin 1935

1936   Bode: „Fahrzeuge zum Befördern von Eisenbahnwagen auf der Straße", Annalen 1936-II, S. 69

1937   Baumann: „Verwendung von Behältern und Straßenbeförderung von Eisenbahnwagen", Kongreß 1937, S. 2018

   =   Bode: „Schwerlastbeförderung auf der Straße", RB 1937, S. 881

           Trierenberg: „Haus-Haus-Verkehr der Deutschen Reichsbahn", RB 1937, S. 582

1938   Culemeyer: „Die Reichsbahn in Athen", RB 1938, S. 443

   =   Diehle: „Zugmaschinen für den Schwerlastdienst der Deutschen Reichsbahn auf der Straße", VW 1938, S. 501 — Z 1939, S. 504

   =   James: „Anything to Anywhere: Efficient organisation evolved by the Southern Area of the LNER for transporting abnormal loads", Gaz 1938-II, S. 692

1939 * Culemeyer: „Die Eisenbahn ins Haus", Otto Elsner Verlagsges., Berlin-Wien-Leipzig 1939 — Bespr. Lok 1939, S. 73 — Annalen 1939, S. 262 — Z 1939, S. 1152

   =   Menzel: „Schwerlastbeförderung auf der Straße im Dienst der Ausfuhr", RB 1939, S. 82

Lokomotiv-Behandlungsanlagen

1910   „Locomotive running shed management", Loc 1910, S. 119

1916 * Voigt: „Mechanische Lokomotivbekohlung", Helwingsche Verlagsbuchhandlung, Hannover 1916 — Bespr. Organ 1917, S. 38

1922   de Haas: „Bemerkungen über Eisenbahn-Betriebswerke", Z 1922, S. 923

1923   „Kohlenersparnis bei Lokomotiven (durch zweckmäßiges Ausschlacken)", Annalen 1923-I, S. 91

1925   Koblenz: „Neuzeitliche Lokomotiv-Bekohlungsanlagen", Annalen 1925-I, S. 129

           Landsberg: „Das Anheizen der Lokomotivkessel", Organ 1925, S. 402

           Reutener: „Die Lokomotivbehandlungsanlagen der Deutschen Reichsbahn", Annalen 1925-II, S. 165

1926   Bailey: „Water treatment and locomotive boiler washing", Baldwin
        Januar 1926, S. 40
        Koblenz: „Kranlose Lokomotiv-Bekohlungsanlagen", Organ 1926,
        S. 209
        Scharrer: „Versuche an neuzeitlichen Lokomotivkessel-Wasch-
        anlagen", Organ 1926, S. 481
1927   Bethke: „Versuche mit dem Anfeuern von Lokomotiven", Organ
        1927, S. 105
        Mindermann: „Ausgeführte Neuerungen im Lokomotivbetriebs-
        dienst", Annalen 1927-II, S. 25
        Reutener: „Neue Wege für die Lokomotivbekohlung", Annalen
        1927-I, S. 85
        Weidenbacker: „Notes on locomotive terminal improvements", Bald-
        win Juli 1927, S. 53
1928   Gottschalk: „Lokomotivbehandlungsanlage Halle a. d. S.", Annalen
        1928-II, S. 53
        Osthoff: „Neuzeitliche Eisenbahn-Betriebswerke", Z 1928, S. 397
        Pabst: „Eine neuartige Lokomotivauswaschanlage", Annalen 1928-II,
        S. 163
        White: „Locomotive coal, sand and cinder handling facilities",
        Baldwin Okt. 1928, S. 27
1929   Fitts: „Keeping the locomotive clean", Baldwin Juli 1929, S. 63
1930   Gottschalk: „Lokomotiv-Besandungsanlagen", Annalen 1930-I, S. 19
        Niederstraßer: „Anheizen der Lokomotiven mit Dampf", Archiv für
        Wärmewirtschaft 1930, S. 402
1931   „Boiler washing plant at Stratford locomotive depot", Loc 1931,
        S. 420
1932   Bates: „Eliminating the hot engine around the terminal shop",
        Baldwin Januar 1932, S. 58
        Schmelzer: „Der neue Lokomotivschuppen auf dem Verschiebebahn-
        hof Tempelhof", Annalen 1932-II, S. 47
        Williams: „Freight working on the LMSR", Beyer-Peacock Juli 1932,
        S. 9
1934   „«Mitchell» coal-hoist at Nairobi, Kenya and Uganda Ry", Loc 1934,
        S. 75
1935   Blackwell: „Smoke abatement", Baldwin April/Juli 1935, S. 26
        Ebbecke: „Die neue Lokomotivbehandlungsanlage auf dem Bahnhof
        Fredericia (Dänemark)", Annalen 1935-II, S. 11
        „Turning locomotives by power from the brake apparatus", Gaz
        1935-I, S. 239
1937   „An up-to-date locomotive depot: Bristol, Bath Road, depot, GWR",
        Gaz 1937-II, S. 237
        „A bath for the Iron Horse", Baldwin Januar 1937, S. 21
        „Exmouth Junction Locomotive Depot, Southern Ry", Loc 1937,
        S. 142
1938   Bartels: „Der maschinentechnische Betriebsdienst der Reichsbahn
        unter besonderer Berücksichtigung der Zugförderung mit Dampf-
        lokomotiven", Annalen 1938, S. 256 u. 283
        Igel: „Locomotive boiler-washing plant", Loc 1938, S. 280
        Wernekke: „Ein amerikanischer Lokomotivschuppen", Annalen
        1938-I, S. 111

Witte: „Die Planung neuzeitlicher Betriebswerke", Annalen 1938-II,
S. 329 und 347
„Warmwasser-Waschanlage für Lokomotiven", Z 1938, S. 533
„Equipment at a modern locomotive running depot in India, North
Western Ry", Gaz 1938-I, S. 719

1939 * Hodgson & Lake: „Locomotive Management: Cleaning, driving,
maintenance", 7. Aufl., St. Margaret's Technical Press, Ltd,
London 1939 — Bespr. Gaz 1939-I, S. 91
Niederstraßer: „Vereinheitlichung von maschinentechnischen Betriebseinrichtungen", Annalen 1939, S. 293
„Modern B. & L. E. (Bessemer and Lake Erie) Enginehouse", Mech.
1939-I, S. 101

Verschiebetechnik / allgemein

1909 Blum u. Giese: „Verschiebebahnhöfe in Nordamerika", Z 1909, S. 41
und 101

1924 Simon-Thomas: „Die betriebswissenschaftliche Untersuchung der Verschiebebahnhöfe", Z 1924, S. 991

1925 * Bäseler: „Verkürzte Weichenstraßen", «Eisenbahnwesen», VDI-Ver-
lag, Berlin 1925, S. 229
* Blum: „Verschiebebahnhöfe", «Eisenbahnwesen», VDI-Verlag, Berlin
1925, S. 223
*„Verschiebebahnhöfe in Ausgestaltung und Betrieb", VW, Sonder-
ausgabe 1925 — Bespr. Organ 1926, S. 70
* Müller: „Betriebspläne für Verschiebebahnhöfe", «Eisenbahnwesen»,
VDI-Verlag, Berlin 1925, S. 236
* Simon-Thomas: „Gefällbahnhöfe', «Eisenbahnwesen», VDI-Verlag,
Berlin 1925, S. 248
„Mechanisierung des Rangierbetriebes", Annalen 1925-II, S. 72

1926 Bäseler: „Ziele und Wege der Verschiebetechnik", Organ 1926, S. 215
Evans: „The clearing yard of the Belt Ry Company of Chicago",
Baldwin April 1926, S. 50
Wöhrl: „Bewährtes, Nichtbewährtes und Erhofftes für die Bewegung
der Güterwagen in den Gefällbahnhöfen", Organ 1926, S. 254

1927 Frohne: „Ueber die Leistungsfähigkeit der Ablaufanlagen von Flach-
bahnhöfen und Gefällbahnhöfen", Organ 1927, S. 238 u. 257
Gottschalk: „Wirtschaftsstatistik für Verschiebebahnhöfe", RB 1927,
S. 307

1928 „Technical essays: XXI. On shunting methods and costs", Loc 1928,
S. 77

1930 Ammann: „Rangiertechnik", Organ 1930, S. 289 u. 496. — 1931,
S. 160, 211, 283
Bäseler: „Grundsätzliches zur Rangiertechnik", Organ 1930, S. 533
Kaempf: „Die Rangiertechnik in Güterbahnhöfen", Z 1930, S. 1717
„Mittel zur Regelung der Geschwindigkeit ablaufender Wagen auf
Verschiebebahnhöfen und zur Sicherung ihres Laufes nach den
verschiedenen Sammelgleisen", Kongreß 1930, S. 211 (Fiala) und
359 (Gottschalk)

1931   „Die Rationalisierung des Verschiebebahnhofes Dresden-Friedrich-stadt", Organ 1931, Fachheft Nr. 1/2, S. 1 u. f.

1936   Russ: „Leistungsarten und Leistungsgrenzen der Rangierbahnhöfe", Organ 1936, S. 1
„Rangiertechnik", VW 1936, Fachheft 14/15, S. 158 u. f.

1937   Holfeld: „Die Hauptablaufanlage der Gefällbahnhöfe bei flacher Geländegestaltung", Organ 1937, S. 298
Ottmann: „Die Wagenbildung im Stückgutverkehr", ZMEV 1937, S. 173
„Rangiertechnik", VW 1937, Heft 12/13, S. 133 u. f.

1938   Frohne: „Gefällbahnhöfe", ZMEV 1938, S. 678
Leibbrand: „Leistungserhöhung bei Rangierbahnhöfen", VW 1938, S. 113

1939   Metzig: „Umbau der Ablaufanlage des Verschiebebahnhofes Harris-burg in Amerika", VW 1939, S. 397
Nebelung: „Die Ermittlung der Zugbildungszeiten auf Verschiebe-bahnhöfen", VW 1939, S. 409
Wenzel: „Rangieranlagen auf Unterwegsbahnhöfen", VW 1939, S. 529
Zoche: „Ein Ueberblick und ein Ausblick über einige Gebiete der Rangiertechnik", VW 1939, S. 567
„Rangiertechnik. — 11. Sonderheft der Studiengesellschaft für Ran-giertechnik", VW 1939, S. 521 u. f.
„Mechanisation of Toton Down Marshalling Yard, LMSR", Gaz 1939-II, S. 233

1940   Metzig: „Advances in switching practice in German shunting yards", Engg Progressus (VDI-Verlag, Berlin) 1940, S. 19

Gleisbremse

1924   Derikartz: „Die Gleisbremse «Thyssenhütte» auf dem Bahnhof Köln-Nippes", Organ 1924, S. 341
Wenzel: „Verbesserung des Schwerkraft-Verschiebedienstes durch verbesserte Bremstechnik", Z 1924, S. 986

1925   * Frölich: „Verschiebeanlagen mit Gleisbremsen", «Eisenbahnwesen», VDI-Verlag, Berlin 1925, S. 240

1926   Frölich: „Ablaufdynamik", Organ 1926, S. 237

1929   Bäseler: „Von Gleisbremsen, Zeitweglinien und ähnlichen Dingen", ZVDEV 1929, S. 1341 u. 1373

1930   Gottschalk: „Hilfsmittel zur Regelung der Ablaufgeschwindigkeit", Kongreß 1930, S. 389

1935   Gottschalk: „Neuere Gleisbremsen der Deutschen Reichsbahn", Z 1935, S. 1249

1936   Lévi: „Le frein de voie «Marchais», Revue 1936-I, S. 415 — Organ 1937, S. 285

1937   Gottschalk: „Raddruckmelder für Gleisbremsen", Z 1937, S. 155

1939   Bouvet et Cureau: „Essais et application des freins de voie electro-pneumatiques, équipment des gares de St. Germain-au-Mont-d'Or et de Chasse", Revue 1939-I, S. 18

Vinot: „Un appareil de freinage entièrement automatique pour voies de tirage par la gravité", Revue 1939-I, S. 434

„Vergleich zwischen der Wirbelstrombremse (Bauart Bäseler) und der Thyssenbremse", VW 1939, S. 524

„Pennsylvania installs retarders in yard at Harrisburg, Pa.", Age 1939-II, S. 146

Verschiebetechnik / Verschiedenes

1910	„Electric railway shunting capstan", Loc 1910, S. 103
1921	„Elektrisch betriebene Spille", Kruppsche Monatshefte 1921, S. 157
1924	Schulz: „Ueber moderne Rangiermittel für Werkbahnen", Annalen 1924-II, S. 41 und 1925-I, S. 74
	„A novel type of shunting locomotive: The «Vermot Locomotor»", Loc 1924, S. 125
1926	Frohne: „Arbeits- und Zeitstudien im Verschiebedienst", Organ 1926, S. 243
	Frölich: „Ablaufdynamik", Organ 1926, S. 237
	Pirath: „Wagenbeschädigungen auf Rangierbahnhöfen im Ablauf- und Stoßbetrieb", VW 1926, Heft 18, S. 205
	Wittrock: „Einstellung des Lokomotivrahmens auf dem Ablaufberg", Organ 1926, S. 199
	Wöhrl: „Bewährtes, Nichtbewährtes und Erhofftes für die Bewegung der Güterwagen in den Gefällbahnhöfen", Organ 1926, S. 254
1927	Caesar: „Eine neue Verschiebemaschine", Annalen 1927-I, S. 133
1928	„A novel shunting tractor: The «Breuer» locomotor", Loc 1928, S. 317
1929	Bäseler: „Von Gleisbremsen, Zeitweglinien und verwandten Dingen", ZVDEV 1929, S. 1341 u. 1373
	Kaempf: „Schlepper in Rangierbahnhöfen", Organ 1929, S. 233
	„Rangiertechnische Einrichtungen der Reichsbahn: Beidrück-Einrichtungen", RB 1929, S. 391
1931	van Biema: „Die Entwicklung des Rangierfunks und seine Anwendungsmöglichkeiten im Betrieb", RB 1931, S. 244
	Bloch: „Wahrscheinlichkeitsrechnung im Ablaufbetrieb", Organ 1931, S. 236
	* Garbers: „Die Profilgestaltung der Ablaufberge unter besonderer Berücksichtigung der Bremsanordnung", Dissertation TH. München, Verlag Springer, Berlin 1931
	* Kümmell: „Die Privatgleisanschlüsse der Deutschen Reichsbahn in technischer Hinsicht", Verlag VWL 1931 — Bespr. RB 1932, S. 353
	Müller, Prof. Dr.: „Die Profilgestaltung zum Zerlegen der Güterzüge mit Lokomotiven über den Ablaufberg", VW 1931, S. 61
	Schurig: „Wirtschaftliche Spillbauart", Z 1931, S. 512
1933	Massute: „Verschiebedienst ohne Ablaufanlage", Organ 1933, S. 69
1936	Diehl: „Neuzeitliche Entwicklung und betriebliche Auswirkung der Verständigungsmittel des Rangierdienstes" (u. a. Rangierfunk), VW 1936, S. 194 und 1937, S. 442
1937	Dalziel: „The design and operation of capstans", Gaz 1937-II, S. 149, 233 und 316

1937   Fülling: „Etwas über Hemmschuh-Gipfelbremsen", VW 1937, S. 386
        „Contrôle du travail des locomotives de manoeuvres" (Tachograf),
        Revue 1937-II, S. 167
1938   Breitschaft: „Der «Ilo»-Einradwagenschieber", Organ 1938, S. 222
        Müller, Prof. Dr. Wilhelm: „Ablaufanlagen ohne Talbremsen bei Zu-
        führung der Züge durch Lokomotiv- oder Schwerkraft (zugleich
        ein Abriß der Ablaufdynamik)", Organ 1938, S. 125
1939   Diehl: „Die Weiterentwicklung der Verständigungsmittel des
        Rangierdienstes", VW 1939, S. 561
        Neumann u. Kesting: „Praktische Winke für den Bau mechanisierter
        Ablaufanlagen", VW 1939, S. 551
        Owen: „Counting the cost of special switching service", Age 1939-I,
        S. 558

Fährverkehr

1849   „Schwimmende Eisenbahn über den Fluß Tay auf der Edinburg-
        Nord-Bahn", Organ 1849, S. 134
1869   „The Channel Ferry: Proposed steam ferry England-Continent", Engg
        1869-I, S. 258. — 1870-I, S. 107
1870   Schaltenbrand: „Trajectanstalten", Z 1870, S. 13, 566, 629, 695
1883   „The Central Pacific Railway ferry", Engg 1883-II, S. 12 und 19
1884   „Danish railway ferries", Engg 1884-II, S. 176
1885   „The Isle of Wight steam ferry", Engg 1885-II, S. 126
1886   „The ferry steamer «Cape Charles», New York, Philadelphia & Nor-
        folk Rr", Engg 1886-I, S. 55
1891   Schmidt: „Amerikanische Eisenbahn-Fährdampfer", Z 1891, S. 468
1894   Mueller: „Amerikanische Dampfschiffahrt: Dampffähren im Hafen
        von New York", Z 1894, S. 1418
        „Early canal boats and rolling stock, Pennsylvania Rr", Engg 1894-II,
        S. 798
1905   „The Channel ferry", Gaz 1905-II, S. 321 E — VW 1907, S. 1242
1909   „Train-ferry steamer «Fabius» for Northern Nigeria", Engg 1909-II,
        S. 441
        „The Danish ry ferry steamer «Prins Christian»", Engg 1909-II, S. 344
1911   *„Die Eisenbahntechnik der Gegenwart. — 1. Bd., 1. Abschnitt,
        2. Teil, 2. Hälfte", Kreidels Verlag Wiesbaden 1911 (2. Aufl.),
        — Eisenbahnfähren S. 999 u. f.
        „Passenger train ferry on Detroit River", Engg 1911-II, S. 64
1914   „Train ferry for the Transcontinental Railway of Canada", Loc 1914,
        S. 56
1920   „LB & SC Ry train ferry steamer", Loc 1920, S. 257
1924   Wernekke: „Die Eisenbahnfähre Harwich-Zeebrügge und ihre Vor-
        läufer", Organ 1924, S. 280
1927   „The Danish motor train ferry Korsor", The Eng 1927-I, S. 610
1930   Weinberg: „Die Eisenbahnfähren in ihrer weltwirtschaftlichen. Be-
        deutung", ZMEV 1930, S. 838 — Revue 1931-II, S. 237
1931   van Hees: „Die Schiffsbetriebe der Deutschen Reichsbahn", RB
        1931, S. 398
        Noble & Wright: „The Southern Pacific Company's new Martinez-
        Benicia Bridge", Baldwin April 1931, S. 31 — Loc 1931, S. 246

„Güterfähre «Starke», erbaut von den Deutschen Werken, Kiel, für die Schwedische Staatseisenbahn", Z 1931, S. 594

„The train ferries of Denmark", Gaz 1931-I, S. 515

1932   Scandinavian railway travels", Loc 1932, S. 60, 93, 122, 167, 206

1934   Fischer: „25 Jahre Eisenbahnfährverbindung Saßnitz-Trelleborg", RB 1934, S. 656

„70 Jahre Lübeck-Lüneburg", RB 1934, S. 254

1935   Taschinger: „Kühlwagen für den Fährbootverkehr nach England", Organ 1935, S. 415

1936   Flemming: „Neuerungen im Schiffspark der Deutschen Reichsbahn", VW 1936, S. 261

Latrasse: „Le service de ferry-boats entre la France et l'Angleterre via Dunkerque et Douvres", Revue 1936-II, S. 232

Wiener: „Ueber die Zuggeschwindigkeit. - Dänemark: Die Ueberquerung der Meerengen", Kongreß 1936, S. 563

Wiener: „Ueber die Zuggeschwindigkeit. - Schweden: Internationale Strecken und Fährschiffe", Kongreß 1936, S. 862

„The Dover-Dunkirk train-ferry", Loc 1936, S. 319

1937   Engqvist: „Neuzeitliche Ausgestaltung der Fährbetten", Organ 1937, S. 319

Hardt: „Die Fährschiffverbindung Dover-Dünkirchen der englischen Südbahn", VW 1937, S. 536

Krethlow: „Fährschiffe im Eis", RB 1937, S. 206

Neergaard: „Die neuen Fährschiffe der Dänischen Staatsbahnen", Organ 1937, S. 317

Petersen: „Fährstrecken und Brücken in Dänemark", ZMEV 1937, S. 691 — Gaz 1938-I, S. 832

Wernekke: „Die Fährverbindung Dover-Dünkirchen", Organ 1937, S. 225 — Schweiz. Bauzeitung 1937-I, S. 45 — Loc 1936, S. 319 — Z 1937, S. 111

Wiener: „Europäische Fährschiffverbindungen", Kongreß 1937, S. 2486

„LNE Ry Granton and Burntisland Ferry (Firth of Forth)", Loc 1937, S. 81 — Gaz 1937-I, S. 337

1938   „Ferries and bridges in Denmark" (m. Karte), Gaz 1938-I, S. 832

„Rodby-Femern Ferry Route", Gaz 1938-I, S. 1065 (m. Karte)

1939   Wernekke: „Die Eisenbahnfähre Harwich-Zeebrügge", ZMEV 1939, S. 607

1940   Völker: „Die Eisenbahnfährschiffe der Fährverbindung Giurgiu-Russe (Rumänien)", Werft-Reederei-Hafen 1940, S. 49

Erhaltungswirtschaft / allgemein

1933   * Kühne: „Erhaltungswirtschaft", Verlag VWL 1933

Grehling: „Plan und Wirtschaft in der Fahrzeugunterhaltung", Organ 1933, S. 269

1936   Kühne: „Die Erhaltungswirtschaft der Deutschen Reichsbahn", VW 1936, S. 13

1937   Dumas: „Prix de recient de la traction nouvelle (Unterhaltungskosten)", Traction Nouvelle (Paris) 1937, S. 88

Kühne: „Erhaltungsarbeit und Erhaltungswirtschaft", RB 1937, S. 109

1939   Sillcox: „Motives controlling the purchase of rolling stock", Age 1939-II, S. 248

„Table tells of tie renewals in 1938, USA", Age 1939-II, S. 258

„Six Months Railway Buying up 103 Million Dollars", Age 1939-II, S. 372

„$ 678,322,000 for rail supplies and equipment in 1938", Age 1939-I, S. 560

Werkstättenwesen / allgemein

1905   „The locomotive, carriage and wagon shops of the Great North of Scotland Ry, Inverurie, N. B.", Loc 1905, S. 26 u. f.

1908   * v. Stockert: „Handbuch des Eisenbahn-Maschinenwesens: Werkstätten", Verlag Springer, Berlin 1908

1916   *„Die Eisenbahntechnik der Gegenwart. — I. Band, 2. Abschnitt: Die Eisenbahn-Werkstätten", 2. Aufl., Kreidel's Verlag, Wiesbaden 1916. — 1. Aufl. 1898

1919   Ahrons: „The Swindon locomotive works of the GWR", Loc 1919, S. 215

1922   de Haas: „Bemerkungen über Eisenbahnbetriebswerke", Z 1922, S. 923

Martens: „Das Gedingeverfahren in den Werkstätten der Deutschen Reichsbahn", Z 1922, S. 916

1923   Kühne: „Die Neuordnung der Werkstätten", Annalen 1923-I, S. 107 und 1925-II, S. 21

1924   Haas: „Die Altstoffwirtschaft in den Eisenbahnwerken", Annalen 1924-II, S. 240 u. 259

Weese: „Leistungsmaßstab für Lokomotivausbesserungswerke", Organ 1924, S. 144

1925   Boehme: „Verbesserung der Wärmewirtschaft des Ausbesserungswerkes Opladen der Deutschen Reichsbahn", Annalen 1925-I, S. 94

Kühne: „Neuordnung des Werkstättenwesens der DRG", Annalen 1925-II, S. 21

* Kühne: „Werkwirtschaft der Deutschen Reichsbahn", «Eisenbahnwesen», VDI-Verlag, Berlin 1925, S. 255

Lüders: „Die Ermittelung der Selbstkosten in den Eisenbahn-Ausbesserungswerken", Organ 1925, S. 470

* Martens: „Der Gedanke der Großfertigung in Eisenbahnwerkstätten", «Eisenbahnwesen», VDI-Verlag, Berlin 1925, S. 263

* Sabelström: „Ueber Eisenbahnwerkstätten", «Eisenbahnwesen», VDI-Verlag, Berlin 1925, S. 268

Stinner: „Betriebswirtschaftliche Vollabrechnung in den Eisenbahn-Ausbesserungswerkstätten", Annalen 1925-II, S. 136

„Eisenbahn-Werkstätten", Organ 1925, S. 347 und 429 (Fachhefte Nr. 18 und 21)

1926   Staufer: „Arbeits- und Zeitstudien in Eisenbahn-Ausbesserungswerken", Organ 1926, S. 464

1927 — Kienzle: „Fließarbeit", Z 1927, S. 309

* Kühne: „Weitere Entwicklung des Werkstättenwesens und der Werkwirtschaft bei der Deutschen Reichsbahn", Annalen 1927, Jubiläums-Sonderheft S. 241

* Neesen: „Die fließende Fertigung in Lokomotiv-Ausbesserungs-werken der Deutschen Reichsbahn“, Annalen 1927, Jubiläums-Sonderheft S. 249

1928   Osthoff: „Neuzeitliche Eisenbahn-Betriebswerke“, Z 1928, S. 397

Spiro: „Rationalisierung im Werkstättenwesen der Deutschen Reichs-bahn“, Z 1928, S. 293

„Railway workshops and equipment, Nigerian Ry“, Ry Eng 1928, S. 219

1929   Neesen: „Richtlinien für die Ausbesserung von Lokomotiven und Wagen bei der Deutschen Reichsbahn“, Werkstatttechnik 1929, S. 637

1930   Dönges: „Das Reichsbahn-Ausbesserungswerk Berlin-Schöneweide“, Annalen 1930-II, S. 121

Karner: „Werkstätten-Organisation der Oesterreichischen Bundes-bahnen“, Maschinenbau 1930, S. 601 — Z 1930, S. 1319

1931   Kühne: „Werkstättendienst der Deutschen Reichsbahn“, RB 1931, S. 178

1936   „Werkstättenstatistiken und Häufigkeitslinie“, RB 1936, S. 93

1937   Osthoff: „Fließbetrieb mit Schienenfahrzeugen in Eisenbahnbetriebs-werken“, Organ 1937, S. 93 und 1939, S. 69

Unterhaltung von Dampflokomotiven

1909   Desgeans u. Houlet: „Quelques atéliers de réparation et de con-struction de locomotives en Amérique“, Revue 1909-II, S. 413

1913   Fowler: „The repair and maintenance of locomotives“, Loc 1913, S. 40

1922   Neesen: „Die Grundlagen des Arbeitsdiagrammes eines Lokomotiv-untersuchungswerkes“, Z 1922, S. 910

Sußmann: „Neuzeitliche Betriebsführung in der Lokomotivkessel-Ausbesserung“, Annalen 1922-I, S. 169

1923   Weese: „Leistungsmaßstab für Lokomotiv-Ausbesserungswerke“, Organ 1923, S. 78 und 1924, S. 144

1925   Ebert: „Der Vorrats- und Austauschbau in der Lokomotivausbesse-rung“, Organ 1925, S. 369

1926 * Neesen: „Die Grundlagen für den Bau und die Einrichtung von Lokomotiv-Ausbesserungswerken“, VWL Berlin 1926

1927 * Neesen: „Die fließende Fertigung in Lokomotiv-Ausbesserungs-werken der Deutschen Reichsbahn“, Annalen 1927, Jubiläums-Sonderheft S. 249

1928   Humbert: „Betrachtungen über die Aufgaben der Eisenbahn-Betriebswerke im Dampflokomotivbetrieb“, ZVDEV 1928, S. 337

„Reorganisation of Crewe Locomotive Works, LMSR“, Ry Eng 1928, S. 237

1929   Golke: „Wirtschaftliche Betriebsgestaltung in der Lokomotiv-ausbesserung“, Betrieb 1929, S. 305

Neesen: „Richtlinien für die Ausbesserung von Lokomotiven und Wagen bei der Deutschen Reichsbahn“, Werkstatttechnik 1929, S. 637

1930   Tschauder: „Rationalisierung der Lokomotiv-Instandsetzung“, VT 1930, S. 683

1930   „Derby Locomotive Works, LMSR", Ry Eng 1930, S. 337
1931   „The care and maintenance of industrial steam locomotives", Loc 1931, S. 427
1932   Cardon: „L' entretien et la réparation des locomotives et automotrices électriques au Chemin de Fer d' Orléans", Revue 1932-I, S. 469
        Duchatel: „Notes sur l'organisation des atéliers de réparation de locomotives de la Cie de l'Est à Epernay", Revue 1932-I, S. 357
1933   Jenkyns: „The new locomotive works of the Australian Commonwealth Rys", Loc 1933, S. 62
      * Robson: „Engineering workshop principles and practrice", Emmott & Co. Ltd., London 1933 — Bespr. Gaz 1934-I, S. 292
        Schwering: „Die Leistung der Lokomotivausbesserungswerke als Funktion der Verkehrsschwankungen", Organ 1933, S. 1
1935   „New locomotive shops at Inchicore, Great Southern Ry, Ireland", Loc 1935, S. 152
        „Erhaltungswirtschaft der Dampflokomotivkessel", Bahn-Ing. 1935, Fachheft, S. 711—759
1938   Kühne: „Neuzeitliche Ausbesserungswerke für Dampflokomotiven", RB 1938, S. 538
        „Locomotive six-day schedule and progress boards: Time-saving measures in use in the erecting shop at the St. Rollox locomotive works, LMSR", Gaz 1938-II, S. 730
1939   Kohrs: „Lokomotivkesselunterhaltung und Instandseßung", Bahn-Ing. 1939, S. 369
        „Western Pacific modernizes its system locomotive shop", Age 1939-II, S. 406

Unterhaltung von elektrischen Triebfahrzeugen

1924   Sorger: „Die Wirtschaftlichkeit der elektrischen Zugförderung in Abhängigkeit von der Unterhaltung der Lokomotiven und vom Bau und Betrieb größerer Ausbesserungswerke für elektrische Lokomotiven". Annalen 1924-II, S. 90
1927 * Emmelius: „Die Unterhaltung und Pflege der Triebwagenzüge der Berliner Stadt-, Ring- und Vorortbahnen nach Einführung der elektrischen Zugförderung", Annalen 1927, Jubiläums-Sonderheft S. 231
1930   Dönges: „Das Reichsbahnausbesserungswerk Berlin-Schöneweide", Annalen 1930-II, S. 121
1932   Cardon: „L'entretien et la réparation des locomotives et automotrices électriques au Chemin de Fer d'Orléans", Revue 1932-I, S. 469
1936   Dönges: „Die Unterhaltung der Berliner S-Bahn-Wagen", El. Bahnen 1936, S. 2
      * Purrmann: „Ueber die Entwicklung und Erfahrungen bei der Unterhaltung der elektrischen Ausrüstung der Triebfahrzeuge der Schlesischen Gebirgsbahnen", Dissertation T. H. Breslau 1936
1937   „Innsbruck running shed and repair shop", Gaz 1937-II, S. 670
1938   Finck: „Neuzeitliche Einrichtungen in Straßenbahn-Werkstätten" VT 1938, S. 547

Ganzenmüller u. Riedmiller: „Entwicklung und Neuerungen in der Erhaltung elektrischer Triebfahrzeuge bei der Deutschen Reichsbahn", El. Bahnen 1938, S. 179

Haller: „Die Lager in Straßenbahnwagen", VT 1938, S. 542

Nyblin: „Ausbesserung elektrischer Lokomotiven in den schwedischen Staatseisenbahnwerkstätten in Malmö", El. Bahnen 1938, S. 27

Otto: „Entwicklung und Aufgabe des Reichsbahn-Ausbesserungswerks Berlin-Schöneweide im ersten Jahrzehnt des elektrischen Betriebes der Berliner S-Bahn", Annalen 1938-I, S. 145

Steiner: „Die technische Statistik bei der Abteilung für den Zugförderungs- und Werkstättendienst der Schweizerischen Bundesbahnen", El. Bahnen 1938, S. 88

1939   „The maintenance of electric locomotives, German State Rys", ERT 1939, S. 97

Unterhaltung von Verbrennungsmotor-Fahrzeugen

1932   Schönherr: „Die Ausbesserung von Verbrennungsmotortriebwagen im Reichsbahn-Ausbesserungswerk Wittenberge", Organ 1932, S. 263

1936   Ebert: „Die Erhaltung der Fahrzeuge mit Verbrennungsmotoren", VW 1936, S. 285

1937   Dumas u. Lévy: „Unterhaltung von Triebwagen", Kongreß 1937, S. 1827

        „Railcar maintenance on the Italian State Rys", Gaz 1937-II, S. 265

        „The maintenance of diesel-electric streamliners, USA", Gaz 1937-II, S. 578

1938   Hipp u. Schuler: „Die Triebwagenabstellanlage bei Dortmund", Organ 1938, S. 181

        Martin: „Quelques notes au sujet de l'utilisation et l'entretien des autorails", Revue 1938-I, S. 161

1939   Boettcher: „Unterhaltung von Verbrennungstriebwagen", Organ 1939, S. 364

        Hatch: „General overhaul of the «New Haven Comet»", Mech. 1939, S. 43

        Pedersen: „A main-line railcar depot, Copenhagen", DRT 1939, S. 44

Unterhaltung von Eisenbahnwagen

1910   Schumacher: „The desinfection of passenger coaches, Prussian State Rys", Gaz 1910-I, S. 452

1927   * Brann: „Fließarbeit in Wagenwerkstätten der Deutschen Reichsbahn", Annalen 1927, Jubiläums-Sonderheft S. 256

        * Emmelius: „Die Unterhaltung und Pflege der Triebwagenzüge der Berliner Stadt-, Ring- und Vorortbahnen nach Einführung der elektrischen Zugförderung", Annalen 1927, Jubiläums-Sonderheft S. 231

1928   „Notes on carriage and wagon repairs", Loc 1928, S. 227

1929   Neesen: „Richtlinien für die Ausbesserung von Lokomotiven und Wagen bei der Deutschen Reichsbahn", Werkstatttechnik 1929, S. 637

1932   Hentschel: „Die Unterhaltung der Personenwagen in den Reichsbahn-Ausbesserungswerken", Organ 1932, S. 253

1933   Eyles: „Repair methods on damaged all-metal coaches", Loc 1933, S. 184

        Schwering: „Die Bildung von Richtwerten für die Kosten der Personenwagenunterhaltung", Organ 1933, S. 403

1938   Kayser: „Der Betriebswagendienst", Annalen 1938-II, S. 267

1939   Lautenschläger: „Grundzüge für die Ausmusterung der Reisezugwagen", Bahn-Ing. 1939, S. 751

Ausrüstung der Ausbesserungswerke

1859   Lindner: „Rädersenkvorrichtung für Tender und Locomotiven", Organ 1859, S. 276

1908   Oudet: „Le levage mécanique des véhicules de chemins de fer", Revue 1908-II, S. 391

1910   „A locomotive weighing machine with patent locking gear", Loc 1910, S. 244

1912   „Hydraulic wheel drops for running sheds", Loc 1912, S. 16

1914 * Spiro: „Ueber die Wirtschaftlichkeit der zur Zeit gebräuchlichsten Hebezeuge in Lokomotiv-Werkstätten", Verlag F. C. Glaser, Berlin 1914

        „Hanomag-Abkochanlagen", HN 1914, Heft 13, S. 1
        „Hanomag-Schienenplatten", HN 1914, Heft 13, S. 8

1917   Frederking: „Neuzeitliche Abkochanlagen für Eisenbahnwerkstätten", HN 1917, S. 81

1921   Frederking: „Gleisoberbau mit Schienenplatten in Eisenbahn-Werkstätten", HN 1921, S. 101

1923   Scheuermann: „Lokomotiv-Hebekrane", Annalen 1923-II, S. 113
        „Apparatus for weighing locomotives", Loc 1923, S. 310

1924   Frederking: „Hanomag-Kochbottich zum Reinigen von Lokomotivrahmen", HN 1924, S. 201 u. 1925, S. 98
        „Heavy floor hoists for locomotive shops", Loc 1924, S. 129

1925   Frederking: „Werkstatteinrichtungen", HN 1925, S. 98

1926   Klinke: „Elektrische Beleuchtung der Untersuchungsgruben für Lokomotiven", Annalen 1926-II, S. 1

        Schmelzer: „Ueber die Bedeutung stetiger Betriebsüberwachung für die Wirtschaftlichkeit elektrischer Schiebebühnen- und Drehscheibenantriebe", Annalen 1926-II, S. 17

        Selter: „Ueber neuere Eisenbahn-Hebewinden", Annalen 1926-I, S. 189

        Theobald: „Stoßfreies Ueberfahren der Gleislücken von Schiebebühnengleisen", Annalen 1926-I, S. 85

        Wentzel: „Die Bedeutung des reinen Generatorgases für die Betriebe der Reichseisenbahn", Annalen 1926-I, S. 33

1927   „120 t-Kran für eine Lokomotiv-Werkstätte", Z 1927, S. 1432

1928   „Electric wheel drop for locomotive sheds", Loc 1928, S. 254

Doppeldeck-Stromlinienzug zwischen Hamburg und Lübeck mit
1B1-Tenderlokomotive von Henschel. Höchstgeschwindigkeit 120 km/h.
Mit Hilfe solcher Züge wurde ein Schnellverkehr zwischen den
beiden Hansestädten Hamburg und Lübeck eingerichtet.

1929 Christie: „The modern drop pit table", Baldwin Juli 1929, S. 37

   Raudnitz: „Die Prüfung von Gleiswaagen über 50 t Wiegefähigkeit auf Brückendurchbiegung", Annalen 1929-II, S. 73

1930 Bürklen: „Neue Metallreinigungsverfahren für Reichsbahn-Ausbesserungswerke", Annalen 1930-I, S. 107

1931 de Young: „Chesapeake & Ohio picks Tiger cranes for its new shops", Baldwin Januar 1931, S. 58

1936 „Locomotive cleaning apparatus", Loc 1936, S. 84

1937 Burger: „Unterhaltung der Bremsen im Reichsbahn-Ausbesserungswerk Nürnberg", Organ 1937, S. 289

   Schulze: „Eine neue Drehgestellsenke für Triebwagen" (in Essen), Organ 1937, S. 88

   „Locomotive weighing machines, LNER", Gaz 1937-II, S. 448

   „The repair of locomotive motion details — Details of the progressive system in use at the Horwich works of the LMSR", Gaz 1937-II, S. 282 u. 319

1939 Bieck: „Einkammer-Waschmaschine für Fahrzeugunterhaltung (Berliner Untergrundbahn)", Z 1939, S. 1238 — Annalen 1939, S. 119

   Phillipson: „The steam locomotive in traffic: IV. Locomotive depot equipment", Loc 1939, S. 228

= Riedig: „Waagen zum Verwiegen von Briketts", Braunkohle 1939, S. 217

   Schweth: „Reichsbahn und Werkzeugmaschinenbau in den letzten Jahren", Annalen 1939-I, S. 49

   „Neuartige Rad- und Achsdruckwaage", Bahn-Ing. 1939, S. 454

   „Lifting of locomotives for repair work: New system introduced in France", Gaz 1939-II, S. 62

Oberflächenschutz

1922 Würth: „Farbe und Lack im Waggon- und Lokomotivbau", Waggon- und Lokbau 1922, S. 143

1925 Asser: „Neue Wege für den Anstrich der Reichsbahnwagen und -Bauten", Z 1925, S. 352

 * Eibner: „Ueber Forschungsergebnisse auf dem Gebiet der Sonderanstriche für Reichsbahnzwecke", «Eisenbahnwesen», VDI-Verlag, Berlin 1925, S. 356

1926 Arzt: „Ueber Herstellung und Verarbeitung der Anstrichstoffe für Eisenbahn-Fahrzeuge", Organ 1926, S. 331

1927 Lorenz: „Beitrag zur Anwendung der Farbspritze in der Eisenbahnwerkstatt", Annalen 1927-II, S. 12

 * Schulze: „Ueber Rostschäden und Rostschutz bei Reichsbahnfahrzeugen", Annalen 1927, Jubiläums-Sonderheft S. 292

1928 — König: „Beanspruchung von Schutzanstrichen an Fahrzeugen", Z 1928, S. 1213

1929 — Kutscher: „Oberflächenschutz durch aufgespritzte metallische Ueberzüge", Maschinenbau 1929, S. 543

 — Rackwitz: „Oberflächenschutz durch aufgewalzte und aufgeschweißte Metallüberzüge", Maschinenbau 1929, S. 546

7

1929 —   Schob: „Oberflächenschuß durch Anstrichstoffe", Maschinenbau/Betrieb 1929, S. 533
    —   Schlötter: „Galvanisch und feuerflüssig aufgebrachte Ueberzüge", Maschinenbau 1929, S. 539
1930 —   Bärenfänger: „Einflüsse des Seewassers auf Anstriche", Z 1930, S. 373
1931   Hebberling: „Neuerungen im Waggonanstrich", Waggon- u. Lokbau 1931, S. 151
    Lautenschläger: „Personenwagen-Reinigungs- und Lackpflegeanlage Bauart Lautenschläger-Gensch", Organ 1931, S. 484
    —* Suida u. Salvaterra: „Rostschuß und Rostschußanstrich", Verlag Springer, Wien 1931 — Bespr. Z 1931, S. 1116
1933 —   Adrian: „Anstrichtechnik", Z 1933, S. 998
    Lindermayer: „Arbeiten und Erfolge der Deutschen Reichsbahn auf dem Gebiete des Korrosionsschußes durch Anstriche", Z 1933, S. 385
1935   * Dönges: „Das Problem der Sprißlackierung und der Farbabsaugung im Waggonbau", Otto Elsner Verlags-GmbH., Berlin 1935
1936 —   Kappler: „Vorbehandlung des Untergrundes für den Anstrich", Z 1936, S. 183
    —   Müller-Neuglück u. Ammer: „Betriebliches Verhalten von Kesselinnenanstrichmitteln", Archiv f. Wärmewirtschaft 1936, S. 297
    —   Peters: „Anstrichstoffe für Heeresgut und ihre Prüfung", Z 1936, S. 1469
    —*„Anstrichtechnik und Anstricherhaltung", Otto Elsner Verlagsges. m. b. H., Berlin 1936
1937 —   Adams: „Das Tauchlackieren", Maschinenbau 1937, S. 307
    —* Krause: „Metallfärbung", 2. Aufl., Verlag Springer, Berlin 1937 — Bespr. Z 1938, S. 239
1939   Morris: „Painting rolling stock by contract", Gaz 1939-I, S. 695
    * Hengeveld, Disney and Miskella: „Practical railway painting and lacquering", Simmons-Boardman Publishing Corporation, New York 1939

Erhaltungswirtschaft / Verschiedenes

1930   Meckel: „Die Behandlung der Verschleißteile bei den Einheitslokomotiven der Deutschen Reichsbahn", Organ 1931, S. 147
1932   * Sand: „Verlängerung der Untersuchungsfristen der Lokomotiven und Fahrzeuge", Bericht über die 25. Fachtagung der Betriebsleiter deutscher Privateisenbahnen und Kleinbahnen 1932, S. 9
    Williams: „The testing and development of ry equipment", Baldwin Oktober 1932, S. 37
    „The use of X-rays for testing locomotive details: German State Rys", Loc 1932, S. 398
1933   Eyles: „Repair methods on damaged all metal coaches", Loc 1933, S. 184
1934   „Notes on welding in locomotive workshops", Loc 1934, S. 258

DIE EISENBAHN-FAHRZEUGE

Allgemein

1873   * Couche: „Voie matériel roulant des chemins de fer" (Atlas), Verlag Dunod, Paris 1873

1876   * v. Waldegg: „Musterkonstruktionen für Eisenbahnbau", Helwingsche Verlagsbuchhandlung, Hannover 1876 und folgende Jahre

1884   „Rolling stock at the Festiniog Ry", Engg 1884-II, S. 284

1888   Geoghegan: „Tramway and rolling stock at Guinness's Brewery", Engg 1888-II, S. 366

1890   Büte: „Mitteilungen über Betriebsmittel für Schnellzüge", Annalen 1890-I, S. 1, 25 u. 56

1893   *„Fortschritte im Bau der Betriebsmittel", herausgegeben vom Technischen Ausschuß des Vereins Deutscher Eisenbahn-Verwaltungen, Verlag Kreidel, Wiesbaden 1893 — Bespr. Z 1893, S. 233
         „Rolling stock of the Beira Ry, Africa", Engg 1893-II, S. 512
         „Standard rolling stock on the Victorian Rys", Engg 1893-II, S. 726 und 786

1897   „Railway exhibits at the Brussels Exhibition", Engg 1897-II, S. 617 u. f.

1901   von Borries: „Bemerkungen über die Bauart der Eisenbahnfahrzeuge auf der Weltausstellung in Paris 1900", Organ 1901, S. 1
         von Littrow: „Fahrbetriebsmittel elektr. Bahnen und Triebwagen verschiedener Antriebsart auf der Weltausstellung Paris 1900", Organ 1901, S. 231

1902   „Preisausschreiben auf Erlangung von Entwürfen für Betriebsmittel, die für schnellfahrende, durch Dampflokomotiven zu befördernde Personenzüge geeignet sind", Annalen 1902-I, S. 85 u. 1903-I, S. 50 u. 93 — Annalen 1904-I, S. 62 u. 135

1903   * Mehlis: „Dampfschnellbahnzug für 120 km/h mittlere stündliche Geschwindigkeit", Dissertation T. H. Karlsruhe 1903
         „Lokomotiven u. Wagen für Schnellverkehr", Annalen 1903-I, S. 50 und 93

1904   Frank: „Gestaltung der Lokomotiven u. Einzelfahrzeuge zur Erreichung hoher Fahrgeschwindigkeiten", Z 1904, S. 46

1905   *„Die Eisenbahntechnik der Gegenwart". — I. Bd. (5 Teile) u. II. Bd. (4 Teile), C. W. Kreidel's Verlag, Wiesbaden-Berlin 1905—1920

1906   Hering: „Das Verkehrs- u. Maschinenwesen auf der Bayrischen Jubiläums-Ausstellung Nürnberg 1906", Annalen 1906-II, S. 173
         Metzeltin: „Die Eisenbahnbetriebsmittel auf der Bayerischen Landesausstellung in Nürnberg 1906", Z 1906, S. 2049 u. 1907, S. 368
         Müller: „Die Entwicklung der Eisenbahnfahrzeuge", VW 1906, S. 3, 37, 65
         Schubert: „Le matériel roulant des chemins de fer à l'Exposition Universelle de Liège 1905", Revue 1906-II, S. 86 u. f. sowie 157
         „Die Entwicklung der Eisenbahnfahrzeuge in den letzten 25 Jahren", Z 1906, S. 630

1907   Georges: „Le matériel roulant des chemins de fer à l'Exposition de Milan", Revue 1907-II, S. 103 uf.
         Metzeltin: „Die Eisenbahnbetriebsmittel auf der Ausstellung in Mailand 1906", Z 1907, S. 686 u. f.

1909   Bertschinger: „Die Arbeiten am Panamakanal: Lokomotiven, Wagen, Krane usw.", Z 1909, S. 216

1911   Bucher: „Das Eisenbahnwesen auf der Weltausstellung in Brüssel 1910", Dinglers Polytechn. Journal 1911-I, S. 1 u. f.

      * Flamme: „Le matériel de chemins de fer à l'Exposition Universelle et Internationale de Bruxelles 1910", Verlag Dunod u. Pinat, Paris 1911

      Schubert: „Le matériel roulant des chemins de fer à l'Exposition Universelle et Internationale de Bruxelles", Revue 1911-I, S. 3 uf.

1914   Guillery: „Das Eisenbahnverkehrswesen auf der Weltausstellung in Gent 1913", Organ 1914, S. 327, 349, 373

      Schubert u. Jacquet: „Le matériel roulant des chemins de fer à l'Exposition Universelle et Internationale de Gand 1913", Revue 1914-I, S. 131 und 283

1915   Anger: „Das deutsche Eisenbahnwesen in der Baltischen Ausstellung Malmö 1914", Z 1915, S. 233 u. f. — Lok 1915, S. 157, 181, 205 sowie 1916, S. 1

      Keller: „Das Rollmaterial der schweizerischen Eisenbahnen auf der Schweizerischen Landesausstellung in Bern 1914", Schweiz. Bauzeitung 1915-II, S. 1, 18, 49, 64, 82, 92

1924   „Eisenbahntechnische Tagung in Seddin", Annalen 1924-II, S. 132, 180, 208, 224, 246, 275, 280, 303

1925   Rihosek: „Drei Jahrzehnte österreichischen Eisenbahn-Fahrzeugbaues", Organ 1925, S. 157 u. 199

      Meineke: „Zur Dynamik der Gleisfahrzeuge", Organ 1925, S. 49 und 1926, S. 206

1926   Wetzler: „Die Eisenbahnfahrzeuge auf der Deutschen Verkehrsausstellung München 1925", Organ 1926, S. 71

      „Eisenbahn-Betriebsmittel der Zukunft", Annalen 1926-II, S. 9

1931 =* de Grahl: „50 Jahre Deutsche Maschinentechnische Gesellschaft 1881—1931", Verlag von Glasers Annalen, Berlin 1931

      Krüger: „Der Fahrzeugpark der Japanischen Staatsbahnen", Waggon- und Lokbau 1931, S. 8

      Lasson: „Le matériel de chemin de fer à l'Exposition Internationale de Liége 1930", Revue 1931-I, S. 195 und 399

      Putze: „Die Betriebsmittel und ihre Entwicklung bei den Japanischen Staatsbahnen", Organ 1931, S. 247

1934   Bangert: „P-Träger in Eisenbahnfahrzeugen", Der P-Träger (Peine) 1934, S. 49

      „Améliorations apportées au matériel roulant depuis la guerre par les grands réseaux français", Revue 1934-I, S. 147

1935   * Anger: „Die Fahrzeuge der Deutschen Reichsbahn", RB 1935, Sonderausgabe, S. 52

      Renaud: „Le materiel de chemins de fer à l'Exposition Universelle et Internationale de Bruxelles", Revue 1935-II, S. 299 u. 405

1936   Bergmann: „Neuzeitliche Fahrzeugtechnik der Verkehrsmittel der Schiene und Straße", VW 1936, S. 584

      Voigtländer: „Grenzen der Reisegeschwindigkeit bei Straßenbahnen" (rechnerische Ermittelung, Leistung, Zugkraft, Beschleunigung, Fahrplan), El. Bahnen 1936, S. 309

1937   Ahrens: „Der ruhige Fahrzeuglauf", Annalen 1937-I, S. 69

Bangert: „Neuzeitliche Eisenbahnfahrzeuge in den Vereinigten Staaten von Nordamerika", Z 1937, S. 510

Bangert: „Eindrücke über das amerikanische Eisenbahnwesen", HH Aug. 1937, S. 39

=* Garboß: „Handbuch des Maschinenwesens beim Baubetrieb", 3. Bd., 2. Teil: Die Fördermittel des Erdbaues, Verlag Springer, Berlin und VDI-Verlag, Berlin 1937

Reiter: „Die schweißtechnische Gestaltung beim Bau von Eisenbahnfahrzeugen", El. Bahnen 1937, S. 261

„Fahrzeugbestand der Eisenbahnen Lettlands", Lok 1937, S. 31

„Les chemins de fer à l'Exposition Internationale de Paris", Revue 1937-II, S. 189

„The Paris Exhibition", Loc 1937, S. 344 — Revue 1937-II, S. 189

1938   Dähnick: „Die Fahrzeuge der Berliner Stadt-, Ring- und Vorortbahnen", Annalen 1938-I, S. 137

Gerstner, Kayser und Michel: „Die Eisenbahn-Sonderschau auf der Internationalen Ausstellung Paris 1937", RB 1938, S. 78

van Hees: „Die Eisenbahnfahrzeuge auf der Pariser Weltausstellung 1937", Annalen 1938-I, S. 1

Jessen u. Raab: „Die Fahrzeuge auf der Internationalen Ausstellung in Paris 1937", Organ 1938, S. 19

Meyer-Zürich: „Das Eisenbahnmaschinenwesen und -Rollmaterial auf der Pariser Ausstellung 1937", Schweiz. Bauzeitung 1938-I, S. 26

Mohrstedt: „Neuzeitlicher Hochleistungs-Werkverkehr", Annalen 1938-II, S. 220

Schwering: „Die Tagung der maschinentechnischen Abteilung der Vereinigung amerikanischer Eisenbahnen in Atlantic City, USA", ZMEV 1938, S. 487

„Locomotives and trains of 1937", The Eng 1938-I, S. 27

1939   „Railway exhibits at Zurich", Loc 1939, S. 176

Geschlossene Züge

1903   * Mehlis: „Dampfschnellbahnzug", Dissertation T. H. Karlsruhe 1903

1929   „The «Blue Comet» train, Central Rr of New Jersey", Loc 1929, S. 152

1935   Dannecker: „Stromlinien-Dampflokomotiven und -Züge", Organ 1935, S. 362

Heise: „Der erste Stromlinien-Dampfzug der Deutschen Reichsbahn", HH Dez. 1935, S. 7 — RB 1935, S. 687 und 1936, S. 70 — Mod. Transport 15. Febr. 1936, S. 7 — Annalen 1937-II, S. 109

Parmantier: „Le train aérodynamique PLM", Revue 1935-II, S. 373

Wernekke: „Ein Stromlinienzug im fernen Osten: Der Asia-Expreß", Annalen 1935-II, S. 48 und 189 — Age 1935-I, S. 446 — Gaz 1935-I, S. 980

1935   „«Hiawatha», schnellster Dampfzug", Gaz 1935-I, S. 1224 — Age
        1936-II, S. 548

        „Mile-a-minute trains capture public imagination (Zusammenstellung
        amerikanischer Stromlinienzüge)", Age 1935-II, S. 701

        „New French streamlined trains", Loc 1935, S. 168 und 1936, S. 19
        — Gaz 1936-I, S. 108 — Mod. Transport 20. April 1935, S. 6

        „The «Silver Jubilee» train of the LNER", Loc 1935, S. 304 — Gaz
        1935-II, S. 451. — Mod. Transport 21. Sept. 1935, S. 3 u. 5. Okt.
        1935, S. 7

1936   Düesberg: „Die Doppeldeckzüge der Lübeck-Büchener Eisenbahn-
        Gesellschaft im Spiegel der Presse", VT 1936, S. 461

        Fuchs: „Der Henschel-Wegmann-Zug", RB 1936, S. 70

        Mauck u. Heise: „Der doppelstöckige Stromlinienzug der Lübeck-
        Büchener Eisenbahn-Gesellschaft", HH Sept. 1936, S. 25 — Z 1936,
        S. 693 — Gaz 1936-I, S. 1003 — Mod. Transport 25. April 1936,
        S. 3 — Age 1936-II, S. 241 — VW 1936, S. 237 — Organ 1936,
        S. 181 — VT 1936, S. 223 — RB 1936, S. 410 — Lok 1938, S. 77

        „Canadian Pacific inaugurates high-speed local passenger ser-
        vice", Age 1936-II, S. 709

1937   Bangert: „Eindrücke über das nordamerikanische Eisenbahnwesen",
        HH August 1937, S. 39

        Witte: „Der Schnelltriebwagenzug (Diesel) «Super-Chief» der
        Atchison, Topeka & Santa Fé-Bahn", VW 1937, S. 382

        „Abbildungen der Coronation-Züge LNER und LMSR", Gaz 1937-II,
        S. 34

        „«Coronation Scot» train, LMSR", Loc 1937, S. 168 und 202 — Gaz
        1937-I, S. 1019 — Engg 1937-I, S. 634

        „New «Coronation» trains, LNER", Loc 1937, S. 203

        „Reading receives lightweight streamline train", Age 1937-II, S. 826

1938   „Der «East Anglian»-Zug für den Betrieb zwischen Norwich und
        London, LNE Ry", (m. Fahrzeittafel), Kongreß 1938, S. 406 —
        Gaz 1937-II, S. 647

        „Der «West Riding Limited»-Zug für den Schnellverkehr zwischen
        West Riding und London LNE Ry", Kongreß 1938, S. 398 (mit
        Fahrzeittafel) — Gaz 1937-II, S. 557

        „New «Flying Scotsman» trains for the LNER", Engg 1938-II, S. 41

        „New rolling stock for the Hook Continental Service", Gaz 1938-II,
        S. 641 — Loc 1938, S. 346 — Kongreß 1939, S. 279

        „Pullman builds new equipment for «Broadway» and «Century»
        trains", Age 1938-I, S. 1000

        „Santa Fé places new streamline trains in service" (5 Stromlinien-
        züge auf einem Bild!), Age 1938-I, S. 554

        „The Flying Scotsman Trains of 1888 and 1938", Gaz 1938-II, S. 64,
        70 und 77 — Loc 1938, S. 200

        „The new «Broadway» and «Twentieth Century Ltd» (Pennsylvania
        and New York Central)", Gaz 1938-II, S. 451 — Organ 1938,
        S. 433

1939   „New Coronation Scot train for U. S. A. visit", Gaz 1939-I, S. 51 —
        Mod. Transp. 14. Jan. 1939, S. 5 — Loc 1939, S. 35 — Age
        1939-I, S. 553
        „New South Wales Govt Rys: New trains for inter-city services", Loc
        1939, S. 218
        „New York-Chicago coach trains start («Trail Blazer», Pennsylvania
        Rr. — «Pacemaker», New York Central Rr)", Age 1939-II, S. 224
        „New Royal Train in Canada. — The Canadian Royal tour" (mit
        Streckenkarte), Gaz 1939-I, S. 826 und 836
        „Lehigh Valley distinctively styles «Asa Packer» steam train", Age
        1939-I, S. 333
        „Seaboard Air Line inaugurates Diesel-electric «Silver Meteor»", Age
        1939-I, S. 296 — Mech. 1939-I, S. 127 — DRT 1939-I, S. 49
        „Streamlined trains in Tasmania", Gaz 1939-I, S. 659
        „The Lehigh Valley's «John Wilkes»", Age 1939-II, S. 175

Versand

1882   „Locomotive transfer-truck for narrow gauge rolling stock, South
        Australian Govt Rys", Engg 1882-I, S. 549

1921   Peters: „Uebersee-Versand der Javanic-Lokomotiven nach Sumatra",
        HN 1921, S. 130
        „Transferring locomotives by road (Barclay's Works in 1903)", Loc
        1921, S. 221

1922   „Lokomotivbeförderung nach Spanien", HN 1922, S. 73

1923   Metzeltin: „Verpackung, Verladung und Versand von Lokomotiven",
        HN 1923, S. 101

1925   Crawford: „Direct from shop to ship at Eddystone Wharf", Bald-
        win Juli 1925, S. 59

1927   Crawford: „Shipping locomotives on the S. S. «Manchurian Prince»
        and M. S. «Beljeanne»", Baldwin Juli 1927, S. 26
        Crawford: „To Port San Antonio Oeste on the motorship «Scania»",
        Baldwin April 1927, S. 3

1928   „A notable shipment of all-steel passenger equipment for Brazil",
        Baldwin Oktober 1928, S. 68

1929   „Transporter wagon: LMSR — Northern Counties Committee", Loc
        1929, S. 322

1930   „Shipment of locomotives and rolling stock in working order", Loc
        1930, S. 426
        „Transporting railway locomotives by road lorry", Loc 1930, S. 70

1931   „Road-transporting British-built locomotives for rys overseas", Loc
        1931, S. 22
        „Electric motor coaches en route for Buenos Ayres Central Terminal
        Ry", Gaz 1931-I, S. 288

1932   Wright: „Two locomotive boilers overboard", Baldwin Januar
        1932, S. 47 u. April 1932, S. 50

1935   „Appropriate ceremonies mark a notable export shipment: Loading of railway material for Chile", Baldwin Januar 1935, S. 9

1937   „Road transport of a locomotive in the Sixties (Maffei's Works at Hirschau)", Gaz 1937-II, S. 524

        „A railcar shipment problem: Broad gauge Ganz railcars for the Argentine State Rys", Gaz 1937-I, S. 968

1938=   James: „Anything to Anywhere, LNER", Gaz 1938-II, S. 692

        „Shipment of locomotives and rolling stock by Belship", Gaz 1938-II, S. 824

        „20 locomotives for the Chinese Ministry of Railways are shipped from Philadelphia", Baldwin April 1938, S. 26

        „4-8-0 type locomotive built by the Vulcan Foundry Ltd for the Buenos Ayres Great Southern Ry in transit by road to the docks at Liverpool", Gaz 1938-II, S. 865

1939   Düesberg: „Deutsche Lokomotiven auf weiter Fahrt: Kassel-Bremen-Iran", VW 1939, S. 363

DER LAUF DES FAHRZEUGES

Rad und Schiene / allgemein

1888   Helmholß: „Die Ursachen der Abnußung von Spurkränzen und Schienen in Bahnkrümmungen und die konstruktiven Mittel zu deren Verminderung", Z 1888, S. 330 u. 353

1889   Hartmann: „Ueber die Deutung der Relativbewegung von Eisenbahnfahrzeugen", Annalen 1889-I

1890   Zimmermann: „Die Seitenkräfte zwischen Rad und Schiene", Z 1890, S. 1387

1893   „Das symmetrische Eisenbahn-Wagenrad", Zentralblatt der Bauverwaltung, 1893, S. 42

1910   * Hoening: „Die Bedingungen ruhigen Laufes von Drehgestellwagen für Schnellzüge", Verlag Springer, Berlin 1910 — Bespr. Organ 1911, S. 186

1912   Nordmann: „Das Schlingern der Schienenfahrzeuge". Annalen 1912-I, S. 211 u. f. sowie 1913-II, S. 11

1913   „The derailments of tank engines", Gaz 1913-I, S. 488

1914   Jahn: „Die Ursachen der Schlaglochbildung an den Radreifen der Lokomotiven", Organ 1914, S. 333
        Whright: „The action of rail depressions on locomotives", Loc 1914, S. 318

1916   Baum: „Schiene und Radreifen", Annalen 1916-II, S. 27

1918   Jahn: „Die Beziehungen zwischen Rad und Schiene hinsichtlich des Kräftespiels und der Bewegungsverhältnisse", Z 1918, S. 121
        Heyn: „Ueber die mechanischen Grundlagen des belasteten und auf vorgeschriebener Bahn geführten Rades", Zentralblatt der Bauverwaltung 1918, S. 112 u. 1920, S. 276, 293, 305
        Kummer: „Ueber Drehmoment- und Geschwindigkeitsverluste am Radumfang von Eisenbahnfahrzeugen", Schweizer Bauzeitung 1918-II, S. 215

1925   Meineke: „Zur Dynamik der Gleisfahrzeuge", Organ 1925, S. 49 und 1926, S. 206

1927   Bäseler: „Die Spurkranzreibung", Organ 1927, S. 333
        Bäseler: „Die einfache Eisenbahn", ZVDEV 1927, S. 725, 753, 797
   —   „Vorgänge beim reinen Rollen elastischer Reibungsräder", Z 1927, S. 1372

1928   Lorenz: „Schiene und Rad. — Werkstoffbeanspruchung und Schlupf bei Reibungsgetrieben", Z 1928, S. 173 — Annalen 1928-II, S. 1

1929 — Fromm: „Zulässige Belastung von Reibungsgetrieben mit zylindrischen und kegligen Rädern", Z 1929, S. 957 u. 1029

1931   Heumann: „Spurkranz und Schienenkopf", Organ 1931, S. 471
        Speer: „Einfluß der Bauart und des Zustandes der Personenwagen auf ihren Lauf", Annalen 1931-I, S. 76
        „Die Reibungszahl der quergleitenden Bewegung rollender Räder von Eisenbahn-Fahrzeugen", Organ 1931, S. 391

1934   Kreissig: „Das Reibungsgleichgewicht starr gelagerter Radsäße beim Lauf in der Geraden", Annalen 1934-II, S. 97
        „Untersuchungen über das Kräftespiel zwischen Fahrzeug und Oberbau", Organ 1934, S. 349

1935   Lévi: „Etude rélative au contact des roues sur le rail", Revue
        1935-I, S. 81
        Pflanz: „Untersuchung der Laufeigenschaften einer elektrischen
        Güterzuglokomotive", Organ 1935, S. 107
1936   Dauner u. Hiller: „Der Anlaufstoß bei Eisenbahnfahrzeugen", Organ
        1936, S. 133 u. 1937, S. 390
1937   Ahrens: „Der ruhige Fahrzeuglauf", Annalen 1937-I, S. 69
        Dauner: „Eine Studie über die Laufsicherheit der Schienenfahr-
        zeuge bei hohen Fahrgeschwindigkeiten", Organ 1937, S. 390
        Heumann: „Lauf der Drehgestell-Radsätze in der Geraden", Organ
        1937, S. 149
        Labrijn: „Versuchsweise Bestimmung der zur Entgleisung eines
        führenden Rades nötigen Kraft", Organ 1937, S. 241
        Liechty: „Studie über die Spurführung von Eisenbahnfahrzeugen",
        Schweizer Archiv für angewandte Wissenschaft und Technik in
        Solothurn, April 1937, S. 81 — Bespr. Organ 1939, S. 256
        Meineke: „Der heutige Stand des Schlingerproblems", Organ 1937,
        S. 236
        Talbot: „Beziehungen zwischen Fahrzeug und Gleis", Age 1937-I,
        S. 589 — Kongreß 1938, S. 57
1938   Croft: „The electric locomotive as a vehicle: A discussion of some
        of the fundamentals effecting riding qualities", Gaz 1938-II, S. 189
        Heumann: „Lauf von Eisenbahnfahrzeugen mit zwei ohne Spiel ge-
        lagerten Radsätzen in der Geraden", Annalen 1938-I, S. 25 u. 43
        — Organ 1940, S. 43 u. 61
        Hug: „Behaviour of vehicles on rails. A description of the Amsler
        apparatus for measuring the movement of wheels in relation to
        rails on curves, and of tests carried out with in Switzerland,
        leading to the adoption of a Liechty steering device", Gaz 1938-I,
        S. 1112
        „Ueber den Lauf zweiachsiger Güterwagen", Z 1938, S. 1348
1939   Taschinger: „Laufeigenschaften besonders leicht gebauter Fahr-
        zeuge", Organ 1939, S. 121
        „Pacific locomotives in India: Report of Committee of Inquiry",
        Mod. Transport 15. Juli 1939, S. 15 — Gaz 1939-II, S. 12 —
        The Eng 1939-II, S. 134 u. f.
1940   Liechty: „Das Bewegen der Eisenbahnfahrzeuge auf der Schiene
        und die dabei auftretenden Kräfte", El. Bahnen 1940, S. 17

Umriß des Radreifens

1888   von Helmholtz: „Die Ursachen der Abnutzung von Spurkränzen und
        Schienen in Bahnkrümmungen und die konstruktiven Mittel zu
        deren Verminderung", Z 1888, S. 330 u. 353
1929   „Radreifenprofil mit erhöhtem Spurkranz", Ry Eng 1929, S. 91 —
        Organ 1930, S. 90
1931   Caesar: „Abgenutzte Radreifen und klaffende Weichenzungen",
        Organ 1931, S. 138
        Heumann: „Spurkranz und Schienenkopf", Organ 1931, S. 471
        Sieber: „Betrachtungen über (Straßenbahn-) Spurkranzabmessungen",
        VT 1931, S. 145

1934   Heumann: „Zur Frage des Radreifenumrisses", Organ 1934, S. 336
       Porter: „The mechanics of a locomotive on curved track — Methods
       of calculation of flange forces for designers and others", Ry Eng
       1934, S. 205, 255, 282, 318, 384, 424
       „Theoretische Untersuchungen zur Entwicklung einer verbesserten
       Umrißlinie für Radreifen", Organ 1934, S. 121
1935   „Zylindrische Radreifen", Z 1935, S. 417
       „Coned versus cylindrical wheel tyres", Loc 1935, S. 156
1936   Pawelka: „Aus der Theorie des Krümmungslaufes", VT 1936, S. 279
1937   Liechty: „Studie über die Spurführung von Eisenbahnfahrzeugen",
       Schweiz. Archiv für angewandte Wissenschaft und Technik in
       Solothurn, April 1937, S. 81. — Bespr. Organ 1939, S. 256
       Meineke: „Der heutige Stand des Schlingerproblems", Organ 1937,
       S. 236
1938   „Umriß der Radreifen", Kongreß 1938, S. 122 u. f.
1939   Pflanz: „Beitrag zur Frage der Radreifen-Umrißlinie", El. Bahnen
       1939, S. 29
       Smith: „Railway wheel tread contours", Mech. 1939, S. 307
1940   Hüter: „Kegeliger oder zylindrischer Radreifen?", VT 1940, S. 150
       Rihosek: „Spurkranzabnützung von Dampflokomotiven", Lok 1940,
       S. 27 u. 44

Bogenlauf / allgemein

1888   von Helmholtz: „Die Ursachen der Abnutzung von Spurkränzen und
       Schienen in Bahnkrümmungen und die konstruktiven Mittel zu
       deren Verminderung", Z 1888, S. 330 u. 353
1897   von Borries: „Die Einstellung des Kraußschen Drehgestells in
       Krümmungen", Annalen 1897-I, S. 75
1903   Uebelacker: „Untersuchungen über die Bewegung von Lokomotiven
       mit Drehgestellen in Bahnkrümmungen", Organ 1903 (Beilage)
1906   Chabal u. Beau: „Expériences faites en 1897 à la Cie PLM sur le
       déplacement transversal rélatif des tampons voisins de deux
       véhicules consécutifs d'un train", Revue 1906-II, S. 345 und
       1907-I, S. 3
1911   „Relationship between the wheelbase of a locomotive and curves",
       Loc 1911, S. 263
1913   Heumann: „Das Verhalten von Eisenbahnfahrzeugen in Gleis-
       bogen", Organ 1913, S. 104, 118, 136 u. 158
1915   Boedecker: „Die augenblickliche Drehachse bei der Bewegung der
       Eisenbahnfahrzeuge in Bogen", Organ 1915, S. 21 u. 46
1918   Zezula: „Die Bogenläufigkeit schmalspuriger Eisenbahn-Fahrzeuge",
       Klb.-Ztg. 1918, S. 295
1925   Meineke: „Zur Dynamik der Gleisfahrzeuge", Organ 1925, S. 49
       und 1926, S. 206
1927   Bäseler: „Die einfache Eisenbahn", ZVDEV 1927, S. 725, 753, 797
   *   Jahn: „Der Lauf von Eisenbahnfahrzeugen durch Gleiskrümmun-
       gen", Verlag der Verkehrswissenschaftlichen Lehrmittelges. m. b. H.
       bei der DRB, Berlin 1927 — Bespr. Organ 1927, S. 526 u. 1928,
       S. 143

1927　　Uebelacker: „Ueber· die Lage des Reibungsmittelpunktes bei arbeitenden Lokomotiven", Organ 1927, S. 265

1928　　Heumann: „Zum Bogenlauf von Eisenbahnfahrzeugen", Organ 1928, S. 481

　　　　Jahn: „Sicherheit gegen Entgleisungen in Gleiskrümmungen", ZVDEV 1928, S. 1169

　　　　„Untersuchungen über die Entgleisungsgefahr von Drehgestellen in Gleiskrümmungen", Z 1928, S. 1723 — Age 1928-II, S. 798

1929　　Bäseler u. Becker: „Das Verhalten langradständiger Lokomotiven in Gleiskrümmungen mit und ohne Spurerweiterung", El. Bahnen 1929, S. 193 u. 242

　　　　Heumann: „Einfluß von Nebenerscheinungen des Rollens auf den Bogenlauf von Gleisfahrzeugen", Annalen 1929-II, S. 141

1930　　Heumann: „Das Einfahren von Eisenbahnfahrzeugen in Gleisbögen", Organ 1930, S. 463

　　　　Marshall: „The motion of railway vehicles in a curved line", Ry Eng 1930, S. 359 u. 390 — 1931, S. 5, 27, 77, 118, 120, 199, 233 — * In Buchform 1931 (?)

　　　　Uebelacker: „Ueber die Massenwirkungen bei plötzlichen Richtungsänderungen im Lauf von Eisenbahnfahrzeugen", Organ 1930, S. 271

1931　　Pöhner: „Das Reibungsgleichgewicht eines dreiachsigen LenkachsEinheitswagens, dessen Endachsen von der seitenverschieblichen Mittelachse gesteuert werden", ZVDEV 1931, S. 68

1932　　Heumann: „Die Entgleisungsgefahr im Gleisbogen", ZVDEV 1932, S. 901 u. 920

　　　　Heumann: „Bogenlauf 4achsiger Eisenbahnwagen", Organ 1932, S. 337

1933　　Pflanz: „Beitrag zur Untersuchung von Kurvenlaufeigenschaften elektrischer Lokomotiven", Organ 1933, S. 238

1934　　* Liechty: „Das bogenläufige Eisenbahnfahrzeug", Verlag Schulthess & Co., Zürich 1934 — Besprechung Organ 1937, S. 238

　　　　Porter: „The mechanics of a locomotive on a curved track", Ry Eng 1934, S. 205, 255, 282, 318, 384, 424

1935　　Baumann: „Der feste Achsstand der Lokomotiven im Wandel der Zeiten und Vorschriften", Annalen 1935-II, S. 71

　　　　Heumann: „Leitschienenführung von Gleisfahrzeugen in Gleisbögen", Annalen 1935-I, S. 92

　　　　Kinkeldei: „Kurveneinstellung, Führungsdrücke und Kurvenwiderstand von Lokomotiven mit Bisselachsen, nach dem Druckrollenverfahren berechnet", Annalen 1935-II, S. 13

1936　　Heumann: „Das Einfahren von Lokomotiven in Gleisbögen", Organ 1936, S. 165

　　　　Kinkeldei: „Krümmungseinstellung, Führungsdrücke und Krümmungswiderstand von Lokomotiven mit Drehgestellen, nach dem Druckrollenverfahren berechnet", Annalen 1936-II, S. 121

　　　　Leisner: „Ueberhöhungen und Seitenkräfte im Gleisbogen", Organ 1936, S. 73

　　　　* Liechty: „Messungen über die Spurführung bogenläufiger Eisenbahnfahrzeuge", Selbstverlag Bern 1936 — Besprechung: Organ 1937, S. 238

　　　　Pawelka: „Aus der Theorie des Krümmungslaufes", VT 1936, S. 279

1937   * Borgeaud: „Le passage en courbes de véhicules de chemin de fer, dont les essieux fournissent un effort de traction continu", Dissertation, erschienen bei Orell Füssli, Zürich 1937. — Bespr. Heumann: Organ 1939, S. 259

      Heumann: „Liechtys Studien über das bogenläufige Eisenbahnfahrzeug", Organ 1937, S. 238 u. 1939, S. 256

      Liechty: „Studie über die Spurführung von Eisenbahnfahrzeugen", Schweiz. Arch. für angewandte Wissenschaft und Technik in Solothurn 1937, S. 81 — Bespr. Heumann: Organ 1939, S. 256

      Stigter: „Unruhiger Lauf von Straßenbahnwagen (Bisselachse Bauart Delmee)", Spoor-en Tramwegen August 1937, S. 404

      Troitzsch: „Schnellbestimmung der Betriebswiderstände, der seitlichen Schienenabnutzungen und der Entgleisungsgrenze in Krümungen", Organ 1937, S. 279

      Troitzsch: „Graphisches Verfahren zur Ermittelung der beim Kurvenfahren auftretenden Reibungs- und Führungskräfte an Eisenbahnfahrzeugen", Kongreß 1937, S. 2175

1938   * Becker: „Von der Spurführung von Geleisfahrzeugen in Bögen", Verlag Ernst Stauf, Köln-Lindenthal 1938 — Bespr. Schweiz. Bauzeitung 1938-II, S. 168 u. ZMEV 1938, S. 895

      Heumann: „Verschleiß von Bogenschienenflanken", Schweiz. Bauzeitung 1938-I, S. 49 u. 62

      Hiller: „Seitenkräfte zwischen Rad und Schiene (Versuche mit Lokomotiven der PLM-Bahn)", Organ 1938, S. 330

      Legein: „Bemerkungen über den Lauf der Eisenbahnfahrzeuge in Krümmungen", Kongreß 1938, S. 1

1939   Hanker: „Die stoßfreie Krümmungseinfahrt", Organ 1939, S. 320

      Heumann: „Das Einfahren von l'E1'-Lokomotiven mit vorderem und hinterem Eckhardt-Gestell in Gleisbögen", Organ 1939, S. 90, 103

      Kall: „Das Verhalten von Drehgestellwagen mit Wiegen in Gegenbögen", Organ 1939, S. 243

      Lanos: „Etude expérimentale et théorie du mouvement de lacet des locomotives en courbe", Revue 1939-I, S. 65 und 1939-II, S. 42 — Organ 1939, S. 347

Zeichnerische Untersuchung des Bogenlaufes

1884   „Zeichnerische Untersuchung des Bogenlaufes nach Roy", Revue 1884-II, S. 153 — Z 1888, S. 335

1909   * Simon: „Ermittelung der auf die Stellung von Eisenbahnfahrzeugen in Bogengleisen sich beziehenden Maße und Verhältnisse durch Rechnung sowie mittels des Royschen graphischen Verfahrens", Kreidels Verlag, Wiesbaden 1909 — Bespr. Organ 1909, S. 122

1919   Billet u. Wantz: „L'inscription des locomotives dans les courbes", Revue 1919-II, S. 156

1926   Vogel: „Zeichnerische Untersuchung der Bogenbeweglichkeit von Eisenbahnfahrzeugen", Organ 1926, S. 354

1935   *„Zeichnerische Untersuchung des Bogenlaufes", Henschel-Lokomotiv-Taschenbuch, Kassel 1935, S. 75

Spurerweiterung

1910   „Spurerweiterung und Ueberhöhung des äußeren Schienenstranges auf der Semmeringbahn nach den Normen vom Jahre 1850", Lok 1910, S. 44

1926   Bäseler: „Spurerweiterung oder nicht?", ZVDEV 1926, S. 193

1927   Bäseler: „Die einfache Eisenbahn", ZVDEV 1927, S. 725, 753, 797
        Jahn: „Spurerweiterung oder nicht?", ZVDEV 1927, S. 425

1929   Bäseler u. Becker: „Das Verhalten langradständiger Lokomotiven in Gleiskrümmungen mit und ohne Spurerweiterung", El. Bahnen 1929, S. 193 u. 242

Schienenüberhöhung, Schwerpunktlage, Fliehkraft

1870   „The stability of rolling stock", Engg 1870-II, S. 439

1899   „The stability of tank engines", Engg 1899-I, S. 121

1900   Petersen: „Ueber die Grenzen, welche der Fahrgeschwindigkeit auf Eisenbahnen durch die Fliehkraft in den Bahnkrümmungen gesetzt werden", Organ 1900, S. 155

1901   Blum: „Zur Frage der Schienenüberhöhung", Zentralblatt der Bauverwaltung 1901, S. 462

1907   „Comparative tests of steam and electric locomotives on a 3-deg. curve", Gaz 1907-I, S. 326

1909   „Einige Daten betreffend Kesselmittel der Lokomotive über Schienenoberkante", Lok 1909, S. 248

1910   „Spurerweiterung und Ueberhöhung des äußeren Schienenstranges auf der Semmeringbahn nach den Normen vom Jahre 1850", Lok 1910, S. 44

1922   Lübon: „Höhenlage des Lokomotivkessels", HN 1922, S. 65

1930   Bäseler: „Ueberhöhung und Abnutzung in Gleisbögen", ZVDEV 1930, S. 1253
        Uebelacker: „Ueber die Massenwirkungen bei Richtungsänderungen", Organ 1930, S. 271

1931   Bäseler: „Gedanken zum Schnellverkehr", ZVDEV 1931, S. 201
        Beselius: „Ueberhöhung scharfer Gleiskrümmungen", VT 1931, S. 72

1934   Bäseler: „Schnellfahren und nicht Entgleisen", ZMEV 1934, S. 273 — Gaz 1935-I, S. 750 — Kongreß 1936, S. 370
        Brezina: „Zur Beurteilung der Standsicherheit von Lokomotiven", Organ 1934, S. 452
        Neesen: „Die Schwerpunktslage bei Eisenbahn und Kraftfahrzeug", Annalen 1934-II, S. 1
        Schramm: „Beitrag zur Gleisbogengestaltung für hohe Fahrgeschwindigkeiten", Organ 1934, S. 427

1935 = Drechsel: „Theorie des Kreiselwagen-Fahrgestells", ATZ 1935, S. 603

1936   Leisner: „Ueberhöhungen und Seitenkräfte im Gleisbogen", Organ 1936, S. 73

1937   Deischl: „Linienverbesserungen oder gesteuerte Achsen?", VW 1937, S. 97

   =   Kolbe: „Der Kurvenlegerwagen", ATZ 1937, S. 146
        Pflanz: „Untersuchungen am Federungsausgleich einer elektrischen Schnellzuglokomotive" (Fliehkraft!), Organ 1937, S. 106

Schwanck: „Der Einfluß kurvenschneller Eisenbahnfahrzeuge auf die Betriebsführung der Eisenbahnen, erläutert am Beispiel des Kreiselwagens", ZMEV 1937, S. 943

Vogel: „Grenzen der Ueberhöhung im Gleisbogen", Organ 1937, S. 39

„Locomotive centres of gravity", Loc 1937, S. 133 u. 212

1938 Drechsel: „Die Lösung der Schnellverkehrsfrage durch den kurvenneigenden Kreiselwagen", ZMEV 1938, S. 377 u. 397

„Overturning tests in South Africa (SAR)", Gaz 1938-I, S. 590 und 918 — The Eng 25. Nov. 1938 — Loc 1939, S. 166 u. 199 — Revue 1939-I, S. 231

„Locomotive stability", Gaz 1938-I, S. 174

„Pendulum suspension for railway vehicles, Atchison, Topeka & Santa Fé Ry", Gaz 1938-II, S. 168 — Loc 1938, S. 328 — Age 1938-I, S. 294

1939 Wundenberg: „Einfluß des Oberbaues auf die zulässige Fahrgeschwindigkeit", Bahn-Ing. 1939, S. 427

„Essais de déraillement sur les Chemins de Fer du Sud de l'Afrique", Revue 1939-I, S. 231 — The Eng 25. Nov. 1938

1940 Schramm: „Zulässige Fahrgeschwindigkeiten in Gleisbogen mit Rücksicht auf die Ueberhöhungs- und Krümmungsverhältnisse", Organ 1940, S. 67

Freie Lenkachse

1891 Volkmar: „Versuche über das Verhalten freier Lenkachsen", Organ 1891, S. 263 u. 1892, Ergänzungsband

1892 Frank: „Die Lenkachsen der Eisenbahnwagen", Z 1892, S. 685

1929 Bäseler: „Das Geheimnis der freien Lenkachsen. — Wie weit sind sie eine Lösung der Kurvenfrage?", ZVDEV 1929, S. 361

Schneider: „Wirkungsweise der Lenkachsen", Waggon- und Lokbau 1929, S. 258 u. 307

1933 Heumann: „Die freie Lenkachse im Gleisbogen bei Einpunktberührung", Organ 1933, S. 325 u. 363

1934 Heumann: „Die freien Lenkachsen im Gleisbogen bei Zweipunktberührung", Organ 1934, S. 439

Gesteuerte Lenkachse

1870 „Clark's radial axles as applied to carriages on the Mont Cenis Ry" (mittlere Führungsachse!), Engg 1870-I, S. 209

1879 „Larsen's tramcar with radial axles" (mittlere Führungsachse!), Engg 1879-II, S. 186

1892 Frank: „Die Lenkachsen der Eisenbahnwagen (u. a. «Vereins-Lenkachsen»", Z 1892, S. 685

Rühlmann: „Die elektrischen Eisenbahnen", Z 1892, S. 14 u. f. (S. 38: Dreiachsiger Straßenbahnwagen mit durch die Mittelachse gesteuerten Endachsen)

1906 Carus-Wilson: „The radial truck", Engg 1906-I, S. 360

1928 Jahn: „Gesteuerte Lenkachsen", Organ 1928, S. 48

„Einachsige Drehgestelle mit zwangläufiger Einstellung", Annalen 1928-I, S. 90

1929   Liechty: „Zwangsläufig an der Schiene geführte Spurfahrzeuge",
        ZVDEV 1929, S. 907
        Schneider: „Wirkungsweise der Lenkachsen", Waggon- und Lokbau
        1929, S. 258 u. 307

1931   Liechty: „Kurvenbewegliche Eisenbahnfahrzeuge", Kongreß 1931, S. 1
        Pöhner: „Das Reibungsgleichgewicht eines dreiachsigen Lenkachs-
        Einheitswagens, dessen Endachsen von der seitenverschieblichen
        Mittelachse gesteuert werden", ZVDEV 1931, S. 68

1933   Liechty: „Das gleitende Flügelrad", Annalen 1933-I, S. 61

1934   Bäseler: „Schnellfahren und nicht Entgleisen", ZMEV 1934, S. 273 —
        Gaz 1935-I, S. 750 — Kongreß 1936, S. 370
        von Lengerke: „Kurvenbewegliche Fahrzeuge für Straßenbahnen",
        Annalen 1934-I, S. 9

1935   von Lengerke: „Betriebserfahrungen mit dreiachsigen Gelenkwagen",
        VT 1935, S. 556

1937   Deischl: „Linienverbesserungen oder gesteuerte Achsen?", VW 1937,
        S. 97
        Heumann: „Liechtys Studien über das bogenläufige Eisenbahnfahr-
        zeug", Organ 1937, S. 238
        Liechty: „Studien über die Spurführung von Eisenbahnfahrzeugen",
        Schweiz. Archiv für angewandte Wissenschaft und Technik in
        Solothurn 1937, S. 81 — Bespr. Heumann: Organ 1939, S. 256

1938   „Dreiachsige Fahrgestelle für Straßenbahnen mit gesteuerten End-
        achsen", Z 1938, S. 532

1939   Hug: „Le problème du guidage des essieux dans les courbes", Revue
        1939-II, S. 106

1940   Liechty: „Die Bewegungen der Eisenbahnfahrzeuge auf den Schie-
        nen und die dabei auftretenden Kräfte", El. Bahnen 1940, S. 17

Bewegungswiderstand / allgemein

1875   * Heusinger v. Waldegg: „Literatur über die widerstehenden und be-
        wegenden Arbeiten", Handbuch für spezielle Eisenbahntechnik,
        3. Bd., Verlag Wilh. Engelmann, Leipzig 1875, S. 104

1882   Frank: „Untersuchung über die Leistung der Lokomotiven und der
        Bewegungswiderstand der Fahrzeuge", Z 1882, S. 410 und 1884,
        S. 11 — Organ 1883, S. 3 und 69

1903   Frank: „Neuere Ermittelungen über die Widerstände der Loko-
        motiven und Bahnzüge", Z 1903, S. 460

1906   Deninghoff: „Ueber die Zugwiderstände der Eisenbahnfahrzeuge",
        Annalen 1906-I, S. 223
        Sanzin: „Zugwiderstände von Lokomotiven und Wagen", Lok 1906,
        S. 175

1907   Frank: „Die Widerstände der Eisenbahnzüge und die zu ihrer Be-
        rechnung dienenden Formeln", Z 1907, S. 94

1909   Cole: „Train resistance", Gaz 1909-II, S. 359 uf.

1912   von Glinski: „Der Bewegungswiderstand von Eisenbahn-Fahrzeugen
        zu Beginn des Anfahrens", Z 1912, S. 2065 und 1913, S. 625

1916   Müller: „Arbeitsleistung beim Lokomotivbetrieb", El. Kraftbetriebe
        und Bahnen 1916, S. 277

Nordmann: „Die Widerstandsformeln für Eisenbahnzüge in ihrer Entwicklung", Annalen 1916-I, S. 133, 191, 206

Steffan: „Amerikanische Erfahrungen über Fahrzeugwiderstände", Lok. 1916, S. 38

Zezula: „Zugwiderstand auf voll- und schmalspurigen Eisenbahnen", Deutsche Straßen- und Kleinbahn-Zeitung 1916, S. 588 u. 602

1918   von Glinski: „Der Bewegungswiderstand der Eisenbahnfahrzeuge", Annalen 1918-II, S. 48

1923   „Der Zugwiderstand von englischen Großgüterwagen", Annalen 1923-II, S. 87

1924   Quirchmayer: „Einfluß der zulässigen Achsbelastung auf den inneren Widerstand der Lokomotiven", Lok 1924, S. 5

1925   von Gruenewaldt: „Zur Kritik der Widerstandsformeln, insbesondere für Schmalspur"; Schweiz. Bauzeitung 1925-II, S. 91

1927   Marshall: „Notes on train resistance", Ry Eng 1927, S. 73

1928   Lomonossoff: „Widerstand und Trägheit der Dieselelektrischen Lokomotive", Organ 1928, S. 133

1929   Foerster: „Fahrwiderstandsmessungen an Schienenfahrzeugen", Das Wälzlager (F & S, Schweinfurt) 1929, Märzheft

Shields: „Train resistance and tractive effort", Loc 1929, S. 29

1930   Phillipson: „Steam locomotive design: Train resistance", Loc 1930, S. 15

1931   Lange: „Der entlaufene Wagen", Organ 1931, S. 329

Nocon: „Neue Versuche über den Fahrwiderstand von Personen- und D-Zugwagen", Annalen 1931-I, S. 99

1932   Blondel: „La résistance de la voie aux oscillations de lacet des véhicules", Revue 1932-II, S. 439

*   Engel: „Die Fahrwiderstände des Rollmaterials im Baubetrieb", VDI-Verlag, Berlin 1932 (Mitteilungen des Forschungsinstituts für Maschinenwesen beim Baubetrieb)

Nordmann: „Neue Untersuchungen über den Zugwiderstand", Annalen 1932-II, S. 113

1935   Vogelpohl: „Die physikalische Natur der Bewegungswiderstände von Eisenbahnfahrzeugen", Z 1935, S. 851

1936   Gottschalk: „Laufwiderstände der Güterwagen", VW 1936, S. 183

1938   Reidemeister: „Die Gewichtsabhängigkeit des Fahrwiderstandes und ihr Einfluß auf die Wirtschaftlichkeit von Leichtmetall-Fahrzeugen", Z 1938, S. 737

Sanders: „Carriage and wagon tractive resistance", Loc 1938, S. 196 u. f.

1939   Eckhardt: „Ueber den Eigenwiderstand von Dampflokomotiven", Lok 1939, S. 187

„What horsepower for 1000-ton passenger trains? — Report of the Mechanical Division tests to determine the maximum drawbar horsepower required at 100 m. p. h. on level tangent track", Age 1939-I, S. 699 — Mech. 1939, S. 175 — Revue 1939-II, S. 127 — Gaz 19339-II, S. 171

Beschleunigung und Verzögerung

1913   Obergethmann: „Die Mechanik der Zugbewegung bei Stadtbahnen", Monatsblätter des Berliner Bezirksvereins Deutscher Ingenieure 1913, S. 47 — Z 1913, S. 702, 748, 787

1919   Christiansen: „Die theoretische Bedeutung der Anfahrbeschleunigung für die Leistungsfähigkeit einer Stadtschnellbahn", Annalen 1919-II, S. 25

1928 — Melchior: „Der Ruck", Z 1928, S. 1842

1931 — „Die Empfindlichkeit des Menschen gegen Erschütterungen", Z 1931, S. 1526

1934   Shields: „Acceleration, coasting and braking in locomotive operation", Loc 1934, S. 290

1935   „Starting resistance", Loc 1935, S. 281
        „The advantages of railway electrification with regard to acceleration and deceleration", Gaz 1935-I, S. 1098

Luftwiderstand / allgemein

1886 — Recknagel: „Ueber Luftwiderstand", Z 1886, S. 489 u. 514

1927   Tollmien: „Luftwiderstand und Druckverlauf bei der Fahrt von Zügen in einem Tunnel", Z 1927, S. 199

1928   Gauld: „The air resistance of railway trains", Ry Eng 1928, S. 257

1931   Lange: „Der entlaufene Wagen", Organ 1931, S. 329

1932   Tietjens and Ripley: „A study of air resistance at high speeds", Age 1932-I, S. 241

1933   Roy: „Sur la résistance aérodynamique des véhicules de chemin de fer", Revue 1933-I, S. 3

1934 — Everling: „Autostraße und Strömungstechnik", Deutsche Technik 1934, S. 656
        Vogelpohl: „Windkanalversuche über den Luftwiderstand von Eisenbahn-Fahrzeugen", Z 1934, S. 159

1935   Nordmann: „Der Luftwiderstand der Eisenbahnfahrzeuge, insbesondere seine Vorausbestimmung im Windkanal", Organ 1935, S. 395

1936   Johansen: „The air resistance of passenger trains", Proc. Instn. mech. Engrs., 1936, S. 91 und 208 — Loc 1936, S. 371

1937   Vogelpohl: „Luftwiderstand von Schnellzügen auf Grund von Windkanalversuchen", Z 1937, S. 1386

1938   Marty und Kammerer: „Essais au tunnel de St.-Cyr de deux dispositifs de carénage pour locomotives Pacific", Revue 1938-I, S. 34

Die Stromlinie / Theorie und Versuch

1932   Leboucher: „Expériences aérodynamiques sur les formes extérieures à donner aux autorails", Revue 1932-II, S. 3

1933   Nordmann: „Kanadische Windkanalversuche mit Lokomotivmodellen", Z 1933, S. 984

„Locomotive streamlining developed by wind tunnel test", Age
1933-I, S. 695 — Revue 1933-II, S. 458

1934 — De Haas: „Die Jaray-Kennzahl für Kraftwagen", ATZ 1934, S. 392
— Hoerner: „Aerodynamische Formgebung des schnellfahrenden Kraftwagens", Z 1934, S. 1261
— Jaray: „Grundlagen für die Berechnung des Leistungsaufwandes von Kraftwagen mit besonderer Berücksichtigung der Stromlinienkarosserie", ATZ 1934, S. 86
Johnson: „High-speed railway service: Streamlining", Baldwin April-Juli 1934, S. 18
Nordmann: „Ist die Dampflokomotive veraltet?", Annalen 1934-II, S. 9 — Revue 1935-I, S. 221
Vogelpohl: „Windkanalversuche über den Luftwiderstand von Eisenbahn-Fahrzeugen", Z 1934, S. 159
— „Wesen und Zweck der Stromlinienform", ATZ 1934, S. 82

1935 — Hoerner: „Bestimmung des Luftwiderstandes von Kraftfahrzeugen im Auslaufverfahren", Z 1935, S. 1028
— Jaray: „Zur Aerodynamik der Rennwagen", ATZ 1935, S. 118
Nordmann: „Der Luftwiderstand der Eisenbahnfahrzeuge, insbesondere seine Vorausbestimmung im Windkanal", Organ 1935, S. 395
Nordmann: „Neue Versuche mit Schnellzuglokomotiven, auch der Stromlinienform", Annalen 1935-II, S. 172 — Z 1935, S. 1226
Ober: „Air resistance of the «Burlington Zephir»", Gaz 1935-I, S. 1184
— Schirmer: „Praktische Strömungsforschung an Kraftfahrzeugen", ATZ 1935, S. 176
Schneider: „Einfluß der Form der Wagenenden auf den Luftwiderstand und die Zugförderungskosten bei hohen Geschwindigkeiten", El. Bahnen 1935, S. 53

1936 Johansen: „The air resistance of passenger trains", Proc. Instn. mech. Engrs., 1936, S. 91 und 208 — Loc 1936, S. 371
Nordmann: „Versuche mit Dampflokomotiven für hohe Geschwindigkeiten", VW 1936, S. 546
Poncet u. Leguille: „Une méthode d'essai des appareils destinés à diminuer la résistance de l'air sur les locomotives et les autres véhicules de chemins de fer", Revue 1936-II, S. 35
„Aerodynamical train experiments, PLM Ry", Loc 1936, S. 57

1937 Labrijn: „Die Stromlinienlokomotive der Niederländischen Eisenbahnen", Organ 1937, S. 304
Lipetz: „Air resistance of railroad equipment", Transactions of The American Society of Mechanical Engineers, Oktober 1937, S. 617
„Betrachtungen über den Einfluß der Stromlinien-Verkleidung an Lokomotiven auf den Luftwiderstand", HH Aug. 1937, S. 72
„New 4-6-2 type streamlined locomotives, Polish State Rys", Gaz 1937-II, S. 148

1938 Günther: „Leistungsgewinn durch Stromlinienverkleidung von Dampflokomotiven der Deutschen Reichsbahn", Kongreß 1938, S. 152
Marty u. Kammerer: „Essais au tunnel de St.-Cyr de 2 dispositifs de carénage pour locomotives Pacific", Revue 1938-I, S. 34

1938   Nordmann: „Der Leistungsgewinn von Stromlinenlokomotiven",
         Z 1938, S. 515

—   Schmid: „Fehlermöglichkeiten bei der Bestimmung des Luftwider-
         standes von Kraftfahrzeugen im Modellversuch. — Grundformen
         und Kennwerte strömungsgünstiger Körper", Z 1938, S. 188

—   Schmid: „Die Fahrwiderstände beim Kraftfahrzeug und die Mittel
         ihrer Verringerung: 11) Hilfsmittel zur Verringerung des Luft-
         widerstandes", ATZ 1938, S. 498

1939 —   Everling: „Anpassung des Kraftwagens an den Straßenverkehr",
         VW 1939, S. 193

Anwendung der Stromlinie bei Eisenbahn-Fahrzeugen

1903   * Mehlis: „Dampfschnellbahnzug für 120 km mittlere stündliche Ge-
         schwindigkeit (150 km/st. maximal)", Dissertation T. H. Karls-
         ruhe 1903

1920   „Dendy Marshall's proposed 4 - 2 - 4 express engine", The Eng 1920-I,
         S. 217

1929   „The «Blue Comet» train, Central Rr of New Jersey", Loc 1929,
         S. 152

1933   Imfeld: „Die Dampflokomotive im Schnellverkehr", HH Nov. 1933,
         S. 41

         „The stream-lined Diesel-electric train", (Sulzer-Entwürfe), DRT
         27. Jan. 1933, S. 6 u. 1934, S. 162 — Sulzer Technical Review
         1933, Nr. 1 B, S. 2 — Loc 1934, S. 189 — Lok 1933, S. 122 u.
         1934, S. 3 — Gaz 1934-I, S. 162

1934   Flemming: „Stromlinienverkleidung für Dampflokomotiven", RB
         1934, S. 796

         Nordmann: „Ist die Dampflokomotive veraltet?", Annalen 1934-II,
         S. 9 — Revue 1935-I, S. 221

         „The B & O streamline train of 1900: The Adams «Windsplitter»",
         Age 1934-II, S. 265

1935   Dannecker: „Stromlinien-Dampflokomotiven und -Züge", Organ
         1935, S. 362

         Ewald: „Rund um die Stromlinie", HH Dez. 1935, S. 26

         Fuchs: „Die 2C2-Stromlinienlokomotive der Reihe 05 der Deutschen
         Reichsbahn", RB 1935, S. 322 — Bahn. Ing. 1935, S. 197 — Loc
         1935, S. 100 — Gaz 1935-I, S. 556, 563 und 1209 — Mod. Transp.
         16. März 1935, S. 9 — Organ 1936, S. 41 (Wagner)

         Heise: „Der erste Stromlinien-Dampfzug der Deutschen Reichsbahn",
         HH Dez. 1935, S. 7 — RB 1935, S. 687 und 1936, S. 70 — Mod.
         Transport 15. Februar 1936, S. 7 — Annalen 1937-II, S. 109

         Kuhler: „Appeal design in railroad equipment (Entwicklung der
         Stromlinienform)", Age 1935-II, S. 712

         Otto: „Design for high-speed locomotive: A streamlined 4-4-6
         light-weight passenger locomotive design with an articulated
         trailing truck" (Stütztender), Age 1935-II, S. 185

         Wernekke: „Ein Stromlinienzug im fernen Osten: Der Asia-Expreß",
         Annalen 1935-II, S. 48 und 189 — Age 1935-I, S 446 — Gaz
         1935-I, S. 980

Witte: „Stromlinienlokomotiven der Reichsbahn", ZMEV 1935, S. 217
Wolseley: „Streamlining 70 years ago", Gaz 1935-II, S. 1059
„Mile-a-minute trains capture public imagination (Zusammenstellung nordamerikanischer Stromlinienzüge)", Age 1935-II, S. 701
„New high-speed steam locomotive design in Germany", Gaz 1935-I, S. 387
„Some thoughts on streamlined trains", Gaz 1935-I, S. 1008
„The «Silver Jubilee» train of the LNER", Loc 1935, S. 304 — Gaz 1935-II, S. 451 — Mod. Transport 21. Sept. 1935, S. 3 u. 5. Okt. 1935, S. 7

1936   Flemming: „Schnellverkehr mit Dampfzügen", ZMEV 1936, S. 871
Fuchs: „Der Henschel-Wegmann-Zug", RB 1936, S. 70
Mauck u. Heise: „Der doppelstöckige Stromlinienzug der Lübeck-Büchener-Eisenbahn-Gesellschaft", HH Sept. 1936, S. 25 — Z 1936, S. 693 — Gaz 1936-I, S. 1003 — Mod. Transport 25. April 1936, S. 3 — Age 1936-II, S. 241 — VW 1936, S. 237 — Organ 1936, S. 181 — VT 1936, S. 223 — RB 1936, S. 410 — Lok 1938, S. 77
Nordmann: „Versuche mit Dampflokomotiven für hohe Geschwindigkeiten", VW 1936, S. 546
„Stromlinienzüge bei Dampfbetrieb", GiT 1936, S. 21
„Carénage d'une machine Super-Pacific Nord", Revue 1936-II, S. 395

1937   Bangert: „Eindrücke über das amerikanische Eisenbahnwesen", HH August 1937, S. 39
Lipetz: „Air resistance of railroad equipment', Transaction of The American Society of Mechanical Engineers, Oktober 1937, S. 617
Wiener: „Stromlinien-Dampflokomotiven, insbesondere der DRB", Kongreß 1937, S. 1914
Witte: „Der Diesel-Schnelltriebwagenzug «Super-Chief» der Atchison, Topeka & Santa Fé-Bahn", VW 1937, S. 382
„«Coronation Scot» train, LMSR", Loc 1937, S. 168 und 202 — Gaz 1937-I, S. 1019 — Engg 1937-I, S. 634
„New 4-6-2 type streamlined locomotives, Polish State Rys", Gaz 1937-II, S. 148 — Organ 1938, S. 19 — Annalen 1938-I, S. 16 — Kugellager (Schweinfurt) 1938, Heft 1, S. 5
„New «Coronation» trains, LNER", Loc 1937, S. 203
„Streamlined and semi-streamlined locomotives, German National Rys, 03 class", Loc 1937, S. 236

1938   „Neuere Stromlinienlokomotiven", Organ 1938, S. 155 (Franz. Nordbahn, LMSR, USA)
„Railcar streamlining", Loc 1938, S. 257
„Streamline enterprise on the Santa Fé: Five streamlined express trains at Chicago", Gaz 1938-I, S. 764 — Age 1938-I, S. 554 — DRT 1939, S. 19

1939   Dumas: „Mittel zur Beschleunigung der Reisezüge (u. a. Stromlinienfahrzeuge)", Kongreß 1939, S. 577
„2'D 2'-Heißdampf-Drilling-Stromlinienlokomotive Reihe 06 der Deutschen Reichsbahn", Z 1939, S. 287 — Annalen 1939-I, S. 81 — Lok 1939, S. 21 — Loc 1939, S. 96 — Gaz 1939-I, S. 312
„American Diesel electric streamliners", DRT 1939-I, S. 49

1939   „«Coronation Scot» fraternizes with «Capitol Limited»" (4 Strom-
        linienzüge — Dampf, Diesel, elektr. — auf einem Bild), Age
        1939-I, S. 540
        „Why not streamline statistics?", Mech. 1939, S. 480
1940   Beil: „Die Entwicklung der Stromlinien-Lokomotiven der Deutschen
        Reichsbahn", Lok 1940, S. 35

Krümmungswiderstand

1921   Hirschmann: „Der Widerstand in Gleiskrümmungen", HH 1921,
        S. 245
1927   Louis: „Untersuchungen über den Kurvenwiderstand von Eisenbahn-
        fahrzeugen", Organ 1927, S. 350
1935   Kinkeldei: „Kurveneinstellung, Führungsdrücke und Kurvenwider-
        stand von Lokomotiven mit Bisselachsen, nach dem Druckrollen-
        verfahren berechnet", Annalen 1935-II, S. 13
        Nordmann: „Der Krümmungswiderstand der Eisenbahnfahrzeuge",
        Annalen 1935-II, S. 129
1936   Heumann: „Krümmungswiderstand von steifachsigen Gleisfahr-
        zeugen mit zwei Achsen", Annalen 1936-I, S. 25
        Kinkeldei: „Kurveneinstellung, Führungsdrücke und Krümmungs-
        widerstand von Lokomotiven mit Drehgestellen, nach dem Druck-
        rollenverfahren berechnet", Annalen 1936-II, S. 121
        Pawelka: „Aus der Theorie des Krümmungslaufes", VT 1936, S. 279
        „Der Bogenwiderstand und seine wirtschaftliche Bedeutung", Schweiz.
        Bauz. 1936-II, S. 165
1937   Feyl u. Pflanz: „Steifigkeit des Oberbaues, Verschleiß und Krüm-
        mungswiderstand", Organ 1937, S. 7
        Protopapadakis: „Bemerkungen über die zur Berechnung des Krüm-
        mungswiderstandes angewendeten Formeln", Kongreß 1937, S. 1540
        Troitzsch: „Schnellbestimmung der Betriebswiderstände, der seitlichen
        Schienenabnutzungen und der Entgleisungsgrenze in Krümmungen",
        Organ 1937, S. 279

BAULICHE EINZELHEITEN

DER EISENBAHN-FAHRZEUGE

Achsen und Räder / allgemein

1911 Unger: „Wird die Sicherheit des Eisenbahnbetriebes gefährdet, wenn man eine einmal ausgepreßte Achse wieder in das zugehörige Rad einpreßt?", Annalen 1911-II, S. 170

1921 „Rolled steel disc wheels", Loc 1921, S. 149

1923 „The modern railway wheel", Loc 1923, S. 333

1935 * Mahr: „Aus der Geschichte der Eisenbahnräder", Technik-Geschichte Bd. 24, VDI-Verlag, Berlin 1935, S. 83

1936 König: „Zerstörungsfreie Untersuchung von Radsätzen auf Anbrüche", Organ 1936, S. 504

1938 Ahrens: „Die Innenlagerung der Radsätze", Organ 1938, S. 152
      König: „Zur Frage der Entwicklung neuer Wagenradsatz-Bauformen", Organ 1938, S. 392
      „The free wheel on railway vehicles", Loc 1938, S. 330

1939 König: „Konstruktion, Fertigung und Unterhaltung der Wagenradsätze im Zeichen der Geschwindigkeitssteigerung", Bahn-Ing. 1939, S. 266

Radreifen

1881 Bork: „Radreifenbefestigung mit eingeschmiedeten Ringen Patent Bork", Z 1881, S. 301

1882 „Ueber die Fabrication der Radbandagen", Z 1882, S. 595

1904 Busse: „Ueber die Abnutzung der Lokomotivradreifen und das Wandern der linken Schiene", Organ 1904, S. 80 und 102

1905 Busse: „Zusammenstellung der Radreifenabnutzung an Lokomotiven mit innen- und außenliegenden Zylindern", Organ 1905, S. 154

1908 „Tyre fastenings", Loc 1908, S. 68

1914 Jahn: „Die Ursachen der Schlaglochbildung an den Radreifen der Lokomotiven", Organ 1914, S. 333

1919 Webster: „Stresses in locomotive wheel tyres", Loc 1919, S. 25

1924 Gollwitzer: „Aufschweißen von Radspurkränzen", Organ 1924, S. 255
      Marzahn: „Ueber die Ursachen von Radreifenbrüchen", Annalen 1924-I, S. 37

1927 * Kühnel: „Ergebnisse von neueren Untersuchungen über Radreifenschäden", Annalen 1927, Jubiläums-Sonderheft S. 302

1928 Pogany: „Ueber die zweckmäßige Größe des Schrumpfmaßes der Radreifen", Organ 1928, S. 492

1929 Reiter: „Spurkranzschweißung", Organ 1929, S. 10

1930 „Preßluftschmiervorrichtung für Radreifen, Bauart Rößger", Organ 1930, S. 321

1931 Koch: „Ueber lose Radreifen an Lokomotiven", Organ 1931, S. 118

1932 * Gebauer: „Erfahrungen mit der elektrischen Spurkranzschweißung", Bericht über die 25. Fachtagung der Betriebsleiter-Vereinigung deutscher Privateisenbahnen und Kleinbahnen 1932, S. 76
      Scheck: „Das Aufschrumpfen von Radreifen", Organ 1932, S. 283

1933 Kreißig: „Schrumpfsitz und Beanspruchungen beim Speichenrad", Annalen 1933-II, S. 65

1937	Kühnel: „Abblätterung an Radreifen", Stahl und Eisen 1937, S. 553
	Messerschmidt: „Schleifen von Eisenbahn-Radreifen", VW 1937, S. 193
1938	Baldwin: „The fatigue strength of machined tyre steels", Loc 1938. S. 362
	Benedicks: „Die Ursache der Abblätterungen bei Radreifen", Stahl und Eisen 1938, S. 999
1939	„Reconditioning wheel sets: German economy method employing a welding and double grinding process", Gaz 1939-I, S. 97

Radkörper

1884	„Eisenbahnwagenräder von Papier", Z 1884, S. 361
1893 —	Demuth: „Beitrag zur Berechnung der Arme von Triebwerkrädern", Z 1893, S. 1077
1906	von Hippel: „Nahtlos gepreßte Speichenräder für Eisenbahnfahrzeuge, System Ehrhardt", Annalen 1906-II, S. 226
1911	Muhlfeld: „Cast iron wheels", Gaz 1911-II, S. 56
1917	„Rolled steel disc wheels", Loc 1917, S. 210 u. 1921, S. 149
1921	„Rolled steel disc wheels", Loc 1921, S. 149
1930	„The Lang laminated wooden wheel centre", Gaz 1930-II, S. 373
1933	Tyson: „The development of the «Standard» quenched and tempered wheel", Baldwin Januar 1933, S. 19

Achswelle

1915	Kreißig: „Die Berechnung der Straßenbahn-Achsen", Klb.-Ztg. 1915, S. 141
1929	Franke: „Dauerbrüche an Eisenbahn- und Straßenbahn-Achswellen", VT 1929, S. 332
1932	Kühnel: „Achsbrüche von Eisenbahnfahrzeugen und ihre Ursachen", Annalen 1932-I, S. 29 — Stahl und Eisen 1932, S. 965
1934	Thum u. Wunderlich: „Zur Festigkeitsberechnung von Fahrzeugachsen", Z 1934, S. 823
1937	Kallen u. Nienhaus: „Anwendung der Oberflächenhärtung bei Achsen und Wellen von Schienenfahrzeugen", Annalen 1937-II, S. 45

Hartgußrad

1894	Hartmann: „Eisenbahnwagenräder aus Hartguß", Z 1894, S. 292
1922	Rüker: „Das Griffinrad", Annalen 1922-II, S. 33
1923	Rüker: „Das Griffinrad in technologischer Beziehung", Organ 1923, S. 109
1925	* Rüker: „Das Hartgußrad und seine Behandlung im Eisenbahnbetrieb", «Eisenbahnwesen», VDI-Verlag, Berlin 1925, S. 204
1927	Rüker: „Das Hartgußrad und seine Bremsung", Annalen 1927-II, S. 135 und 1928-I, S. 6
1937	„Gewichtsverringerung von Eisenbahnrädern", Z 1937, S. 1312

Elastische Räder

1932   Bäseler: „Die Eisenbahn auf Gummi“, ZVDEV 1932, S. 997

1933   Kremer u. Reutlinger: „Gummi in Rädern für Schienenfahrzeuge“, Z 1933, S. 955

„Leichtmetallwagen mit Gummidämpfung der Räder“, Z 1933, S. 487
— Age 1933-I, S. 544

„New wheel for rubber-tyred railcars with Noble guide wheels“, Gaz 1933-II, S. 889

„Novel designs of resilient carriage wheels (Waggonfabrik Uerdingen)“, Loc 1933, S. 152

1934   „Verwendung von Gummi für die Räder von Schienenfahrzeugen“, Organ 1934, S. 347 (siehe auch S. 15 u. 26)

1937   Ahrens: „Der ruhige Fahrzeuglauf“, Annalen 1937-I, S. 69

v. Lengerke: „Elastische Räder im modernen Straßenbahnwagenbau“, Gi T 1937, S. 97

v. Lengerke: „Federnde Räder“, VT 1937, S. 64

LAGERFRAGEN

Gleitlager / allgemein

1925   * Schulze: „Ueber Gleitlager", «Eisenbahnwesen», VDI-Verlag, Berlin 1925, S. 168

1927   * Müller: „Versuche mit Lagern und ihre Rückwirkung auf die Konstruktion der Lager der Reichsbahnfahrzeuge", Annalen 1927, Jubiläums-Sonderheft S. 279

1930 —   Schneider: „Versuche über die Reibung in Gleit- und Rollenlagern", Petroleum 1930, Heft 7 und 11

1931 —   Kießkalt: „Das Gleitlager im letzten Jahrfünft" (mit Schriftquellen), Z 1931, S. 1025

1932   Wolff: „Gleitachslager für Eisenbahnfahrzeuge", Z 1932, S. 529, 1076

1933 —* Schiebel: „Die Gleitlager. — Berechnung und Konstruktion", Verlag Springer, Berlin 1933 — Bespr. Z 1933, S. 1079

1934 —   Riebe: „Gleitlager mit Abmessungen von Wälzlagern", Z 1934, S. 444

1935 —   Schneider: „Die Gleitlagerreibung bei Fettschmierung", Organ 1935, S. 27

—   Endres: „Elastische Lagerschalen", Z 1935, S. 982 .

1936 —   Baum: „Oelsparende und öllose Lager", Z 1936, S. 575

    Beilfuß: „Druck-Gießverfahren für die Herstellung dünner Ausgüsse von Eisenbahn-Fahrzeuglagern", Z 1936, S. 1475

—* Erkens: „Konstruktive Lagerfragen", VDI-Verlag, Berlin 1936 — 2. Aufl. 1940. — Bespr. Annalen 1936-II, S. 130 u. Z 1940, S. 504

    Garbers: „Die Fahrzeuglager der Reichsbahn", Organ 1936, S. 293

—   Kastorff: „Oellose Lager", Maschinenbau 1936-II, S. 676

—   Meier: „Das Ausgießen von Lagern", Z 1936, S. 652

1937   Holtmeyer: „Lager- und Schmierungsfragen bei Reichsbahnlokomotiven (auch Wälzlager)", Organ 1937, S. 349

—   Persicke: „Verfahren zur Herstellung von Mehrstofflagern", Z 1937, S. 337

1938 —   Dahl: „Gleitlager mit einstellbaren Blöcken (Segmenten)", Z 1938, S. 149

—   v. Ende: „Zur Kenntnis der Gleitlagerreibung", Z 1938, S. 1282

    Haller: „Die Lager in Straßenbahnwagen", VT 1938, S. 542

1939 =* Kühnel: „Werkstoffe für Gleitlager", Verlag Springer, Berlin 1939. Bespr. Z 1939, S. 1187

1940 =   Beilfuß: „Neuere Erfahrungen mit dünnen Lagerausgüssen", Maschinenbau/Betrieb 1940, S. 253 — Z 1940, S. 503

Lagermetalle

1861   „Metallkompositionen der Achslager auf den preußischen Eisenbahnen", Z 1861, S. 303

1886   * Großmann: „Die Schmiermittel und Lagermetalle für Locomotiven, Eisenbahnwagen usw.", C. W. Kreidel's Verlag, Wiesbaden 1886 — Bespr. Z 1886, S. 415

1915 =   „Geschichtliche Bemerkungen über Metall-Legierungen", HN 1915, S. 87
    =   „Metall-Legierungen", HN 1915, S. 33

1916 =   Halfmann: „Lagermetalle", Annalen 1916-I, S. 81

1923 = Mathesius: „Lagermetalle", Annalen 1923-I, S. 163
1924   Münter: „Das Ausgießen von Lokomotivlagern mit den durch Zusatz von Erdkali-Metallen gehärteten Bleilegierungen Calcium und Lurgi", Annalen 1924-II, S. 155
1927   Kühnel u. Marzahn: „Der neue Rotguß R 5 im Eisenbahnbetrieb", Organ 1927, S. 11
    * Müller: „Versuche mit Lagern und ihre Rückwirkung auf die Konstruktion der Lager der Reichsbahnfahrzeuge", Annalen 1927, Jubiläums-Sonderheft S. 279
1928 —   Müller: „Technologie der Lagermetalle", Z 1928, S. 879
1931 = Kunze: „Die Lagermetalle und ihr Verhalten im Betriebe", Maschinenbau 1931, S. 664
1935 —   Meboldt: „Lagerlaufversuche mit Gußeisen als Lagermetall", Z 1935, S. 629
    = Witte: „Blei-Lagermetalle", Z 1935, S. 98
1936 —   Höhne: „Gegossene Zinn-Kupfer-Legierungen", Maschinenbau/Betrieb 1936-II, S. 623
1937 —   Heyer: „Prüfung der Laufeigenschaften von Lagermetallen unter dynamischer Belastung", ATZ 1937, S. 552
   —* Jänecke: „Kurzgefaßtes Handbuch aller Legierungen", Verlag Spamer, Leipzig 1937 — Bespr. ATZ 1937, S. 323
    — Thum u. Strohauer: „Prüfung von Lagermetallen und Lagern bei dynamischer Beanspruchung", Z 1937, S. 1245
    „White bearing metals for heavy duty", Gaz 1937-I, S. 143 und 531
1938 —   Knipp: „Metallersparnis bei Lagerschalen durch Verbundguß", Stahl und Eisen 1938, S. 170
1939 = Katz: „Ueber Versuche mit Gleitlagerwerkstoffen in Braunkohlenbetrieben", Braunkohle 1939, S. 723
   =* Kühnel: „Werkstoffe für Gleitlager", Verlag Springer, Berlin 1939 — Bespr. Annalen 1940, S. 68

Austausch-Stoffe für Lagerschalen

1935 —   Ostermann: „Kunstharz-Preßstoff für Gleitlager", Z 1935, S. 1131
1936 —   Achilles: „Verwendungsmöglichkeiten von Kunstharz-Preßstofflagern", Z 1936, S. 1317
    — Erkens: „Lagergestaltung unter Verwendung von Heimstoffen", Maschinenbau 1936-II, S. 675
    Wagner u. Muethen: „Heimstoffwirtschaft im deutschen Lokomotivbau unter besonderer Berücksichtigung der Lagerfrage", Annalen 1936-I, S. 31, 59 und 103
1937 —   Becker: „Gestaltungsfragen bei Lager-Austauschstoffen", Archiv für Wärmewirtschaft 1937, S. 255
    — Gilbert: „Kunstharze als Gleitlagerbaustoffe", Maschinenbau 1937, S. 363
    — Heidebroek: „Laufeigenschaften von Kunstharz-Preßstoff-Lagern", Z 1937, S. 820
    — Kuntze: „Gleitlager aus Kunstharz-Preßstoff für hohe Geschwindigkeiten", Z 1937, S. 338
    — Wiechell: „Einiges von der Entwicklung, der Konstruktion und dem Betrieb von Leichtmetall-Lagern", ATZ 1937, S. 235

1937 — „Preßstoff-Lager", Maschinenbau 1937, S. 364
1938 — Heidebroek: „Betriebserfahrungen mit Preßstofflagern", Z 1938,
S. 755
Hoffmann: „Verbundlagerschalen für Feldbahnwagen", Z 1938, S. 894
— Knipp: „Metallersparnis bei Lagerschalen durch Verbundguß", Stahl
und Eisen 1938, S. 170
— Strohauer: „Vergleichende Untersuchungen von Metall- und Kunst-
harzpreßstoff-Lagern", Z 1938, S. 1441
1939 — Fischer: „Laufverhalten von Leichtmetall-Lagerwerkstoffen", Z 1939,
S. 1007
Katz: „Ueber Versuche mit Gleitlagerwerkstoffen in Braunkohlen-
betrieben", Braunkohle 1939, S. 723
Mäkelt: „Untersuchungen von Preßstoff-Achslagern für Schienen-
fahrzeuge", Braunkohle 1939, S. 733 — * VDI-Verlag, Berlin 1939
(Bespr. Organ 1939, S. 384)
— Rohde: „Austauschwerkstoffe in Walzenlagern", Z 1939, S. 1209
— „VDI-Richtlinien für Gleitlager aus Kunstharz-Preßstoff", Z 1939,
S. 1162
1940 — Hensky: „Versuche mit Preßstofflagern an hydraulischen Pumpen",
Z 1940, S. 159
Höfinghoff: „Erfahrungen der DRB mit Heimstoffen", Z 1940,
S. 465 [S. 466: Lagerwerkstoffe]
— Nass: „Die Verwendung der Austauschwerkstoffe für Gleitlager",
Maschinenbau/Betrieb 1940, S. 189
= Widdecke: „Erfahrungen mit Austauschwerkstoffen für Gleitlager",
Lok 1940, S. 55

Gleitachslager / allgemein

1870 Beuther: „Ueber Achslager bei Eisenbahnfahrzeugen", Z 1870, S. 307
1876 „Schmiedeeiserne Achsbüchse für Wagen von Gebrüder van der
Zypen in Deutz", Z 1876, S. 601
1898 Busse: „Nachstellbares Achslager für Lokomotiven", Organ 1898, S. 9
1908 „The «Iracier» patent axlebox", Loc 1908, S. 203
1909 Erdbrink: „Einiges zur Verbesserungs- und Wirtschaftlichkeitsfrage
der Achsbüchsen der Eisenbahnbetriebsmittel", Annalen 1909-I,
S. 167
1915 „Unrunde Achsschenkel", HN 1915, S. 167
1924 Scharfenberg: „Einheitsachslager der Deutschen Reichsbahn",
Annalen 1924-II, S. 120
1925 * Schulze: „Ueber Gleitlager", «Eisenbahnwesen», VDI-Verlag, Berlin
1925, S. 168
1926 Schulze: „Studien über Achslager für Fahrzeuge", VT 1926, S. 417
1928 Buckle: „The heating of locomotive axle bearings", Ry Eng 1928,
S. 367
1930 „Notes on oil-lubricated wagon bearings", Loc 1930, S. 423
1931 Hartung: „Achslager für Schienenfahrzeuge mit mechanischer
Schmierung", Waggon- und Lokbau 1931, S. 53
1932 * Nücker: „Ueber den Schmiervorgang im Gleitlager", Forschungsheft
352, VDI-Verlag, Berlin 1932 — Bespr. Z 1932, S. 447
Wolff: „Gleitachslager für Eisenbahnfahrzeuge", Z 1932, S. 529 u. 1076

1933   „Research improves performance of journal bearings", Age 1933-I, S. 329

1934   „Improved axleboxes", Loc 1934, S. 344

1936   Beilfuß: „Druck-Gießverfahren für die Herstellung dünner Ausgüsse von Eisenbahn-Fahrzeuglagern", Z 1936, S. 1475
       Garbers: „Die Fahrzeuglager der Deutschen Reichsbahn", Organ 1936, S. 293

1938   Rellensmann: „Zur Weiterentwicklung des DWV-Gleitachslagers", Organ 1938, S. 358
       „Selbstölendes Achslager, National Bearing Metals Corporation, St. Louis", Organ 1938, S. 367
       „Asbestos wearing surfaces for locomotives and rolling stock. — New type of self-lubricating liners and bushes", Gaz 1938-I, S. 1159

1939   Stanier: „Problems connected with locomotive design — II: Axleboxes" Gaz 1939-I, S. 500
       „Resilient thrust pad arrangement for axleboxes", Gaz 1939-I, S. 895

Hochleistungs-Gleitlager Peyinghaus-Isothermos

1925   „Peyinghaus-Isothermos-Achslager", Annalen 1925-II, S. 52 — Organ 1925, S. 227 — Z 1925, S. 485

1928   „Isothermos axle box", Ry Eng 1928, S. 24

1930   „The Isothermos axlebox", Loc 1930, S. 378 — Ry Eng 1930, S. 474 — Gaz 1931-II, S. 368

1931   Hartung: „Achslager mit mechanischer Schmierung", Waggon- und Lokbau 1931, S. 53

1932   Wolff: „Gleitachslager für Eisenbahnfahrzeuge", Z 1932, S. 529, 1076

1934   *„Das Peyinghaus-Achslager. — Technisch-wissenschaftlicher Aufklärungs- und Studienbericht", herausgegeben vom Eisen- und Stahlwerk Walter Peyinghaus, Egge b. Volmarstein a. d. Ruhr 1934
       „Improved axleboxes", Loc 1934, S. 344

1938   „The Isothermos axlebox", Gaz 1938-II, S. 605

Achslager-Schmierung

1871   * Heusinger v. Waldegg: „Die Schmiervorrichtungen und Schmiermittel der Eisenbahnwagen", Kreidels Verlag, Wiesbaden 1871

1886   * Großmann: „Die Schmiermittel und Lagermetalle für Lokomotiven, Eisenbahnwagen usw.", C. W. Kreidels Verlag, Wiesbaden 1886, — Bespr. Z 1886, S. 415

1916   „The lubrication of locomotives", Loc 1916, S. 57 u. f.

1922   „Oiling date indicator for wagon axleboxes", Loc 1922, S. 240

1923 — Vieweg: „Ueber Oel- und Lagerversuche im Maschinenlaboratorium d. Physikalisch-Technischen Reichsanstalt", Annalen 1923-II, S. 111

1924   Dütting: „Die Rollenkettenschmierung", Organ 1924, S. 272
       Friedrich: „Die mechanische Schmierung der Eisenbahnachsen", Z 1924, S. 877
       Meyer: „Versuche mit Teerfettöl und Rollenkettenschmierung in Achsbüchsen für Eisenbahnfahrzeuge", VT 1924, Heft 6

1930   „Hennessy mechanical journal lubricators", Age 1930-II, S. 952

1931	Hartung: „Achslager für Schienenfahrzeuge mit mechanischer Schmierung", Waggon- und Lokbau 1931, S. 53
1933	Rothemund u. Bachmaier: „Achslager-Schmiervorrichtung Bauart «Augsburg»", Z 1933, S. 1126 — Organ 1934, S. 147
1936	Welter: „Hochdruckschmierung für Achslager", Kongreß 1936, S. 240
	„An early mechanically lubricated axlebox", Loc 1936, S. 8
1937	Holtmeyer: „Lager- und Schmierungsfragen bei Reichsbahnlokomotiven", Organ 1937, S. 349
—	v. Philippovich: „Forschung auf dem Gebiet der Schmierung und der Schmiermittel", Z 1937, S. 1467
	Zobel u. Nagel: „Vorsatzgehäuse mit mechanischer Schmierölförderung für Wagenachslager", Annalen 1937-II, S. 204
1939 —	Wolf: „Molekularphysikalische Probleme der Schmierung", Z 1939, S. 781
	„Locomotive driving journals are oil lubricated, Southern Pacific", Mech. 1939, S. 118 — Age 1939-I, S. 990
1940 —	Vogelpohl: „Die rechnerische Behandlung des Schmierproblems beim Lager", Oel und Kohle 1940, S. 9 u. 34

Wälzlager

1899 —	„Versuche mit Rollenlagern", Z 1899, S. 466
1909 =	Brühl: „Die Geschichte des modernen Kugellagers", Z 1909, S. 1844, 1887, 2055
1913	Dietrich: „Das SKF-Kugellager und seine Anwendung bei Straßenbahnen und Eisenbahnen", Klb-Ztg. 1913, S. 630
1914 =	Hermanns: „Die Herstellung des modernen Kugellagers und neuere Erfahrungen aus Versuch und Praxis", Annalen 1914-I, S. 237
1915	Robertson: „Die schwedischen Kugellager für Eisenbahnbetriebe", Lok 1915, S. 52
	„The application of ball bearings to ry rolling stock", Loc 1915, S. 237 u. 1919, S. 150
1917	Bethge: „Wann werden Kugellager bei Straßenbahnen wirtschaftlich?", El. Kraftbetr. 1917, S. 317
1920	Rydberg: „Beitrag zur Bewertung des Kugellagers in eisenbahntechnischer Hinsicht", Annalen 1920-I, S. 9
1922	„Ball and roller bearings for ry service", Loc 1922, S. 298
1923	Jacobson: „De toepassing vaan kogel-en rollenlagers bij het rollend materieel der spoorwegen en mededeelingen over de resultaten in verschillende landen bereikt", De Ingenieur 1923, S. 809
	Dipl.-Ing. Müller: „Einfluß der Wälzlager auf den Kohlenverbrauch der Lokomotive", Waggon- und Lokbau 1923, S. 133
1925	Buhle: „Timken-Rollenlager im Eisenbahnbetrieb und Förderungswesen", Annalen 1925-II, S. 209
*	Laubenheimer: „Kugel- und Rollenlager unter besonderer Berücksichtigung der Wälzlager-Versuchsbauarten der Deutschen Reichsbahn", «Eisenbahnwesen», VDI-Verlag, Berlin 1925, S. 156
	„Rollenlager in schweren Schienenfahrzeugen", Annalen 1925-II, S. 63
	„The application of anti-friction bearings to rolling stock", Loc 1925, S. 125
1926	Scherz: „Kugel- oder Rollenlager für Schienenfahrzeuge?", Z 1926, S. 629

Theobald: „Moderne Wälzlagerachsbüchsen für Schienenfahrzeuge“, VT 1926, S. 364

1927   Brunner and Tawresey: „Journal friction in relation to train operation“, Age 1927-I, S. 1258

—   Eipel: „Beschädigungen an Kugellagern“, Maschinenbau 1927, S. 1033

Sanders: „Roller bearings on railway cars“, Age 1927-II, S. 709
„Anti-friction bearings for railway rolling stock“, Ry Eng 1927, S. 228
„Rollenlager-Achsbuchsen für Vollbahnen“, Kugellager-Zeitschrift SKF-Norma, Berlin 1927, Heft 1, S. 2

1928 —* Stellrecht: „Die Belastbarkeit der Wälzlager“, Verlag Springer, Berlin 1928

1929   Foerster: „Fahrwiderstandsmessungen an Schienenfahrzeugen“, Wälzlager (F & S Schweinfurt) 1929, Märzheft

—   Mundt: „Ermüdungsbruch und zulässige Belastung von Wälzquerlagern“, Z 1929, S. 53

Sanders: The design, application and operation of railway roller bearings“, Ry Eng 1929, S. 353 u. 399
„Rollenachslager an Eisenbahn-Fahrzeugen“, RB 1929, S. 978

1930   Buckwalter: „Operating results with the Timken locomotive“, Age 1930-II, S. 1177

—   Schneider: „Versuche über die Reibung in Gleit- u. Rollenlagern“, Petroleum 1930, Heft 7 u. 11

„A 4-8-4 type demonstration locomotive for Timken“, Age 1930-I, S. 1225 — Z 1930, S. 1401 — Gaz 1931-II, S. 556 — Ry Eng 1931, S. 229 — Organ 1931, S. 427

1931   Spies: „Kegelrollenlager für Eisenbahnfahrzeuge“, Waggon- u. Lokbau 1931, S. 289

„Experimental locomotive fitted with «Timken» roller bearings“, Ry Eng 1931, S. 229 — Gaz 1931-II, S. 556 — Z 1930, S. 1401
„Roller bearings for ry rolling stock“, Ry Eng 1931, S. 249

1932   Brunner & Taylor: „New York Central locomotive No 5343 (SKF-bearings equipped) makes over 130 000 miles“, Age 1932-II, S. 421 — Gaz 1932-II, S. 520

—   Falz: „Wälzlager oder Gleitlager?“, Petroleum 1932, Heft 23

1933   „The roller bearings as applied to locomotives and rolling stock on railways“, Loc 1933, S. 365

1934 — Jürgensmeyer: „Die Wälzlager und ihre Anwendung im Kraftfahrzeugbau“, ATZ 1934, S. 143

Witte: „Verwendung von Rollenlagern an Lokomotiven und Tendern bei den amerikanischen Bahnen“, Organ 1934, S. 157
„Lokomotiven mit Wälzlagern“, Kugellager-Zeitschrift, Schweinfurt 1934, Heft 1, S. 15
„Anti-friction bearings“, Loc 1934, S. 329
„SKF roller bearings to connecting and side rods in America“, Gaz 1934-II, S. 343 — Age 1934-II, S. 4

1935   „Roller-bearings applied to locomotive leading bogie, Bengal-Nagpur Ry“, Loc 1935, S. 28

—   „Die Ursachen von Lagerbeschädigungen“, Die Kugellager-Zeitschrift (Schweinfurt) 1935, S. 14

1936   *„SKF-Lager für Eisenbahnfahrzeuge", herausgegeben von den Ver-
          einigten Kugellagerfabriken AG, Schweinfurt 1936
1937   Holtmeyer: „Lager- u. Schmierungsfragen bei Reichsbahnlokomo-
          tiven", Organ 1937, S. 349
— * Jürgensmeyer: „Die Wälzlager", Verlag Springer, Berlin 1937
—   „Tragfähigkeit u. Lebensdauer der Wälzlager", Das Kugellager (Ver-
          einigte Kugellager-Fabriken, Schweinfurt) 1937, Heft 4, S. 50
—   „Die Schmierung der Wälzlager in elektr. Maschinen", Das Kugel-
          lager (Vereinigte Kugellager-Fabriken, Schweinfurt) 1937, Heft 3,
          S. 34
1938   Bode: „Die Rollenachslager der DRB", VW 1938, S. 489
        Petersen: „Stand der Entwicklung der Rollenachslager in Schienen-
          fahrzeugen", Annalen 1938-I, S. 37 — Kongreß 1938, S. 847
—   „Berechnung der Lager von Verbrennungsmotoren", Kugellager
          (Schweinfurt) 1938, Heft 2, S. 18
        „Brasilianische Güterwagen (A. Thum & Cia, Ltda) mit Rollenlager-
          Achsbüchsen", Kugellager (Schweinfurt), 1938, Heft 3, S. 42
        „Neuzeitliche polnische Schnellzuglokomotive mit SKF-Rollenlagern",
          Kugellager (Schweinfurt) 1938, Heft 1, S. 5
1939=* Jürgensmeyer: „Gestaltung von Wälzlagerungen", Konstruktions-
          bücher, 4. Bd., Verlag Springer, Berlin 1939. — Bespr, Z 1939,
          S. 1167
 =* Jürgensmeyer: „Einbau und Wartung der Wälzlager", Verlag
          Springer, Berlin 1939. — Bespr. Z 1940, S. 484
—   Meyer, Hans: „Eignung von Wälzlagern für sehr große Belastun-
          gen", Z 1939, S. 99
        „Needle roller bearings", Gaz 1939-I, S. 817
        „Omaha shop methods for roller-bearing repairs", Mech. Eng. 1939-I,
          S. 190

Schmiertechnik / allgemein

1922   „Oiling date indicator for wagon axleboxes", Loc 1922, S. 240
1926 —*„Richtlinien für wirtschaftliche Schmierung", herausgegeben vom Aus-
          schuß für wirtschaftliche Fertigung beim Reichskuratorium für
          Wirtschaftlichkeit, Beuth-Verlag, Berlin 1926 — 2. Ausgabe 1929
1927 — Ernst: „Schmiermittel", Maschinenbau 1927, S. 227 u. 284
—   Falz: „Die Kernpunkte der wissenschaftlichen Schmiertechnik", Ma-
          schinenbau 1927, S. 213
—   Frank: „Veränderung der Schmieröle im Gebrauch", Maschinenbau
          1927, S. 231
—   Kießkalt: „Moderne Gesichtspunkte für die Oelauswahl", Maschinen-
          bau 1927, S. 230
—   Krabbe: „Schmierungsfragen im Triebwerksbau", Maschinenbau 1927,
          S. 236
1928 — Altmann: „Einfluß der Zahnform auf die Schmierung bei Wälz-
          zahnrädern", Maschinenbau 1928, S. 596
—   Kauffmann: „When and where to use grease as a lubricant",
          Machinery Nov. 1928, S. 172
1929 — Steinitz: „Zur Kennzeichnung hochwertiger Schmiermittel", Ma-
          schinenbau 1929, S. 310
—   Wolff: „Die Schmierschicht in Gleitlagern", Z 1929, S. 1198

Die ELNA-Lokomotiven, vom Engeren Lokomotiv-Normen-Ausschuß typisierte Lokomotivbauarten für die regelspurigen deutschen Privat- u. Kleinbahnen. Sie umfassen zwei Typisierungsgruppen für je 12 und 14 t Achsdruck. — Unser Bild zeigt eine Henschel-Elna-Lokomotive im Betrieb der Söhre-Bahn bei Kassel.

1931 —* Falz: „Grundzüge der Schmiertechnik", 2. Aufl., Verlag Springer, Berlin 1931
1932 * Deichsel: „Ersparnisse bei der Lokomotiv-, Wagen- u. Kraftwagenschmierung", Bericht über die 25. Fachtagung der Betriebsleiter-Vereinigung deutscher Privateisenbahnen u. Kleinbahnen 1932, S. 15
—* Nücker: „Ueber den Schmiervorgang im Gleitlager", Forschungsheft 352, VDI-Verlag, Berlin 1932 — Bespr. Z 1932, S. 447
— Walger: „Schmiertechnische Untersuchungen", Z 1932, S. 205
1937 — von Philippovich: „Forschung auf dem Gebiet der Schmierung und der Schmiermittel", Z 1937, S. 1467
1938 — vom Ende: „Schmierfilmtheorie und Lagergestaltung", Z 1938, S. 505
— Ostwald: „Schmierung im Wandel", ATZ 1938, S. 365
Riboud: „Le graissage dans les Chemins de fer aux Etats-Unis", Revue 1938-I, S. 336
1939 — Wolf: „Molekularphysikalische Probleme der Schmierung", Z 1939, S. 781
„Lubrication of cars and locomotives", Age 1939-II, S. 9 — Mech. 1939, S. 268
1940 — Vogelpohl: „Die rechnerische Behandlung des Schmierproblems beim Lager", Oel und Kohle 1940, S. 9 und 34
— Vogelpohl: „Die geschichtliche Entwicklung. unseres Wissens über Reibung und Schmierung", Oel und Kohle 1940, S. 89 u. 129

Fettschmierung

1924 Meyer: „Versuche mit Teerfettöl und Rollenkettenschmierung an Achsbuchsen für Eisenbahnfahrzeuge", VT 1924, S. 52
1928 — Kauffmann: „When and where to use grease as a lubricant?", Machinery Nov. 1928, S. 172
1932 „Grease as a lubricant for locomotives", Loc 1932, S. 149
1935 — Schneider: „Die Gleitlagerreibung bei Fettschmierung", Organ 1935, S. 27
1937 — Traeg: „Fettschmiergeräte", Z 1937, S. 825
1938 —* Traeg: „Fettschmierung", VDI-Verlag, Berlin 1938 — Bespr. Z 1939, S. 643
„The machine efficiency of American locomotives" (Oel- oder Fettschmierung?), Loc 1938, S. 389
1940 Schneider: „Schmierfette und Fettschmierung", Lok 1940, S. 9 u. 21

Zug- und Stoßvorrichtungen / allgemein

1875 * Heusinger v. Waldegg: „Literatur über Zug- und Kupplungs-Apparate", Handbuch für specielle Eisenbahn-Technik, 3. Bd., Verlag Wilh. Engelmann, Leipzig 1875, S. 624
1880 „Turton's buffer and coupling", Engg 1880-II, S. 568
1907 Strahl: „Die Beanspruchung der Kupplung einer Dampflokomotive", Annalen 1907-II, S. 170
„Illustration zur Einheitlichkeit der Zug- und Stoßvorrichtungen im deutschen Eisenbahnwesen um die Mitte der 50er Jahre", Lok 1907, S. 199

8

1922   Wiedemann: „Neuere Zug- und Stoßvorrichtungen für Eisenbahn-
          wagen", Z 1922, S. 1135
1924   Sanders: „Laminated railway springs: Drawbar and buffing springs",
          Loc 1924, S. 26
1926   „Couplers for mixed gauges, Londonderry Harbour Lines", Loc 1926,
          S. 385
1928   Lehner: „Der neuzeitliche Waggonbau: Zug- und Stoßvorrichtungen
          und Kuplungen", Waggon- und Lokbau 1928, S. 273
1930   „Zug- und Stoßvorrichtungen für Eisenbahnfahrzeuge", Z 1930, S. 54
1931   Potthoff: „Eisenbahn-Zug- u. Stoßvorrichtungen", Annalen 1931-II,
          S. 25
          * Zürcher: „Die elastischen Wirkungen der Puffer bei dem Betrieb
          von Eisenbahnzügen", Dissertation T. H. Berlin 1931
1933   Bloch: „Längswellen in Eisenbahnzügen", Organ 1933, S. 375
          Terdina: „Ein zeichnerisches Verfahren zur Ermittlung der Zug-
          und Druckkräfte in einem gebremsten Eisenbahnzug", Organ 1933,
          S. 379
1934   Lange: „Das Anziehen von Eisenbahnwagen (Kräfte in den Zug-
          federn)", Organ 1934, S. 273
1939   „Report on couplers and draft gears", Age 1939-II, S. 27 — Mech
          1939, S. 277
          Pfennings: „Die Zug- und Stoßvorrichtungen an den neuen Wagen
          der Deutschen Reichsbahn", Organ 1939, S. 422

Puffer

1875   „Turton's ry• buffer", Engg 1875-I, S. 372 u. 1880-II, S. 568
1893   Kroeber: „Ein Vorschlag zur Abänderung der Puffer der Eisenbahn-
          fahrzeuge", Zentralblatt der Bauverwaltung 1893, S. 219
1906   Chabal u. Beau: „Expériences faites en 1897 à la Cie PLM sur le
          déplacement rélatif des tampons voisins de deux véhicules con-
          sécutifs d'un train", Revue 1906-II, S. 345
1907   Chabal u. Beau: „Dimensions à adopter pour les disques des
          tampons de choc des véhicules de chemins de fer à voie normale",
          Revue 1907-I, S. 3
1912   „Matthew's patent buffer", Loc 1912, S. 149
1917   „Improvements in buffers for rolling stock", Loc 1917, S. 50
1920   „Hirst's patent puffer", Loc 1920, S. 115
1922   Wiedemann: „Neuere Zug- und Stoßvorrichtungen für Eisenbahn-
          fahrzeuge", Z 1922, S. 1135
1924   Metzkow: „Aufgaben und Wirkungen des Eisenbahnpuffers unter
          besonderer Berücksichtigung der Reibungspuffer", Annalen 1924-II,
          S. 79
          Steber: „Verstärkte Puffer für Eisenbahnfahrzeuge", Kruppsche
          Monatshefte 1924, S. 137
          „Hülsenpufferbauarten", Annalen 1924-II, S. 247
          „Verstärkung der Wagenpuffer", Organ 1924, S. 78
1925   * Wiedemann: „Ueber Reibungspuffer", «Eisenbahnwesen», VDI-
          Verlag Berlin 1925, S. 153 — Annalen 1926-I, S. 198

1927   „Ring spring buffers", Loc 1927, S. 360
1928   Deichmüller: „Fortschritte im Pufferbau und in der Puffer-
        federung", Waggon- und Lokbau 1928, S. 209
1930   Kreissig: „Die Pufferung der Eisenbahnfahrzeuge", Organ 1930,
        S. 361
        „Flüssigkeitspuffer für Eisenbahnfahrzeuge", Z 1930, S. 55 — Revue
        1930-II, S. 81
1931   Füsgen: „Die Flüssigkeitspuffer an Eisenbahnfahrzeugen", Organ
        1931, S. 123
        Langer u. Thomé: „Dynamische Untersuchung von Eisenbahn-
        puffern", Z 1931, S. 1013
      * Zürcher: „Die elastischen Wirkungen der Puffer bei dem Betrieb
        von Eisenbahnzügen", Dissertation T. H. Berlin 1931
        „The buffers of railway vehicles", Loc 1931, S. 164
1932   Halfmann: „Neuere Pufferfedern für die Fahrzeuge der Deutschen
        Reichsbahn", Organ 1932, S. 348
1935 — Groß: „Beitrag zur Berechnung der Kegelstumpffedern", Z 1935,
        S. 865
        Stark: „Die Ermittlung der Formänderungen und des Spannungs-
        zustandes von Pufferfedern", Z 1935, S. 727
1936   „Impact of railway vehicles in relation to buffer resistance", Loc
        1936, S. 69
1937   Pédelucq: „Le rôle et les caractéristiques des tampons des véhicules",
        Revue 1937-II, S. 152
        „Shock absorbing wagons, LMSR", Engg 1937-II, S. 213 — Loc
        1937, S. 284 — Annalen 1938-I, S. 33 — Gaz 1939-I, S. 1021
1939 — Richter: „Ringfederbeine für Flugzeuge" (u. a. Berechnung der
        Ringfeder!), Z 1939, S. 652

Schraubenkupplung

1877   „Becker's ry carriage coupling", Engg 1877-II, S. 424
        „Harrison's ry coupling" (vom Führerstand aus betätigt), Engg 1877-II,
        S. 493 u. 1878-I, S. 183
1878 * Büte: „Die Versuche mit Sicherheitskupplungen auf der Main-
        Weser-Bahn, 10.—15. Dez. 1877", Druck v. C. Richarß, Cassel 1878
1879   „Ueber Sicherheitskupplungen für Eisenbahnfahrzeuge, mit beson-
        derer Berücksichtigung des Turner'schen Doppelzughakens",
        Annalen 1879-II, S. 41
1902   „Westinghouse-Reibungs-Zugvorrichtung", Annalen 1902-I, S. 11
1917   „Improvements in screw couplings", Loc 1917, S. 192
1920   „New standard screw coupling, Indian Rys", Loc 1920, S. 64
1923   Steber: „Ueber die Verstärkung der Zugvorrichtungen an Eisen-
        bahnfahrzeugen", Kruppsche Monatshefte 1923, S. 181
        „Schraubenkupplung aus Nickel-Chrom-Stahl", HN 1923, S. 42
1925   Iltgen: „Das Gewinde der neuen Eisenbahnkupplung, seine Tole-
        rierung und Prüfung", Annalen 1925-II, S. 171
1926   Neubert: „Die neuen verstärkten Schraubenkupplungen der Deut-
        schen Reichsbahn", Organ 1926, S. 141
        „Russische Schraubenkupplungen", Annalen 1926-II, S. 77

8*

1928   „Wagon drawgear", Loc 1928, S. 30
1933   Willans: „Draw-gear for Indian broad gauge railways", Loc 1933, S. 123
1935   Fellows: „The evolution of the slip coach", Loc 1935, S. 215 u. 263

Selbsttätige Kupplung

1855   Taylor u. Cranstown: „Das Kuppeln der Eisenbahnwagen (von der Seite aus)", Organ 1855, S. 97
1856   Grapow:'„Gefahrlose Kupplungen für Eisenbahnwagen", Organ 1856, S. 65
1875   „Sterne's coupling for railway carriages", Engg 1875-II, S. 482
1876   v. Loeben: „Gefahrlose Eisenbahnwagen-Kupplung", Z 1876, S. 31
1877   „Seitliche Eisenbahnwagen-Kupplungen", Z 1877, S. 539
1883   „The Janney car coupler", Engg 1883-II, S. 38 u. 1885-I, S. 493
1887   „Hill's railway wagon coupling", Engg 1887-I, S. 466
1894   Heimann: „Selbsttätige Kupplungen der amerikanischen Eisenbahnen", Z 1894, S. 73 — Engg 1894-I, S. 733
1899   „Laycock's automatic ry coupling", Engg 1899-I, S. 645
        „White & Burke's central buffer and draught gear", Engg 1899-I, S. 123
1902   Sauer: „Selbsttätige Kupplungen für Eisenbahnfahrzeuge", Annalen 1902-II, S. 242 und 1903-II, S. 151
1905   Busse: „Einführung von selbsttätigen Kupplungen mit Mittelpuffern", Organ 1905, S. 25
1907   „Automatic couplers", Loc 1907, S. 148 — Gaz 1907-I, S. 318
1909   Scharfenberg: „Eine neue selbsttätige Mittelpufferkupplung", Annalen 1909-I, S. 203
        „Mittelpufferkupplungen (Janney u. Scharfenberg)", Z 1909, S. 1044
        „The Paria-Casalis coupler", Loc 1909, S. 116 — Klb.-Ztg. 1911, S. 149
1911   Seck: „Mitteilungen aus dem Gebiet der selbsttätigen Eisenbahn-Kupplungen", Annalen 1911-II, S. 176
        „The «A B C» central-buffer coupler", Engg 1911-I, S. 821
1913   „Automatic couplers", Loc 1913, S. 55
        Guillery: „Die selbsttätige Kupplung der Eisenbahnfahrzeuge", Z 1913, S. 1895 — Kongreß 1914, S. 583 — Klb.-Ztg. 1914, S. 477
1915   „Selbsttätige Kupplung der Nebenbahnfahrzeuge, System GF der Aktiengesellschaft der Eisen- und Stahlwerke vorm. Georg Fischer, Schaffhausen", Schweiz. Bauzeitung 1915-II, S. 187
1920   Künzli: „Selbsttätige GF-Kupplung für Eisenbahnfahrzeuge", Organ 1920, S. 107
1921   Scharfenberg: „Maßnahmen zur Lösung der Kupplungsfrage für Haupt- und Kleinbahnen", Annalen 1921-II, S. 27 u. 37
        „Automatic couplings and side buffers", Loc 1921, S. 17
1922   „Mechanical couplers for the Indian Rys", Loc 1922, S. 109
        „The indroduction of automatic couplers on the New South Wales Rys", Loc 1922, S. 9
        „The «Mackelson» automatic coupler", Loc 1922, S. 227

1923   „Automatic couplers and vestibule gangways, GWR", Loc 1923, S. 277
        „A modern M. C. B. coupler", Loc 1923, S. 324
        „Willison coupler", Loc 1923, S. 370
1924   Paap: „Das Kupplungsproblem", VT 1924, S. 517 u. f.
        „Self-contained buffer beam for centre couplers", Loc 1924, S. 351
1925   * Paap: „Das selbsttätige Kuppeln von Eisenbahnfahrzeugen", Ver-
        kehrstechnische Bücherei Bd. 2, Verlag Volger, Leipzig 1925. —
        Als Aufsatzreihe erschienen in «Verkehrsfahrzeuge» (Waggon- u.
        Lokbau) 1925
        Scharfenberg: „Der Stand der Kupplungsfrage in Europa", VT 1925,
        S. 253
1927   „Majex-Kupplung mit Uebergangs-Schraubenkupplung", Organ 1927,
        S. 328
        „Central buffer couplers", Loc 1927, S. 20
1928   Lehner: „Der neuzeitliche Waggonbau: Zug- und Stoßvorrichtungen
        und Kupplungen", Waggon- und Lokbau 1928, S. 273
        Mattersdorf: „Die Betriebssicherheit bei Kletterschutz und selbst-
        tätiger Kupplung", VT 1928, S. 373
        Paap: „Mittelpuffersteifkupplung und Eisenbahnkatastrophen",
        Annalen 1928-II, S. 81 und 178 — 1929-I, S. 79
        „Automatic «Willison» coupler on continental rys", Loc 1928, S. 197
        und 280
1929   Przygode: „Eine neue selbsttätige Kupplung für Eisenbahnfahrzeuge
        (Bauart Willison-Knorr)", VT 1929, S. 632
        „Die selbsttätige Boirault-Kupplung für Eisenbahnfahrzeuge", Z 1929,
        S. 351 — The Eng 1929-I, S. 216
1930   *„Die Verhinderung von Eisenbahnunfällen durch die Einführung der
        automatischen Kupplung", Denkschrift der Internationalen Trans-
        portarbeiter-Föderation Amsterdam 1930
        „Selbsttätige starre Mittelpufferkupplung, Bauart Hahnsche Werke",
        Z 1930, S. 56
1931   Oertel: „Selbsttätige Steuerstromkupplungen für die Berliner Stadt-
        schnellbahnzüge", El. Bahnen 1931, S. 8
        Putze: „Die Betriebsmittel und ihre Entwicklung bei den Japanischen
        Staatsbahnen", Organ 1931, S. 247 (S. 249: Selbsttätige Kupplung)
        Tschunke: „Reibungsfeder für Zentralkupplungen", Waggon- und
        Lokbau 1931, S. 405
        „New coupler equipment on test, B & O Rr", Loc 1931, S. 270
1932   Balke: „Selbsttätige Steuerstromkupplung mit Starkstromkontakten
        für die Mittelpufferkupplung elektrischer Bahnen", El. Bahnen
        1932, S. 108
        Egen: „Zug- und Stoßvorrichtungen für Mittelpufferkupplungen",
        Annalen 1932-I, S. 53
        Lorenz: „Ein neues Uebergangsverfahren und seine Bedeutung für
        die europäische Kupplungsfrage", Annalen 1932-II, S. 32
1933   Witte u. Stamm: „Neuartige selbsttätige Zughakenkupplungen",
        Organ 1933, S. 469
1934   Scharfenberg: „Völlig selbsttätige Scharfenbergkupplung", El.
        Bahnen 1934, S. 233
        „Automatic couplers for Diesel stock: — German design fitted to
        Diesel and electric cars", Gaz 1934-II, S. 1096

1934   „Automatic mechanical couplers on the U. S. S. R. Rys", Loc 1934, S. 325
1935   „Buckeye coupler on the LNER", Gaz 1935-I, S. 1269 und 1935-II, S. 30
        „The «Schaku» automatic coupler", Loc 1935, S. 115
1936   Arthurton: „Peter's Wedglock automatic coupler", Gaz 1936-I, S. 289
1937   Henricot: „Leichte automatische Zugkupplungen für die euro-päischen Hauptbahnen, Bauart Compact", Kongreß 1937, S. 2605
        Hug: „Zur Unfallverhütung im Betrieb mit Schienenfahrzeugen: Umstellung der «Verkehrsbetriebe Oberschlesien AG.» auf «Com-pact»-Kupplung", GiT 1937, S. 102 und 121
        „Selbsttätige Kupplung «Boirault-Compact» für französische Eisen-bahnwagen", Z 1937, S. 1149
1938   Pfennings: „Die neueste Bauart der Mittelpufferkupplung Scharfen-berg", VW 1938, S. 532
        Tourneur: „Couplage et jumelage des autorails", Revue 1938-II, S. 11 — Kongreß 1939, S. 262 — Organ 1939, S. 239
        Zehnder: „Automatic couplers on European rolling stock", Gaz 1938-II, S. 370 — Schweiz. Bauzeitung 1938-II, S. 35
        „Fully-automatic Scharfenberg coupling on the Lübeck-Büchen streamlined double-deck trains", Gaz 1938-II, S. 825
1939   „Automatic couplers for electric stock used on the London Under-ground railways", Gaz 1939-II, S. 60
        „New Western Australian adjustable coupler", Gaz 1939-II, S. 175
        „Report on couplers and draft gears", Age 1939-II, S. 27 — Mech 1939-II, S. 277
        „The Scharfenberg multi-purpose coupling", E R T 1939, S. 80

Lokomotiv-Tenderkupplung

1875   „Tilp's locomotive locking bolt", Engg 1875-II, S. 94
1884   Hartmann: „Ueber das Konstruktions-Prinzip der Lokomotiv-Ten-derkupplungen", Annalen 1884-I. S. 44
        * Hartmann: „Theorie der Lokomotiv-Tender-Kupplungen", Verlag Ernst & Korn, Berlin 1884 — Bespr. Z 1885, S. 213
1907   Strahl: „Die Beanspruchung der Kupplung einer Dampflokomotive", Annalen 1907-II, S. 170
1931   „New type of tender coupling, Italian State Rys", Loc 1931, S. 393
1935   „The «Goodall» patent articulated draw-bar and coupling", Loc 1935, S. 26
1939   „Reduction of locomotive vibration: The E-2 type radial buffer", Age 1939-I, S. 222 — Mech. 1939-I, S. 57

Abfederung / allgemein

1875   * Heusinger v. Waldegg: „Literatur über Tragfedern und Feder-balanciers", Handbuch für specielle Eisenbahn-Technik, 3. Bd., Verlag Wilh. Engelmann, Leipzig 1875, S. 728
1894   Cramer: „Vorausbestimmung der Achsbelastungen bei Lokomotiven mit mehr als zwei Achsen", Z 1894, S. 1198

1895   Reimherr: „Lokomotive mit gekuppelten Achsen und Ausgleichung der Radbelastungen an den Endachsen", Annalen 1895-II, S. 64

1902   Kempf: „Das Diagramm der Achsbelastungen und seine Anwendung bei drei- und mehrachsigen Lokomotiven" (Clapeyronsches Verfahren), Annalen 1902-II, S. 55

1904   Lindemann: „Der Lokomotivrahmen als starrer Balken auf federnden Stützen", Annalen 1904-II, S. 227

1905   Herdner: „Recherches sur le fonctionnement des organes de la suspension dans les locomotives", Revue 1905-I, S. 379

1906   Denecke: „Der Lokomotivrahmen als starrer Balken auf federnden Stützen", Annalen 1906-II, S. 141

1907   Lindemann: „Das Wogen und Nicken der Lokomotiven unter Berücksichtigung der dämpfenden Wirkung der Federn", Annalen 1907-II, S. 12

1911   „Spring gear for locomotives", Loc 1911, S. 244

1914   Jahn: „Die Lage der Stützpunkte des Lokomotivrahmens bei Verwendung von Ausgleichhebeln", Annalen 1914-I, S. 185
        Mestre: „Note sur une système de suspension à flexibilité variable", Revue 1914-I, S. 79

1915   Hermann: „Federschwingungen mit besonderer Berücksichtigung des Eisenbahnwagenbaues", Annalen 1915-II, S. 121

1918   Irotschek: „Einfluß der Bremswirkung auf die Feder- und Schienendrücke der Lokomotiven", Annalen 1918-II, S. 38 u. 1919-II, S. 9

1919   Sanders: „Laminated ry springs", Loc 1919, S. 7 u. f.

1920   Irotschek: „Neues Verfahren zur Bestimmung der Achsbelastung für Lokomotiven auf mehr als zwei Stützen", Annalen 1920-I, S. 25 u. 33

1925   Meineke: „Zur Dynamik der Gleisfahrzeuge", Organ 1925, S. 49 und 1926, S. 206

1926   Uebelacker: „Die Anpassung der Lokomotiven und Tender an Gleisunebenheiten", Organ 1926, S. 497 u. 1928, S. 427
        Wittrock: „Die Einstellung des Lokomotivrahmens auf den Ablaufbergen", Organ 1926, S. 198

1927   Skutch: „Ueber die Wirkung der Federgehänge zweiachsiger Eisenbahnfahrzeuge", Annalen 1927-I, S. 55 u. 1933-I, S. 90 (Bloch)

1928   Pawelka: „Zeichnerische Untersuchung für den starren Träger auf elastischen Stützen", Organ 1928, S. 289

1929 — Schieferstein: „Die Abfederung von Fahrzeugen", Der Motorwagen 1929, S. 49

1930 — Lehr: „Schwingungsfragen der Fahrzeugfederung", Z 1930, S. 1113

1931   Pflanz: „Untersuchung von Tragfederbewegungen an elektrischen Lokomotiven", El. Bahnen 1931, S. 1
        Sanders: „The influence of springs in locomotive derailments", Ry Eng 1931, S. 209
        Speer: „Einfluß der Bauart und des Zustandes der Personenwagen auf ihren Lauf", Annalen 1931-I, S. 76 (S. 82: Tragfedern)

1933   Phillipson: „Steam locomotive design: Balancing", Loc 1933, S. 115
        Speer: „Die Federn der Personenwagen", Organ 1933, S. 148

1934   Sanders: „The evolution of railway vehicle suspension", Loc 1934, S. 391

1935   Harley: „Distribution of locomotive weight", Baldwin Oktober 1935/Januar 1936, S. 30 u. April 1936, S. 23

1935   Pflanz: „Untersuchung der Laufeigenschaften einer elektrischen
        Güterzuglokomotive", Organ 1935, S. 107
        Sanders: „Lubrication of laminated springs", Loc 1935, S. 143
   —   Wedemeyer: „Fahrzeugfederung", ATZ 1935, S. 272
1937   Ahrens: „Der ruhige Fahrzeuglauf", Annalen 1937-I, S. 69
   —   Irmer: „Luftfederung bei Flugzeugen u. Kraftfahrzeugen", Z 1937,
        S. 1182
   —   Lehr: „Die Berechnung der Kraftwagenfederung auf schwingungs-
        technischer Grundlage", ATZ 1937, S. 401
   —   Marquardt: „Untersuchung der Federungseigenschaften von Kraft-
        fahrzeugen an Modellen", ATZ 1937, S. 435
        Pflanz: „Untersuchungen am Federungsausgleich einer elektrischen
        Schnellzuglokomotive", Organ 1937, S. 106
1939   Kaal: „Die magnetische Abfederung", Annalen 1939, S. 227
1940   Kaal: „Die Güte der Abfederung von Schienenfahrzeugen und
        Verbesserung der Fahreigenschaften besonders für Fahrzeuge in
        Leichtbauweise", Annalen 1940, S. 85

Tragfeder

1898 — Kirsch: „Theorie der Federn", Z 1898, S. 429
1908   „Laminated springs for private owner's ry wagons", Engg 1908-I,
        S. 552
1911   „Locomotive springs", Loc 1911, S. 223
1913   „Engine and tender bearing springs", Loc 1913, S. 58
1915   Hermann: „Federschwingungen mit besonderer Berücksichtigung des
        Eisenbahnwagenbaues", Annalen 1915-II, S. 121
1919   Sanders: „Laminated railway springs", Loc 1919, S. 7 u. f.
1920 — Schneider: „Berechnung der Blattfedern", Organ 1920, S. 247
1921   Sanders: „Notes on the new Standard Indian Wagon Spring for
        broad gauge stock", Loc 1921, S. 42
1924   Kreissig: „Biegungs-, Zug- u. Druckfedern in Bezug auf Fahrzeug-
        abfederung", Annalen 1924-II, S. 114 u. 1925-I, S. 69
1925   „Coiled springs on ry vehicles", Loc 1925, S. 290
1926 — Helffer: „Die Berechnung von zusammengesetzten Blattfedern",
        Organ 1926, S. 134
1927   Sanders: „Springs with auxiliary arrangements", Loc 1927, S. 228
1928 — Braunfisch: „Rechentafel für zyl. Schraubenfedern mit rundem
        Querschnitt", Maschinenbau 1928, S. 783
        Sanders: „Coiled springs. — Design and Formulae", Loc 1928,
        S. 57 u. f.
1930 — Groß: „Druckbeanspruchte Kegelstumpffedern", Z 1930, S. 1759
        Squire: „The design and performance of ry springs", Ry Eng 1930,
        S. 409
1931   Kourian: „Spring calculations from first principles", Ry Eng 1931,
        S. 354
   —   Rothhaas: „Der Einfluß der Krümmung auf die Spannungsverteilung
        bei zylindrischen Schraubenfedern", Z 1931, S. 1315
   —   Stark: „Untersuchungen an Blattfedern", Z 1931, S. 1521
        Wachsmuth u. Wick: „Neuzeitliches Härten der Blattfedern der
        Fahrzeuge", Organ 1931, S. 447

„Divided back plate bearing spring", Loc 1931, S. 282 u. f.

1933 — Bieck: „Die Berechnung geschichteter Blattfedern", Organ 1933, S. 421

Speer: „Die Federn der Personenwagen", Organ 1933, S. 148

— Stark: „Ueber ein graphisches Verfahren zur Bestimmung von gleicharmigen Blattfedern mit gleich dicken Blättern", Annalen 1933-I, S. 81

1934 Coppen: „Formulae for taper helical springs", Loc 1934, S. 226

— Rausch: „Die Steifigkeit von Schraubenfedern senkrecht zur Federachse", Z 1934, S. 388 u. 964

1937 — Bürger: „Berechnung von Blattfedern mit ungleichen Blattdicken", Z 1937, S. 844 u. ATZ 1940, S. 232

— Groß: „Zur Berechnung der gewundenen Biegungsfedern", Z 1937, S. 352

Sanders: „The Belleville washer spring", Loc 1937, S. 328 u. f.

1938 =* Groß u. Lehr: „Die Federn", VDI-Verlag, Berlin 1938 (Herausgeber: Speer) — Bespr. Annalen 1939-I, S. 102

Bremse / allgemein

1853 „Ueber das Bremsen der Eisenbahnzüge", Zeitschrift des österreich. Ingenieur-Vereins 1853, S. 251

1875 * Heusinger v. Waldegg: „Literatur über die Bremsapparate an Lokomotiven", Handbuch für specielle Eisenbahn-Technik, 3. Bd., Verlag Wilh. Engelmann, Leipzig 1875, S. 781

1891 Holleman: „Ein Beitrag zur Bremsfrage", Z 1891, S. 528

1905 Knight: „Railway brakes", Loc 1905, S. 44 u. f.

1907 „The brake rigging of modern locomotives", Loc 1907, S. 66

1918 Irotschek: „Einfluß der Bremswirkung auf die Feder- und Schienendrücke der Lokomotiven", Annalen 1918-II, S. 38 u. 1919-II, S. 9

1922 Wernekke u. Rühl: „Schwere Güterzüge und ihre Bremsen", Annalen 1922-II, S. 7

1925 * Staby: „Die Eisenbahnbremsen und ihre wirtschaftliche Bedeutung", «Eisenbahnwesen», VDI-Verlag, Berlin 1925, S. 147

Meßkow: „Meßeinrichtungen für Bremsversuche", Annalen 1925-I, S. 137

1926 Francke: „Federschwingungsbremse für Schienenfahrzeuge", Annalen 1926-I, S. 82

Nußbaum: „Vorschlag zur Neuberechnung der Handbremstafeln", Organ 1926, S. 313

Oppermann: „Bremswirkungen an Eisenbahnzügen", Verkehrsfahrzeuge (Waggon- u. Lokbau) 1926, S. 41, 66 u. 87

1928 — Melchior: „Der Ruck", Z 1928, S. 1842

— Reinsch: „Kraftfahrzeugbremsen", Maschinenbau 1928, S. 1145

1929 Erdös: „Veränderung der Achsdrücke bei Lokomotiven und Wagen unter dem Einfluß der Bremskräfte", Annalen 1929-II, S. 171

1931 — „Die Empfindlichkeit des Menschen gegen Erschütterungen (u. a. Verzögerung)", Z 1931, S. 1526

1933 Terdina: „Ein zeichnerisches Verfahren zur Ermittelung der Zug- und Druckkräfte in einem gebremsten Eisenbahnzug", Organ 1933, S. 379

1934   Shields: „Acceleration, coasting and braking in locomotive operation", Loc 1934, S. 290

1935   Gresley: „Brakes for stream-lined vehicles", Loc 1935, S. 44
        Reckel: „Die bremstechnischen Neuerungen auf der Jahrhundert-Ausstellung in Nürnberg", Organ 1935, S. 313
        Witte: „Die Bremsausrüstung der amerikanischen Schnelltriebwagenzüge mit Verzögerungsregelung", Organ 1935, S. 437

1936 — Brandes: „Prüfung der Wirkung von Kraftwagenbremsen", HH Febr. 1936, S. 39
        Mc Cune: „The braking of high-speed Diesel trains", Gaz 1936-I, S. 593 — Age 1936-I, S. 723
     — Marquard: „Kraftwagenbremsen", Z 1936, S. 901 u. 1482
        Reckel: „Die Anforderung des Schnellverkehrs auf der Schiene an die Bremstechnik der Eisenbahnfahrzeuge", VW 1936, S. 687

1937   Baker: „Retardation of trains", Loc 1937, S. 76
        Wanamaker: „Das Bremsproblem für schnellfahrende Züge", Kongreß 1937, S. 1751 — Kongreß 1937, S. 1795 (Dumas u. Levy) und 1791 (Flament)
        „Braking of high speed trains: Union Pacific Diesel-electric 11-car train «City of San Francisco»", Gaz 1937-I, S. 565 — Age 1937-I, S. 291
        „Railcar braking", Loc 1937, S. 158

1938   Müller: „Der Bremsvorgang als Wärmeproblem", Annalen 1938-II, S. 338
        Otto: „Verfahren zur Bestimmung der Bremsverzögerung bei Bahnen", VT 1938, S. 378
        „The braking of high-speed trains. With particular reference to brake shoe characteristics", Gaz 1938-II, S. 752

1939   „Bremsen für hohe Fahrgeschwindigkeiten", Organ 1939, S. 114 und 434
        „Passenger train braking", Mech 1939, S. 473
        „Report on brakes and brake equipments", Age 1939-II, S. 18

1940 — Goebbels: „Bremsverzögerung von Kraftfahrzeugen", Z 1940, S. 235

Klotzbremse und Backenbremse

1908   „The «Maximus» brake", Loc 1908, S. 108

1912   „Railway wagon brakes", Loc 1912, S. 126

1925   Brack: „Berechnungstafel für Handspindel- und Kunze-Knorr-Bremsen an zweiachsigen Güterwagen", Annalen 1925-II, S. 67

1926   Metzkow: „Ergebnisse der Versuche für die Ermittelung des Reibungswertes zwischen Rad und Bremsklotz", Annalen 1926-II, S. 149 und 1927-I, S. 63

1927 * Metzkow: „Weitere Ergebnisse der Versuche für die Ermittelung des Reibungswertes zwischen Rad und Bremsklotz", Annalen 1927, Jubiläums-Sonderheft S. 137
      * Reckel: „Fortschritte in der Bauart der Wagenbremsklötze", Annalen 1927, Jubiläums-Sonderheft S. 142

1928 — Reinsch: „Kraftfahrzeugbremsen", Maschinenbau 1928, S. 1145

Wiedemann: „Ueber die Kraftwirkung am gebremsten Rad", Organ 1928, S. 494

1929   Erdös: „Veränderungen der Achsdrücke unter dem Einfluß der Bremskräfte", Annalen 1929-II, S. 171 u. 187

1932 — Hofmann: „Ueber die Berechnung von Innenbackenbremsen", ATZ 1932, S. 514

Kunze: „Verbesserung des Wärmeüberganges bei gebremsten Radreifen von Schienenrädern", Organ 1932, S. 445

Meckel: „Lokomotivbremsung bei hohen Geschwindigkeiten", Z 1932, S. 419 — Ry Eng 1933, S. 55 — Revue 1933-I, S. 186

1933   „Ingenious brake block centring devices", Ry Eng 1933, S. 53

1934   Metkow: „Untersuchung der Haftverhältnisse zwischen Rad und Schiene beim Bremsvorgang", Organ 1934, S. 247

1935   Reckel: „Verbesserungen an der Klotbremse für schnellfahrende Eisenbahnzüge", Z 1935, S. 1244

1936   Ewald: „Gesichtspunkte für die Entwicklung von Schnellbahn-Dampflokomotiven", HH Sept. 1936, S. 61

Kleinow: „Elektrische Schnellzuglokomotiven für Höchstgeschwindigkeiten mit besonderer Berücksichtigung der Bremsung", El. Bahnen 1936, S. 278 [siehe auch 1937, S. 291]

1937 — Diet: „Die Berechnung von Backenbremsen", Z 1937, S. 1437

—   Florig: „Einheitliche Prüfung von Brems- und Kupplungsbelägen", ATZ 1937, S. 271

—   Geiger: „Die Erwärmung von Kupplungen und Bremsen", ATZ 1937, S. 34

Voigtländer: „Ein Beitrag zur Frage der Bremsung elektrischer Lokomotiven aus Höchstgeschwindigkeiten", El. Bahnen 1937, S. 291

„The «Gresham-Dabeg» slack adjuster for brakes", Loc 1937, S. 119

1938   Röbling: „Die (Scheiben-) Bremse des Dieselhydraulischen Aussichtstriebwagens der Deutschen Reichsbahn", Organ 1938, S. 197

Pédelucq: „Les efforts retardateurs developpés par les freins à sabots", Revue 1938-II, S. 16

„The friction of brake shoes at high speeds and high pressures" (Versuche der Universität Illinois), Age 1938-II, S. 216 u. 886. — Organ 1939, S. 428 (Kirschstein) — Kongreß 1939, S. 1117

1939   Guenther: „Ersatbremse (für Straßenbahnen)", VT 1939, S. 32

Kröger: „Die Veränderlichkeit der Bremsgestängelagen an Lokomotiven und Tendern und die dadurch bedingte Form der Nachstellung", Organ 1939, S. 338

—   Lindemann: „Innenbackenbremsen", ATZ 1939, S. 469

Mc Ard: „Locomotive brake block pressures", Gaz 1939-II, S. 204

—   Mert: „Graphische Bremsuntersuchung", ATZ 1939, S. 303

Selz: „Bremsstoffuntersuchungen bei der Deutschen Reichsbahn", Annalen 1939-I, S. 95

„Die selbstregelnde Bremse N. R. (Nicolet-Rousselet)", Organ 1939, S. 115

1940 — Koeßler: „Beurteilung von Bremsbelägen", ATZ 1940, S. 297

Durchgehende Bremse / allgemein

1854   Riener: „Ueber die Einrichtung selbstwirkender Bremsen für Eisen-
        bahn-Fahrzeuge", Zeitschrift des österr. Ingenieur-Vereins 1854,
        S. 273 — Organ 1855, S. 50

1875   „The continuous brake trials", Engg 1875-I, S. 514

1878   * Büte: „Die Versuche mit continuierlichen Bremsen auf der Main-
        Weser-Bahn, 1.—4. Aug. 1877", Druck H. Fränkel u. Co., Cas-
        sel 1878
        Schneider: „Ueber continuirliche Bremsen", Z 1878, S. 354
        „Continuous brakes", Engg 1878-II, S. 399

1885   Frank: „Neuerungen an kontinuirlichen Bremsen der Eisenbahn-
        züge", Z 1885, S. 979

1889   Hippe: „Selbsttätige Bremsen für Dampfstraßenbahnen (insbes. Kör-
        ting-Luftsaugebremse)", Z 1889, S. 866

1908   Caruthers: „An early and thorough test of continuous brakes in
        England (Midland Ry 1875)", Gaz 1908-II, S. 14 u. 50

1909   Rihosek: „Versuche mit durchgehenden selbsttätigen Bremsen bei
        Güterzügen", ZÖIA 1909, Nr. 39—41

1921   Oppermann: „Die Entwicklung der auf deutschen Eisenbahnen ver-
        wendeten durchgehenden Bremsen", Waggon- und Lokbau 1921,
        S. 179 u. f.

1922   Wernekke: „Schwere Güterzüge und ihre Bremsen", Annalen
        1922-II, S. 7
        „Ueber die Einführung einer durchgehenden Bremse bei Güterzügen",
        Lok 1922, S. 23

1923   Wetzel: „Zur Frage einer einheitlichen Güterzugbremse", Schweiz.
        Bauzeitung 1923-I, S. 160

1925   Metzkow: „Meßeinrichtungen für Bremsversuche", Annalen 1925-I,
        S. 137
        Rihosek: „Technische Entwicklung der durchgehenden Bremsung
        langer Güterzüge", Schweiz. Bauzeitung 1925-II, S. 69

1927   * Anger: „Zur Frage der Einführung von durchgehenden Güterzug-
        bremsen bei den europäischen Eisenbahnverwaltungen", Annalen
        1927, Jubiläums-Sondergabe S. 132

1928   „Improvements in continuous brakes", Loc 1928, S. 230

1931   Kudrna: „Vorbereitungen der tschechoslowakischen Staatsbahnen zur
        Einführung der durchgehenden Güterzugbremse", Lok 1931, S. 57
        „Brake trials on the New South Wales Govt Rys", Gaz 1931-II,
        S. 361 — Ry Eng 1931, S. 437

Mechanisch wirkende durchgehende Bremse

1863   „Ueber kontinuirliche Bremsen (Bauart Chambers-Champion)", Organ
        1863, S. 101
        Heberlein: „Ueber die Einrichtung selbstwirkender Bremsen", Organ
        1863, S. 117

1869   „Wilkin & Clark's continuous ry brake", Engg 1869-II, S. 295

1870   „Heberleins selbstwirkender Hemmapparat", Organ 1870, S. 45

1872   „Naylor's continuous brake", Engg 1872-I, S. 65

1873 „Die Heberleinsche Schnellbremse", Organ 1873, S. 164 — 1874, S. 68 und 1878, S. 113
1878 „Beckers selbsttätige Friktionsbremse", Organ 1878, S. 239
„Clark and Webb's chain brake, London & North Western Ry", Engg 1878-I, S. 46 und 104
1881 Bartling: „Ueber kontinuirliche Bremsen für Eisenbahnfahrzeuge (Heberlein)", Annalen 1881-I, S. 461
1883 Garbe: „Ein Beitrag zur Frage der continuierlichen Bremsen" (Vorzüge der Heberlein-Bremse), Z 1883, S. 95

Druckluftbremse

1872 „The Westinghouse air brake as applied on the Caledonian Ry", Engg 1872-I, S. 344
1874 „The Westinghouse air brake", Engg 1874-I, S. 319 und 1878-I, S. 203
1892 Heggemann: „Luftdruckbremsen an Eisenbahnfahrzeugen" (mit Schriftquellen), Z 1892, S. 755
1895 „The Westinghouse quick-acting brake", Engg 1895-II, S. 421
1903 „Elektrische Steuerung für Druckluftbremsen: Siemens-Bremse", Annalen 1903-I, S. 173
1906 „The Chapsal-Saillot compressed-air brake", Engg 1906-II, S. 863
1909 Streer: „Versuche mit der selbsttätigen durchgehenden Westinghouse-Bremse an langen Güterzügen", Organ 1909, S. 83
„Notes on the Westinghouse brake", Loc 1909, S. 73
1911 „Frein à cric et barillet à réglage automatique système Mestre", Revue 1911-II, S. 316
1913 „An improved air brake (Knorr)", Loc 1913, S. 34
1914 Hildebrand: „Die bei den Vereinigten Staaten von Nordamerika in Gebrauch befindlichen Druckluftbremsen", Annalen 1914-I, S. 157
1917 Oppermann: „Zur Geschichte der Bremsen für Fahrzeuge der Eisenbahnen", Organ 1917, S. 402
„Durchgehende Luftdruckbremse für Güterzüge", Lok 1917, S. 69 und 91
1918 Hildebrand: „Die Abstufung des Bremsdruckes bei der selbsttätigen Einkammer-Druckluftbremse", Annalen 1918-II, S. 11 u. 21
Kunze: „Die Kunze-Knorr-Bremse", Annalen 1918-I, S. 53, 63, 95 u. 113
1919 Oppermann: „Die Ausbildung und Einrichtung der durchgehenden Güterzugbremse", Annalen 1919-II, S. 13
1922 * Fischer: „Die Kunze-Knorr-Güterzugbremse", Selbstverlag, Berlin-Niederschöneweide 1922
Wiedemann: „Die Kunze-Knorr-Güterzugbremse", Z 1922, S. 905
1923 „Improved rotary driver's valve for the air brake on the Dutch Rys", Loc 1923, S. 270
1925 Brack: „Berechnungstafel für Handspindel- und Kunze-Knorr-Bremsen an zweiachsigen Güterwagen", Annalen 1925-II, S. 67
Metzkow: „Meßeinrichtungen für Bremsversuche", Annalen 1925-I, S. 137
Schneider: „Versuche mit Lokomotiv-Luftpumpen", Organ 1925, S. 205

238   *Druckluftbremse*

1925   Wiedemann: „Die Kunze-Knorr-Bremse für Personen- und Schnell-
           züge", Annalen 1925-I, S. 211
           „Einkammer-Druckluftbremse Bauart Jordan", Organ 1925, S. 406
1926   Draht: „Versuche mit der Doppelverbund-Luftpumpe Bauart Niele-
           bock-Knorr", Organ 1926, S. 131
1927   * Hildebrand: „Die Entwicklung der selbsttätigen Einkammer-Druck-
           luftbremse bei den europäischen Vollbahnen", Verlag Springer,
           Berlin 1927 — * Ergänzungsband 1939 — Auszug Loc 1928,
           S. 230
1928   Weiß: „Güterzug-Luftdruckbremsen mit besonderer Berücksichtigung
           der Drolshammer-Bremse", Schweiz. Bauzeitung 1928-II, S. 3 u.
           15 — Organ 1929, S. 34
1929   Schünemann: „Luft- und Speisepumpen-Ausbesserung", VT 1929,
           S. 737
           Spies: „Die Güterzug-Luftdruckbremse Bauart Drolshammer", Wag-
           gon- u. Lokbau 1929, S. 321 — Loc 1930, S. 90
           Szentgyörgyi: „Die Einführung der Kunze-Knorr-Güterzugbremse
           bei den Kgl. Ungarischen Staatsbahnen", Organ 1929, S. 348
           „Druckluftbremse Bauart Bozic", Organ 1929, S. 36 — Loc 1931,
           S. 200
1930   „Einkammer-Druckluftbremse mit (Rihosek-) Zusatz-Löseventil", Or-
           gan 1930, S. 72 u. 556
           „The Drolshammer air brake", Loc 1930, S. 90 u. 278
           „Supplementary release control valve for the Westinghouse air
           brake", Loc 1930, S. 222
1931   Hildebrand: „Eine neue Druckluftbremse für Güterzüge, Personen-
           und Schnellzüge" (Hildebrand-Knorr-Bremse), Annalen 1931-I,
           S. 122
           Rihosek: „Versuche mit einer neuen Druckluftbremse in Oester-
           reich", Z 1931, S. 1298
           „Westinghouse-brake trials on the New South Wales Govt Rys", Ry
           Eng 1931, S. 437 — Gaz 1931-II, S. 361
1932   Hildebrand: „Entwicklungsgedanken der Hildebrand-Knorr-Bremse",
           Organ 1932, S. 231
           „The «Transit» continuous air brake", Loc 1932, S. 338 — The Eng
           1930-II, S. 460
1933   Kudrna: „Betriebserfahrungen mit der durchgehenden Druckluft-
           bremse Bauart Bozic", Lok 1933, S. 8, 35 u. 135
           „New air brake (Westinghouse type AB equipment)", Age 1933-I, S. 98
1934   Hildebrand: „Eine neue Ausführung der Hildebrand-Knorr-Bremse
           für Güterzüge", Annalen 1934-I, S. 69
           Phillipson: „Steam locomotive design: The Westinghouse automatic
           brake", Loc 1934, S. 339
1935   Christen: „Das vollautomatische Führerventil der Knorr-Bremse
           A. G.", ZMEV 1935, S. 760 — Z 1938, S. 102
           Pausch: „Die Breda-Bremse für Güterzüge", Organ 1935, S. 440
           „Two Russian air brakes" (Kasantzeff u. Matrosoff), Loc 1935, S. 14,
           47 u. 82
1936   Schröder: „Neues auf dem Gebiet der Druckluftbremsen", Organ
           1936, S. 83

1937 Möller: „Bremsbeschleuniger für Druckluftbremsen, Einfachbeschleuniger und Koppelbeschleuniger", Annalen 1937-I, S. 40 — Kongreß 1937, S. 2255

Möller: „Leichtbau an Druckluftbremsen", VW 1937, S. 327 — GiT 1938, S. 46 u. 72

Reure: „Essais de freinage par freins à puissance autovariable" effectués par le réseau PLM" (Vergleich Westinghouse / Piganeau), Revue 1937-I, S. 300 — Organ 1938, S. 329

„Westinghouse-Bremsversuche mit einem amerikanischen Stromlinienzug (Union-Pacific)", Organ 1937, S. 436

1938 Breest u. Sauthoff: „Die elektrisch gesteuerte Druckluftbremse an den S-Bahnzügen und ihre Bewährung im Betriebe", VW 1938, S. 248

Hildebrand u. Möller: „Selbsttätiges Führerbremsventil für Lokomotiven", Z 1938, S. 102 — Organ 1938, S. 145

„Ein neuer Lastwechsel über das Gestänge an der Breda-Bremse der Italienischen Staatsbahnen", Organ 1938, S. 161

1939 Haiduk: „Der Einfluß der Bremszylinder-Füllzeit und der Durchschlagszeit auf den Bremsweg", Annalen 1939-I, S. 27

 * Plank: „Air brake pocket hand book", Simmons-Boardman Publishing Corporation, New York 1939

Röbling: „Elektrisch gesteuerte Triebwagenbremsen", Organ 1939, S. 111 — Annalen 1939, S. 187 (Schröder)

Schröder: „Neuerungen auf dem Gebiet des Bremswesens (bei der Deutschen Reichsbahn)", Annalen 1939-I, S. 158 u. 184

„Present influence of the AB-freight brake. — A method of controlling slack in high-speed freight service with modified H 6-brake valve", Mech. 1939, S. 477

1940 „Westinghouse brakes on British engines in France" (Bremsventil für Dampf und Druckluft), Gaz 1940-I, S. 407

Saugluftbremse

1875 „Sander's vacuum brake and signalling apparatus", Engg 1875-I, S. 340. — 1876-I, S. 241 und 1877-II, S. 113

1905 „Die österreichische automatische Vakuum-Schnellbremse", Lok 1905, S. 91 uf.

1907 „Automatic rapid-acting vacuum brakes for goods trains", Loc 1907, S. 28 — Engg 1908-II, S. 103

1908 „Die automatische Vakuum-Güterzug-Bremse", Lok 1908, S. 41 u. 101

1909 Rihosek: „Versuche mit durchgehenden selbsttätigen Bremsen bei Güterzügen (Österreich)", ZÖIA 1909, Nr. 39-41 — Lok 1910, S. 128

1910 Glanz: „Erfahrungen im Betrieb mit der durchgehenden Güterzugbremse System Hardy", Lok 1910, S. 155 und 1913, S. 209

„Improvements in the vacuum brake", Loc 1910, S. 244

1912 „Brems-Versuchsfahrten im Nachschiebedienst bei personenführenden Zügen der k. k. österr. Staatsbahnen", Lok 1912, S. 253

„Metcalfe's vacuum brake ejector", Loc 1912, S. 240

1919 Führ: „Die wesentlichsten Mängel der Saugluft-Schnellbremse", Annalen 1919-I, S. 97

1921 Péchot: „Französische Studien zur Einführung der durchgehenden Saugluft-Güterzugbremse", Lok 1921, S. 68 u. f.

1921   „Working the automatic vacuum brake on goods trains: Supplementary brake valve", Loc 1921, S. 191
1922   „Continuous brakes on goods trains in India", Loc 1922, S. 375
1927   Poullain: „Essais de freinage avec le frein à puissance auto-variable système «Chamon»", Revue 1927-I, S. 29
       „Variable «Chamon» power-brakes for goods trains, Bone-Guelma Ry, Tunis", Loc 1927, S. 315
1931   „Two-power vacuum automatic brake", Loc 1931, S. 160
1934   Phillipson: „Steam locomotive design: The vacuum automatic brake", Loc 1934, S. 386
       „The «Metcalfe» vacuum brake ejector", Loc 1934, S. 381
1936   „Multiple power brake cylinder for the vacuum brake", Loc 1936, S. 362
1939   „Vacuum brake demonstration plant", Gaz 1939-I, S. 505

Elektrische Bremse / allgemein

1877   „Achard's electric ry brake", Engg 1877-II, S. 395
1889   „Electric brakes", Engg 1889-II, S. 703
1890   „Elektromagnetische Eisenbahnbremse", Z 1890, S. 237
1895   Rasch: „Elektrische Bremsung an Motorwagen", Z 1895, S. 1016
1903   Dominik: „Solenoidbremse", Illustrierte Zeitschrift für Klein- und Straßenbahnen 1903, Heft 16
       „Elektrische Steuerung für Druckluftbremsen: Siemens-Bremse", Annalen 1903-I, S. 173
1927   Balslev: „Eine elektrisch gesteuerte Oeldruckbremse für Straßenbahnwagen", Annalen 1927-II, S. 196
1930   Buchhold: „Die Blockierung der Räder beim elektrisch bremsenden Fahrzeug", VT 1930, S. 217
       Japp: „Bremskraftregelung für Solenoidbremsen", VT 1930, S. 104
1932   „Electric continuous brake: Timmis' electric brake, 1890", Loc 1932, S. 223
1934 * Töfflinger: „Neue elektrische Bremsverfahren für Straßen- und Schnellbahnen", Verlag Springer, Berlin 1934
1937   Dozler: „Regelung der elektrischen Bremse an Schnell-Triebfahrzeugen", Elektr. Bahnen 1937, S. 240
       Selz: „Wirbelstrombremse für Eisenbahnwagen", Annalen 1937-I, S. 81 [vergl. hierzu El. Bahnen 1936, S. 195: Wirbelstrombremse des Budd-Zuges]
   —   „Elektromagnetische «Warner»-Bremse", ATZ 1937, S. 495
1939   Röbling: „Elektrisch gesteuerte Triebwagenbremsen", Organ 1939, S. 111 — Annalen 1939-II, S. 187 (Schröder)

Elektrische Bremse für elektrische Fahrzeuge

1907   Kummer: „Die Verfahren der elektrischen Bremsung von Serienmotoren für Gleichstrom und Wechselstrom bei elektrischen Bahnen und besonders bei elektrischen Bergbahnen", Schweiz. Bauzeitung 1907-II, S. 217 u. 223

1918	Sauveur: „Gegen die rein elektrische Bremsung der Straßenbahnwagen", El. Kraftbetr. 1918, S. 289 und 1919, S. 161
	Volkers: „Für die rein elektrische Bremsung der Straßenbahnwagen", El. Kraftbetr. 1918, S. 243
1924	Kummer: „Die Kompoundierung des Serienmotors für die Nußbremsung auf Gleichstrombahnen", Schweiz. Bauzeitung 1924-I, S. 275
	„Charakteristische Bremskurven von Gleichstromlokomotiven", ETZ 1924, S. 563
	„Elektrische Nußbremsung für Wechselstrombahnen", ETZ 1924, S. 99
1925	Grünholz u. Bethge: „Wirkungsweise der elektrischen Kurzschlußbremsung", El. Bahnen 1925, S. 163 u. 224
	Welsch: „Neue Bremseinrichtung für elektrische Straßenbahn-Triebwagen und Lokomotiven auf Gefällstrecken (Herkulesbahn, Kassel-Wilhelmshöhe)", El. Bahnen 1925, S. 13
1927	Buttler: „Die Nußbremsung im Gefälle bei Gleichstrom-Hauptbahnlokomotiven", ETZ 1927, S. 453
	Zeulmann: „Neue Versuchsergebnisse mit elektrischer Kurzschlußbremsung im Straßenbahnbetrieb", Annalen 1927-II, S. 141
1928	Linsinger: „Elektrische Widerstandsbremse auf den Güterzuglokomotiven Reihe 1080 der Oesterreichischen Bundesbahnen", Siemens-Zeitschrift 1928, S. 334 — Lok 1929, S. 41
	Meineke: „Die elektrische Bremse der Straßenbahnen", Z 1928, S. 680
1929	Boveri: „Nußbremsschaltungen für Gleichstromlokomotiven", BBC-Nachr. 1929, S. 194
	Thoma: „Die Kurzschlußbremse im Straßenbahnbetrieb", Annalen 1929-I, S. 99 und 178
1930	Böhm: „Neue Wege zur Klärung der Vorgänge und zur Verbesserung der Ergebnisse bei der Bremsung von Straßenbahnwagen", VT 1930, S. 625
1931	Bader: „Theorie der Kurzschlußbremse", El. Bahnen 1931, S. 247 und 299
	Stockar: „Nußbremsung bei mit Einphasen-Wechselstrom betriebenen Bahnen", El. Bahnen 1931, S. 197
	Wünsche: „Elektrisches Bremssystem für Triebwagenzüge", AEG-Mitt. 1931, S. 317
	„Regenerative braking on single-phase railways", Engg 1931-II, S. 301
1933	Mirow: „Nußbremsung bei Einphasen-Wechselstrom-Triebwagen", El. Bahnen 1933, S. 208
1934	Monath: „Kurzschlußbremsung und Nußbremsung elektrischer Fahrzeuge", ETZ 1934, S. 597, 671, 715
	* Töfflinger: „Neue elektrische Bremsverfahren für Straßen- und Schnellbahnen", Verlag Springer, Berlin 1934
1935	Buchhold: „Die elektrische Gleichstrom-Widerstandsbremse bei Wechselstrom-Fahrzeugen", El. Bahnen 1935, S. 140
1936	Michel u. Kniffler: „Elektrische (Widerstands-) Bremsen bei den Oberleitungs-Triebwagen der Deutschen Reichsbahn", El. Bahnen 1936, S. 281

1936   Kleinow: „Elektrische Schnellzuglokomotive für Höchstgeschwindigkeiten mit besonderer Berücksichtigung der Bremsung", El. Bahnen 1936, S. 278 [und 1937, S. 291]

1937   Cremer-Chapé: „Warum nicht mehr Stromrückgewinnung bei den deutschen Straßenbahnen?", VT 1937, S. 114

        Lüdde: „Einführung zu der Prüfvorschrift der elektr. Bremsung in den REB (Regeln für elektr. Bahnmotoren) 1938", ETZ 1937, S. 1055

        Mirow: „Eigenerregte Wechselstrom-Widerstandsbremse", El. Bahnen 1937, S. 236

        Mirow: „Nutzbremsung bei Einphasen-Wechselstrombahnen", El. Bahnen 1937, S. 5 — ETZ 1938, S. 433

1938 — Blume: „Elektrofahrzeuge: Nutzbremsung", ATZ 1938, S. 611

        Buchhold: „Die elektrische Bremse bei elektrischen Vollbahntriebwagen", ETZ 1938, S. 81

        Buchhold: „Die Nutzbremsung von Wechselstromfahrzeugen", El. Bahnen 1938, S. 19

        Otto: „Die elektrische Bremse bei Straßenbahnwagen", VT 1938, S. 186

        „Elektrische Nutzbremsung", Kongreß 1938, S. 187 u. f.

        „Verbunderregende Motoren für Nutzbremsung", Organ 1938, S. 367

1939   Hermle: „Die Steuerung der Reichsbahn-Schnellzuglokomotive Reihe E 19 (mit elektrischer Zusatzbremse!)", El. Bahnen 1939, S. 199

        Schwend: „Die Nutzbremsung bei Straßenbahnen", VT 1939, S. 4

Magnetschienenbremse

1933   Steiner u. Bodmer: „Versuche mit elektromagnetischen Schienenbremsen im Vollbahnbetrieb", El. Bahnen 1933, S. 125

1935   Reckel: „Die Magnetschienenbremse an den Schnelltriebwagen der Deutschen Reichsbahn", Annalen 1935-II, S. 98

1936   Balke: „Neue Magnetschienenbremsen", VT 1936, S. 203

1938   Balslev: „Schaffung einer Notbremse für Straßenbahnen durch Verbesserung der Schienenbremse", VT 1938, S. 59

Gegendampf- und Gegendruckbremse

1866   Bender: „Ueber die Benutzung des Gegendampfes zum Bremsen der Züge bei starken Gefällen nach Le Chatelier und Ricour", Organ 1866, S. 241

1869   „Counter pressure brakes (Chatelier)", Engg 1869-II, S. 193

1870   „Anwendung des Gegendampfes bei Lokomotiven", Z 1870, S. 778

1875   v. Borries: „Ueber die Wirkung und Berechnung der Gegendampfbremse von Le Chatelier", Organ 1875, S. 82

    * Lochner: „Compressions- und Repressionsbremsen", Heusingers Handbuch für spezielle Eisenbahntechnik, 3. Bd., Verlag Wilh. Engelmann, Leipzig 1875, S. 770 (mit Literatur-Nachweis)

1924   Nordmann: „Der Eisenbahnbetrieb auf Steilrampen mit Zahnrad-
        oder Reibungslokomotiven", Organ 1924, S. 70, 93
        „Das Bremsen von Zügen durch Gegendampfgeben", HN 1924, S. 10
1925   Ahrons: „The counter-pressure braking system", Loc 1925, S. 313,
        363 und 1926, S. 96
        Nordmann: „Die Lokomotiv-Gegendruckbremse im Hauptbahn-
        betrieb", Organ 1925, S. 234
1931   Günther: „Die Gegendruckbremse der Dampflokomotive auf Steil-
        bahnen", Organ 1931, S. 417
1937 — Richter: „Der Verbrennungsmotor als Bremse", ATZ 1937, S. 325
1938 — Weiner: „Die Oetiker-Motorbremse", ATZ 1938, S. 31
   =   „Neue Servobremse" (mit Ausnutzung der Motorleistung bzw. der
        lebendigen Kraft des Fahrzeuges), ATZ 1938, S. 240
1939   „Locomotive testing with a counter pressure brake" (deutsche
        Methode), Loc 1939, S. 78

Dampfbremse

1908   „Steam brakes", Loc 1908, S. 193 und 214
1929   „New combined driver's valve for steam and vacuum brakes", Loc
        1929, S. 64
1935   „An improved driver's steam brake valve", Loc 1935, S. 222

Bremse / Verschiedenes

1886   Bosse: „Die selbsttätige continuirliche Bremse für Eisenbahn- und
        Straßenbahnwagen von Th. Bode" (Verwertung der Puffer-
        kräfte!), Z 1886, S. 590
1895 — Vianello: „Der Kniehebel", Z 1895, S. 253
1927   Balslev: „Eine elektrisch gesteuerte Oeldruckbremse für Straßen-
        bahnen", Annalen 1927-II, S. 196
1928   Killewald: „Sicherheitsbremse für Schienenfahrzeuge", Z 1928, S. 362
1931   von Lengerke: „Einfache Notbremse für Straßenbahnwagen: Hy-
        draulisch betriebene Schienenbremse", VT 1931, S. 233
1935 — Jaray: Bremskräfte beim Stromlinienwagen. — Ein Beitrag zur
        Frage der Luftbremse", ATZ 1935, S. 431
1938   Müller: „Der Bremsvorgang als Wärmeproblem", Annalen 1938,
        S. 338
        Mariani u. Fasoli: „Neue Vorrichtung Bauart F. S. zur Veränderung
        des Uebersetzungsverhältnisses am Bremsgestänge", Kongreß 1938,
        S. 858
   —   Rozendaal: „Elektrohydraulische Bremse System «Köhler»", ATZ
        1938, S. 239
   —   „FKFS-Luftwirbelbremse", ATZ 1938, S. 251
1939   Haiduk: „Festigkeitsberechnung geschweißter Bremshebel", Annalen
        1939, S. 215
   —   „Die Luftschraube als Bremse", Z 1939, S. 856
        „Rowley electric automatic brake control (speed governor)", Age
        1939-I, S. 232

Beleuchtung / allgemein

1878   Melcher: „Vorrichtung an den Glocken für Kerzenbeleuchtung in Eisenbahnwagen", Z 1878, S. 38

1894   „The Gibbs light and heat tender, Chicago, Milwaukee and St. Paul Ry", Engg 1894-I, S. 4

1903   Wedding: „Der heutige Stand der Beleuchtungstechnik mit Berücksichtung der Beleuchtung der Eisenbahnwagen", Annalen 1903-I, S. 45

1911   „Railway carriage lighting", Gaz 1911-I, S. 449

1914   Hübner: „Neuerungen auf dem Gebiet der Beleuchtung von Eisenbahn-Personenwagen", Annalen 1914-II, S. 4

1930   * Büttner: „Die Beleuchtung von Eisenbahn-Personenwagen", Verlag Springer, 4. Aufl., Berlin 1930 — Bespr. Organ 1930, S. 223

1933   *„Train lighting and heating", Locomotive Publishing Co Ltd, London 1933

1939 —   Lossagk: „Wahrnehmungsvermögen im Kraftfahrzeug-Scheinwerferlicht", Z 1939, S. 1283

Gasbeleuchtung

1860   „Gasbeleuchtung von Eisenbahnwagen und Dampfschiffen" (Notiz), Z 1860, S. 78

1863   Clauß: „Gasbeleuchtung und Heizung der Personenwagen", Organ 1863, S. 68

1874   „Lighting ry trains by gas", Engg 1874-II, S. 363

1888   Leißner: „Gasbeleuchtung für Eisenbahnfahrzeuge", Z 1888, S. 305

1897   Gerdes: „Eisenbahnwaggonbeleuchtung unter besonderer Berücksichtigung der Verwendung von Azetylen", Annalen 1897-I, S. 1

1903   Giraud u. Mauclère: „Eclairage des voitures de chemins de fer au moyen de l'incandescence par le gaz", Revue 1903-I, S. 265

1905   Chapsal: „L'éclairage des voitures de chemins de fer au moyen du bec à incandescence par le gaz dit «Bec renversé»", Revue 1905-II, S. 346

1906   Biard u. Mauclère: „Léclairage au gaz à incandescence des voitures à voyageurs d'après les résultats obtenus à la Cie des Chemins de Fer de l'Est", Revue 1906-II, S. 215

   „Gasglühlicht", Z 1906, S. 1045

1908   Biard u. Mauclère: „Note sur un dispositif d'allumage instantané des laternes à gaz à incandescence expérimenté de la Cie des Chemins de Fer de l'Est", Revue 1908-I, S. 127 und 1910-I, S. 77

1909 ==   Bremer: „Preßgasbeleuchtung", Annalen 1909-I, S. 195

1913   „Safety of gas lighting in railway trains", Loc 1913, S. 243

Elektrische Beleuchtung

1882   „Locomotiv- und Schiffslampe von H. Sedlaczek und F. Wikulill", Z 1882, S. 219

   „Portable electric lightplant for ry service", Engg 1882-I, S. 112

1883   „Elektrische Kopflichter für Locomotiven (Probefahrten auf der Französischen Nordbahn)", Z 1883, S. 74

Dolinar: „Beleuchtung der Eisenbahnzüge mit Glühlicht", ETZ 1883, S. 333 — Z 1884, S. 324

1886 „Dietrich: „Ueber die elektrische Beleuchtung von Eisenbahnzügen", Z 1886, S. 1053

1887 Carswell: „Lighting trains by electricity", Engg 1887-II, S. 339

1888 „Elektrische Beleuchtung von Eisenbahnzügen in der Schweiz", Z 1888, S. 1128

1889 „Train lighting by electricity", Engg 1889-II, S. 477

1895 Bischoff: „Die elektrische Beleuchtungstechnik und ihre Anwendung im Eisenbahnwesen", Organ 1895, S. 122

Staberow: „Die elektrische Beleuchtung der Personenwagen der Dortmund-Gronau-Enscheder Eisenbahn", Annalen 1895-I, S. 169

1902 Wichert: „Die elektrische Beleuchtung einiger D-Züge der preußischen Staatsbahn-Verwaltung", Annalen 1902-II, S. 65

„Versuche mit einer Dampfdynamo Bauart Schichau-Schuckert für elektrische Beleuchtung von Eisenbahnzügen", Annalen 1902-II, S. 258

1905 Büttner: „Die neueren Einrichtungen der elektrischen Beleuchtung einiger D-Züge der preußischen Staatsbahn-Verwaltung", Annalen 1905-I, S. 182, 206 u. 231

„Electric light plant on a locomotive, Belgian State Rys", Loc 1905, S. 191

1906 Martens: „Elektrische Zugbeleuchtung, Bauart L'Hoest-Pieper", Dinglers Polytechn. Journal 1906, S. 517

1907 „The lighting of ry carriages", Loc 1907, S. 167 u. f.

1909 Büttner: „Ueber elektrische Zugbeleuchtung", El. Kraftbetr. 1909, S. 547, 561, 687 — 1916, S. 345 — 1917, S. 1 u. 9

Neumann: „Die Gleichstrom-Querfeldmaschinen und ihre Anwendungen, insbesondere für elektrische Zugbeleuchtung", Z 1909, S. 129

1911 „Experimental electric train lighting on the London and North Western Ry", Loc 1911, S. 44

1912 „Electric train lighting: The Leeds Forge Cy's System (Ferguson Patent)", Loc 1912, S. 222

1913 „The Vickers single-battery train-lighting system", Gaz 1913-I, S. 583

„The Pyle National headlight", Gaz 1913-I, S. 762

1914 Hübner: „Neuerungen auf dem Gebiet der Beleuchtung von Personenwagen", Annalen 1914-II, S. 4

1915 Rosenberg: „Elektrische Zugbeleuchtung", Z 1915, S. 380

v. Westernhagen: „Die elektrische Beleuchtungsanlage des bayrischen Lazarettzuges Nr. 2", El. Kraftbetr. 1915, S. 244

1917 „Entwicklung der elektrischen Zugbeleuchtung", Organ 1917, S. 93

1918 „Train lighting by electricity", Loc 1918, S. 97 und 151

1921 „The Vickers «Through» system of train lighting control", Loc 1921, S. 16

1922 Wittfeld: „Elektrische Zugbeleuchtung", Annalen 1922-I, S. 162

„Probleme der elektrischen Zugbeleuchtung", Z 1922, S. 927

„A simple train-lighting dynamo", Loc 1922, S. 381

1923 „Elektrische Zugbeleuchtung Pintsch-Grob", Waggon- und Lokbau 1923, S. 145

„Electric lighting on block trains", Loc 1923, S. 281

„The new Oerlikon System of train lighting", Loc 1923, S. 119

1924   „The GWR standard «Leitner» electric train-lighting system", Loc 1924, S. 100
        „The «Dick» electric train lighting system", Loc 1924, S. 309
1926   Breuer: „Die neuere Entwicklung der elektrischen Zugbeleuchtung bei der Deutschen Reichsbahn", Organ 1926, S. 127
        Jacobi: „Elektrische Beleuchtung für Dampflokomotiven", AEG-Mitteilungen 1926, S. 227
        Schroeder: „Development of the locomotive headlight", Baldwin April 1926, S. 25
1927 * Breuer: „Die neuere Entwicklung der elektrischen Zugbeleuchtung bei der Deutschen Reichsbahn", Annalen 1927, Jubiläums-Sonderheft S. 119
        Fitz: „Die Beleuchtung von Neben- und Kleinbahnzügen", BBC-Mitt. 1927, S. 156
        „Electric lighting equipment for locomotive headlights and lamps", Loc 1927, S. 258
        „Train lighting: Vickers «V.1» single battery system", Loc 1927, S. 295
1928   Tischendörfer: „Elektrische Lokomotivbeleuchtung", Annalen 1928-I, S. 34 — AEG-Mitteilungen 1926, S. 227
        „Die Anfänge der elektrischen Lokomotiv-Beleuchtung (1884, Kronprinz Rudolfs-Bahn)", Lok 1928, S. 65
1929   Braithwaite: „Lead-acid accumulators in electric train lighting", Ry Eng 1929, S. 474
        Coppock: „Electric train lighting equipment", Ry Eng 1929, S. 305, 337 und 385
        Coppock: „Some problems of electric train lighting", Ry Eng 1929, S. 191
        „Elektrische Beleuchtung der Dampflokomotiven", Lok 1929, S. 133
1930 = Baumann: „Elektrische Beleuchtung für Dampffahrzeuge", HH Dez. 1930, S. 57 und Nov. 1933, S. 26
        Breuer: „Die elektrische Beleuchtung von Gepäckwagen System Lorenz", Organ 1930, S. 313
     * Büttner: „Die Beleuchtung von Eisenbahn-Personenwagen", Verlag Springer, Berlin 1930 — Bespr. Organ 1930, S. 223
1933   Baumann: „Elektrische Beleuchtung für Dampflokomotiven durch Turbogeneratoren", HH Nov. 1933, S. 26
        Knorr: „Die elektrische Beleuchtung der Nebenbahnzüge im Bereich der Gruppenverwaltung Bayern", Organ 1933, S. 207
1935 * Wölke: „Die elektrische Beleuchtung von Fahrzeugen bei der Deutschen Reichsbahn", Verlag der Verkehrswissenschaftl. Lehrmittel-Ges. m. b. H. bei der Deutschen Reichsbahn, Berlin 1935 — Bespr. RB 1935, S. 872
1938 — Sauer: „Polarisiertes Licht in der Kraftfahrzeug-Beleuchtung", Z 1938, S. 201
1939   Baur: „Beleuchtung der amerikanischen Personenwagen", Annalen 1939-I, S. 84
    —   Trautmann: „Die Scheinwerfer am Kraftfahrzeug", Z 1939, S. 187
        „Train lighting generator transmission: Brown Boveri geared drive used on the Swiss Federal Rys", Gaz 1939-I, S. 349

Heizung

1863   Clauß: „Gasbeleuchtung und Heizung der Personenwagen", Organ 1863, S. 68

1865   Gräff: „Die Dampfheizung der Personenwagen auf der Bromberg-Thorner Zweigbahn", Organ 1865, S. 212

1872   v. Weber: „Warming ry carriages", Engg 1872-II, S. 167 u. f.

1885   Salomon: „Das Eisenbahnmaschinenwesen auf der Weltausstellung in Antwerpen 1885; Warmwasserheizung Belleroche", Z 1885, S. 971

1889   Leißner: „Heizung der Personenwagen", Annalen 1889-I, S. 65

1890   „Heating apparatus for ry carriages, French State Rys", Engg 1890-II, S. 13

1894   „The Gibbs light and heat tender, Chicago, Milwaukee and St. Paul Ry", Engg 1894-I, S. 4

1896   „Train heating on the Eastern Ry of France", Engg 1896-I, S. 735 und 773

1903   Lancrenon: „L'application générale du chauffage des trains par la vapeur et l'air comprimé combinés sur le réseau de l'Est", Revue 1903-II, S. 323

1906   Dupriez: „Le chauffage des trains sur les lignes exploitées par la Compagnie du Chemin de Fer à voie de 1 mètre de Hermes à Beaumont", Revue 1906-II, S. 293

1917   Kummer: „Elektrische Dampfkesselheizung als Notbehelf für Schweizer Eisenbahnen mit Dampfbetrieb", Schweiz. Bauzeitung 1917-II, S. 5 und 33

1919   Wendler: „Heizkupplungen der Eisenbahnfahrzeuge", Annalen 1919-II, S. 1

1920   Paterson u. Webster: „Train heating", Loc 1920, S. 101

1923   „Zugheizungskupplungen für elektrische Bahnen, Bauart BBC", BBC-Mitt. 1923, S. 86

1924   Mertz: „Versuche mit Dampfheizung in Personenzügen", Annalen 1924-I, S. 93
        „Kugelgelenk mit Kardanaufhängung und neue biegsame Metallschläuche für Zugheizung", Z 1924, S. 950

1925   „Neuzeitliche Bauarten von Kupplungen für elektrische Zugheizungen", Organ 1925, S. 408

1927 —* de Grahl: „Betrachtungen über Heizungsanlagen bei Zugrundelegung verschiedener Energieformen", Annalen 1927, Jubiläums-Sonderheft, S. 314

1929   Rauch: „Elektrische Zugheizung", El. Bahnen 1929, S. 166 u. 216

1930   Spies: „Die Heizung elektrisch betriebener Eisenbahn-Fahrzeuge", Waggon- u. Lokbau 1930, S. 49, 65, 81 u. 116

1932   Öfverholm: „Elektrische Wagenheizung mit selbsttätiger Umschaltung für 3000, 1500 oder 1000 Volt", El. Bahnen 1932, S. 97

1933   Darling: „Clarkson waste-heat boiler (exhaust gas boiler) in Diesel rolling stock", DRT 24. Febr. 1933, S. 5
        Erb: „Etude sur la régulation du chauffage des trains", Revue 1933-I, S. 235

1933   Putze: „Versuche mit der Heizung von Personenwagen", Organ 1933,
          S. 161
          Rosboro: „Evolution of passenger train heating", Baldwin April
          1933, S. 41
          *„Train lighting and heating", Locomotive Publishing Co Ltd, Lon-
          don 1933
1935   Nasse: „Système de chauffage des voitures par conditionnement
          de l'air sur le réseau de l'Etat", Revue 1935-II, S. 3
1936   Bilek: „Elektrische Heizung von Triebwagen-Anhängern, beruhend
          auf einer Abisolierung und regulierbaren Abgabe aufgespeicher-
          ter Wärme", GiT 1936, S. 142
          Rauch: „Elektrische Zugheizung", El. Bahnen 1936, S. 34
1937   Fischer: „Die Heizungs- und Lüftungseinrichtung des Henschel-
          Wegmann-Stromlinien-Dampfschnellzuges", Bahn-Ingenieur 1937,
          S. 509
          Grospietsch: „Heizungen für Verbrennungstriebwagen und ihre
          Beiwagen", Organ 1937, S. 59
          Roedler: „Heizung und Lüftung in Eisenbahnwagen", Z 1937, S. 132
          „Zugheizung (Luftheizung) der Französischen Staatsbahn, Bauart
          «Etat-Moreau-Febvre»", Organ 1937, S. 16
          „Carriage heating on the «Vapor» system", Loc 1937, S. 16
1938   Baur: „Der neue Heizungsmeßwagen der Deutschen Reichsbahn",
          Organ 1938, S. 134
          Baur: „Heizdampferzeugung und -Fortleitung bei amerikanischen
          Personenzügen (u. a. ölgefeuerte Dampfheizkessel)", VW 1938,
          S. 538
  —   Riedel: „Heizung und Lüftung von Kraftfahrzeugen", ATZ 1938,
          S. 571
  —   „Abhitzeverwertung durch den Fingerhutkessel", Wärme 1938, S. 260
          „Heizung elektrisch betriebener Fahrzeuge", Kongreß 1938, S. 179 u. f.
1939   Baur: „Ueber die Regelung von Dampfheizungs- und Bewetterungs-
          anlagen in amerikanischen Personenwagen", Organ 1939, S. 331
          Fountain: „Railcar heating by exhaust-gas boilers", DRT 1939-I,
          S. 59

Heizkesselwagen

1893   *„Zweiachsiger bedeckter Dampfkesselwagen zur Heizung der Per-
          sonenwagen, Kgl. Preuß. Eisenbahndirektion zu Erfurt", Organ
          1893, Ergänzungsband Teil 2, S. 67 (m. Schriftquellen!)
1915   „Heizkesselwagen der Bern-Lötschberg-Simplon-Bahn", Schweiz. Bau-
          zeitung 1915-II, S. 18
1916   „Heater car, Bulgarian State Rys", Loc 1916, S. 191
1923   „A 15 000 volt electric heating wagon: Swiss Federal Rys", The Eng
          1923-I, S. 209
1927   Lotter: „Heizkesselwagen der elektrischen Strecken der Italienischen
          Staatsbahnen", Organ 1927, S. 15
          „Paris-Orléans Ry: Steam boiler wagon", The Eng 1927-I, S. 134
1930   „Kessel mit Heizölfeuerung für die Zugheizung auf elektrischen
          Strecken (Italien)", Organ 1930, S. 377 — Revue 1927-II, S. 222

Lüftung und Kühlung (Luftaufbereitung)

1874 „Cooling ry carriages", Engg 1874-II, S. 371
1933 — Koeniger: „Die Klima-Anlage", Z 1933, S. 989
Metzeltin: „Kühlung und Lüftung amerikanischer Eisenbahnwagen", Z 1933, S. 1063
„New «Monarch» air extractor ventilator", Loc 1933, S. 23
1934 „Air conditioning for comfort and the «De la Vergne» air conditioner", Baldwin Januar 1934, S. 29
1935 „The «Ganz» air-conditioning system", Gaz 1935-II, S. 402
1936 Leboucher: „Le conditionnement de l'air dans les voitures de chemins de fer système PO-Midi", Revue 1936-I, S. 324
Neu: „Luftaufbereitung in Eisenbahnwagen", Kongreß 1936, S. 596
Wolseley: „A modern invention anticipated (air-conditioned vehicles, USA 1855)", Gaz 1936-I, S. 287
„Belüftungsanlage für Triebwagen: Aegyptische Staatsbahn", Organ 1936, S. 139
„Air conditioning for the Commonwealth Rys", Loc 1936, S. 219
„Air conditioning on the Victorian Rys", Gaz 1936-I, S. 659
„Air conditioning for Federated Malay State Rys carriages", Loc 1936, S. 386 — Kongreß 1937, S. 2132
„Air-cooled coach for the French Colonial Rys", Loc 1936, S. 130
1937 Dumas u. Levy: „Luftaufbereitung bei Triebwagen", Kongreß 1937, S. 1821
Fischer: „Die Heizungs- und Lüftungseinrichtung des Henschel-Wegmann-Stromlinien-Dampfschnellzuges", Bahn-Ingenieur 1937, S. 509
— Klein: „Neuzeitliche Klima-Anlagen", Bauzeitung (Stuttgart) 1937, S. 416
Mauck: „Klimaanlage für Doppeldeck-Eisenbahnwagen", Z 1937, S. 1383
Roedler: „Heizung und Lüftung in Eisenbahnwagen", Z 1937, S. 132
—* Rybka: „Klimatechnik", Verlag R. Oldenbourg, München u. Berlin 1937 — Bespr. Z 1937, S. 1287
„Air conditioning of railroad passenger cars" (mit Schaulinien), Age 1937-I, S. 146
„Neue Malaiische Personenwagen mit Lüftungsanlage", Kongreß 1937, S. 2132 — Gaz 1936-II, S. 855
„Electric air-conditioned three-car sets in Italy", Gaz 1937-II, S. 177
„First air-conditioned coach, Kowloon-Canton Ry, British Section", Gaz 1937-II, S. 1022
„Some aspects of air-conditioning", Gaz 1937-II, S. 150
1938 — Bradtke: „Grundlagen für Planung und Entwurf von Klima-Anlagen", Z 1938, S. 1473
Pla: „Die Luftverbesserung in den Eisenbahn-Personenwagen", Kongreß 1938, S. 503
— Riedel: „Heizung und Lüftung von Kraftfahrzeugen", ATZ 1938, S. 571
— Zeller: „Lärmabwehr in der Lüftungstechnik", Z 1938, S. 731

1939   Baur: „Ueber die Regelung von Dampfheizungs- und Bewetterungs-
        anlagen in amerikanischen Eisenbahnpersonenwagen", Organ 1939,
        S. 331
 —   Faltin: „Aufbau und Regelung von Klima-Anlagen", Z 1939, S. 264
        Lilliendahl: „Die Beherrschung des Luftzustandes im Eisenbahn-
        wagen während der warmen Jahreszeit", ZMEV 1939, S. 277
 —*„Klimatechnik", VDI-Sonderheft, VDI-Verlag, Berlin 1939. — Bespr.
        Z 1939, S. 1243
        „A new railway carriage fitting designed by Mr. S. H. H. Barratt for
        improving ventilation and reducing noise", Gaz 1939-I, S. 614
        „Passenger cars air-conditioned during 1938" (Tabellarische Zusam-
        menstellung), Mech 1939-I, S. 139
        „Noise reduction and improved ventilation", Loc 1939, S. 192

Fahrzeug-Schwingungen

1907   Marié: „Les oscillations du matériel dues au matériel lui-même et
        les grandes vitesses des chemins de fer", Revue 1907-I, S. 249
        und 367
1934 = „Schwingungstechnik im Verkehrswesen", Z 1934, S. 1131
1935   Harm: „Die Schwingungsmeßeinrichtung der Lokomotivversuchs-
        abteilung Grunewald", Annalen 1935-II, S. 179
1936 = Buchhold: „Das Auftreten von Ratterschwingungen in der Elektro-
        technik", ETZ 1936, S. 625 — Schweiz. Bauzeitung 1936-II, S. 198
   =* Koch u. Boedecker: „Schwingungen im Bauwesen, bei Fahrzeugen
        und Maschinen. — Schwingungsmessung". VDI-Verlag, Berlin 1936
        Leboucher: „Ueber Resonanzerscheinungen am rollenden Material
        und einige Mittel zu ihrer Bekämpfung", Kongreß 1936, S. 787
1937   „Einfluß der Schienenlänge auf die Schwingungen der Fahrzeuge",
        Kongreß 1937, S. 1635
1939 = Ahrens: „Fahrzeugschwingungen und ihre Bekämpfung", VT 1939,
        S. 440
        Davies: „Seitenschwingungen der Eisenbahnfahrzeuge", Engg 3. März
        1939 — Organ 1939, S. 350
        Nordmann: „Untersuchungen über Schwingungen an Eisenbahnfahr-
        zeugen mittels Schwingungsmeßwagen", Z 1939, S. 157

Schiebeverkehr und Fernsteuerung

1910   Bernheim: „Les services de banlieue du Great Western Ry et la
        suppression des manoeuvres de passage des locomotives de tête
        en queue en gare de Paris-Nord", Revue 1910-II, S. 335 u. 1914-I,
        S. 297 u. 299 (Schubert & Jacquet)
        Doniol: „Les trains automobiles à propulsion continue", Revue
        1910-I, S. 333
1932   Maincent u. Augereau: „L'exploitation des lignes de banlieue du
        réseau de l'Etat à l'aide de rames réversibles", Revue 1932-II,
        S. 373
1936   Mauck: „Die elektrische Fernsteuerung der doppelstöckigen Strom-
        linienzüge der LBE", ETZ 1936, S. 1023 — HH Nov. 1936, S. 30

TRIEBFAHRZEUGE

Allgemein

1925 Wagner: „Die Dampf-, Oel- und Druckluftlokomotiven auf der Eisenbahn-Ausstellung Seddin", Organ 1925, S. 6, 84 u. 175

1926 van Hees: „Die Dampf-, Oel- und Druckluftlokomotiven auf der Deutschen Verkehrsausstellung in München", Annalen 1926-I, S. 157

1930 „Die eisenbahntechnische Ausstellung in Berlin gelegentlich der 2. Weltkraftkonferenz 1930", RB 1930, S. 722

„Ueber die Frage der Lokomotiven neuerer Bauarten, im besonderen Turbinenlokomotiven u. Lokomotiven mit Verbrennungsmotoren", Kongreß 1930, S. 1 (Cossart) u. 505 (Nordmann)

1931 Dietze: „Die Bedeutung der Gewichtsausnutzung bei Eisenbahn-Triebfahrzeugen", Waggon- und Lokbau 1931, S. 337, 358, 373, 392, 401

* Dietze: „Die Beziehungen zwischen Leistung und Gewicht der Lokomotiven", Dissertation T. H. Darmstadt 1931

1933 * Metzeltin: „Die Lokomotiven mit Antrieb durch Dampf, Druckluft und Verbrennungsmotoren", Sammlung Göschen, Verlag de Gruyter & Co., Berlin 1933

*„Einheitliche Bezeichnung der Lokomotiven, Tender und Triebwagen", herausgegeben von VMEV, Verlag Springer, Berlin 1933 — Organ 1934, S. 75. — El. Bahnen 1936, S. 145

1934 * Hedley: „Modern traction for industrial and agricultural rys", The Locomotive Publishing Cy, Ltd, London 1934 (?)

1935 Baumann: „Der feste Achsstand der Lokomotiven im Wandel der Zeiten und Vorschriften", Annalen 1935-II, S. 71

=* Ewald: „125 Jahre Henschel", herausgegeben von der Henschel & Sohn AG., Kassel 1935

1936 Michel: „Einheitliche Bezeichnung der Lokomotiven und Triebwagen", El. Bahnen 1936, S. 145

Voigtländer: „Grenzen der Reisegeschwindigkeit bei Straßenbahnen (rechnerische Ermittelung, Leistung, Zugkraft, Beschleunigung, Fahrplan)", El. Bahnen 1936, S. 309

1938 Düesberg: „Wieder Namen für die Lokomotiven?", VW 1938, S. 461

Kniffler: „Der Personen-Schnellverkehr der Deutschen Reichsbahn unter besonderer Berücksichtigung der Triebfahrzeuge", Annalen 1938-I, S. 95

Maey: „Namengebung für Lokomotiven?", VW 1938, S. 592

Verwiegen

1905 „Locomotive weighing tables, North Eastern Ry", Loc 1905, S. 102
1906 „Weighing locomotives", Loc 1906, S. 111 und 139
1910 „A locomotive weighing machine with patent locking gear", Loc 1910, S. 244
1912 „Weight distribution in locomotives", Loc 1912, S. 60
1917 „Locomotive weighing machine", Loc 1917, S. 160
1923 „Apparatus for weighing locomotives", Loc 1923, S. 310

1935   Harley: „Distribution of locomotive weight", Baldwin Oktober
        1935/Januar 1936, S. 30 und April 1936, S. 23
1936   Hoecker: „Static weight and weighing of American locomotives",
        Loc 1936, S. 11
1937   „Locomotive weighing machines, LNER. — New plants recently laid
        down at Doncester and Darlington", Gaz 1937-II, S. 448
1939   „Neuartige Rad- und Achsdruckwaage", Bahn-Ing. 1939, S. 454
1940 = Schmelzer: „Zur Entwicklung der Brückenwaage", Annalen 1940, S. 27

Sandstreuer

1875   * Heusinger u. Waldegg: „Literatur über Sandstreu-Apparate", Hand-
        buch für specielle Eisenbahntechnik, 3. Bd., Verlag Wilh. Engel-
        mann, Leipzig 1875, S. 829
1888   „Gresham & Craven steam sanding apparatus for locomotives", Engg
        1888-I, S. 637
1906   „Steam sanding gear, Great Eastern Ry", Loc 1906, S. 8
1911   „The Lambert sanding apparatus", Loc 1911, S. 14
1913   „Improved steam sanding apparatus", Loc 1913, S. 260
1926   „The Lambert patent wet sanding apparatus for locomotives", Loc
        1926, S. 61
1933   Brewer: „Locomotive sanding arrangements", Loc 1933, S. 157
1939   „Notes on sander design", Loc 1939, S. 59

DIE DAMPFLOKOMOTIVE

Allgemein / Buchveröffentlichungen

Jahrbücher:

*„Agenda Dunod—Chemins de Fer", Französischer Eisenbahn-Kalender, Verlag Dunod, Paris

*„Locomotive Engineers' Pocket Book", Jahrbuch, herausgegeben von der Locomotive Publishing Co, Ltd, London

---

1837   * de Pambour: „Traité théoretique et practique des machines locomotives", Verlag Meline, Cans & Cie, Bruxelles 1837. — 1841 deutsch von H. Schnuse: „Theoretisch-praktisches Handbuch über Dampfwagen", Verlag G. C. E. Meyer sen., Braunschweig 1841

1841   * Armengaud: „Das Eisenbahnwesen oder Abbildungen und Beschreibungen von den vorzüglichsten Dampfwagen usw.", aus dem Französischen übersetzt, Verlag Bernhard Friedrich Voigt, Weimar 1841

1850   *„The principles and practice of locomotive engines", Verlag John Weale, London 1850

1855   * Clark: „Railway machinery", Verlag Blackie u. Sons, Glasgow, Edinburgh, London and New York 1855

       * Redtenbacher: „Die Gesetze des Lokomotivbaues", Verlag Bassermann, Mannheim 1855

1858   * Heusinger v. Waldegg: „Abbildung und Beschreibung der Lokomotiv-Maschine", Verlag Kreidel u. Niedner, Wiesbaden 1858

1859   * Chatelier, Flachat u. Polonceau: „Guide du mécanicien constructeur et conducteur de machines locomotives", Verlage Dupont und Lacroix et Baudy, Paris 1859

1871   * Colburn: „Locomotive Engineering", Verlag William Collins Sons & Cy, London & Glasgow 1871

1875   * Heusinger v. Waldegg: „Handbuch für spezielle Eisenbahntechnik, 3. Band: Lokomotivbau", Verlag Wilh. Engelmann, Leipzig 1875

1876   * Schaltenbrand: „Die Lokomotiven, eine Sammlung ausgesuchter Zeichnungen", Verlag Rud. Gaertner, Berlin 1876

1879   * Czernin: „Ideen zum Lokomotivbau", Verlag Dominicus, Prag 1879

1880   * Müller: „Die Lokomotiven für Bahnen minderer Ordnung oder starker Steigung mit besonderer Berücksichtigung der Zahnradlokomotiven", Verlag Theodor Ackermann, München 1880

1881   * Forney: „Catechism of the locomotive" (Lokomotivführer-Handbuch), Verlag The Railroad Gazette, New York 1881

1883   * Meyer: „Grundzüge des Eisenbahnmaschinenbaues. — 1. Teil: Die Locomotive", Verlag Ernst & Korn, Berlin 1883 — Bespr. Z 1883, S. 725

       *„Recent locomotives", Verlag Gaz 1833 und 1886

1886   *„Modern locomotives", Published by The Railroad Gazette, New York 1886, 1897 u. 1901

1893   *„Lokomotiven und Tender", Organ 1893, Ergänzungsband

1897   *„Modern locomotives", Verlag Gaz 1897

1899 * Pettigrew: „A manual of locomotive engineering", Charles Griffin & Co, Ltd, London 1899

1900 * Mc Shane: „The locomotive up to date", Griffin & Winters, Chicago 1900 — 2. u. 3. Aufl. 1920 u. 1924

1905 * Lake: „The World's Locomotives", Verlag Marshall & Co., London 1905 — Bespr. Lok 1906, S. 67
    *„Festschrift zur Vollendung der Lokomotive Nr. 5000", herausgegeben von der Lokomotivfabrik Krauß & Comp. AG., München und Linz a. D. 1905
    *„Die Eisenbahntechnik der Gegenwart. IV. Band: Zahnbahnen, Stadtbahnen, Lokomotiven und Triebwagen für Schmalspur-, Förder-, Straßen- und Zahnbahnen", 3 Bde., Abschn. A—C, Verlag Kreidel, München 1905—1909

1906 * Demoulin: „La locomotive actuelle", Verlag Béranger, Paris 1906

1907 * Garbe: „Die Dampflokomotiven der Gegenwart", Verlag Springer, Berlin 1907, 2. Auflage 1920
    * Troske: „Allgemeine Eisenbahnkunde", Verlag Spamer, Leipzig 1907

1908 * Olivares: „Las locomotoras compound en el mundo", Verlag de Henrich y Cia, Barcelona 1908
    * Pendred: „The Railway Locomotive", Verlag Archibald Constable & Co, Ltd, London 1908
    * v. Stockert: „Handbuch des Eisenbahnmaschinenwesens", Verlag Springer, Berlin 1908

1909 * Gaiser: „Die Crampton-Lokomotive", Pfälzische Verlagsanstalt, Neustadt a. d. Haardt 1909
    * Lotter: „Handbuch zum Entwerfen regelspuriger Dampflokomotiven", Verlag Oldenbourg, München u. Berlin 1909

1910 * Hinnenthal: „Eisenbahnfahrzeuge: I. Lokomotiven", Göschen'sche Verlagshandlung, Leipzig 1910

1911 * Bauer u. Stürzer: „Einführung in die Berechnung und Konstruktion von Dampflokomotiven", C. W. Kreidels Verlag, Wiesbaden 1911, 2. Aufl. 1923
    * Goss: „Locomotive Performance. — The result of a series of researches conducted by the engineering laboratory of Purdue University", Verlag John Wiley & Sons, New York 1911. — London, Chapman & Hall Ltd 1911
    * Leitzmann und v. Borries: „Theoretisches Lehrbuch des Lokomotivbaues", Verlag Springer, Berlin 1911

1912 *„Die Eisenbahntechnik der Gegenwart. I. Bd., I. Abschn., 1. Teil: Die Lokomotiven 1. Hälfte", 3. Aufl., Kreidel's Verlag, München 1912

1913 * Alexander: „Die Lokomotive, ihr Bau und ihre Behandlung. — Ein Leitfaden für Lokomotivanwärter", Verlag Chr. Adolff, Altona-Ottensen 1913

1920 * Brückmann: „Heißdampflokomotiven mit einfacher Dehnung des Dampfes", C. W. Kreidel's Verlag, Berlin 1920 (Aus: Die Eisenbahntechnik der Gegenwart)
    * Garbe: „Die Dampflokomotiven der Gegenwart", 2. Auflage, Verlag Springer, Berlin 1920

1921 * Hinnenthal: „Eisenbahnfahrzeuge", 2. Auflage, Vereinigung wissen-
        schaftlicher Verleger, Berlin und Leipzig 1921
      * Weber: „50 Jahre Lokomotivbau, 1871-1921", herausgegeben von
        der Schweizerischen Lokomotiv- und Maschinenfabrik Winterthur,
        Buchdruckerei Winterthur vorm. G. Binkert, Winterthur 1921
      *„Locomotive Data", herausgegeben von den Baldwin Lokomotiv-
        Werken, Philadelphia 1921
1923 * Bauer u. Stürzer: „Berechnung und Konstruktion von Dampf-
        lokomotiven", 2. Aufl., C. W. Kreidels Verlag, Berlin 1923
      * Brosius u. Koch: „Die Schule des Lokomotivführers", 14. Aufl., be-
        arbeitet von Nordmann u. van Hees, 1. Abteilung: Geschichte,
        Mechanik und Wärmelehre, Lokomotivkessel. — Verlag Springer,
        Berlin 1923 (2. Abt. 1931)
      * Igel: „Handbuch des Dampflokomotivbaues", Verlag Krayn, Berlin
        1923
      * Warren: „A century of locomotive building by Rob. Stephenson &
        Co 1823—1923", Verlag Andrew Reid & Co, Ltd, Newcastle upon
        Tyne 1923
      *„Des Lokomotiv-Ingenieurs Taschenbuch". Zur Erinnerung an die
        Fertigstellung der 20 000. Lokomotive herausgegeben von
        Henschel & Sohn GmbH., Kassel 1923
1924 * Garbe: „Die zeitgemäße Heißdampflokomotive", Verlag Springer,
        Berlin 1924
      * Jahn: „Die Dampflokomotive in entwicklungsgeschichtlicher Dar-
        stellung ihres Gesamtaufbaues", Verlag Springer, Berlin 1924
      * Mayer: „Eßlinger Lokomotiven, Wagen und Bergbahnen in ihrer
        geschichtlichen Entwicklung seit dem Jahre 1846", VDI-Verlag,
        Berlin 1924. — Bespr. Gaiser: Lok 1932, S. 169 u. 189
      * Mc Shane: „The locomotive up to date", Griffin & Winters, Chicago
        1924
1927 *„75 Jahre Schwartzkopff", herausgegeben von der Berliner Maschinen-
        bau-AG. vorm. L. Schwartzkopff, Berlin 1927
1930 * Helmholtz-Staby: „Die Entwicklung der Lokomotive im Gebiet des
        Vereins Deutscher Eisenbahnverwaltungen. — 1. Bd. 1835—1880",
        herausgegeben im Auftrag des VDEV, Verlag Oldenbourg Mün-
        chen-Berlin 1930 [2. Bd. 1937] — Bespr. Gaiser: Lok 1933, S. 116,
        131, 194, 225 — 1934, S. 13, 86, 106, 149, 183 — 1935, S. 7, 46, 64
      * Wiener: „Articulated locomotives", Verlag Constable & Company
        Ltd, London 1930
1931 * Brosius u. Koch: „Die Schule des Lokomotivführers", 14. Auflage;
        bearbeitet von Nordmann u. van Hees, 2. Abteilung: Maschine
        und Fahrgestell, Lokomotivbauarten und Bremsen; Verlag
        Springer, Berlin 1931
      * Meineke: „Kurzes Lehrbuch des Dampflokomotivbaues", Verlag
        Springer, Berlin 1931 — Bespr. Organ 1931, S. 489
      *„Henschel-Lokomotiven", Hauptkatalog der Henschel & Sohn AG.,
        Kassel 1931
      *„Locomotive Inspection LAW with rules and instructions established
        in conformity therewith", herausgegeben von der Interstate Com-
        merce Commission (Bureau of locomotive inspection), United
        States Government Printing Office, Washington 1931

Regelspurige Lokomotiven für Hütten-, Werk-, Industrie- und Anschlußbahnen. Die gängigen Henscheltypen umfassen zwei- bis fünfachsige Ausführungen von 125 bis 1100 PS Leistung, zum Teil als Heißdampf-Lokomotiven.

1933   * Metzeltin: „Die Lokomotiven mit Antrieb durch Dampf-, Druckluft und Verbrennungsmotoren", Sammlung Göschen, Verlag de Gruyter & Co, Berlin u. Leipzig 1933

1935 = * Ewald: „125 Jahre Henschel", herausgegeben von der Henschel & Sohn AG., Kassel 1935

    * Lübsen: „Die Verbesserung der Wirtschaftlichkeit der Dampflokomotive durch konstruktive Maßnahmen zur Senkung des Brennstoffverbrauches", Verlag Springer, Berlin 1935

    * Niederstraßer: „Leitfaden für den Dampflokomotivdienst", VWL Berlin 1935 — 2. Aufl. 1938 — 3. Aufl. 1939

    *„Henschel-Lokomotiv-Taschenbuch", herausgegeben von der Henschel & Sohn AG., Kassel 1935. — Im Buchhandel bei Julius Springer, Berlin 1935

1936   * Vigerie et Devernay: „La locomotive actuelle", Verlag Dunod, Paris 1936 — Bespr. Gaz 1936-II, S. 569

    *„Bau-, Feldbahn-, Kleinbahn- und Industrie-Lokomotiven", Sonder-Katalog der Henschel & Sohn AG., Kassel 1936

1937   *„Die Entwicklung der Lokomotive im Gebiete des Vereins Mitteleuropäischer Eisenbahn-Verwaltungen, 2. Band 1880—1920", herausgegeben vom Verein Mitteleuropäischer Eisenbahn-Verwaltungen durch das Reichsbahnzentralamt im Zusammenhang mit Baurat Dr. Metzeltin, Verlag Oldenbourg, München und Berlin 1937 [Ausführliche Besprechungen: Organ 1938, S. 82 — Gaz 1938-I, S. 409 — Schweiz. Bauzeitung 1938-I, S. 148]

1938   * Chapelon: „La locomotive à vapeur", Verlag Baillière et Fils, Paris 1938 — Besprechung Gaz 1938-I, S. 749 — Lok 1938, S. 137

1939   * Liechty: „Liechty's Lokomotivsystem für große Fahrgeschwindigkeiten und dessen Vorgeschichte", Verlag A. Francke AG., Bern 1939

    * Niederstraßer: „Leitfaden für den Dampflokomotivdienst", 3. Aufl., VWL, Leipzig 1939 — Bespr. Organ 1940, S. 216

    * Roberts, Smith, White and Prentice: „The locomotive stock book, 1939", The Railway Correspondence and Travel Society, London 1939. — Bespr. Loc 1939, S. 157

    * Schneider: „Krupp-Taschenbuch für den Lokomotiv-Ingenieur", herausgegeben von Fried. Krupp AG., Lokomotivfabrik, Essen. — Buchverlag W. Girardet, Essen 1939

1940   * Hinz: „Weltgeltung des deutschen Lokomotivbaues", als Manuskript gedruckt Kassel 1940

Dampflokomotiv-Einzelaufsätze / allgemein

1848   Redtenbacher: „Tabelle über die Hauptabmessungen und Leistungen verschiedener Lokomotiven", Organ 1848, S. 108

1849   Andreä: „Zusammenstellung mehrerer von der J. Cockerillschen Gesellschaft in Seraing erbauten Lokomotiven", Organ 1849, S. 17

1866   Krauss: „Ueber vierrädrige gekuppelte Locomotiven für Personen- und gemischte Züge", Organ 1866, S. 15

1870   „Mountain locomotives", Engg 1870-I, S. 245

1872   Kässner: „Zusammenstellung gegenwärtiger Lokomotiv-Systeme und deren Abarten", Organ 1872, S. 142

9

1875   * Heusinger v. Waldegg: „Literatur über Personen- und Schnellzug-
          maschinen, Locomotiven für gemischte Züge und Güterzüge, Ge-
          birgslocomotiven", Handbuch für specielle Eisenbahn-Technik,
          3. Bd., Verlag Wilh. Engelmann, Leipzig 1875, S. 918, 977 und
          1008 — 5. Bd. 1878, S. 289: Literatur über Secundärbahn-
          Lokomotiven
       * Heusinger v. Waldegg: „Geschichte und Statistik der Locomotive
          sowie der Locomotivbau-Anstalten und Preise der Locomotiven",
          Handbuch für specielle Eisenbahn-Technik, 3. Bd., Verlag Wilh.
          Engelmann, Leipzig 1875, S. 1009
1879   von Weber: „Zum 50. Geburtstag der Lokomotive", Annalen 1879-II,
          S. 254
1884   „Unterirdische Förderung mit Lokomotiven", Z 1884, S. 155
1886   Frank: „Neuere Locomotivconstructionen", Z 1886, S. 85, 132 u. 259
1890   Büte: „Mitteilungen über Betriebsmittel für Schnellzüge", Annalen
          1890-I, S. 1, 25, 56
       „Die neueren Fortschritte im Lokomotivbau vom Standpunkt des
          Eisenbahn-Ingenieurs", Annalen 1890-II, S. 125
1891   von Borries: „Neuere Fortschritte im Lokomotivbau", Organ 1891,
          S. 61
       Brückmann: „Kurvenbewegliche Lokomotiven von großer Zugkraft",
          Z 1891, S. 951 und 1007
1892   Lentz: „Die Lokomotiven unseres Erdballs", Z 1892, S. 1045
1895   Richter: „Ueber Zwilling- und Verbundlokomotiven", Organ 1895,
          S. 117, 135, 155, 175, 195, 215, 235
1896   Brückmann: „Die Entwicklung der Verbundlokomotiven", Z 1896,
          S. 5 u. 361
       Stambke: „Erinnerungen aus alter Eisenbahn-Zeit", Annalen 1896-I,
          S. 202
       „Jenny Lind locomotives", Engg 1896-I, S. 687
1900   von Borries: „Die neuere Entwicklung des Lokomotivbaues im Ge-
          biet des Vereins Deutscher Eisenbahn-Verwaltungen", Organ 1900,
          S. 232, 274 u. 297
1901   von Borries: „Die Dampflokomotive für große Geschwindigkeiten",
          Annalen 1901-I, S. 237
       Sanzin: „50 Jahre der Entwicklung der Gebirgslokomotive", Organ
          1901, S. 241 u. 265
1902   von Borries: „Neuere Fortschritte im Lokomotivbau", Z 1902,
          S. 1066, 1349, 1784 und 1903, S. 116
       Brückmann: „Die Lokomotiven der Gegenwart", Z 1902, S. 990 u. f.
          sowie 1903, S. 606 u. f.
       Fränkel: „Dampflokomotive und Schnellverkehr", Annalen 1902-I,
          S. 106
1904   von Borries: „Schnellbetrieb auf Hauptbahnen", Z 1904, S. 949. —
          Organ 1904, S. 160
       Metzeltin: „Neuere Vorortzuglokomotiven", Z 1904, S. 1477, 1561,
          1644, 1848, 1977
       Sanzin: „Betrachtungen über Dampflokomotiven für hohe Ge-
          schwindigkeiten", Lok 1904, S. 170
1905 = Conrad: „Die Entwicklung des Automobils", Motorwagen 1905, S. 46
       Sanzin: „Die Entwicklung der Gebirgslokomotive", ZÖIA 1905, Nr. 20

1906   von Littrow: „Leichte Lokomotiven und Kleinzüge", Annalen 1906-I,
        S. 67
        Metzeltin: „Kurvenbewegliche Lokomotiven", Z 1906, S. 153, 1176,
        1217 u. 1553
1907   „Bericht der Commission für Untersuchung von Lokomotiven resp.
        Ermittelungen der besten Constructions-Verhältnisse derselben",
        VW 1907, S. 541, 569, 603, 627, 659, 686
1908   Brückmann: „Studien über Heißdampflokomotiven", Z 1908,
        S. 1301 u. f.
        Steffan: „Uebersicht der neueren 2/5 gek. Vierzylinder-Verbund-
        Schnellzuglokomotiven mit breiter Feuerbüchse u. ausgeglichenem
        Triebwerk", Lok 1908, S. 145
1909   Heimpel: „Types de locomotives à vapeur pour lignes de chemins de
        fer à écartement réduit", Revue 1909-I, S. 143
        Steffan: „Hanomag-Vierzylinder-Verbundlokomotiven", Lok 1909,
        S. 217
        Steffan: „Die Entwicklung der europäischen 2B1-Typen", Lok 1909,
        S. 178
        „Problematische Lokomotivkonstruktionen", Lok 1909, S. 117
1910   Courtin: „Bericht betr. die Frage über die Dampflokomotiven für
        sehr große Geschwindigkeiten", Kongreß 1910, S. 1509
        Steffan: „Kritische Uebersicht der europäischen Pacific-Schnellzug-
        lokomotiven", Lok 1910, S. 108
1911   Steffan: „Die Grenzen der 2/5 gek. Schnellzuglokomotive", Lok 1911,
        S. 103
        Steffan: „Fünf bemerkenswerte Crampton-Lokomotiven", Lok 1911,
        S. 31
        Steffan: „Ein Beitrag zur Lokomotivgeschichte", Lok 1911, S. 64,
        89 und 272
        Vogl: „Neuere Lokomotiven der Lokomotivfabrik I. A. Maffei",
        Organ 1911, S. 157 und 1912, S. 5, 21 u. 43
1912   Kliment: „Gedanken über die Zukunft des Lokomotivbaues", Lok
        1912, S. 73
        Twinberrow: „The design of tank engines for express working", Loc
        1912, S. 259
        „Neuere Kleinbahn-Lokomotiven, ausgeführt von Henschel & Sohn",
        Deutsche Straßen- und Kleinbahn-Zeitung 1912, S. 486
        „Die ältesten Bücher über den Lokomotivbau", Lok 1912, S. 60
1914   Jahn: „Die geschichtliche Entwicklung der grundlegenden Anschau-
        ungen im Lokomotivbau", Annalen 1914-I, S. 129 u. 1915-I, S. 28
        Mallet: „Compound articulated locomotives", Engg 1914-II, S. 51
        Steffan: „Die erste D-Lokomotive Europas", Lok 1914, S. 121
1915   Nordmann: „Deutschlands Anteil an der Entwicklung des Lokomotiv-
        baues", VW 1915, S. 201
1916   Metzeltin: „Die Lokomotive in der Sprache", HN 1916, S. 209 —
        Lok 1940, S. 90
        Steffan: „Ueber die Anwendung von Kolbenschiebern bei Lokomo-
        tiven", Lok 1916, S. 141 und 1917, S. 17 und 173
1918   Müller (Geh. Oberbaurat): „Die geschichtliche und bauliche Entwick-
        lung der Dampflokomotive", VW 1918, S. 1, 21, 32, 58

1920   Dunlop: „The development of the locomotive valve gear", The Eng
       1920-I, S. 618 und II, S. 15 und 49
       Wolff: „Gedanken über die Ausbildung schwerer Schnellzuglokomo-
       tiven", HN 1920, S. 73 und 85
1921   Meßeltin: „Zwischenbauarten zwischen Tenderlokomotiven u. Loko-
       motiven mit Tender", HN 1921, S. 202
       Thormann: „1 D-Lokomotiven der Hanomag", HN 1921, S. 217
       „Neuere 1 C 2 - Personenzug-Tenderlokomotiven", Lok 1921, S. 77
1922   Lübon: „Lokomotiven mit 5 gekuppelten Achsen", HN 1922, S. 49
       „Größenvergleiche im Lokomotivbau", HN 1922, S. 166
       „Neue Schnellzuglokomotiven der Hanomag", HN 1922, S. 169
1923   Basford: „As to the locomotive-what next?" (Anregung zum Bau
       der 1D2-Type), Age 1923-I, S. 553 [vergl. HN 1920, S. 1]
       von Littrow: „25 Jahre Heißdampflokomotive", Lok 1923, S. 181 —
       Z. 1923, S. 743 — Organ 1934, S. 53 (Dannecker)
       Vauclain: „The history of locomotive development", Age 1923-I,
       S. 1573
       „Eßlinger Engerth-Lokomotiven", Lok 1923, S. 101
       „Uebersicht aller Engerth-Lokomotiven", Lok 1923, S. 120
1924   Dannecker: „25 Jahre Heißdampflokomotive", Organ 1924, S. 53
       Lassueur: „Personenzuglokomotiven mit 4 gekuppelten Achsen",
       Schweiz. Bauzeitung 1924-II, S. 143 und 235
       Meßeltin: „Die Dampflokomotive der Gegenwart", HN 1924, S. 1
       Severin: „Entwicklung der Dreizylinder-Lokomotiven", HN 1924,
       S. 73 und 216
1925   Dannecker: „Die vierfach gekuppelte Personenzuglokomotive in
       Europa", Organ 1925, S. 411 und 1926, S. 52
       Fry: „A note on the evolution of locomotive types", Baldwin Juli
       1925, Nr. 1, S. 25
     * Lotter: „Der derzeitige Stand des Dampflokomotivbaues", Jahr-
       buch für Eisenbahnwesen 1925/26, S. 417 (Rich. Pflaum, Druckerei
       und Verlags-AG, München)
     * Wagner: „Wege zur wärmetechnischen Verbesserung der Loko-
       motive", «Eisenbahnwesen», VDI-Verlag Berlin 1925, S. 5
       Westendorp: „Een nieuw tijdperk van stoomtractie voor de hooft-
       spoorwegen?", De Ingenieur 1925, S. 297
1926   Austin: „80 years of three-cylinder history", Baldwin Januar 1926,
       Nr. 3, S. 27
       Ewald: „Wirtschaftliche Lokomotiven für Neben-, Klein-, Werks-
       und Hüttenbahnen", HN 1926, S. 73
       Kreußer: „Aeltere Hanomag-Lokomotiven im Staatsbahnbetriebe",
       HN 1926, S. 169
       Lomonossoff: „Der hundertjährige Werdegang der Lokomotive",
       Organ 1926, S. 347
       Meßeltin: „Fortschritte des Lokomotivbaues in den letzten 50
       Jahren", HN 1926, S. 153
       Wernekke: „Einige Lokomotiven vor der Rocket", Annalen 1926-II,
       S. 169
       „Neuere Lokomotiven von Henschel & Sohn, Kassel", Lok 1926, S. 1,
       41, 117, 157, 217

1927   Bruce: „The locomotive yardstick", Age 1927-II, S. 1025
       Jung: „Hundert berühmte Lokomotiven", HN 1927, S. 114
       Poultney: „Locomotive performance and its influence on modern
       practice", Ry Eng 1927, S. 132
       Steffan: „Die Entwicklung der regelspurigen 2 D-Schnellzugloko-
       motive", Lok 1927, S. 17 u. 128
       „Europe shows way to increased motive power efficiency", Age
       1927-I, S. 1059
       „Factors in the design of steam locomotives", Loc 1927, S. 159 u. f.
1928   Woodard: „Locomotive designs to reduce maintenance" (Entwurf
       einer 1 F 3 - Lok), Age 1928-I, S. 1375
       „Twelve-wheels coupled locomotives", Loc 1928, S. 386
1929   Stuebing: „Locomotive performance and operating costs", Age
       1929-I, S. 954
       Witte: „Die Entwicklung des deutschen Lokomotivbaues", Waggon-
       und Lokbau 1929, S. 1 u. 17 — 1930, S. 1 — 1931, S. 37, 49, 65
1930   Mc Laughlin: „Some practical considerations in locomotive design
       for overseas service", Journal 1930, S. 888
       Metzeltin: „Grenzen des Dampflokomotivbaues", Z 1930, S. 1179
       Selby: „Compound locomotives", Journal 1930, S. 287
       Stolberg: „Die Estrade-Lokomotive", Lok 1930, S. 209 — Loc 1939,
       S. 209
       Wright: „Three-cylinder locomotives for export", Baldwin Oktober
       1930, S. 52
       „Ueber die Frage der Vervollkommnungen an Kolben-Dampfloko-
       motiven", Kongreß 1930, S. 27 (Parmantier), 457 (Wagner), 1813
       (Bals) u. 2265 (Gresley)
       „Passing of the single-wheeler", Loc 1930, S. 272
       „The locomotive of to-morrow", Age 1930-II, S. 685 u. 751
1931   Witte: „Die Entwicklung des deutschen Lokomotivbaues im Jahre
       1930", Waggon- u. Lokbau 1931, S. 37, 49 u. 65
       „The design and equipment of the steam locomotive", Ry Eng 1931, S. 449
1932   Gaiser: „Einiges zum Eßlinger Buch", Lok 1932, S. 169 u. 189
       Jacquet: „Two famous engineers: Walschaert and Belpaire", Loc
       1932, S. 313
       Metzeltin: „Die Entwicklung des Dampflokomotivbaues", Z 1932,
       S. 323 u. 1933, S. 1237
1933   Gaiser: „Kritische Bemerkungen zu dem Werk von R. v. Helmholtz
       u. W. Staby «Die Entwicklung der Lokomotive im Gebiet des
       VDEV 1835—1880»", Lok 1933, S. 116, 131, 194, 225. — 1934,
       S. 13, 86, 106, 149, 183 — 1935, S. 7, 46, 64
1934   Nordmann: „Ist die Dampflokomotive veraltet?", Annalen 1934-II,
       S. 9 — Revue 1935-I, S. 221
       Vauclain: „What size wheels?", Baldwin April/Juli 1934, S. 10
       „Some locomotive inventions of Joseph Beattie", Loc 1934, S. 121 u. f.
       „The high-speed steam locomotive", Loc 1934, S. 207 u. 244
1935   Baumann: „Der feste Achsstand der Lokomotiven im Wandel der
       Zeiten und Vorschriften", Annalen 1935-II, S. 71
       Neesen u. Löhr: Entwicklungsmöglichkeiten der Dampflokomotive",
       Organ 1935, S. 463
       „Gölsdorfs E-Lokomotiven im In- und Ausland", Lok 1935, S. 160

1936   Beaumont: „Some suggestions on steam locomotive design", Loc 1936, S. 159

Beaumont: „Bauliche Verbesserungsmöglichkeiten an Lokomotiven (u. a. geringer Achsdruck zur Schonung des Oberbaues; Einzelachsantrieb)", Ind. Ry Gaz 1936, S. 155 — Wärme 1937, S. 254

1936   Böhmig: „Wissenswertes über die jüngsten Henschel-Auslands-Lokomotiven und die Fabrik-Nummer 2300", HH Sept. 1936, S. 7

Ewald: „Gesichtspunkte für die Entwicklung von Schnellbahn-Dampflokomotiven". HH Sept. 1936, S. 61

Gresley: „The steam railway locomotive", Loc 1936, S. 346

Lavarde: „The logical development of steam locomotives", Baldwin Oktober 1936, S. 15

Lotter: „Die Entwicklung der Dampflokomotive in baulicher Beziehung im Spiegel der ersten 18 Jahrgänge des Organs 1846 bis 1863", Organ 1936, S. 466

Rihosek: „Die Dampflokomotive und der Schnellverkehr", ZÖIA 1936, S. 109

Stanier: „The development and testing of locomotives", Loc 1936, S. 313 u. 320

1937   Binkerd: „Adaptability of steam locomotive to high-speed service", Baldwin Juli 1937, S. 10

Doeppner: „Dampflokomotiven für den Güterschnellverkehr auf Voll- und Schmalspurbahnen", Annalen 1937-II, S. 111

Günther: „Dampflokomotiven für hohe Fahrgeschwindigkeiten", Annalen 1937-II, S. 105 — Kongreß 1938, S. 645

Metzeltin: „Lokomotivbetrieb vor 100 Jahren", Annalen 1937-I, S. 105

„Vervollkommnungen an Dampflokomotiven normaler Gattungen und Versuche mit neuen Lokomotivgattungen", Kongreß 1937, S. 619 (Parmentier u. Dugas), 983 (Gresley) u. 1329 (Mascini)

„Rückblicke", Lok 1937, S. 50, 69, 126, 203 und 1938, S. 41

1938   Diamond: „Chapelon on the steam locomotive", Gaz 1938-I, S. 749 — Lok 1938, S. 137

Mauck: „Entwicklungsmerkmale im Dampflokomotivbau", Z 1938, S. 17

Rihosek: „Die geschichtliche Entwicklung der Dampflokomotive", Lok. 1938, S. 181

Sauvage: „Gegenwart und Zukunft der Dampflokomotive" (Aus dem Vorwort zu Chapelon: «La locomotive à vapeur»), Lok 1938, S. 137

„Neuere Stromlinienlokomotiven: Französische Nordbahn, LMSR, USA", Organ 1938, S. 155

„Locomotive stability: Diagrams showing the respective longitudinal locations of the centres of gravity and of the outside cylinders, in several different types of passenger and freight engines", Gaz 1938-I, S. 174

„Die schwersten Lokomotiven der Welt", Lok 1938, S. 91

1939   Avenmarg: „Betrachtungen über den Kurvenlauf und die Spurkranzabnutzung von Dampflokomotiven", Lok 1939, S. 139

Monkswell: Locomotive power and efficiency. — A review of maximum locomotive performance", Gaz 1939-I, S. 648

Nordmann: „Wirtschaftliche Thermodynamik der Dampflokomotive", Lok 1939, S. 25

Nordmann: „Neuere Entwicklungs-Linien im Dampflokomotivbau",
Annalen 1939-I, S. 131
Stanier: „Problems connected with locomotive design", Gaz 1939-I,
S. 460, 500, 541 und 579
„Locomotive construction: Design of fundamental parts of locomo-
tives", Age 1939-II, S. 31
„Report on further development of reciprocating steam locomotive",
Age 1939-II, S. 34

1940   * Hinz: „Weltgeltung des deutschen Lokomotivbaues", als Manuskript
gedruckt, Kassel 1940

Ausstellungs-Berichte

1863   Clauß: „Der Lokomotivbau auf der diesjährigen Ausstellung in
London", Organ 1863, S. 38
Stummer: „Die Eisenbahnen auf der Londoner Weltausstellung im
Jahre 1862", ZÖIA 1863, S. 65 u. 115

1864   Becker: „Die Lokomotiven auf der Industrie-Ausstellung in London", Organ 1864, S. 8

1867   Büte: „Die Lokomotiven auf der Pariser Ausstellung", Organ 1867,
S. 163 u. 231

1868   Büte: „Bemerkungen über die Lokomotiven der Pariser Ausstellung
1867", Organ 1868, S. 100

1873   „Auszug aus dem Reisebericht über die Wiener Weltausstellung des
Obermaschinenmeisters Büte in Cassel", Organ 1873, S. 150
„Skizzen und Hauptdimensionen, Gewichte etc. von den Locomotiven
der Wiener Weltausstellung", Organ 1873, S. 154   [446, 467
„Locomotives at the Vienna Exhibition", Engg 1873-I, S. 404, 427,

1876   „Locomotives at the Philadelphia Exhibition 1875", Engg 1876-I,
S. 486 und 540 — 1876-II, S. 10 u. f. — 1877-I, S. 267 und 326

1878   „Locomotives at the Paris Exhibition 1878", Engg 1878-I, S. 411, 434
u. 509 — 1878-II, S. 6, 43, 86, 149, 229, 271, 311, 316, 355, 390, 431

1881   Zumach: „Lokomotiven auf der nationalen Ausstellung zu Brüssel
1880", Organ 1881, S. 168 u. 244 — Bespr. Z 1882, S. 293

1885   Salomon: „Das Eisenbahnmaschinenwesen auf der Weltausstellung
in Antwerpen 1885", Z 1885, S. 849 u. f.

1888   Pfaff: „Die Jubiläums-Gewerbe-Ausstellung in Wien: Lokomotiven",
Z 1888, S. 1172

1889   Salomon: „Die Lokomotiven auf der Pariser Weltausstellung 1889",
Z 1889, S. 1161 u. f., 1240 und 1890, S. 248 u. f.

1893   Brunner: „Die Weltausstellung in Chicago 1893: Lokomotiven",
Z 1893, S. 553 u. f.   [S. 503 u. f.
„The World's Columbian Exposition, Chicago 1893", Engg 1893-I,
Baldwin locomotives: Engg 1893-II, S. 172, 238, 299, 504, 569. —
Engg 1894-II, S. 160 und 223 (1 E-Lok)
Brooks locomotives: Engg 1893-II, S. 116, 274, 479, 537 u. 695
Pittsburg Locomotive Works: Engg 1894-I, S. 9 und 10
Rogers locomotives: Engg 1894-I, S. 43, 301, 561
Sonstige Lokomotiven: Engg 1893-II, S. 330, 359, 388, 432,
442, 476, 542, 632, 663. — Engg 1894-I, S. 200, 461, 677. —
Engg 1894-II, S. 72

1894   von Littrow: „Uebersicht der in Chicago 1893 ausgestellten Lokomotiven", Organ 1894, S. 95

1897   Brückmann: „Die Lokomotiven auf der II. bayerischen Landesausstellung in Nürnberg 1896", Z 1897, S. 93, 185, 213

Kélényi: „Das Eisenbahnwesen auf der Milleniums-Ausstellung in Budapest 1896", Z 1897, S. 40

„Railway exhibits at the Brussels exhibition", Engg 1897-II, S. 617 u. f.

1901   Brückmann: „Die Lokomotiven.der Weltausstellung in Paris 1900", Z 1901, S. 1225 u. f.

von Littrow: „Uebersicht der in Paris 1900 ausgestellten Lokomotiven", Organ 1901, S. 12, 29, 55, 75

Lorenz: „Bemerkungen über die Lokomotiven auf der Weltausstellung in Paris", Organ 1901, S. 199 u. 238

1902   * Barbier u. Godfernaux: „Les locomotives à l'exposition de 1900", Verlag Ch. Dunod, Paris 1902

„Die Industrie- u. Gewerbe-Ausstellung in Düsseldorf 1902", Z 1902, S. 1214, 1585, 1734 u. 1903, S. 88, 530, 776, 859 (Buhle) und 297 u. 376 (Obergethmann) — Organ 1903, S. 51 u. f. (Fränkel) — Lok 1920, S. 158

1904   Gutbrod: „Die Weltausstellung St. Louis 1904: Das Eisenbahn-Verkehrswesen", Z 1904, S. 1321 u. f.

1905   Buhle u. Pfitzner: „Das Eisenbahn- und Verkehrswesen auf der Weltausstellung in St. Louis: Dampflokomotiven", Dinglers Polytechnisches Journal 1905, S. 266 — Revue 1905-II, S. 199

1906   Metzeltin: „Die Eisenbahnbetriebsmittel auf der Bayerischen Landesausstellung in Nürnberg 1906", Z 1906, S. 2049 u. 1907, S. 368 — Annalen 1906-II, S. 173 u. 189 (Hering) — Lok 1906, S. 109, 135, 153 (Lotter)

Richter: „Die Weltausstellung Lüttich 1905 unter bes. Berücksichtigung der Lokomotiven", Dinglers Polytechn. Journal 1906, S. 6 u. f. sowie 1907, S. 129 u. f. — Revue 1906-II, S. 86 u. f. sowie 157 (Schubert)

Sanzin: „Die Lokomotiven auf der Internationalen Ausstellung in Mailand 1906", ZÖIA 1906, Nr. 49—51 und 1907, Nr. 10, 12—14

Steffan: „Die Lokomotiven auf der Ausstellung in Mailand", Lok 1906, S. 96 u. f. — Revue 1907-II, S. 103, 193 u. f.

1907   Schwarze: „Die Lokomotiven auf der Mailänder Ausstellung 1906", Annalen 1907-I, S. 238, 262

Metzeltin: „Die Eisenbahnbetriebsmittel auf der Ausstellung in Mailand 1906", Z 1907, S. 686 u. f.

1908   Lotter: „Die Lokomotiven auf der Ausstellung München 1908", Lok 1908, S. 181 — Z 1908, S. 2058

1910   Metzeltin: „Die Lokomotiven auf der Weltausstellung in Brüssel 1910", Z 1910, S. 1141

1911   Bucher: „Das Eisenbahnwesen auf der Weltausstellung in Brüssel", Dinglers Polytechn. Journal 1911-I, S. 1 u. f. — Revue 1911-I, S. 3, 161, 263, 345, 416 (Schubert)

Steffan: „Die Lokomotiven auf der Weltausstellung in Brüssel",
Lok 1911, S. 5
„Die Lokomotiven auf der Internationalen Industrie- und Gewerbe-
Ausstellung in Turin 1911", Lok 1911, S. 121 u. f.
„Les locomotives françaises et étrangères à l'Exposition de Turin
1911", Le Genie Civil 1911-II, S. 421 u. 441

1914   Geiser: „Die Lokomotiven auf der Genter Weltausstellung 1913",
Lok 1914, S. 261
Guillery: „Das Eisenbahnwesen auf der Weltausstellung in Gent",
Organ 1914, S. 327, 349, 373
Schubert & Jacquet: „Le matériel roulant des chemins de fer à
l'exposition de Gand en 1913", Revue 1914-I, S. 131 und 283
(Lokomotiven S. 132)

1915   Anger: „Das deutsche Eisenbahnwesen in der Baltischen Ausstellung
Malmö 1914", Z 1915, S. 233 u. f. — Lok 1915, S. 205 und 1916,
S. 1
Steffan: „Die Lokomotiven auf der Baltischen Ausstellung zu
Malmö", Lok 1915, S. 157 u. f.

1918   „Geschichtliche Lokomotiven der Hanomag: 7. Die Pariser Ausstellung 1855", HN 1918, S. 44

1925   Wagner: „Die Dampf-, Oel- und Druckluftlokomotiven auf der
Eisenbahn-Ausstellung in Seddin", Organ 1925, S. 6, 84 u. 175

1926   van Hees: „Die Dampf-, Oel- und Druckluftlokomotiven auf der
Deutschen Verkehrsausstellung in München", Annalen 1926-I,
S. 157
Wetzler: „Die Eisenbahnfahrzeuge auf der Deutschen Verkehrsaus-
stellung München 1925", Organ 1926, S. 71

1927   „The Fair of the Iron Horse. — An American Railway Pageant",
Loc 1927, S. 345 — Age 1927-II, S. 555 — The Eng 1928-I, S. 64
— Baldwin Januar 1928, S. 61

1928   Bennett: „The railway annex at the Edinburgh International Exhibition of 1890", Loc 1928, S. 320

1930   „Die eisenbahntechnische Ausstellung in Berlin gelegentlich der
zweiten Weltkraftkonferenz 1930", RB 1930, S. 722

1931   Lasson: „Le matériel de chemin de fer à l'Exposition Internationale
de Liége 1930", Revue 1931-I, S. 195 u. 399

1933   „Baldwin locomotives on exhibition at «A Century of Progress»
Exposition", Baldwin Juli/Oktober 1933, S. 8

1935   Renaud: „Le matériel de chemins de fer à l'Exposition Universelle
et Internationale de Bruxelles", Revue 1935-II, S. 299 u. 405

1937   Noble: „Golden Gate International Exposition", Baldwin Oktober
1937, S. 15
„The Paris Exhibition", Loc 1937, S. 344 — Revue 1937-II, S. 189

1938   van Hees: „Die Eisenbahnfahrzeuge auf der Pariser Weltausstellung", Annalen 1938-I, S. 1 — RB 1938, S. 78 (Gerstner, Kayser
u. Michel) — Organ 1938, S. 19 (Jessen u. Raab) — Schweiz.
Bauzeitung 1938-I, S. 26 (Meyer-Zürich)

1939   „The railroads at the New York World's Fair", Mech. 1939, S. 213 u.
250 — Age 1939-I, S. 937 u. 985 — Loc 1939, S. 234 — Gaz
1939-I, S. 728

Zur Geschichte der Lokomotivbauanstalten

1868   Rühlmann: „Beitrag zur Geschichte des deutschen Locomotivbaues, nebst einem Anhang, den gegenwärtigen Zustand der vorzüglichsten Locomotivbauanstalten Deutschlands betreffend", Organ 1868, S. 161

1873   „Uebersicht der gegenwärtigen Lokomotiv- und Wagenfabriken und deren Leistungsfähigkeit in Deutschland und Oesterreich", Organ 1873, S. 103

1875   * Heusinger v. Waldegg: „Geschichte und Statistik der Locomotive sowie der Locomotivbau-Anstalten und Preise der Locomotiven", Handbuch für specielle Eisenbahn-Technik, 3. Bd., Verlag Wilh. Engelmann, Leipzig 1875, S. 1009 — S. 1046: Literatur-Uebersicht

1876   „The Baldwin Locomotive Works", Engg 1876-II, S. 139 u. f.

1893   Brunner: „Die Weltausstellung in Chicago 1893: Verzeichnis der wichtigsten amerikanischen Lokomotivfabriken", Z 1893, S. 753

1897   *„History of the Baldwin Locomotive Works 1831—1897", Verlag Lippincott Company, Philadelphia 1897

1898   „Messrs. Schneider & Co's Works at Creusot: Types of locomotives", Engg 1898-II, S. 284

1905   Lewin: „Die beiden Stephensons und die Lokomotivwerke Rob. Stephenson & Co", Lok 1905, S. 102 und 113

        *„Festschrift zur Vollendung der Lokomotive Nr. 5000", herausgegeben von der Lokomotivfabrik Krauß & Comp. AG, München und Linz a. D. 1905

        „The Vulcan Locomotive Works", Loc 1905, S. 8

1906   „Kommerzienrat Dr.-Ing. Georg Ritter v. Krauß†", Lok 1906, S. 213

        „Die Anfänge des schwedischen Lokomotivbaues", Lok 1906, S. 60

1907   Caruthers: „Smith and Perkins and their locomotives", Gaz 1907-I, S. 424

        „The Locomotive Works of Beyer, Peacock & Co, Ltd", Engg 1907-I, S. 2 u. 70

1908   „James Nasmyth's centenary", Loc 1908, S. 209

        „Joh. Andreas Schubert und die erste in Deutschland gebaute Lokomotive", Z 1908, S. 460

1909   Caruthers: „The Norris Locomotive Works", Gaz 1909-II, S. 253, 299, 323

        Hughes: „Locomotives designed and built at Horwich", Gaz 1909-II, S. 165 — Engg 1909-II, S. 159 und 194. — 1910-I, S. 357 u. 396

1912   „Zum 75jährigen Bestehen der Sächsischen Maschinenfabrik vorm. Rich. Hartmann A. G., Chemnitz", Lok 1912, S. 193, 223 u. 1913, S. 27, 52, 80, 100, 174, 241

1913   „Das 75jährige Jubiläum der Lokomotivfabrik A. Borsig, Berlin-Tegel", Lok 1913, S. 150

        „Die 3000. Lokomotive aus der Maschinenfabrik der kgl. ungarischen Staatsbahn in Budapest", Lok 1913, S. 217

        „Geschichte und Beschreibung des Hanomag", HN 1913, Nr. 1, S. 1 — 1915, S. 201 — 1920, S. 82 — 1921, S. 49

        „Zur Statistik der Lokomotiv-Bauanstalten und Eisenbahnwerkstätten in Deutschland, Oesterreich-Ungarn und der Schweiz, welche vorübergehend den Neubau von Lokomotivbau pflegten", Lok 1913, S. 236

„The new works of Messrs. Nashmyth, Wilson & Co Ltd, Patricroft, Manchester", Gaz 1913-I, S. 779

1914   „Die 7000. Hanomag-Lokomotive", HN 1914, Heft 4, S. 1
„Woher die europäischen Eisenbahnverwaltungen ihre Lokomotiven beziehen", Lok 1914, S. 255
„Zum 75jährigen Bestehen der Schichauwerke in Elbing", Lok 1914, S. 165, 195, 242

1915   Steffan: „Die 40 000. Lokomotive der Baldwin-Werke", Lok 1915, S. 229
„The Scotch locomotive and rolling stock industry", Loc 1915, S. 55

1916   Steffan: „Die Lokomotivfabriken Frankreichs", Lok 1916, S. 168
„List of Continental locomotive builders", Loc 1916, S. 113

1917   Metzeltin: „Lokomotivbau in Australien", HN 1917, S. 101
Steffan: „Haswell und die Anfänge des österreichischen Lokomotivbaues", Lok 1917, S. 117 und 147

1918   Metzeltin: „Lokomotivbau und Lokomotivindustrie in Frankreich". HN 1918, S. 85 u. f. — Annalen 1918-I, S. 83 u. f. 115

1919   „Trial of the first locomotive built at Scotswood Works, Sir W. G. Armstrong, Whitworth & Lo, Ltd", Loc 1919, S. 205
„Von der ersten zur 9000. Hanomag-Lokomotive", HN 1919, S. 110

1920   Bennett: „The Chronicles of Boulton's Siding", Loc 1920, S. 250 u. f.
*„Denkschrift aus Anlaß der Ablieferung der 1000. Lokomotive", herausgegeben von der R. Wolf AG., Magdeburg-Buckau, Abt. Lokomotivfabrik Hagans in Erfurt, 1920 — Lok 1921, S. 35
„An early locomotive built by Armstrong, Whitworth & Co, Ltd, 1848", Loc 1920, S. 56
„Locomotive construction at the Schneider Works", Loc 1920, S. 172
„Short histories of famous firms", The Eng 1920-I, S. 84 u. f.
  „Vulcan Foundry Cy, Newton-Le-Willows", The Eng 1920-I, S. 84
  „Fairbairn & Sons, Manchester", The Eng 1920-I, S. 184 und 357
  „Nasmyth, Wilson & Co, Ltd", The Eng 1920-I, S. 287
  „Jones & Potts, Newton-Le-Willows", The Eng 1920-I, S. 508
  „Rothwell & Co, Bolton", The Eng 1920-I, S. 598
  „Hick, Hargreaves & Co", The Eng 1920-I, S. 644
  „The Railway Foundry Leeds (Wilson & Co)", The Eng 1920-II, S. 369
  „Hick & Son, Bolton", The Eng 1920-II, S. 103
  „W. & A. Kitching, Hope Town Foundry, Darlington", The Eng 1920-II, S. 419
  „Longridge & Co, Bedlington, Northumberland", The Eng 1921-I, S. 68
  „George & John Bennie, Blackfriars, London", The Eng 1921-I, S. 366
  „George England & Co, Hatcham Ironworks, London", The Eng 1921-II, S. 58
„The Dalmuir Locomotive Works of Messrs. William Beardmore & Co, Ltd", Loc 1920, S. 195

1921   * Weber: „50 Jahre Lokomotivbau, 1871—1921", herausgegeben von der Schweizerischen Lokomotiv- und Maschinenfabrik Winterthur, Buchdruckerei Winterthur vorm. G. Binkert, Winterthur 1921
„Der Dampflokomotivbau in den BBC-Werkstätten Mannheim-Käfertal", BBC-Mitt. 1921, S. 129 u. 195

1922   *„Hohenzollern-Aktiengesellschaft für Lokomotivbau 1872—1922", Düsseldorf 1922

1923   Hilscher: „Eine zugrundegegangene österreichische Lokomotiv-
        fabrik", Lok 1923, S. 19
        * Warren: „A century of locomotive building by Robert Stephenson
        & Co 1823—1923", Verlag Andrew Reid & Co, Ltd, Newcastle
        upon Tyne 1923
        „Sigls 1000. Lokomotive", Lok 1923, S. 103
        *„History of the Baldwin Locomotive Works", 1923
1924   * Mayer: „Eßlinger Lokomotiven, Wagen und Bergbahnen in ihrer
        geschichtlichen Entwicklung · seit dem Jahre 1846", VDI-Verlag,
        Berlin 1924 — Bespr. Gaiser: Lok 1932, S. 169 u. 189
        * Mayer: „Emil Kessler, ein Begründer des deutschen Lokomotiv-
        baues, Beiträge zur Geschichte der Technik und Industrie, Bd. 14,
        VDI-Verlag, Berlin 1924, S. 217
1925   Delalande: „La Société Alsacienne de Constructions Mécaniques",
        Loc 1925, S. 105
        „Anton Hammel (Bemerkenswerte Maffei-Lokomotiven)", Lok 1925,
        S. 137, 173 u. 213 — Organ 1925, S. 191
1927   „British locomotive builders, past and present", Loc 1927, S. 130
        *„75 Jahre Schwartzkopff", herausgegeben von der Berliner Ma-
        schinenbau-AG. vorm. L. Schwartzkopff, Berlin 1927
1928 = *„100 Jahre Union-Gießerei Königsberg/Pr., 1828—1928", herausgeg.
        von der Union-Gießerei 1928
1929   Ewald: „Das Ende des sächsischen Lokomotivbaues", Sächsische
        Industrie 1929, S. 342
1930   Schmidt: „Die Standorte des deutschen Lokomotivbaues", Waggon-
        und Lokbau 1930, S. 215
        „Die letzte Lokomotive aus der Maschinenfabrik der Staatseisenbahn-
        Gesellschaft in Wien", Lok 1930, S. 137 u. 219 — 1931, S. 115 —
        1932, S. 159
        „Der Lokomotivbau der Fried. Krupp AG." Krupp'sche Monatshefte
        1930, S. 195
1931   * Kraft: „Hohenzollern-Aktiengesellschaft für Lokomotivbau in
        Düsseldorf. — Ein geschichtlicher Rückblick zu ihrer Stillegung
        im Jahre 1929", Beiträge zur Geschichte der Technik u. Industrie,
        Bd. 21, VDI-Verlag, Berlin 1931/32, S. 79
        *„Henschel-Lokomotiven", Hauptkatalog der Henschel & Sohn AG.,
        Kassel 1931
        „Centenary souvenir of the Vulcan-Locomotive Works 1830—1930",
        Verlag The Locomotive Publishing Co, Ltd, London 1931
        „The Baldwin Centenary", Baldwin April 1931, S. 3 und Juli 1931,
        S. 69 — Organ 1931, S. 425
1933   Schmeisser: „Die Wien-Neustädter Lokomotivfabrik", Lok 1933,
        S. 164 u. 204
1935 = * Däbritz u. Metzeltin: „Hundert Jahre Hanomag", Verlag Stahleisen
        m. b. H., Düsseldorf 1935
     = * Ewald: „125 Jahre Henschel", herausgegeben von der Henschel
        & Sohn AG., Kassel 1935
        v. Gontard: „Einiges über den Lokomotivbau in Australien", HH
        Dez. 1935, S. 60
        * Metzeltin: „Die ersten deutschen Lokomotivbauer", «Technik-Ge-
        schichte», Bd. 24, VDI-Verlag, Berlin 1935, S. 23

Metzeltin: „Zur Geschichte der ersten deutschen Lokomotivfabriken", Organ 1935, S. 512 und 1937, S. 202
*„100 Jahre deutsche Eisenbahnen — 85 Jahre Schwartzkopff", her-
ausgegeben von der Berliner Maschinenbau-AG. vorm. L. Schwartzkopff, Berlin 1935

1937   Gaiser: „Emil Keßler in Karlsruhe und seine Anfänge in Eßlingen",
Lok 1937, S. 93
Metzeltin: „Aus den Anfängen des deutschen Lokomotivbaues",
Organ 1937, S. 202
Metzeltin: „Johann Friedrich Krigar, Deutschlands erster Lokomotiv-
bauer", Beiträge Febr. 1937, S. 4
Metzeltin: „Kufahl, ein verschollener Lokomotivbauer und seine
Lokomotive", Beiträge Febr. 1937, S. 7
*„100 Jahre Borsig-Lokomotiven 1937—1937", herausgegeben von den
Borsig-Lokomotiv-Werken, VDI-Verlag, Berlin 1937
*„100 Jahre Krauss-Maffei, München", herausgegeben von Krauss
& Comp. — I. A. Maffei AG., München 1937
„100 Jahre Lokomotivbau in München", Zeitschr. des Bayerischen
Revisions-Vereins 1937, S. 183
„Robert Stephenson & Hawthorns Ltd", Gaz 1937-II, S. 63

1938   * Clark: „Kitsons of Leeds: 1837—1937", Verlag The Locomotive
Publishing Co, Ltd, London 1938
Weywoda: „Der einheimische Lokomotivbau in Rumänien", Lok
1938, S. 97
*„Emil Keßler. — Sein Leben und Werk", herausgegeben von der
Maschinenfabrik Eßlingen 1938
„Rückblicke: Verspätete Lokomotivlieferungen", Lok 1938, S. 41

1939   Philipp: „Die Leistungssteigerung der deutschen Lokomotiv-
Industrie", Lok 1939, S. 97

1940 = *„Skodawerke 1839—1939", Selbstverlag der Skodawerke, Pilsen 1940
— Bespr. Lok 1940, S. 108

Handel mit Dampflokomotiven

1914   „Woher die europäischen Eisenbahnverwaltungen ihre Lokomotiven
beziehen", Lok 1914, S. 255

1915   Steffan: „Die englische, amerikanische, französische und deutsche
Lokomotivausfuhr sowie der englische Abwehrkampf gegen
Deutschland", Lok 1915, S. 1

1920   „Der amerikanische Lokomotivbau im Jahre 1918", Lok 1920, S. 101

1928   Weisflog: „Der Welthandel mit Dampflokomotiven", Maschinenbau
1928, S. 680

1935   Litz: „Der deutsche Dampflokomotivbau und seine Bedeutung für
die Ausfuhr", Annalen 1935-II, S. 89

1937   * Litz: „100 Jahre Borsig'scher Lokomotivbau im Spiegel der Kon-
junktur", «100 Jahre Borsig-Lokomotiven», VDI-Verlag 1937, S. 1

1938   Binkerd: „Why railroad buying declined", Baldwin Okt. 1938, S. 16
„The steam locomotive export trade", Loc 1938, S. 25

1939   Gormley: „A. A. R. view of R. R. capacity", Age 1939-II, S. 526

1939   Philipp: „Die Leistungssteigerung der deutschen Lokomotiv-
        Industrie", Lok 1939, S. 97
1940   Hinz: „Deutsche Lokomotiv-Ausfuhr", Annalen 1940, S. 43 —
        Lok 1940, S. 29
      * Hinz: „Weltgeltung des deutschen Lokomotivbaues", als Manuskript
        gedruckt, Kassel 1940

Bau-, Feldbahn-, Werk- und Hüttenlokomotiven

1869   „0-4-0 shunting tank engine with water tank frames", Engg 1869-II,
        S. 362
1871   „0-4-0 tank locomotive at Buscot Park, London", Engg 1871-I, S. 43
1873   „Tank locomotive for the 3 ft. 1⅜ in. gauge, constructed by the Darm-
        stadt Engine Works and Iron Foundry, Darmstadt", Engg 1873-II,
        S. 434
        „0-4-0 tank locomotive (18" gauge) for the tramways at the Royal
        Dockyard, Chatam", Engg 1873-II, S. 492
1875   „0-4-0 contractor's locomotive, constructed by Mr. Stephen Lewin,
        Poole", Engg 1875-I, S. 214
        „0-4-0 tank locomotive for normal gauge, constructed by the
        Maschinenfabrik und Eisengießerei Darmstadt", Engg 1875-I, S. 349
1879   „Cail's six-coupled tank locomotive, metre gauge", Engg 1879-II., S. 494
1880   „Cail's 0-4-0 tank locomotive", Engg 1880-I, S. 265
1881   „0-4-0 contractor's tank locomotive, built by Mr. W. G. Bagnall",
        Engg 1881-II, S. 53
1887   „0-4-0 tank locomotive at the Newcastle Exhibition", (Bauloko-
        motive!), Engg 1887-II, S. 449
        „0-4-2 locomotive for the 18 in. gauge ry at Chatam", Engg 1887-I,
        S. 174
1896   „0-4-0 locomotive for the Glasgow Gas Works 2' gauge", Engg
        1896-II, S. 349
1907   Doeppner: „Die Baulokomotiven", Z 1907, S. 665
1909   Bertschinger: „Die Arbeiten am Panamakanal: Lokomotiven",
        Z 1909, S. 216 u. f.
1914   „Hanomag-Baulokomotiven", HN 1914, Heft 9, S. 2
1916   „Grundsätze für die Untersuchung bei Bemängelung der Leistungs-
        fähigkeit von Bau- und Werklokomotiven", HN 1916, S. 1
1917   „American narrow gauge works locomotive", Loc 1917, S. 21
1918   „B-Tenderlokomotive der Rheinischen Stahlwerke", Lok 1918, S. 90
        „0-4-0 saddle tank locomotive for the Yorkshire Iron & Coal Co",
        Loc 918, S. 174
1919   Metzeltin: „Lokomotiven gedrängter Bauart", HN 1919, S. 14
1920   „A Somersetshire light ry", Loc 1920, S. 242
1921   Wolff: „B-Tenderlokomotive von 600 mm Spurweite für Strecken-
        und Stollenbetrieb des Rammelsberg-Bergwerkes in Goslar a. H.",
        HN 1921, S. 15
        „Hanomag-Baulokomotiven", HN 1921, S. 85
1922   „Railways in industrial plants: Steam locomotives", Loc 1922, S. 377
        u. 1923, S. 39, 71, 144, 194
1923   „Eine 50jährige Hanomag-Lokomotive: B-Tenderlokomotive der
        Zuckerfabrik Nörten i. Hann.", HN 1923, S. 148

„Regelspurige Hanomag-Industrielokomotiven", HN 1923, S. 61
„Tank locomotives for the West Cannock Colliery", Loc 1923, S. 24
„0-6-0 narrow gauge tank locomotive for tunnel work", Loc 1923, S. 258

1925 Wolff: „Hanomag-Einheitslokomotiven", HN 1925, S. 89
1926 Ewald: „Baulokomotiven. — Ein Leitfaden für alle, die mit dem Betrieb von Kleinlokomotiven zu tun haben", HN 1926, S. 1
      Ewald: „Wirtschaftliche Lokomotiven für Neben-, Klein-, Werks- und Hüttenbahnen", HN 1926, S. 73
      Igel: „Winke für die Beschaffung von Werklokomotiven", Die Werkbahn 1926, Heft 44
      Kreutzer: „Die erste Hanomag-Baulokomotive, 1870", HN 1926, S. 31
      Kreutzer: „Hanomag-Lokomotiven im Dienste der Ilseder-Hütte, des Peiner Walzwerkes und des Kalkwerkes Marienhagen", HN 1926, S. 82
1927 „Neuzeitliche Hanomag-Kleinlokomotiven", HN 1927, S. 47
      „Recent narrow gauge tank locomotives", Loc 1927, S. 142
1929 „The locomotives of Lever Bros. Rys, Port Sunlight", Loc 1929, S. 250
      „The Bradford Corporation's Ry in the Nidd Valley", Loc 1929, S. 282
1930 „0-8-0 tank locomotive for the Assam Oil Co Ltd, metre gauge", Loc 1930, S. 368
1931 „A French industrial 0-4-0 locomotive", Loc 1931, S. 392
      „Industrial steam locomotives", Baldwin Januar 1931, S. 67
1932 „0-4-0 saddle tank locomotives, Singapore Air Base", Loc 1932, S. 358
1934 * Hedley: „Modern traction for industrial and agricultural rys", The Locomotive Publishing Cy, Ltd, London 1934
1936 „Tank locomotives for the Appleby-Frodingham Steel Co Ltd", Loc 1936, S. 380
      *„Bau-, Feldbahn-, Kleinbahn- und Industrie-Lokomotiven", Sonder-Katalog der Henschel & Sohn AG., Kassel 1936
1937 * Garbotz: Handbuch des Maschinenwesens beim Baubetrieb. Dritter Band, zweiter Teil: Die Fördermittel des Erdbaues", VDI-Verlag, Berlin 1937
      Strunk: „Vereinheitlichung der Henschel-Dampf-Baulokomotiven", HH Aug. 1937, S. 69
1938 Rathsmann: „Neuzeitliche bauliche Einzelheiten an Bau-Dampf-lokomotiven", Bauingenieur (Berlin) 1938, S. 146
      „Recent industrial locomotives", Loc 1938, S. 15
1939 Meyer-Essen: „Breitspur-Tenderlokomotiven für Hafenbahnen", Lok 1939, S. 106

Abraumlokomotiven

1884 „Unterirdische Förderung mit Lokomotiven", Z 1884, S. 155
1922 Lübon: „Hanomag-Lokomotiven für den Abraumbetrieb", HN 1922, S. 149
      Munk: „Neuere Abraumlokomotiven", Waggon- und Lokbau 1922, Heft 19 — VW 1923, S. 17

Grubenlokomotiven

Straßenbahnlokomotiven

1910   „Straßenbahn-Lokomotiven u. Dampf-Triebwagen", Deutsche Straßen-
       und Kleinbahn-Zeitung 1910, S. 634
       „Narrow-gauge locomotive for the Castlederg & Victoria Bridge Ry",
       Loc 1910, S. 9
1912   Verhoop: „Heißdampf-Straßenbahnlokomotiven für Holland", Deut-
       sche Straßen- und Kleinbahn-Zeitung 1912, S. 525 u. 544
1916   „The Belgian National Light Rys and their rolling stock", Loc
       1916, S. 26
1918   „The Wisbech & Upwell Tramway, GER", Loc 1918, S. 180
1922   „Hanomag-Straßenbahnlokomotiven", HN 1922, S. 1 und 1925, S. 129
1923   „Dampfstraßenbahnlokomotiven", Lok 1923, S. 169
       „Wilkinson's tramway locomotive", Loc 1923, S. 181
1924   „The Wolverton and Stony Stratford Tramway", Loc 1924, S. 48
1925   „Hanomag-Straßenbahnlokomotiven", HN 1925, S. 129
       Pahin: „The Paris-Arpajon Light Ry", Loc 1925, S. 287
1927   „The Portstewart narrow gauge tramway", Loc 1927, S. 372
1931   „The Glyn Valley Tramway", Beyer-Peacock Juli 1931, S. 57
1933   „The Sutton and Alford Steam Tramway", Loc 1933, S. 66
1935   Tyas and Dorling: „Steam tramways in the South Staffordshire and
       Birmingham Districts, 1882—1888", Loc 1935, S. 331
       „Schmalspurige   Heißdampf-Straßenbahnlokomotive   der   Hohen-
       limburger Kleinbahn", HH Dez. 1935, S. 75
1937   „History of the steam tram", Loc 1937, S. 23
1938   „Steam trams of the Seventies", Baldwin Januar 1938, S. 20

Dampflokomotiven für militärische Zwecke

1905   „Armoured train, Bombay, Baroda & Central India Ry", Loc 1905, S. 43
1909   „0-6-2 Tenderlokomotive für die kgl. italienischen Eisenbahntruppen",
       Lok 1909, S. 19
1912   „Feldbahnlokomotiven für 600 mm Spur (Deutschland und Japan)",
       Lok 1912, S. 134
1915   „0-4-4-0 Pechot locomotive for the French Government", Loc 1915,
       S. 220 — Genie Civil, Juni 1918, S. 452 — Organ 1919, S. 271
1916   „2-6-0 narrow gauge locomotive for the Russian War Department",
       Loc 1916, S. 63
1917   „American 0-4-0 saddle tank engines for the British Government",
       Loc 1917, S. 2
       „British Consolidation goods engine for the overseas military rys",
       Loc 1917, S. 239
       „Narrow-gauge 0-6-0 locomotives for the French Government", Loc
       1917, S. 3
       „Small locomotives used at the front", Gaz 1917-I, S. 1383
       „Standard gauge 0-6-0 side tank locomotive for the British Govt",
       Loc 1917, S. 242
       „4-6-0 narrow gauge tank locomotives for the British War Office",
       Loc 1917, S. 88
1918   „1 D-Zweizylinder-Verbund-Güterzuglokomotive der Reichseisenbah-
       nen in den besetzten Gebieten", Organ 1918, S. 33—Lok 1919, S. 38
       „Narrow-gauge 0-6-0 tank locomotives for military rys in France",
       Loc 1918, S. 143

1918   „Notes on British locomotives on active service in France", Loc 1919,
        S. 35 u. 63

        „Armoured train for the defence of the East Coast", Loc 1919, S. 49
1919   „Further notes on (Baldwin) locomotives for war service", Loc 1919,
        S. 105

1920   Wrench: „Notes on the Baldwin locomotives with the Royal Engineers
        in France", Loc 1920, S. 62

        „Narrow gauge military ry 4-6-0 locomotives on the Western front",
        Loc 1920, S. 120

        „Repairing a damaged German goods locomotive in the Cameroons",
        Loc 1920, S. 126

1921   „The Royal Arsenal Rys, Woolwich", Loc 1921, S. 257
1923   „Deutsche E-Feldbahnlokomotive für 600 mm Spur, Bauart Lutter-
        möller", Loc 1923, S. 191

1930   „The Woolmer Instructional Military Ry", Loc 1930, S. 238
1932   „Lokomotiven für die österreichischen Heeresbahnen im Südosten",
        Lok 1932, S. 42

1934   Morris: „The Lydd (Kent) Military Ry and its locomotives", Loc 1934,
        S. 238

        „Locomotives on the Military Camp Ry, Catterick", Loc 1934, S. 150

Tender

1875   * Heusinger v. Waldegg: „Literatur über die Construction der Ten-
        der", Handbuch für specielle Eisenbahn-Technik, 3. Bd., Verlag
        Wilh. Engelmann, Leipzig 1875, S. 867

1877   „The Pennsylvania Rr tenders", Engg 1877-II, S. 260 u. 331
1905   Lihotzky: „Neuere Tender der Oesterreichischen Staatsbahnen",
        Lok 1905, S. 20

        „Ivatt's water scoop", Loc 1905, S. 188
1906   „Tender water scoop, GER", Loc 1906, S. 95
1906   „Tender water scoop, Great Eastern Ry", Loc 1906, S. 96
1910   „Tender of 12,000 gallons capacity for Mallet locomotives, Atchison,
        Topeka & Santa Fé Rr", Gaz 1910-I, S. 129

1920   „Vierachsiger Drehgestelltender Reihe 88 der Oesterreichischen
        Staatsbahnen", Lok 1920, S. 52

1926   „Great Western Ry: «Castle» class locomotive with new pattern
        tenders", Loc 1926, S. 341

        „Special locomotive tenders, New South Wales Govt Rys", Loc 1926,
        S. 188

1928   „Bogie tenders for the Bengal-Nagpur Ry", Loc 1928, S. 282
        „New corridor locomotive tenders, LNER", Ry Eng 1928, S. 164 —
        Loc 1928, S. 140

1929   „New tenders for express locomotives, Chemin de Fer du Nord",
        Loc 1929, S. 74 — Revue 1929-I, S. 12 (Cossart)

1930   „Kohlenschieber für Lokomotivtender", Z 1930, S. 1368
        *„Mechanical Coal Pushers for Locomotive Tenders", herausgegeben
        von The Standard Stoker Company, Inc., New York 1930

1931   Jackson: „The Beyer-Peacock self-trimming bunker", Beyer-Peacock
        Januar 1931, S. 27 und Januar 1932, S. 27

1932   Warner: „Locomotive tenders", Baldwin Oktober 1932, S. 17

1935   Phillipson: „Steam locomotive design: Tanks, Bunkers and Tenders", Loc 1935, S. 77

*„Die Entwicklung der Lokomotivtender in Deutschland", «Entwicklung der Lokomotive 1880—1920», Verlag Oldenbourg, München und Berlin 1937, S. 281

„Tender mit sechs Achsen", Annalen 1935-I, S. 86

„Verbesserung der Wasserschöpfvorrichtung von Ramsbottom", Organ 1935, S. 436

„Coal watering on tender of PLM Ry locomotive", Loc 1935, S. 70

1938   „Large capacity tenders", Baldwin Januar 1938, S. 9

1939   „Auxiliary water cars equipped for service with 2-10-4 type locomotives on the Chicago Great Western", Mech. Eng. 1939-I, S. 185

„Automatic locomotive water scoop control", Gaz 1939-I, S. 745

„Eight-wheel tender truck", Age 1939-I, S. 1081

Bezeichnung der Dampflokomotiven

1917   Metzeltin: „Einteilung u. Bezeichnung der Lokomotiven", HN 1917, S. 2

1920   Kreutzer: „Einiges über die Bezeichnungsweise der Lokomotiven", ZVDEV 1920, S. 781

1921   Fontanellaz: „Einheitliche Kennzeichnung sämtlicher Lokomotivbauarten der Welt", HN 1921, S. 118

1922   „Einheitliche Bezeichnungsweise der Lokomotiven", HN 1922, S. 20

1924   „Systems of locomotive classification", Loc 1924, S. 391

1925   Metzeltin: „Art, Gattung, Type, Klasse. — Ein Versuch zur Begriffsbestimmung im Lokomotivbau", HN 1925, S. 194

1927   Theobald: „Die Lokomotivbezeichnungen verschiedener Länder", Annalen 1927-II, Nr. 1205, S. 78 und 130

1931   „Locomotive wheel arrangement", Ry Eng 1931, S. 407

1933   *„Einheitliche Bezeichnung der Lokomotiven, Tender u. Triebwagen", herausgegeben vom VMEV, Verlag Springer, Berlin 1933 — Bespr. Organ 1934, S. 75 und 1936, S. 368

1936   Michel: „Einheitliche Bezeichnung der Lokomotiven und Triebwagen", El. Bahnen 1936, S. 145

Vereinheitlichung von Dampflokomotiven

1875   „American locomotives: Pennsylvania Rr", Engg 1875-I, S. 155

1884   „Normalien für Betriebsmittel der Preußischen Staatsbahnen und unter Staatsbahnverwaltung stehender Privatbahnen", Annalen 1884-I., S. 23, 146, 217

1895   Stambke: „Die geschichtliche Entwicklung der Normalien für die Betriebsmittel der preußischen Staatsbahnen in den Jahren 1871 bis 1895", Annalen 1895-I, S. 86 und 141

Wittfeld: „Die neuen Lokomotiv-Normalien der preußischen Staatsbahn", Annalen 1895-I, S. 41

1910   Hitchcock: „The standardisation of locomotives in India 1910", Engg 1910-II, S. 614 — Kongreß 1911, S. 706 — Loc 1919, S. 129

1919   „The standardization of locomotives and rolling stock", Loc 1919, S. 9

„The standardization of locomotives for Indian Rys", Loc 1919, S. 129

1920   Hammer: „Die deutsche 1 E - Heißdampf - Güterzuglokomotive", Annalen 1920-II, S. 57 — Lok 1919, S. 149

1923   Ewald: „Typisierung von Dampflokomotiven", HN 1923, S. 123
        Najork: „Normalisierung im Lokomotivbau und Typisierung der
        Kleinbahnlokomotiven", VT 1923, S. 316
1924   Warren: „Individualism in locomotive design", The Eng 1924-II, S. 717
1925 * Iltgen: „Vorrats- und Austauschbau bei Lokomotiven", «Eisenbahn-
        wesen», VDI-Verlag, Berlin 1925, S. 289
      * Semke: „Normung und Austauschbau im Kleinbahnwesen", «Eisen-
        bahnwesen», VDI-Verlag, Berlin 1925, S. 316
        Wolff: „Hanomag-Einheitslokomotiven", HN 1925, S. 89
        „Uebersicht der 12 amerikanischen Einheitslokomotiven der Kriegs-
        zeit", Lok 1925, S. 29
1926   Ewald: „Die Einheitslokomotiven für regelspurige Neben- und
        Kleinbahnen (Elna-Lokomotiven)", HN 1926, S. 157
        Iltgen: „Normung und austauschbare Fertigung der Waschluken",
        Annalen 1926-I, S. 67
        Iltgen: „Die Normung und Unterhaltung der Dampfkolben und
        Kolbenringe bei den vorhandenen Reichsbahn-Lokomotiven",
        Annalen 1926-I, S. 174
        Opitz: „Die Vereinheitlichung des Triebwerkes im Dampflokomotiv-
        bau und ihr Einfluß auf die zweite Zugkraftcharakteristik und
        das Reibungsgewicht", AEG-Mitteilungen 1926, S. 437
        Semke: „Erst der Weg — dann das Fahrzeug", VT 1926, S. 233 u. 251
1927   Iltgen: „Normung, Austauschbau und Massenfertigung bei den vor-
        handenen Lokomotiven der DRB", Annalen 1927-I, S. 39
      * Iltgen: „Der Austauschbau bei den typisierten Lokomotiven der
        Deutschen Reichsbahn", Annalen 1927, Jubiläums-Sonderheft S. 69
1928   Iltgen: „Normung im Lokomotivbau", Maschinenbau 1928, S. 253
1929   Ebell: „Einheitslokomotiven für regelspurige Neben- und Klein-
        bahnen", VT 1929, S. 252
1930 * Ewald: „Ein Weg zur Vereinheitlichung der Steuerungen gefeuer-
        ter Kolbendampflokomotiven", Dissertation T. H. Hannover 1929
        — Annalen 1930-I, S. 3, 15, 45
        Semke: „Oberbau und Lokomotiven regelspuriger Privateisen-
        bahnen", VT 1930, S. 475
1931   Wagner: „Lokomotivtypisierung der Jugoslawischen Staatsbahn",
        Z 1931, S. 121 u. 195 — Kongreß 1931, S. 380 — Ry Eng 1932, S. 65
        — Lok 1932, S. 21
        „Standardisation of locomotives for Indian Rys", Indian State Rys
        Magazine 1931, S. 337
1932   Meckel: „Die Normung im deutschen Dampflokomotivbau", Organ
        1932, S. 453
        „The standardisation of locomotives", Loc 1932, S. 364
1934   Meckel: „Die neuen Rohrleitungsnormen des Lokomotivbaues",
        Z 1934, S. 829
1935 * Metzeltin: „Geschichte der Normung im Eisenbahnwesen", «Technik-
        geschichte», Beiträge zur Geschichte der Technik und Industrie,
        Bd. 24, VDI-Verlag, Berlin 1935, S. 62
1937   Strunk: „Vereinheitlichung der Henschel-Dampf-Baulokomotiven",
        HH August 1937, S. 69
      * Wagner: „Eine Typisierung von Sonderlokomotiven", «100 Jahre
        Borsig-Lokomotiven», VDI-Verlag, Berlin 1937, S. 72

      *„Die ersten preußischen Normalien", «Entwicklung der Lokomotive 1880-1920», Verlag Oldenbourg, München u. Berlin 1937, S. 1

1939 — Hellmich u. Niessen: „Die deutschen Einheitskessel", Archiv für Wärmewirtschaft 1939, S. 113
Wagner: „Die Entstehung der Dampflokomotiv-Typisierung in Deutschland", Lok 1939, S. 3

Vermessen von Lokomotiven

1911   „Setting locomotive cylinders", Loc 1911, S. 140
1914   Wright: „The adjustment of valve gears and cylinders in locomotive workshops", Loc 1914, S. 8
1915   Landsberg: „Bemerkungen über den Zusammenbau der Lokomotiven", Annalen 1915-II, S. 181
1925   * Bassler: „Das Vermessen von Lokomotiven in Eisenbahnausbesserungswerkstätten", «Eisenbahnwesen», VDI-Verlag, Berlin 1925, S. 271
1926   Hanus: „Meßvorrichtungen für Rahmen, Zylinder, Gleitbahnen und Kreuzköpfe an Dampflokomotiven", AEG-Mitt. 1926, S. 199
Hanus: „Vermessen von Lokomotivradsätzen", AEG-Mitt. 1926, S. 203
Janisch: „Neue Vorschläge zum Vermessen von Dampflokomotiven", Organ 1926, S. 431
1929   „Lokomotivrahmen-Vermessungs- und Bearbeitungsmaschine mit optischer Hilfseinrichtung", Waggon- und Lokbau 1929, S. 212
1930   Fichtner: „Neuzeitliche Prüfverfahren für die Anfertigung von Lokomotivteilen", HH Dez. 1930, S. 36
Kähler: „Lokomotivrahmen-Bearbeitungsmaschine mit optischer Vermessungseinrichtung", Z 1930, S. 1143
1932   Iltgen: „Neues Verfahren zum Vermessen von Lokomotivrahmen und Kreuzkopfgleitbahnen", Annalen 1932-I, S. 13
Pontani: „Die Bearbeitung der Lokomotiv-Rahmenbacken. — Ein Rückblick", Annalen 1932-II, S. 98
1934   Ottersbach: „Die Weiterentwicklung des optisch-mechanischen Vermessens der Lokomotiven, insbesondere das Vermessen der Drehgestelle und das Bearbeiten der zugehörigen Achslagerführungen", Annalen 1934-II, S. 90
1936   Schubert: „Das optische Vermessen des Lokomotivrahmens und der Dampfmaschine", Bahningenieur 1936, Heft 36/37
1937=   Kühne: „Messung an sperrigen Werkstücken", Maschinenbau 1937, S. 207
Scott: „The lining up of locomotive frames, cylinders and axleboxes", Loc 1937, S. 118
1940   Leipert: „Meßstand u. Meßgeräte zum Nachmessen von Lokomotiv-Radsätzen", Lok 1940, S. 99

Dampflokomotive / Verschiedenes

1900   „Latowskisches Läutewerk mit Vorwärmer", Organ 1900, S. 300
1910   Doniol: „Les trains automobiles à propulsion continue", Revue 1910-I, S. 333
1926   „Flexible metallic joints for ry work", Loc 1926, S. 193
1935   Baumann: „Der feste Achsstand der Lokomotiven im Wandel der Zeiten und Vorschriften", Annalen 1935-II, S. 71
1940   „Die ersten Führerhäuser", Lok 1940, S. 106

DIE DAMPFLOKOMOTIVE

Deutschland
Altreich / allgemein

1849 „Die neuesten Verbesserungen an den Locomotiven aus der Maschinenfabrik von Emil Keßler in Carlsruhe", Organ 1849, S. 22 und 1851, S. 142

1870 * Heusinger v. Waldegg: „Skizzen und Hauptdimensionen der Locomotiven nach verschiedenen Systemen, welche in den letzten fünf Jahren von den deutschen Vereinsbahnen beschafft worden sind (1863—1868)", Kreidels Verlag, Wiesbaden 1870

1890 Büte: „Mitteilungen über Betriebsmittel für Schnellzüge", Annalen 1890-I, S. 1

1904 Wolters: „Lokomotiven zur Beförderung von Zügen mit großer Fahrgeschwindigkeit (Besprechung von Wettbewerbs-Entwürfen)", Annalen 1904-I, S. 62 u. 135
„Deutsche Schnellfahrer", Lok 1904, S. 3 u. 29

1905 „Schnellfahrversuche mit Dampflokomotiven", Organ 1905, S. 1 — Annalen 1905-II, S. 57 — Lok 1905, S. 181

1906 Richter: „Neuere deutsche Schnellzuglokomotiven", Z 1906, S. 554 u. 602 sowie 1907, S. 359 — Lok 1906, S. 69
„Die Entwicklung der Eisenbahnfahrzeuge in den letzten 25 Jahren", Z 1906, S. 630

1907 „Crampton-Lokomotiven auf deutschen Eisenbahnen", Lok 1907, S. 51 — Loc 1907, S. 67

1908 Brückmann: „Studien über Heißdampflokomotiven", Z 1908, S. 1301, 1353, 1386 u. 1909, S. 979
Lotter: „Die Lokomotiven auf der Ausstellung München 1908", Lok 1908, S. 81 — Z 1908, S. 2058
„Fastest locomotives in Europe" (Baden, Bayern, Pfalz), Gaz 1908-I, S.373

1910 „Die 5000. Heißdampflokomotive Patent Schmidt", Lok 1910, S. 121

1912 „Zum 75jährigen Bestehen der Sächsischen Maschinenfabrik vorm. Rich. Hartmann AG., Chemnitz", Lok 1912, S. 193, 223 u. 1913, S. 27, 52, 80, 100, 174, 241

1913 „Das 75jährige Jubiläum der Lokomotivfabrik A. Borsig, Berlin-Tegel", Lok 1913, S. 150

1914 „Die 7000. Hanomag-Lokomotive", HN 1914, S. 5—12
„Zum 75jährigen Bestehen der Schichau-Werke in Elbing", Lok 1914, S. 165, 195, 242

1915 Anger: „Das deutsche Eisenbahnwesen in der Baltischen Ausstellung Malmö 1914", Z 1915, S. 233 u. f. — Lok 1915, S. 205 und 1916, S. 1
Nordmann: „Deutschlands Anteil an der Entwicklung des Lokomotivbaues", VW 1915, S. 201
„Geschichtliche Lokomotiven der Hanomag", HN 1915, S. 185 [S. 188: 1. Die ersten Egestorff-Lokomotiven].

1916 „Geschichtliche Lokomotiven der Hanomag: 3. Crampton-Lokomotiven", HN 1916, S. 64

1918 „Geschichtliche Lokomotiven der Hanomag: 7. Die Pariser Ausstellung", HN 1918, S. 44
„Englische Lokomotiven in Deutschland und deutsche Lokomotiven in England", HN 1918, S. 51, 61 u. 80

1919   „Von der ersten zur 9000. Hanomag-Lokomotive", HN 1919, S. 110
1920   Hammer: „Die deutsche 1 E - Heißdampf - Güterzuglokomotive",
         Annalen 1920-II, S. 57 — Lok 1919, S. 149
         Wolff: „Entwurf einer 1 D 2 - Heißdampf-Drilling-Schnellzug-Ten-
         derlokomotive für Gebirgsstrecken", HN 1920, S. 1
1921   Gaiser: „Die Lokomotivbilder in den Jahrgängen 1843—1882 der
         «Leipziger Illustrirten Zeitung»", HN 1921, S. 185
1922   „80 Jahre Lokomotivbau in Deutschland", Lok 1922, S. 61
1923   v. Littrow: „25 Jahre Heißdampflokomotiven Bauart Schmidt",
         Lok 1923, S. 181 — Z 1923, S. 743 — Organ 1924, S. 53
         (Dannecker)
         „Deutsche 1 B-Verbund-Schnellzug-Lokomotiven", Lok 1923, S. 67
1924   Gaiser: „Einige Feststellungen zur älteren Lokomotivgeschichte",
         HN 1924, S. 211
   * Mayer: „Eßlinger Lokomotiven, Wagen und Bergbahnen", VDI-
         Verlag, Berlin 1924 — Bespr. Gaiser: Lok 1932, S. 169 u. 189
1925   „Anton Hammel (Bemerkenswerte Maffei-Lokomotiven)", Lok 1925,
         S. 137, 173 u. 213 — Organ 1925, S. 191
1926   Wetzler: „Die Eisenbahnfahrzeuge auf der deutschen Verkehrsaus-
         stellung München 1925", Organ 1926, S. 71
1927   *„75 Jahre Schwartzkopff", herausgegeben von der Berliner Ma-
         schinenbau-AG. vorm. L. Schwartzkopff, Berlin 1927
1929   Fuchs: „Die Lokomotive ein Kohlenfresser?", RB 1929, S. 1024
         Witte: „Die Entwicklung des deutschen Lokomotivbaues", Wag-
         gon- u. Lokbau 1929, S. 1 u. 17 — 1930, S. 1 — 1931, S. 37,
         49, 65
1930   Hoogen: „Die 100jährige Eisenbahn im Spiegel des Verkehrs- und
         Baumuseums zu Berlin", ZVDEV 1930, S. 933
   * Nordmann: „Die Entwicklung der deutschen Personenzugloko-
         motive", «Personenzugdienst», Verlag Hackebeil, Berlin 1930, S. 12
         „Der Lokomotivbau der Fried. Krupp AG.", Kruppsche Monatshefte
         1930, S. 195
1931   * Nordmann: „Die deutschen Dampflokomotiven in den letzten
         50 Jahren", Festschrift der Deutschen Maschinentechnischen Ge-
         sellschaft 1881—1931, Verlag Glaser, Berlin 1931, S. 126
1935 = * Ewald: „125 Jahre Henschel", herausgegeben von der Henschel &
         Sohn AG., Kassel 1935
         Litz: „Der deutsche Dampflokomotivbau und seine Bedeutung für
         die Ausfuhr", Annalen 1935-II, S. 89
         Metzeltin: „Zur Geschichte der ersten deutschen Lokomotivfabri-
         ken", Organ 1935, S. 512 u. 1937, S. 202
   * Metzeltin: „Die ersten deutschen Lokomotivbauer", «Technik-
         geschichte», Beiträge zur Geschichte der Technik und Industrie,
         Bd. 24, VDI-Verlag, Berlin 1935, S. 23
         Witte: „Lokomotiventwicklung bei den deutschen Eisenbahnen",
         ZMEV 1935, S. 590
         „Thüringische Meterspurlokomotiven", Lok 1935, S. 226
1937   Gaiser: „Emil Keßler in Karlsruhe und seine Anfänge in Eßlingen",
         Lok 1937, S. 93
         Metzeltin: „Aus den Anfängen des deutschen Lokomotivbaues",
         Organ 1937, S. 202

1937   Metzeltin: „Johann Friedrich Krigar, Deutschlands erster Loko-
         motivbauer", Beiträge 1937, S. 4
         *„100 Jahre Borsig-Lokomotiven 1837—1937", herausgegeben von
         den Borsig-Lokomotiv-Werken, VDI-Verlag, Berlin 1937
         „100 Jahre Lokomotivbau in München", Zeitschrift des Bayerischen
         Revisions-Vereins 1937, S. 183
1938   Harder: „Ueber Quellen zur deutschen Lokomotivgeschichte", Lok
         1938, S. 165
1939   Maey: „10 Jahre deutsches Lokomotivbild-Archiv", Lok 1939, S. 111
1940   * Hinz: „Weltgeltung des deutschen Lokomotivbaues", als Manuskript
         gedruckt, Kassel 1940

Deutsche Reichsbahn (Altreich) / Bezeichnung der Lokomotiven

1920   Kreutzer: „Zur Frage der Umnumerierung der Lokomotiven der
         Deutschen Staatseisenbahnen", HN 1920, S. 135
         Kreutzer: „Einiges über die Bezeichnungsweise der Lokomotiven",
         ZVDEV 1920, S. 781
1924   Kreutzer: „Die neuen Betriebsnummern und Gattungszeichen der
         Deutschen Reichsbahn", HN 1924, S. 162
         Müller: „Die neue Gattungsbezeichnung und Nummerung des Loko-
         motivparks der Deutschen Reichsbahn", Organ 1924, S. 157
1926   Goltdammer: „Die Umzeichnung der Dampflokomotiven der Deut-
         schen Reichsbahn", RB 1926, S. 73
1936   * Maey u. Born: „Verzeichnis der Dampflokomotiv-Gattungen der
         DRB", 3. Auflage mit Nachtrag 1 vom 1. Januar 1936, DLA u.
         VWL 1936

Deutsche Reichsbahn / Vereinheitlichungsarbeiten

1925   * Fuchs: „Normung, Typisierung und Spezialisierung im Lokomotiv-
         bau", «Eisenbahnwesen», VDI-Verlag, Berlin 1925, S. 276
         Wagner: „Ueber Reihenbildung im Bau von Nebenbahnlokomoti-
         ven", VT 1925, S. 748
1926   „Standard locomotives for the German State Rys", Ry Eng 1926,
         S. 279
1927   * Fuchs: „Bisherige Erfahrungen mit der Typisierung der Reichs-
         bahn-Lokomotiven", Annalen 1927, Jubiläums-Sonderheft S. 3
         Hargavi: „La standardisation des locomotives unifiées a la Cie des
         Chemins de Fer Allemands", Revue 1927-II, S. 497
         * Iltgen: „Der Austauschbau bei den typisierten Lokomotiven der
         Deutschen Reichsbahn", Annalen 1927, Jubiläums-Sonderheft S. 69
1928   Iltgen: „Die Normung im Lokomotivbau", Maschinenbau 1928
         S. 253
         Ottersbach: „Beschaffung von Normteilen bei der Reichsbahn",
         Maschinenbau 1928, S. 249
1930   Meckel: „Die Entwurfsbearbeitung für die neuen Lokomotiven der
         Deutschen Reichsbahn unter dem Gesichtspunkt der Vereinheit-
         lichung", Organ 1930, S. 111
         Wagner u. Witte: „Die konstruktive Durchbildung der Reichsbahn-
         Lokomotiven", Organ 1930, S. 94

1932   Meckel: „Die Normung im deutschen Dampflokomotivbau", Organ 1932, S. 453
1936   Meckel: „Die Normung im deutschen Lokomotivbau", Annalen 1936-II, S. 97
1937   Meckel: „Die Normgewinde, ihre Werkzeuge und Lehren im Lokomotivbau", Werkstatttechnik 1937, S. 180
1938   Meckel: „Die Weiterentwicklung der Einheitslokomotiven der Deutschen Reichsbahn unter dem Gesichtspunkt der Vereinheitlichung", Organ 1938, S. 426
1939   Wagner, R. P.: „Der Weg zur jüngsten Reichsbahn-Schnellzuglokomotive, Bauweise 06", RB 1939, S. 542
        Wagner, R. P.: „Die neue Lokomotivtypenreihe der Reichsbahn für veränderlichen Achsdruck (Reihen 06, 41, 45)", Organ 1939, S. 353
1940   Wagner: „Die Entstehung der Dampflokomotiv-Typisierung in Deutschland", Lok 1939, S. 3

Lokomotiv-Bauarten der Deutschen Reichsbahn

1922   Fuchs: „Die 1 D 1 - Dreizylinder-Personenzuglokomotive Gattung P 10 der Reichsbahn", Annalen 1922-II, S. 137 — Lok. 1923, S. 185 u. 1924, S. 49
        „1 D-Güterzuglokomotive Gattung G 8² der Deutschen Reichsbahn mit Lentz-Ventilsteuerung für die Eisenbahndirektion Oldenburg", HN 1922, S. 157
        „D-Heißdampf-Tenderlokomotive Gattung T 13 mit Lentz-Ventilsteuerung für die Eisenbahndirektion Oldenburg", HN 1922, S. 162
1923   Hubert: „Neuere Heißdampf - Tenderlokomotiven der Deutschen Reichsbahn", HN 1923, S. 198
        Köhler: „Umbau von Lokomotiven der Gattung G 9", HN 1923, S. 29
        „2-10-2 tank locomotive, German State Rys", Loc 1923, S. 290 — HN 1924, S. 145 — Lok 1924, S. 74
1924   Meineke: „Neuere Lokomotiven der DRB.", Z 1924, S. 273
        Metzeltin: „1 E 1 - Heißdampflokomotive Type T 20 der Deutschen Reichsbahn", HN 1924, S. 145 — Loc 1923, S. 290 — Lok 1924, S. 74
        Metzeltin: „Die G 9¹ - Lokomotive der Deutschen Reichsbahn", HN 1924, S. 147 u. 1925, S. 29 — Annalen 1924-II, S. 187
        Nordmann: „Lokomotiven für starke Steigungen", Annalen 1924-II, S. 99
        „2-8-2 compound rack and adhesion locomotive T 28, German State Rys", Loc 1924, S. 181 — Lok 1926, S. 144
1925   * Fuchs: „Normung, Typisierung und Spezialisierung im Lokomotivbau", «Eisenbahnwesen», VDI-Verlag 1925, S. 276
        „Die erste Einheitslokomotive der Reichsbahn", Annalen 1925-II, S 66
1926   Fuchs u. Wagner: „Die 2 C 1 - Einheits-Schnellzuglokomotive der Deutschen Reichsbahn", Z 1926, S. 1725
        Kreutzer: „Schwere Tenderlokomotiven, Gattung T 18, im Schnellzugverkehr", HN 1926, S. 167
1926   „Heavy freight locomotives for the German Rys (G 12, G 8²), Ry Eng 1926, S. 389

1926   „Standard locomotives for the German State Rys", Ry Eng 1926, S. 279

1927   * Fuchs: „Bisherige Erfahrungen mit der Typisierung der Reichsbahnlokomotiven", Annalen 1927, Jubiläums-Sonderheft S. 3
      Opitz: 2 C 1 - Zweizylinder-Einheits-Heißdampf-Schnellzuglokomotive, Reihe 01 der Deutschen Reichsbahn-Ges.", Lok 1927, S. 137
      „D+D-Heißdampf-Verbund-Tenderlokomotive der Deutschen Reichsbahn", Lok 1927, S. 205 (s. auch Bayr. Staatseisenbahnen 1914)

1928   Opitz: „Reihe 64, 1 C 1-Zweizylinder-Heißdampf-Personenzug-Tender-Lokomotive", AEG-Mitteilungen 1928, S. 205

1929   „Neue Reichsbahn-Dampflokomotive, Pt 23-15", Lok 1929, S. 92

1930   Fuchs: „Die Entwicklung der Dampflokomotive bei der Deutschen Reichsbahn", RB 1930, S. 729 — * Weltkraft S. 53
      Wagner u. Witte: „Die konstruktive Durchbildung der Reichsbahnlokomotiven", Organ 1930, S. 94
      „New 4-6-4 heavy tank locomotives for the German State Rys, series 62", Gaz 1930-II, S. 505 — Ry Eng 1930, S. 36 — Lok 1931, S. 189

1931   Opitz: „Die schmalspurigen Einheitslokomotiven der DRG", VT 1931, S. 376 — Lok 1938, S. 161
      Schneider: „Schnellzuglokomotive S 36-18 (früher S ³/₆) der Deutschen Reichsbahn", Z 1931, S. 194
      „Standard locomotives of the German Rys", Loc 1931, S. 7, 81 und 374

1932   „1 D 1 - Heißdampf-Nebenbahn-Tenderlokomotive Reihe 86 der DRB", Lok 1932, S. 141 u. 1938, S. 127

1933   * Hubert: „Die Berliner Stadtbahn-Lokomotiven", Arbeitsgemeinschaft der Verlage Verkehrszentralamt der Deutschen Studentenschaft, Sitz Darmstadt, und VWL, Berlin 1933
      Wohllebe: „1 D 1 - Einheits-Schmalspurlokomotive für die Reichsbahndirektion Schwerin, 900 Spur", Organ 1933, S. 383
      Wohllebe: „Reibungsbetrieb auf Zahnradstrecken: 1 E 1 - Einheits-Tenderlokomotiven Reihe 85 der Deutschen Reichsbahn", Z 1933, S. 904 — Organ 1934, S. 385
      „Fifty years of tank engine development on the German State Rys (T 3 to series 85)", Loc 1933, S. 295

1934   Flemming: „Stromlinienverkleidung für Dampflokomotiven", RB 1934, S. 796
      Litz: „Stand und Entwicklungsmöglichkeiten der mit Kohle gefeuerten Dampflokomotive", Glückauf 1934, S. 1237
      Nordmann: „Ist die Dampflokomotive veraltet?", Annalen 1934-II, S. 9 — Revue 1935-I, S. 221
      Wohllebe: „1 E 1 - Heißdampf-Drilling-Güterzug-Tenderlokomotive Reihe 85 der DRB", Organ 1934, S. 385 — HH Dez. 1938, S. 67

1935   * Anger: „Die Fahrzeuge der Deutschen Reichsbahn", RB 1935, Sonderausgabe S. 52
      Fuchs: „Die neuere Entwicklung des Lokomotivbaues bei der Deutschen Reichsbahn", RB 1935, S. 1296
      Fuchs: „Die 2 C 2 - Stromlinienlokomotive Reihe 05 der Deutschen Reichsbahn", RB 1935, S. 322 — Bahn-Ingenieur 1935, S. 197 — Loc 1935, S. 100 — Gaz 1935-I, S. 556, 563 und 1209 — Mod. Transport 16. März 1935, S. 9 — Organ 1936, S. 41 (Wagner)

Heise: „Der erste Stromlinien-Dampfzug der Deutschen Reichsbahn", HH Dez. 1935, S. 7 — RB 1935, S. 687 und 1936, S. 70
— Mod. Transport 15. Febr. 1936, S. 7 — Annalen 1937-II, S. 109

Nordmann: „Neue Versuche mit Schnellzuglokomotiven, auch der
Stromlinienform", Annalen 1935-II, S. 172 — Z 1935, S. 1226

Wagner: „Neue Dampflokomotiven der Deutschen Reichsbahn",
VW 1935, S. 313, 327 u. 343 — Organ 1935, S. 271

Witte: „Stromlinienlokomotiven der Deutschen Reichsbahn", ZMEV
1935, S. 217

„0-6-0 tank locomotive, series 89, German State Rys", Loc 1935,
S. 344

„2-4-2 tank locomotive series 71, German National Rys", Z 1935,
S. 417 — Gaz 1935-I, S. 645 — Loc 1936, S. 73

„New high-speed steam locomotive designs in Germany", Gaz 1935-I,
S. 387

1936   Bergmann: „Neuzeitliche Fahrzeugtechnik der Verkehrsmittel der
Schiene und Straße", VW 1936, S. 584

Flemming: „Neue 1 E 1 - Steilstrecken-Tenderlokomotiven Reihe 84
der DRB", RB 1936, S. 318 — Z 1936, S. 1113 — VW 1936,
S. 61 — Loc 1936, S. 274 — Lok 1938, S. 139 — Organ 1939,
S. 197

Fuchs: „Der Henschel-Wegmann-Zug", RB 1936, S. 70

Wagner: „Lokomotivtechnische Vorkehrungen zur Erhöhung der
Fahrgeschwindigkeit, [u. a. 1 D - G8² und Reihe 41]", VW 1936,
S. 541

Wagner: „Die 2 C 2 - Stromlinienlokomotive Reihe 05 der Deutschen
Reichsbahn", Organ 1936, S. 41

1937   Doeppner: „Dampflokomotiven für den Güterschnellverkehr auf
Voll- und Schmalspurbahnen (u. a. Reihen 41 und 44)", Annalen
1937-II, S. 111

Heise: „Der erste Stromlinien-Dampfzug der DRB", Annalen
1937-II, S. 109

*„Maey: „Die Einheitslokomotiven der DRB im Bild", 5. Aufl., DLA
und VWL 1937

Wiener: „Stromlinien-Dampflokomotiven, insbesondere der DRB",
Kongreß 1937, S, 1914

„1 E 1 - Heißdampf-Drilling-Güterzuglokomotive Reihe 45 der Deutschen Reichsbahn", HH August 1937, S. 62 und 74 — HH Dez.
1938, S. 41 — Lok 1939, S. 59 — Z 1940, S. 20

„Streamlined and semi-streamlined locomotives, German National
Rys, 03 class", Loc 1937, S. 236

1938   Günther: „Leistungsgewinn durch Stromlinienverkleidung von
Dampflokomotiven bei der Deutschen Reichsbahn", Kongreß 1938,
S. 152

Knipping u. Riedel: „Neueste 1 E 1 - h 3 Güterzug-Lokomotive der
Deutschen Reichsbahn, Baureihe 45", HH Dez. 1938, S. 41 —
Lok 1939, S. 59

Kreutzer: „Zur Entwicklung der preußisch-deutschen Tenderlokomotive", HH Dez. 1938, S. 49

1938   Meckel: „Die Weiterentwicklung der Einheitslokomotiven der
Deutschen Reichsbahn unter dem Gesichtspunkt der Vereinheit-
lichung (m. Hauptabmessungen der Einheitstypen)", Organ 1938,
S. 426

Nordmann: „Der Leistungsgewinn von Stromlinienlokomotiven
(Reihe 03)", Z 1938, S. 515

Nordmann: „Dampflokomotiven mit 20 at Kesseldruck und einfacher Dampfdehnung", Organ 1938, S. 223 — Revue 1939-I,
S. 136

* Röhrs: „Der heutige Stand des Dampflokomotivbaues bei der
Deutschen Reichsbahn", «Messebuch der Deutschen Wirtschaft
1938», Wiking-Verlag, Berlin 1938, S. 156

Wagner: „Die Beschleunigung des Güterverkehrs mittels der Dampf-
und Motorlokomotive", ZMEV 1938, S. 993

„1D1 - Heißdampf-Nebenbahn-Tenderlokomotive Reihe 86 der DRB",
Lok 1938, S. 127

„1E-Heißdampf Drilling-Güterzuglokomotive Reihe 44, neueste Bauart", HH Dez. 1938, S. 104 — Lok 1938, S. 156

„Die schmalspurigen 1 E 1-Heißdampf-Tenderlokomotiven für 750 u.
1000 mm Spurweite der DRB", Lok 1938, S. 161

„2-8-2 fast freight locomotive, series 41, German National Rys", Loc
1938, S. 70 — Lok 1938, S. 117 und 1939, S. 75

1939   Seidl: „Die ersten Lokomotiven der DR aus der Ostmark (2' C 2'-
Heißdampf - Zwilling - Tenderlokomotive frühere österr. Reihe
729)", Lok 1939, S. 85

Wagner. R. P.: „Die neue Lokomotivtypenreihe der Reichsbahn für
veränderlichen Achsdruck (Reihen 06, 41, 45)", Organ 1939, S. 353

Wagner, R. P.: „The steam locomotive in modern rail transport"
(Reihen 41, 50, 45 und 06), Engg Progressus (Berlin) 1939, S. 225

Ziem: „Die Lokomotive für Heidenau-Altenberg: 1' E 1'-h3-Tender-
lokomotive Baureihe 84 der Deutschen Reichsbahn", Organ 1939,
S. 197

Zimmermann: „1'D1'-Lokomotive Reihe 41 der Deutschen Reichsbahn für den Güterschnellverkehr", Lok 1939, S. 75

„2'D2'-Heißdampf-Drilling-Schnellzug-Dampflokomotive für 140 km/h,
Reihe 06", Z 1939, S. 287 — Loc 1939, S. 96 — Annalen 1939-I,
S. 81 — Gaz 1939-I, S. 312 — Lok 1939, S. 21 (Schneider) —
RB 1939, S. 542 (Wagner)

„German locomotive practrice", Loc 1939, S. 143

1940   Beil: „Die Entwicklung der Stromlinien-Lokomotiven der Deutschen Reichsbahn", Lok 1940, S. 35

vorm. Badische Staatsbahn

1903   Courtin: „Die 2/5 gek. badische Schnellzuglokomotive", Organ 1903,
S. 17

1904   Richter: „Bilder aus dem süddeutschen Eisenbahnbetrieb", Lok 1904,
S. 178

1905   v. Borries: „Neuere Fortschritte im Lokomotivbau: 2/5 gek. Vierzylinder-Verbund-Schnellzuglokomotive der Badischen Staatsbahnen", Z 1903, S. 118

Richter: „Die badischen 2/5 gek. Schnellzuglokomotiven Gattung IId", Z 1905, S. 103

1908 Courtin: „Die vierzylindrige 3/6 gek. Verbund-Schnellzug-Lokomotive der Badischen Staatsbahnen", Z 1908, S. 567 — Organ 1908, S. 141 — Lok 1908, S. 21 und 196 — Revue 1908-II, S. 213

1909 1 D-Vierzylinder-Verbund-Güterzuglokomotive Gruppe VIIIe der Großh. Badischen Staatsbahn", Lok 1909, S. 25 und 258
„Crampton-Lokomotiven auf den Badischen Staatsbahnen", Lok 1909, S. 197

1910 „D-Güterzug-Tenderlokomotive Gattung Xb der Großh. Badischen Staatsbahnen", Lok 1910, S. 220

1913 Bombe: „Die Breitspur-Lokomotiven der Badischen Staatsbahn 1838—1854", Lok 1913, S. 283
„2B-Schnellzuglokomotive Gattung IIc der Badischen Staatsbahn", Lok 1913, S. 52
„1 C 1 - Vierzylinder-Verbund-Heißdampf-Personenzuglokomotive Gattung IVg der Badischen Staatsbahnen", Lok 1913, S. 73

1918 „Die 2000. Lokomotive der Maschinenbaugesellschaft Karlsruhe: Badische 1C1-Personenzug-Tenderlokomotive", Lok 1918, S. 141

1922 Günther: „Die Vierzylinder-Verbund-Reibungs- und Zahnradlokomotiven (C1+Z) auf der badischen Höllentalbahn", Z 1922, S. 361

1923 Lübon: „D-Güterzug-Zwillinglokomotive der Badischen Staatsbahn von 1875", HN 1923, S. 128
„Altbadische 2 B-Schnellzuglokomotiven", Lok 1923, S. 84

1927 „4-6-2 four-cyl. compound express locomotive, Baden State Rys", Loc 1927, S. 105

1929 „Crampton locomotive «Adler», 1854", Loc 1929, S. 267

1936 * von Helmholtz: „Die historischen Lokomotiven der Badischen Staatseisenbahnen", herausgegeben von der Reichsbahndirektion Karlsruhe, im Buchhandel durch das Deutsche Lokomotivbild-Archiv, T. H. Darmstadt 1936. — Bespr. Organ 1938, S. 399

1937 Rehberger: „Die badische IVe-Lokomotive im Karlsruher Verkehrsmuseum", Beiträge Febr. 1937, S. 10
*„Die Entwicklung der Dampflokomotive in Baden", «Entwicklung der Lokomotive 1880—1920», Verlag Oldenbourg, München und Berlin 1937, S. 173

1939 Rehberger: „Die Lokomotiven der Eisenbahn-Schiffbrücken über den Rhein', Lok 1939, S. 53 u. 86

vorm. Bayerische Staatseisenbahnen und Pfalzbahn

1873 „0-6-0 goods locomotive for the Bavarian State Rys at the Vienna Exhibition", Engg 1873-II, S. 250

1897 Brückmann: „Die Lokomotiven auf der II. bayr. Landesausstellung in Nürnberg 1896", Z 1897, S. 93, 185, 213

1900 Weiß: „3/5 gek. Schnellzuglokomotive für die Bayerische Staatseisenbahn-Verwaltung", Organ 1900, S. 185

1903 = Schröter: „Neuere Leistungen der München-Augsburger Maschinenindustrie", Z 1903, S. 989

1904 Lotter: „2/5 gek. Schnellzuglokomotive der bayr. Pfalzbahn", Lok 1904, S. 161

1905   Richter: „Eine hessisch-pfälzische Schnellzuglokomotive", Lok 1905, S. 36

        Weiß: „Die neuen 2/5- und 3/5 gek. Schnellzug-Lokomotiven der bayr. Staatseisenbahnen", Organ 1905, S. 69 — Z 1905, S. 421 — Revue 1905-I, S. 367 — Lok 1904, S. 127 und 1906, S. 139

1906   Hering: „Das Verkehrs- und Maschinenwesen auf der bayr. Jubiläums-Ausstellung Nürnberg 1906", Annalen 1906-II, S. 173 u. 189

        Lotter: „Die 4/5 gek. Güterzuglokomotive der bayerischen Staatsbahn, Klasse G 4/5", Lok 1906, S. 1 — Loc 1906, S. 119

        Lotter: „Neuere Lokomotiven der bayr. Pfalzbahn", Lok 1906, S. 53, 100 und 218

        Lotter: „Die Lokomotiven und Dampfwagen auf der Bayrischen Jubiläumsausstellung zu Nürnberg 1906", Lok 1906, S. 109, 135, 153

        Metzeltin: „Die Eisenbahnbetriebsmittel auf der Bayerischen Landes-Ausstellung in Nürnberg 1906", Z 1906, S. 2049 u. 1907, S. 368 — Lok 1906, S. 102, 109, 135, 153 (Lotter) — Annalen 1906-II, S. 173 u. 189 (Hering)

        „2/6 gek. Heißdampf-Vierzylinder-Verbund-Schnellzuglokomotive der kgl. bayr. Staatsbahnen", Lok 1906, S. 137

1907   „Schnellfahrten mit einer 2/6 gek. Verb.-Schnellzuglok. von J. A. Maffei", Z 1907, S. 1162 — Revue 1907-I, S. 38 (Demoulin)

1908   Lotter: „Die Lokomotiven auf der Ausstellung «München 1908»", Lok 1908, S. 181 — Z 1908, S. 2058

        „Die amerikanischen Lokomotiven der Bayr. Staatsbahnen", Lok 1908, S. 234

1909   „Die neuen 3/6 gek. Verbund-Schnellzuglokomotiven der Bayr. Staatsbahn", Z 1909, S, 1284 — Lok 1908, S. 215

1911   „E-Heißdampf-Verbund-Güterzuglokomotive G 5/5 der kgl. bayer. Staatsbahnen", Lok 1911, S. 224 — Klb.-Ztg. 1911, S. 646

1913   „Neue Heißdampf-Pacific-Schnellzuglokomotive der kgl. Bayerischen Staatsbahnen", Techn. Mitt. Zürich 1913, Nr. 6 — Lok. 1914, S. 1

1914   „D + D - Mallet - Heißdampf-Verbund-Güterzuglokomotive Gattung Gt2×4/4 der kgl. Bayerischen Staatsbahnen", Lok 1914, S. 117 — Loc 1914, S. 45 — Z 1914, S. 398 — Annalen 1914-I, S. 190 — Gaz 1914-I, S. 827 — Lok 1927, S. 205

1917   „1 D-Vierzylinder-Verbund-Güterzuglokomotive d. Bayerischen Staatsbahnen", Organ 1917, S. 329

1919   1 D - Vierzylinder-Verbund-Heißdampf-Güterzuglokomotive, Gruppe G 4/5 der bayer. Staatsbahnen", Lok 1919, S. 45

        „1 B-Heißdampf-Personenzug-Tenderlokomotive Gattung Pt 2/3 der bayerischen Staatsbahnen", Lok 1919, S. 53 — Organ 1919, S. 324

1920   „1 C-Zwilling-Heißdampf-Güterzuglokomotive der bayerischen Staatsbahnen", Organ 1920, S. 239

1925   Uebelacker: „Die Entwicklung der Lokomotiven der vorm. bayer. Staatseisenbahnen", Organ 1925, S. 497

1926   „Some interesting Palatine Ry locomotives", Loc 1926, S. 17

1937   *„Die Entwicklung der Dampflokomotive in Bayern rechts des Rheins", «Entwicklung der Lokomotive 1880—1920», Verlag Oldenbourg, München und Berlin 1937, S. 121

*„Die Entwicklung der Dampflokomotive auf der Pfälzischen Eisenbahn (später bayer. Staatsbahn linksrheinisches Neß)", «Entwicklung der Lokomotive 1880—1920», Verlag Oldenbourg, München und Berlin 1937, S. 162

1939   Rehberger: „Die Lokomotiven der Eisenbahn-Schiffbrücken über den Rhein", Lok 1939, S. 53 u. 86

ehem. Braunschweigische Staatsbahn

1914   Nolte: „Die Lokomotiven der vorm. Braunschweigischen Eisenbahn", Beiträge zur Geschichte der Technik und Industrie, Band 6, VDI-Verlag 1914/15, S. 159

1915   „Geschichtliche Lokomotiven der Hanomag:
1. Die ersten Egestorff-Lokomotiven", HN 1915, S. 185

1916   4. „Die Güterzug-Lokomotiven der Braunschweigischen Bahn", HN 1916, S. 229

1938   Nolte: „Die alten Lokomotiven und Wagen der ehemaligen Braunschweigischen Eisenbahn", Lok 1938, S. 173

ehem. Hannoversche Staatsbahn

1869   „0-6-0 goods locomotives for the Hanoverian Ry (Schwarßkopff)", Engg 1869-II, S. 253 und 259

1886   „2-4-0 compound express locomotives (v. Borries-Hanomag!), Hanoverian State Rys", Engg 1886-I, S. 418

1913   Nolte: „Einiges über die alten Hannoverschen Cramptons", Lok 1913, S. 113 — HN 1916, S. 64

1915   „Geschichtliche Lokomotiven der Hanomag:
1. Die ersten Egestorff-Lokomotiven", HN 1915, S. 185

1916   2. „Die zweite Lokomotivlieferung Egestorffs", HN 1916, S. 61

1917   5. „Die erste Güterzuglokomotive der Hannoverschen Staatsbahn", HN 1917, S. 153

1918   6. „Die älteren Gemischtzug-Lokomotiven der Hannoverschen Staatsbahn", HN 1918, S. 38

1919   8. „C-Tenderlokomotiven der Hannoverschen Staatsbahn aus dem Jahre 1857", HN 1919, S. 172

1923   11. „Die Lokomotiven der vorm. Hannoverschen Staatsbahn", HN 1923, S. 117

vorm. Lokalbahn-AG. München

1905   Lotter: „Die 4/4 gek. Güterzug-Tenderlokomotive der Lokalbahn-AG. München", Lok 1905, S. 129
Lotter: „C 1-Heißdampf-Verbund-Tenderlokomotive", Lok 1905, S. 2

1908   Lotter: „Die 1/2 gek. Heißdampf-Tenderlokomotiven der Lokalbahn-AG, München", Lok 1908, S. 148

1937   Avenmarg: „Tenderlokomotiven für Gebirgsstrecken (u. a. Lokalbahn-AG, München)", Z 1937, S. 387 — Loc 1937, S. 316 — Annalen 1938-II, S. 250 — Organ 1939, S. 361 (Lotter)

vorm. Lübeck-Büchener Eisenbahn

1926   * Hubert: „Die Lokomotiven der Lübeck-Büchener Eisenbahn", LBE-Druck, Lübeck 1926

1927   Hubert: „Die Lokomotiven der Lübeck-Büchener Eisenbahn-Gesellschaft", VT 1927, S. 714 u. 726

1936   Mauck u. Heise: „Der doppelstöckige Stromlinienzug der Lübeck-Büchener-Eisenbahn-Gesellschaft", HH Sept. 1936, S. 25 — Z 1936, S. 693 — Gaz 1936-I, S. 1003 — Mod. Transport 25. April 1936, S. 3 — Lok 1938, S. 77 — Age 1936-II, S. 241 — VW 1936, S. 237 — Organ 1936, S. 181 — VT 1936, S. 223 — RB 1936, S. 410 „2-4-2 streamlined tank locomotive for LBE", Gaz 1936-I, S. 212 —

1937   Mauck: „Umgebaute (mit Stromlinienverkleidung versehene T 12-) Personenzug-Tenderlokomotive bei der Lübeck-Büchener Eisenbahn-Gesellschaft für den Vorortverkehr Hamburg Hbf.-Ahrensburg mit doppelstöckigen Zugeinheiten", RB 1937, S. 744 — Gaz 1937-II, S. 1210

Mauck: „Die dritte 1 B 1-Stromlinien-Schnellzug-Tenderlokomotive der Lübeck-Büchener Eisenbahn", Organ 1937, S. 400

vorm. Oldenburgische Staatseisenbahnen

1907   „2 B-Verbund-Personenzuglokomotive", Lok 1907, S. 104 — Engg 1907-II, S. 59

1909   Buschbaum: „2 B - Verbund - Personenzuglokomotive der Oldenburgischen Staatsbahnen mit Lenß-Ventilsteuerung, Dampftrockner und Anfahrvorrichtung der Bauart Ranafier", Organ 1909, S. 358, 372, 391

1915   „Die Ventil-Lokomotiven der Großh. Eisenbahn-Direktion Oldenburg", HN 1915, S. 80

1916   „Die Großherzoglich Oldenburgischen Staatseisenbahnen", HN 1916, S. 115—144

„Die Kleinbahn Ocholt-Westerstede und ihre Betriebsmittel", HN 1916, S. 163 — Zeitschr. d. Arch.- u. Ing.-Vereins zu Hannover 1877, S. 253

1917   „Die Lokomotiven der Großherzoglich Oldenburgischen Staatsbahn einst und jeßt", HN 1917, S. 20

1923   „B-Personenzuglokomotive der Oldenburgischen St. B.", Lok 1923, S. 137

1925   Arzt: „Die Betriebsmittel der ehem. Oldenburgischen Staatseisenbahnen", HN 1925, S. 49

1936   „A German Prairie type express locomotive", Loc 1936, S. 252

1937   * „Die Entwicklung der Dampflokomotive in Oldenburg", «Entwicklung der Lokomotive 1880—1920», Verlag Oldenbourg, München und Berlin 1937, S. 241

vorm. Preußisch-Hessische Staatsbahnen

1883   v. Borries: „Dreifach gek. Verbund-Güterzug-Lokomotive der Kgl. Eisenbahndirektion Hannover", Annalen 1883-I, S. 157

1889   Pirsch: „Die Verbund-Güterzug- und Personenzug-Lokomotiven der preußischen Staatsbahnen", Organ 1889, S. 222

Henschel Baulokomotiven, die Helfer beim Bau der Reichsautobahnen.

1889 „0-6-0 compound goods locomotive" (Hanomag!), Engg 1889-I, S. 106
und 181

1890 Büte: „Mitteilungen über Betriebsmittel für Schnellzüge: «Neue
Normal-Personenzug-Lokomotiven»", Annalen 1890-I, S. 1, 25, 56
Stambke: „Über die Verbundlokomotiven der Preußischen Staats-
bahnen", Annalen 1890-I, S. 103

1895 v. Borries: „Fünfachsige vierfach gek. Verbund-Güterzuglokomotive
der Preußischen Staatsbahnen", Organ 1895, S. 3
Stambke: „Die geschichtliche Entwicklung der Normalien für die
Betriebsmittel der preußischen Staatsbahnen in den Jahren 1871
bis 1895", Annalen 1895-I, S. 86
Wittfeld: „Die neuen Lokomotiv-Normalien der preußischen Staatsbahn", Annalen 1895-I, S. 41

1898 „«Vulcan» 4-4-0 express passenger locomotive", Engg 1898-II, S. 583
„D-Güterzug-Verbundlokomotive Gattung G 7", Engg 1898-II, S. 680
— Lok 1904, S. 193

1903 Buhle: „Die Industrie- und Gewerbeausstellung in Düsseldorf 1902:
3/4 gek. Güterzug-Tenderlokomotive (spätere $T_9{}^3$)", Z 1903, S. 88
Obergethmann: „Die Industrie- und Gewerbeausstellung in Düssel-
dorf 1902: 3/4 gek. Heißdampflokomotive (spätere Gattung P_6)",
Z 1903, S. 297 — Organ 1903, S. 51 u. f. (Fränkel) — Lok 1920,
S. 158

1904 Keller: „2 C 2-Schnellzug-Tenderlokomotive für Gebirgsbahnen",
Z 1904, S. 1296 — Lok 1904, S. 57
„4/4 gek. Heißdampf-Güterzuglokomotive" (spätere G 8), Lok 1904,
S. 41 und 1906, S. 223
„4/4 gek. Verbund-Güterzuglokomotive (G 7)", Lok 1904, S. 193
„3/5 gek. Dreizylinder-Tenderlokomotive für die Berliner Stadtbahn", Lok 1904, S. 43
„3/4 gek. Lokomotiven der Preußischen Staatsbahnen", Lok 1904, S. 82
„2/4 gek. Zweizylinder-Verbund-Schnellzuglokomotive (S 3)", Lok
1904, S. 121

1906 „3/5 gek. Schnellzuglokomotive mit Schmidtschem Rauchröhrenüber-
hitzer (Gattung P8)", Z 1906, S. 1561 und 1910, S. 846
„2/4 gek. Heißdampf-Schnellzuglokomotiven (S 6 u. S 4)", Lok 1906,
S. 149 und 196
„Reibungs- und Zahnradlokomotive der Preußischen Staatsbahn
(Strecke Ilmenau-Schleusingen), Nr. 6000 von A. Borsig", Z 1906,
S. 1921 — Organ 1907, S. 40 — Lok 1912, S. 110

1907 Zillgen: „Ein Vergleich der zwei- und dreigekuppelten Schnellzuglokomotiven der Preuß. Staatsbahnen auf theoretischer Grundlage", Annalen 1907-II, S. 227 u. 1908-I, S. 114 u. 139
Brünner: „Die Lokomotiven im Berliner Verkehrsmuseum", Lok
1907, S. 171 — Loc 1908, S. 212
„Verstärkte Ausführung der 2/4 gek. Verbund-Schnellzuglokomotive
(S 5)", Lok 1907, S. 165

1908 „Verstärkte 2/5 gek. Vierzylinder-Verbund-Schnellzuglokomotive,
Bauart v. Borries, der kgl. Preußischen Staatsbahnen" (S 7 u. S 9),
Lok 1908, S. 68 — Revue 1908-II, S. 61

1909 Brückmann: „5/5 gek. Heißdampf-Güterzug-Tenderlokomotive (Gattung T 16)", Z 1909, S. 1869 — Lok 1907, S. 205

10

1909   Metzeltin: „Die neuen 2/5 gek. Schnellzuglokomotiven (Gattung S 9)
        der Preuß. Staatsbahn", Z 1909, S. 641 — HN 1914, Heft 10, S. 2
        „2 C-Heißdampf-Schnellzug-Tenderlokomotive T 10 der Preußischen
        Staatsbahn", Lok 1909, S. 126
1910   Brückmann: „Die 3/5 gek. Heißdampf-Personenzuglokomotive (Gat-
        tung P 8) der Preußischen Staatsbahnen", Z 1910, S. 846 u. 923
        Hammer: „Die D-Güterzuglokomotive Gattung G 9 der preußisch-
        hessischen Staatseisenbahnen", Z 1910, S. 2001
        Nolte: „30 Jahre Verbundlokomotiven bei den preuß.-hessischen
        Staatsbahnen", Lok 1910, S. 73, 117, 169, 241
        Schwickart: „Beiträge zum Lokomotivbau", Klb.-Ztg. 1910, S. 233
        „Gattungszeichen der Lokomotiven der preuß. Stb.", Lok 1910, S. 257
1911   Hammer: „Die Entwicklung des Lokomotivparkes bei den preuß.-
        hesssischen Staatseisenbahnen", Annalen 1911-I, S. 201 u. f.
        „4-6-0 four-cylinder simple superheater locomotive S 10[1], Prussian
        State Rys", Loc 1911, S. 193
1912   Bergerhoff: „Die neue Verschiebelokomotive [T 13] der preußisch-
        hessischen Staatseisenbahnverwaltung", Z 1912, S. 697
        „C 1-kombinierte Zahnrad-Tenderlokomotive Gattung T 26 der kgl.
        preußischen Staatsbahnen", Lok 1912, S. 110
        „4-6-0 four-cylinder compound superheater express locomotive, Prus-
        sian State Rys", Loc 1912, S. 252
1913   Bombe: „Die letzte ungekuppelte Lokomotive der preuß. Staats-
        bahn", Lok 1913, S. 135
        Hammer: „Neuerungen an Lokomotiven der preußisch-hessischen
        Staatseisenbahnen", Annalen 1913-II, S. 117 u. f. — * Erweiterter
        Sonderabdruck in Buchform 1916
        Obergethmann: „Die Mechanik der Zugbewegung bei Stadtbahnen",
        Monatsblätter des Berliner Bezirksvereins Deutscher Ingenieure
        1913, S. 47 — Z 1913, S. 702, 748, 787
1914   „Die Entwicklung der Güterzuglokomotiven bei den preußisch-hessi-
        schen Staatsbahnen", HN 1914, Heft 7/8, S. 9
        „D-Güterzug-Heißdampflokomotive Gattung G 8[1] der Kgl. Preuß.
        Staatsbahnen", HN 1914, Heft 7/8, S. 1 — 1915, S. 66 und 1919,
        S. 145 — Lok 1916, S. 185
1915   „Neuere Fortschritte bei den Heißdampf-Schnellzuglokomotiven der
        kgl. preuß.-hessischen Staatsbahnen", Lok 1915, S. 85, 109, 133
1916   Hammer: „Die 1 E-Heißdampf-Güterzuglokomotive der preußisch-
        hessischen Staatseisenbahnen und der Reichseisenbahnen in Elsaß-
        Lothringen", Annalen 1916-I, S. 203 — Lok 1916, S. 205 — Loc
        1919, S. 183 u. 1920, S. 18
1918   Müller (Geh. Oberbaurat): „Die geschichtliche und bauliche Ent-
        wicklung der Dampflokomotive", VW 1918, S. 1, 21, 32, 58
        Schwickart: „Die Lokomotiven mit drei gekuppelten Achsen der
        Preußischen Staatsbahn", Klb.-Ztg. 1918, S. 357, 365, 374
        „Aeltere C-Güterzuglokomotiven der Preußischen Staatsbahnen",
        Lok 1918, S. 195
1919   „Neue Ausführung der 1 D-Verbund-Güterzuglokomotiven Reihe G 7
        der Preuß. Staatsbahnen", Lok 1919, S. 38 — Organ 1918, S. 33
        „Von der ersten zur 9000. Hanomag-Lokomotive (Gattung G 12)",
        HN 1919, S. 110

„B1-Tenderlokomotiven der Preußischen Staatsbahnen“, Lok 1919, S. 110 und 1920, S. 37 und 165

1920   Hammer: „Die deutsche 1 E-Heißdampf-Güterzuglokomotive“, Annalen 1920-II, S. 57 — Lok 1919, S. 149

„Krupps erste Lokomotive (Gattung G 10)“, Kruppsche Monatshefte 1920, S. 13

„1 C-Heißdampf-Personenzuglokomotive Reihe P 6“, Lok 1920, S. 158

„2 C 2-Heißdampf-Tenderlokomotiven Gattung T 18“, Lok 1920, S. 173 — HN 1926, S. 167

1921   „Die Bedeutung und die Leistungen im Lokomotivbau der preuß.-hessischen Staatsbahnen“, Lok 1921, S. 40 u. f.

„Die 1000. Lokomotive der R. Wolf AG., Magdeburg-Buckau, Abt. Lokomotivfabrik Hagans, Erfurt. — Reihe P 8 der P. E. V.“, Lok 1921, S. 35

„P 8-Lokomotiven“, HN 1921, S. 243

1924   Hubert: „Die Entwicklung der Lokomotiven der Berliner Stadt-, Ring- und Vorortbahnen“, Lok 1924, S. 7, 106, 122 und 166

1933   * Hubert: „Die Berliner Stadtbahn-Lokomotiven“, Arbeitsgemeinschaft der Verlage Verkehrszentralamt der Deutschen Studentenschaft, Sitz Darmstadt, u. VWL, Berlin 1933

1934   „A «stream-line» locomotive of 30 years ago. — 4-4-4 three-cylinder compound locomotive as built by Henschel & Sohn in 1904 for the Prussian State Rys“, Loc 1934, S. 244

1935   Kreutzer: „Zur Entwicklung der preußisch-deutschen Schnellzug-Lokomotive in den letzten 50 Jahren“, HH Dez. 1935, S. 63

1936   Kreutzer: „Zur Entwicklung der preußisch-deutschen Personenzug-Lokomotive“, HH Sept. 1936, S. 69 — Gaz 1937-I, S. 185

1937   Kreutzer: „Zur Entwicklung der preußisch-deutschen Güterzug-Lokomotive“, HH August 1937, S. 49

Kreutzer: „Die ersten Heißdampf-Lokomotiven“, Beiträge Febr. 1937, S. 22

„Österreichisch-deutsche Lokomotiven: C - Güterzuglokomotive der Preußischen Staatsbahn, gebaut von Sigl“, Lok 1937, S. 49

*„Die Entwicklung der Dampflokomotive in Preußen“, «Entwicklung der Lokomotive 1880—1920», Verlag Oldenbourg, München und Berlin 1937, S. 1

1938   Kreutzer: „Zur Entwicklung der preußisch-deutschen Tenderlokomotive“, HH Dez. 1938, S. 49

ehem. Reichseisenbahnen in Elsaß-Lothringen

1904   „3/5 gek. Vierzylinder-Verbund-Schnellzuglokomotive der Elsässischen Reichsbahnen“, Lok 1904, S. 169 — Loc 1908, S. 124

1905   „5/6 gek. Vierzylinder-Verbundlokomotive“, Lok 1905, S. 49 — Loc 1906, S. 29

1906   „4-6-4 tank locomotive, Alsace-Lorraine Rys“, Loc 1906, S. 28

1907   „Die Lokomotiven der Reichseisenbahnen in Elsaß-Lothringen auf der Mailänder Ausstellung“, Lok 1907, S. 106

1909   „2C1-Heißdampf-Vierzylinder-Verbund-Schnellzuglokomotive Gruppe S 6 der Reichseisenbahnen in Elsaß-Lothringen“, Lok 1909, S. 124 — Loc 1909, S. 189

10*

1916   Hammer: „Die 1 E - Heißdampf-Güterzuglokomotive der Preußisch-
        Hessischen Staatseisenbahnen und der Reichseisenbahnen in Elsaß-
        Lothringen", Annalen 1916-I, S. 203 — Lok 1916, S. 205 — Loc
        1919, S. 183 und 1920, S. 18

1919   Tyas: „Early locomotives of the Alsace Lorraine State Rys", Loc
        1919, S. 12, 29, 39, 58

1920   Wolff: „Aeltere B1-Scherenlokomotive der ehem. Reichseisenbahn
        in Elsaß-Lothringen 1870", HN 1920, S. 94

1937   *„Die Entwicklung der Dampflokomotive bei den Reichseisenbahnen
        in Elsaß-Lothringen", «Entwicklung der Lokomotive 1880—1920»,
        Verlag Oldenbourg, München und Berlin 1937, S. 250

vorm. Sächsische Staatsbahnen

1886   „0-4-4-0 Fairlie locomotive for the Royal State Rys of Saxony",
        Engg 1886-I, S. 309 — Organ 1886, S. 234

1889   Klien: „Personenzug-Verbund-Lokomotive der kgl. Sächsischen
        Staatsbahn", Z 1889, S. 833

1908   „Joh. Andreas Schubert und die erste in Deutschland gebaute Loko-
        motive", Z 1908, S. 460
        „Ältere sächsische Lokomotiven", Lok 1908, S. 242 u. 1909, S. 89

1909   „2 B 1-Vierzyl.-Verbund-Schnellzuglokomotive Gruppe X B der kgl.
        Sächsischen Staatsbahn", Lok 1909, S. 113

1910   „2 B 1-Heißdampf-Schnellzuglomotive Serie X h der kgl. Sächsischen
        Staatsbahn", Lok 1910, S. 101

1911   „New (4-4-2 and 4-6-0) express locomotives for the Saxon State Rys",
        Gaz 1911-I, S. 41 — Revue 1911-I, S. 491

1912   „Zum 75jährigen Bestand der Sächsischen Maschinenfabrik in Chem-
        nitz", Lok 1912, S. 193, 223 u. 1913, S. 27, 52, 80, 100, 174, 241
        „Ein Beitrag zur Lokomotivgeschichte. XIV: Aeltere sächsische Loko-
        motiven", Lok 1912, S. 275 und 1913, S. 205

1913   „Die neueren vollspurigen Sattdampf-Lokomotiven der kgl. Sächs.
        St. B.", Lok 1913, S. 80
        „Die Heißdampflokomotiven der kgl. Sächs. St. B.", Lok 1913,
        S. 174 u. 241

1919   „1 D 1-Heißdampf-Vierzylinder-Verbund-Schnellzuglokomotive Reihe
        XX HV der Sächsischen Staatsbahnen", Lok 1919, S. 17 — Loc
        1926, S. 378 — Annalen 1924-II, S. 278
        „C + C - Heißdampf-Vierzyl.-Verbund-Güterzug-Tenderlokomotive mit
        Klien-Lindner-Hohlachsen, Reihe XV HTV der Sächs. Staats-
        bahn", Lok 1919, S. 62

1920   „Neue schwere Lokomotiven der Sächsischen Staatsbahnen", Annalen
        1920-II, S. 33 — Deutsche Straßen-und Kleinbahn-Ztg. 1920, S. 2
        — Organ 1921, S. 10

1921   „2 C 1-Heißdampf-Drilling-Schnellzuglokomotive Gattung XVIII H der
        Sächs. St. B.", Lok 1921, S. 109
        „1 E-Heißdampf-Drilling-Güterzuglokomotive Gattung XIII H der
        Sächs. St. B.", Lok 1921, S. 125

1924   „1 D 1 - Heißdampf-Vierzylinder-Verbund-Schnellzuglokomotive Gattung XX HV der Reichsbahndirektion Dresden", Annalen 1924-II, S. 278

1937   *„Die Entwicklung der Dampflokomotive in Sachsen", «Entwicklung der Lokomotive 1880—1920», Verlag Oldenbourg, München und Berlin 1937, S. 218

vorm. Württembergische Staatseisenbahnen

1851   „Die 3/3 gek. Locomotiven der Württembergischen Alpbahn, gebaut von der Maschinenfabrik in Eßlingen", Organ 1851, S. 21

1896   „Lokomotiven mit lenkbaren Treibachsen, System Klose", Annalen 1896-I, S. 93

1904   „Schnellzuglokomotiven der Württembergischen Staatsbahnen", Lok 1904, S. 101

1906   „5/5 gek. Verbund-Güterzuglokomotive der Württembergischen Staatsbahn", Lok 1906, S. 17 — VW 1907, S. 737

1909   Dauner: „Die 2 C 1 - Vierzylinder-Verbund-Heißdampflokomotiven der Württembergischen Staatseisenbahnen", Z 1909, S. 2069 — Lok 1910, S. 31 u. 1911, S. 145 — Revue 1910-I, S. 319

„4/4 gek. Tenderlokomotive der Württ. Staatsbahnen, Klasse T4", Lok 1909, S. 17

1911   Dauner: „Versuchsfahrten mit 2 C 1 - Vierzylinder-Verbund-Heißdampflokomotiven der Württembergischen Staatseisenbahnen", Z 1911, S. 833

„1 C 1 - Heißdampf-Personenzug-Tenderlokomotive Klasse T5 der kgl. württembergischen Staatsbahnen", Lok 1911, S. 37

1920   Dauner: 1 F - Vierzylinder-Verbund-Heißdampflokomotive der Württembergischen Staatseisenbahnen", Z 1920, S. 829 — Lok 1919, S. 1 — Annalen 1921-II, S. 140 — Loc 1928, S. 137

1923   „Die Württembergischen Dreizylinder-Verbundlokomotiven Bauart Klose", Lok 1923, S. 88

1924   * Dauner: „Die Entwicklung des Lokomotivparkes der ehem. Württembergischen Staatsbahnen", VW Sonderausgabe Februar 1924, S. 44

Kittel: „E + 1 Z Heißdampf-Vierzylinder-Verbund-Zahnradlokomotive der Maschinenfabrik Eßlingen", Organ 1924, S. 249 und Z 1925, S. 352 (Dürrenberger)

* Mayer: „Eßlinger Lokomotiven, Wagen und Bergbahnen in ihrer geschichtlichen Entwicklung seit dem Jahre 1846'", VDI-Verlag, Berlin 1924 — Bespr. Gaiser: Lok 1932, S. 169 u. 189

„E h 2 - Nebenbahn-Tenderlokomotive Gattung Tn der früheren Württembergischen Staatsbahn", Organ 1924, S. 292 — Lok 1924, S. 35

1937   *„Die Entwicklung der Dampflokomotive in Württemberg", «Entwicklung der Lokomotive 1880—1920», Verlag Oldenbourg, München und Berlin 1937, S. 195

Verschiedene frühere Bahnen

1842   „Maffeis Lokomotive Nr. 1, erbaut 1841 für die München-Augsburger Eisenbahn", Bayer. Kunst- u. Gewerbeblatt 1842, Nr. 3

1849   „1 B - Lokomotive zum Gütertransport aus der Maschinenfabrik Carlsruhe (für die Main-Weser-Bahn)", Organ 1849, S. 126

1869   „2-4-0 Borsig passenger locomotive, Rhenish Ry", Engg 1869-I, S. 337

1873   „2-4-0 locomotive of the Bergisch-Märkische Ry at the Vienna Exhibition", Engg 1873-II, S. 38

1880   „0-4-0 tank locomotive at the Düsseldorf Exhibition, constructed at the Hohenzollern Locomotive Works, Düsseldorf", Engg 1880-II, S. 130

1882   „2-4-0 passenger locomotive, Niederschlesisch-Märkische Ry", Engg 1882-II, S. 427

1905   Richter: „Eine hessisch-pfälzische Schnellzuglokomotive" (1 B 1 - Lok. der Hessischen Ludwigsbahn), Lok 1905, S. 36

        Richter: „Zwei alte Tenderlokomotiven (Main-Neckar-Bahn und Badische Staatsbahn)", Lok 1905, S. 106

1907   Pfeiffer: „Ältere mitteldeutsche Lokomotiven (Beiträge zur Lokomotivgeschichte)", Lok 1907, S. 25, 50 u. 236. — 1908, S. 31, 46, 72, 115, 172, 190 u. 242

        „Bericht der Commission für Untersuchung von Locomotiven resp. Ermittelungen der besten Constructions-Verhältnisse derselben", VW 1907, S. 541, 569, 603, 627, 659, 686

1908   „Joh. Andreas Schubert und die erste in Deutschland gebaute Lokomotive", Z 1908, S. 460

1911   „Ein Beitrag zur Lokomotivgeschichte: Henschel-Lok. Nr. 1 «Drache», 2 B - Personenzuglokomotive der preußischen Staatsbahn von 1886 u. 1 B-Lok. der Niederschlesisch-Märkischen Bahn", Lok 1911, S. 65

1912   Nolte: „Die Lokomotiven der vorm. Unterelbeschen Eisenbahn", Lok 1912, S. 257

        Pfeiffer: „Some old German locomotives", Loc 1912, S. 41 u. 217

1914   Ahrons: „An early German «top feed» for boilers: 2-4-0 passenger engine «Havel», Bergisch-Märkische Ry", Loc 1914, S. 198

1915   Steffan: „Die Wöhlerschen Lokomotiven der Niederschlesisch-Märkischen Eisenbahn", Lok 1915, S. 13

        „B1-Lokomotive der ehem. Berlin-Hamburger Bahn", Lok 1915, S. 223

1918   „2 A - Crampton-Schnellzuglokomotive der Magdeburg-Leipziger Eisenbahn", Lok 1918, S. 52

1919   „Güterzuglokomotiven der Hessischen Ludwigs-Eisenbahn-Ges.", HN 1919, S. 91

        „Die großrädrigen C - Personenzuglokomotiven der Thüringischen Eisenbahn", Lok 1919, S. 158 u. 1920, S. 9

        „Zur Geschichte des Flügelrades", HN 1919, S. 170

1920   „Geschichtliche Lokomotiven der Hanomag: 9. Die Lokomotiven der vorm. Main-Weser-Bahn", HN 1920, S. 45

1922   Kreutzer: „Geschichtliche Lokomotiven der Hanomag: 10. Die Lokomotiven der Altona-Kieler Eisenbahn", HN 1922, S. 168 u. 189

1929   „Two old German «Adler» locomotives", Loc 1929, S. 266

1934   Bombe: „Die 2 B - Lokomotiven der Bergisch-Märkischen Eisenbahn", Lok 1934, S. 124

1935   Klensch: „Die Lokomotive «Adler» der ersten deutschen Eisenbahn und ihre Nachbildung im Reichsbahnausbesserungswerk Kaiserslautern", Organ 1935, S. 486

     * Ewald: „125 Jahre Henschel. — S. 186: Die Eisenbahnen im Kurfürstentum Hessen", herausgegeben von der Henschel & Sohn AG, Kassel 1935

     „Erste Lokomotive der Werra-Eisenbahn, 1858", RB 1935, S. 1132

1936   „Österreichisch-deutsche Lokomotiven", Lok 1936, S. 14, 70, 82, 139, 167 u. 1937, S. 49

1937   Knoche: „Die ersten 52 Lokomotiven der Magdeburg-Leipziger Eisenbahn", Beiträge Februar 1937, S. 17

     Nolte: 1 B - Lokomotive der Leipzig-Dresdner Eisenbahn, gebaut 1846 von R. & W. Hawthorn, Newcastle on Tyne", Organ 1937, S. 212

     Nolte: „Die Lokomotiven der früheren Hannover-Altenbekener Eisenbahn", Beiträge Februar 1937, S. 5

     „1 B - Schnellzuglokomotive der vorm. kgl. Niederschlesisch-Märkischen Eisenbahn, gebaut 1850 von Rob. Stephenson in Newcastle", Organ 1937, S. 212

1938   Metzeltin: „Maschinenmeister Lausmann, 1811—1861", Annalen 1938-II, S. 243

     „Hundert Jahre Leipzig-Dresdener Bahn. — Ein Rückblick auf ihre erstbeschafften Lokomotiven", Lok 1938, S. 119

1940   Feder: „Die Lokomotiven der Bahnen des Rhein-Mainischen Wirtschaftsgebietes von 1838 an bis Ende der 70er Jahre", Bahn-Ing. 1940, S. 13

Deutsche Privatbahnen

1869   „The Broelthal Valley Ry (0-6-0 locomotive!)", Engg 1869-I, S. 165

1887   Glanz: „Die Lokomotiven der vereinigten Reibungs- und Zahnstangenbahn Blankenburg-Tanne und die beim Betrieb gemachten Erfahrungen", Organ 1887, S. 189

1908   „4/4 gek. Verbund-Tenderlokomotive System Gölsdorf für die Württembergische Eisenbahn-Ges., gebaut von der Maschinenfabrik Eßlingen", Lok 1908, S. 111

1909   Doeppner: „Neuerungen im Bau von Kleinbahnlokomotiven", Klb.-Ztg. 1909, S. 991

     „5/5 gek. Tenderlokomotive der Westfälischen Landesbahn", Lok 1909, S. 234 — Loc 1906, S. 90

     „B - Tenderlokomotive mit stehendem Kessel der Maschinenfabrik Eßlingen", Z 1909, S. 475

1910   Uhlig: „Neuere Kleinbahn-Lokomotiven", Klb.-Ztg. 1910, S. 660

1911   „E - Güterzug-Tenderlokomotive für die Kgl. Bergwerkdirektion Zabrze in Oberschlesien", Lok 1911, S. 114

     „2-2-0 motor locomotive, Celle Light Ry", Loc 1911, S. 264 — HN 1921, S. 174

1913   Papst: „Die C + C - Mallet-Lokomotive der Harzquer- u. Brockenbahn", Z 1913, S. 121

1921   Friedrich: „Normalspurige D-Güterzug-Tenderlokomotive der Rinteln-Stadthagener Eisenbahnges.", HN 1921, S. 207

     „1 A - Motorlokomotive mit 20 at Dampfüberdruck", HN 1921, S. 174

1922 Fontanellaz: „Umbau einer 4achsigen Tenderlokomotive der Brandenburgischen Städtebahn", HN 1922, S. 153
Hammer: „Die neuen 1 E 1 - Lokomotiven der Halberstadt-Blankenburger Eisenbahn-Gesellschaft", Annalen 1922-I, S. 192
„B + B-Verbund-Tenderlokomotive der Moseltalbahn", Lok 1922, S. 89
„Hanomag-Kleinbahnlokomotiven", HN 1922, S. 71

1923 Najork: „Normalisierung im Lokomotivbau und Typisierung der Kleinbahnlokomotiven", VT 1923, S. 316
„1 E-Heißdampf-Güterzug-Tenderlokomotive für die Gewerkschaft Altenberg II in Gleiwitz", Lok 1923, S. 18

1925 Kleffner: „1 C-Heißdampf-Tender-Lokomotive für die Reinickendorf-Liebenwalder-Groß-Schönebecker Eisenbahn AG", AEG-Mitt. 1925, S. 171
* Semke: „Normung und Austauschbau im Kleinbahnwesen", «Eisenbahnwesen», VDI-Verlag, Berlin 1925, S. 316
„Eisenbahnbilder aus Rügen", HN 1925, S. 127

1926 Ewald: „Die Einheitslokomotiven für regelspurige Neben- und Kleinbahnen (Elna-Lokomotiven)", HN 1926, S. 157
Ewald: „Wirtschaftliche Lokomotiven für Neben-, Klein-, Werks- und Hüttenbahnen", HN 1926, S. 73
Opitz: „E-Heißdampf-Schmalspur-Tenderlokomotive der Schlesischen Kleinbahn-AG", AEG-Mitt. 1926, S. 216 — Lok 1926, S. 183
„1 E 1-Heißdampf-Tenderlokomotive für die Sandbahngesellschaft der Gräflich v. Ballestremschen und A. Borsigschen Steinkohlenwerke Peiskretscham (m. Rauchgasvorwärmer)", Lok 1926, S. 125

1927 Engelmann: „Neue Heißdampf-Tenderlokomotiven der Flensburger Kreisbahn", VT 1927, S. 561 — AEG-Mitt. 1927, S. 171 (Hübener)
Opitz: „1 D 1 - Heißdampf-Tenderlokomotive der Mecklenburgischen Friedrich-Wilhelms-Bahn", VT 1927, S. 807

1928 Mantzke: „Heißdampflokomotiven der Stolper Kreisbahn u. Stolpetalbahn", VT 1928, S. 450
Neumann: „Die neuen 1 D 1 - Lokomotiven der Halberstadt-Blankenburger Eisenbahn", VT 1928, S. 733 — Ry Eng 1928, S. 384
Opitz: „D-Heißdampf-Tenderlokomotive der Kreis Oldenburger Eisenbahn", AEG-Mitt. 1928, S. 7
„2-10-2 German shunting tank locomotive (Krupp)", Loc 1928, S. 145

1929 Bauer: „Caprotti-Steuerung an einer 1 C - Tenderlokomotive der Augsburger Lokalbahn AG.", Z 1929, S. 1398
Ebell: „Einheitslokomotiven für regelspurige Neben- und Kleinbahnen", VT 1929, S. 252

1930 Ohse: „Die Betriebsmittel der Halberstadt-Blankenburger Eisenbahn", VT 1930, S. 593
Semke: „Oberbau u. Lokomotiven regelspuriger Privateisenbahnen", VT 1930, S. 474
* Steinhoff: „Erfahrungen mit Lokomotiven von 16 Atm. Kesseldruck (Halberstadt-Blankenburger Eisenbahn)", Fachtagung der Vereinigung der Betriebsleiter deutscher Privat- und Kleinbahnen 1930, S. 33

1931 Avenmarg: „5/5 gek. Heißdampf-Tenderlokomotive für 1 m Spur (Brohltalbahn)", Z 1931, S. 199 — Beiträge Februar 1937, S. 12

1935 „Schmalspurige Heißdampf-Straßenbahnlokomotive der Hohenlimbur-
ger Kleinbahn", HH Dez. 1935, S. 75
1936 Wagner: „Eine schwere 1 E 1 - Sandbahn-Tenderlokomotive, erbaut
von den Borsig-Lokomotivwerken für die Sandbahn der Gräflich
von Ballestremschen u. A. Borsig'schen Steinkohlenwerke in Peiskretscham (West-Oberschlesien)", Annalen 1936-I, S. 30 und II,
S. 13 — Z 1936, S. 1280 — Lok 1937, S. 4 — Beiträge Februar
1937, S. 9
„Henschel-Lokomotiven für deutsche Privatbahnen", HH Sept. 1936,
S. 88 u. Aug. 1937, S. 75 u. f.
„The Weimar-Berka-Blankenhain Ry, Germany", Loc 1936, S. 327
1937 Avenmarg: „Tenderlokomotiven für Gebirgsstrecken (Lokalbahn-
AG, München, u. Eisenbahn-AG Schaftlach-Tegernsee)", Z 1937,
S. 387 — Loc 1937, S. 316 — Annalen 1938-II, S. 250
Broiß: „Neue 1 C 1 - u. 1 E 1 - Dampflokomotiven der Westfälischen
Landes-Eisenbahn", VT 1937, S. 260
Schneider: „Die Lokomotiven und Triebwagen der Brohltal-Eisen-
bahn", Beiträge Febr. 1937, S. 12
„New Borsig tank locomotives for service in Germany", Gaz 1937-I,
S. 200
„Die erste deutsche Lokomotive mit 23 t Achsdruck: 1 E 1 - Tender-
lokomotive der Preußischen Bergwerks- u. Hütten-AG. in Hin-
denburg", Beiträge Febr. 1937, S. 9 — Lok 1937, S. 151
1938 Avenmarg: „Kurvenbeweglichkeit vielachsiger Lokomotiven", Anna-
len 1938-II, S. 250
„C-, D- u. E - Henschel-Tenderlokomotiven", HH Dez. 1938, S. 105
1939 Lotter: „Die 1' D 1' Heißdampf-Personenzug-Tenderlokomotive der
Tegernseer Eisenbahn", Organ 1939, S. 361

Militär-Eisenbahn

1910 „1 B - Verbund-Personenzuglokomotive der kgl. preuß. Militär-Eisenbahn", Lok 1910, S. 66
1912 „Feldbahnlokomotive für 600 mm Spur", Lok 1912, S. 134
1918 „1 D - Zweizylinder-Verbund-Güterzuglokomotive der Reichseisenbahnen in den besetzten Gebieten", Organ 1918, S. 33 — Lok 1919,
S. 38
1920 Hammer: „Die deutsche 1 E - Heißdampf-Güterzuglokomotive",
Annalen 1920-II, S. 57 — Lok 1919, S. 149
1923 „E-Feldbahnlokomotive für 600 mm Spur, Bauart Luttermöller", Loc
1923, S. 191
1925 Hubert: „Die Lokomotiven der vorm. kgl. Preuß. Militär-Eisenbahn", Lok 1925, S. 125

Ostmark (ehem. Österreich) / allgemein

1888 Pfaff: „Die Jubiläums-Gewerbeausstellung in Wien 1888: Lokomotiven", Z 1888, S. 1172
1900 „Austrian locomotives at the Paris Exhibition", Engg 1900-II, S. 208
1904 „Lokomotiven der österreichischen Alpenbahnen", Lok 1904, S. 25

1905   Sanzin: „Die Entwicklung der Gebirgslokomotive", ZÖIA 1905, Nr. 20
1909   Steffan: „Oesterreichische Zahnradlokomotiven", Lok 1909, S. 62
         „Die ersten in Oesterreich nach dem System Hall gebauten Loko-
         motiven", Lok 1909, S. 32
1910   „Ein Projekt aus dem Ende der 1850er Jahre für eine Güterzug-
         lokomotive nach System Hall", Lok 1910, S. 159
1911   „Die ersten in der Maschinenfabrik der priv. österr. Staatseisenbahn-
         Ges. (Haswell) nach dem System Engerth gebauten Lokomotiven".
         Lok 1911, S. 259
1913   „Die österreichischen Lokomotiven der Sächsischen Maschinenfabrik",
         Lok 1913, S. 27
         „Die ältesten im Betrieb befindlichen österreichischen Lokomotiven",
         Lok 1913, S. 138
1914   Steffan: „Die erste D-Lokomotive Europas", Lok 1914, S. 121
1916   „Dr.-Ing. h. c. Gölsdorf †", Lok 1916, S. 69 — Loc 1920, S. 131
1917   Steffan: „Haswell und die Anfänge des österreichischen Lokomotiv-
         baues", Lok 1917, S. 117 u. 147
1922   Baecker: „Die österreichischen Dampflokomotiven", Annalen 1922-II,
         S. 171 u. 1923-I, S. 55
         Hilscher: „Ueber die Anfänge des Schnellzugverkehrs in Oester-
         reich-Ungarn", Lok 1922, S. 29
         „Dr. techn. Rudolf Sanzin †", Lok 1922, S. 157
1923   Hilscher: „Eine zugrundegegangene österreichische Lokomotiv-
         fabrik", Lok 1923, S. 19
         Steffan: „Die Entwicklung des österreichischen Lokomotivbaues in
         den letzten 25 Jahren", Lok 1923, S. 145
         Steffan: „Oesterreichische 2 C - Umbaulokomotiven", Lok 1923,
         S. 97 u. 191 sowie 1924, S. 177
         „Sigls 1000. Lokomotive", Lok 1923, S. 103
         „Oesterreichische Engerth-Lokomotiven", Lok 1923, S. 171
1924   „Hundertjahrfeier der österreichischen Eisenbahnen, 7. Sept. 1824",
         Lok 1924, S. 139
1925   Rihosek: „Drei Jahrzehnte österreichischen Eisenbahn-Fahrzeug-
         baues", Organ 1925, S. 157
         * Steffan: „Neuere Bestrebungen im österreichischen Lokomotivbau",
         «Eisenbahnwesen», VDI-Verlag, Berlin 1925, S. 12
1926   „Light locomotives v. autocars in Austria", Loc 1926, S. 384
1927   „Einkuppler-Schnellzuglokomotiven in Oesterreich", Lok 1927, S. 83
1930   Rihosek: „Der Anteil Oesterreichs an der Entwicklung der Dampf-
         lokomotive", ZÖIA 1930, S. 301, Nr. 37/38
         Steffan: „40 Jahre Verbundlokomotive in Oesterreich", Lok 1930,
         S. 21 sowie 1931, S. 50
         „Die letzte Lokomotive aus der Maschinenfabrik der Staatseisenbahn-
         Gesellschaft in Wien", Lok 1930, S. 137 u. 219 — 1931, S. 115 u.
         1932, S. 159
         „Die österreichische 2 B-Kampertype", Lok 1930, S. 77 u. 206
1931   *„Karl Gölsdorf zum Gedenken. — Zur Enthüllung des Gölsdorf-
         Denkmals am 22. Juni 1931", herausgegeben vom Oesterreichi-
         schen Ingenieur- und Architekten-Verein, Wien 1931

1933   Schmeisser: „Die Wien-Neustädter Lokomotivfabrik und ihre Be-
         deutung für den Lokomotivbau in Oesterreich-Ungarn", Lok
         1933, S. 164 u. 204
         „Ursprung und Ausklang der Rittinger-Type", Lok 1933, S. 107

1934   Feiler: „Zwei kostbare Denkmale aus der Frühzeit des Oesterrei-
         chischen Eisenbahnwesens", ZMEV 1934, S. 846 (u. a. Lokomo-
         tive „Kapellen")

1935   „Altösterreichische 1 B - Schnellzuglokomotiven", Lok 1935, S. 68
         und 104

1937   Feiler: „Aus den Kinderjahren des Dampfeisenbahnbetriebes: Zum
         Gedenktag der ersten öffentlichen Probefahrt in Oesterreich",
         ZMEV 1937, S. 811
         Karner: „A century of steam traction in Austria", Gaz 1937-II,
         S. 921
         Steffan: „Neuere Ausführungen der Lenß-Ventilsteuerung für
         Lokomotiven", Lok 1937, S. 77
       *„Die Entwicklung der Dampflokomotive in Oesterreich", «Entwick-
         lung der Lokomotive 1880—1920», Verlag Oldenbourg, München
         und Berlin 1937, S. 286
         „Die Grundformen der österreichischen Schnellzuglokomotive 1837
         bis 1857", Lok 1937, S. 223
         „Oesterreichische B 1 - Lokomotiven", Lok 1937, S. 72
         „100 Jahre österreichische Dampfbahnen", Lok 1937, S. 217

1938   Feyl: „Die erste Dampfeisenbahn in Oesterreich" (mit Karte),
         Organ 1938, S. 3
         Kreußer: „Lokomotivbau in Oesterreich 1898—1938", HH Dez.
         1938, S. 89
         Lehner: „100 Jahre österreichischer Dampflokomotivbau", Organ
         1938, S. 6

vorm. Österreichische Bundesbahnen

1919   „Neuere Ausführung der 1 D 1 - Vierzylinder-Verbund-Schnellzug-
         Lokomotive Reihe 470 der Deutsch-Oesterreichischen Staatsbahn",
         Lok 1919, S. 102

1921   Rihosek: „Wie kann man bei der Dampflokomotive Kohle sparen?",
         Z 1921, S. 983
         „E-Heißdampf-Güterzuglokomotive Reihe 80 der Oesterr. B. B. mit
         Lenß-Ventilsteuerung", Lok 1921, S. 93 u. 141 — Lok 1922,
         S. 45 und 1923, S. 33

1923   „1 E 1 - Heißdampf-Zwilling-Tenderlokomotive Reihe 82 der Ö. B. B.",
         Lok 1923, S. 1
         „2 C 1 - Heißdampf-Personenzug-Tenderlokomotive Reihe 629 der
         Ö. B. B.", Lok 1923, S. 113 u. 1927, S. 157

1924   Rihosek: „1 E - Großgüterzuglokomotiven der Oesterreichischen
         Bundesbahnen", Z 1924, S. 225 — Lok 1923, S. 65 u. 163 —
         1924, S. 81
         „2 D - Heißdampf-Schnellzuglokomotive Reihe 113 der Ö. B. B.", Lok
         1924, S. 191

1927   Lehner: „Lokomotiv-Neubau und Lokomotiv-Umbau bei den Oester-
        reichischen Bundesbahnen in den Jahren 1926 u. 1927", Organ
        1927, S. 435

        „1 D 1 - Nebenbahn - Heißdampf - Tenderlokomotive Reihe 378 der
        Ö. B. B.", Lok 1927, S. 198

        „D-Verschub-Heißdampf-Tender-Lokomotive Reihe 478 der Ö. B. B.",
        Lok 1927, S. 120

1928   „Passenger and shunting tank locomotives, Austrian Federal Rys",
        Loc 1928, S. 72 u. 216

1929   Seidl: „Die 1 D 2 - Drilling-Schnellzuglokomotive der Oesterreichi-
        schen Bundesbahnen", Z 1929, S. 1641 — Lok 1929, S. 77 —
        Ry Eng 1930, S. 271

1930   v. Gieslingen: „Austrian 2-8-4 locomotive of unique design", Age
        1930-I, S. 685

        Hilscher: „Betriebsgeschichte der Gisela-Bahn", Lok 1930, S. 83
        u. 125

        Lehner: „Die 1 D 2 - Schnellzuglokomotiven der Oesterreichischen
        Bundesbahnen", Organ 1930, S. 133 — Loc 1929, S. 14 u. 137 —
        Gaz 1929-II, S. 152 — Ry Eng 1929, S. 125 u. 1930, S. 271 —
        Z 1929, S. 441 — Lok 1929, S. 61 u. 77 sowie 1937, S. 37 —
        Loc 1937, S. 134

        „Die letzte Lokomotive aus der Maschinenfabrik der Staatseisenbahn-
        Gesellschaft in Wien", Lok 1930, S. 137 u. 219 — 1931, S. 115 u.
        1932, S. 159

        „2 C 1 - Heißdampf-Tenderlokomotive mit Caprotti-Steuerung Reihe
        629 der Oesterr. Bundesbahnen", Lok 1930, S. 1

1931   Lehner: „Die Entwicklung der Ventilsteuerungen bei den Oester-
        reichischen Bundesbahnen", Organ 1931, S. 129 und Lok 1937,
        S. 77

1932   Lehner: „2 C 2 - Heißdampf-Zwilling-Tenderlokomotive der Oester-
        reichischen Bundesbahnen", Organ 1932, S. 218 — Lok 1932,
        S. 57 — Lok 1937, S. 1 u. 1939, S. 85

1934   Neblinger: „Les locomotives à grande vitesse type 1 D 2 des
        Chemins de Fer Féderaux Autrichiens", Revue 1934-I, S. 345

1935   Seidl: „1 B 1 - Gepäck-Dampftriebwagen Reihe DT1 der Oesterr.
        Bundesbahnen", Lok 1935, S. 137 — Gaz 1935-I, S. 1164 — Loc
        1935, S. 175 — Mod. Transport 18. Mai 1935, S. XXIII — Organ
        1936, S. 204 — GiT 1937, S. 147

        „1 A 1-Umbaulokomotive Reihe 12 der Oesterr. Bundesbahnen", Lok
        1935, S. 123 — Loc 1936, S. 221

1936   Lehner: „Neuere Kleinlokomotiven der Oesterreichischen Bundes-
        bahnen", Organ 1936, S. 203 — GiT 1937, S. 146

1937   Karner: „Neue Dampflokomotiven der Oesterreichischen Bundes-
        bahnen", Kongreß 1937, S. 2243 (u. a. 1 B 1-Triebwagen!)

        Karner: „A century of steam traction in Austria", Gaz 1937-II,
        S. 921

        Lehner: „Neuere Fahrbetriebsmittel für Schmalspur der Oester-
        reichischen Bundesbahnen", GiT 1937, S. 146 u. 1938, S. 7

Seidl: „2 C 2 - Heißdampf-Schnellzug-Tenderlokomotive Reihe 729 der Oesterr. Bundesbahnen (2. Lieferung)", Lok 1937, S. 1 und 1939, S. 85

Seidl: „1 D 2-Heißdampf-Zwilling-Schnellzuglokomotive Reihe 214 der Oesterr. Bundesbahnen (3. Lieferung)", Lok 1937, S. 37 — Loc 1937, S. 134

Steffan: „Neuere Ausführungen der Lentz-Ventilsteuerung für Lokomotiven", Lok 1937, S. 77

1938   „A century of Austrian locomotive praetice", Loc 1938, S. 145 u. f.

Semmering-Bahn

1851   Schmid: „Eisenbahn über den Semmering", Zeitschrift des österr. Ingenieur-Vereins 1851, S. 132 u. f.

1852   „Die Preislokomotiven für die Semmeringbahn", Organ 1852, S. 68 u. 85

1853   Engerth: „Ueber die Konstruktion von Gebirgslokomotiven", Zeitschrift des österr. Ingenieur-Vereins 1853, S. 8 u. f., 1854, S. 57 u. f.

1867   „Beschreibung der Berglokomotive «Steierdorf»", Zeitschrift des österr. Ingenieur-Vereins 1867, S. 163

1872   „0-8-0 goods locomotive for the Semmering Incline of the Southern Ry of Austria", Engg 1872-I, S. 64

1910   „Notizen über einige Konstruktionsdetails der ersten Semmeringlokomotiven", Lok 1910, S. 137

1911   „Die Leistungen der Semmering-Konkurs-Lokomotiven", Lok 1911, S. 161, 211 u. 270

1912   * Sanzin: „Der Einfluß des Baues der Semmeringbahn auf die Entwicklung der Gebirgslokomotive", «Beiträge zur Geschichte der Technik und Industrie», Jahrbuch des VDI, 4. Band, 1912, S. 333

1929   Turber: „Louis A. Gölsdorf und die Semmeringbahn", Organ 1929, S. 261

„Die Geschichte der Semmeringlokomotive", Lok 1929, S. 117

ehem. k. k. Österreichische Staatsbahnen

1848   „Abbildung und Beschreibung der zuletzt von J. Meyer in Mülhausen an die österr. Staatsbahn gelieferten Lokomotiven", Organ 1848, S. 1

1904   „Neue Zugsgarnitur für Lokalbahnen (mit B-Verbund-Tenderlokomotive)", Lok 1904, S. 68 — Loc 1907, S. 7

„Schnellzuglokomotiven der österr. Staatsbahnen", Lok 1904, S. 53

„Umbau einer C-Güterzug- in eine C 1 - Tenderlokomotive", Lok 1904, S. 189

„Zweizylinder-Verbund-Tenderlokomotiven für Hauptbahnen", Lok 1904, S. 14

„5/5 gek. Verbund-Güterzuglokomotive", Lok 1904, S. 176 — Loc 1906, S. 77

1905   Rihosek: „Neue Lokomotivtypen der k. k. österr. Stb." (1 C 1 u. 2 B 1), Lok 1905, S. 177 — Loc 1905, S. 48 — Engg 1906-II, S. 673 u. 798

1906   Rihosek: „Die vierzylindrige 1 C 1 - Schnellzuglokomotive Serie 110 der Österr. Stb.", Organ 1906, S. 1

1906   Sanzin: „Atlantic-Lokomotive der k. k. österr. Stb. und der Südbahn", VW 1907, S. 1037 u. 1076 — Loc 1906, S. 121
„Lokomotiven der Österr. Staatsbahnen auf der Mailänder Ausstellung", Lok 1906, S. 120
„5/6 gek. Vierzylinder-Heißdampf-Verbundlokomotive Serie 280", Lok 1906, S. 89 — Engg 1906-II, S. 556 — Loc 1906, S. 63

1907   „1-1-1 gek. leichte Verbund-Tenderlokomotive Serie 112", Lok 1907, S. 153 — Loc 1907, S. 90
„1 C 1 - Heißdampf-Verbund-Personenzuglokomotive Serie 329", Lok 1907, S. 101 — Loc 1907, S. 51
„3/4 gek. Verbundlokomotive mit Dampftrockner Serie 60", Lok 1907, S. 225
„Lokomotiven mit Wasserrohrfeuerbüchse System Brotan", Lok 1907, S. 61 u. 201 — Lok 1908, S. 24 u. 61
„Zwei ausgemusterte Lokomotiven der k. k. österr. Staatsbahn", Lok 1907, S. 168

1908   „3/4 gek. Personenzuglokomotive Serie 28 der k. k. österr. Stb.", Lok 1908, S. 127
„2/4 gek. Heißdampf-Verbund-Schnellzuglokomotive Serie 306", Lok 1908, S. 161 — Loc 1908, S. 189
„5/5 gek. Verbund-Güterzuglokomotive mit Dampftrockner Serie 180⁵⁰⁰", Lok 1908, S. 221
„3/3 gek. Güterzug-Tenderlokomotiven Serie 62 u. 63", Lok 1908, S. 77
„3/3 gek. Güterzuglokomotive Serie 32", Lok 1908, S. 35

1909   Prossy: „1 C 2 - Vierzylinder-Verbund-Schnellzuglokomotive Reihe 210 der k. k. österr. Stb.", Lok 1909, S. 73 u. 177 — 1910, S. 271 — 1919, S. 117 — Z 1910, S. 537 (Metzeltin) — Revue 1910-II, S. 132 — Loc 1911, S. 160
„«Ajax» und die Serie 210", Lok 1909, S. 177 — Loc 1909, S. 117
„Die Tauernbahn", Lok 1909, S. 202
„2 B 1-Vierzylinder-Verbund-Schnellzuglokomotive Serie 108 der k. k. österr. Staatsbahn", Lok 1909, S. 265
„2-6-0 Personenzuglokomotive Serie 28 der k. k. österr. Staatsbahn", Lok 1909, S. 70
„Old front coupled «Vulcan» locomotive, Austrian State Rys", Loc 1909, S. 155 — Lok 1910, S. 89
„2-6-2 locomotives, Austrian State Rys", Loc 1909, S. 171

1910   Metzeltin: „Die 3/6 gek. Schnellzuglokomotiven Serie 210 der k. k. österr. Staatsbahn", Z 1910, S. 537
Prossy: „1 E -Vierzylinder-Heißdampf-Verbund-Lokomotive Serie 380-100 der k. k. österr. Staatsbahn", Lok 1910, S. 1 und 137 — 1911, S. 201
Steffan: „1 C 1-Vierzylinder-Verbund-Heißdampf-Schnellzuglokomotive Serie 10 der k. k. österr. Staatsbahn", Lok 1910, S. 265

1911   „E-Heißdampf-Verbund-Güterzuglokomotive Serie 80 der k. k. österr. Staatsbahn", Lok 1911, S. 73
„Die 2 C-Lokomotiven der ehem. Kaiser Ferdinands-Nordbahn, Serie 27 und 111 der k. k. österr. Staatsbahn", Lok 1911, S. 155 u. 181
„1 F-Vierzylinder-Heißdampf-Verbund-Gebirgslokomotive Serie 100 der k. k. österr. Staatsbahn", Lok 1911, S. 241 und 1912, S. 163 — Loc 1911, S. 161

„New locomotive types, Austrian State Rys", Loc 1911, S. 160

1912   Steffan: „1 C-Heißdampf-Verbund-Güterzuglokomotive Serie 160 der k. k. österr. Staatsbahn", Lok 1912, S. 25

Steffan: „1 C 1-Heißdampf-Verbund-Personenzuglokomotive Serie 429 der k. k. österr. Staatsbahn", Lok 1912, S. 121

„C-Güterzuglokomotive der k. k. österr. Staatsbahn mit Speisewasser-Vorkessel «Brazda»", Lok 1912, S. 219

„1 C - Heißdampf-Verbund-Tenderlokomotive Serie 299 der k. k. österr. Staatsbahn", Lok 1912, S. 265

„D-Heißdampf-Verbund-Güterzug-Tenderlokomotive Serie 278 der k. k. österr. Stb.", Lok 1912, S. 169

„D 1-Heißdampf-Zwilling-Tenderlokomotive für 76 cm Spurweite, Serie P der k. k. österr. Stb.", Lok 1912, S. 83

„Versuchsfahrten im Nachschiebedienst bei personenführenden Zügen der k. k. österr. Stb.", Lok 1912, S. 253

1913   Lihoßky: „Die Nummerierung der Lokomotiven und Tender der k. k. österr. Stb.", Lok 1913, S. 104

„1 C 1 - Heißdampf-Verbund-Personenzug-Tenderlokomotive Serie 29 der k. k. österr. Stb.", Lok 1913, S. 169 — Loc 1913, S. 103

1914   v. Littrow: „Die geschichtlichen Lokomotiven der k. k. österr. Staatsbahnen", ZÖIA 1914, Nr. 38—44

„1 D 1 - Vierzylinder-Verbund-Heißdampf-Schnellzuglokomotive Reihe 470 der k. k. österr. Stb.", Lok 1914, S. 237

1915   „1 D - Güterzug-Tenderlokomotive Reihe 179 der k. k. österr. Stb.". Lok 1915, S. 49

1916   „C-Güterzug-Tenderlokomotive Gruppe 63 der k. k. österr. Stb.", Lok 1916, S. 56

„C-Güterzug-Tenderlokomotive Reihe 62 der k. k. österr. Stb.", Lok 1916, S. 211

1917   „1 C 1 - Heißdampf-Zwilling-Schnellzuglokomotive Reihe 910 der k. k. österr. Stb.", Lok 1917, S. 57 und 1919, S. 85

„1 D - Verbund-Güterzuglokomotive Reihe 170 der k. k. österr. Stb.", Lok 1917, S. 137

1918   „1 D - Heißdampf-Güterzuglokomotive Reihe 270 der k. k. österr. Staatsbahn", Lok 1918, S. 77

„2 C 1-Heißdampf-Personenzug-Tenderlokomotive Reihe 629 der k. k. Österreichischen Staatsbahnen", Lok 1918, S. 97

1919   Steffan: „Die 1 C 2 - Schnellzuglokomotiven Reihe 210 und 310 der österr. Stb.", Lok 1919, S. 117

„Neuere Ausführung der 1 D 1 -Vierzylinder-Verbund-Schnellzuglokomotive Reihe 470 der Deutsch-Oesterreichischen Staatsbahn", Lok 1919, S. 102

1921   „1 E - Zwilling-Heißdampf-Güterzuglokomotive Reihe 81 der österr. Staatsbahn", Lok 1921, S. 13

1922   Hilscher: „Die geschichtlichen Lokomotiven der österreichischen Staatsbahnen in den 40er und 50er Jahren des vergangenen Jahrhunderts", Lok 1922, S. 93 u. f. sowie 1923, S. 6 u. 70

1928   „D-Güterzuglokomotiven der Brennerbahn", Lok 1928, S. 100

1934   Holter: „Bemerkungen zu einigen Gölsdorf-Verbund-Lokomotiven der ehem. k. k. österr. Staatsbahn", Lok 1934, S. 9 u. 25

ehem. Österr. Südbahn

1873 „«Rittinger» 4-4-0 express locomotive for the Southern Ry of Austria", Engg 1873-II, S. 5

1904 Sanzin: „Die Personenzuglokomotiven der Österreichischen Südbahn-Gesellschaft", Lok 1904, S. 79, 117 u. 141
„3/5 gek. Verbund-Gebirgs-Schnellzuglokomotive der Österreichischen Südbahn", Lok 1904, S. 188

1905 „4-4-0 two-cylinder compound passenger locomotive, Austrian Southern Ry", Loc 1905, S. 142

1907 Sanzin: „Atlantic-Lokomotive der k. k. österr. Stb. und der Südbahn", VW 1907, S. 1037 u. 1076 — Loc 1906, S. 121

1911 „2 C - Heißdampf-Schnellzuglokomotive Serie 109 der k. k. priv. Südbahn-Ges.", Lok 1911, S. 1 und 81

1912 „1 E - Heißdampf-Zwilling-Lokomotive Serie 580 der österr. Südbahn", Lok 1912, S. 241
„2 B - Schnellzuglokomotive Serie 17c der Südbahn mit Speisewasservorwärmer, System Caille-Potonié", Lok 1912, S. 145

1914 „E-Heißdampf-Zwilling-Güterzuglokomotive der Südbahn", Lok 1914, S. 189

1915 „Die erste 2 D-Lokomotive Europas", Lok 1915, S. 269
„2 C 1-Heißdampf-Personenzug-Tenderlokomotive Reihe 629 der Südbahn", Lok 1915, S. 65

1922 „E-Heißdampf-Güterzuglokomotive Reihe 480 der Südbahn", Lok 1922, S. 1

1923 „1E-Vierzylinder-Verbundlokomotive Reihe 280 der Südbahn", Lok 1923, S. 23
„1E-Heißdampf-Gebirgs-Schnellzuglokomotive mit Kleinrohrüberhitzer und Lentz-Ventilsteuerung, Reihe 580 der österr. Südbahn", Lok 1923, S. 81

ehem. Österreich / Verschiedene Bahnen

1855 Haswell: „Die neueste (4/4 gek.) Lastzug-Locomotive aus der landesbefugten Maschinenfabrik der k. k. priv. österr. Staats-(vorm. Wien-Raaber) Eisenbahn-Ges.", Zeitschrift des österr. Ingenieur-Vereins 1850, S. 290 — Organ 1856, S. 1

1862 „Beschreibung der Schnellzugs-Locomotive «Duplex»", Zeitschrift des österr. Ingenieur-Vereins 1862, S. 111

1873 „4-4-0 express locomotive for the North Western Ry of Austria at the Vienna Exhibition", Engg 1873-II, S. 328
„0-6-0 goods and 2-4-0 shunting engine for the Kaiser Ferdinands Nordbahn", Engg 1873-II, S. 518

1878 „0-6-0 tank locomotives for Austrian local railways at the Paris Exhibition", Engg 1878-II, S. 42

1882 „4-4-0 express locomotive for the Kaiser Ferdinands Nordbahn", Engg 1882-I, S. 156 u. 177

1904 „2/5 gek. Schnellzuglokomotive von 1895 der Kaiser-Ferdinands-Nordbahn", Lok 1904, S. 40
„2/5 gek. Schnellzuglokomotive der Österr. Nordwestbahn", Lok 1904, S. 192

"3/5 gek. Verbund-Schnellzuglokomotive der Österr. Nordwestbahn", Lok 1904, S. 89

"Umbau einer C-Güterzuglokomotive in eine C 1 - Tenderlokomotive", Lok 1904, S. 189

1905 "3/4 gek. Verbundlokomotive der Österr. Nordwestbahn", Lok 1905, S. 27

1906 Maresch: "1 C 1-Heißdampf-Zwillinglokomotive für schwere Schnellzüge der Aussig-Teplitzer Eisenbahn-Gesellschaft", Organ 1906, S. 148

"3/4 gek. Heißdampflokomotive der Böhmischen Nordbahn", Lok 1906, S. 49

"3/4 gek. Verbund-Tenderlokomotive von 1 m Spur der Lokalbahn Innsbruck-Igls", Lok 1906, S. 83

"4/6 gek. Stütztenderlokomotive der Mariazeller Landesbahn", Lok 1906, S. 125 — Engg 1906-II, S. 632 — Lok 1907, S. 193

1907 "4/6 gek. Stütztenderlokomotive mit Schmidt-Überhitzer der Mariazeller Landesbahn", Lok 1907, S. 193

1908 "Neuere Lokomotiven der Außig-Teplitzer Bahn", Lok 1908, S. 1

"Die neuen 1 C - Heißdampf-Lokomotiven Serie 36, 38 u. 39 der priv. österr.-ungarischen Staats-Eisenbahn-Ges.", Lok 1908, S. 90

"Schnellzuglokomotiven der Kaschau-Oderberger Bahn 1884-1908", Lok 1908, S. 185 — Loc 1908, S. 52

"2 B - Lokomotive für gemischten Dienst, gebaut 1848 für die Südliche Staatsbahn", Lok 1908, S. 77 u. 98

"The Bosnia-Herzegovina State Rys", Loc 1908, S. 198

1909 "Die neueren Lokomotiven der Bukowinaer Lokalbahnen", Lok 1909, S. 54

1910 "1 C-Heißdampf-Personenzuglokomotive der k. k. priv. Außig-Teplitzer Eisenbahn", Lok 1910, S. 53 und 1912, S. 158

"B 3 - Schnellzug-Tenderlokomotive System Engerth für die. k. k. nördl. Staatsbahn", Lok 1910, S. 279

"Der Lokomotivbestand der Wien-Gloggnitzer Eisenbahn zur Zeit der Eröffnung", Lok 1910, S. 64 — Loc 1910, S. 153

"Der Lokomotivbestand der Kaiser Ferdinands-Nordbahn zur Zeit der Betriebseröffnung der Linie Wien-Brünn", Lok 1910, S. 89 und 116

"Die erste österreichische Heißdampflokomotive: Cl-Tenderlokomotive von 76 cm Spurweite der Niederösterreichischen Landesbahnen", Lok 1910, S. 227

1911 "Alte Dreikuppler-Güterzuglokomotive der Brünn-Rossitzer Bahn 1855", Lok 1911, S. 17

"Die Lokomotiven auf den Linien der Reichenberg-Gablonz-Tannwalder Eisenbahn", Lok 1911, S. 228

"2 A - Lokomotive der Wien-Gloggnitzer Eisenbahn", Lok 1911, S. 90

"C - Heißdampf-Tenderlokomotive der Bukowinaer Lokalbahnen", Lok 1911, S. 39

"1 C - Heißdampf-Tenderlokomotive der Niederösterreichischen Landesbahnen", Lok 1911, S. 268

1912   „Alte C-Güterzuglokomotive Bauart Hall der ehem. Böhmischen Nordbahn", Lok 1912, S. 19

„C-Heißdampf-Tenderlokomotive der Bukowinaer Lokalbahnen", Lok 1912, S. 248

„E-Güterzug-Tenderlokomotive für die Sandbahn der Brucher Kohlenwerke", Lok 1912, S. 106

1915   „1 A 1-Schnellzuglokomotive der Kaiser Ferdinands-Nordbahn", Lok 1915, S. 71

1916   „Die Lokomotiven der Salzkammergut-Lokalbahn", Lok 1916, S. 119

„Vergleichsfahrten der 1 AA-Dreizylinder-Verbund-Lokomotive Bauart Webb und der 1 B 1-Schnellzuglokomotive Bauart Polonceau der ehem. priv. österreichisch-ungarischen Staats-Eisenbahn-Gesellschaft", Lok 1916, S. 46

„C+C-Mallet-Verbund-Güterzuglokomotive der Kaschau-Oderberger Bahn", Lok 1916, S. 117

1918   Steffan: „Lokomotivleistungen auf der Kaschau-Oderberger Bahn", Lok 1918, S. 185 und 201

„Lokomotiven der ehem. südlichen Staatsbahn (Mürzzuschlag-Triest)", Lok 1918, S. 161

„1 E 1-Tenderlokomotive der Buschtehrader Eisenbahn", Lok 1918, S. 153

1920   „B-Stollenlokomotive der Graz-Köflacher Bahn", Lok 1920, S. 179

1924   Oerley: „Die neuen Südtiroler Schmalspurbahnen Grödenbahn und Fleinstalbahn", Schweiz. Bauzeitung 1924-I, S. 95, 121 u. 132

„E-Heißdampf-Zwilling-Tenderlokomotive, 760 mm Spurweite, für die Lokalbahn Kühnsdorf-Eisenkappel", Lok 1924, S. 168

1925   Zeilinger: „Die Dampflokomotiven der ehem. Niederösterreichischen Landesbahnen", Lok 1925, S. 97

1926   Hilscher: „Lokomotivgeschichte der k. k. priv. Kaiser-Franz-Josef-Bahn 1868—1884", Lok 1926, S. 197 u. 223

1928 .   Hilscher: „Lokomotivgeschichte der k. k. priv. Kaiserin-Elisabeth-Westbahn 1858—1882", Lok 1928, S. 157 u. 177

1930   Hilscher: „Lokomotivgeschichte der k. k. priv. Kronprinz Rudolf-Bahn 1868—1880", Lok 1930, S. 41 und 64

1931   Hilscher: „Lokomotivgeschichte einiger kleinerer österreichischer Eisenbahnverwaltungen", Lok 1931, S. 134 und 192

„Die ursprünglichen Lokomotiven der Eisenbahn Graz-Köflach", Lok 1931, S. 209

1934   „Bosnische Klose-Lokomotiven", Lok 1934, S. 226 und 1935, S. 29

1935   „Zum 95. Geburtstag der Betriebseröffnung Wien-Oelmütz-Prag, 21. August 1841, und ihrer Lokomotiven", Lok 1935, S. 185

„Die feierliche Eröffnung der Westbahn von Wien nach Salzburg und ihr damaliger Lokomotivbestand", Lok 1935, S. 204

1936   „Österreichisch-deutsche Lokomotiven", Lok 1936, S. 14, 70, 82, 139, 167 u. 1937, S. 49

1938   Steffan: „Lokomotivgeschichte der Kaiser-Ferdinands-Nordbahn", Lok 1938, S. 21, 89 und 140

„Die Lokomotiven der Eisenbahn Wien-Aspang und der Schneebergbahn", Lok 1938, S. 194

Afrika (ohne Ägypten und Südafrikanische Union)
Allgemein und Verschiedenes

1907   „The longest narrow gauge light ry in the world: Otavi Ry", Engg 1907-II, S. 67 (S. 70: Lokomotiven)

1909   Godfernaux: „Note sur les chemins de fer de l'Afrique occidentale française", Revue 1909-II, S. 193 u. f. (Lokomotiven u. Wagen: S. 206, 297, 358 und 1910-I, S. 26)

1912   „4-8-0 superheater locomotive, Shire Highlands Ry (Njasaland)", Loc 1912, S. 168

       „4-8-0 locomotive, Gold Coast Govt Ry", Loc 1912, S. 256

1913   „Notes sur les chemins de fer africains", Revue 1913-I, S. 326 und II, S. 14

1914   „4-6-4 type side tank locomotive, Gold Coast Govt Rys", Gaz 1914-I, S. 109 — Loc 1915, S. 77

1915   „4-8-0 locomotive, Central Africa Ry", Loc 1915, S. 100

       „4-8-2 converted tank locomotive, Beira, Mashonaland & Rhodesia Rys", Loc 1915, S. 170

1923   „Mikado type locomotive for the Gold Coast Ry", Loc 1923, S. 65

1925   „2-6-2 side tank mining locomotive, Central Africa", Loc 1925, S. 40

       „4-6-0 passenger locomotive, Gold Coast Ry", Loc 1925, S. 201

       „4-8-2 goods engine for the Gold Coast Ry", Loc 1925, S. 134

1926   „2-6-2+2-6-2 Garratt locomotive, Sierra Leone Ry", Loc 1926, S. 311

       „2-6-6-2 Garratt locomotive, Madagascar Ry", Loc 1926, S. 177

1936   „4-8-2 locomotives, Gold Coast Ry", Loc 1936, S. 343

1939   „New Beyer-Garratt 4-8-2+2-8-4 locomotive, Abidjan-Niger Ry, Ivory Coast (French West Africa)", Gaz 1939-I, S. 352 — Loc 1939, S. 150 — Traction Nouvelle (Paris) 1939, S. 92

       „New 4-6-2 locomotive, Gold Coast Government Ry", Gaz 1939-I, S. 945 — Loc 1939, S. 188

Algier

1908   „4-6-0 locomotive, Algerian State Ry", Loc 1908, S. 63

1909   „Borsigs 7000. Lokomotive: 2 C-Vierzylinder-Verbund-Personenzuglokomotive für das Algerische Netz der PLM-Bahn", Lok 1909, S. 191

1919   „1 C-Verbund-Tenderlokomotive der Bône-Guelma-Bahn", Deutsche Straßen- und Kleinbahn-Zeitung 1919, S. 323

1920   „2-8-0 metre-gauge locomotive, Algerian State Rys", Loc 1920, S. 45

1932   Dugluzeau: „Locomotive articulée Garratt pour voie métrique de Blida-Djelfa", Revue 1932-II, S. 303 — Beyer-Peacock Juli 1932, S. 55

       „Beyer-Garratt locomotives for the Algerian (PLM) Rys", Beyer-Peacock Januar 1932, S. 22 u. Juli 1932, S. 54 — Gaz 1932-II, S. 169

       „Beyer-Garratt locomotive for the Blidah-Djelfa Ry, Algeria", Loc 1932, S. 44

       „Beyer-Garratt locomotive tests in France", Gaz 1932-II, S. 514 — Beyer-Peacock Juli 1932, S. 55

1932 „Express passenger Beyer-Garratt locomotive for the PLM Ry (Réseau Algérien)", Beyer-Peacock Juli 1932, S. 41 — Loc 1932, S. 97 u. 268 — Gaz 1932-II, S. 169

1936 Dugluzeau: „Lokomotive articulée Garratt double Pacific 231+132 pour trains express et rapides, voie normale des Chemins de Fer Algériens", Revue 1936-I, S. 395 — Age 1936-I, S. 803 — Gaz 1936-I, S. 615, 1074 u. 1090
„New 4-6-2 + 2-6-4 Beyer-Garratt express passenger locomotive, Algerian Rys", Loc 1936, S. 109

Italienisch-Ostafrika

1910 Godfernaux: „Ligne de Djibouti à Addis Abeba", Revue 1910-I, S. 385 (Lokomotiven S. 404)

1934 „0-4-0 + 0-4-0 simple expansion Mallet tank locomotive, Italian Colonial Rys in Eritrea, 950 mm gauge", Gaz 1934-II, S. 937

1935 „Die Lokomotiven der Aethiopischen Eisenbahn", Lok 1935, S. 62 u. 80
„The Franco-Ethiopian Ry Djibouti to Addis-Ababa", Loc 1935, S. 296

Kenya - Uganda - Tanganjika

1912 „0-6-6-0 Mallet locomotives for the Uganda Ry", Gaz 1912-II, S. 402

1914 „Die deutsche Tanganjika-Bahn", HN 1914, Heft 6, S. 1
„New engines for the Uganda Ry", Loc 1914, S. 189

1923 „Metre-gauge 4-8-0 freight locomotive, Uganda Ry", Loc 1923, S. 96
„4-8-0 metre gauge locomotive Tanganyika Ry", Loc 1923, S. 189

1927 „2-8-2 type locomotive for the Kenya and Uganda Ry", Loc 1927, S. 241 — Ry Eng 1927, S. 369

1929 „Locomotives for the Tanganyika Ry", Loc 1929, S. 140

1930 „4-8-2 + 2-8-4 Beyer-Garratt locomotives, Kenya and Uganda Ry", Loc 1930, S. 364 — Gaz 1930-II, S. 90

1931 „New 4-8-2+2-8-4 Beyer-Garratt locomotives for the Tanganyika Ry", Gaz 1931-II, S. 117

1939 „New 4-8-4 + 4-8-4 metre-gauge Beyer-Garratt locomotives, Kenya and Uganda Rys", Gaz 1939-II, S. 94 — Organ 1940, S. 120

Kongo-Gebiet

1913 „Oil-fired 0-6-6-0 Garratt locomotive, Congo Ry", Loc 1913, S. 211 und 225 — Gaz 1913-II, S. 497

1916 „1 C 1-Tenderlokomotive der Katanga-Bahn im Kongostaat", Lok 1916, S. 27

1924 „2-8-2 locomotive, Katanga Ry", Loc 1924, S. 372

1926 „Rolling stock for the Brazzaville Ry, French Congo", Loc 1926, S. 285

1930 „Mikado type locomotive for the Bas Congo-Katanga Ry", Loc 1930, S. 390

1932 „Mikado locomotive, Kiru Ry", Loc 1932, S. 6

1938 „2-10-0 tender locomotive, Congo Ry", Loc 1938, S. 264

Marokko

Nigeria

Portugiesisch-Afrika

1927   „4-8-2 + 2-8-4 Garratt locomotive, Benguella Ry", Loc 1927, S. 138
       und 179
       „Garratt locomotives on the Trans-Zambesia Ry", Loc 1927, S. 211
       und 1928, S. 7
1931   Wright: „The Benguela Ry", Baldwin Januar 1931, S. 5
1932   „E-Naßdampf-Zwilling-Tenderlokomotive für die Direktion der Eisen-
       bahnen und Häfen von Lourenço Marques", HH Febr. 1932, S. 26
       — Gaz 1934-I, S. 672
1935   „1 C 1-Heißdampf-Zwilling-Personenzuglokomotive der Bahnen von
       Lourenço Marques", HH Dez. 1935, S. 79

Rhodesia

1920   „4-8-2 locomotive, Rhodesian Rys", Loc 1920, S. 47
1926   „New locomotives for the Rhodesian Rys", Loc 1926, S. 277 u. 389
       „Garratt 2-6-2+2-6-2 type locomotives for the Rhodesian Rys", Ry
       Eng 1926, S. 183
1929   „2-8-2+2-8-2 and 2-6-2+2-6-2 Beyer-Garratt locomotives on the
       Rhodesian Rys", Gaz 1929-II, S. 671 — Loc 1930, S. 6
1938   „New 2-8-2+2-8-2 Beyer-Garratt locomotives for the Rhodesia Rys",
       Gaz 1938-II, S. 127

Sudan

1897   „4-8-0 locomotive for the Soudan Military Ry", Engg 1897-II, S. 105
1911   „4-4-2 passenger locomotive, Sudan Govt Rys", Loc 1911, S. 80 —
       Lok 1913, S. 20
1921   „Mikado type locomotive, Sudan Govt Rys", Loc 1921, S. 55 u. 1924,
       S. 167
1926   „2-8-2 freight locomotive, Sudan Govt Rys", Loc 1926, S. 375
1927   „0-6-0 shunting engines, Sudan Govt Rys", Loc 1927, S. 390
1937   „Die Personenzuglokomotiven der Eisenbahnen des Sudan", Lok
       1937, S. 11
       „4-6-4+4-6-4 Beyer-Garratt locomotives, Sudan Rys", Loc 1937,
       S. 101 — Gaz 1937-I, S. 375

Tunis

1907   „Consolidation locomotive for metre gauge, Sfax-Gafsa Ry", Loc
       1907, S. 156
1908   „Die 5/6 gek. Schmalspurlokomotiven der Cie des Phosphates et du
       Chemin de Fer de Gafsa", Schweiz. Bauzeitung 1908-II, S. 57 —
       Lok 1911, S. 41
1914   „Recent locomotives for the Bône-Guelma Ry", Loc 1914, S. 262 —
       Revue 1913-II, S. 95
1916   „Neuere Lokomotiven für die Eisenbahnen in Tunis", Lok 1916,
       S. 126
1919   „1 C-Verbund-Tenderlokomotive der Bône-Guelma-Bahn", Deutsche
       Straßen- und Kleinbahn-Zeitung 1919, S. 323

Ägypten

1904 „The Egyptian Government Rys and locomotives", Loc 1904, S. 3 u. f. — 1905, S. 32, 79, 131

1905 „C-Güterzuglokomotive der Aegyptischen Staatsbahn", Lok 1905, S. 71 und 1908, S. 35

1907 Sauer: „2/4 gekuppelte Personenzuglokomotive mit Speisewasservorwärmern", Z 1907, S. 11 — Loc 1907, S. 35

1908 „2-4-2 tank locomotive, Egyptian Delta Light Rys", Engg 1908-II, S. 39 — Loc 1908, S. 190
„4-6-0 express passenger locomotive, Egyptian Govt Rys", Loc 1908, S. 123

1911 „Feed-water heating on locomotives, Trevithick's system", Engg 1911-I, S. 143, 271 und 342
„4-4-2 passenger locomotive, Egyptian State Rys", Engg 1911-I, S. 271

1913 Ahrons: „The utilization of waste heat in locomotives. — Trevithick's system", Loc 1913, S. 126 und 1914, S. 32
„Notes sur les chemins de fer africains", Revue 1913-I, S. 326 und II, S. 14

1914 „4-6-2 superheater express locomotive, Egyptian State Rys", Loc 1914, S. 6
Harran: „Les chemins de fer agricoles de l'Egypte" (m. Karte), Revue 1914-I, S. 313 (Lokomotiven S. 321)

1917 Ahrons: „Locomotives of the Egyptian State Rys", Loc 1917, S. 69, 121, 165, 209 — 1919, S. 85 und 157

1919 „2-6-2 tank locomotive for goods traffic, Egyptian State Rys", Loc 1919, S. 85

1921 „American-built locomotives for the Egyptian State Rys", Loc 1921, S. 313

1925 „Italian-built 2-6-2 side tank locomotive for the Egyptian State Rys", Loc 1925, S. 66

1927 „Locomotives of the Egyptian State Rys", Loc 1927, S. 405
„Recent locomotives for the Egyptian State Rys", Loc 1927, S. 2 und 1930, S. 149

1929 „3'-6" gauge 4-6-0 locomotive, Egyptian State Rys", Loc 1929, S. 108
„New 2-6-0 type locomotives for the Egyptian State Rys", Gaz 1929-I, S. 191

1930 „Recent Egyptian State Rys locomotives", Loc 1930, S. 149

1932 „2-6-4 tank locomotives, Egyptian State Rys", Loc 1932, S. 271
„Les chemins de fer de l'Egypte et du Soudan Anglo-Egyptien", Revue 1932-II, S. 452
*„The Egyptian State Rys", Gaz, Special International Congress Number, 31. Dez. 1932, S. 3
„The Egyptian State Rys", Loc 1932, S. 435

1933 „2-8-2 narrow gauge locomotives for the Western Oases Ry, Egypt", Loc 1933, S. 174
„An interesting locomotive conversion, Egyptian State Rys" (Umbau 2 B 1 in 2 C), Loc 1933, S. 245 und 1934, S. 105 — Gaz 1933-II, S. 100 und 253 — Ry Eng 1934, S. 42

1933   „Proposed 2 B+B 2 Garratt locomotive, Egyptian State Rys, built up of old locomotive parts", Gaz 1933-II, S. 960

1936   „New 2-6-0 mixed traffic locomotives for the Egyptian State Rys", Gaz 1936-I, S. 297 — Loc 1936, S. 66 — Gaz 1938-II, S. 368 — Loc 1938, S. 268

„2-4-2 side tank locomotives, Egyptian State Rys", Loc 1936, S. 338

„The Egyptian Phosphate Company's Railway", Loc 1936, S. 356

1937   „New 4-4-0 passenger locomotives with Caprotti valve gear, Egyptian State Rys", Loc 1937, S. 304 — Gaz 1937-II, S. 1016

1938   „New 2-4-2 [1 Bo 1-] Sentinel locomotives for the Egyptian State Rys", Gaz 1938-I, S. 419 — Loc 1938, S. 103 — Schweiz. Bauzeitung 1938-II, S. 107 — Kongreß 1939, S. 269 — Lok 1940, S. 34

„2-6-0 locomotives for Egypt", Loc 1938, S. 268 — Gaz 1938-II, S. 368

Alaska

1931   Ohlson: „The Alasca Railroad", Baldwin April 1931, S. 19

1932   „A new locomotive for Alasca, Mountain Type", Baldwin Juli 1932, S. 30

1938   Beuter: „The White Pass and Yukon Route", Baldwin Okt. 1938, S. 3 — Loc 1938, S. 364

Antillen / Jamaica

1919   Dewhurst: „The Jamaica Govt Ry and its locomotives" (m. Karte), Loc 1919, S. 4 u. f.

1921   „Heavy 4-8-0 type locomotive, Jamaica Government Rys", Loc 1921, S. 142

1926   „2-6-0 oil burning tender locomotive, Jamaica Sugar Estates Ry", Loc 1926, S. 105

1928   Powter: „The Island of Jamaica and its railway system", Baldwin Oktober 1928, S. 33

1931   „0-8-0 tank locomotives for the Jamaica Government Rys", Loc 1931, S. 364

1935   „4-8-2 tank locomotive, Jamaica Govt Ry", Loc 1935, S. 33

1936   „4-8-0 locomotive, Jamaica Govt Ry", Loc 1936, S. 170 — Gaz 1936-I, S. 663 und 1939-II, S. 110

Antillen / Kuba

1909   „D Baldwin locomotive de manoeuvre, Western Ry de la Havane", Revue 1909-II, S. 328

1910   „4-4-0 superheater locomotives for the Western Ry of Havana", Gaz 1910-I, S. 281

1926   „Consolidation type locomotive, built by Baldwin, for Central Cespedes, Cuba", Baldwin Juli 1926, S. 29

1930   „The first locomotive to run in Cuba, 1843", Gaz 1930-II, S. 376

Antillen / Trinidad

1935   Dewhurst: „Locomotives of the Trinidad Govt Rys", Loc 1935, S. 329

Argentinien
(Transandenbahn unter «Chile»)

1901 Gould: „Compound locomotives in South America", Engg 1901-II, S. 463

1905 „Borsig 2-4-6-0 and 0-6-6-0 compound articulated passenger locomotives, Central Northern Ry of Argentina", Engg 1905-II, S. 44 und 159
„Heavy 2-10-0 freight locomotive, Argentine Great Western Ry", Loc 1905, S. 217

1906 „4-6-0 two-cylinder compound locomotive, Buenos Ayres & Rosario Ry", Loc 1906, S. 76
„Neuere Lokomotiven für Argentinien", Lok 1906, S. 34

1907 „4-6-0 two-cylinder compound passenger locomotive, Buenos Ayres Great Southern Ry", Loc 1907, S. 120
„4-6-0 balanced four-cylinder compound locomotive, Buenos Ayres Great Southern Ry", Loc 1907, S. 166
„2-6-2 tank locomotive, Argentine Great Western Ry", Loc 1907, S. 225
„2-4-6-0 Borsig-built Mallet compound locomotive for the metre gauge, Central Northern Ry of Argentina", Gaz 1907-I, S. 179

1908 „4-6-0 locomotive, Cie Generale of Buenos Aires", Loc 1908, S. 63

1909 „The first locomotive, Buenos Ayres Western Ry", Loc 1909, S. 114 — Gaz 1910-II, S. 256
„Compound 4-6-2 locomotive, Central Argentine Ry", Loc 1909, S. 157 — Lok 1910, S. 189

1910 „2 C 1-Verbund-Personenzuglokomotive der Argentinischen Zentralbahn", Lok 1910, S. 189
„Locomotives for South America", Loc 1910, S. 195
„4-6-2 express passenger locomotive, Buenos Ayres & Pacific Ry", Loc 1910, S. 118 — Engg 1911-I, S. 414

1911 Schmedes: „Die Entwicklung der Meterspur bei den Eisenbahnen Argentiniens", VW 1911, S. 393
Schmedes: „Deutsche Lokomotiven auf argentinischen Eisenbahnen", VW 1911, S. 817 u. 1046 — Gaz 1911-II, S. 474
„1 C 1 - Heißdampf-Personenzuglokomotive der Santa Fé-Bahn, Meterspur", Lok 1911, S. 27

1912 Engel: „Neuere südamerikanische Lokomotiven", Lok 1912, S. 97
„New engines, Buenos Ayres Great Southern Ry", Loc 1912, S. 143

1913 „4-6-2 superheater express engine, Central Argentine Ry", Loc 1913, S. 5

1914 „2-6-4 type tank locomotive for the Buenos Ayres Midland Ry", Gaz 1914-II, S. 19 — Loc 1915, S. 4
„2-6-4 tank locomotive, Buenos Ayres & Pacific Ry", Loc 1914, S. 307

1916 „4-6-0 superheater passenger locomotives, Buenos Ayres Great Southern Ry", Loc 1916, S. 86

1916   „4-8-0 goods locomotive, Central-Argentine Ry", Loc 1916, S. 130
        und 1920, S. 165
1918   Salter: „The Central Argentine Ry", Loc 1918, S. 193
1919   „2-6-2 superheater tank locomotive, Buenos Ayres Great Southern
        Ry", Loc 1919, S. 86
1920   „4-8-0 two-cylinder compound goods engine, Central Argentine Ry",
        Loc 1920, S. 165
1922   „2-8-0 two-cyl. compound locomotive, Buenos Aires Western Ry",
        Loc 1922, S. 155
1923   „2-6-4 three-cyl. tank locomotive, Buenos Ayres Great Southern",
        Loc 1923, S. 349
1924   „Three-cyl. 4-8-0 oil-burning locomotive, Buenos Aires Great
        Southern Ry", Loc 1924, S. 169
1925   „New 2-6-4 and 2-6-2 tank locomotives for the Buenos Aires Great
        Southern Ry", Loc 1925, S. 342
1926   „Some Argentine railway notes", Loc 1926, S. 145
        „Santa Fé type locomotive, Ferrocarriles del Estado", Baldwin
        Oktober 1926, S. 39
        „3 cyl. 4-6-2 express locomotives, Buenos Aires Great Southern Ry".
        Loc 1926, S. 240
1927   „2-8-0 three-cylinder freight locomotive, Buenos Aires Great
        Southern Ry", Loc 1927, S. 40
        „2-8-2 two-cyl. compound freight locomotive, Central Argentine Ry",
        Loc 1927, S. 172
        „Recent Garratt locomotives" (2 B 1 + 1 B 2 Entre Rios Ry u.
        2 C + C 2 Argentine North Eastern), Loc 1927, S. 393
1928   „4-8-4 two-cylinder compound tank engines, Central Argentine Ry",
        Loc 1928, S. 124 — Ry Eng 1929, S. 221 — Gaz 1930-I, S. 986
        „Three-cylinder Pacific type express engines: Buenos Aires and
        Pacific Ry", Loc 1928, S. 173
1929   „Mikado type goods locomotives: Buenos Aires and Pacific-Ry",
        Loc 1929, S. 212 — Ry Eng 1929, S. 166 — Gaz 1929-II, S. 291
        Organ 1930, S. 286
        „4-8-0 locomotives, Buenos Aires Central Ry", Loc 1929, S. 173
        „4-8-2+2-8-4 Garratt locomotive, Buenos Aires Great Southern",
        Loc 1929, S. 192
1930   Purdom: „The Argentine State Rys and their rolling stock", Loc
        1930, S. 310
        „Zwei vereinheitlichte Lokomotivgattungen der Bahn La Plata-
        Meridiano Quinto", HH Juni 1930, S. 25
        „Beyer-Garratt 4-6-2 + 2-6-4 locomotives for the Buenos Aires Mid-
        land", Gaz 1930-II, S. 191
        „Single driver locomotives, Buenos Aires Great Southern Ry", Loc
        1930, S. 386
        „4-6-2 three-cylinder Pacific type locomotives, Central Argentine
        Ry, equipped with Caprotti valve gears", Gaz 1930-II, S. 705
        — Loc 1931, S. 37 — Ry Eng 1931, S. 7
        „4-8-2+2-8-4 Garratt locomotive, Buenos Aires & Pacific Ry", Mod.
        Transport 4. Jan. 1930, S. 9
1931   „The first locomotive of the Buenos Aires Great Southern Ry",
        Loc 1931, S. 54 — Beyer-Peacock Juli 1931, S. 37

„4-8-0 locomotives, Buenos Aires Western Ry", Loc 1931, S. 147 — Lok 1932, S. 119

„New 4-6-4 three-cylinder tank locomotives for the Buenos Aires and Pacific Ry", Loc 1931, S. 363 — The Eng 1931-II, S. 601

1932   Imfeld: „Eine Kolbenlokomotive mit Kondensation", HH Febr. 1932, S. 1 — Ry Eng 1932, S. 230 — Engg 1933-I, S. 517 — Loc 1933, S. 318

„New 4-6-2 cross-compound mixed traffic locomotives, Buenos Aires Western Ry", Ry Eng 1932, S. 393

„0-8-0 shunting tank locomotives for the Buenos Aires and Pacific Ry", Loc 1932, S. 389

1938   „1 E 1 - Heißdampf-Zwilling-Güterzug-Lokomotive der Argentinischen Staatsbahn", HH Dez. 1938, S. 106

„New locomotives for Argentina: 4-6-2 and 4-8-0 types for the Buenos Ayres Great Southern Ry", Gaz 1938-II, S. 905 — Loc 1938, S. 370

1940   Roosen: „Neue Henschel-Kondens-Lokomotiven der Argentinischen Staatsbahn", Lok 1940, S. 81

Australien (ohne Neu-Seeland)
Allgemein und Verschiedenes

1881   „0-6-4 tank locomotive for the Kapunda & North West Bend Ry, South Australia", Engg 1881-I, S. 615

1887   „4-6-0 locomotive for the Adelaide and Murray Bridge Ry", Engg 1887-I, S. 346

1911   „Die kleinste Atlanticlokomotive mit Schlepptender (610 mm Spur)", Lok 1911, S. 113

1917   Metzeltin: „Lokomotivbau in Australien", HN 1917, S. 101

1920   „Australian locomotives with American characteristics", Loc 1920, S. 169

1922   „Australian 3'-6" gauge locomotives", Loc 1922, S. 222

1925   „The Trans-Australian Ry", Loc 1925, S. 48 — ZVDEV 1930, S. 242

1929   „Contractor's 0-6-0 locomotive on the Mount Moriac and Forest Ry, Victoria, about 1889", Loc 1929, S. 268

1935   v. Gontard: „Einiges über den Lokomotivbau in Australien", HH Dez. 1935, S. 60

„Australian locomotive notes", Loc 1935, S. 131 u. 1936, S. 294

1939   „Early 0-4-0 Stephenson engine, Melbourne & Hobson's Bay Ry", Loc 1939, S. 93 u. 185

Commonwealth Railways

1914   „4-6-0 locomotive, Transcontinental Ry of Australia, built by Baldwin", Gaz 1914-I, S. 863 — Loc 1915, S. 5

1916   „Consolidation locomotives, Transcontinental Ry of Australia (Commonwealth of Australia Rys)", Loc 1916, S. 108

1925   „The Trans-Australian Ry", Loc 1925, S. 48 — ZVDEV 1930, S. 242

1938   „4-6-0 passenger locomotive, Commonwealth Rys for the Trans-Australian line", Loc 1938, S. 269

Neu-Süd-Wales

1892   „4-6-0 Baldwin locomotive for the New South Wales Rys", Engg
        1892-I, S. 585
1896   „0-8-0 heavy goods locomotive, New South Wales Govt Rys", Engg
        1896-II, S. 579
1911   „4-6-0 passenger locomotive for the New South Wales Rys", Engg
        1911-I, S. 313
1913   „2-6-0 type locomotive, New South Wales Govt Rys", Gaz 1913-II,
        S. 766 — Loc 1917, S. 42
1914   „4-6-4 type tank locomotive, New South Wales Govt Rys", Gaz
        1914-I, S. 378
1915   „4-6-0 express locomotive, New South Wales Govt Rys", Loc 1915,
        S. 147
1919   „Rebuilt 2-6-0 goods locomotive, New South Wales Govt Rys", Loc
        1919, S. 34
1920   „Locomotive notes, New South Wales Govt Rys", Loc 1920, S. 8
        „4-6-4 tank locomotive for a private ry", Loc 1920, S. 169
1921   „Locomotive No 1, New South Wales Govt Rys", Loc 1921, S. 160
1922   Lucy: „Recent and future locomotive designs in New South
        Wales", Loc 1922, S. 351
        „New South Wales Govt Rys: Locomotives equipped with electric
        turbo-generators", Loc 1922, S. 156
1924   „Pacific type express locomotive, New South Wales Govt Rys", Loc
        1924, S. 2
1925   „4-6-0 express passenger locomotives, New South Wales Govt Rys",
        Loc 1925, S. 379 u. 1926, S. 273
1929   „Conversion of tank to tender engines, New South Wales Govt
        Rys", Loc 1929, S. 382
        „3-cylinder 4-8-2 freight engines for the New South Wales Govt Rys",
        Gaz 1929-II, S. 711 — Loc 1929, S. 351 u. 1930, S. 77 — Mod.
        Transport 9. Nov. 1929, S. 9
1930   „Mountain type locomotive, New South Wales Govt Rys", Loc 1930,
        S. 77
1931   „The railways of New South Wales", Baldwin Oktober 1931, S. 44
1932   „The first locomotive to cross Sidney Harbour Bridge", Beyer-
        Peacock Juli 1932, S. 71
1934   „An old locomotive favourite in New South Wales: 0-6-0 side tank
        locomotive, New South Wales Govt Rys", Loc 1934, S 171

Queensland Government Railway

1912   „4-6-0 express engine", Loc 1912, S. 123
1915   „4-8-0 passenger locomotive", Loc 1915, S. 29
1924   „New 4-8-0 freight locomotives", Loc 1924, S. 3
        „Early locomotives of the Queensland Rys, 3'-6" gauge", Loc 1924,
        S. 281
1925   „Narrow gauge locomotives for the Queensland Govt", Loc 1925, S. 21
1927   „4-8-0 goods locomotives", Loc 1927, S. 308
1932   „Some Queensland railway views", Gaz 1932-II, S. 749

Südaustralien

1907 „South Australian broad gauge rys and locomotives" (m. Karte), Loc 1907, S. 213

1925 Weidenbacker: „The South Australian Rys", Baldwin Oktober 1925, S. 63
„New locomotives for the South Australian Rys" [2C1 u. 1D1], Loc 1925, S. 70

1926 „Express passenger locomotive, South Australian Rys", Loc 1926, S. 273
„New 4-6-2, 2-8-2 and 4-8-2 locomotives for the South Australian Rys", Ry Eng 1926, S. 67 u. 219 — Loc 1926, S. 5 — Organ 1926, S. 329
„2-8-2 freight locomotive, South Australian Rys", Ry Eng 1926, S. 219 — Loc 1926, S. 205 u. 1929, S. 2
„4-8-2 type locomotive for the South Australian Rys", Engg 1926-I, S. 490

1928 „An old South Australian 4-4-0 locomotive, 1874", Loc 1928, S. 269

1929 „Early South Australian Ry locomotives", Loc 1929, S. 177
„New heavy 2-8-2 freight locomotives for the South Australian Rys", Gaz 1929-I, S. 74 — Loc 1929, S. 3 — Ry Eng 1929, S. 219

1932 „New 2-8-4 type booster fitted locomotives, South Australian Rys", Ry Eng 1932, S. 370 — Loc 1933, S. 170

1933 „Reorganisation and rehabilitation of the South Australian Rys" (enthält Diagramme der 2-8-4 Lok.), Gaz 1933-I, S. 806

1935 „4-6-2 express locomotives, South Australian Rys", Gaz 1935-I, S. 54

1936 „New streamlined locomotive and «Centenary Train», South Australian Rys", Gaz 1936-I, S. 1006 — Loc 1936, S. 318

Tasmanien

1909 „Garratt locomotives for the Tasmanian Govt Rys", Engg 1909-II, S. 802 und 1912-II, S. 355 — Loc 1912, S. 204 — Gaz 1909-II, S. 337 und 416 — Klb.-Ztg. 1910, S. 89
„The first Garratt locomotive", Gaz 1909-II, S. 337 und 416 — Z 1909, S. 2065 — Engg 1909-II, S. 802

1912 „4-4-2+2-4-4 Garratt passenger locomotive, Tasmanian Govt Rys", Engg 1912-II, S. 355

1913 „New Garratt locomotives, Tasmanian Govt Rys", Gaz 1913-I, S. 15

1922 „The Railways of Tasmania", Loc 1922, S. 288

1923 „4-8-2 locomotives, Tasmanian Govt Rys", Loc 1923, S. 97

1924 „Pacific type locomotives, Tasmanian Govt Rys", Loc 1924, S. 119

1931 „The Emu Bay Ry, Tasmania", Beyer-Peacock April 1931, S. 34

1938 „Tasmanian Govt Rys: «Boat Express» train and steam railcar", Loc 1938, S. 270

1939 „Streamlined trains in Tasmania", Gaz 1939-I, S. 659

Victoria

1906   „New Interstate Express, Victorian Rys", Loc 1906, S. 196
1908   „4-6-0 express passenger locomotive, Victorian Rys", Loc 1908, S. 102
1911   „New suburban rolling stock, Victorian Rys", Loc 1911, S. 155
1912   „4-6-0 passenger locomotive, Victorian Rys", Loc 1912, S. 21 und
       1915, S. 74 und 242
1916   „4-6-0 mixed traffic engines, Victorian Govt Rys", Loc 1916, S. 19
       „4-6-0 superheater express locomotive, Victorian State Rys", Loc
       1916, S. 129
1918   „New Consolidation locomotive, Victorian Rys", Loc 1918, S. 128
1920   „2-6-2 narrow gauge locomotive, Victorian Govt Rys", Loc 1920,
       S. 170
1923   „New light lines Consolidation locomotive, Victorian Rys", Loc
       1923, S. 7
1925   „Deniliquin & Moama Ry, Victoria", Loc 1925, S. 124
       „Mikado type locomotives, Victorian Govt Rys", Loc 1925, S. 236
1926   „Narrow gauge (2 ft. 6 in.) lines of the Victorian Govt Rys", Loc
       1926, S. 159
1927   „Mikado type locomotives, Victorian Rys", Loc 1927, S. 70 u. 1928,
       S. 353
       „Victorian railway notes", Loc 1927, S. 195 — 1930, S. 13 u. 1936,
       S. 294
1928   „Pacific type passenger locomotive, Victorian Rys", Loc 1928,
       S. 178
       „2-8-2 freight locomotive, Victorian Rys", Loc 1928, S. 353
1929   „2-8-2 freight locomotive with booster, Victorian Government Rys",
       Loc 1929, S. 139
1931   Rolland: „A sheep farmer's special, Victorian Govt Rys", Loc 1931,
       S. 413
1936   „Victorian railway notes", Loc 1936, S. 294
       „Narrow gauge 2-6-0+0-6-2 Beyer-Garratt locomotive for Victoria",
       Loc 1936, S. 144 u. 1938, S. 395
1937   „Streamlined Pacific locomotives, Victorian Rys", Loc 1937, S. 263
       — Gaz 1937-II, S. 124 u. 289 — Loc 1938, S. 134
1938   „Victorian Rys. — Luxury train «Spirit of Progress»", Loc 1938,
       S. 23
       „Stream-lined three-cylinder Pacific type locomotives, Victorian
       Rys", Loc 1938, S. 134
1939   „Re-designed «X» class 2-8-2 freight locomotives built at the New-
       port shops of the Victorian Govt Rys", Gaz 1939-I, S. 270 — Loc
       1939, S. 40

West-Australien

1911   „2-6-6-2 Garratt locomotives, West Australian Govt Rys", Gaz
       1911-II, S. 591 — Loc 1912, S. 28
1931   „Locomotive progress on the West Australian Rys", Loc 1931, S. 340
1939   „Notes from Western Australia", Loc 1939, S. 75

Belgien

1871 „0-8-0 tank locomotive for the Belgian State Rys", Engg 1871-II, S. 391

1872 „The 0-4-4-0 Meyer locomotive «Avenir», Great Luxembourg Ry of Belgium", Engg 1872-II, S. 367

1873 „Carels' six-wheel coupled passenger engine at the Vienna Exhibition, State Rys of Belgium", Engg 1873-I, S. 460

„0-6-6-0 double bogie locomotive (Meyer's system) for the Grand Central Ry of Belgium at the Vienna Exhibition", Engg 1873-II, S. 35

„2-4-0 express locomotive for the Grand Central Ry of Belgium at the Vienna Exhibition", Engg 1873-II, S. 246

1879 „2-6-2 passenger tank locomotive for the Belgian State Rys", Engg 1879-I, S. 156

1881 Zumach: „Locomotiven auf der nationalen Ausstellung zu Brüssel 1880", Organ 1881, S. 168 u. 244 — Z 1882, S. 293

„0-6-2 locomotive for local rys", Engg 1881-II, S. 480

1886 „0-6-0 goods locomotive, Belgian State Rys", Engg 1886-I, S. 150

„Standard types of locomotives, Belgian State Rys", Engg 1886-II, S. 463

1889 „2-4-0 passenger locomotive at the Paris Exhibition, Belgian State Rys", Engg 1889-II, S. 7

„0-8-0 tank locomotive, Grand Central Ry of Belgium", Engg 1889-II, S. 198

„Tramway locomotives for metre gauge lines", Engg 1889-II, S. 737

1894 „2-4-2 express passenger locomotive, Belgian State Rys (Antwerp Exhibiton)", Engg 1894-II, S. 322

„Locomotives for the Belgian State Rys at the Antwerp Exhibition", Engg 1894-II, S. 449

1897 „2-4-2 express locomotive type 12, Belgian State Rys", Engg 1897-II, S. 588

„Locomotives of the Belgian State Rys at the Brussels Exhibition", Engg 1897-II, S. 619 und 650

1905 „4-6-0 bogie locomotives, Belgian State Rys", Loc 1905, S. 40 und 160

„1835—1905: An object lesson on the Belgian State Rys", Loc 1905, S. 215

1906 „Recent locomotives of the Belgian State Rys", Loc 1906, S. 6 u. f.

1907 „2/4 gek. Schnellzuglokomotive der Caledonischen Bahn und der Belgischen Staatsbahnen", Lok 1907, S. 176

1908 Bennett: „West Flanders Ry locomotives" (m. Karte), Loc 1908, S. 141 — 1910, S. 227

1909 „Oesterreichische Dreikuppler-Güterzuglokomotive der Belgischen Nordbahn", Lok 1909, S. 207

1910 „Locomotives built at Haine-St. Pierre", Loc 1910, S. 122

„Pacific express locomotive, Belgian State Rys", Loc 1910, S. 136 — Engg 1911-II, S. 525 und 593

1911 „Eight-coupled tank locomotive, Belgian State Rys", Loc 1911, S. 86

1912 „0-8-2 tank locomotive, Belgian State Rys 1885", Loc 1912, S. 43

„«Le Belge», the first locomotive in Belgium", Loc 1912, S. 129

1913 „Eine ältere belgische Breitbox-Versuchslokomotive", Lok 1913, S. 38
— Loc 1919, S. 168
„4-4-0 four-cyl. compound express locomotive, Nord-Belge Ry", Loc
1913, S. 83
„Baltic type tank locomotive, Belgian State Rys", Loc 1913, S. 118

1915 „Old Belgian tank locomotives", Loc 1915, S. 31

1916 „0-6-6-0 articulated «Meyer» tank locomotive, Grand Central Ry of
Belgium", Loc 1916, S. 195

1917 Steffan: „Belgische Lokomotiven", Lok 1917, S. 157 u. f. — *Er-
weiterter Sonder-Abdruck in Buchform Wien 1918

1919 „Mogul type goods locomotive, Belgian State Rys", Loc 1919, S. 23
„2-4-2 triplex boiler locomotive, Belgian State Rys", Loc 1919, S. 168

1920 „American-built 2-8-0 goods locomotive, Belgian State Rys", Loc
1920, S. 96

1922 Jacquet: „Engerth locomotives on French and Belgian Rys", Loc
1922, S. 74
„2-8-0 goods locomotive, Belgian State Rys", Loc 1922, S. 128

1923 „New 4-6-0 four-cyl. compound locomotives, Belgian State Rys",
Loc 1923, S. 5

1924 „An old Belgian single driver, 1865", Loc 1924, S. 46

1925 Jacquet: „German locomotives on the Belgian State Rys", Loc
1925, S. 357 u. 1926, S. 24, 47, 81
„An old Belgian 2-4-0 locomotive, 1845, State Rys", Loc 1925, S. 393
„Belgian locomotives with intermediate carrying axles", Loc 1925,
S. 324
„New 2-8-0 compound freight locomotives, Belgian State Rys", Loc
1925, S. 71

1927 Jacquet: „Type 10 express locomotives, Belgian National Rys Co",
Loc 1927, S. 8
„2-10-0 goods locomotive type 36, Belgian National Ry Co", Loc
1927, S. 212

1929 „Old Belgian locomotives", Loc 1929, S. 16

1930 „New locomotives for the Belgian National Rys", Loc 1930,
S. 253 — Organ 1932, S. 163
„0-6-0+0-6-0 Garratt locomotive, metre gauge, Belgian Vicinal Rys",
Loc 1930, S. 300

1931 Jacquet: „Early English locomotives for the Belgian Rys", Loc
1931, S. 274
Legein: „Consolidation-Lokomotive, Bauart 35 der Nationalgesell-
schaft der Belgischen Eisenbahnen", Kongreß 1931, S. 393

1932 Jacquet: „Early Belgian locomotives", Loc 1932, S. 109, 144, 174,
198, 253, 297

1935 „Belgische Lokomotiven der Nachkriegszeit", Lok 1935, S. 41, 57, 192
„New Belgian Pacific locomotives", Gaz 1935-I, S. 650 — Loc
1935, S. 136

1936 Jacquet: „The Belpaire locomotives of the Belgian State Rys",
Loc 1936, S. 267
„A curious old Belgian locomotive", Loc 1936, S. 352
„Beligian locomotive performance", Gaz 1936-I, S. 905

1937 „The Malines-Terneuzen Ry and its locomotives", Loc 1937, S. 124

Henschel B + B - Trockendampf - Gelenk - Abraum - Tenderlokomotive,
die schwerste und leistungsfähigste Schmalspur-Dampflokomotive
für Abraumbetrieb. Drei dieser Lokomotiven laufen auf Grube
Phönix der AG für Braunkohlenverwertung in Mumsdorf/Thür.

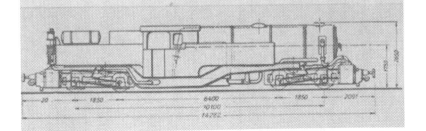

1939   „A Belgian veteran: 2-4-0 tank engine, C. F. Grand Central Belge 1847", Loc 1939, S. 89
„New Belgian high-speed locomotives: Streamlined inside-cylinder Atlantic type", Gaz 1939-I, S. 654 — Kongreß 1939, S. 579
1940   „High-speed locomotive work in Belgium: Performances by the new Atlantic locomotives and the standard Pacifics on the Brüssels-Ostend line", Gaz 1940-I, S. 390

Bolivien

1906   „New narrow-gauge locomotives, Antofagasta (Chili) & Bolivia Ry" Loc 1906, S. 138 u. 1908, S. 181
1907   „Fairlie locomotive for the Bolivian railways", Loc 1907, S. 7
1908   „0-8-2 gek. Adhäsions- und Zahnradlokomotive Bauart Abt" (geb. von Eßlingen), Lok 1908, S. 117
„New locomotives, Antofagasta and Bolivia Ry", Loc 1908, S. 181
1909   „1 C - C 2 Tenderlokomotive von 76 cm Spurweite, Bauart Kitson-Meyer, für die Antofagasta (Chile) & Bolivia Ry", Lok 1909, S. 257 — Loc 1909, S. 40
1912   „New heavy articulated «Kitson-Meyer» locomotives for Antofagasta & Bolivia", Gaz 1912-I, S. 102 u. II, S. 49
1913   „2-8-2 tender locomotive, Antofagasta (Chili) & Bolivia Ry", Loc 1913, S. 53 — Gaz 1913-I, S. 553
„New 2-8-4 tank locomotive, Antofagasta (Chili) & Bolivia Ry", Gaz 1913-I, S. 428
1920   Becker: „The La Paz-Yungas Ry, Bolivia", Loc 1920, S. 273 (m. Karte)
1921   „Neuere Lokomotiven der Antofagasta (Chile)- u. Bolivia-Eisenbahn", Lok 1921, S. 181
1926   „Heavy metre gauge 2-8-2 locomotive for Bolivia", Loc 1926, S. 314
1928   „2-8-4 tank locomotive, Antofagasta (Chili) & Bolivia Ry", Loc 1928, S. 276
1929   „4-8-2+2-8-4 Beyer-Garratt locomotives, Antofagasta (Chili) and Bolivia Ry", Loc 1929, S. 241 — Gaz 1929-I, S. 747

Brasilien

1872   „2-4-0 tank locomotive for the Porto Alegre and New Hamburg Ry of Brazil", Engg 1872-I, S. 24
1876   „2-6-0 locomotive for the Dom Pedro II. Ry of Brazil at the Philadelphia Exhibition", Engg 1876-II, S. 155
1885   „2-8-0 locomotive for the Paulista Ry", Engg 1885-II, S. 34
„4-4-0 compound locomotive (Webb), Paulista Ry", Engg 1885-II, S. 614
1887   „4-4-0 tank locomotive for the Great Southern Ry of Brazil", Engg 1887-II, S. 273
1895   „2-8-0 four-cylinder compound goods locomotive for the Cia Paulista", Engg 1895-II, S. 44
1908   „New rolling stock, Great Western Ry of Brazil", Gaz 1908-I, S. 569
„0-6-6-0 Mallet locomotive, Central Ry of Brazil", Engg 1908-I, S. 814
1909   „Consolidation locomotive, San Paulo Ry", Loc 1909, S. 224
„New locomotives of the Leopoldina Ry", Loc 1909, S. 68

11

1910   Bennett: „Railways in Brazil", Loc 1910, S. 189
        „1 C - C 2   Meyer-Kitson-Lokomotive der Leopoldina-Bahn", Lok
        1910, S. 141
        „Locomotives for South America", Loc 1910, S. 195
1911   Wiener: „Les chemins de fer du Brésil", Revue 1911-II, S. 273
        (Abschnitt «Lokomotiven» 1912-I, S. 130)
1912   Engel: „Neuere südamerikanische Lokomotiven", Lok 1912, S. 97
        Wiener: „The locomotives of the Rio Grande do Sul Ry, Brazil",
        Loc 1912, S. 144 u. f.
        „Consolidation locomotive, Leopoldina Ry", Gaz 1912-I, S. 381 und
        1913-II, S. 467
        „Pacific type superheater express locomotive, San Paulo Ry", Loc
        1912, S. 29
1913   „2-6-6-2 Mallet compound articulated locomotive, Brazil Ry", Loc
        1913, S. 207
1914   „2-8-0 superheater locomotive, Leopoldina Ry", Loc 1914, S. 235
1915   „Meterspurige 1 D - Güterzuglokomotive für die Nebenbahnen des
        Staates Rio Grande do Sul", Lok 1915, S. 12
1916   „2-4-0 + 0-4-2 Garratt passenger locomotive, Sao Paulo Ry", Loc
        1916, S. 151
1917   Schneider: „1 C 1 - Heißdampf-Personenzuglokomotive der Brasi-
        lianischen Zentralbahn", Z 1917, S. 286
1918   „1 D - Heißdampf-Güterzuglokomotive der Sao Paulo-Bahn", Lok
        1918, S. 102
1919   Lübon: „2 C - Schmalspurlokomotive der E. F. Oeste de Minas",
        Klb.-Ztg. 1919, S. 431
1920   „Meterspurige 2 C - Lokomotive für die Timbo-Proprio-Bahn", HN
        1920, S. 168
1922   „Recent Garratt patent locomotives", Ry Eng 1922, S. 181
1923   „2 B - Heißdampf-Schnellzuglokomotive der Sao Paulo-Bahn", Lok
        1923, S. 22
        „Locomotives for the Brazilian Centennial Exhibition", Age 1923-I,
        S. 467
        „Rack locomotives for the Therezopolis Ry", Loc 1923, S. 163
        „The Central Rr of Brazil", Loc 1923, S. 235
1924   „Auszug aus dem Bericht des Zivilingenieurs Dr. Pereira, Ober-
        ingenieur der Eisenbahn Rio Grande do Sul", Annalen 1924-II,
        S. 227
1925   Franke: „Meterspurige Mikado-Lokomotiven für Brasilien", Wag-
        gon- und Lokbau 1925, Heft 18
        „Henschel-Mikado-Lokomotiven für die Brasilianische Zentralbahn",
        Annalen 1925-I, S. 209
1926   Engelmann: „Mikado-Lokomotiven der AEG für Brasilien", VT
        1926, S. 449
        Hübener: „Dampflokomotiven für die Zentralbahn in Brasilien",
        AEG-Mitt. 1926, S. 222 — Lok 1926, S. 177
        Keller: „Neue (Henschel-) Lokomotiven für Brasilien", Z 1926,
        S. 617 und 739
        Weidenbacker: „Some scenes along Brasilian rys", Baldwin Oktober
        1926, S. 43
        „4-6-2 locomotive, Leopoldina Ry", Loc 1926, S. 3

"Three-cylinder Pacific locomotive, Oeste de Minas Ry", Baldwin Oktober 1926, S. 38

1927 "4-8-2 locomotives for the Rio Grande do Sul Ry", Loc 1927, S. 352 — Lok 1927, S. 146
"Baldwin locomotives for the Central Ry of Brazil", Baldwin Juli 1927, S. 36—37

1928 "2-8-0 metre gauge locomotive, Central Ry of Brazil", Loc 1928, S. 206
"New express passenger Garratt locomotives, San Paulo Ry", Loc 1928, S. 21 u. 1935, S. 173
"Baldwin veterans on Brazilian rys", Baldwin April 1928, S. 58

1930 Heise: "1 E 1-Heißdampf-Drilling-Güterzuglokomotive für die E. F. Sorocabana", HH Dez. 1930, S. 29 — Lok 1938, S. 69
Riedig: "Deutsche Lokomotiven auf südamerikanischen Bahnen", Waggon- u. Lokbau 1930, S. 225
"Tank locomotives, Leopoldina Ry", Loc 1930, S. 182 u. 218

1931 Williams: "The Leopoldina Ry", Beyer-Peacock Januar 1931, S. 3
"1 C 1 + 1 C 1 - h 4 Garratt-Lokomotiven der Brasilianischen Großen Westbahn", Organ 1931, S. 425 — Engg 1930-II, S. 520
"New locomotives for the Sao Paulo Ry", Loc 1931, S. 40

1932 Böhmig: "2 C 1 + 1 C 2 - Heißdampf-Garratt-Lokomotive für die Viaçao Ferrea do Rio Grande do Sul", HH Februar 1932, S. 12

1933 "0-6-2 side tank locomotive, San Paulo Ry", Loc 1933, S. 348

1935 "Heißdampf-Zwilling-Güterzuglokomotive der Brasilianischen Nord-West-Bahn", HH Dez. 1935, S. 81 u. Sept. 1936, S. 15
"2-8-2 type engines built by Bagnall Ltd for the San Paulo-Parana Ry", Gaz 1935-II, S. 1015 — Loc 1935, S. 396
"2-8-2 tender locomotive for a plantation railway, Brazil", Loc 1935, S. 10
"4-6-2 + 2-6-4 converted Beyer-Garratt locomotive, San Paulo Ry", Loc 1935, S. 173
"2 E 1 - Lokomotive von Alco für die Sorocabana-Bahn", Gaz 1935-I, S. 1169

1936 "2 E 1 - Heißdampf-Drilling-Güterzug-Lokomotive für die Sorocabana- und die Paulista-Bahn", HH Sept. 1936, S. 12 — Lok 1938, S. 10
"D - Heißdampf-Zwilling-Verschiebe-Tenderlokomotive der Sorocabana-Bahn", HH Sept. 1936, S. 93
"Baltic type tank locomotives, San Paulo Ry, Brazil", Loc 1936, S. 342
"Three-cyl. locomotives for the Sorocabana Ry", Loc 1936, S. 297 — HH Dez. 1935, S. 81 u. Sept. 1936, S. 12

1937 "1 D 1 - Heißdampf-Zwilling-Güterzug-Lokomotive der Parana Plantation Ltd", HH August 1937, S. 80
"2-6-6-2 type Mallet locomotive, Gogaz Ry, Brazil", Loc 1937, S. 183

1938 Böhmig u. Bangert: "Die neuesten Henschel-Gelenklokomotiven Baujahr 1937 für die Brasilianische Zentralbahn, 1 D - D 2 Mallet für Meterspur", HH Dez. 1938, S. 1 — Lok 1939, S. 12
"1 E 1 - und 1 E 2 - Heißdampf-Zwilling-Güterzug-Lokomotiven der Brasilianischen Zentralbahn", HH Dez. 1938, S. 107
"1 D 1 - Heißdampf-Zwilling-Güterzug-Lokomotive der Victoria Minas-Bahn, Brasilien", HH Dez. 1938, S. 107
"4-6-2 tank locomotives, Leopoldina Ry", Loc 1938, S. 4

11*

1939   Doeppner: „Neue Lokomotiven der Achsanordnung 2'D1' (Mountain) für Uebersee", Annalen 1939, S. 71 — Gaz 1939-II, S. 20 (Rio Grande do Sul Ry)
         Schmitt: „2 E 1 - Schwartzkopff-Lokomotiven für die Araraquara-Bahn", Lok 1939, S. 66 — Loc 1939, S. 189
         „Rio Grande do Sul Ry, Brazil", Gaz 1939-I, S. 652

Britisch-Indien (ohne Ceylon)
Allgemein und Verschiedenes

1905   „Standard 4-4-0 passenger locomotive", Loc 1905, S. 61 u. 1906, S. 14
         „Locomotive working on the Gwalior Light Rys", Loc 1905, S. 153 u. f.
1907   „Normal gauge stock in India", Loc 1907, S. 220
         „Matheran Ry", Loc 1907, S. 48
         „The Barsi Light Ry" (m. 2 D 2 - Tenderlok.), Loc 1907, S. 17
1908   „4-6-0 fast passenger engines for the Rajputana-Malwa Ry", Loc 1908, S. 86
         „Indian locomotive practice", Loc 1908, S. 103
1909   „4-8-0 goods locomotive (metre gauge) for the Assam Rys and Trading Co, Ltd", Loc 1909, S. 53
1910   Hitchcock: „The standardisation of locomotives in India", Engg 1910-II, S. 614 — Kongreß 1911, S. 706 — Loc 1919, S. 129
1911   „The Darjeeling-Himalayan Ry", Loc 1911, S. 50 u. 82
         „Some «Old Timers», Great Southern Ry, India", Loc 1911, S. 133
1914   „Hanomag-Lokomotiven in Britisch-Ostindien", HN 1914, Heft 6, S. 8
         „2-6-0 tank locomotive, Bombay Port Trust", Loc 1914, S. 261
         „The Nilgiri Mountain Ry", Loc 1914, S. 288 u. 1915, S. 50 u. 83
1915   „Englische 1 D - Lokomotiven für die breitspurigen Eisenbahnen Ostindiens", Lok 1915, S. 10
         „Darjeeling-Himalayan Ry extension", Loc 1915, S. 102
         „4-6-2 tender locomotive, Darjeeling Himalayan Ry", Loc 1915, S. 3
         „0-6-0 tank locomotive for the Indian Public Works Department", Loc 1915, S. 266
1916   „2-8-2 narrow gauge locomotive, Gwalior Light Rys", Loc 1916, S. 154
1918   „D 1 - Vierzylinder-Reibungs- und Zahnradlokomotive der Nilgiri-Bahn", Organ 1918, S. 16 — Schweiz. Bauzeitung 1917-II, S. 75 u. 1925-I, S. 161 — Engg 1925-II, S. 165 — Loc 1915, S. 50 u. 83
         „American locomotives at the Tata Iron & Steel Works, India", Loc 1918, S. 109
         „American locomotives for India" (2 C-Morvi, B-Darjeeling Himalaya), Loc 1918, S. 142
         „Group of Indian locomotives of three gauges under repair", Loc 1918, S. 200
1920   „0-6-0 metre-gauge goods locomotive, Rohilkund-Kumaon Ry", Loc 1920, S. 62
         „4-6-0 tender locomotive, 2 ft. 6 in. gauge, Cutch State Ry", Loc 1920, S. 183
1921   „New goods engines for India", Loc 1921, S. 1
         „4-6-0 metre gauge locomotive, Jodhpur-Bikamir State Ry", Loc 1921, S. 170

„Suggestions for a design of special shunting engine for the Indian broad gauge rys", Loc 1921, S. 65

„Narrow gauge light 0-4-2 tank locomotive for passenger traffic in India", Loc 1921, S. 212

1922 „Regellokomotiven der Indischen Bahnen", Organ 1922, S. 292 — Loc 1922, S. 292

„2-10-2 tank shunting locomotive, Bombay Port Trust Ry", Loc 1922, S. 255

1923 „2-6-2 narrow gauge locomotives, Burma Mines Ry", Loc 1923, S. 35

„0-8-0 side tank contractor's locomotive for India", Loc 1923, S. 161

1924 „Pacific type locomotives in India", Loc 1924, S. 180

1925 Slayton: „Baldwin locomotives of modern types in India", Baldwin Juli 1925, S. 52

„Hanomag locomotives in India", HN 1925, S. 185

„4-6-0 locomotive for the Gondal Ry", Loc 1925, S. 378

1926 Meßeltin: „Indische Schmalspurlokomotiven", Organ 1926, S. 165 — Annalen 1926-I, S. 41

„0-6-0 side tank locomotive for the Indian Forestry Department, 2 ft. gauge", Loc 1926, S. 175

„2-6-4 tank locomotives for India", Loc 1926, S. 103

1927 „2-8-2 tender locomotive, Barsi Light Ry", Loc 1927, S. 7

1928 Opitz: 1 D 1 - Heißdampf-Lokomotive für die Jodhpur Ry", AEG-Mitt. 1928, S. 47

„New 2-8-2 standard metre-gauge locomotives for India", Ry Eng 1928, S. 134

1929 *„First Special Indian and Eastern Number", Gaz November 1929

*„Second Special Indian and Eastern Number", Gaz Dezember 1929

„4-6-4 passenger locomotives, 2'-6" gauge, Barsi Light Ry", Loc 1929, S. 106

„2-8-2 goods locomotives for the Gwalior Light Ry", Loc 1929, S. 144

„Indian railways' standard XC class express locomotives", Gaz 1929-II, S. 799

„New narrow gauge 2-6-2 locomotives for India", Gaz 1929-I, S. 151

1930 „Vereinheitlichung von Dampflokomotiven in Indien", Waggon- u. Lokbau 1930, S. 329 — Organ 1931, S. 487

„4-6-0 locomotive for India (Assam Rys & Trading Co), metre gauge", Gaz 1930-II, S. 345

1931 Marten: „The Rys of India", Beyer Peacock Juli 1931, S. 3

„Standardisation of locomotives for Indian railways", Indian State Rys Magazine 1931, S. 337

1932 Raw: „Armstrong Whitworth locomotives in India", Armstrong Whitworth Record 1932, Nr. 2, S. 29

„Standard tank locomotives for Indian railways specially designed for light train working" (B 1 - Breitspur, 1 C 1 - Meterspur), Gaz 1932-II, S. 19

„4-6-2 type locomotives, Gwalior Light Rys", Loc 1932, S. 41 — Engg 1932-I, S. 157 — Z 1932, S. 180

1933 „New locomotives for India", Ry Eng 1933, S. 141

„4-6-0 type metre gauge locomotives, Geakwar's Baroda State Ry", Loc 1933, S. 167

326   *Dampflokomotive / Britisch-Indien*

1933   „«Z B class» 2-6-2 tender locomotives for India, built by Bagnall
       Ltd (2'-6" gauge)", Gaz 1933-II, S. 293
1934   „Metre gauge 2-8-0 locomotives for the Udaipur-Chitorgarh Ry",
       Gaz 1934-I, S. 214 — Loc 1934, S. 89
       „2-4-2 tank locomotives, Mysore State Rys", Loc 1934, S. 113 — Ry
       Eng 1934, S. 80
1935   „4-6-0 metre gauge locomotives, Junagad State Rys", Loc 1935, S. 35
       „4-6-0 metre gauge locomotives, Bhavnagar State Ry", Loc 1935,
       S. 68
       „Locomotives of the Bengal and North Western Ry", Loc 1935,
       S. 121
1936   „0-6-2 metre gauge locomotives, Bengal-North Western and Rohil-
       kund-Kumaon Rys" (gebaut von der AEG), Loc 1936, S. 36
1939   „Indian Pacific Locomotive Committee Report", Gaz 1939-II, S. 12 —
       Mod. Transport 15. Juli 1939, S. 15 — The Eng 1939-II, S. 134 u. f.

Bengal Nagpur Railway

1904   „1 D - Güterzuglokomotive", Lok 1904, S. 130
1908   „Four-cylinder de Glehn Atlantic locomotive", Loc 1908, S. 104
1909   „Narrow gauge 4-6-2 locomotive, Bengal-Nagpur Ry", Loc 1909,
       S. 212
       „4-6-0 passenger locomotive, 5 ft. 6 in. gauge, Bengal-Nagpur Ry",
       Loc 1909, S. 237 — Engg 1909-I, S. 319
1912   „2 C 1 - Personenzuglokomotive für 762 mm Spur", Lok 1912, S. 251
1914   „2-8-0 superheater goods locomotive, B N Ry", Loc 1914, S. 233
1915   „Calcutta-Madras mail train" (m. 2 B 1 - Lok), Loc 1915, S. 146
1917   „2-8-2 mineral tank locomotive", Loc 1917, S. 154
1920   „4-6-0 express locomotive", Loc 1920, S. 261
1926   „2-8 + 8-2 Garratt locomotives for the Bengal-Nagpur Ry", Loc
       1926, S. 46
       „2-8-0 freight locomotive with Lentz poppet valves, Bengal-Nagpur
       Ry", Loc 1926, S. 241
1929   „4-cyl. compound 4-6-2 locomotive, Bengal-Nagpur Ry", Ry Eng
       1929, S. 208 — Loc 1929, S. 208
1930   „New 4-8 + 8-4 Beyer-Garratt locomotives, fitted with R. C. poppet-
       valve gear, Bengal-Nagpur Ry", Loc 1930, S. 113 — Gaz 1930-II,
       S. 785
       „2-6-2 narrow gauge locomotive with rotating cam poppet valves,
       Bengal-Nagpur Ry", Loc 1930, S. 73
1938   „New locomotives for India: G. S. M. class 4-6-0 express locomotives
       for the Bengal-Nagpur Ry", Gaz 1938-I, S. 110 — Loc 1938,
       S. 101

Bombay, Baroda and Central India Railway

1905   „C 1 - Tenderlokomotive", Lok 1905, S. 71
       „Armoured train, BB & CI Ry", Loc 1905, S. 43
1907   „Consolidation goods locomotive", Loc 1907, S. 212
1910   „0-6-2 tank locomotive, Bombay, Baroda & Central India Ry", Loc
       1910, S. 231

1912 „0-6-0 superheater locomotive, BB & CI Ry", Loc 1912, S. 232

1913 „4-4-0 metre gauge express engine, BB & CI Ry, Rajputana Malwa Ry", Loc 1913, S. 120
„4-6-0 superheater express, engine, metre gauge, BB & CI Ry", Loc 1913, S. 230

1916 „Metre-gauge 4-6-4 tank locomotives", Loc 1916, S. 42

1917 „4-4-0 metre gauge superheater express engine", Loc 1917, S. 107

1920 „4-6-0 metre-gauge mixed traffic engine with Wootten firebox", Loc 1920, S. 94

1921 „An early Indian railway picture", Loc 1921, S. 28

1923 „2-6-4 tank locomotive for the BB & CI Ry", Loc 1923, S. 321

1924 „4-6-0 passenger locomotives fort he BB & CI Ry", Loc 1924, S. 73
„Pacific type express locomotives, BB & CI Ry", Loc 1924, S. 104
„Mikado goods type locomotive, BB & CI Ry", Loc 1924, S. 168
„Metre gauge 4-6-0 freight locomotives", Loc 1924, S. 107

1927 „Metre-gauge 4-6-4 tank engine: Bombay, Baroda and Central India Ry", Loc 1927, S. 342

1928 „New metre-gauge 4-6-4 type tank engines", Ry Eng 1928, S. 266

1929 „Pacific type express locomotive: Bombay, Baroda and Central India Ry", Loc 1929, S. 276

1931 „New metre-gauge 2-8-2 freight locomotives, BB & CIR", Gaz 1931-II, S. 370

1933 „Standard 2-6-2 tender locomotive «ZB», 2 ft. 6 in. gauge", Loc 1933, S. 258

1938 „Narrow gauge 4-4-4 type tank engines for India, BB & CI Ry", Gaz 1938-I, S. 68

Burma Railways

1907 „0-6-6-0 Fairlie type locomotive, Burma Rys", Loc 1907, S. 139 — Gaz 1907-I, S. 563

1910 „2-6-2 tank locomotives for metre gauge, Burma Rys", Loc 1910, S. 32

1911 „New locomotives for the Burma Rys", Loc 1911, S. 125

1923 „2-8 + 8-2 Garratt locomotive for the Burma Rys", Loc 1923, S. 366 und 1924, S. 364

1924 „0-6-6-0 Mallet locomotives for the Burma Rys", Loc 1924, S. 200

1928 „2-8 + 8-2 compound Garratt locomotive, Burma Rys", Loc 1928, S. 4

1933 „4-6-2 type passenger locomotives for the Burma Rys", Loc 1933, S. 37

Eastern Bengal Railway

1912 „4-4-0 express locomotive, Eastern Bengal Ry", Loc 1912, S. 22 — Engg 1912-I, S. 452

1915 „2-6-4 tank locomotive, Eastern Bengal State Ry", Loc 1915, S. 124
„4-4-0 express locomotive", Loc 1915, S. 267

1926 „0-6-0 goods engine, Eastern Bengal Ry", Loc 1926, S 274

East Indian Railway

Great Indian Peninsula Railway

1927   „2-8-2 tender locomotive for the 2 ft. 6 in. gauge Central Provinces
       Ry, GIPR", Loc 1927, S. 108
1929   „Steam and electric locomotives, GIPR", Ry Eng 1929, S. 425
1937   „Pacific type locomotives", Loc 1937, S. 216 — Gaz 1937-I, S. 1205
1938   Saunders: „Experimental 4-6-0 locomotives for the Indian State
       Rys (Great Indian Peninsula Ry)", Loc 1938, S. 21

Madras and Southern Mahratta Railway

1907   „New 4-6-0 passenger locomotives, Southern Mahratta Ry", Loc
       1907, S. 45
       „The Madras Ry", Loc 1907, S. 196
1910   „4-4-0 tank locomotives, MSM Ry", Loc 1910, S. 128
1913   „2-8-0 goods locomotive, MSM Ry", Loc 1913, S. 30 u. 1919, S. 121
1924   „New Baldwin locomotives for India" (2 C 1 u. 1 D 1), Loc 1924,
       S. 240
1925   „4-8-0 type locomotives, Madras and Southern Mahratta Ry", Loc
       1925, S. 137 und 211
1929   „2-8-2 locomotives, M & SM Ry", Gaz 1929-II, S. 150
1933   „Standard „YB" type metre gauge locomotives (4-6-2), Madras and
       Southern Mahratta Ry", Loc 1933, S. 108

The Nizam's State Railways

1929   „Metre gauge 4-6-4 tank locomotive for H. E. H. the Nizam's Gua-
       ranteed State Rys", Loc 1929, S. 174
1930   „Standard passenger and goods engines for H. E. H. the Nizam's
       Guaranteed State Rys", Mod. Transport 19. Juli 1930, S. 3
1931   „Class XD (2-8-2) engines for H. E. H. the Nizam's State Rys", Mod.
       Transport 19. Sept. 1931, S. 9
1933   „2-8-2 freight locomotive with booster and mechanical stoker, H. E.
       H. The Nizam's State Rys", Loc 1933, S. 138 — Gaz 1933-I,
       S. 451
       „4-6-0 passenger locomotive, H. E. H. The Nizam's State Rys", Loc
       1933, S. 69 — Gaz 1933-I, S. 337

North Western State Railway (einschl. Kalka Simla Railway)

1905   „4-4-0 bogie passenger locomotive, NW Ry of India", Loc 1905, S. 1
1906   „The Kalka Simla Ry", Loc 1906, S. 9 u. 1915, S. 286
1909   „Consolidation goods locomotive, North Western Ry of India", Loc
       1909, S. 212
1914   „2-8-2 narrow gauge goods locomotives for the North Western Ry of
       India, Transindus Section", Loc 1914, S. 108
       „2-8-0 type locomotive, NW Ry of India", Loc 1914, S. 310
1920   „4-6-0 oil-burning express engine", Loc 1920, S. 95
1923   „2-6-0+0-6-2 Mallet compound locomotive, North Western State Ry",
       Loc 1923, S. 354

1925   „2-6-2+2-6-2 Garratt locomotive, North Western State Ry of India, 5 ft 6 in. gauge", Loc 1925, S. 269
1930   „Experimental 4-6-2 locomotives for the North Western State Ry of India", Loc 1930, S. 145
        „2-6-2+2-6-2 Kitson-Meyer type locomotive, North Western State Ry of India, Kalka Simla Section", Loc 1930, S. 48
1932   Wright: „The North Western Ry of India", Baldwin April 1932, S. 3
1934   „Notes on the locomotives of India's largest railway", Loc 1934, S. 332
1935   „1C1-Heißdampf-Zwilling-Schmalspur-Tenderlokomotive der Indischen Nord-West-Bahn", HH Dez. 1935, S. 77
1936   „0-4-2 broad gauge passenger tank locomotives, class XT", Loc 1936, S. 171

South Indian Railway

1913   „4-6-0 metre gauge superheater express locomotive", Loc 1913, S. 170
        „2-8-0 superheater locomotive, 2 ft . 6 in . gauge", Loc 1913, S. 204 — Gaz 1913-I, S. 586
1914   „The Nilgiri Mountain Ry", Loc 1914, S. 288
1915   „0-8-2 combined rack and adhesion locomotive, Nilgiri Section, South Indian Ry", Loc 1915, S. 50 u. 83 — Schweiz. Bauzeitung 1917-II, S. 75 u. 1925-I, S. 161 — Organ 1918, S. 16 — Engg 1925-II, S. 165
1916   „4-6-0 metre gauge mixed traffic locomotive", Loc 1916, S. 44
1927   „New metre-gauge 4-6-0 locomotives", Loc 1927, S. 404
1935   „Mikado freight locomotive", Loc 1935, S. 3
1936   „2-6-4 type «PT class» broad gauge tank engines, South Indian Ry", Loc 1936, S. 168 und 1938, S. 135
        „2-6-0 metre gauge tender locomotives, Assam Bengal Ry", Loc 1936, S. 237
1938   „2-6-4 type «PT class» broad gauge tank engines", Loc 1938, S. 135
1939   „Metre-gauge 2-6-4 tank locomotives, South Indian Rys", Gaz 1939-I, S. 103 — Loc 1939, S. 217

Indian State Railways
(ohne Great Indian Peninsula Ry und North Western State Ry)

1874   „2-4-0 tank locomotives for the Indian State Rys, metre gauge", Engg 1874-II, S. 85
1889   „Locomotive for the Indian State Rys, Sind-Pishin Section" (C+C Zwillinglokomotive mit zwischengesetztem Tender), Engg 1889-I, S. 371
1905   „Standard 4-4-0 passenger locomotive", Loc 1905, S. 61
1917   „2-8-2 goods locomotive for 2 ft. 6 in. gauge", Loc 1917, S. 23
1921   „4-6-0 locomotives for Indian metre gauge rys", Loc 1921, S. 57
1927   „Pacific type express locomotive, Indian State Rys", Loc 1927, S. 375 und 1928, S. 240
1928   „Standard locomotives for the Indian State Rys", Loc 1928, S. 377 — Mod. Transport 31. März 1928, S. 5
1929   „Heavy shunting locomotives for the Indian State Rys", Loc 1929, S. 71 — Mod. Transport 16. Febr. 1929, S. 11
        „2-6-2 tender locomotive for 2 ft. 6 in. gauge", Loc 1929, S. 9

1930 „Experimental 4-cylinder Pacific express locomotives, Indian State Rys", (mit Caprotti- und Lenĝ-Steuerung), Ry Eng 1930, S. 221 — Gaz 1930-I, S. 621 — Organ 1931, S. 145
„4-6-2 metre gauge standard passenger locomotive, Indian State Rys", Loc 1930, S. 258
„Standard broad gauge 4-6-2 express locomotive, «XC» type, Indian State Rys", Loc 1930, S. 292

1932 „2-6-0 metre gauge standard locomotive class YK, Indian State Rys", Loc 1932, S. 196

1938 Saunders: „Experimental locomotives for the Indian State Rys", Loc 1938, S. 21

Bulgarien

1911 „1 C 1-Tenderlokomotive der kgl. Bulgarischen Staatsbahnen", Lok 1911, S. 63 — Klb.-Ztg. 1912, S. 909
„1 D-Vierzylinder-Verbund-Gebirgslokomotive der kgl. Bulgarischen Staatsbahnen", Lok 1911, S. 183 — Loc 1911, S. 199
„E-Verbund-Güterzuglokomotive der kgl. Bulgarischen Staatsbahnen", Lok 1911, S. 68

1912 King: „Bulgarian Railway locomotives", Ry Eng 1912, S. 385

1914 „E-Verbund-Güterzuglokomotive, verstärkte Bauart, der kgl. Bulgarischen Staatsbahnen", Lok 1914, S. 183

1920 „Die Entwicklung der bulgarischen Eisenbahnen", Lok 1920, S. 3

1922 Hubert: „Hanomag-Lokomotiven für Bulgarien", HN 1922, S. 121

1924 Wiener: „Les chemins de fer de Bulgarie", Revue 1924-I, S. 243 (Matériel roulant: S. 325)

1931 Briling: „1 F 2-Güterzug-Tenderlokomotiven der Bulgarischen Staatsbahnen", Lok 1931, S. 169 — Loc 1931, S. 253 — Gaz 1940-I, S. 291
Opiĝ: „Die neuen Einheitslokomotiven der Bulgarischen Staatsbahn", Organ 1931, S. 411 — Z 1931, S. 1553 — Gaz 1931-I, S. 52 — Lok 1932, S. 82
„Mikado type express locomotive for the Bulgarian State Rys", Loc 1931, S. 401 — Gaz 1931-I, S. 52 — HH Dez. 1935, S. 77 — Loc 1936, S. 374 — Lok 1932, S. 83 u. 1937, S. 70
„2-12-4 tank locomotives, Bulgarian State Rys", Loc 1931, S. 253

1938 *„50 Jahre Bulgarische Staatsbahnen", Sofia 1938 (S. 46: Lokomotiven)

Ceylon

1909 „2 C 2-Schmalspur-Tenderlokomotive für Ceylon", Loc 1909, S. 228 — Lok 1911, S. 139

1910 „2-6-4 tank locomotive, Ceylon Govt Rys", Loc 1910, S. 97

1918 „4-8-0 superheater locomotive, Ceylon Govt Rys", Loc 1918, S. 26

1923 „4-6-0 passenger locomotive, Ceylon Govt Rys", Loc 1923, S. 325

1927 „4-6-0 locomotives, Ceylon Govt Rys", Loc 1927, S. 69

1928 „4-6-4 tank locomotive for the Kelani Valley Line, Ceylon Government Rys", Loc 1928, S. 239

332   *Dampflokomotive / Ceylon — Chile*

1928   „New 4-6-0 passenger locomotive, Ceylon Govt Rys", Loc 1928, S. 141
       „4-8-0 tender locomotives, Ceylon Government Rys", Loc 1928, S. 310
1929   *„First Special Indian and Eastern Number", Gaz Nov. 1929, S. 91 u. 139
       „4-6-0 locomotives for the Ceylon Government Rys", Loc 1929, S. 341
1930   „Recent locomotives: Ceylon Government Rys", Loc 1930, S. 219
1931   „2-4-0+0-4-2 Beyer-Garratt patent articulated locomotive for the
       Ceylon Govt Rys, 2'6" gauge", Beyer-Peacock Januar 1931, S. 37

Chile
(Antofagasta & Bolivia Ry unter «Bolivien»)

1901   Gould: „Compound locomotives in South America", Engg 1901-II,
       S. 463
1907   „Combined rack-adhesion locomotive for the Transandine Ry", Engg
       1907-I, S. 640 — Loc 1910, S. 26
1909   „0-6-6-0 Meyer duplex tank locomotive, Nitrate Rys, Chili, con-
       structed by The Yorkshire Engine Cy", Engg 1909-I, S. 13 —
       Loc 1912, S. 185
1910   „The Transandine Ry", Loc 1910, S. 26
       „Locomotives for South America", Loc 1910, S. 195
1911   „0-6-4 tank locomotive, Longitudinal Ry, Chile", Loc 1911, S. 17
1912   Engel: „Neuere südamerikanische Lokomotiven", Lok 1912, S. 97
       „0-6-6-0 articulated locomotive, Nitrate Rys of Chile", Loc 1912, S. 185
1914   Dewhurst: „Locomotive practice on the Chilian Transandine Ry",
       Loc 1914, S. 161
1919   „2-8-2 oil-burning side tank locomotive, Nitrate Rys of Chile", Loc
       1919, S. 19
1923   „An early Chilian locomotive: 4-4-0 locomotive, Copiapo Ry, 1859",
       Loc 1923, S. 326
1924   „4-8-4 tank locomotive, Nitrate Rys of Chile", Loc 1924, S. 199
1926   „2-8-2+2-8-2 Garratt locomotives for the Nitrate Rys", Ry Eng 1926,
       S. 243 — Loc 1926, S. 171 — Z 1926, S, 1144
       „2-8-2 oil-burning locomotive, Chilian Northern Ry", Loc 1926, S. 312
1927   Pinney: „The Nitrate Rys", Baldwin Juli 1927, S. 38
       Williams: „Garratt locomotives in service on the Nitrate Rys",
       Beyer Peacock April 1927, S. 28
1929   „Rack and adhesion locomotives, Arica-La Paz Ry", Loc 1929, S. 83
1930   Riedig: „Deutsche Lokomotiven auf südamerikanischen Bahnen",
       Waggon- und Lokbau 1930, S. 241
1931   „The Transandine Ry", Beyer-Peacock April 1931, S. 9
1932   Pinney: „The Chilean State Rys", Baldwin Juli 1932, S. 14
       „The Nitrate Rys and its locomotives", Loc 1932, S. 85
1935   Böhmig: „Neue Lokomotiven der Chilenischen Staatsbahnen mit
       vereinheitlichter Bauart", HH Dez. 1935, S. 18 und Sept. 1936,
       S. 16 — Lok 1938, S. 58
       „2-8-2 metre gauge locomotive, Chilian State Rys", Loc 1935, S. 213
1937   „0-4-2 tender locomotive No 2, Chilian State Rys", Loc 1937, S. 132
1938   „Seven Mountain type locomotives for the Chilean State Rys", Bald-
       win Okt. 1938, S. 21

China

1876   „Locomotives for the first Chinese railway", Engg 1876-II, S. 29

1898   „Baldwin 4-4-0 and 2-6-0 locomotives for the Chinese Imperial Rys",
Engg 1898-I, S. 13

1904   „2 C - Güterzuglokomotive für die Schantung-Eisenbahn", Lok 1904,
S. 155

1905   „The Imperial Chinese Rys and rolling stock", Loc 1905, S. 120
„4-6-0 goods locomotive, Shanghai-Nanking Section, Imperial Chinese
Rys", Loc 1905, S. 135

1906   „4-4-0 passenger locomotive and 4-6-2 tank locomotive, Shanghai-
Nanking Ry", Loc 1906, S. 47
„0-6-0 contractor's locomotive, Shanghai-Nanking Ry", Loc 1906,
S. 101

1908   „Articulated 0-6-2 + 2-6-0 tank locomotive, Peking-Hankow Ry",
Loc 1908, S. 105
„C-C Mallet compound locomotive, Imperial Peking-Kalgan Ry",
Loc 1908, S. 178 — Engg 1908-II, S. 144

1910   „4-2-2 locomotive, Shanghai-Nanking Ry", Loc 1910, S. 159
„2-6-0 locomotives, Tientsin-Pukow Ry", Engg 1910-I, S. 479 u. 622
„2-6-4 tank locomotive, Kowloon-Canton Ry", Loc 1910, S. 259
„2-6-0 locomotive, Canton-Kowloon Ry", Loc 1910, S. 241

1911   Schmelzer: „Mitteilungen über die Tientsin-Pukow-Bahn", Annalen
1911-II, S. 96
„2 B-Schnellzuglokomotive der Shanghai-Nanking-Eisenbahn", Lok
1911, S. 267
„New 4-6-0 and 2-8-0 locomotives for the Tientsin-Pukow Ry", Gaz
1911-II, S. 490

1912   „Atlantic type express locomotive, Chinese Govt Rys", Loc 1912,
S. 179 — Gaz 1912-II, S. 307

1914   „Pingsiang-Siangtau Ry: 2-6-0 goods locomotive", Loc 1914, S. 4

1915   „Atlantic type express engines, Shanghai-Nanking Ry", Loc 1915, S. 27
„The Shanghai-Nanking Ry", Loc 1915, S. 197

1916   „The Pekin Kalgan Ry" (m. Karte), Loc 1916, S. 89
„The Government Rys of North China: The Pekin-Mukden Ry" (m.
Karte), Loc 1916, S. 163 u. f.

1917   „2-6-0 superheater locomotive, Chinese Govt Rys, Peking-Mukden
Line", Loc 1917, S. 141
„American locomotives for the Canton-Hankow Ry", Loc 1917, S. 174

1922   „Mallet locomotive, Peking-Suiyuan Ry of China", Loc 1922, S. 59
„The Peking-Suiyuan Ry", Loc 1922, S. 14, 32, 59

1923   „The Cheng Tai Ry", Loc 1923, S. 76 u. 106

1924   „0-6-0 tank locomotives for the Chang Cheng Ry", Loc 1924, S. 355
„2-8-2 type locomotive, Peking-Mukden Ry", Loc 1924, S. 231

1925   „Hanomag-Lokomotiven für China", HN 1925, S. 199
„The Shanghai-Nanking Ry", Loc 1925, S. 174
„Baltic type tank locomotive, Kowloon-Kanton Ry", Loc 1925, S. 1
„0-4-4 side tank locomotive, 2 ft. gauge, for Hong Kong Colony",
Loc 1925, S. 271

1926   Williams: „The Yunnan Kopei Ry", Baldwin Oktober 1926, S. 3

1928   Kolpachnikoff: „Heavy trains and long runs on the Chinese Eastern Ry", Baldwin Okt. 1928, S. 59

        „2-6-0 freight engine, Shanghai-Hangchow-Ningpo Ry", Loc 1928 S. 35

1929   *„Second Special Indian and Eastern Number", Gaz Dez. 1929, S. 93 und 161

        „2-8-2 freight engines for the Chinese Government Rys", Loc 1929, S. 220 und 1931, S. 155

1930   „Pacific type locomotives, Nanking-Shanghai Ry", Loc 1930, S. 398 — Gaz 1930-II, S. 625

1932   „Mikado type locomotives for the Tientsin-Pukow Ry", Loc 1932, S. 416 — Gaz 1932-II, S. 645 — Baldwin Januar 1931, S. 56

1933   „New 2-8-2 locomotives for the Ministry of Rys, China", Ry Eng 1933, S. 11

        „0-8-0 tank locomotive for the Nanking train ferry", Loc 1933, S. 199 — Gaz 1933-II, S. 182

1934   Chih Yu: „The Sunning Ry", Baldwin, Januar 1934, S. 11

        „4-8-0 mixed traffic locomotive, Hangchow-Kiangshan Ry", Gaz 1934-I, S. 51 — Mod. Transport 20. Jan. 1934, S. 9 — Loc 1934, S. 36 u. 1936, S. 136

        „4-6-2 passenger locomotive, Tientsin-Pukow Ry", Loc 1934, S. 3

1935   „Henschel-Lokomotiven für die Tungpu-Bahn (China)", HH Dez. 1935, S. 80 und Sept. 1936, S. 93

        „New 4-8-4 locomotives for Kanton-Hankow, Chinese National Rys", Gaz 1935-II, S. 716 — Loc 1935, S. 372 — Mod. Transport 23. Nov. 1935, S. 5 — Lok 1938, S. 1

        „2-8-0 locomotives, Kiangnan Ry", Loc 1935, S. 271

1936   „0-8-0 shunting locomotives, Yueh-Han Ry", Loc 1936, S. 6

        „2-8-0 locomotives for the Chinese Government Ry, Lung-Hai Line, built by the Société Alsacienne", Loc 1936, S. 317 — Lok 1936, S. 177 — Bulletin de la Société Alsacienne de Constructions Mécaniques 1936, S. 72

        „2-8-2 locomotives for the Huinan Ry, China", Loc 1936, S. 107

        „2-8-2 type locomotives, Kiao-Tsi Ry", Loc 1936, S. 206

        „4-8-0 locomotives, Hangchow-Kiangshan Ry", Loc 1936, S. 136

        „2-6-2 passenger locomotives, Pekin-Hankow Ry", Loc 1936, S. 277

        „Henschel 2-8-2 locomotives for Chekiang-Kiangsi Ry", Gaz 1936-I, S. 951 — HH Sept. 1936, S. 20 und August 1937, S. 79 — Lok 1937 S. 197

        „Pacific type locomotives, Kiangnan Ry, China", Loc 1936, S. 71

1937   „2-10-0 metre gauge locomotives, Tungpu-Ry", Loc 1937, S. 36 — HH Sept. 1936, S. 93 — Lok 1938, S. 38

        „2-10-0 locomotive, Lung-hai Line, Chinese Govt Rys, erected by the Kisha Seizo Kaisha Ltd of Osaka", Loc 1937, S. 273

        „New 2-10-2 type Krupp locomotives, Tientsin Pukow Ry", Gaz 1937-II, S. 205 — Loc 1937, S. 305

        „Belgian built 2-10-2 locomotive, Lung-hai Line, Chinese Govt Rys", Gaz 1937-II, S. 617

1938 „The rehabilitation of China's railways", Loc 1938, S. 11 und 45
„Mikado type locomotives for the Chinese Ministry of Railways", Baldwin April 1938, S. 26
„Pacific type locomotives, Chinese Govt Rys, Lung-Hai Line", Loc 1938, S. 68
„2 ft. 6 in. gauge «Mikado» locomotive, Chosen Ry Co", Loc 1938, S. 169
„2-6-2 mixed traffic tender locomotives, Kinhan Ry of China", Loc 1938, S. 231

1939 „The first railway in China, Shanghai and Woosung", Loc 1939, S. 112 u. 137

Columbien

1910 „0-6-6-0 Mallet compound locomotive, Colombian National Ry", Loc 1910, S. 201 — Gaz 1910-I, S. 253

1924 „The first locomotive in Colombia", Loc 1924, S. 306

1926 „Standard locomotives for the Government Rys of Colombia", Loc 1926, S. 37, 117 und 215
„2-6-0 type locomotive for the Colombia Ry & Navigation Co", Loc 1926, S. 309
„4-8-0 Baldwin locomotive, F. C. de Cundinamarca", Baldwin Juli 1926, S. 28

1927 „New Kitson-Meyer type locomotives for Colombia", Loc 1927, S. 35 — The Eng 1927-I, S. 360

1929 „Three-cylinder locomotives, Colombian Government Rys", Loc 1929, S. 46

1930 Martinez: „A brief history of the Ferrocarril de Antioquia", Baldwin Oktober 1930, S. 29
Riedig: „Deutsche Lokomotiven auf südamerikanischen Bahnen", Waggon- und Lokbau 1930, S. 242
„Shunting and banking locomotives for Columbia", Loc 1930, S. 7
„Kitson-Meyer-Lokomotiven für die Cundinamarca-Bahn", Waggon- und Lokbau 1930, S. 247 — Loc 1930, S. 152 — Engg 1929-I, S. 437 — Gaz 1930-I, S. 300

1931 „4-8-0 locomotive for Ferrocarril Ambalema Ibagué", Baldwin Jan. 1931, S. 57

1935 „2-8-8-2 Baldwin-built locomotive, National Rys of Colombia", Baldwin April-Juli 1935, S. 10 — Loc 1935, S. 312
„New 2-8+8-2 Kitson-Meyer locomotives for the National Rys of Colombia", Gaz 1935-II, S. 424 — Loc 1935, S. 205
„United Fruit Company locomotives on the F. C. Nacional del Magdalena", Baldwin Januar 1935, S. 28

1937 „1 D 1-Heißdampf-Zwilling-Güterzug-Lokomotive der Antioquia-Bahn", HH August 1937, S. 80
„Beyer-Garratt 4-6-2+2-6-4 locomotives for the Dorado Ry in Colombia, 3 ft. gauge", Gaz 1937-II, S. 987 — Loc 1937, S. 377

1938 „Mountain type metre gauge locomotive for export (Colombia)", Baldwin Juli 1938, S. 16

Dänemark

1884   Busse: „B 2-Tender-Lokomotiven der Thylands-Eisenbahn der Dänischen Staatsbahnen", Organ 1884, S. 168

1889   Busse: „3/3 gek. Verbund-Güterzuglokomotive der Dänischen Staatsbahn in Fünen und Jütland", Organ 1889, S. 148

1896   Busse: „Neue Lokomotiven der Dänischen Staatsbahnen", Organ 1896, S. 231

1901   „2/2 u. 3/4 gek. Lokomotiven der Dänischen Staatsb.", Z 1901, S. 1473

1907   Busse: „2/5 gek. Vierzylinder-Schnellzug-Verbundlokomotive der Dänischen Staatsbahnen", Organ 1907, S. 1 — Engg 1907-I, S. 771 u. 852 — Loc 1907, S. 141

1908   „4-4-2 Vierzyl.-Verbund-Schnellzuglokomotive der Dänischen Staatsbahnen", Lok 1908, S. 121 — Revue 1908-II, S. 61

1910   Litz: „Neuere Lokomotiven für die Dänischen Privatbahnen (m. Streckenkarte)", Klb.-Ztg. 1910, S. 769 u. 788

1912   Schwickart: „Normalspurige Lokomotivtypen der Dänischen Privatbahnen", Klb.-Ztg. 1912, S. 621

1913   „2 C-Heißdampf-Schnellzuglokomotive Reihe R der kgl. Dänischen Staatsbahnen", Lok 1913, S. 49

1918   „C-Heißdampf-Tenderlokomotive der Stubbeköbing-Nyköbing-Nysted-Bahn", Lok 1918, S. 192

1920   Ahrons: „Some early English locomotives on the Danish Rys", Loc 1920, S. 3 u. 92
      „Old shunting engine, Danish State Rys, 1869", (m. stehendem Kessel), Loc 1920, S. 115

1922   „Three-cylinder express locomotive, Danish State Rys", Loc 1922, S. 251 — Lok 1923, S. 17

1923   Lotter: „Die 1 D-Heißdampf-Drilling-Eilgüterzug-Lokomotive der Dänischen Staatsbahnen", Organ 1923, S. 215 — Lok 1926, S. 139
      „0-4-2 tender engine, Danish State Rys", Loc 1923, S. 130

1924   „The Danish State Rys", Loc 1924, S. 299

1925   „Three-cylinder 2-6-4 tank locomotive, Danish State Rys", Loc 1925, S. 304 — Gaz 1938-I, S. 484

1932   „Scandinavian railway travels", Loc 1932, S. 60, 93, 122, 167, 206

1937   „Superheated re-built 4-4-0 locomotives, Danish State Rys", Loc 1937, S. 129
      „Swedish Pacific engines for Denmark", Gaz 1937-II, S. 613

1940   „Lokomotivbestellung der Dänischen Staatsbahn", Lok 1940, S. 27

Ecuador

1929   „New 2-6-2 + 2-6-2 Garratt locomotives for South America" (1 C 1 + 1 C 1 der Guayaquil and Quito Ry), Loc 1929, S. 191 — Gaz 1929-I, S. 530

1937   „Consolidation type locomotives with outside frames, built by Baldwin for the Guayaquil and Quito Ry", Baldwin April 1937, S. 28

England (Großbritannien ohne Irland) / allgemein

1875 Kirchweger: „Ueber Bahnoberbau und Betriebsmittel der englischen Eisenbahnen", Organ 1875, S. 278

1887 Keller: „Rekonstruktion von Stephenson's Preislokomotive «Rocket»", Z 1887, S. 288

1893 „Winby's four-cylinder 4-4-0 express locomotive, Chicago Exhibition" (mit birnenförmigem Kessel), Engg 1893-I, S. 615

1894 „Early English locomotives at the Columbian Exposition", Engg 1894-I, S. 322, 639, 712 u. II, S. 298

1899 „Neue Lokomotivkonstruktionen in England im Jahre 1898". Annalen 1899-II, S. 103

1904 Bencke: „Wer ist der Vater der Eisenbahn?", Lok 1904, S. 6
„Britische Schnellzuglokomotiven", Lok 1904, S. 90, 122, 152 und 163 — Lok 1905, S. 150

1907 Höhn: „Puffing Billy, Nachbildung der im Kensington-Museum in London aufgestellten ältesten Lokomotive", Organ 1907, S. 27 – Loc 1913, S. 104
*„Locomotives 1 to 5000, 1854—1907", herausgegeben von Beyer, Peacock & Co, Ltd, Manchester 1907
„The late Mr. D. Jones", Loc 1907, S. 26

1908 Steffan: „Englische Tenderlokomotiven", Lok 1908, S. 128 — 1909, S. 210 u. 1914, S. 9
„Railway reminiscenses", Loc 1908, S. 146, 195
„The Norris locomotive «Philadelphia», hauling a train up the Lickey Incline, Birmingham & Glocester Ry", Loc 1908, S. 70

1909 Ahrons: „Some historical points in the details of British locomotive design", Loc 1909, S. 6 u. f.
Walker: „The origin of the balanced locomotive", Loc 1909, S. 10, 56 und 110 — Gaz 1909-II, S. 181 u. 217
„Diagram showing increase in size of express engines since 1847" Engg 1909-II, S. 57

1910 Paley: „The first railway act", Loc 1910, S. 49
„Einige historische Daten über Stephensonsche Lokomotiven aus den ersten Jahren des Eisenbahnbetriebes", Lok 1910, S. 204

1911 Paley: „The Stephenson Centenary of 1881", Loc 1911, S. 121

1912 Matschoß: „Ein Besuch im Science Museum in London", Z 1912, S. 399

1913 Barker: „The Centenary of Hedley's «Puffing Billy»", Loc 1913. S. 104
Bennett: „Charles Dickens and the railway", Loc 1913, S. 81
Fort: „Ouelques notes sur les locomotives anglaises", Revue 1913-I, S. 11, 92 u. 144
„British locomotives", Gaz 1913-I, S. 753 u. II, S. 52, 148, 244, 431, 673
„Englische 2 A 1-Schnellzuglokomotiven", Lok 1913, S. 13 und 1918, S. 44

1914 *„Ahrons: „The development of British locomotive design", Verlag The Locomotive Publishing Co, Ltd, London 1914
„Recent colliery locomotives", Loc 1914, S. 222

1916   „British locomotive classification in 1915", Loc 1916, S. 94
        „An early Stephenson locomotive", Loc 1916, S. 242
1917   „Bemerkenswerte altenglische Lokomotiven", Lok 1917, S. 108
1918   „Englische Lokomotiven in Deutschland und deutsche Lokomotiven
        in England", HN 1918, S. 51, 61 u. 80
1920   Bennett: „The Chronicles of Boulton's Siding", Loc 1920, S. 250
        u. f. — 1924, S. 184 u. f. sowie 1931, S. 92
        „Short histories of famous firms", The Eng 1920- I, S. 85, 184, 287,
        357, 508, 598 u. 644 — 1920-II, S. 103, 369 u. 419. — 1921-I,
        S. 68 u. 366 — 1921-II, S. 58
1921   Forward: „Notes on Trevithick's locomotives", The Eng 1921-II,
        S. 211
        Pendred: „The mistery of Trevithick's London locomotives", The
        Eng 1921-I, S. 242
        „In praise of Trevithick", Loc 1921, S. 97 — 1920-II, S. 103, 369 u.
        419. — 1921-I, S. 68 u. 366. — 1921-II, S. 58
1922   Dewhurst: „British and American locomotive design and practice"
        Engg 1922-I, S. 373, 398 u. 405 — Loc 1922, S. 98 und 256
        Forward: „Some forgotten Crampton locomotives", Loc 1922, S. 226
        „Old Bury locomotives", Loc 1922, S. 50
1923   Brewer: „The genesis and early development of the British 4-4-0
        tender engine", Loc 1923, S. 110 u. f. sowie 378
      * Warren: „A century of locomotive building by Rob. Stephenson &
        Co 1823—1923",Verlag Andrew Reid & Co, Ltd, Newcastle upon
        Tyne 1923
        „Zu Georg Stephensons 75. Todestage, 12. August 1848", Lok 1923,
        S. 129
1924   Brewer: „Large-wheeled British 0-6-0 tender engines", Loc 1924,
        S. 156
        Forward: „An early Stephenson locomotive drawing", Loc 1924, S. 223
1925   Ahrons: „The British steam railway locomotive 1825—1924", The
        Eng 1925-I, S. 2 uf.
        „Early locomotives at the George Stephenson Centenary 1881", Loc
        1925, S. 41
        „The «Agenoria» locomotive 1829", Loc 1925, S. 320
        „The centenary of public steam railways (Stockton & Darlington
        Ry)", Engg 1925-I, S. 783 — Ry Eng 1925, S. 257 — Loc 1926,
        S. 300
      *„Railway Centenary 1825—1925", Loc 1925, Ergänzungsband
        „Hundert Jahre Eisenbahn", Organ 1925, S. 395
1926   „A link with Brunel and Stephenson", Loc 1926, S. 10 u. f.
        „Matthew Murray and the locomotive", Loc 1926, S. 58
1927   * Ahrons: „The Britsh steam railway locomotive 1825—1925", Verlag
        The Locomotive Publishing Co, Ltd, London 1927
        „British locomotive builders, past and present", Loc 1927, S. 130
1928   Bennett: „The railway annex at the Edinburgh International Exhi-
        bition of 1890", Loc 1928, S. 320
        „Some Britsh locomotives of 1927", The Eng 1928-I, S. 18
1929   von Enderes: „Die Wettfahrt bei Rainhill", ZVDEV 1929, S. 981
        Forward: „The Rainhill locomotive trials, October 1829", Loc 1929,
        S. 307 u. 359

* Jackson: „British locomotives, their evolution and development", Sampson Low, Markston and Co, Ltd, London 1929 (?)
„A replica of the «Rocket»", Loc 1929, S. 171 und 1935, S. 126
„Memorial tablet to Matthew Murray", Loc 1929, S. 195

1930 Bulleid: „Die Entwicklung der Lokomotive in England", Organ 1930, S. 153
Gairns: „Britische Lokomotiven im Jahre 1929", Kongreß 1930, S. 3397
*„Lewin: „Early British railways 1801—1844", Verlag The Locomotive Publishing Co, Ltd, London 1930
Marshall: „The Rainhill locomotive trials", Journal 1930, S. 1063
„Site of the first passenger steam railway in the world", Loc 1930, S. 200

1931 *„Centenary souvenir of the Vulcan Locomotive Works 1830—1930", Verlag The Locomotive Publishing Co, Ltd, London 1931
„Notes on the «Chronicles of Boulton's Sidings»", Loc 1931, S. 92

1932 „Die Ziele im Bau englischer Schnellzuglokomotiven", Lok 1932, S. 97

1933 * Dickinson and Tilley: „Richard Trevithick, the engineer and the man", Verlag Cambridge University Press, London 1933
„Richard Trevithick, 1771—1883", Baldwin Juli-Okt. 1933, S. 35

1934 „Some locomotive inventions of Joseph Beattie", Loc 1934, S. 121 u. f.
„The passing of the Stirling locomotives", Loc 1934, S. 61

1935 „Locomotive stock returns, 1934", Loc 1935, S. 106
„Replica of the «Rocket» at the Science Museum", Loc 1935, S. 126
— Gaz 1935-I, S. 739

1936 Dannecker: „Neuere englische Dampflokomotiven", Organ 1936, S. 53
* Lewin: „The Railway Mania and its Aftermath 1845—1852 (Sequel to early British railways)", Verlag The Railway Gazette, London 1936 — Bespr. Gaz 1936-II, S. 970
„Locomotive stock returns 1935", Loc 1936, S. 116
„The centenary of the first railway in London", Loc 1936, S. 37

1937 * Andrews: „The Railway Age", Verlag Country Life, Ltd, London 1937 — Bespr. Gaz 1937-II, S. 719 u. 1028
Ellis: „Famous locomotive engineers:
    I. William Stroudly", Loc 1937, S. 149
    II. David Jones", Loc 1937, S. 253
    III. Charles Beyer", Loc 1937, S. 351
    IV. Archibald Sturrock", Loc 1938, S. 93
    V. Dugald Drummond", Loc 1938, S. 193
    VI. Edward Fletcher", Loc 1938, S. 274
    VII. Patrick Stirling", Loc 1938, S. 306
    VIII. Robert Sinclair", Loc 1938, S. 383
„Rob. Stephenson & Hawthorns Ltd", Gaz 1937-II, S. 63
„Locomotive stock returns 1936", Loc 1937, S. 116
*„British locomotive types", Verlag The Railway Publishing Co, Ltd, London 1937 — Bespr. Gaz 1937-II, S. 466

1938 Livesay: „London to Edinburgh on the footplate", Loc 1938, S. 337
* Noble: „The Brunels, Father and Son", London: Cobden-Sanderson, 1938 — Bespr. Loc 1938, S. 300

1911   „4-6-0 superheater express locomotive", Loc 1911, S. 255
        „0-6-0 saddle tank shunting locomotive", Loc 1911, S. 3
        „2-8-0 mineral tank locomotive", Loc 1911, S. 25
        „2-6-0 mixed traffic locomotive", Loc 1911, S. 169 u. 1914, S. 3
1912   „2 B u. 2 C - Außenzylinder-Zwillings-Schnellzuglokomotiven der eng-
        lischen Westbahn", Lok 1912, S. 67
        „2 B-Innenzylinder-Schnellzuglokomotiven der englischen Westbahn",
        Lok 1912, S. 159
        „1 D - Güterzuglokomotive der englischen Westbahn", Lok 1912,
        S. 252
        „0-6-0 shunting locomotive with wing tanks", Loc 1912, S. 71
1913   Ahrons: „GWR engines Nos 69 to 76", Loc 1913, S. 17
        Bennett: „The last broad gauge ry and locomotive", Gaz 1913-I,
        S. 613
        „Great Western Ry broad gauge locomotives", Loc 1913, S. 280
        „The locomotive history of the Cambrian Ry", Loc 1913, S. 208
1914   Ahrons: „The early Great Western standard gauge engines", Loc
        1914, S. 13 u. f. sowie 1925, S. 189 u. f.
        „4-4-2 tank locomotive", Loc 1914, S. 120
        „4-6-0 four-cylinder express locomotives, Princess class", Loc 1914,
        S. 260
1916   „Converted 4-4-0 tank locomotive, Cambrian Rys", Loc 1916, S. 21
1919   „G W R broad gauge tank engines", Loc 1919, S. 77
        „G W R 0-6-0 shunting locomotive with spark arresting chimney",
        Loc 1919, S. 140
        „2-8-0 mixed traffic locomotive", Loc 1919, S. 84 u. 1921, S. 253
1920   „G W R locomotive «Tiny», the last of the 7-ft. gauge engines, 1868"
        (m. stehendem Kessel), Loc 1920, S. 171
        „Four-coupled bogie saddle tank engine, GWR", Loc 1920, S. 239
1922   „GWR locomotives on the Cambrian Rys", Loc 1922, S. 93
1923   „4-6-0 four-cylinder express locomotive, «Castle» class", Loc 1923,
        S. 254
        „0-4-4 Fairlie type tank locomotive, Swindon, Marlborough and
        Andover Ry", Loc 1923, S. 310
        „New narrow gauge tank engines, GWR", Loc 1923, S. 306
        „Rebuilt 0-4-2 tank locomotive", Loc 1923, S. 4
1924   „GWR old tank engines", Loc 1924, S. 49
        „Reconstruction of the «Great Bear» No 111, 1908. — 4-6-0 four-
        cylinder express engine", Loc 1924, S. 329
        „Rebuilt 4-4-0 passenger engine for the M. & S. W. Section Junction
        of the GWR", Loc 1924, S. 331
        „The evolution of passenger travel on the GWR", Loc 1924, S. 113
1925   Ahrons: „The early Great Western standard gauge engines", Loc
        1925, S. 189 u. f. — 1927, S. 156
        „Interchange trials of passenger locomotives on the LNER and
        GWR", Loc 1925, S. 142
        „Rebuilt 4-4-4 tank engine", Loc 1925, S. 102
1926   „Rebuilt 0-6-0 goods engine", Loc 1926, S. 174
1927   „New 4-6-0 type four-cylinder express passenger locomotives", Ry
        Eng 1927, S. 251 — Loc 1927, S. 206
1928   „0-6-2 tank locomotives", Loc 1928, S. 380

1929   Brewer: „2-4-0 passenger engines, 3206 class, GWR", Loc 1929,
        S. 256

        Brewer: „Later history of the GW 0-6-0 tender engines", Loc
        1929, S. 88

        „Six-coupled pannier tank engines, GWR", Loc 1929, S. 70

1930   Brewer: „Oil-burning 0-4-0 tank locomotive, GWR", Loc 1930,
        S. 160

        Brewer: „Standard gauge 4-4-0 tank engines, GWR", Loc 1930,
        S. 233

        „2-6-2 tank locomotive", Loc 1930, S. 37

        „An interesting GWR rebuilt locomotive", Loc 1930, S. 274

        „GWR old single express engine «Sir Alexander»", Loc 1930, S. 267

        „New 0-6-0 type goods engines", Gaz 1930-I, S. 491 — Loc 1930,
        S. 119

1932   „New GWR locomotives built in 1931", Gaz 1932-I, S. 20

1933   „0-4-2 light auto tank engines 4800 class, GWR", Loc 1933, S. 9

1934   „2-8-2 heavy goods tank locomotive, 7200 class", Loc 1934, S. 330

1935   Brewer: „Old GWR goods engines", Loc 1935, S. 109

        „Experimental streamlining of GWR locomotives", Gaz 1935-I,
        S. 518 — Loc 1937, S. 376

        *„Great Western Railway", Gaz, Special Centenary Number, August
        1935

1936   „4-6-0 mixed traffic locomotives, «Grange» class", Loc 1936, S. 305

1937   * Chapman: „Loco's of the Royal Road", Selbstverlag GWR, Pad-
        dington Station, London 1937

        Pennoyer: „Ein Jahrhundert Englische Westbahn", Lok 1937,
        S. 137, 157, 186

        „British locomotive types", Gaz 1937-I, S. 192, 232 u. 318

        „Semi-streamlined 4-6-0 four-cylinder express locomotive «Manor-
        bier Castle»", Loc 1937, S. 376

1938   „Mixed traffic «Manor» class 4-6-0 locomotives for the GWR", Gaz
        1938-I, S. 273 — Loc 1938, S. 66 — Engg 1938-I, S. 189

        „Improved 2-8-0 freight locomotives, GWR", Loc 1938, S. 166

1939   „2-6-2 tank engines, GWR", Loc 1939, S. 82 — Gaz 1939-I, S. 512

London and North Eastern Railway

1871   „4-2-2 express passenger locomotive, Great Northern Ry", Engg
        1871-I, S. 135

1872   „0-6-0 goods locomotive and tender for the Great Eastern Ry",
        Engg 1872-I, S. 175

        „0-6-0 goods locomotive for the Great Northern Ry", Engg 1872-II,
        S. 254

        „0-6-0 goods locomotive, Stockton and Darlington Ry", Engg 1872-II,
        S. 156

1874   „2-4-0 express locomotive for the North Eastern Ry", Engg 1874-II,
        S. 417

1875   „0-6-0 tank locomotive for the North Eastern Ry", Engg 1875-II, S. 49

        „«Dignity and Impudence». — A scetch at Crewe" (1 A 1 - Webb-
        Lokomotive «Cornwall» neben B - Chatam-Lokomotive, NER),
        Engg 1875-I, S. 318

1907   „4-4-2 passenger tank locomotive, Great Central Ry", Loc 1907, S. 122
„0-6-0 side tank shunting locomotive, Great Central Ry", Loc 1907,
S. 86
„0-6-2 suburban passenger tank locomotive, Great Northern Ry",
Loc 1907, S. 77
„0-8-0 mineral locomotive, Hull & Barnsley Ry", Loc 1907, S. 116
„0-8-4 three-cylinder shunting tank locomotive, Great Central Ry",
Loc 1907, S. 108, u. 1908, S. 41

1908   Lake: „Die neueren Lokomotiven der North-Eastern-Eisenbahn in
England", Z 1908, S. 161
„Four-cylinder compound Atlantic locomotive, Great Northern Ry",
Loc 1908, S. 44
„New 0-6-0 goods locomotives, G. N. R.", Loc 1908, S. 173
„The Atlantic compound locomotives of the G. N. R.", Loc 1908, S. 89
„0-6-2 suburban tank locomotive, Great Northern Ry", Loc 1908, S. 43
„4-6-0 tank locomotive, North Eastern Ry", Loc 1908, S. 80

1909   „Rebuilt three-cylinder Atlantic passenger engine, Great Central
Ry", Loc 1909, S. 41
„Spilsby Station, Great Northern Ry, 40 years ago", Loc 1909, S. 46
„Past and present (Single and Atlantic type), Great Northern Ry",
Loc 1909, S. 87
„New 4-4-0 express locomotive, North Eastern Ry", Loc 1909, S. 73
„New tank locomotives, North British Ry", Loc 1909, S. 233
„0-8-2 tank locomotive, Great Northern Ry", Loc 1909, S. 106
„2-4-2 tank locomotive, Great Eastern Ry", Loc 1909, S. 125
„4-4-0 express locomotive, North British Ry", Loc 1909, S. 172
„4-8-0 three-cylinder shunting locomotive, North Eastern Ry", Loc
1909, S. 213 — Engg 1910-I, S. 56

1910   „4-4-0 express locomotive, Great North of Scotland Ry", Loc
1910, S. 5
„4-4-2 express passenger locomotive, North Eastern Ry", Loc 1910,
S. 157
„0-6-0 goods locomotive, Great Northern Ry", Loc 1910, S. 89
„New locomotive types, Great Central Ry", Loc 1910, S. 237
„The «901» class, North Eastern Ry", Loc 1910, S. 32

1911   Schulz: „The three-cylinder compound locomotives of the North
Eastern, Midland and Great Central Rys", Loc 1911, S. 217
„0-6-0 goods superheater locomotive, Great Northern Ry", Loc 1911,
S. 237
„4-4-0 passenger superheater engine, Great Northern Ry", Loc 1911,
S. 175
„2-8-0 superheater mineral locomotive, Great Central Ry", Loc 1911,
S. 256
„4-4-0 express locomotive, Hull & Barnsley Ry", Loc 1911, S. 27
„4-6-2 passenger tank engine, Great Central Ry", Loc 1911, S. 73
und 1923, S. 160
„4-6-2 mineral tank engine, North Eastern Ry", Loc 1911, S. 4
„Dining car train, Great Eastern Ry", Loc 1911, S. 119
„New through-service trains, Great Central Ry", Loc 1911, S. 142
„New suburban trains, Great Northern Ry", Loc 1911, S. 233

„New bogie suburban train, Great Eastern Ry", Loc 1911, S. 211
„Rebuilt Atlantic passenger locomotive, Great Eastern Ry", Loc 1911, S. 213
„Three-cylinder simple 4-4-2 locomotives, North Eastern Ry", Loc 1911, S. 170, 172 und 243 — 1912, S. 9

1912 Barker: „Some fragmentary notes on the North Eastern Ry engines old an new", Loc 1912, S. 196 und 236 — 1913, S. 282 — 1914, S. 149
Mac Lean: „Some early locomotive myths, North Eastern Ry", Loc 1912, S. 59
„0-6-0 tank locomotive, Great Eastern Ry", Loc 1912, S. 160
„0-6-0 superheater goods engine, Great Eastern Ry", Loc 1912, S. 247
„2-6-0 mixed traffic superheater locomotive, Great Northern Ry", Loc 1912, S. 206 — Lok 1913, S. 199
„4-4-0 express superheater engine, North British Ry", Loc 1912, S. 251 und 1913, S. 248
„4-4-0 rebuilt express engine, Great Central Ry", Loc 1912, S. 255
„4-4-2 passenger tank locomotive, North British Ry", Loc 1912, S. 93
„4-6-0 express engine, Great Eastern Ry", Loc 1912, S. 30 und 1913, S. 71
„New 4-6-0 Great Central Ry locomotive", Loc 1912, S. 181 u. 1913, S. 180
„North British Ry: Old front-coupled locomotive", Loc 1912, S. 231

1913 „0-6-0 superheater goods engine, Great Northern Ry", Loc 1913, S. 201
„4-4-0 superheater express engine, Great Central Ry", Loc 1913, S. 247 und 1916, S. 86
„4-4-4 passenger tank engine, North Eastern Ry", Loc 1913, S. 271
„0-8-0 superheater mineral engine, North Eastern Ry", Loc 1913, S. 52
„Recent North Eastern Ry locomotives", Loc 1913, S. 13

1914 „Atlantic type locomotives, North Eastern Ry", Loc 1914, S. 182
„Auto-train for the Cambridge and Mildenhall Line, Great Eastern Ry", Loc 1914, S. 305 (mit Schema des Steuerwagens!)
„Great Northern Ry: Cuffley to Stevenage new line", Loc 1914, S. 240
„New 0-6-0 shunting locomotive, Great Northern Ry", Gaz 1914-II, S. 159
„New 2-6-0 mixed traffic engine, Great Northern Ry", Loc 1914, S. 142
„New 2-6-4 mineral tank engine, Great Central Ry", Loc 1914, S. 259 u. 1915, S. 49
„Rebuilt 4-4-0 superheater express locomotive, Great Eastern Ry", Loc 1914, S. 48
„Some fragmentary notes on North Eastern Ry engines, old and new", Loc 1914, S. 149
„0-4-0 side tank locomotive, Great Eastern Ry", Loc 1914, S. 94
„0-6-0 superheater shunting locomotive, Great Northern Ry", Loc 1914, S. 118
„2-8-0 superheater mineral engine, Great Northern Ry", Loc 1914, S. 1

1915   „Converted four-cylinder Atlantic type engine, Great Northern Ry",
       Loc 1915, S. 217
       „Hownes Gill viaduct, North Eastern Ry, in 1858", Loc 1915, S. 92
       „New 0-4-2 side tank locomotives, Great North of Scotland Ry",
       Loc 1915, S. 266
       „Train of converted bogie carriages for suburban traffic, Great
       Eastern Ry", Loc 1915, S. 93
       „0-6-0 superheater express goods engines, Great Northern Ry", Loc
       1915, S. 123, u. 1918, S. 27
       „0-6-0 superheater goods engine, Hull & Barnsley Ry", Loc 1915, S. 172
       „0-6-2 passenger tank locomotive, Great Eastern Ry", Loc 1915, S. 25

1916   „Rebuilt 0-6-2 tank locomotive, Great Central Ry", Loc 1916, S. 17
       „Rebuilt 0-4-0 goods engine, North British Ry", Loc 1916, S. 52
       „The last oft the Great Northern 8 ft. bogie singles", Loc 1916, S. 41
       „4-6-0 mixed traffic locomotive, Great Central Ry", Loc 1916, S. 131
       „0-6-0 superheater goods engine, Great Eastern Ry", Loc 1916, S. 175

1917   „1 D-Heißdampf-Güterzuglokomotive der englischen Nordbahn", Lok
       1917, S. 72
       „0-8-2 superheater tank locomotive, Great Northern Ry", Loc 1917,
       S. 217

1918   „New 2-6-0 superheater express goods locomotives, Great Northern
       Ry", Loc 1918, S. 109
       „New Consolidation locomotives for goods and mineral traffic, Great
       Central Ry", Loc 1918, S. 127
       „Rebuilt 0-8-0 superheater mineral engine, Great Northern Ry", Loc
       1918, S. 189
       „2-6-0 four-cylinder simple superheater express locomotive", Great
       Central Ry", Loc 1918, S. 1
       „2-8-0 three-cylinder mineral engine, Great Northern Ry", Loc 1918,
       S. 75 u. 169

1919   „Rebuilt 4-6-2 tank locomotive, North Eastern Ry", Loc 1919, S. 164
       „0-8-0 three-cylinder mineral locomotive, North Eastern Ry", Loc
       1919, S. 206

1920   Barker: „Notes on North Eastern Ry engines", Loc 1920, S. 240
       „New «Director» class 4-4-0 express engine, Great Central Ry", Loc
       1920, S. 74
       „Three-cylinder 2-6-0 locomotive, Great Northern Ry", Loc 1920, S. 72
       „Three-cylinder 4-6-0 fast goods locomotive, North Eastern Ry", Loc
       1920, S. 119

1921   „0-4-0 small shunting tank engine, Great Eastern Ry", Loc 1921,
       S. 196
       „0-6-2 superheater passenger tank locomotive, Great Northern Ry",
       Loc 1921, S. 4
       „0-6-2 superheater tank locomotive, Great Eastern Ry", Loc 1921,
       S. 223
       „4-4-0 superheater express locomotive, Great North of Scotland Ry",
       Loc 1921, S. 118
       „4-6-0 four-cylinder express goods locomotive, Great Central Ry",
       Loc 1921, S. 197
       „Three-cylinder 2-8-0 mineral locomotive, Great Northern Ry", Loc
       1921, S. 137

1922 Raven: „Railway electrification", Engg 1922-I, S. 25 (S. 48: Steam and electric locomotives of the North Eastern Ry)

„2 C 1-Heißdampf-Drilling-Schnellzuglokomotive, Great Northern Ry", Annalen 1922-II, S. 83 — Loc 1922, S. 91 und 124

„Past and present express locomotives, Great Northern Ry", Loc 1922, S. 319

„Recent 0-6-0 side tank engines for the Great Northern Ry", Loc 1922, S. 35

„Three-cylinder Pacific type locomotives for the North Eastern Ry", Loc 1922, S. 192 und 357

1923 Brewer: „The Great Northern Atlantic type express locomotives", Loc 1923, S. 329 uf.

„Auxiliary driven motor on Atlantic type engine, LNE Ry", Loc 1923, S. 221

„Locomotives of the LNE Ry", Loc 1923, S. 80

„New 0-4-0 shunting locomotive, North Eastern Section, LNE Ry", Loc 1923, S. 351

„Rebuilt 4-4-0 express locomotive, LNER, Great Eastern Section", Loc 1923, S. 125

„The Great Northern Ry's 4-2-2 express engine No. 215", Loc 1923, S. 17

„4-6-2 superheater tank locomotive, Great Central Section", Loc 1923, S. 160

1924 Brewer: „Two-cylinder compound tank engines, North Eastern Ry", Loc 1924, S. 346

„«Locomotive No 1», Stockton & Darlington Ry, and No 2402 «City of York», LNE Ry", Loc 1924, S. 112

„New 2-8-0 three-cylinder mineral engine, LNER", Loc 1924, S. 39 und 1926, S. 186

„New Pacific type locomotives, LNE Ry", Loc 1924, S. 363

„The latest type of Mogul type locomotive, LNE Ry", Loc 1924, S. 329

„0-6-2 suburban tank locomotives, LNER", Loc 1924, S. 1

1925 Brewer: „Atlantic type express passenger engines, LNE Ry, Great Central Section", Loc 1925, S. 352 u. 390

Brewer: „Atlantic type express engines, North Eastern Section, LNE Ry", Loc 1925, S. 146

Brewer: „Atlantic type express engines, L & NER, North British Section", Loc 1925, S. 260

Geisler: „Aus der Geschichte der Eisenbahn Stockton-Darlington", Z 1925, S. 1238

„2-8-8-2 Garratt locomotive, LNE Ry", Engg 1925-I, S. 791 und II, S. 12 — Loc 1925, S. 204 — Ry Eng 1925, S. 267 — Z 1926, S. 331

„Celebration of the railway centenary", Ry Eng 1925, S. 257

„Early engineering works on the Stockton & Darlington Ry", Loc 1925, S. 17

„Early 2-4-0 passenger engine, North Eastern Ry 1865", Loc 1925, S. 25

„Interchange trials of passenger locomotives on LNE Ry and GW Ry", Loc 1925, S. 142

1925   „LNE Ry locomotive developments", Ry Eng 1925, S. 267 — Loc 1925, S. 203
„«Locomotion», engine No 1, Stockton & Darlington Ry", Loc 1925, S. 205
„Locomotive history of the Stockton & Darlington Ry 1825—1876", Loc 1925, S. 43 uf.
„New Mikado and Garratt locomotives, LNER", Loc 1925, S. 203
„Six-coupled goods engine, Great Northern Ry 1866", Loc 1925, S. 79
„The centenary of public steam railways", Engg 1925-I, S. 783 — Ry Eng 1925, S. 257 — Loc 1926, S. 300

1926   Brewer: „The last of the North Eastern Ry two-cylinder compounds, the historic «Aerolite»", Loc 1926, S. 218
„C-Heißdampf-Güterzuglokomotive, LNE Ry", Z 1926, S. 1768 — Loc 1926, S. 172 und 345
„New 0-6-2 tank engines, LNE Ry", Loc 1926, S. 35 und 1928, S. 345

1927   Household: „The ry museum, LNE Ry, Yorkshire", Loc 1927, S. 332
„2 B-Heißdampf-Drilling-Lokomotive, LNE Ry", Engg 1927-II, S. 722 — Organ 1928, S. 141 — Loc 1927, S. 378 und 1928, S. 1
„4-6-0 express passenger locomotive with Lentz poppet valves", Loc 1927, S. 273
„Higher steam pressure on the LNE Ry (4-6-2 type engine «Enterprise»)", Loc 1927, S. 343
„New 0-6-2 tank locomotives, LNE Ry", Loc 1927, S. 341

1928   Mac Ausland: „The West Highland Ry", Loc 1928, S. 147
„4-4-0 inside cylinder passenger engines, LNE Ry", Loc 1928, S. 1
„4-4-0 three-cylinder express locomotives fitted with Lentz poppet valves, LNE Ry", Loc 1928, S. 278 — Gaz 1929-II, S. 851 — Engg 1930-I, S. 39 — Organ 1931, S. 144
„4-6-0 express locomotive, fitted with the A. C. F. J. feed-water-heating apparatus", Loc 1928, S. 118
„«Derwent» locomotive, Stockton & Darlington Ry, at the Railway Centenary Procession 1925", Loc 1928, S. 63
„New 4-6-0 express locomotives, LNER, Great Eastern Section", Loc 1928, S. 307
„New 4-6-2 passenger tank engines, LNE Ry", Loc 1928, S. 69 u. 109
„The first ry locomotive travelled by road, Stockton & Darlington Ry", Loc 1928, S. 262

1930   „New three-cylinder 2-6-2 type tank engine, LNE Ry", Gaz 1930-II, S. 397 — Loc 1930, S. 325
„Reconstructed 4-6-0 four-cylinder express locomotive fitted with the Beardmore-Caprotti valve gear", Gaz 1930-I, S. 127 — Loc 1930, S. 42 — Mod. Transport 25. Januar 1930, S. 3

1931   „4-4-4 tank lokomotive as converted to 4-6-2 tank", Gaz 1931-II, S. 212

1932   „2 B 2 - h 3 Schnellzuglokomotive mit Stütztender", Organ 1932, S. 474 Loc 1932, S. 3 — Engg 1932-I, S. 39 — Gaz 1932-I, S. 15
„Rebuilt 0-8-4 tank engine fitted with reversible booster", Loc 1932, S. 193 — Engg 1932-II. S. 178 — Gaz 1932-I, S. 725 — Mod. Transport 14. Mai 1932, S. 3 — Ry Eng 1934, S. 198

Rebuilt 4-4-4 type passenger locomotives fitted with boosters, LNE Ry", Loc 1932, S. 3 — Engg 1932-I, S. 39 — Organ 1932, S. 474 — Gaz 1932-I, S. 15 — Ry Eng 1932, S. 109

1933 „Re-boilered 4-4-0 passenger engine, LNE Ry", Loc 1933, S. 137
„2-4-2 tank locomotive, Great North of Scotland Section, LNE Ry", Loc 1933, S. 319

1934 „0-6-0 rebuilt goods locomotive, LNE Ry", Loc 1934, S. 236
„2-6-0 locomotives for the West Highland Line, LNE Ry", Loc 1934, S. 331
„0-8-4 tank lokomotive with reversible booster", Ry Eng 1934, S. 198
„Rebuilt Atlantic type engine with poppet valves", Loc 1934, S. 66
„Three-cylinder 2-8-2 express locomotive, LNE Ry", Loc 1934, S. 169 und 378 — Gaz 1934-I, S. 965 — Ry Eng 1934, S. 233 — Loc 1935, S. 32 und 1936, S. 203 — Revue 1935-I, S. 51

1935 „New streamlined locomotive and train «The Silver Jubilee»", Gaz 1935-II, S. 451 — Loc 1935, S. 304 — Mod. Transport 21. Sept. 1935, S. 3 und 5. Okt. 1935, S. 7
„Great Eastern Ry: Moguls and Singles of the 245 class", Loc 1935, S. 367

1936 „2-8-2 three-cylinder streamlined engine «Lord President»", Loc 1936, S. 203 — Gaz 1936-II, S. 12
„More reminiscenses of Stratford, Great Eastern Ry", Loc 1936, S. 162
„New 2-6-2 three-cylinder express locomotives, LNE Ry", Gaz 1936-I, S. 1177 — Loc 1936, S. 182 und 205
„Rebuilt 4-4-0 passenger engine, LNE Ry", Loc 1936, S. 372
„Rebuilt six coupled goods engine, LNE Ry (Great Eastern Section)", Loc 1936, S. 105
„Running the Cromer Express in the Nineties, Great Eastern Ry", Loc 1936, S. 264
„The 0-4-4 tanks of the Great Eastern Section, LNE Ry", Loc 1936, S. 45

1937 „British locomotive types", Gaz 1937-I, S. 700, 744, 800 und 845
„LNER 4-6-4 locomotive No. 10000 — now in service as a three-cylinder single-expansion engine", Gaz 1937-II, S. 926 — Loc 1937, S. 372 — Kongreß 1938, S. 653
„New 0-6-0 goods engines, LNE Ry", Loc 1937, S. 5
„New «Coronation» trains, LNER", Loc 1937, S. 203 — Gaz 1937-II, S. 31
„New three-cylinder 2-6-0 locomotives, K4 class, LNE Ry", Loc 1937, S. 128 — Gaz 1937-I, S. 758 — Engg 1937-I, S. 443
„The «East Anglian Express», hauled by streamlined 4-6-0 locomotive «East Anglian», LNER", Gaz 1937-II, S. 647 — Kongreß 1938, S. 406
„The «West Riding Limited», London-Leeds-Bradford, LNER, Pacific locomotive «Golden Fleece»", Gaz 1937-II, S. 557 — Kongreß 1938, S. 398

1938 „2-6-2 mixed traffic locomotive, «V 2» class, LNER", Loc 1938, S.136
„Converted Ivatt Atlantic locomotive, LNER", Gaz 1938-II, S. 129
„LNER streamlined 4-6-2 No. 4468 «Mallard»", Loc 1938, S. 305

1938   „Notes on Midland & Great Northern Joint Ry locomotives", Loc
            1938, S. 16
            „Rebuilt 4-6-0 three-cyl. type locomotive, LNER", Gaz 1938-I, S. 597
            — Loc 1938, S. 32
            „Rebuilt Atlantic engine, LNER", Loc 1938, S. 242
            „The Flying Scotsman Trains of 1888 and 1938", Gaz 1938-II, S. 64
            und 77 — Loc 1938, S. 200

London, Midland and Scottish Railway

1875   „2-4-0 express locomotive for the London and North Western Ry",
            Engg 1875-I, S. 185
            „4-4-0 locomotive for the Highland Ry", Engg 1875-II, S. 71
            „2-4-0 passenger locomotive, Glasgow and South Western Ry", Engg
            1875-II, S. 201
1876   „0-4-4 tank locomotive for the Midland Ry", Engg 1876-II, S. 343
1877   „2-4-0 tank locomotive for the London and North Western Ry",
            Engg 1877-II, S. 436 u. 473
1880   „2-4-0 passenger locomotive, Glasgow and South Western Ry", Engg
            1880-II, S. 212
1881   „4-4-2 tank locomotive for the London, Tilbury & Southend Ry",
            Engg 1881-I, S. 39
1883   „4-4-0 passenger locomotive, Glasgow and South Western Ry", Engg
            1883-II, S. 261
            .,2-4-0 compound passenger locomotive, London and North Western
            Ry", Engg 1883-II, S. 125
1885   „Compound (4-4-0 tank and 2-4-0 express) locomotives, Webb's
            system, LNW Ry", Engg 1885-I, S. 462
1887   „4-4-0 express locomotive, Midland Ry", Engg 1887-II, S. 598
            „2-6-0 «Webb» compound tank locomotive, London and North Western
            Ry", Engg 1887-II, S. 649
1888   „4-2-2 express locomotive, Midland Ry", Engg 1888-I, S. 273
1889   „2-4-0 «Webb» compound passenger locomotive, London and North
            Western Ry", Engg 1889-I, S. 601
1890   „4-4-0 passenger locomotive, Great North of Scotland Ry", Engg
            1890-I, S. 624
1891   „4-4-0 standard passenger locomotive, Highland Ry", Engg 1891-II,
            S. 413
            „2-4-2 Webb compound locomotive «Greater Britain», London and
            North Western Ry", Engg 1891-II, S. 565
1895   „0-8-0 compound mineral engine, London & North Western Ry", Engg
            1895-II, S. 571
            „0-4-4 tank locomotive for the suburban traffic of the Glasgow &
            South Western Ry", Engg 1895-II, S. 711
1896   „A London & North Western Ry locomotive with its equivalent in
            raw materials", Engg 1896-II, S. 793
1897   „4-2-2 express locomotive for the Midland Ry", Engg 1897-II, S. 467
1899   „American (Baldwin 2-6-0) locomotives for the Midland Ry", Engg
            1899-II, S. 11
1905   „Four-cylinder 2-8-0 compound locomotive (rebuilt), London & North
            Western Ry", Loc 1905, S. 39, u. 1906, S. 141

„Single driver tank locomotive No 65, North Staffordshire Ry", Loc 1905, S. 117

„Rebuilt 2-4-0 locomotive, Caledonian Ry", Loc 1905, S. 34

„2-4-2 passenger tank locomotive, Lancashire & Yorkshire Ry", Loc 1905, S. 109

„4-4-0 express locomotive, Midland Ry", Loc 1905, S. 147

1906   „4-4-0 three-cylinder compound express locomotive, Midland Ry", Loc 1906, S. 3 und 181

„4-4-0 mixed traffic locomotive, Highland Ry", Loc 1906, S. 98

„4-6-0 express locomotive, Caledonian Ry", Loc 1906, S. 108

„4-6-0 goods locomotive, Caledonian Ry", Loc 1906, S. 147 u. 201

„4-4-2 passenger tank locomotive, London & North Western Ry", Loc 1906, S. 127

„2-4-0 express passenger locomotive, North Staffordshire Ry", Loc 1906, S. 25

„0-4-4 tank locomotive, Highland Ry", Loc 1906, S. 46

„0-8-0 three-cylinder compound coal engine rebuilt as two-cylinder simple engine, London & North Western Ry", Loc 1906, S. 71

„Old 2-4-0 passenger locomotive, Lancashire & Yorkshire Ry, 1847", Loc 1906, S. 49

„Rebuilt 4-4-2 tank locomotive, London, Tilbury & Southend Ry", Loc 1906, S. 157

„The «800» class, Midland Ry", Loc 1906, S. 166

1907   Lake: „Neuerungen im Lokomotivbetrieb der London & North Western Eisenbahn", Z 1907, S. 481

„2/4 gek. Schnellzuglokomotive der Caledonischen Bahn und der Belgischen Staatsbahnen", Lok 1907, S. 176

„Kirtley's goods engines, Midland Ry", Loc 1907, S. 180 u. 1908, S. 34

„Long boiler locomotive «Jack of Newbury», Lancashire & Yorkshire Ry", Loc 1907, S. 193

„Mixed traffic 4-6-0 locomotive, London & North Western Ry", Loc 1907, S. 81

„Old locomotives, Lancashire & Yorkshire Ry", Loc 1907, S. 15

„Shunting locomotives, Glasgow & South Western Ry", Loc 1907, S. 99

„Standard 0-6-0 goods locomotive, Midland Ry", Loc 1907, S. 25

„The 170 class, Midland Ry", Loc 1907, S. 62

„0-4-0 shunting locomotive, Midland Ry", Loc 1907, S. 194

„0-6-2 tank locomotive, Furness Ry", Loc 1907, S. 89

„0-6-4 bogie tank locomotive, Midland Ry", Engg 1907-I, S. 707 — Loc 1907, S. 98

„4-4-0 two-cylinder express locomotive, Midland Ry", Loc 1907, S. 115

1908   Lake: „Die neueren Lokomotiven der Caledonian Ry", Z 1908, S. 2021

„Connor's bogie engines, Caledonian Ry", Loc 1908, S. 65

„Tank engines, Highland Ry", Loc 1908, S. 155

„Tank locomotives, L & NWR", Loc 1908, S. 28

„The «Crewe» goods locomotive, L & NWR", Loc 1908, S. 144

„2-4-0 passenger locomotive, Highland Ry, formely Inverness & Nairn Ry", Loc 1908, S. 198

„4-4-0 express locomotive, Glasgow & South Western Ry", Loc 1908, S. 9

352   Dampflokomotive / England - LMS

1908   „4-6-0 mixed traffic locomotives, L & NWR", Loc 1908, S. 161
1909   Hughes: „Locomotives designed and built at Horwich with some
        results (Lancashire & Yorkshire Ry)", Gaz 1909-II, S. 165 — Engg
        1909-II, S. 159, 194 u. 1910-I, S. 357 u. 396
        Lake: „Die neueren Lokomotiven der Lancashire und Yorkshire-
        Eisenbahn", Z 1909, S. 336
        „4-4-0 passenger engine rebuilt, Midland Ry", Loc 1909, S. 145
        „0-6-0 goods locomotive, Caledonian Ry", Loc 1909, S. 9
        „0-6-4 tank locomotive, Highland Ry", Loc 1909, S. 154
        „0-8-2 radial tank locomotive, Lancashire & Yorkshire Ry", Loc 1909,
        S. 85
        „Four-cylinder 4-6-0 express locomotive, Lancashire & Yorkshire
        Ry", Loc 1909, S. 148
        „Midland Ry: «Metropolitain» bogie tank engines", Loc 1909, S. 79
        und 133
        „Rebuilt 4-4-0 express locomotive, Lancashire & Yorkshire Ry",
        Loc 1909, S. 61
        „The Furness Ry and the English lakes", Loc 1909, S. 173
1910   „0-4-4 passenger tank locomotive, North Staffordshire Ry", Loc 1910,
        S. 274
        „4-4-0 express locomotives with superheater, Caledonian Ry", Loc
        1910, S. 159
        „0-6-0 goods locomotive with superheater, Lancashire and Yorkshire
        Ry", Loc 1910, S. 93
        „4-6-0 express passenger locomotive, Caledonian Ry", Loc 1910, S. 2
        „Early 2-2-2 passenger locomotive, Caledonian Ry", Loc 1910, S. 254
        „New 4-4-0 express locomotive, London & North Western Ry", Loc
        1910, S. 213
1911   „4-4-2 passenger tank locomotive, London, Tilbury & Southend Ry",
        Loc 1911, S. 145
        „4-4-2 superheater tank locomotive, North Staffordshire Ry", Loc
        1911, S. 257
        „4-6-0 superheater express locomotive, Glasgow & South Western
        Ry", Loc 1911, S. 235
        „4-6-2 passenger tank locomotive, London & North Western Ry",
        Loc 1911, S. 2 und 71
        „0-8-0 mineral locomotive, Lancashire & Yorkshire Ry", Loc 1911,
        S. 147
        „A contrast in London & North Western Ry locomotives", Loc 1911,
        S. 120
        „An old long boiler goods engine, London & North Western Ry",
        Loc 1911, S. 112
        „New locomotives, Glasgow & South Western Ry", Loc 1911, S. 81
        „Old tank engine and inspection coach, London & North Western
        Ry", Loc 1911, S. 8 und 265
        „Some early Midland tank engines", Loc 1911, S. 60
        „The 4-4-0 «Coronation» engine, London & North Western Ry", Loc
        1911, S. 119 und 159
1912   „2-4-2 superheater tank engine, Lancashire & Yorkshire Ry", Loc
        1912, S. 139

Typisierte Heißdampf-Zwilling-Lokomotiven der Türkischen Staatsbahnen. Das Bild zeigt einen D-Zug auf Bahnhof Ulukisla (Strecke Adana-Konya).

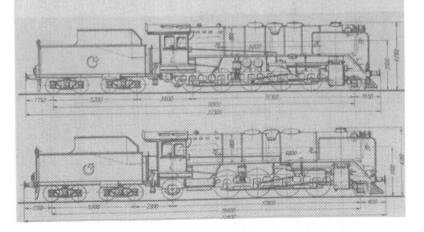

1912　„4-4-0 superheater express engine, Caledonian Ry", Loc 1912, S. 161
und 1916, S. 85
„4-6-0 superheater express engine, London & North Western Ry",
Loc 1912, S. 161
„0-6-0 superheater goods engine, Midland Ry", Loc 1912, S. 5
„0-8-0 superheater goods locomotive, London & North Western Ry",
Loc 1912, S. 96
„0-8-2 shunting tank locomotives, LNWR", Loc 1912, S. 49 — Gaz
1912-I, S. 448

1913　„2-4-0 express engine, Midland Ry", Loc 1913, S. 161
„4-4-0 express locomotive, Furness Ry", Loc 1913, S. 98
„2-6-0 superheater goods locomotive, Caledonian Ry", Loc 1913,
S. 181
„4-6-0 four-cylinder simple engine, «Claughton» class, London
& North Western Ry", Loc 1913, S. 51 und 161 — Lok 1914,
S. 145 — Loc 1923, S. 253
„0-8-0 superheater mineral engine, Lancashire & Yorkshire Ry",
Loc 1913, S. 182
„Baltic type tank locomotive, Midland Ry", Loc 1913, S. 97
„New locomotives, Glasgow & South Western Ry", Loc 1913, S. 182
und 1915, S. 221 u. 268

1914　* Steel: „The history of the London & North Western Ry", Verlag
The Railway & Travel Monthly, London 1914
„Die Heißdampflokomotiven der Midland-Bahn", Lok 1914, S. 110
„0-6-2 superheater tank engine, Furness Ry", Loc 1914, S. 2
„0-6-4 tank locomotive North Staffordshire Ry", Loc 1914, S. 70
und 257 sowie 1917, S. 4
„4-6-0 superheater express goods locomotive, Caledonian Ry", Loc
1914, S. 46
„New engines for the Furness Ry", Loc 1914, S. 209, u. 1915, S. 145
„Modern particulars of Midland Ry locomotives", Loc 1914, S. 267

1915　„The Highland Ry and its locomotives", Loc 1915, S. 131 u. f.
„Converted 4-6-0 «Experiment» class locomotive, L & NWRy", Loc
1915, S. 219
„0-4-4 tank locomotive, Wirral Ry", Loc 1915, S. 53

1916　„Neuere Schnellzuglokomotiven der Caledonischen Eisenbahn", Lok
1916, S. 29 — Loc 1917, S. 41
„The «Newton» class 2-4-0 passenger engines, London & North
Western Ry", Loc 1916, S. 210
„The old locomotives of the Lancashire & Yorkshire Ry", Loc 1916,
S. 48 u. 97 u. f.
„0-6-2 tank locomotive, Glasgow & South Western Ry", Loc 1916,
S. 65 u. 140
„Old 0-6-0 saddle tank locomotive, Furness Ry, 1858", Loc 1916, S. 241

1917　„4-6-0 mixed traffic locomotive. Caledonian Ry", Loc 1917, S. 19
„4-6-0 express locomotive, Highland Ry", Loc 1917, S. 173, u. 1919,
S. 139

1918　„D 1 - Güterzug-Tenderlokomotive der Lancashire & Yorkshire-Bahn",
Lok 1918, S. 50
„New 0-6-0 goods locomotives for the Caledonian Ry", Loc 1918, S. 190
„4-6-2 superheater tank locomotives, Caledonian Ry", Loc 1918, S. 21

12

„Reconstructed 4-4-0 four-cylinder express locomotive, LMS", Loc 1923, S. 52

1924 „Brown: „The Wirral Ry", Loc 1924, S. 122

„4-4-0 three-cylinder express locomotive LMS (Midland Section)", Loc 1924, S. 103

„An old London & North Western Ry 0-6-0 goods engine, 1853", Loc 1924, S. 64

„Baltic type tank engine, LMS", Loc 1924, S. 105, 142 u. 254

„New 0-6-0 tank engines LMS", Loc 1924, S. 239

„Rebuilt 4-4-0 passenger locomotive, Highland Section LMS", Loc 1924, S. 135

„Single driver Nr 600, LMS Ry. — Midland Section 1887", Loc 1924, S. 43

1925 „Rebuilt express locomotives LMS", Loc 1925, S. 243 und 341

1926 „1 C - Heißdampf-Zwilling-Lokomotive der LMS", Ry Eng 1926, S. 321 — Loc 1926, S. 239 — Organ 1927, S. 229

„4-4-0 passenger engine, Glasgow & South Western Ry", Loc 1926, S. 331

„New 0-4-4 passenger tank locomotives LMS", Loc 1926, S. 45

„Rebuilt 0-4-4 passenger tank locomotive, LMS", Loc 1926, S. 347

„The Stroudley engines of the LMS", Loc 1926, S. 304

1927 „0-6-0 rebuilt goods locomotive LMS, Tilbury Section", Loc 1927, S. 325

„0-6-0 superheater goods engine, LMS", Loc 1927, S. 137

Garratt 2-6-0 + 0-6-2 type locomotives for the LMS Ry", Ry Eng 1927, S. 277 — Loc 1927, S. 176 u. 1930, S. 330

„Multi-cylinder locomotive: 2-6-2 eight-cylinder locomotive, Midland Ry, 1908", Loc 1927, S. 243

„Three-cylinder 4-4-0 express locomotive, Loc 1927, S. 72 u. 310

1928 „New 4-4-0 passenger engines, LMS", Loc 1928, S. 273

„New 2-6-4 tank locomotives, LMS", Loc 1928, S. 37 u. 1933, S. 317

„4-6-0 three-cylinder express locomotive «Royal Scot»", Loc 1928, S. 36 und 223

1929 Ahrons: „Old Midland Ry 2-4-0 passenger engines, 1859—1864". Loc 1929, S. 85

„New 0-8-0 mineral locomotives", Loc 1929, S. 239

1930 * Marshall: „Centenary history of the Liverpool & Manchester Ry", Verlag The Locomotive Publishing Co Ltd, London 1930

Marshall: „The Liverpool & Manchester Ry", Gaz 1930-II, S. 307 u. 366 — Loc 1933, S. 100 u. 194

„Locomotives and rolling stock for the Liverpool & Manchester Ry Centenary Proceedings", Gaz 1930-II, S. 316

„Liverpool & Manchester Ry centenary celebrations", Gaz 1930-II, S. 305, 316 u. 366

„New 2-6-2 tank engines for LMS", Loc 1930, S. 148 — Mod. Transport 3. Mai 1930 — Loc 1935, S. 75

„Reconstructed 4-6-0 «Claughton» locomotives, LMS Ry. — Converted from 4 to 3-cylinder with divided drive", Gaz 1930-II, S. 634 — Loc 1930, S. 397

„Rolling stock at the Liverpool & Manchester Ry Centenary Exhibition", Loc 1930, S. 289 u. 331

1930 „The early history of the Liverpool & Manchester Ry", Beyer-Peacock Juli 1930, S. 3

1931 *„Locomotives of the LMS, past and present", Verlag The Locomotive Publishing Co, Ltd, London 1931

1932 Williams: „Freight working on the LMS", Beyer-Peacock Juli 1932, S. 9

„New 0-4-0 type shunting tank locomotives, LMS", Gaz 1932-II, S. 782

1933 Marshall: „Liverpool & Manchester Ry", Loc 1933, S. 100

„0-4-0 saddle tank locomotives, LMS", Loc 1933, S. 33

„4-6-0 four-cylinder compound locomotive, LMS", Loc 1933, S. 257

„LMS Ry suburban tank locomotives", Loc 1933, S. 321

„New 2-6-4 type tank locomotives, LMS", Loc 1933, S. 317

„The first LMS-Pacific", Ry Eng 1933, S. 225 u. 231 — Loc 1933, S. 197 u. 317 — Engg 1933-II, S. 21 — Organ 1934, S. 79

„The «Royal Scot» visits us", Baldwin Juli/Oktober 1933, S. 3

1934 „0-4-4 tank engine No 6408", Loc 1934, S. 263

„2-6-4 three-cylinder tank locomotive", Loc 1934, S. 103 — Gaz 1934-I, S. 547 — Mod. Transport 31. März 1934, S. 5

„LMS 4-4-0 engine with Dabeg feed water heaters", Loc 1934, S. 52

„New 2-6-0 mixed traffic locomotives, LMS", Gaz 1934-I, S. 53 — Mod. Transport 13. Januar 1934, S. 6 — Engg 1934-I, S. 76 — Loc 1934, S. 32 u. 266

„New 4-6-0 three-cylinder express locomotives, LMS", Gaz 1934-I, S. 728 — Loc 1934, S. 134 u. 296

„New locomotives for the LMS" (1 C 2 - Tenderlok. und 2 C - Schnell-zuglokomotive), Ry Eng 1934, S. 149

„Two-cylinder 4-6-0 type mixed traffic locomotives, LMS", Mod. Transport 18. August 1934, S. 3

1935 „2-8-0 freight locomotives, LMS", Loc 1935, S. 206 — Mod. Transport 22. Juni 1935, S. 9 — Gaz 1935-I, S. 1222

„New 4-6-2 four-cylinder passenger locomotives, «Princess Royal» class", Gaz 1935-II, S. 113 — Mod. Transport 20. Juli 1935, S. 7 — Loc 1935, S. 236

„New 2-6-2 passenger tank locomotives, LMS", Loc 1935, S. 75

„The «British Legion» engine, LMS", Gaz 1935-II, S. 835 — Loc 1935, S. 375

1936 * Bell: „Recent locomotives of the LMS Ry", Verlag Virtue and Cy, Ltd, London 1936

„Preservation of historic locomotives, LMS", Loc 1936, S. 70

„Two-2-6-4 cylinder 2-6-4 passenger tank engines, LMS", Loc 1936, S. 2 u. 1937, S. 107

1937 * Barrie: „Modern locomotives of the LMS", Verlag The Locomotive Publishing Co, Ltd, London 1937

Hambleton: „London & North Western Ry compounds:
The «Experiment» class", Loc 1937, S. 60
The «Dreadnought» class", Loc 1937, S. 162
The four side tanks", Loc 1937, S. 298
The «Teutonic» class", Loc 1938, S. 89
The «Greater Britain» class", Loc 1938, S. 217

„0-6-0 superheater goods engines, LMS", Loc 1937, S. 238

„4-6-0 mixed traffic locomotive, LMS", Loc 1937, S. 208

„4-6-2 stream-lined express locomotive «Coronation»", Loc 1937, S. 168 u. 202 — Gaz 1937-I, S. 1019 — Engg 1937-I, S. 634 — Gaz 1938-I, S. 303 u. 366 — Organ 1938, S. 156
„British locomotive types", Gaz 1937-I, S. 417, 481, 534 u. 590
„Kirtley locomotives on the LMS, Midland Section", Loc 1937, S. 257
„Modified passenger engines, LMS", Loc 1937, S. 32
„Test run between Bristol, Leeds and Glasgow, LMS", Gaz 1937-II, S. 823

1938   Barrie: „The London & Birmingham Ry, Centenary Exhibition at Euston", Loc 1938, S. 302
Hambleton: „LNW compounds: The three-cylinder mineral engines", Loc 1938, S. 325
*„Locomotives and motive power", Gaz, Sonderheft vom 16. Sept. 1938 (LMS Centenary of opening of first main-line railway), S. 66
„L. M. S. R. locomotives, history of the Somerset and Dorset Joint Ry", Loc 1938, S. 18 u. f.
„New 4-6-2 type express locomotives, streamlined and non-stream-lined types based on the «Princess Coronation» class", Gaz 1938-I, S. 1118 u. 1203 — Gaz 1938-II, S. 248 — Loc 1938, S. 234
„Notes on Midland and Great Northern Joint Ry locomotives", Loc 1938, S. 16
„The metallurgy of a high-speed locomotive: Streamlined 4-6-2 type express locomotives «Princess Coronation» class", Gaz 1938-I, S. 303 u. 366. — Kongreß 1939, S. 703

1939   * Vallance: „The history of the Highland Ry", Verlag Arthur H. Stockwell, Ltd, London 1938 — Bespr. Loc 1939, S. 28 — Gaz 1939-I, S. 7
„Leadhills and Wanlockhead Light Ry, LMS", Loc 1939, S. 12
„LMSR No 6230, «Duchess of Buccleugh», four-cylinder Pacific type locomotive", Loc 1939, S. 159

Southern Railway

1872   „0-6-0 goods locomotive for the London, Brighton and South Coast Ry", Engg 1872-I, S. 90

1893   „4-4-0 express locomotive, London & South Western Ry", Engg 1893-I, S. 380

1899   „4-4-0 express locomotive, London & South Western Ry", Engg 1899-I, S. 772

1901   „0-4-4 tank locomotive, South Eastern & Chatam Ry", Engg 1901-I, S. 334

1903   „The history of the London & South Western locomotives", Loc 1903, S. ? — 1905, S. 119 u. f. — 1919, S. 153

1904   „The locomotive history of the London, Chatam & Dover Ry", Loc 1904, S. ? — 1905, S. 10 u. f.

1905   „Atlantic type express locomotive, London, Brigthon & South Coast Ry", Loc 1906, S. 5
„Four-cylinder 4-6-0 express locomotive, London & South Western Ry", Engg 1905-II, S. 633 — Loc 1905, S. 173 u. 1907, S. 211
„Tank locomotive No 82 converted for use with trailer car, London, Brighton & South Coast Ry", Loc 1905, S. 151

1906   „Front-coupled express passenger locomotive, London, Brighton & South Coast Ry", Loc 1906, S. 164
„New 0-6-0 goods locomotives, London, Brighton & South Coast Ry", Loc 1906, S. 91
„0-4-4 suburban tank locomotive, London & South Western Ry", Loc 1906, S. 163

1907   Bennett: „Early locomotives of the London, Brighton & South Coast Ry", Loc 1907, S. 63 u. f.
„4-4-2 suburban tank locomotive, LB & SC Ry", Loc 1907, S. 1

1908   „4-4-2 tank locomotive, London, Brighton & South Coast Ry", Loc 1908, S. 23
„4-4-0 express locomotive, South Eastern & Chatam Ry", Loc 1908, S. 111

1909   „2 B - Schnellzuglokomotive der London, Brighton & South Coast Ry", Lok 1909, S. 163
„New rail-motor coach train, London, Brighton & South Coast Ry", Loc 1909, S. 183
„Rebuilt 0-6-2 tank engine, London, Brighton & South Coast Ry", Loc 1909, S. 146 u. 1911, S. 215

1910   „Ten-wheeled bogie tank locomotives, London, Brighton & South Coast", Loc 1910, S. 45

1911   „0-4-4 tank locomotive, London & South Western Ry", Loc 1911, S. 191
„4-4-2 superheater express locomotive, London, Brighton & South Coast Ry", Loc 1911, S. 238
„4-6-0 four-cylinder express locomotive, London & South Western Ry", Loc 1911, S. 49 u. 118 — 1912, S. 111 — 1916, S. 1 — 1923, S. 352
„4-6-2 express tank locomotive, London, Brighton & South Coast Ry", Loc 1911, S. 1 u. 1912, S. 91 — Lok 1912, S. 251

1912   „4-4-0 express engine, London & South Western Ry", Loc 1912, S. 69

1913   „0-6-0 tank engine, London, Brighton & South Coast ', Loc 1913, S. 203
„0-6-4 superheater tank engine, South Eastern & Chatam Ry", Loc 1913, S. 250 u. 272
„2-6-0 express goods locomotive, London, Brighton & South Coast", Loc 1913, S. 249 u. 1920, S. 190
„4-6-0 mixed traffic engines, London & South Western Ry", Loc 1913, S. 273 u. 1917, S. 220

1914   „4-6-0 mixed traffic locomotive, London & South Western Ry", Loc 1914, S. 47
„Baltic type tank locomotive, London, Brighton & South Coast Ry", Loc 1914, S. 144
„New 4-4-0 superheater express locomotives, South Eastern & Chatam", Loc 1914, S. 71, 185 u. 287

1915   „South Eastern engine «Man of Kent», 1843", Loc 1915, S. 61
„Rebuilt 4-6-0 mixed traffic locomotive, London & South Western Ry", Loc 1915, S. 73

1916   „Early South Eastern tank engines for suburban service", Loc 1916, S. 155

1917 „2-6-4 superheater tank locomotive, South Eastern & Chatam Ry",
      Loc 1917, S. 195
      „2-6-0 superheater goods engine, South Eastern & Chatam Ry", Loc
      1917, S. 196 u. 219
      „New locomotives, South Eastern & Chatam Ry" (1 C und 1 C 2
      Tenderlok.), Loc 1917, S. 240
1918 „0-6-0 converted saddle tank locomotive, South Eastern & Chatam
      Ry", Loc 1918, S. 58
      „New 4-6-0 express locomotive, London & South Western Ry", Loc
      1918, S. 176
1920 Bennett: The Isle of Wight Ry and its locomotives", Loc 1920,
      S. 192 u. 216
      „4-4-0 rebuilt superheater locomotive, South Eastern & Chatam Ry",
      Loc 1920, S. 1
      „4-6-0 goods locomotive, London & South Western Ry", Loc 1920,
      S. 117
1921 „4-6-0 four-cylinder rebuilt passenger engine, London & South
      Western", Loc 1921, S. 53
      „4-6-0, 4-6-4 and 4-8-0 London & South Western Ry locomotives",
      Loc 1921, S. 53
      „4-8-0 goods tank locomotive, London & South Western Ry", Loc
      1921, S. 193
      „Rebuilt locomotives, London & South Western Ry", Loc 1921,
      S. 283
      „The locomotives of the Isle of Wight Central Ry", Loc 1921, S. 317
1922 „London & South Western Ry 4-6-2 tank locomotives for heavy
      goods service", Loc 1922, S. 6
      „New 4-6-4 passenger tank locomotive, London, Brighton & South
      Coast Ry", Loc 1922, S. 27 u. 1924, S. 172
      „Superheated 4-4-0 express locomotive, London & South Western
      Ry", Loc 1922, S. 221
      „Rebuilt 4-4-0 locomotives for the South Eastern & Chatam Ry",
      Loc 1922, S. 19 u. 287
1923 „4-6-0 four-cylinder express engine, London & South Western Sec-
      tion", Loc 1923, S. 352
      „0-4-4 side tank locomotive, Southern Ry", Loc 1923, S. 190
      „Three-cylinder 2-6-0 locomotive, Southern Ry", Loc 1923, S. 61
      „Southern Ry 0-4-4 side tank locomotives for the Isle of Wight",
      Loc 1923, S. 190
1924 „New 4-6-0 mixed traffic engines, London & South Western Section",
      Loc 1924, S. 111
1925 „2-6-2 tank engine for the Lynton & Barnstaple Section, Southern
      Ry, 1 ft. 11 ½ in. gauge", Loc 1925, S. 303
      „New 2-6-4 passenger tank engine, Southern Ry", Loc 1925, S. 238
      „New 4-6-0 passenger engine, Southern Ry", Loc 1925, S. 235
      „Rebuilt 4-4-2 tank engine, Southern Ry", Loc 1925, S. 306
      „Rebuilt 0-6-0 tank engine, South Eastern & Chatam Section", Loc
      1925, S. 311
1926 Bennett: „Further notes on the early locomotives of the London,
      Brighton & South Coast Ry", Loc 1926, S. 155

1926   „2 C - Heißdampf-Vierling-Schnellzuglokomotive der Englischen Süd-
        bahn", Engg 1926-II, S. 473 — Organ 1927, S. 230 — Loc 1926,
        S. 310 u. 346 — 1927, S. 275 — 1928, S. 375
        „2-6-4 three-cylinder tank locomotive, Southern Ry", Loc 1926, S. 1
1927   „0-6-2 rebuilt tank lokomotive, Southern Ry", Loc 1927, S. 210
        „New two-cylinder 4-6-0 goods locomotives, Southern Ry", Ry Eng
        1927, S. 305 — Loc 1927, S. 174
        „The preservation of the «Gladstone»", Loc 1927, S. 171
1929   „Locomotives for shunting, Southern Ry", Loc 1929, S. 103
        „New 2-6-0 passenger engine, Southern Ry", Loc 1929, S. 104
1930   „4-4-0 three-cylinder express engine, Southern Ry", Loc 1930, S. 109
        und 223
        „0-8-0 three-cylinder shunting locomotive, Southern Ry", Loc 1930,
        S. 404
        „Engineering departement locomotives of the London & South
        Western Ry", Loc 1930, S. 349
        „Rebuilt 4-6-0 engine, Southern Ry", Loc 1930, S. 181
1931   Maskelyne: „Some further notes on the Stroudley «Singles», Lon-
        don, Brighton & South Coast Ry", Loc 1931, S. 99
        „Southern Rys Company introduces new three-cylinder 2-6-0 type
        locomotives", Mod. Transport 14. März 1931, S. 11
        „Veterans in service", Beyer-Peacock Januar 1931, S. 35
1932   „Notes on early London & South Western Ry locomotives", Loc 1932,
        S. 185 u. f.
1933   „2-6-0 mixed traffic engines, Southern Ry", Loc 1933, S. 347
1934   „Conversion of 4-6-4 type Baltic tank engines to 4-6-0 type tender
        engines", Loc 1934, S. 365
1935   „An old London, Brighton & South Coast Ry tank locomotive", Loc
        1935, S. 29
1936   Morris: „Standardizing Central Section locomotives, Southern Ry",
        Loc 1936, S. 279 u. f.
        „An old ballast engine, London & South Western Ry", Loc 1936,
        S. 164
        „«S 15» class 4-6-0 type express freight engines, Southern Ry", Gaz
        1936-II, S. 55 — Loc 1936, S. 236
1937   „British locomotive types: Southern Ry", Gaz 1937-I, S. 934, 986,
        1068, 1110 — 1937-II, S. 60
        „Re-boilered 4-6-0 «Lord Nelson» class engines, Southern Ry", Loc
        1937, S. 100 — Gaz 1937-I, S. 661
1938   „Modern 4-4-0 locomotive performance: The Southern Ry «Schools»
        class", Gaz 1938-I, S. 32
        „New 0-6-0 type freight engines, Southern Ry", Gaz 1938-I, S. 219 —
        Loc 1938, S. 58
1939   Bulleid: „Locomotive and rolling stock design", Mod. Transp.
        17. Juni 1939, S. 26
        Morris: „Photography and the engineer (Calotype taken in the
        Great Exhibition buildings in Hyde Park, 1851, showing the
        Crampton locomotive «Folkstone» of the South Eastern Ry)",
        Gaz 1939-I, S. 782

England / Verschiedene Bahnen

„The Knott End Ry", Loc 1915, S. 275
„The Powelltown and Yarra Junction Light Ry", Loc 1915, S. 284
„The Rhimney Ry and its engines", Loc 1915, S. 153 u. f.
„The Sirhowy Ry", Loc 1915, S. 9 u. 37
„0-4-2 side tank locomotive, Metropolitan Water Board", Loc 1915, S. 218
„0-6-2 tank engines, Taff Vale Ry", Loc 1915, S. 2
„0-6-4 tank locomotive, Barry Ry", Loc 1915, S. 1

1916 „2-4-0 side tank locomotive, Felixtowe Ry, 1877", Loc 1916, S. 240

1917 Bennett: „The locomotives of the Little Orme Quarry, Liandudno", Loc 1917, S. 185
„1 D - Heißdampf - Güterzuglokomotive der Somerset - Dorset - Verbindungsbahn", Lok 1917, S. 4
„An unusual type of shunting tank locomotives" (Zylinder in Schräglage an Rauchkammer befestigt), Loc 1917, S. 67
„Old mineral engines, Taff Vale Ry", Loc 1917, S. 227
„The East Kent Ry", Loc 1917, S. 133
„The Penrhyn Quarry Ry", Loc 1917, S. 89
„The «Liverpool», Liverpool & Manchester Ry, 1929", Loc 1917, S. 76
„The Lynton and Barnstaple Ry", Loc 1917, S. 199

1918 „The Wittingham Asylum Ry", Loc 1918, S. 59
„The West Lancashire Ry and locomotives", Loc 1918, S. 80, 95 u. 115

1919 „Messrs. Vivian & Sons Works Lokomotives, Swansea", Loc 1919, S. 141

1920 „The Festiniog Ry and its locomotives", Loc 1920, S. 127 u. 152
„4-4-4 passenger tank locomotive, Metropolitan Ry", Loc 1920, S. 167 u. 237

1921 „The Midland & Great Northern Joint Ry and its locomotives", Loc 1921, S. 36 u. f.

1922 Paley: „Centenary of the Hetton Ry", Loc 1922, S. 329
„An echo of the Battle of the Gauges: Stephenson's long boiler engine, London & Birmingham Ry", Loc 1922, S. 46
„Narrow gauge 2-6-0 tank locomotive, built by Messrs. Manning, Wardle & Co., Ltd", Loc 1922, S. 128
„Old 0-4-2 locomotive for the Newcastle & North Shields Ry", Loc 1922, S. 281

1923 „4-6-0 four-cylinder express engine, Great Southern & Western Ry", Loc 1923, S. 286
„Barry Railway", Loc 1923, S. 36
„Diamond Jubilee of the Metropolitan Ry", Loc 1923, S. 31
„South Devon Ry 4-4-0 saddle tank locomotive «Etna», 1868", Loc 1923, S. 162
„The Merrybent and Darlington Ry", Loc 1923, S. 196

1924 „0-4-4-0 Garratt locomotive for the Hafod Copper Works", Loc 1924, S. 74
„New and rebuilt locomotives, Great Southern & Western Ry", Loc 1924, S. 233 und 267
„Single driver Crampton locomotive, Dundee, Perth & Aberdeen Junction Ry, 1848", Loc 1924, S. 249

1924   „Steam and electric locomotives, Metropolitan Ry", Loc 1924, S. 136
        „The Associated Portland Cement Manufacturers' Ry at Swanscombe",
        Loc 1924, S. 208
        „The Cardiff Railway", Loc 1924, S. 204 u. 1925, S. 23 u. 73
        „The Cornwall Minerals Ry and its locomotives", Loc 1924, S. 187
        „The Metropolitan Water Board's Light Ry, 2 ft gauge", Loc 1924,
        S. 349

1925   „Ashover Light Ry", Loc 1925, S. 151
        „Bristol Port and Pier Ry", Loc 1925, S. 354 u. 386
        „Hetton colliery locomotive of 1822", Loc 1925, S. 403
        „2-6-4 tank locomotive for goods traffic, Metropolitan Ry", Loc
        1925, S. 67

1926   „2-4-0 tank locomotive, Isle of Man Ry", Loc 1926, S. 137
        „The Leeds, Bradford & Halifax Junction Ry and its engines", Loc
        1926, S. 390
        „Underground 4-4-0 tank locomotives", Loc 1926, S. 97 und 1927,
        S. 311

1927   „Rebuilt 4-4-0 tank locomotive, Underground Rys of London", Loc
        1927, S. 311
        „The Alexandra Docks and Railway and its locomotives", Loc 1927,
        S. 78

1928   „The District Ry of 50 years ago", Loc 1928, S. 52
        „Stradford and Great Eastern Ry locomotives 60 years ago", Loc
        1928; S. 359

1929   Household: „The Weston, Clevedon & Portishead Ry", Loc 1929,
        S. 132 u. f.
        „The Bradford Corporation's Ry in the Nidd Valley", Loc 1929, S. 282
        „The Ewden Valley Ry", Loc 1929, S. 224

1930   Perkins: „The Bishop's Castle Ry", Loc 1930, S. 345 und 1938,
        S. 56
        „The Woolmer Instructional Military Ry", Loc 1930, S. 238

1931   Creeke: „An old railway guide (London & Birmingham Ry)", Beyer-
        Peacock Juli 1931, S. 43
        Croughton: „The Mersey Ry and its steam locomotives", Loc 1931,
        S. 268 und 1932, S. 147
        Mc Ewan: „Centenary of the Garnkirk & Glasgow Ry", Loc 1931,
        S. 297 u. 354 — 1932, S. 96
        „Brecon and Merthyr Tydful Junction Ry", Loc 1931, S. 17
        „Locomotives of the Dorking Greystone Lime Co, Ltd, Betchworth",
        Loc 1931, S. 302
        „The first Garratt locomotive constructed for service in Great
        Britain", Beyer-Peacock April 1931, S. 30
        „The Stanhope and Tyne Ry", Loc 1931, S. 384

1932   „A veteran of 68 years service: 4-4-0 tank engine as originally built
        for the Metropolitan Ry", Beyer-Peacock Januar 1932, S. 66
        „A progressive Staffordshire Colliery: 0-4+4-0 Garratt locomotive,
        Sneyd Colliery at Burslem", Beyer-Peacock Juli 1932, S. 57
        „The Midland & Great Northern Joint Ry", Beyer Peacock Januar
        1932, S. 34

„Rebuilt 0-6-4 Mersey Ry tank locomotives", Loc 1932, S. 147

1933   Marshall: „The Newcastle and Carlisle Ry", Loc 1933, S. 296

„The Cromford and High Peak Ry", Loc 1933, S. 186 u. 206

„The East and West Yorkshire Union Ry and its locomotives", Loc 1933, S. 98

1934   Morris: „The Lydd (Kent) Military Ry and its locomotives", Loc 1934, S. 238

Perkins: „The Saundersfoot Ry (m. Karte)", Loc 1934, S. 272 u. 297

„0-4-4-0 Beyer-Garratt tank locomotive for the British Iron & Steel Co, Ltd", Loc 1934, S. 314

„Locomotives on the Military Camp Ry, Catterick", Loc 1934, S. 150

„Locomotives of the Derwent Valley Water Board", Loc 1934, S. 217

„London Transport Board, Engine No. 23", Loc 1934, S. 235

1935   „0-4-0 saddle tank locomotive, United Steel Companies, Ltd", Loc 1935, S. 36

„0-6-0 saddle tank locomotive for the Ford Motor Company", Loc 1935, S. 44

„A paper mills private railway", Loc 1935, S. 314

1936   „4-4-0 saddle tank locomotive, Snibston Colliery, 1870", Loc 1936, S. 41

„Locomotives of the South Hetton Coal Company, Ltd", Loc 1936, S. 16

1937   „An early Railway Share Certificate: The Monmouth Ry Cy, 1811", Gaz 1937-II, S. 551

„Early Eastern Counties Ry locomotives", Loc 1937, S. 79 u. f.

„Inspection train, Shropshire and Montgomershire Ry", Loc 1937, S. 312

„The Centenary of Euston Station", Gaz 1937-II, S. 147

1938   Lowe: „The West Cornwall Ry", Loc 1938, S. 378 u. f.

„0-6-0 side tank locomotive for Longmoor Military Ry", Loc 1938, S. 234

„Bishop's Castle Railway", Loc 1938, S. 56

„Notes on Midland and Great Northern Joint Ry locomotives", Loc 1938, S. 16

„New 0-6-2 type tank locomotive for the War Department", Gaz 1938-II, S. 58

„Some early views on the North Midland Ry", Gaz 1938-I, S. 1122

„Watchet Harbour and B. & E. R. tank engine", Loc 1938, S. 327

1939   Watkin: „Locomotives of the Appleby-Frodingham Steel Co Ltd", Loc 1939, S. 57 u. f.

„Locomotives in Hyde Park, London, 1869", Loc 1939, S. 20

„The London & Birmingham Ry royal saloon of 1843 and one of Edward Bury's 5 ft. 6 in. singles. Reproduced from «The Illustrated News» of December 2, 1843", Gaz 1939-I, S. 92

Finnland

1886   „2-6-0 «Winterthur» passenger and goods locomotive for the Ulea-
       borg Ry", Engg 1886-I, S. 547
1912   „1 C - Güterzuglokomotive für Finnland", Lok 1912, S. 19
1916   „Die Eisenbahnen Finnlands und ihre Lokomotiven", Lok 1916, S. 97
1920   „Finnische Messe und Gewerbeausstellung Helsingfors 1920", HN
       1920,· S. 67
1922   „Holz und Torf als Lokomotivbrennstoffe der Finnischen Staats-
       bahn", HN 1922, S. 77
1923   „Schnelle Lokomotivlieferung: 1 D-Lokomotiven Type K 3 der Fin-
       nischen Staatsbahn", HN 1923, S. 197 — Annalen 1923-II, S. 128
1925   Renholm: „Die neuen 1 D 1- und E-Lokomotiven der Finnischen
       Staatseisenbahnen", Annalen 1925-II, S. 238
1932   Ellis: „Recent tank engines, Finland State Rys", Loc 1932, S. 101
1937   „Locomotives of the Finnish State Rys", Loc 1937, S. 280
1938   „1 C 1-Heißdampf-Tenderlokomotive, 750 Spur, der Jokioisten-Osa-
       keyhtiö-Bahn", HH Dez. 1938, S. 106
1939   „Neue Schnellzuglokomotiven in Finnland", ZMEV 1939, S. 659
       „Pacific locomotives in Finland", Loc 1939, S. 198

Frankreich / allgemein

1900   Sauvage: „Recent locomotive practice in France", Engg 1900-II, S. 30
       „French ry material at the Paris Exhibition", Engg 1900-II, S. 262
       „High-speed 4-4-6 locomotive (Thuile system) at the Paris Exhibition",
       Engg 1900-II, S. 408
1904   „Französische Verbundlokomotiven", Lok 1904, S. 37 u. 60
1910   „Old 2-2-2 tank locomotive, Rouen-Paris Ry", Loc 1910, S. 203
1912   „4-6-0 four-cyl. tandem compound locomotive, Ceinture Ry of Paris",
       Loc 1912, S. 209
1914   „Recent development of express locomotives in France", Engg
       1914-II, S. 45
1916   Steffan: „Die Lokomotivfabriken Frankreichs", Lok 1916, S. 168
1917   „Bemerkenswerte ältere französische Lokomotiven", Lok 1917, S. 80
1918   Metzeltin: „Lokomotivbau und Lokomotivindustrie in Frankreich",
       HN 1918, S. 85 uf. — Annalen 1918-I, S. 83 u. 115
1919   Godfernaux: „Les chemins de fer stratégiques de campagne pendant
       la guerre 1914—1918", Revue 1919-II, S. 315 u. 320
       Herdner: „L'évolution de la locomotive à grande vitesse en France
       de 1878—1914 et l'influence de l'école Alsacienne", Revue
       1919-II, S. 3
1920   „Französische Crampton-Lokomotiven 1849—1864", Lok 1920, S. 131
1921   „Die altfranzösischen 1 B-Schnellzuglokomotiven", Lok 1921, S. 37
1922   Jacquet: „Engerth locomotives on French and Belgian Rys", Loc
       1922, S. 74
       „Recent American-built locomotives for France and Spain", Loc
       1922, S. 1
1923   „Die 2 C-Zwillinglokomotiven der französischen Eisenbahnen", Lok
       1923, S. 34 u. 52
1925   Pahin: „The Paris-Arpajon Light Ry", Loc 1925, S. 287

1927 Achard: „The first Britsh locomotives of the St. Etienne-Lyon Ry", Loc 1927, S. 88 u. 266
„Centenary of the first railway in France", Loc 1927, S. 216
„St. Etienne-Lyon Ry: Marc Seguin's multi-tubular locomotive boilers", Loc 1927, S. 302

1929 Monkswell: „French railway locomotive performance", Engg 1929-I, S. 481 u. 524
Stolberg: „Die Estrade-Lokomotive", Lok 1929, S. 45 und 1930, S. 209 — Loc 1939, S. 209

1930 Jacquet: „Some early French singles", Loc 1930, S. 84
Renevey: „Die Entwicklung der Lokomotiven in Frankreich im letzten Jahrzehnt", Organ 1930, S. 165

1931 „Recent locomotive developments in France", Gaz 1931-II, S. 307

1932 Anthony: „French Crampton type locomotives", Loc 1932, S. 375
Dannecker: „Neuere französische Lokomotiven", Organ 1932, S. 465 und 1935, S. 443
Monkswell: „Recent railway locomotive work in France", Engg 1932-I, S. 119 u. 177. — 1935-I, S. 193 u. 217
„Die Dampflokomotiven auf der Pariser Kolonialausstellung", Lok 1932, S. 60

1934 „Amélioriations apportées au matériel roulant depuis la guerre par les grands réseaux français", Revue 1934-I, S. 147
„An early four-cylinder locomotive, Sceaux Ry 1855" (mit Führungsrädern für die Laufachsen), Loc 1934, S. 288

1935 Dannecker: „Neuere französische Lokomotiven", Organ 1935, S. 443
„Astonishing locomotive performance in France", Gaz 1935-I, S. 248
„New French streamlined trains", Loc 1935, S. 168 und 1936, S. 19 — Gaz 1936-I, S. 108 — Mod. Transp. 20. April 1935, S. 6
„Remarkable results from the latest French rebuilt Pacific and 4-8-0 engines", Gaz 1935-II, S. 912
„Recent French locomotive performances", Loc 1935, S. 377

1937 „Modern French locomotive practice", Loc 1937, S. 177
„Recent developments in French steam locomotives", Loc 1937, S. 238

1938 Diamond: „Chapelon on the steam locomotive: Designs for compound locomotives", Gaz 1938-I, S. 749
„Train of early rolling stock of the Western Ry of France shown at the Centenary of the Paris to St. Germain Ry last year, exhibited by the State Rys", Loc 1938, S. 8

1939 Chan: „Neuere französische Lokomotiven", Traction Nouvelle Jan.-Febr. 1939 — Annalen 1939, S. 163
Fry: „The evolution of the locomotive in France", Mech 1939-I, S. 1
„Results of improvements to French locomotives", Gaz 1939-II, S. 281
„Two ancient «Fliers»", Loc 1939, S. 209 (2,5—2,85 m Raddurchm.!)

Französische Nationalbahnen (S.N.C.F.)

1938 „Streamlined 4-6-0 express locomotive, French National Rys", Loc 1938, S. 370

1939 Lentz u. Metzler: „La locomotive «Santa-Fé» (1-5-1) de la région de l'Est de la S. N. C. F.", Revue 1939-II, S. 23

Elsaß-Lothringische Bahnen

1930   „Alsace-Lorraine Ry 4-8-4 four-cylinder compound tank engine",
        Loc 1930, S. 353
1933   „French two-cylinder simple express locomotive with Caprotti poppet
        valves", Gaz 1933-II, S. 177
1935   Regnauld: „La Locomotive Pacific S. 16 à grande vitesse du réseau
        d'Alsace et de Lorraine", Revue 1935-I, S. 481 — Loc 1934,
        S. 172 — Lok 1934, S. 177
        „New 3-cyl. simple 2-10-2 locomotive, Alsace-Lorraine Rys", Gaz
        1935-II, S. 489 und 1938-I, S. 373 — Loc 1938, S. 69 u. 125
1938   „Trials of Alsace-Lorraine two-cylinder Pacifics", Gaz 1938-I, S. 759
        „Three-cylinder 2-10-2 freight locomotives, Alsace-Lorraine Rys",
        Gaz 1938-I, S. 373 — Loc 1938, S. 69 und 125
1939   „Centenary of the first railway in Alsace" (Bild ohne Text), Gaz
        1939-I, S. 985

Französische Nordbahn

1880   „4-4-0 express locomotive", Engg 1880-I, S. 303
1889   „2-6-0 three-cylinder compound goods locomotive", Engg 1889-II,
        S. 651
1893   „4-4-0 four-cylinder compound express locomotive", Engg 1893-I,
        S. 174
1898   „4-4-0 four-cylinder compound locomotive", Engg 1898-I, S. 705 u. 724
1906   Schwarze: „3/4 + 3/4 gek. Güterzuglokomotive der Französischen
        Nordbahn", Annalen 1906-II, S. 210 — Loc 1905, S. 143 — Lok
        1909, S. 160 — Revue 1908-I, S. 81 (du Bousquet)
        Stanbury: „Four-cylinder compound 4-4-2 locomotive, Northern Ry
        of France", Engg 1906-II, S. 488
1909   du Bousquet: „Nouvelle 2 C locomotive compound", Revue 1909-II,
        S. 99
1910   „2 C-Vierzyl.-Verbund-Schnellzuglokomotive der Französischen Nord-
        bahn", Lok 1910, S. 136
        „4-4-0 four-cylinder compound express locomotive, Northern Ry of
        France", Loc 1910, S. 100
        „4-6-4 four-cylinder compound express locomotive Northern Ry of
        France", Loc 1910, S. 223 und 1911, S. 155 und 262 — The Eng
        1911-II, S. 241 — Gaz 1911-II, S. 316 und 1937-I S. 538
1911   „Ein Beitrag zur Lokomotivgeschichte: 3 A und 1 A 1-Schnellzuglok.
        der Französischen Nordbahn", Lok 1911, S. 272
1912   „4-6-4 tank locomotive, Northern Ry of France", Loc 1912, S. 115 —
        Lok 1913, S. 164
        „Consolidation type locomotive, Northern Ry of France", Loc 1912,
        S. 170
        „New Pacific type locomotives, Northern Ry of France", Loc 1912,
        S. 184
1913   Bennett: „The oldest engine of the Northern Ry of France", Gaz
        1913-I, S. 727

„2-10-0 four-cylinder compound locomotive, Northern Ry of France",
Loc 1913, S. 163 — Gaz 1913-II, S. 216

1919 „Die ersten Verbund-Güterzuglokomotiven der französischen Nordbahn 1889", Lok 1919, S. 139

„2-6-0 mixed traffic locomotive", Loc 1919, S. 122

1920 „C 2-Tenderlokomotive der Französischen Nordbahn", Lok 1920, S. 20

„Crampton locomotives", Loc 1920, S. 252

1921 „Notes on old locomotives: Northern Ry of France", Loc 1921, S. 327

1923 „Altfranzösische C-Güterzuglokomotive, 1844", Lok 1923, S. 59

1924 „4-6-2 compound express locomotive, Northern Ry of France", Loc
1924, S. 263

1927 „Super Pacific express locomotives, Northern Ry of France", Loc
1927, S. 39

1928 „Die neuen Schnellzuglokomotiven der Französischen Nordbahn",
Lok 1928, S. 1

1931 „New Super-Pacific type locomotives, Northern Ry of France", Loc
1931, S. 145 — Lok 1932, S. 139

„0-10-0 tank locomotive, Northern Ry of France", Loc 1931, S. 3

1932 „Modern locomotive practice on the Northern Ry of France", Ry
Eng 1932, S. 146

1933 Caso: „Les nouvelles locomotives de banlieue au Chemin de Fer du
Nord", Revue 1933-I, S. 211

„Les principes directeurs de la construction des locomotives
modernes du Chemin de Fer du Nord", Revue 1933-I, S. 178

„New 2-10-0 type 4-cyl. compound locomotive for the Northern Ry
of France", Gaz 1933-II, S. 964 — Loc 1934, S. 33

„Remarkable 2-8-2 tank locomotive for the Nord (France)", Gaz
1933-I, S. 383 — Ry Eng 1933, S. 150 — Loc 1933, S. 113 u. 140

„Standard locomotive stock, Northern Ry of France", Loc 1933,
S. 113 und 146 — Revue 1933-I, S. 178

„0-8-0 side tank locomotive, Northern Ry of France", Loc 1933,
S. 260

1934 Cossart: „Nouvelles locomotives Decapod des Chemins de Fer du
Nord", Revue 1934-I, S. 339

„French 4-6-2 compound locomotive converted to simple", Gaz 1934-I,
S. 351 — Loc 1934, S. 117

„2-10-0 four-cyl. compound locomotive", Loc 1934, S. 33

1935 „0-6-0 goods locomotive with intermediate axle, Northern Ry of
France", Loc 1935, S. 249

1936 „An interesting old French locomotive", Loc 1936, S. 394

„Carénage d'une machine Super-Pacific Nord", Revue 1936-II, S. 395

1937 „Baltic type locomotive for the Paris Exhibition", Loc 1937, S. 103

„New 4-6-4 express designs", Gaz 1937-I, S. 939

„Rejuvenation of French 4-4-2 and 4-6-0 locomotives", Gaz 1937-I,
S. 432

„Streamlined Pacific locomotive No. 3.1280, Northern Ry of France",
Loc 1937, S. 2 — Gaz 1937-I, S. 145

„4-6-4 streamlined express locomotive, Northern Ry of France", Loc
1937, S. 136 und 219 — Gaz 1937-I, S. 939

„4-6-2 water tube boiler locomotive with 18 cylinders, built by the
Swiss Locomotive Works", Loc 1937, S. 242

1938   „The Royal Visit to Paris: Streamlined Pacific type locomotive and train used for the journey of T. M. the King and Oueen from Boulogne to Paris on July 19", Loc 1938, S. 236, — Gaz 1938-II, S. 224

Französische Ostbahn

1886   „Crampton locomotives: Eastern Ry of France", Engg 1886-I, S. 170
1889   „0-6-2 tank locomotives (Paris Exhibition)", Engg 1889-II, S. 249 u. 348
1892   „4-4-0 express locomotive with Flaman boiler", Engg 1892-I, S. 431 u. 507
1899   „Rapid locomotive erection", Engg 1899-II, S. 270 u. 278
1901   „4-4-0 four-cylinder compound express locomotive", Engg 1901-II, S. 579
1905   „4-6-0 four-cylinder compound locomotive", Engg 1905-II, S. 829
1906   „4-6-4 four-cylinder tank engine", Gaz 1906-II, S. 285
1908   Lake: „The locomotives of the Eastern Ry of France", Gaz 1908-II, S. 21 u. 56
1909   „1 C + C-Mallet-Verbund-Güterzuglokomotive Gruppe 13", Lok 1909, S. 164 — Loc 1909, S. 48 — Gaz 1909-I, S. 28 u. 1909-II, S. 743
1915   „Alte 2 B-Schnellzuglokomotive der Französischen Ostbahn", Lok 1915, S. 59
1917   „1 E 1-Heißdampf-Zwilling-Güterzugtenderlokomotive", Lok 1917, S 37
1919   „C-Verbund-Güterzuglokomotive der Französischen Ostbahn", Lok 1919, S. 173
1920   „1 B-Schnellzuglokomotive von 1882", Lok 1920, S. 166
        „2 B-Schnellzuglokomotive mit Flamankessel der Franz. Ostbahn", Lok 1920, S. 180
1923   Jacquet: „Early express locomotives of the Eastern Ry of France", Loc 1923, S. 231
1929   Duchatel: „Locomotives Decapod à 3 cylindres", Revue 1929-II, S. 382 — Lok 1932, S. 185
        „Locomotive development on the Eastern Ry of France", Loc 1929, S. 205, 320 und 376 — Loc 1930, S. 75 und 296
1930   „3-cyl. 2-8-2 tank locomotive, Eastern Ry of France, at the Liége Exhibition", Loc 1930, S. 296 — Z 1931, S. 999
1931   Geisler: „Neue 1 D 1-Drilling-Tenderlokomotive der Franz. Ostbahn", Z 1931, S. 999
1932   „2-10-2 three-cylinder tank locomotives, Eastern Ry of France", Loc 1932, S. 157 — Lok 1932, S. 227
        „A noteworthy French locomotive development: Four-cylinder compound superheated 4-8-2 express locomotives", Ry Eng 1932, S. 225
        „The Paris Terminus of the Eastern Ry of France", Loc 1932, S. 326
1934   „2-8-2 three-cylinder tank locomotives, Eastern Ry of France", Gaz 1934-II, S. 385
        „Increasing the efficiency of express locomotives, Eastern Ry of France", Gaz 1935-I, S. 334
1935   „Early types of rolling stock, Eastern Ry of France", Loc 1935, S. 243
1937   Poncet u. Léguille: „Améliorations apportées aux machines de vitesse du réseau de l'Est", Revue 1937-I, S. 3
        „Umbauerfolge an den 2 C, 2 C 1 und 2 D 1-Lokomotiven der Französischen Ostbahn", Lok 1937, S. 23

Paris - Lyon - Mittelmeer-Bahn
(mit Ausnahme der Linien in Algier)

1878 „2-4-2 passenger locomotive", Engg 1878-II, S. 355

1879 „0-8-0 goods locomotive", Engg 1879-II, S. 64

1898 „4-4-0 four-cylinder compound passenger locomotive" (mit Windschneide!), Engg 1898-I, S. 475

1904 Roll: „Der Riviera-Expreß der PLM-Bahn" (mit 2 B-Lokomotive), Lok 1904, S. 105

1905 Bandry: „Locomotives compound à grande vitesse et 3 essieux accouplés de la Compagnie PLM", Revue 1905-I, S. 81
v. Collas: „Über den Betrieb der PLM-Bahn", Lok 1905, S. 23
„3/5 gek. Vierzylinder-Verbund - Schnellzuglokomotiven der PLM-Bahn", Lok 1905, S. 17 u. 146 — Loc 1907, S. 117

1908 „Lokomotiven der PLM-Bahn auf der Mailänder Ausstellung", Lok 1908, S. 152

1909 „2 D-Vierzylinder-Verbund-Lokomotive Gruppe 21 der PLM-Bahn", Lok 1909, S. 196 — Engg 1910-II, S. 800
„Pacific type locomotives, PLM-Ry", Loc 1909, S. 214

1910 Graham: „Express passenger locomotives, PLM", Gaz 1910-I, S. 71
Vallantin: „Essais effectués avec les dernières locomotives compound à 4 essieux couplés et à bogie de la Cie PLM", Revue 1910-II, S. 231

1911 Graham: „Superheating on the PLM", Gaz 1911-II, S. 285
„New locomotives, PLM Ry", Loc 1911, S. 65 — Lok 1932, S. 120

1912 „New Pacific locomotives", Gaz 1912-II, S. 154 — Engg 1911-II, S. 314 u. 1913-I, S. 666

1914 „4-6-4 four-cyl. compound passenger tank locomotive, Chemin de Fer de PLM", Loc 1914, S. 187
„Four-cylinder compound «Pacific» express locomotive, PLM Ry", Loc 1914, S. 234
„1 D 1-Heißdampf-Vierzyl.-Verbund-Güterzuglokomotive PLM", Loc 1914, S. 143 u. 1917, S. 197 — Lok 1916, S. 21

1916 „Die stärkste 1 B-Lokomotive", Lok 1916, S. 36
„4-6-2 four-cylinder compound superheater locomotive", Loc 1916, S. 218 u. 245 u. 1917, S. 26

1919 „Die 1 B 1 - Schnellzuglokomotiven der PLM-Bahn", Lok 1919, S. 133

1920 „Die alten C- u. D - Lokomotiven der PLM-Bahn", Lok 1920, S. 45
„Crampton locomotives", Loc 1920, S. 252

1925 Dorr: „The PLM Railway", Baldwin Juli 1925, S. 41
„4 cyl. 4-8-2 type compound locomotive", Loc 1925, S. 169 — Revue 1926-I, S. 89 (Vallantin)

1926 „Eight-coupled express locomotives in France (Comparative tests on the PLM)", Ry Eng 1926, S. 119

1927 „Mountain type locomotives in France: PLM", Ry Eng 1927, S. 413

1928 „Eight-coupled 4-8-4 compound tank engine, PLM Ry", Loc 1928, S. 13 u. 1929, S. 354 — Revue 1929-I, S. 281 (Portal)

1931 „Emploi de la double expansion dans les locomotives de la Cie des Chemins de Fer PLM", Revue 1931-I, S. 428

1931   „New Mountain type locomotive, PLM Ry", Loc 1931, S. 290 u.
1932, S. 422

1932   Parmantier: „La locomotive 241.C-1 à grande vitesse. type 2-4-1
de la Cie PLM", Revue 1932-II, S. 187 — Ry Eng 1932, S. 431
„2-10-2 four-cylinder compound freight locomotive, PLM Ry", Loc
1932, S. 305 u. 344 — Gaz 1932-II, S. 135 — Ry Eng 1932, S. 291

1934   Parmantier: „Les nouvelles locomotives à marchandise type 1-5-1
série 151-A de 3000 cheveaux", Revue 1934-I, S. 109 — Z 1934,
S. 590

1935   Parmantier: „Le train aérodynamique PLM", Revue 1935-II, S. 373
„Early compounds of the PLM Ry", Loc 1935, S. 10
„Improved Pacific locomotives, PLM Ry", Loc 1935, S. 161
„New French streamlined trains", Loc 1935, S. 168 u. 1936, S. 19
— Gaz 1936-I, S. 108 — Mod. Transport 20. April 1935, S. 6

1936   „The PLM Atlantic type streamlined locomotive and its work", Loc
1936, S. 19
„Pacific locomotive with poppet valves, PLM Ry", Loc 1936, S. 308

1937   „The evolution of the PLM-Pacific", Gaz 1937-I, S. 988 u. 1938-II,
S. 401
„4-6-0 locomotive with Velox boiler, PLM Ry", Loc 1937, S. 241 —
Gaz 1939-I, S. 545

1938   Parmantier: „Locomotives Pacific P. L. M. 231-G, 231-H, 231-K",
Revue 1938-I, S. 193

Paris - Orléans-Bahn

1873   „0-6-0 goods locomotive of the P. O.-Ry at the Vienna Exhibition",
Engg 1873-II, S. 443

1879   „2-4-2 passenger and 0-8-0 goods locomotives for the P. O.-Ry", Engg
1879-I, S. 389 u. 454

1900   „4-4-0 locomotive at the Paris Exhibition", Engg 1900-II, S. 163

1904   Conte: „Note sur les nouvelles locomotives compound à 4 cylindres
de la Compagnie d'Orléans", Revue 1904-II, S. 3
„Lokomotiven der P. O.-Bahn", Lok 1904, S. 39 u. 61

1905   „Four-cylinder compound 4-6-0 type locomotive", Loc 1905, S. 207

1906   „4-6-0 four-cylinder compound locomotive", Engg 1906-I, S. 146

1907   „Die erste Pacific-Schnellzuglokomotive Europas", Lok 1907, S. 147
— Revue 1907-II, S. 374
„4/5 gek. Vierzylinder-Verbundlokomotive für gemischten Dienst",
Lok 1907, S. 230

1908   „American-built de Glehn four-cylinder compound Pacific type locomotives", Loc 1908, S. 159

1909   Brückmann: „Die 5/5 gek. Heißdampf-Güterzug-Tenderlokomotiven
Serie 5001 der französischen Südbahn und Serie 5501 der Paris-
Orléans-Eisenbahn", Z 1909, S. 1962 — Lok 1908, S. 232 — Revue
1909-II, S. 3 (Bachellery)
„4-6-2 Vierzylinder-Verbund Schnellzuglokomotive der P. O. - Bahn",
Lok 1909, S. 2 u. 250 — Engg 1909-I, S. 588

1910   Steffan: „Die Vierzylinder-Verbundlokomotiven der Paris-Orléans-
Bahn", Lok 1910, S. 12

1912   2-8-2 banking tank locomotive, P. O. Ry", Loc 1912, S. 71 — Lok 1922, S. 19

1914   „2-4-2 express locomotive, fitted with the Durant & Lencauchez valve gear, 1890", Loc 1914, S. 312

1917   „New locomotives for the PO-Ry, constructed by the North British Locomotive Co", (2 C-Schnellzug- und 1 D 1-Tenderlok.), Loc 1917, S. 63

1919   „American-built Mikado locomotive", Loc 1919, S. 165

1920   „D - Güterzuglokomotive der PO-Bahn, 1868", Lok 1920, S. 23
„Die älteren Personen- u. Schnellzuglokomotiven der PO-Bahn", Lok 1920, S. 143

1922   „1 D 1 - Heißdampf - Zwilling - Güterzug - Tenderlokomotive der PO-Bahn", Lok 1922, S. 19

1924   „Mikado type tank locomotives, P. O. Ry", Loc 1924, S. 370

1930   „P. O. Ry: Rebuilt Pacific type compound locomotive", Loc 1930, S. 403

1931   Chapelon: „Transformation des locomotives Pacific-Compound à grande vitesse série 3501 à 3589 de la Cie Orléans par modification du circuit de vapeur, accroissement du degré de surchauffe et application d'une distribution par soupapes", Revue 1931-II, S. 18 — Ry Eng 1931, S. 395 — Loc 1931, S. 404 — Gaz 1931-I, S. 705

1932   „Compound Pacific locomotives", Gaz 1932-I, S. 524

1933   „PO-Pacific rebuilt as 4-8-0 express locomotive", Gaz 1933-II, S. 48 u. 1935-I, S. 730 — Loc 1934, S. 14 — Revue 1935-I, S. 110
„Locomotive development on the Paris Orléans Ry", Loc 1933, S. 261

1934   Parmantier: „Les nouvelles locomotives à marchandises type 1-5-1 des Chemins de Fer PLM", Revue 1934-I, S. 109

1935   Chapelon: „Locomotives à grande vitesse, provenant de la transformation des locomotives «Pacific» de la Cie d' Orléans", Revue 1935-I, S. 110 — Z 1937, S. 53
*   Chapelon: „Locomotives à grande vitesse", Verlag Dunod, Paris 1935

1937   „4-6-2 streamlined express locomotive, PO-Midi Ry", Loc 1937, S. 178 — Engg 1937-II, S. 676
Chapelon: „Remarkable French locomotive performances: Rebuilt Pacific locomotive, PO-Midi Ry", Gaz 1937-I, S. 153, 894 u. 909

Französische Staatsbahnen
(ohne die Westbahn und die Bahnen von Elsaß-Lothringen)

1894   „Four-wheel coupled (1 B 1) express locomotive, State Rys of France" (m. Bonnefond-Steuerung), Engg 1894-I, S. 737 — Loc 1915, S. 42

1899   „4-4-0 locomotive" (mit Windschneide!), Engg 1899-I, S. 514

1900   „The State Rys of France at the Paris Exhibition", Engg 1900-II, S. 1

1911   „Scottish 4-6-0 locomotives for the French State Rys", Gaz 1911-I, S. 121
„4-6-0 express locomotive, State Rys of France", Loc 1911, S. 97

1912   „4-6-0 four-cyl. superheater locomotive, French State Rys", Loc 1912, S. 252 u. 1913, S. 29

1913   „New 4-6-0 locomotives for the French State Rys", Loc 1913, S. 29
        „Old French 2-4-0 express engine (French State Rys) with piston
        valves 1884", Loc 1913, S. 206
1916   „British built locomotives for the French State Rys", Loc 1916, S.
        109 u. 173, sowie 1917, S. 173 (Highland Ry) — 1919. S. 208
1918   „American-built Consolidation locomotives for the French Midi and
        State Rys", Loc 1918, S. 157
1919   „Consolidation locomotive, built by the Vulcan Foundry Ltd", Loc
        1919, S. 208
1928   „«Mikado» mixed traffic locomotive, French State Rys", Loc 1928,
        S. 346
1931   „New Mountain type locomotive, French State Rys", Gaz 1931-II,
        S. 501
1932   „Three-cylinder Mountain type express locomotive, French State
        Rys", Gaz 1932-II, S. 776 — Organ 1932, S. 471 u. 1934. S. 78 —
        Loc 1933, S. 3 u. 32 — Ry Eng 1933, S. 70 u. 106
1933   „How M. Dautry has rejuvenated the French State Rys", Gaz
        1933-I, S. 11
1935   „Stream-lined Pacific type locomotive, State Rys of France", Loc
        1935, S. 394 — Gaz 1937-I, S. 537
1937   „Streamlined French Pacific locomotive, French State Rys", Gaz
        1937-I, S. 537 — Loc 1937, S. 211
        „A French railway centenary", Loc 1937, S. 252
1938   „Rebuilt locomotives with welded cylinders in France: Four-cyl.
        compound 4-6-0 engines of the former French State Rys rebuilt
        with external and internal streamlining and welded cylinders and
        Dabeg poppet valves", Gaz 1938-II, S. 250 — Kongreß 1939, S. 774
        „The royal visit to France: „Etat streamlined Pacific which worked
        the Royal special on July 22", Gaz 1938-II, S. 224

Französische Südbahn

1873   „0-8-0 goods locomotive for the Southern Ry of France", Engg 1873-II,
        S. 335
1899   „4-4-0 four-cylinder compound «de Glehn» locomotive", Engg 1899-II,
        S. 591
1900   „The South of France Ry at the Paris Exhibition", Engg 1900-II, S.
        466 u. f.
1902   „Note sur les machines compound à 4 cylindres et 8 roues accouplées de
        la Compagnie des Chemins de Fer du Midi", Revue 1902-I, S. 235
1904   Marchis et Ménétrier: „Essais effectués en service courant sur les
        locomotives compound à 2 cylindres et à 6 roues accouplées (1 C)
        de la Cie du Midi", Revue 1904-I, S. 83
1905   „2/4 gek. Vierzylinder-Verbundlokomotive", Lok 1905, S. 1
1909   Brückmann: „Die 5/5 gek. Heißdampf-Güterzug-Tenderlokomotiven
        Serie 5001 der französischen Südbahn, und Serie 5501 der PO-
        Bahn", Z 1909, S. 1962 — Lok 1908, S. 232 — Revue 1909-II, S. 3
        (Bachellery)
        „2 C 1 - Vierzyl.-Verbund-Schnellzuglokomotiven", Lok 1909, S. 110

1914 „4-8-0 two-cylinder simple tank locomotive, Chemin de Fer du Midi", Loc 1914, S. 216

1918 „American-built Consolidation locomotives for the French Midi and State Rys", Loc 1918, S. 157

1937 Chapelon: „Remarkable French locomotive performances: Rebuilt Pacific locomotive, PO-Midi Ry", Gaz 1937-I, S. 153
      „4-6-2 streamlined express locomotive, PO - Midi Ry", Loc 1937, S. 178 — Engg 1937-II, S. 676

1938 „A French locomotive veteran: 2-4-0 locomotive used on the Landes branch lines of the Midi section of the French National Rys", Gaz 1938-II, S. 988 u. 1006

Französische Westbahn

1869 „1 B - Expreßlokomotive der französischen Westbahn", Organ 1869, S. 137

1875 „2-4-0 locomotive for the Western Ry of France", Engg 1875-II, S. 359

1886 „0-6-0 tank passenger locomotive", Engg 1886-I, S. 86

1889 „2-4-0 express locomotive", Engg 1889-II, S. 458
      „0-6-0 tank locomotive", Engg 1889-II, S. 599

1906 „Old single driver tank locomotive, 1844", Loc 1906, S. 118

1908 Dubois: „La machine Pacific de la Cie des Chemins de Fer de l'Ouest", Revue 1908-II, S. 149
      „Die Vierzylinder-Verbund-Schnellzuglokomotiven der Französischen Westbahn", Lok 1908, S. 206
      „Nouvelles machines de banlieue de la Cie de l'Ouest" (1 C 1 u. 2 C), Revue 1908-II, S. 57
      „Pacific type locomotive, Western Ry of France", Gaz 1908-II, S. 155 — Gaz 1909-II, S. 840
      „50 years of locomotive practice, Western Ry of France", Loc 1908, S. 117 — Gaz 1908-II, S. 155

1909 „1 C 1 - Vierzyl.-Verbund-Personenzug-Tenderlokomotive", Lok 1909, S. 199 — Loc 1909, S. 72

1912 „Pacific express locomotives for the French State Rys (Western System)", Loc 1912, S. 72

1914 „Early 2-4-0 tank engines of the, Western of France Ry", Loc 1914, S. 148 u. 1915, S. 6

1916 Tyas: „Old 0-6-0 goods engine, 1866", Loc 1916, S. 21
      „Old locomotives, Western Ry of France", Loc 1916, S. 115

1920 „1 B - Lokomotive von Buddicom der Französischen Westbahn", Lok 1920, S. 117

1921 „Alte C-Güterzuglokomotive der Franz. Westbahn", Lok 1921, S. 20

1935 „Alte B 1 - Personenzuglokomotive („Coutances" von 1855) der Französischen Westbahn", Lok 1935, S. 211

1938 „Train of early rolling stock of the Western Ry of France", Loc 1938, S. 8

1939 „Two ancient «Fliers»", Loc 1939, S. 209 (2,5—2,85 m Raddurchmesser!)

Frankreich / Verschiedene Bahnen

1879 „0-6-0 compound locomotive for the Bayonne and Biarritz Ry", Engg 1879-I, S. 517

1889 „Mallet's compound double bogie locomotive, Decauville Ry, Paris Exhibition", Engg 1889-I, S. 482

1903 Comble: „La machine C + C compound à train articulé de la Compagnie des Chemins de Fer Départementaux", Revue 1903-II, S. 196

1905 Decourt: „2 D locomotives-tenders à 4 essieux accouplés avec bogies des Chemins de Fer de Ceinture", Revue 1905-I, S. 312 — Loc 1906, S. 38

1908 Ménétrier: „Locomotives tenders à 6 roues accouplées compound à 2 cylindres du Chemin de Fer d'Interêt Local de Luxey à Mont-de-Marsan et des Chemins de Fer du Born et du Marensin", Revue 1908-II, S. 87 (m. Karte)
„4-8-0 Vierzylinder-Verbund-Tenderlokomotive der Pariser Gürtelbahn", Lok 1908, S. 216

1910 „Old 2-2-2 tank locomotive, Rouen-Paris Ry", Loc 1910, S. 203

1912 „4-6-0 four-cylinder tandem compound tank locomotive, Ceinture Ry of Paris", Loc 1912, S. 209

1915 „An old 0-6-0 French locomotive, Tours & Nantes Ry, 1847/50", Loc 1915, S. 189

1925 Pahin: „The Paris-Arpajon Light Ry", Loc 1925, S. 287

Griechenland

1907 „Duplex locomotive for a narrow gauge ry in Greece", Loc 1907, S. 159

1912 Guillery: „Schmalspurige 1 C - Heißdampf-Tenderlokomotiven der Thessalischen Kleinbahnen", Deutsche Straßen- und Kleinbahnzeitung 1912, S. 755 u. 768

1916 „Mikado type superheater express locomotive, Greek Govt Rys", Loc 1916, S. 43

1927 „Oesterreichische Lokomotiven für Griechenland", Lok 1927, S. 1, 37 u. 177

1932 Leondopoulos: „The Hellenic State Rys", Gaz 1932-I, S. 334

1936 „1 D - Heißdampf-Zwilling-Gemischtzug-Lokomotive der Peloponnes-Bahn", HH Sept. 1936, S. 91 u. August 1937, S. 79

Hedschas

1905 Lotter: „Die Lokomotiven der Hedjazbahn", Lok 1905, S. 39

1908 Keller: „Sechsachsige kurvenbewegliche 1 B + C - Güterzugverbund-Lokomotive der Hedschas-Bahn", Z 1908, S. 1630 — Loc 1908, S. 81 — Revue 1909-I, S. 63

1911 Levy: „Die Betriebsmittel der Hedjaz-Bahn", Organ 1911, S. 82
„2-8-0 goods locomotive, Hedjaz Ry", Loc 1911, S. 226

1912 „Lokomotiven für die Hedjazbahn aus der Sächsischen Maschinenfabrik", Lok 1912, S. 229

1915 „The Hedjaz Ry" (m. Karte), Loc 1915, S. 79

Holland

1884 „0-4-0 «Hohenzollern» tank locomotive for the Dutch State Rys", Engg 1884-II, S. 348 u. 439

1905 „2/4 gek. Tenderlokomotiven", Lok 1905, S. 101

1908 „Atlantic-Schnellzuglokomotive der Holländischen Staatsbahn", Lok 1908, S. 195
„0-4-0 shunting engine, Holland Ry", Loc 1908, S. 119

1910 Vorstman: „2 C-Schnellzuglokomotive der Nord-Brabant-Deutschen Eisenbahngesellschaft", Lok 1910, S. 134 — Engg 1908-II, S. 722
Vorstman: „Die Heißdampflokomotiven der Holländischen Eisenbahn-Ges.", Lok 1910, S. 49
„Aeltere 1 B - Schnellzuglokomotive der Nord-Brabant Deutschen Eisenbahn", Lok 1910, S. 276

1911 „New express locomotives for Holland", Loc 1911, S. 56 u. 78

1912 Verhoop: „Heißdampf-Straßenbahnlokomotiven für Holland", Klb-Zeitg. 1912, S. 525 u. 544
„4-4-0 tank locomotive, Netherlands Central Ry", Loc 1912, S. 44
„2-4-2 passenger tank locomotive, Dutch State Rys", Loc 1912, S. 125

1913 „4-6-4 tank engine, Netherlands State Rys", Loc 1913, S. 272

1914 Vorstman: „Die Lokomotiven der Niederländischen Zentral-Eisenbahn-Ges.", Lok 1914, S. 93
„1 D 1 - Tenderlokomotiven der Niederländischen Staatsbahnen", Lok 1914, S. 77 — Loc 1914, S. 213
„4-6-0 four-cyl. simple express locomotive, Dutch Central Ry", Loc 1914, S. 121 u. 1919, S. 33

1916 Willigens: „Neuere Heißdampflokomotiven der Nord-Brabant-Deutschen Eisenbahngesellschaft", Lok 1916, S. 93

1917 „New 4-4-0 superheater express locomotives for the Holland Ry Co", Loc 1917, S. 23

1918 „4-6-0 four-cylinder simple express locomotive, Netherland State Rys", Loc 1918, S. 191

1919 „Die Güterzuglokomotiven der Nordbrabant-Deutschen Eisenbahn", Lok 1919, S. 165

1920 Derens: „The Dutch Rhenish Ry and its locomotives", Loc 1920, S. 40 u. f. [S. 137: Streckenkarte] — 1931, S. 357 — 1937, S. 395 (m. Karte)

1921 „The Haarlemmermeer Local Rys", Loc 1921, S. 236

1923 „B-Satteltenderlokomotive der Holländischen Eisenbahn-Ges.", Lok 1923, S. 194

1924 Derens: „The development of the goods engine in Holland", Loc 1924, S. 96
Kreutzer: „Was aus einer alten Hanomag-Lokomotive alles werden kann: Umbau einer 1 B - Lok. der Niederl. Zentralbahn von 1874 in eine 2 B 2 - Tenderlok." HN 1924, S. 111

1926 „Single driver locomotive, Netherland State Rys", Loc 1926, S. 107

1927 Derens: „«Stephenson» locomotives for the late Holland Ry Co", Loc 1927, S. 400

1928 „A curious compound locomotive, Holland Ry Co", Loc 1928, S. 325

1929   Labrijn: „Nieuwe locomotieven voor de Nederlandsche Spoorwegen",
(2 C Reihe 3900 und 2 C 2 - Tenderlok. Reihe 6100), Polytechnisch
Weekblad 1929, S. 547 u. 1930, S. 609 — Spoor en Tramwegen
1929, S. 237 — Organ 1930, S. 147 — Loc 1929, S. 375 u. 1930,
S. 282

Vetter: „Die neue 2 C-Vierzylinder-Heißdampf-Schnellzuglokomotive
Serie 3816 der Niederländischen Eisenbahnen", Organ 1929, S. 282

„4 cyl. 4-6-0 express engines, Netherlands Rys", Loc 1929, S. 109

„New 4-6-0 express engines, Netherlands Rys", Loc 1929, S. 375 u.
1930, S. 282

„4-6-4 express tank locomotives, Netherland Rys", Loc 1929, S. 210, 273

1930   Labrijn: „De nieuwe 2 D 2 - Tenderlocomotieven serie 6300 der
Nederlandsche Spoorwegen", Polytechnisch Weekblad 1931, S. 191
— Spoor en Tramwegen 1930, S. 194 — Loc 1930, S. 361 — HH
Dez. 1930, S. 62 — Gaz 1930-II, S. 753 — Organ 1934, S. 64 —
Z 1934, S. 423

Labrijn: „Die neuen Schnellzuglokomotiven der Niederländischen
Eisenbahnen", Organ 1930, S. 147

Labrijn: „De nieuwe 2 C - Sneltreinlocomotieven serie 3800 der
Nederlandsche Spoorwegen", Polytechnisch Weekblad 1930, S. 609
— Spoor-en Tramwegen 1930, S. 238 — Organ 1929, S. 282

„Locomotives of the Dutch Central Ry", Loc 1930, S. 54

„Dutch railway notes", Loc 1930, S. 282

1931   Labrijn: „Die neuesten Lokomotiven der Niederländischen Eisenbahnen", De Ingenieur 1931-II, S. 99

„Locomotives built by Beyer Peacock and Co, Ltd., in service on the
Dutch State Rys", Beyer Peacock Juli 1931, S. 40

1933   Derens: „The Holland Ry Cy and its locomotives", Loc 1933,
S. 272 u. f.

1934   „2-8-2 tank locomotives for the Netherlands State Coal Mines", Loc
1934, S. 367 — Polytechnisch Weekblad 1935, S. 24

1935   Labrijn: „NS locomotieve serie 3700 in stroomlijnvorm", Spoor-en
Tramwegen 1935, S. 554 — Loc 1936, S. 68 — Organ 1937, S. 304

1936   Derens: „The Dutch State Rys Company", Loc 1936, S. 331 u. f.

1937   Derens: „Netherland Railway locomotives", Loc 1937, S. 218

Labrijn: „Die Stromlinienlokomotive der Niederländischen Eisenbahnen", Organ 1937, S. 304

*„Die Entwicklung der Dampflokomotive in den Niederlanden", «Ent-
wicklung der Lokomotive 1880-1920», Verlag Oldenbourg, München u. Berlin 1937, S. 405

1939   Labrijn: „Der erste Eisenbahnzug in Holland", Organ 1939, S. 373

Indo-China

1909   Godfernaux: „Note sur les chemins de fer de l'Indo-Chine", Revue
1909-I, S. 395 (S. 406: Lokomotiven)

1930   Mignon: „De Spoorwegen in Indo-China", Spoor en Tramwegen 1930,
S. 226 u. 254

1934   „Locomotives Pacific à voie de 1 métre pour les Chemins de Fer de
l'Indochine", Bulletin de la Société Alsacienne de Constructions
Mécaniques, Juli 1934, S. 45 — Revue 1935-I, S. 69

1935   *„2 C 1 - Heißdampf-Zwilling-Schnellzuglokomotive u. 1 E - Heißdampf-
Zwilling-Güterzuglokomotive der Staatsbahnen von Indochina",
Henschel-Lokomotiv-Taschenbuch 1935, S. 222 u. 224
1939   „New metre-gauge Pacific locomotives for French East Indies", Loc
1939, S. 216

Irland (Irischer Freistaat [Eire] und Nordirland)
Allgemein und Verschiedenes

1900   „4-4-0 express locomotive, Northern Ry Company, Ireland", Engg
1900-II, S. 15 — Lok 1908, S. 67
1905   „0-6-4 tank locomotive, Cavan and Leitrim Ry", Loc 1905, S. 125
„4-6-4 side-tank locomotive, Donegal Ry", Loc 1905,· S. 171
1906   „4-4-0 passenger locomotive, Dublin, Wicklow & Wexford Ry", Loc
1906, S. 55
„0-6-4 tank locomotive, Sligo, Leitrim & Northern Counties Ry",
Loc 1906, S. 99
„4-6-0 tank locomotive, Cork, Bandon & South Coast Ry", Loc
1906, S. 131
„Schull and Skibbereen Light Ry", Loc 1906, S. 150
1907   „2/3 gek. Tenderlokomotive der Belfast & Northern Counties Ry",
Lok 1907, S. 115
1908   „0-6-2 tank locomotive for the Cork & Macroom Direct Ry", Loc
1908, S. 33
„2-4-2 passenger tank locomotive, Dublin & South Eastern Ry",
Loc 1908, S. 96
1909   „4-6-0 tank locomotive, West Clare Ry", Loc 1909, S. 201 u. 1912, S. 231
1910   „0-6-0 goods locomotive, Dublin & South Eastern Ry", Loc 1910, S. 235
1912   Livesey: „Rolling stock on the principal Irish narrow-gauge rys",
Engg 1912-II, S. 169
„Heavy locomotives for the Londonderry and Lough Swilly Ry", Loc
1912, S. 207
„2-6-4 tank locomotive for the County Donegal Rys Joint Committee",
Gaz 1912-I, S. 425
„4-4-2 tank locomotive, Dublin & South Eastern Ry", Loc 1912, S. 9
1913   „4-8-4 side tank locomotive for the narrow-gauge Londonderry and
Lough Swilly Ry", Engg 1913-I, S. 70 — Gaz 1913-I, S. 138
„The Clogher Valley Ry", Loc 1913, S. 276
1915   „0-6-0 goods locomotive, Belfast & County Down Ry", Loc 1915, S. 29
„0-6-0 goods locomotive fitted with Cusack & Morton's patent superheater, Midland Great Western Ry of Ireland", Loc 1915, S. 103
„The Cork and Muskerry Light Ry", Loc 1915, S. 110
1916   „4-4-0 rebuilt superheater express engine, Midland Great Western
Ry", Loc 1916, S. 239 u. 1918, S. 39
1919   „The rys and locomotives of the County Donegal Joint Commitee"
(m. Karte), Loc 1919, S. 66 u. f.
1920   „4-6-4 tank locomotive, Belfast & County Down Ry", Loc 1920, S. 291
„2-4-0 tank locomotive, Belfast, Holywood & Bangor Ry, 1870",·
Loc 1920, S. 255
1921   „4-6-0 tank locomotive, West Clare Ry", Loc 1912, S. 231

380   380

380   *Dampflokomotive / Irland*

380   *Dampflokomotive / Irland*

380   Dampflokomotive / Irland

380   Dampflokomotive / Irland

Dampflokomotive / Irland

1922 „0-6-0 goods locomotive, Midland Great Western Ry of Ireland", Loc 1922, S. 159
1923 „4-6-0 tank locomotives, West Clare Ry, Ireland", Loc 1923, S. 95
„Mogul freight locomotives, Dublin and South Eastern Ry", Loc 1923, S. 93
„New 0-6-4 side tank locomotive, Belfast & County Down Ry", Loc 1923, S. 317
1926 „Early locomotives, Dublin & Kingstown Ry", Loc 1926, S. 336
1935 „Centenary of the Dublin and Kingstown Ry", Loc 1935, S. 39
1936 „Rebuilt 2-6-2 side tank locomotive, Clogher Valley Ry", Loc 1936, S. 242
„The Cavan and Leitrim Ry and its locomotives", Loc 1936, S. 249
1937 Fayle: „The Tralee and Dingle Light Ry", Loc 1937, S. 47
1938 „Irish notes", Loc 1938, S. 387 u. 1939, S. 10, 41, 83, 149
1939 Fayle: „The Cork, Bandon and South Coast Rly. and its locomotives", Loc 1939, S. 163 u. f.
Fayle: „The Dundalk, Newry & Greenore Ry", Loc 1939, S. 202

Great Northern Railway of Ireland

1905 „4-4-0 bogie express locomotive", Loc 1905, S. 55
„Locomotives of Great Northern Ry", Loc 1905, S. 80
1906 „4-4-0 passenger locomotive", Loc 1906, S. 77
1907 „Steam rail motor services", Loc 1907, S. 32
1908 „Die schönste englische Schnellzuglokomotive: 2/4 gek. Lokomotive der Großen Irischen Nordbahn", Lok 1908, S. 67
„Six-coupled goods locomotives", Loc 1908, S. 158
1910 „0-6-4 tank locomotive", Loc 1910, S. 65
1911 „0-6-0 superheater goods locomotive", Loc 1911, S. 183
„4-4-0 passenger locomotive «Munster»", Loc 1911, S. 214
„Superheater (4-4-0 and 0-6-0) locomotives for the Great Northern Ry of Ireland", Gaz 1911-II, S. 314
1913 „4-4-0 superheater express locomotive", Loc 1913, S. 96
„0-6-0 superheater goods locomotive", Loc 1913, S. 124
1914 „New 4-4-2 side tank engines", Loc 1914, S. 145
1915 „4-4-0 superheater passenger engines", Loc 1915, S. 169 u. 1917, S. 2, 87
1918 „Small tank locomotives", Loc 1918, S. 192
1919 „Four-coupled passenger engines, Ulster Ry", Loc 1919, S. 124
„Six-coupled goods engines", Loc 1919, S. 165 u. f.
1924 „4-4-2 superheater tank locomotive", Loc 1924, S. 363
1932 „Locomotives for the Great Northern Ry of Ireland", Beyer-Peacock Juli 1932, S. 45
„4-4-0 three-cylinder compound locomotives, Gaz 1932-I, S. 817 u. II, S. 189 — Loc 1932, S. 191 — Ry Eng 1933, S. 281
1933 „Modern locomotives of the Great Northern Ry of Ireland", Loc 1933, S. 160
1937 „New 0-6-0 locomotives", Gaz 1937-I, S. 817 — Loc 1937, S. 135

Great Southern Railways of Ireland

1925 „4-4-2 passenger tank engines", Loc 1925, S. 31
„2-6-0 mixed traffic locomotive", Loc 1925, S. 167

1926   „0-4-2 tank locomotive and pay carriage", Loc 1926, S. 121
1928   „2-6-2 tank locomotive", Loc 1928, S. 341
        „Locomotive feed-water heating on the Great Southern Rys of Ire-
        land", Ry Eng 1928, S. 457 — Loc 1928, S. 384
        „Rebuilt 4-6-0 express locomotive", Loc 1928, S. 343
1934   „New 0-6-2 tank engines", Loc 1934, S. 2
1935   „0-6-0 goods locomotive, class 710", Loc 1935, S. 138
        „Corridor train for the Dublin and Cork day mail service", Loc 1935,
        S. 338
1937   Reed and Fayle: „Recent developments of Irish locomotive practice,
        Great Southern Rys", Loc 1937, S. 138 u. f.
        „New 4-4-0 type locomotives", Gaz 1937-I, S. 236 — Loc 1937, S. 35
        *„Locomotives of the Great Southern Rys of Ireland", Verlag Arthur
        H. Stockwell, Ltd, London 1937
1939   „New G. S. R. three-cylinder 4-6-0 locomotives «800» class", Gaz
        1939-I, S. 617 — Mod. Transp. 22. April 1939, S. 7 — Loc 1939,
        S. 129

Great Southern and Western Railway

1869   „2-2-2 passenger locomotive", Engg 1869-I, S. 24
1870   „0-4-2 double bogie locomotive, Fairlie's System", Engg 1870-I,
        S. 180
1906   „4-6-0 goods locomotive", Loc 1906, S. 20
        „0-4-4 tank locomotive", Loc 1906, S. 141
1907   „0-6-4 tank locomotive", Loc 1907, S. 209
        „Recent locomotive development on the GS & WR", Loc 1907, S. 217
1908   „0-6-0 tank engines", Loc 1908, S. 25
1911   „1 C-Güterzuglokomotive der Irischen Südwest-Bahn", Lok 1911, S. 19
1914   „0-6-0 superheater goods locomotive", Loc 1914, S. 95
        „New locomotives, G S & W R of Ireland", Loc 1914, S. 258
1915   „4-8-0 side tank locomotive", Loc 1915, S. 241
1916   „4-6-0 four-cylinder simple superheater express locomotive", Loc
        1916, S. 153 u. 1917, S. 29
1917   Joynt: „Modern locomotives of the GS & W Rys", Loc 1917, S. 111 u. f.
1920   „2D-Verschubtenderlokomotive der Großen Südwestbahn von Irland",
        Lok 1920, S. 157
1923   „Rebuilt 2-6-0 goods engine", Loc 1923, S. 353

Northern Counties Committee (LMS)

1905   „2-4-0 saddle tank locomotive", Loc 1905, S. 215
1906   „Old 2-4-0 passenger locomotive, 1847", Loc 1906, S. 203
1909   „Broad gauge goods and tank engines", Loc 1909, S. 121
1914   „4-4-0 superheater express locomotive, Midland Ry", Loc 1914, S. 282
1924   „New 4-4-0 express engines, LMS", Loc 1924, S. 295
        „Superheater locomotives for the LMS. — Northern Counties Com-
        mittee", Loc 1924, S. 40 und 295
1925   „Rebuilt 4-4-0 express locomotives", Loc 1925, S. 243

Italien

1916　„Die Schmalspurlokomotiven für das Ergänzungsneß auf Sizilien", Lok 1916, S. 216

„Der Lokomotivstand der Südtiroler-Venetianischen Eisenbahn 1863", Lok 1916, S. 247 und 1917, S. 65

1918　„D-Heißdampf-Güterzuglokomotive der Mailänder Nordbahn", Lok 1918, S. 104

1919　„2-6-0 goods locomotive, Italian State Rys", Loc 1919, S. 47

1921　„2-8-2 express and 4-8-0 compound goods locomotives, Italian State Rys", Loc 1921, S. 171

1923　„2-8-2 four-cyl. compound locomotive, Italian State Rys", Loc 1923, S. 98 — Lok 1924, S. 161

„Recent Italian State Ry steam locomotives", Loc 1923, S. 258

1924　„2-8-2 side tank locomotive, Italian State Rys", Loc 1924, S. 41

1925　„Recent locomotive building in Italy", Loc 1925, S. 8

„Old Midland Ry locomotives in Italy", Loc 1925, S. 242

„2-8-0 type tank locomotive, Northern Milan Ry", Loc 1925, S. 287

1926　„Recent Italian locomotives", Loc 1926, S. 307 und 1928, S. 397

1928　„1 E - Heißdampf-Zwilling-Gebirgslokomotive der Italienischen Staatsbahnen", Lok 1928, S. 26

1929　„Italian State Ry locomotives, series 743—744", Loc 1929, S. 342 u. 1930, S. 81

1930　Corbellini: „Die Vervollkommnung der Dampflokomotiven nach den besonderen Anforderungen des Betriebes der Italienischen Staatsbahnen", Organ 1930, S. 177

„Amerikanische 1 D-Heißdampf-Güterzuglokomotive der Italienischen Staatsbahn", Lok 1930, S. 102

1931　„Eine neue Schnellzuglokomotive der Italienischen Staatsbahnen", Organ 1931, S. 106 (2 C 1 für 18 t Achsdruck, Gruppe 691, 130 km/h Höchstgeschw.)

„Express passenger locomotives for the Italian State Rys", Modern Transport 30. Mai 1931 (S. XXVII, Italian Congress Section)

1932　„Mikado and Pacific type locomotives, Italian State Rys", Loc 1932, S. 300

1933　„Neuerungen im Lokomotivbestand der Italienischen Staatsbahnen", Lok 1933, S. 150 u. 185

„Three-cylinder tank locomotive, North Milan Ry", Loc 1933, S. 107

1934　„Nebenbahnlokomotiven in Oberitalien", Lok 1934, S. 168

Japan

1886　„0-6-0 tank locomotive, Imperial Govt Rys of Japan", Engg 1886-II, S. 658

1888　„2-4-2 tank locomotive, Imperial Rys of Japan", Engg 1888-I, S. 139

1897　Brückmann: „Eisenbahnen und Lokomotivbau in Japan", Z 1897, S. 469

1898　„Baldwin 2-4-2 and 2-6-2 narrow gauge tank locomotives", Engg 1898-I, S. 306

„4-4-0 Schenectady locomotive for the Imperial Japanese Rys", Engg 1898-II, S. 321

1900　„American-built 4-4-0 two-cylinder compound locomotive, Kansei Ry", Engg 1900-II, S. 798

1905   Lotter: „Die 2/4 gek. (1 B 1) Personenzug-Tenderlokomotive der
         Boso Ry Cy in Japan", Lok 1905, S. 89
         „0-6-2 radial tank locomotive, Imperial Japanese Rys", Loc 1905,
         S. 123
1909   „2-6-2 adhesion and rack rail locomotive, Imperial Rys of Japan",
         Loc 1909, S. 39 — Lok 1910, S. 164
1912   „1 C 1-Tenderlokomotive für die Nipponbahn", Lok 1912, S. 115
1913   Schwickart: „2 C - Zwilling-Heißdampf-Lokomotiven der Japanischen
         Staatsbahnen", Klb-Zeitg. 1913, S. 5
1917   „Neuere japanische Lokomotiven", Lok 1917, S. 7
1919   „Engines for the Corean Rys", Loc 1919, S. 2
1920   „1 C - Personenzug-Tenderlok. der Nara-Bahn, Japan", Lok 1920, S. 83
1924   „2-8-0 freight locomotive, Imperial Japanese Rys", Loc 1924, S. 296
1925   „Hanomag-Lokomotiven für Japan", HN 1925, S. 198
1927   „Old Baldwins in Japan active tho' ancient", Baldwin April 1927, S. 34
1929   *„Industrial Japan", herausgegeben von World Engineering Congress,
         Tokyo 1929 (S. 139: Eisenbahnen — S. 289: Lokomotivbau)
         *„Second Special Indian and Eastern Number", Gaz Dez. 1929, S. 99
         und 149
1931   Krüger: „Der Fahrzeugpark der Japanischen Staatsbahnen", Wag-
         gon- u. Lokbau 1931, S. 8
         Putze: „Die Betriebsmittel und ihre Entwicklung bei der Japani-
         schen Staatsbahn", Organ 1931, S. 247
1932   „Recent locomotives, Imperial Japanese Rys", Loc 1932, S. 350 u.
         1933, S. 80 u. 192
1936   „C-55 streamlined Pacific locomotive, Japanese Govt Rys", Gaz
         1936-II, S. 111
         „New standard 2-8-2 type locomotive in Japan, class D 51", Gaz
         1936-II, S. 190
         „The first «Mikado» type locomotive", Baldwin April 1936, S. 9
         „Recent Japanese locomotives", Loc 1936, S. 292
1937   „Mikado type locomotives, Japanese Govt Rys", Loc 1937, S. 3
1938   „Chosen Ry, Corea: Prairie type locomotive, 2 ft. in. gauge, and
         combined mail and passenger car", Loc 1938, S. 310

Jugoslawien

1907   „3/5 gek. Heißdampflokomotive von Krauß & Comp. für die Eisen-
         bahnen Bosniens, 760 mm Spur", Z 1907, S. 1559 — Loc 1908,
         S. 199
1909   Buchterkirchen: „Die 5/5 gek. Güterzug-Verbundlokomotive der
         Serbischen Staatseisenbahnen", Z 1909, S. 1989 — Lok 1909,
         S. 132 — Loc 1909, S. 109
1913   „1 C 1 - Verbund-Personenzug-Tenderlokomotive für die kgl. Serbi-
         schen Staatsbahnen", Lok 1913, S. 112
1916   „2-6-0-0-6-2 articulated compound locomotive, 2 ft . 6 in . gauge, Ser-
         bian Govt Rys", Loc 1916, S. 4
1918   „Lokomotivtypen der Serbischen Staatsbahn", HN 1918, S. 23
1919   „C - Güterzuglok. der Serbischen Staatsbahnen", Lok 1919, S. 138
1923   „1 C + C - Mallet-Verbund-Tenderlokomotive für 76 cm Spur der
         Serbischen St. B.", Lok 1923, S. 21

Henschel-Lokomotiven für Iran verlassen das Werk.

1924   Franke: „1 D - Heißdampf-Güterzug-Lokomotiven   für   Serbien",
         Annalen 1924-II, S. 51
         „1 C - Heißdampf-Güterzuglokomotive   der   Jugoslawischen   Staats-
         bahnen", Lok 1924, S. 162
1929   *„Jubiläumsbuch   der   Staatsbahnen   des   Königreichs   Jugoslawien",
         Druckerei Vreme, Belgrad 1929
1930   „E-Güterzuglokomotive der Jugoslawischen Staatsbahn", Lok 1930,
         S. 137
1931   Wagner: „Lokomotivtypisierung der Jugoslawischen Staatsbahn".
         Z 1931, S. 121 u. 195 — Kongreß 1931, S. 380 — Ry Eng 1932,
         S. 65 — Lok 1932, S. 21
1934   „1 D 1 - Schmalspurlokomotive der Jugoslawischen Staatsbahn, 760
         mm Spur", Organ 1934, S. 77
1938   „«The Mad Sarajevan», Jugoslav State Rys, 760 mm gauge", Loc
         1938, S. 272
1940   „Scenes on narrow-gauge Jugoslav rys" (u. a. deutsche D-Feldbahnlok.
         beim Wassernehmen), Gaz 1940-I, S. 513

Kanada / Allgemein und Verschiedenes

1872   „4-4-0 tank locomotive for the Prince Eward Island Ry", Engg
         1872-II, S. 323
1888   „4-4-0 express locomotive, Grand Trunk Ry of Canada", Engg
         1888-II, S. 576 u. 614
1911   „An old Canadian 0-6-0 locomotive", Loc 1911, S. 166
         „The last of the broad gauge in Canada", Loc 1911, S. 242
1914   „Railway rolling stock in Canada", Loc 1914, S. 17
         „Canada's shortest railway", Loc 1914, S. 102
1915   „4-6-4 tank locomotive for suburban service, Grand Trunk Ry of
         Canada", Loc 1915, S. 125
1916   „Old 0-4-0 locomotive «Pioneer», St. Andrew's & Quebec Ry, 1850",
         Loc 1916, S. 66
1919   „0-6-0 narrow gauge tank locomotive for the Canadian Forestry
         Corps", Loc 1919, S. 20
1927   „Canada's first locomotive", Loc 1927, S. 294
         „The fair of the iron horse", Loc 1927, S. 345
1928   „The first locomotives in Nova Scotia", Loc 1928, S. 27
1929   „Hackworth's locomotive «Samson» in Nova Scotia", Loc 1929, S. 229
1931   „New locomotives for Canadian rys", Modern Transport 30. Mai
         1931, S. 7
         „2-8-2 locomotive designed for service on the Canadian prairies",
         Age 1931-II, S. 169
1932   „The «Fontaine» locomotive", Loc 1932, S. 449
1935   Brown: „Historic railway relics in Nova Scotia", Loc 1935, S. 247
1936   „Centenary of the first Canadian railway", Gaz 1936-II, S. 155
1938   Allen: „A Canadian railway centre", Loc 1938, S. 289
         „Historic Canadian locomotives", Gaz 1938-I, S. 1111
1939   „New Royal train in Canada", Gaz 1939-I, S. 826 — Age 1939-I, S. 992

13

Canadian National Railways

1924   „Mikado type freight locomotive with booster", Loc 1924, S. 201
       „Mountain type passenger engines", Loc 1924, S. 334
       „Santa Fé type locomotive", Loc 1924, S. 373
1927   „The Canadian National Rys", Loc 1927, S. 219
       „4-8-4 type locomotive for the Grand Trunk Western Section —
       Canadian National Rys", Loc 1927, S. 382
1930   „«4100 class» 2-10-2 freight locomotive", Loc 1930, S. 23
       „New 4-6-4 booster equipped express locomotives", Gaz 1930-II,
       S. 778 — Loc 1931, S. 21
1931   „Santa Fé type locomotives", Loc 1931, S. 261
1932   „Mountain type locomotives", Loc 1932, S. 55
1936   „Streamline 4-8-4 passenger locomotives", Age 1936-II, S. 175 — Loc
       1936, S. 270 — Lok 1938, S. 17
       „2-8-2 type freight locomotives", Loc 1936, S. 379 — Gaz 1937-I,
       S. 61

Canadian Pacific Railway

1886   „4-4-0 passenger locomotive", Engg 1886-II, S. 355
1887   „Consolidation locomotive", Engg 1887-II, S. 429
1890   „4-6-0 locomotive for heavy passenger service", Engg 1890-I, S. 71
1893   „4-6-0 passenger locomotives, constructed by the Canadian Pacific",
       Engg 1893-II, S. 663
1907   „Pacific type locomotive", Loc 1907, S. 54
1911   „A new cab for locomotives", Loc 1911, S. 232
       „Nouvelles locomotives Mallet au Canadian Pacific" (m. Zeich-
       nungen von Rohrleitung, Rückstellung usw.), Revue 1911-I, S. 320
       „2 C 2 locomotive de banlieue du Canadian Pacific", Revue 1911-I,
       S. 215
1912   „2 C - Verbund-Personenzug-Lokomotive der Kanadischen Pazifik-
       bahn", Lok 1912, S. 224
1914   „Canadian Pacific Ry, Locomotive No 1", Loc 1914, S. 186
1916   „Mountain type express passenger locomotive", Loc 1916, S. 130
1924   „Pacific type express locomotive", Loc 1924, S. 2
1927   „Canadian Pacific's new locomotives give improved performance",
       Age 1927-I, S. 928
1928   „4-8-4 passenger locomotives", Loc 1928, S. 381
1929   „New 2-10-4 type locomotives", Gaz 1929-II, S. 749 u. 852
1930   „Experimental multiple pressure and new freight locomotives", Loc
       1930, S. 260
       „New locomotives and railcars", Loc 1930, S. 428
       „New 4-6-4 passenger locomotives", Loc 1930, S. 295 — Gaz 1931-II,
       S. 714
1931   „Neuere Lokomotiven der Kanadischen Pacificbahn", Lok 1931, S. 129
1936   Soole: „Locomotives of the Mountain Section, Canadian Pacific
       Ry", Loc 1936, S. 100
       „New Canadian Pacific Railway streamlined 4-4-4 locomotive, Jubilee
       class", Gaz 1936-II, S. 229 — Loc 1937, S. 6 — Lok 1937, S. 177
       „4-6-4 type express locomotives", Loc 1936, S. 208

1937 „New 4-6-4 type semi-streamlined locomotives", Gaz 1937-II, S. 734
— Loc 1937, S. 338
„New 4-4-4 locomotives, Canadian Pacific Rr, modification of
«Jubilee» class", Gaz 1937-II, S. 1025 — Lok 1937, S. 177 —
Loc 1938, S. 34
1938 „New 2-10-4 C. P. R. locomotives", Gaz 1938-II, S. 1095
1939 „Semi-streamline Hudson type passenger locomotives for the Cana-
dian Pacific", Age 1939-I, S. 783 — Mech. Eng 1939-I, S. 181 —
Revue 1939-II, S. 134

ehem. Lettland

1924 Franke: „1 D - Heißdampf-Güterzug-Lokomotiven für 750 mm Spur
der Lettländischen Eisenbahn", VW 1924, S. 607
1932 „A modern single wheeler tank locomotive", Gaz 1932-II, S. 48
— Ry Eng 1932, S. 403 — Z 1933, S. 1237 — HH Febr. 1932,
S. 25
1935 „New Polish-built locomotives for Latvia" (1 C 1 - Breitspur u. 1 D -
Schmalspur), Gaz 1935-I, S. 612
1936 „Typisierte Heißdampf-Tender-Lokomotiven der Lettischen Staatsbahn", HH Sept. 1936, S. 23 u. August 1937, S. 78

ehem. Litauen

1933 „2-4-4 tank locomotive for the Lithuanian State Rys", Loc 1933, S. 38
1935 „0-10-0 Skoda locomotive, 2'-5½" gauge, Lithuanian Rys", Loc
1935, S. 355 — Gaz 1936-I, S. 153

Luxemburg

1909 „D - Tenderlokomotive für die Prinz-Heinrich-Bahn", Lok 1909, S. 85
1914 „E - Heißdampf-Güterzuglokomotive der Prinz-Heinrich-Bahn", Lok
1914, S. 17
1929 Jacquet: „English engines on the Luxemburg Ry", Loc 1929, S. 127
„0-6+6-0 Fairlie locomotive, Luxemburg Ry", Loc 1929, S. 384

Malakka

1911 „Through the Malay States by rail", Loc 1911, S. 127
1914 „0-6-4 tank engine for the Federated Malay States Rys", Gaz
1914-I S. 12
1925 „Railway progress in British Malaya", Loc 1925, S. 273
1928 „0-6-2 tank locomotives, Federated Malay States Rys", Loc 1928, S. 38
„4-6-2 passenger locomotives for the Federated Malay States Rys",
Loc 1928, S. 174
1929 *„First Special Indian and Eastern Number", Gaz Nov. 1929, S. 101
und 146
1930 „4-6-4 tank locomotives for the Federated Malay States Rys", Gaz
1930-II, S. 596

13*

1931 „Three-cylinder 4-6-2 passenger locomotives, Federated Malay States Rys", Loc 1931, S. 217 — Gaz 1931-I, S. 929
1938 „New 3-cyl. Pacific type locomotives for the Federated Malay States Rys", Gaz 1938-II, S. 300 u. 1939-I, S. 698

Mandschukuo

1910 „New 2-8-0 locomotive, South Manchuria Ry", Gaz 1910-II, S. 441
1928 „Mogul type locomotive, Mukden Hailung Ry", Baldwin Januar 1928, S. 41
      „2-6-4 type tank locomotive, Baldwin Oktober 1928, S. 43
1929 *„Second special Indian and Eastern Number", Gaz Dez. 1929, S. 161
1935 „Der Asia-Express", Annalen 1935-II, S. 48 u. 189 — Age 1935-I, S. 446 — Gaz 1935-I, S. 980 — The Far Eastern Review Febr. 1935, S. 51
1936 „4-6-2 and 4-4-6 streamlined locomotives for the South Manchuria Ry", Gaz 1936-I, S. 205
1937 „4-4-4 streamlined tank locomotive, South Manchurian Ry", Loc 1937, S. 251

Mauritius

1911 „2-8-2 tank locomotive, Mauritius Govt Rys", Loc 1911, S. 261
1927 „2-8-0 + 0-8-2 Garratt locomotive, Mauritius Rys", Loc 1927, S. 205
1928 „Narrow-gauge 0-6-0 tank locomotive for Mauritius", Loc 1928, S. 353
1930 „0-8-0 side tank engine, Mauritius Ry", Loc 1930, S. 399

Mexiko

1887 „4-6-4-6 four-cylinder locomotive of the Mexican Central Ry, constructed from the designs of Mr. Johnstone" (Bauart ähnlich Modified Fairlie, jedoch Zylinder am Hauptrahmen!), Engg 1887-I, S. 81
1890 „0-6-6-0 Fairlie engines for the Mexican Ry", Engg 1890-I, S. 319
1899 „4-6-0 and 2-8-0 narrow gauge locomotives, Interoceanic Ry, Mexico", Engg 1899-I, S. 50
1908 Schmedes: „Oelfeuerung bei Lokomotiven der Mexikanischen Zentralbahn", VW 1908, S. 408
1911 „0-6-6-0 Fairlie locomotive, Mexican Ry", Loc 1911, S. 151 — Gaz 1911-I, S. 479
1927 „Rebuilt locomotives on the National Rys of Mexico", Baldwin Juli 1927, S. 46
      „Narrow gauge compound Consolidation locomotive, National Rys of Mexico", Baldwin April 1927, S. 39
1931 Beckmann: „Mexican lines build for future", Age 1931-I, S. 39
1935 „2-6-2 side tank locomotive for the Mexican oil fields", Loc 1935, S. 104

1936 „2-6+6-2 narrow-gauge four-cylinder simple Mallet type locomotive, National Rys of Mexico", Loc 1936, S. 181

1937 „4-8-0 passenger locomotive, National Rys of Mexico", Loc 1937, S. 157

1938 „New British-built oil-fired Mikado .type tank locomotive for Mexico", Gaz 1938-I, S. 415 — Loc 1938, S. 102
„Johnstone's double-ended 2-6-6-2 compound 1892, Mexican Central Ry", Loc 1938, S. 357

Neu-Seeland

1875 „0-4-4-0 double bogie locomotives (Fairlie's patent) for the New Zealand Govt Rys", Engg 1875-II, S. 458

1892 „2-6-2 tank locomotives, New Zealand Govt Rys", Engg 1892-I, S. 137

1908 „B + B - Zwillinglokomotive für Neuseeland", Loc 1908, S. 26

1916 „4-6-2 four-cylinder compound balanced locomotive, New Zealand Govt Rys", Loc 1916, S. 31
„American-built 4-6-2 passenger locomotives, New Zealand Govt Rys", Loc 1916, S. 107

1917 „New engines for the New Zealand Govt Rys", Loc 1917, S. 20 u. 151

1918 „4-6-4 superheater tank locomotive, New Zealand Govt Rys", Loc 1918, S. 125

1919 „4-6-2 superheated express locomotive, New Zealand Govt Rys", Loc 1919, S. 185

1920 „Locomotives of the New Zealand Government Rys", Loc 1920, S. 204 u. 270 und 1921, S. 8, 88 u. 266
„New Zealand Govt Rys: Pacific and Baltic tank locomotives", The Eng 1920-II, S. 142

1924 „New Zealand Govt Rys: Conversion of tender engines for shunting duties", Loc 1924, S. 380

1928 Godber: „A history of Baldwin locomotives in New Zealand", Baldwin April 1928, S. 3
„New 4-6-2 + 2-6-4 six cylinder express Garratt locomotive for the New Zealand Government Rys", Gaz 1928-II, S. 767 — Loc 1929, S. 6

1929 „The Rotura Express, New Zealand Government Rys", Loc 1929, S. 1
„New Zealand railway notes", Loc 1929, S. 114

1931 „Locomotive developments in New Zealand" (Entwurf einer 2 D 2 - Lok), Modern Transport 12. Sept. 1931, S. 5

1933 „4-8-4 tender locomotives, New Zealand Government Rys", Loc 1933, S. 34 und 1934, S. 67 — Ry Eng 1933, S. 180 — Gaz 1933-II, S. 891

1937 „New general purposes Pacific locomotives for New Zealand", Gaz 1937-II, S. 822 u. 1938-I, S. 668 (Triebwerk den 4-6-2+2-6-4 Garratts entnommen)
„Model of a Columbia type locomotive built for the New Zealand Rys by Rogers in 1877", Age 1937-II, S. 70

1940 „New light 4-8-2 locomotives for New Zealand". Gaz 1940-I, S. 410

Niederländisch-Indien

1900	„B 1-Tenderlokomotive für Java, geb. von der Sächsischen Maschinenfabrik", Engg 1900-II, S. 738

1905	„2/4 gek. Tenderlokomotiven" (Deli-Bahn), Lok 1905, S. 101
	„0-4-4-0 four-cylinder Mallet compound tank locomotive", Loc 1905, S. 69

1909	„4-4-0 Personenzuglokomotive für die Holl. Staatsbahn auf Java", Lok 1909, S. 13
	„2-6-2 tank locomotive, Dutch Indian Ry", Engg 1909-I, S. 818

1911	„Pacific type express locomotive, Dutch State Rys of Java", Engg 1911-I, S. 667

1912	Metzeltin: „1 F 1 - Heißdampf-Tenderlokomotive der Holländischen Staatsbahnen auf Java", Z 1912, S. 1885 — Lok 1912, S. 211 — Loc 1912, S. 163 — Engg 1913-II, S. 825 — HN 1915, S. 145 u. 1921, S. 83 — Kongreß 1913, S. 521 — Klb-Ztg. 1916, S. 37 u. 49 — HN 1921, S. 83 — Loc 1922, S. 336
	„Railway notes from Java", Loc 1912, S. 178

1914	„1 D - Heißdampflokomotiven der Holl. Staatsbahn auf Java", HN 1914, Heft 10, S. 3

1918	„2 C 2 - Heißdampf-Tenderlokomotive für Java", Schweiz. Bauzeitung 1918-II, S. 87 — Organ 1919, S. 31 — Lok 1921, S. 29 — Loc 1919, S. 163 u. 1923, S. 358
	„D - Heißdampf-Tenderlokomotive der Semarang Joana Spoorweg Mij", Lok 1918, S. 106
	„1 D - Heißdampf-Güterzuglokomotive der Holländischen Staatsbahnen auf Java", Lok 1918, S. 87
	„1 C 2 - Personenzug-Tenderlokomotive der Deli Spoorweg Mij", Lok 1918, S. 100

1920	„Die 2 C 1 - Heißdampf-Vierzylinder-Verbund-Schnellzuglokomotive der Holländischen Staatsbahnen auf Java", Lok 1920, S. 61 — Organ 1919, S. 183 — Loc 1920, S. 176 u. 200 (Franco)

1922	Abt: „Adhesion and rack locomotive for Sumatra", Age 1922-I, S. 263 — Lok 1924, S. 83
	Lassueur: „Recent locomotives for the Dutch Indies Ry", Loc 1922, S. 299, 335 u. 360
	„1 D 1 - Heißdampf-Verschiebe-Tenderlokomotive der Holl. Staatsb. auf Java", HN 1922, S. 22

1923	Lassueur: „New Baltic type tank locomotive for the Java State Rys", Loc 1923, S. 358
	„Recent locomotives for the Java Rys", Loc 1923, S. 29

1924	Frey: „1 D+D - Vierzyl.-Verbund-Heißdampf-Mallet-Lokomotive der Holländischen Staatsbahnen auf Java", HN 1924, S. 165 — Loc 1925, S. 140 — Ry Eng 1928, S. 367

1925	*„Reitsma: „Gedenkboek der Staatsspoor-en Tramwegen in Nederlandsch-Indië 1875-1925", Topografische Inrichting Weltevreden 1925 (S. 130: Rollendes Material)
	„Hanomag-Lokomotiven für Niederländisch-Indien", HN 1925, S. 198 u. 200

1926   Krähling: „50 Jahre Staatseisenbahn in Niederländisch-Indien", Z 1926, S. 57

        Weidenbacker: „Java sugar notes", Baldwin Juli 1926, S. 34

1927   „The Deli Ry, Sumatra", Loc 1927, S. 151

1928   „2-6+6-0 Mallet compound locomotive, Java State Rys", Loc 1928. S. 284 u. 348

1930   *„De koloniale roeping van Nederland" (Transportmittel-, Eisen- u. Straßenbahnen in Niederl.-Indien), N. V. Nederlandsch-Engelsche Uitgeversmaatschappij, den Haag 1930

1931   „Railway pioneering in Borneo", Gaz 1931-II, S. 815

1935   „2-4-2 tank locomotive, Deli Ry, Sumatra", Loc 1935, S. 245

Norwegen

1870   „2-4-0 tank locomotive for the Norwegian narrow gauge rys", Engg 1870-II, S. 348

1900   „Locomotives at the Paris Exhibition, constructed by the Sächsische Maschinenfabrik" (2 C - Lok für Norwegen), Engg 1900-II, S. 738 — Z 1910, S. 665 — Klb-Zeitg. 1910, S. 298 u. 1912, S. 427

1909   „2-4-0 Personenzuglokomotive für Norwegen", Lok 1909, S. 16

1910   „2 D - Heißdampf-Vierlings-Schnellzuglokomotive der Norwegischen Staatsbahnen", Lok 1910, S. 274

1911   „4-8-0 four-cylinder superheater locomotive, Norwegian State Rys", Loc 1911, S. 39

1912   Schwickart: „Die Norwegischen Staatsbahnen u. ihre Lokomotiven", Deutschen Straßen- und Kleinbahn-Zeitung 1912, S. 435

        „1 D-Heißdampf-Güterzuglokomotive der Norsk-Hoved-Jernbane", Lok 1912, S. 116

1915   Steffan: „Neuere Lokomotiven der Norwegischen Eisenbahnen", Lok 1915, S. 21

1917   „4-8-0 four-cylinder simple superheater goods locomotive, Norwegian State Rys", Loc 1917, S. 152

1918   „Baldwin locomotives for the Norwegian Govt Rys", Loc 1918, S. 16

1919   „Erfahrungen mit Holzfeuerung an norwegischen Lokomotiven", Organ 1919, S. 78

1923   „Four-cylinder 4-6-0 express locomotives, Norwegian State Rys", Loc 1923, S. 129 — Schweiz. Bauzeitung 1924-II, S. 235

1926   „Tank locomotives in Norway", Gaz 1926-II, S. 759

1927   Chartin: „Die neuen norwegischen 2 D - Schnellzuglokomotiven", Lok 1927, S. 128

        „Rebuilt locomotive, Norwegian State Rys", Loc 1927, S. 107

1928   „Neuere Lokomotiven der Norwegischen Staatsbahnen", Lok 1928, S. 197

        „Railway exhibits at the Norwegian Industrial Exhibition, Bergen", Loc 1928, S. 392

1931   Major: „The railways of Norway", Baldwin Juli 1931, S. 3

1932   „Scandinavian railway travels", Loc 1932, S. 60, 93, 122, 167, 206

1937   „2-8-4 four-cyl. compound express locomotives, Norwegian State Rys", Loc 1937, S. 374 — Gaz 1938-I, S. 371

1939   Westerman: „The Lapland Ore Railway", Loc 1939, S. 184

Palästina

1904   „Deutsche Lokomotiven in Kleinasien: B + B Mallet-Lokomotive für die Linie Jaffa-Jerusalem", Lok 1904, S. 194
1919   „4-6-0 narrow-gauge tank locomotive, built by Baldwins' for the Jerusalem-Ramallah Ry", Loc 1919, S. 188
1922   „2-8-4 tank locomotive, Palestine Ry", Loc 1922, S. 99 und 135
1926   „Palestine Railways: Re-building and conversion of 4-6-0 Baldwin tender engines to 4-6-2 tank engines", Loc 1926, S. 376
1935   „New 4-6-0 and 0-6-0 tank locomotives for the Palestine Rys", Gaz 1935-II, S. 232 — Loc 1935, S. 211
        „0-6-0 tank locomotive", Loc 1935, S. 270

Persien (Iran)

1917   „Persia's first ry", Loc 1917, S. 42
1931   „Oil-burning 0-6-2 tank engine for Persia", Loc 1931, S. 88
1932   „The first Baldwin locomotives for Persia: 2-6-0 locomotives, Southern Persian State Rys", Baldwin April 1932, S. 49 — Loc 1932, S. 417
1934   „British built 2-8-0 locomotives for Persia", Gaz 1934-II, S. 547 — Loc 1934, S. 313
1936   „4-8-2 + 2-8-4 Beyer-Garratt locomotives, Iranian State Rys", Loc 1936, S. 306 — Gaz 1936-I, S. 954 und II, S. 372
1937   „Three-cylinder 2-8-2 locomotives, Iranian Government Rys", Loc 1937, S. 66
1940   Schneider: „Die 1'D und 1'E-Lokomotiven der Iranischen Staatsbahn", Organ 1940, S. 115

Peru

1870   „The 0-6-6-0 Fairlie locomotive «Tarapaca», Iquique Ry", Engg 1870-II, S. 201
1873   „0-6-6-0 double-bogie locomotive (Fairlie's patent) for the Iquique Ry, Peru", Engg 1873-II, S. 395
1899   „Rebuilt 4-6-0 locomotives, Southern Ry of Peru", Engg 1899-I, S. 689
1910   „2-8-0 freight locomotive, Central Ry of Peru", Loc 1910, S. 199
1925   „4-8-2 oil-burning locomotives for the Central Ry of Peru", Loc 1925, S. 172
1927   Bedford: „The Cuzco-Santa Ana Ry, Peru", Baldwin April 1927, S. 28
1928   „Mikado type locomotive, F. C. Huancayo-Ayacucho", Baldwin April 1928, S. 60
1930   Riedig: „Deutsche Lokomotiven für Südamerika", Waggon- u. Lokbau 1930, S. 243
        „2-8-2 + 2-8-2 Beyer-Garratt locomotives for the Central Ry of Peru", Loc 1930, S. 261 — Mod. Transport 21. Juni 1930, S. 3
1932   Williams: „The Central Ry of Peru", Beyer-Peacock Januar 1932, S. 3 — Loc 1935, S. 163
1935   Jukes: „The Central Ry of Peru, the highest railway in the world, and its motive power", Loc 1935, S. 163

„Oil-burning 2-8-0 locomotives for the Central Ry of Peru", Gaz
1935-I, S. 443 — Loc 1935, S. 66
1936 „1 D 1-Heißdampf-Zwilling-Güterzug-Lokomotive der Bahn Lima-
Laurin", HH Sept. 1936, S. 92
1937 „2-8-0 type locomotive, Trujillo Ry", Loc 1937, S. 342 — Gaz
1937-II, S. 789
1939 „Early 4-2-0 locomotive for Peru, 1868", Loc 1939, S. 142

Philippinen

1909 „New locomotives, Manila Ry", Loc 1909, S. 95
1913 „Neuere Lokomotiven der Eisenbahnen auf Manila", Lok 1913, S. 67
1916 „2-6-6-2 articulated «Kitson-Meyer» tank locomotive", Loc 1916, S. 196
1918 „2-6-0 wood-burning locomotive", Loc 1918, S. 196
1922 „American locomotives for the Manila Railroad", Age 1922-I, S. 387
1926 „Rail-roading in the Philippines", Loc 1926, S. 210
1928 Ladd: „The Manila Rr Company and its motive power", Baldwin
Juli 1928, S. 34 (m. Karte)
„Three-cylinder locomotives for the Philippine Islands", Loc 1928,
S. 70 — Baldwin Januar 1928, S. 40
1933 „A Mogul type locomotive for the Philippine Rys", Baldwin Juli-
Okt. 1933, S. 12
1935 „0-8-0 industrial tank locomotive with auxiliary tender, 2 ft. gauge",
Loc 1935, S. 340

ehem. Polen

1921 Henckel: „Drei bemerkenswerte Lokomotiven aus Polen", Lok
1921, S. 150
1923 „The Polish State Rys", Baldwin Januar 1923, S. 3 u. April 1923, S. 38
1924 „1 E-Heißdampf-Güterzuglokomotive der Serie Ty 23 der Polnischen
Staatsbahnen", Lok 1924, S. 97 — Organ 1924, S. 265 — Loc 1924,
S. 145 und 1931, S. 32
„2 C-Lokomotive Type OK 22 der Polnischen Staatsbahn", HN 1924,
S. 93 — Lok 1924, S. 164
1925 „1 D-Heißdampf-Güterzuglokomotive, Reihe Tr 21, der Polnischen
Staatsbahnen", Lok 1925, S. 77
1926 „2 D - Zwilling-Heißdampf-Schnellzuglokomotive, Reihe OS 24 der Polnischen Staatsbahn", Lok 1926, S. 137
„E-Heißdampf-Güterzuglokomotive, Reihe TW 12 der Polnischen
Staatsbahnen", Lok 1926, S. 144
„Narrow gauge 0-10-0 locomotives for the Polish State Rys", Loc
1926, S. 140 — Lok 1928, S. 97
1928 Czeczott: „Ueber die bisherigen Untersuchungsresultate an den
Lokomotiven Tr 21 und Ty 23 der Polnischen Staatsbahn", Lok
1928, S. 17
Wankowicz: „Recent activities of the Polish State Rys", Baldwin
Januar 1928, S. 69
1929 „2-6-2 tank locomotive, Polish State Rys", Loc 1929, S. 279
1930 * Dabrowski: „Locomotive industry in Poland", herausgegeben von
der Ersten Polnischen Lokomotivfabrik, Chrzanow 1930

1931 „Mechanically fired locomotives, Polish State Rys", Loc 1931, S. 65
1932 „Mountain type express locomotive, Polish State Rys", Loc 1932, S. 196 und 238 — Lok 1932, S. 197
1934 „2-8-2 express locomotive, class Pt 31", Loc 1934, S. 104
1935 „New 2-10-2 type tank locomotives for the Polish State Rys", Gaz 1935-I, S. 16 — Loc 1935, S. 4 — Organ 1937, S. 15
1937 „New 4-6-2 type streamlined locomotives, Polish State Rys", Gaz 1937-II, S. 148 — Organ 1938, S. 19 — Annalen 1938-I, S. 16 — Kugellager (Schweinfurt) 1938, Heft 1, S. 5
1939 Lübsen: „Die Lokomotiven der vorm. Polnischen Staatsbahnen", Organ 1939, S. 459

Portugal

1878 „Twin locomotive for the Villa Real & Villa Regoa Tramway" (zwei C-Lokomotiven mit zwischengehängter Plattform, ähnlich einem Tiefladewagen, gebaut von Winterthur), Engg 1878-II, S. 511
1904 „C 1-Lokomotive der Minho-Douro-Bahn", Lok 1904, S. 69
„2 C-Vierzylinder-Verbund-Lokomotive der Portugiesischen Staatsbahn", Lok 1904, S. 102
1906 „0-4-4-0 four-cylinder compound locomotive, Portuguese State Rys", Loc 1906, S. 140
1908 „2 C - Vierzylinder-Verbund-Schnellzuglokomotive der Portugiesischen Eisenbahn-Ges.", Lok 1908, S. 230
„2 C-Vierzylinder-Verbund-Schnellzuglokomotive der Portugiesischen Staatsbahnen", Lok 1908, S. 214
„Rack locomotive: Villa Nova de Gaya Ry, Portugal", Engg 1908-I, S. 213
1909 „Personenzuglokomotiven (2C und 1C) für Portugal", Lok 1909, S. 86
1910 Lavialle d'Anglards: „Les locomotives compound à grande vitesse de la Cie Royale des Chemins de Fer Portugais", Revue 1910-I, S. 99
„2 C - Verbund-Schnellzuglokomotiven der Portugiesischen Staatsbahnen", Organ 1910, S. 447 — Engg 1911-I, S. 820
1913 Lavialle d'Anglards: „Transformations faites sur les anciennes locomotives de la Cie des Chemins de Fer Portugais", Revue 1913-II, S. 149
1920 „2-8-0 four-cylinder compound locomotive, Minho-Douro Ry", Loc 1920, S. 141
1921 „2-6-4 tank locomotives, Portuguese State Rys", Loc 1921, S. 223
1922 „2-8-0 freight locomotive, Portuguese State Rys", Loc 1922, S. 123
1924 „Locomotives of the Portuguese State Rys", Loc 1924, S. 244
1925 „2-8-2 tank locomotive, Portuguese Ry Cy", Loc 1925, S. 143
1931 „Eight-coupled compound locomotive, Beira Alta Ry", Loc 1931, S. 1
1932 Heise: „2 D - Heißdampf -Vierzylinder -Verbund - Schnellzuglokomotive der Beira-Alta-Bahn", HH Febr. 1932, S. 4 — Loc 1931, S. 1
„1 D 1 - Heißdampf - Personenzug - Tenderlokomotive der Portugiesischen Nordbahn, Meterspur", HH Febr. 1932, S. 26
1935 „2-8-2 Henschel-built passenger tank locomotives, Northern Ry of Portugal", Loc 1935, S. 169

Rumänien

1906 „Schnell- und Personenzuglokomotiven der kgl. Rumänischen Staatsbahn", Lok 1906, S. 143 u. 192

1911 „1 D - Heißdampf-Güterzuglokomotive der kgl. Rumänischen Staatsbahn", Lok 1911, S. 151

1913 Schneider: „2 C 1 - Vierling - Heißdampf - Schnellzuglokomotive der Rumänischen Staatsbahn von Maffei", Dinglers Polytechn. Journal 1913, S. 696 — Loc 1913, S. 253
„Oil-burning Pacific type express locomotive, Roumanian State Rys", Loc 1913, S. 253 — Dinglers Polytechn. Journal 1913, S. 696

1916 „4-6-0 four-cylinder compound locomotive, Roumanian State Rys", Loc 1916, S. 197

1918 Metzeltin: „Hanomag-Lokomotiven auf der Rumänischen Staatsbahn", HN 1918, S. 13 u. 59

1919 „1 C - Nebenbahn-Personenzuglokomotive der Rumänischen Staatsbahnen", Lok 1919, S. 88

1921 „C 1 - Schmalspurtenderlokomotive für Siebenbürgen", Lok 1921, S. 185

1922 „Der Lokomotivmangel der Rumänischen Staatsbahnen", Lok 1922, S. 84

1923 „1 D - Heißdampf-Güterzuglokomotive der Rumänischen Staatsbahnen", Lok 1923, S. 124

1930 „40 Jahre Henschel-Lokomotiven im Dienst der Rumänischen Staatsbahnen", HH Juni 1930, S. 16

1938 Weywoda: „Der einheimische Lokomotivbau in Rumänien", Lok 1938, S. 97

1939 „New 2-8-4 express locomotives for Roumania built by the firm of Malaxa of Bucharest", Gaz 1939-II, S. 294

Rußland

1871 „0-6-6-0 double bogie locomotive (Fairlie's patent) for the Imperial Livny Narrow Gauge Ry, Russia", Engg 1871-II, S. 304

1873 „Krauss 0-6-0 locomotive at the Vienna Exhibition" (Warschau-Wiener Bahn und Dnjester-Bahn), Engg 1873-II, S. 304

1874 „0-6-0 goods locomotive for the St. Petersburg and Warsaw Ry", Engg 1874-II, S. 491

1890 Urquhart: „Compound locomotives: On the compounding of locomotives burning petroleum refuse in Russia", Engg 1890-I, S. 208 und 311

1892 „4-4-0 compound passenger locomotive, St. Petersburg and Warsaw Ry", Engg 1892-II, S. 260 und 320

1896 „Baldwin 4-6-0 passenger locomotive for the Russian Govt", Engg 1896-I, S. 706

1905 „Railway travelling in Russia", Loc 1905, S. 3
„On a Russian locomotive", Loc 1905, S. 192

1906 Metzeltin: „2×3/3 gek. Güterzuglokomotive der Sibirischen Bahn", Z 1906, S. 1179

1907 „Model of an earlier German-built 2-4-0 locomotive for Russia", Loc 1907, S. 192

1908   Taube: „2 C-Heißdampf-Personenzug-Lokomotive der Moskau-Kasan-Bahn", Organ 1908, S. 447
1909   Taube: „D - Heißdampf-Güterzug-Lokomotive der Moskau-Kasan-Bahn", Z 1909, S. 481
1910   Noltein: „Bericht Nr. 7 (Rußland) betr. die Frage über Vervoll-kommnungen an Lokomotivkesseln", Kongreß 1910, S. 963
1912   Michin: „Die russische 1 C 1 - Schnellzuglokomotive", Z 1912, S. 497
         „1 C-Verbund-Schnellzuglokomotive der Nikolaibahn", Lok 1912, S. 178
1915   „Erste D-Güterzuglokomotive der Hanomag (Russische Nikolaibahn 1871)", HN 1915, S. 78
         „Some past and present Russian locomotives", Loc 1915, S. 176 u. 245 — 1916, S. 18, 55, 63, 64, 96, 176
1916   „2-10-0 freight locomotive, Russian State Rys", Loc 1916, S. 18, 64 und 185
         „2-6-0 narrow gauge locomotive for the Russian War Departement", Loc 1916, S. 63
         „British-built 0-6-4 narrow gauge side tank engine for Russia", Loc 1916, S. 176
1918   „Neuere russische Schnellzuglokomotiven", Lok 1918, S. 169
1919   Kreußer: „Auf russischen und sibirischen Eisenbahnen", HN 1919, S. 125 — Lok 1920, S. 77
         „2 B - Schnellzuglokomotive der Warschau-Wiener Eisenbahn", Deutsche Straßen- und Kleinbahn-Ztg. 1919, S. 299
         „Russische Güterzuglokomotiven", Lok 1919, S. 11, 28 u. 69
         „Old locomotives of the Poti-Tiflis Ry", Loc 1919, S. 14 (B 2 - und C 2-Tenderlok!)
1920   Kreußer: „Lokomotiven und Lokomotivbau in Rußland", HN 1920, S. 97 u. 1921, S. 126
         Meineke: „2 C - Heißdampf-Personenzuglokomotive der Russischen Staatsbahn", Lok 1920, S. 141 u. 1923, S. 49
         Meineke: „D - Güterzuglokomotive der Armawir-Tuapse-Bahn", Lok 1920, S. 146
         „Die 2 C - Heißdampf-Schnellzuglokomotiven der Moskau-Kasan-Bahn", Lok 1920, S. 13
1921   „Russische Lokomotiven", Lok 1921, S. 6
         „1 C 1 - Heißdampf-Schnellzuglokomotive der Russischen Eisenbah-nen", Lok 1921, S. 157
1922   „Meineke: „Die russische E-Heißdampf-Güterzuglokomotive und ihre Erprobung", Organ 1922, S. 329 u. 1923, S. 59 — Lok 1922, S. 109 — Loc 1922, S. 60 — Lok 1922, S. 26
         „Der russische Lokomotivmangel", Lok 1922, S. 52
1923   „Russische Werklokomotive mit stehendem Kessel", Lok 1923, S. 60
1925   „Russische Lokomotiven", Lok 1925, S. 194
1926   * Lomonossoff: „Lokomotiv-Versuche in Rußland", VDI-Verlag, Ber-lin 1926
         „4-4-0 tandem compound locomotive, South Western Ry of Russia", Loc 1926, S. 209
1928   Kolpachnikoff: „Heavy trains and long runs on the Chinese Eastern Ry", Baldwin Okt. 1928, S. 59
1929   Grinenko u. Isaakian: „Neuere Versuche mit russischen Dampf-lokomotiven", Z 1929, S. 339

1931   Yamchenko: „Reconstruction of Russian Rys", Gaz 1931-II, S. 522
„An interesting Russian locomotive" (2 C 1 - Halbtenderlok.), Loc 1931, S. 391

1932   „Amerikanische Lokomotiven für Rußland", Lok 1932, S. 45 u. 1933, S. 1
„Beyer-Garratt locomotives for the USSR Rys", Gaz 1932-II, S. 605 — Loc 1933, S. 4 — Ry Eng 1933, S. 3
„Five 2-10-2 Baldwin locomotives for the USSR Rys", Baldwin Jan. 1932, S. 14
„Fourteen-coupled engines for the Russian Rys", Loc 1932, S. 334 — Ry Eng 1934, S. 9
„Henschel C - Lokomotiven für Rußland", HH Febr. 1932, S. 25
„Heavy 2-10-2 freight locomotive for the Russian Soviet Rys", Loc 1932, S. 155
„New 2-10-4 locomotives for Russian railways", Gaz 1932-I, S. 785 — Loc 1932, S. 115
„Prairie type locomotives for the Russian Soviet Rys", Loc 1932, S. 77

1933   Bezpyatkin: „Pacific locomotives for the Vladikavkas Ry", Loc 1933, S. 223
Lubimoff: „Neuzeitliche Lokomotivtypen in Sowjetrußland", Organ 1933, S. 336
„Vom russischen Lokomotivbau: Von der 1 G 2 zur Garratt", Lok 1933, S. 181 u. 231 — Ry Eng 1934, S. 9
„British-built 0-6-0 tank locomotives for Russia", Gaz 1933-I, S. 616
„0-4-0 side tank shunting locomotives for Russia" (Beyer Peacock, 24 t Achsdruck), Gaz 1933-I, S. 809
„2-8-4 mixed traffic locomotives, Russian Soviet State Rys", Loc 1933, S. 320 u. 1937, S. 345

1934   Lubimoff: „Neue russische Lokomotivbauarten", Z 1934, S. 169
Roosen: „Experimental condensing locomotive for USSR: Converted 0-5-0 type goods engine for service on the Central Asia Ry", Mod. Transport 27. Januar 1934, S. 5 — Z 1934, S. 1171 — HH Dez. 1935, S. 39 — Gaz 1935-II, S. 675 — Loc 1935, S. 129

1935   Erl: „Betriebsergebnisse mit den amerikanischen Dampflokomotiven 1 E 1 und 1 E 2 auf den Sowjetbahnen", Organ 1935, S. 113
„Vom russischen Lokomotivbau in den Jahren 1931—32", Lok 1935, S. 36
„New 4-14-4 type locomotive for the USSR Rys", Gaz 1935-II, S. 963 — Age 1935-II, S. 493 — Loc 1935, S. 380 — Revue 1936-I, S. 156 — Lok 1937, S. 64 — Kongreß 1936, S. 931 — Annalen 1936-II, S. 7
„First locomotives built in Russia", Loc 1935, S. 299

1936   Theobald: „Russische 2 G 2-Güterzuglokomotive", Annalen 1936-II, S. 7

1938   „1 D 2 - Schnellzuglokomotive und 1 E 1 - Güterzuglokomotive der Sowjetrussischen Staatsbahnen auf der Pariser Weltausstellung 1937", Organ 1938, S. 20 — Annalen 1938-I, S. 17 — Revue 1937-II, S. 224

1939   „Model of a 2-10-2 type freight locomotive recently placed in service", Age 1939-II, S. 437

Sandwich-Inseln

1925 „The Oahu Ry, Honolulu", Loc 1925, S. 215
1930 „Prairie type locomotive, Kahului Ry Company, Hawai", Baldwin Oktober 1930, S. 42

Schweden

1905 „Lokomotivbau in Schweden", Lok 1905, S. 161 und 1906, S. 19 u. 60
1906 Doeppner: „2 C - Schnellzuglokomotive der Bahn Malmö-Ystad", Z 1906, S. 13
„Die Anfänge des schwedischen Lokomotivbaues", Lok 1906, S. 60
„Rolling stock of the Stockholm-Vesteras-Bergslagens Ry", Loc 1906, S. 178 und 1907, S. 205 — 1908, S. 35
1907 „New 4-4-2 express locomotive for the Swedish State Rys", Engg 1907-I, S. 413 — Loc 1908, S. 135
1908 Buschbaum: „Heißdampf-Ventillokomotiven in Schweden", VW 1908, S. 673 und 701
„Schwedische Verbundlokomotiven", Lok 1908, S. 125
„4-4-2 Heißdampf-Schnellzuglokomotive Gruppe A der Schwedischen Staatsbahn", Lok 1908, S. 141
„4-4-2 compound locomotive with Pielock superheater and Lentz poppet valves, Malmö-Ystad Ry", Engg 1908-II, S. 801
1909 „2 B - Verbund-Personenzuglokomotive für die Nässjö-Oskarshamn-Bahn", Lok 1909, S. 236
1911 „4-6-0 passenger locomotive, Stockholm-Vasteras-Bergslagens Ry", Loc 1911, S. 11
1912 „Recent superheater locomotives for Swedish rys", Loc 1912, S. 253 und 1913, S. 15
„2 C - Heißdampf-Personenzuglokomotive der kgl. Schwedischen Staatsbahnen", Lok 1912, S. 89 — Loc 1913, S. 15
1913 „E - Heißdampfgüterzuglokomotive Lit. R der kgl. Schwedischen Staatsbahnen", Lok 1913, S. 275
„2-8-0 goods locomotive, Stockholm Vasteras-Bergslagens Ry", Loc 1913, S. 99
1914 „4-6-0 four-cylinder compound locomotive for the Upsala-Gafle Ry", Loc 1914, S. 69
„0-8-0 three-cylinder goods locomotive, Grangesberg-Oxelosund Ry", Loc 1914, S. 5
„Recent locomotives in Sweden", Gaz 1914-I, S. 331 u. 576
1915 „Die Lokomotiven der kgl. Schwedischen Staatsbahnen", Lok 1915, S. 157
„4-6-2 four-cylinder compound express locomotive, Swedish State Rys", Loc 1915, S. 222
1916 „2-8-0 goods tank locomotive, Uppsala-Gafle Ry", Loc 1916, S. 217
1920 „0-6-0 tank locomotive, Gothland Ry, 1878", Loc 1920, S. 61
1923 „D 1 - Rangier-Tenderlokomotive für die Hafenanlagen in Narvik", Lok 1923, S. 167
„0-8-0 freight locomotive, Swedish State Rys", Loc 1923, S. 318
1926 „Swedish locomotives for light traffic", Loc 1926, S. 258
„Swedish ry relics", Loc 1926, S. 363

1931 „Standard 2-6-0 passenger locomotive for Swedish private rys", Loc 1931, S. 326
1932 „Scandinavian railway travels", Loc 1932, S. 60, 93, 122, 167, 206 „Non-condensing turbine locomotive, Grängesberg Ry, Sweden", Age 1932-II, S. 598 — Loc 1933, S. 173 — Gaz 1933-I, S. 141 — Organ 1937, S. 246
1934 „Single driver tank locomotive, Bergslagernas Ry", Loc 1934, S. 162
1936 „Miniatures in the Stockholm Ry Museum", Gaz 1936-II, S. 152
1937 „2-6-2 tank locomotive, Vastergotland-Gothenburg Ry", Loc 1937, S. 104 „A double break of gauge: Växjö, Southern Sweden", Loc 1937, S. 290 „Old Swedish locomotives", Loc 1937, S. 196
1938 Ellis: „Locomotives for the Swedish Private Rys", Loc 1938, S. 71 u. 352

Schweiz

1872 „Four-wheeled locomotive for the North Eastern Ry of Switzerland" (Schwartzkopff), Engg 1872-I, S. 258 „0-6-0 (Keßler) goods locomotive for the North Eastern Ry of Switzerland", Engg 1872-I, S. 309
1875 „0-6-0 tank locomotive for the Swiss Society for Narrow Gauge Rys", Engg 1875-I, S. 489 „0-6-0 tank locomotive for Branch Rys" (Winterthur), Engg 1875-II, S. 111
1881 Abt: „Die Lokomotiven zum Betrieb der Gotthardbahn", Organ 1881, S. 131 u. 229 — Bespr. Z 1882, S. 347
1883 „0-8-0 Maffei locomotive for the St. Gothard Ry", Engg 1883-I, S. 298
1889 „Rack locomotive for the Brünig Ry", Engg 1889-II, S. 392
1890 „2-6-0 compound passenger locomotive Jura-Berne-Lucerne Ry", Engg 1890-I, S. 138
1891 Kapeller: „Die Duplex-Compoundlokomotive für den Bergdienst der Gotthardbahn, erbaut 1890 von Maffei", Z 1891, S. 1078
1895 „2 C - Verbund-Schnellzuglokomotive der Gotthardbahn", Z 1895, S. 768
1896 * Barbey: „Les locomotives suisses", Verlag Eggimann & Cie, Genf 1896
1903 Barbey: „La locomotive compound à 4 cylindres de la Compagnie des Chemins de Fer du Jura-Simplon" (m. Karte), Revue 1903-I, S. 234 — Lok 1904, S. 144
1904 Bencke: „Eine neue Alpenbahn in den Schweizer Alpen: St. Moritz-Davos (mit CC-Mallet-Lokomotive)", Lok 1904, S. 62
1905 „4/5 gek. Vierzylinder-Verbund-Güterzuglokomotive der Schweizerischen Bundesbahnen", Lok 1905, S. 108 „3/5 gek. Schnellzuglokomotive der Gotthardbahn", Lok 1905, S. 6 und 12 [SBB] „Die neuen 4/5 gek. Verbund-Lokomotiven der Rhätischen Bahn", Schweiz. Bauzeitung 1905-I, S. 2
1906 „Die neuen Lokomotiven der Brünigbahn für gemischten Betrieb", Schweiz. Bauzeitung 1906-I, S. 285 „New locomotives, Swiss State Rys", Loc 1906, S. 79, 99 und 156 und 1908, S. 120

1906   „The Simplon Route", Loc 1906, S. 210
        „Vierzylinder-Zahnrad- und Adhäsionslokomotive der Brünigbahn",
        Lok 1906, S. 21
1907   Weiß: „Heißdampf-Personenzuglokomotive Serie B 3/4 der SBB",
        Schweiz. Bauzeitung 1907-II, S. 55
        „Alte (B 3-Stütztender-) Güterzuglokomotive der Schweizer Nordost-
        bahn, gebaut von Keßler", Lok 1907, S. 113
        „Betriebsergebnisse der 3/4 gek. Verbundlokomotive, Serie B 3/4 der
        SBB", Lok 1907, S. 88
        „Die Vierzyl.-Verbundlokomotive Serie C 4/5 der Gotthardbahn",
        Schweiz. Bauzeitung 1907-II, S. 235 — Lok 1907, S. 133
        „1 D-Vierzylinder-Verbund-Heißdampf-Güterzuglokomotive der Gott-
        hardbahn", Lok 1907, S. 133
        „4-4-0 two-cyl. compound passenger locomotive, Swiss State Rys",
        Loc 1907, S. 96
1908   Richter: „Die Lokomotiven der Gotthardbahn", Z 1908, S. 1821
        „Die Schweizer Lokomotiven auf der Mailänder Ausstellung", Lok
        1908, S. 48
        „Neuere Schweizer Lokomotiven mit Wasserrohrfeuerbüchse, System
        Brotan", Lok 1908, S. 61
1909   „2 C - Vierzylinder-Verbund-Heißdampf-Schnellzuglokomotive Gruppe
        A 3/5 der Gotthardbahn", Lok 1909, S. 133
        „New locomotives, Gothard Ry", Loc 1909, S. 33
1912   „New locomotives, Swiss Federal Rys", Loc 1912, S. 188
1914   Weiß: „Vierzylinder-Heißdampf-Güterzuglokomotive, Serie C 5/6 der
        SBB", Schweiz. Bauzeitung 1914-I, S. 235 — Loc 1914, S. 72 und
        1917, S. 110
        „2-6-4 superheater tank locomotive, Berne-Neuchatel Ry", Loc 1914,
        S. 150
1915   Keller: „Das Rollmaterial der schweizerischen Eisenbahnen auf der
        Schweizerischen Landesausstellung in Bern 1914", Schweiz. Bau-
        zeitung 1915-II, S. 1, 18, 49, 64, 82, 92
1916   „Die Lokomotiven der Furkabahn", Schweiz. Bauzeitung 1916-II,
        S. 177
1918   Weiß: „Vierkuppler - Rangierlokomotive, Serie E 4/4 der SBB",
        Schweiz. Bauzeitung 1918-I, S. 173 — Loc 1916, S. 138
1921 * Weber: „50 Jahre Lokomotivbau der Schweizerischen Lokomotiv-
        und Maschinenfabrik in Winterthur 1871-1921", Buchdruckerei
        Winterthur vorm. G. Binkert, Winterthur 1921
1923 * Moser: „Der Dampfbetrieb der Schweizerischen Eisenbahnen
        1847-1922", herausgegeben im Selbstverlag, Basel 1923. — 2. Auf-
        lage 1938
        „Altschweizerische 1 C 1 - Tenderlokomotive", Lok 1923, S. 69
1924   Hilscher: „Kurze Uebersicht über den Fahrpark der verstaatlichten
        großen Schweizerbahnen", Lok 1924, S. 17 u. 145
1925   „Zur Entwicklung der Dampflokomotive in der Schweiz", Schweiz.
        Bauzeitung 1925-II, S. 154
1932 *„Jubiläumsschrift zur Feier des 50jährigen Betriebes der Gotthard-
        bahn 1882-1932", Verlag SBB-Revue, Bern 1932 — Schweiz. Bau-
        zeitung 1932-I, S. 277

1938   * Moser: „Der Dampfbetrieb der Schweizerischen Eisenbahnen 1847
        bis 1936", 2. Auflage, Verlag Birkhäuser, Basel 1938 — Bespr.
        Kongreß 1938, S. 1205
        „The oldest steam locomotive still running on the Swiss Federal Rys
        — the «Speiser» of 1857", Gaz 1938-I, S. 373 — Lok 1939, S. 197
1939   „Railway exhibits at Zurich", Loc 1939, S. 176
1940   „One-man steam operation on the Langenthal-Hüttwil Ry of Switzer-
        land", Gaz 1940-I, S. 604

Siam (Muang-Thai, Thailand)

1906   „2/3 gek. Personenzuglokomotive der Siamesischen Staatsbahnen",
        Lok 1906, S. 164
1907   Buschbaum: „Die Lokomotiven in Siam", Annalen 1907-II, S. 51
1925   „E-Heißdampf-Güterzug-Lokomotive mit Lentz-Ventilsteuerung, Sia-
        mesische Staatsbahnen", HN 1925, S. 197
1926   Wright: „The Royal State Railways of Siam", Baldwin April
        1926, S. 39
1928   „The Siamese State Rys and its locomotives", Loc 1928, S. 84
1929   Ewald: „Die deutschen 2 C 1 - Heißdampf-Drilling-Schnellzugloko-
        motiven der kgl. Siamesischen Staatsbahnen", Organ 1929, S. 278
        — Ry Eng 1929, S. 255
        „New three-cyl. 4-6-2 type locomotives for the Royal State Rys of
        Siam", Ry Eng 1929, S. 255
        „Recent locomotives for the Royal State Rys of Siam", Loc
        1929, S. 10 u. 41
        *„Second Special Indian and Eastern Number", Gaz Dez. 1929,
        S. 85 u. 143
1930   „1 D 1 + 1 D 1 - Heißdampf-Tenderlokomotive Bauart Garratt der
        Kgl. Siamesischen Staatsbahnen", HH Juni 1930, S. 26 u. Sept.
        1936, S. 93
1934   „Les chemins de fer du Siam", Revue 1934-I, S. 198
1936   „1 D 1 + 1 D 1 - Heißdampf - Doppelzwilling - Güterzug - Tenderloko-
        motive Bauart Garratt der Siamesischen Staatsbahnen", HH Sept.
        1936, S. 93 u. Aug. 1937, S. 80

Spanien

1864   Brüll: „Lokomotive mit 4 Zylindern und 6 gekuppelten Achsen
        nach System Petiet für Saragossa-Alsasua", Organ 1864, S. 255
1905   v. Collas: „Lokomotiven der nordspanischen Eisenbahnen", Lok
        1905, S. 33
1906   „3/7 gek. Tenderlokomotive der MZA-Bahn", Organ 1906, S. 164
        „Meterspurige C2-Tenderlokomotive, geb. v. Borsig", Lok 1906, S. 103
        „2-6-2 metre-gauge tank locomotive, Cantabrian Ry", Loc 1906, S. 119
1908   „2-8-8-0 Kitson tank locomotive, Great Southern of Spain Ry", Loc
        1908, S. 206 und 1909, S. 3. — Gaz 1909-I, S. 135
1912   Duke of Saragossa: „Pacific type express locomotives, Northern Ry
        of Spain", Loc 1912, S. 237
        „C 1 - Heißdampf-Güterzugtenderlokomotive von 600 mm Spur für
        die San Miguel-Minenbahn", Lok 1912, S. 138

1912   „1 D - Heißdampf-Personenzuglokomotive der Spanischen Nordbahn",
       Lok 1912, S. 150
       „Spanische Lokomotiven der Sächsischen Maschinenfabrik", Lok
       1912, S. 224

1913   „New compound locomotives, Northern Ry of Spain", Loc 1913,
       S. 229

1915   Schneider: „2 C 1 - Vierzylinder-Verbund-Heißdampf-Schnellzug-Loko-
       motive der MZA-Bahn", Organ 1915, S. 384
       Steffan: „Neuere Lokomotiven der Spanischen Nordbahn", Lok
       1915, S. 6
       „2 D-Heißdampf-Vierzylinder-Verbund-Schnellzug-Lokomotive für die
       Madrid-Zaragoza-Alicante-Eisenbahn", HN 1915, S. 1 — Loc 1917,
       S. 129
       „Neuere Schnellzuglokomotiven der Madrid-Zaragoza-Alicante-Bahn",
       HN 1915, S. 46 — Lok 1923, S. 85, 135 u. 195

1920   „American-built 4-6-2 two-cylinder express locomotive, Madrid-Sara-
       gossa-Alicante Ry", Loc 1920, S. 213

1921   „Madrid-Saragossa-Alicante Ry: 4-8-0 passenger locomotive", Loc
       1921, S. 25

1922   „Recent American-built locomotives for France and Spain", Loc
       1922, S. 1
       „4-8-0 three-cyl. locomotive for the Spanish Rys", Loc 1922, S. 29, 61

1923   * Boag: „The railways of Spain", Verlag The Ry Gazette, London 1923
       „Die neueren Schnellzuglokomotiven der Madrid-Zaragossa- und Ali-
       cante-Bahn", Lok 1923, S. 85, 135 u. 195

1924   Franke: „Neuere 2 D - Heißdampf-Gemischtzug-Lokomotiven der
       Medina del Campo-Zamorra- u. Orense-Vigo-Bahn", Lok 1924, S. 113
       Franke: „Meterspurige 1 C 1 - Heißdampf-Personenzug-Tenderloko-
       motiven, La Robla-Bahn", VT 1924, S. 468

1925   Reder: „La evolución de la locomotora en España", Ingenieria y
       Construccion (Madrid) 1925, S. 406
       Serrat y Bonastre: „La construcción de locomotoras en España",
       Ingenieria y Construccion (Madrid) 1925, S. 421
       Wolff: „2 D 1 - Heißdampf-Vierzyl.-Verbund-Schnellzuglokomotive
       der Spanischen Nordbahn", HN 1925, S. 92 u. 145 u. 1927, S. 38
       — Z 1925, S. 1077, 1271 u. 1926, S. 1745 — Lok 1926, S. 57 —
       Ry Eng 1927, S. 143
       „2 C - Heißdampf-Lokomotive der Madrid-Caceres-Portugal-Bahn",
       Lok 1925, S. 5
       „Frühere Hanomag-Lokomotiven in Spanien", HN 1925, S. 165
       „Some recent Spanish locomotives", Loc 1925, S. 371 u. 1926, S. 73

1926   „Veteran locomotives on the Spanish rys", Loc 1926, S. 12
       „Bilbao River and Cantabrian Ry", Loc 1926, S. 405

1927   Reder: „Locomotives of the Madrid, Zaragoza and Alicante Ry",
       Loc 1927, S. 126 u. 1930, S. 12
       „Engerth type engines in Spain", Loc 1927, S. 41
       „Recent Spanish-built locomotives", Loc 1927, S. 276

1928   Hilscher: „Eisenbahnen und Reisen in Spanien", Lok 1928, S. 118,
       142, 159
       „An old Spanish six-coupled locomotive, 1870", Loc 1928, S. 287

„Consolidation locomotive, Santander-Mediterraneo Ry", Loc 1928, S. 205

„4-6-4 tank engine, Cordoba Central Ry, metre gauge", Loc 1928, S. 344

1929 „Alte spanische Lokomotiven der Société Alsacienne de Constructions Mécaniques", Lok 1929, S. 184

1930 Forbes: „Bobadilla and Algeciras Ry", Loc 1930, S. 50
„New locomotives, Madrid, Zaragoza and Alicante Ry", Loc 1930, S. 12
„Old Spanish «Koechlin» locomotives, ex Memphis, El Paso and Pacific Ry", Loc 1930, S. 215
„0-6-0 goods locomotive, Western Spanish Ry", Loc 1930, S. 407

1931 Schneider: „Das spanische Eisenbahnnetz und sein rollendes Material", Organ 1931, S. 221
„Garatt locomotives for Spanish railways", Loc 1931, S. 188
„The Rio Tinto Mines", Beyer-Peacock, April 1931, S. 42

1932 Wright: „Recent locomotives built by the «Sociedad Española de Construcciones Babcock & Wilcox»", Loc 1932, S. 56
„Beyer-Garratt locomotives in Spain", Beyer-Peacock Januar 1932, S. 57

1936 „A Spanish veteran locomotive, MZA Ry", Loc 1936, S. 103

Südafrikanische Union
Allgemein und Verschiedenes

1911 „0-4-2 narrow gauge tank locomotive for the Kimberley Mines", Loc 1911, S. 77

1912 „The first locomotive in South Africa", Loc 1912, S. 210 und 1931, S. 63

1913 „Notes sur les chemins de fer Africains", Revue 1913-I, S. 326 u. II, S. 14

1922 „Recent Garratt patent locomotives", Ry Eng 1922, S. 181 S. 256

1927 „4-8-2 tank locomotive, Union Steel Corporation of South Africa", Loc 1927, S. 307

1928 „4-8-2 tank locomotives for the Witbank Colliery, Ltd", Loc 1928, S. 274

1929 Jourdan: „The commercial minerals of the Union of South Africa" (mit 1 E 1-, 2 D 1- u. 1 D 1-Lokomotiven), Baldwin Juli 1929, S. 48

1931 „The first locomotive in South Africa", Loc 1931, S. 63

1933 „Baldwin 4-8-2 side-tank locomotive, South African Iron & Steel Industrial Corporation", Baldwin April 1933, S. 40

1934 „4-8-2 tank locomotive, Randfontein Estates Gold Mining Co (Witwatersrand) Ltd", Loc 1934, S. 268
„0-4-0 side tank locomotive for a South African mine", Loc 1934, S. 96

1935 „2-6-2 + 2-6-2 Beyer-Garratt locomotive, Consolitated Main Reef Mines, Johannesburg", Loc 1935, S. 338
„4-6-4 locomotive, New Kleinfontein Co, Ltd", Loc 1935, S. 34

1936   „4-8-2 side tank locomotive, Northern Lime Co, Ltd, of South
        Africa", Loc 1936, S. 115
        „0-8-0 tank locomotive for the South African Mines", Loc 1936,
        S. 142
1938   „Locomotives for the South African Mines", Loc 1938, S. 273

South African Rys (SAR) und Vorgängerinnen

1902   „2 E 1-Tenderlokomotive der Natal-Staatsbahnen, gebaut von Dubs
        1901", Loc 1902, S. 75 — The Eng 1903-I, S. 176 — Gaz 1927-II,
        S. 587
1903   „2 D 1-Tenderlokomotive der Eisenbahnen in Transvaal", The Eng
        1903-I, S. 176. — Revue 1913-II, S. 19
1905   „Central South African Rys", Loc 1905, S. 210 und 1906, S. 13
1906   „4-6-0 locomotive for 2-ft. gauge, Cape Govt Rys", Loc 1906, S. 59
1907   „Eßlinger Tenderlokomotiven für die Eisenbahnen in Transvaal",
        Lok 1907, S. 234
        „0-6-2 locomotives of the Otavi Ry", Loc 1907, S. 147 — Engg
        1907-II, S. 70
1908   „Die Lokomotiven der Südafrikanischen Zentralbahn und Kapland-
        Staatsbahn", Lok 1908, S. 236
1909   „American locomotives for Natal", Loc 1909, S. 204
1910   „4-8-2 locomotives, SAR", Loc 1910, S. 269 — Lok 1912, S. 250
        „Mallet articulated compound locomotive for the Natal Govt Rys",
        Engg 1910-II, S. 46
1912   „4-6-2 express locomotive, SAR", Loc 1912, S. 249 — Lok 1913, S. 208
1913   „Amerikanische Güterzuglokomotiven für die Natal-Staatsbahnen",
        Lok 1913, S. 146
        „Notes sur les chemins de fer africains", Revue 1913-I, S. 326 (Loko-
        motiven 1913-II, S. 14)
        „Oldest SAR-locomotive", Gaz 1913-I, S. 471
        „4-8-2 superheater goods locomotive, SAR, Natal-Section", Loc 1913,
        S. 232 — Gaz 1913-II, S. 271
1914   „2 D 1-Heißdampf-Güterzuglokomotive Reihe 14 der Südafrikanischen
        Staatsbahn", Lok 1914, S. 72
        „1 C + C - Mallet-Heißdampflokomotive der Südafrikanischen Eisen-
        bahnen", Lok 1914, S. 141 — Organ 1914, S. 362 — Loc 1914,
        S. 119 und 1916, S. 3 — Gaz 1914-I, S. 637 — Loc 1918, S. 173
1919   „4-8-2 goods locomotive for the SAR, built at the Montreal Works
        of the American Locomotive Company", Loc 1919, S. 1
1920   Lübon: „E-Güterzuglokomotive der Lüderitzbucht-Bahn", Deutsche
        Straßen- und Kleinbahn-Zeitung 1920, S. 317
        „2-6-6-2 Garratt locomotive, 2 ft. gauge", Loc 1920, S. 25
1921   „2-6-6-2 Garratt locomotive for the SAR", Loc 1921, S. 113 — Ry
        Eng 1922, S. 181
1922   „Recent Garratt patent locomotives", Ry Eng 1922, S. 181
1923   „2-6-2 + 2-6-2 Garratt locomotive, New Cape Central Ry", Loc 1923,
1925   Lovely: „The South African Rys and Harbours", Baldwin April
        1925, S. 3
        „2-6-6-2 Garratt locomotive, 2 ft. gauge", Loc 1925, S. 139 — Ry
        Eng 1922, S. 183

„2-6-2+2-6-2 Garratt locomotive, SAR, 3 ft. 6 in. gauge", Loc 1925, S. 33 u. 269

„2-6-2+2-6-2 Modified Fairlie locomotives, SAR", Loc 1925, S. 168

„New 2-8-2 + 2-8-2 locomotives, SAR", Loc 1925, S. 138

1926   „South African Rys: Long distance runs", Baldwin Januar 1926, S. 54

„SAR 4-8-2 locomotive with Lentz valves", Loc 1926, S, 69 — Lok 1927, S. 80

1927   Thormann: „Garratt-Lokomotiven für die SAR", HN 1927, S. 151 — Lok 1929, S. 157 u. 197

Williams: „South African Rys and Harbours", Beyer-Peacock Juli 1927, S. 29

„German-built 2-6-2 + 2-6-2 articulated superheated locomotives for SAR, 2 ft. gauge", Gaz 1927-II, S. 431 — Loc 1937, S. 105 — Gaz 1939-I, S. 1069

„2-6-2 + 2-6-2 «Union» type locomotives, SAR", Loc 1927, S. 208

„2-8-2 + 2-8-2 Modified Fairlie locomotives, SAR", Ry Eng 1927, S. 299 — Z 1927, S. 1103 — Loc 1927, S. 178

1928   Dannecker: „Deutsche Garratt-Lokomotiven für Südafrika", Organ 1928, S. 122 — VT 1928, S. 905

Ludwig: „2 C 1 - 1 C 2-Gelenklokomotive «Garratt-Union» für Südafrika", Z 1928, S. 937 — Annalen 1928-I, S. 109 — Lok 1927, S. 217 — Engg 1927-II, S. 758 — Loc 1928, S. 40

Metzeltin: „Garratt-Schnellzuglokomotiven für die Südafrikanischen Eisenbahnen", Annalen 1928-I, S. 103 — Ry Eng 1928, S. 327

„Kruppsche 1 C 1+1 C 1-Garratt-Lokomotiven für die SAR", Annalen 1928-II, S. 73 — Kruppsche Monatshefte 1928, S. 16

„Henschel 2-10-2 three-cylinder superheater experimental locomotives", Loc 1928, S. 76 — Lok 1928, S. 157 — HH Juni 1930, Nr. 1, S. 8

1929   „The largest and most powerfut 3'-6" gauge locomotive in the world [4-8-2 + 2-8-4 Garratt]", Gaz 1929-II, S. 181 — Ry Eng 1929, S. 333 — Mod. Transport 3. August 1929, S. 3 — Loc 1929, S. 274

1930   Böhmig: „Neue Lokomotiven für Südafrika", HH 1930, Nr. 1, S. 5

Böhmig: „Die jüngste Entwicklung der 2 C 1 - Schnellzuglokomotive Klasse 16 DA der Südafrikanischen Union", HH Dez. 1930, Nr. 2, S. 51

1931   Engelmann: „Deutsche Lokomotiven für Südafrika", Waggon- und Lokbau 1931, S. 277

1934   „2-10-2 type engine, class 20 to be built at Pretoria", Gaz 1934-II, S. 342 — Mod. Transport 1. Sept. 1934, S. 7 — Loc 1936, S. 174

„4-8-2 type locomotives for SAR, class 19 C", Gaz 1934-II, S. 795 — Loc 1935, S. 174

1935   „New Pacific locomotives for South Africa, class 16 E", Gaz 1935-II, S. 827 — HH Dez. 1935, S. 79 u. Sept. 1936, S. 7 — Loc 1936, S. 4

1936   „Henschel-Lokomotiven für die SAR", HH Sept. 1936, S. 2 und 7

„Die 23 000. Henschel-Lokomotive: Personenzug-Lokomotive Klasse 15 E der SAR", HH Sept. 1936, S. 7

„New 4-8-2 type locomotives for SAR, class 15 E", Gaz 1936-I, S. 65 — Loc 1936, S. 133 — HH Sept. 1936, S. 7 — Lok 1937, S. 21

„Tandem compound goods locomotive, Cape Govt Rys", Loc 1936, S. 164

1936   „The «Union Limited» Express, SAR, and new Pacific locomotives",
         Loc 1936, S. 4
         „2-10-2 locomotive, class 20, SAR", Loc 1936, S. 174
1937   „Südafrikanische Lokomotiven 1901—1936", Lok 1937, S. 97 u. 117
         „New 2-10-4 type locomotives with 2-8-2 tender, SAR", Gaz 1937-II,
         S. 929 und 1938-I, S. 16 — Loc 1938, S. 7 — Organ 1939, S. 60
         „2-6-2 + 2-6-2 Beyer-Garratt Locomotives. SAR, 2 ft. gauge section"
         Loc 1937, S. 105 — Gaz 1939-I, S. 1069
1938   „New 4-8-2+2-8-4 Beyer-Garratt locomotives for the SAR", Gaz
         1938-II, S. 997 — Loc 1939, S. 32 — The Eng 1939-I, S. 326
         „New 4-8-2 type locomotives for South Africa, classes „15 E", „15 F"
         and „23", Gaz 1938-II, S. 961 — Reihe 23: HH Dez. 1938, S. 106
         — Reihe 15 F: Gaz 1939-I, S. 896
         „4-8-2 type locomotives class 23 (SAR)", Loc 1938, S. 241 — Organ
         1939, S. 45
1939   Bangert: „2'D1'-Heißdampf-Schnellzuglokomotive Klasse 23 der Süd-
         afrikanischen Bahnen", Organ 1939, S. 45
         Doeppner: „Neue Lokomotiven der Achsanordnung 2' D 1' für Ueber-
         see (u. a. Klassen 19, 15 und 23 der SAR)", Annalen 1939-I, S. 71
         „Lokomotive als Denkmal: Erste Lokomotive in Transvaal", Lok
         1939, S. 148
         „New 2 ft. gauge 2-6-2+2-6-2 Garratt locomotives for South Africa",
         Gaz 1939-I, S. 1069 — s. auch Gaz 1927-II, S. 431 und Loc 1937,
         S. 105
         *„Stahl wird Kraft", ein Bildwerk vom Bau der Lokomotiven Klasse
         23 der Südafrikanischen Staatsbahnen, herausgegeben von
         Henschel & Sohn GmbH., Kassel 1939
1940   Ewald: „Die moderne SAR-Lokomotive", Lok 1940, S. 67 u. 85

ehem. Tschechoslowakei

1922   „1 C 1-Heißdampf-Schnellzuglokomotive Reihe 3650 der tschecho-
         slowakischen Staatsbahn", Lok 1922, S. 141
1923   „2 C 1-Heißdampf-Zwilling-Personenzug-Tenderlokomotive, Reihe 354
         der tschechoslowakischen Staatsbahn", Lok 1923, S. 119
1924   „1 D - Heißdampf - Personenzuglokomotive, Reihe 570 der tschecho-
         slowakischen St. B.", Lok 1924, S. 3
         „1 E - Heißdampf-Güterzuglokomotive, Serie 534 der C. S. D.", Lok
         1924, S. 65
1926   Poultney und Kupka: „Czecho-Slovakian State Rys: Prairie type
         locomotives", Loc 1926, S. 318
1929   „2-8-4 passenger tank locomotive, Czecho-Slovakian State Rys", Loc
         1929, S. 209 — Z 1929, S. 1136 — Lok 1929, S. 97 — Ry Eng
         1931, S. 253
         „Eight-coupled tank locomotives, series 423.0 for the Czechoslovakian
         State Rys", Loc 1929, S. 313
1930   „2-8-0 express locomotive for the Czecho-Slovakian State Rys", Loc
         1930, S. 257
1931   „4-6-2 three-cyl. passenger locomotive, Czechoslovakian State Rys",
         Loc 1931, S. 325 — Lok 1932, S. 41

1932   „1 D 1 - Heißdampf-Nebenbahn-Tenderlokomotive der C. S. D.", Lok 1932, S. 25
„Modern locomotives of the Czecho-Slovakian State Rys", Loc 1932, S. 310

1934   „2 D 1 - Heißdampf-Drilling-Schnellzuglokomotive Reihe 486 der Tschechoslowakischen Staatsbahnen", Lok 1934, S. 197 — Gaz 1934-II, S. 590 — Loc 1934, S. 137 und 1935, S. 240

1935   Wohllebe: „Neue Lokomotiven der Tschechoslowakischen Staatsbahnen", Organ 1935, S. 216
„2 D 2-Schnellzug-Tenderlokomotiven Reihe 4640 der Tschechoslowakischen Staatsbahnen", Lok 1935, S. 97 — Loc 1935, S. 376

1939   Lübsen: „Lokomotivtypen der Tschecho-Slowakischen Staatsbahnen", Organ 1939, S. 51

Türkei

1905   „4-6-0 four-cylinder compound locomotive, Bagdad Ry", Loc 1905, S. 82

1906   „4/5 gek. Verbund-Güterzuglokomotive für die Anatolische Bahn", Lok 1906, S. 169
„Locomotives of the Ottoman Ry", Loc 1906, S. 168

1907   „New rolling stock, Ottoman Ry" (m. D-Güterzuglok), Loc 1907, S. 38

1909   Steffan: „2C-Vierzylinder-Verbund-Schnellzuglokomotiven der Orientalischen Eisenbahn", Lok 1909, S. 44 und 1910, S. 193

1911   „2 C-Vierzylinder-Verbund-Schnellzuglokomotive Bauart De Glehn der Smyrna-Cassaba-Eisenbahn", Lok 1911, S. 131

1912   „0-8-2 tank locomotive, Ottoman Ry", Loc 1912, S. 4
„Postal train, Ottoman Ry", Loc 1912, S. 117

1914   „Lokomotiven mit auswechselbaren Tragachsen: 1 C - Heißdampf-Schnellzug-Lokomotive der Bagdadbahn", HN 1914, Heft 12, S. 1 — Loc 1925, S. 238

1915   „An «Allied» relic on the Ottoman Aidin Ry: 0-4-0 tank locomotive", Loc 1915, S. 7
„The Ottoman Ry" (m. C 1- und D 1-Tenderlok.), Loc 1915, S. 101

1917   Jokel: „Die 1 C 1-Heißdampf-Zwilling-Schnellzuglokomotiven, Type XIV der Orientalischen Eisenbahnen", HN 1917, S. 65 — ZÖIA 1916, S. 449 — Klb-Zeitg. 1917, S. 355 u. 365
„The Bagdad Ry" (m. Karte), Loc 1917, S. 155
„0-6-0 goods engine, Anatolian Ry, 1871", Loc 1917, S. 156

1918   Heise: „1 E-Dreizylinder-Heißdampf-Güterzuglokomotive des Kaiserl. Ottomanischen Kriegsministeriums", Z 1918, S. 781 — Industrie und Technik 1920, S. 245

1920   Heslop: „The Baghdad Ry", The Eng 1920-II, S. 469 (Lokomotiven: S. 553)

1928   „4-8-0 type express locomotives for the Turkish State Rys", Loc 1928, S. 111 — Lok 1928, S. 11

1929   „Mikado type freight locomotive, Ottoman Ry", Loc 1929, S. 207 — Gaz 1929-II, S. 60

1931   „The Ottoman Ry (Smyrna to Aidin)", Beyer-Peacock Januar 1931, S. 38

1933   Heise: „Neuere Lokomotiven der Türkischen Staatsbahnen", (2 D und 1 E 1), Z 1933, S. 624 — Gaz 1933-II, S. 210 — Lok 1933, S. 201

1933   „4-6-4 fast passenger tank locomotive for the Turkish Rys", Loc
        1933, S. 287
1934   „Santa Fé type locomotives for the Turkish State Rys", Loc 1934,
        S. 26 — HH Dez. 1935, S. 78
1935   „A 2-6-0 Henschel locomotive for Turkey; State Rys", Gaz 1935-II,
        S. 154 — Loc 1936, S. 83
        „Henschel-Lokomotiven für die Türkischen Staatsbahnen", HH Dez.
        1935, S. 78 und Sept. 1936, S. 91
1937   Heise: „Neue Lokomotiv-Bauarten für die Türkischen Staats-
        bahnen", HH August 1937, S. 29 [u. Sept. 1936, S. 91] — Gaz
        1938-I, S. 175 — Lok 1939, S. 129
        *„Travaux exécutés en Turquie par le Groupe Suédo-Danois 1927 —
        1935: Construction des lignes de chemin de fer Irmak-Filyos et
        Fevzipasa-Diyarbekir", Goteborg et Copenhague 1937. — S. 188:
        Matériel roulant
1938   „New 2-10-0 heavy freight locomotives for the Turkish State Rys",
        Gaz 1938-I, S. 175 u. 1939-I, S. 629
1939   „Large British locomotive order from Turkey (Deutsche 1 E-Lok)",
        Gaz 1939-I, S. 629

Ungarn

1874   „0-8-0 goods locomotive on the Royal Hungarian State Rys", Engg
        1874-I, S. 61
1894   Kordina: „Neue Lokomotiven der kgl. Ungarischen Staatseisen-
        bahnen", Organ 1894, S. 216
1897   Kelényi: „Das Eisenbahnwesen auf der Milleniums-Ausstellung in
        Budapest 1896", Z 1897, S. 40
1904   „Schnellzug-Lokomotiven der Ungarischen Staatsbahnen", Lok 1904,
        S. 130
        „B+B-Mallet-Güterzuglokomotive Kat. IVd der kgl. ungar. Stb.",
        Lok 1904, S. 148
1906   Nagel: „Neueste 2 B 1 - Schnellzuglokomotive Kateg. I^n der kgl. Un-
        garischen Staatsbahn (140 km/h Höchstgeschw.!)", Annalen
        1906-II, S. 221 — Lok 1906, S. 129 — Loc 1906, S. 183
        „4/4 gek. Lokomotive für 760 mm Spur mit Klien-Lindner-Achsen",
        Lok 1906, S. 133
1907   „1 B+B-Gebirgs-Schnellzug-Verbundlokomotive Kateg. IVc, System
        Mallet, der kgl. Ungarischen Staatsbahn", Lok 1907, S. 21 — Loc
        1907, S. 106
1910   „1 C 1-Verbund-Personenzuglokomotiven der kgl. Ungarischen Staats-
        bahnen", Lok 1910, S. 97 und 200
1911   „Die erste (2 B 1 -) Heißdampf-Schnellzuglokomotive der M. A. V.",
        Lok 1911, S. 111
1912   Steffan: „Die Mallet-Verbundlokomotiven der kgl. Ungarischen
        Staatsbahnen", Lok 1912, S. 1
1913   Steffan: „Die neuen 2 C 1-Heißdampf-Schnellzuglokomotiven der
        MAV", Lok 1913, S. 121 — Loc 1912, S. 33

„Die 3000. Lokomotive aus der Maschinenfabrik der kgl. Ungarischen Staatsbahn in Budapest (2 C - Heißdampf-Zwilling-Lokomotive Reihe 327)", Lok 1913, S. 217

1914 „Die ersten 2 C - Lokomotiven der kgl. Ungarischen Staatsbahn", Lok 1914, S. 217

1915 „1 C 1-Lokomotive Reihe 324 der kgl. Ungarischen Staatsbahn", Lok 1915, S. 253

1916 „2 C-Heißdampf-Zwilling-Schnellzuglokomotive Reihe 109 [100] für das ungarische Südbahnneÿ", Lok 1916, S. 209

1917 Steffan: „1 C + C - Heißdampf-Mallet-Verbund-Güterzuglokomotive, Reihe 601 der MAV", Lok 1917, S. 98 — Techn. Rundschau (Beilage zum Berliner Tageblatt) 1918, S. 109
„1 C 1-Heißdampf-Zwilling-Personenzug-Tenderlokomotive, Reihe 342 der kgl. Ungarischen Staatsbahnen", Lok 1917, S. 1 u. 1918, S. 41 (m. Brotankessel)

1918 „1 D 1-Heißdampf-Zwilling-Personenzug-Tenderlokomotive Reihe 442 der kgl. Ungarischen Staatsbahnen", Lok 1918, S. 137 — Organ 1919, S. 158

1919 „1 B-Tenderlokomotive der Ungarischen Westbahn", Lok 1919, S. 175

1922 Hilscher: „Ueber die Anfänge des Schnellzugverkehrs in Oesterreich-Ungarn", Lok 1922, S. 29

1923 „Sigls 1000. Lokomotive", Lok 1923, S. 103

1924 „2 C-Heißdampf-Zwilling-Schnellzuglokomotive Reihe 328 der Ungarischen Staatsbahnen", Lok 1924, S. 1 — Organ 1924, S. 64

1925 Varga: „1 C 1 - Nebenbahn-Tenderlokomotive der kgl. Ungarischen Staatsbahnen, Serie 375 u. 376", Lok 1925, S. 117
„2 D - Heißdampf-Personenzug-Lokomotive, Reihe 424 der kgl. Ungarischen Staatsbahnen", Lok 1925, S. 157

1927 Lasseur: „Hungarian State Ry Locomotives", Loc 1927, S. 13

1929 von Laner: „Die Dampflokomotiven der kgl. Ungarischen Staatseisenbahnen", Organ 1929, S. 318 u. 335

1937 *„Die Entwicklung der Dampflokomotive in Ungarn", «Entwicklung der Lok. 1880—1920», Verlag Oldenbourg, München und Berlin 1937, S. 370
„Stream-lined 4-4-4 type tank locomotive, Hungarian State Rys", Loc 1937, S. 243 — Gaz 1937-II, S. 559 — Lok 1938, S. 8 — Kongreß 1938, S. 412

1938 „1 B 1-Heißdampf-Tenderlokomotive Reihe 22 der kgl. Ungarischen Staatseisenbahnen", Lok 1938, S. 20
„1 D-Heißdampf-Zwilling-Güterzuglokomotive Reihe 403 der kgl. Ungarischen Staatseisenbahnen", Lok 1938, S. 40

Uruguay

1910 „Railways in Uruguay", Loc 1910, S. 191

1913 „New 4-4-4 tank engines for the Central Uruguay Ry", Gaz 1913-II, S. 196

1916 „0-4-0 side tank locomotive, Central Uruguay Eastern Extension Ry", Loc 1916, S. 87

1922 „2-6-0 tender locomotive, Central Ry of Uruguay", Loc 1922, S. 191
1930 „Mogul type locomotive, State Rys of Uruguay", Loc 1930, S. 39
1939 „Central Uruguay Ry: 2-8-0 reconstructed locomotives", Loc 1939, S. 99

USA (ohne Alaska, Philippinen und Sandwich-Inseln)
Allgemein

*„Locomotive Cyclopedia of American Practice", Verlag Simmons Boardman Publishing Co, New-York 1906, 1909, 1912, 1915 (?), 1919, 1922, 1925, 1927, 1930 und 1938 (10. Ausg.)

1852 * Norris: „Norris' hand-book for locomotive engineers and machinists", Verlag Henry Carey Baird, Philadelphia 1852
1870 „Amerikanische Lokomotiven", Organ 1870, S. 31
1876 „Locomotives at the Philadelphia Exhibition 1875", Engg 1876-I, S. 486 und 540. — Engg 1876-II, S. 10 u. f. — Engg 1877-I, S. 267 und 326
   „The locomotive «Lion» built by Foster, Rastrick & Co in 1829", Engg 1876-I, S. 564
   „The Baldwin Locomotive Works: Early American locomotives", Engg 1876-II, S. 139
1877 * Feyrer: „Der Lokomotivbau in den Vereinigten Staaten von Nordamerika", Commissionsverlag Faesy u. Frick, Wien 1877 (oder 1887?)
   „Early American locomotives, constructed by the West Point Foundry, New York 1830-31", Engg 1877-II, S. 222
1881 Brosius: „Erinnerungen an die Eisenbahnen der Vereinigten Staaten von Nordamerika: Lokomotiven", Annalen 1881-II, S. 87, 130, 152
1887 „The Strong locomotive", Engg 1887-I, S. 407 und 1889-I, S. 560
1892 * Büte u. von Borries: „Die nordamerikanischen Eisenbahnen in technischer Beziehung", Kreidels Verlag, Wiesbaden 1892
1893 Brückmann: „Verbundlokomotiven in Nordamerika", Z 1893, S. 1534 und 1894, S. 33
   Brunner: „Die Weltausstellung in Chicago 1893: Lokomotiven", Z 1893, S. 553 u. f.
   „The World's Columbian Exposition, Chicago 1893", Engg 1893-I, S. 503 u. f.
   Baldwin locomotives: Engg 1893-II, S. 172, 238, 299, 504, 569. — Engg 1894-II, S. 160 und 223 (1 E - Lok)
   Brooks locomotives: Engg 1893-II, S. 116, 274, 479, 537 u. 695
   Pittsburg Locomotive Works: Engg 1894-I, S. 9 und 10
   Rogers locomotives: Engg 1894-I, S. 43, 301, 561
   Sonstige Lokomotiven: Engg 1893-II, S. 330, 359, 388, 432, 442, 476, 542, 632, 663. — 1894-I, S. 200, 461, 677 — 1894-II, S. 72
1897 *„History of the Baldwin Locomotive Works 1831-1897", Verlag Lippincott Company, Philadelphia 1897
1903 * Thudsberg: „American locomotive practice", veröffentlicht vom Institut of Civil Engnieers, London 1903
1904 * Fuchs: „Der amerikanische Lokomotivbau", Z 1904, S. 401, 447, 554
   Gutbrod: „Die Weltausstellung in St. Louis 1904", Z 1904, S. 1321 u. f. — 1905, S. 52 u. f.

Steffan: „Mitteilungen über den Betrieb amerikanischer Schnellzüge", Lok 1904, S. 173

1905   Prossy: „Einiges über den amerikanischen Lokomotivbau", Lok 1905, S. 66, 80 und 97

Steffan: „Die Leistungen amerikanischer Güterzug-Lokomotiven", Lok 1905, S. 117

„Amerikanische Güterzuglokomotiven", Lok 1905, S. 37

1906   Asselin u. Collin: „Notes de voyages en Amérique", Revue 1906-I, S. 226

Fowler: „Recent development of American passenger locomotives", Gaz 1906-I, S. 947

1907   Caruthers: „Smith and Perkins and their locomotives", Gaz 1907-I, S. 424

Caruthers: „Seth Wilmarth's locomotives", Gaz 1907-II, S. 349

Caruthers: „The smoke consuming question 48 years ago", Gaz 1907-II, S. 605

Japiot: „Note sur l'emploi de locomotives articulées de grande puissance aux Etats-Unis", Revue 1907-I, S. 194

„Modern American locomotives", Loc 1907, S. 124

1909   Caruthers: „The Norris Locomotive Works", Gaz 1909-II, S. 253, 299, 323

Domnick: „Amerikanische Mallet-Verbund-Lokomotiven", Annalen 1909-I, S. 28

1911   „Strongs Pacific Lokomotive aus dem Jahre 1886", Lok 1911, S. 88

1912   „Heißdampflokomotiven in Nordamerika", Lok 1912, S. 9

„Heißdampf-Verschiebelokomotiven in Nordamerika", Lok 1912, S. 217

„Amerikanische 1 B 1 - Lokomotiven", Lok 1912, S. 86

1913   „Amerikanische E - Lokomotiven", Lok 1913, S. 62

„Die ersten amerikanischen Pacific-Schnellzuglokomotiven mit breiter Feuerbüchse", Lok 1913, S. 9

„Die erste amerikanische 1 C 1 - Lokomotive mit Schlepptender", Lok 1913, S. 39

„Kurvenbewegliche Schmalspurlokomotiven der Mason-Lokomotiv-Werke 1879", Lok 1913, S. 256

1914   Steffan: „Neuere Fortschritte im amerikanischen Lokomotivbau unter besonderer Berücksichtigung der Anwendung von Vanadiumstahl", Lok 1914, S. 41 u. 70

„Ein Beitrag zur Lokomotivgeschichte: Lokomotiven aus der Lokomotivfabrik in Pittsburg 1878-1900", Lok 1914, S. 224

„Some recent Baldwin locomotives", Gaz 1914-I, S. 291

1915   Steffan: „Die 40 000. Lokomotive der Baldwin-Werke", Lok 1915, S. 229 u. 257

„American oil burning locomotives", Loc 1915, S. 152

1916   „Die Lokomotiven und Eisenbahnen im Nordamerikanischen Bürgerkrieg 1862-1865", Lok 1916, S. 255

1917   Steffan: „Die Grundformen der amerikanischen 2 C - Lokomotive", Lok 1917, S. 46

1918   Lassueur: „Les locomotives à vapeur aux Etats-Unis", Schweiz. Bauzeitung 1918-I, S. 221 u. 233

1919　Poultney: „Neue amerikanische Schnellzuglokomotiven", The Eng
　　　　13. Mai 1919 — Lok 1920, S. 162
1920　„Der amerikanische Lokomotivbau im Jahre 1918", Lok 1920, S. 101
1921　Brewer: „«Strong» locomotives", Loc 1921, S. 180
　　　　„Historic locomotives at the Chicago Pageant", Loc 1921, S. 264
1922　Dewhurst: „British and American locomotive design and practice",
　　　　Engg 1922-I, S. 373, 398, 405 — Loc 1922, S. 98 u. 256
1923　Fry: „The useful life of American locomotives", Engg 1923-II, S. 609
　　　　„The Railway and Locomotive Historical Society", Loc 1923, S. 283
1924　„Three-cylinder locomotives in 'the USA", Loc 1924, S. 265 — The
　　　　Eng 1924-I, S. 666 — Age 1925-I, S. 1197 — Organ 1926, S. 50
　　　　„Nordamerikanische　2 D 1 - Lokomotiven　(m.　Hauptabmessungen)",
　　　　Lok 1924, S. 72 u. 1925, S. 2
1925　Fry: „A note on the evolution of locomotive types", Baldwin Juli
　　　　1925, S. 25
　　　　„Amerikanische 1 E 1 - Lokomotiven", Lok 1925, S. 218
　　　　„Uebersicht der 12 amerikanischen Einheitslokomotiven der Kriegs-
　　　　zeit", Lok 1925, S. 29
　　　　„Three-cylinder locomotives on American railroads", Age 1925-I,
　　　　S. 1197 — Organ 1926, S. 50
1926　„Ninety years of locomotive progress", Baldwin Oktober 1926, S. 52
1927　„Iron Horse Fair opens today", Age 1927-II, S. 555 — Loc 1927,
　　　　S. 345 — The Eng 1928-I, S. 64
　　　　„The first «Baltic» express locomotive in the USA, New York Cen-
　　　　tral Rr", Loc 1927, S. 177
　　　　„4-10-2 type locomotive, Baldwin No 60 000", Ry Eng 1927, S. 307
　　　　— Baldwin April 1927, S. 42 u. Jan. 1934, S. 24 — Loc 1927,
　　　　S. 144 u. Engg 1927-II, S. 103 — Revue 1927-II, S. 76
1928　Poultney: „Recent American locomotive practice", Ry Eng 1928,
　　　　S. 19, 99, 207, 293 u. 407
　　　　Woodard: „Locomotive designs to reduce maintenance", Age 1928-I,
　　　　S. 1375
　　　　„An American Railway Pageant", The Eng 1928-I, S. 64
　　　　„An early four-cylinder locomotive, built by the Hinckley Works,
　　　　USA, 1881", Loc 1928, S. 146
　　　　„Baldwin Day at the Fair of the Iron Horse", Baldwin Januar
　　　　1928, S. 61
1929　Campbell u. Warner: „Single expansion articulated locomotives",
　　　　Baldwin Juli 1929, S. 5
　　　　Metzeltin: „Neuere Bestrebungen im amerikanischen Lokomotivbau",
　　　　Z 1929, S. 1087 und 1159
　　　　Poultney: „Modern American express locomotives", Loc 1929, S. 196
　　　　„Early English built locomotives for the United States", Loc 1929,
　　　　S. 201
1930　Poultney: „Some modern American passenger locomotives", Ry
　　　　Eng 1930, S. 386 u. 477
1931　Dickermann: „The steam locomotive in America's railway progress",
　　　　Age 1931-I, S. 1100
　　　　„Baldwin locomotives of historic interest", Baldwin Juli 1931, S. 69
　　　　— Oktober 1931, S. 64 — Januar 1932, S. 18
　　　　„Industrial steam locomotives", Baldwin Januar 1931, S. 67

„Locomotives recently built for domestic service", Baldwin Januar 1931, S. 17

„The Baldwin Centenary", Baldwin April 1931, S. 3 u. Juli 1931, S. 69

„The modern locomotive", Age 1931-II, S. 776

„The Hudson type locomotive in North America", Gaz 1931-II, S. 713

1932   Binkerd: „What the modern locomotive can do for the American railroads", Baldwin Oktober 1932, S. 13

Noble and Warner: „Single expansion articulated locomotives", Baldwin Oktober 1932, S. 3

1933   „Baldwin locomotives on exhibition at «A Century of Progress» Exposition", Baldwin Juli/Oktober 1933, S. 8

1934   Noble: „Transporting fresh fruits and vegetables", Baldwin Oktober 1934, S. 3

Poultney: „Recent American locomotive practice", Ry Eng 1934, S. 271, 306 u. 381

Witte: „Verwendung von Rollenlagern an Lokomotiven und Tendern bei den amerikanischen Bahnen", Organ 1934, S. 157

Woodard: „American high-speed streamlined steam locomotive. — Proposal for a straightforward 4-4-4 two-cylinder design prepared by the Lima Locomotive Works", Age 1934-II, S. 370 — Gaz 1934-I, S. 1099 u. 1935-I, S. 644

Wright: „Steam meets the challenge", Baldwin Oktober 1934, S. 12

„Amerikanische 1 E - Güterzuglokomotiven", Lok 1934, S. 187

„Locomotives recently constructed at Eddystone", Baldwin Januar 1934, S. 26

„Locomotive No 60 000 goes to the Franklin Institute", Baldwin Januar 1934, S. 24

1935   Theobald: „Neuere amerikanische Gelenklokomotiven", Annalen 1935-II, S. 1

Warner: „Horsepower and wheel diameter", Baldwin Jan. 1935, S. 17

1936 =   Vauclain: „What steam has meant to us", Baldwin Juli 1936, S. 12

Whright: „Why the single expansion articulated locomotive?", Baldwin April 1936, S. 11

1937   Bangert: „Neuzeitliche Eisenbahnfahrzeuge in den Vereinigten Staaten von Amerika", Z 1937, S. 510

Bangert: „Eindrücke über das amerikanische Eisenbahnwesen", HH August 1937, S. 39

Noble: „«Golden Gate» International Exposition", Baldwin Oktober 1937, S. 15

„New Baldwin locomotives at home and abroad", Baldwin Januar 1937, S. 9

*„The motive power situation of American Railroads", herausgegeben von den Baldwin Locomotive Works, Philadelphia 1937

„0-6-0 and 0-8-0 Baldwin switchers", Baldwin Oktober 1937, S. 13 und 27

1938   * Kuhler & Henry: „Portraits of the Iron Horse: The American locomotive in pictures and story", Verlag Rand Mc Nally & Co, Chicago 1938 — Bespr. Gaz 1938-I, S. 975

1938   Schwering: „Die Tagung der maschinentechnischen Abteilung der Vereinigung amerikanischer Eisenbahnen in Atlantic City, USA", ZMEV 1938, S. 487

Wülfinghoff: „Die Dampflokomotive in den Vereinigten Staaten im Jahre 1938", Brennstoff- u. Wärmewirtschaft 1938, S. 93

1939   * Carter: „When railroads were new. — A human story of the early American and Canadian railroads illustrated with reproduction of wood cuts of early locomotives and railroad scenes", Verlag Simmons Boardman Publishing Corporation, New York 1939

Chapelon: „Derniers progrès de la technique américaine des locomotives à vapeur", Traction Nouvelle (Paris) 1939, S. 96

Gormley: „A. A. R. view of R. R. capacity" (statistisch, u. a. jährliche Lokomotivbeschaffungen), Age 1939-II, S. 526

v. Kirchbach: „Leistungsfähige Schnellzuglokomotiven in USA (mit Hauptabmessungs-Tabelle von 2 C 2 - Lokomotiven)", Organ 1939, S. 59

Kuhn: „Große amerikanische Güterzug-Lokomotiven", Lok 1939, S. 108

„Modern shunting locomotives in America", Gaz 1939-I, S. 780 — Revue 1939-II, S. 133

„The railroads at the New York World's Fair", Mech. Eng 1939-I, S. 213 und 250 — Age 1939-I, S. 937 und 985 — Loc 1939, S. 234 — Gaz 1939-I, S. 728

1940   Wernekke: „Fortschritte im Lokomotiv- und Wagenbau bei den Eisenbahnen der Vereinigten Staaten im Jahre 1937/38", Annalen 1940, S. 21

Atchison, Topeka and Santa Fé Railroad

1880   „2-8-0 locomotive", Engg 1880-II, S. 188

1904   „1 E 1-Vierzylinder-Tandem-Verbundlokomotive", Lok 1904, S. 13

1910   Perkins: „2 B + C 1 - Vierzylinder-Verbund-Mallet-Personenzuglokomotive der AT & SF-Bahn", Lok 1910, S. 41 — Loc 1910, S. 4

„5/7 gek. Tandem-Verbundlokomotive", Techn. Rundschau (Beilage zum Berliner Tageblatt) 1910, S. 17

„Articulated locomotives, AT & SF", Loc 1910, S. 4

1911   „Die schwerste Lokomotive der Welt: 1 D + D 1 - Verbund-Güterzuglokomotive Bauart Mallet der AT & SF", Lok 1911, S. 25

„Balanced compound Atlantic type locomotives", Gaz 1911-I, S. 65

„2-6-6-2 Mallet compounds with flexible boiler, AT & SF", Loc 1911, S. 103 — Engg 1911-I, S. 294 — Gaz 1911-I, S. 285

1912   „Die derzeit schwerste Lokomotive der Welt: 1 E + E 1 - Mallet-Verbund-Güterzuglokomotive der AT & SF", Lok 1912, S. 180

„Santa Fé demonstration train" (2 B-Lok. und 1 E + E 1-Lok), Gaz 1912-I, S. 261

1933   Poultney: „Large 2-10-4 type locomotive, AT & SF", Loc 1933, S. 39 — Baldwin April 1931, S. 45

1938   „Streamlined Santa Fé 4-6-4 type locomotive makes record run", Baldwin Januar 1938, S. 7 — Gaz 1938-I, S. 764 — Loc 1938, S. 67 — Brennstoff- u. Wärmewirtschaft 1938, S. 93

„Santa Fé installs high-speed 4-8-4 passenger locomotives" (teils mit, teils ohne Stromlinien-Verkleidung), Age 1938-I, S. 450
„New 4-6-4, 4-8-4 and 2-10-4 steam locomotives for the Santa Fé", Baldwin Juli 1938, S. 9 — Age 1938-II S. 803 — Mech. 1939-I, S. 49

1939 „1 E 1 - Dampflokomotive als Vorspann für den «Super Chief»", Loc 1939, S. 212

Baltimore and Ohio Railroad

1894 „2-8-0 locomotive (Richmond Works) at the Columbian Exposition", Engg 1894-I, S. 677
1904 „C+C-Duplex-Verbund-Lokomotive", Lok 1904, S. 107 u. 1906, S. 5
1912 * Bell: „The early motive power of the B & O Rr", Angus Sinclairs Verlag, New York 1912
1923 Warner: „The locomotives of the B & O Rr", Baldwin Oktober 1923, S. 3
1927 „Pacific type locomotives for the B & O", Mod. Transport 19. Nov. 1927, S. 23
„Centenary of the B & O", Loc 1927, S. 248 u. 345
1928 Bernhard: „Zur Hundertjahrfeier der Baltimore- und Ohio-Eisenbahn 1927", Zentralblatt der Bauverwaltung 1928, S. 227
„Pacific express passenger locomotive, B & O", Loc 1928, S. 253 u. 275
„Some early locomotives of the Baltimore and Ohio Railroad", The Eng 1928-I, S. 64 u. 76 — Lok 1932, S. 50
1931 Austin: „New Baltimore and Ohio locomotives designed to suit the railroad", Baldwin Juli 1931, S. 39
„New 2-6-6-2 Mallet locomotives for B & O", Gaz 1931-II, S. 141
1932 Poultney: „Experimental locomotives for the Baltimore and Ohio", Ry Eng 1932, S. 332
Warner: „Operating articulated locomotives in fast freight service on the Baltimore and Ohio", Baldwin Juli 1932, S. 3
1935 „4-6-4 Baltimore and Ohio high-speed locomotive", Gaz 1935-I, S. 738 — Age 1935-I, S. 681 — Loc 1935, S. 103 u. 137
„Baltimore and Ohio builds steam power for high speed" (2 B 2 u. 2 C 2), Age 1935-I, S. 681 — Loc 1935, S. 102
„New high-speed 4-4-4 locomotives, Baltimore and Ohio Rr", Gaz 1935-I, S. 200 u. 644 — Age 1935-I, S. 681 — Loc 1935 S. 103
„New streamlined trains, Baltimore and Ohio", Gaz 1935-I, S. 1167
1937 „Non-articulated four-cyl. 4-4-4-4 type locomotive", Loc 1937, S. 261
1938 „Streamlined locomotive hauling the Royal Blue Train over the Thomas viaduct at Relay, Maryland, on the B & O", Gaz 1938-I, S. 721
1939 „The Baltimore & Ohio's »William Galloway« in the new motion picture «Stand up and fight»", Age 1939-I, S. 317

Boston and Maine Railroad

1934 „High speed Pacific type locomotives received by Boston and Maine", Age 1934-II, S. 851
1935 „Boston and Maine 4-8-2 locomotives for fast freight", Age 1935-II, S. 213 — Baldwin April-Juli 1935, S. 24

1935   „Streamlined 4-6-2 locomotive, Boston and Maine Rr", Loc 1935,
       S. 237
1937   Reid: „Mountain type locomotives on the Boston and Maine",
       Baldwin Juli 1937, S. 3

Chesapeake and Ohio Railroad

1894   „2-8-0 locomotive (Richmond Works) at the Columbian Exposition",
       Engg 1894-I, S. 677
1904   Nüscheler: „150 t-Gebirgsgüterzuglokomotive der Chesapeake and
       Ohio, Bauart Shay", Annalen 1904-II, S. 47
1913   „Baldwin 4-6-2 type locomotive", Engg 1913-II, S. 717
1916   „2 C 1 - Heißdampf-Schnellzuglokomotive, Chesapeake & Ohio", Lok
       1916, S. 165
1923   „2-8-8-2 simple Mallet type locomotive, Ch & O Rr", Loc 1923,
       S. 167 und 1925, S. 12 — Engg 1924-II, S. 795 u. 860
1931   „2-10-4 type freight locomotive, Chesapeake and Ohio R. R.", Loc
       1931, S. 224 — Z 1931, S. 436 [u. 307]
1936   „4-8-4 express locomotive «Th. Jefferson», Chesapeake and Ohio
       Rr", Loc 1936, S. 142 — Kongreß 1937, S. 1153

Chicago and North Western Railroad

1893   „4-6-0 passenger locomotive at the Columbian Exposition", Engg
       1893-II, S. 442
1930   Brewer: „A 94 years old locomotive: The little «Pioneer», of the
       Chicago & North Western", Loc 1930, S. 133
1931   Warner: „Motive power progress on the Chicago and North
       Western", Baldwin Oktober 1931, S. 3
1935   Gaskill: „Chicago & North Western Ry Company's new train «The
       400»", Baldwin April-Juli 1935, S. 21 — Age 1935-I, S. 188
1938   „Streamlined 4-6-4 passenger locomotive, Chicago & North Western
       Ry", Loc 1938, S. 324

Chicago, Burlington & Quincy Rr

1894   „4-4-0 passenger locomotive at the Columbian Exposition constructed
       by the Rogers Locomotive Works", Engg 1894-I, S. 301
1914   „1 E 1 - Heißdampf-Güterzuglokomotive", Lok 1914, S. 32
1926   Warner: „The locomotives of the Chicago, Burlington & Quincy
       Rr", Baldwin Oktober 1926, S. 13 und April 1927, S. 8
1929   Poultney: „Two large American locomotives" (1 E 2 der Chicago,
       Burlington & Quincy; 1 DD 1 - Mallet der Denver, Rio Grande &
       Western), Loc 1929, S. 98 u. 117
1937   „Performance of modern passenger power on the Burlington", Bald-
       win Oktober 1937, S. 3

Chicago, Milwaukee, St. Paul and Pacific Railroad

1911   Steffan: „Die 2 C 1-Schnellzuglokomotiven der Ch. M. St. P. & P.
       Rr. 1889—1910", Lok. 1911, S. 49
       „2 C-Schnellzuglokomotive der Chicago-Milwaukee und St. Paul-Bahn
       aus dem Jahre 1889", Lok 1911, S. 136

Heißdampf-Zwilling-Schnellzug-Lokomotive Klasse 23 der Südafrikanischen Staatsbahnen, die leistungsfähigste Mountain-Type auf 1067 mm Spur. Sie reicht hinsichtlich Kesselabmessungen und Zugkraft an die schweren europäischen Schnellzuglokomotiven heran. Henschel baute von dieser Gattung 98 Stück.

1930 Warner: „The Chicago, Milwaukee, St. Paul and Pacific Railroad", Baldwin Oktober 1930, S. 3 und Januar 1931, S. 31

1934 Rennix: „High mileage performance on the Milwaukee Rr", Baldwin April-Juli 1934, S. 3

1935 „Milwaukee buys Atlantic steam locomotives for fast schedule: Hiawatha Express", Age 1935-I, S. 719 — Gaz 1935-I, S. 1037 u. 1225

1938 „4-8-4 type locomotives: New power for the Milwaukee Road", Baldwin Januar 1938, S. 3 — Age 1938-I, S. 761 — Organ 1939, S. 368

   „Milwaukee installs six 4-6-4 streamlined passenger engines", Age 1938-II, S. 428

1939 „The Hiawatha of the Milwaukee Road: A description of the 4-4-2 and 4-6-4 streamlined locomotives and the rolling stock", Gaz 1939-I, S. 937

Delaware and Hudson Railroad
(Mitteldrucklokomotiven auf S. 490)

1910 „0-8-8-0 Mallet articulated compound «Pusher» Locomotive, D & H Co", Loc 1910, S. 167

1923 „Tender booster increases tonnage 31 per cent — Delaware & Hudson", Age 1923-I, S. 1433

1929 „4-6-2 passenger locomotive, Delaware and Hudson Company, USA", Loc 1929, S. 319 und 1930, S. 430 — Gaz 1929-II, S. 513 — Organ 1930, S. 176

   „British influence on American locomotive design: Remodelled 4-4-0 type", Gaz 1229-I, S. 469

1930 „Pacific type passenger engines, Delaware & Hudson Rr", Loc 1930, S. 430

1933 „An interesting rebuild on the Delaware and Hudson Railroad" (Umbau von 1 D in D), Loc 1933, S. 103

1935 „Rebuilt 4-6-2 express passenger locomotives, Delaware and Hudson Ry", Gaz 1935-I, S. 290

Denver and Rio Grande Western Railroad

1927 „1 D + D 1 - Lokomotive der Denver & Rio Grande Western", Organ 1928, S. 138 — Annalen 1928-I, S. 128 — Loc 1929, S. 117

1928 Warner: „Motive power development on the Denver & Rio Grande Western Rr", Baldwin Januar 1928, S. 3 und April 1928, S. 27

1929 Poultney: „Two large American locomotives" (1 E 2 der Chicago, Burlington & Quincy, 1 D D 1-Mallet der Denver & Rio Grande Western), Loc 1929, S. 98 und 117

1935 „The Dotsero Cut-off, Denver & Rio Grande Western Rr", Baldwin Januar 1935, S. 3

1938 „New motive power for the Denver and Rio Grande Western Rr", Baldwin April 1938, S. 3 — Gaz 1939-I, S. 265

   „Old 168 becomes a monument", Baldwin Okt. 1938, S. 11

1939 „New American 4-6 + 6-4 articulated locomotives, Denver & Rio Grande Western Rr", Gaz 1939-I, S. 265

14

Erie Railroad

1907 „Die größte Lokomotive der Welt: D+D-Mallet-Verbund-Lokomotive der Erie-Bahn", Lok 1907, S. 185 — Loc 1907, S. 160

1912 „Die 50 000. Lokomotive der Alco: 2 C 1-Heißdampf-Schnellzuglokomotive der Erie-Bahn", Lok 1912, S. 181 — Gaz 1912-I, S. 244 „Mikado-Heißdampflokomotive der Erie-Bahn", Lok 1912, S. 273

1914 „2 C 1-Heißdampf-Schnellzuglokomotive der Erie-Bahn", Lok 1914, S. 74 „1 D+D+D 1-Dreigelenk-Verbund-Heißdampf-Güterzug-Treibtender-Lokomotive der Erie-Bahn", Lok 1914, S. 213 — Loc 1914, S. 141 — Techn. Rundschau (Berliner Tageblatt) 1914, S. 523 — Gaz 1914-I, S. 763 — Schweiz. Bauzeitung 1915-I, S. 31 — Organ 1915, S. 124 — Lok 1920, S. 84 — Revue 1920-I, S. 196

1924 Warner: „The Erie Rr and its motive power", Baldwin Januar 1924, S. 38

Great Northern Railroad

1898 „Mastadon (4-8-0) compound locomotive", Engg 1898-I, S. 140

1906 „Die schwerste Lokomotive der Welt: 2 × 3/4 gek. Mallet-Verbund-Lokomotive der Großen Nordbahn", Lok 1906, S. 189

1909 „Converted Mallet type locomotive", Gaz 1909-II, S. 865

1912 „Mikado type freight locomotives", Loc 1912, S. 215

1925 Warner: „The Great Northern Ry and its locomotives", Baldwin Januar 1925, S. 3

1926 Blanchard: „Single expansion articulated locomotives in mountain service on the Great Northern Ry", Baldwin Juli 1926, S. 52

1937 „Progress in locomotive building 1923—1937, Great Northern Rr", Baldwin Januar 1937, S. 4

1939 „Baldwin 4-8-2 and 4-8-4 type locomotives an the Great Northern Ry", Baldwin Februar 1939, S. 13 „The Great Northern's 4-4-0 «William Crooks», built in 1861", Age 1939-I, S. 536

Lehigh Valley Railroad

1876 „2-8-0 goods locomotive at the Philadelphia Exhibition", Engg 1876-II, S. 228

1882 „4-8-0 goods locomotive" Engg 1882-I, S. 602

1899 „Four-cylinder compound Consolidation locomotive", Engg 1899-I, S. 710

1925 Warner: „Locomotive development of the Lehigh Valley Rr", Baldwin Juli 1925, S. 3 und Oktober 1925, S. 14

1932 Johnson: „Testing a 4-8-4 type locomotive on the Lehigh Valley", Baldwin Januar 1932, S. 50 „New 4-8-4 type locomotive", Baldwin Juli 1932, S. 36

1935 „New motive power for the Lehigh Valley: 4-8-4 type locomotive", Baldwin Januar 1935, S. 16 — Age 1935-I, S. 294

New York Central Railroad

1886   „Standard 4-4-0 passenger locomotive, New York Central and Hudson River Rr", Engg 1886-I, S. 526

1893   „4-4-0 passenger locomotive at the Columbian Exposition, built by the New York Central and Hudson River Rr", Engg 1893-II, S. 330, 359, 388, 432

1899   „Vanderbilt 4-6-0 locomotive", Engg 1899-II, S. 343

1905   „1 C 2-Tenderlokomotive der New York Central and Hudson River Rr", Lok 1905, S. 58

1911   „Economies effected by Mallet locomotives on the New York Central and Hudson River Rr", Gaz 1911-II, S. 646

1927   „2 C 2-Heißdampf-Zwilling-Schnellzuglokomotive der New York Central (Erste Baltic- bzw. Hudson-Lokomotive)", Age 1927-I, S. 523 — Organ 1927, S. 396 — Z 1927, S. 1237 — Loc 1927, S. 177
    „The first «Baltic» express locomotive", Loc 1927, S. 177

1934   „Hudson type streamlined locomotive «Commodore Vanderbilt», New York Central", Gaz 1934-II, S. 1030 — Age 1934-II, S. 825 — Loc 1935, S. 111 — Z 1935, S. 546

1935   Poultney: „Some notes on the New York Central «Hudsons»", Loc 1935, S. 55

1936   „«The Mercury»: New York Central builds distinctive streamline train" (2 C 1-Lok), Age 1936-II, S. 50 — Loc 1936, S. 339
    „The Rexall train" (mit 2 D 1 Stromlinienlok), Gaz 1936-II, S. 377

1938   „New York Central locomotives show high power concentration", (2 C 1 - Lokomotive mit und ohne Stromlinienverkleidung), Age 1938-I, S. 597
    „4-6-4 streamlined express locomotive, New York Central System", Loc 1938, S. 168 — Age 1938-I, S. 597 — Organ 1939, S. 58 — Kongreß 1939, S. 482
    „Hudson type passenger locomotives for the New York Central Rr", Loc 1938, S. 336

Northern Pacific Railroad

1889   „Consolidation locomotive", Engg 1889-II, S. 484

1897   „Mastadon (4-8-0) compound locomotive", Engg 1897-I, S. 612

1906   „Prairie type locomotive", Loc 1906, S. 212

1927   „Die ersten 2 D 2 - Schnellzug-Lokomotiven, Northern Pacific Bahn", Z 1927, S. 609

1928   „World's largest locomotive built for the Northern Pacific (2-8-0 + 0-8-4 Mallet)", Age 1928-II, S. 1295 — Ry Eng 1929, S. 147 — Gaz 1929-I, S. 298

1935   „4-8-4 type locomotive, Northern Pacific Ry", Loc 1935, S. 72

1937   „4-6-6-4 high-speed freight locomotive", Age 1937-I, S. 389 — Organ 1938, S. 159 (vergl. hierzu Age 1936-II, S. 900)

1938   „4-8-4 type locomotives on the Northern Pacific", Baldwin Januar 1938, S. 27 und Juli 1938, S. 17
    „2 C-C 2-Mallet-Lokomotive", Organ 1938, S. 159

14*

Pennsylvania Railroad

1869   „4-6-0 goods locomotive", Engg 1869-I, S. 156
1875   „American locomotives and rolling stock, Pennsylvania Rr", Engg
        1875-I, S. 155
1877   „Standard types of locomotives", Engg 1877-II, S. 65, 84, 103, 121,
        142, 192, 201, 220, 252, 260
1879   * Dredge: „The Pennsylvania Railroad", Verlag Engg, London 1879
1881   „4-4-0 express locomotive", Engg 1881-II, S. 552
1893   „The «John Bull» locomotive 1830", Engg 1893-II, S. 104
1907   „Pacific type locomotive", Loc 1907, S. 178
1909   „Consolidation locomotives for the Pennsylvania Rr", Gaz 1909-II, S. 73
1910   „Heavy goods and passenger engines for the Pennsylvania", Gaz
        1910-I, S. 633
1911   „New Pennsylvania Rr locomotives", Loc 1911, S. 222
        „Nouvelles locomotives Atlantic du Pennsylvania Rr", Revue 1911-II,
        S. 204
1912   „Scientific development of the Pennsylvania Rr: Locomotives", Gaz
        1912-I, S. 472
1914   „New locomotives, Pennsylvania Rr", Loc 1914, S. 284
1916   „Zwei bemerkenswerte (2 B 1- und 1 C-) Lokomotiven der Pennsyl-
        vania-Bahn aus dem Jahre 1899", Lok 1916, S. 85
1918   „Die 1 C 1- und 2 C 1-Schnellzuglokomotiven der Pennsylvania-Bahn",
        Lok 1918, S. 80
        „New Decapod freight locomotive", Loc 1918, S. 5
1919   „2-8-8-0 simple Mallet locomotive", Loc 1919, S. 173 und 196. —
        1920, S. 109 und 146
1923   „New 2-10-0 locomotives", Baldwin Januar 1923, S. 24
1924   Warner: „Motive power development, Pennsylvania Rr System",
        Baldwin April 1924, S. 3 — Juli 1924, S. 33 — Oktober 1924, S. 3
1925   Poultney: „Locomotive dimensions and proportions of the Pennsyl-
        vania Rr", Loc 1925, S. 365, 395, u. 1926, S. 55
1926   „2 D 1-Heißdampf-Zwilling-Personenzuglokomotive der Pennsylvania-
        Bahn", Age 1926-II, S. 989 — Organ 1927, S. 328 — Loc 1927,
        S. 72 (Poultney)
1931   Poultney: „New Pacific type locomotive, Pennsylvania Rr", Ry Eng
        1931, S. 349
        „Die Anfänge der Pennsylvania-Eisenbahn und ihre bemerkenswerte-
        sten Lokomotiven", Lok 1931, S. 152
1932   „Recent locomotives on the Pennsylvania Rr", Engg 1932-II, S. 34
1933   Warner: „Mountain type locomotives on the Pennsylvania", Baldwin
        Januar 1933, S. 3 — Lok 1932, S. 157
1936   „New 4-6-2 streamlined locomotives for the Pennsylvania Rr", Gaz
        1936-I, S. 867 — Age 1936-I, S. 391 — Loc 1936, S. 175 —
        Kongreß 1937, S. 1163
1939   „6500 hp streamlined 6-4-4-6 locomotive built by the Pennsylvania at
        Altoona, Pa." Age 1939-I, S. 502 — Mech. 1939, S. 164 u. 311 —
        Gaz 1939-I, S. 698 — Loc 1939, S. 130 — Lok 1939, S. 78 —
        Z 1939, S. 1048 — Age 1939-I, S. 1067 — Organ 1940, S. 164

Philadelphia and Reading Railroad

1881 „4-4-0 express locomotive", Engg 1881-I, S. 333
1882 „4-2-2 express passenger locomotive" (81 miles per hour!), Engg
1882-I, S. 265 und 270
1895 „4-2-2 four-cylinder compound express locomotive", Engg 1895-II,
S. 452
1907 Caruthers: „Early years of Philadelphia & Reading", Gaz 1907-II, S.133
1910 „«Rocket», Philadelphia & Reading", Loc 1910, S. 214
1914 „Die Umbaulokomotiven der Philadelphia & Reading-Bahn", Lok
1914, S. 158
1915 „4-4-4 express locomotive", Loc 1915, S. 270
1923 „Motive power development on the Philadelphia & Reading", Baldwin April 1923, S. 3—22 u. April 1925, S. 27
1931 Warner: „Improvements on the Reading", Baldwin Juli 1931, S. 49

Southern Pacific Railroad

1909 „Die schwerste Lokomotive der Welt: 1 D - D 1 - Mallet-Verb.-Güter-
zuglok. der Süd-Pazifik-Bahn", Lok 1909, S. 124, 185 und 1910,
S. 236 — Loc 1909, S. 88 und 1910, S. 67 — Loc 1912, S. 31 —
Gaz 1909-I, S. 645, 814 — Gaz 1910-I, S. 634 — Engg 1911-II, S. 791
1917 Salter: „«The Sunset Limited»", Loc 1917, S. 187
1922 „Heavy 2-10-2 type locomotives", Baldwin Oktober 1922, S. 3—21
1924 „Mountain type passenger locomotives for the Southern Pacific", Loc
1924, S. 173
1925 „New three-cylinder 4-10-2 type locomotive for the Southern Pacific
Rr", Ry Eng 1925, S. 266 — Z 1925, S. 904 — Organ 1926, S. 51
1929 „Articulated oil-burning locomotives, Southern Pacific Railroad", Loc
1929, S. 37
1931 „The Martinez-Benicia Bridge" (mit 2 A 2-Lok. Central-Pacific Rr
Nr. 1, 1863, und 2 D 2 der Southern Pacific), Loc 1931, S. 246 —
Baldwin April 1931, S. 31
1932 „Locomotive No 1 «Pioneer», Sacramento Valley Rr (Southern
Pacific)", Loc 1932, S. 256
1933 Noble: „A story of the Southern Pacific Company", Baldwin Juli-
Oktober 1933, S. 18
1937 „Southern Pacific buys new 4-8-8-2 type articulated locomotives",
Baldwin Januar 1937, S. 5 — Gaz 1937-II, S. 400
„Stream-lined 4-8-4 type locomotives, Southern Pacific Ry", Loc 1937,
S. 175 — Organ 1938, S. 157
„The first and the latest on Southern Pacific", Baldwin Okt. 1937, S. 23
1939 „The «Daylight Express» and its 4-8-4 locomotives", Gaz 1939-I, S. 550
— Organ 1940, S. 122
1940 „Southern Pacific articulated 2-8-8-4 mixed traffic locomotive
designed for a speed of 75 m. p. h.", Gaz 1940-I, S. 540

Union Pacific Railroad

1912 „2-8-8-2 Mallet articulated locomotive", Loc 1912, S. 97
1926 „2 F 1-Lokomotive der Union Pacific Rr", Annalen 1926-II, S. 90 —
Z 1926, S. 865 — Loc 1926, S. 173

1936   „A powerful high-speed 4-6-6-4 freight locomotive", Age 1936-II,
S. 900 — Organ 1938, S. 159 (vergl. Age 1937-I, S. 389)
1939   „Intensive locomotive use pays Union Pacific big returns: 4-8-4 type
locomotives", Age 1939-I, S. 415 und II, S. 515
„Old and new Union Pacific locomotives lined up at Los Angeles"
(nur Bild), Mech 1939, S. 207
„Powerful high-speed 4-8-4 locomotives for Union Pacific", Mech.
1939, S. 503

Virginian Railroad

1909   „2-6-6-0 Mallet articulated compound locomotive", Gaz 1909-II, S. 22
1912   „2-8-8-2 Mallet locomotives", Loc 1912, S. 228
1917   „2-8-8-8-4 triplex compound locomotive", Loc 1917, S. 85
1919   „New 2-10 + 10-2 Mallet articulated locomotive", Loc 1919, S. 55 —
The Eng 1920-I, S. 381
1920   „1 D + D + D 1 - Sechszylinder-Heißdampf-Verbund-Lokomotive der
Erie-Bahn (2. Ausführung) und die 1 D + D + D 2 - Lokomotive
der Virginia-Bahn", Lok 1920, S. 84 — Revue 1920-I, S. 198
1925   „Die schwerste Dampflokomotive der Welt: 1 E + E 1 - Güterzuglokomotive der Virginia-Bahn", Z 1925, S. 1576

Verschiedene Bahnen in USA

1869   „0-6-6-0 Fairlie double bogie locomotive for the Central Pacific Ry",
Engg 1869-II, S. 35
„0-10-0 tank locomotive for the Jeffersonville, Madison and Indiana-
polis Ry", Engg 1869-I, S. 108
1871   „2-6-0 goods locomotive for the Virginia City and Carson City Rr,
California", Engg 1871-I, S. 170
„0-6-0 goods locomotive for the Pittsburg Ry, California", Engg
1871-I, S. 115
„2-2-2-2 double bogie locomotive constructed for the South Carolina
in 1831, from the design of Mr. Horatio Allen", Engg 1871-I,
S. 254
„0-4-0 shunting engine for the San José Rr, California", Engg 1871-I,
S. 304
1877   „0-4-0 passenger locomotive for the New York and Harlem Rr",
Eng 1877-I, S. 68
1882   „4-4-0 express locomotive, Central Rr of New Jersey", Engg 1882-I,
S. 85
„2-6-2 tank locomotive, Central Pacific Rr", Engg 1882-II, S. 155
1887   „American 2-4-0 passenger and 4-6-0 freight locomotives, constructed
by the Rogers Lokomotive-Works", Engg 1887-I, S. 69
1891   „Die schwerste Tenderlokomotive: E-Lokomotive der St. Clair Tunnel
Cy", Z 1891, S. 597 und 1297
1893   „High-speed American 4-4-0 express locomotive, Lake Shore & Michigan Southern Rr", Engg 1893-II, S. 116
„«Rhode Island» 4-4-0 compound locomotive at the World's Columbian
Exposition, NYNH & HRR", Engg 1893-II, S. 632

1894   „Compound Consolidation locomotive, Mohawk and Malone Rr", Engg 1894-I, S. 345
„Pittsburgh (4-6-0 and 2-6-0) passenger and freight locomotives at the Columbian Exposition", Engg 1894-II, S. 72
„Rogers 4-6-0 freight locomotive, Charleston & Savannah Ry", Engg 1894-I, S. 561
„0-6-0 switching locomotive constructed at the Schenectady Locomotive Works", Engg 1894-I, S. 254
„2-8-0 locomotive for the Illinois Central Rr, constructed by the Rogers Locomotive Works", Engg 1894-I, S. 43
„4-4-0 passenger locomotive constructed by the Old Colony Rr, Boston", Engg 1894-I, S. 461

1895   „Brook's American 4-4-0 and 4-6-0 express locomotives, Lake Shore & Michigan Southern Ry", Engg 1895-II, S. 627

1896   „92,3 m. p. h.: American high-speed locomotive. — 4-6-0 locomotive No 564, Lake Shore & Michigan Southern Ry", Engg 1896-I, S. 252

1897   „Brooks 4-4-0 passenger locomotive, Illinois Central Rr", Engg 1897-II, S. 209

1898   „Brooks 4-6-0 locomotive, Wisconsin Central Lines", Engg 1898-II, S. 415

1899   „Brooks 4-6-0 passenger locomotive; Buffalo, Rochester & Pittsburg Ry", Engg 1899-II, S. 325

1900   „2-8-0 locomotive: Pittsburg, Bessemer & Lake Erie Rr", Engg 1900-II, S. 151
„Heavy Rogers Consolidation locomotive, Illinois Central Rr", Engg 1900-II, S. 334

1906   Caruthers: „The first road owned and operated by a government: Philadelphia & Columbia Ry", Gaz 1906-II, S. 279
„Vauclain balanced 4-6-0 four-cylinder compound locomotive, Chicago and Eastern Illinois Rr", Engg 1906-II, S. 383

1907   „2 B 1-Schnellzuglokomotive der Cleveland-Cincinati, Chicago and St. Louis (Big Four) Ry", Lok 1907, S. 139
„Old locomotives, Boston & Albany Rr", Loc 1907, S. 123

1911   „2 B 1-Heißdampf-Vierzylinder-Schnellzuglokomotive der Rock Island-Bahn", Lok 1911, S. 247

1912   „Comparative tests of locomotives, Buffalo, Rochester and Pittsburg Rr", Gaz 1912-II, S. 510
„An experimental 4-6-2 locomotive, American Locomotive Company, locomotive No 50 000", Gaz 1912-I, S. 244 — Lok 1912, S. 181

1913   „Die erste amerikanische 1 C 1-Lokomotive mit Schlepptender, Cincinati-Lebanon und Nordbahn", Lok 1913, S. 39

1914   „An early American locomotive: Locomotive «Lion», Boston & Salem Rr 1839", Loc 1914, S. 326 und 1926, S. 229

1915   „2 D 1-Heißdampf-Zwilling-Schnellzuglokomotive, Chicago, Rock Island & Pacific", Lok 1915, S. 45
„0-4-0 freight locomotive «Lion», Nashua & Lowell Rr, 1846", Loc 1915, S. 68

1917   „2-8-2+2-8-0 duplex locomotive, Southern Ry", Loc 1917, S. 131

1922   „2-8-2 freight locomotive, Michigan Central Rr", Loc 1922, S. 320

1923   „The Uintah Ry", Baldwin Juli 1923, S. 16

1924   „The San Diego and Arizona Ry", Baldwin Oktober 1924, S. 41

1925   Kelleher: „Ten-coupled locomotives on the Alabama & Vicksburg Ry", Baldwin April 1925, S. 59

„2-8-4 locomotive, Boston & Albany Rr", Loc 1925, S. 338

1926   Meineke: „Die 1D2-Hochleistungslokomotive der Boston and Albany", Organ 1926, S. 48

Evans: „The Clearing Yard of the Belt Ry Company of Chicago", Baldwin April 1926, S. 50 (Lokomotiven: S. 53)

Warner: „Locomotive development on the Atlantic Coast Line Rr", Baldwin Januar 1926, S. 3

Warner: „Locomotive development on the Central Rr of New Jersey", Baldwin April 1926, S. 8 und Juli 1926, S. 3

„A veteran locomotive on the Duluth & Iron Range Rr", Baldwin Januar 1926, S. 58

„Boston and Albany Rr: Performance of the first 2-8-4 type locomotive in America", Ry Eng 1926, S. 181 — Organ 1926, S. 48

1927   Poultney: „Decapod locomotives, Western Maryland Rr", Loc 1927, S. 308

Warner: „The locomotives of the Nashville, Chattanooga & St. Louis Rr", Baldwin Juli 1927, S. 3

Warner: „Pacific type locomotives of the Richmond, Fredericksburg & Potomac Rr", Baldwin Juli 1927, S. 64

1928   Evans: „The Chicago & Illinois Midland Rr", Baldwin Okt. 1928, S. 55

Graham: „Baldwin locomotives on the Delaware, Lackawanna & Western Rr", Baldwin April 1928, S. 66

Warner: „The Western Maryland Rr", Baldwin Oktober 1928, S. 7

Warner: „Two important short line railroads: The Lehigh & New England Rr — The Lehigh & Hudson River Rr", Baldwin Juli 1928, S. 3

„A unique logging railroad: Porterfield & Ellis Company. Michigan", Baldwin Oktober 1928, S. 70

„4-6-6 suburban locomotives for the Boston and Albany", Age 1928-II, S. 935 — Ry Eng 1929, S. 106 — Organ 1930, S. 161

„4-8-2 freight locomotive with steel-cast smoke box, New York, New Haven & Hartford Rr", Loc 1928, S. 80

1929   Green: „The Texas and Pacific Ry", Baldwin Juli 1929, S. 26

„Handling 9000 tons per train. — Pittsburg & Lake Erie Rr", Age 1929-I, S. 915

1930   „An early American 4-4-0 locomotive: Boston & Lowell Rr, 1851", Loc 1930, S. 27

1931   „Louisville & Nashville locomotives of 43 years ago", Baldwin April
—   1931, S. 16

„The first steam railroad in the State of New Jersey", Baldwin Oktober 1931, S. 36

„The Manufacturers' Railway Company of St. Louis", Baldwin Oktober 1931, S. 40

1932   Noble: „Single expansion articulated locomotives on the Western Pacific Rr", Baldwin Januar 1932, S. 1 — Loc 1932, S. 204

„The Illinois Terminal Rr System", Baldwin Juli 1932, S. 44

1933   „Old 4-4-0 passenger locomotive, New York, New Haven & Hartford Rr", Loc 1933, S. 342

1934   Woodard: „4-4-4 steam locomotive for light high-speed passenger trains", Age 1934-II, S. 370 — Gaz 1934-I, S. 1099 u. 1935-I, S. 644
„A locomotive of 70 years ago: Huntingdon & Broad Top Mountain Rr", Baldwin Oktober 1934, S. 17

1935   Beuter: „Weyerhaeuser Timber Co", Baldwin April/Juli 1935, S. 3
„An automatically operated locomotive: 0-4-0 shunting locomotive, Standard Steel Works, Burnham USA", Loc 1935, S. 309 — Baldwin Oktober 1935/Januar 1936, S. 11
„4-8-4 type locomotive, Lackawanna Rr", Age 1935-I, S. 267
„2-6-6-4 single-expansion locomotive, Pittsburgh & West Virginia", Baldwin Januar 1935, S. 30
„2-6-6-4 single expansion articulated locomotive, Seaboard Air Line", Baldwin April/Juli 1935, S. 25 — Age 1935-I, S. 849 — Lok 1937, S. 57

1936   Mc Cartney: „Central of Georgia Ry celebrates its centennial", Baldwin April 1936, S. 5
Scott: „Baldwin veterans on the Virginia & Truckee", Baldwin Juli 1936, S. 21
„2-8-4 type locomotives, Detroit, Toledo & Ironton Rr", Loc 1936, S. 207
„New motive power for the Bessemer and Lake Erie Rr", Baldwin Oktober 1936, S. 9
„The first «Union» type locomotive", Baldwin Juli 1936, S. 3 — Age 1936-II, S. 105 — Loc 1936, S. 341 — Gaz 1936-II, S. 423

1937   Baldwin: „The Long Island Rr", Baldwin Januar 1937, S. 14
Cartwright: „The New Haven 4-6-4 streamlined locomotives", Baldwin April 1937, S. 3 — Gaz 1937-II, S. 289 — Age 1937-I, S. 540 — Organ 1938, S. 156 — Z 1938, S. 385 — Kongreß 1938, S. 868
Warthen: „New Baldwin locomotives for the Capital Cities Route", Baldwin April 1937, S. 15
„4-6-2 semi-streamline locomotive, Delaware, Lackawanna and Western Rr", Loc 1937, S. 37
„2-6-6-4 single expansion articulated locomotive, Norfolk & Western Ry", Loc 1937, S. 67 — Gaz 1937-1, S. 20 — Organ 1938, S. 158
„Motive power methamorphosis: Hiawatha Rr. — 4-6-0 Vauclain compound converted to a streamlined simple superheated engine", Baldwin Januar 1937, S. 20
„New power for the Seaboard Air Line: 2-6-6-4 Mallet locomotive", Baldwin Oktober 1937, S. 11 — Lok 1937, S. 57
„Number 22 goes Hollywood. — 62 years old locomotive becomes a motion picture star", Baldwin ,Juli 1937, S. 9 — Gaz 1938-I, S. 669

1938   Noble: „Preserving the «J. W. Bowker», delivered in 1875 to the Virginia & Truckee Rr", Baldwin Juli 1938, S. 20 — Loc 1938, S. 377 (Simpson)
„Neuere amerikanische Mallet-Gelenklokomotiven", Organ 1938, S. 158

1938   „C-Heißdampf-Zwilling-Verschiebelokomotive mit Schlepptender der Union-Bahn", Organ 1938, S. 161
„1 E 2 - Güterzuglokomotiven der Kansas City Southern", Kongreß 1938, S. 968 — Age 1938-I, S. 113 — Organ 1939, S. 60

1938   „4-8-4 type locomotives for the Atlantic Coast Line" (mit 8-achsigem
        Tender), Baldwin Juli 1938, S. 3 — Loc 1938, S. 359 — Age
        1938-II, S. 908 — Baldwin Febr. 1939, S. 18 — Gaz 1939-I,
        S. 1017 — Organ 1939, S. 367

        „American railways in emBryo: A historical film", Gaz 1938-I, S. 669

        „An old American locomotive: 4-4-0 tender locomotive No 11, Vir-
        ginia & Truckee Rr, 1872", Loc 1938, S. 124

        „A veteran of the rails: 4-4-0 locomotive of the Central of Georgia
        Ry, 1881", Baldwin Okt. 1938, S. 20

        „New 2-8-8-2 type locomotives for the Western Pacific", Baldwin
        April 1938, S. 16 u. Juli 1938, S. 18

        „New 4-8-4 passenger locomotives for the Richmond-Washington
        Line", Baldwin Okt. 1938, S. 13

1939   „Baldwin 4-4-0 built for the North Pacific Coast Road in 1876", Age
        1939-I, S. 441

        „Test run of 4-8-4 Atlantic Coast Line No. 1800", Baldwin Febr.
        1939, S. 18 — Gaz 1939-I, S. 1017

        „The «8 Spot» runs again, Dardanelle and Russellville Rr", Age
        1939-I, S. 320

Verschiedene Länder

1885   „0-6-4 tank locomotive for the La Gaira & Caracas Ry, Venezuela",
        Engg 1885-II, S. 299 u. 372

1910   „The locomotives of the Beyrout-Damascus Ry", Loc 1910, S. 149
        „2-6-0 locomotives, Paraguay Central Ry", Loc 1910, S. 137

1913   „0-6-6-0 Mallet articulated compound locomotive for the West of
        India Portuguese Ry", Loc 1913, S. 252

1915   „The first ry in Iceland", Loc 1915, S. 244

1923   „4-4-0 tank locomotive, Sarawak Govt Rys", Loc 1923, S. 225

1924   Neuhaus: „Die Lokomotiven der Großen Venezuela-Eisenbahn", Or-
        gan 1924, S. 129

        Carrion: „The American Rr Company of Porto Rico", Baldwin
        Oktober 1924, S. 54

        „4-6-4 tank locomotive, British Guiana Rys", Loc 1924, S. 71 u. 111

1927   Bennett: „The Malta Ry", Loc 1927, S. 283

        „Consolidation type locomotive, Ferrocarril al Pacifico, Costa Rica",
        Baldwin April 1927, Ş. 36

        „The Panama Ry", Loc 1927, S. 28 u. 111

1928   „Rolling stock for the Aden Ry", Loc 1928, S. 42

1929   „1 D 1-Heißdampf-Tenderlokomotiven mit Ölfeuerung für die Gran
        Ferrocarril de Venezuela (Schwartzkopff)", Lok 1929, S. 142

1931   „Christmas Island Phosphate Co's Ry: New 0-8-0 locomotive", Loc
        1931, S. 158

1936   „2-8-2 narrow gauge locomotive, Newfoundland Ry", Loc 1936, S. 112
        Gaz 1936-I, S. 521

DIE DAMPFLOKOMOTIVE
ERMITTLUNG UND NACHPRÜFUNG
DER HAUPTABMESSUNGEN
Berechnung, Leistung, Zugkraft, Geschwindigkeit

1852 „Lokomotiv-Formeln von Redtenbacher", Organ 1852, S. 199

1875 v. Borries: „Berechnung der Fahrgeschwindigkeit der Züge auf verschieden geneigten Bahnstrecken", Organ 1875, S. 232

* Heusinger v. Waldegg: „Literatur über die widerstehenden und bewegenden Arbeiten", Handbuch für specielle Eisenbahn-Technik, 3. Bd., Verlag Wilh. Engelmann, Leipzig 1875, S. 104

1882 — Lüders: „Die neuere Theorie der Dampfmaschine und des Dampfverbrauchs", Z 1882, S. 233
„Untersuchungen über die Leistung der Lokomotiven usw.", Z 1882, S. 410 — 1884, S. 11 — Organ 1883, S. 3 u. 69 (Frank)

1884 Lindner: „Zur Frage der Lokomotivstärke", Annalen 1884-II, S. 215
Schrey: „Studium einer praktischen Einheit für die Lokomotivleistung", Annalen 1884-II, S. 7

1887 v. Borries: „Ueber die Leistungsfähigkeit der Lokomotiven und deren Beziehung zur Gestaltung der Fahrpläne", Organ 1887, S. 146
Frank: „Die Leistungsfähigkeit und das Verhalten der Lokomotiven für gemischte Zahnstangen- und Reibungsbahnen nach System Abt", Z 1887, S. 362 u. 389
Frank: „Leistungsfähigkeit der Lokomotiven, insbesondere der Normallokomotiven der Preußischen Staatsbahnen", Organ 1887, S. 104

1894 Wittfeld: „Beitrag zur Theorie der Lokomotive", Annalen 1894-II, S. 71

1895 Unger: „Ueber die Anfertigung von Lokomotiv-Belastungstafeln", Annalen 1895-I, S. 21 u. f.

1905 Busse: „Ueber die Berechnung der Belastung von Lokomotiven und die Bestimmung der Fahrzeiten im täglichen Betriebe", Organ 1905, S. 123

1906 Sanzin: „Untersuchungen über die Zugkraft von Lokomotiven", Z 1906, S. 118

1907 Frank: „Die Leistungsfähigkeit der Lokomotiven in Abhängigkeit von ihren baulichen Hauptverhältnissen und der Fahrgeschwindigkeit", Annalen 1907-II, S. 233
Sanzin: „Vergleich zwischen einer 2- und einer 3-fach gekuppelten Schnellzuglokomotive", Organ 1907, S. 67
Zillgen: „Ein Vergleich der 2- und 3-gekuppelten Schnellzuglokomotiven der preußisch-hessischen Staatsbahnen auf theoretischer Grundlage", Annalen 1907-II, S. 227 u. 1908-I, S. 114 u. 139

1908 Strahl: „Die Anstrengung der Dampflokomotiven", Organ 1908, S. 293 —* Sonderdruck Kreidels Verlag, Wiesbaden 1909

1911 Nordmann: „Die Leistungsfähigkeit der Lokomotiven in ihrer Abhängigkeit von Kesselgröße und Geschwindigkeit", Annalen 1911-II, S. 237

1913 Obergethmann: „Die Mechanik der Zugbewegung bei Stadtbahnen", Monatsblätter des Berliner Bezirksvereins Deutscher Ingenieure 1913, S. 47 — Z 1913, S. 702, 748, 787
Schager: „Ueber die wirtschaftlichen Geschwindigkeiten einiger Güterzuglokomotiven für Gebirgsstrecken", Lok 1913, S. 1

1913　　Strahl: „Verfahren zur Bestimmung der Belastungsgrenzen der Dampflokomotiven", Z 1913, S. 251, 326, 379, 421

Strahl: „Die Berechnung der Fahrzeiten und Geschwindigkeiten von Eisenbahnzügen aus den Belastungsgrenzen der Lokomotiven", Annalen 1913-II, S. 86, 99, 124

1914　　Achilles: „Vom «Uebersetzungsverhältnis» bei Dampflokomotiven", Annalen 1914-I, S. 222

1915　　Strahl: „Die Kohlenersparnis oder größere Leistungsfähigkeit der Lokomotiven durch Vorwärmung des Speisewassers", Annalen 1915-II, S. 23 u. 41

1916　　Pfaff: „Die Berechnung der Hauptabmessungen, des Dampf- und Kohlenverbrauchs der Lokomotiven", Organ 1916, S. 193

Metzeltin: „Berechnung der Hauptabmessungen von Lokomotiven", HN 1916, S. 79

Müller: „Arbeitsleistung beim Lokomotivbetrieb", El. Kraftbetriebe u. Bahnen 1916, S. 277

Pfaff: „Zeichnerische Darstellung der Lokomotivleistung und der mit ihr zusammenhängenden Größen", Organ 1916, S. 226

1917　　Kempf: „Verfahren zur Bestimmung der Leistungsgrenzen für Kleinbahn- und Rangierlokomotiven", Annalen 1917-II, S. 133

„Deutsche und amerikanische Schnellzug-Lokomotiven (Leistungsvergleich)", HN 1917, S. 56

1918　　Kleyn: „Drehmoment, Veränderlichkeit der Zugkraft und Triebraddruck von Vierling-, Drilling- und Zwilling-Schnellzuglokomotiven gleicher Leistung", Organ 1918, S. 35

Sanzin: „Probleme im Lokomotivbau und -betrieb", ZÖIA 1918, Heft 1-3

* Strahl: „Der Dampfverbrauch und die zweckmäßige Zylindergröße der Heißdampflokomotiven", Heft 1 der «Fortschritte der Technik», Verlag Glaser, Berlin 1918

1919　　Sanzin: „Entwurf und Vergleich einer Naßdampf-Zwilling-, Naßdampf-Verbund-, Heißdampf-Zwilling- und Heißdampf-Verbund-Lokomotive für gleiche Leistung am Tenderzughaken", Lok 1919, S. 4, 21 u. 34

1920　　Lübon: „Amerikanische Lokomotivberechnung", Deutsche Straßen- u. Kleinbahnzeitung 1920, Nr. 20-21, S. 179 u. 187

1921　　Metzeltin: „Berechnung der Hauptabmessungen von Lokomotiven", HN 1921, S. 1

*„Locomotive Data", herausgegeben von den Baldwin Lokomotiv-Werken, Philadelphia 1921

1922　　Dewhurst: „British and American locomotive design and practice. — Some comparative comments", Engg 1922-I, S. 373

1924　　* Strahl: „Der Einfluß der Steuerung auf Leistung, Dampf- u. Kohlenverbrauch der Heißdampflokomotiven", Hanomag-Nachrichten Verlag GmbH., Hannover-Linden 1924 — Bespr. Organ 1924, S. 387 u. 402

Velte: „Betrachtungen über die Ausführungen Strahls in seinem Buche «Der Einfluß der Steuerung usw»", Organ 1924, S. 402

1925　　Pfaff: „Lokomotivleistung, Zuglast und Fahrzeit", Organ 1925, S. 313

1926　　Barske: „Die mathematischen Grundlagen der einfachsten normo-
graphischen Rechentafeln, ihre Herstellung und praktische Anwendung im Lokomotivmaschinenbau", Annalen 1926-I, S. 17
Opiß: „Untersuchung der Kessel- u. Maschinenabmessungen bei
regelspurigen Heißdampflokomotiven", AEG-Mitteilungen 1926,
S. 300 u. 350
Opiß: „Der Brennstoffverbrauch für die Leistungseinheit bei regelspurigen Heißdampflokomotiven und der Einfluß der Kesselgröße
auf die Lage des Bereiches größter Wirtschaftlichkeit", AEG-
Mitteilungen 1926, S. 466

1927　　Barske: „Bestimmung der Schlepplasten von Dampflokomotiven"
(Zeichnerisches Verfahren), Annalen 1927-II, S. 188
Cardew: „Graphical methods of analysing the anticipated perfor-
mance of proposed locomotive design", Ry Eng 1927, S. 98
Opiß: „Dampfverbrauch, Zylinder- u. Kesselabmessungen bei regel-
spurigen Heißdampf-Verbund-Lokomotiven", AEG-Mitteilungen
1927, S. 501
„Factors in the design of steam locomotives", Loc 1927, S. 159 u. f.

1928　　Brandt: „The design and proportion of locomotive boilers", Age
1928-I, S. 575 — Mech. 1928, S. 198 u. 254
Naylor: „Estimating steam consumption of non-condensing engines",
Ry Eng 1928, S. 411

1929　　Meßeltin: „Neuere Bestrebungen im amerikanischen Lokomotivbau,
Z 1929, S. 1087 u. 1159
Nordmann: „Die Leistungstheorie der Lokomotive in ihrer Entwick-
lung", Z 1929, S. 1413
Phillipson: „Steam locomotive design. — Data and formulae", Loc
1929, S. 254 u. f.
Shields: „Train resistance and tractive effort", Loc 1929, S. 29

1930　　Achterberg: „Ueber die rechnerische Vorausbestimmung der günstig-
sten Fahrgeschwindigkeit von Kolbenheißdampflokomotiven ein-
stufiger Dampfdehnung", Annalen 1930-II, S. 109, 147 u. 1931-I,
S. 21, 145, 155, 171
Farmakowsky: „Die betriebswirtschaftlichste Arbeitslage des Loko-
motivkessels", Annalen 1930-II, S. 115
Meßeltin: „Grenzen des Dampflokomotivbaues", Z 1930, S. 1179
Nordmann: „Theorie der Dampflokomotive auf versuchsmäßiger
Grundlage", Organ 1930, S. 225

1931　　Miall: „Factors affecting the thermal efficiency of the steam
engine", Ry Eng 1931, S. 409 u. 488
Weßler: „Leistungs- und Verbrauchstafeln für Triebfahrzeuge",
Organ 1931, S. 460

1932　　Johnson: „The effect of boiler capacity on revenue", Baldwin Juli
1932, S. 6
Nordmann: „Die Mechanik der Zugförderung in ihrer Entwicklung
und ihren neuesten Ergebnissen", Annalen 1932-II, S. 87

1933　　Lipeß: „Horsepower of modern locomotives", Age 1933-I, S. 273

1934　　Shields: „Acceleration, coasting and braking in locomotive operation", Loc 1934, S. 290
Vauclain: „What size wheels?", Baldwin April/Juli 1934, S. 10

1935   Diamond: „The horsepower of locomotives. — Its calculation and measurement", Gaz 1935-I, S. 691, 854, 1155 u. II, S. 139, 369, 446, 590 (The American methods of testing and horsepower calculation: Gaz 1935-II, S. 139 — The continental methods of testing: Gaz 1935-II, S. 446)

Grime: „The influence of speed on locomotive haulage capacity and fuel consumption", Gaz 1935-II, S. 303

Heumann: „Das Anfahren von Triebfahrzeugen", Annalen 1935-II, S. 157

Neesen u. Löhr: „Entwicklungsmöglichkeiten der Dampflokomotive", Organ 1935, S. 463

Nordmann: „Neue Versuche mit Schnellzuglokomotiven, auch der Stromlinienform", Annalen 1935-II, S. 172 — Z 1935, S. 1226

Nordmann: „100 Jahre Lokomotivtheorie", Organ 1935, S. 500

Warner: „Horsepower and wheel diameter", Baldwin Januar 1935, S. 17

*„Henschel Lokomotiv-Taschenbuch", herausgegeben von der Henschel & Sohn AG, Kassel 1935. — Im Buchhandel bei Julius Springer, Berlin

1936   Nordmann: „Heißdampf- oder Naßdampf-Rangierlokomotive?", Annalen 1936-I, S. 115

1937   Kaulla: „Die Beurteilung der Hauptabmessungen von Dampflokomotiven", Lok 1937, S. 230 u. 1938, S. 104

* Nordmann: „Die praktische Theorie der Lokomotive in ihrer Entwicklung", «100 Jahre Borsig-Lokomotiven», VDI-Verlag, Berlin 1937, S. 51

1938   Poultney: „The firebox proportions of modern locomotive boilers", Gaz 1937-II, S. 724 — Kongreß 1938, S. 836

Nordmann: „Der Leistungsgewinn von Stromlinienlokomotiven", Z 1938, S. 515

1939   Angerer: „Verfahren zur Bestimmung der Lokomotivleistung mit einfachen Mitteln", Organ 1939, S. 225

Eckhardt: „Verfahren zur Ermittelung der Lokomotiv-Charakteristik", Annalen 1939, S. 191

Igel: „Haulage performance of locomotives", Loc 1939, S. 48 u. 73

Nordmann: „Wirtschaftliche Thermodynamik der Dampflokomotive", Lok 1939, S. 25

Velte: „Weitere theoretische und praktische Beiträge zur Beurteilung der Dampfeigenschaften bei Dampflokomotiven", Annalen 1939, S. 16 und 123

Reibung

1878   Stocker: „Adhäsion der Locomotiven und die Mittel zur Vermehrung derselben", Die Eisenbahn (Zürich) 1878, Nr. 9-10

1903   Keller: „Vorrichtung zur zeitweiligen Erhöhung des Triebraddruckes bei Lokomotiven", Z 1903, S. 877

1907   Sanzin: „Vergleich zwischen einer 2- und einer 3-fach gekuppelten Schnellzuglokomotive", Organ 1907, S. 67

1914   Schneider: „Die Ausnutzung des Reibungsgewichtes bei der Dampflokomotive", Dinglers Polytechn. Journal 1914, S. 696

1918   Irotschek: „Einfluß der Bremswirkung auf die Feder- und Schienendrücke der Lokomotiven", Annalen 1918-II, S. 38 u. 1919-II, S. 9

1920   Ritter: „Achsdruckänderungen bei Lokomotiven durch die ausgeübte Zugkraft", Annalen 1920-II, S. 47

1922   Arlet: „Die rechnerische Ermittelung der Reibungsgeschwindigkeiten bei Dampflokomotiven", Lok 1922, S. 173

1926   Opitz: „Die Vereinheitlichung des Triebwerkes im Dampflokomotivbau und ihr Einfluß auf die zweite Zugkraftcharakteristik und das Reibungsgewicht", AEG-Mitteilungen 1926, S. 437

1928   Dobrowolski: „Der Reibungswert und die Höchstleistung von Lokomotiven", Organ 1928, S. 136

1929   Erdös: „Veränderungen der Achsdrücke unter dem Einfluß der Bremskräfte", Annalen 1929-II, S. 171
       Phillipson: „Adhesion", Loc 1929, S. 390

1933   Farmakowsky: „Ueber die Reibungszugkraftgrenze der Dampflokomotiven", Annalen 1933-II, S. 93

1934   Lubimoff: „Reibungsgrenze der Zugkraft von Lokomotiven", Annalen 1934-II, S. 105

1936   Bangert: „Ueber das Verhältnis zwischen Reibungsgewicht und Zugkraft", HH Sept. 1936, S. 45

Gewichtsverteilung

1912   „Weight distribution in locomotives", Loc 1912, S. 60

1935   Harley: „Distribution of locomotive weight", Baldwin Oktober 1935/Januar 1936, S. 30 u. April 1936, S. 23

1936   Hoecker: „Static weight and weighing of American locomotives", Loc 1936, S. 11

Dampfverbrauch

1893 — „Spezifischer Dampfverbrauch bei den verschiedenen Füllungsgraden des Cylinders", Z 1893, S. 625

1897   Leitzmann: „Berechnung der Verbundlokomotiven und ihres Dampfverbrauches", Z 1897, S. 1355 u. 1392

1899 — Meyer: „Beitrag zur Frage: In welcher Weise ändert sich mit der Belastung der Dampfverbrauch einer Dampfmaschine?", Z 1899, S. 391

1909   Obergethmann: „Dampfverbrauch der Lokomotiven", Annalen 1909-I, S. 228

1911   Pfaff: „Untersuchung der Dampf- und Kohlenverbrauchsziffern der Stumpfschen Gleichstrom-, der Kolbenschieber- und der Lentz-Ventil-Lokomotive nach den Vergleichsversuchen der preußisch-hessischen Staatsbahn-Verwaltung", Organ 1911, S. 295

1914   Igel: „Die Entfernung der Lokomotiv-Wasserstationen voneinander", Annalen 1914-II, S. 60

1916   Pfaff: „Die Berechnung der Hauptabmessungen, des Dampf- und des Kohlenverbrauches der Lokomotiven", Organ 1916, S. 193

1917   Kempf: „Verfahren zur Bestimmung der Leistungsgrenzen von Kleinbahn- und Rangierlokomotiven", Annalen 1917-II, S. 133

1918   * Strahl: „Der Dampfverbrauch und die zweckmäßige Zylindergröße der Heißdampflokomotiven", Heft 1 der «Fortschritte der Technik», Verlag Glaser, Berlin 1918

1924   * Strahl: „Der Einfluß der Steuerung auf Leistung, Dampf- u. Kohlenverbrauch der Heißdampflokomotiven", Hanomag-Nachrichten-Verlag GmbH., Hannover-Linden 1924

         „Theoretische Dampfverbrauchszahlen für Lokomotiven", HN 1924, S. 209

1927   Cardew: „The influence of driving wheel diameter upon the steam consumption and overall economy of the steam locomotive", Loc 1927, S. 233

         Opitz: „Dampfverbrauch, Zylinder- u. Kesselabmessungen bei regelspurigen Heißdampf-Verbund-Lokomotiven", AEG-Mitt. 1927, S. 501

         Wichtendahl: „Der Einfluß des schädlichen Raumes auf den spez. Dampfverbrauch bei Dampfmaschinen, insbesondere bei Dampflokomotiven", Annalen 1927-I, S. 59

1928   Naylor: „Estimating steam consumption of non-condensing engines", Ry Eng 1928, S. 411

         Uebelacker: „Untersuchungen über den Dampf- und Kohlenverbrauch der Verschiebelokomotiven", Organ 1928, S. 127

         „On the consumption of steam by auxiliaries", Loc 1928, S. 157

1930   Phillipson: „Steam locomotive design: Estimating steam consumptions", Loc 1930, S. 86

1931   Achterberg: „Der Dampfverbrauch von Lokomotiven bei der günstigsten Geschwindigkeit", Organ 1931, S. 480

         Phillipson: „Steam locomotive design: Steam using auxiliaries", Loc 1931, S. 14, 50 u. 122

1935   Grime: „The influence of speed on locomotive haulage capacity and fuel consumption", Gaz 1935-II, S. 303

1936   Altmann: „Ueber die Dampfersparnis durch Verwendung von Ventilsteuerungen", Organ 1936, S. 214

1937   Langrod: „Der spezifische Dampfverbrauch von Heißdampflokomotiven", Kongreß 1937, S. 2581

1938   Nordmann: „Dampflokomotiven mit einfacher Dampfdehnung in zwei oder drei Zylindern im Verhältnis ihrer Verbrauchszahlen", Annalen 1938-II, S. 319

1940   Meineke: „Ueber den Dampfverbrauch der Lokomotiven", Organ 1940, S. 210

Brennstoff-Verbrauch

1910   Sanzin: „Brennstoffberechnung für Lokomotiven", VW 1910, S. 701, 721 u. 741

1911   Pfaff: „Untersuchung der Dampf- u. Kohlenverbrauchsziffern der Stumpfschen Gleichstrom-, der Kolbenschieber- und der Lentz-Ventil-Lokomotive nach den Vergleichsversuchen der preußisch-hessischen Staatsbahn-Verwaltung", Organ 1911, S. 295

1912   Jahn: „Die Abhängigkeit des Kohlenverbrauches der Lokomotiven von der Zylinderleistung", Organ 1912, S. 115 u. 129

1915   Strahl: „Die Kohlenersparnis oder größere Leistungsfähigkeit der Lokomotiven durch Vorwärmung des Speisewassers", Annalen 1915-II, S. 23 u. 41

1916   Pfaff: „Die Berechnung der Hauptabmessungen, des Dampf- und des Kohlenverbrauches der Lokomotiven", Organ 1916, S. 193

1918   „Die Einwirkung der Zugaufenthalte und der Geschwindigkeitsbeschränkungen auf den Kohlenverbrauch der Lokomotive", ZVDEV 1918, S. 85 u. 109

1919   „Kohlenverbrauch im Lokomotivbau", HN 1919, S. 107

1920   Jacobi: „Der Kohlenverbrauch der Heißdampflokomotiven in Abhängigkeit von Geschwindigkeit und Belastung", VW 1920, S. 313, 321 u. 334

1921   Jacobi: „Der Einfluß der Gefällwechsel auf den Brennstoffverbrauch der Heißdampflokomotiven", VW 1921, S. 385 u. 393

        Rihosek: „Wie kann man bei der Dampflokomotive Kohle sparen?", Z 1921, S. 983

1922   Müller: „Der Kohlenverbrauch beim Zerlegen der Güterzüge über Ablaufberge", VW 1922, S. 92

        Müller: „Zeichnerische Ermittlung der Fahrzeiten und des Kohlenverbrauchs der Dampfzüge", VW 1922, S. 92

1923   Müller: „Einfluß der Wälzlager auf den Kohlenverbrauch der Lokomotiven", Waggon- u. Lokbau 1923, S. 133

        Sanzin: „Betrachtungen über den Brennstoffverbrauch im Lokomotivbetriebe", Organ 1923, S. 1

        „Ueber den Mehrverbrauch an Kohle und die Mehrkosten für das Anhalten in Stationen gegenüber dem Durchfahren derselben", Lok 1923, S. 82

1924 * Strahl: „Der Einfluß der Steuerung auf Leistung, Dampf- und Kohlenverbrauch der Heißdampflokomotiven", Hanomag-Nachrichten-Verlag GmbH, Hannover-Linden 1924

1925   Buchli: „Kohlenersparnis bei Einführung von Hochdruckdampflokomotiven", Schweiz. Bauzeitung 1925-I, S. 240

        Müller: „Grundlagen für die Ermittelung des Kohlenverbrauches bei Zugfahrten", VW 1925, Heft 17-19, S. 236

1926   Opitz: „Der Brennstoffverbrauch für die Leistungseinheit bei regelspurigen Heißdampflokomotiven und der Einfluß der Kesselgröße auf die Lage des Bereiches größter Wirtschaftlichkeit", AEG-Mitteilungen 1926, S. 466

1927   Bethke: „Versuche mit dem Anfeuern von Lokomotiven", Organ 1927, S. 105

1928   Uebelacker: „Untersuchungen über den Dampf- u. Kohlenverbrauch der Verschiebelokomotiven", Organ 1928, S. 127

1929   Fuchs: „Die Lokomotive ein Kohlenfresser?", RB 1929, S. 1024

1934   Velte: „Der Brennstoffverbrauch je Lokomotiv-Leistungstonnenkilometer als Leistungsmesser für die Brennstoffwirtschaft bei Dampflokomotiven", Organ 1934, S. 409 — ZMEV 1934, S. 641

1935   Grime: „The influence of speed on locomotive haulage capacity and fuel consumption", Gaz 1935-II, S. 303

        Velte: „Brennstoffwirtschaft bei Dampflokomotiven auf wissenschaftlicher Grundlage", ZMEV 1935, S. 685 u. 709

1938   Velte: „Weitere grundsätzliche Betrachtungen zu den Kohlenversuchsfahrten-Ergebnissen mit G 12 - Lokomotiven und besonders in ihrer Anwendung auf andere Lokomotivgattungen und Betriebsverhältnisse", ZMEV 1938, S. 560

Lokomotiv-Versuche / allgemein

1882 „Untersuchungen über die Leistung der Lokomotiven und den Bewegungswiderstand der Eisenbahnzüge", Z 1882, S. 410 u. 1884, S. 11 — Organ 1883, S. 3 u. 69 (Frank)

1898 Leitzmann: „Versuche mit vierzylindrigen Lokomotiven", Z 1898, S. 1188 u. 1899, S. 373 u. 409 (u. a. Tangentialdruck-Diagramme)

1908 Brückmann: „Studien über Heißdampflokomotiven", Z 1908, S. 1301 u. f.

1910 Frame: „An investigation of tests of the locomotive steam engine at work", Loc 1910, S. 115

1922 —* Gramberg: „Maschinentechnisches Versuchswesen", 2 Bände, Verlag Springer, Berlin 1922 u. 1924 — Bespr. Z 1922, S. 707 u. 1925, S. 1394

1930 Nordmann: „Theorie der Dampflokomotive auf versuchsmäßiger Grundlage", Organ 1930, S. 225

1932 —* Seufert: „Anleitung zur Durchführung von Versuchen an Dampfmaschinen, Dampfkesseln, Dampfturbinen und Verbrennungskraftmaschinen", 9. Auflage, Verlag Springer, Berlin 1932

1933 Lubimoff: „Ermittelung einiger Gesetzmäßigkeiten bei Versuchsergebnissen von Dampflokomotiven", Organ 1933, S. 243

—* Netz: „Messungen und Untersuchungen an wärmetechnischen Anlagen und Maschinen", Verlag Springer, Berlin 1933 — Bespr. Z 1934, S. 171

1934 „Practical locomotive tests", Ry Eng 1934, S. 386 und 1935, S. 408

1935 Diamond: The horsepower of locomotives. — Its calculation and measurement", Gaz 1935-I, S. 691, 854, 1155 u. II, S. 139, 369, 446, 590 (The American methods of testing and horsepower calculation: Gaz 1935-II, S. 139 — The continental methods of testing: Gaz 1935-II, S. 446)

1936 Meineke: „Locomotive testing", Gaz 1936-I, S. 574 — Annalen 1936-I, S. 71

Stanier: „The development and testing of locomotives", Loc 1936, S. 313 u. 320

1937 — Müller: „Beschleunigungs- und Leistungsmessungen am fahrenden Wagen", ATZ 1937, S. 230

Nordmann: „Die Entwicklung des Lokomotiv-Versuchswesens", Annalen 1937-II, S. 2

1939 „Locomotive testing with a counter pressure brake" (deutsche Methode!), Loc 1939, S. 78

Lokomotiv-Versuche / Deutschland

1903 Unger: „Versuchsfahrten mit drei neuen Lokomotivgattungen behufs Ermittelung der für einen beschleunigten Stadtbahnbetrieb geeignetsten Lokomotive", Annalen 1903-II, S. 200

1905 „Schnellfahrversuche mit Dampflokomotiven", Organ 1905, S. 1 — Annalen 1905-II, S. 57 — Lok 1905, S. 181

1906 Leitzmann: „Schnellfahrversuche mit drei verschiedenen Lokomotivgattungen auf der Strecke Hannover-Spandau", Organ 1906, S. 309

Leitzmann: „Ergebnisse der Versuchsfahrten einer 2/5 gek. Vier-zylinder-Lokomotive Grafenstadener Bauart", Organ 1906, S. 131

Leitzmann: „Ergebnisse der Versuchsfahrten mit einer 2/4 gekup pelten Vierzylinder-Lokomotive Grafenstadener Bauart", Organ 1906, S. 335

1907   Müller: „Versuchs- und Betriebsergebnisse mit [T 16-] Heißdampf-Tenderlokomotiven", VW 1907, S. 1317

Schmelzer: „Versuchs- und Betriebsergebnisse mit 3/5 gek. Heiß-dampf-Schnellzuglokomotiven [P 8]", VW 1907, S. 352 u. 1908, S. 469, 524, 551

1911   Dauner: „Versuchsfahrten mit 2 C 1 - Vierzylinder-Verbund-Heiß-dampflokomotiven der Württembergischen Staatsbahnen", Z 1911, S. 833

1917   „Versuche mit Dampflokomotiven der kgl. preußischen Eisenbahn-Verwaltung im Jahre 1913", Annalen 1917-I, S. 37 u. f. — 1917-II, S. 4 u. f. — 1918-I, S. 1 u. f. — * Als Sonderdruck im Verlag Glaser, Berlin (Jahr nicht angegeben)

1923   Nordmann: „Die Tätigkeit des Eisenbahnzentralamts und des Lokomotiv-Versuchsamts auf dem Gebiet der Versuche mit Dampf-lokomotiven", Annalen 1923-II, S. 1

1926   Nordmann: „Neuere Ergebnisse aus den Versuchen des Eisenbahn-zentralamtes mit Dampflokomotiven", Annalen 1926-II, S. 129

1927   * Nordmann: „Neue theoretische und wirtschaftliche Ergebnisse aus Versuchen mit Dampflokomotiven", Annalen 1927, Jubiläums-Sonderheft S. 13

Nordmann: „Versuchsfahrten mit der verstärkten Gt 96 (2×4/4)-Lokomotive des ehemals bayrischen Netzes der Reichsbahn", Organ 1927, S. 231

„Ergebnisse von Indizierversuchen an Lokomotiven bei Leerlauf", Organ 1927, S. 268

1928   Nordmann: „Neue Versuchsmethoden und Versuchsergebnisse auf dem Gebiete der Dampflokomotive", Annalen 1928-II, S. 137

1930   Nordmann: „Theorie der Dampflokomotive auf versuchsmäßiger Grundlage", Organ 1930, S. 225

1931   Günther u. Solveen: „Neue Einrichtungen und Methoden zur wissenschaftlichen Untersuchung von Lokomotiven und ihren Einzelteilen", Annalen 1931-I, S. 46

1934   Nordmann: „Ergebnisse neuer Versuche mit Dampflokomotiven", Z 1934, S. 729

1935   Nordmann: „Versuchsergebnisse mit Stromlinien-Dampflokomo-tiven", Z 1935, S. 1226 — Annalen 1935-II, S. 172

1936   Nordmann: „Versuche mit Dampflokomotiven für hohe Geschwin-digkeiten", VW 1936, S. 546

Nordmann: „Heißdampf- oder Naßdampf-Rangierlokomotive?", Annalen 1936-I, S. 115

1938   Nordmann: „Der Leistungsgewinn von Stromlinienlokomotiven", Z 1938, S. 515

1938 Nordmann: „Dampflokomotiven mit 20 at Kesseldruck und einfacher Dampfdehnung. Vergleich ihrer Versuchsergebnisse", Organ
1938, S. 223 — Revue 1939-I, S. 136

1939 Nordmann: „Ausführung und Ergebnisse von Betriebsmeßfahrten
mit Dampflokomotiven", Annalen 1939, S. 281 und 305

Lokomotiv-Versuche / Ausland

1898 Smith: „Experiments with English express locomotives", Engg
1898-II, S. 598 u. 663

1903 Nadal: „Expériences sur le rendement des locomotives", Revue
1903-I, S. 285 und 1904-I, S. 179

1904 Busse: „Versuche und Beobachtungen an Lokomotiven der Dänischen Staatsbahnen", Organ 1904, S. 39
Marchis u. Ménétrier: „Essais effectués en service courant sur les
locomotives compound à 2 cylindres à 6 roues accouplées de la
Cie du Midi", Revue 1904-I, S. 83

1905 Pflug: „Ergebnisse der Lokomotivprüfungen auf dem Versuchs-
stand der Pennsylvania-Bahn, Weltausstellung St. Louis 1904",
Annalen 1905-II, S. 107, 1906-I, S. 156 u. 1906-II, S. 121 u. 161

1910 Dalby: „Characteristic energy diagrams for steam locomotives",
Engg 1910-II, S. 255
Heise: „Ergebnisse der Versuchsfahrten mit der 4/5 gek. Verbund-
Güterzuglokomotive Gruppe 730 der Italienischen Staatsbahn",
Z 1910, S. 128
Vallantin: „Essais effectués avec les dernières locomotives com-
pound à 4 essieux couplés et à bogie de la Cie PLM", Revue
1910-II, S. 231

1911 * Goss: „Locomotive Performance. — The result of a series of
researches conducted by the engineering laboratory of Purdue
University", Verlage John Wiley & Sons, New York, und Chapman & Hall, Ltd. London, 1911

1913 Sanzin: „Versuchsergebnisse mit der 2 C - Heißdampf-Schnellzuglokomotive Serie 109 der k. k. priv. Südbahn-Gesellschaft", Lok
1913, S. 193
„Vergleichsfahrten mit Schnellzuglokomotiven auf der Buffalo-,
Rochester- und Pittsburg-Bahn", Lok 1913, S. 273

1914 * Sanzin: „Versuche an einer Naßdampf-Zwilling-Schnellzuglokomo-
tive", «Forschungsarbeiten» Heft 150/151, VDI-Verlag, Berlin 1914

1919 Sanzin: „Versuche mit Lokomotiven der österreichischen Staatsbahnen", Wochenschrift für den öffentlichen Baudienst (Wien)
1919, S. 98

1921 * Sanzin: „Versuchsergebnisse mit Dampflokomotiven", VDI-Verlag,
Berlin 1921

1923 „Dynamometer tests of locomotive type 8 Bis, Belgian State Rys",
Loc 1923, S. 101

1924 Collett: „Testing locomotives on the Great Western Ry", Loc 1924,
S. 267
Nordmann: „Amerikanische Normen für Leistungsversuche an
Lokomotiven", Z 1924, S. 170

„Unusual method of testing steam locomotives" (elektr. Lokomotive als Meßwagen), Age 1924-II, S. 733

1925   Butler: „Tests of 2-8-4 locomotive, Boston & Albany", Age 1925-II, S. 467

1926   * Lomonossoff: „Lokomotiv-Versuche in Rußland", VDI-Verlag, Berlin 1926

Wolff: „Versuchsfahrten mit der neuen Schnellzuglokomotive der Spanischen Nordbahn", Z 1926, S. 1745 — HN 1927, S. 38

„Eight-coupled express locomotives in France (comparative tests on the PLM)", Ry Eng 1926, S. 119

1927   Fry: „Some experimental results from an American 3-cyl. compound locomotive", Engg. 1927-II, S. 823

Poultney: „Tests of a 2-8-4 type locomotive, Boston and Albany", The Eng 1927-I, S. 620

1928   Czeczott: „Ueber die bisherigen Untersuchungsresultate an den Lokomotiven Tr 21 und Ty 23 der Polnischen Staatsbahn", Lok 1928, S. 17

„Some experimental results from a 3-cyl. compound locomotive, LMSR", Ry Eng 1928, S. 153

1929   Grinenko und Isaakian: Neuere Versuche mit russischen Dampflokomotiven", Z 1929, S. 339

1930   Buckwalter: „Operating results with the Timken locomotive", Age 1930-II, S. 1177

1931   Czeczott: „Bericht über die bei der Polnischen Staatsbahn in Gebrauch stehenden Untersuchungsverfahren von Lokomotiven", Kongreß 1931, S. 195

„C & D runs road tests on 2-10-4 locomotives", Age 1931-I, S. 182

„La locomotive 241 001 pour trains rapides (Type 2-4-1) de la Cie des Chemins de Fer de l'Est", Revue 1931-II, S. 269

„Trials of Mikado express locomotives, Belgian National Ry", Loc 1931, S. 77

„Test locomotives of 4-8-2 and 2-6-6-2 types on the Baltimore and Ohio", Age 1931-II, S. 46

1932   Johnson: „Testing a 4-8-4 type locomotive on the Lehigh Valley Rr", Baldwin Januar 1932, S. 50

Parmantier: „La locomotive 241 . C-1 à grande vitesse type 2-4-1 de la Cie PLM", Revue 1932-II, S. 187

„Tests of Mountain type locomotive, PLM Ry", Loc 1932, S. 422

„Tests of Beyer-Garratt express locomotive on the PLM Ry", Loc 1932, S. 407 — Gaz 1932-II, S. 515

1935   „French locomotive trials, 4-8-0 rebuilt express engines, P. O. - Midi Ry", Gaz 1935-I, S. 730

1936   Lubimoff: „Versuchsergebnisse der russischen 1 D 2 - Dampflokomotive Gattung I S", Z 1936, S. 290

„Aerodynamical train experiments, PLM Ry", Loc 1936, S. 57

1937   Chapelon: „Remarkable French locomotive performances: Rebuilt Pacific locomotive, PO-Midi Ry", Gaz 1937-I, S. 153, 894 u. 909

Diamond: „Rejuvenating old locomotives: M. André Chapelon's classic paper on the P.O. locomotive experiments", Gaz 1937-I, S. 894

1937   Gaubert: „Relevé des diagrammes dynamométriques sur les cylindres des locomotives", Revue 1937-II, S. 14
        „Dynamometer car trials on Midland Division, LMSR", Loc 1937, S. 143
1938   „Trials of P. O. - Midi 4-8-0 and Nord 2-10-0 engines on the Est", Gaz 1938-I, S. 499
        „Trials of Alsace-Lorraine two-cylinder Pacifics", Gaz 1938-I, S. 759
1939   Fry: „Erörterung von Lokomotiv-Versuchsergebnissen", Kongreß 1939, S. 226
        Fry: „French tests show high locomotive efficiencies", Mech. Eng 1939-II, S. 345
        Livesay: „North American and English locomotive experiences", The Eng 1939-I, S. 272 u. f.
        Lubimoff: „Amerikanische Versuche mit schweren Zügen bei hohen Fahrgeschwindigkeiten im Vergleich mit einigen deutschen Versuchsergebnissen", Lok 1939, S. 193 u. 1940, S. 43
        „Locomotive tests on the LMSR. — Remarkable power outout and other results obtained with a 600-ton train between Crewe and Glasgow and return. — Pacific type locomotive used", Gaz 1939-I, S. 615 u. 815
        „Test run of 4-8-4 Atlantic Coast Line No. 1800", Baldwin Febr. 1939, S. 18
        „What horsepower for 1000-ton passenger trains? — Report of the Mechanical Division tests to determine the maximum drawbar horsepower required at 100 m. p. h. on level tangent track", Age 1939-I, S. 699 — Mech. Eng. 1939-I, S. 175 — Revue 1939-II, S. 127 — Gaz 1939-II, S. 171

Lokomotiv-Meßwagen

1878   „Dynamometer van of the Eastern Ry of France", Engg 1878-II, S. 290 und 307
1901   „Versuchswagen der Illinois Rr Co", Z 1901, S. 1141
1903   Huet: „Wagon dynamomètre de la Cie d'Orléans", Revue 1903-I, S.133
1908   „Dynamometer car, North Eastern Ry", Loc 1908, S. 82
1909   Marquis: „Dynamometer car of the University of Illinois and the Illinois Central Rr", Gaz 1909-I, S. 304
1914   Gaudy: „Vierachsiger Dynamometerwagen der Schweizerischen Bundesbahn", Schweiz. Bauzeitung 1914-II, S. 41
1920   „Swiss dynamometer car", The Eng 1920-I, S. 534
1926   Nordmann: „Der Lokomotiv-Meßwagen der DRG", Organ 1926, S. 397
        „Dynamometer car, New York, Chicago & St. Louis Rr", Loc 1926, S. 118
1927   „Dynamometer car, State Rys of Czecho-Slovakia", Loc 1927, S. 245
1928   „Canadian Pacific builds new dynamometer car", Age 1928-II, S. 1079
1929   „A new dynamometer car for the Northern Pacific Ry", Baldwin Juli 1929, S. 24
1930   Johnson: „The latest improvements in dynamometer car equipment", Baldwin Okt. 1930, S. 44
        „New dynamometer car, Great Indian Peninsula Ry", Loc 1930, S. 366 — Ry Eng 1930, S. 431 — Gaz 1930-II, S. 468

1931	„Dynamometer car, South African Railways", Gaz 1931-I, S. 521
1933	Place: „Nouvelles voitures dynamomètres des réseaux francais", Revue 1933-I, S. 322
	„New dynamometer car, French State Rys", Loc 1933, S. 201
	„Recording apparatus for Dynamometer cars (Amsler, Schaffhausen)", Loc 1933, S. 268
1934	„Amsler dynamometer and inspection car, Swiss Federal Ry", Engg 1934-II, S. 297
1937	Nordmann: „Meßwagen zur Untersuchung der Dampflokomotiven", Annalen 1937-II, S. 169
1938	„LMSR dynamometer car", Gaz 1938-I, S. 1117

Lokomotiv-Prüfstand

1904	Gutbrod: „Das Lokomotiv-Prüffeld der Pennsylvania-Eisenbahn", Z 1904, S. 1321
1920	„Testing plant, Swindon Works", Loc 1920, S. 125
1924	Lomonossoff: „Der russische Lokomotivprüfstand in Eßlingen", Organ 1924, S. 166
1931	Gresley: „Locomotive experimental stations", Ry Eng 1931, S. 334 — Loc 1931, S. 258 — The Eng 1931-II, S. 72
1933	Place: „Banc d'essais de locomotives des réseaux francais à Vitry sur Seine", Revue 1933-II, S. 331 — Engg 1933-II, S. 124 und 465 — Loc 1933, S. 355
1935	Harm: „Die Schwingungsmeßeinrichtung der Lokomotivversuchsabteilung Grunewald", Annalen 1935-II, S. 179
	Place: „Locomotive testing plants", Loc 1935, S. 157
1936	Meineke: „Ausgleichvorrichtung für Lokomotivprüfstände", Annalen 1936-I, S. 71 — Gaz 1936-I. S. 574
1937	Place: „Un exemple d'essai de locomotives au banc de Vitry", Revue 1937-I, S. 91

Lokomotiv-Versuche / Indikator

1882	„Indicator gear for locomotives", Engg 1882-I, S. 449
1886 —	Fischer: „Ueber Indicatordiagramme", Z 1886, S. 812
1889	Slaby: „Beiträge zur Theorie des Indikators", Z 1889, S. 789
1901	Wolff: „Zur Genauigkeit der Indikatordiagramme", Z 1901, S. 1772
1914	„Neue Indikatoren", Annalen 1914-II, S. 96
1928 =	Skutsch: „Ueber Apparate zur Aufzeichnung von Bewegungen", Annalen 1928-II, S. 109
1937	Gaubert: „Relevé des diagrammes dynamométriques sur les cylindres des locomotives", Revue 1937-II, S. 14
—	Watzinger u. Larsen: „Zwei neue Verfahren für die Diagrammaufnahme an schnellaufenden Kolbenmaschinen", Z 1937, S. 1011

DER AUFBAU DER DAMPFLOKOMOTIVE

Die Dampferzeugungsanlage / allgemein

1875   * Heusinger v. Waldegg: „Literatur über Lokomotivkessel und Zubehör", Handbuch für spezielle Eisenbahn-Technik, 3. Bd., Verlag Wilh. Engelmann, Leipzig 1875, S. 307—313

1891   Frank: „Neuere Konstruktionen der Lokomotivkessel", Z 1891, S. 190

1897 — von Jaski: „Ein Beitrag zur Konstruktion der Schiffs-Lokomotivkessel", Z 1897, S. 1045

1921   * Posewitz: „Die Schäden des Lokomotivkessels", Verlag Jänecke, Leipzig 1921 — Bespr. Organ 1922, S. 202

=* Tetzner: „Die Dampfkessel", 6. Aufl., Verlag Springer, Berlin 1921 — 7. Aufl. 1923

1924 =* Spalckhaver u. Schneiders: „Die Dampfkessel nebst ihren Zubehörteilen und Hilfseinrichtungen", Verlag Springer, Berlin 1924

1927   „Factors in the design of steam locomotives. — III. Evaporation; firebox, tubes and boiler", Loc 1927, S. 267

1928   Brandt: „The design and proportion of locomotive boilers", Age 1928-I, S. 575 — Mech. 1928, S. 198 u. 254

1929   Wagner: „Die neuere Entwicklung des Lokomotivkessels bei der Deutschen Reichsbahn", Z 1929, S. 1217

1930   Phillipson: „Steam locomotive design: The boiler", Loc 1930, S. 210
Wagner: „Some new developments of the Stephenson boiler", Journal 1930, S. 5 (Nr. 93)

1932   Johnson: „The effect of boiler capacity on revenue", Baldwin Juli 1932, S. 6

1934 —* Pfleiderer: „Dampfkesselschäden", Verlag Springer, Berlin 1934
„Boiler for 4-6-2 express locomotive, «Prinzess Royal», LMSR", Loc 1934, S. 229
„Boiler standardisation in South Africa", Ry Eng 1934, S. 392

1935   „Baldwin boilers and fireboxes", Baldwin Okt. 1935/Januar 1936, S. 9

1936 — Schröder: „Vom Trommelkessel zum Röhrenkessel", Siemens-Zeitschrift 1936, S. 487 — Wärme- und Kältetechnik 1937, S. 9 — Wärme 1938, S. 311

1937 =* Loschge: „Die Dampfkessel", Verlag Springer, Berlin 1937
Webber: „The proportion of locomotive boilers", Loc 1937, S. 343

1938 — Schröder: „Ueberblick über neuzeitliche Dampferzeugungsanlagen", Wärme 1938, S. 311

— Schultes: „60 Jahre Entwicklung im Dampfkesselbau", Wärme 1938, S. 12

— Weber: „60 Jahre Dampfkesselbau", Wärme 1938, S. 3

Dampferzeugungsanlage / Festigkeits- und Werkstoff-Fragen

1891   Müller-Witten: „Praktische Erfahrungen mit dem Lentzschen Kessel. — Die Zerstörungen der Lokomotivkessel durch Deformation", Annalen 1891-II, S. 185 — Organ 1892, S. 65

1894   Lentz: „Die auf Zerstörung wirkenden inneren Spannungen der Lokomotiv- sowie Schiffskessel und Mittel zur Beseitigung derselben", Annalen 1894-II, S. 197

1922 —* Meerbach: „Die Werkstoffe für den Dampfkesselbau", Verlag Springer, Berlin und Wien 1922
1923 = Sickel: „Ueber Dampfkesselexplosionen", Annalen 1923-I, S. 6
1927 Schilhansl: „Festigkeitsbetrachtungen an der Lokomotiv-Feuerbüchse", Annalen 1927-I, S. 170
1928 —* Moser: „Der Kesselbaustoff", Verlag Springer, Berlin u. Wien 1928
—*„Werkstoff- und Bauvorschriften für Landdampfkessel nebst Erläuterungen", Ausgabe Januar 1928, Beuth-Verlag, Berlin
1930 — Korhammer: „Beurteilung von gewölbten Böden, die durch inneren Ueberdruck belastet sind", Wärme 1930, S. 601
—* Ulrich: „Werkstoff-Fragen des heutigen Dampfkesselbaues", Verlag Springer, Berlin und Wien 1930 — Bespr. Wärme 1930, S. 328
1931 Rittler: „Ursache und Deutung von Korrosionsschäden an Lokomotivkesseln", VT 1931, S. 257
1935 — Ruttmann: „Verformungslose Brüche an Kesselteilen", Z 1935, S. 1561
— Ulrich: „Nietlose Kesseltrommeln", Z 1935, S. 463
1936 — Aysslinger, Jessen u. Stöckmann: „Die Schweißung von Kesselbaustählen höherer Festigkeit", GHH 1936, S. 220 — Wärme 1937, S. 220
— Vigener: „Die neuen Vorschriften für geschweißte Dampfkessel", Z 1936, S. 1215
1937 — Maier u. Ruttmann: „Bedeutung der neuen Festigkeitsbegriffe (Schwingungs- und Dauerstandfestigkeit) für die Dampftechnik", Archiv für Wärmewirtschaft 1937, S. 265 und 337
— Schulz u. Schmidt: „Der Werkstoffaufwand im Dampfkesselbau", Archiv für Wärmewirtschaft 1937, S. 33
— Siebel: „Dampfkesselböden-Berechnung", Z 1937, S. 283
—*„VDI-Dampfkesselregeln. — Regeln für Abnahmeversuche an Dampfkesseln", VDI-Verlag, Berlin 1937 — Bespr. Wärme 1938, S. 106
1938 — Marcard: „Die VDI-Dampfkesselregeln", Z 1938, S. 97
— „Schäden an den Wandungen von Dampfkesseln", Zeitschrift des bayr. Revisionsvereins 1938, S. 4
1939 —*„Werkstoff- und Bauvorschriften für Landdampfkessel", Ausgabe vom 21. Juni 1939, Beuth-Vertrieb GmbH., Berlin

Dampferzeugungsanlage / Nieten und Schweißen

1912 Kempf: „Lokomotivkessel-Laschennietungen", Annalen 1912-I, S. 32
1919 — Baumann: „Versuche mit Stiftnietungen nach dem Schuchschen Verfahren", Z 1919, S. 555
1925 —* Höhn: „Nieten und Schweißen der Dampfkessel", Verlag Springer, Berlin und Wien 1925
1926 — Höhn: „Autogen und elektrisch geschweißte Kessel und Behälter", Z 1926, S. 117
1928 — Egen: „Austauschbarkeit von Nietverbindungen", Annalen 1928-I, S. 175
1930 — Hlava: „Stiftnieten von Dampfkesseln", Z 1930, S. 119
1931 — Jurczyk: „Geschweißte Hochdruckbehälter und Armaturen", Z 1931, S. 859

1931 — Vigener: „Bewertung des Schweißens in den für die Herstellung von Dampfkesseln gegebenen gesetzlichen Bestimmungen", Wärme 1931, S. 481

1932 = Ruber and Transue: „Automatic control of holding time in hydraulic riveting", Baldwin Oktober 1932, S. 23

1935 —* Höhn: „Schweißverbindungen im Kessel- und Behälterbau", Verlag Springer, Berlin und Wien 1935 — Bespr. Wärme 1936, S. 111
— Rist: „Rißschäden an genieteten Kesseltrommeln", Z 1935, S. 812

1937 — Aureden: „Das Schweißen dickwandiger Behälter", Z 1937, S. 1080
— Ebel u. Reinhard: „Spannungslage an unbelasteten Nietverbindungen in Abhängigkeit von der Klemmlänge der Nieten", Wärme 1937, S. 175

1938 — Block: „Schweißen dickwandiger Kesseltrommeln", Archiv für Wärmewirtschaft 1938, S. 43
— Holzhauer: „Ausbesserungsschweißung an Dampfkesselteilen", Archiv für Wärmewirtschaft 1938, S. 9
— Holzhauer: „Beispiele von Ausbesserungsschweißungen an Dampfkesseln", Archiv für Wärmewirtschaft 1938, S. 125
— Koch: „Wie verhält sich die Doppellaschenlängsnaht beim Großwasserraum-, Land- und Schiffskessel zur Wasserdruckprobe", Wärme 1938, S. 426
— „Sprengnietung", Z 1938, S. 1492

Aufbereitung des Speisewassers

1895   Nösselt: „Die Reinigung des Kesselspeisewassers", Z 1895, S. 991

1912   Pecz: „Speisewasserreiniger für Lokomotiven", Lok 1912, S. 49 — Kongreß 1913, S. 707 — Loc 1914, S. 158
„C-Güterzuglokomotiven der k. k. österreichischen St. B. mit Speisewasser-Vorkessel, Bauart Brazda", Lok 1912, S. 219
„Locomotive feed-water softening", Loc 1912, S. 241

1915   „Kesselspeisewasser und seine Reinigung", HN 1915, S. 55

1918   Wehrenpfennig: „Erkennen und Verhüten mangelhafter Ergebnisse der chemischen Reinigung des Speisewassers", Organ 1918, S. 1

1919   „Schlammabscheider für Lokomotivkessel", HN 1919, S. 65

1920 — Ott: „Das Speisewasser und seine Aufbereitung", HN 1920, S. 186

1922   Ziemert: „Kesselstein, sein Entstehen und Maßnahmen zur Verhütung und Beseitigung", Annalen 1922-II, S. 86 und 178

1923 — Maurer: „Beiträge zur Erklärung der Gasanfressungen in Dampfkesseln", HN 1923, S. 193

1926   Bailey: „Water treatment and locomotive boiler washing", Baldwin Januar 1926, S. 40

1930 =* Balcke: „Die neuzeitliche Speisewasser-Aufbereitung", Verlag Spamer, Leipzig 1930 — Bespr. Archiv f. Wärmewirtschaft 1930, S. 411

„Water conditioner shows savings on the Milwaukee", Age 1930-II, S. 1321 — Organ 1931, S. 316

1931 Böhm: „Einwirkung des Kesselsteins auf den Wirkungsgrad des Lokomotivkessels", Organ 1931, S. 299

Rasch: „Enteisenungs-Anlagen für Lokomotivwasser", VW 1931, S. 243

— Sulfrian: „Die Ablösung des Begriffes und der Maßzahl «Härte» in der Dampfkessel-Speisewasserpflege", Die Wärme 1931, S. 954

=* Stumper: „Speisewasser und Speisewasserpflege im neuzeitlichen Dampfkesselbetrieb", Verlag Springer, Berlin 1931 — Bespr. Wärme 1931, S. 810

1932 „Locomotive feed water devices", Baldwin April 1932, S. 25

1933 Cardillo: „Boiler feed water", Baldwin Januar 1933, S. 25

„The «Neckar» system of locomotive boiler water conditioning", Loc 1933, S. 280

1934 „Treatment of locomotive feed-water", Loc 1934, S. 193 — 1935, S. 363 und 1936, S. 395

1935 — Splittgerber: „Speisewasserbehandlung für neuzeitliche Dampfkessel", Z 1935, S. 339

„Treatment of feed-water for locomotives", Loc 1935, S. 363 und 1936, S. 395

1936 Frederking: „Versuche mit dem Umlaufwasserreiniger Dejektor", Wärme 1936, S. 263

Hancock: „Locomotive feed-water treatment", Loc 1936, S. 395

=* Matthews: „Boiler feed water treatment", Hutchinson's Scientific and Technical Publications, London 1936

1937 — Blaum: „Verdampfer und Dampfumformer", Z 1937, S. 753

— Domes: „Reinigen eines Kessels von Kesselstein während des Betriebes durch Trinatriumphosphat", Wärme 1937, S. 207

— Schlicke: „Speisewasservorwärmung und -Aufbereitung durch Abdampf", Wärme 1937, S. 307

—*„Eignung von Speisewasseraufbereitungsanlagen im Dampfkesselbetrieb", herausgegeben von der Arbeitsgemeinschaft Deutscher Kraft- und Wärmeingenieure des VDI, VDI-Verlag Berlin 1937 — Bespr. Wärme 1937, S. 731

*„Locomotive feed water", Alfloc Ltd, London 1937 — Bespr. Gaz 1938-I, S. 253

„Water treatment on the Trans-Australian Ry", Loc 1937, S. 83 — Gaz 1937-I, S. 654

1938 — Ammer: „Die Phosphatbehandlung des Kesselspeisewassers", Wärme 1938, S. 188

— Haendeler: „Speisewasserpflege in Großkesselanlagen", Wärme 1938, S. 823

— Höll: „Rohwasser-Entkieselung", Archiv für Wärmewirtschaft 1938, S. 323

— Woelke: „Beratung kleinerer Kesselanlagen in der Speisewasserpflege", Wärme 1938, S. 829

„The mechanical treatment of feedwater", Loc 1938, S. 398

„Water softening on the LNER", Gaz 1938-I, S. 414

1939 „The chemical treatment of boiler feedwater", Mech. 1939-II, S. 450

Selbsttätige Kessel- und Füllungsregelung

1912 — „The automatic regulation of feed water supply for boilers", Loc 1912, S. 172

1924   „Selbsttätige Einstellung der Füllung bei Lokomotiven", Organ 1924, S. 174 — Age 1924-I, S. 1033

1926 — Schulz: „Selbsttätige Feuerungsregelung im Kesselbetrieb", Z 1926, S. 718

1930 — Kniehahn: „Die Elemente der Schalt-, Steuer- und Regeltechnik in Maschinenbau und Elektrotechnik", Maschinenbau/Betrieb 1930, S. 361, 448, 548, 739 u. 803

1931 — Kissinger: „Die Speisewasserregelung bei Elektro- und Turbo-Kesselspeisepumpen", Z 1931, S. 191

   — Kniehahn: „Verstärker", Maschinenbau/Betrieb 1931, S. 239

   — „Selbsttätige Feuerregler im Kesselhaus einer neuzeitlichen Schuhfabrik", Z 1931, S. 511

1934 — Balmer: „Dampfanlagen mit zentraler Regelung", Z 1934, S. 427

1935   „Oil-fired steam railcars, Central Ry of Peru", Loc 1935, S. 110

   „Automatic oil-fired steam switching locomotive", Baldwin April/Juli 1935, S. 18 u. Oktober 1935/Januar 1936, S. 11 — Loc 1935, S. 309 — Age 1935-I, S. 849

1936 — „Besler automatic boiler", Boiler maker 1936, Nr. 12, S. 324

1937 — Lang: „Regeltechnische Grundlagen der Hand- und Selbststeuerung von Zwangdurchlaufkesseln", Archiv für Wärmewirtschaft 1937, S. 191

   — Schmidt: „Gesetze der unmittelbaren Regelung auf allgemeiner Grundlage", Z 1937, S. 1425

   — Terdich: „Erfahrungen mit einem neuartigen selbsttätigen Speisewasser-Mengenregler", Wärme 1937, S. 471

   — „Ortsbeweglicher Dampfkessel mit selbsttätiger Regelung (2500 PS, Oelfeuerung), Babcock Wilcox & Co, General Electric Co und Bailey Meters Co", Wärme 1937, S. 172 — Mech. Engg. 1936, S. 771

   — „Vollselbsttätiger Oelheizkessel der General Electric Co", Wärme 1937, S. 240

1938 — Götz: „Selbsttätige Kesselregelung für mittlere Industriekraftwerke", Zeitschrift des Bayer. Revisions-Vereins 1938. S. 133

   Reutter: „«Dampfmotivenanlage» für turboelektrischen Antrieb einer Lokomotive", Organ 1938, S. 74, 239 — Age 1937-I, S. 468

   — Schaumann: „Druckregelventile für Dampf und Wasser", Z 1938, S. 251

   — „Selbsttätige Kesselregelung für einen Tankdampfer mit turboelektr. Antrieb", Power 1938-II, S. 765 — Wärme 1939, S. 283

   „Union Pacific's steam-electric locomotive", Age 1938-II, S. 916 — Schweiz. Bauzeitung 1938-I, S. 70 — Gaz 1939-I, S. 11 — Power 1939-I, S. 77 — Lok 1939, S. 20 — Organ 1939, S. 382 — Loc 1939, S. 231 — Annalen 1940, S. 19

1939 — „Selbsttätige Feuerführung auf Binnenseedampfern", Wärme 1939, S. 294

   = „Neue Dampfkraftanlagen für Fahrzeuge", ATZ 1939, S. 485

   „Automatic locomotive fuel regulation", Gaz 1939-II, S. 132

1940 — „Selbsttätige Kesselregelung in einem Industrie-Kraftwerk", Wärme 1940, S. 269

Dampferzeugungsanlage / Verschiedenes

1875   Kirchweger: „Die alleinigen Ursachen der Dampfkessel-Explosionen", Organ 1875, S. 261

1891 — Lechner: „Der künstliche Zug und seine Einwirkung auf die Kesselanlagen unter besonderer Berücksichtigung der Schiffskessel", Z 1891, S. 627 u. f. u. 937

1893   Meyer, Prof. Georg: „Ueber die Veränderlichkeit des Wasserstandes in den Lokomotivkesseln", Annalen 1893-I, S. 45
      Müller: „Vorkehr gegen Rahmenbrüche und Kesselschäden der Lokomotiven und Ausführung flußeiserner Feuerkasten", Z 1893, S. 442

1905   „Lokomotivkessel mit Wärmespeicher, Bauart Halpin, Great Northern Ry", Lok 1905, S. 59

1912   Schager: „Einiges über Rauchgasanalysen und deren Verwertung an Lokomotiven", Lok 1912, S. 32

1919   „Curiosities of locomotive boiler design", Loc 1919, S. 167

1922   Sußmann: „Neuzeitliche Betriebsführung in der Lokomotivkessel-Ausbesserung", Annalen 1922-I, S. 169

1928 — Luchsinger: „Schiffskessel ohne Stehbolzen und Bügelanker", Z 1928, S. 476

1929 — Schmidt: „Versuche über den Wasserumlauf in Dampfkesseln", Z 1929, S. 1151

1931   Rosenthal: „Das Ascheproblem bei der Lokomotive", Archiv für Wärmewirtschaft 1931, S. 71
  —* Vorkauf: „Das Mitreißen von Wasser aus dem Dampfkessel", Forschungsheft 341, VDI-Verlag, Berlin 1931

1932   Barratt: „Heat losses from locomotive boilers and cylinders", Loc 1932, S. 164
  —* Seufert: „Anleitung zur Durchführung von Versuchen an Dampfmaschinen, Dampfkesseln, Dampfturbinen und Verbrennungskraftmaschinen", 9. Auflage, Verlag Springer, Berlin 1932

1933 —* Netz: „Messungen und Untersuchungen an wärmetechnischen Anlagen und Maschinen", Verlag Springer, Berlin 1933 — Bespr. Z 1934, S. 171

1934 — Klüsener: „Form und Größe von Dampfblasen", Technische Mechanik und Thermodynamik, 5. Jahrgang, 1934, S. 118

1936 — Müller-Neuglück u. Ammer: „Betriebliches Verhalten von Kesselinnenanstrichmitteln", Archiv für Wärmewirtschaft 1936, S. 297

1937 —* Jäcker: „Schornstein-Handbuch", Bd. 2, Teil 1 (insbesondere Wirkung des Schornsteins in hygienischer Hinsicht, Verhalten des Rauches nach dem Verlassen des Schornsteins), Verlag R. Oldenbourg, München 1937
  — Schulze: „Einfluß der Feuerraumhöhe und Zünddeckenform auf Leistung und Wirkungsgrad der Kesselanlage", Wärme 1937, S. 425

1938 — „Schäden an den Wandungen von Dampfkesseln", Zeitschrift des Bayr. Revisions-Vereins 1938, S. 38

446   *Dampferzeugungsanlage / Verschiedenes*

1939 —   Schmidt, O.: „Auslegung von Kesselgebläsen", Archiv für Wärmewirtschaft 1939, S. 189

Schultheiß u. Kurz: „Heizanlage aus Lokomotivkesseln im Bahnbetriebswerk Nürnberg", Organ 1939, S. 376

„Vom Schäumen der Lokomotivkessel (und als Folge Mitreißen von Wasser)", VW 1939, S. 15

„Annual report of the bureau of locomotive inspection" (Kesselschäden!), Mech. 1939-I, S. 55

„Locomotive boiler explosions", Gaz 1939-I, S. 264

DER ÜBLICHE LOKOMOTIVKESSEL

Berechnung und Theorie der Dampferzeugung

Allgemein

1880   Busse: „Ueber die Verdampfungsfähigkeit von Lokomotivkesseln", Organ 1880, S. 16

1886   Frank: „Ueber die Dampfentwicklung u. Dampfentnahme bei Lokomotiven", Z 1886, S. 573

1905   Strahl: „Der Wert der Heizfläche für die Verdampfung und Ueberhitzung im Lokomotivkessel", Z 1905, S. 717 u. 771

1906   Busse: „Ueber die Verdampfungsfähigkeit von Lokomotivkesseln", Organ 1906, S. 177

1908   Langrod: „Einfluß des Ueberschusses an Verbrennungsluft auf den Wirkungsgrad der Lokomotivkessel", Lok 1908, S. 191

1909   Fry: „Combustion and heat absorption in locomotive boilers", Engg 1909-I, S. 237 und 307

1912   Köchy: „Ueber das Verdampfungsgesetz und das Gesetz der Wärmeübertragung des Lokomotivkessels", Z 1912, S. 520

1913   Langrod: „Wirkungsgrad von Lokomotivkesseln nach Versuchen der Pennsylvania-Bahn", Lok 1913, S. 233

1917   Strahl: „Der Wert der Heizfläche eines Lokomotivkessels für die Verdampfung, Ueberhitzung und Speisewasservorwärmung", Z 1917, S. 257

1919   Meineke: „Ueber die Dampferzeugung im Lokomotivkessel", Z 1919, S. 1169

1927   Heumann: „Zur Theorie des Lokomotivkessels im Lehrbuch von Garbe: Die zeitgemäße Heißdampflokomotive", Organ 1927, S. 251

1928   Brandt: „The design and proportion of locomotive boilers", Age 1928-I, S. 575 — Mech. 1928, S. 198 u. 254

1929   Grime: „Locomotive boiler power rating", Ry Eng 1929, S. 346

    Wagner: „Die neuere Entwicklung des Lokomotivkessels bei der Deutschen Reichsbahn", Z 1929, S. 1217

1932   Ritter: „Einfluß der freien Rohrdurchgangsfläche auf die Leistung des Lokomotivkessels", Organ 1932, S. 345

1935 —*   Habert: „Wärmetechnische Tafeln (mit Schrifttumsverzeichnis für feuerungstechnische Berechnungen)", Verlag Stahleisen, Düsseldorf, u. Springer, Berlin 1935 — Bespr. Z 1936, S. 163

1937 —*   Nuber: „Wärmetechnische Berechnung der Feuerungs- und Dampfkesselanlagen", Taschenbuch, Verlag R. Oldenbourg, München u. Berlin 1937 — Bespr. Annalen 1938, S. 77

    Velte: „Ueber die Beurteilung von Wassergehalten in Dampf, Verdampfungsziffern und Kesselwirkungsgraden bei Heißdampflokomotiven auf theoretischer und praktischer Grundlage", Annalen 1937-II, S. 197

1939   * Fry: „A study of the locomotive boiler", Simmons-Boardman Publishing Corporation, New York 1939

1940   Widdecke: „Ueber den Wirkungsgrad von Lokomotivkesseln. — Versuch seiner rechnerischen Vorausbestimmung", Lok 1940, S. 1 u. 76

Lokomotivkessel / Wärmeübergang

1910 „Einbau von Wirbelringen in Lokomotivkesseln", Lok 1910, S. 258

1912 Köchy: „Ueber das Verdampfungsgesetz und das Gesetz der Wärme-übertragung des Lokomotivkessels", Z 1912, S. 520

1916 — Poensgen: „Ueber die Wärmeübertragung von strömendem über-hitzten Wasserdampf an Rohrwandungen und von Heizgasen an Wasserdampf", Z 1916, S. 27

1924 — Schack: „Neuere Erkenntnisse auf dem Gebiete der Wärmestrah-lung", Z 1924, S. 1017

1925 Nordling u. Bengtzon: „Beiträge zur Kenntnis der Widerstände im Rohrsystem des Lokomotivkessels mit vergleichenden Unter-suchungen über Widerstände und Wärmeübertragung", Annalen 1925-II, S. 13

1927 Baumann: „Der Wärmeübergang im Lokomotivkessel unter be-sonderer Berücksichtigung der Strahlung", Annalen 1927-II, S. 123

1930 * Barske: „Rechnerische Untersuchung der Wärmeübertragung im Lokomotivkessel", Hanomag-Nachrichten-Verlag GmbH., Hannover-Linden 1930

— Koeßler: „Messungen der Flammenstrahlung in Dampfkesselfeue-rungen", Archiv für Wärmewirtschaft 1930, S. 229

— „Die Wärmeübertragung einer geheizten Platte an strömende Luft", Z 1930, S. 1096

1931 Koeßler: „Die Flammenstrahlung in der Lokomotivfeuerung", Or-gan 1931, S. 303

1932 — Friedrich: „Wärmeübertragung durch Strahlung im Feuerraum", GHH März 1932, S. 227

1934 Müller: „Die Wärmeübertragung im Lokomotiv-Rauchrohr", Organ 1934, S. 279

1935 Koeßler: „Die Brennkammer im Lokomotivkessel", Annalen 1935-II, S. 154

Postupalsky: „Die Gesetze des Wärmeüberganges im Lokomotiv-Langkessel", Organ 1935, S. 405

1936 — Becker: „Berechnung der Wärmeaufnahme bestrahlter Kühlflächen", Archiv für Wärmewirtschaft 1936, S. 179

—* ten Bosch: „Die Wärmeübertragung", Verlag Springer, Berlin 1936

1937 — Eckert: „Die Richtungsverteilung von Ausstrahlung und Rückwurf von Wärmestrahlen an technisch wichtigen Oberflächen", Archiv für Wärmewirtschaft 1937-I, S. 107

— Jung: „Wärmeübergang und Strömungsgeschwindigkeit bei hohen Gasgeschwindigkeiten", Z 1937, S. 496

— Schmidt: „Die Steigerung der Gasgeschwindigkeiten und ihre Best-werte in Röhrenbündeln", Wärme 1937, S. 511 u. 527

1938 — Kämmerer: „Ueber Abhängigkeit des Wärmedurchgangs von der Heizflächenbelastung", Archiv für Wärmewirtschaft 1938, S. 231

— Stroehlen: „Ueber den Druckverlust strömender Gase. — Der Ein-fluß von Wärmeaustausch und Rohrreibungsarbeit", Archiv für Wärmewirtschaft 1938, S. 209

Heißdampf-Doppelzwilling-Güterzug-Lokomotive Bauart Henschel-Garratt der Siamesischen Staatsbahnen. Die meterspurige Lokomotive wird mit Holz gefeuert. Sie ist die stärkste der in Thailand (Siam) laufenden Dampflokomotiven.

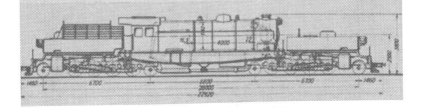

1939 — Böhm: „Zur zeichnerischen Ermittelung der Wärmeübergangszahlen bei Rohrbündeln", Wärme 1939, S. 425
— Böhm: „Ermittelung des Wärmeüberganges durch Strahlung zwischen Rauchgas und Heizfläche", Archiv für Wärmewirtschaft 1939, S. 209

Anwendung von Heißdampf / allgemein

1899 — Doerfel: „Die Anwendung überhitzten Dampfes zum Betrieb von Dampfmaschinen", Z 1899, S. 601 u. 1518

1902 Garbe: „Die Anwendung von hochüberhitztem Dampf im Lokomotivbetrieb nach dem System Wilhelm Schmidt", Annalen 1902-I, S. 45

1903 — Berner: „Die Erzeugung des überhitzten Wasserdampfes", Z 1903 S. 1545 u. 1586

1907 Both: „Die Dampfüberhitzung im modernen Lokomotivbau", Lok 1907, S. 11 u. f.
„Ueber Heißdampflokomotiven mit ein- und zweistufiger Dampfdehnung", Lok 1907, S. 187

1908 Brückmann: „Studien über Heißdampflokomotiven", Z 1908, S. 1301 u. f.
Demoulin: „Note sur l'application de la vapeur surchauffée aux locomotives", Revue 1908-II, S. 221

1910 Hughes: „Compounding and superheating in Horwich locomotives", Engg 1910-I, S. 357, 367, 396, 431 u. 501
„Die 5000. Heißdampflokomotive Patent Schmidt", Lok 1910, S. 121
„Superheater tests on the Atchison, Topeka & Santa Fé Rr", Engg 1910-I, S. 706

1911 „Feed-water heating and superheating on locomotives", Engg 1911-II, S. 213, 275, 341, 445, 617, 690, 753

1913 Trevithick u. Cowan: „Superheating and feed-water heating on locomotives", Engg 1913-I, S. 408, 442, 472

1914 Fowler: „Der Heißdampf im Lokomotivbetriebe", Lok 1914, S. 80 und 110

1920 * Brückmann: „Heißdampflokomotiven mit einfacher Dehnung des Dampfes", C. W. Kreidels Verlag, Berlin 1920

1921 Clayton: „The superheater locomotive" Loc 1921, S. 201, 231, 263

1923 „25jähriges Jubiläum der Heißdampflokomotive", Z 1923, S. 743 — Lok 1923, S. 181 — Organ 1924, S. 53

1924 Dannecker: „25 Jahre Heißdampflokomotive", Organ 1924, S. 53
* Garbe: „Die zeitgemäße Heißdampflokomotive", Verlag Springer, Berlin 1924
Wagner: „Zur Kritik des Lokomotivüberhitzers", Z 1924, S. 951

1925 *„Locomotive superheating and feed water heating", Verlag The Locomotive Publishing Co, Ltd, London 1925 (?)

1926 Brewer: „The introduction of modern locomotive superheating in Great Britain. — Pioneer work on the G. W. R.", Loc 1926, S. 352

1927 Brewer: „Modern locomotive superheating on the Great Western Ry", Loc 1927, S. 161 u. 320
Geer: „Modern locomotive superheating", Loc 1927, S. 25

15

1927 = * „Superheat Engineering Data", herausgegeben von The Superheater
Company, New York/Chicago 1927
1930 —   Hartmann: „Ueberhitzer für hohe Dampftemperaturen", Wärme
1930, S. 463 u. 525
    * Stein: „Heißdampfbetrieb bei Neben- und Kleinbahnen", Vortrag
auf der 24. Fachtagung der Betriebsleiter-Vereinigung Deutscher
Privateisenbahnen und Kleinbahnen am 17. u. 18. Nov. 1930 in
Blankenburg
1935   Lomonossoff: „Superheating on locomotives", Gaz 1935-I, S. 728
1937   Kreutzer: „Die ersten Heißdampflokomotiven (Preußen)", Beiträge
Febr. 1937, S. 22
1938 —   Beck: „Rauchgas-Zwischenüberhitzung", Wärme 1938, S. 765

Heiß- oder Naßdampf?

1903   Berner: „Zur Frage der Dampfüberhitzung im Lokomotivbau",
Z 1903, S. 729 u. 779
    Teuscher: „Für und wider die Heißdampflokomotive", Z 1903, S. 132
1919   Sanzin: „Entwurf und Vergleich einer Naßdampf-Zwilling-, Naß-
dampf-Verbund-, Heißdampf-Zwilling- und Heißdampf-Verbund-
lokomotive für gleiche Leistung am Tenderzughaken", Lok
1919, S. 4, 21 u. 34
1925   Jacobi: „Heißdampflokomotiven für Kleinbahnen", VT 1925, S. 755
1926   Hübener: „Vergleichsfahrten von Heißdampf- und Naßdampf-
lokomotiven bei Neben- u. Kleinbahnen", AEG-Mitt. 1926, S. 218
1930   * Stein: „Heißdampfbetrieb bei Neben- und Kleinbahnen", Vortrag
auf der 24. Fachtagung der Betriebsleiter-Vereinigung Deutscher
Privateisenbahnen und Kleinbahnen am 17. u. 18. Nov. 1930 in
Blankenburg
1936   Nordmann: „Heißdampf- oder Naßdampf-Rangierlokomotive?", Annalen 1936-I, S. 115

Die Feuerung / allgemein

1875   * Heusinger v. Waldegg: „Literatur über Heizung der Locomotiven
mit Coke, Steinkohlen, Braunkohlen, Anthrazit, Holz, Torf und
Petroleum", Handbuch für specielle Eisenbahn-Technik, 3. Bd.,
Verlag Wilh. Engelmann, Leipzig 1875, S. 361
1878 =   Meidinger: „Ueber Feuerungsroste", Z 1878, S. 214
1881   „Versuche mit der Nepilly'schen patentierten Locomotivfeuerung",
Annalen 1881-II, S. 191 — Z 1882, S. 221 — Organ 1882, S. 17
1885   Frank: „Feuerung und Rauchverbrennung bei Lokomotiven", Z 1885,
S. 380
1895 —   Vogt: „Die Unterwindfeuerungen", Z. Dampfk. Ueberw. 1895, S. 18
1896   Simmersbach: „Die Lokomotivheizung früher und jetzt und die
Vorteile der Koksfeuerung anstelle von Kohle", Annalen 1896-I,
S. 10
1908   Fry: „Combustion and heat balances in locomotives", Engg 1908-I,
S. 454 und 494
    Sanzin: „Die Feuerungstechnik im Lokomotivbetrieb", VW 1908,
S. 897 u. 922 — 1909, S. 390, 428, 542

1909   Fry: „Combustion and heat absorption in locomotive boilers", Engg
        1909-I, S. 237 und 307
        Krukowsky u. Lomonossoff: „Temperaturmessungen im Feuerraum
        der Dampflokomotive während der Fahrt", Z 1909, S. 345
1922   Meineke: „Mechanische Lokomotivfeuerungen", Z 1922, S. 900
1927 — Doevenspeck: „Zur Systematik der Dampfkesselfeuerungen", Wärme
        1927, S. 719
        „Factors in the design of steam locomotives. — II. Combustion:
        Firegrate and Smokebox", Loc 1927, S. 231
1933 — Schulte u. Tanner: „Stand und Entwicklung der Feuerungstechnik",
        Z 1933, S. 565
1934   Ebert: „Verbrennung und Verschlackung auf dem Lokomotivrost",
        Organ 1934, S. 168
     —* Marcard: „Rostfeuerungen", VDI-Verlag, Berlin 1934
1937 — Presser: „Neuere selbstschürende Planroste", Archiv für Wärme-
        wirtschaft 1937, S. 275 — Z 1937, S. 1356
     — Rammler: „Braunkohlenschwelkoks in Dampfkesselfeuerungen",
        Archiv für Wärmewirtschaft 1937, S. 331
     — Tanner: „Zur Weiterentwicklung der Rostfeuerungen", Archiv für
        Wärmewirtschaft 1937, S. 195
1938 — Kneuse: „Steinkohlen und Dampfkesselfeuerungen — Gewinnung
        und Auswahl", Wärme 1938, S. 419
        Koch: „Messungen der Wandungstemperaturen in kupfernen und
        stählernen Lokomotivfeuerbüchsen", Wärme 1938, S. 293 — Or-
        gan 1938, S. 418
1939 — Böhm: „Beobachtungen an einer Feuerung für Hochleistungs-Klein-
        dampferzeuger", Wärme 1939, S. 347
     — Koeßler: „Zweitluftzufuhr bei Rostfeuerungen", Z 1939, S. 471
     — Pauer: „Grenzen der Feuerraumbelastung und ihre Rückwirkung auf
        die Auslegung des Kessels", Archiv für Wärmewirtschaft 1939,
        S. 197
     — Schmidt: „Bauarten und Bemessung von Gebläsen", Archiv für
        Wärmewirtschaft 1939, S. 213

Brennstoffe

1896   Simmersbach: „Die Lokomotivheizung früher und jetzt und die Vor-
        teile der Koksfeuerung anstelle von Kohle", Annalen 1896-I, S. 10
1905   „Die russischen Eisenbahnen und das Heizmaterial", Lok 1905, S. 8
1919 — Otte: „Ueber Kernsubstanz- u. Wasserstoffgehalt als kennzeichnende
        Eigenschaften von Brennstoffen", HN 1919, S. 147 (u. a. Ver-
        brennungsvorgang!) u. 1920, S. 24
        Paterson u. Webster: „Locomotive coal", Loc 1919, S. 125
        „Emploi du maïs comme combustible sur les locomotives", Revue
        1919-II, S. 350 — Gaz 24. Okt. 1919
1920 — Otte: „Die Brennstoffe und ihre Verfeuerung", HN 1920, S. 138
1922 — de Grahl: „Richtlinien für die Verbrennung minderwertiger Brenn-
        stoffe", Annalen 1922-I, S. 98
        „Minderwertige Brennstoffe für Lokomotiven", HN 1922, S. 38
1924   Richard: „Ermitelung des für den Bezug von verschiedenwertigen
        Brennstoffen wirtschaftlichen Bereiches", Annalen 1924-I, S. 13

1924   Brown: „Locomotive fuel", Loc 1924, S. 186
1929 — Huppert: „Kohlenauswahl und Kokseigenschaften", Z 1929, S. 1293
—*„Braunkohlen-Anhaltszahlen", Herausgeber: Rheinisches Braunkohlen-Syndikat, Köln 1929 — Bespr. Braunkohle 1929, S. 448 — Neudruck mit Ergänzungen 1931
1930 — Broche: „Feste, flüssige und gasförmige Brennstoffe", Z 1930, S. 781
1932 —*„Ruhrkohlen-Handbuch", herausgegeben vom Rheinisch-Westfälischen Kohlen-Syndikat, 2. Auflage, Verlag Springer, Berlin 1932 — 3. Auflage 1937
1934   Velte: „Neuere Ergebnisse der Brennstoffuntersuchungen bei der Deutschen Reichsbahn", ZMEV 1934, S. 641
1937   * Widdecke: „Ueber einige besondere Heizmaterialien bei Dampflokomotiven in aller Welt, gestern und heute", «100 Jahre Borsig-Lokomotiven», VDI-Verlag, Berlin 1937, S. 60
1938 — Löffler: „Veröffentlichungen auf dem Gebiete der Untersuchung fester Brennstoffe im Jahre 1936", Feuerungstechnik 1938, S. 231
1939   * Mc Auliffe: „Railway Fuel", Simmons-Boardman Publishing Corporation, New-York 1939
—* Müller u. Graf: „Kurzes Lehrbuch der Technologie der Brennstoffe", Verlag Franz Deuticke, Wien 1939 — Bespr. Kraftstoff 1940, S. 190
Schneider: „Tropische Hölzer und National-Kohle als Lokomotivbrennstoff in Brasilien", Lok 1939, S. 81
1940 — Zinzen: „Kesselfeuerungen für pflanzliche Brennstoffe in den Tropen", Z 1940, S. 205
„Die Verwendung einheimischer Brennstoffe bei den Lokomotiven der Italienischen Staatsbahnen", Organ 1940, S. 213

Verbrennungsvorgang

1908   Brislee: „Combustion processes in English locomotive fireboxes", Engg 1908-I, S. 450
Langrod: „Einfluß des Ueberschusses an Verbrennungsluft auf den Wirkungsgrad der Lokomotivkessel", Lok 1908, S. 191
1909   Krukowsky u. Lomonossoff: „Temperaturmessungen im Feuerraum der Dampflokomotive während der Fahrt", Z 1909, S. 345
1912 — Blum: „Die flammenlose Verbrennung und ihre Bedeutung für die Industrie", Z 1912, S. 1873 u. 1913, S. 281
1921 — „Die flammenlose Oberflächenverbrennung", Z 1921, S. 274
1924 —* Helbig: „Die rechnerische Erfassung der Verbrennungs-Vorgänge", Verlag Wilh. Knapp, Halle/Saale 1924
1925 — Hennig: „Von den Taupunkt-Temperaturen der Verbrennungsgase fester Brennstoffe", HN 1925, S. 11
1930 — Ebert: „Die optische Aufnahme von Aschenerweiterungs-Vorgängen", Organ 1930, S. 410
1931   Koeßler: „Die Flammenstrahlung in der Lokomotivfeuerung", Organ 1931, S. 303
—   Marcard: „Zündung und Verbrennung heizwertarmer Brennstoffe", Wärme 1931, S. 208
—   Rosin, Fehling, Kayser: „Die Zündung fester Brennstoffe auf dem Rost", Archiv für Wärmewirtschaft 1931, S. 97
—   Rosin u. Kayser: „Zur Physik der Verbrennung fester Brennstoffe", Z 1931, S. 849

1935 — Schulte u. Presser: „Das Laufbild in der Feuerungstechnik", Z 1935, S. 662
1937 — Arbatsky: „Die Abhängigkeit des Widerstandes einer Brennstoffschicht von ihrer Belastung", Feuerungstechnik 1937, S. 233
— Becker: „Ueber die Berechnung der Feuerraum-Endtemperatur", Archiv für Wärmewirtschaft 1937, S. 327
— Fritsch: „Physikalische Theorie der Verbrennung", Wärme 1937, S 749
— Grumbt: „Kurventafel für Verbrennungsrechnungen", HH Febr. 1937, S. 34
— Marcard: „Die Verbrennung als Strömungsvorgang", Wärme 1937, S. 257
1938 — Cesareo: „Neue Verbrennungsgleichungen und ihre geometrische Darstellung", Archiv für Wärmewirtschaft 1938, S. 105
— Gumz: „Die Verbrennung von Kohle im Lichte der Chemie und der Physik", Feuerungstechnik 1938, S. 337
— Koeßler: „Theoretisches über Zweitluftzufuhr bei Rostfeuerungen", Archiv für Wärmewirtschaft 1938, S. 153 u. 169
— Mayer: „Untersuchungen über Zweitluftzufuhr in Wanderrostfeuerungen", Feuerungstechnik 1938, S. 201
— Mayer: „Die Wirkung der Zweitluft in der Wanderrostfeuerung", Zeitschrift des Bayer. Revisons-Vereins 1938, S. 127 u. f.
— Rummel: „Die Verbrennung als Aufgabe einer Mischung von Gas und Luft", Z 1938, S. 503
— Schiegler: „Der Strömungsvorgang in der Brennkammer von Rostfeuerungen", Z 1938, S. 849 u. 1939, S. 995
1939 — Cleve: „Besserer Flammenausbrand im Feuerraum durch Flammenwirbelung", Archiv für Wärmewirtschaft 1939, S. 149

Holzfeuerung

1918 „2-6-0 wood-burning locomotive, Philippine Ry", Loc 1918, S. 196
1919 „Erfahrungen schwedischer Bahnen mit Heizstoffen für Lokomotiven während des Krieges", Organ 1919, S. 143
„Erfahrungen mit Holzfeuerung an norwegischen Lokomotiven", Organ 1919, S. 78
1922 „Holz und Torf als Lokomotivbrennstoffe bei der Finnischen Staatsbahn", HN 1922, S. 77
„Minderwertige Brennstoffe für Lokomotiven", HN 1922, S. 38
1924 Nikerk: „Holzfeuerung für Lokomotiven", HN 1924, S. 181
1925 Franke: „Leichte holzgefeuerte Tenderlokomotiven für Südamerika und deren Versand", Waggon- u. Lokbau 1925, Nr. 2
1928 Gartner: „Teakholz als Lokomotivbrennstoff", Z 1928, S. 161
1939 Schneider: „Tropische Hölzer und National-Kohle als Lokomotiv-Brennstoff in Brasilien", Lok 1939, S. 81

Torffeuerung

1855 Meißner: „Ueber Torfgewinnung und -feuerung bei der kgl. bayrischen Staatsbahn", Organ 1855, S. 156
1917 Haider: „Torf als Brennstoff für Lokomotiven", Annalen 1917-II, S. 103

1917   „Torfpulver als Heizstoff für Lokomotiven der schwedischen Staatsbahnen", Organ 1917, S. 320
1919   „Erfahrungen schwedischer Bahnen mit Heizstoffen für Lokomotiven während des Krieges", Organ 1919, S. 143 — Lok 1919, S. 111
1920   Martell: „Der Torf und sein Heizwert", Klb-Ztg. 1920, Nr. 35
        Wangemann: „Die Torfstaubfeuerung in Schweden", Feuerungstechnik 1920, S. 53
        „Der Torf als Lokomotiv-Feuerungsmaterial", HN 1920, S. 121 u. 1922, S. 33
1922   Lübon: „Torffeuerung auf der Oldenburgischen Staatsbahn", HN 1922, S. 46
        „Holz und Torf als Lokomotivbrennstoffe bei der Finnischen Staatsbahn", HN 1922, S. 77
        „Der Torf als Lokomotiv-Feuerungsmaterial", HN 1922, S. 34
        „Minderwertige Brennstoffe für Lokomotiven", HN 1922, S. 38
        „1 A-Lokomotive der Bayerischen Staatsbahnen für Torffeuerung", HN 1922, S. 48
1923   Landsberg: „Braunkohle und Torf als Lokomotivbrennstoffe", Z 1923, S. 263
1925   Arzt: „C 1 - h 2 Tenderlokomotive mit Torffeuerung der Kleinbahn Zwischenahn — Edewechterdamm", Organ 1925, S. 339
        Wagner: „Die Torfstaubfeuerung bei den Lokomotiven der Schwedischen Staatsbahnen", Organ 1925, S. 213
1937 — Arbatsky: „Erfahrungen mit der Gewinnung und Verfeuerung von Frästorf", Z 1937, S. 1223
        „Peat burning locomotives", Loc 1937, S. 334

Braunkohlenfeuerung

1919   Sanzin: „Einige Erfahrungen über Braunkohlenfeuerung im Lokomotivbetrieb", VW 1919, S. 281
1921 — Scharf: „Wie stelle ich meine Feuerungsanlage auf Rohbraunkohle um?", HN 1921, S. 211
1922   „Minderwertige Brennstoffe für Lokomotiven", HN 1922, S. 38
1923   Landsberg: „Braunkohle und Torf als Lokomotivbrennstoffe", Z 1923, S. 263
1925   Nordmann: „Lokomotivfeuerung mit Braunkohlenbriketts unter besonderer Berücksichtigung der Funkenfängerfrage", Annalen 1925-II, S. 225 u. 1926-I, S. 5 — Braunkohle 1925, S. 493 u. 513
1938 — Wagner: „Rostfeuerungen für Braunkohle", Wärme 1938, S. 551
1940   Farmakowsky: „Braunkohlenverfeuerung auf normalem Lokomotivrost in Jugoslawien", Lokomotive 1940, S. 47
   —   Stöber: „Erfahrungen mit dem Völcker-Kettenrost", Braunkohle 1940, S. 387

Ölfeuerung

1869   „Pneumatic locomotive designed by Messrs. Fox, Walker & Co, Bristol" (m. Luftvorwärmung), Engg 1869-II, S. 331
1877   „Apparatus for burning crude petroleum in locomotives, Russia", Engg 1877-I, S. 9

1883 = „Liquid fuel", Engg 1883-I, S. 578 u. 600. — 1886-I, S. 563 u. 609. — 1888-II, S. 371

1887 — Busley: „Die Verwendung flüssiger Heizstoffe für Schiffskessel", Z 1887, S. 989 uf.

1890 Urquhart: „Compound locomotives: On the compounding of locomotives burning petroleum refuse in Russia", Engg 1890-I, S. 208 und 311

1894 „Express locomotive for liquid fuel, Great Eastern Ry", Engg 1894-II, S. 768

1896 Brückmann: „Naphtaheizung der Lokomotivkessel in Rußland", Z 1896, S. 1357
„Oil burning locomotive for the Liverpool Dock Lines", Engg 1896-II, S. 251

1900 „2/3 gek. Tenderlokomotive mit Oelfeuerung", Annalen 1900-II, S. 187

1906 Greaven: „Petroleum fuel in locomotives", Engg 1906-I, S. 597

1908 Dragu: Description des installations et des appareils en usage aux Chemins de Fer de l'Etat Roumain pour l'emploi des résidus de pétrole au chauffage des locomotives", Revue 1908-II, S. 401
— * Ateliers Socec, Bucarest 1907
Schmedes: „Oelfeuerung bei Lokomotiven der Mexikanischen Zentralbahn", VW 1908, S. 408
„Foyers de locomotives pour chauffage au pétrole", Revue 1908-II, S. 373

1909 „Lokomotivfeuerung mit Petroleumrückständen auf den Rumänischen Staatsbahnen", Lok 1909, S. 115
„Lokomotivfeuerung mit flüssigem Brennstoff (Rohöl)", Lok 1909, S. 237

1910 Sußmann: „Ueber Oelfeuerung für Lokomotiven, mit besonderer Berücksichtigung der Versuche mit Teeröl-Zusatzfeuerung bei den preußischen Staatsbahnen", Annalen 1910-I, S. 234

1912 Mc Intosh: „4-4-0 locomotive of the Caledonian Ry fitted for burning oil-fuel", Engg 1912-I, S. 485
Kraft: „Feuerung mit Ölrückständen bei den Rumänischen Staatsbahnen", Organ 1912, S. 219
* Sußmann: „Oelfeuerung für Lokomotiven," Verlag Springer, Berlin 1912
„An improvised liquid oil-fuel apparatus, Caledonian Ry", Gaz 1912-I, S. 478
„Oil fuel on British rys", Loc 1912, S. 95 u. 113

1914 „Oil burning locomotives in the Argentine: Comparative tests", Gaz 1914-I, S. 47

1915 „Oil as fuel on locomotives", Loc 1915, S. 149 und 1917, S. 15

1917 — „Liquid fuels", Loc 1917, S. 72

1919 = „Oelfeuerung zur Bekämpfung der Kohlennot", Annalen 1919-II, S. 6
„Oil fuel on the North Western State Ry of India", Loc 1919, S. 43

1920 „Oil fuel on the PLM Ry", The Eng 1920-I, S. 494

1921 „Developments in locomotive oil firing", Loc 1921, S. 138 u. 165

1922 Hirschmann: „Hanomag-Baulokomotive mit Oelzusatz-Feuerung für Peru", HN 1922, S. 68

1922   „The Bell industrial locomotive with oil-fired boiler", Loc 1922, S. 163

1923   Babcock: „Fuel-consumption of oil-burning locomotives", Age 1923-I, S. 1053 u. 1099

1924—   Hottinger: „Oelfeuerung bei Dampfkesseln und Zentralheizungen", Schweiz. Bauzeitung 1924-I, S. 292, 305 u. 1924-II, S. 44 u. 58

—   Müller: „Betriebserfahrungen mit Oelfeuerungsanlagen an Bord", Z 1924, S. 442

1927—* Essich: „Die Oelfeuerungstechnik", Verlag Springer, Berlin 1927 — Bespr. Archiv für Wärmewirtschaft 1928, S. 200

1928   *„Fuel oil firing practice", Committee Reports for the 20 th Annual Meeting, published by The International Railway Fuel Association, Chicago 1928, S. 19

        „Oil burners for Kitson-Still locomotive", The Eng 1928-I, S. 581
        „T & P tests special firebox for oil-burning locomotives", Age 1928-I, S. 1324

1929   „1 D 1 - Heißdampf-Tenderlokomotiven mit Oelfeuerung für die Gran Ferrocarril de Venezuela", Lok 1929, S. 142

1930   * Velte: „Die Erhöhung der fahrmechanischen Leistung je Tonne Lokomotivgewicht durch Oelzusatzfeuerung", herausgegeben von der Verkaufsvereinigung für Teererzeugnisse, Essen 1930

1931   „Six-coupled tank locomotive for Persia: Arrangement of oil-burning apparatus", Loc 1931, S. 88

1934—* Löffler: „Die Oelfeuerung", Verlag Michael Winkler, Wien-Leipzig 1934

1935   „Oil-fired steam railcars, Central Ry of Peru", Loc 1935, S. 110
        „Automatic oil-fired steam switching locomotive", Baldwin April/Juli 1935, S. 18 u. Okt. 1935/Jan. 1936, S. 11 — Loc 1935, S. 309

1937   Cernat: „Die Oelfeuerung für die Kessel der Lokomotiven", Kongreß 1937, S. 2233

—   Glazener: „Mineralölbrände", Oel und Kohle 1937, S. 30

—   Ledinegg: „Die Berechnung des Temperaturverlaufes bei Kohlenstaub- und Oelfeuerungen", Die Wärme 1937, S. 359

—   Warneke: „Oelfeuerung auf Handelsschiffen", Feuerungstechnik 1937, S. 177

—   „Elektr. Sicherheits-Zündvorrichtung für ölbefeuerte Dampfkessel", Siemens-Zeitschrift 1937, S. 378 — Z 1937, S. 1494

        „Vollselbsttätiger Oelheizkessel der General Electric Co", Wärme 1937, S. 240

1939—   Sauermann: „Entwicklung und Stand der Gasfeuerungen für Dampfkessel", Wärme 1939, S. 455

        „Oil-firing practice", Mech 1939, S. 476

Brennstaub-Feuerung / allgemein

1873—   Crampton: „On the combustion of powdered fuel", Engg 1873-I, S. 349

1895—   Schrey: „Kohlenstaubfeuerungen", Annalen 1895-I, S. 213

—   „Kohlenstaubfeuerung", Z 1895, S. 1379 und 1896, S. 432

1899—   „Die Freytagsche Kohlenstaubfeuerung", Z 1899, S. 988

1920 — Wagner: „Kohlenstaubfeuerung in Amerika", Feuerungstechnik 1920, S. 58
1921   de Grahl: „Verfeuerung gepulverter Kohle", Annalen 1921-II, S. 117
    — Franco: „Het stoken met kolenpoeder", De Ingenieur 1921, S. 875
    —* Münzinger: „Kohlenstaubfeuerungen für ortsfeste Dampfkessel", Verlag Springer, Berlin 1921 — Bespr. Z 1921, S. 406
1923 =* Herington: „Powdered coal as a fuel", Verlag Constable & Co, Ltd., London 1923 — Bespr. Loc 1923, S. 284
1924 =* Harvey: „Pulverised fuel, colloidal fuel, fuel economy and smokeless combustion", Verlag Macdonald & Evans, London 1924 (S. 337: The firing of locomotive boilers with pulverised fuel)
    —* Helbig: „Brennstaub-Aufbereitung und -Verfeuerung", Verlag Knapp, Halle 1924
    = Jackson: „Powdered coal: Its preparation and utilisation", Engg 1924-I, S. 381
    — Schulte: „Stand der Kohlenstaubfeuerungen für Dampfkessel in Deutschland", Z 1924, S. 1021
1925 — „Kohlenstaubfeuerung in den Vereinigten Staaten", Archiv f. Wärmewirtschaft 1925, S. 75
1926 — Petri: „Kohlenstaub-Rostfeuerung ohne Zündgewölbe nach Schuckert-Petri", Archiv f. Wärmewirtschaft 1926, S. 39 — Wärme 1927, S. 745
1927 — Doevenspeck: „Zur Systematik der Dampfkesselfeuerungen", Wärme 1927, S. 719
    — Giesecke: „Verbreitung und Bewährung der Kohlenstaubfeuerung in Deutschland", Wärme 1927, S. 752
    — Krebs: „Sonderfragen aus dem Gebiet der Kohlenstaubfeuerung", Wärme 1927, S. 741
    — Rosin: „Wirtschaftlichkeit der Braunkohlenstaubfeuerung", Braunkohle 1927, S. 364 — Z 1927, S. 933
    — Schulte: „Die Grenzen der Kohlenstaubfeuerung", Wärme 1927, S. 747
1928 — Beckmann: „Die Anwendung der Kohlenstaubfeuerung bei Hüttenöfen unter Berücksichtigung der erhaltenen Betriebsergebnisse", Wärme 1928, S. 15
    — Rammler: „Braunkohlenstaub-Zusatzfeuerung", Archiv für Wärmewirtschaft 1928, S. 151
1929   * Landsberg: „Wärmewirtschaft im Eisenbahnwesen", Verlag Steinkopff, Dresden u. Leipzig 1929
    — „Anhaltspunkte für Bezieher von Kohlenstaub für Kohlenstaubfeuerungen", Braunkohle 1929, S. 439
1930 =* Bleibtreu: „Kohlenstaubfeuerungen", 2. Auflage, Verlag Springer, Berlin 1930
    =* Knabner: „Das Schrifttum über Kohlenstaub", 23. Berichtfolge des Kohlenstaub-Ausschusses des Reichskohlenrates". VDI-Verlag, Berlin 1930 — Bespr. Z 1931, S. 275
    — Krebs: „Der Wettbewerb zwischen Staubfeuerung, Rost, Stoker", Wärme 1930, S. 791
    — Prockat: „Beiträge zur Kohlenstaubfrage", Annalen 1930-I, S. 73

1930 — Schultes: „Die neuere Entwicklung der Kohlenstaubfeuerung unter besonderer Berücksichtigung des Strahlungskessels", Archiv für Wärmewirtschaft 1930, S. 141
— „Historisches über die Kohlenstaubfeuerung", Wärme 1930, S. 62
*„Kohlenstaubfeuerung auf Lokomotiven und in ortsfesten Anlagen", Werbeschrift der Studienges. für Kohlenstaubfeuerung auf Lokomotiven, Kassel 1930
1931 — Bleibtreu: „Wanderrost oder Staubfeuerung?", Z 1931, S. 1358
1938 — Warneke: „Kohlenstaubfeuerung an Bord", Brennstoff- und Wärmewirtschaft 1938, S. 8 u. 26
1939 — Ehmig: „Zur Geschichte der Kohlenstaubfeuerung", Wärme 1939, S. 377
=* Gumz: „Theorie und Berechnung der Kohlenstaubfeuerungen", Verlag Springer, Berlin 1939 — Bespr. Z 1940, S. 55

Der Brennstaub und seine Aufbereitung

1924 — Jackson: „Powdered coal: Its preparation and utilisation", Engg 1924-I, S. 381
„Zweiachsiger Kohlenstaubwagen", Annalen 1924-II, S. 247
1925 — „Berichtfolgen des Kohlenstaubausschusses des Reichskohlenrates", VDI-Verlag, Berlin, ab 1925
„Kohlenstaubwagen", Annalen 1925-I, S. 58
1926 — Naske: „Kohlenstaubaufbereitung in Großkraftwerken", Z 1926, S 873
— Rosin u. Rammler: „Auswertung von Siebanalysen und Kennlinien für Kohlenstaub", Archiv für Wärmewirtschaft 1926, S. 49
— Rosin u. Rammler: „Kraftbedarf von Kohlenstaubmühlen", Archiv f. Wärmewirtschaft 1926, S. 54 und 1927, S. 239
1927 — Broche: „Bestimmung der Feuchtigkeit von Kohle und Kohlenstaub", Braunkohle 1927, S. 5
— Förderreuther: „Ueber die Bestimmung der Feinheit von Kohlenstaub", Braunkohle 1927, S. 689
— Kaspers: „Herstellung und Verwendung von rheinischem Braunkohlenstaub", Braunkohle 1927, S. 397
Leppin: „Die Kohlenmahlanlage der AEG-Lokomotivfabrik Hennigsdorf", AEG-Mitt. 1927, S. 330
— Rammler: „Untersuchungen über die Messung der Kohlenstaubfeinheit bei Handsiebung", Archiv für Wärmewirtschaft 1927, S. 18
— Rosin u. Rammler: „Feinheit und Struktur des Kohlenstaubes" Z 1927, S. 1
— Rosin u. Rammler: „Wirtschaftlichkeit der Brennstaubgewinnung in Brikettfabriken", Braunkohle 1927, S. 61
— Rosin u. Rammler: „Kraftbedarf von Kohlenstaubmühlen", Archiv für Wärmewirtschaft 1927, S. 239
— Rosin u. Rammler: „Mahltrocknung", Braunkohle 1927, S. 261
1928 — Gonell: „Ein Windsichtverfahren zur Bestimmung der Kornzusammensetzung staubförmiger Stoffe", Z 1928, S. 945
Zeuner: „Normung der Anschlüsse von Förderwagen für Kohlenstaub", Archiv für Wärmewirtschaft 1928, S. 225
— „New pulverising mill for powdered fuel", Loc 1928, S. 266

1929 — Förderreuther: „Ueber die Ablöschung von brennendem Kohlenstaub", Braunkohle 1929, S. 329
— Zeuner: „Die Herstellung und Verwendung von Braunkohlenstaub im Braunkohlen- und Großkraftwerk Böhlen", Braunkohle 1929, S. 543
1930 — Gonell: „Formenkunde des Industriestaubes mit besonderer Berücksichtigung des Kohlenstaubes", Z 1930, S. 916
— Prockat: „Beiträge zur Kohlenstaubfrage", Annalen 1930-I, S. 73, 93 und 151 und 1930-II, S. 38 und 47
1931 — „Kohlenstaubexplosionen und Brände", Z 1931, S. 903
1932 — Berz u. Naske: „Fortschritte in der Kohlenstaubaufbereitung", Z 1932, S. 935
1935 Riedig: „Fahrzeuge zur Beförderung von blasfertigem Braunkohlenstaub", Fördertechnik und Frachtverkehr 1935, S. 5
1936 — Blanke: „Verhüten von Kohlenstaubexplosionen", Archiv f. Wärmewirtschaft 1936, S. 293
1937 — Gumz: „Ueber die Brennzeit von Kohlenstaub", Feuerungstechnik 1937, S. 74
1938 — Gliwitzky: „Untersuchungen über die Entzündlichkeit deutscher Kohlenstaube", Z 1938, S. 146
1939 — Schulte: „Entwicklung der Kohlenstaubmühlen", Wärme 1939, S. 772
1940 = Horn: „Beseitigung von Schwierigkeiten bei der Entleerung von Kohlenstaub-Bunkern, Kohlenstaub-Spezialwagen u. dgl.", Braunkohle 1940, S. 65
Horn: „Spezialbehälterwagen für die Beförderung staubförmiger und feingrießiger Güter", VT 1940, S. 54
—* Steinbrecher: „Wesen, Ursachen und Verhütung der Kohlenstaubexplosionen und Kohlenstaubbrände", «Kohle — Koks — Teer», Bd. 27, Verlag Wilh. Knapp, Halle/Saale 1940

Brennstaub-Feuerung / Verbrennungsvorgang

1924 Nusselt: „Der Verbrennungsvorgang in der Kohlenstaubfeuerung", Z 1924, S. 124
1927 — Stein: „Luftüberschußregelung von Kohlenstaubfeuerungen", Archiv für Wärmewirtschaft 1927, S. 251
1928 =* Hinz: „Ueber wärmetechnische Vorgänge der Kohlenstaubfeuerung unter besonderer Berücksichtigung ihrer Verwendung für Lokomotivkessel", Verlag Springer, Berlin 1928
— Gonell: „Zur Frage der Ausscheidung von Asche aus Kohlenstaub", Archiv für Wärmewirtschaft Z 1928, S. 209
1929 — Baum: „Das Verhalten der Asche in der Kohlenstaubfeuerung", Archiv für Wärmewirtschaft 1929, S. 143
— Rosin: „Thermodynamik der Staubfeuerung", Z 1929, S. 719
1930 — Rosin u. Fehling: „Verbrennung von Staub in kleinen Feuerräumen", Braunkohle 1930, S. 817
1937 — Ledinegg: „Die Berechnung des Temperaturverlaufes bei Kohlenstaub- und Oelfeuerungen", Wärme 1937, S. 359
1939 — Ehmig: „Die Vorgänge in der Brennkammer einer Staubfeuerung", Wärme 1939, S. 669
1940 Pauer: „Wärmeverteilung in der Kohlenstaubfeuerung", Z 1940, S. 68

Brennstaub-Feuerung auf Lokomotiven / allgemein

1916   Steffan: „Staubkohlenfeuerung für Lokomotiven", Lok 1916, S. 60

1923   de Grahl: „Zur Frage der Brennstaubfeuerung für Lokomotiven", Annalen 1923-II, S. 119

1924   Dannecker: „Die Brennstaubfeuerung für Lokomotiven", Organ 1924, S. 296

1925   * Caracristi: „Kohlenstaubfeuerung für Lokomotiven", «Eisenbahnwesen», VDI-Verlag, Berlin 1925, S. 188

1928   Metzeltin: „Zur Geschichte der Brennstaubfeuerungen bei Lokomotiven", Annalen 1928-II, S. 57

         Nordmann: „Die Kohlenstaubfeuerung auf Lokomotiven", Braunkohle 1928, S. 647

         „Kohlenstaubfeuerung im Lokomotivbetrieb", Waggon- und Lokbau 1928, S. 44

         „Kohlenstaubfeuerung auf Lokomotiven", Braunkohle 1928, S. 131

1930   * Rosenthal: „Die wirtschaftliche Verfeuerung von Kohlenstaub auf Lokomotiven. — Grundlagen für die Wirtschaftlichkeitsberechnung", Weltkraft 1930, S. 88

Brennstaub-Feuerung / Deutsche Reichsbahn - allgemein

1928   Nordmann: „Die Kohlenstaubfeuerung auf Lokomotiven", Braunkohle 1928, S. 647

         Uebelacker: „Die Kohlenstaub-Lokomotive", Organ 1928, S. 119

         Witte: „Die Wirtschaftlichkeit und neuere Entwicklung der Kohlenstaubfeuerung auf Lokomotiven", Waggon- u. Lokbau 1928, S. 65

1929   Nordmann: „Die Kohlenstaublokomotive", Z 1929, S. 951

         „Kohlenstaub für Lokomotiven", Waggon- und Lokbau 1929, S. 409

         „Pulverised fuel burning developments in Germany", Ry Eng 1929, S. 467

1930   * Günther: „Versuchs- und Betriebsergebnisse bei den Kohlenstaublokomotiven der Deutschen Reichsbahn-Gesellschaft", Weltkraft 1930, S. 113

1937   „Pulverised-fuel streamlined locomotive, German State Rys", Loc 1937, S. 270

Brennstaub-Feuerung Bauart Stug

1928   * Hinz: „Ueber wärmetechnische Vorgänge der Kohlenstaubfeuerung unter besonderer Berücksichtigung ihrer Verwendung für Lokomotivkessel", Verlag Springer, Berlin 1928

         Hinz: „Mitteilungen über die Stug im Anschluß an einen Vortrag in der Deutschen Maschinentechnischen Gesellschaft", Annalen 1928-I, S. 62

1929   Roosen: „Pulverised fuel burning in locomotives", Journal 1929, S. 725

         „Eine neue Kohlenstaublokomotive", Annalen 1929-I, S. 31 — Les Chemins de Fer et les Tramways 1929, S. 40 — Loc 1929, S. 92 — Engg 1929-I, S. 221

1930 Nordmann: „Versuchsergebnisse der Kohlenstaublokomotive der Studiengesellschaft", RB 1930, S. 74
Roosen: „Erfahrungen im Lokomotivbetrieb mit der Kohlenstaubfeuerung Bauart Stug", HH Juni 1930, S. 17
Roosen: „Neue Kohlenstaublokomotiven der Bauart Stug", HH Dez. 1930, S. 55
Roosen: „Einführung der Kohlenstaubfeuerung auf Lokomotiven der Reichsbahn nach dem System der Stug", Rauch u. Staub 1930, S. 58
Roosen: „The Stug system of pulverized-fuel firing on locomotives", The Journal of the American Society of Mechanical Engineers, New York 1930
*„Kohlenstaubfeuerung auf Lokomotiven und in ortsfesten Anlagen", Werbeschrift der Stug, Kassel 1930
„German device for burning lignite", Mod. Transport 25. Jan. 1930, S. 7
1931 * Roosen: „Trials and road results with Stug pulverized fuel fired locomotives", Paper for presentation at Third International Conference on Bituminous Coal at the Carnegie Institute of Technology, Pittsburgh, Pennsylvania, November 16-21, 1931

Brennstaub-Feuerung Bauart AEG

1928 Kleinow: „Die AEG-Kohlenstaublokomotive", Annalen 1928-I, S. 45 u. 59 — Lok 1928, S. 37
1929 * Kleinow: „Betriebsergebnisse der ersten AEG-Kohlenstaublokomotive", herausgegeben von der AEG 1929 — Annalen 1928-I, S. 59 — Z 1929, S. 951 (Nordmann)

Brennstaub-Feuerung / Verschiedene Bahnen

1919 „Locomotive for burning pulverized fuel, Great Central Ry", Loc 1919, S. 103 und 1920, S. 22
1920 Wangemann: „Die Torfstaubfeuerung in Schweden", Feuerungstechnik 1920, S. 53
1922 „Great Central Ry locomotives for burning pulverized coal and colloidal fuel", Loc 1922, S. 187
1923 „Pulverized coal for locomotives in Japan", Age 1923-II, S. 161
1925 Wagner: „Die Torfstaubfeuerung bei den Lokomotiven der Schwedischen Staatsbahnen", Organ 1925, S. 213
1931 * Chapple: „Pulverized fuel for steam locomotives (Kansas City Southern Rr)", Paper for presentation at Third International Conference on Bituminous Coal at the Carnegie Institute of Technology, Pittsburgh Pa, 1931
1932 „Kohlenstaublokomotive der Kansas City Southern Ry", Organ 1932, S. 352

Schornstein und Blasrohr

1863 * Zeuner: „Das Lokomotivenblasrohr", Zürich 1863
1865 Prüsmann: „Die Konstruktion der Lokomotivessen", Organ 1865, S. 97
1871 Zeuner: „Die Wirkung des Blasrohr-Apparates bei Lokomotiven mit konisch-divergenter Esse", Civilingenieur 1871, S. 1
1875 * Heusinger v. Waldegg: „Literatur über Blasrohr-Apparate", Handbuch für specielle Eisenbahn-Technik, 3. Bd., Verlag Wilh. Engelmann, Leipzig 1875, S. 362

1878 „Annular blast pipe for locomotives", Engg 1878-I, S. 170 und 221

1890 „Macallan & Adams' variable blast nozzle", Engg 1890-II, S. 215

1895 Troske: „Die vorteilhaftesten Abmessungen des Lokomotiv-Blasrohres und des Lokomotiv-Schornsteines", Annalen 1895-II, S. 47, 61, 81, 101, 117, 139, 180, 194 — 1896-I, S. 55

1896 v. Borries: „Versuche mit Blasrohren und Schornsteinen der Lokomotiven", Organ 1896, S. 14

1903 v. Borries: „Versuche mit Lokomotiv-Schornsteinen und -Blasrohren, ausgeführt unter Leitung des Professors Goss an der Purdue-Hochschule in Lafayette, Ind.", Organ 1903, S. 246

1907 Höhn: „Versuche mit Kamin und Blasrohr an Lokomotiven", Schweiz. Bauzeitung 1907-II, S. 10

1910 Pradel: „Neue Vorrichtungen zur Regelung und Ausgleichung des Zuges in Lokomotivrauchkammern", Lok 1910, S. 161 u. 185
„Geschichtliche Notiz über das Klappenblasrohr", Lok 1910, S. 212

1911 Strahl: „Untersuchung und Berechnung der Blasrohre und Schornsteine von Lokomotiven", Organ 1911, S. 321, 341, 359, 379, 399, 419 — Z 1913, S. 1739 — * Kreidels Verlag, Wiesbaden 1912

1919 Goddard: „Smokebox construction and design", Loc 1919, S. 180 u. f.

1922 Coppus: „The mechanical drafting of locomotives", Age 1922-II, S. 1099

1925 * Ebeling: „Das Blasrohr der Lokomotive (Neue Formel der Reichsbahn)", Die Eisenbahn-Werkstatt 1925, S. 23
Japiot: „L'échappement à trèfle des locomotives de la Cie PLM", Revue 1925-II, S. 3

1927 ˙ Jacquet: „Type 10 express locomotives, Belgian National Ry Co", Loc 1927, S. 8
„Das Breitstrahlblasrohr von Gölsdorf", Lok 1927, S. 123

1928 Chapelon: „Notes sur les échappements de locomotives. — Résultats d'expériences effectuées à la Cie de Paris-Orléans", Revue 1928-II, S. 191 und 283
„Ueber das verstellbare Blasrohr", Revue 1928-II, S. 207 u. f.

1929 „The K.-C. blast pipe for locomotives", Loc 1929, S. 328

1930 Armstrong: „Improving draft efficiency", The Railway Mechanical Engineer 1930, S. 499

1931 Phillipson: „Steam locomotive design: The smokebox, blast pipe and chimney", Loc 1931, S. 338
„Duplex locomotive chimney, Imperial Rys of Japan", Loc 1931, S. 12

1932 Mc Dermid: „The locomotive blast-pipe and chimney", Loc 1932, S. 131

1935 Godfernaux: „Die Fortschritte in der Ausströmung der Lokomotiven (bei der P. O.-Bahn)", Kongreß 1936, S. 137
„Improvements in the locomotive blast pipe", Ry Eng 1935, S. 416
„The blast-pipe", Loc 1935, S. 171

1936 Ledard: „Perfectionnements apportés par la Cie du Nord aux échappements de ses locomotives", Revue 1936-II, S. 164
„Lemâitre variable blast pipe", Gaz 1936-I, S. 738

1937 Meineke: „Bericht über Versuche mit neueren Blasrohrformen", Organ 1937, S. 231

„The Lemâitre improved exhaust system, Northern Ry of France",
Loc 1937, S. 184 — Organ 1937, S. 244

1939 Dewhurst: „Locomotive draught arrangements, Central Uruguay
Ry", Gaz 1939-I, S. 167

Godard: „Improvements in locomotives of the Syrian Railways;
Simple modifications of the blast and the superheater [G. F. type
exhaust arrangements, G. F. type of superheater]", Gaz 1939-I,
S. 134

Stanier: „Problems connected with locomotive design - III", Gaz
1939-I, S. 542

„New blast arrangements on Southern Ry locomotives: Improving
the steaming qualities of the «Lord Nelson» class engines", Gaz
1939-I, S. 1061 — Mod. Transport 17. Juni 1930, S. 26

1940 Meineke: „Neue Blasrohrform", Lok 1940, S. 117

Kesselspeisung / allgemein

1852 „Kirchweger's Condensations-Vorrichtung an Locomotiven", Organ
1852, S. 1

1875 * Heusinger v. Waldegg: „Literatur über Wasserspeiseapparate",
Handbuch für specielle Eisenbahn-Technik, 3. Bd., Verlag Wilh.
Engelmann, Leipzig 1875, S. 400

1881 — Proell: „Ueber die continuirliche und selbstthätige Speisung der
Dampfkessel", Z 1881, S. 595

1914 Schneider: „Vorrichtung zur Vermeidung des Kaltspeisens von Lokomotiven", Z 1914, S. 1056

1921 * Willans: „Locomotive feed-water heating and boiler feeding", Loc
1921, S. 20 u. f.

1925 *„Locomotive superheating and feed water heating", Loc 1925 (?), Ergänzungsband, Verlag The Locomotive Publishing Co, Ltd, London

1926 Wagner: „Ueber die Speisung des Lokomotivkessels", VT 1926,
Nr. 47/49

1927 „Factors in the design of steam locomotives. — IV: Injectors, feed
heating, superheating, compounding", Loc 1927, S. 323

1930 * Bräuning: „Der heutige Stand der Kesselspeisung bei Lokomotiven",
Bericht über die Tagung der Betriebsleiter-Vereinigung Deutscher
Privat- und Kleinbahnen 1930, S. 18

1931 — Kissinger: „Die Speisewasserregelung bei Elektro- und bei Turbo-
Kesselspeisepumpen", Z 1931, S. 191

1932 „Locomotive feed water devices", Baldwin April 1932, S. 25

1934 * Grün: „Dampfkessel-Speisepumpen", Verlag Springer, Wien 1934

Wagner: „Ueber Verbesserungen in der Lokomotiv-Kesselspeisung
bei der Deutschen Reichsbahn-Gesellschaft (u. a. Speisepumpe mit
Tolkien-Steuerung)", Organ 1934, S. 61

Dampfstrahlpumpe

1860 Grashof: „Ueber die Theorie von Giffard's Dampfstrahlpumpe",
Z 1860, S. 227

Reinhardt: „Ueber Giffard's Dampfstrahlpumpe", Zeitschrift des
österr. Ingenieur-Vereins 1860, S. 61

1870 — Winkler: „Der Dampfinjector", Z 1870, S. 711

1889 =   Körting: „Ueber Strahlapparate", Z 1889, S. 327
1909 =   Schrauff: „Untersuchungen über den Arbeitsvorgang im Injektor",
          Z 1909, S. 768 u. 817
1939 —   Flügel: „Berechnung von Strahlapparaten", Z 1939, S. 1065 —
          * VDI-Forschungsheft 395, VDI-Verlag, Berlin 1939
—* Weydanz: „Die Vorgänge in Strahlapparaten", Mitteilungen aus
    dem Maschinenlaboratorium der T. H. Karlsruhe, Heft 8 aus
    Reihe 2 der Beihefte zur Zeitschrift für die gesamte Kälte-
    Industrie, VDI-Verlag in Kommission 1939

Speisepumpe

1918   Schneider: „Versuche mit Speisewasservorwärmern und Speisepum-
         pen für Lokomotiven", Z 1918, S. 265 — Organ 1928, S. 293
1926   Wagner: „Ueber die Speisung des Lokomotivkessels", VT 1926,
         Heft 47/49
1928   Schneider: „Versuche mit Lokomotiv-Speisepumpen", Organ 1928,
         S. 293
         „An improved feed-water heater and pump (Worthington)", Loc
         1928, S. 225
1929   Schünemann: „Luft- u. Speisepumpen-Ausbesserung", VT 1929, S. 737
         Wagner, Franz: „Die Verwendung der automatischen Schmierung
         mittels mechanischer Schmierpumpen bei den Speisewasser- und
         Luftpumpen von Lokomotiven", Annalen 1929-I, S. 151
1934 =* Grün: „Dampfkessel-Speisepumpen", Verlag Springer, Wien 1934 —
         Bespr. Z 1935, S. 79
1936 —   Dümmerling: „Betriebserfahrungen an Höchstdruck-Kesselspeise-
         pumpen", Wärme 1936, S. 785
1937 —   Weyland: „Betriebserfahrungen an Höchstdruck-Kesselspeisepum-
         pen", Wärme 1937, S. 371
1938   „Hancock-Turbo-Speisepumpe für Lokomotiven", Organ 1938, S. 162
         — Age 1937-I, S. 232
1940 —   Barske: „Schleuderpumpe mit umlaufendem Gehäuse", Z 1940, S. 373

Abdampf-Strahlpumpe

1879   „The Mazza injector and feed-heating apparatus for locomotives",
         Engg 1879-I, S. 24
1922   „An improved exhaust steam injector (Davies & Metcalfe)", Loc
         1922, S. 72
1925   Deutsch: „Der Abdampfinjektor für Lokomotiven", Schweiz. Bau-
         zeitung 1925-I, S. 301
    * Wagner: „Wege zur wärmetechnischen Verbesserung der Lokomo-
      tive", «Eisenbahnwesen», VDI-Verlag, Berlin 1925, S. 5
      „Speisewasservorwärmung durch Abdampfinjektoren Metcalf-Fried-
      mann", Lok 1925, S. 37 u. 57
1928   Corbellini: „Versuche der Italienischen Staatsbahnen mit Abdampf-
         vorwärmern für Lokomotiven", Organ 1928, S. 41
         „An improved exhaust steam injector for locomotives", Ry Eng
         1928, S. 373

1929   * Deutsch: „Der Abdampfinjektor im Vergleich mit dem Oberflächen-
        vorwärmer", erschienen bei Alex. Friedmann, Wien 1929
        Felsz: Speisewasservorwärmer für Lokomotiven: Friedmann-Ab-
        dampfinjektor", Archiv für Wärmewirtschaft 1929, S. 64
        Juliusburger: „Abdampfvorwärmer und Abdampfinjektor", Annalen
        1929-I, S. 40 u. 53 sowie 1931-I, S. 29 u. 129
        „An exhaust steam injector with automatic control (Metcalfe)", Loc
        1929, S. 348
        *„Friedmanns Injektor-Taschenbuch, mit besonderer Berücksichtigung
        des Abdampf-Injektors", erschienen bei Alex Friedmann, Wien
        1929

1931   Juliusburger: „Abdampfvorwärmer und Abdampfinjektor", Annalen
        1931-I, S. 29 u. 129

1933   Juliusburger: „Ueber Wirtschaftlichkeit und Rentabilität von Ab-
        dampfvorwärmer und Abdampfstrahlpumpe", Annalen 1933-I, S. 36

1938   Kastner: „The exhaust steam injector", Loc 1938, S. 329

Speisewasser-Vorwärmung / allgemein

1852   „Kirchweger's Condensationsvorrichtung an Lokomotiven", Organ
        1852, S. 1

1911   „Feed-water heating and superheating on locomotives", Engg 1911-II,
        S. 213, 275, 341, 445, 617, 690 und 753

1913   Schneider: „Speisewasser-Vorwärmung bei Lokomotiven", Z 1913,
        S. 687, 735, 777, 852, 902

1915   Schneider: „Die Gefahr des Kaltspeisens von Lokomotivkesseln bei
        Speisewasser-Vorwärmung", Annalen 1915-I, S. 117
        Strahl: „Die Kohlenersparnis oder größere Leistungsfähigkeit der
        Lokomotiven durch Vorwärmung des Speisewassers", Annalen
        1915-II, S. 23 u. 41
        „Zur Geschichte der Speisewasservorwärmung", HN 1915, S. 102

1917   Strahl: „Der Wert der Heizfläche eines Lokomotivkessels für die
        Verdampfung, Ueberhitzung und Speisewasservorwärmung", Z 1917,
        S. 257

1918   Schneider: „Versuche mit Speisewasservorwärmern und Speisepum-
        pen für Lokomotiven", Z 1918, S. 265

1921   Willans: „Locomotive feed-water heating and boiler feeding", Loc
        1921, S. 20 u. f.

1922   Schumacher: „Beitrag zur Geschichte des Lokomotiv-Speisewasser-
        Vorwärmers (Maschinenbau-Ges. Karlsruhe 1883)", Annalen 1922-II,
        S. 115

1925   * Wagner: „Wege zur wärmetechnischen Verbesserung der Lokomo-
        tive", «Eisenbahnwesen», VDI-Verlag, Berlin 1925, S. 5
        *„Locomotive superheating and feed water heating", Verlag The
        Locomotive Publishing Co, Ltd, London 1925 (?)

1926   Wagner: „Ueber die Speisung des Lokomotivkessels", VT 1926,
        Heft 47/49

1928   Corbellini: „Versuche der Italienischen Staatsbahnen mit Abdampf-
        Vorwärmern für Lokomotiven", Organ 1928, S. 41

1929　Felsz: „Speisewasservorwärmer für Lokomotiven", Archiv für
　　　　Wärmewirtschaft 1929, Heft 2
1930　Wagner: „Ueber die Frage der Vervollkommnungen an Kolben-
　　　　dampflokomotiven", Kongreß 1930, S. 457 u. f.
1933　Atkinson: „Feed-water heating on locomotives", Loc 1933, S. 87
1935　Juliusburger: „Ueber Wirtschaftlichkeitsmessungen an Speisewasser-
　　　　Vorwärmer-Anlagen für Lokomotiven", Annalen 1935-I, S. 5
　　　　„Some locomotive inventions of Joseph Beattie: Feed-water heating
　　　　and condensing", Loc 1935, S. 324 u. f.
1936　„An early feed water heater, 1857", Loc 1936, S. 366
1937　Peters: „Feed water heaters for steam locomotives", Gaz 1937-I,
　　　　S. 1202
—　　Schnackenberg: „Die Wasserverteilung in Zwanglaufheizflächen, ins-
　　　　besondere in Speisewasservorwärmern", Wärme 1937, S. 481
1938 —　Schultes: „Hilfsheizflächen (Speisewasser- und Luftvorwärmer)",
　　　　Wärme 1938, S. 475

Abdampf-Vorwärmer

1911　„Der Speisewasser-Vorwärmer Caille-Potonié", Lok 1911, S. 101
　　　　u. 1912, S. 145
1912　„The Weir system of feed water heating for locomotives", Loc 1912,
　　　　S. 186 und 248 und 1915, S. 121
1914　„Der Speisewasservorwärmer Bauart Schichau der Kgl. Preußischen
　　　　Staatsbahn", HN 1914, Heft 7/8, S. 6
1916　Willigens: „Vorwärmeranlagen bei Lokomotiven", Klb-Ztg. 1916,
　　　　S. 197 u. 209
1921　* Fischer: „Die Speisewasser-Vorwärmer-Anlagen (Bauart Knorr) für
　　　　Lokomotiven", Selbstverlag Berlin-Niederschöneweide 1921. —
　　　　3. Aufl. 1926
　　　　Günther: „Speisewasservorwärmer für Lokomotiven", Z 1921, S. 1205
1924　Ehrenfest-Egger: „Neue Versuche an der Dabeg-Lokomotivfahr-
　　　　pumpe mit Abdampf-Einspritz-Vorwärmer", Z 1924, S. 975
1925　Boulière: „Le réchauffage de l'eau d'alimentation des chaudières de
　　　　locomotives sur le réseau d'Alsace et de Lorraine", Revue 1925-I,
　　　　S. 433
　　　　Parmantier: „Le réchauffage de l'eau d'alimentation des chaudières
　　　　de locomotives sur le réseau PLM", Revue 1925-I, S. 114
　　　　Plhak u. Igel: „Wärmewirtschaftliche Entwicklung der Lokomotive
　　　　unter bes. Berücksichtigung von Versuchsfahrten einer mit Dabeg-
　　　　Vorwärmer ausgerüsteten Lokomotive", Annalen 1925-II, S. 112
　　　　u. 188 — 1926-I, S. 73
　　　　„«Titan» feed-water heater and purifier (Hungary)", Loc 1925, S. 158
1928　Corbellini: „Versuche der Italienischen Staatsbahnen mit Abdampf-
　　　　Vorwärmern für Lokomotiven", Organ 1928, S. 41
　　　　„The ACFI feed water heater", Ry Eng 1928, S. 267 — Gaz 1929-II,
　　　　S. 230
　　　　„An improved locomotive feed-water heater and pump (Worthing-
　　　　ton)", Loc 1928, S. 225
1929　* Deutsch: „Der Abdampfinjektor im Vergleich mit dem Oberflächen-
　　　　vorwärmer", herausgegeben von Alex. Friedmann, Wien 1929

Juliusburger: „Abdampfvorwärmer und Abdampfinjektor", Annalen 1929-I, S. 40 u. 53 sowie 1931-I, S. 29 u. 129

Schünemann: „Luft- und Speisepumpen-Ausbesserung", VT 1929, S. 737

1930   Durin: „Rechauffeurs d'eau d'alimentation à soutirage de vapeur", Revue 1930-II, S. 22

1931   Juliusburger: „Abdampfvorwärmer und Abdampfinjektor", Annalen 1931-I, S. 29 u. 129

„The new Gresham feed water heater for locomotives", Gaz 1931-I, S. 287 — Loc 1933, S. 191 — Z 1933, S. 778

1933   Juliusburger: „Ueber Wirtschaftlichkeit und Rentabilität von Abdampfvorwärmer und Abdampfstrahlpumpe", Annalen 1933-I, S. 36

1935   „Heinl hot water feed system for locomotives", Loc 1935, S. 228 — Lok 1937, S. 39

1937 —   Schlicke: „Speisewasservorwärmung und -Aufbereitung durch Abdampf", Wärme 1937, S. 307

Trautner: „Die Ausnutzung des Abdampfvorwärmers im Lokomotivbetrieb", Organ 1937, S. 64

Rauchgas-Vorwärmer

1880   „0-4-0 shunting locomotive, London & North Western Ry" (Schornstein durch Kessel und Dom geführt), Engg 1880-II, S. 184

1907   Sauer: „2/4 gek. Personenzuglokomotive der Aegyptischen Staatsbahn mit Speisewasservorwärmer", Z 1907, S. 11

1911   „Feed-water heating on locomotives, Trevithick's system", Engg 1911-I, S. 143, 271 u. 342 — Revue 1911-I, S. 482

1913   Ahrons: „The utilization of waste heat in locomotives. — Trevithick's system", Loc 1913, S. 126, 172, 190, 212, 235, 254 sowie 1914, S. 32

Trevithick u. Cowan: „Superheating and feed-water heating on locomotives", Engg 1913-I, S. 408, 442, 472

1916   „Verhoop-Rauchkammer-Vorwärmer", Klb.-Ztg. 1916, S. 209

„Feed water heater, Mount Tampalpais & Muir Woods Ry", Loc 1916, S. 147

1923   Fleck: „Erhebliche Betriebskosten-Ersparnis bei Dampflokomotiven (durch Abgasvorwärmer)", VT 1923, S. 217 — Z 1923, S. 825

„Rauchgasvorwärmer", Z 1923, S. 825

1925   * Wagner: „Wege zur wärmetechnischen Verbesserung der Lokomotiven", «Eisenbahnwesen», VDI-Verlag, Berlin 1925, S. 5

1926   Wagner: „Ueber die Speisung des Lokomotivkessels" (u. a. Abgasvorwärmer «Eisenbahnzentralamt»), VT 1926, Heft 47/49

1930   Wagner: „Ueber die Frage der Vervollkommnungen an Kolbendampflokomotiven", Kongreß 1930, S. 457 u. f.

1937   Metzeltin: „Lokomotive mit Abgasvorwärmer Bauart Franco", Organ 1937, S. 75

1939   „A Franco-locomotive in Italy", Gaz 1939-I, S. 690 — Wärme 1939, S. 359 — Lok 1939, S. 113 — Rivista Tecnica delle Ferrovie Italiane 1939-I, S. 1

Abdampf-Rauchgas-Vorwärmer

1925   „The Dabeg feed-water heating apparatus", Loc 1925, S. 180 und
       1930, S. 57

1928   „Bredin-Burnell feed-water heating apparatus, Great Southern Rys
       (Ireland)", Loc 1928, S. 385

1937   Metzeltin: „Lokomotive mit Abgasvorwärmer Bauart Franco",
       Organ 1937, S 69

1939   „A Franco-locomotive in Italy", Gaz 1939-I, S. 690 — Wärme 1939,
       S. 359 — Lok 1939, S. 113 — Rivista Tecnica delle Ferrovie Ita-
       liane 1939-I, S. 1

BAULICHE EINZELHEITEN
DES LOKOMOTIVKESSELS

Feuerbüchse / allgemein

1884 „Ueber die Ursache des häufigen Undichtwerdens der Rohrwand der Feuerbüchse", Z 1884, S. 696

1885 Busse: „Ueber Gewölbe in den Lokomotivfeuerkisten", Organ 1885, S. 223

1891 Busse: „Neuere Erfahrungen mit Feuergewölben in den Lokomotivfeuerkisten", Organ 1891, S. 296

1906 Busse: „Ueber das Dichthalten der Feuerbüchsbodenringe", Organ 1906, S. 147

1908 Caruthers: „Sloping fireboxes on locomotives", Gaz 1908-II, S. 328
„Early attempts with coal burning in locomotives", Loc 1908, S. 35

1912 Twinberrow: „The design of locomotive fireboxes", Engg 1912-II. S. 665
„Foundation and firehole rings", Loc 1912, S. 192

1913 „The «Gaines» locomotive furnace" (Feuerbrücke), Gaz 1913-II, S. 524

1915 „Das Bohren der Feuerkisten", HN 1915, S. 99

1918 Webster: „The arrangement of tubes in locomotive boilers", Loc 1918, S. 60

1920 „Notes on brick arches in locomotive fireboxes", Loc 1920, S. 84

1931 Twinberrow: „The water space stays of locomotive fireboxes", Ry Engg 1931, S. 433

1935 Koeßler: „Die Brennkammer im Lokomotivkessel", Annalen 1935-II, S. 154

1937 Poultney: „The firebox proportions of modern locomotive boilers", Gaz 1937-II, S. 724 — Kongreß 1938, S. 836

— Prantner: „Feuerraumgestaltung bei selbsttätiger Dampfkessel-Rostfeuerung für Steinkohle", Wärme 1937, S. 667
„Schwerer Unfall an einer Baulokomotive: Einbeulen der Feuerbüchse infolge Reißens von Stehbolzen", Zeitschrift des Bayr. Revisions-Vereins 1937, S. 94
„Repairing fire-boxes", Loc 1937, S. 26

1939 „Locating height of crown sheet and water-level indicating devices". Mech 1939-II, S 446

Stahl-Feuerbüchse

1888 „Anwendung von Stahl für die Feuerkisten der Lokomotiven", Z 1888, S. 836

1891 Müller-Witten: „Praktische Erfahrungen mit dem Lentzschen Kessel. — Die Zerstörungen der Lokomotivkessel durch Deformation. — Verwendung flußeiserner Feuerkasten", Annalen 1891-II, S. 185, Z 1891, S. 1335 u. 1364 — Organ 1892, S. 65

1893 Erhardt: „Feuerbüchse für Lokomotiven aus Flußeisen- oder Stahlblechen", Z 1893, S. 1394
Müller: „Vorkehr gegen Rahmenbrüche und Kesselschäden der Lokomotiven und Ausführung flußeiserner Feuerkasten", Z 1893, S. 442

1894 „Ueber die Verwendung von Stahl in Lokomotiv-Feuerbüchsen", Organ 1894, S. 179

1916   Busse: „Erfahrungen mit Flußeisenblechen für Lokomotivfeuerbüchsen", Z 1916, S. 992

         Kittel: „Flußeisenbleche für Lokomotivfeuerbüchsen", Z 1916, S. 745

1917   Klug: „Flußeiserne Feuerbüchsen", Z 1917, S. 109

         „Steel fireboxes on the London, Brighton & South Coast Ry", Loc 1917, S. 131

1918   „Eiserne Feuerbüchsen für Lokomotiven", ZVDEV 1918, S. 771

1919   Conte: „Application de foyer en acier aux locomotives du réseau d'Orléans", Revue 1919-II, S. 95

1920 =   Goerens u. Fischer: „Ueber Weicheisen", Kruppsche Monatshefte 1920, S. 5

1922   Müller: „Flußeiserne Feuerbüchsen", Annalen 1922-II, S. 17

1923   Kühnel u. Mohrmann: „Untersuchungen an flußeisernen Feuerbuchsblechen", Annalen 1923-II, S. 83

1924   Füchsel: „Erfahrungen mit einer flußeisernen Feuerbüchse mit gewelltem Mantelblech", Organ 1924, S. 259

1925   * Seley: „Allgemeine Betriebserfahrungen und Behandlung der Feuerbüchsen aus weichem Flußeisen", «Eisenbahnwesen», VDI-Verlag, Berlin 1925, S. 196

1931   „Steel fireboxes", Loc 1931, S. 265 u. 1932, S. 400

1936   Wilde: „Kupferne und flußstählerne Lokomotivfeuerkisten", Wärme 1936, S. 311

1937   Lauermann u. Hochmuth: „Röntgenprüfung einer geschweißten stählernen Lokomotiv-Feuerbüchse", HH August 1937, S. 13

         Viehmann u. Dinessen: „Das Schweißen stählerner Feuerbüchsen", HH August 1937, S. 4

1939   Jouvelet u. Doriot: „L'adoption par la S. N. C. F. de l'acier pour la construction des foyers de locomotives", Revue 1939-II, S. 111

1940   Stach: „Erfahrungen mit Stahlfeuerbüchsen und Gelenkstehbolzen", Bahn-Ing. 1940, S. 289

Stehbolzen und Deckenanker / allgemein

1914   Prinz: „Berechnung der Stehbolzen", Organ 1914, S. 315

         „Undichte Deckenanker in Lokomotivkesseln", HN 1914, Heft 3, S. 1 — Lok 1915, S. 101

1918   „Abgedrehte Deckenanker", HN 1918, S. 107

1921   Barkhausen: „Berechnung und Ausbildung der Stehbolzen von Feuerkisten", Organ 1921, S. 277

1924   Iltgen: „Im Gewinde dichte Stehbolzen", Annalen 1924-I, S. 113 u. 1924-II, S. 143 u. 174

1925   Tross: „Neue Erfahrungen mit Stehbolzengewindebohrern und ihre Einflüsse auf die verschiedenen Stehbolzen-Systeme", HN 1925, S. 105

         „Side stays for locomotive fireboxes", Loc 1925, S. 162, 257, 317, 389

1929   Berndt: „Die Beanspruchung beim Hineindrehen dampfdichter Uebermaß-Stehbolzen", Annalen 1929-I, S. 5

1931   Kühne: „Erfahrungen mit Stehbolzen- und Feuerbuchskupfer in England und Deutschland", Zeitschrift für Metallkunde 1931, Heft 1

         Twinberrow: „The water space stays of locomotive fireboxes" (Beanspruchung!), Ry Eng 1931, S. 433

         „Steel firebox stays", Loc 1931, S. 394

1932	Ammermann: „Stehbolzen mit gewalztem Gewinde für Lokomotiv-kessel", Organ 1932, S. 288
1934	Cramer: „Einschweißen von Stehbolzen in die kupfernen Feuer-buchswände des Lokomotiv-Kessels", Annalen 1934-II, S. 89
1935	Blomberg: „Beitrag zur Frage der Erkaltungsundichtigkeit von Stehbolzen in der Lokomotiv-Feuerbüchse", Organ 1935, S. 157
1939	Clayton: „British and French staybolts of Monel metal", Mech. 1939, S. 334
1940	Metzeltin: „Zur Stehbolzenfrage", Lok 1940, S. 103

Eiserne Stehbolzen

1903	Memmert: „Ueber die Verwendung von flußeisernen Stehbolzen zu den Feuerkisten der Lokomotiven", Annalen 1903-I, S. 179
1919	Gleich: „Flußeiserne Stehbolzen", Organ 1919, S. 278
1931	„Steel firebox stays", Loc 1931, S. 394

Aufdorn-Stehbolzen

1920	de Neuf: „Der Stehbolzen «Zwilling»", Annalen 1920-II, S. 35 „Der Zwilling-Stehbolzen", Organ 1920, S. 223
1923	Lorenz: „Mitteilung über Zwillingstehbolzen", Annalen 1923-I, S. 22
1924	Tross: „Der Aufdornstehbolzen", HN 1924, S. 96 u. 157 — Annalen 1924-I, S. 140 u. 1925-I, S. 226
1932	Tross u. Schwientek: „Das Aufdornverfahren für Seiten- und Decken-stehbolzen", HH Febr. 1932, S. 8

Bewegliche Stehbolzen

1903	Busse: „Verkürzbare Stehbolzen für Lokomotiven der Dänischen Staatsbahnen", Organ 1903, S. 116
1912	„Tate flexible firebox stay", Loc 1912, S. 44 — Engg 1912-II, S. 336
1922	Barkhausen: „Bewegliche Stehbolzen für Lokomotivkessel", Organ 1922, S. 240
	„The development of welded flexible stay bolts", Age 1922-I, S. 1291
1940	Stach: „Erfahrungen mit Stahlfeuerbüchsen und Gelenkstehbolzen", Bahn-Ing. 1940, S. 289

Ankerlose Feuerbüchse

1884	„Wellrohr zu einer Doppelfeuerung im Kessel einer amerikanischen Schnellzug-Lokomotive (Eilzugslokomotive mit doppelter Feuer-büchse, construirt von Georg H. Strong, Philadelphia)", Organ 1884, S. 7
—	Werner: „Wellrohr-Dampfkessel", Z 1884, S. 135
1889	Knaudt: „Lokomotive mit Wellrohrkessel", Organ 1889, S. 188 — Z 1889, S. 419
1890	Lentz: „Ueber den ankerlosen Lokomotivkessel", Annalen 1890-I, S. 34 — Engg 1890-II, S. 724
	Vockrodt: „Ueber ankerlose Lokomotivkessel", Z 1890, S. 1033
1891	Bobertag: „Lokomotivkessel mit gewellten Feuerrohren", Annalen 1891-II, S. 31
	Lentz: „Der ankerlose Lokomotivkessel", Z 1891, S. 227

1891   Müller: „Erfahrungen mit dem Lentzschen Lokomotivkessel", Annalen
        1891-II, S. 185 — Organ 1892, S. 65 — Z 1891, S. 1335 u. 1364
1894   Lentz: „Die auf Zerstörungen wirkenden inneren Spannungen der
        Lokomotiv- sowie Schiffskessel und Mittel zur Beseitigung der-
        selben", Annalen 1894-II, S. 197
1899   „Ankerlose Lokomotivkessel", Z 1899, S. 1444
1901   Lentz: „Spannungsfreier Kessel und gegossener Rahmen", Annalen
        1901-I, S. 23
1909   Wagenknecht: „Lokomotiv-Feuerbüchsen mit wellenförmiger Ober-
        fläche", VW 1909, S. 193
        „The Jacobs-Shupert locomotive firebox", Gaz 1909-I, S. 787 u.
        1910-II, S. 622 — Engg 1913-I, S. 581 — Loc 1915, S. 249

Wasserrohr-Feuerbüchse und Wasserrohr-Kessel

1899 — „Water-tube boiler for motor cars", Engg 1899-I, S. 497
1904   Elbel: „Lokomotivkessel mit Wasserrohrfeuerbüchse System Bro-
        tan", Annalen 1904-II, S. 150 — Engg 1905-II, S. 278 (Hanbury)
1905   Schwarze: „Die Lütticher Weltausstellung: Das Eisenbahnwesen. —
        Lokomotivkessel Bauart Brotan", Annalen 1905-II, S. 141
        „1 C - Lokomotive mit Wasserrohrkessel System Robert für Algier
        (PLM-Bahn)", Z 1905, S. 1094 — Lok 1905, S. 148 — Revue
        1905-I, S. 237 — Loc 1927, S. 180
1907   „Lokomotiven mit Wasserrohrfeuerbüchse System Brotan der k. k.
        österr. Stb.", Lok 1907, S. 61 u. 201
1908   „Neue Schweizer Lokomotive mit Wasserrohrfeuerbüchse System
        Brotan", Lok 1908, S. 61
        „The Brotan locomotive", Gaz 1908-I, S. 401 — Loc 1908, S. 48 —
        Revue 1927-II, S. 76
        „0-8-0 Güterzuglokomotive mit Brotan-Kessel für die kgl. preußische
        Staatsbahn", Lok 1908, S. 24
1909   „2/2 gek. Lokomotive mit Wasserrohrfeuerbüchse System Brotan",
        Lok 1909, S. 4 — Loc 1908, S. 48
1910   Prossy: „Russische Lokomotiven mit Wasserrohrfeuerbüchse System
        Brotan", Lok 1910, S. 35
        Koechlin: „La nouvelle chaudière à foyer à tubes d'eau à l'essai
        sur la locomotive à grande vitesse 2-741 de la Cie du Nord",
        Revue 1910-1, S. 412
1912   Robert: „Die Schiffswasserrohrkessel und ihre Anwendung bei
        Lokomotiven", Kongreß 1912, S. 657
1918   „1 C 1 - Heißdampf-Zwilling-Personenzug-Tenderlokomotive mit Bro-
        tan-Kessel Reihe 342 der kgl. ungar. Staatsbahnen", Lok 1918,
        S. 41
1925   „The Bagnulo locomotive boiler. — Oil-fired coil tube boiler", Engg
        1925-II, S. 149
1926   „Mc Clellon water tube boiler tests", Age 1926-I, S. 575
1927   „4-10-2 type three-cylinder compound locomotive with water tube
        firebox" (Baldwin No 60 000), Engg 1927-II, S. 103 — Loc
        1927, S. 144 — Revue 1927-II, S. 76 — Baldwin April 1927, S. 42
        u. Jan. 1934, S. 24

„An experimental water-tube boiler locomotive" (1 C - Lok. mit Robert-Kessel, Algerische Linien der PLM-Bahn), Loc 1927, S. 180

1928 = Müller: „Die Entwicklung des engrohrigen Wasserrohrkessels seit dem Kriege und seine Ausbildung zum Höchstdruck-Kessel", Annalen 1928-II, S. 53

„Water tube locomotive fireboxes in USA", Ry Eng 1928, S. 71

1930 Willans: „Water tube boilers suitable for locomotives", Journal 1930, Nr. 94, S. 157

1931 „New water tube boiler for locomotives" (Barske-Kessel), Loc 1931, S. 278

„Test locomotives of 4-8-2 and 2-6-6-2 types on the Baltimore and Ohio" (mit Wasserrohr-Feuerbüchse), Age 1931-II, S. 46

1932 Brewer: „Four-cyl. compound 2-8-2 tank engines with water-tube boilers and rotary valves, built by Schneider & Co in 1909", Loc 1932, S. 46

1933 „A Californian water tube boiler locomotive", Loc 1933, S. 61

Wasserkammer

1927 Metzeltin: „Nicholson'sche Feuerbüchswasserkammern", HN 1927, S. 33
1929 „Der «Martin»-Sieder", Organ 1929, S. 86 — Waggon- u. Lokbau 1929, S. 109 — Age 1930-I, S. 255
1931 „Thermic syphons tested at the university of Illinois", Age 1931-I, S. 141 — Ry Eng 1931, S. 270 — *) University of Illinois Bulletin No. 23, February 3, 1931

Metzeltin: „Versuche mit Nicholsonschen Feuerbüchswasserkammern", Z 1931, S. 1468

Rost

1902 — Mehrtens: „Eine neue Feuerungsweise zur Einschränkung des Kohlenmißbrauches: Der Mehrtenssche Wasserrohrrost", Annalen 1902-II, S. 165 u. 198

1913 „Hohlrost mit Wasserinnenkühlung", Annalen 1913-II, S. 93

1924 „Nordmann: „Zur Frage des Kipprostes der Reichsbahnlokomotiven", Annalen 1924-II, S. 213

1925 Nordmann: „Lokomotivfeuerung mit Braunkohlenbriketts unter besonderer Berücksichtigung der Funkenfängerfrage", Annalen 1925-II, S. 225 u. 1926-I, S. 5 — Braunkohle 1925, S. 493 u. 513

1933 „Union Pacific makes service tests of firebar grates", Age 1933-II, S. 719

1937 — Prantner: „Verwendungsmöglichkeiten der Unterschubfeuerung und ihre Grenzen", Wärme 1937, S. 699

„Neil's rocker-bar grate", Loc 1937, S. 131

Selbsttätige Rostbeschickung

1905 Steffan: „Mechanische Beschickungsvorrichtungen Bauart «Day Kincaid»", Lok 1905, S. 18

1907 Schmelzer: „Selbsttätige Rostbeschicker bei amerikanischen Lokomotiven", VW 1907, S. 796

1912   Gutbrod: „Selbsttätige Rostbeschicker auf amerikanischen Lokomotiven", VW 1912, S. 429
1914   „Mechanical stokers for locomotives", Gaz 1914-I, S. 732 u. 817
„The Standard locomotive stoker", Gaz 1914-I, S. 817
1919   * Crawford: „Mechanical firing of locomotives", Paper read before
the November 25th, 1919, Meeting of the Railway Club of Pittsburgh, Pa., 1919
1922   Meineke: „Mechanische Lokomotivfeuerungen", Z 1922, S. 900
„Improved Hanna locomotive stoker type H-2", Age 1922-I, S. 429
„The Du Pont-Simplex type locomotive stoker", Age 1922-II, S. 809
„The Duplex mechanical locomotive stoker", Loc 1922, S. 69
1926   „Standard stoker engine placed on the tender", Age 1926-II, S. 64
1928   Bleibtreu: „Selbsttätige Rostbeschickungen auf amerikanischen Lokomotiven", Archiv für Wärmewirtschaft u. Dampfkesselwesen 1928,
S. 139
Clark: „Mechanical stokers for locomotives", Baldwin Januar 1928,
S. 29
1931   Bluemke: „Die mechanische Rostbeschickung auf Lokomotiven und
ihre Anwendung auf der Polnischen Staatsbahn", Lok 1931, S. 1
„Mechanically fired locomotives, Polish State Rys", Loc 1931, S. 65
1939   „Automatic locomotive fuel regulation", Gaz 1939-II, S. 132
1940   „Vorderstoker", Lok 1940, S. 108

Vorwärmer für die Verbrennungsluft

1869   „Pneumatic locomotive designed by Messrs. Fox, Walker & Co.,
Bristol" (m. Oelfeuerung), Engg 1869-II, S. 331
1908   „Hammond's air-heating apparatus fitted to «Edward Blount» L B &
S C Ry", Loc 1908, S. 59
1930   Harraeus: „Luftvorwärmer für Lokomotiven", Waggon- u. Lokbau
1930, S. 232
1935   „Air preheater for locomotive fireboxes", Age 1935-I, S. 1041 —
Revue 1936-I, S. 158
1936   „Luftvorwärmer für Lokomotiv-Feuerbüchsen (USA)", Kongreß 1936,
S. 385

Heiz- und Rauchrohre

1901   Fraenkel: „Ueber die Anwendung der Serve'schen Rippenrohre",
Annalen 1901-I, S. 69
1906 —   Knaudt: „Ueber die Abweichung von der kreisrunden Form der
Flammrohre mit äußerem Druck", Annalen 1906-II, S. 195 u. 214
1908   „Henschel tube-cleaner for locomotive boilers", Engg 1908-II, S. 305
1910   „Einbau von Wirbelringen in Lokomotivkesseln", Lok 1910, S. 258
„Die Beseitigung von Ruß und Flugasche aus den Heizrohren nach
System Ramoneur", Lok 1910, S. 68
„Versuchsergebnisse mit gewellten Ueberhitzer-Rauchröhren System
Pogany-Lahmann", Lok 1910, S. 86
1911   „Locomotive boiler tubes", Loc 1911, S. 61
1914   „Hanomag-Maschinen für Siederohr-Werkstätten", HN 1914, Heft 13,
S. 14 u. 1915, S. 101

1916 — Hilliger: „Untersuchungen über die Wirkung von Einlagekörpern in den Rauchröhren von Lokomobilkesseln", Z 1916, S. 877

1919 Frederking: „Reinigen von Kesselrohren", HN 1919, S. 29
Frederking: „Eine neue Siederohrbearbeitungsmaschine", HN 1919, S. 53
Messerschmidt: „Befestigung von Heizrohren bei Lokomotivkesseln", Annalen 1919-II, S. 58

1921 Nordling u. Bengtzon: „Ess-Rohre und Spiralüberhitzer und Brennstoffersparnis bei Dampflokomotiven und Heizröhrenkesseln", Annalen 1921-I, S. 83

1924 Tross: „Heizrohrverschraubungen", HN 1924, S. 160 — Annalen 1924-II, S. 141 u. 211

1929 — Schulz: „Neuere Fortschritte an Flammrohr-Einbauten", Annalen 1929-II, S. 67
„Cleaning locomotive boiler tubes: Clyde soot blower", Gaz 1929-II, S. 551

1930 = Schneider: „Die Beanspruchung der Rohrwalzverbindungen eines Heizrohrkessels", Organ 1930, S. 307 u. 1931, S. 116
„«Ess» tubes and spiral superheater for locomotives, Bergslagernas Ry, Sweden", Loc 1930, S. 235

1933 = Schneider: „Die mechanische Beanspruchung der Rohreinwalzstellen von Heizrohrkesseln", Annalen 1933-I, S. 41

1934 Weese: „Heizrohrbefestigung neuer Bauart", Annalen 1934-II, S. 109
„Removing and re-fitting small locomotive boiler tubes", Loc 1934, S. 220

1935 = Engel: „Versuche über die Haftfestigkeit von Heizrohren in Rohrplatten", Organ 1935, S. 110
„Cleaning the superheater flues and boiler tubes: sand «gun»", Loc 1935, S. 300

1937 — Thum u. Mielentz: „Verhalten eingewalzter Rohre im Betrieb", Z 1937, S. 1491

1939 Splett: „Neues Vorschuhschweißverfahren für Lokomotivkessel-Heizrohre", Annalen 1939, S. 239

1940 — Cleve u. Müller: „Ueber die Wirkungsweise von Rußausbläsern", Archiv für Wärmewirtschaft 1940, S. 17

Wasserabscheider

1908 „Ein neuer Wasserabscheider für Lokomotivkessel", VW 1908, S. 103

1909 Langrod: „Drosselungsring im Einströmrohr der Lokomotiv-Ueberhitzer", Lok 1909, S. 193
„Wasserabscheider für Lokomotivkessel, Bauart Hanomag", Lok 1909, S. 21

1910 „Einrichtung zum Zwecke des Dampftrocknens aus dem Jahre 1857", Lok 1910, S. 278

1913 Guillery: „Das Trocknen des Kesseldampfes (Kappenabscheider)", Organ 1913, S. 140

1920 Mees: „Reinigen des Dampfes für Lokomotiven und deren Wirtschaft (Kappenentwässerer u. Fliehkraft-Dampfreiniger)", Organ 1920, S. 68

1923 „A steam dryer for locomotives, Tompkins patent", Loc 1923, S. 208

1927 —   Berner: „Wasserumlaufuntersuchungen an Modellkesseln (u. a. Dampf-
           entwässerung durch Drallflächen)", Z 1927, S. 709
1931 —*   Vorkauf: „Das Mitreißen von Wasser aus dem Dampfkessel", For-
           schungsheft 341, VDI-Verlag, Berlin 1931
1935   „Advantages of dry steam", Loc 1935, S. 322

Regler

1875   * Heusinger v. Waldegg: „Literatur über Dampfaufnahme, Dampf-
         dome etc.", Handbuch für specielle Eisenbahn-Technik, 3. Bd.
         Verlag Wilh. Engelmann, Leipzig 1875, S. 425
1907   Steffan: „Neue Regulatorbauarten", Lok 1907, S. 29
1908   Schmelzer: Ventilregler", VW 1908, S. 579
1914   „The «Lockyer» locomotive regulator valve", Loc 1914, S. 182
1923   „Front-end locomotive throttle valve", Age 1923-I, S. 384
1925   „An improved regulating throttle valve" (Schmidt & Wagner), Loc
         1925, S. 383
1927   „New type smokebox regulator for superheater locomotives", Ry
         Eng 1927, S. 239
1928   „Ein neuer Mehrfach-Ventilregler auf amerikanischen Lokomotiven".
         Organ 1928, S. 140
1930   Clayton: „Locomotive regulator valves", Journal 1930, S. 49
1931   *„Der Wagner-Ventilregler für Lokomotiven", herausgegeben von
         Fritz Wagner & Co, Berlin 1931 (?)
1933   „The Glaenzer poppet valve throttle", Baldwin April 1933, S. 35
1934   Brewer: „Locomotive regulators", Loc 1934, S. 246 u. f.

Überhitzer

1904   „Dampf-Überhitzer System Pielock", Lok 1904, S. 110
1906   „Dampfüberhitzer Patent Heinrich Langer", Lok 1906, S. 180
1907   Both: „Die Dampfüberhitzung im modernen Lokomotivbau".
         Lok 1907, S. 11 u. f.
         Cole: „Locomotive superheaters", Gaz 1907-I, S. 181
         „Surchaffeur Baldwin", Revue 1907-II, S. 79
         „Brevet d'invention rélatif à l'emploi de la vapeur surchauffée:
         Quillacq 1849 et Moncheuil 1850", Revue 1907-II, S. 497
1909   „Tests of the Jacobs superheater on the Santa Fé", Gaz 1909-II,
         S. 654
1910   Fort u. Houlet: „Note sur le surchauffeur système Churchward des
         locomotives du Great Western", Revue 1910-II, S. 125
         „Essais d'un nouveau type de surchauffeur sur une locomotive du
         Santa Fé Rr", Revue 1910-II, S. 321
         „The «Phoenix» superheater", Engg 1910-II, S. 858 — Loc 1911, S. 38
         „The «Swindon» superheater", Loc 1910, S. 240
1912   „Lokomotivkessel-Ueberhitzer für volle Rauchrohrbesetzung, Klein-
         rohrüberhitzer Patent W. Schmidt", Lok 1912, S. 175
         „The «Robinson» superheater", Loc 1912, S. 65

1913   Trevithick u. Cowan: „Superheating and feed-water heating on loco-
        motives", Engg 1913-I, S. 408, 442, 472
1915   Meteltin: „Kleinrauchröhrenüberhiter für Lokomotiven", Z 1915,
        S. 645
        „Cusack & Morton's patent superheater", Loc 1915, S. 103
1923   Gott: „Ueberhiterrohrkappen, nach dem Preßverfahren der Hano-
        mag hergestellt", HN 1923, S. 130
        von Littrow: „25 Jahre Heißdampflokomotive", Lok 1923, S. 181 —
        Z 1923, S. 743 — Organ 1924, S. 52 (Dannecker)
        Schröder: „Neuartige Dampfsammelkästen für Lokomotiven", An-
        nalen 1923-II, S. 107 u. 1924-I, S. 110
1924   Wagner: „Zur Kritik des Lokomotiv-Ueberhiters", Z 1924, S. 951
1925   *„Elesco Locomotive Superheaters", Instruction Book, herausgegeben
        von The Superheater Company, New York/Chicago 1925
1930 — Hartmann: „Ueberhiter für hohe Dampftemperaturen", Wärme
        1930, S. 463 u. 525
    —   Orth: „Ueberhiter für hohe Dampftemperaturen", Wärme 1930, S. 227
1932   „Nachträgliche Verbesserungen am Ueberhiter bei den Lokomotiven
        der PLM-Bahn", Lok 1932, S. 120
1935   „New French superheaters" (Houlet, Vallourec), Gaz 1935-I, S. 332
        „«Sinuflo» superheater and elements", Loc 1935, S. 280
        „The «Houlet» superheater element", Loc 1935, S. 219 — Organ
        1936, S. 438 — Gaz 1935-I, S. 332
1936   „Houlet-Ueberhiter", Organ 1936, S. 438
1937   Kuhn: „Brüche an Ueberhiterrohren, die mit Widerstandsschweißung
        aus zwei verschiedenen Werkstoffen hergestellt waren", Wärme
        1937, S. 485
1938 — „Ueberhiter für hohe Temperaturen", Wärme 1938, S. 488

Sicherheitsventile

1875   * Heusinger v. Waldegg: „Literatur über Sicherheitsventile und Feder-
        waagen", Handbuch für specielle Eisenbahn-Technik, 3. Bd., Ver-
        lag Wilh. Engelmann, Leipzig 1875, S. 311
1894   „Pop-Sicherheitsventile, Patent Coale", Z Ö I A 1894, Nr. 6 — Engg
        1894-I, S. 613
1895   „Bericht des Ausschusses des Oesterreichischen Ingenieur- u. Architek-
        ten-Vereins in Wien, betreffend vergleichende Versuche zwischen
        gewöhnlichen und amerikanischen (Pop-) Sicherheits-Ventilen",
        ZÖIA 1895, Nr. 25
1909   „The Ross patent double-pop safety valve", Loc 1909, S. 163
1910   „The Coale muffled safety valve", Loc 1910, S. 105
        „The Crosby safety valve", Loc 1910, S. 234
1921   Ahrons: „Notes on safety valves", Loc 1921, S. 338 u. 1922, S. 12

Funkenfänger

1875   * Heusinger v. Waldegg: „Literatur über Funkenfänger-Apparate und
        Locomotiv-Schornsteine", Handbuch für specielle Eisenbahn-Tech-
        nik, 3. Bd., Verlag Wilh. Engelmann, Leipzig 1875, S. 364
1910   Liechty: „Der Funkenwurf der Lokomotiven und die Mittel zu
        dessen Verhütung", Annalen 1910-I, S. 199

1918   „Sparks", Loc 1918, S. 149 u. 199
1923   „Works locomotive with spark arrester", Loc 1923, S. 320
1925   Nordmann: „Lokomotivfeuerung mit Braunkohlenbriketts unter be-
        sonderer Berücksichtigung der Funkenfängerfrage", Annalen
        1925-II, S. 225 u. 1926-I, S. 5 — Braunkohle 1925, S. 493 u. 513
1931   Harraeus: „Neuere Funkenfänger für Lokomotiven", Waggon- und
        Lokbau 1931, S. 102
1933   „«Cyclone» Fliehkraft-Funkenfänger für Lokomotiven", Z 1933, S. 778
1934   „Waikato-Funkenfänger (Neuseeland)", Gaz 1934-II, S. 540 — Loc
        1935, S. 84 — Organ 1935, S. 435
1939   „Anderson-Funkenfänger", Mech 1939-I, S. 9

Einrichtungen zur Verminderung der Rauchentwicklung und zum Ablenken des Auspuffdampfes

1859   * von Weber: „Die rauchfreie Verbrennung der Steinkohle mit
        specieller Rücksicht auf C. J. Dumèry's Erfindung", Verlag Teub-
        ner, Leipzig 1859
1875   * Heusinger v. Waldegg: „Literatur über Kesselfeuerung und Rauch-
        verbrennungsapparate", Handbuch für specielle Etsenbahn-Tech-
        nik, 3. Bd., Verlag Wilh. Engelmann, Leipzig 1875, S. 363
1883 = Bach: „Neuere Dampfkesselfeuerungen zur Lösung der Rauchfrage",
        Z 1883, S. 178
1885   Frank: „Feuerung und Rauchverbrennung bei Lokomotiven", Z 1885,
        S. 380
1898   Garbe: „Verminderung der Rauchplage bei Lokomotiv- und
        anderen Kesselfeuerungen durch Anwendung des Langerschen Ver-
        fahrens und der neuen Langer-Marcottyschen Einrichtung", An-
        nalen 1898-II, S. 165
1905   Caruthers: „Early experiments with smoke-consuming fire-boxes on
        American locomotives", Gaz 1905-II, S. 514
1907   Caruthers: „The smoke consuming question 48 years ago", Gaz
        1907-II, S. 605
1919   Kaumann: „Rauchverbrennung bei Lokomotiven", Klb-Ztg. 1919,
        S. 167
1929   Chapelon: „Essais effectués par la Cie d'Orléans dans le but de
        rechercher les meilleurs moyens de combattre les rabattements de
        fumée sur les locomotives", Revue 1929-II, S. 32
1930   „Die Langersche Dampfdüse für Lokomotivfeuerungen (zum Ver-
        meiden starker Rauchentwicklung)", Z 1930, S. 219
1931   „The disappearance of the locomotive chimney and the problem of
        the smoke deflection", Loc 1931, S. 61
1933   „Steam deflector for cab windows, French State Rys", Loc 1933,
        S. 259
        „Chimney deflectors, LMSR locomotives", Loc 1933, S. 42
        „A now smoke eliminator for locomotives", Loc 1933, S. 94
1934   „A clear engine cab outlook: Pottier cab outlook, Northern Ry of
        France", Gaz 1934-I, S. 54 — Ry Eng 1934, S. 118
1935   „Emission of smoke", Loc 1935, S. 337

1937   „Invisible streamlining of locomotives: Model tests of the Huet system of «fluid-streamlining» lead to its application to 4-6-0 locomotives on the French State Rys", Gaz 1937-II, S. 1024

1938   „Smoke", Loc 1938, S. 369

1939   Bjorkholm: „What the railroads are doing to prevent smoke", Age 1939-II, S. 213

Lokomotivkessel / Wärmeschutz

1906   Courtin: „Versuche mit Wärmeschutzmitteln an Lokomotivkesseln", Organ 1906, S. 6

1909   „Magnesia sectional locomotive lagging", Loc 1909, S. 68

1911   „Asbestos for locomotive boiler coverings", Loc 1911, S. 90

1917   „Locomotive boiler clothing", Loc 1917, S. 250 u. f.

1924 — von Pazsiczky: „Ueber die Wärmeverluste von Körpern höherer Temperatur bei wirtschaftlich richtiger Isolierung", Mitt. des Oberschlesischen Bezirksvereins Deutscher Ingenieure, März 1924, Heft 3

1926   Nordmann: „Der Wärmeschutz bei Dampflokomotiven", Z 1926, S. 733

1927 — von Pazsiczky: „Richtige Bemessung und Wahl von Wärmeschutz", Schiffsingenieur 1927, Nr. 6

1928   „Systems of heat insulation for locomotive boilers", Loc 1928, S. 165

1932   Barratt: „Heat losses from locomotive boilers and cylinders", Loc 1932, S. 164

1933   „Glass silk for heat insulation", Loc 1933, S. 330

Lokomotivkessel / Verschiedene Teile

1905   „Lokomotivkessel mit Wärmespeicher System Halpin" (1 B-Lok der engl. Großen Nordbahn), Lok 1905, S. 59

1912   „The «Bourdon» pressure gauge", Loc 1912, S. 38

1916   „Ackermannsches Dampfventil mit selbsttätiger Entwässerung", HN 1916, S. 240

1924   Ackermann: „Schlammabscheider für Lokomotivkessel", HN 1924, S. 207

1927   „Forced draft through closed ash pans in locomotives", Age 1927-II, S. 63

1928   „Mechanische Betätigung der Lokomotiv-Feuertüren", Z 1928, S. 1340

      *„Front-ends, grates and ashpans" (Aschkasten aus Stahlguß, Einfluß der freien Rostfläche, Rauchkammern aus Stahlguß, künstlicher Zug zur Feuerung, neue Blasrohrköpfe), Committee Reports for the 20th Annual Meeting Chicago 1928, published by The International Ry Fuel Association, Chicago 1928, S. 26

1929   „The pressure gauge", Loc 1929, S. 96 und 201

1931 — Ulrich: „Gestaltung von gewellten Teilkammern für Dampfkessel", Z 1931, S. 654

1932   * Richter: „Die «Gestra»-Lokomotiv-Abschlamm-Vorrichtung", Bericht über die 25. Fachtagung der Betriebsleiter-Vereinigung Deutscher Privateisenbahnen und Kleinbahnen 1932, S. 70

Höhenlage des Kessels

Breitspurige Heißdampf - Zwilling - Güterzug - Lokomotive der
Brasilianischen Zentralbahn. Eine der stärksten der bisher gebauten
Henschel - Dampflokomotiven. Rostfläche 8,7 m². Feuerberührte
Verdampfungsheizfläche 328,4 m².

ANWENDUNG VON HOCHDRUCKDAMPF

Allgemein

1921 — Hartmann: „Hochdruckdampf bis zu 60 at in der Kraft- und Wärmewirtschaft", Z 1921, S. 663, 713, 747, 848, 988 u. 1045 — HN 1921, S. 169

1923 — Gleichmann: „Höchstdruck und Energiewirtschaft", Z 1923, S. 1159
— Hartmann: „Der heutige Stand des Höchstdruckdampfbetriebes für ortsfeste Kraftanlagen", Z 1923, S. 1145
— Noack: „Hochdruck und Hochüberhitzung", Z 1923, S. 1153

1924 — Eberle: „Der Einfluß des Hochdruckdampfes auf die Entwicklung industrieller Dampfanlagen", Z 1924, S. 1009
— Josse: „Eigenschaften und Verwertung von Hoch- und Höchstdruckdampf", Z 1924, S. 65
— Löffler: „Neue Wege der Energiewirtschaft", Z 1924, S. 161
— Münzinger: „Die technischen und wirtschaftlichen Aussichten von Höchstdruckdampf", Z 1924, S. 137 — *) Verlag Springer, Berlin 1924
— *„Hochdruckdampf", VDI-Verlag, Berlin 1924 — Bespr. Z 1924, S. 765

1925 — * Hartmann: „Hochdruckdampf", VDI-Verlag, Berlin 1925 — Bespr. Z 1925, S. 1450
— Löffler: „Hochdruckdampfbetrieb", Z 1925, S. 1149
— „Zur Höchstdruck-Dampfentwicklung", Schweiz. Bauzeitung 1925-II, S. 172 u. 308

1927 — Löffler: „Energiewirtschaft und Hochdruckdampfbetrieb", Z 1927, S. 437

1928 — Hartmann: „Höchstdruckdampf und seine Bedeutung für die kommunale Wirtschaft", Brennstoff- u. Wärmewirtschaft 1928, S. 393
— Löffler: „Das Zeitalter des Hochdruckdampfes", Z 1928, S. 1353, 1503 u. 1638
— Pauer: „Hochdruckdampf", Z 1928, S. 249

1933 — * Münzinger: „Dampfkraft. — Berechnung und Bau von Wasserrohrkesseln und ihre Stellung in der Energie-Erzeugung", Verlag Springer, Berlin u. Wien 1933

1934 Mölbert: „Die Verwendungsmöglichkeit von hochgespanntem Dampf im Triebwagenbetrieb", Organ 1934, S. 139

1935 — * Münzinger: „Die Aussichten von Zwanglaufkesseln", Verlag Springer, Berlin 1935

1936 — Schöne: „Der gegenwärtige Stand der Dampftechnik in Deutschland", Z 1936, S. 1016

1937 = * Münzinger: „Leichte Dampfantriebe an Land, zur See und in der Luft", Verlag Springer, Berlin 1937 — Bespr. Wärme 1937, S. 697

1938 — Hartmann: „Aus der Entwicklungsgeschichte des Hochdruckdampfes", Wärme 1938, S. 19

1939 — Kaißling: „Die wirtschaftliche Grenze für die Höhe des Dampfdruckes bei Kondensations-Kraftwerken", Archiv f. Wärmewirtschaft 1939, S. 225
— Schultes: „Hochdruckdampftagung", Wärme 1939, S. 13

Hochdruck-Dampferzeuger / allgemein

1922 — de Grahl: „Berechnung eines Steilrohrkessels", Annalen 1922-II, S. 43

1924 — Guilleaume: „Erfahrungen und Forderungen des praktischen Kessel-
betriebes", Z 1924, S. 185

1926 — Fischer: „Ueber die Festigkeit vierkantiger, röhrenförmiger Behälter gegen inneren Ueberdruck", HN 1926, S. 88

1928 = Müller: „Die Entwicklung des engrohrigen Wasserrohrkessels seit
dem Kriege und seine Ausbildung zum Höchstdruckkessel", Annalen 1928-II, S. 53

1930 — Hartmann: „Ueberhitzer für hohe Dampftemperaturen", Wärme 1930,
S. 463 u. 525

= Marguerre: „Hochgespannter und hochüberhitzter Dampf in Kraftanlagen", Z 1930, S. 789 [S. 797: Hochdrucklokomotiven]

— Orth: „Ueberhitzer für hohe Dampftemperaturen", Wärme 1930,
S. 227

1931 — Herpen: „Dampferzeuger mit Zwangumlauf und mit zwangläufiger
Wasserverteilung", Z 1931, S. 617

1933 —* Münzinger: „Dampfkraft. — Berechnung und Bau von Wasserrohrkesseln und ihre Stellung in der Energie-Erzeugung", Verlag
Springer, Berlin u. Wien 1933 — Bespr. Z 1934, S. 63

1935 —* Münzinger: „Die Aussichten von Zwanglaufkesseln", Verlag Springer,
Berlin 1935

— Münzinger: „Zwanglaufkessel", Z 1935, S. 1127

— Queißer: „Strömungsverteilung in Zwangdurchlaufkesseln", Z 1935,
S. 731

— „Hochdruckdampf-Schiffskessel", Z 1935, S. 1291

1936 — Quack: „Entwicklung der Höchstdruckkesselanlagen in Deutschland
in den letzten 5 Jahren", Wärme 1936, S. 695

— Schröder: „Vom Trommelkessel zum Röhrenkessel", Siemens-Zeitschrift 1936, S. 487 — Wärme- u. Kältetechnik 1937, S. 9 —
Wärme 1938, S. 311

1937 — Adolff: „Zukünftige Entwicklung der Wasserrohrkessel hinsichtlich
der Rohrdurchmesser", Wärme 1937, S. 497

— Bleicken: „Entwicklungsrichtungen im Bau von Schiffsdampfkesseln",
Z 1937, S. 1345

=* Münzinger: „Leichte Dampfantriebe an Land, zur See und in der
Luft", Verlag Springer, Berlin 1937 — Bespr. Wärme 1937, S. 497

— Wesly u. Geisler: „Betriebserfahrungen mit Höchstdruckkesseln",
Chemische Fabrik 1937, S. 197 — Archiv für Wärmewirtschaft
1937, S. 189

1938 — Arend u. Höcker: „Betriebserfahrungen mit Zwangsumlaufkesseln",
Archiv für Wärmewirtschaft 1938, S. 149

— Bleicken: „Entwicklungsrichtungen im Bau von Schiffsdampfkesseln",
Archiv für Wärmewirtschaft 1938, S. 39

— Engler: „Auslegung von Hochdruckkesseln", Feuerungstechnik 1938,
S. 305

— Hartmann: „Aus der Entwicklungsgeschichte des Hochdruckdampfes",
Wärme 1938, S. 19

— Ledinegg: „Unstabilität der Strömung bei natürlichem und Zwangumlauf", Wärme 1938, S. 891

— Schulte: „Neuere Dampfkesselbauarten", Archiv für Wärmewirtschaft
1938, S. 3
— Schulte u. Wentrup: „Stand der Entwicklung im deutschen Dampf-
kesselbau", Wärme 1938, S. 465
— Schultes: „60 Jahre Entwicklung im Dampfkesselbau", Wärme 1938,
S. 12
1939 — Hellmich u. Niessen: „Die deutschen Einheitskessel", Archiv für
Wärmewirtschaft 1939, S. 113

Bauart Benson

1927 — Abendroth: „Dampfkraftanlage mit Benson-Kessel", Z 1927, S. 657
1928 — Gleichmann: „Das Benson-Verfahren zur Erzeugung höchstgespann-
ten Dampfes", Z 1928, S. 1037
1929 * Imfeld: „Turbolokomotive mit Benson-Kessel", Festschrift zum 70.
Geburtstag von Prof. Dr. A. Stodola, Orell-Füssli-Verlag, Zürich
1929, S. 329 — Bespr. der Festschrift Z 1929, S. 658
1931 — Goos: „Die Höchstdruckdampfanlage auf Dampfer «Uckermark»",
Z 1931, S. 1433
1935 — Merx: „Der Bensonkesselbau bei der Firma Borsig", Borsig-Mittei-
lungen 1935, Nr. 4, S. 28
1936 — Sauer: „Der erste Zwanglauf-Höchstdruckkessel Bauart Ramsin (Abart Benson)", Archiv für Wärmewirtschaft 1936, S. 235
1937 — Lent: „Erfahrungen beim Bau und Betrieb der Hochdruck-Kessel-
anlage Scholven", Z 1937, S. 1097
1938 — Sauer: „Entwicklung der Höchstdruck-Durchlaufkessel, Bauart
Ramsin (Abart Benson)", Wärme 1938, S. 66 und 70
1940 — Michel: „Neuerungen am Bensonkessel", Archiv für Wärmewirtschaft 1940, S. 5
— Michel: „Die Dampftrommel beim Bensonkessel", Z 1940, S. 261
— Prang: „Konstruktion und Verhalten von ortsfesten Benson-Kesseln",
Archiv für Wärmewirtschaft 1940, S. 119

Bauart La Mont

1937 — Wamser: „La Mont-Zwangumlauf-Verfahren und Abhitzeverwertung",
Wärme 1937, S. 303
— „300 lb per squ. in. La Mont marine water tube boiler", Engg 1937-II,
S. 594
1938 — Arend u. Höcker: „Bewährung von La Mont-Kesseln", Wärme 1938,
S. 479
— „La Mont boiler installation at the works of Messrs. G. & J. Weir,
Ltd", Engg 1938-II, S. 414
1939 — „Zwangsdurchlaufkessel La Mont für Schiffe", Wärme 1939, S. 135

Bauart Schmidt

1926 — Josse: „Untersuchungen an der 60 at-Dampfkraftanlage von A.
Borsig", Z 1926, S. 677
1927 —* Hartmann: „Entwicklungsmöglichkeiten des Höchstdruckdampfes im
Schiffsbetriebe", Jahrbuch der Schiffbautechnischen Ges. 1927, Verlag Springer, Berlin, S. 127

16*

1929 —   Martin: „Vorläufiger Bericht über die Inbetriebsetzung des 100 atü-
         Schmidt-Kessels in der Kraftanlage Werk Süd, Bitterfeld", Mit-
         teilungen der Vereinigung der Großkesselbesitzer, 10. Sept. 1929
1930 —   Dion: „Betriebserfahrungen an einem 65 atü - Schmidt - Hanomag -
         Kessel", Mitteilungen der Vereinigung der Großkesselbesitzer, 10.
         Sept. 1930
     —   Quack: „Betriebserfahrungen an Höchstdruck-Kesselanlagen", Vor-
         träge auf der 19. Hauptversammlung der Vereinigung der Groß-
         kesselbesitzer, 24. Juni 1930, Heft 28 (Sonderheft), S. 160
1931 —   Kehrer: „Betriebserfahrungen an Schmidt-Hochdruck-Kesseln", Mit-
         teilungen des Hessischen Bezirksvereins Deutscher Ingenieure,
         August 1931, S. 2
1932 —   Hartmann u. Kehrer: „Wasserumlaufmessungen an einem Hoch-
         druck-Kessel", Z 1932, S. 1173
1939 —   Quack u. Kaißling: „Der Schmidt-Hartmann-Kessel im Betrieb",
         Z 1939, S. 45
     —   Schulze: „Schmidt-Hochdruck-Dampfkraftanlage für einen Kanal-
         schlepper des Reichsschleppbetriebs", Werft-Reederei-Hafen 1939,
         S. 184
1940 =   Hartmann: „Entwicklungsarbeiten an einem trommellosen Hoch-
         druckkessel [Bauart Schmidt] für ortsbewegliche Anlagen", Z 1940,
         S. 197

Hochdruck-Kleinkessel

1899 —   „Water-tube boiler for motor cars", Engg 1899-I, S. 497
1902 —   Unger: „Die neuesten Dampfwagen von Gardner u. Serpollet in
         Paris", Annalen 1902-II, S. 21
1916 —   Liechty: „Die Stehkesselbauarten für Kleinbetriebe", Schweiz. Tech-
         niker-Zeitung 1916
1925 —   Brüser: „Beckert's Schnelldampferzeuger ohne Wasserraum", Wollen-
         und Leinenindustrie 1925, S. 515
1932 —   Behrendt: „Der moderne Fahrzeugkessel (für Dampfauto)", ATZ
         1932, S. 436
1935 —   Schulze: „Kleindampfkessel", Z 1935, S. 280
     —   Schultes: „Kleindampfkessel für Kraftfahrzeuge", Z 1935, S. 470
1940 =   Hartmann: „Entwicklungsarbeiten an einem trommellosen Hoch-
         druckkessel [Bauart Schmidt] für ortsbewegliche Anlagen", Z 1940,
         S. 197

Hochdruck-Dampferzeuger / Verschiedene Bauarten

1928 —   Eneberg: „Die 45 ata-Hochdruckanlage „Gotlands Kraftverk" Slite
         (Schweden)", Archiv für Wärmewirtschaft 1928, S. 201
1929 —   Lindemann u. Loewenberg: „Delling-Hochdruck (50 at)-Dampfomni-
         bus", Z 1929, S. 1138
     —   Marguerre: „Die 100 at - Anlage des Großkraftwerkes Mannheim
         (m. Kohlenstaubfeuerung)", Z 1929, S. 913
1930 —   Josse: „Der neue Atmos-Kessel", Archiv für Wärmewirtschaft 1930,
         S. 5

1931 — King: „Perkin's hermetic tube boiler", The Eng 1931-II, S. 405
  — Pfleiderer: „Betriebserfahrungen am 42 at - Kohlenstaubfeuerungs-Großkessel des Stickstoffwerkes Oppau", Z 1931, S. 1497
1933 — Stodola: „Der Sulzer-Einrohr-Dampferzeuger", Z 1933, S. 1225
1935 — Schöne: „Die 5jährigen Betriebsergebnisse des 120 at - Kraftwerkes der Ilse-Bergbau AG", Z 1935, S. 707
1936 — Liebegott: „Erfahrungen an Löffler-Kesseln", Z 1936, S. 1198
1937 — Liceni: „Zwangumlaufkessel Bauart Conte", Wärme 1937, S. 797
  — Spanner: „The theoretical and practical design of thimble-tube boilers", Engg 1937-I, S. 563 — Wärme 1931, S. 479 u. 807 — 1936, S. 404 — 1937, S. 79 u. 314 — 1938, S. 260
  — Veit: „100 at - Dampfkraftanlage mit Einrohr-Dampferzeuger und Ventil-Dampfmaschinen", Z 1937, S. 1461
  — Verwey: „Betrieb und Wirtschaftlichkeit der 75 at - Kesselanlage (Babcock & Wilcox) einer niederländischen Papierfabrik", Wärme 1937, S. 715, u. 1938, S. 433
  — „Der Steamotive-Kessel", Archiv für Wärmewirtschaft 1937, S. 158 — Organ 1938, S. 74 u. 239 — Age 1937-I, S. 468
1938 — Hartmann: „Neuartiger trommelloser Hochdruckkessel, Bauart Schmidtsche Heißdampf-Ges.", Archiv für Wärmewirtschaft 1938, S. 225
  Reutter: „«Dampfmotivenanlage» für turboelektr. Antrieb einer Lokomotive", Organ 1938, S. 74 u. 239 — Age 1937-I, S. 468
  — Sauer: „Entwicklung der Höchstdruck-Durchlaufkessel, Bauart Ramsin", Wärme 1938, S. 66 u. 70
  „Abhitzeausnutzung durch den «Fingerhutkessel»", Wärme 1938, S. 260
  = „Dampfkessel und Dampfmaschine für Land- und Luftfahrzeuge, Bauart Besler", Wärme 1938, S. 745 — Schweiz. Bauzeitung 1938-II, S. 166
1939 — Hüttner: „Entwicklungsaufgaben bei Drehkesselturbinen", Z 1939, S. 397 — ATZ 1939, S. 485 (m. Zeichnungen)
  — Meyer: „Französische Drehkesselturbine", Archiv für Wärmewirtschaft 1939, S. 221
  — Stehr: „Der Sulzer-Einrohr-Zwangdurchlaufkessel", Wärme 1939, S. 4
  = „Neue Dampfkraftanlagen für Fahrzeuge (Hüttner, Besler, Béchard)", ATZ 1939, S. 485
1940 — „Englische Drehkesselturbine Starziczny", Archiv für Wärmewirtschaft 1940, S. 8

Dampfmaschine, Armaturen und Rohrleitungen
für Hochdruckdampf

1927 — Seiffert: „Rohrleitungen und Armaturen für Höchstdruck", Z 1927, S. 351
1928 — Weyland: „Kesselspeise - Kreiselpumpen für Hochdruck-Dampfanlagen", Z 1928, S. 317
1929 — Kissinger: „Kreiselpumpensätze für ein Höchstdruck-Kraftwerk", Z 1929, S. 393
1930 — Gilli: „Höchstdruck-Dampfmaschine Bauart Löffler der Wiener Lokomotivfabriks-AG", Wärme 1930, S. 840

1930 — Hartmann: „Ueberhiter für hohe Dampftemperaturen", Wärme 1930, S. 463 u. 525
— Orth: „Ueberhiter für hohe Dampftemperaturen", Wärme 1930, S. 227
— Salingré: „Maschinenteile für Hochdruckheißdampf", Z 1930, S. 1237
  Schweter: „Die Dampfmaschine für Hochdrucklokomotiven", Waggon- u. Lokbau 1930, S. 209
— Weyland: „Kreiselpumpen zum Speisen von Hochdruckkesseln", Z 1930, S. 467
1931 — Jurczyk: „Geschweißte Hochdruckbehälter und Armaturen", Z 1931, S. 859
1933   „Metallic packings for high pressures", Ry Eng 1933, S. 342
1935 — Clar und Strauß: „100 at-Kolbendampfmaschinen-Anlage", Z 1935, S. 487
1936   Roosen: „Zur Frage der Zylinderschmierung der Hochdruckdampf- maschinen von Dampftriebwagen", HH Sept. 1936, S. 58
1937 — Bauer: „Versuche an einer Hochdruck-Kolbendampfmaschine mit Abdampfturbine für Schiffsantrieb", Z 1937, S. 758
— Kinkeldei: „Die Entwicklung der ortsfesten Kolbendampfmaschine im letzten Jahrzehnt", Z 1937, S. 811 — Wärme 1937, S. 681
— Nyffenegger: „Die 100 at-Kolbendampfmaschine der Schweiz. Loko- motiv- u. Maschinenfabrik Winterthur", Wärme 1937, S. 347 — Schweiz. Bauztg. 1937-I, S. 123
— Schwenk: „Gestaltung und Festigkeitsberechnung der Rohrverbin- dungen von Hochdruckdampfleitungen unter Berücksichtigung der Wärmespannungen", Wärme 1937, S. 149
— Weyland: „Betriebserfahrungen an Höchstdruck-Kesselspeisepumpen", Wärme 1937, S. 371
1938 — Büchele: „Höchstdruck-Rohrleitungen", Wärme 1938, S. 61
— Fehst: „Dampfangetriebene Kesselspeisepumpen im Wärmekreislauf von Hochdruckanlagen", Archiv für Wärmewirtschaft 1938, S. 329
= Hartmann: „Aus der Entwicklungsgeschichte des Hochdruckdampfes", Wärme 1938, S. 19
1939 — Büchele: „Flanschverbindungsschrauben für Hochdruck-Heißdampf- rohrleitungen", Wärme 1939, S. 487
— Knörlein: „Der Einfluß des Hochdruck-Heißdampfes auf den Bau von Armaturen", Z 1939, S. 577
— Knörlein: „Gestaltung der Absperrorgane unter dem Einfluß des Hochdruckheißdampfes", Archiv für Wärmewirtschaft 1939, S. 241

Hochdrucklokomotiven und -Triebwagen
Allgemein

1909   Gross: „High steam pressures in locomotives", Gaz 1909-I, S. 276, 301, 337, 373 u. 416
1925   Buchli: „Kohlenersparnis bei Einführung von Hochdruckdampf- lokomotiven", Schweiz. Bauzeitung 1925-I, S. 240
1927   Brewer: „The economic advantages of high steam pressures in locomotives", Loc 1927, S. 395

1930   * Châtel: „Utilisation de la vapeur à haute pression dans les locomotives", Weltkraft S. 3
       Najork u. Wichtendahl: „Wirtschaftliche Betrachtungen über Dampflokomotiven mit erhöhtem Wärmegefälle", Z 1930, S. 1645 — Ry Eng 1931, S. 65 — Siehe in diesem Zusammenhang auch Z 1932, S. 324
       Nordmann: „Die Hochdruck-Kolbenlokomotiven", Kongreß 1930, S. 532
       * Nordmann u. Wagner: „Druck u. Wärmegefälle der Dampflokomotiven in ihrem Einfluß auf bauliche Durchbildung und Wärmewirtschaft", Weltkraft S. 66
       Schmitt: „Elektrischer Bahnbetrieb und Höchstdrucklokomotive — ein wirtschaftlicher Ausblick", AEG-Mitteilungen 1930, S. 684
       Schweter: „Die Dampfmaschine für Hochdrucklokomotiven", Waggon- u. Lokbau 1930, S. 209

1931   Gresley: „High pressure locomotives", Gaz 1931-I, S. 153 — Ry Eng 1931, S. 49 — The Eng 1931-I, S. 138 — Engg 1931-I, S. 153 — Kongreß 1931, S. 891

1932   „Hanomag-Hochdrucklokomotive", Z 1932, S. 324

1933   „Proposed design for a 2000 bhp high-pressure condensing locomotive", Gaz 1933-II, S. 694

1934   Mölbert: „Die Verwendungsmöglichkeit von hochgespanntem Dampf im Triebwagenbetrieb", Organ 1934, S. 139
       Witte: „Lokomotiven höheren Dampfdruckes in den Vereinigten Staaten", Organ 1934, S. 256
       „Six-engined «Sentinel» steam locomotives for Colombia", Loc 1934, S. 198 — Gaz 1934-I, S. 1055 — Revue 1934-II, S. 456 — Kongreß 1935, S. 606

1936   Buchli: „Anregungen zu neuzeitlichen Dampflokomotiven", Schweiz. Bauzeitung 1936-II, S. 113.

1937 =* Münzinger: „Leichte Dampfantriebe an Land, zur See und in der Luft", Verlag Springer, Berlin 1937 — Bespr. Wärme 1937, S. 697

1939   Nordmann: „Wirtschaftliche Thermodynamik der Dampflokomotive", Lok 1939, S. 25

Bauart Doble

1934 =   Imfeld u. Roosen: „Neue Dampffahrzeuge", Z 1934, S. 65
       Mauck: „Der Dampftriebzug der Lübeck-Büchener Eisenbahn', Verkehrstechnik 1934, S. 320
       Mölbert: „Die Verwendungsmöglichkeit von hoch gespanntem Dampf im Triebwagenbetrieb (Doble)", Organ 1934, S. 139
    —   Uhlig: „Betriebserfahrungen mit dem ersten Henschel-Dampfautobus", HH März 1934, S. 6 — VT 1934, S. 134
       „Super-high-pressure steam railcars in Germany", Gaz 1934-II, S. 197

1935   Mauck: „Neue Formen des Dampfantriebes", RB 1935, S. 460
       Mauck: „Neue Fahrzeuge der Lübeck-Büchener Eisenbahnges.", HH Dez. 1935, S. 14
    —   Roosen: „Der Dampfantrieb für Straßenfahrzeuge", HH Febr. 1935, S. 16

1936   Mauck: „Erfahrungen mit einem Dampftriebzug", Z 1936, S. 881
1937 =   Dohle: „The use of steam at high pressures and temperatures in
         small steam power plants", Engineering and Boiler House Review
         1937-II, S. 381
  =* Münzinger: „Leichte Dampfantriebe an Land, zur See und in der
         Luft", Verlag Springer, Berlin 1937 — Bespr. Wärme 1937, S. 697

Bauart Löffler

1930   Fuchs: „Eine neue Hochdrucklokomotive der Deutschen Reichsbahn,
         Bauart Schwarßkopff-Löffler", RB 1930, S. 47

         Witte u. Wagner: „Die 2 C 1 - Hochdruck (120 at)-Lokomotive der
         Deutschen Reichsbahn", Z 1930, S. 1073 u. 1141 — Kongreß 1931,
         S. 233

         Weitere Quellen:

         Organ 1930, S. 109 — Waggon- u. Lokbau 1930, S. 71 — Ry Eng
         1930, S. 143 — Loc 1930, S. 24 und 40, — Age 1930-II, —
         S. 519 — Revue 1930-I, S. 486 — Lok 1930, S. 157

Bauart Schmidt / Deutsche Reichsbahn

1925   „Die erste Hochdrucklokomotive der Welt", Z 1925, S. 1306
1926   „High-pressure three-cylinder compound express locomotive", Engg
         1926-II, S. 198 — Ry Eng 1926, S. 279
1927   * Wagner u. Witte: „Ueber die Erweiterung des nußbaren Druck-
         gefälles bei Lokomotiven", Annalen 1927, Jubiläums-Sonderheft
         S. 29
1928   Nordmann: „Die Schmidt-Hochdrucklokomotive. — Die bisherigen
         Versuchsergebnisse", Z 1928, S. 1915
         Wagner: „Die Schmidt-Hochdrucklokomotive, Entwicklung und Bau-
         art", Z 1928, S. 1521
         „High-pressure two-pressure locomotive", The Eng 1928-I, S. 81 —
         Gaz 1928-I, S. 849
1930   Nordmann: „Ueber die Frage der Lokomotiven neuerer Bauarten",
         Kongreß 1930, S. 505
1937   Hartmann: „Rohrwandmessungen und Wasserumlaufmessungen an
         einer Hochdrucklokomotive Bauart Schmidt", Wärme 1937, S. 187

Bauart Schmidt / England

1930   „The new «Royal Scot» high pressure locomotive, LMS R", Gaz
         1930-I, S. 18 — Loc 1930, S. 4 — Ry Eng 1930, S. 59 — Organ
         1930, S. 288

Bauart Schmidt / Frankreich

1930   „New ultra-high-pressure compound express locomotive Paris-
         Lyon-Mediterranean Ry", Gaz 1930-II, S. 567 — Loc 1930,
         S. 399 — Revue 1930-II, S. 427 — Z 1932, S. 561

1932   Parmantier: „Locomotive à haute pression avec appareil évapora-
        toire système Schmidt de la Cie des Chemins de Fer PLM",
        Revue 1932-I, S. 10
1934   Chan: „Note sur une avarie de chaudière à haute pression, PLM",
        Revue 1934-II, S. 103
        „Die PLM-Hochdrucklokomotive und ihre Betriebsergebnisse", Lok
        1934, S. 206

Bauart Schmidt / Kanada

1930   „Canadian Pacific Ry: Multi-pressure locomotive", Loc 1930, S. 260 —
        The Eng 1931-I, S. 580 — Engineering 1931-I, S. 780 — Loc 1931,
        S. 219 — Age 1931-I, S. 913 — Z 1931, S. 1140 — Ry Eng 1931,
        S. 215 — Gaz 1931-I, S. 706
1932   „Development of the multi-pressure locomotive, Canadian Pacific Ry
        No 8000", Age 1932-II, S. 328

Bauart Schmidt / USA

1934   „2 D 2 - Schmidt-Hochdrucklokomotive der New York Central", Ry
        Eng 1934, S. 272

Bauart Velox

1935 — Stodola: „Leistungs- und Regelversuche an einem Velox-Dampf-
        erzeuger", Z 1935, S. 429
        „Bugatti super-pressure locomotive for the PLM" (mit Einzelachs-
        Antrieb), Gaz 1935-I, S. 973
1936   „French 4-6-0 locomotive with Velox steam generator developed by
        Brown Boveri & Company", Gaz 1936-I, S. 903 — Schweiz. Bau-
        zeitung 1936-II, S. 122 u. 134 — Loc 1937, S. 241
1937   „4-6-0 locomotive with Velox boiler, PLM Ry", Loc 1937, S. 241 —
        Gaz 1938-II, S. 895 und 1939-I, S. 545
        „The «Velox» steam generator", Loc 1937, S. 276
1938   „Possibilities of Velox boiler for locomotives", Gaz 1938-II, S. 895
        und 910 — 1939-I, S. 545
1939   Chan: „Locomotive à chaudière Velox de la S. N. C. F.", Revue
        1939-I, S. 417 (ausführliche Beschreibung mit Schema)
        „French 4-6-0 locomotive with Velox boiler", Gaz 1939-I, S. 545 —
        Annalen 1939-I, S. 166 — Lok 1939, S. 105 — Organ 1939, S. 381
        — Z 1940, S. 40

Bauart Wiesinger-Winterthur

1927   Wiesinger: „Die Entwicklung der Hochleistungslokomotive, Bauart
        Wiesinger", Annalen 1927-I, S. 69
1928   Brown: „Die Hochdrucklokomotive für 60 at, Bauart Winterthur",
        Z 1928, S. 994 — Z 1929, S. 151, 1037 und 1400 — Lok 1928,
        S. 77

1928   Buchli: „Die Hochdrucklokomotive der Schweizerischen Lokomotiv-
           und Maschinenfabrik Winterthur", Organ 1928, S. 281 — Schweiz.
           Techn. Zeitschrift 1929, S. 377
           „High-pressure passenger locomotive", Engineering 1928-II, S. 51
           „The Winterthur high-pressure steam locomotive", The Loc 1928,
           S. 103

1929   „High efficiency locomotive: Wiesinger system", Loc 1929, S. 299

Mitteldrucklokomotiven / Deutsche Reichsbahn

1933   „2-10-0 four-cylinder compound freight locomotive No 44011, Ger-
           man State Rys", Loc 1933, S. 263 — Lok 1933, S. 121 — Gaz
           1934-II, S. 431 — HH Dez. 1935, S. 73
           „4-6-2 four-cylinder compound locomotive, series 04, German State
           Rys", Loc 1933, S. 71 — Gaz 1933-I, S. 181 — Engg 1933-II, S. 49

1935   Wagner: „Neue Dampflokomotiven der Deutschen Reichsbahn",
           VW 1935, S. 313

Mitteldrucklokomotiven / England

1925   Gresley: „Three-cylinder high-pressure locomotives", Loc 1925, S. 251

1929   „High pressure compound 4-6-4 locomotive, LNER", Gaz 1929-II,
           S. 944 und 973 — Mod. Transport 21. Dez. 1929, S. 15 — Engg
           1929-II, S. 850 — Z 1930, S. 94 — Organ 1930, S. 186 — Loc
           1930, S. 1 — Ry Eng 1930, S. 6 und 55 und 1931, S. 49

1931   Gresley: „High pressure locomotives", Gaz 1931-I, S. 153 — Ry Eng
           1931, S. 49 — The Eng 1931-I, S. 138 — Engg 1931-I, S. 153 —
           Kongreß 1931, S. 891

Mitteldrucklokomotiven / Delaware & Hudson Rr, USA

1. „Horatio Rr, Allen"

1925   Poultney: „Two remarkable locomotives", The Eng 1925-II, S. 370
           „High pressure Consolidation freight locomotive, Delaware and Hud-
           son Ry", Loc 1925, S. 144 — Engg 1925-I, S. 381 — Age 1925-I,
           S. 353 — Organ 1925, S. 327 — Z 1925, S. 1334 und 1927, S. 1237
           — VT 1925, S. 579

2. „John B. Jervis"

1927   „The D. & H. receives a second high-pressure locomotive", Age
           1927-I, S. 893

1928   Poultney: „New 2-8-0 high-pressure steam locomotive for the Dela-
           ware & Hudson Ry", Loc 1928, S. 106

3. „James Archbald"

1930   „High-pressure 2-8-0 locomotive, Delaware and Hudson Ry", Loc
           1930, S. 326 — Gaz 1930-II, S. 249 — Age 1930-II, S. 143 —
           Engg 1930-II, S. 737 und 798 — Ry Eng 1931, S. 21 — Waggon-
           und Lokbau 1931, S. 108 — Organ 1931, S. 426

4. „L. F. Loree"

1933   Poultney: „Delaware & Hudson high-pressure triple-expansion locomotive", Ry Eng 1933, S. 303
„4-8-0 four-cylinder triple expansion locomotive, Delaware & Hudson
Ry", Loc 1933, S. 227 — Gaz 1933-I, S. 774 — Organ 1934, S. 80
— Revue 1934-I, S. 211

1934   Witte: „Lokomotiven höheren Dampfdruckes in den Vereinigten
Staaten", Organ 1934, S. 256

AUSSERGEWÖHNLICHE KESSELSYSTEME

1917   Kummer: „Elektrische Dampfkesselheizung als Notbehelf für
Schweiz. Eisenbahnen mit Dampfbetrieb", Schweiz. Bauzeitung
1917-II, S. 5, 33, 34

1928 — Merkel: „Zweistoffgemische in der Dampftechnik", Z 1928, S. 109

1931 — Bosnjakovic: „Berechnung einer Mischdampfkraftmaschine", Z 1931,
S. 1197

1935 — „Quecksilberdampf-Kraftwerk Schenectady", Z 1935, S. 1125

1936 — Boese: „Dyphenyloxyd-Dyphenyl im Kesselbetrieb", Z 1936, S. 566

 —   Boese: „Das Quecksilberdampfkraftwerk in Schenectady", Wärme
1936, S. 259

1937 — Buhl u. Masukowitz: „Elektro-Dampfkessel", Archiv für Wärmewirtschaft 1937, S. 125

1938 — Münzinger: „Neue Bauformen von Quecksilber-Wasserdampf-Kraft-
anlagen", Z 1938, S. 99

 —   Strub: „Versuche an einem Wasserstrahl-Hochspannungs-Elektro-
dampfkessel", Z 1938, S. 814

 —   Züblin: „Elektrodampfkessel", Wärme 1938, S. 286

1939 = „Neue Dampfkraftanlagen für Fahrzeuge (Hüttner, Besler, Béchard)",
ATZ 1939, S. 485

KONDENSATION DES DAMPFES

1852   „Kirchwegers Kondensations-Vorrichtung an Lokomotiven", Organ
        1852, S. 1 und 1855, S. 122

1858   „Ueber die Anwendung der sogenannten Condensations-Apparate an
        den Lokomotiven der preußischen Eisenbahnen", Zeitschrift für
        Bauwesen 1858, S. 86 — Z 1858, S. 53

1922   „Proposed 4-6-2 locomotive with induced and forced draft, centri-
        fugal boiler pump and steam condensing apparatus", Age 1922-II,
        S. 1100

1923   Lorenz: „Dampflokomotiven mit Kondensation", Kruppsche Monats-
        hefte 1923, S. 8 — Annalen 1923-I, S. 69 und 1924-I, S. 25

1924 — Heuser: „Eine neue Bauart von Oberflächenkondensatoren", Z 1924,
        S. 1121
        Lorenz: „Dampfturbinenlokomotiven mit Kondensation: Die Rück-
        kühler und Kondensatoren", Kruppsche Monatshefte 1924, S. 222
        Pfaff: „Die Kolbendampflokomotive mit Kondensation", Z 1924,
        S. 997 und 1925, S. 359

1932   Imfeld u. Roosen: „A new condensing locomotive, Argentine State
        Rys", Ry Eng 1932, S. 230 — HH Febr. 1932, S. 1 — Organ
        1932, S. 351 — Loc 1933, S. 318 — Journal 6. Juni 1933 (Belfiore)
        — Engg 1933-I, S. 517

   —   Jakob: „Kondensation und Verdampfung", Z 1932, S. 1161

1933   Hardebeck: „Probefahrten und Erfahrungen mit der ersten Henschel-
        Patent-Kondenslokomotive (Argentinien)", HH Nov. 1933, S. 38

1934 = Imfeld u. Roosen: „Neue Dampffahrzeuge", Z 1934, S. 65
        Roosen: „Condensing goods locomotive for Russia", Z 1934, S. 1171
        — Mod. Transport 27. Januar 1934, S. 5 — Gaz 1935-II, S. 675 —
        HH Dez. 1935, S. 39 — Loc 1935, S. 129

1936 =* Roosen: „Abdampfkondensation durch Luftkühlung auf Fahrzeugen
        unter besonderer Berücksichtigung des Leistungsbedarfs und der
        Regelung", Dissertation T. H. Dresden 1936 — Z 1937, S. 1477 —
        Forschung Ing.-Wesen Bd. 8, 1937, Heft 2, S. 75

1937   Metzeltin: „Die Transsaharabahn", Annalen 1937-I, S. 13 (Betrieb
        mit Kondenslok!)

   =   „Abdampfkondensation durch Luftkühlung auf Fahrzeugen", Z 1937,
        S. 1477

1940   Roosen: „Neue Henschel-Kondenslokomotiven für Argentinien",
        Lok 1940, S. 81

DIE DAMPFVERTEILUNG (STEUERUNG)

Allgemein

1875   * Heusinger v. Waldegg: „Literatur über Steuerungen, Coulissen, Excentrics etc., Schieber und Schieberführungen", Handbuch für spec. Eisenbahn-Technik, 3. Bd., Verlag Wilh. Engelmann, Leipzig 1875, S. 483

1884   Helmholtz: „Bemerkungen über Lokomotivsteuerungen", Z 1884, S. 771

1886 =   Grunger: „On some modern valve gear", Engg 1886-I, S. 61
    = „Radial valve gears", Engg 1886-II, S. 279 u. f. — Engg 1889-II, S. 613 u. f.

1900 = * Leist: „Die Steuerungen der Dampfmaschinen", Verlag Springer, Berlin 1900 — 2. Aufl. 1905 — Bespr. Z 1905, S. 1049

1906   Metzeltin: „Neuere Lokomotivsteuerungen", Organ 1906, S. 196, 219, 239

1911   Pfaff: „Untersuchungen der Dampf- und Kohlenverbrauchsziffern der Stumpfschen Gleichstrom-, der Kolbenschieber- und der Lentz-Ventil-Lokomotive nach den Vergleichsversuchen der preußisch-hessischen Staatsbahn-Verwaltung", Organ 1911, S. 295

1913 = * Dubbel: „Die Steuerungen der Dampfmaschinen", Verlag Springer, 2. Aufl., Berlin 1913

1920   Dunlop: „The development of locomotive valve gear", The Eng 1920-I, S. 618 u II, S. 15 u. 49

1924   * Ewald: „Steuerungen für Dampflokomotiven", Hanomag-Lehrblatt O 11, Hanomag-Nachrichten-Verlag, Hannover-Linden 1924

1933   Philippson: „Steam locomotive data and formulae: Valves, ports and valve gears", Loc 1933, S. 154 u. f.

1937   Müller: „Tafeln zur Berechnung der Steuerungen von Dampflokomotiven", Organ 1937, S. 19

1938   Barrier: „Note sur une étude de la distribution des machines Pacific DD Etat" (Vergleich verschiedener Steuerungsarten), Revue 1938-I, S. 143

Schwingensteuerungen / allgemein

1893   Richter: „Ueber Kulissensteuerungen", Organ 1893, S. 9 u. 44

1917   Sanzin: „Untersuchungsverfahren für Schwingensteuerungen an Lokomotiven", Z 1917, S. 144

1923   Langner: „Zeichnende Kinematik im Bau von Kulissensteuerungen für Lokomotiven mit Ventilsteuerung", Annalen 1923-I, S. 101

1927 = * Graßmann: „Geometrie und Maßbestimmung der Kulissensteuerungen", 2. Aufl., Verlag Springer, Berlin 1927 — Bespr. Z 1927, S. 1175 u. Organ 1928, S. 98

1933   Brewer: „The invention of the link motion", Loc 1933, S. 373

1937   Müller: „Tafeln zur Berechnung der Steuerungen von Dampflokomotiven", Organ 1937, S. 19

Heusinger-Walschaerts-Steuerung

1905   Pfitzner: „Untersuchungen an der Heusinger-Steuerung", Z 1905,
        S. 481

1906   Jung: „Die Geschichte der Heusinger-Steuerung", Lok 1906, S. 207

1910   Westrén-Doll: „Berechnung und graphische Ermittelung der Heu-
        singer-Steuerung für Lokomotiven", Annalen 1910-II, S. 89 u. 107

1911   Schneider: „Untersuchung einer Heusinger-Steuerung mit symmetri-
        scher Dampfverteilung", Dinglers Polytechn. Journal 1911, S. 449,
        465, 489

        „The Walschaerts valve gear", Loc 1911, S. 184 u. 1912, S. 18

1917   Sanzin: „Einige Erfahrungen mit Lokomotivsteuerungen", Lok 1917,
        S. 103

1920   Ritter: „Ausmittelung des Voreilhebels bei der Heusinger-Steue-
        rung", Z 1920, S. 719

1922   Ewald: „Angenäherte Ermittelung von Massendrücken in Lokomotiv-
        Steuerungsgetrieben", HN 1922, S. 137 — Der praktische Ma-
        schinenkonstrukteur (Uhlands-Verlag) 1923, Nr. 17

1924   Boehme: „Erfahrungen beim Einregeln von Lokomotivsteuerungen",
        Annalen 1924-I, S. 57 u. 162

        Ewald: „Hängeeisen oder Kuhnsche Schleife?", HN 1924, S. 106
        — Organ 1924, S. 386 u. 1926, S. 81

        Monitsch: „Ermittelung der Länge der Gegenkurbelstange in der
        Heusinger-Steuerung", Organ 1924, S. 383

        „Die Schwingenstangenlänge bei der Heusinger-Steuerung", Organ
        1924, S. 383

1929   * Ewald: „Ein Weg zur Vereinheitlichung der Steuerungen gefeuerter
        Kolbendampflokomotiven", Dissertation T. H. Hannover 1929 —
        Annalen 1930-I, S. 3, 15 u. 45

1933   Mestre: „Distribution Walschaerts pour locomotive à vapeur, à
        simple expansion, forte pression (20 hpz) et haute surchauffe
        (400° C)", Revue 1933-I, S. 314

        „The Walschaerts locomotive valve gear", Loc 1933, S. 59

1939 = Rosenauer: „Zur Beschleunigungskonstruktion acht- und mehr-
        gliedriger Gelenkketten" (u. a. Getriebeschema der Heusinger-
        Steuerung mit gedrehten Geschwindigkeiten und Normalbeschleu-
        nigungen), Maschinenbau 1939, S. 557

Joy-Steuerung

1880 = Joy: „Joy's valve gear", Engg 1880-II, S. 139 u. 271

1886   Mayer: „Ueber die Lokomotivsteuerung von Joy", Z 1886, S. 1052

1887 — Riehn: „Dampfmaschinensteuerung von David Joy", Z 1887, S. 254

  —   Kuhn: „Die Steuerung von Joy", Z 1887, S. 588

1888 — Janse: „Die Joy-Steuerung und verwandte Schiebersteuerungen",
        Z 1888, S. 989

1907   Dafinger: „Graphodynamische Untersuchung einer Heusinger-Joy-
        Steuerung", Dinglers Polytechn. Journal 1907, S. 81

1923   „Treibstangenbrüche bei Lokomotiven mit Joy-Steuerung", Organ
        1923, S. 258

Verschiedene Steuerungs-Bauarten

1877   „Brown's locomotive valve gear", Engg 1877-II, S. 324
1880   Brown: „Valve gear", Engg 1880-II, S. 271
        „«Kitson» valve gear for tramway engines", Engg 1880-II, S. 159
1885 — Ebbs: „Die Klugsche Steuerung und verwandte Konstruktionen",
        Z 1885, S. 949
        „0-4-2 tank locomotive fitted with «Morton» valve motion", Engg
        1885-I, S. 667
1889   „Bonnefond's locomotive valve gear" (Kolbenschieber, Füllungs-
        änderung durch Kegelräder und Schnecke), Engg 1889-II, S. 710
        u. 1894-I, S. 737 — Revue 1904-I, S. 179 — Loc 1915, S. 42
1891   Hoefer: „Die Krümmung der Stephensonschen Kulisse", Z 1891, S. 476
        „Dunlop's variable expansion gear for compound locomotives", Engg
        1891-I, S. 196
1894   „Four-wheel coupled locomotive with Baguley's valve gear", Engg
        1894-I, S. 775 — Loc 1921, S. 213
1900   „Berth's locomotive valve gear at the Paris Exhibition", Engg
        1900-II, S. 3 (getrennte Schwingen für Umsteuerung und Füllung)
1905   „Nouvelles distributions pour locomotives (Young, Alfree-Hubbel,
        Haberkorn)", Revue 1905-II, S. 387
1906   „Winkelhebelsteuerung von Gölsdorf", Lok 1906, S. 124 u. 1912, S. 172
        — Revue 1907-II, S. 230
1915   „The Bonnefond valve gear", Loc 1915, S. 42
1916   Ericson: „Die Verhoop-Steuerung", Z 1916, S. 725
        „Die Kingan-Ripken-Steuerung", Organ 1916, S. 123 u. 307 — Ry
        Age Gaz 1915-II, S. 399
        „The Southern locomotive valve gear", Loc 1916, S. 99
1918   Dubois: „Ueber die Scheitelkurve der Stephenson-Steuerung",
        Schweiz. Bauzeitung 1918-I, S. 259
        „Redington's patent locomotive valve gear", Loc 1918, S. 118 und
        1920, S. 210
1920   Meineke: „Die Baker-Steuerung", Z 1920, S. 1040 — Loc 1934,
        S. 18 u. 1937, S. 84
1921   „Baguley's patent valve gear", Loc 1921, S. 213
1926   Riekie: „A new valve gear (Riekie gear)", Loc 1926, S. 296
1937   „The Baker valve gear", Loc 1937, S. 84
1939   „Walschaert valve gears: Stephenson-Molyneux system", Loc 1939,
        S. 155

Steuerung von Verbundlokomotiven

1878 — Meyer: „Ueber die Steuerung von Zweizylinder-Compound-Ma-
        schinen", Z 1878, S. 55
1890   Kuhn: „Steuerung für Verbund-Dampfmaschinen, insbes. für Ver-
        bund-Lokomotiven", Z 1890, S. 170
1899 — Lynen: „Die Mittel zur Erzielung des gewünschten Diagrammver-
        laufes bei der Konstruktion des Diagrammes einer Verbund-
        Dampfmaschine", Z 1899, S. 489

1901   Kuhn: „Steuerung mit konstanter Füllung im Niederdruckzylinder
        bei veränderlicher Füllung im Hochdruckzylinder für Verbund-
        lokomotiven", Annalen 1901-II, S. 177 — Z 1902, S. 1108
1902   Kuhn: „Neue Steuerung für Verbundlokomotiven", Z 1902, S. 1108
1903   Godfernaux: „Les distributions des locomotives compound", Revue
        1903-I, S. 185
1905 * van Heys: „Versuche mit Kuhnscher Steuerungseinrichtung an
        Lokomotiven", Organ 1905, Ergänzungsheft S. 341
1913   Kölsch: „Schaulinien der Dampfverteilung bei Verbundlokomotiven",
        Organ 1913, S. 197
1929 * Ewald: „Ein Weg zur Vereinheitlichung der Steuerungen gefeuerter
        Kolben-Dampflokomotiven", Dissertation T. H. Hannover 1929 —
        Annalen 1930-I, S. 3, 15 u. 45

Steuerung von Dreizylinder-Lokomotiven

1914   Obergethmann: „Die Dreizylinder-Lokomotive und ihre Steuerung",
        Annalen 1914-II, S. 25
1918   „Valve gear for the three-cylinder 2-8-0 mineral engine, G. N. R.",
        Loc 1918, S. 169
1919   Meineke: „Die Steuerungen der Dreizylinder-Lokomotiven", Z 1919,
        S. 409 u. 1241
1920   „Valve-gear for three-cylinder freight locomotives, Alsace-Lorraine
        Rys", Loc 1920, S. 18
1926   Lipperheide: „Untersuchung der Innensteuerung der 1 E - Dreizyl.-
        Güterzuglokomotiven der DRB", Annalen 1926-I, S. 59
1939   „Walschaert valve gears: Stephenson-Molyneux system for three-
        cylinder locomotives", Loc 1939, S. 155

Kraftumsteuerung

1882   „Henszey's steam reversing gear for locomotives", Engg 1882-I, S. 219
1894   „Joy's fluid-pressure reversing gear", Engg 1894-I, S. 693
1912   „Ragonnet steam reversing gear", Loc 1912, S. 197
        „Locomotive steam reversing gear, SAR", Gaz 1912-II, S. 11
1914   „The «Casey-Cavin» air or steam-reversing gear", Loc 1914, S. 174
1922   Schneider: „Neue Hilfsumsteuerung für Lokomotiven (Maffei)",
        Z 1922, S. 375
1924   „An automatic cut-off or governor for locomotives", Loc 1924, S. 317
1933   „The Baldwin power reverse gear", Baldwin Juli/Okt. 1933, S. 13
1934   „The hand lever and valve for Baldwin power reverse gear", Bald-
        win April/Juli 1934, S. 32
1938   „Center mounted Franklin reverse gear", Age 1938-II, S. 74

Schiebersteuerungen / allgemein

1859 =   Grashof: „Die einfachen Schiebersteuerungen", Z 1859, S. 291
1881 —   Stein: „Die Abmessungen der Schiebersteuerungen", Z 1881, S. 263,335
1888 = * Zeuner: „Die Schiebersteuerungen", 5. Auflage, Verlag Arthur Felix,
          Leipzig 1888

Schiebersteuerungen
Steuerkanäle und Dampfgeschwindigkeiten

1893   Leißmann: „Berechnung der Dampfeinströmungsquerschnitte bei Lokomotiven", Z 1893, S. 1328

1895   Leißmann: „Der Tricksche Kanalschieber", Annalen 1895-I, S. 14

—   Weiß: „Schiebersteuerung mit Doppeleröffnung des Austrittskanals", Z 1895, S. 762

1898   Leißmann: „Die Drosselung des Dampfes bei Lokomotiven", Annalen 1898-I, S. 229

1899   Leißmann: „Die Dampfeinströmung in die Zylinder der Lokomotiven", Annalen 1899-I, S. 162

1904 —   Gutermuth: „Die Abmessungen der Steuerkanäle der Dampfmaschinen", Z 1904, S. 329

1905 —   Blaeß: „Beitrag zur Theorie der Dampfmaschinendiagramme", Z 1905, S. 697

1906 —   Schüle: „Zur Dynamik der Dampfströmung in der Kolbendampfmaschine", Z 1906, S. 1900 u. f.

1910   Obergethmann: „Zur Frage der Außen- und Innen-Einströmung bei den Schiebern der Heißdampflokomotiven; ihre größten Füllungen und Anziehkräfte", Organ 1910, S. 397

1915   Klien: „Verbesserte Schwingensteuerung für Lokomotiven, Patent Lindner", Schweiz. Bauzeitung 1915-II, S. 222

1924 —   Bonin: „Die Ermittlung der Ein- und Ausströmlinien im Diagramm von Kolbenmaschinen", Zeitschr. f. angew. Mathematik 1924, S. 491

1929   * Ewald: „Ein Weg zur Vereinheitlichung der Steuerungen gefeuerter Kolbendampflokomotiven", Dissertation T. H. Hannover 1929 — Annalen 1930-I, S. 3, 15 u. 45

1930   Shields: „Indicator diagrams", Loc 1930, S. 286

1937   Müller: „Tafeln zur Berechnung der Steuerungen von Dampflokomotiven", Organ 1937, S. 19

Kolbenschieber

1882 —   Werner: „Kolbenschieber für Dampfmaschinen", Z 1882, S. 392

1888 = * Zeuner: „Die Schiebersteuerungen", 5. Aufl., Verlag Arthur Felix, Leipzig 1888. — Bespr. Z 1889, S. 812

1891   Kuhn: „Kolbenschieber für Lokomotiven", Z 1891, S. 702

1899   „Kolbenschieber für Lokomotiven", Organ 1899, S. 263

1913 —   Becher: „Entlastung für Kolbenschieber", Z 1913, S. 184
„Old French express engine (French State Rys) with «Ricour» piston valves", Loc 1913, S. 206

1916   „Ueber die Anwendung von Kolbenschiebern im Lokomotivbau", Lok 1916, S. 141 und 1917, S. 17 und 173

1922   „Piston valves", Loc 1922, S. 37

1925 —   „Die Gutermuth-Diffusor-Steuerung für Lokomobilen", Technik in der Landwirtschaft 1925, Heft 6

1926   „Setting locomotive piston valves", Loc 1926, S. 216

1932   „Tiroir cylindrique de distribution à double admission et double
        échappement système «Willoteaux» de la Cie P. O.", Revue 1932-II,
        S. 273
        „Long travel valves", Loc 1932, S. 437
1939   „Streamlined piston valve", Gaz 1939-I, S. 580

Limited cut-off

1924   „An automatic cut-off governor for locomotives", Loc 1924, S. 317
1925 — Poultney: „Fifty percent cut-off locomotives, Pennsylvania system",
        The Eng 1925-I, S. 509
1927   Vincent: „Full gear versus limited cut-off", Age 1927-II, S. 219
        Poultney: „Locomotive performance and its influence on modern
        practice", Ry Eng 1927, S. 132
1930   „Distribution de vapeur à admission limitée et soupapes de démar-
        rage", Revue 1930-I, S. 63
1931   Meineke: „Nachfüllschieber", Annalen 1931-I, S. 39
        „The «3-30». — The next locomotive? — A proposed 3 cyl. arrange-
        ment combining a large cylinder volume with a short maximum
        cut-off and incorporating a special starting device", Ry Eng 1931,
        S. 194 und 1932, S. 110
1933   Davidson: „Scientific cut-off control improves locomotive perfor-
        mance", Age 1933-II, S. 111
        Lubimoff: „Ueber die Größe der Einlaßdeckung bei der Heusinger-
        Steuerung", Annalen 1933-II, S. 4
1936   Davidson: „The loco valve pilot. — What it is and what it does",
        Baldwin Juli 1936, S. 24

Druckausgleicher für Kolbenschieber

1920   Meineke: „Leerlaufeinrichtungen an Lokomotiven", Z 1920, S. 784
        und 1929, S. 726
1923   Günther: „Druckausgleicher für Dampflokomotiven", Z 1923, S. 836
1929   Köhler: „Der «Nicolai»-Druckausgleich-Kolbenschieber", Eisenbahn-
        technische Rundschau (Hannover) 1929, S. 223
1930   Makarow: „Leerlauf-Druckausgleichvorrichtung   der   russischen
        Dampflokomotiven, Bauart Trofimoff", Organ 1930, S. 185
        „The Trofimoff piston valve", Loc 1930, S. 50 und 422
1931   Tager: „Trofimoff-Schieber", Z 1931, S. 1421

Ventilsteuerungen / allgemein

1890 — Sondermann: „Ventilanordnung und Ventilsteuerung", Z 1890, S. 794
1923   Langner: „Zeichnende Kinematik im Bau von Kulissensteuerungen
        für Lokomotiven mit Ventilsteuerung", Annalen 1923-I, S. 101
1924 — Wiesinger: „Ventil oder Schieber als Steuerorgan für Kolbendampf-
        maschinen?" Annalen 1924-II, S. 331 (siehe auch 1924-I, S. 134)
1927 — Ringwald: „Nockenform und Ventilbewegung", Z 1927, S. 47
     — „Beitrag zur Formgebung der Steuernocken", Maschinenbau 1927, S. 619

1934 — Herr: „Die Bewegungsverhältnisse an Steuernocken", ATZ 1934.
S. 197 u. 244
Phillipson: „Steam locomotive design: Poppet valves", Loc 1934, S. 47
1936 Altmann: „Ueber die Dampfersparnis durch Verwendung von Ventilsteuerungen", Organ 1936, S. 214
1938 Günther: „Neuere Ventilsteuerungen an Dampflokomotiven, insbesondere der Bauart Maschinenfabrik Eßlingen", GHH 1938, S. 215
— Vogel: „Geräuschverminderung an Umlaufnocken", Maschinenbau
1938, S. 95
1939 „Poppet valves in Europe", Age 1939-I, S. 910

Lentz-Ventilsteuerung

1906 Metzeltin: „Lokomotiven mit Ventilsteuerung", Z 1906, S. 637, 823
u. 870 — Organ 1906, S. 196, 219, 239 — Lok 1907, S. 1
1908 Buschbaum: „Heißdampf-Ventillokomotiven in Schweden", VW 1908,
. S. 673 und 701
Buschbaum: „Kleinbahn-Lokomotiven mit Pielock-Ueberhitzer und
Lentz-Ventilsteuerung", Klb-Ztg. 1906/07
* Osthoff: „Die Lentz-Ventilsteuerung an Lokomotiven", Dissertation
T. H. Berlin 1908 — Dinglers Polytechn. Journal 1909, S. 147 u. f.
1915 „Die Ventil-Lokomotiven der Großh. Eisenbahn-Direktion Oldenburg", HN 1915, S. 80 — 1916, S. 115 — 1917, S. 20 — 1925, S. 49
1921 Wittfeld: „Ventilsteuerung für Dampflokomotiven", Z 1921, S. 623
und 1041
1922 Daubois: „Die Bedeutung der Lentz-Ventilsteuerung im Lokomotivbau", Lok 1922, S. 55
„1 D - Güterzuglokomotive Gattung G8² der DRB mit Lentz-Ventilsteuerung für die Eisenbahndirektion Oldenburg", HN 1922, S. 157
„D-Heißdampf-Tenderlokomotive Gattung T 13 mit Lentz-Ventilsteuerung für die Eisenbahndirektion Oldenburg", HN 1922, S. 162
„Beschreibung und Anweisung zur Behandlung der Lokomotiv-Lentz-
Ventilsteuerung", HN 1922, S. 24
1923 Köhler: „Umbau von Lokomotiven der Gattung G₉", HN 1923, S. 29
Wittfeld: „Die Lentzsche Ventilsteuerung für Lokomotiven", Annalen
1923-I, S. 131 u. 1924-I, S. 134 (siehe auch 1924-II, S. 331)
1924 — Falk: „Eine Normal-Wegkurve zur Lentz-Schwingdaumen-Steue-
rung", HN 1924, S. 126 — Annalen 1925-I, S. 197
„Lentz poppet valves for locomotives", Loc 1924, S. 335
„New 2-8-2 locomotive with Lentz valve for the Eskdale 15 in. gauge
Ry", Loc 1924, S. 4 u. 120
1926 „Freight locomotive with poppet valves, Bengal Nagpur Ry", Loc
1926, S. 241
„Garratt type 2-6-2+2-6-2 locomotives for the Rhodesia Ry", Ry
Eng 1926, S. 183
„Goods locomotive with poppet valves, London and North Eastern
Ry", Loc 1926, S. 48
1927 „Lentz valves and valve gear, Benguella Ry", Loc 1927, S. 179

1928   „Lenz poppet valve locomotive, Bengal-Nagpur Ry", Loc 1928, S. 246
        „4-4-0 three-cylinder express locomotives fitted with poppet valves,
        LNER", Loc 1928, S. 278 — Gaz 1929-II, S. 851 — Engg 1930-I,
        S. 40 — Organ 1931, S. 144
1930   „Experimental four-cylinder Pacific express locomotives, Indian
        State Rys", Ry Eng 1930, S. 221 — Gaz 1930-I, S. 621 — Organ
        1930, S. 145
1931   Lehner: „Die Entwicklung der Ventilsteuerungen bei den Oester-
        reichischen Bundesbahnen", Organ 1931, S. 129
1935   „Recent Continental developments of the Lenz poppet valve gear",
        Loc 1935, S. 357
1937   Steffan: „Neuere Ausführungen der Lenz-Ventilsteuerung für
        Lokomotiven", Lok 1937, S. 77

Caprotti-Ventilsteuerung

1922   Metzeltin: „Lokomotiv-Ventilsteuerungen", HN 1922, S. 17
1923   „The Caprotti locomotive valve gear", Loc 1923, S. 299
1924   Metzeltin: „C-Tenderlokomotive mit Caprotti-Steuerung", HN 1924,
        S. 152
1927   „Cam-operated valve gear locomotive, LMS Ry", Loc 1927, S. 349
1928   „Austrian locomotives with Caprotti valve gear", Loc 1928, S. 216
        „B & O engine fitted with Caprotti poppet valve gear", Baldwin
        Januar 1928, S. 68
        „Caprotti valve gear, LNWR", The Eng 1928-I, S. 720
        „Tests of locomotive fitted with Caprotti valve gear, LMSR", Ry
        Eng 1928, S. 95
1929   Bauer: „Caprotti-Steuerung an einer 1 C-Tenderlokomotive der
        Augsburger Lokalbahn AG.", Z 1929, S. 1398
        Spies: „Die Caprotti-Steuerung für Dampflokomotiven", Waggon-
        und Lokbau 1929, S. 133
1930   „2 C 1 - Heißdampf-Tenderlokomotive mit Caprotti-Steuerung Reihe
        629 der Oesterreichischen Bundesbahnen", Lok 1930, S. 1
        „4-6-0 express locomotive with Beardmore-Caprotti valve gear, Great
        Southern Rys of Ireland", Loc 1930, S. 306 — Gaz 1930-II, S. 274
        „New 4-6-2 three-cylinder locomotives, Central Argentine Rys", Gaz
        1930-II, S. 705 — Loc 1931, S. 37 — Ry Eng 1931, S. 7
        „Experimental four-cylinder Pacific express locomotives, Indian
        State Rys", Ry Eng 1930, S. 221 — Gaz 1930-I, S. 621 — Organ
        1931, S. 145
1931   „Caprotti rotary cam poppet valve gear for locomotives", Beyer-
        Peacock April 1931, S. 49
1933   „French 4-6-2 single expansion express locomotives" (Elsaß-
        Lothringen), Gaz 1933-II, S. 177
1934   *„The Caprotti valve gear for locomotives. — A handbook for shed
        and running staff", herausgegeben von der Caprotti Valve Gears
        Ltd, London 1934 (?)
1937   Touvet: „Un nouvel exemple de distribution à soupapes à phases
        indépendantes", Revue 1937-I, S. 222

Cossart-Ventilsteuerung

1933   Cossart: „Distribution à phases indépendantes pouı moteurs réversibles à fluide élastique et son application aux locomotives", Revue 1933-I, S. 148 — Loc 1933, S. 109 und 140 — Siehe auch Gaz 1933-I, S. 383 — Ry Eng 1933, S. 150

1934   „Cossart cam operated valves", Gaz 1934-I, S. 351

Meier-Mattern-Drucköisteuerung

1927 — „Uniflow marine engine with oil-operated valve gear", The Eng 1927-I, S. 676

1929 — „Meier-Mattern-Drucköisteuerung für Dampfmaschinen", Z 1929, S. 1559

1930   Meier-Mattern: „Lokomotiven mit Drucköisteuerung", Z 1930, S. 1157

1931   Spies: „Drucköisteuerung für Dampflokomotiven, Bauart Meier-Mattern", Waggon- und Lokbau 1931, S. 353 u. 369

1932   „The Meier-Mattern oil pressure valve gear", Loc 1932, S. 248

1940 — „Ventildampfmaschine mit Drucköisteuerung für den Schiffsbetrieb", Z 1940, S. 222

Gleichstrom-Anordnung Bauart Stumpf

1910 — Stumpf: „Die Gleichstrom-Dampfmaschine", Z 1910, S. 1890, 2089 u. 2144 — Engg 1910-I, S. 758
Wolters: „D - Gleichstrom - Heißdampf - Güterzuglokomotive Bauart Stumpf der kgl. preußischen Staatsbahn", Organ 1910, S. 335 u. 355 — Lok 1910, S. 104 u. 145 — Loc 1910, S. 152
„Die Gleichstrom-Dampfmaschine Bauart Stumpf im Lokomotivbetrieb", Lok 1910, S. 104 und 145 — Kongreß 1910, S. 1044 — Revue 1911-I, S. 219

1911   Pfaff: „Untersuchung der Dampf- und Kohlenverbrauchsziffern der Stumpfschen Gleichstrom-, der Kolbenschieber- und der Lentz-Ventil-Lokomotive nach den Vergleichsversuchen der preußisch-hessischen Staatsbahn-Verwaltung", Organ 1911, S. 295
=* Stumpf: „Die Gleichstrom-Dampfmaschine", Verlag Oldenbourg, München und Berlin 1911. — 2. Aufl. 1921 (S. 214: Die Gleichstromdampflokomotive). — Bespr. Z 1912, S. 2074 u. 1925, S. 518
„2 B-Heißdampf-Schnellzuglokomotive Gruppe S₆ der kgl. preußischen Staatsbahnen mit Gleichstrom-Ventilsteuerung Patent Stumpf", Lok 1911, S. 193

1913   „4-6-0 mixed traffic engine with Stumpf cylinders, North Eastern „Ry", Loc 1913, S. 73 und 1919, S. 102 — Gaz 1913-I, S. 340

1914   „Schmalspurige D - Gleichstrom - Güterzuglokomotive der Lokomotivfabrik Kolomna", Lok 1914, S. 85

1919   „Three-cylinder uniflow 4-4-2 and 4-6-0 locomotive, North Eastern Ry", Loc 1919, S. 101

1920 = „The uniflow steam engine", The Eng 1920-I, S. 455

1921 — Stumpf: „Gleichstromdampfmaschine mit Hochhub-Düsentellerventil und Steuerwelle doppelter Drehzahl", Z 1921, S. 492

1922   „Recent developments in the unaflow locomotive", Age 1922-I, S. 1727

1924   Stumpf: „A successful unaflow locomotive is built" (Russische E-Lok), Age 1924-II, S. 327

1926 — Stumpf: „Gleichstrom-Dampfmaschine mit Hochhub-Düsentellerventilen", Z 1926, S. 672

1927 — „Uniflow marine engine with oil-operated valve gear", The Eng 1927-I, S. 676

1931 — Kluitmann: „Neuere Konstruktionen von Schiffskolbendampfmaschinen", Z 1931, S. 771 [S. 773 u. f.: Gleichstrom-Maschine]

1933   Meineke: „Zur Geschichte der Gleichstrom-Dampflokomotive", Organ 1933, S. 235

1935 — Schweickhart: „Schnellaufende Gleichstrom-Zwillingsdampfmaschine", Z 1935, S. 588

Verschiedene Bauarten von Ventilsteuerungen

1879   Theis: „Locomotive mit Expansionssteuerung", Z 1879, S. 524

1884 — „Elektrische Steuerung für Dampfmaschinen", Z 1884, S. 417

1888 — Werner: „Dampfmaschine mit Arbeitskolbensteuerung", Z 1888, S. 541 u. 1890, S. 973

1903 — Koehler: „Die Elsner-Ventilsteuerung", Annalen 1903-I, S. 110

1929   Nasse: „Distribution par soupapes système Renaud (Chemin de fer de l'Etat)", Revue 1929-II, S. 459 — Z 1929, S. 1866 — Organ 1930, S. 172 u. 1934, S. 78 — Loc 1932, S. 428 — Ry Eng 1933, S. 106

        „Rateau-Lentz-Steuerung", Loc 1929, S. 354 — Gaz 1929-II, S. 851 — Revue 1931-I, S. 271

1930   „Distribution de vapeur à admission limitée et soupapes de démarrage", Revue 1930-I, S. 63

        „Miss Holmes poppet valve gear for locomotives", Gaz 1930-II, S. 364 — Ry Eng 1930, S. 355 u. 1933, S. 51 — Loc 1931, S. 215

1938   „Four-cylinder compound 4-6-0 engines of the former French State Rys rebuilt with streamlinig and welded cylinders and Dabeg poppet valves", Gaz 1938-II, S. 250 — Kongreß 1939, S. 774

1939   „Poppet valve gear for steam locomotives in America, Franklin system", Age 1939-I, S. 1019 — Mech. 1939, S. 349

Drehschieber-Steuerung

1889   Mueller: „Zum Todestage von George Henry Corliss, † 21. Febr. 1888" (Ventil oder Rundschieber?)", Z 1889, S. 169

1894   „Neue Schieberanordnung der Lokomotiven der Orléans-Bahn von Durant und Lencauchez", Organ 1894, S. 78

1896   „Polonceau-Steuerung mit Corliss-Rundschiebern der Paris-Orléans-Bahn", The Eng 1896-I, S. 490 — Z 1896, S. 652

        „Dunlops Verbesserung der Lokomotivsteuerung von Durant & Lencauchez", Organ 1896, S. 229

1899 =   Dubbel: „Zwangläufige Corliss-Steuerungen mit besonderer Berück-
          sichtigung neuerer Lokomotiv-Steuerungen (u. a. Durant u. Len-
          cauchez)", Z 1899, S. 686 u. 720
1908   „Young: „Rotary valve and gear for locomotives", Gaz 1908-II,
          S. 608
1914   „Paris Orleans Ry: The Durant and Lencauchez valve gear", Loc
          1914, S. 312

Steuerung / Verschiedenes

1889 —   Fränzel: „Neuere Schiffsmaschinensteuerungen", Z 1889, S. 985,
          1016 u. 1043
1893 —   Fränzel: „Verbundsteuerungen", Z 1893, S. 611 u. 730
1915   „Locomotive reversing gears", Loc 1915, S. 258
1922   Ewald: „Angenäherte Ermittlung von Massendrücken in Lokomotiv-
          Steuerungsgetrieben", HN 1922, S. 137 — Der praktische Ma-
          schinenkonstrukteur (Uhlands Verlag), 1923, Nr. 17
1924 —   Bonin: „Die Ermittlung der Ein- und Ausströmlinien im Diagramm
          von Kolbenmaschinen", Zeitschrift für angewandte Mathematik
          1924, S. 491
          „Selbsttätige Einstellung der Füllung bei Lokomotiven", Age 1924-I,
          S. 1033 — Organ 1924, S. 174
1931 —   Kluitmann: „Schiffskolbendampfmaschine (mit 3 n-Steuerung)", Z 1931,
          S. 771
          Place: „Die Anwendung der Bewegungstheorie von Marbec auf die
          Bestimmung der Geschwindigkeiten und Beschleunigungen der
          verschiedenen Gelenke einer Steuerung", Kongreß 1931, S. 625
1932   Meineke: „Massenausgleich und gekapselte Steuerung bei Zwilling-
          lokomotiven", Z 1932, S. 202
1933   „Roller bearings for locomotive valve gear", Loc 1933, S. 132
1938   „Some «improved» locomotive valve gears", Loc 1938, S. 373 und
          1939, S. 24

DAS TRIEBWERK
DER KOLBENDAMPFLOKOMOTIVE

Allgemein

1875 * Heusinger v. Waldegg: „Literatur über Treib- und Kurbelachsen, Locomotiv-Radsterne, Radbandagen, Gegengewichte, Kurbel- und Kuppelstangen", Handbuch für specielle Eisenbahntechnik, 3. Bd., Verlag Wilh. Engelmann, Leipzig 1875, S. 698. — Achsbüchsen- und Achsbacken-Stellvorrichtungen: S. 727

1899 — Illeck: „Die graphische Berechnung mehrzylindriger Dampfmaschinen", Z 1899, S. 14

1905 — Meuth: „Kinematik und Kinetostatik des Schubkurbelgetriebes", Dinglers Polytechn. Journal 1905, S. 465

      „The size of locomotive driving wheels", Loc 1905, S. 101

1906 — Wittenbauer: „Dynamischer Kraftplan des Kurbelgetriebes", Z 1906, S. 951

1907   Jahn: „Der Antriebsvorgang bei Lokomotiven", Z 1907, S. 1046, 1098 u. 1141

      „The four-cylinder simple express locomotive", Loc 1907, S. 178

1910 — Holcroft: „Arrangement of locomotive cylinders", Loc 1910, S. 30

1912 —* Graßmann: „Anleitung zur Berechnung einer Dampfmaschine", Verlag Springer, Berlin 1912

1924 —* Graßmann: „Anleitung zur Berechnung einer Dampfmaschine", Verlag Springer, 4. Aufl., Berlin 1924 — Bespr. Z 1927, S. 1112

1926   Opitz: „Die Vereinheitlichung des Triebwerks im Dampflokomotivbau und ihr Einfluß auf die zweite Zugkraftcharakteristik und das Reibungsgewicht", AEG-Mitt. 1926, S. 437

1930 — Modersohn: „Anforderungen und Probleme des Schnellaufs bei Kolbenmaschinen", Maschinenbau-Betrieb 1930, S. 465

1932   Phillipson: „Steam locomotive design: Axles", Loc 1932, S. 320

      Phillipson: „Steam locomotive design: Direct (horizontal) loads on coupling rods and axleboxes", Loc 1932, S. 243

1934   Vauclain: „What size wheels?", Baldwin April/Juli 1934, S. 10

1935   Warner: „Horsepower and wheel diameter". Baldwin Januar 1935, S. 17

1937 — Kinkeldei: „Die neuzeitliche Kolbendampfmaschine", Wärme 1937, S. 681 (m. Schriftquellen-Verzeichnis)

  — Vogel: „Der Einfluß des Schubstangenverhältnisses auf die Bewegungsverhältnisse beim Kurbeltrieb", ATZ 1937, S. 336

1938 — Trutnovsky: „Die Kolbendampfmaschine ohne Zylinderschmierung", Wärme 1938, S. 693

1940   Schöning: „2 B 1 - Schnellfahr-Tenderlokomotive (Einzylinderlokomotive). — Ein Vorschlag", Organ 1940, S. 161 — Lok 1940, S. 93

Die störenden Bewegungen

1884 — Wehage: „Ueber den ruhigen Gang der Dampfmaschinen mit Kurbelwelle", Z 1884, S. 637, 662, 677

1899   von Borries: „Die Eigenbewegungen und die zulässige Geschwindigkeit der Lokomotiven", Organ 1899, S. 115

      von Borries: „Die Eigenbewegungen der Lokomotiven und ihre Einwirkung auf die Gleise", Annalen 1899-I, S. 137

1902   von Borries: „Neuere Fortschritte im Lokomotivbau: Der ruhige Gang und die störenden Bewegungen der Lokomotiven", Z 1902, S. 1349

1903   von Borries: „Die Eigenbewegungen der Lokomotive, erläutert an einem Modell", Annalen 1903-II, S. 185
„Lokomotiven und Wagen für Schnellverkehr", Annalen 1903-I, S. 93

1904   Diepen: „Die störenden Bewegungen der Dampflokomotive", Annalen 1904-I, S. 45

1907   Lihoѕky: „Kritische Betrachtungen über das Zucken der Lokomotiven und die zur Berechnung des Zuckweges dienenden Formeln", Lok 1907, S. 149
Lindemann: „Das Wogen und Nicken der Lokomotiven", Annalen 1907-I, S. 12
Marié: „Les oscillations du matériel dues au matériel lui-même et les grandes vitesses des chemins de fer", Revue 1907-I, S. 249, 367
Strahl: „Ist das Zucken der Lokomotive eine störende Bewegung?" Annalen 1907-II, S. 27
Strahl: „Die Beanspruchung der Kupplung einer Dampflokomotive", Annalen 1907-I, S. 170

1909   Jahn: „Das Wanken der Lokomotiven unter Berücksichtigung des Federspieles", Z 1909, S. 521, 573 u. 621

1912   Nordmann: „Das Schlingern der Schienenfahrzeuge", Annalen 1912-I, S. 211, 236 — 1912-II, S. 9 — 1913-II, S. 11

1924   Closterhalfen: „Zur Dynamik der Dampflokomotiven", HN 1924, S. 13 und 1925, S. 167

1937   Chan: „Efforts traversaux exercés sur la voie par les locomotives 221-A et 231-D de la Cie PLM", Revue 1937-I, S. 345
Meineke: „Der heutige Stand des Schlingerproblems", Organ 1937, S. 236

1939   Lanos: „Etude expérimentale et théorie du mouvement de lacet des locomotives en courbe", Revue 1939-I, S. 65 und II, S. 42. — Organ 1939, S. 347
„The disturbing forces in a locomotive", Loc 1939, S. 222

Gegengewichte und Massenausgleich

1857   Scheffler: „Bestimmung des Gegengewichtes in den Triebrädern der Lokomotiven", Z 1857, S. 105

1878   * Deghilage: „Mémoire sur les locomotives à très-grande vitesse", Paris Libraire Centrale des Arts et Manufactures Auguste Lemoine, Paris 1878

1897 —   Lorenz: „Die Massenwirkungen am Kurbelgetriebe und ihre Ausgleichung bei mehrkurbligen Maschinen" (Schlickscher Ausgleich), Z 1897, S. 998 u. 1026 — * Garbe: «Die Dampflokomotiven der Gegenwart», 2. Aufl., Berlin 1920, S. 105
Morison: „On a balanced locomotive: 4-4-2 four-cylinder compound locomotive at the Purdue University, Lafayette, Ind., constructed for the Balanced Locomotive & Engineering Company, New York", Engg 1897-II, S. 560 und 809

1898   Angier: „Die Massenausgleichung bei Lokomotiven und deren Folgen", Organ 1898, S. 10, 34, 79, 95, 115

1898 — Eckenrodt: „Schiffsmaschine mit hoher Kolbengeschwindigkeit (Taylor-Ausgleich!)", Annalen 1898-II, S. 24

1903 * Mehlis: „Dampfschnellbahnzug für 120 km mittlere stündliche Geschwindigkeit (150 Km/st. maximal)", Dissertation T. H. Karlsruhe 1903. — Als Buch im Verlag Georg Siemens, Berlin 1904

1904   Kempf: „Die Berechnung der Gegengewichte bei Zwei-, Drei- und Vierzylinder-Lokomotiven sowie deren Einfluß auf die störenden Bewegungen", Annalen 1904-I. S. 174

1908   Walker: „Compensated locomotives", Gaz 1908-II, S. 250, 278, 301

1909   Walker: „The origin of the balanced locomotive", Loc 1909, S. 10, 56 u. 110 — Ry Gaz 1909-II, S. 181 u. 217

       Vaughan: „Locomotive counterbalancing", Gaz 1909-II, S. 557 u. f.

1911   Jahn: „Ein Beitrag zur Lehre von den Gegengewichten bei Lokomotiven", Organ 1911, S. 163 — Kongreß 1911, S. 1606

1914   Stein: „Berechnung der Gegengewichte und Anordnung der Zylinder bei Vierzylinder-Lokomotiven", Organ 1914, S. 311

1915   Najork: „Die Gegengewichtsberechnung einer Dreizylinder-Lokomotive mit um 120° versetzten Kurbeln", Annalen 1915-II, S. 149

1927   „8-cylinder locomotive, Midland Ry", Loc 1927, S. 243

1929   Lomonossoff: „Ueber den dynamischen Druck der Lokomotivräder", Annalen 1929-II, S. 80 und 92

1930   Brewer: „Historical notes on the counterbalancing of British locomotives", Loc 1930, S. 356 und 1931, S. 241

1931   Walker: „The origin of the balanced locomotive", Loc 1931, S. 42

1932   Meineke: „Massenausgleich und gekapselte Steuerung bei Zwillinglokomotiven", Z 1932, S. 202

1933   Phillipson: „Locomotive date and formulae: Balancing", Loc 1933, S. 115 u. f.

1936   Meineke: „Ausgleichvorrichtung für Lokomotivprüfstände", Annalen 1936-I, — Gaz 1936-I, S. 574

       „A curious old Belgian locomotive", Loc 1936, S. 352

1937   „A century of balancing", Loc 1937, S. 249

1938   Brown: „Counterbalancing and its effect on the locomotives and the bridges", Loc 1938, S. 86

1939   Buckwalter and Horger: „Steam locomotive slipping tests", Age 1939-I, S. 377 — Mech. 1939-I, S. 85 und 132

—*   Neugebauer: „Kräfte in den Triebwerken schnellaufender Kolbenkraftmaschinen, ihr Gleichgang und Massenausgleich", «Konstruktionsbücher», Band 2, Verlag Springer, Berlin 1939 — Bespr. Annalen 1940, S. 75

       „Eliminating hammer blow. — Tests in India to determine the impact effects on bridges due to locomotives to 66 per cent. of the reciprocating parts balanced as compared with locomotives of the same type with none of the reciprocating weights but all revolving weights balanced", Gaz 1939-I, S. 504

       „Relation of locomotive design to rail maintenance", Age 1939-I, S. 513

1940   Melzer: „Graphische Ermittlung der Gegengewichte nach Dr. Paul Ritter", Lok 1940, S. 111

       „Erhöhung der Lokomotivgeschwindigkeit durch Einbau von Nickelstahltriebwerken", Lok 1940, S. 78 u. 106

Dampfzylinder und Kolben

1875 * Heusinger v. Waldegg: „Literatur über Cylinder, Kolben, Stopf-
büchsen, Kreuzköpfe, Schmierapparate", Handbuch für specielle
Eisenbahn-Technik, 3. Bd., Verlag Wilh. Engelmann, Leipzig 1875,
S. 588

1899 — Bantlin: „Der Wärmeaustausch zwischen Dampf und Zylinder-
wandung", Z 1899, S. 774

1901 — Reinhardt: „Selbstspannende Kolbenringe", Z 1901, S. 232

1906 — Bantlin: „Der Nutzen des Dampfmantels nach neueren Versuchen",
Z 1906, S. 1066 u. f.

1911 Osthoff: „Wasserschlag in Lokomotiv-Dampfzylindern", Organ 1911,
S. 101

1912 Krisa: „Kolbenringe", Lok 1912, S. 245
Lösel: „Die Berechnung federnder Ringe", Lok 1912, S. 151 u. 185

1915 „Ueber Wasserschläge", HN 1915, S. 169

1917 Keller: „Beanspruchung eines Lokomotiv-Zylinderdeckels", Z 1917,
S. 526 — Schweiz. Bauzeitung 1917-II, S. 7

1927 Dannecker: „Gußeiserne Stopfbuchspackungen", Organ 1927, S. 217
Loewenberg: „Wärmeaustauschverluste in Lokomotivzylindern",
Z 1927, S. 15

1929 „Wood's patent vacuum breaking device for locomotives", Loc 1929,
S. 119

1932 Barratt: „Heat losses from locomotive boilers and cylinders", Loc
1932, S. 164

1937 Augereau: „La construction et la réparation par soudure des
cylindres de locomotives", Bull. Soc. Ing. Soud. 1937, Bd. 8,
Nr. 45, S. 2733

— Vater: „Das Verhalten metallischer Werkstoffe bei Beanspruchung
durch Flüssigkeitsschlag", Z 1937, S. 1305

1938 Meckel: „Eine neue Kolbenstangentragbüchse für Lokomotiven",
Organ 1938, S. 438
Monier: „Welded cylinders for 2-8-2 locomotives, P. O.-Midi Ry",
Gaz 1938-I, S. 178 — Organ 1939, S. 61
„Rebuilt locomotives with welded cylinders in France (2 C-Lok. mit
Stromlinien-Verkleidung, frühere Französische Staatsbahnen)",
Gaz 1938-II, S. 250

1939 Reiter: „Geschweißte Lokomotivzylinder (Deutsche Reichsbahn)",
Z 1939, S. 1223 — Organ 1939, S. 232
Miller u. Grant: „Heavy-duty piston rods", Mech. 1939, S. 91
„One-piece nickel iron cylinders, Atlantic Coast Line Rr", Baldwin
Febr. 1939, S. 24
„Streamlined steam ports", Gaz 1939-I, S. 580

Treib- und Kuppelstangen / allgemein

1889 Kuhn: „Kuppel- und Pleuelstangen der Lokomotiven" (Berechnung),
Annalen 1889-II, S. 63 — 1890-II, S. 244 und 1891-I, S. 224

1895 — Autenrieth: „Beitrag zur Bestimmung der Trägheitskräfte einer
Schubstange", Z 1895, S. 716

1909 — Watzninger: „Spannungsverteilung in geschlossenen Schubstangen-
köpfen", Z 1909, S. 1033

1912   Kempf: „Die Berechnung der Kurbelstangen bei Lokomotiven",
        Annalen 1912-II, S. 115
1915   Heumann: „Ueber die Beanspruchung der Zapfen und Stangen-
        schäfte des Triebwerkes bei Lokomotiven", Organ 1915, S. 109
1919   Langrod: „Eine Bruchart von Kuppelstangenköpfen", Lok 1919, S. 57
1923   Kearton: „The strength of forked connecting rods", Engg 1923-II,
        S. 442
1928   von Kisfaludy: „Ueber die Verteilung der Masse der Treibstangen
        auf Kreuzkopf- und Kurbelzapfen", Organ 1928, S. 1 und 1929,
        S. 357
1930   Bernhard: „Berechnung von Stangenköpfen", Z 1930, S. 945
        Menzel: „Ein Beitrag zur Berechnung der Stangenschäfte mit I-
        Querschnitt von Treib- und Kuppelstangen für Lokomotiven",
        Annalen 1930-I, S. 87
1931   Bodnar: „Ueber die Verteilung der Masse der Treibstange auf
        Kreuzkopf und Kurbelzapfen", Organ 1931, S. 85
        Menzel: „Ein Beitrag zur Berechnung der Stangenschäfte von
        Treib- und Kuppelstangen für Lokomotiven als Stäbe gleicher
        Beanspruchung", Annalen 1931-II, S. 88
        „Ten-wheel switcher with aluminium rods", Age 1931-I, S. 759
1932   Phillipson: „Steam locomotive design: Connecting and coupling
        rods", Loc 1932, S. 209
1934   Williams: „Special steels for locomotive coupling and connecting
        rods", Loc 1934, S. 389
        „Duraluminium connecting rods", Gaz 1934-I, S. 574
1936   Woollen: „Aluminium for railway rolling stock construction" (u. a.
        für Treib- und Kuppelstangen), Age 1936-I, S. 303
1938   Lehr: „Dynamische Dehnungsmessungen an einer Lokomotiv-Pleuel-
        stange", Z 1938, S. 541
1940   Müller: „Brüche an Treib- und Kuppelstangen, ihre Ursachen und
        Verhütung", Bahningenieur 1940, S. 155

Treib- und Kuppelstangen-Lager

1922   „Floating bushes for locomotive connecting and coupling rods",
        Engg 1922-I, S. 388
1926   Friedrich: „Die Schmierung der Stangenlager und Kreuzköpfe von
        Lokomotiven", Z 1926, S. 1043
1929 — Seyderhelm: „Die Reibungskräfte heißlaufender Pleuellager", Z 1929,
        S. 1237
1934   „Erwärmung der Treibstangenlager von Schnellzuglokomotiven", Or-
        gan 1934, S. 155
        „SKF-roller bearings to connecting and side rods in America", Age
        1934-II, S. 4 — Gaz 1934-II, S. 343
1935   „Die Treibstangenlager von Schnellzuglokomotiven", Organ 1935,
        S. 448
        „Coussinets à rouleaux pour bielles motrices et d'accouplement",
        Revue 1935-I, S. 361
1936   Widdecke: „Beanspruchung der Treibzapfen und der Treibstangen-
        lager von Dampflokomotiven bei hoher Fahrgeschwindigkeit",
        Organ 1936, S. 432

Achsen und Räder / allgemein

1912   Gölsdorf: „Notizen über einige Stephensonsche Bauarten von Lokomotivrädern usw.", Lok 1912, S. 64

1918   Märtens: „Baustoffe der Kurbelzapfen für Lokomotiven", Organ 1918, S. 72 u. 312

1919   Webster: „Stresses in locomotive wheel tyres", Loc 1919, S. 25

1927   Cardew: „The influence of driving wheel diameter upon the steam consumption and overall economy of the steam locomotive", Loc 1927, S. 233
         „The manufacture, heat treatment and testing of locomotive axles", Loc 1927, S. 62

1928   Buckle: „The heating of locomotive axle bearings", Ry Eng 1928, S. 367

1929   Phillipson: „Diameter of coupled wheels", Loc 1929, S. 355
         Stolberg: „Die Estrade-Lokomotive", Lok 1929, S. 45 u. 1930, S. 210 — Loc 1939, S. 209

1931   „Locomotive wheel arrangement", Ry Eng 1931, S. 407

1933   „New disc-type wheel centres for coupled wheels, New York Central", Gaz 1933-I, S. 53 — Ry Eng 1934, S. 22

1934   Vauclain: „What size wheels?", Baldwin April/Juli 1934, S. 10

1935   Cox: „Locomotive wheels, tyres and axles", Loc 1935, S. 347
         Warner: „Horsepower and wheel diameter", Baldwin Jan. 1935, S. 17
         „Scheibenräder für Lokomotiv-Treib- und Kuppelradsätze", Organ 1935, S. 223

1936   Harley: „The Baldwin disc driving wheel", Baldwin Juli 1936, S. 18

1938   Maas: „Making Baldwin disc wheels", Baldwin April 1938, S. 20

1939   Simpson: „Some early American wheels", Loc 1939, S. 175
         „Locomotive wheel centre design", Gaz 1939-I, S. 777
         „Two ancient «Fliers»" (2,5-2,85 Raddurchmesser!), Loc 1939, S. 209

Kropfachse

1879   Birckel: „Locomotive crank axles", Engg 1879-II, S. 288

1908   Hallard: „Essais d'essieux coudés à flasques évidées (système Frémont) sur le réseau des Chemins de Fer du Midi", Revue 1908-II, S. 385

1909   Müller: „Beanspruchung der Krummachse einer Vierzylinder-Lokomotive", Organ 1909, S. 306 u. 328
         „Frémont-Achsen", Z 1909, S. 557
         „Ivatt's built-up counterbalanced crank shaft", Loc 1909, S. 169

1911   „Locomotive crank axles", Loc 1911, S. 108

1913   „Kurbelachsen nach Bauart Frémont", Lok 1913, S. 136

1915   „Locomotive crank axles", Loc 1915, S. 204 und 252

1922 —   Mailänder u. Schleip: „Schrumpfverbindungen an Kurbelwellen", Kruppsche Monatshefte 1922, S. 217

1927   Campbell: „Locomotive crank axles", Baldwin Okt. 1927, S. 42

1934   Chan: „Note sur l'essieu coudé des locomotives 241 A de la Cie
        PLM", Revue 1934-II, S. 422

1935   Baxter: „Lokomotiv-Kropfachsen", Kongreß 1935, S. 631
        Thom: „Built-up crank axles for modern express locomotives", Gaz
        1935-I, S. 511
        „Built-up crank axle, PLM Ry", Loc 1935, S. 354
        „Essieux coudés de locomotives", Revue 1935-I, S. 231

1936   Keuffer: „Die Herstellung von zusammengesetzten Kropfachsen bei
        den Eisenbahnen von Elsaß-Lothringen", Revue 1936-II, S. 41 —
        Organ 1937, S. 286

1937   „Kropfachsversuche der PLM", Organ 1937, S. 75
        „Modern crank axle design", Loc 1937, S. 386

1939   Zimmermann: „Gekröpfte Lokomotivachsen", Annalen 1939-I, S. 44

Schmierung der Lokomotive

1900   Wagner: „Die Schmierpresse an Lokomotiven und die Anwendung
        von Graphit als Schmiermittel für Kolben und Schieber", Organ
        1900, S. 62

1902   Baum: „Der Schmierölverbrauch für die Lokomotiven der Preußi-
        schen Staatsbahnen", Annalen 1902-II, S. 135 u. 159

1903   Bruck: „Graphit-Schmierung der Lokomotiven", Annalen 1903-I, S. 75
1909   „A new mechanical sight-feed lubricator (Wakefield)", Loc 1909, S. 55
1911   „Graphite as a lubricant", Loc 1911, S. 227
1912   „The «Bosch» force feed lubricator", Loc 1912, S. 105 u. 1913, S. 62
1913   „The «Menno» compressed air grease cup", Loc 1913, S. 176
        „The Ross mechanical lubricator", Loc 1913, S. 238
1914   „The Valor syphon lubricator", Loc 1914, S. 61
1915   „Stone's mechanical lubricator", Loc 1915, S. 140
1916   „The lubrication of locomotives", Loc 1916, S. 57 u. f.
1925   Wagner: „Die Schmierung der unter Dampf gehenden Teile der
        Heißdampflokomotive", Z 1925, S. 1589
1927   *„Steam locomotive lubrication", herausgegeben von der American
        Locomotive Sales Corporation, New York 1927 (?)
1929 = Steinitz: „Zwangläufigkeit und Förderkontrolle an modernen Schmier-
        apparaten", Maschinenbau 1929, S. 762 — Annalen 1930-I, S. 146
1934   „Lubricating the steam locomotive", Loc 1934, S. 292
1935 —* Kallmünzer: „Katalytische Einflüsse auf die Flamm-, Brenn- und
        Zündpunkte von Zylinderölen bis 30 at Ueberdruck", Dissertation
        T. H. Breslau 1935
1936   „Lubrication of locomotive cylinders", Loc 1936, S. 257
1938   „Atomiser cylinder lubrication for locomotives, LMSR", Gaz 1938-I,
        S. 66 — Organ 1939, S. 61
        „Lubrication and lubricants", Loc 1938, S. 96
1939   „Locomotive driving journals are oil lubricated, Southern Pacific
        Rr", Mech 1939, S. 118 — Age 1939-I, S. 990

Verbund-Anordnung

1879   Mallet: „On the compounding of locomotive engines", Engg 1879-II, S. 17 u. 58
„0-6-0 compound locomotive for the Bayonne and Biarriţ Ry", Engg 1879-I, S. 517

1881   v. Borries: „Ueber die Betriebs-Resultate von Compound-Lokomotiven", Z 1881, S. 75
Mallet: „Compound-Locomotiven. — Vergleichung der Maschinen von Borries und Mallet und Werner", Organ 1881, S. 238 — Z 1881, S. 543 (Schaltenbrand) — Bespr. Z 1882, S. 221
Schaltenbrand: „Compound-Locomotiven, System Mallet und System v. Borries", Z 1881, S. 543

1883   von Borries: „Ueber Compound-Lokomotiven", Annalen 1883-I, S. 157 — Z 1884, S. 361 und 1886, S. 180
Webb: „On compound locomotive engines", Engg 1883-II, S. 125
„Die Anwendung des Compound-Systems bei Lokomotivmaschinen (mit Schriftquellen)", Z 1883, S. 793
„2-4-0 compound passenger locomotive, Glasgow & South Western Ry", Engg 1883-II, S. 261
„Schichau 0-4-0 compound tank locomotive at the Amsterdam Exhibition", Engg 1883-II, S. 338

1884 — Schröter: „Methode der graphischen Behandlung mehrzylindrischer Dampfmaschinen", Z 1884, S. 191

1886   v. Helmholţ: „Ueber Compound-Lokomotiven", Z 1886, S. 1049

1889 — Ensrud: „Ueber die Vorteile eines Spannungssprunges bei Compoundmaschinen", Z 1889, S. 1241
Klien: „Personenzug-Verbund-Lokomotive der kgl. Sächsischen Staatsbahn", Z 1889, S. 833
Lapage: „On compounding locomotives", Engg 1889-I, S. 289, 313 u. 338
Pirsch: „Die Verbund-Güterzug- und Personenzuglokomotiven der preußischen Staatsbahnen", Organ 1889, S. 222

1890   Brückmann: „Beitrag zur Geschichte der Verbundlokomotiven", Organ 1890, S. 294
Stambke: „Ueber die Verbund-Lokomotiven der preußischen Staatsbahnen", Annalen 1890-I, S. 103
Urquhart: „Compound locomotives: On the compounding of locomotives burning petroleum refuse in Russia", Engg 1890-I, S. 208 und 311

1892   „Lokomotive mit dreifacher Dampfdehnung von Rickie", Organ 1892, S. 160

1893   v. Borries: „Neue Wechsel- und Anfahrvorrichtung für Verbundlokomotiven", Annalen 1893-I, S. 10
Brückmann: „Verbundlokomotiven in Nordamerika", Z 1893, S. 1534 und 1894, S. 33 u. f.
Leiţmann: „Die Verbundwirkung bei Lokomotiven", Z 1893, S. 210, 245 u. 402 — Organ 1893, S. 21

1894   Friedmann: „Verbundlokomotiven ohne Anfahrvorrichtung, Bauart Gölsdorf", Organ 1894, S. 66

1894   Lochner: „Versuche über Leistung und Verbrauch der vierachsigen
          Schnellzuglokomotiven mit und ohne Verbund-Einrichtung", Organ
          1894, S. 108
          „The Webb system of compounding locomotives" (mit Zahlentafel
          und Typenskizzen), Engg 1894-I, S. 610
1895   Richter: „Ueber Zwilling- und Verbundlokomotiven", Organ 1895,
          S. 117, 135, 155, 175, 195, 215, 235 u. 1896, S. 64
1896   Brückmann: „Die Entwicklung der Verbundlokomotiven", Z 1896,
          S. 5 u. 361
1897   Leitzmann: „Berechnung der Verbundlokomotiven und ihres Dampf-
          verbrauches", Z 1897, S. 1355 u. 1392
1898   Leitzmann: „Vierzylindrige Lokomotiven mit zwei Triebwerken und
          die Füllungsverhältnisse bei Verbunddampfmaschinen", Z 1898,
          S. 207
          Leitzmann: „Versuche mit vierzylindrigen Lokomotiven", Z 1898,
          S. 1188 u. 1403 sowie 1899, S. 373 u. 409
          Lindner: „Anfahreinrichtung an Verbundlokomotiven", Organ 1898,
          S. 206
1901   Gould: „Compound locomotives in South America" (m. Typen-
          skizzen), Engg 1901-II, S. 463
1903   von Borries: „Neuere Fortschritte im Lokomotivbau: Vierzylinder-
          Verbund-Lokomotiven", Z 1903, S. 116
1907   Felsenstein: „Ueber Heißdampflokomotiven mit ein- oder zwei-
          stufiger Dampfdehnung", Lok 1907, S. 187
1908   „Die Vierzylinder-Verbund-Lokomotiven der Französischen West-
          bahn", Lok 1908, S. 206
1909   Metzeltin: „Die neuen 2/5 gek. Schnellzuglokomotiven Gattung S₉
          der Preußischen Staatsbahn", Z 1909, S. 641
          „Vierzylinder-Verbundlokomotiven der Hanomag", Lok 1909, S. 217
1910   Hughes: „Compounding and superheating in Horwich locomotives",
          Engg 1910-I, S. 357, 396, 431, 501
          Nolte: „30 Jahre Verbundlokomotiven bei den preußisch-hessischen
          Staatsbahnen", Lok 1910, S. 73, 117, 169, 241
          Steffan: „Die Vierzylinder-Verbundlokomotiven der Paris-Orléans-
          Bahn", Lok 1910, S. 12
1913   Kölsch: „Schaulinien der Dampfverteilung bei Verbundlokomotiven",
          Organ 1913, S. 197
          Steffan: „Die außerenglischen Dreizylinder-Verbund-Lokomotiven
          der Bauart Webb", Lok 1913, S. 223
1914   * Hoppe: „Anfahrvorrichtungen", Dissertation T. H. Berlin 1914
1916   Hoppe: „Anfahrvorrichtungen", Annalen 1916-I, S. 85
1921   Sanzin: „Vergleichsprobefahrten mit Zwilling- und Verbundlokomo-
          tiven der Reihe 80", Wochenschrift für den Öffentlichen Bau-
          dienst, Wien 1921, S. 103
1923   Schneider: „Zwillings- oder Verbundlokomotive?", Annalen 1923-II,
          S. 131
          „Die Württembergischen Dreizylinder-Verbundlokomotiven, Bauart
          Klose", Lok 1923, S. 88
1927   „Cylinder losses in compound locomotives" (3-Zyl.-Verbundlok. der
          LMS), Ry Eng 1927, S. 313

Meterspurige Heißdampf-Doppelzwilling-Henschel-Mallet-Lokomotive der Brasilianischen Zentralbahn. Kleinste zu befahrende Gleiskrümmung 70 m Radius. Die Lokomotive ist mit mechanischer Rostbeschickung und selbsttätiger Mittelpufferkupplung ausgerüstet.

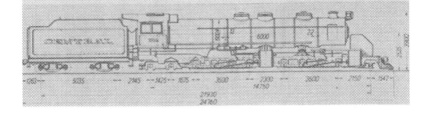

1927 „Vauclain compound veterans", Baldwin April 1927, S. 38
1928 „A curious compound locomotive: Holland Ry Co" (gleiche Zylinder-
durchmesser, verschiedene Kolbenhübe), Loc 1928, S. 325
1930 Selby: „Compound locomotives", Journal 1930, S. 287
Steffan: „40 Jahre Verbundlokomotive in Oesterreich", Lok 1930,
S. 21
1931 Diamond: „Compound locomotives. — Their practical economy and
disadvantages", Ry Eng 1931, S. 430
„Emploi de la double expansion dans les locomotives de la Cie PLM",
Revue 1931-I, S. 428
1933 Vivian: „Webb compound locomotives on foreign railways", Loc
1933, S. 332
1936 Smith: „The Webb three-cylinder compounds", Loc 1936, S. 287
„Tandem-compound goods locomotive, Cape Govt Rys", Loc 1936,
S. 164
1937 Hambleton: „LNW Ry compounds:
The «Experiment» class", Loc 1937, S. 60
The «Dreadnought» class", Loc 1937, S. 162
The four side tanks", Loc 1937, S. 298
The «Teutonic» class", Loc 1938, S. 89
The «Greater Britain» class", Loc 1938, S. 217
„Recent developments in French locomotive practice", Loc 1937,
S. 238
1938 Diamond: „Chapelon on the steam locomotive: Designs for com-
pound locomotives", Gaz 1938-I, S. 749
„The compound locomotive", Engg 1938-I, S. 389

Dreizylinder-Anordnung

1867 „Dreizylinder B + B - Lokomotive der Französischen Nordbahn von
Morandière" (Vorschlag), Organ 1867, S. 261
1894 „The Webb system of compounding locomotives" (m. Zahlentafel und
Typenskizzen), Engg 1894-I, S. 610
1907 Felsenstein: „Ueber Heißdampflokomotiven mit ein- oder zweistufiger Dampfdehnung", Lok 1907, S. 187
„Betriebsergebnisse der Dreizylinder-Verbundlokomotive Serie B 3/4
der SBB", Lok 1907, S. 88
1908 „1 C - Dreizylinder-Verbund-Personenzug-Lokomotive der Außig-Tep-
litzer-Bahn", Lok 1908, S. 5
1913 Steffan: „Die außerenglischen Dreizylinder-Verbundlokomotiven der
Bauart Webb", Lok 1913, S. 223
1914 Bell: „Dreizylinder-Lokomotiven", Kongreß 1914, S. 559
Obergethmann: „Die Dreizylinder-Lokomotive und ihre Steuerung",
Annalen 1914-II, S. 25
1915 Najork: „Gegengewichtsberechnung einer Dreizylinder-Lokomotive
mit um 120° versetzten Kurbeln", Annalen 1915-II, S. 149
„Neuere englische Dreizylinder-Lokomotiven", Lok 1915, S. 75
1917 Najork: „Untersuchungen über Achslagerdrücke bei Dreizylinder-
Lokomotiven mit um 120° versetzten Kurbeln", Annalen 1917-I,
S. 58, 78 u. 153

17

1918   Heise: „1 E-Dreizylinder-Heißdampf-Güterzuglokomotive des Kaiser-
        lichen Ottomanischen Kriegsministeriums, Konstantinopel", Z 1918,
        S. 781 — Industrie u. Technik 1920, S. 245

1919   Meineke: „Die Steuerungen der Dreizylinderlokomotiven", Z 1919,
        S. 409 u. 1241

1920   Wolff: „Entwurf einer 1 D 2-Heißdampf-Drilling-Schnellzug-Tender-
        lokomotive für Gebirgsstrecken", HN 1920, S. 1
        „Great Northern three-cylinder 2-6-0 engine No 1000", The Eng
        1920-I, S. 466

1922   Fuchs: „Die 1 D 1-Dreizylinder-Personenzuglokomotive Gattung P 10
        der Reichsbahn", Annalen 1922-II, S. 137 u. 153 — Lok 1923,
        S. 185 u. 1924, S. 49

1923   „Three-cylinder 2-6-0 locomotive, Southern Ry (mit Steuerungs-
        zeichnung)", Loc 1923, S. 61

1924   Severin: „Entwicklung der Dreizylinder-Lokomotiven", HN 1924,
        S. 73 und 216
        „Three-cylinder locomotives on American railroads", The Eng 1924-I,
        S. 666 — Loc 1924, S. 265 — Age 1925-I, S. 1197 — Organ 1926,
        S. 50

1925   Gresley: „Three-cylinder high-pressure locomotives", Loc 1925, S. 251
        „Missouri Pacific tests 3-cylinder locomotive", Age 1925-I, S. 1623
        „Proposed design of 4-8-4 three-cylinder locomotive", Loc 1925,
        S. 253
        „The Lord Nelson locomotive on the Southern Ry" (8 Dampfschläge
        je Umdrehung), Ry Eng 1925, S. 395 und 1926, S. 430

1926   Austin: „80 years of three-cylinder history", Baldwin Januar 1926,
        S. 27
        Lipperheide: „Untersuchung der Innensteuerung der 1 E-Dreizylinder-
        Güterzuglokomotiven der Deutschen Reichsbahn", Annalen 1926-I,
        S. 59
        „The 3-cylinder locomotive", Age 1926-I, S. 849

1927   Fry: „Some experimental results from an American 3-cyl. compound
        locomotive", Engg 1927-II, S. 823
        „4-10-2 type three-cylinder compound locomotive: Baldwin locomo-
        tive number 60,000", Eng 1927-II, S. 103 — Ry Eng 1927, S. 307
        — Loc 1927, S. 144 — Baldwin April 1927, S. 42 und Januar
        1934, S. 24

1928   „Some experimental results from a 3-cylinder compound locomotive,
        LMS Ry", Ry Eng 1928, S. 153

1929   Loewenberg: „Die Kräfte im Triebwerk von Dreizylinderlokomo-
        tiven", Z 1929, S. 1417

1930   Wright: „Three-cylinder locomotives for export", Baldwin Oktober
        1930, S. 52

1931   „The «3.30» — The next locomotive? — A proposed 3-cyl. arrange-
        ment combining a large cylinder volume with a short maximum
        cut-off and incorporating a special starting device". Ry Eng 1931,
        S. 194 und 1932, S. 110

1933   Lehner: „Vergleichsversuche mit einer Zwillings- u. einer Drillings-
        lokomotive", Organ 1933, S. 279
        Vivian: „Webb compound locomotives on foreign countries", Loc
        1933, S. 332

Mittelbarer Antrieb (Getriebelokomotiven)
Allgemein

17*

1924   „A chain driven locomotive", The Eng 1924-I, S. 77
       „Geared locomotives, Swanscombe Works Ry, 1906", Loc 1924, S. 209
1925   „Die Heisler-Lokomotive", Annalen 1925-II, S. 18
1926   „Turbo-condensing locomotive with toothed gear power transmis-
       sion", Ry Eng 1926, S. 288
1927   Wiesinger: „Die Entwicklung der Hochleistungslokomotive Bauart
       Wiesinger", Annalen 1927-I, S. 69
       „A new light steam locomotive (Clayton)", The Eng 1927-I, S. 381
1928   Allen: „The Atkinson-Walker steam locomotive", Loc 1928, S. 207
1929   Wernekke: „Eine Lokomotive mit Kettenantrieb (Kerr-Stuart)",
       Annalen 1929-II, S. 175 — Loc 1929, S. 53 u. 316
       „A Chaplin engine in steam", Loc 1929, S. 280
       „A new geared steam locomotive (Clayton)", Ry Eng 1929, S. 381 —
       Loc 1929, S. 311 u. 368 — Waggon- u. Lokbau 1929, S. 378 —
       Organ 1930, S. 287
       „Details of the Clayton geared locomotive", Loc 1929, S. 368
1930   Grime: „The development of the geared steam locomotive", Journal
       1930, S. 347 — Loc 1930, S. 67 — Gaz 1930-I, S. 190
       „B+B Schwartzkopff-Plantagenlokomotive für Peru", Waggon- u.
       Lokbau 1930, S. 244
1931   „Narrow gauge 0-4+4-0 articulated locomotives with geared drive",
       Loc 1931, S. 334 — The Eng 1931-II, S. 496
1936   „A roller-skate locomotive: 4-4-0 locomotive of the Soo Line
       mounted on Holman trucks", Loc 1936, S. 61
1937 =* Münzinger: „Leichte Dampfantriebe an Land, zur See, in der Luft",
       Verlag Springer, Berlin 1937 — Bespr. Wärme 1937, S. 697
       „Recent developments in French locomotive practice", Loc 1937,
       S. 238
1938   „The Raul Central Power locomotive, 1892" (mit stehenden Zylindern
       und Blindwelle), Loc 1938, S. 321

Sentinel-Getriebelokomotive

1925   „Sentinel geared shunting locomotive", The Eng 1925-I, S. 433
1926   „The Sentinel patent steam locomotive", Loc 1926, S. 8
1927   „Light traffic work with the Sentinel locomotive", Loc 1927, S. 281
1929   „Sentinel shunting locomotives, Somerset and Dorset Joint Ry", Loc
       1929, S. 142
1930   Kohlmeyer: „Die Hanomag-Sentinel-Dampfmotorlokomotive", VT
       1930, S. 522 — Z 1930, S. 769 —* Bericht über die Fachtagung
       der Vereinigung der Betriebsleiter Deutscher Privat- und Klein-
       bahnen 1930, S. 31
       „Sentinel locomotive, Chartagena and Herrerias Steam Tramways",
       Loc 1930, S. 291
       „Sentinel locomotives, LMSR", Loc 1930, S. 229
       „Sentinel locomotive for the Wisbech and Upwell Tramway, LNE
       Ry", Loc 1930, S. 401
1932   „Sentinel locomotive for Argentine suburban services", Gaz 1932-I,
       S. 499
       „Sentinel locomotive for Clee Hill, LM&S Ry", Loc 1932, S. 63

Einzelachs-Antrieb für Dampflokomotiven

1934 „Dampfschnellzug für 180 km/h (mit Dabeg-Dampfmotoren)", Revue 1934-I, S. 552
„Six-engined «Sentinel» steam locomotives for Colombia", Loc 1934, S. 198 — Gaz 1934-I, S. 1055 — Revue 1934-II, S. 456 — Kongreß 1935, S. 606

1935 „Bugatti super-pressure (Velox-) locomotive for the PLM", Gaz 1935-I, S. 973

1936 Beaumont: „Bauliche Verbesserungsmöglichkeiten an Lokomotiven (u. a. Einzelachsantrieb)", Ind. Ry Gaz 1936, S. 155 — Wärme 1937, S. 254
Buchli: „Anregungen zu neuzeitlichen Dampflokomotiven", Schweiz. Bauzeitung 1936-II, S. 113
Ewald: „Gesichtspunkte für die Entwicklung von Schnellbahn-Dampflokomotiven", HH Sept. 1936, S. 61 — Gaz 1937-I, S. 655

1937 Witte: „Einzelachsantrieb bei Dampflokomotiven", Annalen 1937-II, S. 9
„Recent developments in French locomotive practice", Loc 1937, S. 238 — Annalen 1939-I, S. 163
„Individual axle drive for high-speed steam locomotives", Gaz 1937-I, S. 655
„A 16-cylinder locomotive: 2 Do 2 Besler steam motor locomotive, Baltimore & Ohio Rr", Gaz 1937-II, S. 606 — Loc 1937, S. 311 — Kongreß 1937, S. 2642
„4-6-2 water-tube boiler locomotive with 18 cylinders, Northern Ry of France", Loc 1937, S. 242

1938 Roosen u. Barske: „Neuartiger Einzelachs-Antrieb (mittelst V-Dampfmaschinen) für schnellaufende Dampflokomotiven", HH Dez. 1938, S. 27
„New 1 Bo 1 - Sentinel locomotives, Egyptian State Rys", Gaz 1938-I, S. 419 — Loc 1938, S. 103 — Schweiz. Bauzeitung 1938-II, S. 107 — Kongreß 1939, S. 269 — Lok 1940, S. 34

1939 Chan: „Neuere französische Lokomotiven", Traction Nouvelle Jan.-Febr. 1939 — Annalen 1939-I, S. 163

Dampfmotor

1886 — Werner: „Dampfmaschinen mit schnellem Umlauf", Z 1886, S. 533 u. f.

1888 — „Musil's Motor mit umlaufendem Dampferzeuger", Z 1888, S. 703

1889 — Mueller: „Die Erfolge der schnellgehenden Dampfmaschinen", Z 1889, S. 781 u. 944

1929 „Dampfmotor der Brooks-Dampfmotor-Gesellschaft", Waggon- und Lokbau 1929, S. 363 — Bus Transportation 1929, S. 402

1930 — Modersohn: „Anforderungen und Probleme des Schnellaufes bei Kolbenmaschinen", Maschinenbau/Betrieb 1930, S. 465

1934 = Elwert: „Entwicklung und Aussichten des Dampfmotors", Archiv für Wärmewirtschaft 1934, S. 87

1935 — Schweickhart: „Schnellaufende Gleichstrom-Zwillingsdampfmaschine", Z 1935, S. 588

1936 — Fritsch: „Schnellaufende Kolbendampfmaschinen zum Kraftwagen-
        antrieb", Wärme 1936, S. 585, 601 und 618
    —   Hüttner: „Der thermische Wirkungsgrad des Hüttner-Motors",
        Archiv für Wärmewirtschaft 1936, S. 269
1937 — Kinkeldei: „Schnellaufende Kolbendampfmaschinen", Z 1937, S. 812
    —   H. Wagner: „Schnellaufende Dampfmaschinen für Industrie-Kraft-
        werke, Bauart Maschinenfabrik ter Meer, M.-Gladbach", Wärme
        1937, S. 134
1939 = „Neue Dampfkraftanlagen für Fahrzeuge (Bauarten Hüttner, Besler,
        Béchard)", ATZ 1939, S. 485
1940 = Möbus: „Der neue Lentz-Einheits-Dampfmotor", VT 1940, S. 123
    —   Organ 1940, S. 162
    =   „Entwicklung der Dampfmaschine zum schnellaufenden Dampfmotor
        (Bauart Lentz)", Deutsche Technik (München/Berlin) 1940, S. 230

Elektrische Kraftübertragung

1892   Rühlmann: „Die elektrischen Eisenbahnen", Z 1892, S. 14 u. f.
        (S. 347: Vorschlag zu einem Schnellbahnzug mit dampfelek-
        trischem Stromerzeuger-Fahrzeug und elektrischem Einzelachs-
        antrieb der Wagenachsen)
1893   du Riche-Preller: „100 ton electrical locomotive, Heilmann's system",
        Engg 1893-I, S. 773, 794, 806, 836
1894   Brünig: „Heilmanns elektrische Lokomotive", Z 1894, S. 897 —
        Dinglers Polytechn. Journal 1894-I, S. 276 (Freytag)
        Lesueur: „Die Heilmannsche elektrische Lokomotive", Génie civil
        1894-I, S. 254
1897   „Die elektrische Lokomotive von Heilmann", Annalen 1897-I, S. 155
        — ETZ 1898, S. 65
1935   „Heilmann locomotive of the Western of France Ry. 1898", Loc
        1935, S. 59

Hilfsantrieb und Booster

1897   Brückmann: „Die Lokomotiven auf der II. bayerischen Landes-
        ausstellung in Nürnberg 1896: 1/5 gek. Schnellzuglokomotive mit
        Vorspannachse", Z 1897, S. 93 — Engg 1897-I, S. 682
1901   „4-4-2 Krauss locomotive with auxiliary driving wheels", Engg 1901-I,
        S. 471
1908   Liechty: „Lokomotiven mit Hilfsmotoren", Annalen 1908-II, S. 30,
        78 u. 116
1909   „Problematische Lokomotivkonstruktionen", Lok 1909, S. 118 —
        Loc 1934, S. 288
1915   Liechty: „Lokomotiven mit Vorspanngestellen", Schweiz. Techniker-
        Zeitung 1915, Nr. 33—38
1916   Liechty: „Lokomotiven und Wagen mit Triebdrehgestellen", Annalen
        1916-I, S. 22 u. 47
        Liechty: „Triebdrehgestell Bauart Liechty", Organ 1916, S. 315

1919 Sanzin: „Neue Bauart von Schnellzuglokomotiven mit zwei getrennten Triebwerken für besonders große Leistung", Z 1919, S. 765

1921 „New locomotive traction increaser: The «Ingersoll» booster", Loc 1921, S. 86

1922 „Dynamometer tests of the locomotive booster", Age 1922-II, S. 511

1923 „Auxiliary driving motor on Atlantic type engine, LNE Ry", Loc 1923, S. 221
„Tender booster increases tonnage 31 per cent, Delaware & Hudson", Age 1923-I, S. 1433

1924 „Engineering and business considerations of the steam locomotive", Loc 1924, S. 250
Keller: „Hilfstriebmaschinen für Lokomotiven", VT 1924, S. 563

1925 „New three-cylinder 2-8-2 type booster freight locomotive, LNER", Ry Eng 1925, S. 269

1928 Theobald: „Der Booster an amerikanischen Lokomotiven", VT 1928, S. 232
„Auxiliary locomotive tested on the plant at Altoona", Age 1928-II, S. 603
„Auxiliary locomotives or steam tenders?", Loc 1928, S. 120
„Franklin reversible booster", Loc 1928, S. 301
„Two early «Booster» locomotives, Germany", Loc 1928, S. 296

1929 Armstrong: „Locomotive auxiliary power mediums", Age 1929-II, S. 1419
„4-8-2 booster fitted locomotives for the Nigerian Ry", Loc 1929, S. 146

1930 Atkinson: „Some notes on the locomotive booster", Loc 1930, S. 161
„Mikado type locomotive with booster, Bas-Congo-Katanga Ry", Loc 1930, S. 390

1932 „Development of the locomotive booster on the LNER", Ry Eng 1932, S. 106
„New 2-8-4 type booster fitted locomotives, South Australian Govt Rys", Ry Eng 1932, S. 370 — Loc 1933, S. 170
„Rebuilt 0-8-4 tank engine fitted with reversible booster, LNE Ry", Loc 1932, S. 193 — Engg 1932-II, S. 178 — Gaz 1932-I, S. 725 — Mod. Transport 14. Mai 1932, S. 3 — Ry Eng 1934, S. 198
„Rebuilt 4-4-2 type passenger locomotives fitted with boosters, LNE Ry", Loc 1932, S. 3. — Engg 1932-I, S. 39 — Organ 1932, S. 474 — Ry Eng 1932, S. 109 — Gaz 1932-I, S. 15

1933 „New 2-8-2 type booster fitted locomotives for H. E. H. The Nizam's State Rys", Gaz 1933-I, S. 451 — Loc 1933, S. 138

1934 „A Russian «booster» of the sixties: The Mahovo fly-wheel device", Loc 1934, S. 130

1935 „Bethlehem high-speed auxiliary locomotive tested on Lehigh Valley" (dreiachsiger Booster), Age 1935-II, S. 361

1937 „Lokomotiv-Hilfsdampfmaschine der Skoda-Werke in Pilsen", Organ 1937, S. 245

1939 Lentz u. Metzler: „La locomotive «Santa Fé» de la Région de l'Est de la S. N. C. F. — Dispositif dit booster", Revue 1939-II, S. 23

Triebwerk / Verschiedenes

1907   „Die Bothwell-Lokomotive" (bei großer Zugkraft kleine Treibräder
       wirksam, größere abgehoben), VW 1907, S. 1329

1928   „Kolben und Kreuzköpfe der Pennsylvania-Bahn", Z 1928, S. 884

1929 — Modersohn: „Die praktische Berechnung von Maschinenteilen auf
       Grund neuer Anschauungen", Maschinenbau 1929, S. 37

1931 — Rosnjakovic: „Berechnung einer Mischdampf-Kraftmaschine", Z 1931,
       S. 1197

1932   Stratthaus: „Kreuzkopf und Kolbenstange ohne Keilverbindung",
       RB 1932, S. 607

1937   Mengler: „Gleitbahnbrüche", Bahn-Ing. 1937, S. 795

1938 = Volk: „Entwicklung von Triebwerkteilen. — 30 Jahre konstruktiver
       Fortschritt", Z 1938, S. 1233

       Volk: „Messungen an neuartigen Lokomotiv-Treibstangen und Kol-
       benstangenbefestigungen", Z 1938, S. 891

1940   „Rollende Lagerung für hin- und hergehende Bewegungen bei Trieb-
       werken und Steuerungen", Lok 1940, S. 113

DIE TURBINEN - LOKOMOTIVE

Allgemein

1923   Lorenz: „Dampf-Lokomotiven mit Kondensation", Kruppsche
       Monatshefte 1923, S. 8 — Annalen 1923-I, S. 69 und 1924-I, S. 25
       Ruegger: „Die Dampfturbine als Lokomotivantrieb", Schweiz. Bau-
       zeitung 1923-II, S. 299

1924   Lorenz: „Dampfturbinen-Lokomotiven mit Kondensation", Kruppsche
       Monatshefte 1924, S. 221
       Meineke: „Neue Wege im Lokomotivbau", Z 1924, S. 937
       Post: „Zur Frage der Turbolokomotive", Z 1924, S. 302
       Wagner: „Die Turbolokomotive, ihre Wirtschaftlichkeit, Bauart und
       Entwicklung", Organ 1924, S. 1 u. 25
       „Turbine locomotive for British railways", Gaz 1924-II, S. 768

1925   * Lorenz: „Dampfturbinenlokomotiven mit Kondensation", «Eisen-
       bahnwesen», VDI-Verlag, Berlin 1925, S. 19
       * Wagner: „Wege zur wärmetechnischen Verbesserung der Loko-
       motive", «Eisenbahnwesen», VDI-Verlag, Berlin 1925, S. 5

1926   Jones: „The development of the turbo-condensing locomotive", Ry
       Eng 1926, S. 233, 285 und 322
       Ruegger: „Weitere Aussichten für die Verwendung der Dampf-
       turbine als Lokomotivantrieb", Schweiz. Bauzeitung 1926-I, S. 20

1927   * Wagner u. Witte: „Ueber die Erweiterung des nutzbaren Druck-
       gefälles bei Dampflokomotiven", Annalen 1927, Jubiläums-Sonder-
       heft S. 29
       „The turbine condenser locomotive", Beyer-Peacock Juli 1927, S. 3 u. f.

1928   * Page: „Steam turbine locomotives", Committee Report for the 20 th
       Annual Meeting, published by The International Railway Fuel
       Association, Chicago 1928, S. 115
       „Die erste Turbolokomotive, erbaut von Child 1931 für die Balti-
       more & Ohio Rr", Zentralblatt der Bauverwaltung 1928, S. 227

1929   Mac Leod: „Future of the turbine locomotive", Mod. Transport
       26. Okt. 1929
    = „Festschrift zum 70. Geburtstag von Prof. Dr. Stodola", Orell Füssli
       Verlag, Zürich 1929, (S. 322: Imfeld: Die Turbine auf der Loko-
       motive) — Bespr. Z 1929, S. 658

1930   Nordmann: „Die Turbinenlokomotiven", Kongreß 1930, S. 506

1932 — Jakob: „Kondensation und Verdampfung", Z 1932, S. 1161

1935   Burmeister: „Die Entwicklung der Turbinenlokomotiven in Deutsch-
       land", Annalen 1935-II, S. 75 — Gaz 1936-II, S. 416 — Revue
       1936-I, S. 456
       „Turbine locomotives in Britain", Loc 1935, S. 277

1936   Burmeister: „German turbine locomotive practice", Gaz 1936-II,
       S. 416

1937 — Röder: „Die Abdichtungsaufgabe im Dampfturbinenbau", Archiv für
       Wärmewirtschaft 1937, S. 147

Ljungström-Turbinenlokomotive

1922   Meineke: „Die Turbolokomotive von Ljungström", Z 1922, S. 1060
        „The Ljungström turbine-driven locomotive", Age 1922-II, S. 561 —
        Engg 1922-II, S. 65 — Z 1922, S. 1060 — Loc 1923, S. 67 —
        Organ 1923, S. 11
1923   „Ljungström-Turbinenlokomotive für Argentinien", Organ 1923,
        S. 151 — Engg 1923-I, S. 594
1924   „Betriebserfahrungen mit der Turbinenlokomotive Bauart Ljung-
        ström", Organ 1924, S. 364 — Z 1924, S. 1004 und 1925, S. 795
1926   „Ljungström turbine condensing locomotive" (LMSR), Loc 1926,
        S. 342 — Ry Eng 1926, S. 429 — Engg 1927-II, S. 771 u. 801 —
        Gaz 1927-I, S. 679
1928   „Ljungström turbine locomotives", Age 1928-II, S. 315
1932   „Turbinenlokomotiven Bauart Ljungström (Schweden, Argentinien)",
        Lok 1932, S. 79

Maffei-Turbinenlokomotive

1926   Imfeld: „Die Turbinenlokomotive der Firma J. A. Maffei", Z 1926,
        S. 1565 — Loc 1926, S. 279 — Gaz 1927-I, S. 295 — Le Génie
        Civil 1927-I, S. 113
1927   Melms: „Turbine locomotive for the German Rys". Age 1927-I,
        S. 295 — Mech. Engineering, April 1927, S. 370 — Ry Mech. Eng
        1927-I, S. 78

Zoelly-Krupp-Turbinenlokomotive

1924   Hartwig: „Die erste deutsche Turbinenlokomotive", Kruppsche
        Monatshefte 1924, S. 26 u. 232 (Lorenz) — Loc 1924, S. 332 —
        Ry Eng 1925, S. 27
1930   Burmeister: „Die Kruppsche Turbinenlokomotive Bauart Zoelly",
        Escher Wyss Mitteilungen 1930, S. 104
        Nordmann: „Die Versuche mit der Turbinenlokomotive von Krupp-
        Zoelly", Z 1930, S. 173
        „Die erste deutsche Turbinenlokomotive", Waggon- und Lokbau 1930,
        S. 70 — Annalen 1930-I, S. 90
1936   Burmeister: „German turbine locomotive practice", Gaz 1936-II, S. 416

Zoelly-SBB-Turbinenlokomotive

1924   „Zoelly turbine locomotive, Swiss Federal Rys", The Eng 1924-II,
        S. 530 — Loc 1925, S. 6 — Z 1925, S. 515
1928   Nyffenegger: „Die Zoelly-Dampfturbinenlokomotive der Schweiz.
        Bundesbahnen", Escher Wyss Mitteilungen 1928, S. 51

Abdampfturbinen-Antrieb

1928   „Lokomotive with turbine tender, German Federal Rys", Loc 1928,
        S. 252
1930   „Abdampfturbinen-Triebtender", HH Juni 1930, S. 11 — * Annalen
        Jubiläums-Sonderheft 1927, S. 29 u. f. — Kongreß 1930, S. 526

1938   Reidinger: „An exhaust turbine locomotive. — A system combining a low-pressure turbine and single-expansion reciprocating cylinders is suggested", Gaz 1938-I, S. 1199

Auspuff-Turbinenlokomotive

1932   „Non-condensing turbine locomotives, Grängesberg Ry, Sweden", Age 1932-II, S. 598 — Lok 1932, S. 81 — Loc 1933, S. 173 — Gaz 1933-I, S. 141

1935   „4-6-2 turbine express locomotive, LMSR", Loc 1935, S. 202 — Gaz 1935-I, S. 1251 — Mod. Transport 29. Juni 1935, S. 7 — Engg 1935-II, S. 10 — Organ 1936, S. 58 — Kongreß 1936, S. 347

1937   „Auspuff-Turbinenlokomotive Bauart Ljungström, Grängesberg-Öxelösund-Bahn", Organ 1937, S. 246 — Feuerungstechnik 1937, S. 158

Turbinenlokomotive mit elektrischer Kraftübertragung

1910   „«Reid-Ramsay» steam turbine electric locomotive", Loc 1910, S. 133 — Engg 1910-II, S. 54 — Gaz 1910-II, S. 72 — Revue 1911-I, S. 314

1922   „Ramsay condensing turbo-electric locomotive", Loc 1922, S. 92 — The Eng 1922-I, S. 329 — Ry Eng 1922, S. 195 — Ry Mech. Eng. Januar 1925 — Z 1922, S. 351

1925   Jones u. Hale: „Turbo-electric coundensing locomotive", Age 1925-I, S. 177 — Z 1925, S. 447

1926   Jones: „The development of the turbo-condensing locomotive: Electrical transmission", Ry Eng 1926, S. 324

1927   „Dampfturbo-elektrischer Zug mit elektrischem Antrieb durch Triebwagen (Vorschlag aus dem Jahre 1902)", The Eng 1927-I, S. 181

1938   Reutter: „«Dampfmotivenanlage» für turboelektr. Antrieb einer Lokomotive", Organ 1938, S. 74 und 239 — Age 1937-I, S. 468
         „5000 PS turboelektrische 2 Co Co 2 - Lokomotive der Union Pacific Ry", Schweiz. Bauzeitung 1938-I, S. 70 — HH Aug. 1937, S. 44 — Age 1938-II, S. 916 — Gaz 1939-I, S. 11
         Bearce: „Union Pacific's steam-electric locomotive", Age 1938-II, S. 916 — Gaz 1939-I, S. 11 — Power 1939-I, S. 77 — Lok 1939, S. 20 — Organ 1939, S. 382 — Loc 1939, S. 231 — Annalen 1940, S. 19 (Marschall)

Verschiedene Bauarten von Turbinen-Antrieben

1924   „The Reid-Mac Leod 2 Bo-Bo 2 geared steam turbine locomotive", Loc 1924, S. 137 — The Eng 1927-I, S. 118 — VT 1928, S. 491

1926   „Turbo-condensing locomotive with toothed gear power transmission", Ry Eng 1926, S. 288

1932   „Italienische 1 D 1-Turbinenlokomotive", Organ 1932, S. 132

1934 — Ostwald: „Die Hüttner-Dampfturbine, eine neue Möglichkeit für Kraftwagenbetrieb", ATZ 1934, S. 567

1936   Englert: „Kohlengefeuerte Triebwagen mit Turbinen-Antrieb", GHH Oktober 1936, S. 197
         Nordmann: „Kohlengefeuerte Dampftriebwagen", Z 1936, S. 567

1939 — Hüttner: „Entwicklungsaufgaben bei Drehkesselturbinen", Z 1939,
        S. 397 — ATZ 1939, S. 485 (m. Zeichnungen)
     — Meyer: „Französische Drehkesselturbine", Archiv für Wärmewirt-
        schaft 1939, S. 221
1940 — „Englische Drehkesselturbine Starziczny", Archiv für Wärmewirt-
        schaft 1940, S. 8

Der Lokomotiv-Rahmen

1875 * Heusinger v. Waldegg: „Literatur über Locomotiv-Rahmen", Hand-
        buch für specielle Eisenbahn-Technik, 3. Bd., Verlag Wilh. Engel-
        mann, Leipzig 1875, S. 624
1893   Müller: „Vorkehr gegen Rahmenbrüche und Kesselschäden der
        Lokomotiven und Ausführung flußeiserner Feuerkasten", Z 1893,
        S. 442
1894   Lentz: „Gegossene Lokomotivrahmen", Z 1894, S. 299
        Meyer: „Stahlformgußrahmen, Bauart Lentz", Organ 1894, S. 120
1901   Lentz: „Der spannungslose Lokomotivkessel und der gegossene
        Rahmen", Annalen 1901-I, S. 23
1902   Glasenapp: „Stahlformgußrahmen amerikanischer Lokomotiven",
        Annalen 1902-II, S. 45
1905   Busse: „Ueber die Ursache von Rahmenbrüchen", Organ 1905, S. 77
1908   Müller: „Barrenrahmen amerikanischer Lokomotiven", VW 1908,
        S. 773
1909   „Locomotive frames", Loc 1909, S. 229
1910   „Bar frames for American locomotives", Loc 1910, S. 93
1924   Meineke: „Neuere Lokomotivtypen der Deutschen Reichsbahn (u. a.
        Rahmenberechnung)", Z 1924, S. 273
1928   Johnson: „Locomotive frames", Baldwin April 1928, S. 61
1930   Sheehan: „The steel founders' contribution to the railroads"
        (insbes. gegossene Rahmen), Age 1930-I, S. 867 — Organ 1931,
        S. 144
1935   Gaebler: „Das Anheben von Lokomotiven mit Barrenrahmen und
        die zu erwartenden Biegebeanspruchungen des Rahmens",
        Annalen 1935-I, S. 22
1936   Meineke: „Die Entwicklung des Lokomotivrahmens", Annalen
        1936-I, S. 121
1939   Bennedik: „Der Spannungsverlauf im Achshalterausschnitt der
        Schienenfahrzeuge", Annalen 1939, S. 167 u. 1940, S. 96 (Meineke)
        „Cast steel frames", Loc 1939, S. 31

DIE BOGENLÄUFIGE
DAMPFLOKOMOTIVE

Allgemein

1875   * Heusinger v. Waldegg: „Literatur über Gebirgslocomotiven", Handbuch für specielle Eisenbahn-Technik, 3. Bd., Verlag Wilh. Engelmann, Leipzig 1875, S. 977

1879   Vogel: „Räderkuppelung für Gebirgslokomotiven", Z 1879, S. 90

1891   Brückmann: „Kurvenbewegliche Lokomotiven von großer Zugkraft", Z 1891, S. 951 und 1007

1906   Metzeltin: „Kurvenbewegliche Lokomotiven", Z 1906, S. 153, 1176 und 1217 — Zuschrift betr. Anlaufwinkel und Kraußschem Drehgestell: Z 1906, S. 1553

1908   Liechty: „Lokomotiven mit Hilfsmotoren", Annalen 1908-II, S. 30, 78 u. 116

        Müller: „Kurvenbewegliche Lokomotiven", VW 1908, S. 1174 und 1199

1920   Papst: „Bogenläufige Lokomotiven mit Luttermöllers Radialachsen", Z 1920, S. 599

1921   Meineke: „Bogenläufige Lokomotiven", Z 1921, S. 191 u. 217

Die bogenläufige Einrahmen-Lokomotive / allgemein

1863   Clauß: „(2 B- u. 2 C-) Personen- und Güterzugtenderlokomotiven für starke Steigungen und Kurven mit Wendeschemel", Organ 1863, S. 269

1934   „An early four-cylinder locomotive, Sceaux Ry 1855" (mit Führungsrädern für die Laufachsen), Loc 1934, S. 288 — Lok 1909, S. 118

1937   Avenmarg: „Kurvenbewegliche Tenderlokomotiven für Gebirgsstrecken", Z 1937, S. 387 — Loc 1937, S. 316 — Annalen 1938-II, S. 250 — Organ 1939, S. 361 (Lotter)

1939   Avenmarg: „Betrachtungen über den Kurvenlauf und die Spurkranzabnutzung von Dampflokomotiven", Lok 1939, S. 139

1940   Avenmarg: „0-F-0 Tenderlokomotive für 1 m Spur, Bahnlinie Radlovac-Zervanjska", Lok 1940, S. 6

Lokomotiv-Dreh- und Lenkgestell

1866   Henkel: „Bewegliches (Bissel-) Vordergestell an Rich. Hartmannschen Lokomotiven für Gebirgsbahnen", Organ 1866, S. 158

1875   * Heusinger v. Waldegg: „Literatur über bewegliche Gestelle und verschiebbare Achsen", Handbuch für specielle Eisenbahn-Technik, 3. Bd., Verlag Wilh. Engelmann, Leipzig 1875, S. 759

1891   „Ueber bewegliche Drehgestelle für Eisenbahn-Fahrzeuge", Annalen 1891-II, S. 135 u. 210

1897   v. Borries: „Die Einstellung des Kraußschen Drehgestells in Krümmungen", Annalen 1897-I, S. 75

        Busse: „Freie Lenkachse für Lokomotiven", Organ 1897, S. 243

1902   Kühn: „Rückstellvorrichtung für Drehgestelle bei Lokomotiven", Annalen 1902-I, S. 231

1903   Busse: „Einachsige Drehgestelle für Lokomotiven der Dänischen
        Staatsbahnen", Organ 1903, S. 98
1908   Bullock: „Evolution of the locomotive truck", Gaz 1908-II, S. 158
1914   Monitsch: „Seitliche Beweglichkeit des Drehzapfens zweiachsiger
        Drehgestelle von Lokomotiven", Organ 1914, S. 11
1918   „Cartazzi-Bisselgestell an einer englischen Lokomotive", Organ 1918,
        Tafel 19
1928   Uebelacker: „Die Anpassung der Lokomotiven und Tender an Gleis-
        unebenheiten: Der Einfluß der Bauart zweiachsiger Drehgestelle",
        Organ 1928, S. 427
1929   Schneider: „Hauptformen des zweiachsigen Lokomotiv-Laufgestells",
        Z 1929, S. 492
1931   Meineke: „Drehgestelle", Waggon- und Lokbau 1931, S. 273
1935   Löwentraut: „Neuartige Lenkgestelle", HH Dez. 1935, S. 43
        „Continental locomotive trucks, Ry Eng 1935, S. 420
        „Roller bearings applied to locomotive leading bogie, Bengal-Nagpur
        Ry", Loc 1935, S. 28
1938   Boettcher: „Die Henschel-Lenkachse", Organ 1938, S. 455
1939   Stanier: „Problems connected with locomotive design", Gaz 1939-I,
        S. 460
1940   Meineke: „Neue Bauart des Krauß-Drehgestells", Lok 1940, S. 73

Klose-Lokomotive

1880   *„Radialeinstellung der Achsen nach dem patentierten System Klose",
        Verlag Kerskes u. Hohmann, Berlin 1880
1892   Helmholtz: „Lokomotiven mit radial einstellbaren Kuppelachsen,
        System Klose", Z 1892, S. 1524
1896   „Klose-Lokomotiven", Annalen 1896-I, S. 93 u. 152
1934   „Bosnische Klose-Lokomotiven", Lok 1934, S. 226 u. 1935, S. 29

Klien-Lindner-Hohlachse

1895   Reimherr: „Lokomotive mit gekuppelten lenkbaren Achsen und
        Ausgleichung der Radbelastungen an den Endachsen (Patent
        Klien-Lindner)", Annalen 1895-II, S. 64
1905   „D-Tenderlokomotive für Schmalspur mit nach dem Bogenmittel-
        punkt einstellbaren (Klien-Lindner-Hohl-) Achsen, Siebenbürgische
        Bergwerksbahn", Lok 1905, S. 11
1911   Litz: „Kurvenbewegliche Transportlokomotive nach Klien-Lindner",
        Z 1911, S. 686

Zahnradantrieb der Endachsen

1920·   Papst: „Bogenläufige Lokomotiven mit Luttermöllers Radialachsen",
        Z 1920, S. 599
1923   „A new form of radial axle locomotive (Luttermöller)", Loc 1923,
        S. 191
1936   Flemming: „Neue Steilstrecken-Tenderlokomotiven, Reihe 84 der
        DRB", RB 1936, S. 318 — Z 1936, S. 1113 — Loc 1936, S. 274
        — Organ 1939, S. 197

DIE BOGENLÄUFIGE DAMPFLOKOMOTIVE
GELENKLOKOMOTIVEN

Allgemein und Verschiedenes

1864   ·Rarchaert: „Ueber eine Lokomotive mit gegliedertem Untergestell und 12 gekuppelten Rädern", Organ 1864, S. 128
1865   Brockmann: „Ueber schwere Güterzuglokomotiven (u. a. Fairlie-Lok. nach System Beugniot)", Organ 1865, S. 55
1874   „0-4-4 double bogie tank locomotive, constructed by Mr. William Mason", Engg 1874-I, S. 464
1906   „Geschichtlicher Rückblick auf die Entwicklung der Stütztenderlokomotive", Lok 1906, S. 110
1910   Caruthers: „The development of the articulated locomotive", Gaz 1910-II, S. 433
1913   Wiener: „Note sur les locomotives articulées", Revue 1913-I, S. 273 u. 401
1916   Liechty: „Lokomotiven und Wagen mit Triebdrehgestellen", Annalen 1916-I, S. 22 u. 47
        Liechty: „Triebdrehgestell, Bauart Liechty", Organ 1916, S. 315
1917 — Theobald: „Der Metallschlauch und seine Herstellung", Annalen 1917-II, S. 70
1920   Wiener: „Types récents de locomotives articulées", Revue 1920-I, S.155
1923   „Engerth-Lokomotiven", Lok 1923, S. 101 u. 120
        „Forms of articulated locomotive", Loc 1923, S. 372
1928   Kruse: „Die Entwicklung der Gelenklokomotive", Waggon- und Lokbau 1928, S. 289
1929   Wiener: „Les locomotives articulées actuelles", Revue 1929-II, S. 3 u. 109
        „Locomotives à vapeur articulées à grande puissance", Les Chemins de Fer et les Tramways 1929, S. 30
1930   Metzeltin: „Grenzen des Dampflokomotivbaues", Z 1930, S. 1179
     * Wiener: „Articulated locomotives". Verlag Constable u. Co, Ltd, London 1930
1931   Liechty: „Kurvenbewegliche Gleisfahrzeuge", Kongreß 1931, S. 1
1932   Williams: „Modern articulated steam locomotives", Loc 1932, S. 441
1939 * Liechty: „Liechty's Lokomotivsystem für große Fahrgeschwindigkeiten und dessen Vorgeschichte", Verlag A. Francke AG, Bern 1939 — Bespr. Organ 1939, S. 401
        Meineke: „Die Mason-Lokomotive", Annalen 1939, S. 223 und 310

Gelenklokomotive Bauart Fairlie

1866   Lommel: „Die neueren Lokomotivsysteme zum Befahren ausnahmsweiser Steigungen und kleinerer Kurven" (Thouvenot, Vorläufer von Fairlie, Entwurf einer C-C-Lokomotive), Organ 1866, S. 141
1867   „C + B-Fairlie-Lokomotive für starken Güterverkehr", Organ 1867, S. 74
1873   „Meyer v. Fairlie", Engg 1873-I, S. 139
        „The Fairlie system", Engg 1873-II, S. 395
1874   „Examples of double bogie engines, Fairlie's system" (Tafel mit Typenskizzen), Engg 1874-II, S. 142

1878   * Heusinger v. Waldegg: „Literatur über Fairlie's Locomotivsystem",
       Handbuch für specielle Eisenbahn-Technik, 5. Bd., Verlag Wilh.
       Engelmann, Leipzig 1878, S. 290
1886   „B + B - Fairlie - Lokomotive für die Sächsischen Staats - Eisen-
       bahnen", Organ 1886, S. 234 — Engg 1886-I, S. 309
1893   „2 C - C 2 Doppelverbund-Lokomotive der Mexikanischen Zentral-
       bahn", Polytechn. Centralblatt 1893, S. 18 — Z 1894, S. 539
       (Brückmann: Verbundlokomotiven in Nordamerika)
1907   „C-C Fairlie locomotive for the Bolivian rys", Loc 1907, S. 8
1911   „0-6-6-0 Fairlie type tank locomotive, Mexican Ry", Loc 1911, S. 151
       — Gaz 1911-I, S. 479
1927   „Fairlie locomotive, Denver and Rio Grande Ry 1873", Loc 1927,
       S. 326
1928   „Erste Fairlie-Lokomotive mit Doppelkessel «South Carolina», Balti-
       more & Ohio Rr, 1833", Zentralblatt der Bauverwaltung 1928,
       S. 229
1938   „Johnstone's double-ended compound 1892, Mexican Central Ry",
       Loc 1938, S. 357

Bauart Franco

1932   „The «Franco» articulated locomotive", Gaz 1932-II, S. 666 — Loc
       1933, S. 230
1933   Metzeltin: „Gelenklokomotive Bauart Franco", Z 1933, S. 1290 —
       Annalen 1933-II, S. 95

Bauart Garratt

1909   „Die erste Garratt-Lokomotive", Z 1909, S. 2065 — Gaz 1909-II,
       S. 337 u. 416 — Engg 1909-II, S. 802 — Klb-Ztg. 1910, S. 89
       „The Garratt locomotive. — A noteworthy development in loco-
       motive design", Gaz 1909-II, S. 11
1922   „Recent Garratt patent locomotives", Ry Eng 1922, S. 181
1925   „New 2-6-2 + 2-6-2 Garratt locomotives for India and South Africa",
       Loc 1925, S. 269
1926   *„Garratt patent articulated locomotives", herausgegeben von Beyer,
       Peacock & Co Ltd, Manchester 1926
1927   „Recent Garratt locomotives", Loc 1927, S. 393 und 1928, S. 5
1929   Southgate: „Running and maintenance of Garratt locomotives",
       Journal 1929, S. 681
1930   „Die Betriebserfahrungen mit Garratt-Lokomotiven bei den Süd-
       afrikanischen Eisenbahnen", Organ 1930, S. 285
       „«Dignity and Impudence» in Garratt locomotive practice", Gaz
       1930-II, S. 132
1932   Bangert: „P-Träger-Rahmen für Garratt-Lokomotiven", Der P-Träger
       (Peine) 1932, S. 52 — Organ 1933, S. 249
1938   „New 4-8-2 + 2-8-4 Beyer-Garratt locomotives for the SAR", Gaz
       1938-II, S. 997 — Loc 1939, S. 32 — The Eng 1939-I, S. 326
1939   „New Beyer-Garratt 4-8-2 + 2-8-4 locomotive, Abidjan-Niger Ry,
       Ivory Coast", Gaz 1939-I, S. 352 — Loc 1939, S. 150 — Traction
       Nouvelle (Paris) 1939, S. 92

Bauart Golwé

1929   „Locomotive articulée système Golwé en service sur le Chemin de
        Fer de la Côte d'Ivoire", Revue 1929-II, S. 14 und 1930-I, S. 20
1930   „Golwé articulated locomotive, Ivory Coast Ry", Loc 1930, S. 79 —
        Waggon- und Lokbau 1930, S. 186

Bauart Günther-Meyer

1870   „Double bogie 0-6-6-0 mountain locomotive, built by Cockerill",
        Engg 1870-II, S. 309
1873   „Meyer v. Fairlie", Engg 1873-I, S. 139
1906   Schwarze: „3/4 + 3/4 gek. Güterzuglokomotive der Französischen
        Nordbahn", Annalen 1906-II, S. 210 — Loc 1905, S. 143 — Revue
        1908-I, S. 81 (du Bousquet) — Lok 1909, S. 160
1937   „0-4-0 + 0-4-0 articulated locomotive for plantation work, 2 ft
        gauge", Loc 1937, S. 34
1939   Bangert: „Neuartige Dampflokomotiven für den Abraumbetrieb:
        B+B Trockendampf-Gelenk-Abraum-Lokomotive, Bauart Hen-
        schel, für die Grube Phönix/Thüringen", Lok 1939, S. 173

Bauart Hagans

1894   Schaltenbrand: „Lokomotiven mit Antriebsvorrichtung für Dreh-
        gestellachsen, Bauart Chr. Hagans", Organ 1894, S. 182 — Engg
        1894-II, S. 824 und 831
1895   „Drehschemel-Lokomotive mit vier gekuppelten Achsen, gebaut von
        der Lokomotivfabrik Hagans in Erfurt", Zeitschrift für Lokal-
        und Straßenbahnen 1895, S. 121
1897   Lochner: „Bogengelenkige, fünfachsige, fünffach gekuppelte Tender-
        lokomotive, Bauart Hagans (Preußische Staatsb.)", Organ 1897,
        S. 222 — Engg 1897-II, S. 437
        „Hagans-Lokomotiven", Annalen 1897-I, S. 72 — Engg 1897-II, S. 437
1908   Müller: „Kurvenbewegliche Lokomotiven Hagans und Köchy", VW
        1908, S. 1174 und 1199

Bauart Mallet-Rimrott

1889   Rimrott: „Ueber kurvenbewegliche Verbund-Tenderlokomotiven mit
        4 Dampfzylindern", Annalen 1889-II, S. 6 und 1890-I, S. 141
1892   Rimrott: „Ueber Lokomotiven für Gebirgsbahnen", Zentralblatt der
        Bauverwaltung 1892, S. 189
1894   * Mallet: „Locomotives à adhérence totale", Verlag Baudry et Cie,
        Paris 1894
1908   Mellin: „Articulated compound locomotives", Gaz 1908-II, S. 713
        — 1909-I, S. 9
1912   Evans: „Simple Mallet for high speed (up to 50 m. p. h.), Canadian
        Pacific Rr" (Entwurf), Gaz 1912-II, S. 697

1914 Mallet: „Compound articulated locomotives", Engg 1914-II, S. 51
„1 D + D + D 1 - Dreigelenk - Verbund - Heißdampf - Güterzug -Treib-
tenderlokomotive der Erie-Bahn", Lok 1914, S. 213 — Technische Rundschau (Beilage zum Berliner Tageblatt) 1914, S. 523
— Loc 1914, S. 141 — Gaz 1914-I, S. 763 — Schweiz. Bauzeitung
1915-I, S. 29 — Organ 1915, S. 124 — Lok 1920, S. 84 — Revue
1920-I, S. 196

1926 Beuter and Kelly: „Mallet locomotives in logging service", Baldwin
April 1926, S. 29
„Mallet type logging locomotives", Loc 1926, S. 367

1929 Campbell und Warner: „Single expansion articulated locomotives",
Baldwin Juli 1929, S. 5
„Mallet-Lokomotiven mit einfacher Dampfdehnung in den Ver-
einigten Staaten", Z 1929, S. 1328

1931 Achard: „Mallet articulated locomotives", Loc 1931, S. 94, 169
u. 211

1932 Noble u. Warner: „Single expansion articulated locomotives", Baldwin Oktober 1932, S. 3

1934 „Mallet 2-6-6-2 type locomotive, Weyerhaeuser Timber Company",
Baldwin Oktober 1934, S. 20

1936 Harley: „Distribution of locomotive weight: II. Articulated locomotives", Baldwin April 1936, S. 23
Wright: „Why the single expansion articulated locomotive?", Baldwin April 1936, S. 11

1938 Böhmig u. Bangert: „Die neuesten Henschel-Gelenklokomotiven
Baujahr 1937 für die Brasilianische Zentralbahn", 1 D - D 2 -
Mallet für Meterspur", HH Dez. 1938, S. 1 — Lok 1939, S. 12
Röthler: „Neuartige Kessel-Auflagerung und Rückstell-Vorrichtung
für Mallet-Triebgestelle", HH Dez. 1938, S. 11 — Lok 1939,
S. 151

Bauarten Shay, Heisler und Baldwin

1890 „Die Shay-Lokomotive", Zentralblatt der Bauverwaltung 1890, S. 327
1893 „Shay logging locomotive at the World's Columbian Exposition",
Engg 1893-II, S. 84
1900 „60 ton Heisler geared locomotive for the Mc Loud River Rr", Engg
1900-II, S. 88
1904 „150 t-Shay-Lokomotive, Chesapeake & Ohio Rr", Annalen 1904-II,
S. 47
1909 „Shay locomotives at work", Loc 1909, S. 37
1913 „The Baldwin geared locomotive", Loc 1913, S. 119
1916 „Geared Shay locomotive, Mount Tamalpais & Muir Woods Ry,
California", Loc 1916, S. 145
„Shay locomotive, Pekin Kalgan Ry", Loc 1916, S. 91
1919 „Lokomotiven der Bauart Shay", Age 1919-I, S. 32 und 62 — Organ
1920, S. 197
1925 „Die Heisler-Lokomotive", Annalen 1925-II, S. 18

Lokomotiven mit Triebtender

1869 „Locomotive for mountain rys, designed by Mr. Ch. de Bergue, Manchester" (mit Vorrichtung, sämtliche Räder des Wagenzuges anzutreiben), Engg 1869-II, S. 48

1870 „Rolling stock for mountain rys «Dredge & Stein»" (mit Vorrichtung, möglichst viele Räder des Wagenzuges anzutreiben. — Beispiel einer C-Lokomotive mit C-Treibtender), Engg 1870-I, S. 357

1909 „Steam tender designed by A. Sturrock", Loc 1909, S. 128

1914 „1 D + D + D 1 - Dreigelenk - Verbund - Heißdampf - Güterzug-Treibtenderlokomotive der Eriebahn", Lok 1914, S. 213 — Gaz 1914-I, S. 763 — Loc 1914, S. 141 — Techn. Rundschau (Beilage zum Berliner Tageblatt) 1914, S. 523 — Schweiz. Bauzeitung 1915-I, S. 31 — Organ 1915, S. 124 — Revue 1920-I, S. 196, Lok 1920, S. 84

„Steam tender locomotive, Cordoba & Belmez Ry, Spain", Loc 1914, S. 237

1917 „2-8-8-8-4 triplex compound locomotive, Virginian Ry", Loc 1917, S. 85 — Lok 1920, S. 84 — Revue 1920-I, S. 198

„Duplex locomotives on the Southern Ry, USA", Loc 1917, S. 130

„2-8-2+2-8-0 duplex locomotive, Southern Ry, USA", Loc 1917, S. 131

1923 „Tender booster increases tonnage 31 per cent, Delaware & Hudson", Age 1923-I, S. 1433

1924 Wagner: „Abdampftriebtender bei Kolbenlokomotiven", Organ 1924, S. 141

„An improved form of steam-driven tender", Loc 1924, S. 98

1926 „The Poultney locomotive", Loc 1926, S. 71 — Les Chemins de Fer et les Tramways 1926, S. 73

1927 „Die erste Lokomotive mit Triebtender (C+C der Großen englischen Nordbahn)", Lok 1927, S. 164

1928 „Poultney locomotive, Ravenglass and Eskdale Ry", Loc 1928, S. 348

„Auxiliary locomotives or steam tenders", Loc 1928, S. 120

1934 „The first steam-tender locomotive: St. Etienne-Lyon Ry", Loc 1934, S. 174

1935 „0-6-0 steam tender locomotive, Manchester, Sheffield and Lincolnshire Ry", Loc 1935, S. 287

Zusätzlicher Antrieb der Wagenachsen

1869 „Locomotive for mountain rys, designed by Mr. Ch. de Bergue, Manchester", Engg 1869-II, S. 48

1870 „Rolling stock for mountain rys «Dredge & Stein»", Engg 1870-I, S. 357

1892 Rühlmann: „Die elektrischen Eisenbahnen", Z 1892, S. 14 u. f. (S. 347: Vorschlag zu einem Schnellbahnzug mit dampfelektrischem Stromerzeuger-Fahrzeug und elektr. Einzelachsantrieb der Wagenachsen)

1910 Doniol: „Les trains automobiles à propulsion continue", Revue 1910-I, S. 333

1927 „Dampfturbo-elektrischer Zug mit elektrischem Antrieb durch Triebwagen (Vorschlag aus dem Jahre 1902)", The Eng 1927-I, S. 181

DIE FEUERLOSE LOKOMOTIVE

1879 Helmholtz: „Die feuerlose Lokomotive, System E. Lamm und L. Francq, und deren Verwendung auf Straßenbahnen", Z 1879, S. 255 — Engg 1879-II, S. 306

1882 Lentz: „Trambahnbetrieb mit feuerlosen Lokomotiven", Annalen 1882-II, S. 39 — Engg 1882-II, S. 208

„Secundärbahn- und Straßenbahn-Locomotiven", Z 1882, S. 467

1883 = Riedler: „Die Honigmann'schen Dampfmaschinen mit feuerlosem Natronkessel", Z 1883, S. 729

1884 = v. Gizycki: „Lokomotiven mit Natrondampfkessel", Z 1885, S. 436

Gutermuth: „Das Honigmann'sche Natronverfahren", Z 1884, S. 69, 89, 109 u. 1885, S. 101, 160, 194, 235 u. 833

Gutermuth: „Versuche an einer Personenzuglokomotive mit Honigmann'schem Natronkessel", Z 1884, S. 533

Heusinger v. Waldegg: „Versuchsfahrten mit der ersten feuerlosen Lokomotive mit Natronkessel, System Honigmann", Z 1884, S. 978 und 1885, S. 210

„Honigman's condenser for tramway engines", Engg 1884-I, S. 53

1886 = Frank: „Feuerlose Dampfmaschinen", Z 1886, S. 403

1887 „Fireless locomotive for mines constructed by the Hallesche Maschinenfabrik", Engg 1887-II, S. 155

1905 „Feuerlose Lokomotive mit zwei gekuppelten Achsen", Lok 1905, S. 134

1907 Doeppner: „Feuerlose Borsig-Lokomotiven", VW 1907, S. 681

1909 Kempf: „Feuerlose Lokomotiven", Annalen 1909-II, S. 8

1912 Schwickart: „Feuerlose Lokomotiven", Klb-Ztg. 1912, S. 273

1915 „Feuerlose Lokomotiven", HN 1915, S. 21 und 105

1917 „Feuerlose Lokomotiven", Z 1917, S. 480

1918 „Sicherheitsvorrichtung gegen das Ingangsetzen feuerloser Lokomotiven während des Füllens", HN 1918, S. 106

„Fireless locomotives" (auch geschichtlich!), Loc 1918, S. 23 u. f.

1919 Schreber: „Speicherung von Arbeit nach Lamm im Heißwasser der feuerlosen Lokomotive", Organ 1919, S. 177

1921 „Feuerlose Hanomag-Lokomotiven", HN 1921, S. 22

1924 Lübon: „Feuerlose Lokomotiven", HN 1924, S. 69

Metzeltin: „B-feuerlose Lokomotive von 35,5 t Dienstgewicht für Regelspur mit patentierter Füll- und Anfahrvorrichtung", HN 1924, S. 150

1925 Ackermann: „Feuerlose Grubenlokomotiven", HN 1925, S. 31

Johnson: „Fireless locomotives", Baldwin Juli 1925, S. 34

Wichtendahl: „Die Füllung feuerloser Lokomotiven", HN 1925, S. 17

„2-4-0 fireless locomotive for Lloyd's Paper Mills, Sittingbourne", Loc 1925, S. 308

1926 Wichtendahl: „Die Berechnung feuerloser Lokomotiven (Getriebelok!)", Organ 1926, S. 506

1927 Jacobi: „Feuerlose Dampflokomotiven", AEG-Mitt. 1927, S. 335

Wichtendahl: „Der Abkühlungsverlust feuerloser Lokomotiven", HN 1927, S. 107

Wichtendahl: „Die Dampferzeugung im Heißwasserspeicher durch Drucksenkung, insbesondere bei feuerlosen Lokomotiven", Archiv für Wärmewirtschaft 1927, S. 13

1928 Willigens: „Feuerlose Lokomotiven", Waggon- und Lokbau 1928, S. 277

1931   „Fireless locomotives for service in mines etc", Loc 1931, S. 262
1933   „Fireless shunting locomotive for Huntley & Palmers Ltd", Loc 1933,
        S. 22
1934   * Hedley: „Modern traction for industrial and agricultural rys", The
        Locomotive Publishing Cy, Ltd, London 1934 (?) [S. 45: Fireless
        locomotives]
1939   Farmakowsky: „Feuerlose Lokomotiven als Tunnel-Lokomotiven",
        Lok 1939, S. 149
        Giesl-Gieslingen: „The Gilli locomotive", Engg Progress, Berlin 1939,
        S. 207 — Z 1940, S. 104

DAMPF-DIESEL-LOKOMOTIVE

1919 — „Die vereinigte Oel- und Dampfmaschine von Still", Z 1919, S. 813
1923   „The Still system internal combustion locomotive", Loc 1923, S. 355
1924   „2 C 2 - Diesel-Dampflokomotive (Schweiz)", Organ 1924, S. 365
1927   Clark: „Internal combustion locomotives", The Eng 1927-I, S. 410
        und 445 — * Veröffentlichung der Institution of Mechanical
        Engineers, London 1927
        „The Kitson-Still locomotive", Mod. Transport 19. Nov. 1927, S. 15 —
        Ry Eng 1927, S. 225 — Loc 1928, S. 292 u. 382 — The Eng
        1928-I, S. 484 u. 581 — Z 1928, S. 715 — VT 1928, S. 522 —
        Waggon- und Lokbau 1928, S. 69
1928   Achilles: „Lokomotiven mit Antrieb durch Oelmotor und Dampf-
        maschine", Annalen 1928-II, S. 20
1930   Clark: „The diesel-steam locomotive, Kitson-Still type", Journal
        1930, S. 728
1933   „Kitson-Still locomotive in experimental services (Dynamometer car
        trials on the LNER)", Mod. Transport 9. Sept. 1933, S. 3 — Gaz
        1933-II, S. 241

DER DAMPFTRIEBWAGEN

Allgemein

1905 = Conrad: „Die Entwicklung des Automobils", Motorwagen 1905, S. 46
Heller: „Motorwagen im Eisenbahnbetriebe", Z 1905, S. 1541, 1634, 1705

1906 — Matschoß: „Aus der Jugendzeit des Automobils (Dampfwagen)", Z 1906, S. 1257

1907 Georges: „Voitures automotrices à vapeur à l'Exposition de Milan", Revue 1907-II, S. 279

* Spitzer u. Krakauer: „Motorwagen und Lokomotive", Verlag Hölder, Wien 1907 — S. 54: Dampfmotorwagen

1913 = Pepper: „The possibilities of motor vehicles for ry purposes from the operator's point of view", Gaz 1913-II, S. 8 (S. 15: Dampfauto mit Kesselzeichnungen)

1930 * Mayer: „Die Entwicklung des Eisenbahntriebwagens", Bericht über die Fachtagung der Vereinigung der Betriebsleiter der deutschen Privat- und Kleinbahnen 1930, S. 7

1931 „The scope of the steam rail-car", Gaz 1931-II, S. 204

1934 Mölbert: „Die Verwendungsmöglichkeit von hoch gespanntem Dampf im Triebwagenbetrieb", Organ 1934, S. 139

1935 — Kahlert: „Dampfantrieb von Kraftfahrzeugen", Wärme 1935, S. 543

1936 Nordmann: „Kohlengefeuerte Dampftriebwagen", Z 1936, S. 567

1938 * Moser: „Der Dampfbetrieb der Schweizerischen Eisenbahnen: Die normal- und schmalspurigen Dampftriebwagen", Verlag Birkhäuser, Basel, 1938, S. 384 u. f.

1940 Mölbert: „Der Dampfantrieb im Triebwagenbau", Annalen 1940, S. 126 u. 131

Dampftriebwagen mit unmittelbarem Antrieb

1849 Samuel: „Expreßmaschine", Organ 1849, S. 109
„Adams Locomotivwagen für Zweigbahnen", Organ 1849, S. 54 u. 161

1869 „Fox combined locomotive and carriage", Engg 1869-I, S. 121
„Fairlie steam carriage for light rys", Engg 1869-I, S. 142

1876 „Steam tramcar, Fairlie's system, for narrow gauge tramways", Engg 1876-I, S. 252

1877 „Steam railcar Belpaire, Belgium", Engg 1877-I, S. 106

1879 „Steam carriages for the Belgian State Rys, Belpaire's system", Engg 1879-I, S. 210 und 272

1881 „Dampfwagen für Haupt- und Nebenbahnen, System Thomas", Annalen 1881-II, S. 26 — Organ 1881, S. 257 u. Ergänzungsband — Engg 1881-I, S. 583

1882 v. Borries: „Die Omnibuszüge (1 A - Verbund!) im Bezirk der Kgl. Eisenbahndirektion Hannover", Annalen 1882-I, S. 51
„Dampfomnibus Krauß für Lokalverkehr auf Hauptbahnen", Annalen 1882-II, S. 254
„Dampfwagen System Rowan", Annalen 1882-I, S. 108 u. II, S. 245

1887 „Permanent way inspector's steam car", Engg 1887-I, S. 76

1894 „Dampf-Straßenbahnwagen Bauart Serpollet", Z 1894, S. 801

1904   Sartiaux u. Koechlin: „La nouvelle voiture automotrice à vapeur du Chemin de Fer du Nord" (m. Turgan-Kessel), Revue 1904-I, S. 11
„Dampfwagen der Taff Vale Ry", Lok 1904, S. 18
1905   „Latest steam rail motor coaches", Loc 1905, S. 45, 60, 75, 125, 136, 149, 159, 166, 169, 199 und 206. — Loc 1906, S. 18, 35, 36, 178 u. 184 — Loc 1907, S. 32, 72, 82 u. 206 — Annalen 1907-II, S. 168
„New rail motor car, GWR", Loc 1905, S. 35
„Rail motor coaches, Belgian State Rys", Loc 1905, S. 60 — Lok 1906, S. 24
„Six-wheel single saloon locomotive, N. B. Ry", Loc 1905, S. 113
„Steam coach for the London & North Western Ry", Engg 1905-II, S. 359
„Steam rail motor coach, Great Northern Ry of Ireland", Loc 1905, S. 25
1906   Heller: „Der Eisenbahnmotorwagen der Maschinenfabrik Eßlingen", Z 1906, S. 860 — Lok 1906, S. 37 u. 1907, S. 73 — Loc 1905, S. 136
Riches u. Haslam: „Railway motor-car traffic", Engg 1906-II, S. 264
„Dampfmotorwagen der Belgischen Staatsbahnen", Lok 1906, S. 24
„Double bogie steam rail motor coach, Bavarian State Rys", Loc 1906, S. 208 — Organ 1907, S. 125 — Lok 1906, S. 142 und 1907, S. 41
„Engine of steam coach for the Great North of Scotland Ry", Engg 1906-I, S. 84
„Steam coach for the London, Brighton & South Coast", Engg 1906-I, S. 195
„Steam motor car for the Canadian Pacific", Gaz 1906-II, S. 137
„Steam rail motor coach for the Lancashire & Yorkshire Ry", Engg 1906-II, S. 591 und 1907-II, S. 213
„Steam rail motor coach, Great Indian Peninsula Ry", Loc 1906, S. 114
„Steam rail motor coach, North Western Ry of India", Loc 1906, S. 155
1907   Doeppner: „Dampftriebwagen zur Postbeförderung auf den Italienischen Staatsbahnen", Z 1907, S. 1645
Guillery: „Neuere Dampfmotorwagen von F. X. Komarek in Wien", Annalen 1907-II, S. 21 — Engg 1906-II, S. 318
* Spitzer u. Krakauer: „Motorwagen und Lokomotive", Verlag Höldner, Wien 1907
„Betriebsergebnisse des Dampfmotorwagens der Maschinenfabrik Eßlingen (Württ. Stb.)", Lok 1907, S. 73
„Dampftriebwagen der Taff Vale-Bahn", Organ 1907, S. 124 — Engg 1906-II, S. 264 — Loc 1906, S. 185
„Rail motor car with six-coupled motor bogie, Port Talbot Ry", Gaz 1907-II, S. 383 — Loc 1907, S. 82
„Ry inspection car, Buenos Ayres & Pacific Ry" (m. stehendem Kessel), Loc 1907, S. 133
„Steam rail motor services, Great Northern Ry, Ireland", Loc 1907, S. 32

1908   * Guillery: „Handbuch über Triebwagen für Eisenbahnen", Verlag
         Oldenbourg, München u. Berlin 1908. — 2. Aufl. 1919. — Bespr.
         Organ 1919, S. 192
         „Dampfmotorwagen der London- u. Südwest-Bahn", Lok 1908, S. 18
         „Locomotive for ry motor car: Lancashire & Yorkshire Ry", Engg
         1908-I, S. 182
         „Steam rail motor car, Rock Island and Pacific Ry", Gaz 1908-II,
         S. 391
         „Vierachsiger Heißdampf-Motorwagen für 75 cm Spur der Württem-
         bergischen Staatsbahn", Lok 1908, S. 55 — Revue 1909-II, S. 82
1909   Buchholz: „100pferdiger Dampftriebwagen (mit Stolz-Kessel) der
         Hannoverschen Maschinenbau A. G.", Z 1909, S. 1090
         „Bericht über Wagen mit Selbstantrieb", Kongreß 1909, S. 1613
         (Clark); 1910, S. 727 (Greppi) u. 3425 (Riches)
       — „Stewart military steam tractor", Engg 1909-II, S. 508
1910   Inglis: „Automobilbetrieb", Kongreß 1910, S. 691
         „Straßenbahnlokomotiven u. Dampftriebwagen", Klb-Ztg. 1910, S. 634
         „Steam rail motor train, Northern Ry of France", Loc 1910, S. 251
1911   „Rail motor coach, Cambrian Rys", Loc 1911, S. 136
         „Steam rail motor cars for Cardiff Ry's new line", Gaz 1911-I, S. 292
1913   Bombe: „Der Rowansche Dampftriebwagen", Klb-Ztg. 1913, S. 473
1930   Günther: „Heißdampftriebwagen mit Oelfeuerung (für Venezuela)",
         Z 1930, S. 118 — VW 1930, S. 183 — VT 1930, S. 33 — Waggon-
         und Lokbau 1930, S. 57 — Organ 1930, S. 55 — Ry Eng 1931,
         S. 308
1932   „Heißdampftriebwagen der Maschinenfabrik Eßlingen für die Türki-
         schen Staatsbahnen", Annalen 1932-II, S. 53 — Z 1932, S. 828 —
         Ry Eng 1932, S. 362 — Loc 1932, S. 448 — Lok 1932, S. 203
1935   Seidl: „1 B 1 - Gepäck-Dampftriebwagen Reihe DT 1 der Oesterr.
         Bundesbahnen", Lok 1935, S. 137 — Organ 1936, S. 204 — Gi T
         1937, S. 147 — Loc 1935, S. 175 — Gaz 1935-I, S. 1164 — Mod.
         Transp. 18. Mai 1935, S. XXIII
1937   Bombe: „Die ältesten Dampftriebwagen auf deutschen Eisenbahnen",
         Beiträge Febr. 1937, S. 27

Dampftriebwagen mit mittelbarem Antrieb (Getriebe)

1891 — „The Serpollet steam carriage" (Kettenantrieb), Engg 1891-I, S. 315
         und II, S. 195 — 1895-II, S. 472 u. 499 (m. Zeichnungen)
1895   Schrey: „Dampf-Straßenbahn mit Serpollet-Kessel", Annalen 1895-II,
         S. 146
1896   „Steam worked tramcars, Serpollet system", Engg 1896-I, S. 630
       — „The «Le Blant» steam road carriage", Engg 1896-I, S. 6
       — „The «de Dion & Bouton» steam generator and road motors", Engg
         1896-II, S. 202 u. 233
1897 — „The «Scotte» steam motor car, France", Engg 1897-II, S. 551 u. 645
1898 — „Thornycroft steam lurry", Engg 1898-I, S. 727
1899 — „Steam motor cars", Engg 1899-II, S. 358
1901 — „Musker steam lurry (m. Zeichnungen)", Engg 1901-I, S. 732
1902 — Engels: „Ueber Selbstfahrwesen", Annalen 1902-II, S. 1

1902 =   Unger: „Die neuesten Dampfwagen von Gardner und Serpollet in Paris", Annalen 1902-II, S. 21

1903   Tête: „Voitures automotrices à vapeur (Systeme V. Purrey) construites pour la Cie PLM", Revue 1903-II, S. 7
„Voiture automotrice systeme Purrey de la Cie d'Orléans", Revue 1903-II, S. 44

1904 —   Heller: „Neuere englische und französische Motorwagen mit Dampfbetrieb für Personen und Güter", Z 1904, S. 841
„Dampfmotorwagen der Ungarischen Staatsbahnen", Lok 1904, S. 195

1905 —   Pflug: „Internationale Automobil-Ausstellung Berlin: Kraftwagen mit Dampfantrieb", Annalen 1905-I, S. 111
— „40 HP Gardner-Serpollet motor omnibus", Engg 1905-II, S. 531
„Peebles steam rail motor coach, built by Messrs. Ganz & Co of Budapest", Loc 1905, S. 57 u. 94

1906   Eder: „40 PS-Dampftriebwagen mit Stolz-Dampferzeuger, geb. von der Ungarischen Maschinenfabrik in Raab", Organ 1906, S. 99
—   Heller: „Güter- und Personenbeförderung mit schweren Motorwagen", Z 1906, S. 688 [S. 761 : Dampfkraftwagen]
Huet: „Les nouvelles voitures automotrices à vapeur de la Cie d'Orléans", Revue 1906-I, S. 358
— „Stadtdroschke mit Dampfbetrieb Bauart Altmann (30-35 atü, Dreizylinder-Dampfmotor), Z 1906, S. 429
— „5 ton steam wagon constructed by Messrs. James Buchanan & Son", Engg 1906-II, S. 790

1907 —   Pflug: „Dampflastwagen Bauart Stolz", VW 1907, S. 1296
— „Der Freibahnzug", Annalen 1907-I, S. 150

1908 —   „The Darracq-Serpollet steam motor omnibus", Engg 1908-I, S. 465

1909   Högler: „Dampfdraisine der Graz-Koflacher Bahn", Lok 1909, S. 93
— Loc 1907, S. 200 u. 1909, S. 18
— „The Turner steam car", Engg 1909-II, S. 10 (m. Zeichnungen)

1910 —   „Der Dampfmotorwagen von Sheppee", Engg 1910-II, S. 762

1911 —   Bock: „Der Freibahnzug in seiner neuesten Ausführung", Klb-Ztg. 1911, S. 37

1921 —   „The Leyland steam wagon", The Engg 1921-I, S. 616

1922   „Steam propelled unit railway motor car, Canadian National Ry" (Wasserrohrkessel, Oelfeuerung, schnellaufende Dampfmaschine), Age 1922-II, S. 711
— „Garrett under-type steam wagon (Dampfauto)", The Eng 1922-I, S. 384

1929 —   Lindemann u. Loewenberg: „Delling-Hochdruck (50 at)-Dampfomnibus", Z 1929, S. 1138 — VT 1929, S. 567 — ATZ 1932, S. 221

1930 —   „Dampfkraftwagen in England", Waggon- u. Lokbau 1930, S. 327
— „Englischer Achtrad-Dampflastwagen mit Einachs-Drehgestell", VT 1930, S. 655

1936   Nordmann: „Kohlengefeuerte Dampftriebwagen", Z 1936, S. 567
„Besler two-car steam train, New York, New Haven and Hartford Rr", Age 1936-II, S. 581 — Loc 1937, S. 40 — Gaz 1937-I, S. 495 —- Organ 1937, S. 435 — Kongreß 1937, S. 1715 u. 1938, S. 199
— Wärme 1938, S. 745

1937 —   Giesing: „Das dampfbetriebene schienenlose Fahrzeug als Devisensparer (z. B. Doble)", VW 1937, S. 569

Bauart Birmingham

1930   „New articulated steam rail car, Egyptian State Rys", Loc 1930, S. 110 — The Eng 1930-I, S. 348 — Engg 1930-I, S. 716 — Gaz 1930-I, S. 475 — Waggon- u. Lokbau 1931, S. 43

1931   „Articulated steam rail-car, Entre Rios Ry", Loc 1931, S. 194 — The Eng 1931-I, S. 336 — Waggon- u. Lokbau 1931, S. 282

1933   „Steam rail-car, Belgian National Rys", Loc 1933, S. 326

Bauart Clayton

1927   „The development of the steam rail motor car", Ry Eng 1927, S. 379

1928   „LNE Ry: New steam coach", The Eng 1928-I, S. 722
        „Articulated steam rail cars for Egypt", Ry Eng 1928, S. 393 — Loc 1928, S. 308

1929   „New steam rail cars for South Africa", Gaz 1929-II, S. 320
        „Clayton steam rail car, Sudan Government Rys", Loc 1929, S. 281 — Gaz 1929-II, S. 320

Bauart Doble

1933   „Germany revers to steam", Mod. Transport 9. Sept. 1933, S. 8

1934 =   Imfeld u. Roosen: „Neue Dampffahrzeuge", Z 1934, S. 65
        Mauck: „Der Dampftriebzug der Lübeck-Büchener Eisenbahn", VT 1934, S. 320 — RB 1935, S. 460 — HH Dez. 1935, S. 14 — Z 1936, S. 881
        „Super-high-pressure steam railcars in Germany", Gaz 1934-II, S. 197

1935 —   Schleifenheimer: „Der Henschel-Dampflastwagen", Organ 1935, S. 310

1937 —   Giesing: „Das dampfbetriebene schienenlose Fahrzeug als Devisensparer (z. B. Doble)", VW 1937, S. 569

1940   Mölbert: „Der Dampfantrieb im Triebwagenbau", Annalen 1940, S. 126 u. 131

Bauart Sentinel-Cammell

1923   „Steam rail motor coach, Jersey Rys and Tramway Company", Loc 1923, S. 140

1924   „Steam rail motor, No 2, Jersey Rys and Tramways Company", Loc 1924, S. 77

1925   „Sentinel-Cammell steam rail coach, Bengal-Nagpur Ry", Loc 1925, S. 309

1926   „Articulated steam rail cars, Bengal-Nagpur Ry", Ry Eng 1926, S. 245

1927   „New steam rail auto car, LNE Ry", Loc 1927, S. 149

.1928   „Sentinel-Cammell gear-driven rail-cars, LNE Ry", Loc 1928, S. 183 — Ry Eng 1928, S. 203 — The Eng 1928-I, S. 722 — Organ 1929, S. 139

1929 „Sentinel-Cammell steam inspection car, Leopoldina Ry", Loc 1929,
S. 39 — Gaz 1929-I, S. 187
„Steam rail coaches, Palestine Ry", Loc 1929, S. 78
1930 „New Sentinel-Cammell articulated steam rail car, LNE Ry", Loc
1930, S. 405 — Gaz 1930-II, S. 631 u. 1933-I, S. 290
„Sentinel-Cammell geared rail coach, LMS Ry", Loc 1930, S. 370
1932 „Rail-cars for the Roumanian State Rys", Loc 1932, S. 355 — Mod.
Transport 3. Sept. 1932, S. 3 — Gaz 1933-I, S. 290
„A new Southern Ry Sentinel-Cammell railbus", Gaz 1932-II, S. 456
u. 1933-I, S. 421 — Loc 1933, S. 145
1933 „Sentinel-Cammell steam railbus for the Southern Ry", Loc 1933,
S. 145
1935 „Sentinel steam railcar, Northern Ry of France", Loc 1935, S. 273 —
Gaz 1935-I, S. 864
„Oil-fired steam railcars, Central Ry of Peru", Loc 1935, S. 110
„New articulated steam railcars for Egypt", Gaz 1935-II, S. 539 —
Mod. Transport 7. Sept. 1935, S. 3
1936 „Sentinel type steam railcar, French State Rys", Loc 1936, S. 173
1938 „Tasmanian Govt Rys: «Boat Express» train and steam railcar", Loc
1938, S. 270
1939 „Streamlined trains in Tasmania: Sentinel-Cammell steam railcar
with buffet car as trailer", Gaz 1939-I, S. 659

Dampftriebwagen mit Turbinen-Antrieb

1927 „Dampfturbo-elektrischer Zug mit elektrischem Antrieb durch Triebwagen (Vorschlag aus dem Jahre 1902)", The Eng 1927-I, S. 181
1934 — Ostwald: „Die Hüttner-Dampfturbine, eine neue Möglichkeit für
Kraftwagenantrieb", ATZ 1934, S. 567
1936 Englert: „Kohlengefeuerte Triebwagen mit Turbinen-Antrieb", GHH
Oktober 1936, S. 197
Nordmann: „Kohlengefeuerte Dampftriebwagen", Z 1936, S. 567

ELEKTRISCHE TRIEBFAHRZEUGE

Allgemein

1901   von Littrow: „Fahrbetriebsmittel elektrischer Bahnen und Triebwagen verschiedener Antriebsart auf der Weltausstellung Paris 1900", Organ 1901, S. 231 u. 259

1907   Pflug: „Elektrische Bahnen auf der Ausstellung in Mailand 1906", Annalen 1907-I, S. 186

1912   Hruschka: „Einteilung und Bezeichnung der elektrischen Triebfahrzeuge", Kraftbetr. 1912, S. 541

1914   O'Brien: „The design of rolling stock for electric rys", Gaz 1914-I, S. 414

        *„Die Eisenbahntechnik der Gegenwart. — IV. Bd., Abschnitt E: Fahrzeuge für elektrische Eisenbahnen", Kreidels Verlag, Wiesbaden-Berlin 1914

1915   * Kummer: „Die Maschinenlehre der elektrischen Zugförderung", Verlag Springer, Berlin 1915

        Kummer: „Das Zugförderungsmaterial der Elektrizitätsfirmen auf der Schweiz. Landesausstellung in Bern 1914", Schweiz. Bauzeitung 1915-II, S. 123, 138, 149, 160, 215, 239, 249

1916   „Elektrischer Stadtbahn-Versuchszug mit Triebgestellen", El. Kraftbetriebe und Bahnen 1916, S. 263

1920 =   Reichel: „Vorläufige Grenzen im Elektromaschinenbau", Z 1920, S. 543, 575, 1104 (Lokomotiven). — Z 1921, S. 195, 517, 911

1921   Wechmann: „Die Fahrzeuge für den elektrischen Betrieb der Berliner Bahnen", Z 1921, S. 170

1923   „Industrial rys: Electric locomotives", Loc 1923, S. 260 u. 340

1924   * Seefehlner: „Elektrische Zugförderung", 2. Aufl., Verlag Springer, Berlin 1924 — Bespr. Organ 1924, S. 247

        Zeulmann: „Die elektrischen Triebfahrzeuge", Waggon- u. Lokbau 1924, S. 201

1925   * Kummer: „Die Ausrüstung der elektrischen Fahrzeuge", Verlag Springer, Berlin 1925

1926   * Zeulmann: „Elektrische Gleisfahrzeuge", Verlag Volger, Leipzig 1926

1927   Lorenz: „Die elektrischen Triebfahrzeuge der Oesterreichischen Bundesbahnen", Organ 1927, S. 495

1928   Saurau: „Die Entwicklung der elektrischen Lokomotiven und Triebwagen", 3. Auflage, Verlag „Vienna" Rud. Jamnig, Wien 1928 — Bespr. Organ 1928, S. 98

1929   * Wechmann und Michel: „50 Jahre elektrische Lokomotive", El. Bahnen 1929, Ergänzungsheft

1930   „Elektrische Lokomotiven für Bau-, Werk-, Hütten- u. Feldbahnen", AEG-Mitt. 1930, S. 564 u. f. (Verschiedene Aufsätze)

1931   * Buchhold u. Trawnik: „Die elektrischen Ausrüstungen der Gleichstrombahnen einschließlich der Fahrleitungen", Verlag Springer, Berlin 1931 — Bespr. El. Bahnen 1931, S. 358

        Spies: „Elektrische Lokomotiven und Triebwagen für reinen Zahnrad- und gemischten Zahnrad- und Reibungsbetrieb", Waggon- u. Lokbau 1931, S. 129, 146, 161, 177, 193, 209

1934   Laternser: „Normalspurige elektrische Triebfahrzeuge in der Schweiz", El. Bahnen 1934, S. 217

1935   Ganzenmüller: „Die elektrischen Triebfahrzeuge der Deutschen Reichsbahn", Organ 1935, S. 301 — Z 1935, S. 1233

Meyer: „Die elektrische Lokomotive als Werk- und Verschiebelokomotive", Siemens-Zeitschrift 1935, S. 358

Schröder: „Gleichstrom-Fahrzeuge für 1500 Volt", Siemens-Zeitschrift 1935, S. 333

1936   Michel: „Einheitliche Bezeichnung der Lokomotiven und Triebwagen", El. Bahnen 1936, S. 145

   * Müller: „Die elektrische Lokomotiv-Ausrüstung", El. Bahnen 1936, Ergänzungsheft S. 58

1937   * Agnew: „Electric trains", Verlag P. Virtue & Co, Ltd, London 1937 — Bespr. Gaz 1937-II, S. 180

Schmer: „Vergleich zwischen Lokomotiv- und Triebwagenbetrieb im elektrischen Fernschnellverkehr", El. Bahnen 1937, S. 255 — Z 1938, S. 1114

1938   * Ganzenmüller: „Die elektrischen Triebfahrzeuge der Deutschen Reichsbahn", «Messebuch der Deutschen Wirtschaft 1938», Wiking-Verlag, Berlin 1938, S. 139

Hermle u. Balke: „Neuere Entwicklung der elektrischen Ausrüstungen für Lokomotiven und Triebwagen", Annalen 1938-II, S. 341

1939   „Die Triebfahrzeuge der Schweizerischen Landesausstellung in Zürich", Lok 1939, S. 153 — Organ 1939, S. 397

Leistung, Beschleunigung und Zugkraft

1916   Müller: „Arbeitsleistung beim Lokomotivbetrieb", El. Kraftbetriebe und Bahnen 1916, S. 277

1922   Wichert: „Die Leistungseigenschaften der Elektrolokomotive", . Z 1922, S. 1080 — El. Bahnen 1926, S. 270

1923   „Anfahrdiagramme für elektrische Züge mit Hauptschlußcharakteristik der Triebmotoren", BBC-Mitteilungen 1923, S. 163

1926   Müller: „Die dynamischen Grundlagen für den Betrieb und die Selbstkostenrechnung der elektrischen Zugförderung", El. Bahnen 1926, S. 162

Wichert: „Die Leistungseigenschaften der Elektrolokomotiven", El. Bahnen 1926, S. 270

1928   Lenk: „Belastungstafel für Treibfahrzeuge", Siemens-Zeitschrift 1928, S. 725

1929   Bethge: „Steigerung der Fahr- und Reisegeschwindigkeit bei großstädtischen Straßenbahnen", VT 1929, S. 269

Drescher: „Beitrag zur Frage der Anfahrmöglichkeit von elektrischen Lokomotiven mit angehängter Zuglast", El. Bahnen 1929, S. 233 u. 268

„Ueber die Begriffe Dauer- und Stundenleistung bei ungelüfteten und gelüfteten Bahnmotoren", BBC-Mitteilungen 1929, S. 305

1930   Koeppen: „Kriterien wirtschaftlichster Geschwindigkeiten bei elektrischen Bahnen", El. Bahnen 1930, S. 85, 114, 255 u. 317

1931   * Voigtländer: „Fahrzeit, Motorleistung und Wattstundenverbrauch bei Straßen- und Stadtschnellbahnen", Verlag Springer, Berlin 1931

1931   Tetzlaff: „Fragen des elektrischen Betriebes auf Steigungsstrecken", El. Bahnen 1931, S. 193

         Wetzler: „Leistungs- und Verbrauchstafeln für Triebfahrzeuge", Organ 1931, S. 460

1933   „Electric locomotive resistance", Gaz 1933-II, S. 913

1934   Croft: „Elextric train movement and energy consumption", Gaz 1934-I, S. 432

1935   Heumann: „Das Anfahren von Triebfahrzeugen", Annalen 1935-II, S. 157

         Hutt: „Die Kennlinien von Wechselstrom-Triebfahrzeugen", El. Bahnen 1935, S. 288

         Kleinow: „Zugkraft und Leistung elektrischer Lokomotiven", El. Bahnen 1935, S. 57

         Stix: „Der Anfahrvorgang bei elektrischen Triebfahrzeugen", El. Bahnen 1935, S. 284

         „The advantages of railway electrification with regard to acceleration and deceleration", Gaz 1935-I, S. 1098

1937   Kother: „Fahrzeitermittlung und Bestimmung der Beanspruchung der Fahrmotoren und des Transformators elektrischer Triebfahrzeuge", El. Bahnen 1937, S. 297 — ETZ 1938, S. 114 (u. a. Angaben über Haftwert zwischen Rad und Schiene, am Schluß ausführliches Schriftquellen-Verzeichnis)

         Rödiger: „Startdauer und Anfahrbeschleunigung", El. Bahnen 1937, S. 289

         Sachs: „Neuerungen im Bau elektrischer Triebfahrzeuge", Elektrotechnik u. Maschinenbau 1937, S. 569 u. 581

1939   Evans: „A graphical device for the construction of railway speed-time curves", ERT (Gaz Suppl.) 1939-I, S. 27

         Mann: „Betriebsanforderungen an elektrische Fernschnellbahnen (Geschwindigkeit, Anfahrbeschleunigung, Bremsen)", El. Bahnen 1939, S. 227

         Prof. Dr. Müller: „Fahrzeitermittelung und Bestimmung der Beanspruchung der Fahrmotoren und des Transformators elektrischer Triebfahrzeuge", El. Bahnen 1939, S. 251 u. 1940, S. 14

Reibung

1915   Kummer: „Das Adhäsionsgewicht elektrischer Fahrzeuge bei Motoren verschiedener Stromart", Schweiz. Bauzeitung 1915-I, S. 129

1926   Evers: „Veränderungen der Achsdrücke und Tragfederbelastungen durch die ausgeübte Zugkraft bei elektrischen Lokomotiven mit waagerechtem Zahnradantrieb", Annalen 1926-II, S. 81 u. f. sowie 1927-I, S. 10 u. f.

         Laternser: „Die Achsdruckverteilung elektrischer Lokomotiven unter dem Einfluß der auf den Rahmen wirkenden Kräfte", Schweiz. Bauzeitung 1926-I, S. 97

1928   Müller-Genf: „Reibungsverhältnisse bei Großelektrolokomotiven", ETZ 1928, S. 17

1929   Erdös: „Veränderungen der Achsdrücke unter dem Einfluß der Bremskräfte", Annalen 1929-II, S. 171 u. 187

1930 Lenk: „Ueber die Adhäsion federnder Lokomotiv-Einzelachsantriebe", El. Bahnen 1930, S. 201
Lindner: „Neue Bauarten elektrischer Lokomotiven mit guter Ausnutzung des Reibungsgewichtes", El. Bahnen 1930, S. 338
* Lindner: „Gewichtsverlegung und Ausnutzung des Reibungsgewichtes bei elektrischen Lokomotiven mit Einzelachsantrieb", Heft 333 der Forschungsarbeiten auf dem Gebiet des Ingenieurwesens, VDI-Verlag, Berlin 1930 — Z 1930, S. 1519
Törpisch: „Achslastausgleicher für Drehgestell-Lokomotiven, Bauart Maffei-Schwartzkopff", El. Bahnen 1930, S. 297
1932 Apelt: „Achsdruck-Ausgleichsvorrichtungen für Drehgestell-Lokomotiven, Bauart SSW", El. Bahnen 1932, S. 142 u. 243. — 1933, S. 218
1934 Whyman: „The adhesion characteristics of locomotives equipped with axlehung motors", Gaz 1934-I, S. 1006
Whyman: „The adhesion efficiency of electric locomotives when braking", Gaz 1934-I, S. 1168
„Adhesion efficiency of electric locomotives", Gaz 1934-I, S. 1004
1938 Kleinow: „Achsdruckänderung an den Co' Co' Lokomotiven E 94 der Deutschen Reichsbahn", El. Bahnen 1938, S. 280
1939 Bager u. Ottoson: „Beitrag zur Frage des Adhäsionsverhältnisses bei elektrischen Lokomotiven", El. Bahnen 1939, S. 248
Croft: „Torque and drawbar reaction", ERT 1939-I, S. 40

Motor

1901 — Lasche: „Aufbau und planmäßige Herstellung der Drehstrom-Dynamomaschine", Z 1901, S. 973
1908 Kummer: „Entwicklung und Beschaffenheit der Triebmotoren und Triebwerke elektrischer Eisenbahnfahrzeuge", Schweiz. Bauzeitung 1908-II, S. 245, 265, 288
1914 Lydall: „Motor and control equipments for electric locomotives", Gaz 1914-I, S. 285
1918 Bethge: „Feldschwächung der Motoren bei Gleichstrombahnen", Kraftbetr. 1918, S. 73
1919 Engel: „Das Parallelarbeiten von Gleichstrom-Reihenschlußmotoren im Bahnbetrieb", Kraftbetr. 1919, S. 137
1922 Mecke: „Wälzlager für Bahnmotoren", Z 1922, S. 269
1924 Kummer: „Die Kompoundierung des Serienmotors für die Nutzbremsung auf Gleichstrombahnen", Schweiz. Bauztg. 1924-I, S. 275
1925 Michel: „Temperaturgrenzen und Temperaturmessung bei Vollbahnmotoren", Z 1925, S. 9
Schön: „Ein neuer kollektorloser Induktionsmotor für einphasigen Wechselstrom", Kruppsche Monatshefte 1925, S. 233
1926 Punga und Schön: „Der neue kollektorlose Einphasenmotor der Firma Krupp", ETZ 1926, S. 842 — The Eng 1926-I, S. 606 — Z 1926, S. 1259
Schön: „Neuartiger Einphasen-Wechselstrom-Bahnmotor", Z 1926, S. 1259
Stephany: „Abfederung der Motoren im Straßenbahn-Triebwagen", VT 1926, S. 840

1927   Trawnik: „Straßenbahnantrieb mit Doppelvorgelege-Motoren", VT
        1927, Heft 47
1928   Mauermann: „Die neuere Entwicklung des Straßenbahnmotors",
        Bergmann-Mitt. 1928, S. 205
1929   Mecke: „Straßenbahn-Leichtgewichtsmotor", Z 1929, S. 708
     * Töfflinger: „Der Einfluß der Lüftung auf die Ueberlastbarkeit der
        Bahnmotoren", El. Bahnen 1929, Ergänzungsband S. 57
        Töfflinger: „Der Gleichstrom-Bahnmotor im Betrieb mit welliger
        Klemmenspannung", Bergmann-Mitt. 1929, S. 262
1930   Berchtenbreiter u. Schweiger: „Kohle und Kommutator beim Voll-
        bahnmotor", El. Bahnen 1930, S. 348
   —   Niethammer: Stromverdrängungsmotoren", Z 1930, S. 1193
        Mecke: „Motoren für Werkbahnlokomotiven", AEG-Mitt. 1930,
        S. 603
1931   Kern: „Der kommutatorlose Einphasen-Lokomotivmotor für 40—60
        Herß", El. Bahnen 1931, S. 313
        Mundt: „Die Bestimmung der Wälzlager für Bahnmotoren", El.
        Bahnen 1931, S. 328
        „Die Entwicklung zum neuzeitlichen Bahnmotor", Waggon- u. Lok-
        bau 1931, S. 261
1932   „Die Bestimmung der Wälzlager für Bahnmotoren". Die Kugellager-
        Zeitschrift (Herausgeber: Vereinigte Kugellager-Fabriken, Schwein-
        furt) 1932, S. 37
1933   Mirow: „Kritische Betrachtungen zur Leistungsbemessung von Ein-
        phasen-Bahnmotoren", El. Bahnen 1933, S. 268
1934   Hermle: „Der Schnellzugmotor EKB 860 der AEG", El. Bahnen
        1934, S. 193
        Michel: „Internationale Regeln für elektrische Fahrzeugmotoren",
        El. Bahnen 1934, S. 121
        Müller, Prof. Dr.: „Massenkräfte beim Taßlagermotor", El. Bahnen
        1934, S. 225
1935   Kunße: „Der Taßenmotor für Einphasen-Wechselstrom und die
        Vereinheitlichung der Lokomotiv-Bauarten", Siemens-Zeitschrift
        1935, S. 285
   —   Puß: „Betriebseigenschaften von Elektromotoren", Z 1935, S. 639
        Schön: „Die Motoren der Kruppschen Höllentalbahn-Lokomotive",
        El. Bahnen 1935, S. 61
1937 = vom Endl: „Neuzeitliche Gleitlager für Elektromotoren", ETZ 1937,
        S. 1085
        Stier: „Diagramm des Wendepolstromes von Einphasen-Bahn-
        motoren", ETZ 1937, S. 1133
        „Die neue Entwicklung des Wechselstrom-Bahnmotors", Z 1937,
        S. 1250 — ETZ 1937, S. 1000 u. 1030
1938 — Blume: „Elektrofahrzeuge: Elektromotoren", ATZ 1938, S. 610
        Butler: „Metadyne Control", Gaz 1938-II, S. 472
        Hermle u. Monath: „Die Entwicklung des elektrischen Vollbahn-
        motors", El. Bahnen 1938, S. 6
        Kother: „Das Problem der Elektrisierung von Bahnen: Uebersicht
        über die wichtigsten Bahnsysteme, insbesondere ihre Fahr-
        motoren", VW 1938, S. 474

Henschel-Kondens-Lokomotive der Argentinischen Staatsbahn. Bei
den Henschel-Kondens-Lokomotiven wird das Speisewasser durch
Niederschlagen des Abdampfes zurückgewonnen. Die Wasserersparnis
gegenüber der entsprechenden Auspuff-Lokomotive beträgt etwa 95%.

1938 Kother: „Die Auslegung des Einphasen-Wechselstrom-Reihenschluß-motors bei $16^2/_3$, 25 und 50 Hz", El. Bahnen 1938, S. 105 und 137 (m. ausführl. Schriftquellen-Verzeichnis)

   Kother: „Die Auslegung des Gleichstrom-Bahnmotors. — Betrachtungen über den «Grenzleistungs»-Motor, Aufstellung von Rechentafeln und Vergleich mit dem Einphasen-Wechselstrom-Reihen--schlußmotor", El. Bahnen 1938, S. 190 u. 207 (m. Schriftquellen)

   Stier: „Ueber die Aufhebung der Transformatorspannung beim Einphasenbahnmotor", El. Bahnen 1938, S. 46

   Töfflinger: „Lokomotivmotoren für Einphasenwechselstrom von 50 Hz", Z 1938, S. 101

 = Trettin: „Metadyne", ETZ 1938, S. 396 und 1107 — Kongreß 1938, S. 766 — Gaz 1938-II, S. 472

   „Verbunderregende Motoren für Nutzbremsung", Organ 1938, S. 367

1939 Hermle: „Der Fahrmotor EKB 1000 der Reichsbahn-Schnellzuglokomotive Reihe E 19 für 180 km/h Geschwindigkeit", El. Bahnen 1939, S. 191

   Lehner: „Zur reinen Parallelschaltung der Motoren", VT 1939, S. 193

   Prof. Dr. Müller: „Fahrzeitermittelung und Bestimmung der Beanspruchung der Fahrmotoren und des Transformators elektrischer Triebfahrzeuge", El. Bahnen 1939, S. 251 u. 1940, S. 14

1940 — Rödiger: „Der Gleichstrom-Reihenschluß-Elektromotor und seine Regelung als Antriebmaschine im elektrischen Kraftwagen", Annalen 1940, S. 69

Steuerung für elektrische Triebfahrzeuge

1916 Wachsmuth: „Die Steuerungen der elektrischen Wechselstrom-Hauptbahnlokomotiven der preußischen Staatsbahnen", Annalen 1916-II, S. 155, 177, 193 u. 1917-I, S. 1 u. 21

1922 „Das Vielfachsteuerungs-System BBC", BBC. Mitt. 1922, S. 51

1926 Monath: „Die Lokomotivschaltung mit Ausgleichtransformator der Personenzuglokomotive 2BB2 und der Güterzuglokomotive C+C der Deutschen Reichsbahn", El. Bahnen 1926, S. 262

1928 „Die selbsttätige Zugsteuerung der Bergmann-Elektrizitätswerke AG, Berlin", Bergmann-Mitteilungen 1928, S. 136

1929 Burghardt: „Selbsttätige Steuerung von Zügen der Berliner Hoch- und Untergrundbahn", Z 1929, S. 705

1930 Balke: „Steuerungen für elektr. Gleisfahrzeuge", AEG-Mitt. 1930, S. 611

1931 Spies: „Mechanisch-pneumatische Steuerungen für mit Einphasen-Wechselstrom betriebene Vollbahnlokomotiven", El. Bahnen 1931, S. 181

1936 Balke: „Neue Steuerungen für Einheits-Wechselstrom-Doppeltriebwagen der Deutschen Reichsbahn", El. Bahnen 1936, S. 295

   Hermle: „Die Steuerung der 1 Do 1-Reichsbahn-Schnellzuglokomotive Reihe E 18", El. Bahnen 1936, S. 289

1938 Balke: „Selbsttätige Schaltwerksteuerung der C-Verschiebe-Lokomotiven E 63.01—04 der Deutschen Reichsbahn", El. Bahnen 1938, S. 197

   Hermle: „Die viel- und feinstufige Regelung von elektrisch angetriebenen Fahrzeugen", ETZ 1938, S. 869

18

1938　„Elektrische Zugsteuerung. — Das Metadyne-System", Kongreß 1938,
　　　S. 766 — ETZ 1938, S. 396 und 1107 — Gaz 1938-II, S. 472
1939　Hermle: „Die Steuerung der Reichsbahn-Schnellzuglokomotive Reihe
　　　E 19 mit Zusaßbremse", El. Bahnen 1939, S. 199
　　　Prüss: „Fein- und Vielstufenschalter bei Straßenbahnwagen", VT
　　　1939, S. 165
　　　Spies: „Die Metadyne-Steuerung der neuen Londoner U-Bahn-Züge",
　　　VT 1939, S. 195

Lüftung und Kühlung

1929　* Hille: „Die Kühlung von Oeltransformatoren auf elektrischen Loko-
　　　motiven", El. Bahnen 1929, Ergänzungsband S. 70
　　　„Lüftungsanordnung für elektrische Lokomotiven", Bergmann-Mitt.
　　　1929, S. 293
1930　Dominke: „Lüftung von Lokomotivmotoren", AEG-Mitt. 1930, S. 607
1933　Schweiger: „Lüftungsgitter für elektrische Lokomotiven", El. Bahnen
　　　1933, S. 292

Antrieb / Allgemein

1899 — Lasche: „Elektrischer Antrieb mittels Zahnräderübertragung (Ver-
　　　zahnung!)", Z 1899, S. 1417
1908　Kummer: „Entwicklung und Beschaffenheit der Triebmotoren und
　　　Triebwerke elektrischer Eisenbahnfahrzeuge", Schweiz. Bauzeitung
　　　1908-II, S. 245, 265, 288
1909　Heyden: „Beitrag zur Frage des Antriebes elektrischer Vollbahn-
　　　lokomotiven", Kraftbetr. 1909, S. 308
1913　„Zahnrad- gegen Schubstangenmotor bei elektrischen Lokomotiven",
　　　ETZ 1913, S. 234
1920　Baecker: „Ueber Antriebe und Bauarten elektrischer Lokomotiven",
　　　Annalen 1920-I, S. 61 u. 69
　　　Seefehlner: „Das mechanische Triebwerk elektrischer Vollbahn-
　　　lokomotiven", Z 1920, S. 761 u. 815
1922　Hallo: „Het mechanische gedeelte van het drijfwerk van electrische
　　　locomotieven en motorwagens", De Ingenieur 1922, S. 24
1925　* Wist: „Die Lokomotiv-Antriebe bei Einphasen-Wechselstrom", Ver-
　　　lag Springer, Berlin 1925
1926　Huldschiner: „Ueber die Wahl des günstigsten Treibraddurchmessers
　　　bei elektrischem Antrieb", VT 1926, S. 447
1930　Gysel: „Mechanical gears used in the construction of electric loco-
　　　motives", Journal 1930, S. 789
　　　Spies: „Federnde Zahnräder für elektrische Triebfahrzeuge", Wag-
　　　gon- und Lokbau 1930, S. 369, 385 u. 401
1932　Twinberrow: „The mechanism of electric locomotives", The Eng
　　　1932-I, S. 153
1936　Kühne: „Stangen- oder Einzelachsantrieb bei elektrischen Lokomo-
　　　tiven?", El. Bahnen 1936, S. 94　　.

Stangenantrieb

1909 Heilfron: „Pleuelstangenantrieb für elektrische Hauptbahnlokomotiven“, Kraftbetr. 1909, S. 425
1910 Kleinow: Das Parallelkurbelgetriebe als Antriebsmittel elektrischer Lokomotiven“, Kraftbetr. 1910, S. 495 u. 1911, S. 181
1912 Buchli: „Kuppelstangenantrieb nach BBC für elektrische Lokomotiven mit hochgelagerten Antriebsmotoren“, Schweiz. Bauzeitung 1912-II, S. 15 u. 31
1913 Buchli u. Rebstein: „Der Massenausgleich des Kuppelstangenantriebes bei elektrischen Lokomotiven“, Schweiz. Bauzeitung 1913-II, S. 105
    Kleinow: „Der Kuppelrahmen und verwandte Getriebe als Antriebsmittel für elektrische Lokomotiven“, Kraftbetr. 1913, S. 337
1914 Kummer: „Ueber zusätzliche Triebwerkbeanspruchung durch Lagerspiel an Kurbelgetrieben elektrischer Lokomotiven“, Schweiz. Bauzeitung 1914-II, S. 129 u. 135 — Kraftbetr. 1914, S. 325 (Wichert)
1918 — Meißner: „Ueber Schüttelerscheinungen in Systemen mit periodisch veränderlicher Elastizität“, Schweiz. Bauzeitung 1918-II, S. 95
1919 Wichert: „Ueber Fahrwiderstände elektrischer Lokomotiven mit Parallelkurbelgetriebe“, Kraftbetr. 1919, S. 249
1921 Wichert: „Schüttelschwingungen an Schiffen und elektrischen Lokomotiven“, Z 1921, S. 971 — * Forschungsarbeiten Nr. 266, VDI-Verlag, Berlin 1924
1923 * Döry: „Die Schüttelschwingungen elektrischer Lokomotiven mit Kurbelantrieb“, Verlag Vieweg & Sohn AG., Braunschweig 1923
    Kleinow: „Antrieb für elektrische Lokomotiven mit Kuppelstangen“, Organ 1923, S. 72
1926 „Elektrische Lokomotiven mit lotrechtem Motorantrieb“, Organ 1926, S. 39
1927 „The design of coupling rods for electric locomotives“, Engg 1927-II, S. 95
1936 Kühne: „Stangen- oder Einzelachsantrieb bei elektrischen Lokomotiven?“ El. Bahnen 1936, S. 94
1937 Müller-Zürich/Altstätten: „Das Triebmoment bei der Bewegung des Achsenkuppelpunktes des Dreistangenantriebes ohne Kulisse, Bauart Bianchi u. Kando“, El. Bahnen 1937, S. 20

Einzelachs-Antrieb

1923 Werz: „Einphasen-Lokomotive mit Einzelachsantrieb Typ 1 C 1 der Ateliers de Sécheron, Genf, für die Schweizer Bundesbahnen“, Schweiz. Bauzeitung 1923-I, S. 270
    „Einphasen-Schnellzuglokomotiven mit Einzelachsantrieb BBC“, BBC-Mitteilungen 1923, S. 1
1926 Evers: „Veränderung der Achsdrücke und Tragfederbelastungen durch die ausgeübte Zugkraft bei elektrischen Lokomotiven mit waagerechtem Zahnradantrieb“, Annalen 1926-II, S. 81 u. f. — 1927-I, S. 10 u. f.
    Kummer: „Die Normalisierung des Antriebsmechanismus elektrischer Schnellzuglokomotiven der Schweizer Bundesbahnen“, Schweiz. Bauzeitung 1926-I, S. 67

18*

1926   Löwentraut: „2 Do 1 - Schnellzuglokomotive mit neuartigem Einzelachsantrieb", El. Bahnen 1926, S. 209

1927   Trawnik: „Straßenbahnantrieb mit Doppel-Vorgelege-Motoren", VT 1927, S. 822

1928   Liechty: „Neuzeitliche Trammotoren und ihre Aufhängung", Annalen 1928-I, S. 132

1929   Spies: „Einzelachsantrieb elektrischer Lokomotiven", Waggon- und Lokbau 1929, S. 4, 20, 36, 52
„AEG-Westinghouse-Antrieb", Z 1929, S. 683 — Waggon- und Lokbau 1929, S. 23 — El. Bahnen 1930, S. 129

1930   Gysel: „Mechanical gears used in the construction of electric locomotives", Journal 1930, S. 789 — Loc 1930, S. 202
Kleinow: „Reichsbahn-Schnellzuglokomotive mit Einzelachsantrieb der Bauart Westinghouse-AEG", El. Bahnen 1930, S. 129
Lenk: „Ueber die Adhäsion federnder Lokomotiv-Einzelachsantriebe", El. Bahnen 1930, S. 201
* Lindner: „Gewichtsverlegung und Ausnutzung des Reibungsgewichtes bei elektrischen Lokomotiven mit Einzelachsantrieb", Forschungsarbeiten Nr. 333, VDI-Verlag, Berlin 1930 — Bespr. Z 1930, S. 1519
„Dispositifs de commande individuelle des essieux moteurs des locomotives électriques", Revue 1930-I, S. 205

1934   * Hug: „La commande individuelle des essieux de locomotives électriques", Verlag Orell Füssli, Zürich 1934 — Bespr. Gaz 1934-I, S. 440
Müller, Prof. Dr.: „Massenkräfte beim Tatzlagermotor", El. Bahnen 1934, S. 225 und 1935, S. 55
„Individual axle drives", Loc 1934, S. 62 u. f.

1935   Kuntze: „Der Tatzenmotor für Einphasen-Wechselstrom und die Vereinheitlichung der Lokomotiv-Bauarten", Siemens-Zeitschrift 1935, S. 285
„Moskauer Straßenbahnwagen mit Einzelradantrieb", VT 1935, S. 569
„British Thomson-Houston system of individual axle drive for electric locomotives", Gaz 1935-I, S. 676
„Progrès réalisés dans la construction de la partie mécanique des locomotives électriques", Revue 1935-I, S. 422

1936   Kühne: „Stangen- oder Einzelachsantrieb bei elektrischen Lokomotiven?", El. Bahnen 1936, S. 94

1937   Mc Lean: „The dynamic of axle-hung motors", Gaz 1937-II, S. 1050 — Loc 1937, S. 382

1938   Pawelka: „Ueber Federachsantriebe", El. Bahnen 1938, S. 116

1939   Bager u. Ottoson: „Beitrag zur Frage des Adhäsionsverhältnisses bei elektrischen Lokomotiven", El. Bahnen 1939, S. 248
Pawelka: „Die Ungleichförmigkeit der Uebertragung bei Gelenkkupplungen für Einzelachsantrieb", Annalen 1939, S. 297

Sicherheits-Fahrschaltung

1926   Balke: „Selbsttätige Bremsvorrichtung für elektrische Hauptbahn-Fahrzeuge", El. Bahnen 1926, S. 407 — AEG-Mitteilungen 1928, S. 13

1928   „Sicherheitsvorrichtung für elektrische Fahrzeuge", Z 1928, S. 1168

1929 * Rampacher u. Weber: „Sicherheitsfahrschaltung für Vollbahnfahrzeuge", El. Bahnen 1929, Ergänzungsband S. 62
1930 Balke: „Sicherheitsfahrschaltung für elektrische Hauptbahnfahrzeuge", El. Bahnen 1930, S. 22
Beier u. Muhrer: „Sicherheitsvorrichtung für elektrische Triebfahrzeuge nach System BBC", El. Bahnen 1930, S. 137
1932 Helsing: „Eine neue Sicherheitsvorrichtung für Einmannbedienung elektrischer Lokomotiven", El. Bahnen 1932, S. 146
1937 Strauß: „Der Einmannbetrieb von Schnelltriebwagen", Chron. Unfallschutz 1937, S. 103
1938 Kastner: „Sicherheitseinrichtung für die Führerstände einmännig bedienter elektrischer Triebfahrzeuge", El. Bahnen 1938, S. 22

Stromabnehmer

1924 Eichel: „5000 Amp. Stromabnahme von Vollbahn-Oberleitungen bei etwa 90 km/h Fahrgeschwindigkeit u. 750—1500 Volt Spannung", Annalen 1924-I, S. 46
1930 Gamm: „Stromabnehmer für Werkbahnlokomotiven", AEG-Mitt. 1930, S. 616
1931 Fink: „Beitrag zur Dynamik des Stromabnehmers", El. Bahnen 1931, S. 272
1933 Beier: „Die Bauarten der Stromabnehmer und ihre Dynamik", El. Bahnen 1933, S. 18 u. 40
1934 Sieg: „Scherenstromabnehmer für schnellfahrende Fahrzeuge", El. Bahnen 1934, S. 188
Wachsmuth: „Einführung von Kohleschleifstücken auf der elektrischen Stadt- und Vorort-Schnellbahn Blankenese-Altona-Hamburg-Poppenbüttel", El. Bahnen 1934, S. 184
Whyman: „Pantograph current collection", Gaz 1934-I, S. 237
1937 „Stromabnehmer mit Kugellagern", Das Kugellager (Vereinigte Kugellagerfabriken, Schweinfurt) 1937, Heft 3, S. 38

Meßwagen für elektrische Triebfahrzeuge

1924 Kleinow: „Der Meßwagen zur Untersuchung elektrischer Lokomotiven", Annalen 1924-I, S. 53
1930 Curtius: „Elektrischer Meßwagen der Deutschen Reichsbahn", El. Bahnen 1930, S. 164
1937 Curtius: „Der Meßwagen für die elektrischen Triebfahrzeuge auf der Höllentalbahn", El. Bahnen 1937, S. 94
Curtius: „Meßtechnische Untersuchung der Reichsbahn-Schnellzuglokomotive Reihe E 18 bei Schnellfahrten und Höchstleistungsfahrten", El. Bahnen 1937, S. 101
1939 Curtius: „Die Meßwagen des elektrotechnischen Versuchsamtes", El. Bahnen 1939, S. 142 — Z 1939, S. 1221
Grospietsch u. Curtius: „Ein neuer Meßwagen zur Untersuchung elektrischer Fahrzeuge für hohe Geschwindigkeiten", El. Bahnen 1939, S. 98

Elektrische Triebfahrzeuge / Verschiedenes

1910 Wiesinger: „Untersuchungen über das betriebssichere Durchfahren der Kurven mit elektrischen Lokomotiven unter besonderer Berücksichtigung des Einflusses der drehenden Lokomotivmassen", Kraftbetr. 1910, S. 361

1911 Kleinow: „Gewichtsverlegung bei elektrischen Fahrzeugen und Lokomotiven", Kraftbetr. 1911, S. 269
Mack: „Federnde Zahnradlagerung bei elektrischen Lokomotiven", Kraftbetr. 1911, S. 132

1920 Boveri: „Versuche über Energie-Rückgewinnung auf einer Einphasen-Lokomotive", BBC-Mitt. 1920, S. 121
Schön: „Ein neuer Hochstromschalter für Straßenbahnen, Grubenbahnen und andere rauhe Betriebe", Kruppsche Monatshefte 1920, S. 178

1921 = Wichert: „Schüttelschwingungen an Schiffen und elektrischen Lokomotiven", Z 1921, S. 971 — Forschungsarbeiten Nr. 266, VDI-Verlag, Berlin 1924

1923 „Die BBC-Einphasenausrüstungen für schmalspurige Fahrzeuge", BBC-Mitt. 1923, S. 90

1924 Zeulmann: „Neuere Bauformen für elektrische Zugkupplungen", Annalen 1924-II, S. 193

1926 Evers: „Veränderung der Achsdrücke und Tragfederbelastungen durch die ausgeübte Zugkraft bei elektrischen Lokomotiven mit waagerechtem Zahnradantrieb", Annalen 1926-II, S. 81 u. f. — 1927-I, S. 10 u. f.

1928 Hamm: „Die Anwendung des Delbag-Viscin-Filters im Lokomotiv- und Triebwagenbau", Waggon- und Lokbau 1928, S. 356

1930 * Lindner: „Gewichtsverlegung und Ausnutzung des Reibungsgewichts bei elektrischen Lokomotiven mit Einzelachsantrieb", Forschungsarbeiten Nr. 333, VDI-Verlag, Berlin 1930 — Bespr. Z 1930, S. 1519
Trautvetter: „Elektrische Weichenstellwerke für Straßenbahnen mit Bedienung vom Wagen aus", Z 1930, S. 1397

1931 Oertel: „Selbsttätige Steuerstromkupplungen für die Berliner Stadtschnellbahnzüge", El. Bahnen 1931, S. 8
Pflanz: „Untersuchung von Tragfederbewegungen an elektrischen Lokomotiven", El. Bahnen 1931, S. 1
Uebermuth: „Hochspannungs-Druckluftschalter für Wechselstrom-Lokomotiven", El. Bahnen 1931, S. 129

1932 Balke: „Selbsttätige Steuerstromkupplungen mit Starkstromkontakten für die Mittelpufferkupplungen elektrischer Bahnen", El. Bahnen 1932, S. 108

1933 Pflanz: „Beitrag zur Untersuchung von Kurvenlaufeigenschaften elektrischer Lokomotiven", Organ 1933, S. 238

1934 Giger: „Die elektrische Ausrüstung amerikanischer Einphasen-Wechselstrom-Triebwagen", El. Bahnen 1934, S. 49
= Kother: „Ueber die Möglichkeiten selbsttätiger Wirkungsgrad-, Leistungs- und Arbeitsmessungen mit besonderer Berücksichtigung ortsfester und fahrbarer Maschinen des Eisenbahnbetriebes", El. Bahnen 1934, S. 110 u. 141

1935 Buchhold: „Ueber das Rattern elektrischer Triebfahrzeuge", El. Bahnen 1935, S. 327
Croft: „Auxiliary power for electric traction equipment", Gaz 1935-I, S. 486
Löwentraut: „Neuartige (deichsellose) Lenkgestelle", HH Dez. 1935, S. 43 — Organ 1938, S. 455

1936 Tauber: „Umspanner für elektrische Triebfahrzeuge", El. Bahnen 1936, S. 302

1937 — Hollstein u. Schlägel: „Fortschritte bei elektrischem Installationsmaterial", Z 1937, S. 1331
Voigtländer: „Ein Beitrag zur Frage der Bremsung elektrischer Lokomotiven aus Höchstgeschwindigkeiten", El. Bahnen 1937, S. 291

1938 Boettcher: „Das Henschel-Lenkgestell", Organ 1938, S. 455
Cremer-Chapé: „Betriebserfahrungen mit der Stromrückgewinnung", VT 1938, S. 8
Kohler: „Gewichtsverminderung elektrischer Traktionsausrüstungen", Wirtschaft und Technik im Transport (GiT) 1938, S. 114
Korndörfer: „Druckgasschalter für elektrische Lokomotiven", El. Bahnen 1938, S. 221
Kühn: „Betrachtungen zur Stromrückgewinnung", VT 1938, S. 5
Landgräber: „Werkstoffeinsparung an elektrischen Lokomotiven", Braunkohle 1938, S. 33
Prantl: „Das Simplex-Drehgestell", BBC-Mitt. 1938, S. 53 — GiT 1937, S. 164 — Engg 1938-II, S. 188 — Organ 1939, S. 308 — Kongreß 1939, S. 1103

1939 Öfverholm: „Versuchswagen der Schwedischen Staatsbahnen mit Gleichrichtern für 16⅔ Hertz", El. Bahnen 1939, S. 175
= Radde: „Blindstrom", Bahn-Ing. 1939, S. 69
„Automatic couplers for electric stock used on the London Underground Rys", Gaz 1939-II. S. 61

1940 v. Linstow: „Widerstandsspiralen aus Heimstoffen für Straßenbahntriebwagen", VT 1940, S. 106

DIE ELEKTRISCHE LOKOMOTIVE
MIT STROMZUFÜHRUNG
Allgemein

1865   „Vorschlag einer elektromagnetischen Lokomotive für 200 km/h Geschwindigkeit", Zeitschrift des Hannoverschen Ingenieur- und Architekten-Vereins 1865, S. 334

1900   Tischbein: „Moderne elektr. Lokomotiven", Annalen 1900-I, S. 21, 41
„Neuere elektrische Lokomotiven", Z 1900, S. 377

1909   Brecht: „Neuere Bauarten von Wechselstromlokomotiven", Z 1909, S. 993 u. 2126

1910   ..Neuere Wechselstromlokomotiven für Gebirgsstrecken", Kraftbetr. 1910, S. 296

1912   Kleinow: „Wechselstromlokomotiven der Siemens-Schuckert-Werke für Vollbahnen", Kraftbetr. 1912, S. 461 u. 489
Michel: „Elektrische Zugförderung (Lokomotiven)", Klb-Ztg. 1912, S. 401

1914   „Alternating-current locomotives for main lines", Gaz 1914-I, S. 253, 295, 335, 381

1915   * Kummer: „Die Maschinenlehre der elektrischen Zugförderung", Verlag Springer, Berlin 1915
* Zipp: „Elektrische Vollbahnlokomotiven für einphasigen Wechselstrom", Verlag Leiner, Leipzig 1915
„B B C - Typen elektrischer Lokomotiven 1898-1914", Kraftbetr. 1915, S. 296

1920   Baecker: „Antriebe und Bauarten elektrischer Lokomotiven", Annalen 1920-I, S. 61 u. 69
=   Reichel: „Vorläufige Grenzen im Elektromaschinenbau", Z 1920, S. 543, 575 u. 1104
Seefehlner: „Das mechanische Triebwerk elektrischer Vollbahnlokomotiven", Z 1920, S. 761 u. 815
„BBC-Güterzug-Lokomotiven", BBC-Mitteilungen 1920, S. 1 u. 27

1921   Tetzlaff: „Die Weiterentwicklung, Reihenbildung und Vereinheitlichung der elektr. Vollbahnlokomotiven", Annalen 1921-II, S. 64
Wichert: „Ueber Reihenbildung elektrischer Lokomotiven als Voraussetzung für ihre Vereinheitlichung", Annalen 1921-I, S. 93 u. 105
=   „Electric trucks and industrial locomotives", The Eng 1921-I, S. 234, 262, 290, 318, 375, 402, 424, 456, 666

1922   Raven: „Electric locomotives", Engg 1922-I, S. 795
„BBC-elektrische Vollbahnlokomotiven", BBC-Mitteilungen 1922, S. 1
„Recent electric locomotives for industrial purposes", Loc 1922, S. 97

1924   Kleinow: „Die elektrischen Lokomotiven unter besonderer Berücksichtigung der Lokomotiven der Deutschen Reichsbahn", ETZ 1924, S. 547 u. 583
* Seefehlner: „Elektrische Zugförderung", Verlag Springer, Berlin 1924, 2. Aufl. — Bespr. Organ 1924, S. 247

1925   * Kummer: „Die Ausrüstung der elektrischen Fahrzeuge", Verlag Springer, Berlin 1925
Laternser: „Wirtschaftliche und konstruktive Gesichtspunkte im Bau neuer Groß-Elektrolokomotiven", Schweiz. Bauzeitung 1925-II, S. 253

* Reichel: „Gestaltung elektrischer Lokomotiven", «Eisenbahnwesen», VDI-Verlag 1925, S. 36 — Annalen 1924-II, S. 303

1926   Lotter u. Wichert: „Die elektrischen Vollbahnlokomotiven auf der Deutschen Verkehrs-Ausstellung München 1925", Organ 1926, S. 109
„Elektrische BBC-Lokomotiven der Jahre 1924 und 1925", BBC-Mitt. 1926, S. 23

1928   Campbell: „Industrial electric locomotives", Baldwin April 1928, S. 47
Kopp: „Die Betriebsergebnisse der elektrischen AEG-Lokomotiven", AEG-Mitt. 1928, S. 380
* Sachs: „Elektr. Vollbahnlokomotiven", Verlag Springer, Berlin 1928
„Neukonstruktionen von elektrischen Lokomotiven im Ausland", Organ 1928, S. 385

1929   Sachs: „Fortschritte im Bau elektrischer Lokomotiven", Z 1929, S. 677 u. 921
* Wechmann und Michel: „50 Jahre elektrische Lokomotive", El. Bahnen 1929, Ergänzungsband

1930   Hildebrand: „Regelbauarten elektrischer Werkbahnlokomotiven", AEG-Mitt. 1930, S. 564
Ohl: „Elektr. Lokomotiven für Hüttenwerke", AEG-Mitt. 1930, S. 569
Paetz: „Elektrische Lokomotiven der AEG-Fabriken Brunnenstraße", AEG-Mitt. 1930, S. 584
„Ueber die Frage der elektrischen Vollbahnlokomotiven", Kongreß 1930, S. 137 (Boysson und Leboucher), 1579 (Bianchi) und 1895 (Duer)

1931   * Grünholz: „Elektrische Vollbahnlokomotiven", herausgegeben von der AEG, Verlag Norden GmbH., Berlin 1931
Reed: „Electric locomotive design", Loc 1931, S. 279 u. f.
Shepard: „The development of the electric locomotive", Baldwin Juli 1931, S. 22
„Die Bahnelektrisierungen und deren Kupferverbrauch", Waggon-und Lokbau 1931, S. 389

1932   Pflanz: „Ueber den mechanischen Aufbau von elektrischen Lokomotiven der Achsfolge B+B", El. Bahnen 1932, S. 10 u. 40

1934   * Hedley: „Modern traction for industrial and agricultural rys", The Locomotive Publishing Co, Ltd, London 1934 (?) [S. 108: Electric locomotives]
Sachs: „Fortschritte im Bau elektrischer Lokomotiven", Z 1934, S. 949 u. 1133

1935   Meyer: „Die elektrische Lokomotive als Werk- und Verschiebelokomotive", Siemens-Zeitschrift 1935, S. 358

1936   * Kleinow: „Elektrische Lokomotiven", El. Bahnen 1936, Ergänzungsband S. 43
* Müller: „Die elektrische Lokomotiv-Ausrüstung", El. Bahnen 1936, Ergänzungsband S. 58
Tetzlaff: „Entwicklungsgang der elektrischen Lokomotiven", Annalen 1936-I, S. 124 u. 139

1938   Candé: „Locomotives de manoeuvres à «Metadyne», Revue 1938-I, S. 152

1938   Fairburn: „Electric locomotive design. — The trend of development
         of main-line units during the last 10 years", Gaz 1938-I, S. 862
         Heintzenberg: „Konstruktionen aus der Kinderzeit der elektrischen
         Bahnen", Siemens-Zeitschrift 1938, S. 462
1939   Schmer: „Gestaltungs- und Leistungsmöglichkeiten von elektrischen
         Lokomotiven im Fernschnellverkehr", El. Bahnen 1939, S. 225
         „Electric motive power progress in Switzerland", ERT 1939, S. 78

Elektrische Abraumlokomotiven

1909   Passauer: „Die Abraumbeförderung in Braunkohlengruben", Kraft-
         betr. 1909, S. 370
1910   Hildebrand: „Elektrische Abraumlokomotiven", ETZ 1910, S. 1135
         u. 1163
1912   „Eine elektrische Abraumlokomotive (AEG)", Klb-Ztg. 1912, S. 181
1924 =   Kunath: „Die Elektrizität im Baubetriebe", Z 1924, S. 706 und 1328
1926   Hannig: „Eine neuzeitliche Abraumlokomotive mit Schneckenantrieb
         und hochliegenden Motoren", El. Bahnen 1926, S. 83
         Punga und Schön: „Der neue kollektorlose Einphasenmotor der
         Firma Krupp (Beispiel einer Abraumlokomotive)", ETZ 1926,
         S. 842 — The Eng 1926-I, S. 606 — Z 1926, S. 1259 — Kruppsche
         Monatshefte 1926, S. 50
1928   Grüning: „Schwere Abraumlokomotiven", BBC-Nachrichten 1928,
         S. 139
1931   Westerkamp: „Drehstrom-Zahnradlokomotive für die Großraum-
         förderung im rheinischen Braunkohlenbergbau", Z 1931, S. 1344
1933   „Henschel-Abraumlokomotiven", HH November 1933, S. 22 und Dez.
         1935, S. 76
1935   Meyer: „Die elektrische Lokomotive im Braunkohlenbergbau", Sie-
         mens-Zeitschrift 1935, S. 367
1937   Heising: „Elektrische Lokomotivförderung im Bergwerksbetrieb
         über und unter Tage", ETZ 1937, S. 561
         Kreuter: „Entwicklung und Stand der Konstruktion elektr. AEG-
         Abraumlokomotiven", Braunkohle 1937, S. 581
         Wancek: „Die elektrische Bahn am Müllabladeplatz «Bruckhaufen»
         der Stadt Wien", Elektrotechn. und Masch.-Bau 1937, S. 149
1939 =   Hirz: „Die Technik des Braunkohlentagebaues", Z 1939, S. 845
         Petersen u. Ullmann: „Die Bo+Bo+Bo - Abraumlokomotiven der
         Otto-Scharf-Grube", El. Bahnen 1939, S. 243 u. 263
         „Die schwerste Abraumlokomotive der Welt: Regelspurige Bo+Bo+Bo-
         Lokomotive der Sächsischen Werke, Grube Espenhain", Lok 1939,
         S. 127

Elektrische Grubenlokomotiven

1884   „Unterirdische Förderung mit Lokomotiven", Z 1884, S. 155
1909   Passauer: „Untertägige Streckenförderung", Klb-Ztg. 1909, S. 117
1910   Philippi: „Elektrische Grubenbahnen in Amerika", Kraftbetr. 1910,
         S. 167
1912   Ohl: „Elektrische Grubenlokomotiven", Klb-Ztg. 1912, S. 387
1921   „Elektrische Grubenbahn Hüttenberg (Kärnten)", BBC-Mitt. 1921, S. 212

1924   Becker: „Elektrische Grubenlokomotiven", Bergmann-Mitteilungen
        1924, S. 35
        Campbell: „Baldwin-Westinghouse locomotives for mining service",
        Baldwin Juli 1924, S. 62
1925   „Pit locomotive trials", Loc 1925, S. 218, 246 u. 283
1926   Martell: „Elektrische Grubenlokomotiven", Elektrizität im Bergbau
        1926, S. 103
1928   Campbell: „Industrial electric locomotives", Baldwin April 1928, S. 47
        „A mine locomotive achievement", Baldwin Januar 1928, S. 42
1929   Bartz: „Grubenlokomotiven und ihre Wirtschaftlichkeit in den
        Hauptstrecken im Steinkohlen-Bergbau", Bergmann-Mitt. 1929,
        S. 113
        Ohl: „Elektrische Industrielokomotiven", Z 1929, S. 704
        Spackeler: „Die Grubenlokomotivbahnen in der Nachkriegszeit",
        Z 1929, S. 1339
        „Electric mining locomotives", Loc 1929, S. 180
1931   Sauerbrey: „Lokomotiven unter Tage im deutschen Kalisalzberg-
        bau", Z 1931, S. 129
1933   „Electric pit locomotives", Loc 1933, S. 310
1935   Hildebrand: „Elektrische Grubenlokomotive", Z 1935, S. 998
        Semmler: „Elektrische Grubenlokomotiven", Siemens-Zeitschrift
        1935, S. 364
1937   Heising: „Elektrische Lokomotivförderung im Bergwerksbetrieb
        über und unter Tage", ETZ 1937, S. 561
1938   Heintzenberg: „Konstruktionen aus der Kinderzeit der elektrischen
        Bahnen", Siemens-Zeitschrift 1938, S. 462
1940   „Elektrische Grubenlokomotive für Zahnrad- und Reibungsbetrieb",
        AEG-Mitt. 1940, S. 36

Elektrische Kokslösch-Lokomotiven

1926   Hildebrand: „Elektrische Zahnradlokomotive für Kokereibetrieb",
        ETZ 1926, S. 790
1927   Wolber: „Elektrische Lokomotiven mit Einphasen-Kommutatoren,
        Bauart BBC für Kokereien", BBC-Mitteilungen 1927, S. 172
1930   Gloeden: „Kokslösch-Lokomotiven", AEG-Mitteilungen 1930, S. 597
1937   Heising: „Elektrische Lokomotivförderung im Bergwerksbetrieb
        über und unter Tage", ETZ 1937, S. 561

Elektrische Treidellokomotiven

1899   „Elektrischer Treidelbetrieb für die Kanalschiffahrt", Z 1899, S. 1112
1906   Block: „Ergebnisse von Betriebsversuchen an einer elektrischen
        Schlepplokomotive beim Teltowkanal", Annalen 1906-II, S. 212
        „Elektrische Treidellokomotive für den Teltowkanal", Z 1906, S. 906
1907   Gordon: „The Teltow Canal", Gaz 1907-I, S. 138
1912   „The Panama Canal: Electric hauling locomotive", Engg 1912-II, S. 776
1913   „Treidellokomotive der Maschinenfabrik Oerlikon für den Salinen-
        betrieb in Cagliari", Kraftbetr. 1913, S. 684
1915   „Treidellokomotive für den Panama-Kanal", Z 1915, S. 511 — Kraftbetr.
        1915, S. 293

1935   „Electrified traction on French canals", Mod. Transport 2. März 1935, S. 7
1936   „Mechanical traction on French canals", Mod. Transport 7. März 1936, S. 7
1939   „Electric traction on the Canal de la Haute Deule, near Lille, in
        France", ERT 1939, S. 99

Umformer-Lokomotiven

1928   Maßmann: „Die bauliche Gestaltung der Umformerlokomotiven für
        elektrische Vollbahnen", Waggon- u. Lokbau 1928, S. 353 u. 369
1929   Maßmann: „Umformerlokomotiven", El. Bahnen 1929, S. 135
1931   „1 E 1 - Umformerlokomotive der Oesterreichischen Bundesbahnen",
        Z 1931, S. 68
1933   Dominke: „Die Umformerlokomotiven der Ungarischen Staats-
        bahnen", Z 1933, S. 415
        Sachs u. Baston: „Neuere amerikanische Einphasen-Gleichstrom-
        Umformerlokomotiven", El. Bahnen 1933, S. 10 und 28

Deutsche Reichsbahn und vorm. Länderbahnen (Altreich)

1910   Heyden: „Die Lokomotiven der elektrischen Zugförderungsanlage
        Dessau-Bitterfeld", Kraftbetr. 1910, S. 281
        „1 C 1 elektrische Lokomotive für die Wiesentalbahn (Baden)", Lok
        1910, S. 198 u. 1911, S. 199
1912   Usbeck: „Die 2 B 1 - Schnellzug-Wechselstromlokomotive der AEG
        (für Bitterfeld-Dessau)", Klb-Ztg. 1912, S. 133
1913   „The Wiesenthal electric ry, Baden", Gaz 1913-II, S. 455
1915   Anger: „Das deutsche Eisenbahnwesen in der Baltischen Aus-
        stellung Malmö 1914: Die elektrischen Lokomotiven", Z 1915, S. 557
1918   Müller: „Einphasen - 2 D 1 - Schnellzuglokomotive der Bergmann-
        Elektrizitäts-Werke AG", Elektr. Kraftbetriebe und Bahnen 1918,
        S. 129 u. 137
1919   Winkler: „Elektrische B+B+B-Lokomotiven für die Güterzug-
        beförderung auf den schlesischen Gebirgsbahnen", Elektr. Kraft-
        betriebe u. Bahnen 1919, S. 153
        Sanzin: „Versuche zur Ermittelung des Fahrwiderstandes der elektri-
        schen Mittenwaldbahn-Lokomotive", Kraftbetr. 1919, S. 81
1921   Löwentraut: „Neue elektrische 2 D 1 - Personenzug-Lokomotiven für
        die Schlesischen Gebirgsbahnen", El. Kraftbetriebe und Bahnen
        1921, Heft 17
        Tetzlaff: „Die Weiterentwicklung, Reihenbildung und Vereinheit-
        lichung der elektr. Vollbahnlokomotiven", Annalen 1921-II, S. 64
1922   Wechmann: „Mitteilungen aus dem Fernzugbetrieb der DRB", ETZ,
        1922, S. 805, 837, 904 — Annalen 1922-II, S. 48
1924   Kleinow: „Die elektrischen Lokomotiven unter besonderer Berück-
        sichtigung der Lokomotiven der Deutschen Reichsbahn", ETZ
        1924, S. 547 u. 583
        Michel: „Die neuen elektrischen Lokomotiven der Deutschen Reichs-
        bahn", Organ 1924, S. 177
    *   Wechmann: „Der elektrische Zugbetrieb der Deutschen Reichsbahn",
        Verlag R. O. Mittelbach (ROM-Verlag), Berlin-Ch. 1924

1925   Kleinow: „Die B-B-Personenzuglokomotive der Deutschen Reichs-
        bahn", El. Bahnen 1925, S. 173 u. 583
        Michel und Oertel: „Leichte Personenzuglokomotiven Bauart 1 C 1",
        El. Bahnen 1925, S. 181 — Z 1925, S. 52
        Winkler: „Die neuesten AAA + AAA - Güterzuglokomotiven der
        DRB", Annalen 1925-II, S. 88
        „2 B - B 2 - Wechselstromlokomotive der Deutschen Reichsbahn", An-
        nalen 1925-I. S. 71
1926   Löwentraut: „2 Do 1 - Schnellzuglokomotive mit neuartigem Einzel-
        achsantrieb", El. Bahnen 1926, S. 209
        Michel und Koeßler: „Die schwere Personenzuglokomotive 2 BB 2
        der Deutschen Reichsbahn", El. Bahnen 1926, S. 241
1927   Oertel: „Die neuen elektrischen Schnellzuglokomotiven Bauart
        1 Do 1 mit Einzelachsantrieb der Deutschen Reichsbahn-Ges.",
        Lok. 1927, S. 104 u. 180
        Wichert und Michel: „Die 1 Do 1 - Lokomotiven der Deutschen
        Reichsbahn-Gesellschaft", El. Bahnen 1927, S. 73
1928   Teßlaff: „Elektrische Versuchslokomotiven der Deutschen Reichs-
        bahn-Gesellschaft", Organ 1928, S. 356
        Teßlaff: „Die 2 C 2 - Schnellzuglokomotiven der Deutschen Reichs-
        bahn", El. Bahnen 1928, S. 291 u. 323 — Bergmann-Mitteilungen
        1929, S. 232
1929   von Glinski: „Leichte Personen- und Güterzuglokomotive Achsfolge
        2 D 1 der Deutschen Reichsbahn", El. Bahnen 1929, S. 329
      * Kleinow und Teßlaff: „Die elektrische 1 Co + Co 1 - Güterzugloko-
        motive der Deutschen Reichsbahn", El. Bahnen 1929, Ergänzungs-
        band S. 4
        Teßlaff und Schlemmer: „Neuere elektrische Lokomotiven der Deut-
        schen Reichsbahn", Z 1929, S. 667
1930 * Dieße: „Die elektrischen Lokomotiven der DRB im Bild", 2. Aufl.,
        DLA u. VWL 1930
        Kleinow: „1 Do 1 - Reichsbahn-Schnellzuglokomotive mit Einzelachs-
        antrieb der Bauart Westinghouse-AEG", El. Bahnen 1930, S. 129
        Reichel: „Elektrische Bo-Bo-Lokomotive mit geschweißtem Rahmen
        und Drehgestellen", Z 1930, S. 767
        Teßlaff: „1 B B 1 - Güterzuglokomotive der Deutschen Reichsbahn",
        El. Bahnen 1930, S. 305
1931   Spies: „Neuartige elektrische Versuchs-Eilgüterzuglokomotive (Bo-Bo-
        Bergmann)", Organ 1931, S. 319
        „C 1 - Elektro-Verschublokomotive der DRB", Lok 1931, S. 151
1932   Törpisch: „Elektrische Bo-Bo - Reichsbahnlokomotive, Bauart Maffei-
        Schwarßkopff", El. Bahnen 1932, S. 245
1933   Buchhold: „Die Entwicklungsgeschichte der neuen 1 Do 1 - Loko-
        motiven, Reihe E 16, Betr.-Nr. 18-21", El. Bahnen 1933, S. 249
        Heydmann: „Die elektrische Bo-Bo - Lokomotive, Reihe E 44 der
        Deutschen Reichsbahn-Ges.", HH Nov. 1933, S. 1 — Loc 1934, S. 251
        Kleinow: „Elektrische 1 Co 1 - Reichsbahn-Schnellzuglokomotive mit
        Einzelachsantrieb Bauart AEG", El. Bahnen 1933, S. 150 — Gaz
        1933-II, S. 145 u. 762
        Michel: „Die elektrischen Lokomotiven der Achsfolge Bo-Bo, Bau-
        art SSW", El. Bahnen 1933, S. 157

1933   Reichel: „Elektrische Lokomotiven der Achsfolge Bo-Bo mit geschweißtem Rahmen und anderen neuartigen Bestandteilen, Bauart SSW", El. Bahnen 1933, S. 1

1934   Kienscherper: „Geschweißter Rahmen der el. Schnellzuglokomotive 1 Do 1 für 140 km/h", El. Bahnen 1934, S. 221

        Kleinow: „Die 1 Do 1 - Schnellzuglokomotive für 140 km/h, Reihe E 18", El. Bahnen 1934, S. 169 u. 221 — Revue 1935-I, S. 434

        Steinbauer: „Schnellfahrten mit elektrischen 1 Co 1 - Schnellzuglokomotiven auf der Strecke München-Stuttgart", El. Bahnen 1934, S. 25

        Tetzlaff: „Elektrische Co-Co-Güterzuglokomotive, Gattung E 93, der Deutschen Reichsbahn", El. Bahnen 1934, S. 97

1935   Ganzenmüller: „Die elektrischen Triebfahrzeuge der Deutschen Reichsbahn", Z 1935, S. 1233 — Organ 1935, S. 301

        Reichel und Tetzlaff: „Elektrische 1 Co 1 - Schnellzuglokomotive mit Tatzenmotoren, Gattung E 05 der Deutschen Reichsbahn", Fl. Bahnen 1935, S. 123 u. 157

1936   Hermle: „Die Steuerung der 1 Do 1 - Reichsbahn-Schnellzuglokomotive Reihe E 18", El. Bahnen 1936, S. 289

        Kleinow: „Elektrische Schnellzuglokomotive für Höchstgeschwindigkeiten mit besonderer Berücksichtigung der Bremsung", El. Bahnen 1936, S. 278 (siehe auch 1937, S. 291)

        Kleinow: „Die 1 Do 1 - Reichsbahn-Schnellzug-Lokomotive Reihe E 18", El. Bahnen 1936, S. 129 u. 289 (Hermle) — Organ 1938, S. 21

        Tetzlaff: „Entwicklungsgang der elektrischen Lokomotiven", Annalen 1936-I, S. 124 u. 139

1937   Curtius: „Meßtechnische Untersuchung der Reichsbahn-Schnellzuglokomotive Reihe E 18 bei Schnellfahrten und Höchstleistungsfahrten", El. Bahnen 1937, S. 101

        Michel: „Die elektrischen Lokomotiven für 50 Hertz der Höllental- und Dreiseenbahn", El. Bahnen 1937, Fachheft März/April, S. 53-98

1938   Kleinow: „Elektrische C - Verschiebelokomotive Reihe E 63 der Deutschen Reichsbahn", El. Bahnen 1938, S. 81

        Kleinow: „Die elektrischen Lokomotiven der Deutschen Reichsbahn", Annalen 1938-II, S. 336

    * Lotter: „Die elektrischen Lokomotiven der Deutschen Reichsbahn, 2. Teil. — Entwicklungsgeschichte 1924-1937", Verlag Deutsches Lokomotivbild-Archiv Darmstadt 1938

1939   Kleinow: „1' Do 1' Reichsbahn-Schnellzuglokomotive Reihe E 19 für 180 km/h Geschwindigkeit", El. Bahnen 1939, S. 92

        Lotter: „Die neueren elektrischen Lokomotiven der Deutschen Reichsbahn", Organ 1939, S. 274

        Mahr: „Elektrische Lokomotiven mit handbetätigter Nockenschaltwerksteuerung für die Strecke Murnau-Oberammergau", El. Bahnen 1939, S. 229

        „Elektrische Schnellzuglokomotive für 180 km/h, Reihe E 19", Z 1939, S. 280 — Annalen 1939-I, S 31 — ERT 1939-I, S. 46 — El. Bahnen 1939, S. 92

1940   Michel: „Hundert elektrische Lokomotiven der Reihe E 44, Achsfolge Bo'Bo'", El. Bahnen 1940, S. 83

        „Neue elektrische Co Co - Güterzuglokomotiven, Reihe E 94 der DRB", Lok 1940, S. 124

Deutsche Privatbahnen (Altreich)

1902   „Schnellbahn-Lokomotive von Siemens & Halske AG", Z 1902, S. 1755
1915   „Die elektrischen Lokomotiven der Wendelstein-Bahn in Oberbayern", Schweiz. Bauzeitung 1915-I, S. 141
1928   Becker: „Elektrische Rangierlokomotive für Einphasen-Wechselstrom, 3000 Volt, 50 Perioden", Kruppsche Monatshefte 1928, S. 39 — Z 1929. S. 621
1930   Kasten: „Elektrische Verschiebelokomotive auf Postbahnhöfen", AEG-Mitteilungen 1930, S. 567
        Kleinow: „Lokomotiven der Bayerischen Zugspitzbahn", AEG-Mitteilungen 1930, S. 485 u. 1931, S. 250 — El. Bahnen 1930, S. 233 — Z 1931, S. 393 (Baschwitz) — Lok 1932, S. 3
1931   Baschwitz: „Die Bayerische Zugspitzbahn — Betriebsmittel", Z 1931, S. 393

Land Österreich (Ostmark)

1910   „2 × 300 PS Wechselstromlokomotive der Gebirgsbahn St. Pölten-Mariazell", Kraftbetr. 1910, S. 294
1921   Baecker: „Die Arlberg-Lokomotiven der Oesterreichischen Bundesbahnen", Annalen 1921-II, S. 133 — BBC-Mitt. 1921, S. 213 — Z 1922, S. 353
1922   Marschall: „Der elektrische Betrieb der Arlbergbahn", Z 1922, S. 351
1923   „Recent Italian and Austrian electric locomotives", Loc 1923, S. 292
1924   „Elektrische 1 C 1 Personen- und Schnellzuglokomotive Reihe 1029 der Ö. B. B.", Lok 1924, S. 129
1925   Lorenz: „1 Do 1-Talschnellzuglokomotive der Oesterreichischen Bundesbahnen", ETZ 1925, S. 374
        „Die elektrischen Lokomotiven der Oesterreichischen Bundesbahnen", Lok 1925, S. 79
1927   Lorenz: „Elektrische Triebfahrzeuge der Oesterreichischen Bundesbahnen", Organ 1927, S. 495
        „Die Lokomotivlieferungen der AEG-Union für die Oesterreichischen Bundesbahnen", AEG-Mitteilungen 1927, S. 334
1928   Linsinger: „1 D 1 elektrische Tal-Schnellzuglokomotive Reihe 1570 der Oesterreichischen Bundesbahnen", Lok 1928, S. 81
        Linsinger: „Elektrische Widerstandsbremse auf den Güterzuglokomotiven Reihe 1080 der Oesterreichischen Bundesbahnen", Siemens-Zeitschrift 1928, S. 334 — Lok 1929, S. 41
1929   „Bo - Bo - Wechselstromlokomotive Reihe 1170 der Oesterreichischen Bundesbahnen", Lok 1929, S. 3 u. 21
1930   „Die elektrischen Lokomotiven der Oesterreichischen Bundesbahnen", Lok 1930, S. 58 u. 117
1931   Linsinger: „Die 1 Do 1-Schnellzuglokomotive Reihe 1670 der Oesterreichischen Bundesbahnen", El. Bahnen 1931, S. 117 — Lok 1930, S. 50
        „Der elektrische Betrieb der Oesterreichischen Bundesbahnen (Umformerlokomotive)", Z 1931, S. 68
        „1 E 1-Umformerlokomotive der Oesterreichischen Bundesbahnen", Z 1931, S. 68

1935   „Bo-Bo elektrische Einheitslokomotive Reihe 1170-200 der Oesterreichischen Bundesbahnen", Lok 1935, S. 157
1936   Strauss: „Electric railcars and locomotives in Austria", Mod. Transport 9. Mai 1936, S. 3
1937   „Die Lokomotiven für die zu elektrisierende Strecke Salzburg-Linz",
El. Bahnen 1937, S. 134
1938   Steffan: „Praktischer Vergleich von Dampf- und elektrischen Lokomotiven hinsichtlich tatsächlicher Zugleistungen auf den Oesterreichischen Bundesbahnen", Lok 1938, S. 152
1939   Pflanz: „Aus der Entwicklung neuerer elektrischer Triebfahrzeuge
der vorm. Österreichischen Bundesbahnen", Organ 1939, S. 296
Seidl: „Der Anteil der österreichischen Lokomotivfabriken an der
Entwicklung der elektrischen Zugförderung in der Ostmark", El.
Bahnen 1939, S. 33

Argentinien

1926   „Neue elektrische Zahnradlokomotiven (1 C + C 1 der Transanden-
Bahn)", Z 1926, S. 331 — Techn. Blätter (herausgegeben von
Lokomotivfabrik Winterthur) 1928, Heft 5, S. 1 — Loc 1928,
S. 258
1931   Shepard: „The development of the electric locomotive", Baldwin
Juli 1931, S. 22

Australien (ohne Neuseeland)

1929   „Electric locomotives for the Victorian Rys", Loc 1924, S. 366 und
1929, S. 123

Brasilien

1922   „Electric locomotives for the Paulista Ry", Loc 1922, S. 4 und 311
— Baldwin Okt. 1922, S. 38 u. Jan. 1924, S. 14
1926   „New 100 ton electric 2-6-6-2 locomotives, Paulista Ry", Loc 1926,
S. 176 — Ry Eng 1927, S. 17
1929   „Neue 1 Co-Co 1-Schnellzuglokomotiven für die Paulista-Bahn", El.
Bahnen 1929, S. 288
1931   Shepard: „The development of the electric locomotive", Baldwin
Juli 1931, S. 22
1936   Schröder: „Bo-Bo-Güterzuglokomotiven mit 1500 Volt Gleichstrom
für die Oeste de Minas-Bahn in Brasilien", El. Bahnen 1936,
S. 149

Britisch-Indien

1914   Merz u. Mc Lellan: „Eastern Bengal State Ry electrification", Gaz
1914-I, S. 601 u. f. [S. 728: Lokomotiven u. Triebwagen]
1924   „Baldwin-Westinghouse electric locomotive, Buenos Aires Western
Ry", Baldwin Januar 1924, S. 15
1928   „Electric locomotives for the Great Indian Peninsula Ry", Loc 1928,
S. 142
„High speed electric passenger locomotive for India", Ry Eng 1928,
S. 342 — Loc 1929, S. 62

„Passenger electric locomotive, Great Indian Peninsula Ry", Loc 1928, S. 242 und 1929, S. 62 — Gaz 1928-II, S. 342 — Engg 1928-II, S. 134 — Lok 1931, S. 232

„0-6 + 6-0 electric freight locomotive, Great Indian Peninsula Ry", Engg 1928-II, S. 163 — Loc 1929, S. 398

1929 „Steam and electric locomotives, Great Indian Peninsula Ry", Ry Eng 1929, S. 425

Chile

1924 Barnes: „Baldwin-Westinghouse electric locomotives in South America", Baldwin Januar 1924, S. 3

1926 „Neue elektrische Zahnradlokomotiven (1 C + C 1 der Transanden-Bahn)", Z 1926, S. 331 — Techn. Blätter (herausgegeben von Lokomotivfabrik Winterthur) 1928, Heft 5, S. 1 — Loc. 1928, S. 258

1927 „Norrow gauge electric Bo-Bo lokomotive for Chili", Loc 1927, S. 143

1931 Shepard: „The development of the electric locomotive", Baldwin Juli 1931, S. 22

1933 „1 Co-Co 1 electric locomotive, Chilean State Rys", Gaz 1933-II, S. 913

1938 „Bo-Bo-Lokomotive der Chile Exploration Co", HH Dez. 1938, S. 109

England

1890 „Electric locomotive of the City & South London Ry", Engg 1890-II, S. 545

1892 „Electric locomotive on the City and South London Ry", Engg 1892-II, S. 246

1905 „Electric motors, Metropolitan District Ry", Loc 1905, S. 204

1921 „Rebuilt high-power electric locomotives, Metropolitan Ry", Loc 1921, S. 228

1922 Raven: „Railway electrification", Engg 1922-I, S. 25 (S. 48: Steam and electric locomotives of the North Eastern Ry)

„1200 HP electric locomotives for the Metropolitan Ry", Engg 1922-I, S. 409

„4-6-4 electric passenger locomotive, North Eastern Ry", Loc 1922, S. 256

1923 „Locomotive models", Loc 1923, S. 377

1924 „Steam and electric locomotives, Metropolitan Ry", Loc 1924, S. 136

Frankreich

1881 „The Felix electrical locomotive, Paris Exhibition", Engg 1881-II, S. 632

1901 Pforr: „Die elektrischen Lokomotiven der Orléans-Bahn", Annalen 1901-II, S. 194

1906 „Electric locomotive and carriage on the PO-Ry", Engg 1906-I, S. 10

1911 Auvert: „Traction électrique par courant alternatif monophosé transformé sur la locomotive en courant continu. — Essais effectués sur la ligne de Cannes à Grasse", Revue 1911-I, S. 497

Perret u. van Couwenberghe: „1200/1500 PS 1 C 1 - Wechselstromlokomotive der Französischen Südbahn", Kraftbetr. 1911, S. 546

1924 „Die elektrischen Lokomotiven der französischen Hauptbahnen", Schweiz. Bauzeitung 1924-II, S. 168

1925 „1500 V 2 Co-Co 2 - Gleichstromlokomotive der PO-Bahn", Z 1925, S. 448

1926   „Electric locomotive with vertical motors, Midi Ry of France", Engg 1926-I, S. 623

1927   Parodi: „Electrification partielle du réseau de la Cie d'Orléans", Revue 1927-I, S. 195 u. 291 — 1927-II, S. 21, 144, 354, 468
       „High speed electric 4-6-4 locomotive, C. de Fer du Midi", Loc 1927, S. 278

1928   Bachellery: „La locomotive 2 Co 2 électrique à grande vitesse de la Cie des Chemins de Fer du Midi", Revue 1928-I, S. 357

1929   Japiot: „Les locomotives électriques à grande vitesse de la Cie PLM", Revue 1929-II, S. 474 — El. Bahnen 1931, S. 33 ˙

1931   Bergeret: „Les locomotives électriques pour trains de marchandises de la Cie PLM", Revue 1931-I, S. 147
       „New electric locomotives for the C. de F. du Midi, France", Loc 1931, S. 345

1932   Leboucher: „Die neuen Gleichstromlokomotiven Gattung Bo-βo der Midi-Eisenbahn", El. Bahnen 1932, S. 125

1933   Leboucher: „La locomotive électrique à grande vitesse type 2 D 2 série E 4801 de la Cie des Chemins de Fer du Midi", Revue 1933-II, S. 407
       „2 Do 2 - type electric locomotive, Midi Ry", Loc 1933, S. 49

1934   „Améliorations apportées au matériel roulant depuis la guerre par les grands réseaux francais", Revue 1934-I, S. 147 (Elektrische Lokomotiven: S. 160)

1935   Michel: „Die elektrischen Schnellzuglokomotiven 2 Do 2 Reihe E 4801 der Midi-Eisenbahn-Ges.", El. Bahnen 1935, S. 250 — Organ 1938, S. 23
       „P. O. high power 2 Do 2 trial locomotive (Oerlikon)", Gaz 1935-II, S. 658

1938   Candé: „Verschiebelokomotiven mit Metadyne-Umformer auf der französischen P. O. - Bahn", Revue 1938-I, S. 152 — ETZ 1938, S. 881 (siehe auch ETZ 1938, S. 396 u. 1107) — Kongreß 1938, S. 766

1939   Petitmengin: „Locomotives électriques de butte", Revue 1939-I, S. 367
       „High-speed test runs in France: 4950 bhp 2 Do 2 - locomotive which has attained 115 m. p. h.", ERT 1939-I, S. 32
       „90-ton C + C locomotive for hump yards electrified, French National Rys", ERT 1939, S. 94

Holland und Kolonien

1925   Keus und Brandes: „Electrische locomotief voor de Staatsspoorwegen en Ned.-Indië", De Ingenieur 1925, S. 583

1926   Krähling: „50 Jahre Staatseisenbahn in Niederl.-Indien", Z 1926, S. 57
       Schroeder: „Schnellzuglokomotiven mit Einzelachsantrieb Bauart BBC für Niederländisch-Indien", BBC-Mitteilungen 1926, S. 187, 227

Italien

1905   Koromzay: „Les nouvelles locomotives électriques de la Valteline", Revue 1905-I, S. 180

1906   „Die elektrischen Simplon-Lokomotiven", Lok 1906, S. 115 — Loc 1906, S. 37 u. 210 — Engg 1906-II, S. 698

1909	von Kando: „Neue elektrische Güterzuglokomotive der Italienischen Staatsbahnen", Z 1909, S. 1249
	Thomann u. Schneßler: „Die elektrischen F 4/4-Lokomotiven am Simplon", Z 1909, S. 607 und 704 — Kraftbetr. 1909, S. 570
	„Fünfkuppler-Drehstromlokomotive der Italienischen Staatsbahnen", Lok 1909, S. 253
1913	Buchli: „1 C 1 - Lokomotiven Gruppe 032 der Italienischen Staatsbahnen', Kraftbetr. 1913, S. 236
1915	„Recent electric locomotives on the Italian State Rys", Loc 1915, S. 129 u. 1916, S. 75
1923	„Recent Italian electric locomotives", Loc 1923, S. 292 u. 1926, S. 287
1925	„2-8-2 type three-phase electric locomotive for the Italian rys", Engg 1925-II, S. 262
1926	Lotter: „Die elektrischen Co-Co Personen- und Güterzuglokomotiven Gruppe E 620 der Italienischen Staatsbahnen", Organ 1926, S. 292
1929	Sachs: „Neue Drehstromlokomotiven der Italienischen Staatsbahnen", El. Bahnen 1929, S. 1 u. 37
	„Der Brenner — beidseitig elektrisch" (mit italienischer elektrischer E-Lokomotive", Lok 1929, S. 105
1931	Sachs: „Neuere Gleichstromlokomotiven der Italienischen Staatsbahnen", El. Bahnen 1931, S. 65, 103, 136, 176
1934	Bianchi: „The standardisation of high-tension D. C. locomotives in Italy", Gaz 1934-I, S. 1162
1935	Bianchi: „Le locomotive a corrente continua a 3000 Volt, Gruppo E 428—2 Do 2", Rivista 1935-I, S. 255
	Bianchi und Elena: „Le locomotive elettriche a corrente continua a 3000 Volt — Gruppo E 626", Rivista 1935-II, S. 403
	„Elektrische Einheits-Gleichstromlokomotiven der Italienischen Staatsbahnen", Organ 1935, S. 19
1936	Schneider: „Die italienischen 3000 Volt-Gleichstromlokomotiven der Einheitsbauart", El. Bahnen 1936, S. 55
1940	Kother: „Die italienischen Vollbahn-Lokomotiven und -Triebwagen für 3000 V Gleichstrom", El. Bahnen 1940, S. 63

Japan

1924	„Electric 2 Co-Co 2 locomotive for the Imperial Japanese Rys", Engg 1924-I, S. 97
	„Baldwin-Westinghouse electric locomotive, Chichibu Ry", Baldwin Januar 1924, S. 17
1926	„Neue elektrische Zahnradlokomotiven (für Usui-Toge)", Z 1926, S. 331
1930	„Bo-Bo elektrische Güterzuglokomotive der Schieferminen Fushun Colliery, Südmandschurei", HH Juni 1930, S. 26
1933	Schmitt: „Die elektrischen Bahnen in Japan", El. Bahnen 1933, S. 47
1938	„Bo-Bo-Lokomotive der Fushun-Minenbahn, Mandschukuo", HH Dez. 1938, S. 109
	„Bo-Bo-Lokomotive der Showa Seikosho, Mandschukuo", HH Dez. 1938, S. 109

Kanada

1912	„British electric locomotives for Canada", Gaz 1912-I, S. 282

Neu-Seeland

1924   „The Arthur's Pass Ry and Tunnel, Midland Ry of New Zealand"
        Loc 1924, S. 141

1938   „2-8-4 type electric locomotive, New Zealand Govt Rys", Loc 1938,
        S. 35 — Gaz 1938-I, S. 239

Norwegen

1922   „Electric locomotives for the Norwegian State Rys", Loc 1922, S. 31

1923   „Wechselstromlokomotive der Norwegischen Staatsbahnen", Z 1923,
        S. 768

Portugal

1927   Sieg und Knipping: „Vollbahnlokomotiven für Gleichstrombetrieb
        mit 1500 V Spannung (Lissabon-Cascaes)", AEG-Mitteilungen
        1927, S. 338

Rußland

1932   Stamm: „Elektrische Zahnradlokomotive für Rußland", Z 1932,
        S. 278 — Gaz 1936-I, S. 276

1933   Cain: „Electric locomotives for Russia (Co-Co)", Age 1933-I, S. 17
        — El. Bahnen 1934, S. 47

        Lubimoff: „Ueber den mechanischen Aufbau von elektrischen Loko-
        motiven der Transkaukasischen Eisenbahn", El. Bahnen 1933, S. 295

1935   „Italian built Bo-Bo electric locomotive for Russia", Gaz 1935-I, S. 671

1936   „Die erste russische elektrische Schnellzuglokomotive (2'Co 2')", El.
        Bahnen 1936, S. 156 — Organ 1937, S. 90

1937   Pohl & Kandaouroff: „Locomotives électriques pour la remorque
        des trains lourds sur les Réseaux de l'Union des Républiques So-
        cialistes Soviétiques", Rev. Gen. Electr. 1937, S. 823

        „New Russian electric locomotives", Loc 1937, S. 306

Schweden

1906   „Einphasenlokomotive für 20 000 V der Schwedischen Staatsbahn",
        Lok 1906, S. 204

1924   Kuntze: „Die Siemens-Schuckert-Lokomotiven auf der Schwedischen
        Riksgräns-Bahn", Z 1924, S. 72

1926   „Electric locomotives for the Lapland Ry", Engg 1926-I, S. 37

1928   Friebel: „Schwedische elektrische Fahrzeuge für Vollbahnbetrieb",
        Z 1928, S. 1660

1932   „Electric shunting locomotives, class U b, type 0-C-0 for the Swedish
        State Rys", Asea Journal 1932, S. 50

1936   Öfverholm: „Die elektrischen Lokomotiven der Schwedischen Staats-
        eisenbahnen", El. Bahnen 1936, S. 92

1940   Bager u. Ottoson: „Maßnahmen für erhöhte Zuggeschwindigkeit
        und die neue elektrische Schnellzug-Lokomotive bei der Schwedi-
        schen Staatsbahn", El. Bahnen 1940, S. 8 u. 27

Schweiz / Allgemein und verschiedene Bahnen

1906 · „Die elektrischen Simplon-Lokomotiven", Lok 1906, S. 115 — Engg 1906-II, S. 698 — Loc 1906, S. 37 u. 210

1908 „Sechsachsige elektrische Lokomotive für Einphasenstrom der Eisenbahn Seebach-Wettingen", Lok 1908, S. 240

1909 Thomann u. Schnetzler: „Die elektrischen F 4/4-Lokomotiven am Simplon", Z 1909, S. 607 u. 704 — Kraftbetr. 1909, S. 570
Four-speed three-phase locomotive for the Simplon Tunnel", Engg 1909-II, S. 445 u. 546 — Loc 1909, S. 195

1911 Zindel: „250 PS Oerlikon-Lokomotive der Valle-Maggia-Bahn", Kraftbetr. 1911, S. 413

1914 „2-8-2 single-phase electric locomotive, Rhaetian Ry", Gaz 1914-I, S. 141

1918 „Schwere elektrische C-C-Güterzuglokomotive der Bernina-Bahn", Schweiz. Bauzeitung 1918-I, S. 95

1921 „Mixed traffic electric locomotive, Bernese Canton Rys", Loc 1921, S. 115

1922 „Die neue Dreiphasen-Lokomotive B-B der Burgdorf-Thun-Bahn", BBC-Mitteilungen 1922, S. 79
„Die elektrischen 1 B - B 1 Lokomotiven der Bernischen Dekretsbahnen", BBC-Mitt. 1922, S. 4
„Die neuen Einphasen-Lokomotiven der Rhätischen Bahn", BBC-Mitteilungen 1922, S. 195

1924 „2 C 1 single phase electric locomotive with individual drive", The Eng 1924-I, S. 369

1928 „Electric locomotives for the Bernina Ry", Loc 1928, S. 349

1929 * Sachs: „Die Entwicklung der elektrischen Vollbahnlokomotiven in der Schweiz", El. Bahnen 1929, Ergänzungsband S. 24

1930 „The Oerlikon Works", Loc 1930, S. 190

1934 Laternser: „Normalspurige elektrische Triebfahrzeuge der Schweiz", El. Bahnen 1934, S. 217

1935 Sachs: „Die erste elektrische Vollbahnlokomotive Europas im Deutschen Museum", El. Bahnen 1935, S. 323

1938 „Die erste Einphasenlokomotive der MFO von 1905 im elektrischen Betrieb auf der Sensetalbahn (1938 nach 33 Jahren wieder in Dienst gestellt!)", Schweiz. Bauzeitung 1938-I, S. 146 — El. Bahnen 1938, S. 155

1939 Zehnder: „Die elektrischen Bo - Bo - Bo Gelenklokomotiven der Montreux-Berner-Oberlandbahn", VT 1939, S. 342

Schweizerische Bundesbahnen

1910 „Die 1 B B 1 AEG-Wechselstromlokomotive der Lötschbergbahn", Klb-Ztg. 1910, S. 609
„Die CC-Wechselstrom-Lokomotiven für den Lötschberg-Tunnelbetrieb der SBB", Kraftbetr. 1910, S. 295

1918 „Die Elektrisierung der Gotthardbahn: Die Lokomotiven", ETZ 1918, S. 293
Studer: „Die Einphasen-Lokomotiven der Schweizer Bundesbahnen und neue Lokomotiven der Maschinenfabrik Oerlikon", Schweiz. Bauzeitung 1918-I, S. 213

1920   Gratwicke & Bowman: „1 C + C 1 electric freight locomotive, Swiss
         Federal Rys", Loc 1920, S. 264
         „Elektrische Probelokomotiven für den Schnellzugverkehr auf der
         Gotthardbahn", Lok 1920, S. 29
         „1 C - C 1 single-phase electric goods locomotive", The Eng 1920-II,
         S. 112
1921   Marschall: „Die elektr. Lokomotiven der Gotthardbahn", Z 1921, S. 349
         „Recent electric locomotives for the Swiss Federal Rys", Loc 1921,
         S. 199
         „Quill-drive electric passenger locomotives for the Swiss Federal
         Rys", Loc 1921, S. 315
1922   Marschall: „1 B + B 1 - Wechselstromlokomotive der Gotthardbahn".
         Z 1922, S. 1073
         Sachs: „Die Elektrisierung der Gotthardstrecke Luzern-Chiasso: Die
         Lokomotiven", ETZ 1922, S. 117, 143, 180
         „Elektr. Einphasen-Lokomotiven für die SBB", BBC-Mitt. 1922, S. 10
1923   Werz: „Einphasen-Lokomotiven mit Einzelachsantrieb Typ 1 C 1 der
         Ateliers de Séchéron, Genf, für die SBB", Schweiz. Bauzeitung
         1923-I, S. 270
1925   Lüthi: „Die 1C - Rangierlokomotiven der Schweizer Bundesbahnen",
         BBC-Mitt. 1925, S. 223
         „Die Einphasen-Schnellzuglokomotive Typ Ae 3/6 der Schweizer Bun-
         desbahnen", Schweiz. Bauzeitung 1925-I, S. 277 u. 290
1927   Meyfarth: „La nouvelle locomotive du Loetschberg, type 1 AAA-AAA 1",
         Revue 1927-II, S. 154
         Müller-Genf: „Die neuen 4500 PS-Lokomotiven der Loetschberg-
         Bahn", ETZ 1927, S. 193
         „New powerful electric locomotives for the Loetschberg Ry", Loc
         1927, S. 316 u. 1928, S. 233
         „Heavy 4-8-2 electric locomotives of the Swiss Federal Rys", Loc
         1927, S. 223
1928   Müller-Genf: „Verschiebelokomotive der Schweizer Bundesbahnen"
         ETZ 1928, S. 470
         „Elektrische Verschiebelokomotive Type E 2/2 der Schweizer Bundes-
         bahnen", Organ 1928, S. 370
1929   * Sachs: „Die Entwicklung der elektrischen Vollbahnlokomotiven in
         der Schweiz", El. Bahnen 1929, Ergänzungsband S. 24
1930   Sachs: „Neue schwere Schnellzuglokomotiven der Schweizerischen
         Bundesbahnen", El. Bahnen 1930, S. 82 — Loc 1930, S. 170
         „Electric locomotives for Swiss Rys — Most powerful yet built on
         the continent", Mod. Transport 5. April 1930 — Loc 1930, S. 170
         und 1932, S. 118 u. 231
1931   Sachs und Stockar: „Neue große Schnell- und Güterzuglokomotiven
         der Schweizerischen Bundesbahnen", Z 1931, S. 911 — Loc 1930,
         S. 170 und 1932, S. 118 u. 231 — Eng Ry 1932, S. 132
1932   Steiner: „Die neuen Gotthard-Lokomotiven", El. Bahnen 1932,
         S. 149 — Ry Eng 1932, S. 132
1938   Steiner: „Die frühere Seebach-Wettingen-Lokomotive Nr. 2, jetzige
         SBB-Lokomotive Ce 4/4 Nr. 13 502", El. Bahnen 1938, S. 155 —
         Schweiz. Bauzeitung 1938-I, S. 147

„Neue Ae 8/14 Gotthard-Lokomotive der SBB", Schweiz. Bauzeitung
1938-I, S. 235 — Z 1938, S. 719 — Electric Ry Traction 1939-I,
S. 19 — ZMEV 1939, S. 181 — Loc 1939, S. 86 — Lok 1939,
S. 154 — ERT 1939, S. 82
1939 „Swiss Federal Rys, shunting locomotives", Loc 1939, S. 103

Spanien

1925 „Co-Co electric locomotives for the Norte Ry of Spain", The Eng
1925-I, S. 84
1927 „2 Co - Co - 2 - Schnellzuglokomotiven der Spanischen Nordbahn",
BBC-Mitt. 1927, S. 362
1929 „New electric locomotives, Northern Rys of Spain", Ry Eng 1929,
S. 457
1930 „Die elektrischen Lokomotiven der Spanischen Nordbahn", El.
Bahnen 1930, S. 21
1931 „3600 HP electric locomotive, Northern Ry of Spain", Loc 1931,
S. 356 — Engg 1931-II, S. 473
1932 Brackett: „Electric rolling stock for Spain (Bilbao-Portugalete)",
Age 1932-II, S. 575
1934 „Elektrische 2 C - C 2 Schnellzuglokomotive der Spanischen Nordbahn", El. Bahnen 1934, S. 232
1937 „Spanish electric locomotives", Loc 1937, S. 325

Südafrikanische Union

1924 „Elektrische Lokomotiven Bo-Bo für die South African Railways",
Schweiz. Bauzeitung 1924-I, S. 115
1937 Löwentraut: „Elektrische Bo'Bo' Lokomotiven, Klasse 1 E, für die
Südafrikanischen Staatsbahnen", HH August 1937, S. 36 — El.
Bahnen 1939, S. 75
„New 1200 bhp Bo+Bo locomotives for South Africa", Gaz 1937-II,
S. 174 — Engg 1937-II, S. 23
1939 Schröder: „Deutsche Güterzuglokomotiven Bauart Bo'Bo', 3000 V
Gleichstrom, für Südafrika", El. Bahnen 1939, S. 75

Ungarn

1931 „0 E 0 - Versuchslokomotive der Ungarischen Staatsbahn", Waggon-
u. Lokbau 1931, S. 201
1933 Dominke: „Die Umformerlokomotiven der Ungarischen Staatsbahnen", Z 1933, S. 415
„The Kando system of electrification on the Hungarian State Rys",
Engg 1933-I, S. 58, 296, 349
1934 „Performance of Hungarian electric locomotives", Gaz 1934-II, S. 484

USA

1883 „Electric locomotive at the Chicago Exhibition", Engg 1883-II, S. 170
1894 „80 ton triple electric locomotive, General Electric Co", Engg 1894-II,
S. 254

1895   „Elektrische Lokomotive der Baltimore & Ohio Rr", Engg 1895-II, S. 80

1906   Gordon: „New York Central electric locomotives", Gaz 1906-I, S. 954 u. 1909-II, S. 45

1907   „Electric locomotives of the Pennsylvania Rr", Gaz 1907-II, S. 542 — 1909-II, S. 689

1909   „Detroit River Tunnel electric locomotive", Gaz 1909-II, S. 329
       „New side rod experimental electric locomotive, General Electric Co", Gaz 1909-II, S. 289
       „New York Central electric locomotives", Gaz 1909-II, S. 45
       „Pennsylvania Rr electric locomotives", Gaz 1909-II, S. 689
       „Locomotives électriques à essieux accouplés par bielles (General Electric)", Revue 1909-II, S. 151
       „Modifications apporteés aux locomotives électriques du New York Central", Revue 1909-II, S. 397

1910   Westinghouse: „The electrification of rys", Engg 1910-II, S. 244 [S. 247: Data on electric locomotives of American design]
       „Electric locomotive for freight and switching service, Brooklyn Rapid Transit Lines", Gaz 1910-II, S. 619
       „Electric locomotives of American design", Engg 1910-II, S. 247
       „BB locomotive électrique du Michigan Central", Revue 1910-I, S. 136
       „Les locomotives électriques du Pennsylvania Rr", Revue 1910-I, S. 138

1913   Hellmund: „Neuere Personen- und Güterzuglokomotiven der New York, New Haven & Hartford-Bahn und Boston & Maine", Kraftbetr. 1913, S. 533 u. 557
       „Articulated 4-4-4-4 electric locomotives, New York Central", Gaz 1913-I, S. 701 und II, S. 172 — Revue 1913-II, S. 180 — Loc 1915, S. 56

1920   „Electric 4-6-4-6-4 locomotive for the Chicago, Milwaukee & St. Paul Rr", Loc 1920, S. 120

1923   Warner: „Baldwin-Westinghouse electric locomotives for trunk line service", Baldwin Oktober 1923, S. 28

1925   „Amerikanische elektrische Hauptbahnlokomotiven", Z 1925, S. 447
       „2-8-2 electric locomotives on the Pennsylvania Rr", Engg 1925-I, S. 125 u. 186
       „Triple electric locomotive for the Virginia Ry", The Eng 1925-I, S. 606 — Ry Eng 1926, S. 217

1926   „New 1 B - B 1 locomotives for the Norfolk and Western Ry", The Eng 1926-I, S. 96

1929   Norden: „Amerikanische elektrische Lokomotiven", El. Bahnen 1929, S. 284

1931   Shepard: „The development of the electric locomotive", Baldwin Juli 1931, S. 22
       Warner: „The Chicago, Milwaukee, St. Paul and Pacific Rr", Baldwin Januar 1931, S. 31
       Warner: „Improvements on the Reading", Baldwin Juli 1931, S. 49

1932   Duer: „Pennsylvania develops 3 types of electric locomotives", Age 1932-I, S. 869
       „Electric express locomotives, Pennsylvania Rr", Gaz 1932-II, S. 49

1933   Sachs und Baston: „Neuere amerikanische Einphasen-Gleichstrom-
Umformerlokomotiven", El. Bahnen 1933, S. 10 u. 28

„New Westinghouse electric locomotives for the Pennsylvania Rr",
Baldwin April 1933, S. 37 u. Januar 1934, S. 17

„Locomotives develop 1250 HP per axle (2 Co 2, 1 Do 1 u. 2 Bo 2 -
Lokomotiven der Pennsylvania Rr)", Age 1933-I, S. 273 — Gaz
1933-II, S. 767

1934   Bearce: „Electric locomotive wheel arrangement", Gaz 1934-I,
S. 998

1936   Colvin: „The Pennsylvania Railroad's new electric locomotives"
(2 Co - Co 2 Stromlinie), Baldwin Jan. 1936, S. 3 — Engg 1936-I,
S. 475 — Gaz 1936-II, S. 472 — Organ 1937, S. 91

„Electric locomotives for the Pennsylvania Rr" (2 Co 2 u. Co - Co),
Engg 1936-I, S. 474 — Gaz 1936-II, S. 472 — Organ 1937, S. 91

1937   Bangert: „Neuzeitliche Eisenbahnfahrzeuge in den Vereinigten
Staaten von Amerika", Z 1937, S. 510

„Track tests of electric locomotives, Pennsylvania Rr", Gaz 1937-II,
S. 854

1938   „Six 2 Co - Co 2 all electrics for the New Haven", Age 1938-I, S. 876

1939   „Evolution from steam to electric traction, Pennsylvania Rr", Age
1939-II, S. 442

DER ELEKTRISCHE TRIEBWAGEN MIT STROMZUFÜHRUNG

Allgemein

1907   Georges: „Voitures automotrices électriques à l'Exposition de Milan", Revue 1907-II, S. 304

1935   Rusam: „Wechselstrom-Triebwagen", Siemens-Zeitschrift 1935, S. 294

1936   * Schlemmer: „Elektrische und Dieselelektrische Triebwagen", El. Bahnen 1936, Ergänzungsheft S. 104

1937   Tetzlaff: „Elektrische Triebwagen für Fahrleitungsbetrieb", Annalen 1937-II, S. 69 u. 124

1940   Andrews: „Multiple-unit electric trains", ERT 1940, S. 35

Elektrische Gütertriebwagen

1895   „Electric traction: Snow plough and freight car, USA", Engg 1895-II, S. 8

1909   „Electrically propelled fish express van, North Eastern Ry", Gaz 1909-I, S. 460

1912   Faber: „Ein Triebwagen für Personen- und Stückgutbeförderung (Rheinische Bahngesellschaft)", Kraftbetr. 1912, S. 168

1920   Passauer: „Elektrische Nutzlastlokomotiven", Kraftbetr. 1920, S. 225

1926   „Selbstentlader-Gütertriebwagen", Z 1926, S. 1224

1928   „Post office tube railway", Loc 1928, S. 149 — Ry Eng 1928, S. 145

1929   Choisy: „Les automotrices de 1100 ch des chemins de fer fédéraux suisses", El. Bahnen 1929, S. 19

1930   Spies: „Elektrische Gütertriebwagen", Waggon- u. Lokbau 1930, S. 257, 273, 289

       „Führerlose Postuntergrundbahn des Postamts 2, München", Organ 1930, S. 385

1932   Steiner: „Ueber einen neuen Einphasen-Motorwagen der Maschinenfabrik Oerlikon für die SBB", El. Bahnen 1932, S. 101

1936   Strauss: „Electric locomotives and railcars in Austria", Mod. Transport 9. Mai 1936, S. 3

1937   Ebeling: „Selbstentlader-Triebwagen im Untertage-Betrieb", Z 1937, S. 997

       „Electric transfer car for brickworks", Engg 1937-II, S. 353 — Gaz 1937-II, S. 672

1939   Müller-Bern: „Elektrischer Gepäcktriebwagen der SBB", Schweiz. Bauzeitung 1939-II, S. 308 — Deutsche Technik 1940, S. 77

1940   „Elektrischer Gepäck-Zahnrad-Triebwagen der Brünigbahn", Schweiz. Bauztg. 1940, Nr. 15 — Deutsche Technik 1940, S. 367

Triebwagen für Stadtschnell-, Fern- und Überlandbahnen / Inland

1896   „Electric tramcar, Hamburg & Altona Cy", Engg 1896-II, S. 75

1901   Lasche: „Der Schnellbahnwagen der AEG, Berlin", Z 1901, S. 1261, 1303

       Reichel: „Der Schnellbahnwagen der Siemens & Halske AG, Berlin", Z 1901, S. 1369, 1414 u. 1457

1909   Dietl: „Die neuen AEG-Wagen für die Stadt- und Vorortbahn Blankenese-Ohlsdorf", Kraftbetr. 1909, S. 601

1915   Kleinow: „Dreiteiliger Wechselstrom-Triebwagen-Zug auf den Schlesischen Gebirgsbahnen", Kraftbetr. 1915, S. 51, 73, 97, 109

1916   Sattler: „Vierachsiger eiserner Triebwagen der Kreise Bonn-Stadt, Bonn-Land und des Siegkreises", Kraftbetr. 1916, S. 102

1917   „Der Probewagen der AEG-Schnellbahn", Annalen 1917-I, S. 30 — Kraftbetr. 1917, S. 21

1924   Grüning: „Der Doppeltriebwagen der Hamburger Vorortbahn Blankenese-Ohlsdorf", BBC-Mitteilungen 1924, S. 125 — El. Bahnen 1925, S. 194 — Annalen 1925-I, S. 153

1925   Ebel: „Die neuen Triebwagenzüge der Berliner Stadt-, Ring- und Vorortbahnen", El. Bahnen 1925, S. 215
Herrmann: „Die elektrischen Triebwagenausrüstungen der SSW für die Berliner Vorortbahnen", El. Bahnen 1925, S. 3
Kemmann: „Neue Wagen für die Berliner Nordsüd-Bahn", VT 1925, S. 767

1926   „Rheinisch-Westfälische Städtebahn Köln-Dortmund", Annalen 1926-II, S. 172

1927   Oertel: „Die neuen Triebwagen für die bayrischen Strecken der Deutschen Reichsbahn-Gesellschaft", El. Bahnen 1927, S. 161

1928   Monath: „25 Jahre Gleichstrom-Triebfahrzeuge auf der Strecke Berlin-Lichterfelde Ost", AEG-Mitt. 1928, S. 413
Rusam: „Die neuen Schnelltriebwagen der DRG auf den Strecken Halle-Leipzig und Leipzig-Magdeburg", VT 1928, S. 392

1929   Usbeck: „Triebwagenbetrieb auf den schlesischen Gebirgsbahnen", El. Bahnen 1929, S. 337
Wagner: „Die neuen elektrischen Berliner Stadtbahnwagen", Annalen 1929-II, S. 17 — Revue 1930-I, S. 221

1930   Boehm: „Reichsbahn-Unterrichtswagen im Dienst der Elektrotechnik", El. Bahnen 1930, S. 155
     * Dietze: „Die Triebwagen der DRB im Bild", DLA u. VWL 1930
Kaan: „Wechselstrom-Triebwagen der Oesterreichischen Bundesbahnen", El. Bahnen 1930, S. 329
Mühl: „Betriebserfahrungen mit Triebwagen für Fahrleitungen", RB 1930, S. 122
Tetzlaff: „Reichsbahn-Wechselstromtriebwagen für Nachbarorts- und Fernverkehr", El. Bahnen 1930, S. 33, 103, 146

1933   Tetzlaff u. Bretschneider: „Die Triebwagenzüge für den Stuttgarter Nahverkehr der Deutschen Reichsbahn", El. Bahnen 1933, S. 165

1934   Edelmann: „Elektrische Triebwagen für den Stuttgarter Vorortverkehr", GHH Juli 1934, S. 51

1935   Breuer u. Lichtenfeld: „Neue Triebwagen für die Berliner S-Bahn, Probezüge 1934/35", El. Bahnen 1935, S. 172
Ganzenmüller: „Die elektrischen Triebwagenzüge der Deutschen Reichsbahn", Z 1935, S. 1233 — Organ 1935, S. 301
Rusam: „Wechselstrom-Triebwagen", Siemens-Zeitschrift 1935, S. 294
Taschinger: „Die elektrischen Wechselstrom-Aussichts-Triebwagen", El. Bahnen 1935, S. 265 u. 1937, S. 279 (Trübenbach) — Organ 1938, S. 188
Taschinger u. Förstner: „Die Einheits-Wechselstrom-Triebwagen der Deutschen Reichsbahn", El. Bahnen 1935, S. 190 — RB 1935, S. 250

1936 * Born: „Die Schnell- u. Leichttriebwagen der DRB", DLA/VWL 1936
      Kleuker: „Neue Gleichstrom-Doppeltriebwagen der Köln-Bonner
      Eisenbahn", VT 1936, S. 605
      Schulz-Hohenhaus: „Neue Züge für die Berliner S-Bahn", Z 1936, S.884
      Strauss: „Electric railcars and locomotives in Austria", Mod. Trans-
      port 9. Mai 1936, S. 3
      „Die neuen Elektro-Triebwagen der Oesterreichischen Bundesbah-
      nen", ZÖIA 1936, S. 79

1937 Orel: „Die neuen Schnelltriebwagen der Oesterreichischen Bundes-
      bahnen: Wechselstromtriebwagen ET 11", El. Bahnen 1937, S. 272
      Tetzlaff: „Elektrische Triebwagen für Fahrleitungsbetrieb", Annalen
      1937-II, S. 73 u. 124
      Trübenbach: „Der Wechselstrom-Aussichtstriebwagen: Die elektr.
      Ausrüstung", El. Bahnen 1937, S. 279

1938 Dähnick: „Die Fahrzeuge der Berliner Stadt-, Ring- und Vorort-
      bahnen", Annalen 1938-I, S. 137
      Taschinger, Michel u. Kniffler: „Dreiteiliger Einheits-Wechselstrom-
      triebzug der DRB für 120 km/h", El. Bahnen 1938, S. 52
      Taschinger, Michel & Kniffler: „Zweiteilige Wechselstrom-Schnell-
      triebzüge für 160 km/h der Deutschen Reichsbahn", El. Bahnen
      1938, S. 257 — Revue 1939-I, S. 321
      Tetzlaff: „Deutsches Triebwagenwesen, insbesondere auf elektrisch
      betriebenen Bahnen", ZMEV 1938, S. 963

Ausland

1896 „Westinghouse electric locomotive motor car", Engg 1896-II, S. 219

1905 Burkard: „Neuer elektrischer Automobilwagen für Adhäsions- und
      Zahnstangenbetrieb der Stansstad-Engelberg-Bahn", Schweiz. Bau-
      zeitung 1905-I, S. 243
      „Electric motor coaches, London and North Western Ry, Metropoli-
      tan District", Loc 1905, S. 204
      „Vierachsige elektrische Motorwagen der Lokalbahn Tabor-Bechyn",
      Lok 1905, S. 60

1906 „Electric motor locomotive and carriage on the P. O.-Ry", Engg
      1906-I, S. 10

1907 „Die Motorwagen der elektrischen Bahn Wien-Baden", Lok 1907, S. 81
      „Special electric train on the Lancashire & Yorkshire Ry", Engg
      1907-I, S. 560

1909 „New electric train, London, Brighton & South Coast Ry", Loc 1909, S. 22
      „Electric motor car for the New York, New Haven and Hartford
      suburban service", Gaz 1909-II, S. 585

1911 „Electric steel motor coaches for the Pennsylvania", Gaz 1911-II, S. 196

1912 „All-steel suburban electric car for the New York, Westchester &
      Boston", Gaz 1912-II, S. 150
      „Electric voitures automotrices «Oerlikon» à 4 moteurs", Revue
      1912-II, S. 365

1915 „All steel motor car, Metropolitan District Ry", Loc 1915, S. 78

1917 „Electrification of the Manchester & Bury Line, Lancashire & York-
      shire Ry", Loc 1917, S. 232

„The electric rolling Stock, Chemin de Fer de l'Etat Français", Loc 1917, S. 221

1918   „Electric stock, Buenos Aires Suburban Service, Central Argentine Ry", Loc 1918, S. 195

1921   „New electric rolling stock for the North Eastern Ry", The Eng 1921-I, S. 394

1923   „Wechselstrom-Motorwagen der Schweizerischen Bundesbahnen", Z 1923, S. 767 — Schweiz. Bauzeitung 1923-II, S. 13
„New coaches for the London Underground Rys", Loc 1923, S. 89
„New motor cars for the Mersey Electric Ry", Loc 1923, S. 367

1924   „New cars for the District Ry", Loc 1924, S. 293

1925   Brodbeck: „Die neuen Motortriebwagen der Montreux-Berner Oberland-Bahn", BBC-Mitteilungen 1925, S. 263 — Schweiz. Bauzeitung 1925-II, S. 117
„Neuer Motorwagen C Fe 2/6 mit getrenntem Treibgestell, Berner Alpenbahn", Schweiz. Bauzeitung 1925-I, S. 248
„Electric motor coaches for the Campos do Jordo Ry, Brazil", Loc 1925, S. 38
„New electric train for the Southern Ry", Loc 1925, S. 225
„Electric motor coaches, Loetschberg Ry", Loc 1925, S. 249
„Electric motor coaches, Bombay Suburban Service GIPR", Loc 1925, S. 3
„Steel electric rolling stock for the Dutch East Indies State Rys", Loc 1925, S. 349

1926   „Electric stock for Sidney suburban lines, New South Wales Government Rys", Loc 1926, S. 291

1927   „Die elektrischen Einrichtungen der Chur-Arosa-Bahn", BBC-Mitteilungen (Baden, Schweiz) 1927, S. 343
„New steel electric rolling stock for India (Bombay, Baroda and Central India Ry)", Ry Eng 1927, S. 335

1928   „Einphasen-Motorwagen in Schweden", Z 1928, S. 1668

1929   Choisy: „Die 1100 PS-Triebwagen der Schweizerischen Bundesbahnen", El. Bahnen 1929, S. 19

1930   Spies: „Die Triebwagen für 1500 V Gleichstrom der Niederländischen Staatsbahnen", El. Bahnen 1930, S. 18
„Die Wechselstrom-Triebwagen Gattung C Fe 4/5 der Bern-Neuenburg-Bahn und der Lötschberg-Bahn", El. Bahnen 1930, S. 10
„Two-car units for Lackawanna electrification", Age 1930-II, S. 523
„Semi-steel electric coaches, Central Argentine Ry", Gaz 1930-II, S. 593

1931   Schreiner: „Elektrische Triebwagen der Norwegischen Staatsbahnen", El. Bahnen 1931, S. 337
„New motor units, Metropolitan Ry of Paris", Loc 1931, S. 424

1932   Buchli: „Triebwagen für Zahnrad- und Reibungsbetrieb der elektrischen Bahn St. Gallen-Gais-Appenzell", El. Bahnen 1932, S. 94
Steiner: „Ueber einen neuen Einphasen-Motorwagen der Maschinenfabrik Oerlikon für die SBB", El. Bahnen 1932, S. 101

1933   „Articulated electric trains for India (Madras suburban lines)", Gaz 1933-II, S. 756 — Loc 1933, S. 370
„London, Brighton and Worthing electrification", Loc 1933, S. 1
„New articulated electric trains, South Indian Ry, metre gauge", Loc 1933, S. 370

1934   Giger: „Die elektrische Ausrüstung amerikanischer Einphasen-Wechselstrom-Triebwagen", El. Bahnen 1934, S. 49
        Laternser: „Normalspurige elektrische Triebfahrzeuge der Schweiz", El. Bahnen 1934, S. 217
        Steiner: „Die elektrischen Leichttriebwagen der Schweizerischen Bundesbahnen", Organ 1934, S. 220 — El. Bahnen 1935, S. 272 — Loc 1935, S. 194 — Z 1936, S. 1004 — El. Bahnen 1936, S. 190

1935   „High-speed railcars in Switzerland", Mod. Transport 7. Sept. 1935, S. 5
        „Articulated electric trains in Holland", Gaz 1935-II, S. 855

1936   Altdorfer: „Die elektrischen Triebwagen der Pilatus-Bahn", Bull Oerlikon 1936, S. 981 — Z 1937, S. 1368 — Schweiz. Bauzeitung 1937-II, S. 131 — Gi T 1937, S. 140 — El. Bahnen 1938, S. 304 — Gaz 1937-II, S. 792

        Leyvraz: „Elektrische Leichttriebwagen Reihe Ce 2/4 der Berner Alpenbahn-Gesellschaft Bern-Lötschberg-Simplon", GiT 1936, S. 58 — VT 1936, S. 267 — El. Bahnen 1938, S. 159 (Werz) — Kongreß 1937, S. 2719

        Schaefer: „Neue Leichtzüge einer New Yorker U-Bahngesellschaft (Brooklyn-Manhattan Transit Company)", El. Bahnen 1936, S. 192

        Steiner: „Die ersten Leichttriebwagen der Schweizerischen Privatbahnen", El. B. 1936, S. 190

        „New Tube trains, London Transport Board", Loc 1936, S. 381
        „Streamlined electric trains, Italian State Rys", Loc 1936, S. 281

1937   Brodbeck: „Einphasen-Wechselstrom-Triebwagen der Norwegischen Staatsbahnen", BBC-Mitt. 1937, S. 306
        Fogtmann: „Die elektrischen Fahrzeuge der Kopenhagener Stadt- und Vorortbahnen", Organ 1937, S. 326
        Gerstmann: „Umformermotorwagen der Südafrikanischen Eisenbahnen", Elektrotechn. und Maschinenbau 1937, S. 597
        Liechty: „Neuer Leichttriebwagen der Berner Alpenbahn", El. Bahnen 1937, S. 270 — Kongreß 1937, S. 2719
        „Articulated trains for New York Subway", Gaz 1937-I, S. 682
        „Die neuen elektrischen vierachsigen Leichttriebwagen der Biel-Meinisberg-Bahn", GiT 1937, S. 164 — Engg 1938-II, S. 188
        „High-speed articulated three-car air-conditioned trains in Italy" (mit Jakobs-Drehgestellen), Gaz 1937-II, S. 177 u. 338 — Organ 1938, S. 32 — Engg 1938-I, S. 89 — Loc 1938, S. 38 — [siehe auch Gaz 1935-I, S. 117]
        „High-speed trains in Switzerland: Eight-motor triple-car design to reach 90 miles per hour in 2 minutes from start", Gaz 1937-II, S. 1046 — El. Bahnen 1938, S. 69 — Schweiz. Bauzeitung 1938-I, S. 125 — Loc 1938, S. 37
        „New 1200 bhp four-car electric trains made up of two-car-units, London Passenger Transport Board's", Gaz 1937-II, S. 498
        „Stainless steel electric trains in France: 1080 hp two-care train, French State Rys", Gaz 1937-II, S. 342 — Loc 1937, S. 279 — Organ 1938, S. 34
        „Vitznau-Rigibahn elektrisch", ZMEV 1937, S. 952 — Gaz 1937-II, S. 859 — Schweiz. Bauzeitung 1938-II, S. 186 — VT 1938, S. 119

1938   Hug: „Neues leichtes Rollmaterial bei Schweizerischen Eisen-
        bahnen", GiT 1938, S. 10 u. 30
        Müller-Bern: „Schnelltriebzüge der Schweizerischen Bundesbahnen",
        Schweiz. Bauzeitung 1938-I, S. 125 — El. Bahnen 1938, S. 69
        Steiner: „Die (dreiteiligen) Schnelltriebzüge der Schweizerischen
        Bundesbahnen", El. Bahnen 1938, S. 69 — Schweiz. Bauzeitung
        1938-I, S. 125 — Loc 1938, S. 37
        Werz: „Elektrische Leichttriebwagen der Lötschbergbahn", El. Bah-
        nen 1938, S. 159
        „Vierachsiger elektrischer Triebwagen der Italienischen Staatsbahn",
        Organ 1938, S. 34
        „Double-deck train for Long Island Rr", Mod. Transport 5. März 1938,
        Nr. 990, S. 9
        „Electric trains, New Zealand Govt Rys", Loc 1938, S. 75
        „Electric stock, Bognor and Littlehampton Lines, Southern Ry", Loc
        1938, S. 208
        „«Michelin» rubber-tyred electric train, Paris suburban lines", Gaz
        1938-II, S. 669 — Revue 1939-I, S. 125
        „Modern rolling stock for Tyneside Lines, LNE Ry", Gaz 1938-I, S. 694
        „New tube rolling stock, London Passenger Transport Board", Gaz
        1938-II, S. 29 — Loc 1938, S. 211
        „New electric stock for the Transvaal", Gaz 1938-II, S. 349
        „Single-phase electric twin-car train sets in Switzerland, Berner
        Alpenbahn", Gaz 1938-II, S. 1024
        „Stainless steel train in Italy: North Milan Ry", Gaz 1938-I, S. 872
        „Streamlined fast motor-coaches for solo work in Italy", Gaz 1938-II,
        S. 347

1939   Bolleman-Kijlstra: „Motorwagenzüge der Niederländischen Eisen-
        bahnen", Organ 1939, S. 302
        Devillers: „Les automotrices électriques de la ligne de Paris à
        Saint-Remy les Chevreuse", Traction Nouvelle 1939, S. 110
        Johnson: „The Reef multiple-unit stock, SAR", Electric Ry Trac-
        tion 1939-I, S. 10
        Kijlstra: „Die neuen Personenwagen der Niederländischen Eisen-
        bahnen für elektrischen Zugbetrieb", Kongreß 1939, S. 243
        Leyvraz: „Zweiteilige Gelenk-Leichtzüge der Berner Alpenbahn
        Bern-Lötschberg-Simplon", Kongreß 1939, S. 443
        Steiner: „Der neue Triebwagen Ce 2/4 Nr. 701 der SBB «Jura-
        pfeil»", El. Bahnen 1939, S. 110
        Werz: „Die elektrischen Leichttriebzüge der Lötschbergbahn", El.
        Bahnen 1939, S. 155
        „Dreiteilige elektrische Stromlinienzüge der Italienischen Staats-
        bahnen", Organ 1939, S. 306
        „A French standard motor coach, Region du Sud-Ouest of the French
        National Rys", Electric Ry Traction 1939-I, S. 20
        „Electrification of Swiss rack railways: Glion-Rochers de Naye line",
        Mod. Transport 18. Febr. 1939, S. 7
        „New electric motor-coach service in Switzerland: Caters for business
        service near French frontier", ERT 1939, S. 6 [m. Landkarte]

Elektrische Straßenbahn-Triebwagen und Anhänger / allgemein

1892 Rühlmann: „Die elektrischen Eisenbahnen", Z 1892, S. 14 u. f.

1909 Herrmann: „Drehgestelle der «Maximum-Traction» Bauart", Klb-Ztg. 1909, S. 1221

1913 * Bombe: „Die Entwicklung der Straßenbahnwagen", Beiträge zur Geschichte der Industrie und Technik (Jahrbuch des VDI), 5. Bd., 1913, S. 214

1914 Winkler: „Die elektrische Ausrüstung der Straßenbahn-Fahrzeuge", Klb-Ztg. 1914, S. 213, 234, 250

1926 Buchli: „Ein neuartiges Untergestell für Straßenbahnwagen (Kardanantrieb, Hilfslenkachsen)", Schweiz. Bauzeitung 1926-I, S. 297 und II, S. 223 — Z 1926, S. 1750
      Cramer: „Die Entwicklung des Straßenbahnwesens in neuester Zeit", Z 1926, S. 1546

1928 Cramer: „Neueste Entwicklung des Antriebes für Straßenbahnwagen", Z 1928, S. 189
      Liechty: „Neuzeitliche Trammotoren und ihre Aufhängung", Annalen 1928-I, S. 132

1929 Bethge: „Steigerung der Fahr- und Reisegeschwindigkeit bei großstädtischen Straßenbahnen", VT 1929, S. 269
      Kremer: „Einfluß der Bauart von Straßenbahnwagen auf die Wirtschaftlichkeit der Betriebsführung", VT 1929, S. 647
      Maßmann: „Neue Gelenkwagen", Waggon- und Lokbau 1929, S. 67, 81
      „Vereinheitlichung der Straßenbahnwagen", VT 1929, S. 579

1930 Becker: „Bogenläufige Straßenbahnwagen", VT 1930, S. 421
      Bieck: „Drehgestell-Bauarten für Straßenbahnwagen und Entwürfe zum Einheits-Drehgestell und zum Straßenbahnwagen mit Einheits-Drehgestellen", Waggon- und Lokbau 1930, S. 129, 145, 161
      Prüß: „Schwierigkeiten, die der Vereinheitlichung der Straßenbahn-Betriebsmittel entgegenstehen", Waggon- u. Lokbau 1930, S. 337, 353

1931 Bieck: „Seitenwandausbildung neuzeitlicher Straßenbahnwagen, Entwicklung einer Einheits-Bauart", Waggon- u. Lokbau 1931, S. 1, 33

1932 Tittelbach: „Tragwerkbau und Wirtschaftlichkeit bei Straßenbahnwagen", GiT 1932, S. 98

1934 von Lengerke: „Kurvenbewegliche Fahrzeuge für Straßenbahnen", Annalen 1934-I, S. 9

1935 von Lengerke: „Betriebserfahrungen mit dreiachsigen Gelenkwagen", VT 1935, S. 556
      „Einzelradantrieb für Straßenbahn-Triebwagen" (Moskau), VT 1935, S. 569

1937 Zehnder: „Wagenbaufragen bei Straßenbahnen", VT 1937, S. 319

1938 „Dreiachsige Fahrgestelle für Straßenbahnen mit gesteuerten Endachsen", Z 1938, S. 532

1939 Bockemühl: „Heimstoffe im Straßenbahnwagenbau", VT 1939, S. 25
      Jenne: „Leichtstahlbauweise für Straßenbahn-Triebwagen", VT 1939, S. 29
      Scheidt: „Fahrgastabfertigung und Wagennormung", VT 1939, S. 305

1940 Hüter: „Der Fahrlärm von Straßenbahnfahrzeugen und seine Bekämpfung", VT 1940, S. 113

Die feuerlose Lokomotive für Werk- und Industriebahnen — das billige und einfache Zugmittel, falls Dampf aus einem ortsfesten Kraftwerk zur Verfügung steht. Unser Bild zeigt eine 40 t-Henschel-Lokomotive der „Reichswerke Hermann Göring".

Elektrische Straßenbahnwagen / Deutschland

1896 „Electric tramcar, Hamburg & Altona Cy", Engg 1896-II, S. 75

1903 Buhle: „Straßenbahnwagen auf der Ausstellung Düsseldorf 1902",
Z 1903, S. 1181

1914 „MAN-Mittelflurwagen", Kraftbetr. 1914, S. 219

1916 Spängler: „Neue geschlossene Decksiß-Motorwagen der Wiener
Städtischen Straßenbahnen", Z 1916, S. 417 — Kraftbetr. 1913,
S. 504 (Entwürfe) u. 1915, S. 345
„Mittelflurwagen der Waggonfabrik Ürdingen", Klb-Ztg. 1916, S. 185
— Kraftbetr. 1916, S. 153

1917 „Die Probewagen für die AEG-Straßenbahn", Annalen 1917-I, S. 30
— Kraftbetr. 1917, S. 21 (Rudolph)

1920 „Straßen- und Ueberlandbahnwagen mit Mittelplattform (Köln)",
Kraftbetr. 1920, S. 229

1922 Adler: „Gegenwart und Zukunft der Berliner Straßenbahn",
Annalen 1922-I, S. 221

1926 Pforr: „Die Entwicklung des Wagenparks der Berliner Straßenbahn", Z 1926, S. 1541 — Annalen 1926-I, S. 22
Mulling: „Sechsachsiger Gelenkwagen der Duisburger Straßenbahnen", Z 1926, S. 1301

1927 „Neue Triebwagen der Straßenbahn Freiburg i. Br.", VT 1927, S. 729
„Neue Triebwagen der Aachener Kleinbahn-Ges.", VT 1927, S. 122
„Die neuen Wagen der Städtischen Straßenbahn Frankfurt a. M.",
VT 1927, S. 531

1928 Cramer: „Neueste Entwicklung des Antriebs für Straßenbahn-
wagen", Z 1928, S. 189
Kellner: „Die neuen Sommer-Beiwagen der Breslauer Städtischen
Straßenbahn", VT 1928, S. 736

1929 Nier: „Die neuen Gelenkwagenzüge der Dresdner Straßenbahn",
VT 1929, S. 217 — Z 1929, S. 695 — VT 1932, S. 356 — Organ
1932, S. 451
Wolff: „Die neuen Betriebsmittel der Magdeburger Straßeneisen-
bahn-Gesellschaft", VT 1929, S. 403

1930 Gander: „Neue Trieb- und Beiwagen der Städtischen Straßenbahnen
in Wien", VT 1930, S. 332
Kremer: „Erfahrungen der Frankfurter Straßenbahn mit dem Mai-
länder Triebwagen amerikanischer Bauart (Peter-Witt-System)",
VT 1930, S. 1
Spies: „Durchgangs-Gelenkwagenzüge für Straßenbahnen unter be-
sonderer Berücksichtigung der für die Berliner Straßenbahn ge-
schaffenen", Annalen 1930-II, S. 99
Willenberg: „Die Mitteleinstieg-Niederflurwagen der Stettiner
Straßenbahn", VT 1930, S. 511

1931 Bieck: „Straßenbahnwagen vom Jahre 1930", Waggon- und Lokbau
1931, S. 113
Hammer, F.: „Die Entwicklung des Zwillingwagenbetriebes mit Fahr-
schaltersteuerung bei den Bahnen der Stadt Köln", VT 1931, S. 308
Kremer: „Straßenbahn-Brückenwagen in Frankfurt a. M.", Annalen
1931-I, S. 72

19

1931   „Triebwagen der Straßenbahn Bochum-Gerthe", Waggon- und Lok-
        bau 1931, S. 78
1932   Bockemühl: „Straßenbahnbetrieb mit vielfach gesteuerten Wagen-
        zügen (Dresden)", VT 1932, S. 356
1933   Bondy: „Geschweißte Straßenbahnwagen und Kraftwagen", VT 1933,
        S. 249
1934   von Buttlar: „Neue Beiwagen der Kasseler Straßenbahn", VT 1934, S. 599
1935   von Lengerke: „Betriebserfahrungen mit dreiachsigen Gelenk-
        wagen", VT 1935, S. 556
1937   von Clarmann: „Zwillingswagen der Münchener Straßenbahn", VT
        1937, S. 163
        v. Lengerke: „Neue dreiachsige Triebwagen der Straßenbahn Saar-
        brücken", VT 1937, S. 138
        Nölkensmeier: „Neue Straßenbahnwagen der Rheinischen Bahn-
        gesellschaft AG", VT 1937, S. 323
        Prasse: „Erfahrungen mit leichten Großraumwagen bei den Essener
        Straßenbahnen", GiT 1937, S. 83 und 134
        Schroth: „Neue Trieb- und Beiwagen der Straßenbahn Augsburg",
        VT 1937, S. 366
1938 = Bauer u. Eichelhardt: „Die Wagenschau in Düsseldorf", VT 1938,
        S. 531 — VT 1939, S. 1
     = Benninghoff: „Die Fahrzeugentwicklung bei den Berliner Verkehrs-
        betrieben seit 1933", VT 1938, S. 514
        Hempel: „Neue Straßenbahntriebwagen der Erfurter Verkehrs-AG",
        VT 1938, S. 468
        Prasse: „Die neuen Großraumwagen der Essener Straßenbahnen",
        VT 1938, S. 521
        Wellman: „Zwei Versuchstriebwagen der Bremer Straßenbahn",
        VT 1938, S. 25
        „Niederflurwagen der Straßenbahn Brünn", VT 1938, S. 268
        „Restaurant tramcar at Düsseldorf", Gaz 1938-II, S. 220
1939   Dobler: „Die neuen Straßenbahnwagen der Stuttgarter Straßen-
        bahnen", VT 1939, S. 349
        Jenne: „Leichtstahlbauweise für Straßenbahn-Triebwagen", VT 1939,
        S. 29
     = Kremer: „Die Wagenschau in Düsseldorf", VT 1939, S. 1
        Pibl: „Neue Straßenbahn-Triebwagen und Obusse in Prag", VT
        1939, S. 213
     = Schroeder: „Neue Personenfahrzeuge in Leichtbauart", VT 1939,
        S. 358
1940   Fester: „Neue Triebwagen der Straßenbahn Frankfurt a. M.", VT
        1940, S. 89
        Grüssner: „Der Magdeburger Hechttriebwagen", VT 1940, S. 224
        Kipnase: „Neue Triebwagen der Rhein-Haardt-Bahn", VT 1940, S. 77
        Stock u. Hammer: „Neue dreiachsige Triebwagen der Kölner
        Straßenbahnen", VT 1940, S. 65

Elektrische Straßenbahnwagen / Ausland

1893   „Peckham's extension tramway truck", Engg 1893-II, S. 755
1898   „American street ry cars", Engg 1898-II, S. 173 u. 176

1900 Fischer: „Die elektrische Bahn Peking—Ma-chia-pu", Z 1900, S. 1172
1908 „Nouvelles voitures de tramways en amérique dites «Pay as you enter«", Revue 1908-I, S. 420 und II, S. 439 — 1909-I, S. 135 und II, S. 392
1913 Nordmann: „Neuere amerikanische Straßenbahnwagen", Kraftbetr. 1913, S. 289
      „The Baldwin Standard Maximum Traction truck", Engg 1913-II, S. 557
      „Nouvelle voiture des tramways de New York à plateforme centrale et plancher surbaissé", Revue 1913-I, S. 71
1926 „Straßenbahnwagen mit Kardanantrieb und Lenkachsen (Zürich)", Z 1926, S. 1750 — Schweiz. Bauzeitung 1926-I, S. 297 und II, S. 223
1929 Jacobsohn: „Der Twin-coach Straßenbahnwagen", VT 1929, S. 344
      „Neue Gelenkwagen in Nordamerika", VT 1929, S. 40
1930 Flindt: „Die neuen Wagen der Kopenhagener Straßenbahnen", VT 1930, S. 330
      Nieuwenhuis: „Neue Einmann-Wagen der Städtischen Straßenbahn Arnheim", VT 1930, S. 149
      „Rolling stock for the Belgian Vicinal Rys at the Liége Exhibition", Loc 1930, S. 298
1932 Louis: „Die vierachsigen Triebwagen der Straßenbahn Bern", VT 1932, S. 358
      Tobias: „Die Fernsteuerung bei der Budapester Straßenbahn", VT 1932, S. 351
1935 von Lengerke: „Betriebserfahrungen mit dreiachsigen Gelenkwagen", VT 1935, S. 556
      „Moskauer Straßenbahnwagen mit Einzelradantrieb", VT 1935, S. 569
1936 Ferrari: „Neuer Leichtmetalltriebwagen der Straßenbahnen von Mailand", GiT 1936, S. 114
1937 Gallois: „Großraum-Gelenktriebwagen der Straßenbahnen in Algier", GiT 1937, S. 12
      Samuelsen: „Duraluminium-Triebwagen der Osloer Straßenbahn", VT 1937, S. 321
      Zehme: „Der neue amerikanische Einheits-Straßenbahn-Triebwagen PCC", VT 1937, S. 187
1938 = Immirzi: „Entwicklung der öffentlichen Verkehrsmittel der Stadt Rom", GiT 1938, S. 3 u. 33
      Rossi: „Moderner Triebwagen für Ueberlandverkehr, Ueberlandstrecke Turin-Rivoli der Turiner Straßenbahn", Wirtschaft und Technik im Transport (GiT) 1938, S. 103
      „Neue Reihe leichter Triebwagen der Straßenbahn Mailand", GiT 1938, S. 15
      „Vierachsiger meterspuriger Wechselstrom-Triebwagen der Nationalen Kleinbahn-Gesellschaft Belgiens", Organ 1938, S. 36
1939 = Hamacher: „Die öffentlichen Verkehrsmittel in Rom", VT 1939, S. 337
      Kleven: „Die neuen Triebwagen der Straßenbahn in Trondheim (Norwegen)", VT 1939, S. 353
      Rochet: „New tramcar for Buenos Aires Transport", Gaz 1939-I, S. 67
= „Modern Oslo rolling stock", Gaz 1939-I, S. 1032
      „Zweistöckige Straßenbahnwagen, Glasgow", Z 1939, S. 1165
1940 Züger: „Neue Straßenbahn-Triebwagen in Zürich (mit dreiachsigem Lenkachsen-Fahrgestell)", VT 1940, S. 49

19*

ELEKTRISCHE SPEICHER-FAHRZEUGE

Allgemein

1896   „The application of storage batteries to electric traction", Engg 1896-II, S. 485

1902   Mühlmann: „Der Betrieb mit Elektrizitätsspeichern auf Hauptbahnen (Versuche auf den württembergischen Staatsbahnen)", Organ 1902, S. 133

1903 =   Büttner: „Die Verwendung der Akkumulatoren in der Verkehrstechnik", Annalen 1903-I, S. 225

1922 =   Beckmann: „Fortschritte in der Verwendung von Akkumulatoren", Z 1922, S. 77 u. 109

         Wittfeld: „Elektrischer Speicher", Annalen 1922-II, S. 166

1923   Christen: „Der Aktionsradius der Akkumulatoren-Eisenbahnfahrzeuge", Schweiz. Bauzeitung 1923-I, S. 35

1924   Winckler: „Die Akkumulatorenlokomotiven und ihre Verwendung für Eisenbahnen", Organ 1924, S. 325

1927   „Electric passenger railcar and shunting locomotive", Loc 1927, S. 77

1929 =   Winckler: „Herstellung und Verwendung elektrischer Akkumulatoren unter besonderer Berücksichtigung elektrischer Fahrzeuge", Annalen 1929-I, S. 60 u. 109

1930   Albrecht: „Akkumulatoren-Lokomotiven und Triebwagen", Waggon- und Lokbau 1930, S. 304 u. 321

         Strubel: „Schleppzeuge u. Gleisplattformwagen", AEG-Mitt. 1930, S.593

1932   „Accumulator traction on French light railways", Ry Eng 1932, S. 371

1933   Hug: „De la traction par accumulateurs et de ses possibilités actuelles", Revue 1933-I, S. 527

1934 —   Fischer: „Straßenfahrzeuge mit elektr. Sammlern", Z 1934, S. 1246

1935 —   Blume: „Energiewirtschaft und Kraftverkehr. — Neue Wege durch Elektrofahrzeuge", Annalen 1935-II, S. 149

  —   Lucas: Schwere Lastwagen mit elektr. Sammlern", Z 1935, S. 485

1936   Weyland: „Triebwagen- und Kleinlokomotiv-Ladeanlagen und ihre wirtschaftliche Ausnutzung durch Schnell-Ladung von Speicherfahrzeugen", RB 1936, S. 680

1938 —   Blume: „Elektrofahrzeuge: Stromspeicher", ATZ 1938, S. 612 u. f.

1939   Rödiger: „Die akkumulator-elektrischen Fahrzeuge der Deutschen Reichsbahn", Annalen 1939-I, S. 7

Stromspeicher (Akkumulator)

1883 —   Fink: „Mitteilungen über elektrische Akkumulatoren und deren Anwendung", Z 1883, S. 611

1884 —   Dietrich: „Elektrische Accumulatoren", Z 1884, S. 332 u. 1885, S. 426

  —   Epstein: „Ueber Accumulatoren", Z 1884, S. 851 und 1885, S. 1025

1889 —   Einbeck: „Die heutige Bedeutung des Akkumulators bei der Verwendung des elektrischen Stromes", Z 1889, S. 1001

  —   Rühlmann: „Fortschritte auf dem Gebiet der elektrischen Sammler", Z 1889. S. 415 u. 437

1918 —* Heim: „Die Akkumulatoren", 5. Aufl., Verlag Leiner, Leipzig 1918

1922 =   Beckmann: „Fortschritte in der Verwendung von Akkumulatoren", Z 1922, S. 77

  =   Wittfeld: „Elektrische Speicher", Annalen 1922-II, S. 166

1929 —* Bermbach: „Die Akkumulatoren", 4. Auflage, Verlag Springer, Berlin 1929
Braithwaite: „Lead-acid accumulators in electric train lighting", Ry Eng 1929, S. 474
— Iben: „Selbsttätige Ladung von Fahrzeugbatterien", Die Städtereinigung 1929, Nr. 3
= Winckler: „Herstellung und Verwendung elektrischer Akkumulatoren unter besonderer Berücksichtigung elektrischer Fahrzeuge", Annalen 1929-I, S. 60 und 109
1930 Beckmann: „Batterien für elektrische Werkbahn-Lokomotiven", AEG-Mitteilungen 1930, S. 601
1932 Coppock: „The Drumm battery and Irish railway electrification", Gaz 1932-I, S. 246
= Landmann: „Neuzeitliche Ladeeinrichtungen für Batterien von Landfahrzeugen", Organ 1932, S. 275
1933 Fay and Drumm: „Potentialities of the Drumm battery", Mod. Transport 8. Juli 1933
1937 „An improved form of railcar battery (C. A. V.-Bosch)", Gaz 1937-II, S. 1236
1938 — Clemens: „Säuredichte Stromspeicher", Z 1938, S. 212
1940 — „Das Problem des Fahrzeugakkumulators", ATZ 1940, S. 351

Elektrische Speicher-Lokomotiven

1905 „Storage battery electric locomotive, Great Northern, Picadilly & Brompton Ry", Loc 1905, S. 157
1908 Strauß: „Die Akkumulatoren-Verschiebelokomotive der Kgl. Eisenbahn-Werkstätten-Inspektion in Tempelhof bei Berlin", ETZ 1908, Heft 26/27
1909 „Akkumulatoren-Grubenlokomotiven", Kraftbetr. 1909, S. 274, 374 und 1910, S. 46
1911 Studer: „Rangierbetrieb mittels Akkumulatoren-Lokomotive für den Schlachthof der Stadt Zürich", Klb-Ztg. 1911, S. 325
„Führerlose Akkumulatorenlokomotive", Kraftbetr. 1911, S. 612 u. 1912, S. 52
1913 Rechtenwald: „Elektrische Streckenförderung mit Akkumulatorlokomotiven", Klb-Ztg. 1913, S. 685
1916 „Electric battery locomotive, Midland Ry", Loc 1916, S. 45
1918 „Electric battery locomotive, North Staffordshire Ry", Loc 1918, S. 2
„Electric accumulator shunting locomotive, Lancashire & Yorkshire Ry", Loc 1918, S. 130
1919 „Electric battery locomotives for the Ministry of Munitions", Loc 1919, S. 28
„Storage battery locomotive, Park Works, Manchester", Loc 1919, S. 144
„Electric battery locomotive for an Irish shipyard", Loc 1919, S. 210
1921 „Electric locomotive, Groudle Glen Ry, Isle of Man", Loc 1921, S. 271
= „Electric trucks and industrial locomotives", The Eng 1921-I, S. 234, 262, 290, 318, 375, 402, 424, 456, 666
1923 „Battery shunting locomotive, Chilwell Depot, near Nottingham", Loc 1923, S. 174
„Railways in industrial plants: Battery locomotives", Loc 1923, S. 260
1924 „High power battery locomotive, Italian State Rys", Loc 1924, S. 385

1925 „Combined battery and trolley locomotive, Castner-Kellner Alkali
Co Ltd", Loc 1925, S. 399
„Battery locomotives for collieries", Loc 1925, S. 27
„Battery shunting locomotive for the War Office", Loc 1925, S. 332

1928 „Akkumulatorenlokomotive für die Strecke Stockholm-Gothenburg",
Z 1928, S. 1667
„Battery locomotives for passenger service in Italy", Loc 1928, S. 285

1929 Bartz: „Grubenlokomotiven und ihre Wirtschaftlichkeit in den
Hauptstrecken im Steinkohlen-Bergbau", Bergmann-Mitteilungen
1929, S. 113
Spackeler: „Die Grubenlokomotivbahnen in der Nachkriegszeit",
Z 1929, S. 1339
„Battery locomotives for the Shobanie Mine, Rhodesia", Loc 1929, S. 263

1930 Lohmann: „Abbau-Lokomotivförderung: Preßluft- oder Akkumu-
latorlokomotiven?", Fördertechnik u. Frachtverkehr 1930, S. 491
Paetz: „Elektrische Lokomotiven der AEG-Fabriken in der Brun-
nenstraße", AEG-Mitt. 1930, S. 584
„Electric battery locomotives, Bombay, Baroda and Central India
Ry", Loc 1930, S. 158

1931 Landmann: „Die Akkumulatorlokomotive als Kleinlokomotive für
Unterwegsbahnhöfe", Annalen 1931-II, S. 37
Landmann: „Die Bedeutung der Akkumulatoren-Batterien für neu-
zeitliche Verschiebelokomotiven", VW 1931, S. 161
Norden: „Speicherschlepper für Rangierdienst der Deutschen Reichs-
bahn", El. Bahnen 1931, S. 76

1933 Michel und Heydmann: „Die Verschiebelokomotiven A 1 A - A 1 A,
Reihe E 80 der Deutschen Reichsbahn", El. Bahnen 1933, S. 280

1938 Holzinger: „Lokomotiven für gemischten Fahrdraht- und Speicher-
betrieb", ETZ 1938, S. 57
„Schlagwettergeschützte Abbaulokomotiven", Siemens-Zeitschrift 1938,
S. 202

1940 „Vierachsige Verbund-Grubenlokomotive für gemischten Fahrdraht-
und Sammlerbetrieb, Bauart AEG", Z 1940, S. 594

Elektrische Speicher-Triebwagen

1883 „Electric tramcar, constructed by the Electrical Storage Company",
Engg 1883-I, S. 255

1886 Rühlmann: Elektrischer Betrieb von Straßenbahnwagen", Z 1886, S. 358
„Elektrische Straßenbahn, System Reckenzaun", Z 1886, S. 358

1890 „Elektrische Straßenbahn, System Sandwell", Z 1890, S. 367

1901 Gayer: „Die Verwendung von Akkumulatoren für den Omnibusbetrieb auf Hauptbahnen", Annalen 1901-I, S. 114

1908 Hönsch: „Akkumulatoren-Doppelwagen der preußischen Staatsbahn-
Verwaltung", Annalen 1908-II, S. 184 — Lok 1909, S. 111 —
Z 1909, S. 201 (Hönsch u. Mattersdorf) — Kraftbetr. 1909, S. 265
(Becker)

1913 Borghaus: „Die Einführung des Akkumulator-Triebwagenbetriebes
auf den Strecken Mülheim/Ruhr-Heißen usw., und Beitrag zur
Frage der Wirtschaftlichkeit des Triebwagenbetriebes", Annalen
1913-II, S. 63

	Weyand: „Die Triebwagen im Dienst der preußisch-hessischen Staatseisenbahnen", El. Kraftbetriebe u. Bahnen 1913, S. 249, 269
1915	Heumann: „Leistungsgrößen der Akkumulatortriebwagen der preuß. Staatsbahn-Verwaltung", Kraftbetr. 1915, S. 241, 256, 267, 277, 289
1922	Meixner: „Versuchsfahrten mit Speichertriebwagenzügen auf den Oesterreichischen Bundesbahnen", Elektrotechnik u. Maschinenbau 1922, S. 373
1924	Peukert: „Speichertriebwagen", VW 1924, S. 294
1925	Müller: „Elektro-Speicher oder Verbrennungsmotor-Triebwagen?", VW 1925, S. 124
	„Zweiteiliger Speichertriebwagen der Deutschen Reichsbahn", Z 1925, S. 484
1926	Breuer u. Kempf: „Neue Speichertriebwagen der Deutschen Reichsbahn", El. Bahnen 1926, S. 329
1927	Trautvetter: „Der neue Speichertriebwagen der Reichsbahn", Organ 1927, S. 216
1929	„Akku-Plattformfahrzeug für ein Walzwerk", BBC-Nachr. 1929, S. 158
1932	Coppock: „The Drumm battery and Irish railway electrification", Gaz 1932-I, S. 246
	„Great Southern Rys of Ireland: Drumm battery driven electric train", Loc 1932, S. 120 — Gaz 1931-II, S. 715 u. 728 sowie 1932-I, S. 118 u. 382
1933	„Italian accumulator railcars", Ry Eng 1933, S. 54
	„New Drumm battery-driven train on trial: Tests with 200 t unit on Great Southern Rys, Ireland", Modern Transport 19. Aug. 1933
1935	Gysin: „Akkumulatoren-Triebwagen für italienische Nebenbahnen", El. Bahnen 1935, S. 278
1936	Müller, Ernst: „Der Speichertriebwagen der Zschornewitzer Kleinbahn", VT 1936, S. 254
1937	Dinser: „Akkumulatoren-Triebwagen der Verbindungsbahn Meiringen-Innertkirchen", GiT 1937, S. 162

Mehrkraft-Fahrzeuge

1930	Brehob: „Oil-electric battery locomotives for the New York Central", Age 1930-II, S. 326
1933	Ratcliffe: „Diesel-electric battery locomotive", DRT 24.Febr.1933, S. 7
1934	Schmer: „Ueber Zusatz-Speicherantrieb bei Fahrzeugen", El. Bahnen 1934, S. 261
	„Oil-electric battery shunting locomotive, New York Central Ry", Gaz 1934-I, S. 319
	„The three-power (oil-electric-battery) shunting locomotive", Gaz 1934-II, S. 923
1935	Witte: „Zweikraftlokomotive für Verschiebedienst", Z 1935, S. 613
1938	„British 600 bhp two-power electric locomotives, London Passenger Transport Board", Gaz 1938-I, S. 243 — Loc 1938, S. 149
1939	„Metadyne transmission proposals", DRT 1939, S. 46
	„An interesting French railcar: Alternative electric or Diesel drive [L'autorail «Amphibie»]", Mod. Transport 3. Juni 1939, S. 14 — Traction Nouvelle 1939, S. 90

DAS VERBRENNUNGSMOTOR-FAHRZEUG

Allgemein

1925   Brillié: „Traction on rails by internal combustion engines", Engg 1925-I, S. 491

1926   Vauclain: „Internal combustion locomotives and vehicles", Baldwin Juli 1926, S. 43

1930   Clark: „The Diesel-steam locomotive. — Appendix: A selected bibliographie on oil-engine locomotives", Journal 1930, S. 772
     „Rolling stock for the Belgian Vicinal Rys at the Liége Exhibition", Loc 1930, S. 298

1932   * Franco und Labrijn: „Verbrennungs-Motorlokomotiven und -Trieb-wagen", Verlag Nijhoff, den Haag 1932 — Bespr. Z 1932, S. 996
     „Scandinavian railway travels", Loc 1932, S. 60, 93, 122, 167, 206

1933   Lomonossoff: „Diesel traction", DRT 1933, S. 501
     Reed: „Diesel traction in extra-European countries", DRT 24. Februar 1933, S. 2
     Reed: „Development of Diesel traction:

                     Europe", DRT 21. April 1933, S. 2
                     North America", Gaz 1933-II, S. 678
                     South America", Gaz 1933-II, S. 506
                     Asia and Africa", DRT 1933, S. 376

     Reed: „Diesel traction in Russia", DRT 21. April 1933, S. 2
     „British developments in Diesel traction", Gaz 1933-II, S. 980
     „Diesel-rail traction in Denmark", DRT 24. Febr. 1933, S. 10
     „Diesel traction in Ireland", Gaz 1933-II, S. 836
     „Diesel rail traction operating results", DRT 24. März 1933, S. 2 und 21. April 1933, S. 6
     „Has Diesel traction a future for mountain lines?", DRT 24. Febr. 1933, S. 11
     „Progress of Diesel railway traction", Gaz 1933-II, S. 990
     „Rail transport with Diesel engines", Loc 1933, S. 73

1934   Müller (Wettingen): „Betrachtungen über den Dieselelektrischen Bahnbetrieb", El. Bahnen 1934, S. 248
     „Oil-traction on the Canadian National Rys", Gaz 1934-II, S. 246

1935   Kaan: „New Diesel railcars and locomotives in Austria", Gaz 1935-I, S. 366
     Marschall: „Zugförderung durch Diesellokomotiven", Organ 1935, S. 210
—   Ostwald: „Gegenwärtige und mögliche künftige Entwicklung der motorischen Verbrennung", ATZ 1935, S. 208
     Simons: „Diesel railway traction in America 1935", Gaz 1935-II, S. 1138
     „Der Diesel auf der Schiene", Das Lastauto 1935, Nr. 10, S. 24
     „Big developments in Diesel traction on the Northern Ry of Spain", Gaz 1935-II, S. 938
     „Diesel traction development in Manchukuo", Gaz 1935-I, S. 756
     „Diesel traction makes big forward movement in Spain 1935", Gaz 1935-II, S. 1136
     „High speed electric and Diesel development in Italy", Gaz 1935-I, S. 117

„Slow Diesel progress 1935 in Africa, The East and Australia", Gaz 1935-II, S. 1130

„The Diesel conquest of Europe 1935", Gaz 1935-II, S. 1125

1936 — Leunig: „Gestaltungsmerkmale neuzeitlicher Personenkraftwagen", Z 1936, S. 1173

Reed: „Diesel traction on the Reichsbahn", Gaz 1936-I, S. 174

Wiener: „Ueber die Zuggeschwindigkeit: Dänemark. — Verwendung von Dieselmaschinen", Kongreß 1936, S. 580

=*„Jahrbuch der Brennkrafttechnischen Gesellschaft", Verlag Wilhelm Knapp, Halle/Saale 1936 — Bespr. Wärme 1936, S. 241

„The oil-engine for rail transport", Loc 1936, S. 1 u. 201

1937 Bangert: „Neuzeitliche Eisenbahnfahrzeuge in den Vereinigten Staaten von Amerika", Z 1937, S. 510

Bangert: „Eindrücke über das amerikanische Eisenbahnwesen", HH August 1937, S. 39

— Preuß: „Gestaltungsmerkmale neuzeitlicher Großraum-Kraftwagen", Z 1937, S. 170

Steiner: „Oesterreichs Bahnen niederer Ordnung", VT 1937, S. 304

1938 Arthurton: „Further impressions of overseas transport, No 5: Australia revisited", Gaz 1938-I, S. 956

* Judtmann: „Motorzugförderung auf Schienen", Verlag Springer, Wien 1938

Simons: „A record year in America: Over £ 2 500 000 worth of orders placed", Gaz 1938-I, S. 155

„Great Diesel advance in Argentina (m. Karte)", Gaz 1938-II, S. 580

„Large-scale programmes on the Continent: Single orders of 30 to 100 cars are a feature of Diesel developments in Europe", Gaz 1938-I, S. 140

1939 Büchi: „Early days in Diesel development", DRT 1939-I, S. 82

* Reed: „Diesel locomotives and railcars", Verlag The Locomotive Publishing Co Ltd, London 1939, 2. Aufl.

„Der Dieselbetrieb auf den dänischen Eisenbahnen", VT 1939, S. 354

„American Diesel-electric streamliners (m. Uebersichtstabelle und Streckenkarte)", DRT 1939-I, S. 49

„A review of progress in the United States", DRT 1939, S. 19

„Big Diesel extension in Norway", DRT 1939-I, S. 32 — Revue 1939-I, S. 468

„Oil-engined rail traction in 1938", The Eng 1939-I, S. 13 u. f.

„The year's activities in the British Isles", DRT 1939, S. 2

1940 =* Siebertz: „Gottlieb Daimler", J. F. Lehmanns Verlag, München-Berlin 1940 (S. 135: Daimlers Miniatur-Straßenbahn. — S. 137 und Tafel 18: Motorwagen und Motorlokomotive)

Verbrennungsmotorfahrzeug / Leistung, Beschleunigung, Zugkraft

1924 Lomonossoff: „Zur Theorie der Diesellokomotive", Z 1924, S. 198

Lomonossoff: „Zur Untersuchung von Thermolokomotiven", Z 1924, S. 849

1925 Achilles: „Ueber die Ausführung von Diesellokomotiven", Organ 1925, S. 247

586   Verbrennungsmotor-Fahrzeug / Leistung, Beschleunigung, Zugkraft

1925   Bethge: „Die vorteilhafteste Fahrzeit für Oeltriebwagen", AEG·
          Mitt. 1925, S. 223
          Uebelacker: „Vergleichsversuche zwischen der russischen Diesel-
          elektrischen Lokomotive und der russischen E-Güterzuglokomotive
          auf dem Prüfstand in Eßlingen", Organ 1925, S. 82 — Z 1925,
          S. 321 (Meineke)
1927   Achilles: „Ueber das Verhalten der Diesellokomotive mit Stufen-
          getriebe gegenüber der Dampflokomotive und der Dieselloko-
          motive mit stetig veränderlicher Uebersetzung", VT 1927, S. 528
1928   Dobrowolski: „Der Reibungswert und die Höchstleistung von Loko-
          motiven", Organ 1928, S. 136
          Dobrowolski: „Vergleichsversuche mit russischen Diesellokomo·
          tiven", Z 1928, S. 90
1929   Grüning: „Dieselelektrische Lokomotiven", Organ 1929, S. 487
          Guernsey: „Rail motor cars from a builder's point of view", Age
          1929-I, S. 1142
          Mangold: „Leistungs- und Zugkraftkurven der Diesellokomotive",
          Z 1929, S. 729
1931   Wetzler: „Leistungs- und Verbrauchstafeln für Triebfahrzeuge",
          Organ 1931, S. 460
1933   Rüter: „Ueber die Ermittelung der Fahrzeiten von Dieselmechani-
          schen Triebwagen nach zeichnerischen Verfahren", Organ 1933, S. 63
1934   Finsterwalder u. Bredenbreuker: „Eignung der Diesellokomotive
          mit unmittelbarem Antrieb für Schnellfahrten", Z 1934, S. 1088
          und 1935, S. 810
          Hennig: „Warum Schnelltriebwagen mit unmittelbarem Diesel-
          motorenantrieb?", Annalen 1934-I, S. 65
          Kinkeldei: „Berechnung der Anfahrbeschleunigung und der An-
          fahrleistung von Dieseltriebwagen", Annalen 1934-II, S. 25
1935   Heumann: „Das Anfahren von Triebfahrzeugen", Annalen 1935-II,
          S. 157
          Kinkeldei: „Theoretische Berechnung der Anfahrbeschleunigung von
          Dieseltriebwagen mit Flüssigkeitsgetrieben bei angenommener
          Wirkungsgradkurve", Annalen 1935-I, S. 69
          Marschall: „Zugförderung durch Diesellokomotiven", Organ 1935,
          S. 210
   —   Meyer: „Welche technischen Hauptmerkmale sind für die Be·
          urteilung der Leistungsfähigkeit eines Kraftwagens von grund-
          legender Bedeutung?", HH Febr. 1935, S. 4
          Stix: „Der Anfahrvorgang bei Dieselelektrischen Triebfahrzeugen",
          El. Bahnen 1935, S. 284
1936   Koch: „Versuchsmäßige Durchprüfung des dreiteiligen Dieselelektr.
1936   Koch: „Versuchsmäßige Durchprüfung des dreiteiligen Dieselelektr.
          Schnelltriebwagens der DRB", Annalen 1936-II, S. 133
1937   Koffmann: „Railcar acceleration", Gaz 1937-II, S. 1233 (m. Tabel-
          len und Kurven) — Kongreß 1939, S. 80
   —   Richter: „Der Verbrennungsmotor als Bremse", ATZ 1937, S. 325
   —   Rixmann: „Der Leistungsabfall gasgetriebener Fahrzeugmotoren",
          Z 1937, S. 1357
   —   Rödiger: „Startdauer und Anfahrbeschleunigung", El. Bahnen 1937,
          S. 289

1938 — Kühner: „Die Leistungsbemessung beim Fahrzeugmotor", Z 1938, S. 1143

1939 Koffmann: „Railcar tractive effort. — A study of its characteristics and of the possibilities of increasing the adhesion on driving axles of light vehicles", DRT 1939-I, S. 54

1940 — Jante: „Das Anfahren über mehrere Uebersetzungsstufen", ATZ 1940, S. 270

Kraftstoffe für Verbrennungsmotor-Fahrzeuge
Allgemein

1928 — Heller: „Brennstoffe und Motoren für Kraftwagen", Z 1928, S. 335
— Wawrziniok: „Motorkraftstoffe für den deutschen Kraftfahrzeugbetrieb", Z 1928, S. 1575

1930 — Broche: „Feste, flüssige und gasförmige Brennstoffe", Z 1930, S. 781

1933 — „Kraftstoff-Fragen", Z 1933, S. 1086
— „Brennstoff-Fragen", ATZ 1933, S. 126

1935 — „Versuchsfahrt mit heimischen Treibstoffen 1935", Z 1935, S. 1543
— „Triebgase für Automobilmotoren", Neue Kraftfahrer-Zeitung 1935, S. 101
— „Deutsche Motoren-Treibstoffe", HH Febr. 1935, S. 47

1936 — de Grahl: „Zur Treibstoff-Frage", Annalen 1936-I, S. 86
— Heinr. Meyer: „Schwerlast-Kraftwagen und Omnibusse zum Betrieb mit heimischen Kraftstoffen (Wissenswertes um das deutsche Brennstoffproblem)", HH Febr. 1936, S. 17
—* Schläpfer: „Ersatztreibstoffe im Motorbetrieb", herausgegeben vom Oesterr. Kuratorium für Wirtschaftlichkeit. Verlag Springer, Wien 1936. — Bespr. ATZ 1937, S. 142

1937 — Grumbt: „Kurventafel für Verbrennungsrechnungen", HH Febr. 1937, S. 34
—* Mayer-Sidd: „Der Kraftfahrzeugbetrieb mit heimischen Treibstoffen", Verlag Carl Marhold, München 1937

1938 — Leunig: „Motor und Kraftstoff", Z 1938, S. 1401
— Marder: „Klopffeste Kraftstoffe", Oel und Kohle 1938, S. 697 u. f.
— Schmidt (Prof. Dr., T. H. München): „Probleme um Dieselkraftstoffe", Brennstoff- und Wärmewirtschaft 1938, S. 20
— Thau: „Die Kohlenveredlung zur Kraftstoffgewinnung", Z 1938, S. 129
— Thau: „Kraftstofferzeugung aus Kohle", Brennstoff- u. Wärmewirtschaft 1938, S. 87

1939 — Heinze: „Prüfverfahren für Dieselkraftstoffe. — Stand der Arbeiten zu ihrer Vereinheitlichung", Z 1939, S. 288
— Lindner: „Grundlagen der Prüfung und Bewertung der flüssigen Kraftstoffe", Z 1939, S. 25
—* Müller u. Graf: „Kurzes Lehrbuch der Technologie der Brennstoffe", Verlag Franz Deuticke, Wien 1939 — Bespr. Kraftstoff 1940, S. 190
— Oehmichen: „Wasserstoff als Motortreibmittel", ATZ 1939, S. 573
—* Spausta: „Treibstoffe für Verbrennungsmotoren", Verlag Springer, Wien 1939 — Bespr. Z 1939, S. 1323

1940 — Bokemüller: „Die Verbreiterung der Kraftstoffbasis für Fahrzeug-Dieselmotoren im Kriege", ATZ 1940, S. 13

Benzin, Benzol, Schweröl

1926   Dobrowolski: „Verbrennung von Masut im Dieselmotor der russischen Dieselelektrischen Lokomotive", Z 1926, S. 527

—* Jentzsch: „Flüssige Brennstoffe", VDI-Verlag, Berlin 1926 — Bespr. Wärme 1927, S. 227

1929 — „Benzol oder Benzin?", Waggon- u. Lokbau 1929, S. 171

1933   Gautier: „Vegetable oils as Diesel fuel", Gaz 1933-II, S. 240

„Diesel fuel oils", Loc 1933, S. 314

1935 — Zinner: „Steinkohlenteeröl als Treibstoff des schnellaufenden Dieselmotors", Z 1935, S. 1319

Basset: „Diesel fuels and their selections", Gaz 1935-I, S. 117

1936 — Heinze: „Die motorische Eignung von Braunkohlen-Kraftstoffen", Z 1936, S. 32

—* Krejci-Graf: „Erdöl", Verlag Springer, Berlin 1936

1937 — Gaupp: „Pflanzenöle als Dieselkraftstoffe", ATZ 1937, S. 203

— Glazener: „Mineralölbrände", Oel u. Kohle 1937, S. 30

— Müller: „Untersuchung des Verbrennungsvorganges deutscher Schweröle", Z 1937, S. 199

— „Teeröl und Kogasin als Dieselkraftstoffe", ATZ 1937, S. 125

1938 — Paul: „Steinkohlenteeröl, ein Kraftstoff für Dieselmotoren", ATZ 1938, S. 521

— Zeuner: „Braunkohlenteeröl im Henschel-Lanova-Motor", HH Febr. 1938, S. 18

1939 — „Mischdieselkraftstoffe aus Steinkohlenteeröl", Z 1939, S. 1240

Treibgas, Leuchtgas, Stadtgas, Speichergas, Flüssiggas

1928 — Richter: „Probleme des Zündermotors für flüssige Brennstoffe", Z 1928, S. 532

1934 — Kraemer: „Deutsche gasförmige und feste Treibstoffe", Z 1934, S. 1235

— Traenkner: „Die neueste Entwicklung in der Verwendung gasförmiger Treibstoffe beim Fahrzeugbetrieb", Glückauf 1934, S. 1194

— „Gas als Treibstoff für Kraftfahrzeuge", Motor 1934, Heft 9, S. 9

1935 — Benninghoff: „Speichergas als Treibmittel für die Berliner Omnibusse", Z 1935, S. 203

— Jamm u. Walter: „Leichtstahlflaschen für gasförmige Treibstoffe", Z 1935, S. 779

— Riedel: „Betrieb von Kraftfahrzeugen mit verflüssigten Gasen", Z 1935, S. 579

— „Versuchsfahrt mit heimischen Treibstoffen", Z 1935, S. 1543

1936 — Darmstädter: „Versuche mit Leuchtgas bei der Berliner Verkehrs-A. G.", VT 1936, S. 89

— Rixmann: „Leuchtgasbetrieb von Fahrzeugmotoren", Z 1936, S. 627

— Rothmann: „Wie groß ist der Leistungsabfall beim Uebergang zum Gasbetrieb?", GHH Mai 1936, S. 139

— Ryssel: „Klärgas als Kraftstoff für die Fahrzeuge der Gemeinden", Z 1936, S. 1290

— Strommenger: „Die Verwendung heimischer gasförmiger und fester Kraftstoffe im Omnibusbetrieb", VT 1936, S. 73

— Westmeyer: „Wechselmotoren für Treiböl und Treibgas", Z 1936, S. 263

1937 — Bock: „Flüssiggas-Druckregler für Kraftfahrzeuge", Z 1937, S. 981
— Kneule: „Kleine Gaskraftanlagen", Z 1937, S. 241
— Pursche u. Wichmann: „Kraftwerksbetrieb mit Faulgas", Archiv für Wärmewirtschaft 1937, S. 53
— Rixmann: „Der Leistungsabfall gasgetriebener Fahrzeugmotoren", Z 1937, S. 1357
— „Anwendung von Flaschengas", Z 1937, S. 495

1938 — Gerson: „Die Eigenschaften der verflüssigbaren Reichgase und ihre praktische Verwendung zum Betriebe von Kraftfahrzeugmotoren", ATZ 1938, S. 441
— v. Huhn: „Flüssiggasbetrieb", ATZ 1938, S. 233
— Lessnig: „Motoren für wechselweisen Betrieb mit Oel und Gas", Wärme 1938, S. 179
— Schumacher: „Bemessung und Bau von Gastankanlagen", Z 1938, S. 585

1939 — Holbein: „Stadtgasbetrieb mit Omnibussen der Berliner Verkehrsbetriebe", ATZ 1939, S, 65

1940 — Bock: „Entwicklung und heutiger Stand des Treibgasbetriebes", ATZ 1940, S. 3
— Drechsler u. Köppel: „Treibgasantrieb im Verbrennungstriebwagen", Organ 1940, S. 54
— Gerasch: „Flüssiggas im Kraftfahrzeugbetrieb", VT 1940, S. 35
— Köhler: „Treibgasbetrieb in Dieselfahrzeugen", ATZ 1940, S. 183
— Mehler: „Der Betrieb von Dieselmaschinen mit gasförmigen Kraftstoffen nach einem gemischten Diesel-Otto-Verfahren", MTZ 1940, S. 101
— Merz: „Die Verwendung von Flüssiggas bei der Kraftverkehr-Sachsen-AG", VT 1940, S. 17
— Rixmann: „Druckgasaufladung von Fahrzeug-Gasmotoren", ATZ 1940, S. 11
— Salnikoff: „Flüssiggas-Ueberfüll- und Tankanlagen", ATZ 1940, S. 7
= Schwarz: „Klärgas als Treibstoff", ATZ 1940, S. 251
— Stoll: „Die Verwendung von Flüssiggas und Generatorgas als Kraftstoff für den Fahrzeug-Dieselmotor", MTZ 1940, S. 121

Sauggas

1925 * Fleck: „Sauggasbetrieb", «Eisenbahnwesen», S. 65, VDI-Verlag, Berlin 1925

1930 — Capitani: „Wettbewerb für Motorfahrzeuge mit Kraftgasbetrieb", Z 1930, S. 1617

1931 — „Fortschritte im Bau von Sauggasmotoren für den Antrieb von Kraftfahrzeugen", ATZ 1931, S. 380

1932 — Kirnich: „Fortschritte im Bau von Sauggasanlagen", Z 1932, S. 858
* Linneborn: „Imbert-Holzgas zum Antrieb von Fahrzeugen", Bericht über die 25. Fachtagung der Betriebsleiter-Vereinigung deutscher Privateisenbahnen und Kleinbahnen 1932, S. 64

1933 — Kühne: „Holzgas als Treibmittel für Leichtölmotoren", Z 1933, S. 1293

1933   Upmalis: „Betriebserfahrungen mit Sauggas-Schienenautobussen bei
        den Lettländischen Staatsbahnen", Organ 1933, S. 479
    —   „Schweröl-Holzgas-Dampf?", Das Last-Auto 1933, Heft 3, S. 12
1934 — Isendahl: „Neue deutsche Gasgeneratoren für den Kraftwagen-
        betrieb", ATZ 1934, S. 294
    —   Kraemer: „Deutsche gasförmige und feste Treibstoffe", Z 1934,
        S. 1235
    —   Kühne: „Holzgas als Treibmittel für Lastkraftfahrzeuge", Z 1934,
        S. 325 und 1241
    —   Lenze: „Autobusbetrieb mit Holzgas", ATZ 1934, S. 289
1935 — Filehr: „Fahrzeug-Dieselmotor für Gasgeneratorbetrieb", HH Febr.
        1935, S. 12
    —   Finkbeiner: „Versuche und Erfahrungen mit Holzgas zum Betrieb
        von Verbrennungsmotoren", Z 1935, S. 205
    —   Finkbeiner: „Gaserzeuger für Kraftwagen", Z 1935, S. 665
    —   Finkbeiner: „Gasreiniger für Kraftwagen-Gaserzeuger", Z 1935,
        S. 721
    —   Finkbeiner: „Die Verwendung von festen Brennstoffen als Kraft-
        quelle für Kraftfahrzeuge", ATZ 1935, S. 387
        Jessen: „Heimische Treibstoffe zum Betrieb der Motorkleinlokomo-
        tiven der Deutschen Reichsbahn", Annalen 1935-II, S. 83
        Koffmann: „Woodgas railcar for the Lithuanian State Rys", Loc
        1935, S. 61
    —* Kühne u. Koch: „Holz- und Holzkohlengaserzeuger für Kraftfahr-
        zeuge", Heft 60 der RKTL-Schriften, Beuth-Verlag G. m. b. H.,
        Berlin 1935
    —   Pontani: „Die bisherigen Erfahrungen mit Holzgaskraftwagen bei
        der Reichsbahn", Organ 1935, S. 128
    —   „Versuchsfahrt mit heimischen Treibstoffen", Z 1935, S. 1543
1936   Gotschlich, Cramer u. Tamussino: „Der Anthrazitgas-Triebwagen
        der Oderbruchbahn", VT 1936, S. 250
        Gotschlich: „Verwendung von Anthrazit- und Holzgastriebwagen in
        einem Eisenbahnbetriebe", Annalen 1936-II, S. 151 u. 162
    —* Kühne: „Grundlagen der Holzgasanlagen", 2. Aufl., Druckerei und
        Verlags-AG. Novisad (Jugoslawien) 1936
    —   Mehlig: „Fahrzeug-Gaserzeuger und Motor", Z 1936, S. 301
    —   Neymann: „Neue dreiachsige Holzgasomnibusse der Rheinischen
        Bahngesellschaft", VT 1936, S. 94
    —   Strommenger: „Die Verwendung heimischer gasförmiger und fester
        Kraftstoffe im Omnibusbetrieb", VT 1936, S. 73
        Than: „Anthrazit-Triebwagen (Landesverkehrsamt Brandenburg)",
        Organ 1936, S. 510
    —   von Wülfingen: „Erfahrungen mit dem Holzgasomnibus des Kreises
        Stormarn", VT 1936, S. 92
        „Railcar operating on producer gas, French State Rys", Loc 1936,
        S. 108
1937 —* Finkbeiner: „Hochleistungs-Gaserzeuger für Fahrzeugbetrieb und
        ortsfeste Kleinanlagen", Verlag Springer, Berlin 1937
    —   Heinz: „Holzvergasung auf Straßenfahrzeugen", ATZ 1937, S. 464
    —   Klug: „Brennstoffe für Fahrzeug-Gaserzeuger", ATZ 1937, S. 466

— Langen: „Gütertransport mit Holzgas-Antrieb im Werkverkehr auf
der Reichsautobahn", HH Febr. 1937, S. 7
— Linneborn: „Entwicklung und Stand des Saugbetriebes im Nutzfahr-
zeug", ATZ ·1937, S. 449
— Lutz: „Die Vergasung von Steinkohlen- und Braunkohlen-Schwelkoks in Fahrzeug-Generatoren", ATZ 1937, S. 457
—* Schläpfer u. Tobler: „Theoretische und praktische Untersuchungen
über den Betrieb von Motorfahrzeugen mit Holzgas", heraus-
gegeben von der Schweizerischen Gesellschaft für das Studium
der Motorbrennstoffe, Bern 1937 — Bespr. ATZ 1937, S. 242
— Wohlschläger: „Generatorgas aus Braunkohlen-Schwelkoks", Z 1937,
S. 1299
—*„Holzgasgeneratoren", Verlag Springer, Wien 1937
— „Sauggas-Betrieb", Fachheft ATZ 1937, S. 449 u. f.
1938 — Brownlie: „Producer gas-driven vessels in Germany", Engg 1938-I,
S. 608
=* Fiebelkorn: „Fahrzeug-Dieselmotoren und Fahrzeug-Gasgeneratoren",
2. Aufl., Union Deutsche Verlagsges., Berlin 1938 — Bespr. VT
1939, S. 208
— Finkbeiner: „Ortsfeste Kleingaserzeuger", Archiv für Wärmewirt-
schaft 1938, S. 159
— Finkbeiner: „Weiterentwicklung der Fahrzeug-Gaserzeuger für fos-
sile Brennstoffe", Feuerungstechnik 1938, S. 106
— List: „Untersuchung ortsfester Klein-Holzgaserzeuger", Z 1938,
S. 455
Martin: „Les nouvelles automotrices à gaz des forêts de la Société
Nationale des Chemins de Fer Français", Génie civ. 1938-II, S. 53
— Kongreß 1939, S. 166
— Meuth: „Versuche mit Kleinschleppern im Holzgasbetrieb", Z 1938,
S. 57
1939 — Lang: „Vergasung von Anthrazit und Steinkohlenkoksen im Fahr-
zeug-Gaserzeuger", Z 1939, S. 472
— Örley: „Entwicklung und Stand der Holzgaserzeuger in Österreich,
März 1938", ATZ 1939, S. 313
— „Producer gas locomotive, Australian Paper Manufacturers Ltd",
Loc 1939, S. 92
1940 — Finkbeiner: „Holzgaserzeuger für Lastwagenantrieb", Z 1940, S. 645
— Reed: „Producer gas for commercial vehicles" (m. Zeichnungen),
Gaz 1940-I, S. 339

DER FAHRZEUG-VERBRENNUNGSMOTOR

Uebersichten

1893 —* Diesel: „Theorie und Konstruktion eines rationellen Wärmemotors zum Ersatz der Dampfmaschinen und der heute bekannten Verbrennungsmotoren", Verlag Springer, Berlin 1893 — Bespr. Z 1893, S. 291

1897 — Diesel: „Mitteilungen über den Dieselschen Wärmemotor", Z 1897, S. 785 u. 817 sowie 1899, S. 36 u. 128

1923 = Nägel: „Die Dieselmaschine der Gegenwart: Anwendung des Zweitaktverfahrens", Z 1923, S. 725

1925 Geiger: „Dieselmotor u. Kraftübertragung für Großöllokomotiven", Z 1925, S. 642

— Kux: „Kompressorlose Oelmaschinen", Z 1925, S. 1294

— Riehm: „Schnellaufende Dieselmotoren für Fahrzeuge", Z 1925, S. 1125

1926 — Nägel: „Der Dieselmotor als Kraftfahrzeugmaschine", Z 1926, S. 1433 und 1927, S. 405

=* Seiliger: „Die Hochleistungs - Dieselmotoren", Verlag Springer, Berlin 1926

1928 — Heller: „Brennstoffe und Motoren für Kraftwagen", Z 1928, S. 335

— Reinsch: „Schnellauf bei Dieselmotoren", Z 1928, S. 1371

— „Der schnellaufende Dieselmotor in der See- und Binnenschiffahrt", Z 1928, S. 1724

— „Verbrennungsmotoren", Z 1928, S. 1279

1929 —* Thiemann: „Fahrzeug-Dieselmotoren", Verlag R. C. Schmidt & Co, Berlin 1929

1930 — Mehlig: „Englische kompressorlose Dieselmotoren", Z 1930, S. 171

= Saß: „Der Dieselmotor im Verkehr", Z 1930, S. 823

— Schmidt: „Versuche an einer kompressorlosen Dieselmaschine", Z 1930, S. 1151

1931 — Davies: „Some characteristics of high-speed heavy-oil engines", The Eng 1931-II, S. 656

— Joachim: „Forschungen über Schwerölmotoren in den Vereinigten Staaten", Z 1931, S. 69

— Langer: „Fahreigenschaften von Dieselmotoren und Vergasermotoren in Nutzkraftwagen", Z 1931, S. 949

— Laudahn: „Die doppeltwirkenden Zweitakt-Dieselmotoren der Reichsmarine", Z 1931, S. 1425

— Laudahn: „Schnellaufende Dieselmotoren", Annalen 1931-I, S. 163

— Nägel: „Die Bedeutung Ottos und Langens für die Entwicklung des Verbrennungs-Motors", Z 1931, S. 827

— „Der Fahrzeug-Dieselmotor", Z 1931, S. 1123

— „Fortschritte im Bau von Sauggasmotoren", ATZ 1931, S. 380

„Schwer- und Leichtölmotoren für Eisenbahn-Triebwagen" (Tabelle), Organ 1931, S. 427

1932 —* Klaften: „Die Luftspeicher-Dieselmaschine", Carl Heymanns Verlag, Berlin 1932

—* Ricardo: „Schnellaufende Verbrennungsmotoren", 2. Aufl. Verlag Springer, Berlin 1932

— „Probleme der schnellaufenden Fahrzeug-Dieselmotoren", Z 1932, S. 396

1933 =* Judge: „High speed Diesel engines", Verlag Chapman & Hall, London 1933

—* Pye: „Die Brennkraftmaschine", deutsche Uebersetzung von Wettstädt, Verlag Springer, Berlin 1933

1934 —* Schwaiger: „Entwerfen und Berechnen neuzeitlicher Nutzkraftwagen-Motoren", Verlag Krayn, Stuttgart 1934

— Thiemann: „Der gegenwärtige Stand der Leichtgewichts-Dieselmotoren", ATZ 1934, S. 53

1935 — Loschge: „Kleindieselmotoren", Z 1935, S. 317

— Ostwald: „Gegenwärtige und mögliche künftige Entwicklung der motorischen Verbrennung", ATZ 1935, S. 208

— Schlaefke: „Die Umgestaltung der Konstruktionsgrundlagen schnelllaufender Verbrennungskraftmaschinen durch die Entwicklung der Fahrzeug-Dieselmotoren", GHH Febr. 1935, S. 171

Wagner: „Der deutsche Fahrzeug-Dieselmotorenbau: Triebwagen- und Lokomotivmotoren der M. A. N. Augsburg", Deutsche Motor-Zeitschrift (Dresden) 1935, Heft 10 — ATZ 1938, S. 216

—* Zeman: „Zweitakt-Dieselmaschinen kleiner und mittlerer Leistung", Verlag Springer, Berlin 1935 — Bespr. Z 1936, S. 610

„Air-cooled Diesel engines for railcar service", Loc 1935, S. 147

„Critical speeds and the railway Diesel engine", Gaz 1935-II, S. 754

1936 — Langen: „Die Erfindung des Verbrennungsmotors", Z 1936, S. 1285

— Nägel: „Gedanken zur Schnelläufigkeit des Dieselmotors", Z 1936, S. 1036

— Preuß: „Verbesserung der Wirtschaftlichkeit von schwachbelasteten Fahrzeug-Vergasermotoren", Z 1936, S. 880

—*„Dieselmaschinen", 6. Sonderheft der VDI-Zeitschrift, VDI-Verlag, Berlin 1936 — Bespr. ATZ 1936, S. 317

„Fortschritte und Forschung im Verbrennungsmotorenbau", Z 1936, S. 894

1937 — Böhme: „Schrifttumsnachweis über Dieselmotoren", ATZ 1937, S. 520

=* Diesel: „Diesel. — Der Mensch, das Werk, das Schicksal", Hanseatische Verlagsanstalt, Hamburg 1937

— Drucker: „Die neuere Entwicklung von seitengesteuerten Vergasermotoren", ATZ 1937, S. 476

— Glamann: „Grundgedanken moderner Dieseleinspritzung", ATZ 1937, S. 501

Henze: „Dieselmotoren mit liegenden Zylindern für Triebwagen", Z 1937, S. 565

—* Kraemer: „Bau und Berechnung der Verbrennungskraftmaschinen", Verlag Springer, Berlin 1937

— Mayr: „Sonderanforderungen an den Schiffsdieselmotor", Z 1937, S. 1219

—* Peter: „Der Fahrzeug-Dieselmotor", herausgegeben von W. Harder, Verlag Rich. Carl Schmidt & Co, Berlin 1937 — Bespr. ATZ 1937, S. 522

1937 — Thiemann: „Neuere Fahrzeug-Dieselmotoren", ATZ 1937, S. 512
— Venediger: „Stand und Entwicklung der Zweitaktmotoren für Kraftwagen", Z 1937, S. 187
— Wagner: „Der deutsche Fahrzeug-Dieselmotorenbau", Deutsche Motoren-Zeitschrift 1937, S. 142
—* Weber: „Diesel- und Treibgasmotoren. — Taschenbuch für Techniker und Monteure", Verlag R. Oldenbourg, München und Berlin 1937 — Bespr. ATZ 1937, S. 522
„French railcar oil engines", Gaz 1937-II, S. 582
„German railcar oil engines", Gaz 1937-II, S. 417
„Railcar oil engines", Gaz 1937-II, S. 258, 758 und 959 — Kongreß 1937, S. 1769 (Dumas u. Levy)
1938 — Fiebelkorn: „Der Einheits-Dieselmotor in praktischer Beleuchtung", ATZ 1938, S. 3
=* Fiebelkorn: „Fahrzeug-Dieselmotoren u. Fahrzeug-Gasgeneratoren", 2. Aufl., Union Deutsche Verlagsges. Berlin 1938 — Bespr. VT 1939, S. 208
— Froede: „Zweitaktmotoren ohne Spülgebläse", Z 1938, S. 119
— Goßlau: „Flugmotoren", Z 1938, S. 333
=* Heldt: „Schnellaufende Dieselmotoren für Kraftwagen, Flugzeuge, Schiffe, Eisenbahnen und industrielle Zwecke", autorisierte Uebersetzung der 2. Aufl. von Prof. O. Gueth, Verlag Rich. Carl Schmidt & Co, Berlin 1938 — Bespr. ATZ 1938, S. 226
— Kühner: „Die Leistungsbemessung beim Fahrzeugmotor", Z 1938, S. 1143
— Küster: „Zur Geschichte des Verbrennungsmotors", ATZ 1938, S. 257
— Leunig: „Motor und Kraftstoff", Z 1938, S. 1401
Prettenhofer: „Gestaltung u. Entwicklung von Triebwagenmotoren, insbesondere Deutz-Triebwagenmotoren", ATZ 1938, S. 527
— Riedel: „Drehschiebergesteuerte Verbrennungskraftmaschinen", ATZ 1938, S. 340
— Schneider: „Einige neue ausländische Dieselmotoren", ATZ 1938, S. 523
— Thiemann: „Der gegenwärtige Stand der Dieselflugmotoren", ATZ 1938, S. 547
—*„Dieselmaschinen VII", VDI-Sonderheft, VDI-Verlag Berlin 1938 — Bespr. ATZ 1938, S. 598
„Engines and superchargers", Gaz 1938-I, S. 146
1939 — Caroselli: „Entwicklungsarbeiten an Hochleistungs- und Höhenflugmotoren", Z 1939, S. 385
— Kühner: „Gesichtspunkte für die Gestaltung von Motoren für Geländefahrzeuge", Z 1939, S. 293
=* Schmidt: „Verbrennungsmotoren", Verlag Springer, Berlin 1939
= „Hochleistungsdieselmotoren in Leichtbauweise", ATZ 1939, S. 542
— „Neue Wirbelkammermotoren", ATZ 1939, S. 550
— „Neuere Zweitakt-Dieselmotoren", ATZ 1939, S. 222
„Oil engines", DRT 1939, S. 12
1940 Buschmann: „Triebwagenmotoren", MTZ 1940, S. 139 u. 209
Stroebe: „Dieselmotoren im Eisenbahnbetrieb", MTZ 1940, S. 137
— Vohrer: „Neuzeitliche Flugmotoren", ATZ 1940, S. 157

Einzelbeschreibungen von Fahrzeug-Motoren

1925 — Mader: „Weiterentwicklung des Junkers-Doppelkolbenmotors“, Z 1925, S. 1369

1927 — Stribeck: „Der Luftspeicher-Dieselmotor von Rob. Bosch AG“, Z 1927, S. 765

1928 — Romberg: „Großdieselmotor für Schiffsantrieb mit luftloser Einspritzung, Bauart AEG-Hesselmann“, Z 1928, S. 1693

1930 — Heller: „Neuer Oelmotor für Kraftfahrzeuge: Der Hesselmann-Motor“, Z 1930, S. 970

— Laudahn: „Kompressorlose doppeltwirkende Zweitakt-Dieselmotoren von 12 000 PS, gebaut von MAN für das Märkische Elektrizitätswerk AG“, Z 1930, S. 489

1931 — Imfeld: „Zwölfzylinder - Henschel - Vergasermotor mit Hochganggetriebe“, HH Febr. 1931, S. 6 und März 1934, S. 47

— Neumann: „Der Oberhänsli-Vierzylinder-Rohölmotor“, Z 1931, S. 453

— Schaar: „Der Michel-Motor, ein neuer Fahrzeugdieselmotor“, ATZ 1931, S. 258 und 1932, S. 467

— „100 PS - Sechszylinder-Krupp-Glühring-Motor“, Kruppsche Monatshefte 1931, S. 21

1932 — Nägel u. Holfelder: „Der neue Michel-Motor“, Z 1932, S. 839

— Schmaljohann: „Der Michel-Fahrzeugdieselmotor“, ATZ 1932, S. 467
„Allen railway traction Diesel engine“, Gaz 1932-II, S. 86
„The Petter two-stroke cycle high-speed Diesel engine“, Gaz 1932-II, S. 675

1933 „Two British rail traction Diesels: The Brotherhood and Ruston high-speed engines“, DRT 24. Febr. 1933, S. 17

1934 — Dietz: „Prinzip und Erfolg des Henschel-Lanova-Fahrzeug-Dieselmotors“, HH März 1934, S. 18
Handl: „Spezial-Dieselmotoren der Simmeringer Waggonfabrik AG für Triebwagen“, ATZ 1934, S. 637
„160 bhp eight-cylinder Allen railway oil engine“, Gaz 1934-I, S. 1088
„200 bhp English Electric Diesel engine“, Gaz 1934-I, S. 154
„1600 bhp two-stroke Busch-Sulzer locomotive Diesel engine“, Gaz 1934-I, S. 158 und 518

1935 Wagner: „Der deutsche Fahrzeug-Dieselmotorenbau: Triebwagen- und Lokomotivmotoren der MAN“, Deutsche Motorzeitschrift 1935, S. 194 u. 206 — ATZ 1938, S. 216
„A new British heavy-oil engine design: Paxman-Ricardo 330 bhp engine“, Gaz 1935-I, S. 761
„Air-cooled Diesel engines for railcar service“, Loc 1935, S. 147
„Brotherhood 350 bhp Diesel engine“, Gaz 1935-I, S. 760
„Critical speeds and the railway Diesel engine“, Gaz 1935-II, S. 754
„Sulzer engines for the South Manchuria Ry“, Loc 1935, S. 274
„Mc Laren 150 bhp locomotive Diesel engine“, Gaz 1935-I, S. 753

1936 — Förster: „Neunzylindermotor mit Taumelscheibenantrieb“, Z 1936, S. 190 — Polytechnisch Weekblad 1935, S. 579
„185 bhp horizontal engine, Vomag AG, Plauen“, Gaz 1936-I, S. 371
„360 bhp 12-cylinder Deutz railcar engine“, Gaz 1936-I, S. 376

1937 — Beller: „Richtlinien für die Erreichung hoher Leistung und großer Zugkräfte beim Henschel-Dieselmotor", HH Febr. 1937, S. 17

— Rothmann: „Die Entwicklung des Einheits-Dieselmotors für den deutschen leichten Wehrmacht-Lastkraftwagen", GHH Nov. 1937, S. 213 — Z 1938, S. 681

— Zinner: „Schiffsdieselmotor höherer Leistung in Tauchkolbenbauart", Z 1937, S. 148

— „Die Petter «Harmonic Induction» Dieselmaschine", ATZ 1937, S. 207

„Gardner 100 bhp railcar Diesel engine", Gaz 1937-I, S. 562

„The Winton two stroke railway oil engines", Gaz 1937-I, S. 970

= „The Ricardo combustion systems", Gaz 1937-II, S. 766

1938 — Earle: „A new Diesel engine: 750 HP Model VM Diesel engine latest addition to De la Vergne Line", Baldwin Juli 1938, S. 22

— Fiebelkorn: „Der Einheits-Dieselmotor in praktischer Beleuchtung", ATZ 1938, S. 3

= Frey: „Der «Selve»-Fahrzeug- und Boots-Dieselmotor D 4", ATZ 1938, S. 526

— Ruge: „Ein neuer Henschel-Dieselmotor für 150 PS-Leistung", HH April 1938, S. 24

— Schmidt: „Hulsebos-Taumelscheibenmotor", Z 1938, S. 1241 (mit Schrifttum)

— „Der «Colt»-Personenwagendieselmotor", ATZ 1938, S. 213

— „GMC-Zweitakt-Leichtdieselmotoren", ATZ 1938, S. 213

— „Perkins, der englische Leichtdieselmotor", ATZ 1938, S. 214

„American «General Electric» 500 bhp four-stroke engine", Gaz 1938-II, S. 587

„A new locomotive oil-engine: Petter 4 cyl. engine", Gaz 1938-II, S. 433

„A recent English railway oil-engine model: «English Electric»", Gaz 1938-I, S. 954

„English 1000 bhp high-speed «Paxman» engine", Gaz 1938-II, S. 583

— „«Humboldt-Deutz» single-bank horizontal railcar engine", Gaz 1938-II, S. 588

„The Leyland railcar oil engine", Gaz 1938-II, S. 763

1939 — Fischer: „Die Entstehung des Einheits-Dieselmotors HWA 526 D und seine Weiterentwicklung", HH Febr. 1939, S. 14

Säuberlich: „Neuer Fahrzeug-Zweitakt-Dieselmotor General Motors", Z 1939, S. 1128

1940 — Möbus: „Der Puch-Doppelkolben-Zweitaktmotor", VT 1940, S. 98

Ostwald: „Achtzylinder-Zweitakt-Diesel-LKW-Motor", ATZ 1940, S. 304

— Petersen: „Zweitakt - Gegenkolben - Dieselmotor Bauart Sulzer", Z 1940, S. 275

— „Ein neuer Jameson-Zweitaktmotor", ATZ 1940, S. 39

Sauggasmotoren

1931 — „Fortschritte im Bau von Sauggasmotoren für den Antrieb von Kraftfahrzeugen", ATZ 1931, S. 380

1935 — Filehr: „Fahrzeug-Dieselmotor für Gasgeneratorbetrieb", HH Febr. 1935, S. 12

1936 — Mehlig: „Fahrzeug-Gaserzeuger und Motor", Z 1936, S. 301

Wechselmotoren

1936 — Rothmann: „Wie groß ist der Leistungsabfall beim Uebergang zum Gasbetrieb?", GHH Mai 1936, S. 139
— Westmeyer: „Wechselmotoren für Treiböl u. Treibgas", Z 1936, S. 263
— Rixmann: „Leuchtgasbetrieb von Fahrzeugmotoren", Z 1936, S. 627
1937 — Rixmann: „Der Leistungsabfall gasgetriebener Fahrzeugmotoren", Z 1937, S. 1357
1938 — Lessing: „Motoren für wechselweisen Betrieb mit Oel und Gas", Wärme 1938, S. 179

Brennstaubmotor

1928 — Morrison: „The coal-dust engine", Power 1928-II, S. 746
1931 — Wentzel: „Der Zünd- und Verbrennungsvorgang im Kohlenstaubmotor", Archiv für Wärmewirtschaft 1931, S. 103
1934 — Zinner: „Die Brennstoffzufuhr zur Vorkammer des Kohlenstaubmotors", Z 1934, S. 1007
1936 — Wahl: „Verschleißbekämpfung bei Staubmotoren", Z 1936, S. 1099
— Wahl: „Staubförderung bei Staubmotoren", Z 1936, S. 269
1937 — Jadot: „Le moteur à charbon pulvérisé", Rev. miv. Min. 1937, S. 259
— „Zweitakt-Staubdieselmotor mit Kolbenkanälen u. ventilgesteuertem Auslaß", ATZ 1937, S. 517
1938 — Leunig: „Motor und Kraftstoff: Erfahrungen an Kohlenstaubmotoren", Z 1938, S. 1401
1940 — Wilke: „Versuche mit nitriertem Druckextrakt im Kohlenstaubmotor", ATZ 1940, S. 196
— „Kohlenstaub-Dieselmotor", MTZ 1940, S. 15
— Przygode: „Neuer Kohlenstaubmotor (der Ersten Brünner Maschinenfabriks-Ges.)", Organ 1940, S. 215 — Annalen 1940, S. 99

Fahrzeug-Verbrennungsmotor / Leistung und Drehmoment

1932 — Riehm: „Das Durchzugvermögen von Fahrzeugdieselmotoren", GHH Januar 1932, S. 216
1934 — Filehr: „Leistungen und Drehmomente der Dieselmotoren", HH März 1934, S. 25
1935 „Critical speeds and the railway Diesel engine", Gaz 1935-II, S. 754
1936 — Rothmann: „Wie groß ist der Leistungsabfall beim Uebergang zum Gasbetrieb?", GHH Mai 1936, S. 139
1937 — Beller: „Richtlinien für die Erreichung hoher Leistung und großer Zugkräfte beim Henschel-Diesel-Motor", HH Febr. 1937, S. 17
— List u. Niedermayer: „Spülvorgang und Leistungsgrenzen bei Zweitakt-Dieselmaschinen", Z 1937, S. 1204
— Rixmann: „Der Leistungsabfall gasgetriebener Fahrzeugmotoren", Z 1937, S. 1357
1938 — Frey: „Einfluß des Barometerstandes, der Ansaugelufttemperatur und der Luftfeuchtigkeit auf die Leistung von Brennkraftmaschinen", ATZ 1938, S. 179
1939 — Zeuner: „Schaubild der Bremswerte eines Motors", HH Febr. 1939, S. 38
1940 „Ueber die Leistungsgrenzen von Fahrzeugmotoren", ATZ 1940, S. 239 u. 262

Fahrzeug-Verbrennungsmotor / Innere Vorgänge und Versuche

1920 —   Alt: „Der Verbrennungsvorgang in der Oelmaschine", Z 1920, S. 637

1921 —   Wollers u. Ehmcke: „Der Vergasungsvorgang der Treibmittel, die Oelgasbildung und das Verhalten der Oeldämpfe und Oelgase bei der Verbrennung im Dieselmotor", Kruppsche Monatshefte 1921, S. 1

1925 —   Hintz: „Dieselmotoren mit Strahlzerstäubung: Mittel und Wege zur Beeinflussung der Verbrennung beim Strahlzerstäubungsverfahren", Z 1925, S. 673

—   Kux: „Kompressorlose Oelmaschinen", Z 1925, S. 1294

—   Schultz: „Der kompressorlose Betrieb von Dieselmotoren", Z 1925, S. 1289

1927 —   Neumann: „Untersuchungen an der Dieselmaschine: Die Dieselmaschine als Kraftfahrzeugmotor", Z 1927, S. 775

1928 —   Klüsener: „Untersuchungen zur Dynamik des Zündvorganges", Z 1928, S. 1580 — *) Forschungsheft 309, VDI-Verlag, Berlin 1928

—   Neumann: „Untersuchungen an der Dieselmaschine: Die Vorkammermaschine", Z 1928, S. 1241

—   Richter: „Probleme des Zündermotors für flüssige Brennstoffe", Z 1928, S. 532

—   Richter: „Versuche an einem Junkers-Fahrzeug-Dieselmotor", Z 1928, S. 1569

—   Stodola: „Leistungsversuche an einem Dieselmotor mit Büchischer Aufladung", Z 1928, S. 421

1930 —   Klüsener: „Das Arbeitsverfahren raschlaufender Zweitaktvergasermaschinen", Z 1930, S. 1154 — *) Heft 334 der Forschungsarbeiten auf dem Gebiet des Ingenieurwesen, VDI-Verlag, Berlin 1930

—   Neumann: „Der Spül- und Ladevorgang bei Zweitaktmaschinen", Z 1930, S. 1109 — *) Heft 334 der Forschungsarbeiten, VDI-Verlag, Berlin 1930

—   Schmidt: „Versuche an einer kompressorlosen Dieselmaschine", Z 1930, S. 1151

—   Schnauffer: „Indizieren von schnellaufenden Motoren", Z 1930, S. 1066

1931 —   Joachim: „Forschungen über Schwerölmotoren in den Vereinigten Staaten", Z 1931, S. 69

—   Schlaefke: „Vorgänge beim Verdichtungshub von Vorkammer-Dieselmaschinen", Z 1931, S. 1043

—   Schmidt: „Vorgänge in der Vorkammer-Dieselmaschine", Z 1931, S. 585

—   Schnauffer: „Das Klopfen von Zündermotoren", Z 1931, S. 455

—   Wintterlin: „Spülung und Leistung bei Zweitakt-Motoren", Z 1931, S. 165

1932 —* Klaften: „Die Luftspeicher-Dieselmaschine", Carl Heymanns Verlag, Berlin 1932

1935 —   List: „Die Verbrennung im Motor", Z 1935, S. 1447

1937 —   Bisang: „Ausstrahlung des Verbrennungsraumes schnellaufender Diesel- und Ottomotoren", Z 1937, S. 805

—   Glamann: „Grundgedanken moderner Dieseleinspritzung", ATZ 1937, S. 501

—   List u. Niedermayer: „Spülvorgang und Leistungsgrenzen bei Zweitakt-Dieselmaschinen", Z 1937, S. 1204

−−* Ostwald: „Ueber die Lenkbarkeit der motorischen Verbrennung", Veröffentl. Oesterr. Petrol.-Inst., Verlag für Fachliteratur GmbH., in Komm., Wien 1937 — Bespr. ATZ 1937, S. 142

— Ostwald: „Ungebundene motorische Verbrennung", Brennstoff- u. Wärmewirtschaft 1937, S. 57

— Pfriem: „Messung und Berechnung der Kolbentemperaturen in Dieselmotoren", Z 1937, S. 1477

= „The Ricardo combustion systems", Gaz 1937-II, S. 766

1938 — Aschenbrenner: „Gasträgheit und Liefergrad bei Kolbenmaschinen", Z 1938, S. 454

— Drucker: „Die Spitzendrücke in raschlaufenden Fahrzeugmotoren", ATZ 1938, S. 57

— Drucker: „Der Brennstoffverbrauch von Fahrzeugmotoren", ATZ 1938, S. 399

— Frey: „Was hindert noch den Siegeszug des Dieselmotors im Motorboot?", ATZ 1938, S. 560

— Grossmann: „Zur Analyse der Druckeinspritzung in Dieselmotoren", Schweiz. Bauzeitung 1938-II, S. 249 u. 264

— Niedermayer: „Der Aufladevorgang bei Zweitakt-Dieselmaschinen", Z 1938, S. 504

—* Schrön: „Die Zündfolge der vielzylindrigen Verbrennungsmaschinen, insbesondere der Fahr- und Flugmotoren", Verlag Oldenbourg 1938 — Bespr. Organ 1938, S. 402

— Thiemann: „Cetenzahl und Zündverzug", ATZ 1938, S. 517

— Wilke: „Untersuchungen am Hesselmann-Motor", ATZ 1938, S. 25 — Z 1938, S. 778

— Zeman: „Zweitaktmaschinen mit unsymmetrischen Steuerdiagrammen (Auflademaschinen)", ATZ 1938, S. 420

— Zinner: „Gemischbildung, Verbrennungsablauf und Wirkungsgrad beim schnellaufenden Dieselmotor", Z 1938, S. 9

— „Verdichtungsverhältnis und mechanischer Wirkungsgrad", ATZ 1938, S. 268

1939 — Dreyhaupt: „Wirkung des Luftspeichers auf die Verbrennung in Luftspeicher-Dieselmotoren", Z 1939, S. 183

— Ernst: „Der Dieselmotor mit seitengesteuerten Ventilen", ATZ 1939, S. 539

— Petersen: „Zünd- und Verbrennungsvorgang bei Wirbelkammer- und Luftspeicher-Dieselmotoren", Z 1939, S. 168

—* Schmidt: „Verbrennungsmotoren. — Thermodynamische und versuchsmäßige Grundlagen unter besonderer Berücksichtigung der Flugmotoren", Verlag Springer, Berlin 1939 — Bespr. Z 1940, S. 311

— Venediger: „Betrachtungen über das Verdichtungsverhältnis", ATZ 1939, S. 27

— Zinner: „Stand der Erkenntnis über die Gemischbildung im Otto- und Dieselmotor", Z 1939, S. 141

— Zinner: „Neuere Anschauungen über den Zündvorgang im Dieselmotor", Z 1939, S. 1073

—*„Motor und Kraftstoff", Wissenschaftl. Herbsttagung 1938 des VDI in Augsburg, VDI-Verlag, Berlin 1939. — Bespr. Z 1939, S. 1323

1939 —*„Physikalische und chemische Vorgänge bei der Verbrennung im Motor", Heft 9 der Schriften der Deutschen Akademie der Luftfahrtforschung, Verlag Oldenbourg, München 1939 — Bespr. Annalen 1940, S. 137

1940 — Geisler: „Drehzahlsteigerung eines Fahrzeug-Dieselmotors", ATZ 1940, S. 191

— Meurer: „Das neue MAN-Verfahren für schnellaufende Dieselmotoren", ATZ 1940, S. 185

— Scheuermeyer: „Zur Gemischbildung im Hochleistungsdieselmotor", Z 1940, S. 482

— Schmidt: „Untersuchungen über den Klopfvorgang in Mehrzylindermotoren", Z 1940, S. 435

— Ullmann: „Die mechanischen Reibungsverluste der schnellaufenden Verbrennungsmotoren bei hohen pulsierenden Gasdrücken", MTZ 1940, S. 230

— Wilke: „Die Genauigkeit von Klopfwertbestimmungen", Z 1940, S. 520

Bauliche Einzelheiten des Fahrzeug-Verbrennungsmotors

1927 — Ringwald: „Nockenform und Ventilbewegung mit besonderer Berücksichtigung der Verbrennungsmotoren", Z 1927, S. 47

1929 — Doerfel: „Bekämpfung der Unstetigkeiten bei schnellaufenden Steuernocken", Maschinenbau 1929, S. 729

1930 —* Mahle: „Kolben für Kraftfahrzeugmotoren", Verlag Deutsche Motor-Zeitschrift Gmbh., Dresden 1930

— Matthaes: „Ermüdungserscheinungen von Kurbelwellenstahl", Maschinenbau-Betrieb 1930, S. 117

— Schlaefke: „Zur Bestimmung der Eigenschwingungszahlen von Kurbelwellen", Z 1930, S. 1451 u. 1931, S. 404

1931 — Kluge: „Kritische Drehzahlen von Kurbelwellen", ATZ 1931, S. 547

1932 — Schlaefke: „Zur Bestimmung der Geschwindigkeiten und Beschleunigungen von Ventilen raschlaufender Verbrennungskraftmaschinen", GHH Januar 1932, S. 219

1933 — Filehr: „Die Henschel-Mitteldruck-Regelung (Lanova-Diesel)", HH Nov. 1933, S. 30

1934 — Bielefeld: „Betriebsuntersuchungen der Henschel-Mitteldruck-Regelung für Fahrzeug-Dieselmotoren", HH März 1934, S. 27

—* Durney: „Design of connecting rods for high speed internal combustion engines", Verlag The Draughtsman Publishing Co, Ltd, London 1934 — Bespr. Engg 1935-I, S. 349

— Geiger: „Die Dämpfung bei Drehschwingungen von Brennkraftmaschinen", GHH Dez. 1934, S. 147

1935 = Bassett: „The lubrication of Diesel engines", Gaz 1935-I, S. 762

— Eckardt: „Kolbengeschwindigkeit und mittlerer Kolbendruck bei Fahrzeug-Dieselmotoren", HH Febr. 1935, S. 29

— Neumann: „Luftfilter für Verbrennungsmotoren", Deutsche Motor-Zeitschrift 1935, S. 14

1936 — Gill: „The economic lubrication of high-speed and medium-speed engines for Diesel traction", Gaz 1936-I, S. 366

— Preuß: „Entwicklungsrichtungen im Vergaserbau", Z 1936, S. 175

— Rothmann: „Berechnung der Kolbenbolzen von Fahrzeugdieselmotoren", GHH Nov. 1936, S. 231 — Z 1937, S. 384

1937 — Appelt: „Steigerung der Dauerhaltbarkeit von Autokurbelwellen durch Oberflächenhärten des Bohrrandes", ATZ 1937, S. 473

— Eckhardt: „Die Bedeutung der Henschel-Mitteldruckregelung", HH Febr. 1937, S. 28

— Fiebelkorn: „Behandlung, Pflege, Prüfung und Einstellung von Kraftstoff-Einspritzpumpen und -Ventilen für Fahrzeugdieselmotoren in praktischer Beleuchtung", ATZ 1937, S. 276

— Geiger: „Zur Berechnung der Kurbelwellen", ATZ 1937, S. 93

— Koch: „Verbesserung der Laufeigenschaften der Kolben von Kraftwagenmotoren", Z 1937, S. 1458 u. 1938, S. 1379

— Kraemer: „Hilfsmittel für den Massenausgleich von Verbrennungsmotoren", Z 1937, S. 1476

— Lindemann: „Schnelle Errechnung der Ventilfederkräfte und Abschätzung des Flatterpunktes", ATZ 1937, S. 36

— Seiler: „Batteriezünder mit Kondensatorentladung", ATZ 1937, S. 415

— „Zum Lagerproblem des Fahrzeug-Dieselmotors", ATZ 1937, S. 213

1938 — Englisch: „Abdichtungsverhältnisse von Kolbenringen in Verbrennungskraftmaschinen", ATZ 1938, S. 579

— Gressenich: „Die Vereinigung artverschiedener Werkstoffe bei Motorkolben", ATZ 1938, S. 325

— Kraemer: „Wärmebeanspruchte Bauteile im Verbrennungsmotorenbau. — Grundsätze für ihre Gestaltung", Z 1938, S. 321

— Mickel: „Neuere Erkenntnisse über die Gestaltfestigkeit gußeiserner Bauteile: Gußkurbelwellen", GHH 1938, S. 73

— Richter: „Die Schmierung von Diesel- und Otto-Motoren unter Berücksichtigung des Einflusses verschiedener Brennstoffe", Brennstoff- u. Wärmewirtschaft 1938, S. 67

— Schmitt: „Spaltmaß und Verdichtung beim Henschel-Dieselmotor", HH Febr. 1938, S. 20

—* Schrön: „Die Zündfolge der vielzylindrigen Verbrennungsmaschinen, insbesondere der Fahr- und Flugmotoren", Verlag R. Oldenbourg, München u. Berlin 1938 — Bespr. Z 1939, S. 643

— Sorg: „Zylinder-Laufbüchsen und Ventilsitzringe, ihr Einbau und wirtschaftlicher Einsatz", ATZ 1938, S. 17

— Tänzler: „Spülgebläse für Zweitaktmotoren", Z 1938, S. 1153 u. 1939, S. 818

— Thiessen u. Siede: „Beitrag zur Frage der Zylinderschmierung von Brennkraftmaschinen", Brennstoff- und Wärmewirtschaft 1938, S. 125 u. 143

— Vogel: „Geräuschverminderung an Umlaufnocken", Maschinenbau 1938, S. 95

— „Berechnung der Lager von Verbrennungsmotoren", Kugellager (Schweinfurt) 1938, Heft 2, S. 18

— „Die RAD-Pumpe (British Metallic Packings Co)", ATZ 1938, S. 419

— „Eine neue Kraftstoffeinspritzpumpe, Bauart «Deckel»", ATZ 1938, S. 66

— „Ein neuer englischer Fahrzeugvergaser", ATZ 1938, S. 16

— „Gußkurbelwellen", ATZ 1938, S. 333

— „Leichtmetallkolben für Dieselmotoren", ATZ 1938, S. 537

1939 —   Cornelius: „Berechnung und Gestaltung schnellaufender Kurbel-
          wellen", ATZ 1939, S. 385
   —   Eckhardt u. Schlickenrieder: „Eine neue Mitteldruck-Regelvorrich-
          tung", HH Febr. 1939, S. 30
   —   Heidebroek: „Temperaturen in Lagern von Verbrennungsmotoren",
          Z 1939, S. 12
   —*   Kremser: „Das Triebwerk schnellaufender Verbrennungskraft-
          maschinen", «Die Verbrennungskraftmaschine», 10. Heft, Verlag
          Springer, Wien 1939 — Bespr. Z 1940, S. 631
   —   Mundorff: „Kolbenringe für Autobahnbeanspruchungen", ATZ 1939,
          S. 62
   —   „Verhütung von Anrissen an Kolben und Kreuzköpfen von Kriegs-
          schiff-Dieselmotoren", Z 1939, S. 342
1940 —   Beck: „Versuche über Zylinder- und Kolbenring-Verschleiß", Z 1940,
          S. 603
   —   Eckhardt: „Ein Beitrag zur Bestimmung der Größe und der Lage
          der Gegengewichte an mehrfach gelagerten Kurbelwellen", ATZ
          1940, S. 426
   —   Eltze: „Berechnung der Drehschwingungen einer mehrfach gekröpf-
          ten Welle und eine Bemerkung über ihre Gegengewichte", MTZ
          1940, S. 116
   —   Geiger: „Ermittelung der Beanspruchung in kritischen Torsionsdreh-
          zahlen von Kurbelwellen mit Berücksichtigung der Drehzahlen",
          ATZ 1940, S. 403
   —   Hahn: „Berechnung und Bemessung der Kurbelwellenlager von Vier-
          zylinder-Reihenmotoren", ATZ 1940, S. 420
   —   Haug: „Vergleichende Untersuchungen über das Einheitsmoment der
          Kurbelwelle eines Fahrzeugmotors", ATZ 1940, S. 393
          Lanzinger: „Ueber thermisch und mechanisch höchstbeanspruchte
          Bauteile moderner Hochleistungs-Ottomotoren", ATZ 1940, S. 327
   —   Schlaefke: „Zur Berechnung von Kolbenbolzen", MTZ 1940, S. 117
   —   Urbach: „Drehschwingungsuntersuchungen an Kurbelwellen eines
          Fahrzeugmotors", ATZ 1940, S. 315

Anlassen des Verbrennungsmotors

1929 —   Jendrassik: „Verfahren zum Anlassen kleiner Dieselmotoren",
          Z 1929, S. 1027
1930 —   Lang: „Schnellanlasser für Verbrennungsmotoren", Z 1930, S. 1325
   —   Heidelberg: „Das Anlassen von Verbrennungsmotoren", Z 1930,
          S. 1703
1936 —   Hiller: „Das Anlassen der Dieselmotoren", Z 1936, S. 1309 — ATZ
          1938, S. 202
1937 —   Triebnigg: „Der Leistungsaufwand beim Anlassen von Verbren-
          nungskraftmaschinen", ATZ 1937, S. 183
1938 —   Callsen: „Anlaßprobleme des Verbrennungsmotors", ATZ 1938, S. 352
   —   Johannis: „Anlaßschwierigkeiten beim Fahrzeugdiesel", ATZ 1938,
          S. 34
   —   Klaften: „Zur Begriffsbestimmung des Ausdruckes «Anlassen» bei
          Brennkraftmaschinen, insbesondere Fahrzeugmotoren", HH Febr.
          1938, S. 13

— Pohlenz u. Hofmann: „Untersuchung des Durchdrehvorganges beim Anlassen von Fahrzeug-Dieselmotoren mittels elektr. Anlasser", GHH 1938, S. 104

1939 — Fiebelkorn: „Kälteerfahrungen mit Fahrzeug-Dieselmotoren in praktischer Beleuchtung", ATZ 1939, S. 532

1940 — Rixmann u. Conrad: „Verhalten von Kraftstoff und Motor beim Kälteanlassen von Fahrzeugdieselmotoren", Z 1940, S. 634

Auflade-Motor

1928 —* Büchi: „Die Leistungssteigerung von Dieselmotoren nach dem Büchi-Verfahren", Vortrag, gehalten am 7. Dezember 1928 in 's-Gravenhage vor dem Kon. Instituut van Ingenieurs, 1928

1936 —* Pflaum: „Zusammenwirken von Motor und Gebläse bei Auflade-Dieselmaschinen", Sonderabdruck aus dem Berichtswerk über die 74. Hauptversammlung des Vereins Deutscher Ingenieure in Darmstadt 1936 (VDI-Verlag, Berlin), herausgegeben von der MAN 1936

1938 — v. d. Nüll: „Ladeeinrichtungen für Hochleistungs-Brennkraftmaschinen, insbesondere Flugmotoren", ATZ 1938, S. 282

— Schütte: „Die Spülung bei Auflademaschinen", GHH 1938, S. 65

— Zeman: „Zweitaktmaschinen mit unsymmetrischen Steuerdiagrammen (Auflademaschinen)", ATZ 1938, S. 420

— „Druckladen bei Dieselmotoren", ATZ 1938, S. 210

— „A gear driven pressure-charger", Gaz 1938-II, S. 103

— „A supercharged railcar engine: Saurer BD engine fitted with Büchi exhaust gas supercharger", Gaz 1938-II, S. 438

— „Engines and superchargers", Gaz 1938-I, S. 146

1939 — Büchi: „Die entscheidenden Merkmale der Büchi-Abgas-Turbinenaufladung von Verbrennungsmotoren", MTZ 1939, S. 198

Chatel: „La suralimentation dans les moteurs Diesel. — Applications aux mauteurs d'autorails et de locomotives Diesel", Revue 1939-I, S. 184

1940 — Frese: „Bestimmung der Abmessungen von Aufladegebläsen", MTZ 1940, S. 1

— Kubsch: „Die Arbeitsgrundlagen der Abgasturbine beim Antrieb von Turboladern", ATZ 1940, S. 77

Schmitt: „Die Entwicklung der Aufladung für Dieselmotoren der Triebwagen", MTZ 1940, S. 153

— Scheuermeyer u. Kreß: „Die Ueberladung beim Hochleistungs-Dieselmotor", MTZ 1940, S. 265

Kühlung des Verbrennungsmotors

1927 — Richter: „Die Wasserrückkühlung in Kraftfahrzeugen", Z 1927, S. 827

1928 — Goßlau: „Luftkühlung bei Flugmotoren", Z 1928, S. 1335

1930 — Hecker: „Heißkühlung bei Verbrennungsmotoren", Z 1930, S. 471

1931 — Riede: „Leistungssteigerung der Kühlanlagen mit Pumpenumlauf bei Kraftwagen", Z 1931, S. 929

— Zumpe: „Wassersteinlösungsmittel für Kühlanlagen von Fahrzeugmotoren", Z 1931, S. 1193

1935   „Air-cooled Diesel engines for railcar service", Loc 1935, S. 147
1937   Breuer: „Die Rückkühlung und Wärmeregelung des Kühlwassers der Dieseltriebwagen", Annalen 1937-II, S. 17
 — Drucker: „Berechnung und Entwurf von Schraubenlüftern für Kraftfahrzeuge", ATZ 1937, S. 358
 = „Exhaust gas conditioning. — A new system (Hunslet patent) of cooling and cleaning for application to oil engines", Gaz 1937-II, S. 754
1938 — Petersen: „Betriebseignung von wassergekühlten Oelkühlern", Archiv für Wärmewirtschaft 1938, S. 69   .
1939 — „Die Flüssigkeitskühlung von Verbrennungsmotoren", ATZ 1939, S. 570
1940 — Kühner: „Umrechnung der Zylindertemperaturen luftgekühlter Flugmotoren", Z 1940, S. 700

Geräuschbekämpfung beim Verbrennungsmotor

1934   Martin: „Dämpfung des Auspuffschalles an Kraftfahrzeug-Motoren", Z 1934, S. 1257
1937   Dumas u. Levy: „Geräuschdämpfung bei Triebwagen", Kongreß 1937, S. 1818
 — Hoffmeister: „Geräuschbekämpfung bei Kraftfahrzeugen", Z 1937, S. 318
 — Martin: „Schalldämpfung ohne Leistungsverlust am Viertaktmotor", ATZ 1937, S. 383
 — Piening: „Schalldämpfung der Ansauge- und Auspuffgeräusche von Dieselanlagen auf Schiffen", Z 1937, S. 770
1938 — Bentele: „Eine wirksame Bauart von Schalldämpfern für Rohrleitungen", Z 1938, S. 123 — *) VDI-Verlag Berlin 1938 (Bespr. ATZ 1938, S. 390)
 — Furrer: „Schallschluckstoffe", Schweiz. Bauzeitung 1938-I, S. 216
 — Kamm u. Hoffmeister: „Geräusche an Kraftfahrzeugen und ihre Messung", ATZ 1938, S. 173
 — „Silencieux pour moteur Diesel de 785 ch.", Revue 1938-I, S. 54
1940 — Poppinga: „Bekämpfung von Geräuschen in Kraftwagen", Z 1940, S. 689
 -- „Lärmbekämpfung an Dieselmotoren", MTZ 1940, S. 20

DIE KRAFTÜBERTRAGUNG
BEIM VERBRENNUNGSMOTOR-FAHRZEUG

Allgemein

1925   Geiger: „Dieselmotor und Kraftübertragung für Großöllokomotiven", Z 1925, S. 642

1927 — Kutzbach: „Die heutigen Probleme der Energie-Umformer", Maschinenbau 1927, S. 1077

—   Kutzbach: „Die Regelung bei stufenlosen Umformern", Maschinenbau 1927, S. 1104

—   Getriebeheft der Zeitschrift „Maschinenbau" 1927, Heft 22, S. 1077 u. f.

1928 —   Alt: „Der heutige Stand der Getriebelehre", Maschinenbau 1928, S. 1042

—* „Getriebe. — Gesammelte Aufsätze der Zeitschrift Maschinenbau", VDI-Verlag, Berlin 1928

1929   Grüning: „Dieselelektrische Lokomotiven", Organ 1929, S. 487

=* Süberkrüb: „Fahrzeug-Getriebe", Verlag J. Springer, Berlin 1929
Getriebeheft der Zeitschrift „Maschinenbau" 1929, Heft 21, S. 705 u. f.

1932   Miall: „Transmissions for Diesel locomotives and railcars", Gaz 1932-I, S. 149, 290, 471, 608, 748 u. 877 — Gaz 1932-II, S. 82, 197, 311 — DRT 24. März 1933, S. 10

1933   Petersen: „Diesel locomotives and cars", Loc 1933, S. 301

1934   v. Thüngen: „Grundlagen für die selbsttätige Regelung von Kraftfahrzeuggetrieben", Z 1934, S. 309

1935   Koffmann: „Railcar transmission", Loc 1935, S. 359 u. 390

1937   Dumas u. Levy: „Die Getriebe (Kraftübertragung) für die Triebwagen", Kongreß 1937, S. 1783

1938   Wilson: „The control of Diesel railcars", Gaz 1938-II, S. 933

1939   Spies: „Die Zugsteuerung von Triebwagen mit Verbrennungsmotor und mechanischer Kraftübertragung" (mit Schaltschema), VT 1939, S. 292 — DRT 1939, S. 122

„Transmission systems", DRT 1939, S. 14

1940   Brand: „Die Kraftübertragungsanlagen für Verbrennungstriebwagen", MTZ 1940, S. 156

Kupplung

1915 —   Bonte: „Beitrag zur Berechnung von Kegelreibkupplungen und über Reibung und Schmierung", Z 1915, S. 1030

1927 —   Becker: „Die Bibby-Kupplung", Maschinenbau 1927, S. 119

1930 —   Geue: „Die Waldstein-Kupplung", Z 1930, S. 482

1931 —   Last: „Die Babba-Kupplung", Z 1931, S. 1109

—   Thomas: „Die Pulvis-Schlupfkupplung", Z 1931, S. 1141

1934 —   Bauer: „Der Ersatz von Dampfanlagen auf Schiffen durch schnelllaufende Dieselmotoren und Vulcangetriebe (mit hydr. Föttinger-Kupplung)", Schiffbau 1934, S. 115

„Krupp hydraulic clutch", Gaz 1934-I, S. 330

„SLM-Winterthur oil-operated clutch", Gaz 1934-II, S. 744

1935   „Hydraulic couplings and transmissions for railway work", Gaz 1935-I, S. 998

1936 —   Altmann: „Drehfedernde Kupplungen", Z 1936, S. 245

—   Ehrhardt: „Verschleiß von Reibscheiben in Mehrscheibenkupplungen", Z 1936, S. 1231

1936 — Pielstick: „Schwingungsdämpfende Hülsenfedern", GHH April 1936,
       S. 123
1937 — Flörig: „Einheitliche Prüfung von Brems- und Kupplungsbelägen",
       ATZ 1937, S. 271
     — Geiger: „Die Erwärmung von Kupplungen und Bremsen", ATZ 1937,
       S. 34
     — v. Thüngen: „Wesen der Kupplung und des Getriebes beim Kraft-
       fahrzeug", Z 1937, S. 645

Unmittelbare Kraftübertragung

1912   „The (Borsig-Sulzer) Diesel locomotive", Loc 1912, S. 171 und 1913,
       S. 223 — Gaz 1913-II, S. 369
1913   Ostertag: „Die erste Thermo-Lokomotive", Schweiz. Bauzeitung
       1913-II, S. 297
       Sternenberg: „Die erste Thermo-Lokomotive (Borsig-Sulzer)",
       Z 1913, S. 1325 — Engg 1913-II, S. 317 — Annalen 1914-II,
       S. 127
1919   Müller: „Die Versuchsergebnisse mit der ersten Thermolokomotive
       unter Hinweis auf die Verbrennungskraftmaschinen", VW 1919,
       S. 133, 149 u. 165 — Lok 1919, S. 151
1921   „«Leroux» railway motor coach with internal combustion", The Eng
       1921-I, S. 612
1927   Günther: „Die mechanisch angetriebene Diesellokomotive mit fester
       Ueberseßung und mehreren, einzeln kuppelbaren Motoren", Organ
       1927, S. 39 u. 283
       Günther: „Die unmittelbar angetriebene Diesellokomotive", Z 1927,
       S. 1710
1929   Mangold: „Personenzug-Diesellokomotive 2-4-2 für das russische
       Profil", Annalen 1929-II, S. 1
       Meineke: „Die Anforderungen des Lokomotivbaues an den Diesel-
       motor (Schweter-Kolben)", Z 1929, S. 1509
1930   Schweter: „Diesellokomotive mit unmittelbarem Antrieb", Waggon-
       und Lokbau 1930, S. 164
       „4-6-2 type Ansaldo Diesel locomotive", Engg 1930-II, S. 645 —
       Z 1930, S. 1685 — Organ 1931, S. 183 — Waggon- und Lokbau
       1931, S. 154 — Loc 1931, S. 73
1931   v. Sanden u. Wohlschläger: „Eine neue Lösung des Problems der
       Diesellokomotive mit unveränderbarem Antrieb", Organ 1931,
       S. 167
1933   Langen: „1000 PS - 2 B 2 - Diesellokomotive mit unmittelbarem An-
       trieb (Deuß-Reichsbahn)", Z 1933, S. 1287, — * VDI-Forschungs-
       heft 363 — Gaz 1934-I, S. 160 — Z 1937, S. 575
       „Miniature Diesel locomotives for the Blackpool Pleasure Beach Ry",
       Loc 1933, S. 220 u. 1935, S. 170
1934   Finsterwalder u. Bredenbreuker: „Eignung der Diesellokomotive mit
       unmittelbarem Antrieb für Schnellfahrten", Z 1934, S. 1088 und
       1935, S. 810
       Granß u. Rieppel: „Das Fremdverdichtungsverfahren zum Antrieb
       von Diesellokomotiven und Triebwagen", Z 1934, S. 436

          Hennig: „Warum Schnelltriebwagen mit unmittelbarem Diesel-
          motorenantrieb?", Annalen 1934-I, S. 65

1937   Schrader: „2 B 2-Deu\u0167-Diesellokomotive mit unmittelbarem Antrieb
          (vom Jahre 1933!)", Z 1937, S. 575 — Annalen 1937-II, S. 179 —
          Gaz 1938-I, S. 330 — Organ 1938, S. 79 und 379 — Engg 1938-I,
          S. 251 — Kongreß 1938, S. 828

1939   Büchi: „Early days in Diesel development", DRT 1939-I, S. 82

Mechanische Kraftübertragung / Stufengetriebe

1925   Jenny: „Ein neues Geschwindigkeits-Wechselgetriebe, Bauart SLM'.
          Schweiz. Techniker-Zeitung 1925, S. 305
          Plünzke: „Die mechanische Kraftübertragung für Triebwagen mit
          Verbrennungsmotor", VT 1925, S. 504

1926   Trnka: „Zur Frage der mechanischen Kraftübertragung von Trieb-
          wagen mit Verbrennungsmotor", VT 1926, S. 858

1927 — Altmann: „Die Bauformen gleichachsiger Stirnradumformer",
          Maschinenbau 1927, S. 1083
  —   Altmann: „Zahnradumformer für ungewöhnlich große Ueber-
          se\u0167ungen", Maschinenbau 1927, S. 1093
          Feist: „Das Oelschaltgetriebe SW und seine Verwendung im Trieb-
          wagenbau", Annalen 1927-II, S. 62
  —   Grodzinski: „Schaltgetriebe mit Kurvensteuerung", Maschinenbau
          1927, S. 655
          Klein: „Lokomotivgetriebe", Z 1927, S. 1095
  —   Ku\u0167bach: „Mehrgliedrige Radgetriebe und ihre Gese\u0167e", Maschinen-
          bau 1927, S. 1080
  —   Wolf u. Jungkunz: „Die Normung von Hochleistungsgetrieben, ihre
          Durchführung und ihre wirtschaftlichen Vorteile", Maschinenbau
          1927, S. 1088

1928 — Alt: „Der heutige Stand der Getriebelehre", Maschinenbau 1928,
          S. 1042
  —   Heller: „Neuere Wechselgetriebe und Hinterachsantriebe für Kraft-
          fahrzeuge", Z 1928, S. 269
          Lomonossoff: „Das Lokomotiv-Stufengetriebe", Organ 1928, S. 416
          [vergl. auch Organ 1926, S. 193]

1929   Klein: „Einiges aus der Praxis des Getriebebaues", Annalen 1929-II,
          S. 166

1932   Miall: „The SLM-transmission", Gaz 1932-II, S. 82 — Organ 1935,
          S. 75
          „The Wilson-Drewry pre-selective epiciclic gear", Gaz 1932-I, S. 748
          und 877 — The Eng 1931-II, S. 359

1933 — Deker: „Henschel-5-Gang-Schaltgetriebe", HH Januar 1933, S. 20
          und März 1934, S. 36
          Landmann: „Der Schiemann-Antrieb, ein billiger Antrieb für
          Schienenschleppzeuge", El. Bahnen 1933, S. 270 — ZMEV 1933,
          S. 948
  =   „Wilson-Gangwählergetriebe", ATZ 1933, S. 9
          „Humfrey-Sandberg transmissions for Diesel locomotives", DRT
          24. Febr. 1933, S. 14

1933   „Mechanical transmission for Ganz-engined railcars, Hungarian State
        Rys", Gaz 1933-II, S. 238
1934   „Das Mylius-Getriebe für Eisenbahntriebwagen", Motor 1934, Heft 7,
        S. 18
1935   Boehme: „Ein neues kraftschlüssiges Getriebe für Verbrennungs-
        kraftmaschinen: Das Ardelt-Getriebe", Annalen 1935-II, S. 105 —
        Gaz 1936-I, S. 372
        Miall: „Transmissions for Diesel locomotives and railcars: The
        A. L. M. - gearbox", Gaz 1935-II, S. 400
        „Oelschaltgetriebe der Schweizerischen Lokomotiv- und Maschinen-
        fabrik", Organ 1935, S. 75
        „Cotal gearbox for 110 bhp Baudet-Donon-Roussel Diesel cars", Gaz
        1935-I, S. 176
1936   Miall: „The Ardelt gear transmission", Gaz 1936-I, S. 372
        Miall: „The Minerva pre-synchronising gearbox", Gaz 1936-I, S. 974
        Miall: „The Ganz constant-mesh gearbox", Gaz 1936-II, S. 82
—   Wallichs u. Schöpke: „Die Berechnung von Zahnradgetrieben unter
        besonderer Berücksichtigung der Drehzahlnormung", Z 1936,
        S. 241 — * VDI-Verlag, Berlin 1936
1937 — Meyer (Heinrich): „Die Bedeutung des Henschel - Siebengang-
        Getriebes in Bezug auf die Leistungsfähigkeit und Wirtschaftlich-
        keit eines Kraftfahrzeuges", HH Febr. 1937, S. 19
—   „Das halbautomatisch (selektiv schaltende) Macallen-Stufengetriebe",
        ATZ 1937, S. 440
        „A new gearbox development: Triebwagen-Bau AG, Kiel (pneuma-
        tically operated clutches)", Gaz 1937-I, S. 566 (m. Schema)
        „Another Mylius gearbox development: Five-speed transmission with
        simple controls and double end drive for powerful railcars" (mit
        Zeichnungen), Gaz 1937-II, S. 86
1938   Henze: „Zahnrad-Wechselgetriebe für Triebwagen", Z 1938, S. 1350
—   „Neuentwurf des «Monodrive»-Halbautomatik-Getriebes", ATZ 1938,
        S. 21
        „«Procédés Minerva» multi-speed gearbox", Gaz 1938-II, S. 762
1939 — Hering: „Zur Getriebefrage", ATZ 1939, S. 45 u. 78
—   Schöpke: „Doppelt gebundene Zahnradwechselgetriebe kleiner Ab-
        messungen", Maschinenbau/Betrieb 1939-I, S. 145
        Spies: „Die Zugsteuerung von Triebwagen mit Verbrennungsmotor
        und mechanischer Kraftübertragung" (m. Schaltschema), VT 1939,
        S. 292 — DRT 1939, S. 122
—   v. Thüngen: „Leistungsverzweigung und Scheinleistung in Ge-
        trieben", Z 1939, S. 730
—   „Das Prinzip des automatischen «Kreis»-Getriebes", ATZ 1939, S. 464
        und 509 — Maschinenbau 1940, S. 86
        „Main-line Diesel cars in Central Europe: 460 bhp trailer-hauling
        railcar for speeds up to 80 m. p. h., former Czecho-Slovak State
        Rys" (mit Skizzen vom Praga-Wilson-Getriebe), DRT 1939-I, S. 64
        „Remote-control of mechanical transmission [Ardelt, Mylius] (mit
        Schaltschema), DRT 1939-I, S. 86
1940   Brand: „Die Kraftübertragungsanlagen für Verbrennungstriebwagen",
        MTZ 1940, S. 156

Elektrische 1 Do 1 - Schnellzug-Lokomotive Reihe E 19 der Deutschen Reichsbahn. Vorübergehende Höchstleistung 8000 PS, größte Stunden-leistung 5500 PS, planmäßige Höchstgeschwindigkeit 180 km/h. Ge-meinschaftsarbeit der Firmen Siemens-Schuckert-Werke, Berlin, und Henschel & Sohn, Kassel.

Mechanische Kraftübertragung / Stufenlos regelbare Getriebe

1925   „The Constantinesco locomotive", Loc 1925, S. 310

1929 —   Altmann: „Zwei neue Getriebe für gleichförmige Uebersetzung (SSW und Burn)", Maschinenbau 1929, S. 721

1935   „Variable speed change-gear: PIV-gearbox", Loc 1935, S. 333

1936 —   Preger: „Stufenlos regelbare Kettengetriebe für Werkzeugmaschinen", Werkstattstechnik 1936, S. 68

   —   Spies: „Mechanische Getriebe für stufenlose Regelung", Werkzeugmaschine 1936, S. 352

1937 —   Bock: „Fortschritte in der Konstruktion stufenlos regelbarer Uebersetzungsgetriebe: Das «Vasanta»-Getriebe", Maschinenbau 1937-II, S. 581

   —   „Neues stufenlos regelbares Getriebe für Kraftfahrzeuge: Mechanisches Schaltwerks-Wechselgetriebe R. V. R. (Robin u. van Roggen, Minerva-Imperia-Motor)", Maschinenbau 1937, S. 278 — ZÖIA 1937, S. 76 — Z 1937, S. 1228

   —   „Neues Keilriemen-Regelgetriebe (Eisenwerk Wülfel)", Maschinenbau 1937, S. 479

   —   „Neues stufenlos regelbares Getriebe: Bauart Obermoser", Maschinenbau 1937-II, S. 535

   —   „The «Gyral» variable-speed reduction gear", Engg 1937-II, S. 277

1938 —   Schröder: „Stufenlose Wechselgetriebe", Maschinenbau 1938-I, S. 259

   —   Wiessner: „Mechanische Antriebe für stufenlose Drehzahlregelung", Annalen 1938-II, S. 244

1939 —   Hüttermann: „Stepless speed regulation in machine tools: Part I. Mechanical transmissions", Engg Progress, Berlin 1939, S. 201

Reibrad-Getriebe

1895 —   „Variable speed friction gear, constructed by Messrs. Watkins & Watsons", Engg 1895-II, S. 647

1905 —   Pflug: „Internationale Automobilausstellung Berlin: Wagen mit Reibradgetriebe", Annalen 1905-II, S. 31

1927 —   Garrard: „Reibradgetriebe", Maschinenbau 1927, S. 1097

1928   Lorenz: „Schiene und Rad. — Werkstoffbeanspruchung und Schlupf bei Reibungsgetrieben", Z 1928, S. 173 — Annalen 1928-II, S. 1

1929 —   Altmann: „Neues stufenloses Reibradgetriebe (Escher-Wyß)", Maschinenbau 1929, S. 219

   —   Beyer: „Graphische und dynamische Grundlagen der Radgetriebe mit sich schneidenden Achsen: Reibradgetriebe", Maschinenbau 1929, S. 718

   =   Fromm: „Zulässige Belastung von Reibungsgetrieben mit zylindrischen oder kegeligen Rädern", Z 1929, S. 957 u. 1029

1933 —   Altmann: „Reibrad-Wendegetriebe", Z 1933, S. 354

     Witte u. Stamm: „Das Zadowgetriebe", Z 1933, S. 499

1936 —   Wallichs: „Ein neues Reibrad-Wechselgetriebe, System Prym-Kohl", Maschinenbau 1936-II, S. 673

20

1939 — Kuhlenkamp: „Reibradgetriebe als Steuer-, Meß- und Rechengetriebe", Z 1939, S. 677

   —*„Reibradgetriebe", Getriebeblätter des AWF und der Wirtschaftsgruppe Maschinenbau", 5. Aufl., Beuth-Vertrieb, Berlin 1939 — Bespr. Z 1940, S. 244

Mechanische Kraftübertragung / Sonstige Getriebe

1924 = „Taumelscheibengetriebe von Janney", Engg 1924-I, S. 803 — Genie Civil 1925-I, S. 331 — Maschinenbau 1925, S. 1139 — * «Diesellokomotiven» (Lomonossoff) VDI-Verlag, Berlin 1929, S. 183

1928 — Friedmann: „Schneckengetriebe für Kraftfahrzeuge", Z 1928, S. 527

1929 — Geister: „Rollenkettengetriebe und Zahnkettengetriebe", Maschinenbau 1929, S. 112

1935   Schulze-Allen: „Die Entwicklung der Schneckengetriebe", GHH Oktober 1935, S. 37

     „Mechanical transmission with electric control, Cotal gearbox", Gaz 1935-I, S. 176 und 1938-I, S. 964

1937 — „Neues stufenloses Hubänderungsgetriebe", Maschinenbau 1937, S. 638

1938 — Strohhäcker: „Ausgleich-Uebersetzungsgetriebe für mehrachsangetriebene Kraftfahrzeuge", ATZ 1938, S. 607

     Mc Ard: „Worm drives for railcars and locomotives", Gaz 1938-II, S. 936

     „A high-power electro-magnetic gearbox, Cotal system", Gaz 1938-I, S. 964 und 1935-I, S. 176

1939 — Altmann: „Fortschritte auf dem Gebiete der Schneckengetriebe", Z 1939, S. 575, 1245 und 1271

1940 — Altmann: „Stufenlos regelbare Schaltwerksgetriebe", Z 1940, S. 333

   — Altmann: „Ausgleichgetriebe für Kraftfahrzeuge", Z 1940, S. 545

   — „Das Torkondif-Getriebe", ATZ 1940, S. 127

Mechanische Kraftübertragung / Verschiedenes

1936 — Heidebroek: „Untersuchungen über die Quetschöl-Verdrängung und ihre Auswirkung bei Zahnradgetrieben", Z 1936, S. 1230

   — Wolf: „Konstruktive Entwicklung der Getriebetechnik unter besonderer Berücksichtigung der Anwendung hochwertiger Werkstoffe", Z 1936, S. 1093

1937 — Sykes: „Zahnradgeräusche, ihre Ursachen und Abhilfe", Werkzeugmaschine 1937, S. 267

   — v. Thüngen: „Wesen der Kupplung und des Getriebes beim Kraftfahrzeug", Z 1937, S. 645

1939 — Dietrich: „Reibungskräfte, Laufunruhe und Geräuschbildung an Zahnrädern", Z 1939, S. 1320

   — Opitz u. Blasberg: „Das Verhalten von Zahnrädern aus geschichteten Kunstharz-Preßstoffen", Maschinenbau 1939-II, S. 451

     Spies: „Die Zugsteuerung von Triebwagen mit Verbrennungsmotor und mechanischer Kraftübertragung (mit Schaltschema)", VT 1939, S. 292 — DRT 1939, S. 122

Elektrische Kraftübertragung

1924   * Lomonossoff: „Die Dieselelektrische Lokomotive", VDI-Verlag, Berlin 1924

1928   Judtmann: „Motortriebwagen mit elektrischer Kraftübertragung, System Gebus", VT 1928, S. 473

Judtmann: „Motorlokomotiven mit elektrischer Kraftübertragung, System Gebus", ZÖIA 1928, Heft 1 und 2, S. 4

Lomonossoff: „Widerstand und Trägheit der Dieselelektrischen Lokomotive", Organ 1928, S. 133

Süberkrüb: „Die Steuerung Dieselelektrischer Lokomotiven", Z 1928, S. 557

1929   Grüning: „Dieselelektrische Lokomotiven", Organ 1929, S. 487

Norden: „Elektrische Energieübertragung für Triebwagen mit Verbrennungsmotoren", El. Bahnen 1929, S. 258

1930   Gelber: „Verbrennungsfahrzeuge mit elektrischer Kraftübertragung", BBC-Mitt. 1930, S. 250

„The Diesel-electric system in rail service", Ry Eng 1930, S. 233

1931 —   Castner: „Die elektrische Kraftübertragung bei Kraftomnibussen", Kraftomnibus und Lastkraftwagen 1931, S. 78

1932   Koeppen: „Die Lemp-Schaltung", VT 1932, S. 692

Osborne: „Schaltungen für Dieselelektrische Triebwagen", VT 1932, S. 693

Wünsche: „Kraftübertragung der benzin- und Dieselelektrischen Triebwagen", AEG-Mitt. 1932, S. 153

1933   Gelber: „Elektrische Kraftübertragung für Verbrennungsmotor-Fahrzeuge", El. Bahnen 1933, S. 58

Stix: „Elektrische Kraftübertragung bei Triebfahrzeugen mit Antrieb durch Verbrennungskraftmaschinen", El. Bahnen 1933, S. 213

1934   Friedrich: „Abnahmefahrten mit Dieselelektrischen Triebwagen", Organ 1934, S. 331

—   Grauert: „Der elektrische Schiffsantrieb", Schiffbau 1934, S. 173

Koeppen: „Elektrische Kraftübertragung im Triebfahrzeug mit Verbrennungsmotor", AEG-Mitteilungen 1934, S. 219

Konrad: „Leistungssteuerungen für Dieselelektrische Fahrzeuge", El. Bahnen 1934, S. 265

Max: „Regelverfahren Dieselelektrischer Fahrzeuge", Siemens-Zeitschrift 1934, S. 168

Dipl.-Ing. A. E. Müller: „Steuerungen für Dieselelektrische Fahrzeuge", Schweiz. Technische Zeitschrift 1934, Nr. 42

Müller (Wettingen): „Betrachtungen über den Dieselelektrischen Bahnbetrieb", El. Bahnen 1934, S. 248

„Die elektrische Kraftübertragung für die neuen Dieselelektrischen Triebwagen der Deutschen Reichsbahn", El. Bahnen 1934, S. 239

„Control for Diesel-electric vehicles", Gaz 1934-I, S. 156

1935 —   Benninghoff: „Dieselelektrische Omnibusse für den Berliner Oberflächenverkehr", VT 1935, S. 81 — AEG-Mitt. 1935, S. 189

—   Gwosdz: „Die neuere Entwicklung der Fahrzeug-Generatoren", ATZ 1935, S. 217

20*

1935   Stix: „Der Anfahrvorgang bei Dieselelektrischen Triebfahrzeugen", El. Bahnen 1935, S. 284

1936   Spies: „Die Vielfachsteuerung von Triebwagen mit Antrieb durch Verbrennungsmotor", VT 1936, S. 261

1937   Sedlmayr: „Betriebsdiagramme für Generatoren mit Verbrennungskraftmaschinenantrieb (unter besonderer Berücksichtigung der Verhältnisse beim «Fliegenden Hamburger»)", El. Bahnen 1937, S. 163
Wanamaker: „Die Steuerung öl-elektrischer Lokomotiven und Triebwagen", Kongreß 1937, S. 1745

1938   Müller: „Der Brown-Boveri-Servo-Feldregler für Dieselelektrische Fahrzeuge", BBC-Mitt. 1938, S. 63

1940   Brand: „Elektrische Kraftübertragungsanlagen für Verbrennungstriebwagen", MTZ 1940, S. 172

—   Hüttermann: „Stepless speed regulation in machine tools. — Part II: Hydraulic and electrical transmissions", Engg Progress, Berlin 1940, S. 8

Hydraulische Kraftübertragung / allgemein

1927 —   Ritter: „Die Grundlagen der hydraulischen Energie-Umformer", Maschinenbau 1927, S. 1099

—   Kühn: „Regelbare Flüssigkeitsgetriebe, insbesondere der Enor-Trieb", Maschinenbau 1927, S. 1107

1931 —   Preger: „Flüssigkeitsgetriebe für geradlinige Bewegungen an deutschen Werkzeugmaschinen", Z 1931, S. 277

1933 —   Bauer: „Flüssigkeitsgetriebe", ATZ 1933, S. 258

1935   Kinkeldei: „Theoretische Berechnung der Anfahrbeschleunigung von Dieseltriebwagen mit Flüssigkeitsgetrieben bei angenommener Wirkungsgradkurve", Annalen 1935-I, S. 69

1936 —   Thoma: „Hydraulische Getriebe", Werkzeugmaschine 1936, S. 339 sowie 1937, S. 80

1940   Brand: „Hydraulische Kraftübertragungsanlagen für Verbrennungstriebwagen", MTZ 1940, S. 164

—   Hüttermann: „Stepless regulation in machine tools. — Part II: Hydraulic and electric transmission", Engg Progress, Berlin 1940, S. 8

Lenҕ-Getriebe

1921   Wittfeld: „Das Flüssigkeitsgetriebe von Lenҕ für Schweröllokomotiven", Z 1921, S. 1160

1924   „Probefahrten mit einer 60 PSe normalspurigen Grazer Diesellokomotive mit hydraulischem Lenҕ-Getriebe", Annalen 1924-II, S. 148 und 170 — Gaz 8. Aug. 1924 — Loc 1924, S. 235

1925   Schumacher: „Rohöllokomotiven mit kompressorlosem Dieselmotor und Flüssigkeitsgetriebe", Z 1925, S. 647
Wagner: „Diesellokomotiven als Betriebsmittel für Neben- und Kleinbahnen", VT 1925, S. 497

1926   Lehmann: „Dieselmotor-Lokomotiven mit Oelgetriebe", Verkehrsfahrzeuge (Waggon- und Lokbau) 1926, S. 189

1927   „Deutҕ-Henschel-Diesellokomotive", Annalen 1927-I, S. 67

Flüssigkeitsgetriebe nach dem Föttinger-Prinzip / allgemein

1909 — Föttinger: „Eine neue Lösung des Schiffsturbinenproblems", Z 1909, S. 2020 — Engg 1909-II, S. 601 — Z 1912, S. 2079 — Z 1913, S. 721 — The Eng 1922-II, S. 4

1913 — Spannhake: „Die neueste Ausführung des Föttinger-Transformators", Z 1913, S. 721

1914 — Spannhake: „Die Transformatorenanlage des Seebäderdampfers «Königin Luise»", Z 1914, S. 481 — Engg 1913-II, S. 792

1924 — Föttinger: „Ueber ein schwingungsdämpfendes Getriebe für Motorschiffe", Werft, Reederei, Hafen 1924, Heft 3, S. 37

1933 Miall: „The Lysholm-Smith transmission", Gaz 1933-II, S. 509
Miall: „The Leyland transmission", Gaz 1933-II, S. 676

1934 — Bauer: „Der Ersatz von Dampfanlagen durch schnellaufende Dieselmotoren und Vulcan-Getriebe", Schiffbau 1934, S. 115

Böhmig: „Das Trilok-Flüssigkeitsgetriebe in Motorfahrzeugen", HH März 1934, S. 33

— Keuffel: „Das Trilok-Strömungsgetriebe", Z 1934, S. 1321

Miall: „Transmissions for Diesel locomotives and railcars: The Voith-Sinclair turbo-converter", Gaz 1934-I, S. 327 und 918 — Gaz 1934-II, S. 736 — Mod. Transport 24. Febr. 1934, S. 7 — ATZ 1934, S. 508

1935 Friedrich: „Flüssigkeitsgetriebe (Bauart Voith) für Triebwagen mit Verbrennungsmotoren", Z 1935, S. 1283

— Hahn: „Voith turbo transmissions", The Eng 1935-I, S. 497

Spies: „Neuere Flüssigkeitsgetriebe mit Antrieb durch Verbrennungsmotor", Organ 1935, S. 59
„Hydraulic couplings and transmissions for railway work", Gaz 1935-I, S. 998

1936 Friedrich: „Fluid drives on cars, driven by internal-combustion motors", Mech. Engineering 1936-I, S. 52

1937 = Kugel: „Strömungsgetriebe. — Unter besonderer Berücksichtigung des Voith-Turbogetriebes", Deutsche Motor-Zeitschrift 1937, Heft 11

— „Krupp-Strömungsgetriebe (System Lysholm-Smith)", Maschinenbau 1937, S. 222

1938 = Benz: „Strömungsgetriebe für Fahrzeugantrieb. — Mit besonderer Berücksichtigung der Voith-Turbogetriebe", ATZ 1938, S. 242

= Kugel: „Strömungsgetriebe und -Kupplungen in der Kraftfahrtechnik", ATZ 1938, S. 296
Lea: „The Salerni hydro-kinetic power transmitter", Engg 1938-II, S. 268

— Sinclair: „The transmission of power by fluid couplings", Engg 1938-I, S. 487

1939 „The Lysholm-Smith hydraulic transmission", DRT 1939-I, S. 38

1940 Riedig: „Strömungsgetriebe für Diesellokomotiven", Annalen 1940, S. 93 u. 103 (Aufsatz Bredenbreuker)

Flüssigkeitsgetriebe nach dem Föttinger-Prinzip / Lokomotiven

1935   Flemming: „Motorkleinlokomotive mit Voith-Flüssigkeitsgetriebe", VW 1935, S. 361

Fuchs u. Graßl: „1 C 1 - 1400 PS - Diesellokomotive der Deutschen Reichsbahn mit Voith-Föttinger-Flüssigkeitsgetriebe", Z 1935, S. 1229 — Organ 1935, S. 281 und 1938, S. 64

1937   „360 bhp Diesel-hydraulic locomotive on the Continent: Schwartzkopff-Voith triple stage hydraulic transmission", Gaz 1937-II, S. 426. — Gaz 1938-I, S. 145

1938   Boettcher: „Ergebnisse der Abnahmefahrten mit der 1400 PS-Diesellokomotive der Reichsbahn mit Flüssigkeitsgetriebe", Z 1938, S. 753

Riedig: „Diesellokomotiven mit Flüssigkeitsgetriebe für Baustellen", Bautechnik 1938, S. 474

1940   Bredenbreuker: „Kleinlokomotiven der Leistungsgruppe II der Reichsbahn mit Voith-Flüssigkeitsgetriebe", Annalen 1940, S. 103

Bredenbreuker: „360 PS-C-Diesellokomotive, hergestellt von Schwartzkopff und Maschinenbau & Bahnbedarf AG", Annalen 1940, S. 105

„Dieselhydraulische Lokomotive Bauart Porter", MTZ 1940, S. 60

Flüssigkeitsgetriebe nach dem Föttinger-Prinzip / Triebwagen

1934   „Austro-Daimler railcars", Gaz 1934-I, S. 918

„Diesel-hydraulic railcar for the LMS Ry", Loc 1934, S. 76 — Gaz 1934-I, S. 1078

1935   Breuer: „Schnelltriebwagen der Deutschen Reichsbahn", Z 1935, S. 1111

Breuer: „Der dreiteilige Schnelltriebwagen der DRB mit Dieselhydraulischem Antrieb", Organ 1935, S. 296

Graßl: „Zweiachsiger 150 PS Dieselhydraulischer Triebwagen der DRB", Organ 1935, S. 298

1936   Friedrich: „Fluid drives on cars driven by internal-combustion motors", Mech. Engineering 1936-I, S. 52

Zielke: „Die ersten dreiteiligen Schnelltriebwagen der Deutschen Reichsbahn", Annalen 1936-I, S. 131

„90 bhp metre-gauge Diesel-hydraulic railcar, Mogyana Ry (Lysholm-Smith transmission)", Gaz 1936-I, S. 374

„260 bhp Diesel-hydraulic railcar of the Northern Counties Committee, Ireland", Gaz 1936-II, S. 248

1937   Rummel: „Dieselhydraulischer Triebwagenzug der Westfälischen Landes-Eisenbahn", VT 1937, S. 133

„660 bhp Diesel-hydraulic (Voith) transmission for Australia, New South Wales Govt Rys" (Triebwagenzug mit 5 Wagen), Gaz 1937-II, S. 755 — Loc 1938, S. 59

„More British railcars for South America: Diesel-hydraulic railcars, Buenos Ayres Pacific Ry", Gaz 1937-II, S. 588 — Engg 1938-I, S. 10 — Gaz 1938-I, S. 562

1938   Preitner: „Dieselhydraulischer Triebwagen der ehemaligen Oesterreichischen Bundesbahnen", Z 1938, S. 440

Seidel: „Triebwagen der Deutschen Reichsbahn auf Schmalspurstrecken", ZMEV 1938, S. 696

Taschinger: „Dieselhydraulischer Aussichtstriebwagen der Deutschen Reichsbahn: Wagenbaulicher Teil", Organ 1938, S. 187

„240 bhp double-engined main-line Diesel-hydraulic railcars for solo work, New Zealand, 3 ft in. gauge", Gaz 1938-II, S. 424

„260 bhp Diesel-hydraulic railcar, Italian State Rys", Gaz 1938-I, S. 572

„750 bhp articulated three-car diesel-hydraulic train, LMSR (Leyland partial-hydraulic transmission)", Gaz 1938-I, S. 601 u. 770 — Engg 1938-I, S. 349 — Loc 1938, S. 139

1939   Grospietsch u. Heim: „Neuere Fahrleitungsuntersuchungswagen der Deutschen Reichsbahn", El. Bahnen 1939, S. 194 und 204

„Dreiteiliger diesel-hydraulischer Zug für die LMS Ry. — Eine Bauart mit Mehrfachsteuerung für gemischten Dienst", Kongreß 1939, S. 466

„Der neue Kruckenberg-Schnelltriebwagen der Deutschen Reichsbahn (mit AEG-Föttinger-Flüssigkeitsgetriebe)", Rundschau Deutscher Technik 6. Juli 1939, S. 5

„Irish suburban railcar with Leyland hydraulic torque converter, LMS, Northern Counties Committee. — 260 bhp vehicle for trailer haulage on push or pull principle", DRT 1939, S. 56 — Loc 1939, S. 66 — Revue 1939-I, S. 471

1940   Riedig: „Strömungsgetriebe für Diesellokomotiven", Annalen 1940, S. 93

Sonstige Flüssigkeitsgetriebe

1912 — „The Hele Shaw rotary pump and motor", Engg 1912-I, S. 833

1913   „Petrol-hydraulic rail motor, Edmonton Inter-Urban Ry, Canada", Loc 1913, S. 198

1922   „Gasoline switching locomotive with hydraulic «Waterbury» drive", Age 1922-II, S. 323

1923   Haenny: „Die hydraulische Transmission von Hele Shaw", Schweiz. Bauzeitung 1923-II, S. 173

„Hydraulische Transmission von Schneider", Schweizer Bauzeitung 1923-II, S. 173

1924   „Das Schwarzkopff-Huwiler-Getriebe", Schweiz. Bauzeitung 1924-II, S. 300

1925   Ewald: „MWF-Hanomag-Rohöl-Motorlokomotive", HN 1925, S. 94 — Annalen 1926-II, S. 166 und 1927-I, S. 126 — Waggon- und Lokbau 1925, S. 240

Müller: „Flüssigkeitsgetriebe (Bauart Schneider) für Oelmotor-Lokomotiven", Z 1925, S. 499 u. 595 — The Eng 1925-II, S. 86 — Organ 1926, S. 311

Ostertag: „Das hydraulische Kolbengetriebe, System Schneider", Schweiz. Bauzeitung 1925-I, S. 123 u. 154

1927 — Kühn: „Regelbare Flüssigkeitsgetriebe, insbesondere der «Enor»-Trieb", Maschinenbau/Betrieb 1927, S. 1107

Pauer: „Versuche an einem 50 PS-Flüssigkeitsgetriebe Bauart Schwarzkopff-Huwiler", Z 1927, S. 919

1927   Schminke: „Schwedische Diesellokomotive mit Flüssigkeitskupplung
        (Bauart Rosén)“, Z 1927, S. 389 — Organ 1926, S. 310
1928   Vetter: „Diesellokomotive mit Flüssigkeitsgetriebe Bauart Schwartz-
        kopff-Huwiler“, Z 1928, S. 603 — Ry Eng 1928, S. 377
1932   „Miniature Diesel locomotive with Vickers-Coats torque converter“,
        Loc 1932, S. 220
        „0-6-0 heavy oil shunting locomotive, LMS Ry (Bauart Haslam &
        Newton)“, Loc 1932, S. 418 — Gaz 1932-II, S. 650 und 670 —
        Mod. Transport 3. Dez. 1932, S. 11 — Gaz 1935-I, S. 1010
1934   „Dellread automatic hydraulic transmission“, Gaz 1934-II, S. 739
1935   Miall: „Haslam & Newton hydraulic transmission“, Gaz 1935-I,
        S. 1010
1938   Lea: „The Salerni hydro-kinetic power transmitter“, Engg 1938-II,
        S. 268
1939   „70-ton Plymouth-Hamilton hydraulic drive Diesel switching loco-
        motive (Schneider hydraulic torque converter)“, Mech. Eng.
        1939-II, S. 385
1940 — „Zwei neue hydraulische Kupplungen (auch Drehmomentenwandler):
        Frazer und Carter“, ATZ 1940, S. 86
     — „Neues hydraulisches Getriebe: Motto-Getriebe“, ATZ 1940, S. 402

Kraftübertragung mittelst Druckluft

1927   Lomonossoff: „Zur Theorie der Gasübertragung bei Diesellokomo-
        tiven“, Z 1927, S. 1329
1929   Witte: „Der Entwicklungsgang der Diesellokomotive, insbesondere
        derjenigen mit Druckluftübertragung, bei der Deutschen Reichs-
        bahn“, Waggon- und Lokbau 1929, S. 113, 129, 145 u. 163
1930   Geiger: „Diesellokomotive mit Druckluftübertragung“, Z 1930, S. 366
        Geiger: „Ueber Diesellokomotiven mit besonderer Berücksichtigung
        der Dieseldruckluftlokomotive“, Organ 1930, S. 379
        Witte: „Die Fertigstellung der ersten 1200 PS-Diesellokomotive für
        die Reichsbahn“, Annalen 1930-I, S. 35
        Witte u. Wagner: „Die 1200 PS-Diesel-Druckluftlokomotive der
        Deutschen Reichsbahn“, Z 1930, S. 289
        „Diesel-compressed air locomotive, German Rys“, Ry Eng 1930,
        S. 317 und 1931, S. 276 — Gaz 1930-I, S. 196
1931   Nordmann: „Ueber Diesellokomotiven unter besonderer Berück-
        sichtigung der Versuchsergebnisse der Dieseldruckluftlokomotive
        der Deutschen Reichsbahn“, Annalen 1931-II, S. 93
1932   Mayer: „Fortschritte und Aussichten des Diesellokomotivbaues un-
        ter besonderer Berücksichtigung der Diesel-Druckluftlokomotive
        der Deutschen Reichsbahn“, Z 1932, S. 705

Luftschrauben-Antrieb

1921   Geissen: „Luftschraubenantrieb und Leichtbau von Eisenbahnfahr-
        zeugen“, Annalen 1921-I, S. 53
        Hasse: „Luftschraubenantrieb für Schienenfahrzeuge“, Verkehrs-
        technische Woche 1921, S. 227 und 1922, S. 193

1930   Kruckenberg u. Stedefeld: „Der GVT-Propeller-Triebwagen und seine Bedeutung für die Eisenbahn und eine zukünftige Schnellbahn", Verkehrstechn. Woche 1930, S. 679
„Zu den Versuchsfahrten des Propellertriebwagens auf der Strecke Burgwedel-Celle", Kongreß 1930, S. 3443 — Age 1930-II, S. 1045

1931   Bäseler: „Gedanken zum Schnellverkehr", ZVDEV 1931, S. 201
Lubimoff: „Ueber die Fahrtbilder des GVT-Propellertriebwagens", Waggon- und Lokbau 1931, S. 292
Rozendaal: „Wer hat den Schienen-Zepp erfunden?", Der Motor 1931, August S. 7, September S. 15 und November S. 35
Steinitz: „Technik und Wirtschaftlichkeit der Propeller-Triebwagen", Annalen 1931-I, S. 13 und 1931-II, S. 113
„Die Urzelle des Schienenzeppelin — Der Phönizische Bäderexpreß mit Propellerantrieb", Das Werk (Monatsschrift der Vereinigte Stahlwerke AG), 1931, S. 329

1938   Wiesinger: „Entgleisungssicherer Schnellverkehr mit mehr als 250 km/h Geschwindigkeit", VT 1938, S. 526 — Annalen 1939, S. 203 (Propellerantrieb S. 207)

1939   „The highest speed on rail: The Kruckenberg railcar", Gaz 1939-I, S. 829

Heizung von Verbrennungsmotor-Fahrzeugen

1933   Darling: „Clarkson waste-heat boiler (exhaust gas boiler) in Diesel rolling stock", DRT 24. Febr. 1933, S. 5

1937   Grospietsch: „Heizungen für Verbrennungstriebwagen und ihre Beiwagen", Organ 1937, S. 59
„Chauffage des automotrices et de leur remorques", Revue 1937-II, S. 299 und 314

1938 —   Riedel: „Heizung u. Lüftung von Kraftfahrzeugen", ATZ 1938, S. 571
1939   Loubiat: „Le chauffage des autorails par aérothermes", Traction Nouvelle 1939, S. 112
Fountain: „Railcar heating by exhaust gas boilers", DRT 1939, S. 59

1940 —   Mollenkopf: „Erfahrungen mit Propangas-Heizung in Omnibusanhängern", VT 1940, S. 43
—   Riedel: „Geräte für die Beheizung und Lüftung von Kraftfahrzeugen und zur Sicherung vor Giftgasen", ATZ 1940, S. 17

Lagerung des Verbrennungsmotors

1930 —   Göller: „Zur Berechnung der Drehschwingungen bei Dieselmotoranlagen", Z 1930, S. 497

1931 —   Rausch: „Richtige und fehlerhafte Maschinengründungen", Z 1931, S. 1069 u. 1133

1937 —   Waas: „Federnde Lagerung von Kolbenmaschinen", Z 1937, S. 763

1938 —   Geiger: „Die Isolierung elastisch gelagerter Maschinen mit Berücksichtigung der Dämpfung", GHH 1938, S. 25
Klüsener: „Gummilagerung des Motorrahmens in einem Triebwagen", GHH 1938, S. 138

1938 — Neubert: „Maschinengründungen mit Pendelfederung", Z 1938, S. 101 u. 1939, S. 156
— Rausch: „Federnde Lagerung von Maschinen", Z 1938, S. 495
— Riediger: „Federnde Lagerung von V- und Sternmotoren", Z 1938, S. 315
1939 — Dämpfung von Fundamentschwingungen durch ein angekoppeltes System", Z 1939, S. 759

Verbrennungsmotor-Fahrzeuge / Verschiedenes

1923 — Geiger: „Störende Fernwirkungen von ortsfesten Kraftmaschinen, insbesondere Verbrennungsmaschinen", Z 1923, S. 736
1927 — Rassbach: „Die elektrische Ausrüstung von Kraftfahrzeugen" Z 1927, S. 1703 u. 1756
1928   Hamm: „Die Anwendung des Delbag-Viscin-Filters im Lokomotiv- und Triebwagenbau", Waggon- u. Lokbau 1928, S. 356
1929 — de Grahl: „Die Gefahr der Automobilgase", Annalen 1929-II, S. 163
1930 — Göller: „Zur Berechnung von Drehschwingungen bei Dieselmotoren- anlagen", Z 1930, S. 497
1932 —* de Grahl: „Ausnutzung der Strömungsenergie von ˙Abgasen bei Brennkraftmaschinen", Verlag VWL 1932 — Bespr. Annalen 1933-I, S. 67
1933   Darling: „Clarkson waste-heat boiler (exhaust gas boiler) in Diesel rolling stock", DRT 24. Febr. 1933, S. 5
        Hardy: „A «Diesel boiler», a new system of propulsion for locomo- tives", Gaz 1933-II, S. 504
1935 —* Klaiber u. Lippart: „Die elektr. Ausrüstung des Kraftfahrzeuges. — 1. Teil: Die Zündung", 2. Aufl., Verlag M. Krayn, Berlin 1935 — Bespr. Z 1936, S. 579
1937   Dumas u. Levy: „Triebwagen-Brände und ihre Bekämpfung", Kon- greß 1937, S. 1812
— Horn: „Drehzahlmesser", Z 1937, S. 1369
— Reinsch: „Versuche mit Schmierölen an Kraftwagenmotoren", Z 1937, S. 347
— Reinsch u. Schmidt: „Vollselbsttätiger Brennstoffmesser für Ver- brennungsmotoren", Z 1937, S. 283
— Richter: „Der Verbrennungsmotor als Bremse", ATZ 1937, S. 325 „Exhaust gas conditioner for Diesel locomotives", Loc 1937, S. 397
1938 — Adam - Stoffel: „Ein elektr. Indikator für raschlaufende Fahrzeug- dieselmotoren", ATZ 1938, S. 219
— Klingenstein, Kopp u. Mickel: „Kurbelwellen aus Gußeisen", GHH 1938, S. 39
    Lippl: „Die Grundsätze für den Bau geschweißter Motortragrahmen für Triebwagen", Organ 1938, S. 205
— Meyer (Heinrich): „Praktische Berechnungstafel für die Ermittelung des mittleren Brennstoffverbrauchs von Kraftfahrzeugen", HH Febr. 1938, S. 16
— Rausch: „Wirtschaftliche Wahl der Stahl-Schraubenfedern für Ma- schinen-Gründungen", Z 1938, S. 916

— Riedel: „Heizung und Lüftung von Kraftfahrzeugen", ATZ 1938, S. 571

Staples: „Water rheostat for testing Diesel-electric locomotives", Baldwin Januar 1938, S. 23

— Weiner: „Die Oetiker-Motorbremse", ATZ 1938, S. 31

= „Neue Servobremse" (mit Ausnutzung der Motorleistung bzw. der lebendigen Kraft des Fahrzeuges), ATZ 1938, S. 240

„Some notes on engine mounting", Gaz 1938-II, S. 1116

1939 „An automatic engine stopping device used by Ganz to shut down an engine in case of failure in the lubricating oil supply", DRT 1939-I, S. 52

„Engine and mechanical equipment", DRT 1939, S. 16

„Flame-proof Diesel locomotives: New «Hunslet» exhaust-gas conditioner and spark arrestor", DRT 1939-I, S. 48

1940 Lang: „Entwicklung der Anordnung des Triebwagenantriebes zur arteigenen Maschinenanlage", MTZ 1940, S. 177 u. 202 [Lagerung der Maschinenanlage: S. 178. — Luftversorgung und Motorkapselung: S. 180. — Auspuff: S. 182. — Brennstoffanlage: S. 184 — Kühlung: S. 188. — Heizung: S. 202. — Betätigungseinrichtung: S. 203. — Meßgeräte: S. 205. — Erzeugung und Speicherung des Hilfsstromes: S. 207. — Brandsicherheit: S. 208]

„Auspuffanlage eines Triebwagens (Bauart Eberspächer, Eßlingen)", MTZ 1940, S. 195

DIE VERBRENNUNGSMOTOR-LOKOMOTIVE

Allgemein

1906   Kramer: „Motorlokomotiven", Z 1906, S. 515

1922   Hagenbucher: „Diesellokomotiven", Kruppsche Monatshefte 1922, S. 61

1924   Meineke: „Neue Wege im Lokomotivbau", Z 1924, S. 937

       „Railways in industrial plants: Internal combustion locomotives", Loc 1924, S. 54

1925   Achilles: „Ueber die Ausführung von Diesellokomotiven", Organ 1925, S. 247

    * Bauer: „Diesellokomotiven und ihr Antrieb", Verlag Kreidel, München 1925

       Geiger: „Dieselmotor und Kraftübertragung für Großöllokomotiven", Z 1925, S. 642

    * Lomonossoff: „Die Thermolokomotive", «Eisenbahnwesen», VDI-Verlag, Berlin 1925, S. 56

       Mayer: „Die Diesellokomotive vom Standpunkt des Lokomotivbaues", Z 1925, S. 635

       Wagner: „Diesellokomotiven als Betriebsmittel für Neben- und Kleinbahnen", VT 1925, S. 497

       Wagner: „Die Dampf-, Oel- und Druckluftlokomotiven auf der Eisenbahntechnischen Ausstellung Seddin", Organ 1925, S. 6

       „Oil-engined locomotive developments", Oil Engine Power 1925, S. 157

1926   Buttler: „Diesellokomotiven im Kleinbahnbetrieb", AEG-Mitteilungen 1926, S. 439 (Heft 11)

       van Hees: „Die Dampf-, Oel- und Druckluftlokomotiven auf der Deutschen Verkehrsausstellung in München", Annalen 1926-I, S. 157

       Lomonossoff: „Der hundertjährige Werdegang der Lokomotive", Organ 1926, S. 347 u. 365

       Schulz: „Ueber Motorlokomotiven", Annalen 1926-II, S. 164 und 1927-I, S. 21 u. 117

       „Diesel locomotives for main line traffic, Russia", Ry Eng 1926, S. 357

1927   Lipetz: „The status of the oil-engine locomotive", Age 1927-I, S. 1869

       Lomonossoff: „Der gegenwärtige Stand des Diesellokomotivbaues", Z 1927, S. 1046

       „Lokomotoren und Motorlokomotiven für den Verschiebedienst", Lok 1927, S. 229

1928   Dobrowolski: „Vergleichsversuche mit russischen Diesellokomotiven", Z 1928, S. 90

       Gerstmeyer: „Die Diesellokomotive und die moderne Zugförderung", Annalen 1928-II, S. 146

— Victor: „Neuere deutsche Raupenschlepper für die Landwirtschaft", Z 1928, S. 1376

1929   * Lomonossoff: „Diesellokomotiven", VDI-Verlag, Berlin 1929

Mangold: „Personenzug-Diesellokomotive für das russische Profil", Annalen 1929-II, S. 1 u. 57

Straßer: „Die Wirtschaftlichkeit der Diesellokomotive im Vollbahnbetrieb", Organ 1929, S. 123 u. 143 — Loc 1929, S. 334

Willigens: „Diesellokomotiven", Waggon- u. Lokbau 1929, S. 353 und 369

Witte: „Der Entwicklungsgang der Diesellokomotive, insbesondere derjenigen mit Druckluftübertragung, bei der Deutschen Reichsbahn", Waggon- u. Lokbau 1929, S. 113, 129, 145 u. 163

„Diesel locomotive development: Designs include 0-4-0, 2-6-2 and articulated 2-6-0 + 0-6-2 types", Gaz 1929-II, S. 863

1930   Geiger: „Ueber Diesellokomotiven mit besonderer Berücksichtigung der Dieseldruckluftlokomotive", Organ 1930, S. 379

Geiger: „Diesel locomotive design", Ry Eng 1930, S. 349, 425 und 1931, S. 34 u. 235

„Ueber die Frage der Lokomotiven neuerer Bauarten, insbesondere Turbolokomotiven und Lokomotiven mit Verbrennungsmotoren", Kongreß 1930, S. 1 (Cossart), 505 (Nordmann) u. 2691 (Lipetz)

„Development of the Diesel locomotive", Loc 1930, S. 116 — Gaz 1929-II, S. 863

1931   „Vibrationen bei Diesellokomotiven", Organ 1931, S. 188 — Ry Eng 1930, S. 425

Geiger: „Die Wirtschaftlichkeit von Diesellokomotiven", Organ 1931, S. 171

Nordmann: „Ueber Diesellokomotiven unter besonderer Berücksichtigung der Versuchsergebnisse der Dieseldruckluftlokomotive der Deutschen Reichsbahn", Annalen 1931-II, S. 93

1932   * Franco und Labrijn: „Verbrennungs-Motorlokomotiven und -Triebwagen", Verlag Nijhoff, den Haag 1932 — Bespr. Organ 1933, S. 86

Mayer: „Fortschritte und Aussichten des Diesellokomotivbaues", Z 1932, S. 705

1933   Reed: „Development of Diesel traction: Locomotives in North America", Gaz 1933-II, S. 678

1934   * Hedley: „Modern traction for industrial and agricultural rys", The Locomotive Publishing Co, Ltd, London 1934 (?) [S. 55: Motor locomotives]

„Amélioriations apportées au matériel roulant depuis la guerre par les grands réseaux francais", Revue 1934-I, S. 147 (Diesellokomotiven S. 167)

1935   Witte: Verwendung von Lokomotiven mit Verbrennungsmotor in USA", Organ 1935, S. 372

1937   Ambady: „Diesel locomotives", Loc 1937, S. 235

1937	Jessen: „Betriebsbewährung und Weiterentwicklung der Einheits-motorkleinlokomotiven der Deutschen Reichsbahn", Annalen 1937-II, S. 15
	Lay: „Significant trends in Diesel engine development and application", Baldwin Januar 1937, S. 24
1938	Boettcher u. Reutter: „Diesellokomotiven großer Leistung", Organ 1938, S. 63
	Chapman: „Diesel locomotives in high-speed service. A review of the Diesel locomotive operation on the Chicago-Los Angeles Super-Chief train, in comparison with the steam locomotives used on other express services", Gaz 1938-II, S. 1124
	„Large Diesel locomotives", Gaz 1938-I, S. 953
1939	„High-power Diesel locomotives", DRT 1939, S. 10
	„Shunting and light service Diesel locomotives", DRT 1939, S. 8
1940	Bredenbreuker: „Die Weiterentwicklung der Motorlokomotiven, insbesondere der Kleinlokomotiven der Deutschen Reichsbahn", Annalen 1940, S. 102

Motor-mechanische Lokomotiven / allgemein

1916	Schwarz: „Neuere Motorlokomotiven", Z 1916, S. 409
1919	Orenstein: „Versuche mit Motorlokomotiven im Treidelbetrieb", Z 1919, S. 1245
1928	„Developments in the application of Deutz-Diesel engines to ry service", Loc 1928, S. 54
1929	„Kleine Motorlokomotiven System SLM-Winterthur", Technische Blätter (herausgegeben von der Schweiz. Lokomotiv- u. Maschinenfabrik Winterthur) 1929, Nr. 6, S. 1

Motor-mechanische Lokomotiven für Vollbahnen

1926	Lomonossoff: „Diesel-Getriebelokomotive 2 E 1 für die Staatsbahnen der USSR", Organ 1926, S. 193 — Ry Eng 1926, S. 357 — Loc 1926, S. 244
	Ljubimoff: „Russische 1 E 1 - Diesel-Getriebelokomotive mit Magnetkupplungen", Z 1926, S. 476
	„Probefahrt der Diesel-Getriebelokomotive der Hohenzollern AG", Annalen 1926-II, S. 39
1927	Dobrowolski: „Die russische 2 E 1 - Diesel-Getriebelokomotive und ihre Erprobung", Z 1927, S. 873
1931	„Kruppsche 600 PS - 1 C 1 - Dieselgetriebe-Lokomotive für die Japanischen Staatsbahnen", Waggon- und Lokbau 1931, S. 93 — Engg Progress 1931, S. 69
1933	„600 bhp-1 C 1-Diesel-mechanical locomotive, Japanese Government Rys", Gaz 1933-II, S. 847 — Engg 1934-II, S. 244
1939	„British-built 240 bhp mixed traffic Diesel-mechanical 0-6-0 locomotive for the Andes, Guayaquil - La Paz Ry", DRT (Suppl-Gaz) 1939-I, S. 22 — Loc 1939, S. 91

Motor-mechanische Lokomotiven für Streckendienst auf Neben-, Klein- und Kolonialbahnen

1930 „New 2-6-2 Diesel locomotive for Chile", Gaz 1930-I, S. 343 — Loc 1930, S. 116 — Engg 1930-I, S. 324 — Organ 1931, S. 187

1932 Stamm: „150 PS-Dieselgetriebelokomotive für Marokko", Z 1932, S. 137 — Gaz 1932-II, S. 313
„Nawagar State Tramway, India", Loc 1932, S. 137

1933 „Articulated Diesel locomotive for the Ashanti Goldfields Corporation Ltd", Loc 1933, S. 282
„Diesel locomotives for the Sudan Government", Loc 1933, S. 103 — DRT 24. Febr. 1933, S. 9
„Rolls-Royce locomotive: Romney Hythe and Dymchurch Ry", Loc 1933, S. 65
„Six-coupled 200 HP Deutz-Diesel locomotive", DRT 24. Febr. 1933, S. 15
„300 hp petrol-locomotives, Bermuda Ry", Loc 1933, S. 90 — Gaz 1933-I, S. 171 — Engg 1933-I, S. 676

1934 „240 PS-Benzinlokomotive für 600 mm Spur", Z 1934, S. 577 — Revue 1934-I, S. 281
„2-4-0 Diesel locomotive for South Africa by John Fowler and Co Ltd, 2 ft. gauge", Loc 1934, S. 366

1937 Gotschlich: „Diesellokomotivbetrieb in planmäßigem Streckendienst einer regelspurigen Schienenbahn", VT 1937, S. 205

1939 „23 ton «Hunslet» locomotive for the Piata-Piura Ry, Peru", DRT 1939, S. 60 — MTZ 1940, S. 220

Verbrennungsmotor-Lokomotiven mit mechanischer Kraftübertragung für Verschiebedienst auf Hauptbahnen

1924 Abt: „Winterthur-Oelmotor-Lokomotiven für Rangierdienst", Schweiz. Bauzeitung 1924-II, S. 86

1926 Polart: „Les locotracteurs à essence de Paris-St. Lazare", Revue 1926-I, S. 197

1927 „40 HP petrol shunting locomotive, Great Western Ry", Loc 1927, S. 128

1928 Dobrowolski: „Vergleichsversuche mit russischen Diesellokomotiven", Z 1928, S. 90
„B-Benzinlokomotive der Schweizerischen Bundesbahnen für den Hafen von Luzern", Technische Blätter, herausgegeben von der Schweiz. Lokomotivfabrik Winterthur 1928, Heft 5, S. 15 — Schweiz. Bauzeitung 1929-I, S. 251 — Organ 1930, S. 70

1929 „Howard 7-ton internal combustion locomotive", Loc 1929, S. 290

1931 „A new Diesel development" (B-Verschiebelok. für die Schweizer Postverwaltung), Ry Eng 1931, S. 306 — Gaz 1931-II, S. 139 und 1932-II, S. 83
„Diesel-engined shunting locomotive, Central Argentine Ry", Loc 1931, S. 46

1931 „Internal combustion shunting locomotive, Indian State Rys", Loc 1931, S. 378

1932 „Petrol shunting engines, Netherland Rys", Loc 1932, S. 348

1933 „Diesellokomotive von 80 PS-Leistung (Deutsche Werke für USSR)", Z 1933, S. 881

„150 HP 0-6-0 Hunslet Diesel 21 t shunting locomotive for the LMSR", Gaz 1933-II, S. 674 und 988 — Loc 1933, S. 89 und 1934, S. 44 und 136

„300 HP Diesel shunting locomotive, Russian Government Rys, built by Krupp", Loc 1933, S. 148

1934 „70 bhp Great Western Ry Diesel-mechanical shunting locomotive", Gaz 1934-I, S. 517 — Loc 1934, S. 92

„160 bhp 4-wheeled shunting locomotive, LMSR", Gaz 1934-I, S. 915

„200 HP 0-6-0 Hunslet Diesel locomotive LMS Ry", Loc 1934, S. 368 — Gaz 1934-II, S. 914

„300 bhp Russian-Diesel-mechanical shunting locomotive, MAN-Krupp", Gaz 1934-I, S. 334

1935 „175 HP Harland & Wolff Diesel locomotive for LMS Ry", Loc 1935, S. 7

„0-6-0 Diesel geared locomotive for the Air Ministry", Loc 1935, S. 13

„New standard-gauge shunters in France (Mechanical transmission with electric control)", Gaz 1935-I, S. 1192 und 1935-II, S. 401

1936 „350 bhp 0-6-0 Diesel shunting engine, LMSR, Northern Counties Committee", Loc 1936, S. 344

„Vulcan-Frichs 0-6-0 Diesel shunting locomotive, 275—300 HP", Loc 1936, S. 273 — Gaz 1936-II, S. 242

1937 „Small standard gauge Fowler shunters", Gaz 1937-I, S. 172

1938 „Diesel-mechanical shunting locomotives", Loc 1938, S. 154

Motor-mechanische Lokomotiven für Unterwegsbahnhöfe

1930 Niederstraßer: „Leichte Motor-Verschiebelokomotiven der Deutschen Reichsbahn", Z 1930, S. 1697

Witte u. Stamm: „Motor-Kleinlokomotiven im Betrieb der Deutschen Reichsbahn", VW 1930, S. 643 und 659 — VT 1931, S. 177 Lok 1931, S. 109 — Kongreß 1931, S. 407

1931 „Low powered motor locomotives on the German Rys", Loc 1931, S. 242

„Internal combustion shunting locomotive, Indian State Rys", Loc 1931, S. 378

1932 * Galle u. Witte: „Die Kleinlokomotive im Rangierdienst auf Unterwegsbahnhöfen der Deutschen Reichsbahn", Verlag der Verkehrswissenschaftlichen Lehrmittelzentrale m. b. H. bei der Deutschen Reichsbahn, 2. Aufl., Berlin 1932 — Bespr. RB 1932, S. 305

Niederstraßer: „Motorlokomotiven der Deutschen Reichsbahn, Baujahr 1931", Z 1932, S. 188

Niederstraßer: „Bauliche Entwicklung der Kleinlokomotiven der Deutschen Reichsbahn", Annalen 1932-I, S. 85

„Petrol shunting engines, Netherland Rys", Loc 1932, S. 348

1933   Niederstraßer: „Die Einheits-Motorkleinlokomotive 50/65 PS mit Getriebeübertragung der Deutschen Reichsbahn", Organ 1933, S. 413 — Z 1933, S. 1216

„65 bhp Diesel loco-tractor, German State Rys", Gaz 1933-II, S. 511

„New Diesel-mechanical shunters, German State Rys", Gaz 1933-II, S. 237

1935   Niederstraßer: „Einheits-Kleinlokomotiven der Deutschen Reichsbahn mit 25 PS-Leistung", Organ 1935, S. 104

1937   Jessen: „Betriebsbewährung und Weiterentwicklung der Einheitsmotorkleinlokomotiven der Deutschen Reichsbahn", Annalen 1937-II, S. 15

1938   „Diesel-mechanical shunting locomotives", Loc 1938, S. 154

Motor-mechanische Lokomotiven für Bau-, Feld-, Werk- und Industriebahnen

1896   „Oil motor traction engine and locomotive, constructed by Messrs. Hornsby & Sons, Grantham", Engg 1896-II, S. 496

1900   „Petroleum locomotive at the Paris Exhibition", Engg 1900-II, S. 6

1905   „Petroleum locomotive for light rys, constructed by the Wolseley Tool & Motor-Car Cy", Engg 1905-I, S. 44

1906   Kramer: „Motorlokomotiven", Z 1906, S. 515

1908   Oertel: „Motorlokomotiven", VW 1908, S. 871

1911   „15/20 hp petrol or paraffin rail tractor", Loc 1911, S. 59

„20 hp petrol rail tractor", Loc 1911, S. 163

„30 hp Kerosene oil locomotive for India", Loc 1911, S. 131

1912   „«Otto» petrol locomotive for 2 ft gauge", Loc 1912, S. 45

„Duplex «Otto» petroleum locomotives", Loc 1912, S. 182

„Saunderson's light petrol locomotive", Loc 1912, S. 62 und 1913, S. 19

„35/40 hp oil locomotive for India", Loc 1912, S. 172

1913   „«Bagnall» internal combustion locomotive for Assam", Loc 1913, S. 80

„Locomotive de 70 chevaux à moteur à explosion de MM Schneider & Cie", Revue 1913-II, S. 277

1916   Schwarz: „Neuere Motorlokomotiven", Z 1916, S. 409

1918   „The «Ruston» oil locomotive", Loc 1918, S. 144

1919   „The Simplex petrol shunting locomotive", Loc 1919, S. 135

1921   „10 HP Ruston oil locomotivs", Loc 1921, S. 46

„The «Blackstone» oil locomotive", Loc 1921, S. 292

1923   Usinger: „Oberuruseler-Motorlokomotiven", Waggon- u. Lokbau 1923, S. 33, 41, 49 u. 56

„Krupp-Motorlokomotiven", Kruppsche Monatshefte 1923, S. 52 und 224

„Oil-driven locomotives for the Gold Coast Colony", Loc 1923, S. 34

1925   „New Fowler petrol motor locomotives", Loc 1925, S. 240
       „Petrol shunting locomotive for the Anglo-Persian Oil Co", Loc 1925, S. 173
1926   „The Howard petrol locomotive", Loc 1926, S. 281
1927   „Fowler 30 HP shunting locomotive", Loc 1927, S. 264
       „40 bhp petrol locomotive, Western Australian Govt Rys", Loc 1927, S. 351
       „40 bhp petrol locomotive for the Buxton Lime Firms Co Ltd", Loc 1927, S. 384
       „30 HP Diesel locomotive for Rangoon, 2 ft 6 in gauge", Loc 1927, S. 389
       „0-6-0 narrow gauge petrol locomotive, Buenos Aires Great Southern Ry", Loc 1927, S. 140
1928   Heim: „Gasoline locomotives for industrial switching", Baldwin Oktober 1928, S. 72
       „New French loco-tractor or locomotive for shunting", Loc 1928, S. 123
       „31 hp Howard's industrial petrol locomotive", Loc 1928, S. 249
       „40 HP «Planet» petrol shunting locomotive, Metropolitan Water Board", Loc 1928, S. 281
1929   „Hardy petrol locomotive, United Dairies Ltd", Loc 1929, S. 313
1930   „New 2-6-2 Diesel locomotive for the Company de Salitres y Ferrocarril de Junin, Chile", Gaz 1930-I, S. 343
       „Howard 12-ton petrol locomotive", Loc 1930, S. 10
       „Articulated heavy-oil locomotive for plantation service", Loc 1930, S. 293
1932   „Avonside Diesel locomotives", Gaz 1932-I, S. 615
       „Fowler Diesel-engined shunting locomotives", Loc 1932, S. 382
       „Gardner high-speed Diesel-engine", Gaz 1932-I, S. 613
1933   „Henschel-Diesel-Kleinlokomotiven", HH Nov. 1933, S. 24 und Dez. 1935, S. 86 und Sept. 1936, S. 90
       „150 HP Hunslet Diesel locomotive", Loc 1933, S. 89
1934   Place: „Locotracteur de 240 chevaux à transmission mécanique pour voie de 0,6 m", Revue 1934-I, S. 281 — Z 1934, S. 577
       „75 HP articulated Diesel locomotive for Woolwich Arsenal", Loc 1934, S. 101 — Gaz 1934-I, S. 529
       „75 HP standard «Hunslet» Diesel locomotive, 2 ft. 6 in. gauge", Loc 1934, S. 287
       „A new Whitcomb Diesel locomotive for Puerto Rico", Baldwin Januar 1934, S. 22
       „Narrow gauge Diesel locomotives for India" (Bagnall-Deutz), Loc 1934, S. 237 — Gaz 1934-I, S. 916
1935   „Diesellokomotiven im Baubetrieb", Demag-Nachrichten Juni 1935, S. B 24
       „55 bhp Crossley Diesel-mechanical shunting locomotive, normal gauge", Gaz 1935-II, S. 1121
       „0-6-0 Diesel-locomotive for the Air Ministry", Loc 1935, S. 13
1937   „30 ton Diesel geared locomotive for industrial shunting, built by Andrew Barclay Sons & Co, Ltd", Gaz 1937-I, S. 1142 — Loc 1937, S. 174

„48 bhp «Ruston» industrial shunting locomotive", Gaz 1937-II, S. 425
„70 bhp Planet diesel-geared locomotive for Africa, 2 ft gauge",
Gaz 1937-II, S. 99
„110 bhp direct reversing Diesel locomotive for steelworks", Engg
1937-II, S. 605 — Gaz 1937-II, S. 956 — Loc 1937, S. 379
„Diesel locomotives for the Air Ministry", Loc 1937, S. 41
„Narrow gauge Diesel locomotive, built in China", Loc 1937, S. 369
„Small standard gauge Fowler shunters", Gaz 1937-I, S. 172

938 Riedig: „Kleine Motorlokomotiven für den Baubetrieb", Bautechnik
1938, S. 712
„150 bhp three-speed Diesel-mechanical standard-gauge shunter for
South Wales", Gaz 1938-I, S. 957
„A. E. C. 78 bhp shunting locomotive", Loc 1938, S. 400

939 „A new steelworks Diesel locomotive: 150 bhp Diesel-mechanical
0-6-0 «Fowler» shunter for New South Wales", DRT (Suppl. Gaz)
1939-I, S. 30
„An advance in shunting locomotive design: Simplified controls and
automatic gear change, 82 bhp Hibberd-Crossley shunter", DRT
1939-I, S. 35
„«Barclay» Diesel shunting locomotives for steel works", DRT 1939,
S. 121
„«Hunslet» narrow-gauge locomotives for special service", DRT 1939,
S. 128
„The General American Transportation Corporation replaces steam
with 44-ton «Plymouth Flexomotive» Diesel switchers", Age
1939-II, S. 436
„82 bhp Hibberd-Crossley Diesel locomotive", Loc 1939, S. 162
„30-ton oil-engined «Hudswell-Clarke» shunter with modern transmission: Torque transmission during gear changes gives improved
operation", DRT 1939-II, S. 109

940 Riedig: „Kleine Motorlokomotiven für Baubetriebe und die Industrie
der Steine und Erden", Progressus (VDI-Verlag, Berlin) 1940, S. 97
„Demag-Diesellokomotiven", MTZ 1940, S. 54

Motorlokomotiven für Grubenbahnen

906 Kramer: „Motorlokomotiven", Z 1906, S. 515
911 „Internal combustion mine locomotive", Loc 1911, S. 116
913 „Petrollocomotive for Rampgill Mine", Loc 1913, S. 33
929 Spackeler: „Die Grubenlokomotivbahnen in der Nachkriegszeit",
Z 1929, S. 1339
930 „6,5 t Grubenlokomotive mit Fahrzeug-Dieselmotor", Z 1930, S. 1703
931 Sauerbrey: „Fördertechnik unter Tage im deutschen Kalisalzberg-
bau", Z 1931, S. 125 (Lokomotiven: S. 129)
932 „Grubenlokomotiven mit schnellaufendem Dieselmotor", Z 1932, S. 565
1935 „Diesellokomotiven im Baubetrieb", Demag-Nachr. Juni 1935, S. B 24
1937 „Diesel locomotives underground", Gaz 1937-II, S. 264
1938 „Diesel loco for underground haulage", Colliery Guard. 1938, S. 763

Motor-elektrische Lokomotiven / allgemein

1924   * Lomonossoff: „Die Dieselelektrische Lokomotive", VDI-Verlag, Berlin 1924

1926   „The Diesel-electric locomotive", Age 1926-I, S. 809

1928   Judtmann: „Motorlokomotiven mit elektrischer Kraftübertragung System Gebus", ZÖIA 1928, Heft 1 und 2, S. 4

      Lomonossoff: „Widerstand und Trägheit der Dieselelektrischen Lokomotive", Organ 1928, S. 133

1929   Grüning: „Dieselelektrische Lokomotiven", Organ 1929, S. 487

1930   Gelber: „Verbrennungsfahrzeuge mit elektrischer Kraftübertragung", BBC-Mitt. 1930, S. 250

      „New Diesel-electric locomotive design", Ry Eng 1930, S. 200

      „The Diesel-electric system in rail service", Ry Eng 1930, S. 233

1931   Corporaal: „Spoorwegdieselmotoren van Frichs", Spoor-en Tramwegen 1931, S. 113

      „Diesel-electric locomotives v. steam: Proposed Diesel-electric locomotive for a South American Ry", Loc 1931, S. 383

1932   Darling: „Operating data for Diesel-electric locomotives", Gaz 1932-I, S. 879

      Perry: „Gas-electric locomotives", Baldwin Juli 1932, S. 31

1933   Reed: „Diesel traction in Extra-European countries", DRT 24. Febr. 1933, S. 2

      „Sulzer Diesel locomotives for main lines and shunting in North America, Asia and South America", Sulzer Technical Review 1933, Nr. 1 B, S. 19

1935   „Ingersoll-Rand progress in the States", Gaz 1935-II, S. 256

1936   „Dieselelektrische Schienenfahrzeuge", ATZ 1936, S. 489

1938   „Neue französische Diesellokomotiven", Organ 1938, S. 77

1939   Urbach: „Diesel locomotive operation. — Problems of Diesel-electric locomotives in switching and road service on the Chicago, Burlington and Ouincy Rr", Age 1939-II, S. 108

Dieselelektrische Lokomotiven für Vollbahnen
Allgemein

1924   * Brown: „Ueber Dieselelektrische Lokomotiven für Vollbahnbetrieb", Dissertation T. H. Zürich 1924

1933   „High-power Diesel locomotives for express and goods trains (Sulzer-Entwürfe)", DRT 27. Jan. 1933, S. 6 u. 1934, S. 162 — Sulzer Technical Review 1933, Nr. 1B, S. 2 — Lok 1933, S. 122 u. 1934, S. 3 — Loc 1934, S. 189 — Gaz 1934-I, S. 162

1934   „Possibilities of high-speed streamlined trains hauled by Diesel-electric locomotives", Gaz 1934-I, S. 162 — Loc 1934, S. 189 — Lok 1934, S. 3

Argentinien

1930   Daiber: „Dieselelektrische Züge", Z 1930, S. 956 — Mod. Transport 11. Januar 1930, S. 3 und 14. März 1931, S. XXXI.
        „The Diesel-electric system in rail service", Ry Eng 1930, S. 233

1931   „Dieselantrieb für den Vorortverkehr der Großen Buenos Aires-Südbahn", Organ 1931, S. 186 (Wagen des Zuges ebenfalls elektrisch angetrieben)

1933   „Diesel-electric power units, Buenos Aires Great Southern Ry", Loc 1933, S. 18 und 84 — Gaz 1932-II, S. 807 — Engg 1933-I, S. 328 — Sulzer Technical Review 1933, Nr. 1 B, S. 18

1938   „900 bhp Diesel-electric main-line locomotives, Buenos Ayres Great Southern Ry", Gaz 1938-II, S. 97

1939   „Two 880 bhp Armstrong-Whitworth diesel-electric locomotives, Buenos Ayres Great Southern Ry", DRT 1939, S. 11

Britisch-Indien

1930   „Diesel-electric locomotives, Indian State Rys", Loc 1930, S. 314

1935   „4-6-4 Diesel-electric locomotives for the North Western Ry of India", Loc 1935, S. 238 — Mod. Transport 27. Juli 1935, S. 3
        „4-8-2 broad gauge 1200 bhp locomotives for Indian mail service (Karachi)", Gaz 1935-II, S. 252

Dänemark

1930   „New Diesel-electric locomotive design", Ry Eng 1930, S. 200
        „The Burmeister and Wain Diesel-electric locomotive", Loc 1930, S. 44 — Ry Eng 1930, S. 200

1932   „Diesel-electric locomotives for Denmark", Gaz 1932-II, S. 194 und 1933-II, S. 845

1934   „200 HP Diesel-electric locomotive, Kallehavebanen, Denmark", Loc 1934, S. 337

1937   Munck: „Dänemark: Die Dieselfahrzeuge. — 2 Do 2-Dieselelektr. Lokomotive", Organ 1937, S. 326

England

1933   „800 bhp 1 Co 1-Diesel-electric locomotive, Armstrong-Whitworth", Gaz 1933-II, S. 668 — Engg 1933-II, S. 571 — Loc 1933, S. 367

Frankreich und Kolonien

1924   Debize: „Locomotive Diesel électrique en service en Tunisie", Revue 1924-I, S. 172 — Organ 1924, S. 351

1927   Poullain: „Nouvelle locomotive Diesel-électrique en service en Tunisie", Revue 1927-II, S. 36

1933   Tourneur: „Essais de locomotives Diesel électriques de manoeuvres sur le réscau P. L. M.", Revue 1933-II, S. 107

1933   „Diesel-electric locomotives, PLM Ry, Algerian lines" (Bo-Bo und
        1 Bo-Bo 1), Gaz 1933-II, S. 983 u. 991 — Loc 1933, S. 290
        „Oil-electric locomotive, PLM-Ry", Loc 1933, S. 70 — DRT 24. Mai
        1933, S. 8 — Revue 1933-II, S. 107 — Gaz 1933-II, S. 368 —
        Organ 1935, S. 76

1935   Nicolin: „Essais d'une locomotive Diesel à transmission électrique
        sur les Chemins de Fer de Ceinture", Revue 1935-I, S. 393
        „Super-power 2 Co 2—2 Co 2 Diesel-electric locomotives for the
        PLM", Gaz 1935-I, S. 575

1937   Tourneur: „Les deux locomotives diesel-électriques à grande vitesse
        du réseau PLM", Revue 1937-II, S. 3
        „4000 bhp Diesel-electric Sulzer-engined twin-unit express locomo-
        tives for the PLM Ry", Gaz 1937-I, S. 966 — Organ 1938, S. 78
        — Loc 1938, S. 52 — Lok 1938, S. 67 — Gaz 1938-II, S. 98

1938   Boettcher: „Die zweite französische Großdiesellokomotive, PLM-
        Bahn. — Eine vergleichende Betrachtung", Organ 1938, S. 412 —
        Gaz 1938-II, S. 98
        Neveux: „Les locomotives diesel-électriques de 4400 chevaux à
        grande vitesse type 2 Co 2 + 2 Co 2 du réseau de la Cie des Che-
        mins de fer de Paris à Lyon et à la Méditerranée", Rev. gen.
        électr. 1938, S. 365 — Revue Technique Sulzer 1938, Nr. 1, S. 1
        — Gaz 1938-II, S. 98
        Tourneur: „Locomotives Diesel électriques à grande vitesse de la
        Société Nationale des Chemins de Fer Français", Revue 1938-I,
        S. 277 — Traction Nouvelle 1939, S. 82 — Kongreß 1939, S. 91
        „Express Diesel locomotives in France: A comparison of the two
        4000 bhp designs now running on the ex-PLM system", Gaz
        1938-II, S. 98 — Organ 1938, S. 412

Japan

1929   „600 HP 2-6-2 Diesel-electric locomotive, Japanese Govt Rys", Loc
        1929, S. 399

Kanada

1928   Brooks: „Oil-electric motive power on the Canadian National", Age
        1928-I, S. 1319
        „Versuchsfahrten mit der 2 Do 1 + 1 Do 2 - Dieselelektrischen Loko-
        motive der Canadian National Ry", Age 1928-II, S. 1125 und
        1929-II, S. 585 — Organ 1929, S. 196 und 1930, S. 188 — Loc
        1929, S. 23

1931   „Oil-electric locomotives, Canadian National Ry", Loc 1931, S. 199

Mandschukuo

1932   Gercke „Diesel-electric main line locomotives, South Manchurian
        Ry", Gaz 1932-I, S. 287 — DRT 16. Juni 1933, S. 15

Rumänien

1938   Witte: „4400 PS Dieselelektrische Lokomotive der Rumänischen Staatsbahnen", Annalen 1938-II, S. 183
„Dieselelektrische 2 Do 1 + 1 Do 2 - Lokomotive von 4400 PS Leistung für die Rumänischen Staatsbahnen", Organ 1938, S. 233 — Revue Technique Sulzer 1938, Nr. 3 — BBC-Mitt. 1938, Nr. 10 — Schweiz. Bauzeitung 1938-II, S. 252 — HH Dez. 1938, S. 108 — Kongreß 1939, S. 139
„4000 bhp Diesel locomotive for mountain line, Roumanian State Rys", Gaz 1938-I, S. 1134 — The Eng 1938-I, S. 570 — Loc 1938, S. 171 — Engg 1938-II, S. 100 — Oil Engine Juni 1938, S. 40

Rußland

1924   * Lomonossoff: „Die Dieselelektrische Lokomotive", VDI-Verlag, Berlin 1924

1925   Lomonossoff: „Fahrtergebnisse der Diesel-elektrischen Lokomotive in Rußland", Z 1925, S. 1387

        Lotter: „Die erste Diesel-elektrische Vollbahn-Güterzuglokomotive", Organ 1925, S. 77 — Ry Eng 1926, S. 357

        Meineke: „Betriebs- und Versuchsergebnisse der russischen Diesel-elektrischen Lokomotive", Z 1925, S. 1321

        Meineke: „Vergleichsversuche zwischen Diesel- u. Dampflokomotive", Z 1925, S. 321 — Organ 1925, S. 82 (Uebelacker)

        „Eine neue russische Diesel-elektrische Lokomotive" (1 Co - Do - Co 1, erbaut von Putiloff und den Baltischen u. Elektrik-Werken), ETZ 1925, S. 775

1928   Dobrowolski: „Vergleichsversuche mit russischen Diesellokomotiven", Z 1928, S. 90

1931   „Kruppsche 2 E 1 - Dieselelektrische Lokomotive für Rußland", Waggon- u. Lokbau 1931, S. 345

1932   „The Diesel-electric locomotive in Russia", Loc 1932, S. 211
„High-powered Diesel locomotives in Russia", Gaz 1932-II, S. 672

1933   Hagenbucher: „Dieselelektrische 2 Eo 1 - Lokomotive für Rußland", Z 1933, S. 1001 — Loc 1933, S. 147
„New Russian Diesel locomotives", Loc 1933, S. 147

1934   „4-8-2 + 2-8-4 diesel-electric locomotive, Russian State Rys", Loc 1934, S. 212 — Gaz 1934-II, S. 415

Schweiz

1939   Steiner: „Die dieselelektrischen Lokomotiven Am 4/4 Nr. 1001 und 1002 der Schweizerischen Bundesbahnen", El. Bahnen 1939, S. 183
„Up-to-date Swiss Diesel locomotives: 1200 bhp Bo-Bo standard gauge Diesel electric locomotives for light passenger service, Swiss Federal Rys", DRT 1939-I, S. 78 — Lok 1939, S. 155

Siam (Muang-Thai, Thailand)

1931   „New 450 HP Sulzer locomotives for main line service on the Royal
        State Rys of Siam", Gaz 1931-II, S. 181 — Mod. Transport 8. Aug.
        1931, S. 3 — Engg 1931-II, S. 211 — Loc 1931, S. 313 — Revue
        1931-II, S. 294 — HH Febr. 1932, S. 29
        „Diesel-electric locomotives for Siam", Gaz 1931-II, S. 115
        „1000 HP Diesel-electric locomotives for the Siamese Rys", Loc 1931,
        S. 368
1932   „1500 HP Diesel-electric locomotives for the Siamese State Rys",
        Loc 1932, S. 42 — Engg 1932-II, S. 502 — Gaz 1933-II, S. 234
        und 994 — Organ 1933, S. 288
        „Diesel-electric stock in Siam", Gaz 1932-I, S. 752
1933   „Dieselelektrische 2 Do + Do 2 - Lokomotiven für Siam", Organ 1933,
        S. 288 — Gaz 1933-II, S. 234 u. 994

USA

1925   „Baldwin builds Diesel-electric locomotive", Age 1925-II, S. 645 —
        Z 1925, S. 1575
1926   „1000 PS-Dieselelektrische Lokomotive von Baldwin-Westinghouse",
        Engg 1926-II, S. 150 — ETZ 1927, S. 113
1929   Dodd: „Diesel-electric passenger locomotive for the New York
        Central", Age 1929-I, S. 663
1935   „3600 HP Diesel-electric locomotive of the Atchison, Topeka and
        Santa Fé Rr", Age 1935-II, S. 595 — [siehe auch Gaz 1938-I,
        S. 764]
        „Ingersoll-Rand progress in the States", Gaz 1935-II, S. 256
1936   Wilson: „Dieselelectric Bo-Bo freight locomotive Westinghouse, 133
        tons, 1600 HP", Age 1936-I, S. 397
        „Diesel-powered «Green Diamond», Illinois Central Rr", Age 1936-I,
        S. 534
        „Illinois Central 1800 HP Diesel-electric transfer locomotive", Age
        1936-I, S. 647
        „The new streamliner «The City of Denver», Union Pacific Rr", Age
        1936-II, S. 4 — Gaz 1936-II, S. 250
        „Union Pacific 11-unit streamliners ready for service", Age 1936-I,
        S. 864
        „1800 bhp Diesel-electric locomotive of the Baltimore and Ohio Rr",
        Gaz 1936-II, S. 80
1937   Witte: „Schnelltriebwagenzug «Super Chief» der Atchison, Topeka
        & Santa Fé-Bahn", VW 1937, S. 382 — Gaz 1937-II, S. 266 —
        Gaz 1938-I, S. 764
        „3600 bhp diesel-electric double-locomotive, Baltimore and Ohio",
        Gaz 1937-II, S. 97 — Loc 1937, S. 261 — DRT 1939-I, S. 96
        „Diesel-electric main line locomotives in America", Gaz 1937-II,
        S. 580
        „Log of Denver Zephyr's record run" (Dieselelektr. Doppellok. mit
        12-Wagenzug), Gaz 1937-I, S. 573 — Organ 1938, S. 436
1938   Boettcher: „Die «Zephyr»-Züge des Burlington-Netzes in USA",
        Organ 1938, S. 436

„Two more streamliners for Pacific Coast Service" (mit aus 3
Maschinenwagen bestehender 5400 PS-Lok), Age 1938-I, S. 224 —
Gaz 1938-I, S. 155 — Organ 1938, S. 453 — Kongreß 1939, S. 121

1939 „Express Diesel locomotive operation", DRT 1939, S. 118

„Seabord Air Line inaugurates «Silver Meteor»: 2000 Hp Diesel-
electric locomotive built by the Electro-Motive Corporation", Age
1939-I, S. 303 — DRT 1939-I, S. 49 — Ry Mech Eng 1939-I,
S. 127

„The Rock Island «Rockets»: Rocket streamlined train, Rock Island
Lines", Loc 1939, S. 3

„The North Western's new streamlined nine-car Diesel-electric train
«400»", Age 1939, II, S. 455

„2.000 hp Diesel-electric locomotive for the «Denver-Rocket» train,
Chicago, Rock Island & Pacific Rr", Age 1939-II, S. 124

1940 „High-power main-line locomotives in the USA: Diesel-electric units
now under construction by the Electro-Motive Corporation for
express haulage on the Burlington Lines", DRT 1940, S. 32

„58-ton mixed-traffic Diesel-electric locomotives for US-Mexican
frontier line (Texas-Mexican Ry, USA)", DRT 1940, S. 48

Motor-elektrische Lokomotiven
für Verschiebedienst auf Hauptbahnen

1907 „Locomotive de manoeuvre pétroléo-électrique des Chemins de Fer
de l'Etat Belge", Revue 1907-II, S. 272

1925 „300 HP oil-electric locomotive, General Electric Co", Loc 1925,
S. 115

1926 „Oil-electric shunting locomotive of 100 tons weight for the Long
Islands Rr", Ry Eng 1926, S. 393 — Loc 1926, S. 75

1927 Dürrenberger: „Verschiebelokomotive mit Explosionsmotor und
elektrischer Kraftübertragung", ETZ 1927, S. 764

1929 Grüning: „Eine Dieselelektrische Rangierlokomotive für 300 PS,
gebaut von der Maschinenfabrik Eßlingen für die Hafenbahn
Buenos Aires", BBC-Nachrichten 1929, S. 103

1930 Brown: „An 800 HP oil-electric shunting locomotive (Baldwin-
Westinghouse)", Age 1930-I, S. 1427 — Organ 1931, S. 187

1931 „Oil-electrics are effecting savings in switching service", Age 1931-II,
S. 620

1932 „New Diesel-electric locomotives for Argentina (Rosario)", Gaz
1932-I, S. 19 u. 144 — HH Febr. 1932, S. 28

1933 Löwentraut: „Henschel-Verschiebelokomotive mit Verbrennungsmotor und elektr. Kraftübertragung", HH Nov. 1933, S. 16 —
Loc 1933, S. 262 — Ry Eng 1934, S. 96

Murphey: „Westinghouse builds Diesel locomotives for transfer service: 65 ton 350 hp Diesel-electric locomotive", Age 1933-II,
S. 531

Reed: „Development of Diesel traction: North America", Gaz
1933-II, S. 678

1933   Tourneur: „Essais de locomotives Diesel-électriques de manoeuvre
sur le réseau de PLM", Revue 1933-II, S. 107 — Loc 1933, S. 70
— DRT 24. Mai 1933, S. 8 — Gaz 1933-II, S. 368 — Organ 1935,
S. 76

„300 hhp Diesel-electric locomotive, Bush Terminal Rr", Gaz 1933-II,
S. 671

„300 bhp Diesel-electric shunting locomotive, Buenos Aires Harbour", Gaz 1933-II, S. 498

1934   „800 bhp Diesel-electric shunting locomotive, Erie Rr", Gaz 1934-I,
S. 168

„360 bhp Diesel-electric «Heisler» locomotive for heavy shunting
service. — Worm drive and coupling rods incorporated in
double-bogie machine", Gaz 1934-I, S. 526

„300 hp oil-electric locomotive at work on the LMS Ry", Loc 1934,
S. 242

„Armstrong-Sulzer shunting locomotive, LMS Ry", Loc 1934, S. 75
— Gaz 1934-II, S. 918

„Alco 600 HP Diesel-electric switching locomotive", Age 1934-II,
S. 319

1935   Sawyer: „The Alco Dieselelectric locomotive", Gaz 1935-II, S. 246

1936   Labrijn: „Neue Dieselelektrische Kleinlokomotiven der Niederländischen Eisenbahnen", Organ 1936, S. 91

„60 ton diesel-electric locomotive on the Central Rr Co of New
Jersey" (erste amerikanische dieselelektr. Lok., 1925), Age 1936-II,
S. 256

„250 bhp Armstrong-Whitworth 0-6-0 oil-electric shunters for LMS
Ry", Gaz 1936-I, S. 586

„Indian broad gauge Armstrong-Sulzer six-wheeled Diesel-electric
shunting locomotive", Gaz 1936-I, S. 977 — Loc 1936, S. 137

„More LMSR Diesel-electric 0-6-0 shunters", Gaz 1936-I, S. 766 —
Loc 1936, S. 106 u. 137

„The Baldwin Diesel-electric switching locomotive", Baldwin Oktober
1936, S. 3 — Age 1936-II, S. 746

1937   Achenbach u. Kreuter: „Dieselelektrische Verschiebelokomotive 185
PS", El. Bahnen 1937, S. 285

„The work of the LMS Diesel-electric shunters", Gaz 1937-II, S. 414

„The latest British standard gauge 0-6-0 diesel-electric locomotive:
Southern Ry", Gaz 1937-II, S. 1230 — Loc 1938, S. 2

1938   „Five-engined American «Davenport» oil-electric shunting locomotice
of 700 bhp", Gaz 1938-II, S. 590 — Age 1938-II, S. 367

„Baldwin 900 HP Diesels on the New Orleans Public Belt Railroad",
Baldwin Okt. 1938, S. 17

1939   Kreuter u. Heuer: „Dieselelektrische C und Bo-Bo Verschiebelokomotiven für Südafrika", El. Bahnen 1939, S. 258 und 272 —
Annalen 1940, S. 160

„Dieselelektrische 530 PS - Personenzug- und Verschiebelokomotive
für die Südafrikanischen Staatsbahnen", AEG-Mitt. 1939, S. 35 —
Loc 1939, S. 161

„American shunting locomotive costs", DRT 1939, S. 41 und 130
„American oil-electric shunter, 660 bhp Baldwin locomotive No 62000",
DRT 1939-I, S. 43
„350 bhp 0-6-0 diesel-electric shunting locomotives for the LMS",
Mod. Transp. 15. Juli 1939, S. 7 — DRT 1939, S. 124

1940 Bredenbreuker: „360/400 PS Dieselelektrische Verschiebelokomotive
für die Hafenverwaltung in Konstanza (Rumänien)", Annalen
1940, S. 107
„635 bhp 65-ton Diesel-electric Bo-Bo shunter of the French National Rys", DRT 1940, S. 35

Motor-elektrische Lokomotiven für Unterwegsbahnhöfe

1933 Löwentraut: „Henschel-Verschiebelokomotive mit Verbrennungs-
motor und elektr. Kraftübertragung", HH Nov. 1933, S. 16
„Henschel's 70 HP petrol-electric shunting locomotive", Loc 1933,
S. 262 — Ry Eng 1934, S. 96

1936 Labrijn: „Die Dieselelektr. Verschiebe-Kleinlokomotiven der Niederländischen Eisenbahnen", Organ 1936, S. 91

Motor-elektrische Lokomotiven
für Streckendienst auf Neben-, Klein- und Kolonialbahnen

1924 Debize: „Locomotive Diesel-électrique en service en Tunisie",
Revue 1924-I, S. 172 — Organ 1924, S. 351

1925 Zimmermann: „Benzin-elektrische Lokomotiven für The Consolidated
Diamond Mines of South Westafrica", HN 1925, S. 96 u. 1927,
S. 174 — Loc 1932, S. 82 — Annalen 1925-II, S. 94

1927 Poullain: „Nouvelle locomotive Diesel-électrique en service en
Tunisie", Revue 1927-II, S. 36

1928 „Schwedische 200 PS-Dieselelektrische Lokomotive", Z 1928, S. 1669

1929 Müller: „Die Diesellokomotive der Tunesischen Eisenbahngesellschaft", Annalen 1929-I, S. 135

1932 „Diesel-electric locomotive for 2 ft. gauge", Loc 1932, S. 82

1933 „440 HP Diesel locomotive, Mediterranean Ry, Italy", Loc 1933, S 42
„Diesel-electric locomotive for the Belfast & County Down Ry", Loc
1933, S. 168 — DRT 19. Mai 1933, S. 15 — Mod. Transport 20.
Mai 1933, S. 3 — Gaz 1937-II, S. 96 — Loc 1937, S. 225
„Diesel-electric locomotives for Danish Private Rys", Ry Eng 1933,
S. 195

1934 „200 hp diesel-electric locomotive, Kallehavebanen, Denmark", Loc
1934, S. 337

1935 Kaan: „New Diesel-electric railcars and locomotives in Austria",
Gaz 1935-I, S. 366
„920 bhp Co-Co supercharged locomotives for the Congo-Ocean Ry",
Gaz 1935-I, S. 754 — Organ 1938, S. 77

1936 „Erichs Diesel locomotive for local service, Aalborg Ry, Denmark",
Loc 1936, S. 225

1937   Achenbach u. Kreuter: „Dieselelektrische Verschiebelokomotive 185 PS", El. Bahnen 1937, S. 285

Neusser: „Dieselelektrische Schmalspurlokomotiven der Oesterreichischen Bundesbahnen", Siemens-Zeitschrift 1937, S. 488

„A-A 145 PS-Dieselelektrische Lokomotive der Oesterr. Bundesbahnen für 760 mm Spur, 12 t Dienstgewicht", VT 1937, S. 308

„Broad-gauge 500 bhp double-bogie locomotive for the Belfast and County Down Ry, Ireland", Gaz 1937-II, S. 96 — Loc 1937, S. 225

1940   „Diesel-electric Bo-Bo-Bo locomotives for heavy grades, Madagascar", DRT 1940, S. 50

Motor-elektrische ·Lokomotiven für Bau-, Feld-, Werk- und Industriebahnen

1922   Wist: „Die Antriebsarten von Kleinbahnen und Feldbahnen: Benzinelektrische Züge mit Vielachsen-Antrieb (Lokomotive bzw. Generatorwagen + Einzelachsantrieb der Anhängewagen), Waggon- u. Lokbau 1922, S. 4, 18, 66

1932   „Armstrong-Whitworth 40 ton Diesel-electric shunting locomotive", Loc 1932, S. 230

„Oil-electric locomotives for the Ford Motor Co's Works", Loc 1932, S. 287 — Gaz 1932-I, S. 25, 87 u. 153 — Engg 1932-II, S. 718 — Gaz 1932-II, S. 811

„Diesel-electric locomotive for 2 ft gauge", Loc 1932, S. 82

„60 bhp industrial Dieselelectric locomotives" (Waterside Works, Ipswich), Gaz 1932-I, S. 875

„15 ton oil-electric shunting locomotive, Armstrong Whitworth & Co's Works", Loc 1932, S. 420

1933   „Locotracteur de 240 cheveaux à transmission électrique pour voir de 0,6 m", Revue 1933-I, S. 16

„Standard gauge Diesel-electric shunting tractors (Ransomes and Rapier Ltd)", Loc 1933, S. 150

1936   „Dieselelektrische Henschel-Kleinlokomotiven", HH Sept. 1936, S. 90

„65 bhp Diesel-mechanical locomotive for West African goldfields", Gaz 1936-I, S. 774

1938   „1000 bhp shunters for the Ford Plant", Gaz 1938-II, S. 928

DER VERBRENNUNGSMOTOR-TRIEBWAGEN

Allgemein

1893 „Verwendung von Gasmotoren für Straßenbahnbetrieb", Z 1893, S. 1247 — ZÖIA 1895-I, S. 20

1895 Schöttler: „Die Dessauer Gasbahn", Z 1895, S. 1009
„Die Straßenbahn in Dessau", Annalen 1895-II, S. 34

1901 v. Littrow: „Fahrbetriebsmittel elektrischer Bahnen und Triebwagen verschiedener Antriebsart auf der Weltausstellung Paris 1900", Organ 1901, S. 231 u. 259

1905 Heller: „Motorwagen im Eisenbahnbetrieb", Z 1905, S. 1541, 1634, 1705

1907 * Spitzer u. Krakauer: „Motorwagen und Lokomotive", Verlag Hölder, Wien 1907 — S. 19: Motorwagen mit Explosionsmotoren

1908 * Guillery: „Handbuch über Triebwagen für Eisenbahnen", Verlag Oldenbourg, München und Berlin 1908 — 2. Aufl. (Ergänzungsband) 1919. — Bespr. Organ 1919, S. 192

1922 „Road motors for use on rails", Loc 1922, S. 108

1925 Bethge: „Die vorteilhafteste Fahrzeit für Oeltriebwagen", AEG-Mitt. 1925, S. 223
Draeger: „Die Triebwagen auf der Seddiner Ausstellung", Organ 1925, S. 39

1926 * Jahnke: „Der Eisenbahn-Oeltriebwagen", Verlag Leiner, Leipzig 1926 — Bespr. ZVDEV 1927, S. 317
* Plünzke: „Der Eisenbahntriebwagen mit besonderer Berücksichtigung des Triebwagens mit Verbrennungsmotor und mechanischer Kraftübertragung", Jahrbuch des Reichsverbandes der Automobil-Industrie 1926, S. 51

1927 Schmidt: „Der Verbrennungsmotor-Triebwagen", VT 1927, S. 119
„Résultats obtenus sur les Chemins de Fer d'Interêt Local avec les automotrices à essence", Revue 1927-II, S. 594

1928 Judtmann: „Die neuzeitlichen Triebwagen Nordamerikas", Organ 1928, S. 163

1929 Guernsey: „Rail motor cars from a builder's point of view", Age 1929-I, S. 1142
von Veress: „Grundsätzliches über die Verwendung von Oeltriebwagen", Organ 1929, S. 371

1930 * Friedrich: „Der Eisenbahntriebwagen", Verlag der Verkehrswissenschaftlichen Lehrmittelges. m. b. H. bei der Deutschen Reichsbahn, Berlin 1930
* Mayer: „Die Entwicklung des Eisenbahn-Triebwagens", Bericht über die Fachtagung der Vereinigung der Betriebsleiter der deutschen Privat- u. Kleinbahnen 1930, S. 7
„Diesel-Triebwagen", Waggon- u. Lokbau 1930, S. 134 u. 149

1931 „Die Dieseltriebwagen der Maschinenfabrik Eßlingen", Lok 1931, S. 11

1932 Cramer: „Zur Entwicklung des Schienentriebwagens", Z 1932, S. 397
Leboucher: „Expériences aérodynamiques sur les formes extérieures à donner aux autorails", Revue 1932-II, S. 3
Prüss: „Schienentriebwagen", VT 1932, S. 676

1932   Steinhoff u. Kettler: „Die Triebwagenzüge Bauart Blankenburg", VT 1932, S. 679

„Triebwagen oder Schienenauto?", Lok 1932, S. 143, 177, 217

1933   Ribera: „Die Wahl des besten Schienentriebwagens", GiT 1933, S. 4

1934   Tritton: „Railcars", Ry Eng 1934, S. 108

1935   Dumas u. Levy: „Die Triebwagen des europäischen Festlandes hinsichtlich ihrer Konstruktion", Kongreß 1935, S. 929 u. f.

* „L'autorail", Sondernummer der Revue Petrolifère, Paris 1935

1936   Hamacher: „Der Schienentriebwagen auf den französischen Eisenbahnen", VT 1936, S. 256

Plochmann u. Becker: „Stand der Entwicklung im Triebwagenbau", GHH April 1936, S. 109

„A symposium on railcars", Gaz 1936-I, S. 596

„Armoured railcars", Loc 1936, S. 152

„Diesel railcar progress in Poland", Gaz 1936-I, S. 776

„Railcar traction on the MZA", Gaz 1936-I, S. 184

1937   Boysson: „Les nouveaux autorails français", Traction Nouvelle, Paris 1937, S. 78 u. 106

Koffmann: „Railcar acceleration", Gaz 1937-II, S. 1233

Koffmann: „The standardisation of Diesel railcars", Gaz 1937-I, S. 568

Schmid: „Triebwagenbau", GHH Aug. 1937, S. 179 u. Nov. 1937, S. 225

Stroebe: „Entwicklung des Triebwagens vom Standpunkt der baulichen Durchbildung und besondere Untersuchungen über die Uebertragungsarten und die Bremsung", Kongreß 1937, S. 1167 u. f.

„Entwicklung des Triebwagens", Kongreß 1937, S. 1715 (Wanamaker), 1757 u. 1847 (Dumas u. Levy) u. 1967 (Dumas)

„Diesel trains for South America", Gaz 1937-II, S. 950

1938   Dumas: „Railcar services in France", Gaz 1938-I, S. 780 — Loc 1938, S. 115

Hargavi: „13 years of Diesel traction in Czechoslovakia", Gaz 1938-II, S. 93

* Judtmann: „Motorzugförderung auf Schienen", Verlag Springer, Wien 1938 — Bespr. VW 1939, S. 276

Koffmann: „Railcar operation at high altitudes", Loc 1938, S. 392

Tourneur: „Couplage et jumelage des autorails", Revue 1938-II, S. 11 — Kongreß 1939, S. 262 — Organ 1939, S. 239

„Triebwagen auf der Pariser Weltausstellung 1937", Organ 1938, S. 25

„Diesel traction in Asia, Africa and South America", Gaz 1938-I, S. 149/150

„Railcar streamlining", Loc 1938, S. 257

1939   Dumas: „Mittel zur Beschleunigung der Reisezüge (u. a. Triebwagen)", Kongreß 1939, S. 577

Hamacher: „Die Motorisierung der französischen Kleinbahnen" (m. Karte), VT 1939, S. 127

„Multiple-unit trains", DRT 1939, S. 3

„New railcar services in Algeria", DRT 1939-I, S. 91

„Railcar services in France: Advantages over steam traction", Mod Transport 10. Juni 1939, S. 9

„Single-unit railcars", DRT 1939, S. 6

„The improvement of services by railcars", DRT 1939-II, S. 102

1940 Lang: „Entwicklung der Anordnung des Triebwagenantriebes zur arteigenen Maschinenanlage", MTZ 1940, S. 177 u. 202

= Plochmann: „Deutsche Ausfuhr für das Verkehrswesen im Lichte der MAN-Arbeitsgebiete", Annalen 1940, S. 54

„1. Fachheft Verbrennungstriebwagen", MTZ 1940, Nr. 5, S. 137 u. f. (Forts. in Nr. 6)

Gütertriebwagen mit Verbrennungsmotor

1911 „Petrol motor mail van, Kalka-Simla Ry, India", Loc 1911, S. 42

1920 „Converted motor lorry, French Armée d'Orient", Loc 1920, S. 26

1922 „Road motors for use on rail", Loc 1922, S. 108

1923 „Drewry motor tank wagon for India", Loc 1923, S. 127

1924 „A novel petrol rail tractor for 24 in. gauge", Loc 1924, S. 279

„Petrol rail van for delivering newspapers, Chilian Rys", Loc 1924, S. 376

1928 Simon: „Motortriebwagen für Arbeits- u. Transportzwecke", Z 1928, S. 605

„Petrol rail wagon, Buenos Aires Great Southern Ry", Loc 1928, S. 383

1931 „Oelelektrischer Post- und Gepäckwagen der Minneapolis & St. Louis Rr", Loc 1931, S. 266 — Waggon- u. Lokbau 1931. S. 362

„Triebwagen für den Stückgutverkehr", RB 1931, S. 608 — Gaz 1932-II, S. 676

1933 „300 hp combined petrol-locomotive and covered van, Bermuda Ry", Loc 1933, S. 90 — Gaz 1931-II, S. 397 u. 1932-I, S. 88 u. 878

„300 bhp Diesel-electric goods car, Austrian Federal Rys", Gaz 1933-II, S. 512

1934 Dassau: „Vereinigter Personen- und Gütertriebwagen auf Nebenstrecken", RB 1934, S. 1123

1935 „Diesel-electric railcars for goods transport, PLM", Mod. Transport 14. Sept. 1935, S. 5

„Fiat-Littorina parcel van, Italian State Rys", Gaz 1935-I, S. 1187

1936 Wernekke: „Antrieb eines Fahrgestells auf Schienen durch einen Kraftwagen, USA", Annalen 1936-II, S. 9

„Dieselelektrischer 1 Bo 1 - Gepäck-Triebwagen der Oesterr. B. B.", Organ 1936, S. 207 (Aufsatz Lehner) — GiT 1937, S. 149 — VT 1937, S. 308

1937 „130 bhp Thornycroft-engined petrol car for light goods service on the Buenos Ayres Pacific Ry", Gaz 1937-I, S. 976

1938 „Articulated Dieselmechanical twin-sets, Buenos Ayres Midland Ry", Gaz 1938-II, S. 758

1939 „«Ganz» Diesel cars for mixed freight and mail service on short branch line with heavy traffic in Egypt", DRT 1939-I, S. 58 — Revue 1939-I, S. 470

„Rebuilt Diesel railcar for trailer haulage in Switzerland", DRT 1939-I, S. 94

Motor-Draisine (Triebkleinwagen)

1896   „Motorwagen System Daimler", Annalen 1896-I, S. 38

1905   „Motordraisinen im Eisenbahnbetrieb", Lok 1905, S. 154 und 1907,
        S. 179 — Engg 1905-I, S. 325

1907   „Brennabor-Eisenbahndraisinen", Lok 1907, S. 179
        „Drewry ry motor cars", Gaz 1907-II, S. 285

1909   „Motordraisinen und Eisenbahn-Automobile", Annalen 1909-I, S. 259
        „The Drewry inspection car", Loc 1909, S. 8 und 1910, S. 129

1910   „Ry inspection cars", Loc 1910, S. 129 u. f.

1911   „«Bahnbedarf» rail motor cars", Loc 1911, S. 230
        „12/14 HP petrol-driven ry inspection car", Engg 1911-I, S. 113

1913   „Drewry rail motor cars, Great Western of Brazil Ry", Loc 1913,
        S. 291

1914   Simon: „Triebkleinwagen der Direktion Hannover", Organ 1914, S. 3
        „Drewry passenger rail motor car for the Cyprus Ry", Gaz 1914-I,
        S. 643

1915   „Rail motors for use in war", Loc 1915, S. 163

1916   „Petrol rail motor cars", Loc 1916, S. 123

1922   „Feldbahn-Motorwagen", VT 1922, S. 544

1924   „20 HP petrol rail car, Drewry Car Co", Loc 1924, S. 215
        „Detachable unit inspection trolley", Loc 1924, S. 215
        „A motor cycle rail car", Loc 1924, S. 222

1927   „20 HP petrol-driven inspection car, Great Southern Rys of Ireland",
        Loc 1927, S. 175

1930   Beyer: „Die Entwicklung der Bahnerhaltungs-Kleinwagen der
        Oesterreichischen Bundesbahnen", Organ 1930, S. 26

1931   Kasper: „Testing railway motor cars", Baldwin Oktober 1931, S. 25
        Kasper: „Railway motor cars", Baldwin April 1931, S. 49

1933   Hromatka: „Kraftbetriebene Kleinfahrzeuge des Bahnerhaltungs-
        dienstes bei den Oesterreichischen Bundesbahnen", Organ 1933, S. 39
        „Motorräder auf Schienen", Z 1933, S. 407
        „Petrol-engined inspection car", Loc 1933, S. 104
        „Platelayer's motor-driven trucks and inspection cars", Loc 1933, S. 36

1934   „24 HP Drewry inspection railcar, Burma Rys, metre gauge", Loc
        1934, S. 9

1935   „Drewry railcars for the South African Railways and Holyhead
        Breakwater", Loc 1935, S. 310

1936   „Rail inspection car with trailer with portable ladder (Draisinenbau
        GmbH., Hamburg)", Loc 1936, S. 230

1937   „Petrol car for maintenance of track, LNE Ry", Loc 1937, S. 58

1938   „Mobile permanent-way gangs in India", Gaz 1938-II, S. 1004
        „Petrol engined inspection car, South African Rys", Loc 1938, S. 120

1939   Karbus: „Die Hilfsfahrzeuge für die Fahrleitungsunterhaltung bei
        den ehem. Oesterreichischen Bundesbahnen", El. Bahnen 1939, S. 18
        Williams: „The operation of motor gang trolleys, Entre Rios and
        Argentine North Eastern Railways", Gaz 1939-I, S. 655

1940   Geißbauer u. Martin: „Kraftkleinwagen", Bahn-Ing. 1940, S. 97

Schwere elektrische Abraumlokomotive für 900 mm Spur. Die bisher
schwerste und leistungsfähigste deutsche Abraumlokomotive für
Schmalspur wiegt 75 t. Sie wurde von Henschel in Gemeinschaft mit
den Siemens-Schuckert-Werken geschaffen.

Triebwagen mit elastischen Rädern

1931   Deker: „Henschel-Schienenomnibus", Organ 1931, S. 181 — Revue 1931-II, S. 304 — Gaz 1931-II, S. 493 — HH Febr. 1932, S. 19 — VT 1932, S. 691

„Tests of petrol rail cars with pneumatic tyres", Gaz 1931-I, S. 689 u. 1931-II, S. 142 — Z 1931, S. 1086 — Revue 1931-II, S. 250 — Mod. Transport 1. Aug. 1931, S. 7 u. 5. Sept. 1931, S. 3 — Loc 1931, S. 327

„Die Frage des Schienenautobus", Waggon- u. Lokbau 1931, S. 281

1932   Bäseler: „Die Eisenbahn auf Gummi", ZVDEV 1932, S. 997

„Triebwagen oder Schienenauto?", Lok 1932, S. 143 u. 177

„An American pneumatic tyred railcar", Gaz 1932-I, S. 650

„Austro-Daimler-Schnelltriebwagen mit Luftreifen", Z 1932, S. 1182 — Gaz 1932-II, S. 517 — Loc 1932, S. 391 — Age 1933-II, S. 219 — Lok 1932, S. 177

„Pneumatic tyred Budd-Micheline car delivered to the Reading", Age 1932-II, S. 669 — DRT 24. Febr. 1933, S. 12

„Tests of Firestone pneumatic rail tires (Ford bus)", Age 1932-II, S. 981

„The Micheline pneumatic-tyred railcar on the LMSR", Gaz 1932-I, S. 209

1933   Ferrand: „L'automatrice Bugatti", Revue 1933-II, S. 120 — Loc 1933, S. 176 u. 1934, S. 213 — Gaz 1933-II, S. 450 u. 1934-II, S. 58 sowie 1936-II, S. 420 — Organ 1938, S. 29

Hamacher: „Neue Schienentriebwagen der Französischen Staatsbahn", VT 1933, S. 327

Kremer u. Reutlinger: „Gummi in Rädern für Schienenfahrzeuge", Z 1933, S. 955

„Leichtmetallwagen mit Gummidämpfung der Räder", Z 1933, S. 487 — Age 1933-I, S. 544

„American pneumatic tyred Diesel railcar, Budd-Micheline railcar of the Reading Co", DRT 24. Febr. 1933, S. 12

„Budd-Micheline rail car, Pennsylvania Rr", Gaz 1933-II, S. 848

„Fairbanks-Morse pneumatic tyred rail-bus and freight trailer", Age 1933-II, S. 847

„Goodyear-Michelin-Luftreifen für Schienenfahrzeuge", Z 1933, S. 303

„Michelin high-speed pneumatic tyred rail-car (France)", Loc 1933, S. 222

„New wheel for rubber-tyred railcars with Noble guide wheels", Gaz 1933-II, S. 889

„Novel designs of resilient carriage wheels (Waggonfabrik Uerdingen)", Loc 1933, S. 152

„800 HP Bugatti rail-car, French State Rys", Loc 1933, S. 176

1934   Wittekind: „Der Stout Railplane der amerikanischen Pullman-Ges.", ATZ 1934, S. 16 — Organ 1934, S. 345 — Age 1933-II, S. 489

21

1934   „Verwendung von Gummi für die Räder von Schienenfahrzeugen",
        Organ 1934, S. 347 [siehe auch S. 15 u. 26]
        „56 seater Michelin railcar, French State Rys", Loc 1934, S. 336
        u. 1935, S. 24 — Mod. Transport 10. März 1934, S. 5
        „English built Micheline pneumatic tyred railcar", Loc 1934, S. 27
        „Great Northern Ry (Ireland), Pneumatic tyred petrol railbus", Loc
        1934, S. 370

1935   „A new French pneumatic (Dunlop-Fouga-Maybach) Diesel", Gaz
        1935-II, S. 258 — Kongreß 1936, S. 975
        „Bogie for Michelin rail-car, French State Rys", Loc 1935, S. 24
        „Petrol railcar, Sligo, Leitrim and Northern Counties Ry", Loc
        1935, S. 313
        „Pneumatic tyred railcars on the LMS Ry (Michelin)", Gaz 1935-I,
        S. 340 — Loc 1935, S. 71
        „Railcar for the Entre Rios Ry with rubber tyres", Loc 1935, S. 262

1936   Delanghe: „Dunlop-Fouga Triebwagen mit Lenkdrehgestellen und
        elastischen Rädern mit Luftreifen", Kongreß 1936, S. 975
        „Luftbereifte Austro-Daimler-Doppelräder für Triebwagen", VT 1936,
        S. 268
        „Michelin development, French State Rys", Gaz 1936-II, S. 52 u.
        1937-I, S. 575
        „Pneumatic-tyred railcars for service in Britain: Michelin trials of
        the LMSR", Gaz 1936-I, S. 1173 — Loc 1936, S. 246

1937   Ahrens: „Der ruhige Fahrzeuglauf", Annalen 1937-I, S. 69
        von Lengerke: „Elastische Räder im modernen Straßenwagenbau",
        Gi T 1937, S. 97
        von Lengerke: „Federnde Räder", VT 1937, S. 64
        Schroeder: „Entwicklung der «Michelines» Leichttriebwagen",
        Schweiz. Bauzeitung 1937-II, S. 63
        Struck: „Luftbereifter achtachsiger Michelin-Triebwagen", Z 1937,
        S. 576 — Organ 1938, S. 31
        „French railcar services: 400 bhp 100 seater Michelin pneumatic-
        tyred single unit railcar, French State Rys", Gaz 1937-I, S. 575
        „Michelinen in Frankreich", ZMEV 1937, S. 473

1938   „«Michelin» rubber-tyred electric train, Paris suburban lines", Gaz
        1938-II, S. 669 — Revue 1939-I, S. 125

1939   „Der Triebwagen «Michelin 23»", Kugellager (Schweinfurt) 1939, S. 2
        „Michelin rubber-tyred railcar, Norwegian State Rys", DRT 1939,
        S. 125

Straße-Schiene-Omnibus

1928   „Twin coach combination rail and railway unit", Age 1928-II, S. 197
        — Revue 1929-I, S. 48

1931   Baumann: „Autobus für Straße und Schiene", Verkehrstechnische
        Woche 1931, S. 157
        „Ro-railer demonstration, LMSR", Gaz 1931-I, S. 159 — Loc 1931,
        S. 57 — Z 1931, S. 306 — Age 1931-I, S. 580 — Organ 1931,
        S. 487 — Ry Eng 1931, S 111 — ATZ 1931, S. 281

1932   „The Dunlop railroute", Modern Transport 22. Okt. 1932, S. 7

1937   „Road-rail vehicles in Canada (Canadian National)", Gaz 1937-II,
        S. 204 — Revue 1938-I, S. 52

Deutsche Reichsbahn
einschl. vorm. Oesterreichische Bundesbahnen

1930   * Dietze: „Die Triebwagen der Deutschen Reichsbahn im Bild", DLA
u. VWL 1930
„Motortriebwagen der Oesterreichischen Bundesbahnen", Lok 1930,
S. 24

1932   Breuer: „Neuere Triebwagen mit Verbrennungsmotoren", Z 1932,
S. 73
Norden: „Die neuen Reichsbahn-Triebwagen mit Verbrennungs-
motoren", Organ 1932, S. 401
Schönherr: „Die Ausbesserung von Verbrennungstriebwagen im
Reichsbahn-Ausbesserungswerk Wittenberge", Organ 1932, S. 263

1933   Fuchs: „Die Schnelltriebwagen der Deutschen Reichsbahn-Ges.",
RB 1933, S. 7
Fuchs: „Die Entwicklung des Triebwagens bei der Deutschen Reichs-
bahn-Ges.", Organ 1933, S. 45
Friedrich: „Erfahrungen mit Triebwagen im Bezirk der Reichsbahn-
direktion Nürnberg", RB 1933, S. 895 u. 922

1934   Breuer: „Triebwagen mit eigener Kraftquelle für die Deutsche
Reichsbahn", Z 1934, S. 1202 — Organ 1935, S. 295
„Railcars of the Reichsbahn", Gaz 1934-II, S. 78

1935   Breuer: „Schnelltriebwagen der Deutschen Reichsbahn", Z 1935,
S. 1111
Stroebe: „Fortschritte im Triebwagenbau bei der DRB", VW 1935,
S. 197

1936   * Born: „Die Schnell- u. Leichttriebwagen der DRB im Bild", DLA
u. VWL 1936
Zielke: „Die ersten dreiteiligen Schnelltriebwagen der Deutschen
Reichsbahn", Annalen 1936-I, S. 131

1937   Henze: „Dieselmotoren mit liegenden Zylindern für Triebwagen",
Z 1937, S. 565
Hüttebräucker: „Der Triebwagenmeßwagen der Deutschen Reichs-
bahn", Organ 1937, S. 448
Stroebe: „Die Schnelltriebwagen der Deutschen Reichsbahn", Kon-
greß 1937, S. 773
Stroebe: „Entwicklung und künftige Gestaltung der Verbrennungs-
triebwagen der Deutschen Reichsbahn", Annalen 1937-II, S. 116
Stroebe: „Les automotrices de la Reichsbahn", Traction Nouvelle
(Paris) 1937, S. 96
Stroebe: „Railcar development on the German State Ry", Gaz
1937-I, S. 166

1938   Friedrich: „Neuartige Maschinenanlagen für Verbrennungstriebwagen", Organ 1938, S. 300
Judtmann: „Die Entwicklung des Triebwagenverkehrs im Lande
Oesterreich", Deutsche Technik 1938, S. 230
Kniffler: „Der Personen-Schnellverkehr der Deutschen Reichsbahn
unter besonderer Berücksichtigung der Triebfahrzeuge", Annalen
1938-I, S. 95

21*

644   *Verbrennungsmotor-Triebwagen / allgemein*

1938   Taschinger: „Hydronalium als Baustoff für Triebwagen", ZMEV
          1938, S. 521 — Gaz 1938-II, S. 1126 — Z 1939, S. 664 — Kongreß
          1939, S. 19
          „Fifteen new Diesel flyers in Germany", Gaz 1938-II, S. 434
1939   Stroebe u. Hüttebräucker: „Neuere Entwicklung der Verbrennungs-
          triebwagen bei der Deutschen Reichsbahn", Annalen 1939-I, S. 147
          u. 179
1940   Lampe: „The evolution of the German State Rys: Diesel coaches"
          Engineering Progress Berlin 1940, S. 25

Deutsche Privatbahnen

1932   Prüss: „Schienentriebwagen", VT 1932, S. 676
          Steinhoff u. Kettler: „Die Triebwagenzüge Bauart Blankenburg",
          VT 1932, S. 679
1933   „Leichttriebwagen der Gothaer Waggonfabrik", VT 1933, S. 251
1937   Henze: „Dieselmotoren mit liegenden Zylindern für Triebwagen",
          Z 1937, S. 565
1940   Gotschlich: „Bauarten und Betriebserfahrungen bei den Schienen-
          fahrzeugen mit Verbrennungsmotoren bei den Bahnen des Landes-
          verkehrsamtes Brandenburg", Annalen 1940, S. 109

Europäisches Ausland

1922   „Berliet motor car for French light Rys", Loc 1922, S. 198
1925   Hupkes: „Benzine-motorrijtuigen der Nederlandsche Spoorwegen",
          De Ingenieur 1925, S. 25 — Loc 1926, S. 178
1927   Bursche u. Jenssen: „Motorbetrieb auf den Dänischen Staats- u.
          Privateisenbahnen", VT 1927, S. 415
1928   „Motor cars on Swedish Rys", Loc 1928, S. 112
1933   Hamacher: „Neue Schienentriebwagen der Französischen Staats-
          bahn", VT 1933, S. 327
          Reed: „Railcars in Europe: France", Gaz 1933-II, S. 230
          „Diesel railcars on the French State Rys", DRT 19. Mai 1933, S. 2
          „Diesel traction in Spain", DRT 16. Juni 1933, S. 3
          „French railcar practice", Gaz 1933-II, S. 984
          „Railcar exhibition in Paris, St. Lazare Station", Gaz 1933-I, S. 670
1934   Dorner: „Die Entwicklung des Triebwagenbaues bei den kgl. Un-
          garischen Staatseisenbahnen", Organ 1934, S. 17
          Spies: „Neue Verbrennungs-Triebwagen englischer, französischer,
          italienischer, belgischer und dänischer Herkunft", Organ 1934, S. 23
          „Diesel railcar development in Belgiun", Gaz 1934-I, S. 896
          „Diesel railcar practice in Hungary", Gaz 1934-II, S. 740
          „Le développement des automotrices sur les Chemin de Fer de l'Etat
          Tschecho-Slovaque", Revue 1934-I, S. 58
          „Operating experience with Diesel railcars in Spain (Pamplona-San
          Sebastian Ry)", Gaz 1934-II, S. 728
1935   Allen: „Diesel railcars in Northern Ireland", Loc 1935, S. 399
          Nicolet: „Les automotrices des Chemins de Fer de l'Etat", Revue
          1935-II, S. 205
          „Diesel traction experience in Denmark", Gaz 1935-II, S. 558

„Diesel traction development in Spain", Gaz 1935-I, S. 358
„Fast Diesel cars for Roumania", Gaz 1935-I, S. 1187
1936   Hug: „Triebwagen der großen Eisenbahnnetze in Spanien", GiT 1936, S. 68
    Lambert: „The French standard double-bogie engine", Gaz 1936-I, S. 1142
    Spies: „Neue Diesel-Triebwagen und Triebwagenzüge (Spanien, Frankreich, Aegypten)", Organ 1936, S. 512
    „Railcar traction on the MZA", Gaz 1936-I, S. 184
1938   Hargavi: „13 years of Diesel traction in Czechoslovakia", Gaz 1938-II, S. 93
1939   Christensen: „Danish express railcar services", DRT 1939-I, S. 68
    „Triebwagen der französischen Eisenbahnen", Z 1939, S. 91
    „Long-distance cross-country service in France (Bordeaux to Clermont-Ferrand)", [m. Karte], DRT 1939-II, S. 105
1940   „Dieseltriebwagen (mit mechanischer und mit hydraulischer Kraftübertragung) in Belgien", VT 1940, S. 79 (m. Karte)

Außereuropäisches Ausland

1914   Wagenknecht: „Triebwagen auf amerikanischen Eisenbahnen", Kraftbetr. 1914, S. 21
1923   „Rail motors on the New South Wales Government Rys", Loc 1923, S. 164
1928   „New rolling stock, Victorian Rys", Loc 1928, S. 351
1933   Reed: „Railcars in North America", Gaz 1933-II, S. 848
1934   Witte: „Die Entwicklung des Triebwagens mit eigener Kraftquelle in den Vereinigten Staaten und Kanada", Organ 1934, S. 1
    „Diesel vehicles of the Canadian National Rys", Gaz 1934-II, S. 244
    „300 hp double power bogie unit for the South African Rys", Loc 1934, S. 178
1936   Spies: „Neue Diesel-Triebwagen und Triebwagenzüge (Spanien, Frankreich, Aegypten)", Organ 1936, S. 512
1940   Weber: „Early railcars in the USA", DRT 1940, S. 36

Verbrennungstriebwagen mit mechanischer Kraftübertragung
Allgemein

1893   „Verwendung von Gasmotoren für Straßenbahnbetrieb", Z 1893, S. 1247 — ZÖIA 1895-I, S. 20
1895   „Die Straßenbahn in Dessau", Annalen 1895-II, S. 34 — Z 1895, S. 1009
1913   Lanchester: „Internal combustion motors for rys", Engg 1913-II, S. 701
1922   Theobald: „Automobile auf Schienen", Waggon- u. Lokbau 1922, S. 10
1925   Haage: „Der Eisenbahntriebwagen mit Verbrennungsmotor und mechanischer Kraftübertragung", VW 1925, S. 122
    Plünzke: „Der Eisenbahntriebwagen mit Verbrennungsmotor, seine Verwendung und Konstruktion", Motorwagen 1925, S. 305, 359 u. 382

1925   Plünzke: „Die mechanische Kraftübertragung für Triebwagen mit Verbrennungsmotor", VT 1925, S. 504

1926   „Maschinendrehgestell für einen vierachsigen Wumag-Oeltriebwagen", Z 1926, S. 1769

1928   Bechler: „Triebwagenzug für Straßen- u. Kleinbahnen", Annalen 1928-I, S. 156

* Fratschner: „Ueber die Wirtschaftlichkeit des Eisenbahnbetriebes mit Kleinzügen unter besonderer Berücksichtigung des benzol-mechanischen Betriebes", Dissertation T. H. Hannover 1928

Naske: „Neuere Oeltriebwagen (Deutsche Werke u. AEG)", Z 1928, S. 1605

1929   * Kettler: „Der Oeltriebwagen mit mechanischer Kraftübertragung, seine Wirtschaftlichkeit im allgemeinen sowie seine Anwendbarkeit durch einen Neuentwurf für Gebirgsbahnstrecken", Dissertation T. H. Hannover 1929

1930   Meineke: „Dreiteiliger Triebwagen mit erhöhtem Führerstand", Waggon- und Lokbau 1930, S. 393

„Diesel-Triebwagen", Waggon- u. Lokbau 1930, S. 134 u. 149

1931   Friedrich: „Dieseltriebwagen mit quergestellten Motoren", Organ 1931, S. 176

„Die Dieseltriebwagen der Maschinenfabrik Eßlingen", Lok 1931, S. 11

1932   Cramer: „Zur Entwicklung des Schienenomnibusses", Z 1932, S. 397

„Triebwagen oder Schienenauto?", Lok 1932, S. 143, 177, 217

1933   Braasch: „Benzin- u. Dieseltriebwagen mit mechanischer Kraftüber-tragung", Werkstatt u. Betrieb (Verlag Hauser, München) 1933, S. 387

Rüter: „Ueber die Entwicklung der Fahrzeiten von dieselmecha-nischen Triebwagen nach dem zeichnerischen Verfahren", Organ 1933, S. 63

„Gardner-Edwards Diesel railcars", DRT 16 Juni 1933, S. 10

Deutsche Reichsbahn (Altreich)

1903   Fischer: „Automotrices à essence (système Daimler) des chemins de Fer de l'Etat du Wurtemberg", Revue 1903-II, S. 348

1925   „Benzol-Triebwagen Werdau", Annalen 1925-I, S. 38

„Benzoltriebwagen der Gothaer Waggonfabrik", Annalen 1925-I, S. 204

„Ein moderner Eisenbahn-Triebwagen für höhere Leistungen (Eva-Maybach)", VT 1925, S. 272 — Annalen 1924-II, S. 224

1926   Ebel: „Die neuen Verbrennungstriebwagen der Deutschen Reichs-bahn-Gesellschaft und ihre Versuchsergebnisse", Organ 1926, S. 19 u. 55

Friedmann: „Ein neuer Benzin-Triebwagen (Wumag-Büssing) der DRG", VT 1926, S. 192

„Probefahrt mit dem Wumag-Oeltriebwagen", Annalen 1926-I, S. 113

1927   „Autocars for the German Government Rys", Loc 1927, S. 183

Nolde: „Die neuen Verbrennungstriebwagen der Deutschen Reichs-bahn-Gesellschaft und ihre Versuchsergebnisse", Organ 1927, S. 213

1935   Graßl: „Zweiachsige Triebwagen für den Nahverkehr: Zweiachsiger
       180 PS - Dieselmechanischer Triebwagen mit liegendem Motor",
       Organ 1935, S. 300
       „110 bhp Diesel railcars for the Saar Rys", Gaz 1935-I, S. 175

1937   Henze: „Dieselmotoren mit liegenden Zylindern für Triebwagen",
       Z 1937, S. 565

1938   „150 bhp light-weight railcar (bodies built of Hydronalium), German
       State Railways", Gaz 1938-II, S. 1126 — ZMEV 1938, S. 521
       (Taschinger) — Z 1939, S. 664 (Taschinger) — Kongreß 1939, S. 19

Deutsche Privatbahnen

1895   Schöttler: „Die Straßenbahn in Dessau", Annalen 1895-II, S. 34
       — Z 1895, S. 1009

1923   „Die neue Benzol-Straßenbahnlinie Spandau-West - Hennigsdorf",
       Annalen 1923-I, S. 60

1926   Fratschner: „Ein neuer Benzoltriebwagen der Stadt Spremberg",
       VT 1926, S. 288
       Sell: „Die Bewährung eines benzolmechanischen Triebwagens auf
       der Kyffhäuser-Kleinbahn", VT 1926, Nr. 36/37
       Sieber: „Ein Jahr Triebwagenbetrieb auf der Südostmarnschen
       Kreisbahn", VT 1926, S. 173
       Straßburger u. Treptow: „Der Verbrennungstriebwagen bei der
       Krefelder Eisenbahn-Ges.", VT 1926, S. 656
       „Benzoltriebwagen der Berliner Straßenbahn", VT 1926, S. 272

1928   Steinhoff u. Kettler: „Ein neuer Leichtmetall-Dieseltriebwagen mit
       mechanischer Kraftübertragung bei der Halberstadt-Blankenbur-
       ger Eisenbahn", VT 1928, S. 700 u. 1939, S. 52

1929   „Schienenomnibus «Werdau» der Gera-Meuselwitz-Wuitzer Eisenbahn-
       AG.", VT 1929, S. 335

1930   Marschall: „Diesel-Triebwagen für Neben- und Kleinbahnen", VT
       1930, S. 680

1931   Deker: „Henschel-Schienenomnibus", Organ 1931, S. 181 — Revue
       1931-II, S. 304 — Gaz 1931-II, S. 493 — HH Febr. 1932, S. 19 —
       VT 1932, S. 691
       Haller: „Schienenautobus der Gera-Meuselwitz-Wuitzer Eisenbahn-
       AG und der Eckernförder Kreisbahnen. — Henschel-Schienen-
       autobus. — Faun-Bahnmeisterwagen", Kraftomnibus u. Lastkraft-
       wagen 1931, S. 124
       Günther u. Steinhoff: „Leichte Triebwagen für Nebenbahnen", Wag-
       gon- u. Lokbau 1931, S. 199 u. 363

1932   Deker: „Henschel-Schienen-Omnibusse", HH Febr. 1932, S. 19
       * Rabe: „Erfahrungen mit benzin-mechanischen Triebwagen", Bericht
       über die 25. Fachtagung der Betriebsleiter-Vereinigung deutscher
       Privateisenbahnen und Kleinbahnen 1932, S. 40
       „A light rail motor coach (Waggonfabrik Wismar)", Loc 1932, S. 376

1933   „Krupp-Schienenomnibus für Regelspur", Organ 1933, S. 175
       „Leichttriebwagen der Gothaer Waggonfabrik für Kleinbahnen",
       VT 1933, S. 251

1934   „150 bhp Diesel locomotive, Kiel-Segeberger Light Railway", Gaz
        1934-I, S. 1088
        „95 PS-Dieseltriebwagen der Rhein-Sieg-Eisenbahn", VT 1934, S. 605
        — Loc 1936, S. 7
1935   Cramer: „Kleintriebwagen der Spreewaldbahn", Z 1935, S. 23
        Matthes: „Dieseltriebwagen mit Getriebe-Kraftübertragung der
        Niederbarnimer Eisenbahn AG", VT 1935, S. 518
        „Magirus-Dieseltriebwagen der Prenzlauer Kreisbahnen", ATZ 1935,
        S. 241 — El. Bahnen 1936, S. 197 — DRT 1939-II, S. 115
        „New light passenger double bogie car with Mylius transmission,
        Westphalian Provincial Ry", Gaz 1935-II, S. 756
1936   Kohlmeyer u. Bauer: „Die Motorisierung der Kleinbahnen in der
        Provinz Hannover", VT 1936, S. 246
        Mauck: „Dieselmechanischer Triebwagen der Lübeck-Büchener Eisen-
        bahn-Ges.", VT 1936, S. 608 und 1937, S. 165
        „95 HP bogie Diesel railcar, Rhine-Sieg Ry, Germany", Loc 1936,
        S. 7 — Mod. Transport 28. März 1936, S. 7
1937   Cramer: „Neue Drehgestelle für Schmalspur-Triebwagen, Kleinbahn
        Selters-Hachenburg", VT 1937, S. 172
        Lange: „Railcars for local traffic in Germany: 230 bhp Wumag
        railcar with special light trailer, Lübeck-Büchener Eisenbahn-
        Gesellschaft", Gaz 1937-I, S. 974 — VT 1937, S. 165
        Marquardt: „2 × 150 PS dieselmechanischer Triebwagen (mit
        Ardelt-Getriebe) der Niederbarnimer Eisenbahn AG", Annalen
        1937-II, S. 98 — VT 1938, S. 112 (Kraetsch)
        „Converting cars to motor units, Celler Ry, Germany", Loc 1937,
        S. 91
1939   Lavezzari: „Ein bewährter Leichtmetall-Triebwagen (Halberstadt-
        Blankenburger Eisenbahn-Gesellschaft)", VT 1939, S. 52
        „65 bhp 8-ton railcar of the Prenzlau District Ry", DRT 1939-II,
        S. 115

England einschl. Irland

1905   „Rail motor coaches, London Brighton & South Coast Ry", Loc 1905,
        S. 150
1912   „Motor rail car, Midland Great Western Ry", Loc 1912, S. 122
1922   „Drewry rail motor car, Weston, Clevedon and Portishead Ry", Loc
        1922, S. 255 u. 322
1923   „Petrol rail motors, Kent and East Sussex Light Ry", Loc 1923,
        S. 100
        „Rail motors, Shropshire and Montgomeryshire Ry", Loc 1923, S. 280
1924   „A motor railway inspection car (Clayton)", The Eng 1924-I, S. 315
        „Rail motor train, Selsey (West Sussex) Ry", Loc 1924, S. 229
1925   „Ford motor tram, Derwent Valley Light Ry", Loc 1925, S. 26
1928   „Drewry railcars, Great Southern Rys of Ireland", Loc 1928, S. 315
        „Shefflex railcar, West Sussex Ry", Loc 1928, S. 44
1930   „Shefflex railcars, Kent & East Sussex Ry", Loc 1930, S. 213

1931 „Diesel rail-car, Donegal Rys", Gaz 1931-II, S. 437 — Loc 1931, S. 336
1933 „AEG 130 bhp diesel-engined rail-car", Loc 1933, S. 238 u. 339
„Metre-gauge rail-car twin bogie power units by D. Wickham & Co,
Ltd, Ware", Loc 1933, S. 171
„Oil-engined railcar, Clogher Valley Ry, Ireland", Loc 1933, S. 8
„Petrol-engined railcar for the LMS Ry, Northern Counties Com-
mittee", Loc 1933, S. 172
„Streamlined Great Western Ry 130 bhp diesel-mechanical railcar",
Gaz 1933-II, S. 602 u. 672 — Loc 1933, S. 238 u. 339 — Loc
1935, S. 345
1934 „New 95 bhp broad-gauge diesel-mechanical railcar, Great Northern
Ry, Ireland", Gaz 1934-II, S. 920
„Streamlined 260 bhp AEC-diesel-mechanical railcar, Great Western
Ry", Gaz 1934-I, S. 1086 u. 1934-II, S. 86 — Loc 1934, S. 203
„74 bhp dieselmechanical double-bogie railcar, County Donegal Rys,
Ireland", Gaz 1934-I, S. 1081 — Loc 1934, S. 257
„130 bhp Leyland railcar, LMS Ry", Gaz 1934-I, S. 324
1935 „Diesel-engined railcar, Great Northern Ry, Ireland", Loc 1935, S. 25
„Two-car Diesel train, Great Northern Ry, Ireland", Loc 1935, S. 212
„Twin oil-engined railcar chassis for the Great Western Ry", Loc
1935, S. 345
1936 „Diesel-engined railcar, Northern Counties Committee, LMS Ry",
Loc 1936, S. 238
„Triple-set articulated Diesel-mechanical trains for Irish suburban
service", Gaz 1936-I, S. 1152
1937 „A new British railcar: 240 bhp Met-Vick-Cammell diesel-mechanical
railcar of the «Ganz» type", Gaz 1937-II, S. 90
„New 260 bhp oil-engined railcar, GWR", Loc 1937, S. 71 — Gaz
1937-I, S. 348
1938 „More articulated trains for Ireland: 200 bhp triple-unit train on
the Dublin-Howth suburban service, Great Northern Ry", Gaz
1938-I, S. 573 — Engg 1938-I, S. 384 — Loc 1938, S. 106 —
Organ 1938, S. 453
1939 Cleaver: „The development of the AEC railcar, GWR", DRT
1939-I, S. 70

Frankreich

1922 „Berliet motor car for French light railways", Loc 1922, S. 198
1923 „A French petrol rail car, State Rys", The Eng 1923-I, S. 47
1931 „Renault autocar, State Rys of France", Loc 1931, S. 296
1932 Cramer: „Ein zweiachsiger Schienenomnibus für 90 km/h Geschwindigkeit (MAN für die PLM-Bahn)", Organ 1932, S. 353 — VT
1932, S. 695 — DRT 16. Juni 1933, S. 4
„Diesel railcars for service in France, Midi Ry", Gaz 1932-I, S. 751
„Les automotrices légères «Renault»", Revue 1932-II, S. 70
1933 Cramer: „Versuchsfahrten mit einem MAN-CGC-Schnell-Schienen-
omnibus", Z 1933, S. 975
Ferrand: „L'automotrice Bugatti", Revue 1933-II, S. 120 — Loc
1933, S. 176 u. 1934, S. 213 — Gaz 1933-II, S. 450 u. 1934-II,
S. 58 sowie 1936-II, S. 420 — Organ 1938, S. 29

1934   Dumas: „Les premières automotrices des grands réseaux de chemins de fer français", Revue 1934-I, S. 237

„Bugatti streamlined railcars, PLM Ry", Gaz 1934-II, S. 58 (zweiteilig)

„First Diesel car on the Nord: 280 bhp fast railcar, Chemin de fer du Nord", Gaz 1934-I, S. 528

„Renault standard 250 bhp dieselmechanical railcar", Gaz 1934-I, S. 514

1935   „An unusual French railcar: 45 HP petrol-driven railcar, metre gauge, French Departmental Rys", Loc 1935, S. 108

„Double-bogie Acenor high-speed express Diesel railcar on the PO-Midi Ry with 280 bhp. MAN engine and SLM-Winterthur oil-operated mechanical transmission", Gaz 1935-II, S. 82

„Express diesel-mechanical railcars on the PO-Midi-Rys", Gaz 1935-II, S. 82

„High-speed two-unit railcar with heavy oil-engine (Renault für Französische Südbahn)", Engg 1935-I, S. 226 — Gaz 1937-II, S. 96

„Three-car 1000 bhp diesel-mechanical train for the French State Rys", Gaz 1935-II, S. 944

1936   Chatel: „Les automotrices «Standard» communes aux 3 réseaux Nord, Est, PO-Midi", Revue 1936-II, S. 358

Lambert: „The French double-bogie single-engine «Standard» railcar", Gaz 1936-I, S. 1142

„The «Bugatti» railcars and their services", Gaz 1936-II, S. 420 (u. a. dreiteiliger Schnelltriebwagen) — Organ 1938, S. 29

1937   „A standard railcar design for France, Northern Ry of France", Loc 1937, S. 106 — Organ 1938, S. 30

„French articulated train" (Renault für PO-Midi, Etat, PLM), Gaz 1937-II, S. 96

„Supercharged railcars for the South of France: 350 bhp diesel-mechanical standard gauge car", Gaz 1937-II, S. 1226

1938   Dumas: „Railcar services in France: 600 bhp twin-car Renault diesel-mechanical train", Gaz 1938-I, S. 780

„Achtachsiger 400 PS-Bugatti-Schnelltriebwagen für 140 km/h (Weltausstellung Paris)", Organ 1938, S. 28

„Französischer 420 PS-Einheitstriebwagen für 120 km/h", Organ 1938, S. 29

„Express railcar services in the eastern region of France. — De Dietrich railcars", Gaz 1938-II, S. 1112

Italien

1933   „Neue Schienentriebwagen (Fiat)", ATZ 1933, S. 35—Gaz 1933-II, S.178

„Articulated petrol-engined railcars, Fidenza-Salsomaggiore Tramway", Loc 1933, S. 56

„Breda petrol-engined railcar, Italian State Rys", Gaz 1933-II, S. 418

1934   Spies: „Italienische Fiat-Triebwagen (Littorina)", Organ 1934, S. 346 — Z 1934, S. 414 — Engg 1934-II, S. 377 — Gaz 1935-I, S. 1186

1935   „Standard gauge Breda diesel-mechanical railcar for the Italian State Rys", Gaz 1935-I, S. 577 — Loc 1935, S. 128

1937   „Coupled «Littorina» railcar", Engg 1937-II, S. 416

1939   „Railcar progress in Italy and Italian Africa: Fiat diesel-mechanical railcars", DRT 1939-I, S. 42

Schweiz

1929 „200 PS-Benzin-Triebwagen mit LMS-Oelschaltgetriebe der Bodensee-Toggenburg-Bahn", Techn. Blätter, herausgegeben von der Schweiz. Lokomotiv- und Maschinenfabrik Winterthur 1929, Nr. 7, S. 1
1932 „A 300 HP Diesel railcar of novel design, Winterthur", Gaz 1932-I, S. 284
1936 „Dieselmechanischer Leichttriebwagen «Roter Pfeil» der Schweizer Bundesbahnen", Gi T 1936, S. 95
„Light-weight Diesel cars in Switzerland", Gaz 1936-I, S. 186
1940 Züblin: „290 PS-Dieselmotor-Leichttriebwagen der SBB", MTZ 1940, S. 270

Sonstige europäische Länder

1924 „Neue Wumag-Autotriebwagen für Schweden", Annalen 1924-I, S. 133
1925 „Petrol inspection car, Norwegian State Rys", Loc 1925, S. 28
1926 Pogany: „Schienenautobus der Donau-Save-Adria-Bahn", Organ 1926, S. 23 — VT 1926, S. 261
„Petrol auto-cars on the Dutch railways", Loc 1926, S. 178
1927 „New petrol-driven rail motor-cars for Spain", Ry Eng 1927, S. 235
1928 „Motor-coach for the Kalmar-Berga Ry, Sweden", Loc 1928, S. 215
1930 „Rail motor cars in Hungary", Loc 1930, S. 416
1933 Zakarias: „Diesel-mechanical railcars in Hungary", DRT vom 14. März 1933, S. 5, u. 21. April 1933, S. 10
1934 „Vierachsiger Dieselmechanischer Schnelltriebwagen «Arpad» der kgl. Ungarischen Staatsbahn", Lok 1934, S. 217
„Diesel railcars on the Polish State Rys", Gaz 1934-II, S. 925
„270 bhp double-engined diesel-mechanical railcar on Norwegian State Rys", Gaz 1934-II, S. 927
1935 „100 bhp Gardner diesel-mechanical railcars for the Belgian National Rys", Gaz 1935-I, S. 174
„Diesel railcars, Northern Ry of of Spain", Loc 1935, S. 237 u. 288
1937 „Diesel worked suburban traffic in Spain: The 150 bhp three-car Maybach-engined train in use at Malaga", Gaz 1937-I, S. 359
„First Diesel cars in Greece: 340 bhp Diesel railcar, Franco-Hellenic Ry", Gaz 1937-II, S. 100
1938 Felgiebel u. Obst: „Sechsachsiger Doppeltriebwagen für die Piräus-Athen-Peloponnes-Bahn", VT 1938, S. 141 — DRT 1939-I, S. 28 — Revue 1939-I, S. 400
„Zweiachsiger 130 PS-Benzoltriebwagen für 80 km/h der Schwedischen Staatsbahn", Organ 1938, S. 31
„Zweiachsiger Dieselmechanischer 95 PS-Schmalspurtriebwagen für 70 km/h (Belgien)", Organ 1938, S. 31
„Express narrow gauge diesel-mechanical trains in Jugoslavia: «The Mad Sarajevan», 760 mm gauge", Gaz 1938-II, S. 266 — Loc 1938, S. 272
„Railcar practice in Roumania: 150 bhp four-wheeled Ganz cars" (m. Karte), Gaz 1938-I, S. 154
1939 „Kleine Triebwagen der Schwedischen Staatsbahnen", Schweiz.-Bauzeitung 27. Juli 1939 — Organ 1940, S. 122
„Main-line Diesel cars in Central Europe: 460 bhp trailer-hauling railcar for speeds up to 80 m. p. h., former Czecho Slovak State Rys" (m. Skizzen vom Praga-Wilson-Getriebe), DRT 1939-I, S. 64

Afrika

Mittelamerika einschl. Antillen und Bermuda-Inseln

Nordamerika

Südamerika / Argentinien

1931   „«Hardy» rail-car transmission chassis, Argentine Transandine Ry", Gaz 1931-II, S. 140

1932   Ryan: „Railcar development in Argentina", Mod. Transport 29. Okt. 1932, S. 5

1933   „Petrol-engined railcar, Buenos Aires and Pacific Ry", Loc 1933, S. 50 u. 246

1934   „Diesel-mechanical Leyland railcars in Argentina", Gaz 1934-I, S. 13

1936   „Large scale introduction of railcars in the Argentine State Rys", Gaz 1936-I, S. 970 u. 1937-I, S. 774 u. 968

1937   „A railcar shipment problem: Broad gauge «Ganz» railcars for Argentine State Rys", Gaz 1937-I, S. 968

     „Diesel-mechanical railcar, Entre Rios Ry", Loc 1937, S. 92 — Gaz 1937-I, S. 346

     „Features of the 100 diesel-mechanical Drewry railcars for Argentina (Buenos Ayres Great Southern and Buenos Ayres Western Rys)", Gaz 1937-I, S. 774 und 968 — Gaz 1938-I, S. 562 (m. Zeichnungen) — Loc 1938, S. 128 — Engg 1938-I, S. 673

     „Light-weight «Wickham» railcars of unusual design, Peruvian Central Ry", Gaz 1937-II, S. 587 — Loc 1937, S. 270

     „275 HP oil engine railcar with mechanical transmission, Central Argentine Ry", Engg 1937-I, S. 645 — Gaz 1937-I, S. 1144

1938   „Articulated diesel-mechanical trains for Argentina: Three types of English-built twin-car sets for a variety of passenger and freight traffic, Buenos Ayres Midland Ry", Gaz 1938-II, S. 758

     „Luxury trains for Argentina: Three-car 620 bhp diesel-mechanical train for the Argentine State Rys", Gaz 1938-I, S. 781

     „240 bhp Diesel railcar for the Buenos Aires and Pacific", Engg 1938-I, S. 10

1939   „Oil-engined metre-gauge trains for Argentina: «Ganz» three-car Diesel train for service on the Cordoba-Serrezuela-Catamarca line of the Argentine State Rys", Mod. Transport 29. April 1939, S. 5

1940   „A dozen new «Ganz» Diesel-mechanical railcars for the Buenos Ayres & Pacific Ry" (auch Gütertriebwagen), DRT 1940, S. 44

Brasilien

1924   „Drewry rail motor coach for metre gauge, Central Piauhy Ry of Brazil", Loc 1924, S. 306

1925   Jenny: „Ein schmalspuriger benzinmechanischer Triebwagen für gemischten Adhäsions- und Zahnradbetrieb, gebaut von der Schweiz. Lokomotiv- u. Maschinenfabrik Winterthur für Brasilien", Schweiz. Bauzeitung 1925-II, S. 196 — VT 1926, S. 97

1935   „New petrol-driven rail and inspection cars for overseas service (South African Rys and Dorado Ry)", Gaz 1935-II, S. 876

1938   „Dreiteiliger Schnelltriebwagenzug mit liegenden Motoren für Brasilien, Sorocabana-Bahn, Meterspur", VT 1938, S. 482 — Loc 1938, S. 355 — Gaz 1938-II, S. 1122 — Organ 1939, S. 55

Peru

1936   „A new 6-wheeled rail passenger car for Peru built by D. Wickham & Co", Gaz 1936-I, S. 1120
1937   „Diesel railcar traction in Peru", Gaz 1937-II, S. 267
„150 HP railcar for the F. C. de Pisco a Ica Ry, Peru", Loc 1937,
S. 115 — Gaz 1937-II, S. 267
„160 HP light-weight railcars, Central Ry of Peru", Loc 1937, S. 270
1938   Koffmann: „Steam railcar converted to Diesel, Peruvian Central
Ry", Gaz 1938-II, S. 430
„Local railcars for Peru: Single-end drive Walker railcars for the
Peruvian Corporation", Gaz 1938-II, S. 939
1939   „Walker articulated double power-bogie railcar for the Peruvian
Central-Ry", DRT 1939-I, S. 92

Südamerika / Verschiedene Länder

1933   „Gardner-Edwards Diesel rail-car for the Antioquia Ry, Colombia",
Loc 1933, S. 200
1934   „100 HP Büssing petrol railcar, Gran Ferrocarril de Venezuela",
Loc 1934, S. 115 — Organ 1936, S. 94
1936   Dorner: „Schnellfahrzeuge für Schmalspurbahnen: Versuche mit
einem dieselmechanischen Schienenomnibus der Großen Venezuela-
Bahn", Organ 1936, S. 94
1938   „Introduction of Diesel traction in Uruguay: «Ganz» single-unit and
twin-unit railcars, Uruguay State Rys", Gaz 1938-II, S. 754

Vorder- und Hinterindien einschl. Malaiischer Archipel

1908   „Rail motor car, Paknam Ry, Siam", Loc 1908, S. 192 — Klb-Ztg.
1910, S. 174
1910   „Rail shooting car for India", Loc 1910, S. 186
1920   „Petrol tramcars in India", The Eng 1920-II, S. 513 — Loc 1920, S. 26
1921   „Kalka-Simla Ry: 50 HP Drewry petrol rail car", The Eng 1921-II,
S. 45
1930   „Rail motor cars, Kalka-Simla Ry", Loc 1930, S. 129
1932   „Nawanagar State Tramway", Loc 1932, S. 137
1934   „Diesel railcar in the Himalaya, Kalka-Simla Ry", Gaz 1934-II, S. 735
„24 HP Drewry inspection car, Burma Ry, metre gauge", Loc 1934,
S. 9
1936   „Diesel-mechanical railcar for the South Indian Ry", Gaz 1936-I,
S. 779
„250 bhp double-engine diesel-mechanical railcar for the Yunnan Ry
(Indo China)", Gaz 1936-II, S. 83
1939   „Air-conditioned cars for India: 175 bhp double-engined Drewry
diesel-mechanical railcar, Nizam's State Ry", DRT 1939-II, S. 110
„An Indian extension of Diesel traction: 250 bhp «Ganz» bogie car,
North Western Ry of India", DRT 1939-I, S. 29
„Railcar for local services built in native State Workshops, Bikaner
State Ry", DRT 1939, S. 126

Südwestliches Asien

1928   „Rail motor coach, Aden Ry", Loc 1928, S. 43
1935   „Diesel-mechanical railcar for the Damas-Hamah Ry (Syrien)", Gaz
        1935-I, S. 168
1937   Godard: „Railcar operation in Syria" (Damas-Hamah; Mylius-
        Getriebe!), Gaz 1937-I, S. 784

Asien / Verschiedene Länder

1930   „150 PS-MAN-Eßlingen-Triebwagen für Rußland", Annalen 1930-II,
        S. 46 — Ry Eng 1930, S. 381
1935   „Standard gauge Diesel railcar of the Chosen Govt Ry", Gaz 1935-II,
        S. 757
1937   „A rebuilt railcar, 150 bhp, Kowloon-Canton Ry", Gaz 1937-I, S. 965
1938   „A improvised railcar in China, Kowloon-Canton Ry", Gaz 1938-II,
        S. 276

Australien einschl. Neuseeland

1913   „Petrol rail motor cars for the Queensland Govt Rys", Gaz 1913-I,
        S. 754
1917   „Touring car converted to rail motor, Queensland Rys", Loc 1917,
        S. 22
1921   „A motor lorry, converted into a rail motor coach, New South Wales
        Govt Rys", The Eng 1921-I, S. 95
1923   „Rail motor car, Victorian Rys", Loc 1923, S. 33 und 346
        „Rail motors on the New South Wales Govt Rys", Loc 1923, S. 164
        und 1924, S. 45
        „Petrol rail motor, West Australian Got Rys", Loc 1923, S. 262
1928   „New rolling stock, Victorian Rys", Loc 1928, S. 351
1930   „Railcar operation in Australia", Gaz 1930-II, S. 439
1937   „Modern railcar development in New Zealand: Six-wheeled 130 bhp
        petrol-engined railcar «Maahunui», New Zealand Govt Rys", Gaz
        1937-I, S. 963
1938   „New Zealand activity: 275 bhp Vulcan diesel-mechanical railcars",
        Gaz 1938-II, S. 92
1939   „Long distance railcars in South Australia", DRT 1939-I, S. 81
1940   „English-built Diesel-mechanical railcar for Tasmania", DRT 1940,
        S. 37

Verbrennungstriebwagen mit elektrischer Kraftübertragung
Allgemein

1910   „Westinghouse petrol-electric rail motor cars", Gaz 1910-II, S. 10
1912   Heller: „Benzolelektrische Eisenbahn-Motorwagen", Z 1912, S. 660
1920   „Diesel-electric «Asea» railway cars", Loc 1920, S. 222
1922   „The Sulzer Diesel-electric railcar", The Eng 1922-II, S. 696
1928   Judtmann: „Motortriebwagen mit elektrischer Kraftübertragung,
        System Gebus", ZÖIA 1928, Heft 1 und 2 — VT 1928, S. 474

1929   Spies: „Verbrennungs-Triebwagen und Triebwagenzüge mit elektrischer Kraftübertragung", Waggon- und Lokbau 1929, S. 241

1930   Gelber: „Verbrennungsmotor-Fahrzeuge mit elektrischer Kraftübertragung", BBC-Nachrichten 1930, S. 250

        „The Diesel-electric system in rail service", Ry Eng 1930, S. 233

1932   Judtmann: „Triebwagen mit elektrischer Kraftübertragung", Lok 1932, S. 217

1933   „Diesel-electric rail cars", Sulzer Technical Review 1933, Nr. 1 B, S. 10

1936   Parodi: „Bemerkungen über die Gestaltungsgrundlagen von Schienen-Motorwagen mit elektrischer Kraftübertragung", GiT 1936, S. 2

    *   Schlemmer: „Elektrische und dieselelektrische Triebwagen", El. Bahnen 1936, Ergänzungsheft S. 104

        „Dieselelektrische Schienenfahrzeuge", ATZ 1936, S. 489

1937   Deischl: „Linienverbesserungen oder gesteuerte Achsen? Entwurf eines Dieselelektrischen Triebwagens mit gesteuerten Achsen und ausschwingbarem Wagenkasten", VW 1937, S. 97

Deutsche Reichsbahn (Altreich)

1909   Wechmann u. Usbeck: „Der benzolelektrische Triebwagen der preuß. Eisenbahn-Verwaltung", Kraftbetr. 1909, S. 241

1910   Brecht: „Neue benzolelektrische Triebwagen der preußisch-hessischen Staatseisenbahn-Verwaltung", Kraftbetr. 1910, S. 265 u. 1912, S. 621 (Wechmann) — Gaz 1913-II, S. 711.

1915   Zeuner: „Die dieselelektrischen Triebwagen der Kgl. Sächsischen Staatseisenbahnen", Kraftbetr. 1915, S. 301, 309, 321

1932   Breuer: „Neue Triebwagen mit Verbrennungsmotoren", Z 1932, S. 73

        Norden: „Zweiachsige 120 PS-Dieselelektrische Leichttriebwagen der Deutschen Reichsbahn-Gesellschaft", Organ 1932, S. 435

        „German high-speed Diesel railcar", Gaz 1932-II, S. 440 — Loc 1932, S. 388

1933   Fuchs u. Breuer: „Der Schnelltriebwagen der Deutschen Reichsbahn", Z 1933, S. 57 — Ry Eng 1933, S. 83 — Age 1933-I, S. 503

        Hedley: „Latest Eva-Maybach Diesel-electric railcar", DRT 24. März 1933, S. 12 — 19. Mai 1933, S. 7 — 16. Juni 1933, S. 5

        Hille u. Norden: „Der 410 PS - Dieselelektrische Triebwagen der Deutschen Reichsbahn", Organ 1933, S. 55

        Kraut: „Die Schnelltriebwagen der DRB", Siemens-Zeitschr. 1933, S. 57

        Reichel: „Die elektrische Ausrüstung des Schnelltriebwagens der Deutschen Reichsbahn", El. Bahnen 1933, S. 273

        „Triebwagen der Deutschen Reichsbahn", Z 1933, S. 1365

        „New 300 bhp Diesel-electric railcar, German State Rys", Gaz 1933-II, S. 500

1934   Friedrich: „Abnahmefahrten mit Dieselelektrischen Triebwagen", Organ 1934, S. 331

        Leibbrand: „Maßnahmen für die Verkehrsbeschleunigung", RB 1934, S. 241

        „Mercedes-Benz 330 bhp Diesel-electric railcar, German State Rys", Gaz 1934-I, S. 520

1935   Stroebe: „Neue Dieselelektrische Schnelltriebwagen der Deutschen Reichsbahn", RB 1935, S. 572

	Pfarr: „Neuere Reichsbahn-Verbrennungstriebwagen größerer Leistung", Annalen 1935-II, S. 94
1936	Breuer: „Neue besonders leistungsfähige 560 PS - Dieseltriebwagen der Deutschen Reichsbahn", Organ 1936, S. 358
	Stroebe: „Erfahrungen mit Dieselelektrischen Schnelltriebwagen in Bau und Betrieb", VW 1936, S. 663
	Zielke: „Die ersten dreiteiligen Schnelltriebwagen der Deutschen Reichsbahn", Annalen 1936-I, S. 131 — Gaz 1938-II, S. 434
1937	Breuer: „Neue vierteilige Dieselelektrische Schnelltriebwagen der Deutschen Reichsbahn", Organ 1937, S. 421 — Gaz 1938-I, S. 336 und II, S. 434 — Annalen 1938-I, S. 52 — MTZ 1940, S. 194
1938	Zielke: „Die dreiteiligen Schnelltriebwagen Bauart Köln der Deutschen Reichsbahn", Organ 1938, S. 421
	„Fifteen new Diesel flyers in Germany", Gaz 1938-II, S. 434
1939	Grospietsch u. Heim: „Neuere Fahrleitungsuntersuchungswagen der Deutschen Reichsbahn", El. Bahnen 1939, S. 194 u. 204

Deutsche Reichsbahn / vorm. Oesterreichische Bundesbahnen

1933	„Railcar development in Austria", Gaz 1933-II, S. 512
1935	Kaan: „New Diesel railcars and locomotives in Austria", Gaz 1935-I, S. 366
	Lehner: „Neuere Dieselelektrische Triebwagen der Oesterreichischen Bundesbahnen", Organ 1935, S. 351
1936	Preitner: „Neue Dieselelektrische Triebwagen der Oesterreichischen Bundesbahnen", Organ 1936, S. 208 — ZMEV 1936, S. 473
1937	Orel: „Die neuen Schnelltriebwagen der Oesterreichischen Bundesbahnen: Dieselelektrische Triebwagen Reihe VT 42", El. Bahnen 1937, S. 272

Deutsche Privatbahnen

1909	Russo: „Benzolelektrischer Triebwagen der Ostdeutschen Eisenbahn-Ges.", Kraftbetr. 1909, S. 253 — Gaz 1910-II, S. 10 — Klb-Ztg. 1912, S. 653 u. 1915, S. 240
1912	„Petrolelektrische Selbstfahrer für Straßenbahnen (MAN)", Klb-Ztg. 1912, S. 484
1914	Roland: „Die benzolelektrischen Triebwagen der AEG", Kraftbetr. 1914, S. 296 (u. a. Preußische Staatsbahn und Ostdeutsche Eisenbahn-Ges.)
1915	„Benzol-elektrische Triebwagen für 0,75 m Spur der Ostdeutschen Eisenbahn-Gesellschaft", Annalen 1915-II, S. 71 — Klb-Ztg. 1915, S. 240
1917	Königshagen: „90 PS-Oeltriebwagen mit elektrischer Kraftübertragung (AEG für Reinickendorf-Liebenwalde)", Kraftbetr. 1917, S. 145
	„Elektrischer Triebwagen mit Schwerölmotor", Annalen 1917-II, S. 37 — AEG-Mitt. 1917, Nr. 6
1932	Ahrens: „Erfahrungen mit benzin- und Dieselelektrischen Triebwagen bei Privatbahnen", VT 1932, S. 687
	* Rehder: „Erfahrungen mit benzin-elektrischen Triebwagen", Bericht über die 25. Fachtagung der Betriebsleiter-Vereinigung deutscher Privateisenbahnen und Kleinbahnen 1932, S. 45

1933   „150 bhp petrol-electric rail motor car (Kleinbahn Freienwalde-
        Zehden)", Loc 1933, S. 209
1935   „Dieselelektrische Triebwagen der Niederbarnimer Bahn", VT 1935,
        S. 518 — Gaz 1935-I, S. 172
1936   Ahrens: „Der Dieselelektrische Leichtbau-Triebwagen der Weimar-
        Berka-Blankenhainer Eisenbahn", VT 1936, S. 241 — Gaz 1936-II,
        S. 78 — Loc 1936, S. 327
1938   Gotschlich: „500 PS Dieselelektrischer Triebwagen der Branden-
        burgischen Städtebahn", VT 1938, S. 105
1940   Gebauer: „Von den Wandlungen eines Triebwagens (der Strecke
        Spandau-West—Hennigsdorf)", VT 1940, S. 193

Europäisches Ausland / Dänemark

1933   „Dieselelectric railcars for Danish railways", DRT 27. Jan. 1933,
        S. 18 — 14. Juli 1933, S. 82 — 11. Aug. 1933, S. 229 — Gaz
        1933-II, S. 229 und 1934-I, S. 530
1934   „1100 bhp diesel-electric trains for the Danish State Rys", Loc 1934,
        S. 162 — Gaz 1935-I, S. 755
1935   „500 bhp diesel-electric railcars for train haulage round Copen-
        hagen", Gaz 1935-II, S. 755
1937   Munck: „Dänemark: Die Dieselfahrzeuge", Organ 1937, S. 321
1938   Abel: „Railcars and diesel-electric trains, Danish State Rys", Loc
        1938, S. 315
        Christensen: „Schnellverkehr mit Triebwagenzügen in Dänemark",
        ZMEV 1938, S. 997
        „Dieselelektrischer dreiteiliger Triebwagen der Dänischen Staats-
        bahn", Organ 1938, S. 26
1940   Knutzen: „Die Motorisierung des Schienenverkehrs der Dänischen
        Staatsbahnen", ZMEV 1940, S. 463

England einschl. Irland

1910   „The Westinghouse petrol-electric traction system", Loc 1910, S. 205
1912   „Petrol-electric railcar, Great Central Ry", Loc 1912, S. 103 — Gaz
        1912-I, S. 383
        „Petrol-electric motor coach, Great Western Ry", Loc 1912, S. 50 —
        Gaz 1912-I, S. 253
1917   „Petrol-electric passenger car. Dublin & Blessington Tramway", Loc
        1917, S. 21
1928   „Diesel-electric rail motor train, LMS Ry", Ry Eng 1928, S. 215 —
        Loc 1928, S. 182
1931   „250 bhp oil-electric rail coach, LNE Ry", The Eng 1931-II, S. 658
        — Gaz 1931-II, S. 776 — Loc 1932, S. 8
1932   „Diesel railcar, Great Northern Ry of Ireland", Gaz 1932-II, S. 84
        — Loc 1932, S. 280
1933   „Armstrong-Shell Express, LMS Ry", Loc 1933, S. 79 — DRT
        24. Febr. 1933, S. 20
        „Armstrong-Whitworth diesel-electric rail bus", Loc 1933, S. 217 —
        DRT 16. Juni 1933, S. 2
        „«English Electric» 200 HP diesel electric railcar, LMSR", Gaz
        1933-II, S. 996 — Loc 1934, S. 5

Frankreich

1911   „Exploitation de la ligne de Carvin à Libercourt par voitures automotrices benzo-électriques", Revue 1911-II, S. 127
1912   „Automotrices benzo-électriques du tramway de St. Germain à
Poissy", Revue 1912-II, S. 315
1934   Servonnet: „Les rames automotrices rapides du Chemin de Fer du
Nord (Dreiteilige Schnelltriebwagen)", Revue 1934-II, S. 334 —
Gaz 1934-II, S. 82 u. 1935-I, S. 582
1935   „Diesel-electric railcars for goods transport, PLM", Mod. Transport
14. Sept. 1935. S. 5
1936   Jeancard: „Les autorails diesel-électriques des Chemins de Fer de
la Provence (France)", GiT 1936, S. 18 u. 46
„More high-speed trains in France", Gaz 1936-II, S. 390
1937   „140 HP diesel-electric railcar, Northern Ry of France", Loc 1937, S. 69
1939   „High-speed diesel-electric railcars, Société Nationale des Chemins
de Fer Français", Loc 1939, S. 240

Holland

1933   „Diesel-electric rail traction on the Netherland Rys", Loc 1933, S. 95
und 1934, S. 175 — Gaz 1934-I, S. 524
1934   „Diesel-electric trains for Netherland Rys. — Streamlined articulated
coaches", Mod. Transport 10. Febr. 1934, S. 5 — Gaz 1934-I,
S. 524 und 908 — Loc 1934, S. 175 — Kugellager-Zeitschrift
(Schweinfurt) 1936, S. 22 — Organ 1937, S. 261 (Hupkes)
1935   „The Dutch Diesel train failures", Gaz 1935-I, S. 369
1937   Hupkes: „Die dreiteiligen Triebwagenzüge mit elektrischer Kraftübertragung der Niederländischen Eisenbahnen", Organ 1937, S. 261
1939   „Diesel train operation in Holland: 5 car diesel-electric train", DRT
1939-I, S. 74 — Mod. Transport 13. Mai 1939, S. 5 — MTZ 1940,
S. 196 u. 274 — VT 1940, S. 271
1940   Hönig: „Die fünfteiligen 1950 PS-Diesel-Triebwagenzüge der Niederländischen Eisenbahnen", Annalen 1940, S. 171 — DMZ 1940,
S. 334 (Neubauer)

Schweden

1914   „Voiture automotrice petroléo-électrique des Chemins de Fer Sué-
dois", Revue 1914-I, S. 63
1920   „«Asea» dieselelectric railcars, Sweden", Loc 1920, S. 222
1924   „Dieselelektrische Triebwagen Bauart Polar-Deva in Schweden",
Organ 1924, S. 114
1928   „Motor cars for Swedish railways", Loc 1928, S. 112
1932   „Railcar trials in Sweden", Gaz 1932-I, S. 293
1935   „Diesel-electric railcar for the Malmö-Ystad Ry, Sweden", Loc 1935,
S. 343

ehem. Tschechoslowakei

1933   Jansa: „300/400 PS dieselelektrische Schnelltriebwagen der Tschechoslowakischen Staatsbahnen", Lok 1933, S. 101 — Gaz 1933-II,
S. 681

1934   „The «Blue Arrow»: Diesel-electric interurban express train, Czecho-
        slovak State Rys", Gaz 1934-I, S. 1091 — GiT 1937, S. 2
1936   „400 HP diesel-electric railcars, Czechoslovakian State Rys", Loc
        1936, S. 120 — Gaz 1937-II, S. 263 — GiT 1937, S. 2
1937   Keller: „Der «Slovakische Pfeil»", Kongreß 1937, S. 1530

Europa / Sonstige Länder

1910   Misslin: „A self-propelling tunnel inspection car, Swiss Federal Rys",
        Gaz 1910-II, S. 299
1918   „Benzo-electric rail motor car, Pieper system, Belgium", Loc 1918,
        S. 119
1926   von Schulthess: „Der neue dieselelektrische Motorwagen der Schwei-
        zerischen Bundesbahnen", BBC-Mitteilungen 1926, S. 98 — Ry
        Eng 1926, S. 311
1928   „A new diesel-electric railcar: Pamplona-San Sebastian Ry", Ry Eng
        1928, S. 420 — Engg 1928-II, S. 497
1929   „Dieselelektrische Triebwagen der Appenzellerbahn", Z 1929, S. 1794
1930   „Diesel rail-cars on the Swiss Federal Rys", Ry Eng 1930, S. 311
1931   „Dieselelektrischer Triebwagen der Italienischen Staatsbahnen", Organ
        1931, S. 185 — Engg 1930-I, S. 7 — Loc 1932, S. 395
1934   „130 bhp diesel-electric railcar for local traffics, Lithuanian Rys",
        Gaz 1934-II, S 84
1935   „Streamlined single-engined 410 bhp diesel-electric trains for Bel-
        gium", Gaz 1935-I, S. 587
1936   „A converted Polish railcar", Loc 1936, S. 367
        „Further Diesel advance on the MZA", Gaz 1936-II, S. 84
        „Inauguration of Diesel traction in Estonia", Gaz 1936-I, S. 369
        „260 bhp diesel-electric railcar for the narrow-gauge Calabro-Lucane
        line", Gaz 1936-I, S. 1154
        „280 and 90 bhp diesel-electric railcars of the Jugoslav State Rys",
        Gaz 1936-I, S. 983
        „820 HP articulated Diesel train, Belgian National Rys", Loc 1936,
        S. 287
1937   Müller: „Umbau von zwei benzin-elektrischen Triebwagen der
        Schmalspurbahn Diekirch-Vianden (Luxemburg)", BBC-Mitt. 1937,
        S. 111 — Gaz 1937-II, S. 955
1939   „254 HP dieselelectric railcar, Calabro-Lucane Ry, Italy", Loc 1939, S. 47

Afrika

1911   „Petrol electric railway motor car, Central South African Rys", The
        Eng 1911-II, S. 132
1913   „Benzol-electric motor coach for the Khedive of Egypt", Loc 1913,
        S. 193

Nordamerika einschl. Kanada

1905   Perkins: „Amerikanischer Motorwagen mit benzinelektrischem An-
        trieb", Lok 1905, S. 153
1908   „Gasolene-electric motor-car, General Electric Co", Gaz 1908-I, S. 153
        — Revue 1908-II, S. 206 — Kraftbetr. 1909, S. 513

„Strang gas-electric car «Irene»", Gaz 1908-I, S. 585 — Engg 1908-I, S. 470

1911   „Voiture gazoléo-electrique, USA", Revue 1911-I, S. 312

1925   Guttmann: „Die Dieseltriebwagen der Kanadischen Staatsbahnen", Age 1925-II, S. 695 — The Eng 1925-II, S. 430 — VT 1926, S. 361 — Loc 1926, S. 31

1928   Brooks: „Oil electric motive power on the Canadian National", Age 1928-I, S. 1319

Judtmann: „Die neuzeitlichen Triebwagen Nordamerikas", Organ 1928, S. 163

„Gas-electric units for rail cars", Age 1928-I, S. 866

1929   Hershberger: „Oil-electric rail-cars for the Pennsylvania", Age 1929-I, S. 1373

„Brill builds large rail-car power plants, 400-500 bhp", Age 1929-II, S. 973

1930   „New gas-electric car for the Canadian Pacific Ry", Gaz 1930-II, S. 398

1931   „Burlington gas-electrics cut operating costs", Age 1931-I, S. 439

„Erie rail-car equipped with two 300 hp engines", Age 1931-I, S. 415

1932   „Santa Fé gets most powerful rail car yet built, 900 HP", Age 1932-II, S. 78

„A high-powered petrol-electric rail-car train: Gulf, Mobile and Northern Rr", Loc 1932, S. 425

1933   The «Burlington Zephyr», Chicago, Burlington and Quincy Rr", Gaz 1933-II, S. 228 — Gaz 1934-I, S. 904 und 1934-II, S. 1088 — Engg 1934-II, S. 191 — Organ 1935, S. 77

1934   „High-speed three-car train, Union Pacific Rr", Loc 1934, S. 95 — Gaz 1933-II, S. 228 — Mod. Transport 24. Febr. 1934, S. 9

„High-speed trucks for the Texas and Pacific Rr", Baldwin Januar 1934, S. 36

„Union Pacific six-car high-speed train", Age 1934-II, S. 427 u. 1935-I, S. 875 — Gaz 1934-II, S. 1088

1935   Indra: „Die neueste Entwicklung der dieselelektrischen Stromlinien-Gliederzüge in USA", Organ 1935, S. 359

Witte: „Die Bremsausrüstung der amerikanischen Schnelltriebwagenzüge mit Verzögerungsregelung", Organ 1935, S. 437

„Gulf Mobile Northern buys diesel-electric motor trains of welded construction", Age 1935-I, S. 911

„Twin Zephyrs placed in service, Chicago & St. Paul Rr", Age 1935-I, S. 600

„800 bhp aluminium-alloy diesel-electric train «Comet» on the New York, New Haven and Hartford Ry", Gaz 1935-I, S. 1002 und 1937-I, S. 349 — Age 1935-I, S. 632

1936   Schneider: „Amerikanische Schnelltriebwagenzüge", El. Bahnen 1936, S. 301

„Boston & Maine diesel-electric railcar", Age 1936-I, S. 539

„Streamlined 1200 bhp Illinois Central high-speed train", Age 1936-I, S. 608 — Gaz 1936-I, S. 600

1937   „Braking of high-speed trains: Union Pacific diesel-electric 11 car train «City of San Francisco»", Gaz 1937-I, S. 565

„The 800 bhp triple-car train «Comet» of the New York, New Haven and Hartford Rr", Gaz 1937-I, S. 349

1938   Weber: „The Burlington Zephyrs. — Their design, maintenance and service", Gaz 1938-I, S. 958

1939   „Chicago, Burlington & Quincy installs «General Pershing» Zephyr", Mech. Eng 1939-I, S. 169 — Age 1939-I, S. 727

„6 two-car diesel-electric trains for the Southern", Age 1939-II, S. 399

Mittel- und Südamerika

1914   „Westinghouse petrol-electric railcar for Cuban Central Ry", Loc 1914, S. 177

1932   „200 bhp Beardmore Diesel-electric railcar and wagon on the Venezuela Ry", Gaz 1932-I, S. 21

1933   „British-built oil-electric trains for Brazil: Three-coach unit for Santos - Sao Paulo service", Mod. Transport 25. Nov. 1933, S. 3 — Gaz 1933-II, S. 842 — Loc 1933, S. 349

1934   „380 bhp railcar at work in Bolivia" (Machacamarca Ry), Gaz 1934-I, S. 165

1936   „140 bhp diesel-electric railcar, Buenos Aires Western Ry", Loc 1936, S. 35

„270 bhp diesel-electric railcars, Provincial Ry of Buenos Aires", Loc 1936, S. 176

„Armstrong-Whitworth 450 bhp diesel-electric articulated railcar, Buenos Aires Western Ry", Loc 1936, S. 311

1939   „Luxury Diesel trains for South America: English-built four-car diesel-electric train of the Sao Paulo Ry, Brazil", DRT 1939-II, S. 111

Asien

1932   „Diesel-electric railcars: H. H. the Gaekwar's Baroda State Rys", Loc 1932, S. 385

1934   „95 bhp diesel-electric railcar and train, Baroda State Rys", Gaz 1934-II, S. 167

1935   „150 bhp diesel-electric broad-gauge railcar, Madras and Southern Mahratta Ry", Gaz 1935-I, S. 362

1937   „12 wheeled diesel-electric railcar for the Iranian State Rys", Gaz 1937-II, S. 268

1938   „Articulated four-car diesel-electric trains, Ceylon Govt Rys", Gaz 1938-I, S. 335 — Loc 1938, S. 48 — Engg 1938-I, S. 205

Australien

1915   „Petrol-electric rail motor coach, New Zealand Govt Rys", Loc 1915, S. 159 — Kraftbetr. 1915, S. 326

1928   „New rolling stock, Victorian Rys", Loc 1928, S. 351

1930   „Petrol-electric rail-cars and trailers, Victorian Rys", Loc 1930, S. 426

1937   „100 bhp diesel-electric railcars for the Western Australian Government Rys", Gaz 1937-I, S. 779

1938   „140 bhp diesel-electric railcars for the Western Australian Government Rys", Gaz 1938-II, S. 429

1939   „Notes from Western Australia", Loc 1939, S. 75

BRENNKRAFTTURBINEN-ANTRIEB

1928 — Heller: „Die Gasturbine von C. Lorenzen", Z 1928, S. 1869
1931 „Lokomotive mit Antrieb durch Verpuffungs-Brennkraft-Turbine", Waggon- und Lokbau 1931, S. 397
1937 — Mangold: „Wirtschaftlicher Wirkungsgrad einer Brennkraftturbine mit stufenförmiger Verbrennung", Z 1937, S. 489
1939 — Ackeret u. Keller: „Zwei neue Escher-Wyss-Gasturbinen (mit geschlossenem Kreislauf)", Schweiz. Bauzeitung 1939, Nr. 19 u. 21, S. 229 u. 259 — Organ 1939, S. 402 — Z 1939, S. 1239
— Jendrassik: „Versuche an einer neuen Brennkraft-Turbine", Z 1939, S. 792
„Gas turbine locomotives", Gaz 1939-I, S. 399
1940 — Bertling: „Die Verbrennungsturbine. — Geschichtliches, Stand und Zukunftsaussichten", Wärme 1940, S. 69
— Schütte: „Der heutige Stand des Gasturbinenbaues", Z 1940, S. 609
— Stodola: „Leistungsversuche an einer Verbrennungsturbine", Z 1940, S. 17
„Projekt einer Gasturbo-Lokomotive", Lok 1940, S. 62

DRUCKLUFT-FAHRZEUGE

1833 * Henschel: „Neue Construktion der Eisen-Bahnen und Anwendung comprimirter Luft zur Bewegung der Fuhrwerke", Kassel 1833
1875 „Compressed air locomotives at the St. Gothard Tunnel", Engg 1875-II, S. 335 u. 338
1876 „Mekarski's compressed air tramcar", Engg 1876-II, S. 142 und 1882-II, S. 259
1881 „Lishman and Young's compressed air locomotive", Engg 1881-II, S. 280
1882 „Sekundärbahn- und Straßenbahn-Lokomotiven", Z 1882, S. 467
1884 „Unterirdische Förderung mit Lokomotiven", Z 1884, S. 155
1890 „Pneumatische Eisenbahn", Z 1890, S. 591
„Compressed air tramcar", Engg 1890-I, S. 354
1892 „Betriebsergebnisse der Berner Preßluft-Straßenbahn", Schweiz Bauzeitung 1892, S. 160 — Z 1892, S. 969
1893 Lorenz: „Neuere Straßenbahnen mit Druckluftbetrieb", Z 1893, S. 297 und 325
du Riche-Preller: „The Berne compressed air tramway", Engg 1893-I, S. 212 u. 245
1894 „The distribution of compressed air in Paris" (Straßenbahn), Engg 1894-II, S. 313
1901 „Preßluft-Triebwagen der New Yorker Stadtbahn, Bauart Hardie", Organ 1901, S. 115
1902 Buhle und Schimpff: „Druckluftlokomotiven", Z 1902, S. 589
1909 „Gruben-Druckluftlokomotive", Z 1909, S. 514
1911 „C-Druckluftlokomotive von 600 mm Spurweite für Tunnelbauten", Lok 1911, S. 177

1912   Engel: „Die Berechnung der Hauptabmessungen von Druckluft-
        lokomotiven", Z 1912, S. 357
1913   „Schwartzkopff compressed-air mining locomotive", Engg 1913-I.
        S. 189
        „The Hauenstein tunnel equipment: Borsig compressed air locomo-
        tives", Gaz 1913-II, S. 300
1921   Schulte: „Druckluftlokomotiven", Z 1921, S. 1345
1922   „Druckluftlokomotiven für Bergwerke", Annalen 1922-I, S. 76
1924   Baum: „Die Preßluftlokomotiven auf der eisenbahntechnischen
        Ausstellung in Berlin", Annalen 1924-II, S. 185
        „Railways in industrial plants: Compressed air locomotives", Loc
        1924, S. 56
1925   Wagner: „Die Dampf-, Oel- und Druckluftlokomotiven auf der
        Eisenbahn-Ausstellung Seddin", Organ 1925, S. 6
1926   van Hees: „Die Dampf-, Oel- und Druckluftlokomotiven auf der
        Deutschen Verkehrsausstellung in München", Annalen 1926-I,
        S. 157
        Herms: „Entwurf einer Druckluftlokomotive", Fördertechnik und
        Frachtverkehr 1926, S. 317 — Waggon- und Lokbau 1927, S. 241
1929   Bartz: „Grubenlokomotiven und ihre Wirtschaftlichkeit in den Haupt-
        strecken im Steinkohlen-Bergbau", Bergmann-Mitteilungen 1929,
        S. 113
        Spackeler: „Die Grubenlokomotivbahnen in der Nachkriegszeit",
        Z 1929, S. 1339
        Willigens: „Druckluftlokomotiven", Waggon- und Lokbau 1929,
        S. 177
1930   Lohmann: „Abbau-Lokomotivförderung: Preßluft- oder Akkumu-
        latorenlokomotiven?", Fördertechnik und Frachtverkehr 1930,
        S. 491
1931   „Druckluftlokomotiven", Demag-Nachrichten 1931, S. A 23
        „Fireless locomotives for service in mines", Loc 1931, S. 262
1934   * Hedley: „Modern traction for industrial and agricultural rys", The
        Locomotive Publishing Co, Ltd, London 1934 (?) [S. 49: Com-
        pressed air locomotives]
1935   * Metzeltin: „Zur Geschichte der Druckluftlokomotive", «Technik-
        geschichte», Beiträge zur Geschichte der Technik und Industrie,
        Band 24; VDI-Verlag, Berlin 1935, S. 77
1939   „Das erste Berner Schienenfahrzeug: Straßenbahnwagen mit Preßluft-
        motor, 1890-1900", VT 1939, S. 329

DER EISENBAHNWAGEN

Allgemein

1927   „St. Etienne-Lyon Ry trains", Loc 1927, S. 267

1928   Lehner: „Der neuzeitliche Waggonbau von der Vorberechnung bis
       zur Inbetriebnahme", Waggon- und Lokbau 1928 u. 1929, S. 7 u. f.

1929   Pfeiffer: „Neue Wagenbauarten der kön. ungarischen Staatseisen-
       bahnen", Organ 1929, S. 325

1931   Bieck: „Tätigkeit im Waggonbau im Jahre 1930", Waggon- und
       Lokbau 1931, S. 97 u. 113

       Bieck: „Gewichtsersparnisse im Fahrzeugbau", Waggon- und Lokbau
       1931, S. 385

1933   Eyles: „Repair methods on damaged all-metal coaches", Loc 1933,
       S. 184

1934   Moon: „A century of railway carriage building", Ry Eng 1934, S. 190
       „Améliorations apporteés au matériel roulant depuis la guerre par
       les grands réseaux francais", Revue 1934-I, S. 147 (Wagen S. 169)

1935   Philipp: „Die Bedeutung der deutschen Waggonindustrie für die
       Ausfuhr", Annalen 1935-II, S. 122
       „Die Eisenbahnwagen auf der Brüsseler Ausstellung", Revue 1935-II,
       S. 405

1936   Dähnick: „Entwicklung der deutschen Eisenbahnwagen", Annalen
       1936-II, S. 25, 37, 61 u. 87
       Lichtenfeld: „Die Anforderungen des Schnellverkehrs auf der Schiene
       an den Eisenbahnwagenbau", VW 1936, S. 554

1937   Ahrens: „Der ruhige Fahrzeuglauf", Annalen 1937-I, S. 69
       Lehner: „Neuere Fahrbetriebsmittel für Schmalspur der Oester-
       reichischen Bundesbahnen", Gi T 1937, S. 146 u. 1938, S. 7 [S. 8:
       Vierachsiger Personenwagen mit radial einstellbaren Bissel-Achsen]
       Siddal and Test: „The trend in passenger equipment", Age 1937-II,
       S. 793 und 797
     *„The Railway Carriage and Wagon Handbook", Verlag The Loco-
       motive Publishing Co Ltd, London 1937 — Bespr. Gaz 1937-II,
       S. 775

1938   Nolte: „Von alten Lokomotiven und Wagen der ehemaligen Braun-
       schweigischen Eisenbahn", Lok 1938, S. 173
       Sanders: „Carriage and wagon design and construction", Loc 1938,
       S. 196, 221 u. f.
       „Steel and wood in railway coach construction", Loc 1938, S. 80, 126

1939   „Report on car construction", Age 1939-II, S. 29

1940   Kreißig: „Eisenbahnwagenbau", Annalen 1940, S. 147
  ⇐   Plochmann: „Deutsche Ausfuhr für das Verkehrswesen im Lichte
       der MAN-Arbeitsgebiete", Annalen 1940, S. 54

Theorie, Berechnung, Versuch

1891   Volkmar: „Versuche über das Verhalten freier Lenkachsen", Organ
       1891, S. 263 und 1892 Ergänzungsband

1900   Hermann: „Ueber den Bau langer Wagenwände", Organ 1900, S. 55

1908   Mehlis: „Theoretische Betrachtungen über die Schwingungen von
       schnellfahrenden D-Zugwagen und deren praktische Messungen",
       Annalen 1908-I, S. 179

1909   Weddigen: „Untersuchungen über das unruhige Laufen der Dreh-
       gestellwagen", Annalen 1909-I, S. 97

1910   * Hoening: „Die Bedingungen ruhigen Laufs von Drehgestellwagen für Schnellzüge", Verlag Springer, Berlin 1910 — Bespr. Organ 1911, S. 186

1911   Schüler: „Bauart von Drehgestellen zur Erzielung ruhiger Gangart von Luxuswagen", Organ 1911, S. 123

1921   * Kreißig: „Theoretisches aus dem Waggonbau", Ernst Stauf, Verlag, Düsseldorf-Berlin 1921 — Waggon- und Lokbau 1921, S. 6 u. f. und 1924, S. 117

1927   Bieck: „Berechnung des Rahmenträgersystems in den Seitenwänden der neuen eisernen Wagen der Berliner Hochbahn", Annalen 1927-II, S. 175

1928   Lehner: „Der neuzeitliche Waggonbau von der Vorberechnung bis zur Inbetriebnahme", Waggon- und Lokbau 1928 u. 1929, S. 7 u. f.

1929   Caesar: „Schlingerbewegungen von Drehgestellwagen", Organ 1929, S. 501

Schneider: „Die Wirkungsweise der Lenkachsen", Waggon- und Lokbau 1929, S. 258

1930   Mesmer: „Spannungsoptische Untersuchung der Spannungszustände in Seitenwänden von Eisenbahnwagen", Z 1930, S. 284

1931   Pöhner: „Das Reibungsgleichgewicht eines dreiachsigen Lenkachs-Einheitswagens, dessen Endachsen von der seitenverschieblichen Mittelachse gesteuert werden", ZVDEV 1931, S. 68

Speer: „Einfluß der Bauart und des Zustandes der Personenwagen auf ihren Lauf", Annalen 1931-I, S. 76 — Kongreß 1931, S. 937

„The riding qualities of railway coaches" (Messungen), Ry Eng 1931 S. 159

1932   Lutteroth u. Putze: „Behandlung der Personenwagen in der Wagenversuchsabteilung Grunewald der DRG", Organ 1932, S. 41

1933   Baur: „Spannungsuntersuchungen an Personenwagenkästen", Organ 1933, S. 143

Lutteroth: „Einfluß der Lastübertragung und des Zustandes der Wagenkästen der Personenwagen auf den Lauf", Organ 1933, S. 129

Müller: „Schwerpunktsbestimmung und Gewichtsausgleich an Wagenkästen von Drehgestell-Personenwagen", Z 1933, S. 591

1935 =   Drechsel: „Zur Theorie des Kreiselwagen-Fahrgestells", ATZ 1935, S. 603

Lutteroth: „Vermessen und Verwiegen von Personenwagenkästen und Prüfen der Drehgestelle", RB 1935, S. 1059

1936   Ahrens: „Die seitliche Abfederung der Schienenfahrzeuge", Gi T 1936, S. 74

Kreißig: „Geschlossene Träger beim Eisenbahnwagenbau", Gi T 1936, S. 154

Leroy: „Rame articulée légère de construction soudée en alliages d'aluminium", Chemin de Fer du Nord", Gi T 1936, S. 30

1937   Ahrens: „Der ruhige Fahrzeuglauf", Annalen 1937-I, S. 69

Bennedik: „Einige statisch unbestimmte Aufgaben aus dem Eisenbahnwagenbau", Annalen 1937-I, S. 117

—   Burger: „Formsteifigkeit eines selbsttragenden Kraftwagenkörpers in Schalenbauweise", Z 1937, S. 282

1937   Deischl: „Linienverbesserungen oder gesteuerte Achsen?" (u. a. Auf-
        hängung des Wagenkastens), VW 1937, S. 97
        Heumann: „Lauf der Drehgestell-Radsätze in der Geraden", Organ
        1937, S. 149
    *   Kreißig: „Berechnung des Eisenbahnwagens", Ernst Stauf, Verlag,
        Köln-Lindenthal 1937 — Bespr. Annalen 1937-II, S. 90
        Meineke: „Der heutige Stand des Schlingerproblems", Organ 1937,
        S. 236
        „Electric high-speed trains in Italy", Gaz 1937-II, S. 177
1938   Bancelin u. Renault: „Insonorisation du matériel roulant", Revue
        1938-II, S. 223 — Annalen 1939, S. 261
        Bertrand: „La «Métallisation» des voitures à bogie à caisse en
        bois", Revue 1938-I, S. 100 — Kongreß 1938, S. 1195
        Drechsel: „Die Lösung der Schnellverkehrsfrage durch den kurven-
        neigenden Kreiselwagen", ZMEV 1938, S. 377 u. 397
        „Ueber den Lauf zweiachsiger Güterwagen", Organ 1938, S. 1348
        „Pendulum suspension for railway vehicles, Atchison, Topeka & Santa
        Fé Ry", Gaz 1938-II, S. 168 — Loc 1938, S. 328 — Age 1938-I,
        S. 294 — Kongreß 1939, S. 85
1939=   Ahrens: „Fahrzeugschwingungen und ihre Bekämpfung", VT 1939,
        S. 440
        Taschinger: „Festigkeitsversuche mit besonders leicht gebauten Dreh-
        gestellen", Organ 1939, S. 207
        Taschinger: „Festigkeits- und Zerstörungsversuche an Wagenkästen",
        Organ 1939, S. 385 u. 403
1940   Forsbach: Berechnungsgrundlagen und statische Festigkeitsversuche
        des ersten Leicht-D-Zugwagens in Schalenbauweise", Annalen
        1940, S. 1
        Hüter: „Die Uebertragung waagerechter Kräfte durch kugelförmige
        Drehpfannen", Annalen 1940, S. 155

Anwendung des Schweißverfahrens bei Eisenbahnwagen

1933   Kijlstra: „Die neuen geschweißten Personen- und Gepäckwagen der
        Niederländischen Eisenbahnen", Gi T 1933, S. 13 — Loc 1933,
        S. 300
        Lervy: „Widerstandsproben bei geschweißten Eisenbahnwagen",
        Gi T 1933, S. 11
        „Welded railway rolling stock", Loc 1933, S. 281
1934   Bondy: „Welding in the construction of passenger coaches (Reichs-
        bahn)", Ry Eng 1934, S. 120
        „Welded light weight German coaches", Loc 1934, S. 120 — Ry Eng
        1934, S. 120 (Bondy)
1935   Schinke: „Die Anwendung der Schweißung im Güterwagenbau",
        Z 1935, S. 1237 und 1459
        „Welded coal wagons, LNER", Loc 1935, S. 194
1936   Bode: „Schweißen im Wagenneubau bei Großgüterwagen und Kübel-
        wagen", Organ 1936, S. 257
        Boden: „Schweißen beim Neubau von Personenzugwagen der Deut-
        schen Reichsbahn", Organ 1936, S. 241
        Mauerer: „Schweißgerechtes Konstruieren im Fahrzeugbau", Organ
        1936, S. 237

Schinke: „Erfahrungen mit geschweißten Güterwagen der Normal-
bauart", Organ 1936, S. 248

Ziem: „Die neuere Entwicklung der Schweißtechnik und ihre Anwendung im Eisenbahnfahrzeugbau", Annalen 1936-II, S. 75

1937   Taschinger: „Entwicklung und gegenwärtiger Stand im Bau geschweißter Trieb-, Steuer- und Beiwagen", Organ 1937, S. 249

1940   Mauerer: „Anbrüche an Trieb-, Steuer- und Beiwagen und ihre Auswertung für geschweißte Konstruktionen", Organ 1940, S. 167

Leichtbau

1929   „Aluminium for ry rolling stock", Loc 1929, S. 124

1931   Bieck: „Gewichtsersparnis im Fahrzeugbau; Anwendung des Leichtbaues und des Leichtmetalles für Eisenbahn- und Straßenbahnwagen", Waggon- und Lokbau 1931, S. 385

Harms: „Leichtmetalle im Eisenbahnwagenbau", Waggon- u. Lokbau 1931, S. 117

Wagner: „Leichtmetall-Stadtbahnwagen", Annalen 1931-II, S. 100

1932   Kreißig: „Die Prinzipien des Leichtwagenbaues", Annalen 1932-I,
S. 61 u. 77

* Kreißig: „Ersparnisse durch Leichtbau", Bericht über die 25. Fachtagung der Betriebsleiter-Vereinigung deutscher Privateisenbahnen und Kleinbahnen 1932, S. 56

Wagner: „Leichtmetalltüren für Schnellbahnwagen", Annalen
1932-II, S. 1

„Aluminium for rolling stock", Loc 1932, S. 433

1933   „Leichtradsatz «Uerdingen» für Eisenbahnfahrzeuge", Z 1933, S. 986

„Pullmanwagen aus Leichtmetall", Z 1933, S. 900

„Power rail car has aluminium body", Age 1933-I, S. 544

„The Gloucester welded wheel and axle set", Loc 1933, S. 221

1934   Otto: „Fortschritte in der Anwendung des Leichtbaues auf die Personenwagen, Verbrennungstriebwagen und Beiwagen der Deutschen Reichsbahn", Organ 1934, S. 31

Theobald: „Zehn Jahre Aluminium-Leichtbau an amerikanischen
Eisen- und Straßenbahnwagen", Annalen 1934-I, S. 21

Witte: „Ganzaluminium-Personenwagen in USA", Organ 1934, S. 291

„Welded light weight German coaches", Loc 1934, S. 120 — Ry Eng
1934, S. 120

1935   Grospietsch: „Leichtradsätze", El. Bahnen 1935, S. 298

Chatel u. Yollant: „Construction d'une rame articulée constituée de
trois voitures légères dans les ateliers de la Cie du Chemin de Fer
du Nord", Revue 1935-II, S. 285 — Gaz 1936-I, S. 795 — Gi T
1936, S. 30

1936   v. Goicoechea: „Leichterer Wagenbau bei meterspurigen Eisenbahnen", GiT 1935, S. 115 u. 148 — Kongreß 1936, S. 885

Hug: „Der Bau von Eisenbahnfahrzeugen aus Aluminiumlegie-
rungen", Kongreß 1936, S. 1653

Leroy: „Rame articulée légère de construction soudée en alliages
d'aluminium", Gi T 1936, S. 30

Müller, Josef: „Leichtmetallkonstruktionen bei Trieb- und Anhängewagen", El. Bahnen 1936, S. 183

1936   Nagel: „Leichtradsätze und deren Verwendung im Betriebe",
        Annalen 1936-II, S. 85
        Poncet u. Forestier: „Leichte stählerne Vorortbahnwagen Bauart
        Französische Ostbahn", Revue 1936-II, S. 91 — Kongreß 1937,
        S. 2612 — Gaz 1937-II, S. 1205 (m. Schnittzeichnungen)
        Reidemeister: „Leichtmetallfahrzeuge", El. Bahnen 1936, S. 199
        „Leichtfahrzeuge", El. Bahnen, Fachheft Aug. 1936, Nr. 8, S. 183 u. f.
1937 — Brauer: „Straßenfahrzeuge aus Leichtmetall", ATZ 1937, S. 425
        Liechty: „Leichtstahlwagen der französischen Staatsbahn, «Etat»",
        Schweiz. Bauzeitung 1937-II, S. 14 — Gaz 1937-I, S. 989 — Loc
        1937, S. 245 — Organ 1938, S. 37 — Annalen 1938-I, S. 6
        Prasse: „Erfahrungen mit leichten Großraumwagen bei den Essener
        Straßenbahnen", Gi T 1937, S. 83
        Spies: „Neue ausländische Leichtstahl-Personenwagen", Organ 1937,
        S. 429
        Sutter: „Some recent applications of aluminium in railway rolling
        stock construction", Gi T 1937, S. 35, 128 und 155
    =   Thum: „Leichtbau durch werkstoffgerechtes Gestalten", Archiv für
        Eisenbahnwesen 1937, S. 655
        „Entwicklung des leichten Rollmaterials bei den SBB", GiT 1937,
        S. 105
        „Leichtstahlwagen der Schweiz. Bundesbahnen", Schweiz. Bauzeitung
        1937-II, S. 13 — Gaz 1937-II, S. 287 — GiT 1937, S. 105 —
        ZMEV 1937, S. 866
        „Light weight railcar design", Loc 1937, S. 361
1938   Nystrom: „Why light-weight freight cars?", Age 1938-II, S. 770
        Osinga: „Die Verwendung von geschweißten Hohlträgern im Wag-
        gonbau", Organ 1938, S. 416
        Struck: „Leichte amerikanische Eisenbahn-Personenwagen", Z 1938,
        S. 54
        Taschinger: „Hydronalium als Baustoff für Triebwagen", ZMEV
        1938, S. 521 — Gaz 1938-II, S. 1126 — Z 1939, S. 664 — Kon-
        greß 1939, S. 19
        Zemlin: „Leichtmetall im Waggonbau", Annalen 1938-II, S. 227
    =   „Die Leichtbau-Tagung in Essen", VT 1938, S. 505
        „Aluminium in rolling stock: Norwegian State Rys, Danish State
        Rys", Gaz 1938-I, S. 802
1939 = Buschmann: „Leichtmetall im neuzeitlichen Fahrzeugbau", Annalen
        1939-I, S. 25
    =   Hart: „Use of aluminium for transport purposes", Mod. Transp.
        6. Mai 1939, S. 7
        Kreißig: „Zur Entwicklung des Leicht-D-Zug-Wagens", Annalen
        1939, S. 287
        Schroeder: „Neue Personenfahrzeuge in Leichtbauart", VT 1939, S. 358
        Taschinger: „Die Grundlagen des Leichtbaues von Eisenbahnwagen",
        Organ 1939, S. 1
        Taschinger: „Laufeigenschaften besonders leicht gebauter Fahr-
        zeuge", Organ 1939, S. 121
    —   „Doppelblech in Insektenflügel-Bauart für den Leichtbau", Z 1939,
        S. 1218
1940 = Ahrens: „Grundlagen des Fahrzeug-Leichtbaues", VT 1940, S. 70

= Reidemeister: „Aluminium-Verwendung im Spiegel einer amerikanischen Zeitschrift (Ry Age)", Aluminium 1940, S. 84

Forsbach: „Berechnungsgrundlagen und statische Festigkeitsversuche
des ersten Leicht-D-Zugwagens in Schalenbauweise", Annalen
1940, S. 1

Wiens: „Personenwagen in Leichtbauart", Organ 1940, S. 237
— Engg Progress, Berlin 1940, S. 14 — Progressus, Berlin 1940,
S. 87 — Lok 1940, S. 25

= „Gedanken zum Leichtbau von Fahrzeugen", Annalen 1940, S. 159
„Leichtmetall-Legierungen für den Personenwagenbau der DRB",
Annalen 1940, S. 161

Vereinheitlichung bei Eisenbahnwagen

1923   Klein: „Der Austauschbau bei Eisenbahnwagen", Annalen 1923-II,
S. 17 — Z 1924, S. 965 und Organ 1925, S. 464 — betr. Formeisen: Annalen 1926-I, S. 148

1925   * Klein: „Vorrats- und Austauschbau bei Wagen", «Eisenbahnwesen»,
VDI-Verlag Berlin 1925, S. 308

1926   Gottschalk: „Holznormen im Eisenbahnwagenbau",Annalen 1926-I,S.24
Klein: „Austauschbau bei Eisenbahnwagen, Formeisen" Annalen
1926-I, S. 148

1927   * Klein: „Die Einführung des Austauschbaues bei den Reichsbahn-
wagen", Annalen 1927, Jubiläums-Sonderheft S. 82
* Semke: „Normung der Kleinbahnwagen", Annalen 1927, Jubiläums-
Sonderheft S. 62

1928   Egen: „Austauschbarkeit von Nietverbindungen", Annalen 1928-I,
S. 175
Klein: „Einführung der Normen bei Eisenbahnwagen", Maschinen-
bau 1928, S. 258

1929   Philipp: „Versuch der graphischen Darstellung der Auswirkung der
Rationalisierung an Hand eines Beispieles aus dem Waggonbau",
Annalen 1929-I, S. 77

1932   Bieck: „Normung der Kesselwagen", Z 1932, S. 311

Achsen und Räder, Dreh- und Lenkgestelle

1891   Volkmar: „Neuere Versuche über das Verhalten freier Lenkachsen",
Organ 1891, S. 263 u. 1892 Ergänzungsband

1892   Frank: „Die Lenkachsen der Eisenbahnwagen", Z 1892, S. 685
Rühlmann: „Die elektr. Eisenbahnen", Z 1892, S. 14 u. f. (S. 38:
Dreiachsiger Straßenbahnwagen mit durch die Mittelachse ge-
steuerten Endachsen)

1893   „Das symmetrische Eisenbahn-Wagenrad", Zentralblatt der Bauverwaltung 1893, S. 42

1894   Buch: „Eisenbahnfahrzeuge mit direkt gekuppelten Drehgestellen",
Z 1894, S. 937

1904   „Construction of carriage and wagon bogies", Loc 1904, S.? —
1905, S. 15 u. f.

1910   Bachellery: Note sur les bogies de voitures à ressorts de rappel à
lames étageés de la Compagnie des Chemins de Fer du Midi",
Revue 1910-II, S. 295

1910   * Hoening: „Die Bedingungen ruhigen Laufs von Drehgestellwagen für Schnellzüge", Verlag Springer, Berlin 1910 — Bespr. Organ 1911, S. 186

1911   Schüler: „Bauart von Drehgestellen zur Erzielung ruhiger Gangart von Luxuswagen", Organ 1911, S. 123

1912   „Duplex bolster carriage bogie, Great Northern Ry", Loc 1912, S. 108

1915   „Thomas' patent suspension gear for bogies", Loc 1915, S. 157

1922   „Gibbin's patent spring frame bogie", Loc 1922, S. 86

1924   „Das Görlitzer Drehgestell", Annalen 1924-II, S. 71 — Waggon- u. Lokbau 1924, S. 177

     „Dreiachsiges Drehgestell mit Bogeneinstellung der Achsen", Age 1924-II, S. 487 (Nr. 12) — Organ 1925, S. 16

1929   Schneider: „Wirkungsweise der Lenkachsen", Waggon- u. Lokbau 1929, S. 258 u. 307

1931   Meineke: „Drehgestelle", Waggon- u. Lokbau 1931, S. 273

     Speer: „Einfluß der Bauart und des Zustandes der Personenwagen auf ihren Lauf", Annalen 1931-I, S. 76 (S. 81: Radsätze und Lager. — S. 88: Drehgestelle)

     „Cast steel »Monobloc« bogie frames", Loc 1931, S. 301

1933   Liechty: „Das gleitende Flügelrad", Annalen 1933-I, S. 61

     Vallancien: „La suspension du bogie Y 2 pour voitures à voyageurs", Revue 1933-I, S. 393

     „Leichtradsatz Bauart Uerdingen für Eisenbahnfahrzeuge", Z 1933, S. 986

     „The Gloucester welded wheel and axle set", Loc 1933, S. 221

1934   von Lengerke: „Kurvenbewegliche Fahrzeuge für Straßenbahnen", Annalen 1934-I, S. 9

     „Sheffield-Twinberrow type bogies", Loc 1934, S. 341

1935   Buchli: „The «Duplex» bogie", Mod. Transport 13. Juli 1935, S. 7 — Gaz 1936-I, S. 562

     Grospietsch: „Leichtradsätze", El. Bahnen 1935, S. 298

     Vallancien: „Le bogie Y 5 en acier moulé pour essieux de 20 t et les bogies pour wagons à marchandises étudiés par l'Office Central d'Etudes et de Matériel de Chemin de Fer", Revue 1935-I, S. 14

1936   Nagel: „Leichtradsätze und deren Verwendung im Betriebe", Annalen 1936-II, S. 85

     Williams: „Modern freight car trucks", Baldwin Oktober 1936, S. 21

     „A recent «heavy» bogie design", Loc 1936, S. 183

     „Duplex carriage bogie, with free wheels, Swiss Federal Rys", Loc 1936, S. 291

     „Sheffield-Twinberrow bogies, Gold Coast and Nigerian Rys", Loc 1936, S. 217

1937   Heumann: „Lauf der Drehgestell-Radsätze in der Geraden", Organ 1937, S. 149

     Liechty: „Die Schweizer Bahnen und der Schnellverkehr: Liechty-Drehgestelle mit gesteuerten Achsen", Schweiz. Bauzeitung 1937-II, S. 41

     Taschinger: „Entwicklung und gegenwärtiger Stand im Bau geschweißter Trieb-, Steuer- und Beiwagen", Organ 1937, S. 249 (S. 257: Drehgestelle)

Die schwerste und zugkräftigste deutsche elektrische Lokomotive:
Regelspurige 150 t-Lokomotive der Riebeckschen Montanwerke AG,
Otto-Scharfgrube. Achsdruck 25 t. Gemeinschaftsarbeit von SSW,
Berlin, und Henschel, Kassel.

1937   „Bogie control gear for high speed trains (special design on the
          «Coronation Scot», LMSR)", Gaz 1937-II, S. 529
          „New bogies for coaches of the Swiss Federal Rys, built by the
          Schweizerische Waggons- u. Aufzügefabrik AG., Schlieren-Zürich",
          Gaz 1937-II, S. 111
          „Nouveaux bogies pour wagons", Revue 1937-I, S. 261 u. 264
          „Rubber springing characterizes truck design", Transit Journal, New
          York, Juli 1937, S. 220
          „Timmis-Drehgestell für Personenwagen", Organ 1937, S. 247
1938   König: „Zur Frage der Entwicklung neuer Wagenradsatz-Bauformen",
          Organ 1938, S. 392
1939   Giesl-Gieslingen: „Passenger-car-truck design", Mech. 1939, S. 387
          König: „Konstruktion, Fertigung und Unterhaltung der Wagenrad-
          sätze im Zeichen der Geschwindigkeitssteigerung", Bahn-Ing. 1939,
          S. 266
          Nystrom: „Designing new passenger cars", Age 1939-I, S. 862
          Sanders: „Carriage and wagon design and construction: III. The
          bogie", Loc 1939, S. 196
          Taschinger: „Festigkeitsversuche mit besonders leicht gebauten Dreh-
          gestellen", Organ 1939, S. 207 — Z 1939, S. 1297
          „Eight-wheel tender truck", Age 1939-I, S. 1081
          „Modified freight truck for high-speed service: Symington-Gould
          Double-Truss Truck", Age 1939-I, S. 221 — Mech 1939, S. 5
1940   Liechty: „Die Bewegungen der Eisenbahnfahrzeuge auf den Schienen
          und die dabei auftretenden Kräfte (u. a. Drehgestell SIG-VRL)",
          El. Bahnen 1940, S. 17
          Wiens: „Personenwagen in Leichtbauart", Organ 1940, S. 237 [S. 261:
          Drehgestell] — Progressus, Berlin 1940, S. 87 ([S. 90: Dreh-
          gestelle und Radsätze]
          „Drehgestell mit losen Rädern", Lok 1940, S. 61

Eisenbahnwagen / Verschiedenes

1870   „Chrimes's apparatus for securing ry carriage doors", Engg 1870-II,
          S. 320
1910   „Automatic safety lock for railway carriages doors", Loc 1910, S. 226
1921   Gensbaur: „Eisenbahnwagenkasten aus Eisenbeton", Z 1921, S. 445
1922   Hermann: „Das oben abgerundete Fenster der Eisenbahnwagen",
          Annalen 1922-II, S. 160 u. 1923-II, S. 126
1923   Kleinlogel: „Eisenbahnfahrzeuge aus Eisenbeton", Annalen 1923-II,
          S. 41
1924   Keuffer: „Note sur les conditions d'installation des cabinets de
          toilette des voitures de chemin de fer", Revue 1924-I, S. 418
          „The covering of carriages and wagon roofs", Loc 1924, S. 30
1926   „Rubber for rolling stock. — Its use, application and development",
          Loc 1926, S. 114
1928   „The «Hera» window raiser", Loc 1928, S. 398
1929   „Türschließvorrichtungen bei modernen Verkehrsmitteln", Annalen
          1929-I, S. 93
1932   Wagner: „Leichtmetalltüren für Schnellbahnwagen", Annalen 1932-II,
          S. 1

22

674   *Eisenbahnwagen / Verschiedenes*

1932   Wagner: „Exzenter-Einstellvorrichtung für Schiebetüren von Schnell-
        bahnwagen", Annalen 1932-II, S. 96
1937 — „Korrosionsverhütung an Fahrzeugen", Z 1937, S. 1251
        „The «Beclawat» adjustable sash balance", Loc 1937, S. 114
        „Experimental shock-absorbing wagons, LMSR", Engg 1937-II, S. 213
            — Loc 1937, S. 284 — Annalen 1938-I, S. 33 — Gaz 1939-I,
            S. 1021
1939   Lilliendahl: „Versuche zur Schaffung bequemer Sitze für die dritte
        Wagenklasse", ZMEV 1939, S. 766
        Scharrnbeck: „Betrachtungen des Chemikers über Kunststoffe im
        Wagenbau der Reichsbahn", Annalen 1939-I, S. 1
        „Light polarising glass for train windows, Union Pacific Rr. — Light
        conditioning as well as air-conditioning is the latest refinement of
        American travel", Gaz 1939-I, S. 697 — Age 1939-I, S. 1080
        „Railway vehicle accessories: A new glazing system and some novel
        ideas for windows, locks and interior fittings", Gaz 1939-I, S. 1022

PERSONENWAGEN

Allgemein

1847 „Die achträdrigen (amerikanischen) Personenwagen auf den Württembergischen Staatsbahnen", Organ 1847, S. 86

1864 *„Wagons für den Eisenbahn-Train der Kaiserl.-Russischen Bahn Odessa-Kiew. — Nach Angaben des Kaiserl. Russischen Staatsrath Baron von Ungern-Sternberg, ausgeführt von der Actien-Gesellschaft für Fabrication von Eisenbahnbedarf F. A. Pflug" (mit Speisewagen), Verlag Ernst & Korn, Berlin 1864

1870 „Design for narrow gauge rolling stock", Engg 1870-II, S. 364 u. 437 (vierachsige Drehgestellwagen mit großen Rädern) — Engg 1871-I, S. 85; II, S. 414 u. 431
„Railway carriages with side galleries", Eng 1870-II, S. 16

1872 „Anregung Heusingers betr. D-Zugwagen", Zeitschrift des Architekten- und Ingenieur-Vereins zu Hannover 1872, S. 489

1882 Claus: „Ueber Personenwagen schnellfahrender Züge", Annalen 1882-II, S. 204

1890 Büte: „Mitteilungen über Betriebsmittel für Schnellzüge: Personenwagen", Annalen 1890-I, S. 57

1910 „Notes sur le matériel de la Cie Internationale des Wagons-Lits et des Grands Express Européens 1872-1909", Revue 1910-II, S. 3

1924 „Progress of luxury travel", Loc 1924, S. 7
„Railway passenger stock", Loc 1924, S. 388 u. f.

1925 Speer: „Die Personenwagen auf der Eisenbahntechnischen Ausstellung Seddin", Organ 1925, S. 19

1927 Wernekke: „Der Wagenpark der Internationalen Schlafwagen-Gesellschaft", Organ 1927, S. 397

1934 „Les Grandes Express Européens: The International Sleeping Car Co's express trains", Loc 1934, S. 285

1935 Dähnick: „Personenwagen", Organ 1935, S. 283
Fellows: „The evolution of the slip coach", Loc 1935, S. 215 u. 263
Wiens: „Neuerungen im Personenwagenbau", VW 1935, S. 173

1936 Nolte: „Vorläufer der D-Wagen", Organ 1936, S. 347

1937 Siddal and Test: „The trend in passenger equipment", Age 1937-II, S. 793 und 797
Taschinger: „Amerikanische Luxuszüge: 1. Hiawatha-Dampfzug, 2. Denver-Zephyr-Schlafwagenzug mit dieselelektrischer 3000 PS-Lokomotive", Organ 1937, S. 265 — Age 1936-II, S. 548, 658, 669, 688

1938 Jessen u. Raab: „Die Personenwagen auf der Pariser Weltausstellung 1937", Organ 1938, S. 36
„Communication beetween carriages, 1866", Gaz 1938-I, S. 272

1939 Nystrom: „Designing new passenger cars", Age 1939-I, S. 862
„New Union Limited and Union Express trains for South Africa: Luxury air-conditioned steel coaches being constructed for the SAR", Gaz 1939-I, S. 861

Deutschland

1847 „Die achträdrigen (amerikanischen) Personenwagen auf den Württembergischen Staatsbahnen", Organ 1847, S. 86

1881 „Composite carriage, Bergish-Märkische Ry", Engg 1881-I, S. 6

1893 „First class passenger carriage for the Chicago Exhibition, Prussian State Rys", Engg 1893-II, S. 178

1900 Schrauth: „Sechsachsiger Salonwagen der bayrischen Staatsbahn für den allerhöchsten Dienst", Organ 1900, S. 66

1902 Herr: „Neuerungen an vierachsigen D-Wagen", Annalen 1902-I, S. 156

1905 „Neuere Schnellzugwagen der Preußischen Staatsbahnen", Lok 1905, S. 76

1909 Guillery: „Neuere Kleinbahnwagen", Klb-Ztg. 1909, S. 1409 u. f.

1913 „Vierachsiger Personenwagen für 600 mm Spur der Mecklenburg-Pommerschen Schmalspurbahn", Klb-Ztg. 1913, S. 616

1924 Kittel: „Vorortwagen, Bauart der ehem. Württ. Staatseisenbahnen", Organ 1924, S. 252

Speer: „Die Einheits-Personenwagen der Deutschen Reichsbahn", Z 1924, S. 957

1928 „Der Rheingold-Zug der Deutschen Reichsbahn", VT 1928, S. 396 — RB 1928, S. 493 (m. Karte)

„Fourth-class coaches in Germany", Loc 1928, S. 302

1930 „Neue vierachsige Schmalspur-Personenwagen bei der Reichsbahndirektion Dresden", RB 1930, S. 59

1931 Speer: „Einfluß der Bauart und des Zustandes der Personenwagen auf ihren Lauf", Annalen 1931-I, S. 76 — Kongreß 1931, S. 937

„Vierachsige D-Wagen für Eil- und Personenzüge", RB 1931, S. 318 — Gaz 1930-II, S. 601

1932 Lutteroth u. Putze: „Behandlung der Personenwagen in der Wagenversuchsabteilung Grunewald der DRG", Organ 1932, S. 41

Promnitz: „Die wirtschaftliche Fertigung der Reichsbahn-Personenwagen in den Wagenbauanstalten der Deutschen Wagenbau-Vereinigung", Organ 1932, S. 72

Stroebe u. Wiens: „Entwicklung neuzeitlicher Eisenbahn-Personenwagen bei der Deutschen Reichsbahn", Organ 1932, S. 21

„40 Jahre D-Züge", RB 1932, S. 211

1933 Wiens: „Neuerungen im Personenwagenbau der Deutschen Reichsbahn unter besonderer Berücksichtigung des Leichtbaues", Z 1933, S. 339

1935 Boden: „Neuerungen im Personenwagenbau der Deutschen Reichsbahn", Z 1935, S. 1240 und 1467

Born: „Zur Entwicklung des Eisenbahn-Personenwagens in Deutschland", Organ 1935, S. 503

Gunzelmann: „Die ersten deutschen Eisenbahnwagen und ihre Nachbildung", Organ 1935, S. 492

Ausland

1870 „Twin wagons (kurzgekuppelt) for the Metropolitan Ry", Engg 1870-I, S. 24

1872 „First class carriage for the Indian State Narrow Gauge Rys", Engg 1872-II, S. 96

„First class carriage, Moscow and Koorsk Ry", Engg 1872-II, S. 376 und 389

1873 „Double bogie carriage for the Festiniog Ry", Engg 1873-II, S. 386

1875 „Pullman cars", Engg 1875-I, S. 263

1876 „Composite carriages with six-wheeled bogies for the Midland Ry", Engg 1876-I, S. 532

1888 „Composite carriage, Great Southern and Western Ry of Ireland", Engg 1888-II, S. 379

1890 „Bogie carriages on the Caledonian Ry", Engg 1890-I, S. 195
„Double bogie carriages, French State Rys", Engg 1890-II, S. 13

1892 „Bogie composite carriage for the London and South Western Ry", Engg 1892-II, S. 169

1894 „Parlor and passenger cars at the World's Columbian Exposition", Engg 1894-I, S. 38
„Street cars constructed by the Pullman Palace Car Cy", Engg 1894-I, S. 676

1895 „Die neuen vierachsigen Personenwagen dritter Klasse der Gotthardbahn", Schweiz. Bauzeitung 1895-I, S. 129

1896 „Carriages for local passenger traffic, Dutch Central Ry", Engg 1896-II, S. 488

1897 „Corridor carriages for the Eastern Ry of France", Engg 1897-II, S. 318

1898 „Passenger rolling stock, Midland Ry", Engg 1898-I, S. 705 u. 708

1899 „Corridor carriage, Great Central Ry", Engg 1899-II, S. 45, 146 und 231

1904 „Luxuszug der Central South African Rys", Lok 1904, S. 112 u. 134
„Personenwagen der orientalischen Eisenbahnen", Lok 1904, S. 94

1905 „Coaches for suburban traffic, 1838-1905, Dublin, Wicklow & Wexford Ry", Loc 1905, S. 127

1906 Gain: „Matériel de la Cie des Wagons-Lits à l'Exposition de Liége", Revue 1906-I, S. 207
„New bogie carriage stock, L B & S C Ry", Loc 1906, S. 102
„Third class carriage, Belgian State Rys", Engg 1906-I, S. 444

1907 „New carriages, North Wales Narrow Gauge Ry", Loc 1907, S. 135

1908 Kelway: „Indian broad gauge rys: Third class rolling stock", Engg 1908-I, S. 71
„Carriages for the Natal Govt Rys", Engg 1908-I, S. 364 u. 436/37
„Nouvelles voitures de la Cie d'Orléans", Revue 1908-II, S. 80

1910 „Early carriage stock on the North British Ry", Loc 1910, S. 63 u. 257
„New rolling stock for Argentina", Loc 1910, S. 83
„New trains, North London Ry", Loc 1910, S. 272

1911 Lavialle d'Anglards: „Note sur le nouveau matériel à voyageurs de la Cie des Chemins de Fer Portugais et les transformations apportées à l'ancien matériel", Revue 1911-II, S. 24
„New block trains for the Brussels-Antwerp Service, Belgian State Rys", Loc 1911, S. 69, 89 und 115
„New passenger stock for the Oudh & Rohilkhand Ry", Loc 1911, S. 135
„Remodelling old carriages", Loc 1911, S. 164
„Vestibuled mail train, Eastern Bengal State Ry", Loc 1911, S. 46

1912   Felix: „Les nouvelles voitures de la Cie du Bône-Guelma et pro-
          longements", Revue 1912-II, S. 200
          Lancrenon: „Les voitures de banlieue de la Cie PLM", Revue
          1912-I, S. 229
          „Composite carriage, Edinburgh, Perth & Dundee Ry, 1858", Loc
          1912, S. 47
          „Corridor trains for the London, Tilbury & Southend Ry Cy", Engg
          1912-I, S. 413
          „New Great Central Ry wide surburban trains", Loc 1912, S. 24
1913   „Double-ended slip composite brake: L & NW Ry", Loc 1913, S. 112
          „North Eastern Ry: Modern carriage stock", Loc 1913, S. 46
          „Second class car for the Madeira-Mamore Ry of Brazil", Loc 1913,
          S. 24
1914   „Military cars, GIP Ry", Loc 1914, S. 40
1915   „New rolling stock, Metropolitan Ry", Loc 1915, S. 40
          „Rolling stock of the Loetschberg Ry, Switzerland", Loc 1915, S. 141
1916   „Observation coaches, Cambrian Rys", Loc 1916, S. 35
1919   „New bogie carriage, Uganda Ry", Loc 1919, S. 18
1920   „Composite carriage, East African Rys", Loc 1920, S. 139
          „New bogie carriages for the Rhymney Ry", Loc 1920, S. 211
1921   „Early six-wheeled coaches, GWR 1841", Loc 1921, S. 251
          „First class Pullman cars for the South Eastern & Chatam Ry",
          Loc 1921, S. 335
          „New cars for the District Ry", Loc 1921, S. 48
1922   „Main line composite carriages, B. B. & C. I. Ry", Loc 1922, S. 315
          „New third-class wagons for the GWR", Loc 1922, S. 182
          „New South Wales Govt Rys: New cars for Sidney suburban passenger
          traffic", Loc 1922, S. 208
1923   „Continental boat train, Southern Ry", Loc 1923, S. 183
          „GW Ry new express trains", Loc 1923, S. 217
          „New Bombay-Poona Mail train, GIP Ry", Loc 1923, S. 58
          „Pullman cars on the LMS Ry", Loc 1923, S. 212
          „Tourist's trains in India, GIP Ry", Loc 1923, S. 167
1924   „New block train for the Calcutta Suburban Service, East Indian Ry",
          Loc 1924, S. 194
1925   „New carriages for the Benguella Ry", Loc 1925, S. 94
          „Southern Ry: New stock for the Bournemouth Service", Loc 1925,
          S. 193
          „The oldest ry carriage in service, Kent & East Sussex Ry 1848",
          Loc 1925, S. 266
1926   „Evolution of passenger travel on the LMSR", Loc 1926, S. 84
          „Japanese passenger stock", Loc 1926, S. 131
          „New boat trains for the Nigerian Rys", Ry Eng 1926, S. 417 —
          Loc 1926, S. 359
          „New carriages and wagons, Isle of Man Ry", Loc 1926, S. 201
1927   „Nouvelles voitures Pullman de la Compagnie Internationale des
          Wagons-Lits", Revue 1927-I, S. 588
          „Reserved passenger carriages, Nitrate Rys of Chili", Loc 1927,
          S. 165
1929   „Steam railcar trailers, LNER", Loc 1929, S. 260

1930 „New Bombay-Poona mail trains, Great Indian Peninsula Ry“, Loc 1930, S. 64

„New rolling stock, Royal State Rys of Siam“, Ry Eng 1930, S. 75

1932 „The «Golden Mountain» Pullman Express (Berner Oberland-Bahn)“, Gaz 1932-I, S. 116

1933 „New Pullman cars for the Brighton and Worthing Services“, Loc 1933, S. 24

„New tourist trains, LNE Ry“, Loc 1933, S. 234

1934 „Modern British railway carriage construction, LMS Ry“, Gaz 1934-I, S. 787

1935 Vallancien: „Les voitures de grandes lignes de la Compagnie des Chemins de Fer du Maroc“, Revue 1935-II, S. 141

„New «Cornish Riviera» trains, GWR“, Loc 1935, S. 316

1937 „Coronation-Zug, LMSR“, Kongreß 1937, S. 2629

„New suburban carriages, Great Southern Rys (Ireland)“, Loc 1937, S. 14

„The «East Anglian» train, LNER“, Loc 1937, S. 339 — Gaz 1937-II, S. 647

„The «West Riding Limited», LNER“, Loc 1937, S. 318 — Gaz 1937-II, S. 557

1938 „Four-wheeled carriage, Spalding and Bourne Ry, 1879“, Loc 1938, S. 150

„New carriages, Great Southern Rys of Ireland“, Loc 1938, S. 54

„New rolling stock for the Hook Continental Service, LNER“, Gaz 1938-II, S. 641 — Loc 1938, S. 346 — Kongreß 1939, S. 279

1939 „Old S. E. R. coaches, 1879“, Loc 1939, S. 81

„Old third class carriage, District Railway 1874“, Loc 1939, S. 154

„New passenger carriages, N. W. R., India“, Gaz 1939-II, S. 24

„The British «Coronation Scot» now touring America“, Age 1939-I, S. 553

Stahlwagen / allgemein

1870 „Cylindrical iron railway carriage, USA“, Engg 1870-I, S. 273

1885 „Electro-plated carriage, South Eastern Ry“, Engg 1885-I, S. 11

1906 „Steel passenger car, Great Northern & City Ry (England)“, Loc 1906, S. 32

1907 „Union Pacific all-steel fireproof passenger car“, Gaz 1907-II, S. 472

1911 Gutbrod: „Der Bau eiserner Personenwagen auf den Eisenbahnen der Vereinigten Staaten von Amerika“, Z 1911, S. 1997 u. f.

1912 „All-steel suburban electric car for the New York, Wetchester & Boston“, Gaz 1912-II, S. 150

1914 „Steel carriages“, Loc 1914, S. 228

1916 „All-steel safety ry cars, Great Indian Peninsula Ry“, Loc 1916, S. 103

1920 „Voitures métalliques du Lancashire & Yorkshire Ry“ (m. Zeichnungen), Revue 1920-I, S. 422

1921 „Verstärkung eiserner Personenwagen durch Drahtseilschleifen“, Z 1921, S. 1053

„Steel rolling stock for the Metropolitan District Ry“, Engg 1921-I, S. 12 — Loc 1921, S. 102

1922   „New steel carriages for suburban services, Gt Indian Peninsula Ry", Loc 1922, S. 349

1924   Strecker: „Die neuen eisernen LHL-Personenwagen für die Chilenische Staatsbahn", Z 1924, S. 469

1925   Vallancien: „Voiture métallique mixte de 1re et 2re classes pour grandes lignes étudiée par l'Office Central d'Etudes de Matériel de Chemins de Fer", Revue 1925-II, S. 263 — desgl. für Wagen 3. Klasse: Revue 1927-I, S. 109

1926   „D-Wagen für die Ostkustbanas Aktiebolag Gävle, Schweden", Annalen 1926-II, S. 55

        „New steel coaching stock, LMS Ry", Ry Eng 1926, S. 209

1927   Vallancien: „Voitures métalliques à bogies et à intercirculation pour grandes lignes étudiées par l'Office Central d'Etudes de Matériel de Chemins de Fer", Revue 1927-II, S. 565

        „Enamelled ry coaches, Great Indian Peninsula Ry: The external finish of steel ry coaches", Loc 1927, S. 99

        „Pullman cars for Continental service (Nice-Milane)", Loc 1927, S. 55

1928   de Caso: „Le nouveau matériel métallique pour trains rapides de la Cie du Chemin de Fer du Nord", Revue 1928-I, S. 117

        Renevey: „Voitures semi-métalliques du 2e classe I pour grandes lignes du réseau d'Alsace et de Lorraine", Revue 1928-I, S. 1

1929   „New Pullman-cars for the Andalusian Ry", Ry Eng 1929, S. 214

        „Steel first-class carriages, Egyptian State Rys", Loc 1929, S. 93

1930   Duchatel u. Forestier: „Voitures métalliques de la Compagnie de l'Est", Revue 1930-I, S. 1

        Garcia-Valo und Pablo Fraile: „Ueber die Frage der Ganzmetall-Personenwagen" (Vergleich mit Holzbauweise), Kongreß 1930, S. 177 und 301 (Lancrenon u. Vallancien)

        Lancrenon: „Le nouvel matériel métallique du service de baulieue de la Cie du Nord", Revue 1930-I, S. 412

        „New third-class corridor brake coaches, LMSR", Gaz 1930-II, S. 188

1931   Lion: „Notes sur les wagons transatlantiques du réseau de l'Etat", Revue 1931-I, S. 596

        Pla: „Les nouvelles voitures métalliques pour grandes lignes étudiées par l'Office Central d'Etudes de Matériel de Chemin de Fer", Revue 1931-II, S. 385

        Tête: „Nouvelles voitures métalliques à bogies du réseau PLM", Revue 1931-I, S. 521

        „Versuche und Neuerungen an Ganzmetallpersonenwagen", Waggon- und Lokbau 1931, S. 200

1932   Vallancien: „Konstruktions-Grundlagen der D-Zug-Stahlwagen der französischen Bahnverwaltungen", Organ 1932, S. 243

1933   Eyles: „Repair methods on damaged all-metal coaches", Loc 1933, S. 184

        Kijlstra: „Die neuen geschweißten Personen- und Gepäckwagen der Niederländischen Eisenbahnen", GiT 1933, S. 13 — Loc 1933, S. 300

        „New Pullman cars for the Brighton and Worthing Service, Southern Ry", Loc 1933, S. 24

1934   „Passenger steel cars, Nigerian Rys", Loc 1934, S. 372

1935   „New all-steel rolling stock in Belgium", Gaz 1935-I, S. 137
         „New steel covered corridor train, Great Southern Ry, Ireland",
         Gaz 1935-II, S. 277
1936   Poncet u. Forestier: „Voitures de banlieue métalliques allégées,
         Chemins de Fer de l'Est", Revue 1936-II, S. 91
         „Stainless steel car, Atchison, Topeka & Santa Fé Ry", Loc 1936,
         S. 210
1937   Bertrand: „Les nouvelles voitures allégées (röhrenförmig) du réseau
         de l'Etat", Revue 1937-I, S. 331
         Liechty: „Leichtstahlwagen der französischen Staatsbahn, «Etat»",
         (Röhrenform), Schweiz. Bauzeitung 1937-II, S. 14 — Gaz 1937-I,
         S. 989 — Loc 1937, S. 245 — Organ 1938, S. 37 — Annalen
         1938-I, S. 6
         Pla: „Nouvelle voiture métallique de grandes lignes étudiée par
         l'Office Centrale d'Etudes de Matériel de Chemins de Fer", Revue
         1937-I, S. 115
         „Leichtstahlwagen der Schweizerischen Bundesbahnen", Schweiz. Bau-
         zeitung 1937-II, S. 13 — Gaz 1937-II, S. 287
         „All-steel coaches for the Canton-Hankow Ry, China", Loc 1937, S. 17
         „All welded passenger stock in Australia, South Australian Govt Ry",
         Gaz 1937-I, S. 324
         „New Belgian-built all-steel coaches for the Lung-Hai Ry, China",
         Gaz 1937-II, S. 68
         „New lightweight trains for the Zürich-Geneva «City Expresses»",
         Gaz 1937-II, S. 287
         „Saloon coach for the Maharaja of Indore", Loc 1937, S. 110
         „Stainless steel trains (Budd system: USA, France, Italy)", Loc 1937,
         S. 380 — Schweiz. Bauzeitung 1938-I, S. 20
1938   Bertrand: „La «Métallisation» des voitures à bogies à caisse en
         bois", Revue 1938-I, S. 100 — Kongreß 1938, S. 1195 — Organ
         1939, S. 430
         „Neue AB4ü-Wagen für den Auslandsverkehr No. 2841/2850 der
         Schweiz. Bundesbahnen", Schweiz. Bauzeitung 1938-I, S. 37
         „New steel passenger coaches for the Chinese National Rys" (mit
         Zeichnungen), Gaz 1938-I, S. 1161
         „Vollbahn-Triebwagen aus rostfreiem Stahl (System Budd)", Schweiz.
         Bauzeitung 1938-I, S. 20
         „Victorian Rys, new steel cars", Loc 1938, S. 271
1939   de Givenchy: „Voitures métalliques de grandes lignes de la Région
         du Nord de la S. N. C. F.", Revue 1939-I, S. 293
         Reure u. Mauguin: „Allègement des voitures métalliques de banlieue
         de la Région Sud-Est", Revue 1939-II, S. 17
         „Air-conditioned trains for South African Rys", Mod. Transport
         3. Juni 1939, S. 3
         „Milwaukee builds more welded passenger cars", Mech. 1939-I, S. 95
         „New passenger rolling stock, Czecho-Slovak State Rys", Gaz 1939-I,
         S. 267
         „Pennsylvania receives diners from three builders", Age 1939-II,
         S. 469-485 (m. Zeichnungen)
         „South Australian Railways: New air-conditioned steel passenger
         cars", Loc 1939, S. 151

Stahlwagen / Deutschland

1916   Rudolph: „Beiträge zur Entwicklung des Baues eiserner Personenwagen in Deutschland", Annalen 1916-I, S. 183 u. 1916-II, S. 1 — Lok 1916, S. 133

1921   Speer: „Die eisernen Personenwagen der preußisch-hessischen Staatsbahnen", Z 1921, S. 261, 295, 511, 549

1923   Speer: „Die eisernen Personenwagen der Deutschen Reichsbahn und ihre Bewährung", Annalen 1923-II, S. 55

1928   Lipschitz: „Die Bewährung stählerner Personenwagen", VT 1928, S. 81

        „Der Rheingold-Zug", RB 1928, S. 493 — VT 1928, S. 396

1931   „Vierachsige Durchgangswagen für Eil- und Personenzüge der Deutschen Reichsbahn", RB 1931, S. 318 — Gaz 1930-II, S. 601 u. 1931-II, S. 304

1934   „Welded light weight German coaches", Loc 1934, S. 120 — Ry Eng 1934, S. 120

1936   Boden: „Schweißen beim Neubau von Personenwagen der Deutschen Reichsbahn", Organ 1936, S. 241

1939   Dähnick: „Die neuen Personenwagen der umgebauten Müglitztalbahn", Organ 1939, S. 201

        Schroeder: „Neue Personenfahrzeuge in Leichtbauart", VT 1939, S. 358

        Wiens: „Entwicklung und Fortschritt im Personenwagenbau der Deutschen Reichsbahn", Annalen 1939-I, S. 139

1940   Wiens: „Personenwagen in Leichtbauart", Organ 1940, S. 237 — Engg Progress, Berlin 1940, S. 14 — Progressus, Berlin 1940, S. 87 — Lok 1940, S. 25

Salonwagen

1873   „Imperial carriage on the Moscow and Koorsk Ry", Engg 1873-I, S. 435

1876   „Boudoir car for the São Paulo e Rio de Janeiro Ry", Engg 1876-II, S. 445

1892   „Saloon car for the New Zealand Govt Rys", Engg 1892-I, S. 468

1893   „Der österreichische Kaiserzug", Organ 1893, S. 1 u. 43

        „Club railroad car at the Columbian Expostion", Engg 1893-II, S. 327

1894   „The «Wagener» palace car", Engg 1894-I, S. 162

1900   Schrauth: „Sechsachsiger Salonwagen der bayrischen Staatsbahn für den allerhöchsten Dienst", Organ 1900, S. 66

1905   „Sechsachsiger Salonwagen für S. M. Kaiser Franz Josef I.", Lok 1905, S. 43

1906   „New Pullman cars, London, Brigthon & South Coast Ry", Loc 1906, S. 33

1907   „Metre gauge royal train for India", Engg 1907-I, S. 307 u. 337

        „Saloon carriage, Matheran Ry", Loc 1907, S. 153

1908   „Bogie saloon cars, Shanghai-Nanking Ry", Loc 1908, S. 166

        „New Royal Train, Great Northern Ry", Loc 1908, S. 168

        „Overland express train, East Indian Ry", Loc 1908, S. 73

1909   „Invalid saloon carriage, Great Northern Ry", Loc 1909, S. 218

„Saloon carriage for the Khedive of Egypt", Loc 1909, S. 19
„Saloon carriage for H. M. Queen Alexandra, North Eastern Ry",
   Loc 1909, S. 103
1910   „Pullman cars, South Eastern & Chatam Ry", Loc 1910, S. 79
„Presidential saloon coach for Argentina", Loc 1910, S. 62, 82 u. 131
„Special saloon for the South Manchurian Ry", Gaz 1910-II, S. 651
„Saloon carriage, Great Central Ry", Loc 1910, S. 108
1911   „How Indian Princes travel", Loc 1911, S. 132
„The SAR Royal Train", Gaz 1911-I, S. 61
„The Royal Train, East Indian Ry", Loc 1911, S. 258
„The special train of Pope Pius IX", Loc 1911, S. 113
1912   „Saloon carriage, Metropolitan Ry", Loc 1912, S. 264
1913   „Bogie saloon carriage, Midland Ry", Loc 1913, S. 289
1914   „Inspection saloon, LB & SC Ry", Loc 1914, S. 175
1916   „Der Hofzug S. M. des Zaren der Bulgaren", Klb-Ztg. 1916, S. 241
„State saloon for the Rana of Dholpur", Loc 1916, S. 253
1919   „Rebuilding an Indian prince's private train", Loc 1919, S. 16
1920   „Pullman cars for the Great Eastern Ry", Loc 1920, S. 246
„Royal trains, New Zealand and Victoria", Loc 1920, S. 219
1922   „Inspection saloon, Gold Coast Ry", Loc 1922, S. 149
„Saloon for H. E. the Governor of Bombay", Loc 1922, S. 242
1925   „Saloon for the Prince of Wales' train", SAR, Loc 1925, S. 194
„Train de luxe for the Transandine Ry", Loc 1925, S. 114
1926   „Evolution of passenger travel on the LMSR", Loc 1926, S. 84
„New Pullman cars for Continental service (Golden Arrow)", Ry
   Eng 1926, S. 341
„Royal saloon for Siamese State Rys", Loc 1926, S. 163
„Saloons for the Governor of Bengal", Loc 1926, S. 200
1928   „Der Rheingold-Zug der Deutschen Reichsbahn", VT 1928, S. 396 —
   RB 1928, S. 493 (m. Streckenkarte)
„Observation saloons, Buenos Aires & Pacific Ry", Loc 1928, S. 64
1929   „New Pullman cars for the Andalusian Ry", Ry Eng 1929, S. 214
1931   „New luxury saloons, GWR", Gaz 1931-II, S. 595
1932   „The «Golden Mountain» Pullman Express, Montreux-Oberland-Ber-
   nois Ry", Gaz 1932-I, S. 116
1933   „Two historical royal saloons, LMS Ry", Loc 1933, S. 153
1935   „Royal trains, South Australian and New Zealand Rys", Loc 1935,
   S. 192
1937   „Day saloon coaches for Mar del Plata Service, Buenos Ayres Great
   Southern Rys", Gaz 1937-II, S. 398
„Les «Trains-Radio» du réseau PO-Midi" (mit Tanzbar), Revue
   1937-II, S. 307
„Official saloons for the Gold Coast Ry", Gaz 1937-I, S. 238
1938   „New Danish royal saloon", Gaz 1938-I, S. 747 u. 762

Speisewagen

1873   „Kitchen carriage for the Lower Silesian Ry", Engg 1873-I, S. 443
1893   „Dining and sleeping Pullman cars", Engg 1893-II, S. 566
1894   „Third class dining coach, Great Northern Ry Cy, England", Engg
   1894-II, S. 167

Schlafwagen

1873 „Mann's railway sleeping cars", Engg 1873-I, S. 263
„Sleeping carriage for the North British Ry Co", Engg 1873-I, S. 238
„Sleeping carriage for the Lower Silesian Ry at the Vienna Exhibition", Engg 1873-I, S. 361

1885 Salomon: „Das Eisenbahnmaschinenwesen auf der Weltausstellung in Antwerpen 1885: Schlafwagen der Internationalen Schlafwagen-Gesellschaft", Z 1885, S. 957 u. 971
„Sleeping carriage for the Buenos Ayres Great Southern", Engg 1885-I, S. 251

1893 „Dining and sleeping Pullman cars", Engg 1893-II, S. 566

1894 „West Coast Joint Service composite and sleeping carriages", Engg 1894-I, S. 414

1900 „Pullman sleeping car for the Midland Ry", Engg 1900-II, S. 594

1906 „New sleeping carriages, Midland Ry", Loc 1906, S. 103

1910 „New Continental sleeping car, International Sleeping Car Co", Loc 1910, S. 106
„New steel Pullman sleeping cars", Gaz 1910-I, S. 606

1914 „West Coast Joint Stock sleeping cars", Loc 1914, S. 180

1922 „Steel sleeping car for the Tientsin-Pukow Ry", Loc 1922, S. 246

1923 „Steel sleeping cars for the International Sleeping Car Co.", Loc 1923, S. 25

1925 Speer: „Die Personenwagen auf der Eisenbahntechnischen Ausstellung in Seddin: 3) Schlafwagen", Organ 1925, S. 23

1926 „New «Mitropa» sleeping car", Loc 1926, S. 324
„New sleeping cars, New Zealand Govt Rys", Loc 1926, S. 161

1927 Bethge: „Schlafwagen der Internationalen Schlafwagen-Gesellschaft", Z 1927, S. 1818
„Der Wagenpark der Internationalen Schlafwagen-Gesellschaft", Organ 1927, S. 397

1928 „Sleeping cars", Loc 1928, S. 311, 351 u. 354
„Twin articulated sleeping cars for tourist traffic, SAR", Mod. Transport 28. Jan. 1928, S. 5

1929 Münz: „Les voitures-lits de grand luxe de la Cie Internationale des Wagons-Lits", Revue 1929-I, S. 290
„Composite sleeping car, Norwegian State Rys", Loc 1929, S. 24

1931 „New third-class sleeping cars, LNER", Loc 1931, S. 306

1933 „New third class sleeping cars, LMS Ry", Loc 1933, S. 276
„Third class sleeping cars in France, PLM Ry", Loc 1933, S. 181

1934 „Double stock Swiss sleeping cars", Gaz 1934-I, S. 718 — Organ 1935, S. 222
„History and development of the International Sleeping Car Cy", Modern Transport 11. Aug. 1934, S. 4

1935 v. Köhler: „Schlafwagen 3. Klasse der Schwedischen Staatsbahnen", Organ 1935, S. 202
„Entwurf eines zweistöckigen Schlafwagens", Organ 1935, S. 222 — Loc 1928, S. 354
„Diesel sleeping car express in USA", Gaz 1935-II, S. 254
„New first class sleeping cars, LMSR", Gaz 1935-II, S. 305 u. 869

1936 „New composite sleeping cars, LMSR", Loc 1936, S. 243

1937   „Sleeping cars for the Channel Ferry Service", Loc 1937, S. 10
1938   „Schlafwagen auf der Pariser Weltausstellung 1937" (Schweden,
        Polen und Internationale Schlafwagen-Ges.), Organ 1938, S. 40—42
        „New Argentine coaching stock: New Pullman and sleeping cars,
        Buenos Ayres Great Southern Ry", Gaz 1938-II, S. 156
        „New all-steel sleeping cars, Swedish State Rys", Gaz 1938-II, S. 492
        „Remarkable third class sleeping cars, Chinese National Rys", Gaz
        1938-II, S. 959
1939   „Additional sleepers for the Denver Zephyrs", Age 1939-II, S. 65
        „Third class Hammock sleepers, Italy", Gaz 1939-I, S. 347
1940   „New international sleeping cars", Gaz 1940-I, S. 374

Gelenkwagen

1847   Arnoux: „Neues System der gegliederten Eisenbahnwagen von
        Arnoux (Strecke Paris - Sceaux, gesteuerte Lenkachsen mit seit-
        lichen schrägen Führungsrädern und Kettenübertragung)", Organ
        1847, S. 16
1869   „Fidler's articulated rolling stock" (mit einachsigem Mittelgestell),
        Eng 1869-I, S. 399
1908   „Flexible twin carriage, East Coast Joint Service, Gresley patent",
        Loc 1908, S. 57 — Revue 1908-II, S. 208 — Gaz 1908-I, S. 326
1910   Braun: „Gelenkwagen Bauart Jakobs", VW 1910, S. 726
1913   Conte: „Jumelages de 2 voitures sur 3 bogies, PO", Revue 1913-II,
        S. 187
1919   „Twin-bogie composite tea car set, Great Northern Ry", Loc 1919,
        S. 233
1921   „New Great Northern train", Loc 1921, S. 306 — The Eng 1921-II,
        S. 424
1922   „New articulated carriages, Great Indian Peninsula Ry", Loc 1922,
        S. 281
        „New twin sleeping car, East Coast Joint Ry", Loc 1922, S. 151
1924   Jakobs: „Der Jakobs-Gelenkwagen", Waggon- u. Lokbau 1924, S. 313
        Speer: „Gelenkpersonenwagen Bauart Jakobs", Annalen 1924-II, S. 1
1925   „New articulated express passenger trains, GWR", Loc 1925, S. 262
1928   Jakobs: „Liliputbahn mit Jakobs-Gelenkwagen (Ausstellungsbahn
        mit 380 mm Spur)", Z 1928, S. 190
        „Articulated passenger car units, New York Rapid Transit Corpora-
        tion", Loc 1928, S. 212
1931   Hug: „Vor- und Nachteile von Gelenkfahrzeugen im Eisenbahn-
        betrieb, besonders im dichten Vorortverkehr", Kongreß 1931,
        S. 799 — Organ 1932, S. 40
1932   „Articulated carriages on the Nawanagar State Tramway, India",
        Loc 1932, S. 136
        „Gelenkfahrzeuge", Organ 1932, S. 40
        Chatel u. Yollant: „Construction d'une rame articulée de trois
        voitures légères dans les ateliers de la Cie du Chemin de Fer du
        Nord", Revue 1935-II, S. 285 — Gaz 1936-I, S. 795 — GiT 1936,
        S. 30
1937   Bulleid: „The «Silver Jubilee» train, LNER", GiT 1937, S. 99 u. 118
        „Electric three-car high-speed trains in Italy", Gaz 1937-II, S. 177

„New articulated trains for long distance excursion traffic, LMSR",
Gaz 1937-I, S. 543 — Engg 1937-I, S. 324 — Loc 1937, S. 109

1938   „750 bhp articulated three-car dieselhydraulic train, LMSR (mit neu-
artigem Drehgestell)", Gaz 1938-I, S. 601 u. 770 — Engg 1938-I,
S. 349 — Loc 1938, S. 139 (mit Schema der Wirkungsweise des
Drehgestells)

Zweistöckige Personenwagen

1868   „Zweistöckige Personenwagen der französischen Ostbahn", Organ
1868, S. 37 — Engg 1867, S. 292 u. 297

1870   Tellkampf: „Zweistöckige Personenwagen der Altona-Kieler Eisenbahn", Organ 1870, S. 64

1873   „Two-storied third-class carriage for the Austrian State Rys", Engg
1873-II, S. 428

1875   „Two-storey carriages for Swiss branch lines", Engg 1875-II, S. 154
und 398 — 1876-I, S. 104

1881   „Zweistöckige Dampfwagen für Haupt- und Nebenbahnen von Georg
Thomas", Organ 1881, S. 257 und Ergänzungsband — Annalen
1881-II, S. 26 — Engg 1881-I, S. 583

1882   „Dampfomnibus für Lokalverkehr auf Hauptbahnen, gebaut von
Krauss & Co in München", Annalen 1882-II, S. 254
„Zweietagige Dampfwagen System Rowan", Annalen 1882-II, S. 245

1905   „Nouvelle voiture de ·tramway à 164 places de la Twin City Rapid
Transit Co (Minneapolis)", Revue 1905-I, S. 363

1913 =   Spängler: „Entwürfe für stockhohe Triebwagen und Automobil-Omni-
busse bei den Wiener Städtischen Straßenbahnen", Kraftbetr. 1913,
S. 504

1916   Spängler: „Neue geschlossene Decksitz-Motorwagen der Wiener
Städtischen Straßenbahnen", Z 1916, S. 417

1922   „Train on the Wolverton & Stony Stratford Tramway, L & N W
Ry", Loc 1922, S. 225 u. 1924, S. 48

1923   Wernekke: „Neuere zweigeschossige Straßenbahnwagen in England",
Annalen 1923-I, S. 47

1927   „Experimental double-deck carriage, South African Rys", Ry Eng
1927, S. 405 — Loc 1927, S. 299 — Revue 1928-I, S. 164 —
Organ 1928, S. 96

1930   „Personenwagen Bauart Estrade", Lok 1930, S. 210

1933   Lion: „La voiture à étages des Chemins de Fer de l'Etat", Revue
1933-I, S. 505 — Loc 1933, S. 210 — Gaz 1933-I, S. 778
„Double deck passenger car for the Long Island Rr Service, Pennsylvania Rr", Loc 1933, S. 338
„New tourist trains, LNE Ry", Loc 1933, S. 234

1934   „Double deck Swiss sleeping cars", Gaz 1934-I, S. 718 — Organ
1935, S. 222
„Neuer englischer Doppeldeck-Straßenbahnwagen", VT 1934, S. 601

1935   „Entwurf eines zweistöckigen Schlafwagens", Organ 1935, S. 222 —
Loc 1928, S. 354

1936   Friese: „Der Doppelstock-Stromlinienzug der Lübeck-Büchener Eisenbahn", VT 1936, S. 223
        Gerteis: „Die doppelstöckige Zugeinheit Bauart Lübeck", RB 1936, S. 410
        Mauck: „Die doppelstöckigen Stromlinien-Gelenkzüge der LBE", GiT 1936, S. 64
        Mauck, Heise, v. Waldstätten u. Lüttich: „Doppelstöckiger Stromlinienzug für 120 km/h, Lübeck-Büchener Eisenbahn-Ges.", Z 1936, S. 693 — HH Sept. 1936, S. 25 — Gaz 1936-I, S. 1003 — Mod. Transport 25. April 1936, S. 3 — Age 1936-II, S. 241
        v. Waldstätten: „Sechsachsiger Doppeldecksteuerwagen «Lübeck»", Organ 1936, S. 181 — VW 1936, S. 237
        „Double-deck suburban ry carriages", Mod. Transport 5. Sept. 1936, S. 3
1937   Bombe: „Die ältesten Dampftriebwagen auf deutschen Eisenbahnen", Beiträge Febr. 1937, S. 27
        Mauck: „Neue Doppeldeckwagen der Lübeck-Büchener Eisenbahn", VT 1937, S. 409 — RB 1937, S. 958
        Theobald: „Hundert Jahre Doppelstock-Personenwagen auf deutschen und ausländischen Bahnen", Annalen 1937-II, S. 81, 93, 133
        „Aeltere zweistöckige Wagen", Gi T 1937, S. 107
        „Zweistöckiger Versuchstriebwagen der Straßenbahn Glasgow", VT 1937, S. 292 — Z 1939, S. 1165
1938   Gerteis u. Mauck: „Betriebserfahrungen mit Doppeldeckzügen", ZMEV 1938, S. 451
        „Zweistöckige Wagen der Long Island Rr", ZMEV 1938, S. 484
        „Electric double-deck train for Long Island Rr", Mod. Transport 5. März 1938, S. 9 — Kongreß 1939, S. 75
        „Sidney steam tramway 1879", Baldwin Januar 1938, S. 21
1939   „Zweistöckige Straßenbahnwagen, Glasgow", Z 1939, S. 1165

Verschiedene Wagen

1930   „Car for carrying the holy carpet, Egyptian State Rys", Loc 1930, S. 270 — Waggon- u. Lokbau 1930, S. 314
1935   „Camping coaches on the British railways", Gaz 1935-I, S. 653
1936   „Travelling railway church in the Sudan", Gaz 1936-I, S. 801
1937   Müller-Hillebrand: „Kino im Eisenbahnwagen (LNER und LMSR)", RB 1937, S. 707
1938   „Vierachsiger Badewagen der Polnischen Staatsbahn", Organ 1938, S. 41
1939   „Invalid saloon for the Southern Railway", Gaz 1939-I, S. 183
        „LNER camping coaches", Gaz 1939-I, S. 816

GÜTERWAGEN

Allgemein

Deutschland

Ausland

1909   „Narrow gauge open-sided steel goods wagon, Bengal-Nagpur-Ry",
         Loc 1909, S. 83
1910   „Wagon stock, Canton-Kowloon Ry", Loc 1910, S. 17
         „20 tons goods brake van, GIPR", Loc 1910, S. 19
1913   „North Eastern Ry: Wagon stock", Loc 1913, S. 110
         „25 tons bogie covered goods wagon, North Eastern Ry", Loc 1913,
         S. 242
1914   Lynes: „The construction and inspection of 10-ton open goods
         wagons", Loc 1914, S. 298
1916   „Narrow gauge high capacity wagon, Delhi", Loc 1916, S. 190
1919   „Steel-covered goods wagon, Central Argentine Ry", Loc 1919, S. 136
1920   „Covered goods wagons for the Indian rys", Loc 1920, S. 20
         „Metre gauge covered goods wagons, Madras & Southern Mahratta
         Ry", Loc 1920, S. 116
         „10-ton goods wagon, Great Eastern Ry", Loc 1920, S. 163
1921   „Bogie covered goods wagon for the Shanghai-Hangchow-Ningpo Ry",
         Loc 1921, S. 51
         „High capacity coal cars for the Virginian Rr", Loc 1921, S. 279
         „50 ton bogie wagons, Great Northern Ry", Loc 1921, S. 50
         „Steel ballast wagons for the South Indian Ry, metre gauge," Loc
         1921, S. 190
1923   „Southern Ry: 20 ton goods brake", Loc 1923, S. 57
1925   „Frameless steel-covered goods wagons, Nigerian Ry", Loc 1925, S. 401
1928   „New covered bogie vans, LNER", Loc 1928, S. 338
         „General utility vans, Southern Ry", Loc 1928, S. 201
1929   „Goods stock. — Lynton and Barnstaple lines, Southern Ry", Loc
         1929, S. 371
         „High-capacity coal wagons, Indian State Rys", Loc 1929, S. 157
         und 221
         „Wagon stock for the Rhodesia Rys", Loc 1929, S. 264
1930   „12-ton ventilated covered goods vans, LMSR", Gaz 1930-II, S. 786
1935   „Covered goods wagons, Great Southern Rys, Ireland', Loc 1935,
         S. 195
         „Welded coal wagon, LNER", Loc 1935, S. 194
1938   Heinisch: „Reconstruction aux ateliers de Tergnier du Réseau du
         Nord d'un wagon tombereau Tyw", Revue 1938-I, S. 44
         „Brasilianische Güterwagen (A. Thun & Cia, Ltda) mit Rollenlager-
         Achsbüchsen", Das Kugellager (Schweinfurt) 1938, Heft 3, S. 42

Selbstentlader und Großgüterwagen (einschl. Wagenkipper)
Allgemein

1872   „Apparatus for tipping ry wagons", Engg 1872-II, S. 74
1875   Wood: „Railway trucks for minerals", Engg 1875-I, S. 327
1886   „6-ton tip wagons", Engg 1886-II, S. 440
1889   Brügmann: „Ueber Einführung von Eisenbahnfahrzeugen größerer
         Ladefähigkeit und über die selbsttätige Entleerung, derselben",
         Z 1889, S. 347
1893   „Dumping car at the World's Columbian Exposition", Engg 1893-II,
         S. 636

1899 „The transportation of minerals by rail", Engg 1899-I, S. 738
1905 „50-tons mineral wagons on French rys", Engg 1905-I, S. 437
„30-tons ironstone wagon, North Eastern Ry", Loc 1905, S. 200
„Hopper ballast wagons for the Madras Ry", Loc 1905, S. 35
1906 „Koppel-Selbstentlader", Annalen 1906-II, S. 224
„Steel double hopper wagon, Birmingham Corporation", Loc 1906, S. 34
„6-tons mineral wagon, North British Ry", Loc 1906, S. 104
1907 Müller (Geh. Oberbaurat): „Kippwagen. — Ergebnis des von der
Kgl. Eisenbahndirektion Berlin unter dem 9. 10. 1906 erlassenen
Preisausschreibens auf Erlangung eines zweiachsigen offenen
Güterwagens mit Bremse und mit Einrichtung zur Selbstentladung", VW 1907, S. 261 u. f.
1908 Kelway-Bamber: „Indian broad gauge rys: High capacity wagons",
Engg 1908-I, S. 605
„20-ton self-discharging hopper coal wagon", Loc 1908, S. 75
„The Sheffield-Twinberrow high-capacity wagons", Loc 1908, S. 128
und 148
1909 Aumund: „Die Verladung von Massengütern im Eisenbahnbetrieb",
Z 1909, S. 1437, 1496, 1535
„12 ton narrow gauge hopper wagon", Loc 1909, S. 83
1910 „Steel hopper ballast wagon, North Western Ry, India", Loc 1910, S. 279
„Steel hopper ballast wagons, Queensland Rys", Engg 1910-I, S. 107
1911 „Self discharging hopper ballasting wagon, South Eastern & Chatam
Rys", Loc 1911, S. 252
1913 Felix: „Transport et manutention des minerais de fer en Tunisie",
Revue 1913-II, S. 243
„Tipping trucks", Gaz 1913-II, S. 247 und 1914-I, S. 149
1915 Hermanns: „Der Eisenbahnwagenkipper und seine neuere Entwick-
lung", Kraftbetr. 1915, S. 133
Scheibner: „Anregungen zur Erhöhung der Leistungsfähigkeit der
deutschen Eisenbahnen durch allgemeine Verwendung von Selbst-
entladewagen für Seitenentleerung bei der Beförderung von
Massengütern", Annalen 1915-I, S. 224 u. 251 — Klb-Ztg. 1915,
S. 563
„Bogie hopper wagon, Bengal-Nagpur Ry", Loc 1915, S. 164
1916 Scheibner: „Allgemeine Verwendung von Selbstentladewagen für
Seitenentleerung bei der Beförderung von Massengütern auf den
Eisenbahnen Deutschlands", VW 1916, S. 241, 270, 451
„Train of hopper coal wagons, Bengal-Nagpur Ry", Loc 1916, S. 191
1917 Siméon: „Die Selbstentladung im Kleinbahn-Güterverkehr", Kraft-
betr. 1917, S. 157 u. 165
„High-capacity car for mineral traffic, Pennsylvania Rr", Loc 1917,
S. 237
1918 * Dütting: „Ueber die Verwendung von Selbstentladern im öffent-
lichen Verkehr der Eisenbahnen", «Fortschritte der Technik»,
Heft 3, Verlag Glaser, Berlin 1918
1919 „105-ton hopper wagon, Pennsylvania Rr", Loc 1919, S. 234
1920 „Ein neuer Bodenentleerer", Kruppsche Monatshefte 1920, S. 16
„Four-wheeled hopper ballast wagon, Bengal-Nagpur Ry", Loc 1920,
S. 234 und 256

1921   Lorenz: „Als Selbstentlader verwendbarer Güterwagen", Kruppsche
        Monatshefte 1921, S. 37

1922   Finckh. u. Krüger: „Regelspurige Selbstentladewagen für restlose
        Entleerung des Ladegutes nach der einen oder anderen Gleis-
        seite", Kruppsche Monatshefte 1922, S. 13
        „Selbstentlader für Erz- und Braunkohlengruben, für Abraum- und
        Unternehmerbetriebe", Kruppsche Monatshefte 1922, S. 44
        „Kent Portland Cement Co. — Steel tipping wagon", Loc 1922, S. 53

1923   „Selbstentladewagen für Abraumbetriebe", Kruppsche Monatshefte
        1923, S. 64

1924   Bieck: „Ermittelung der in einem Selbstentladewagen mit Klappen-
        verschluß wirkenden Kräfte", Annalen 1924-II, S. 67

        Erdmann: „Selbstentlader für Erdarbeiten"; Z 1924, S. 698

        Krüger: „Regelspurige 50 t-Eisenbahnwagen zur Beförderung von
        Massengütern", Kruppsche Monatshefte 1924, S. 171

        „Eisenbahntechnische Tagung in Berlin", Annalen 1924-II, S. 132,
        246 und 280

1925   Buhle: „Neuzeitliche deutsche Selbstentlader", Z 1925, S. 1301
        Jänecke: „Beförderung von Massengütern in 50 t-Wagen", VW
        1925, S. 217

        Kessner u. Bodenburg: „Neuere ortsfeste Wagenkipper", Organ
        1925, S. 224

1926   Bieck: „Ermittlung des Bodendruckes in Behälterwagen", Annalen
        1926-II, S. 122
        Lübke: „Schmalspurige Selbstentlader mit großem Fassungsraum",
        Kruppsche Monatshefte 1926, S. 110
        Przygode: „Die Mechanisierung des Güterumschlags", Annalen
        1926-I, S. 87
        „Bekohlungswagen der Schwedischen Staatsbahnen für regelbare
        Selbstentladung", Organ 1926, S. 212
        „Selbstentlader in Abraum- und Tiefbaubetrieben", Annalen 1926-II,
        S. 26

1927   Schmelzer: „Schotterwagen mit Selbstentladung', Annalen 1927-II, S. 19
        * Weicken: „Kohlenentladung aus Eisenbahnwagen", Beuth-Verlag,
        Berlin 1927 — Bespr. Braunkohle 1928, S. 716 — Auszug Z 1928,
        S. 474
        „Eine neue Bauart von Druckluft-Kippwagen", Annalen 1927-II, S. 133
        „Self-discharging wagons on the German and Swedish State Rys",
        Loc 1927, S. 166

1928   Aumund: „Das Verladen und Lagern umladeempfindlicher Schütt-
        güter", Z 1928, S. 1221
        Simon: „Großabraumförderung unter Berücksichtigung der neuen
        Großabraumwagen", Braunkohle 1928, S. 681
        „Neuerungen im Selbstentladerbau", Kruppsche Monatshefte 1928, S. 19

1929   Frank: „Neue Förderanlagen im Braunkohlentagebau: Großraum-
        wagen für Braunkohlen-Tagebau", Fördertechnik u. Frachtverkehr
        1929, S. 429

1930   Härtig: „Die verschiedenen Förderanlagen für Rohbraunkohle",
         Braunkohle 1930, S. 657
         Riedig: „Großraumwagen für Abraumförderung", Fördertechnik u.
         Frachtverkehr 1930, S. 412
         Riedig: „Die Entwicklung der Schmalspurwagen zur Förderung von
         Abraum", Waggon- u. Lokbau 1930, S. 389
         „New 20-ton hopper wagons, LMSR", Gaz 1930-II, S. 435
         „New iron ore bogie hopper wagons for the Bengal-Nagpur Ry", Gaz
         1930-II, S. 438 — Loc 1930, S. 374
1931   Brewer: „G W Ry: High-capacity wagon-stock", Loc 1931, S. 308
         Riedig: „Bauart und Wirtschaftlichkeit neuerer Großraum-Sattel-
         wagen für Normalspur", Waggon- u. Lokbau 1931, S. 104
         Riedig: „Druckluft-Einrichtungen zum Entladen von Abraumwagen",
         Waggon- u. Lokbau 1931, S. 184
         „New hopper coal wagons and storage bins, LNER", Gaz 1931-II, S. 690
         „Wagons autodéchargeurs de 100 M³ à bogies pour le transport de
         coke", Revue 1931-II, S. 218
1934   Droll: „Vierachsiger Großraum-Kippwagen für Regelspur", Z 1934,
         S. 1435 — Annalen 1934-II, S. 100 — Loc 1936, S. 43
         „The Welchman convertible wagon", Loc 1934, S. 60
1935   Geißler: „Vom Bau des Albert-Kanals, Strecke Haccourt-Lanaeken",
         Annalen 1935-I, S. 61
         „Wagons for the conveyance of grain in bulk, Great Southern Rys",
         Loc 1935, S. 95
1936   v. Waldstätten: „Großkastenkipper von 900 mm Spurweite für Ab-
         raumbetriebe", Z 1936, S. 425
1939   „Lehigh and New England cement hopper cars", Mech. Eng. 1939-II,
         S. 353 — Age 1939-II, S. 287
1940   Riedig: „Die Seitenkipper-Entladeanlage der Grube «Minas del Rif»",
         Annalen 1940, S. 135

Selbstentlader und Großgüterwagen / Deutsche Reichsbahn

1922   Laubenheimer: „Großgüterwagen für Massenverkehr", Z 1922, S. 885
1924   Flügel: „Die Einführung der Großgüterwagen", Z 1924, S. 977
         Laubenheimer: „Die ersten Versuchsbauarten der Großgüterwagen
         der Deutschen Reichsbahn", Organ 1924, S. 371
1925   * Laubenheimer: „Die Organisation des Gütermassenverkehrs unter
         Verwendung von Großgüterwagen mit Selbstentladung", «Eisen-
         bahnwesen», VDI-Verlag, Berlin 1925, S. 73
1927   * Culemeyer: „Die neuere Entwicklung und Verwendung der Groß-
         güterwagen bei der Deutschen Reichsbahn", Annalen 1927, Jubi-
         läums-Sonderheft S. 89
1928   „High capacity wagons for the German Rys", Loc 1928, S. 401
1930   * Heinemann: „Erfahrungen im Betriebe mit Großgüterwagen und
         Großgüterwagen-Pendelzügen", Bericht über die Fachtagung der
         Vereinigung der Betriebsleiter der deutschen Privat- und Klein-
         bahnen 1930, S. 25
1936   „Bogie tipping wagons with continuous brakes", Loc 1936, S. 43
1940   Persicke: „Ein neuer vierachsiger Schotterwagen der Reichsbahn",
         Annalen 1940, S. 77

Kesselwagen

1906   „Reservoirwagen", Lok 1906, S. 11
1907   „20-ton bogie tank wagon, Antofagasta & Bolivia Ry", Loc 1907, S. 135
1908   „Bogie tank wagon, Benguella Ry", Loc 1908, S. 21
1910   „Heizung von Tankwagen mittels Rohöl", Klb-Ztg. 1910, S. 137
1915   „Oil tank wagons", Loc 1915, S. 261
1918   „Travelling gas storage holders, GIPR", Loc 1918, S. 107
1922   „Bogie oil-tank wagons for the Egyptian State Rys", Loc 1922, S. 147
        „Four-wheeled oil tank wagon for British rys", Loc 1922, S. 149
        „New oil tank wagons for India", Loc 1922, S. 214
1923   Schmelzer u. Griesel: „Schmutzwasserbeseitigung auf Eisenbahn-
        anlagen ohne Kanalisationsanschluß", Annalen 1923-II, S. 20
        „Großkesselwagen", Kruppsche Monatshefte 1923, S. 176
1924   „Rheinmetall-Großraumkesselwagen", Annalen 1924-II, S. 133
        „Tank wagon for conveying hydrochloric acid, Castner-Kellner Al-
        kali Co Ltd", Loc 1924, S. 195
        „Tank wagons for carrying beer", Loc 1924, S. 320
1926   „Novel oil tank wagons, Iraq Rys", Loc 1926, S. 30
1927   „Transport of milk in bulk", Loc 1927, S. 398
1928   Bondy: „Großkesselwagen in Deutschland und in den USA", An-
        nalen 1928-II, S. 45
1931   Karsten: „Eisenbahn-Kesselwagen für verschiedene Industrien", Wag-
        gon- und Lokbau 1931, S. 21
1932   Bieck: „Normung der Kesselwagen", Z 1932, S. 311
        Bieck: „Entleerungsvorrichtungen für Tank- und Kesselwagen", An-
        nalen 1932-II, S. 106
1933   Hedley: „Recent developments in the design of tank wagons", Loc
        1933, S. 45
1937   Richter: „Fortschritte im Tankwagen-Bau", Kongreß 1937, S. 2098
1938   „Milch-Kesselwagen der französischen Gesellschaft »Les Messageries
        Laitières«", Organ 1938, S. 43
1939   „High capacity tank wagons, Imperial Chemical Industries", Loc
        1939, S. 212
1940   Köpke: „Leichtkesselwagen", Annalen 1940, S. 124 u. 207

Kühlwagen

1893   „Refrigerator cars (Hanrahan's system) at the Worlds Columbian
        Exposition", Engg 1893-II, S. 728
1894   „The Eastman automatic refrigerator car", Engg 1894-I, S. 356
1902   Goeury: „Les wagons spéciaux affectés au transport des poissons
        vivants", Revue 1902-II, S. 292
1904   „Fischtransportwagen , Lok 1904, S. 156
1905   „Refrigerator vans, L. B. & S. C. Ry", Loc 1905, S. 218
1906   Boell: „La disposition et l'emploi des wagons réfrigérés aux Etats-
        Unis", Revue 1906-I, S. 351
1912   „Alcohol heater as applied to a refrigerator car", Gaz 1912-II, S. 118
1913   „Wagons frigorifiques à circulation de saumure (Système Frigator)",
        Revue 1913-I, S. 56

1922   Laubenheimer: „Die ersten Kühlwagen der Deutschen Reichsbahn",
         Z 1922, S. 921
1923   Laubenheimer: „Die ersten Kühlwagen der Deutschen Reichsbahn
         und ihre Bedeutung für die Lebensmittelversorgung Deutschlands",
         Annalen 1923-II, S. 8
1924   Sigmann: „Les wagons frigorifiques sur les réseaux français", Revue
         1924-I, S. 399
1925   „Refrigerator van for the train-ferry', Loc 1925, S. 92
         „Ry milk transport in bulk, USA", Loc 1925, S. 164
1927   „Refrigerator cars for the European train ferry", Loc 1927, S. 402
1928   „Perishable and refrigerator vans, Palestine Ry", Loc 1928, S. 129
1930   „German fish transport wagon for express service", Loc 1930, S. 135
         „Insulated refrigerator milk van, GWR", Loc 1930, S. 376
         „Insulated vans, with cooling and warning apparatus, Norwegian
         State Rys", Loc 1930, S. 103
1931 =   Heiss: „Gegenwartsfragen der Konservierung von Lebensmitteln durch
         Kälte", Z 1931, S. 1145
         „The Flettner rotor cooling system for refrigerating vans, Reichs-
         bahn", Gaz 1931-II, S. 502
1932   „New type of Italian refrigerator van", Gaz 1932-II, S. 513
         „North American builds four-wheel refrigerator cars", Age 1932-II, S. 698
1933   „A new type of mechanically-refrigerated railway van (Altek Cy.
         Switzerland)", Ry Eng 1933, S. 22
         „Live-fish vans for Japanese Rys", Loc 1933, S. 182
1934   „Kühlwagen für lange Strecken", Z 1934, S. 805
         „New chilled beef vans (New Zealand Rys)", Gaz 1934-II, S. 706
1935   Taschinger: „Kühlwagen für den Fährbootverkehr nach England",
         Organ 1935, S. 415
         „Versuche mit Kühlwagen (Italien)", Organ 1935, S. 433
         „Insulated milk vans, LMSR", Loc 1935, S. 242
1936   Taschinger: „Neuzeitliche Probleme des Kühlwagenbaues", ZVMEV
         1936, S. 955
1937   Taschinger: „Neue Reichsbahn-Kühlwagen für 90 km/h Geschwindig-
         keit", Organ 1937, S. 101 — Gaz 1938-II, S. 411
         „Insulated vans for perishable traffic, LMSR", Loc 1937, S. 28 — Gaz
         1937-I, S. 62
         „Vans with axle-driven mechanical refrigeration, France", Gaz 1937-II,
         S. 821
1938   „Kühlwagen auf der Pariser Weltausstellung 1937", Organ 1938, S. 44
1939   Baur: „Amerikanische Kühlwagen", VW 1939, S. 73 — Kongreß
         1939, S. 735
         Baur: „Eisenbahnbeförderung leicht verderblicher Lebensmittel in
         Nordamerika", ZMEV 1939, S. 351
         Chevallier: „Wagon réfrigérant pour le transport de demi-boeufs
         suspendus", Revue 1939-I, S. 117
   —   Heiss: „Gefrierkonservierung von Obst und Gemüse in Deutsch-
         land", Z 1939, S. 1229
         „Wagons frigorifiques", Revue 1939-I, S. 224 — Rivista Tecnica delle
         Ferrovie Italiane 15. Sept. 1938
         „Ten Morrell refrigerators made of Douglas Fir Plywood", Age
         1939-II, S. 137

Schwerlast- und Tiefladewagen

1878 „16-wheeled gun truck, Pennsylvania Rr", Engg 1878-II, S. 492
1880 „Platform wagon for the Bergish-Märkische Ry", Engg 1880-II, S. 598
1893 „Trucks for transporting 62 to 120 t Krupp guns", Engg 1893-II, S. 105
1907 „Special service wagons", Engg 1907-II, S. 203 u. 1908-I, S. 118
      „Twin-wagons for carrying machinery, Great Central Ry", Loc 1907, S. 75
      „40-tons bogie well wagon, G. N. R.", Loc 1907, S. 93
1910 „Transporting a heavy flywheel in Austro Hungary", Loc 1910, S. 277
      „40 tons bogie trolley wagon, North-Eastern Ry", Loc 1910, S. 278
1914 „Machinery truck, Stockholm-Vasteras-Bergslagens Ry", Loc 1914, S. 41
      „North Eastern Ry: Special wagons", Loc 1914, S. 37 u. 205
      „130 ton gun truck, Royal Arsenal Rys, Woolwich", Loc 1914, S. 183
1915 „Hanomag-Tiefgangwagen", HN 1915, S. 181
1917 „60-ton machinery wagons, North British Ry", Loc 1917, S. 211
1919 „Wagons for carrying heavy naval guns", Loc 1919, S. 80
1921 Finckh: „Regelspurige Schwerlastwagen", Kruppsche Monatshefte 1921, S. 203
      „Bogie pulley wagon for the conveyance of propellers, North Eastern Ry", Loc 1921, S. 337
1922 „70-ton trolley wagon, North Eastern Ry", Loc 1922, S. 182
1925 „Sechsachsiger Tiefladewagen für 60 t Tragfähigkeit der DRG", Annalen 1925-I, S. 255
1929 „Neuere Tiefgangwagen, LNER", Waggon- u. Lokbau 1929, S. 380
      „60-ton transformer trolleys, LMSR", Loc 1929, S. 395
1930 „GWR 120 ton trolley wagon in service", Gaz 1930-II, S. 273 — Loc 1930, S. 338
1934 „200-ton all-steel bogie well wagon for the Soviet Govt Rys", Mod. Transport 18. Aug. 1934, S. 5
1935 Andersson: „Wagen zur Beförderung von Transformatoren bei den Schwedischen Staatsbahnen", Organ 1935, S. 204
1936 Taschinger: „Geschweißte Tiefladewagen", Organ 1936, S. 349
     *„Verzeichnis der in den Wagenpark der Deutschen Reichsbahn eingestellten Wagen für außergewöhnliche Transporte", 3. Aufl., herausgegeben vom Reichsbahn-Zentralamt, München 1936
1937 „GWR vehicles for exceptional loads", Gaz 1937-I, S. 382, 433, 497, 663, 945 u 1937-II, S. 155
1938 v. Waldstätten: „Tiefladewagen von 200 t Tragfähigkeit", Z 1938, S. 509

Güterwagen für verschiedene Verwendungszwecke

1882 „Locomotive transfer-truck for narrow gauge rolling stock, South Australian Govt Rys", Engg 1882-I, S. 549
      „Standard box car, New York Central Rr", Engg 1882-I, S. 521 u. 572
1894 „The «Canada» cattle car", Engg 1894-I, S. 251
1905 „Bogie wagon for transport of steam ploughing machinery", Loc 1905, S. 126
      „New horse boxes, GIPR", Loc 1905, S. 106

1906 „Motor car van, Caledonian Ry", Loc 1906, S. 144
     „Special covered trucks for motor car traffic, L & NWR, Loc 1906, S. 84
1908 „Combined horse and carriage truck, Midland Ry", Loc 1908, S. 20
1909 „Van to transport motor cars, GIPR", Loc 1909, S. 198
1910 Lancrenon: „Nouveaux wagons couverts et fermés pour le transport
     de voitures automobiles, PLM", Revue 1910-I, S. 251
     „Horse box, Buenos Ayres Pacific Ry", Loc 1910, S. 109
     „Oil stores van, North Eastern Ry", Loc 1910, S. 256
1912 „Laundry car, Russian State Rys", Loc 1912, S. 88
     „Tunnel inspection car, Prussian State Rys", Loc 1912, S. 66
     „Vacuum cleaning van: London, Tilbury and Southend Ry", Loc 1912,
     S. 194
1913 „Motor car vans, PLM Ry", Loc 1913, S. 220
1921 Finckh: „Gewichtsgeräteschaftswagen", Kruppsche Monatshefte 1921,
     S. 42
1923 Steber: „Güterwagen zur Beförderung von Soda", Kruppsche Mo-
     natshefte 1923, S. 134
1926 „Convertible sheep and cattle wagon, Buenos Aires Great Southern
     Ry", Loc 1926, S. 268
1931 „Sheep vans for the South Australian Rys", Gaz 1931-II, S. 716
1934 Pfeiffer: „Erdgastransportwagen mit Behältern für 150 at", Organ
     1934, S. 294
1937 „Shock absorbing wagons, LMSR", Engg 1937-II, S. 213 — Loc 1937,
     S. 284 — Annalen 1938-I, S. 33 — Gaz 1939-I, S. 1021
1938 de Givenchy: „Wagon à gabarit anglais destiné au transport de
     caisses de grande longueur et d'automobiles", Revue 1938-II, S. 48
     „Leichtbetrieb der SBB: Einachs-Anhänger für den Transport von
     Skiern", Wirtschaft u. Technik im Transport (GiT) 1938, S. 120
1939 Varga: „Güterwagen der Kgl. Ungarischen Staatseisenbahnen zur
     Beförderung von Personenkraftwagen", Organ 1939, S. 63
     „Milwaukee welded flat cars", Mech 1939-I, S. 11
     „Wagons à bestiaux pour les Chemins de Fer du Sud Africains", Re-
     vue 1939-I, S. 329 — Gaz 1939-I, S. 16

Post- und Gepäckwagen

1866 „Über die Konstruktion der Gepäckwagen auf den preußischen Eisen-
     bahnen", Organ 1866, S. 189
1874 „Post office van for the Austrian mail service", Engg 1874-I, S. 91
1876 „Post office car for the Lake Shore and Michigan Southern Rr",
     Engg 1876-II, S. 78
1906 „Luggage brake van, East Coast Joint Service", Loc 1906, S. 85
     „Vestibuled brake and luggage van, Victorian Rys", Loc 1906, S. 197
1907 „Post office vans, South Eastern & Chatam Ry", Loc 1907, S. 21
     „Six-wheeled mail van, Swiss Federal Rys", Loc 1907, S. 154
     „Wagons-poste à l'Exposition de Milan", Revue 1907-II, S. 450
1908 Rolke: „Verwendung 17 m langer Bahnpostwagen im Reichspost-
     Gebiet", VW 1908, S. 1223
     „Bogie mail van for the Bombay-Punjab mail service", Loc 1908, S. 56
     „Bogie luggage and brake van, Natal Govt Rys", Engg 1908-I, S. 436
     „Cabuse vans, Bengal-Nagpur Ry", Loc 1908, S. 132

1910   „Carriage van, GER", Loc 1910, S. 82
        „New parcel van, GWR", Loc 1910, S. 132
1911   „Corridor mail van, Prussian State Rys", Loc 1911, S. 252
1912   „Steel sorting racks for mail vans", Loc 1912, S. 175
1914   „Vierachsige Bahnpostwagen der Schweiz. Postverwaltung", Schweiz.
        Bauzeitung 1914-I, S. 229
        „Brake vans for goods trains, Belgian State Rys", Loc 1914, S. 251
1915   „Mail van, Great Indian Peninsula Ry", Loc 1915, S. 190
1918   „New luggage vans for the Ceylon Govt Rys", Loc 1918, S. 121
1922   „Vestibuled parcels and guards' van, Gt Central Ry", Loc 1922, S. 316
1923   „Passenger brake vans, Bergslagernas Ry", Loc 1923, S. 311
1924   „Converted Pullman cars, London & North Eastern Ry Services",
        Loc 1924, S. 221
1928   „25-ton goods brake van, Southern Ry", Loc 1928, S. 270
1929   Martell: „Zur Geschichte der Bahnpostwagen", Waggon- und Lokbau
        1929, S. 361
        „Brake and baggage van, International Sleeping Car Co", Loc 1929,
        S. 194
        „Travelling post office vans, LNER", Gaz 1929-I, S. 529
1930   „New postal van, Central Argentine Ry", Gaz 1930-I, S. 987
        „New Southern Ry bogie passenger luggage vans", Gaz 1930-I, S. 954
        „Post office stowage van, LMSR", Loc 1930, S. 248
1934   „New post office vehicles, LMS Ry", Loc 1934, S. 304
1935   „Der Inlandverkehr der englischen Post", ZMEV 1935, S. 324
        „P. O. sorting vans, LMSR", Loc 1935, S. 178
1938   Phillimore: „The travelling post office: Mail conveyance a century
        ago", Gaz 1938-I, S. 596
        „Vierachsiger Personen- und Gepäckwagen für Vorortverkehr der
        Belgischen Staatsbahn", Organ 1938, S. 42
        „Centenary of the travelling post office (London and Birmingham Ry
        1839)", Gaz 1938-I, S. 656 u. 662 — ZMEV 1938, S. 573
        „Post office mail trains", Loc 1938, S. 99
1939   „Box baggage cars for Canadian National", Age 1939-II, S. 308
        „Canadian National mail and all-steel baggage cars", Age 1939-II,
        S. 340
        „Nouveaux fourgons-postaux suisses", Revue 1939-I, S. 327
        „Southern buys express cars of high-tensile steel", Age 1939-II, S. 307
        „Swiss lightweight mail and luggage vans", Gaz 1939-I, S. 421

Unterrichtswagen

1908   „Instruction car, Lancashire & Yorkshire Ry", Loc 1908, S. 185
1925   Jaeger: „Unterrichtswagen der RBD Breslau", Annalen 1925-I, S. 271
1926   Benoit-Levy: „Instruction cars, Paris-Orléans Ry", Loc 1926, S. 338
1928   „Locomotive instruction car, New South Wales Govt Ry", Loc 1928,
        S. 394
1930   Boehm: „Reichsbahn - Unterrichtswagen im Dienst der Elektro-
        technik", El. Bahnen 1930, S. 155

Bremswagen

1894   „Brake van for goods trains, Belgian State Rys", Engg 1894-II, S. 549

1906   „Passenger brake vans, GIPR", Loc 1906, S. 68

1907   „Goods brake and cattle wagons, Mid-Suffolk Ry", Loc 1907, S. 111

1912   „Brake van for ballasting, North Eastern Ry", Loc 1912, S. 130

1913   „8-wheeled brake van for mineral traffic, Great Northern Ry", Loc 1913, S. 243

1916   „Goods brake vans, GIPR", Loc 1916, S. 171 und 1917, S. 126

1917   „New goods brake vans, London, Brigthon & South Coast Ry", Loc 1917, S. 60

1920   „20-ton goods brakes, Great Eastern Ry", Loc 1920, S. 87
      „20-ton six-wheeled goods brake van, Caledonian Ry", Loc 1920, S. 184

1925   „Goods brake van, Bengal-Nagpur Ry", Loc 1925, S. 316

1933   „Six-wheeled passenger brake van, LMS Ry", Loc 1933, S. 54

1937   „25 ton bogie goods brake vans, Southern Ry", Loc 1937, S. 54

Eisenbahnwagen für militärische Zwecke

1915   „Great Eastern Ry: Ambulance train No. 20", Loc 1915, S. 232
      „Indian ambulance train", Loc 1915, S. 30
      „Lancashire & Yorkshire Ry: Ambulance train for the Continent", Loc 1915, S. 212
      „Princess Christian's hospital train", Loc 1915, S. 98

1917   „Hospital train, US Army", Loc 1917, S. 169
      „New military trains in India", Loc 1917, S. 148
      „North Eastern Ry Co's ambulance train for France", Loc 1917, S. 257
      „North Western State Ry of India: Ambulance train", Loc 1917, S. 13
      „The Midland Ry ambulance train", Loc 1917, S. 59

1918   „Ambulance train for overseas service, Lancashire & Yorkshire Ry", Loc 1918, S. 14
      „Ambulance train built by the Great Central Ry for the US Armies in France", Loc 1918, S. 73
      „Military workshop trains for use overseas", Loc 1918, S. 164
      „US ambulance train constructed at Swindon", Loc 1918, S. 122

1919   „Armoured train for the defence of the East Coast", Loc 1919, S. 49
      „Special train for the Commander-in-Chief of the British Armies in France", Loc 1919, S. 40

GRENZGEBIETE

Formenschöne Gestaltung

1905 — Aders: „Die Schönheit des Automobils", Motorwagen 1905, S. 565
1908   „Artifistic fittings for ry carriages", Loc 1908, S. 136 und 185
1919   Holter: „Die Schönheit im Lokomotivbau", Lok 1919, S. 126, und
        1920, S. 150 — 1921, S. 11 u. 23
1922   Lübon: „Formenschönheit im Lokomotivbau", Maschinenbau 1922/23,
        S. 48/G 18
1924   Ewald: „Über die Gestaltung der Einzelteile von Dampflokomo-
        tiven", Z 1924, S. 285
  =   Stürzenacker: „Die Schönheit des Ingenieurbaues", Z 1924, S.1113
1926 = Ewald: „Die Schönheit der Maschine", Die Form 1926, S. 111
1927   Ewald: „Gedanken über die Formgebung im Lokomotivbau", Die
        Form 1927, S. 227
1928   Ewald: „Zur Aesthetik des Eisenbahnwagens", Die Form 1928,
        S. 349

        Kießling: „Architektur, Architekten und Reichsbahn", Zentralblatt
        der Bauverwaltung 1928, S. 706
  =*   Kollmann: „Schönheit der Technik", Verlag Albert Langen, München
        1928
  —   Riemerschmidt: „Kunst und Technik", Z 1928, S. 1273
  —   Riezler: „«Zweck» und «Technische Schönheit»", Die Form 1928,
        S. 385
        Rihosek: „Kobelrauchfänge", Lok 1928, S. 12
  =   Voltmer: „Von gestaltender Arbeit", Deutsches Volkstum, Hansea-
        tische Verlagsanstalt Hamburg, Nov. 1928, S. 855
1929 = Ginsburger: „Eisenbahnwaggons, Flugzeuge und Automobile", Die
        Form 1929, S. 637
  =   Kollmann: „Die Gestaltung moderner Verkehrsmittel", Das Neue
        Frankfurt 1929, S. 130
  —   Riezler: „Die «Bremen»", Die Form 1929, S. 619 u. 1930, S. 52
        und 108
1930 — Frank: „Was ist modern?", Die Form 1930, S. 399, 413 u. 494
  —   Riezler: „Die Köln-Mülheimer Brücke", Die Form 1930, S. 169
  =   „Die Mitarbeit des Künstlers am industriellen Erzeugnis", Die Form
        1930, S. 197
1931   Kuhler: „Making steam locomotives beautiful", Age 1931-II, S. 129
        „The disappearance of the locomotive chimney and the problem of
        the smoke deflection", Loc 1931, S. 61
1935   Kuhler: „Appeal design in railroad equipment", Age 1935-II, S. 712
        Röttcher: „100 Jahre Eisenbahn-Architektur", ZMEV 1935, S. 582
1936   Baisch: „Schnell- und Leichttriebwagen (der Reichsbahn) in ihrer
        äußeren Erscheinung", VW 1936, S. 241
        Baisch: „Die Fahrzeuge der Deutschen Reichsbahn auf der Jahr-
        hundertausstellung, gesehen von einem Architekten", ZMEV 1936,
        S. 587 u. 614
        Linstedt: „Rügendamm-Klappbrücke und Bauformen beweglicher
        Brücken überhaupt (Versuch einer schönheitlichen Wertung)",
        VW 1936, S. 566

Taschinger: „Schönheit der Arbeit im Triebwagenbau", RB 1936, S. 956

1937   Baisch: „Die Schnellfahrzeuge der Deutschen Reichsbahn in ihrer Außengestaltung", VW 1937, S. 529

=   Schaper: „Aufgaben des Stahlbaues im Bauwesen (insbes. Brücken)", Zentralblatt der Bauverwaltung 1937, S. 1213

=   Schulße: „Die Angleichung der Verkehrsmittel an die Formen der Natur", Deutsche Technik, April 1937, S. 162

Modellbau und Museum

1905   „1835—1905: An object lesson on the Belgian State Rys", Loc 1905, S. 215

1907 =   Bolstorff: „Ein Rundgang durch das Verkehrs- und Baumuseum in Berlin", VW 1907, S. 513, 597, 802 — Loc 1908, S. 212

1910   „Model of 4-4-0 Metropolitan Ry locomotive", Loc 1910, S. 273

1911   „Model of a Mallet compound locomotive", Loc 1911, S. 258 — Gaz 1911-II, S. 655

1912   *„The Model Railway Handbook", herausgegeben von Basset-Lowke Ltd, London 1912

1913   „Model of old American 4-4-0 locomotive", Loc 1913, S. 54

1919   „Model of an American 2-6-0 locomotive", Loc 1919, S. 18

1921   „Some interesting (English) locomotive models", Loc 1921, S. 126
„Bengal-Nagpur Ry wagon models", Loc 1921, S. 189

1922   * Strauß: „Die Darstellung des modernen Eisenbahnwesens, insbesondere der Lokomotive, als Lehrmittel für Hochschule, Schule und Volksaufklärung", Verlag Dieck & Co, Stuttgart 1922
„Model of first locomotive for the Kilmarnock & Troon Tramway", Loc 1922, S. 277

1923   „«Model Engineer» exhibition", Loc 1923, S. 54
„Model Dublin & S. E. Ry 0-4-2 locomotive", Loc 1923, S. 234
„Locomotive models: English electric locomotives", Loc 1923, S. 377

1924   „Model American locomotive and train", Loc 1924, S. 60
„Models representing 80 years in locomotive engineering: Caledonian Ry", Loc 1924, S. 138
„Model of tourist car, GIP Ry", Loc 1924, S. 140
„Model of 4-6-0 express engine, Great Southern & Western Ry", Loc 1924, S. 234
„Model of the broad gauge locomotive „Hirondelle", GW Ry", Loc 1924, S. 277

1925   „Model of three-cylinder 2-8-2 locomotive, Nigerian Rys", Loc 1925, S. 185

1926   * Reder: „Die Modelleisenbahn, ihre Wirkungsweise und ihr Betrieb", Union Deutsche Verlagsgesellschaft, Stuttgart 1926 — Bespr. Annalen 1927-I, S. 114

1927   „Model of Stephenson's «Killingworth» locomotive", Loc 1927, S. 147

1930   Hoogen: „Die hundertjährige Eisenbahn im Spiegel des Verkehrs- und Baumuseums", ZVDEV 1930, S. 933
„A model of Stephenson's «Locomotion»", Loc 1930, S. 233
„Model Pacific locomotive for India", Loc 1930, S. 28

1931   „An interesting model railroad for the Paris Exposition", Baldwin
        Juli 1931, S. 73
        „A model single well tank locomotive", Loc 1931, S. 33
        „The latest in working locomotive models", Loc 1931, S. 280

1932   „Another locomotive model: Baldwin locomotive for the Gran
        Ferrocarril del Tachira in Venezuela", Baldwin Oktober 1932,
        S. 22

1933   „Exhibits at the Cairo Ry Museum", Loc 1933, S. 92

1934   * Seibt: „Anleitung zur Berechnung und Konstruktion von Spielzeug-
        und Kleinmotoren für Gleich- und Wechselstrom", Verlag Hach-
        meister u. Thal, Leipzig 1934
        „Model of 4-6-2 locomotive, Tientsin-Pukow Ry", Loc 1934, S. 149
        „Model of Pacific type locomotive made by Mr. J. W. G. Todd",
        Loc 1934, S. 28
        „Model of the «Royal Scot», LMSR", Loc 1934, S. 393
        „Model of 0-8-2 side tank locomotive", Loc 1934, S. 91

1935   Aldinger: „Das Verkehrsmuseum Nürnberg im Rahmen der Jubi-
        läumsfeier", ZMEV 1935, S. 601
        * Beal: „Railway modelling in miniature", Verlag Percival Marshall
        & Co, Ltd, London 1935
        „Das Verkehrsmuseum in Nürnberg und das Verkehrs- u. Bau-
        museum in Berlin", Organ 1935, S. 517
        „Das Berliner Verkehrs- u. Baumuseum in seiner neuen Gestalt",
        VW 1935, S. 337 — ZMEV 1935, S. 480

1936   Scott: „Baldwin veterans on the Virginia and Truckee", Baldwin
        Juli 1936, S. 21
        Simons: „The Stockholm Ry Museum", Gaz 1936-II, S. 153

1937   * Beal: „The craft of modelling railways", Verlag Thomas Nel-
        son & Sons, Ltd, London 1937
        * Greenly: „TTR (Twin-Trix-Ry) permanent way manual. — Layout
        and operation of model railways", Verlag Percival Marshall & Co
        Ltd, London 1937 — Bespr. Gaz 1937-II, S. 510
        Karner: „A century of steam traction in Austria" (u. a. Modell
        der Lokomotive „Kapellen"), Gaz 1937-II, S. 921
        „Große Eisenbahn-Modell-Ausstellung der RBD Hamburg", RB 1937,
        S. 775
        „«Model Engineer» Exhibition", Gaz 1937-II, S. 532

1938   Morris: „Eastleigh Railway Museum", Loc 1938, S. 180
        * Twining: „Indoor Model Railways", Verlag George Newnes Ltd,
        London 1938 — Bespr. Gaz 1938-I, S. 583
        „Design for a ¾-in. scale 4-10-4 locomotive to British standard
        loading gauge, 3½" gauge", Gaz 1938-II, S. 152
        „Model of 0-4-0 Hunslet contractor's saddle tank locomotive", Loc
        1938, S. 256
        „Model of 0-4-2 tank locomotive «Ranmore», L. B. & S. C. Ry", Loc
        1938, S. 29
        „Model of GWR 4-6-0 locomotive «King George V.»", Loc 1938, S. 48
        „Railway models at the Glasgow Exhibition", Gaz 1938-I, S. 898 u.
        1938-II, S. 298
        „Scale models for the Twin Train Railway", Loc 1938, S. 400

*„The Model Railroader Cyclopedia 1938-9 Edition", Verlag The Modelmaker Corporation, Wanwatosa, USA 1938
1939 „A fine model of a class 15 CA SAR locomotive", SAR Magazine 1939, S. 898
„A plea for school railways", SAR Magazine 1939, S. 1049
„Model of a Russian 2-10-2 type freight locomotive recently placed in service", Age 1939-II, S. 437

Schwingungen

1918 — Meißner: „Ueber Schüttelerscheinungen in Systemen mit periodisch veränderlicher Elastizität", Schweiz. Bauzeitung 1918-II, S. 95
1922 —* Hort: „Technische Schwingungslehre", Verlag Springer, Berlin 1922
1923 „Recording oscillation on ry vehicles", Loc 1923, S. 152
1927 —* Geiger: „Mechanische Schwingungen und ihre Messung", Verlag Springer, Berlin 1927
1928 — Hort: „Neuere Forschungen über mechanische Schwingungen", Z 1928, S. 1118
— Kuntze: „Statische Grundlagen zum Schwingungsbruch", Z 1928, S. 1488
= Schieferstein: „Die Entwicklung schwingender, Leistung übertragender Mechanismen", Maschinenbau 1928, S. 749 u. 809
1929 = Pabst: „Aufzeichnen schneller Schwingungen nach dem Ritzverfahren", Z 1929, S. 1629
1930 — Geiger: „Biegungsschwingungen von Maschinen", Z 1930, S. 542
— Kuntze: „Berechnung der Schwingungsfestigkeit aus Zugfestigkeit und Trennfestigkeit", Z 1930, S. 231
—* Lehr: „Schwingungstechnik", 1. Band, Verlag Springer, Berlin 1930
1931 —* Föppl: „Grundzüge der technischen Schwingungslehre", 2. Aufl., Verlag Springer, Berlin 1931
—* Föppl: „Mechanische Schwingungen in der Technik", 1. Band, «Grundzüge der technischen Schwingungslehre», Verlag Springer, Berlin 1931
Kluge: „Kritische Drehzahlen von Kurbelwellen", ATZ 1931, S. 547
— Späth: „Neuere Schwingungsprüfmaschinen", Z 1931, S. 83
— Zeller u. Koch: „Kritik der Aufzeichnung von Schwingungsmessern", Z 1931, S. 1509
— „Die Empfindlichkeit des Menschen gegen Erschütterungen", Z 1931, S. 1526
1933 Koch u. Zeller: „Anwendung von Schwingungsmessern im Eisenbahnwesen", Organ 1933, S. 385
1934 =* Lehr: „Schwingungstechnik", 2. Band, Verlag Springer, Berlin 1934
—* Späth: „Theorie und Praxis der Schwingungsprüfmaschinen", Verlag Springer, Berlin 1934
1936 — Baumann: „Die Ermittelung der Massenträgheitsmomente durch Schwingungsversuche", Organ 1936, S. 101
—* Den Hartog: „Mechanische Schwingungen", Verlag Springer, Berlin 1936
=* Föppl: „Mechanische Schwingungen in der Technik", 2. Band, «Aufschaukelung und Dämpfung von Schwingungen», Verlag Springer, Berlin 1936

1936 =* Koch u. Boedecker: „Schwingungen im Bauwesen, bei Fahrzeugen
         und Maschinen. — Schwingungsmessung", VDI-Verlag, Berlin 1936
         — Bespr. ATZ 1937, S. 496
1937 —   Beyer: „Schwingungsgetriebe", Maschinenbau 1937, S. 637
         Grabbe: „Schwingungsmeßtechnik bei Eisenbahnbrücken", Stahlbau,
         Heft vom 17. Dez. 1937
1938 —   Allendorff: „Meßverfahren zur einfachen Bestimmung von mechani-
         schen Schwingungen", Z 1938, S. 569
    —   Föppl: „Kritische Betrachtungen zur Berechnung von Resonanz-
         schwingungsdämpfern", ATZ 1938, S. 265
    =   Freise: „Ritzgeräte zum Aufzeichnen schnell wechselnder Spannun-
         gen, Drücke und Kräfte", Z 1938, S. 457
    —   Hort: „Neuzeitliche Schwingungsfragen", Z 1938, S. 76
   —*   Klotter: „Einführung in die Technische Schwingungslehre", 3 Bände,
         Verlag Springer, Berlin 1938
         Klüsener: „Gummilagerung des Motorrahmens in einem Trieb-
         wagen", GHH 1938, S. 138
    —   Kraemer: „Schwingungstilgung durch das Taylor-Pendel", Z 1938, S.1297
    —   Schwaiger u. Boger: „Elektrisches Meßgerät für Drehschwingungen",
         ATZ 1938, S. 369
    —   Söchting: „Dämpfung der Drehschwingungen durch Flüssigkeits-
         kupplungen", Z 1938, S. 701
    —   „Ein dynamischer Drehschwingungsdämpfer", Schweiz. Bauzeitung
         1938-I, S. 303 — Organ 1939, S. 17
1939 —   Geiger: „Ueber den Einfluß der verhältnismäßigen Größe der
         Einzelmassen auf die Stärke von kritischen Drehzahlen", Annalen
         1939-I, S. 37
    —   Küssner: „Fortschritte der mechanischen Schwingungsforschung",
         Z 1939, S. 149
1940 —   Freise: „Ritzgeräte zum Aufzeichnen von Schwingungen an Flug-
         zeugen", Z 1940, S. 599

Das Schweißen / allgemein

1926 —   Höhn: „Autogen und elektrisch geschweißte Kessel und Behälter",
         Z 1926, S. 117 u. 194
1927 —   Hilpert: „Einfluß des Schweißens auf die Gestaltung", Z 1927, S. 1449
    —   Strelow: „Wirtschaftlicher Vergleich der Schmelzschweißung und
         der Nietung", Maschinenbau 1927, S. 549
1929   Bardtke: „Schweißen im Eisenbahnwesen", Z 1929, S. 1733
    =   „Schweißtechnik", Fachhefte Z 1929, Nr. 49, S. 1725 u. f. — Z 1930,
         Nr. 46, S. 1557 u. f.
1930 =   Bernhard: „Neuere geschweißte Brücken", Z 1930, S. 1201
    —   Gottfeldt: „Ausbildung geschweißter Blechträger", Z 1930, S. 1755
    —   Oehler: „Die Güte der Schweißnähte an Eisenblechen", Werkstatts-
         technik 1930, S. 549
         Reichel: „Elektrische Lokomotive mit geschweißten Rahmen und
         Drehgestellen", Z 1930, S. 767
    =   „Schweißtechnik", Z 1930, S. 1557 u. f. (Fachheft)
1931 —   Jurczyk: „Geschweißte Hochdruckbehälter und Armaturen", Z 1931,
         S. 859

Henschel-Dieselmotor-Kleinlokomotiven für Bau-, Feld-, Wald-, Werk-, Industrie- und Grubenbahnen. Die kleinsten Einheiten entwickeln 13, 26 und 39 PS. Der Henschel-Lanova-Dieselmotor zu diesen Lokomotiven wird in den Werkstätten von Henschel & Sohn gefertigt

1931 — Kantner: „Röntgenprüfungen an geschweißten Kesseln und Druckbehältern", Wärme 1931, S. 937

— Lottmann: „Eindrücke auf dem Gebiet der Schweißtechnik aus den Vereinigten Staaten von Amerika", Z 1931, S. 1265

— Vigener: „Bewertung des Schweißens in den für die Herstellung von Dampfkesseln gegebenen gesetzlichen Bestimmungen", Wärme 1931, S. 481

— Vigener u. Rüdel: „Der Wirkungsgrad von Schweißverbindungen", Wärme 1931, S. 875

— Zeyen: „Uebersicht über die Schweißverfahren und die Prüfung der Schweißnähte mit besonderer Berücksichtigung der Schweißung im Dampfkesselbau", Kruppsche Monatshefte 1931, S. 121

1932 — Braunfisch: „Gestaltung geschweißter Körper", Z 1932, S. 931

—* Schimpke: „Die neueren Schweißverfahren", Verlag Springer, Berlin u. Wien 1932

1933 = Jasper: „Geschweißte Konstruktionen", HH November 1933, S. 11

— Schaper: „Die Dauerfestigkeit der Schweißverbindungen", Z 1933, S. 556

— Thum u. Schick: „Dauerfestigkeit von Schweißverbindungen bei verschiedener Formgebung", Z 1933, S. 493

1934 — Graf: „Dauerfestigkeit von Schweißverbindungen", Z 1934, S. 1423 „Notes on welding in locomotive shops", Loc 1934, S. 258

1935 Dörnen: „Geschweißte Stahlbrücken der Deutschen Reichsbahn", Z 1935, S. 1264

— Haarich: „Zur Frage der Aluminiumschweißung", Z 1935, S. 495

= Hilpert u. Adrian: „Zehn Jahre deutscher Schweißtechnik", Z 1935, S. 187

—* Schimpke u. Horn: „Praktisches Handbuch der gesamten Schweißtechnik. 2. Band: Elektrische Schweißtechnik", 2. Aufl., Verlag Springer, Berlin 1935. — Bespr. Z 1935, S. 1430

Schinke: „Die Anwendung der Schweißung im Güterwagenbau", Z 1935, S. 1237 u. 1459

— Schottky: „Das Schweißen der warmfesten und hitzebeständigen Stahllegierungen", Z 1935, S. 41

— Thum: „Schweißgerechte Maschinengestaltung", Z 1935, S. 690

—*„Dauerfestigkeitsversuche mit Schweißverbindungen", VDI-Verlag, Berlin 1935 — Bespr. Z 1935, S. 1348

1936 — Bobek: „Verschweißen von Gußeisen und Stahl", Z 1936, S. 1487

— Malisius: „Ueber die Fugenform bei der Schweißung von Stumpfnähten", GHH Juli 1936, S. 157

Mauerer: „Schweißgerechtes Konstruieren im Fahrzeugbau", Organ 1936, S. 237

—*„Anleitungsblätter für das Schweißen im Maschinenbau", herausgegeben vom Fachausschuß für Schweißtechnik im VDI-Verlag, Berlin 1936 — Bespr. Werkstatttechnik 1936, S. 472

1937 — Aureden: „Das Schweißen dickwandiger Behälter", Z 1937, S. 1080

— Ayßlinger: „Das Schweißen von unlegierten Stählen mit verschieden hohem Kohlenstoffgehalt", GHH Juni 1937, S. 112

* Bondy: „Modern railway welding practice", Verlag Gaz, London 1937

23

1937 — Cornelius: „Dauerfestigkeit von Schweißverbindungen", Z 1937, S. 883 (m. Schriftquellen-Verzeichnis)

Reiter: „Die schweißtechnische Gestaltung beim Bau von Eisenbahnfahrzeugen", El. Bahnen 1937, S. 261

= Stieler: „Die Schweißtechnik im Vierjahresplan", Annalen 1937-II, S. 184

— Tofaute: „Das Schweißen von nichtrostenden, nickelfreien Chromstählen", Z 1937, S. 1117

— Wandelt: „Welche Lehren wurden aus der Entwicklung der Schweißtechnik für die Neufassung der Schweißvorschriften gezogen?" Wärme 1937, S. 439 u. 455

— Widemann: „Der Bindefehlernachweis an Schweißnähten in Stahl durch Röntgenstrahlen", Z 1937, S. 1403

— „Neuzeitliche hochwertige Schweißung dicker Bleche (Elektro- u. Gasschmelzschweißung)", Zeitschr. d. bayr. Revisions-Vereins 1937, S. 165

1938 = Aureden: „Stahlersparnis durch Schweißen", Z 1938, S. 1027

— Block: „Schweißen dickwandiger Kesseltrommeln", Archiv für Wärmewirtschaft 1938, S. 43

Bondy: „Railway welding progress in 1937", Gaz 1938-I, S. 1076

Brückner: „Erfahrungen mit dem Schweißen von Eisenbahnbrücken", Z 1938, S. 33

— Cornelius: „Schweißen von Stahlguß, Gußeisen und Temperguß", Z 1938, S. 1079 (m. Schrifttums-Verzeichnis)

— Hempel: „Verhalten geschweißter und geschraubter Steif-Knotenverbindungen bei ruhender oder wechselnder Biegebeanspruchung", Z 1938, S. 502

Lippl: „Die Grundsätze für den Bau geschweißter Motortragrahmen für Triebwagen", Organ 1938, S. 205

— Thum u. Erker: „Dauerbiegefestigkeit von Kehl- und Stumpfnahtverbindungen", Z 1938, S. 1101

— Wulff: „Praktische Ratschläge für die Herstellung der Röntgenaufnahmen von Schweißnähten und ihre Auswertung", Bautechnik-Beilage: Der Stahlbau 1938, S. 711

1939 — Ahlert: „Thermit-Schweißung", Z 1939, S. 515

* Klöppel u. Stieler: „Schweißtechnik im Stahlbau. — 1. Bd.: Allgemeines", Verlag Springer, Berlin 1939. — Bespr. Z 1940, S. 523

= Schaper: „Das Schweißen im Brückenbau und im Ingenieur-Hochbau", RB 1939, S. 732

—* „The Welding Encyclopedia", 9. Ausgabe, The Welding Engineer Publishing Co, Chicago 1939

— „Normung in der Schweißtechnik", Z 1940, S. 325

1940 —* Kommerell: „Erläuterungen zu den Vorschriften für geschweißte Stahlbauten mit Beispielen für die Berechnung und bauliche Durchbildung. — 1. Teil: Hochbauten", Verlag W. Ernst & Sohn, Berlin 1940. — Bespr. Z 1940, S. 723

— Krug: „Kaltschweißung von Gußeisen", Z 1940, S. 777

Reiter: „Werkstättentechnik für den Bau geschweißter Schienenfahrzeuge", Organ 1940, S. 153

Schweißen von Nichteisenmetallen / allgemein

1935 — Haarich: „Zur Frage der Aluminiumschweißung", Z 1935, S. 495

1936 — Stieler: „Der gegenwärtige Stand des Schweißens von Nichteisenmetallen", Z 1936, S. 657

1937 — Horn: „Elektrische Aluminium-Schweißung", Maschinenbau 1937, S. 355

1938 — Borstel: „Die Punktschweißung im Flugzeugbau", Z 1938, S. 704

1939 = Auchter: „Grundlegende Erfahrungen über das Schweißen des Aluminiums mit dem Metall-Lichtbogen", Werft-Reederei-Hafen 1939, S. 201

— „VDI-Fachsitzung: Schweißen von Leichtmetallen", Z 1939, S. 581

1940 — Cornelius: „Einfluß von Sauerstoff und Stickstoff (bzw. Schwefel u. Phosphor) auf das Schweißen von Stahl", Z 1940, S. 477 (u. 432)

— Haase: „Punkt- und Nahtschweißung von Leichtmetallen", Z 1940, S. 89

— Klosse: „Schweißen von Magnesium-Gußlegierungen", Z 1940, S. 511

— von Rajakovics u. Blohm: „Einfluß der Oberflächenbeschaffenheit beim Punktschweißen von Leichtmetallen", Z 1940, S. 555

Kupferschweißung

1921 Weese: „Autogenschweißung von kupfernen Lokomotivfeuerbüchsen", Z 1921, S. 945

1926 Prinz: „Das autogene Schweißen von kupfernen Feuerbüchsen", Organ 1926, S. 458

1928 —* Horn: „Die Schweißung des Kupfers und seiner Legierungen Messing und Bronze", Verlag Springer, Berlin u. Wien 1928 — Bespr. Werkstatttechnik 1928, S. 672

„Welding of copper fireboxes", Loc 1928, S. 187

1929 Samesreuther: „Die Kupferschweißung, insbesondere an Lokomotivfeuerbüchsen", Z 1929, S. 1731

1934 Cramer: „Einschweißen von Stehbolzen in die kupfernen Feuerbuchswände des Lokomotiv-Kessels", Annalen 1934-II, S. 89

1937 — Cornelius: „Schweißen von Kupfer und Kupferlegierungen", Z 1937, S. 1375 (m. Schriftquellen-Verzeichnis)

Elektrische Schweißung

1924 = Füchsel: „Zur Bewertung der elektr. Widerstandsschweißung nach dem Stumpfschweiß- und Abschmelzverfahren", Annalen 1924-I, S. 85 u. II, S. 235

= Neesen: „Ueber elektrische Schweißung", Z 1924, S. 1125

1925 —* Meller: „Elektr. Lichtbogenschweißung", Verlag Hirzel, Leipzig 1925

1927 —* Neumann: „Elektr. Widerstandsschweißung u. -Erwärmung", Verlag Springer, Berlin u. Wien 1927 — Bespr. Werkstatttechnik 1928, S. 374

1929 — Wuppermann: „Die elektr. Stumpfschweißung", Z 1929, S. 1758

1931 —* Klosse: „Das Lichtbogenschweißen", Werkstattbücher, Heft 43, Verlag Springer, Berlin u. Wien 1931

— Sandelowsky: „Die zulässige Beanspruchung von lichtbogengeschweißten Nähten im Maschinenbau", Betrieb 1931, S. 197

1931 —   Sandelowsky: „Das Arcatom-Schweißverfahren. — Lichtbogen-Schutz-
          gasschweißung in dissoziiertem Wasserstoffgas nach Langmuir",
          Z 1931, S. 1361

1932 * Meller: „Elektrische Lichtbogenschweißung", 2. Aufl., Verlag Hirzel,
          Leipzig 1932 — Bespr. Z 1932, S. 1160

    —   Prox: „Erkenntnisse und Erfolge bei der elektrischen Schweißung",
          Z 1932, S. 497

          Rosenberg: „Lichtbogenschweißung bei elektrischen Lokomotiven",
          Z 1932, S. 510

    —   Sandelowsky: „Erkenntnisse über die Schweißung mit dem Kohlen-
          lichtbogen", Z 1932, S. 185

1933   Helmholtz: „Geschweißter Führerhaus-Unterbau bei elektrischen
          Lokomotiven", Organ 1933, S. 334

          Reiter: „Die Lichtbogenschweißung im Bau elektrischer Lokomo-
          tiven", El. Bahnen 1933, S. 229

1935 —* Meller: „Taschenbuch für die Lichtbogenschweißung", Verlag S. Hir-
          zel, Leipzig 1935 — Bespr. Werkstatttechnik 1936, S. 38

    —*   Schimpke u. Horn: „Elektrische Schweißtechnik", 2. Aufl., Verlag
          Springer, Berlin 1935 — Bespr. Werkstatttechnik 1935, S. 330

    —   Strelow: „Entwicklung und Verwendung der Elektroden in der Licht-
          bogenschweißung", Z 1935, S. 1080

1937 —* Klosse: „Das Lichtbogenschweißen", 2. Aufl., Verlag Springer, Ber-
          lin 1937 — Bespr. Werkstatttechnik 1937, S. 284

    —*   Meller: „Taschenbuch für die Lichtbogenschweißung", 2. Aufl., Ver-
          lag Hirzel, Leipzig 1937 — Bespr. Werkstatttechnik 1938, S. 358

    —   Rietsch: „Stand der elektr. Punkt- und Nahtschweißung von Leicht-
          metallen", Maschinenbau 1937, S. 453

1938 —   Czternasty: „Fortschritte der Widerstand-Abschmelzschweißung von
          legierten Kesselbaustoffen", Wärme 1938, S. 205

    —   Fahrenbach: „Werkstoffsparen durch Widerstandsschweißung", Z
          1938, S. 241

1939 —   Langkau: „Die Streufeld-Schweißmaschine", Z 1939, S. 357

          Laborie: „La soudure électrique par résistance dans les ateliers de
          réparation du matériel de la S.N.C.F.", Revue 1939-I, S. 103

1940   Müller: „Elektroschweißung in Bahnbetrieben", VT 1940, S. 226

Autogenes Schweißen und Schneiden

1906 —   Wiß: „Die autogene Schweißung der Metalle", Z 1906, S. 47

1923 —* Kagerer: „Das autogene Schweißen und Schneiden mit Sauerstoff",
          3. Aufl., Verlag Springer, Wien 1923

1926   Prinz: „Das autogene Schweißen von kupfernen Feuerbüchsen", Or-
          gan 1926, S. 458

1927 —   Strelow: „Wirtschaftlicher Vergleich der Schmelzschweißung und der
          Nietung", Maschinenbau 1927, S. 549

1931 —   Hilpert: „Werkstoffveränderungen der mit Schneidbrennern be-
          arbeiteten Baustähle", Z 1931, S. 649

1940 —   Krug: „Brennschneiden", Z 1940, S. 713

    —   Theis u. Zeyen: „Gasschmelzschweißung dicker Kesselbleche", Z 1940,
          S. 403

WERKSTOFF-FRAGEN

Allgemein

1923 = Kühnel u. Marzahn: „Der Zusammenhang zwischen Rosterscheinungen und Baustoffeigenschaften", Annalen 1923-I, S. 134
„The use of vanadium steel in locomotive work", Loc 1923, S. 55

1924 Füchsel: „Die qualitative Entwicklungslinie der Eisenbahnbaustoffe", Annalen 1924-II, S. 123

1927 = Kühnel: „Die Gefahren der Schwingungsbeanspruchung für den Werkstoff", Z 1927, S. 557

1930 — Heidebroek: „Maschinenteile und Werkstoffkunde", Z 1930, S. 1259

1931 — Hilpert: „Werkstoffveränderungen der mit Schneidbrennern bearbeiteten Baustähle", Z 1931, S. 649
Kantner: „Röntgenprüfanlagen für Werkstoffe der Deutschen Reichsbahn-Ges.", Z 1931, S. 399

1935 * Ude: „Zur Geschichte der Eisenbahnwerkstoffe", «Technikgeschichte», Beiträge zur Geschichte der Technik und Industrie, Bd. 24, VDI-Verlag, Berlin 1935, S. 38 (m. Schriftquellen!)

1937 — Flaß: „Werkstoffsparen im Maschinenbau", Z 1937, S. 1481
—*„Nickel - Handbuch", herausgegeben vom Nickel-Informations-Büro GmbH., Frankfurt/Main 1937
—*„Stoffhütte", Taschenbuch der Stoffkunde, Verlag Wilh. Ernst u. Sohn, 2. Aufl., Berlin 1937

1938 — Aster: „Werkstoffe auf der Automobil-Ausstellung 1938" (u. a. gegossene Kurbelwellen), ATZ 1938, S. 107
Kommerell: „Die Entwicklung hochwertiger Baustähle: Versuche und Erfahrungen bei der Ausführung geschweißter Eisenbahnbrücken", VW 1938, S. 45

— Müller: „Werkstückprüfung mittels Ultraschalls", El. Bahnen 1938, S. 205

= „Nickelarme legierte Stähle", Organ 1938, S. 221

— „5. Werkstoff-Fachheft", ATZ 1938, Nr. 12, S. 305 u. f.

1939 — Neumeyer: „Gußeisen, Aluminium und Elektron im Kraftwagenbau", HH Febr. 1939, S. 45

—* v. Renesse: „Werkstoff-Ratgeber", Buchverlag W. Girardet, Essen 1939. — Bespr. Werkstatttechnik 1940, S. 17 u. ATZ 1940, S. 311

1940 — Bayer: „Zink als Konstruktionswerkstoff", Z 1940, S. 565

—* Jänecke: „Kurz gefaßtes Handbuch aller Legierungen", Verlag R. Kiepert, Berlin-Ch. 1940 (Nachtrag zum Hauptwerk 1937) — Bespr. Z 1940, S. 836

— Schulz: „Werkstoffe für Heißdampf von 600°", Z 1940, S. 160

Werkstoff-Prüfung

1931 Kantner: „Röntgenprüfanlagen für Werkstoffe der Deutschen Reichsbahn-Ges.", Z 1931, S. 399

1934 Rosteck: „Die Weiterentwicklung des Röntgendurchstrahlungsverfahrens bis zu den gegenwärtigen Großdurchstrahlungen bei den Brückenuntersuchungen der Deutschen Reichsbahn", Annalen 1934-II, S. 73

1934 — Widemann: „Die Strukturprüfung von Schwermetall-Erzeugnissen
        durch Gamma-Strahlung", Annalen 1934-I, S. 41
1935   Kühnel: „Werkstoff-Fragen des letzten Vierteljahrhunderts und ihre
        Lösung im Eisenbahn-Betrieb", Annalen 1935-II, S. 135
1939   Kühnel: „Werkstoffprüfung bei der Deutschen Reichsbahn", Annalen
        1939, S. 252
        Scharrnbeck: „Die Prüfung nichtmetallischer Stoffe bei der Deut-
        schen Reichsbahn", Annalen 1939, S. 264
—*   Siebel: „Handbuch der Werkstoffprüfung. — Bd. II: Die Prüfung
        der metallischen Werkstoffe", Verlag Springer, Berlin 1939. —
        Bespr. Organ 1940, S. 328
        Stieler: „Verfahren zur zerstörungsfreien Prüfung von Werkstücken,
        besonders von Schweißnähten", Annalen 1939, S. 256

Beanspruchung und Festigkeit

1920 = Rittershausen u. Fischer: „Dauerbrüche an Konstruktionsstahlen und
        die Kruppsche Dauerschlagprobe", Kruppsche Monatshefte 1920,
        S. 93
1928 — Enßlin: „Die Grundlagen der theoretischen Festigkeitslehre", Z 1928,
        S. 1625
1930 — Bartels: „Die Dauerfestigkeit ungeschweißter und geschweißter Guß-
        und Walzwerkstoffe", Z 1930, S. 1423
        Kühnel: „Dauerbruch und Festigkeit. — Erfahrungen aus dem Be-
        trieb der Deutschen Reichsbahn", Z 1930, S. 181
1931 — Kuntze: „Struktur, Festigkeit, Stetigkeit", Z 1931, S. 285
—   Lehr: „Wege zu einer wirklichkeitstreuen Festigkeitsrechnung",
        Z 1931, S. 1473
1933 —* Holzhauer: „Ermüdungsfestigkeit von Kesselbaustoffen und ihre
        Beeinflussung durch chemische Einwirkungen", VDI-Verlag, Ber-
        lin 1933
1934 = Kühnel: „Grenzen der Werkstoffleistung. — Dauerbrüche und ihre
        Ursachen", Annalen 1934-II, S. 33
—*   Lehr: „Spannungsverteilung in Konstruktionselementen", VDI-Ver-
        lag, Berlin 1934
1936 — Rinagl: „Die Fließgrenze bei Biegungsbeanspruchung", Z 1936,
        S. 1199
1937 = Kühnel: „Gleichartige Oberflächenzerstörung von Kesselteilen ver-
        schiedenen Werkstoffes und ihre Ursachen", Annalen 1937-II, S. 40
—   Thum u. Erker: „Einfluß von Wärme-Eigenspannungen auf die
        Dauerfestigkeit", Z 1937, S. 276
1939 — Sachtleben: „Die Auswirkung der modernen Festigkeitsforschung auf
        die Praxis", HH Febr. 1939, S. 7

Stahl

1925   Kühnel: „Das Einsatzhärten und seine Anwendung in der Eisenbahn-
        fahrzeugindustrie", Annalen 1925-I, S. 259
        „Vibrac steel", Loc 1925, S. 375
1930 — Goerens: „Neuzeitliche Entwicklung des Edelstahls", Z 1930, S. 297

1931　　„Die Verwendung von Legierungsstählen im Lokomotivbau", Waggon-
　　　　und Lokbau 1931, S. 267 — Mechanical World 1931, Nr. 2319,
　　　　S. 562 — Nr. 2321, S. 606 — Nr. 2322, S. 8

1938 —　Büttner: „Baustähle für besondere Verwendung", ATZ 1938, S. 307
　—　Schaper: „Der hochwertige Baustahl St 52 im Bauwesen", Bautech-
　　　　nik 1938, S. 649

1939 —*　Krekeler: „Die Baustähle für den Maschinen- und Fahrzeugbau",
　　　　Werkstattbücher, 75. Heft, Verlag Springer, Berlin 1939 — Bespr.
　　　　Z 1940, S. 244

1940 —　Kiessler: „Nickel- und molybdänfreie Baustähle", Z 1940, S. 385
　—　Schulz u. Bischof: „Neuere Entwicklung des Stahles St 52 für den
　　　　Großstahlbau", Z 1940, S. 229

Gußeisen

1927 —　Meyersberg: „Entwicklung des Perlitgusses", Z 1927, S. 1427

1930 —　Thum u. Ude: „Die mechanischen Eigenschaften des Gußeisens",
　　　　Z 1930, S. 257

1933 —*　von Schwarz: „Gußeisen-Gefügelehre", Verlag F. u. J. Voglrieder,
　　　　München u. Leipzig 1933 — Bespr. Z 1934, S. 1095

1938 —　Mickel: „Neuere Erkenntnisse über die Gestaltfestigkeit gußeiserner
　　　　Bauteile", GHH 1938, S. 73

Schleuderguß

1933 —　Hauser: „Schleuderguß aus Nichteisenmetallen", GHH Januar 1933,
　　　　S. 90

1934 —*　Väth: „Der Schleuderguß", VDI-Verlag, Berlin 1934 — Bespr. 1934,
　　　　S. 1128

1936 —　Ludwig: „Schleuderguß von Nichteisenmetallen", Z 1936, S. 1227

1938 —　„Anwendung von Spritzguß im amerikanischen Automobilbau", ATZ
　　　　1938, S. 318

Leichtmetall

1913　　„Aluminium and its uses in railway car construction", Loc 1913,
　　　　S. 60

1930 —　Gentzke: „Die Eigenschaften der Leichtmetalle und ihre Einwirkung
　　　　auf die Konstruktion", Betrieb 1930, S. 289

　—　Melchior: „Aluminium. — Die Leichtmetalle und ihre Legierungen",
　　　　Z 1930, S. 1267

　—*„VLW-Leichtmetalle", Prospekt mit Werkstattvorschriften, her-
　　　　ausgegeben von den Vereinigten Leichtmetall-Werken GmbH.,
　　　　Bonn 1930

1935 —*„Leichtmetall", herausgegeben von den Vereinigten Leichtmetall-
　　　　Werken GmbH., Hannover-Linden 1935

1936   Woollen: „Aluminium for railway rolling stock construction", Age
        1936-I, S. 303
1937 — Bungardt: „Magnesium und seine Legierungen", Z 1937, S. 1289
   —   Bungardt: „Eigenschaften und Verwendungsmöglichkeiten von
        Magnesiumlegierungen", Z 1937, S. 1487
   —   Piwowarsky: „Leichtmetallguß", Z 1937, S. 892
   —   Schanz: „Magnesiumlegierungen für Gehäuseteile von Elektro-
        maschinen", Z 1937, S. 1329
        Sutter: „Some recent applications of aluminium in railway rolling
        stock construction", Gi T 1937, S. 35, 128 u. 155
1938   Höfinghoff: „Untersuchung von Aluminiumgußlegierungen", VW
        1938, S. 212
   —*„Aluminium-Taschenbuch", 8. Auflage, herausgegeben von der Alu-
        minium-Zentrale GmbH., Berlin 1938
   —*„Werkstoff-Magnesium", nach Vorträgen der Magnesiumtagungen
        Berlin und Frankfurt, VDI-Verlag, Berlin 1938 — Bespr. ATZ
        1938, S. 145

Holz

1921 = „Holz-Sondernummer", Hawa-Nachrichten 1921, Heft 5, S. 123 u. f.
1930 — Wisligenus: „Neue Wege der stofflichen Holznutzung und Holz-
        forschung", Z 1930, S. 1469
   —   Wulff: „Panzerholz", Z Maschinenbau 1930, S. 238
        „The Lang laminated wooden wheel centre", Gaz 1930-II, S. 373
1936 — Metz: „Feuerschutz des Holzes", Z 1936, S. 660
1937 —* Blankenstein: „Leimen von Holz", herausgegeben vom Ausschuß für
        wirtschaftliche Fertigung (AWF), AWF-Schrift 264, Verlag Teub-
        ner, Leipzig u. Berlin 1937
   —   Erdmann: „Holzfragen", Z 1937, S. 336
1939 —* Bittner u. Kloß: „Furniere, Sperrholz, Schichtholz", 2 Teile, «Werk-
        stattbücher» 76. u. 77. Heft, Verlag Springer, Berlin 1939. —
        Bespr. Z 1940, S. 744
   =   Böhringer: „Der Schutz von Holz gegen Fäulnis", Bahn-Ing. 1939,
        S. 122
        Keßler: „Ausbildungs- u. Unterweisungslehrgang für Holzabnehmer",
        Bahn-Ing. 1939, S. 21
1940   Gröner: „Die Holzwirtschaft bei der Deutschen Reichsbahn", Organ
        1940, S. 217
   —* Schikorr: „Ueber den chemischen Angriff von Holzschutzmitteln auf
        Eisen", Verlag Springer 1940. — Bespr. Organ 1940, S. 330
        Stumpp: „Die Holzfaserplatte in der Erhaltungswirtschaft der Reichs-
        bahn-Ausbesserungswerke", Organ 1940, S. 232
   —*„Holzschutzmittel. — Prüfung und Forschung", I. Folge, Heft 5 der
        «Wissenschaftlichen Abhandlungen der deutschen Materialprüf-
        anstalten», Verlag Springer, Berlin 1940. — Bespr. Organ 1940,
        S. 330

Gummi

1926 „Rubber for rolling stock. — Its use, application and development",
Loc 1926, S. 114

1937 — Wiessner: „Neuere Anwendungsgebiete für Gummi im Maschinenbau", Annalen 1937-II, S. 88

1940 = Kemper: „Was ist Schwingmetall? — Seine Verwendung im Kraftfahrzeugbau" (Weichgummi zwischen Metallplatten vulkanisiert als
hochwertige Lagerung), Bahn-Ing. 1940, S. 294

Heim- und Austausch-Stoffe

1919 — Rosenberg: „Die Ersatzstoffe in der Elektrotechnik", El. Kraftbetriebe u. Bahnen 1919, S. 156

1935 Hölzel: „Einsparung von ausländischen Rohstoffen im Fahrleitungsbau", El. Bahnen 1935, S. 137

Lindermayer: „Die nationale Rohstoffwirtschaft und die Deutsche
Reichsbahn", Annalen 1935-I, S. 35

1936 —* Pabst: „Kunststoff-Taschenbuch", Verlag Physik, Berlin-Dahlem 1936
— Bespr. ATZ 1937, S. 165

Wagner u. Muethen: „Heimstoffwirtschaft im deutschen Lokomotivbau unter besonderer Berücksichtigung der Lagerfrage", Annalen
1936-I, S. 31 u. 103

1937 —* Bürgel: „Deutsche Austauschwerkstoffe", Schriftenreihe Ingenieur-
fortbildung, 2. Heft, Verlag Springer, Berlin 1937 — Bespr.
Annalen 1937-II, S. 168

— Ebert: „Von den neuen deutschen Austauschstoffen", Schweiz. Bauzeitung 1937-II, S. 188

— Gebhardt: „Rohstoff-Fragen auf dem Armaturengebiet. — Begrün-
dung und Umfang der Verwendungsverbote", Archiv für Wärmewirtschaft 1937, S. 39

Metzkow: „Die Heimstoffe «Buna, Kunstharz und Zellwolle» in der
Reichsbahnschau der Düsseldorfer Ausstellung «Schaffendes
Volk»", Annalen 1937-II, S. 36

Metzkow: „Die Heimstoffe: Synthetischer Kautschuk, Kunststoffe
und Kunstfasern bei der Deutschen Reichsbahn (insbes. für
Brems- und Heizschläuche)", Bahn-Ingenieur 1937, S. 303

— Philipp: „Aus dem Schrifttum über Austausch und Einsparen von
metallischen Werkstoffen", Maschinenbau 1937, S. 78

— Schmidt: „Kunststoff-Forschung", Z 1937, S. 1052

1938 —* Brandenburger: „Herstellung und Verarbeitung von Kunstharzpreß-
massen", J. F. Lehmanns Verlag, München-Berlin 1938 — Bespr.
ATZ 1938, S. 542

Metzkow: „Anwendung der Heimstoffe «Zellwolle, Kunstharze u.
Kunstgummi» und Maßnahmen zur Rohstofferhaltung bei der
Deutschen Reichsbahn", Annalen 1938-II, S. 309

Metzkow: „Die Heimstoffwirtschaft der Deutschen Reichsbahn auf
dem Textil-, Kunststoff- und Gummigebiet", RB 1938, S. 822

Spies: „Straßenbahnfahrdraht und Vierjahresplan", VT 1938, S. 164

— „Die Anwendung von Kunstharz im Kraftwagenbau", ATZ 1938,
S. 316

1939 —* Brandenburger: „Kunststoff-Ratgeber", Buchverlag W. Girardet, Essen 1939 — Bespr. RB 1939, S. 865

Lang: „Verwendung von Heimstoffen im Fahrleitungsbau", VT 1939, S. 49

—* Mehdorn: „Kunstharzpreßstoffe und andere Kunststoffe", VDI-Verlag, Berlin 1939 — Bespr. Z 1940, S. 23

— Nitsche: „Eigenschaften warmgepreßter Kunstharz-Preßstoffe nach Din 7701", Z 1939, S. 161

Scharrnbeck: „Betrachtungen des Chemikers über Kunststoffe im Wagenbau der Reichsbahn", Annalen 1939-I, S. 1

— Thum u. Jacobi: „Festigkeitseigenschaften von hochfesten Kunstharz-Preßstoffen", Z 1939, S. 1044

— Vieweg: „Die Wertung der Kunststoffe durch den Ingenieur", Z 1939, S. 1053

— „VDI-Fachsitzung: Kunst- und Preßstoffe", Z 1939, S. 600

1940   Beuerlein u. Krywalski: „Versuche an Preßstofflagern für Kippwagen", Z 1940, S. 739

— Buchmann: „Festigkeit und zulässige Beanspruchung von Polyvinylchlorid-Kunststoff", Z 1940, S. 425

— Busch: „Kunst- und Preßstoffe im Kraftfahrzeugbau", ATZ 1940, S. 283

Höfinghoff: „Erfahrungen der Deutschen Reichsbahn mit Heimstoffen", Z 1940, S. 465 u. 581

Jandtke: „Ersatzstoffe bei Straßenbahnbetrieben", VT 1940, S. 221

Otto: „Tatzenlager aus Kunstharz-Preßstoff in Straßenbahnen", Z 1940, S. 644

— Richard: „Festigkeiten und Verschleiß von Zahnrädern aus geschichteten Kunstharz-Preßstoffen", Z 1940, S. 606

— Rohde: „Geschichtete Kunstharz-Preßstoffe für Walzenlager", Z 1940, S. 832

Oberflächenveredelung

1929 — Kutscher: „Oberflächenschutz durch aufgespritzte metallische Ueberzüge", Maschinenbau-Betrieb 1929, S. 543

— Rackwitz: „Oberflächenschutz durch aufgewalzte und aufgeschweißte Metallüberzüge und durch Oxydation", Maschinenbau-Betrieb 1929, S. 546

— Schlötter: „Galvanisch und feuerflüssig aufgebrachte Ueberzüge", Maschinenbau-Betrieb 1929, S. 539

1936 — Schenk: „Das Metallspritzen. — Vergleich mit anderen Verfahren der Oberflächenveredelung", Z 1936, S. 1189

1937 —* Schütz: „Die Emaillierung des Gußeisens", 23. Heft der Betr.-Prax. Eisen-, Stahl- u. Metallgieß., Verlag W. Knapp, Halle a. S. 1937 — Bespr. ATZ 1938, S. 78

— Vielhaber: „Stand der Emailtechnik", Z 1937, S. 982

1938 — Posern u. Schmidt: „Die Hartverchromung", Z 1938, S. 489
— Wiessner: „Neuerungen auf dem Gebiete des Oberflächenschutzes", Annalen 1938-I, S. 122
1940 — Buß: „Untersuchungen über die Verchromung von Fahrzeugteilen", Z 1940, S. 809
— Wiegand: „Oberflächengestaltung und -behandlung dauerbeanspruchter Maschinenteile", Z 1940, S. 505

Stoffwirtschaft

1924 Haas: „Die Altstoffwirtschaft in den Eisenbahnwerken", Annalen 1924-II, S. 240
1927 * Lindermayer: „Zusammenfassende Mitteilungen über die Stoffwirtschaft der Deutschen Reichsbahn", Annalen 1927, Jubiläums-Sonderheft S. 272
1935 Haas: „Die Altstoffe in der Metallwirtschaft der Reichsbahn", Annalen 1935-I, S. 77 u. 87
Lindermayer: „Die nationale Rohstoffwirtschaft und die Deutsche Reichsbahn", Annalen 1935-I, S. 35
1937 Haas: „Altmetall-Wirtschaft im Betriebe nach Erfahrungen bei der Deutschen Reichsbahn", Z 1937, S. 1129
Lindermayer: „Die Stoffwirtschaft der Deutschen Reichsbahn im Vierjahresplan", VW 1937, S. 605
— Schulz: „Der Werkstoffaufwand im Dampfkraftwerk", Z 1937, S. 1393
1938 — Fahrenbach: „Werkstoffsparen durch Widerstandsschweißung", Z 1938, S. 241
Wernekke: „Schrott und seine Verwertung bei einer amerikanischen Eisenbahn", Annalen 1938-I, S. 7
1939 = Keßler: „Die Entwicklung des Stoffwesens nach dem Kriege", Annalen 1939, S. 253
„What railroads should know about scrap", Age 1939-II, S. 252
1940 — „Schrottwirtschaft in den Vereinigten Staaten", Annalen 1940, S. 73

NACHTRÄGE

Eisenbahnwesen / allgemein

1912   Guillery: „Das Kleinbahnwesen auf der Turiner Weltausstellung", Klb-Ztg. 1912, S. 573, 589, 605 u. 1913, S. 489, 508, 526

1914   Guillery: „Die Weltausstellung in Gent", Klb-Ztg. 1914, S. 10, 21, 37, 57, 90, 134, 152

„Oberbau und Betriebsmittel der Schmalspurbahnen (im Dienst von Industrie und Bauwesen, Land- und Forstwirtschaft)", Klb-Ztg. 1914, S. 253, 265, 286

1940   „Die russische Spurweite", Lok 1940, S. 107

Verkehrsgeographie und -Politik

1940 —* Zetzsche: „Das Eisenbahnsystem des Thüringer Waldes und seiner Randgebiete", Verlag Konrad Triltsch, Würzburg 1940. — Bespr. VW 1940, S. 285

Die Verkehrsmittel untereinander

1937 = Ottmann: „Die Hochseefischerei als Transportproblem", Archiv für Eisenbahnwesen 1937, S. 1025

= Pirath: „Der Luftverkehr als technisches und wirtschaftliches Problem", Archiv für Eisenbahnwesen 1937, S. 615

= Remy: „Die Zukunft des Schienenweges im großafrikanischen Verkehrsproblem" (m. Karten und Schriftquellen), Archiv für Eisenbahnwesen 1937, S. 729

1938 = Dieckmann: „Der Transwüstenverkehr im Vorderen Orient" (m. Karte), Archiv für Eisenbahnwesen 1938, S. 449

= Paschen: „Das Verkehrswesen Französisch-Indochinas 1932/36", Archiv für Eisenbahnwesen 1938, S. 425 (m. Karte)

= Wiedenfeld: „Die Verkehrsaufgaben zur deutschen Wirtschaftsgestaltung", Archiv für Eisenbahnwesen 1938, S. 551

1939 = Ebhardt: „Der organische Aufbau des gewerblichen Verkehrs im Deutschen Reich", Archiv für Eisenbahnwesen 1939, S. 353

= Jänecke: „Einfluß der Verkehrsmittel, insbes. der Eisenbahn, auf den Verlauf der Marneschlacht", Archiv für Eisenbahnwesen 1939, S. 1219

= Kühn: „Das britische Transportwesen an der Westfront im März 1918", Archiv für Eisenbahnwesen 1939, S. 1245

= Paschen: „Das Verkehrswesen der Südafrikanischen Union seit dem Krisenjahr 1933", Archiv für Eisenbahnwesen 1939, S. 1423

Tork: „Nebenbahnprobleme", Archiv für Eisenbahnwesen 1939, S. 897

„Der Stand der Gleichordnung von Eisenbahn- und Straßenverkehr in Frankreich", Archiv für Eisenbahnwesen 1939, S. 395

1940   Müller: „Der Kriegseinsatz der Straßenbahn- und Omnibusunternehmen im Rhein-Ruhr-Bezirk", VT 1940, S. 291

=   Nitzsche: „Wirtschaftlichkeit im Güterverkehr mit Kraftfahrzeugen", VW 1940, S. 230

=   Reitsma: „Das Streben nach Vereinheitlichung im niederländischen Verkehrswesen", ZMEV 1940, S. 529

Wehrspan: „Leistungssteigerung bei Massengutverladung von Eisenbahn auf Schiff", VW 1940, S. 239

Eisenbahnbau und -Betrieb

1940   Feindler: „Betriebswissenschaftliche Arbeiten bei der Neugestaltung von Bahnanlagen", VW 1940, S. 267

Koldewitz: „Befestigung eines Bahndammes in Moorgebiet bei vollem Betrieb", Organ 1940, S. 313

Müller Prof. Dr.: „Einführung in die Fahrdynamik", Bahn-Ing. 1940, S. 521

Potthoff: „Zur Ermittelung der Höhe eines Ablaufberges und der Neigung der Steilrampe", Organ 1940, S. 319

„Eisenbahnbau in Spanien", Organ 1940, S. 328

Deutsche Reichsbahn / allgemein

1935   Fritze: „Wenn die Reichsbahn noch die 4. Klasse hätte", ZMEV 1935, S. 833

1937   Baumann: „Schwankungen der deutschen Wirtschaftslage im Spiegel der Reichsbahn-Betriebskosten", Archiv für Eisenbahnwesen 1937, S. 969

Koch: „Reichsbahn und Bergpolizei", Archiv für Eisenbahnwesen 1937, S. 985 [S. 1001: Grubenbahnen]

Treibe: „Wandlungen in der Struktur des Reichsbahn-Verkehrs", Archiv für Eisenbahnwesen 1937, S. 673

1940   Busch: „Grundzüge der Finanzpolitik der Deutschen Reichsbahn", ZMEV 1940, S. 373

Conradi: „Die architektonische Neugestaltung des Bahnhofs Hohenstein (Ostpreußen)", RB 1940, S. 389

=   Fries: „Gedanken zur Eingliederung Ostoberschlesiens in den Verkehr nach seiner Rückkehr ins Reich", ZMEV 1940, S. 499

Luhmann: „Die Ausrüstung der Reichsbahn-Ausbesserungswerke mit Werkzeugmaschinen", Annalen 1940, S. 187

Müller: „Das Versuchswesen für Wärme- und Energiewirtschaft in den ortsfesten Anlagen der DRB (mit Meßwagen für Energie- und Wärmewirtschaft)", RB 1940, S. 369

Paszkowski: „Die wirtschaftliche Struktur des Reichsbahn-Direktionsbezirks Köln und die Aufgaben für den Gütertarifdienst", ZMEV 1940, S. 425

Schneider: „Der Umbau und die Erweiterung des Empfangsgebäudes Lüneburg-Ost", RB 1940, S. 481

v. Schroeder: „Die Verstaatlichung sudetendeutscher Privatbahnen", ZMEV 1940, S. 555

1940 — v. Umlauff: „Bodensee-Fahrgastschiff «Ostmark» der Deutschen
Reichsbahn mit Voith-Schneider-Antrieb". Schiffbau (Berlin) 1940,
S. 201

Waltenberg: „Das kleine Empfangsgebäude", RB 1940, S. 321

Deutsche Reichsbahn / Vorgeschichte

1910   Birk: „Die österreichisch-steirische Alpenbahn St. Pölten-Mariazell-
Gußwerk", Klb-Ztg. 1910, S. 25, 41, 59 [S. 59: D- und C1-
Lokomotiven]

1936   * Müller: „Die Eisenbahnen im Gebiet der Oberweser", Dissertation
Universität Göttingen, Verlag Gerhard Stalling, Oldenburg 1936 —
Bespr. Archiv für Eisenbahnwesen 1938, S. 226

1937   Kuntzemüller: „Die Höllentalbahn im Schwarzwald", Archiv für
Eisenbahnwesen 1937, S. 327

1938   * Pfeiff: „Vom Kampf um eine feste Rheinbrücke bei Karlsruhe-
Maxau", Verlag G. Braun, Karlsruhe 1938. — Bespr. Archiv für
Eisenbahnwesen 1938, S. 1048

1939   Hahn: „Geschichte der Verkehrspolitik im süddeutschen Raum",
Archiv für Eisenbahnwesen 1939, S. 1081 (m. Karten u. Schriftquellen)

1940   Haas: „Die Abhängigkeit des deutschen Eisenbahnnetzes von seiner
geschichtlichen Entwicklung", Archiv für Eisenbahnwesen 1940,
S. 369

Kuntzemüller: „Zur Hundertjahrfeier der Badischen Staatsbahn",
ZMEV 1940, S. 469 — Archiv für Eisenbahnwesen 1940, S. 673

Maey: „Deutsche Eisenbahngeschichte als Spiegelbild der Reichs-
werdung", Lok 1940, S. 127

Overmann: „Die königlich Westfälische Bahn (1850-1880)", Archiv
für Eisenbahnwesen 1940, S. 825 (m. Karten)

Sommer: „Preußische Eisenbahnpolitik in den Ostprovinzen von
1840-1914", VW 1940, S. 131 u. f.

Wiedenfeld: „Deutsche Eisenbahn-Gestalter aus Staatsverwaltung
und Wirtschaftsleben im 19. Jahrhundert (1815-1914)", Archiv
für Eisenbahnwesen 1940, S. 733

Deutsche Privat- und Kleinbahnen

1911   Haselmann: „Statistik der deutschen Kleinbahnen", Kraftbetr. 1911,
S. 336, 357 u. 374

1915   Winkler: „50 Jahre Straßenbahnen in Deutschland", Klb-Ztg. 1915,
S. 573, 585 u. 597

1918   „25 Jahre Straßenbahnen im Saartal", Klb-Ztg. 1918, S. 267

1938   Weisflog: „Die Straßenbahnen und Bahnen besonderer Bauart im
Deutschen Reich im Jahre 1935", Archiv für Eisenbahnwesen
1938, S. 337

„Die nebenbahnähnlichen Kleinbahnen im Deutschen Reich im
Jahre 1935", Archiv für Eisenbahnwesen 1938, S. 1235

1940 Fridrich: „50 Jahre Salzkammergutlokalbahn", ZMEV 1940, S. 390
v. Galléra: „Die Privat- und Kleinbahnen im Jahre 1938", VT
1940, S. 231
Uhlig: „Die Wuppertaler Bahnen", VT 1940, S. 239

Deutsche Kolonialbahnen

1910 Barth: „Die Eisenbahnen unserer Schutzgebiete", Organ 1910, S. 108
und 117
1912 Denicke: „Neuere Eisenbahnbauten in Deutsch-Südwestafrika", VW
1912/13, S. 859
1917 Dietrich: „Die Bahnen der deutschen Kolonien", Klb-Ztg. 1917,
S. 2, 17, 29

Ausländische Eisenbahnen

1910 Heber: „Die neue Hochgebirgsbahn von Kristiania nach Bergen",
Klb-Ztg. 1910, S. 249, 265, 281, 297, 313 u. 1912, S. 427
1915 Winkler: „Die Kleinbahnen und Straßenbahnen in Ungarn", Klb-
Ztg. 1915, S. 5 u. 21
1923 Barnes: „The Cuba Northern Ry", Baldwin Juli 1923, S. 3 (m.
Karte)
Mc Falls: „The Peking Suiyuan Ry" (m. Karte), Baldwin Januar
1923, S. 29
Slayton: „The rys of India", Baldwin Oktober 1923, S. 44
1924 Barnes: „Trade and transport in the tropics: The United Fruit Cy",
Baldwin Juli 1924, S. 3
Boyd: „The Guayaquil & Quito Ry, Ecuador", Baldwin April 1924,
S. 45
Good: „Hawaii, the land of promise and fulfillment", Baldwin
April 1924, S. 36
1925 Mc Falls: „The Peking - Mukden Ry", Baldwin April 1925, S. 63
Ferreira: „Portugal in East Africa: Lourenço Marques", Baldwin
Oktober 1925, S. 3
Kelker: „The Tientu Light Ry, North Manchuria", Baldwin Januar
1925, S. 50
Roberts: „British controlled rys in the Argentine", Baldwin Januar
1925, S. 60
Tyler: „The French-owned rys in the Argentine Republic", Baldwin
Oktober 1925, S. 47
1937 „Die belgischen Kleinbahnen" (m. Karte), Archiv für Eisenbahnwesen
1937, S. 1542
1938 Rademaker: „Die Baltimore & Ohio Eisenbahn", Archiv für Eisenbahnwesen 1938, S. 111
Remy: „Die südslawischen Eisenbahnen 1934 u. 1935" (m. Karte),
Archiv für Eisenbahnwesen 1938, S. 87
1939 Höfl: „Die Eisenbahnen Argentiniens", Archiv für Eisenbahnwesen
1939, S. 929
Kunßemüller: „Die Basler Verbindungsbahn", Archiv für Eisenbahnwesen 1939, S. 103

1939 Rademaker: „Die New York Central Eisenbahn", Archiv für Eisenbahnwesen 1939, S. 1377
Reitsma: „Die Eisenbahnen in Niederländisch-Indien" (m. Karte), Archiv für Eisenbahnwesen 1939, S. 495
1940 Gerlich: „Eisenbahnen im neuen Spanien", ZMEV 1940, S. 533
Gutsche: „Gliederung der Erfolgsrechnung bei den nordamerikanischen Eisenbahnen", Archiv für Eisenbahnwesen 1940, S. 577
Hamacher: „50 Jahre Rhätische Bahn (m. Karte)", VT 1940, S. 286
v. Lochow: „Die Südmandschurische Eisenbahn-Gesellschaft, das Gerüst Mandschukuos (m. Karte)", ZMEV 1940, S. 437
v. Osterroht: „Die Bagdadbahn ist fertig. — Ein Rückblick auf die 40 Jahre Bahnbau", VW 1940, S. 220
Paschen: „Die Eisenbahnen in Japan in den Jahren 1935/36 und 1936/37", Archiv für Eisenbahnwesen 1940, S. 849
Pinne: „Reiseeindrücke auf der transiranischen Bahn", Lok 1940, S. 143
Rademaker: „Die New York, New Haven & Hartford Eisenbahn", Archiv für Eisenbahnwesen 1940, S. 107
v. Renesse: „Die Nationale Gesellschaft der Belgischen Eisenbahnen in den Jahren 1937 u. 1938", Archiv für Eisenbahnwesen 1940, S. 653
Schneider: „Die Eisenbahnen Kolumbiens", Lok 1940, S. 135
Wernekke: „Die Eisenbahnen von Mexiko", ZMEV 1940, S. 361
Wernekke: „Die englischen Eisenbahnen bei Ausbruch des Krieges", VW 1940, S. 175
Wernekke: „Die Lappland-Eisenbahn Lulea - Riksgränsen - Narvik", ZMEV 1940, S. 475
Wernekke: „Die englischen Eisenbahnen im Kriege", ZMEV 1940, S. 533
Wernekke: „Die französischen Eisenbahnen im Kriege", ZMEV 1940, S. 563

Wahl des zweckmäßigen Zugförderungsmittels

1909 Vogel: „Vorortverkehr mit elektrischen [Akkumulator-] Triebwagen auf der Preußischen Staatsbahn", Kraftbetr. 1909, S. 341
„Triebwagenverkehr auf den preußisch-hessischen Staatsbahnen (m. Karte)", Kraftbetr. 1909, S. 261 — Gaz 1913-II, S. 711
1910 Gleichmann: „Elektrische Zugförderung (u. a. Kostenvergleich)", Kraftbetr. 1910, S. 181, 201, 225
1913 Guillery: „Zur Geschichte der Eisenbahntriebwagen", Klb-Ztg. 1913, S. 425 u. 441
1914 Brecht: „Die Ausnutzung des Reibungsgewichtes bei Eisenbahnfahrzeugen", Kraftbetr. 1914, S. 277
1937 Bergmann: „Kohle, Elektrizität und Öl — die Energieträger für den Eisenbahnbetrieb", Archiv für Eisenbahnwesen 1937, S. 519
1940 Knutzen: „Die Motorisierung des Schienenverkehrs der Dänischen Staatsbahnen", ZMEV 1940, S. 463
„Der Einsatz von Triebwagen auf den spanischen Eisenbahnen", VT 1940, S. 272

Elektrische Zugförderung / allgemein

1910   Gleichmann: „Elektrische Zugförderung", Kraftbetr. 1910, S. 181, 201, 225
Lampl: „Die Einheitlichkeit in der Wahl des elektrischen Bahnsystems", Kraftbetr. 1910, S. 683 u. 703

1912   Arns: „Die Entwicklung der Stromzuführungseinrichtungen elektrischer Bahnen", Kraftbetr. 1912, S. 673
Reichel: „Rundschau über die Elektrifizierung von Vollbahnen", Kraftbetr. 1912, S. 22, 61, 121 u. 1913, S. 109, 209, 331
„Bahnen mit hochgespanntem Gleichstrom nach Ausführungen der Siemens-Schuckert-Werke", Klb-Ztg. 1912, S. 701, 721, 733, 765, 804

1913   Winkler: „Stadt-, Ueberland- und Vollbahnen mit Wechselstrom", Klb-Ztg. 1913, S. 765 u. 781

1916   „Zur Geschichte der Entwicklung der elektrischen Zugförderung durch Werner v. Siemens", Kraftbetr. 1916, S. 369

1919   Westphal: „Fahrleitung mit Vielfachaufhängung für Vollbahnen der Bergmann-Elektrizitäts-Werke AG., Berlin", Kraftbetr. 1919, S. 257, 265

1920   Reishaus: „Vielfach-Aufhängung für die Oberleitungen elektrischer Bahnen, Bauart SSW", Kraftbetr. 1920, S. 153 u. 163

1940   Buckel, Müller u. Schaefer: „Sicherung gegen gefährdende Spannungsführung an erdfreien Anlageteilen elektrisch betriebener Strecken", El. Bahnen 1940, S. 134
Ganzenmüller u. Kammerer: „Fernwirkanlagen für den elektrischen Zugbetrieb", El. Bahnen 1940, S. 120
Kammerer: „Durchschmelzen von Fahrleitungen bei stehendem Fahrzeug", El. Bahnen 1940, S. 153
Köchling: „Wander- und Fahrzeug-Umspanner", Z 1940, S. 492
Sachs: „Neuerungen auf dem Gebiet der elektrischen Traktion im In- und Ausland", Schweiz. Bauzeitung 1940-I, S. 148 u. 166. — Auszug: Deutsche Technik 1940, S. 367

Elektrische Zugförderung / Deutsche Reichsbahn

1910   Hruschka: „Bericht über die Vorarbeiten zur Elektrifizierung der Österreichischen Staatsbahn", Kraftbetr. 1910, S. 483, 514, 538, 561, 573, 596

1911   Heyden: „Die elektrische Zugförderung auf der Strecke Dessau—Bitterfeld", Kraftbetr. 1911, S. 301, 334, 365, 390, 409, 448, 468, 481

1912   Winkler: „Die Einphasen-Wechselstrombahn St. Pölten-Mariazell", Klb-Ztg. 1912, S. 2, 21, 40, 56 — Kraftbetr. 1912, S. 291. — Siehe auch Kraftbetr. 1910, S. 294

1913   Seefehlner: „Die Mittenwaldbahn", Klb-Ztg. 1913, S. 2 u. 53 — Kraftbetr. 1913, S. 116 u. 129 (m. Karte)

1914   Seefehlner: „Die elektrische Bahn Wien-Preßburg", Kraftbetr. 1914, S. 553, 565, 577 — 1919, S. 87

1919   „Betriebsergebnisse der Wien-Preßburg-Bahn" (m. 1 B 1 - und C 1 - Lok.), Kraftbetr. 1919, S. 87

1920   Heyden: „Die elektrische Zugförderungsanlage Magdeburg-Halle-Leipzig", Kraftbetr. 1920, S. 2, 9, 129, 145, 176, 185, 193

1940   „Eröffnung des Gleichstromzugbetriebes auf der Hamburger S-Bahn", El. Bahnen 1940, S. 91

Elektrische Zugförderung / Deutsche Privatbahnen

1909   „Elektrische Nebenbahn Murnau-Oberammergau", Kraftbetr.1909, S. 553

1910   „Vorortbahn Heddernheim-Oberursel-Hohe Mark", Kraftbetr. 1910, S. 431

1911   „Die elektrische Bahn Salzburg-Berchtesgaden und die Salzburger Stadtbahn", Klb-Ztg. 1911, S. 736, 751, 770

1912   Brugsch: „Die elektrischen Vorortbahnen Bonn-Siegburg und Bonn-Königswinter", Kraftbetr. 1912, S. 566 u. 581 (m. Karte)

Mattersdorf: „Die Betriebseinrichtungen der Hamburger Hochbahn", Kraftbetr. 1912, S. 317

Schroedter: „Elektrische Eisenerztransportbahn der Rombacher Hüttenwerke", Kraftbetr. 1912, S. 733 u. 753

1914   Löwit: „Die Rhein-Haardt-Bahn Mannheim-Ludwigshafen-Bad Dürkheim", Kraftbetr. 1914, S. 405

1915   Burghardt: „Die Kösliner Stadt- und Strandbahn", Klb-Ztg. 1915, S. 33

Linke: „Die Wechselstrom-Pufferanlage der Albtalbahn", Kraftbetr. 1915, S. 181

1918   Löhr: „Elektrische Überlandbahn Merseburg-Mücheln", Kraftbetr. 1918, S. 228

Elektrische Zugförderung / Ausland

1909   Boesch: „Die elektrische Bahn Bellinzona-Mesocco", Kraftbetr. 1909, S. 12, 26, 65, 83, 107

„Die Einphasen-Wechselstrombahn Seebach-Wettingen (SBB)", Klb-Ztg. 1909, S. 479, 507, 536, 565

1910   Eigenheer: „Die Wechselstrombahn Padua-Fusina", Kraftbetr. 1910, S. 221, 242, 273

Öfverholm: „Einführung des elektrischen Betriebes auf der Schwedischen Staatsbahnstrecke Kiruna-Riksgränsen", Kraftbetr.1910, S. 489

„Elektrische Untergrund-Güterbahn Chicago", Kraftbetr. 1910, S. 136

1911   Derrer: „Die Einphasenwechselstrom - Straßenbahnen der Provinz Parma", Kraftbetr. 1911, S. 41

Dietl: „Elektrifizierung des Vorortverkehrs der London, Brighton & South Coast Ry", Kraftbetr. 1911, S. 341

Koller: „Die Berninabahn", Kraftbetr. 1911, S. 87 u. 107 (m. Karte)

1912   Fischer von Tóváros: „Die Elektrifizierung der Linien der Budapester Lokalbahnen", Kraftbetr. 1912, S. 361 u. 409

Marguerre: „Elektrisierung der Rjukanbahn (Norwegen)", Kraftbetrieb 1912, S. 713

Müller: „Die Berninabahn", Klb-Ztg. 1912, S. 749 u. 781

Nordmann: „Neuere amerikanische Wechselstromvollbahnen", Kraftbetrieb 1912, S. 161 u. 210

Thormann: „Elektrische Zugförderung auf der Berner Alpenbahn (m. 1 E 1 - Lokomotive!)", Kraftbetr. 1912, S. 688 (m. Karte)

„Die Wechselstrombahn Spiez-Frutigen", Klb-Ztg. 1912, S. 814, 833, 847

„Elektrische Bahn Waißen-Budapest-Gödöllö", Kraftbetr. 1912, S. 300

1913   Kilchenmann: „Betriebserfahrungen bei der elektrischen Zugförderung am Simplon", Kraftbetr. 1913, S. 429

„Eine elektrisch betriebene Kohlenbahn auf Sumatra", Klb-Ztg. 1913, S. 101

1914   Brecht: „Die Elektrisierung der Gotthardbahn", Kraftbetr. 1914, S. 101

Brecht: „Neueres von den elektrischen Hauptbahnen Amerikas", Kraftbetr. 1914, S. 385

Gyáros: „Die Elektrisierung der Überetscherbahn bei Bozen", Kraftbetrieb 1914, S. 201

Milch: „Die Elektrisierung der Arad-Hegyaljaer-Bahn (Ungarn)", Kraftbetr. 1914, S. 389

Wenßel: „Die neue Untergrundbahn in Buenos Aires", Klb-Ztg. 1914, S. 557 u. 565

Zolland: „Elektrisierung der Riksgränsbahn", Kraftbetr. 1914, S. 161 u. 186

„Die elektrische Zugförderung auf der Mont Cenis-Bahn", Kraftbetr. 1914, S. 535

„Die Tatrabahn (Ungarn)", Kraftbetr. 1914, S. 593

„Elektrischer Betrieb der Usui-Toge-Bahn in Japan", Klb-Ztg. 1914, S. 361 u. 377

1915   Valatin: „Die elektrische Bahn Pozsony-Landesgrenze (Ungarn)", Kraftbetr. 1915, S. 25

„Das Porjus-Kraftwerk und die Riksgräns-Bahn", Kraftbetr. 1915, S. 232

1916   Kunße: „Aus dem Betrieb der Riksgränsbahn", Kraftbetr. 1916, S. 97

Thormann: „Der Energieverbrauch der elektrischen Zugförderung der Berner Alpenbahn", Kraftbetr. 1916, S. 257 u. 269

1918   Seefehlner: „Die elektrische Zugförderung auf der Puget-Sound-Strecke der Chicago, Milwaukee & St. Paul-Bahn als Anregung und Vorbild für den elektrischen Betrieb auf den Österreichischen Gebirgsbahnen (m. Karte)", Kraftbetr. 1918, S. 185, 204, 233 u 1919, S. 17, 25, 33

1920   „Die Madrider U-Bahn", Kraftbetr. 1920, S. 261

1924   „The Chicago North Shore and Milwaukee Rr", Baldwin April 1924, S. 28

1940   Stetza: „Elektrische Expreßzüge auf öffentlichen Straßen in Nordamerika (Chicago South Shore & South Bend Rr)", El. Bahnen 1940, S. 90

Waldmann u. Heydmann: „Die elektrisch betriebenen Vorortbahnen von Warschau und ihre Sicherungsanlagen", VW 1940, S. 257

Elektrische Straßenbahnen

1909   Reinhart: „Begräbnisverkehr auf der Straßenbahn Mexiko", Kraftbetrieb 1909, S. 491

1910   Werner: „Elektrische Weichenstellvorrichtung für Straßenbahnwagen", Kraftbetr. 1910, S. 11

„Die Mexiko City Straßenbahn", Kraftbetr. 1910, S. 151

1912   Dietrich: „Zur Geschichte der Straßenbahnen", Klb-Ztg. 1912, S. 221

1914   Eichel: „Die Straßenbahnen im Dienste des Lazarettwesens", Kraftbetrieb 1914, S. 560

„Die Städtische Straßenbahn in Wien", Klb-Ztg. 1914, S. 165, 181, 197, 281

„Elektrische Straßenbahn St. Pölten-Harland", Kraftbetr. 1914, S. 464

1915 =   Spängler: „Die Beförderung von Verwundeten mit Straßenbahn und Kraftwagen", Klb-Ztg. 1915, S. 117

Siméon: „Die deutschen Straßenbahnen in der Kriegszeit: Verwundeten-Transporte", Kraftbetr. 1915, S. 85 — ferner S. 41 (Wien), 67 (Trier), 224 (Hannover)

Winkler: „50 Jahre Straßenbahnen in Deutschland", Klb-Ztg. 1915, S. 573, 585 u. 597

1917   Bräuer: „Straßenbahn-Güterverkehr in Düsseldorf (Beförderung von Pferdewagen auf Rollböcken)", Klb-Ztg. 1917, S. 455

Kloeber: „Kohlenbeförderung auf der Bochum-Gelsenkirchener Straßenbahn", Klb-Ztg. 1917, S. 415

1918   Loercher: „Straßenbahnwagen für die Güterbeförderung (Stuttgart)", Kraftbetr. 1918, S. 1

Wrabetz: „Güterverkehr der Brünner Straßenbahnen", Klb-Ztg. 1918, S. 59

„25 Jahre Straßenbahnen im Saartal", Klb-Ztg. 1918, S. 267

1940   Bächtiger: „Die moderne Straßenbahn als wirtschaftliches Transportmittel", Schweiz. Bauzeitung 1940-I, S. 227 — Bespr. Deutsche Technik 1940, S. 417

Heuer: „75 Jahre Berliner Straßenbahn. — Technische Wandlung und Entwicklung", VT 1940, S. 215 u. 235

Schöber: „75 Jahre Wiener Straßenbahn", VT 1940, S. 307

Sicherungswesen

1911   Köpcke: „Über Sandgleise", Klb-Ztg. 1911, S. 277 u. 296

1915   Kohlfürst: „Die amerikanischen Warnsignale für Bahnübergänge", Kraftbetr. 1915, S. 205

1920   Arndt: „Das Streckenblocksystem künftiger zweigleisiger elektrischer Stadt- und Fernbahnen", Kraftbetr. 1920, S. 257

1937   Lamp: „Der Wegübergang in Schienenhöhe, seine Gefahren und deren Bekämpfung", Archiv für Eisenbahnwesen 1937, S. 571

1939   Henry: „Wirksamkeit der Sicherung von schienengleichen Wegübergängen", Kongreß 1939, S. 155

1940   Buddenberg: „Die Sicherung der Wegübergänge bei der Reichsbahn", ZMEV 1940, S. 487

Klinkmüller: „Regulierprellbock — Richtwand", RB 1940, S. 379

* Schau: „Eisenbahnbau: Bahnhofsanlagen und Grundzüge des Signal-
und Sicherungswesen", Otto Elsner Verlagsges., Berlin 1940
Verstegen: „Die selbsttätigen Warnanlagen an Wegübergängen auf
eingleisigen Strecken der Niederländischen Eisenbahnen", Organ
1940, S. 320

Oberbau

1909   Fischer: „Die Rillenschiene, ihre Entstehung und Entwicklung",
        Kraftbetr. 1909, S. 630 — Stahl u. Eisen 11. u. 18. August 1909
        „Vereinheitlichung der Schienenprofile für Straßen- und nebenbahn-
        ähnliche Kleinbahnen", Klb-Ztg. 1909, S. 961
1915   Kloeber: „Über Straßenbahnweichen der Aktiengesellschaft West-
        fälische Stahlwerke", Kraftbetr. 1915, S. 61
1920   Bloß: „Die Formänderungen des Straßenbahngleises unter der rol-
        lenden Last", Kraftbetr. 1920, S. 81 u. 93
1924   Vanderbilt: „Weeding railroad tracks in the tropics", Baldwin
        April 1924, S. 60
1929   „Impact on railway bridges (Englische Lastenzüge)", Engg 1929-I,
        S. 143 u. 187
1940   Božić: „Örtliche Martensitbildung an Schienenlaufflächen", Stahl
        und Eisen 1940, S. 745
        Geißbauer: „Kraftbetriebene Oberbaugeräte", Bahn-Ing. 1940, S. 533
        Pihera: „Oberbauberechnung?", Organ 1940, S. 322
        Saller: „Der Einfluß großer Geschwindigkeiten der rollenden Last
        auf das Gleis", Organ 1940, S. 327
        Wattmann: „Verbundschienen und ihre Wirtschaftlichkeit", VT 1940,
        S. 283 u. 301
        „Normale und Spezialschienen der Italienischen Staatsbahnen", Organ
        1940, S. 327

Umseßverkehr

1907   Müller: „Vorrichtung zum Umseßen von Eisenbahnwagen von der
        deutschen auf die russische Spurweite und umgekehrt ohne Um-
        ladung der Wagen nach System Breidsprecher", VW 1907, S. 653
1909   Guillery: „Neuere Kleinbahnwagen", Klb-Ztg. 1909, S. 1409 u. f.
        (u. a. Rollböcke)
1911   Sanio: „Moderne Hilfsmittel zur Beschleunigung des Gütertransportes:
        Koppel-Selbstentlader und Transporteur", Klb-Ztg. 1911, S. 676
1917   Bräuer: „Verkehrsnot und Straßenbahn: Rollschemel für Straßen-
        fahrzeuge", Kraftbetr. 1917, S. 297

Zahnradbahnen

1909   Zindel: „Die elektrische Zahnradbahn Montreux-Glion", Kraftbetr.
        1909, S. 625
1910   Boesch-Ouzelet: „Die elektrische Corcovado-Zahnradbahn", Kraft-
        betrieb 1910, S. 579 u. 603
        Morgenthaler: „Die elektrischen Zahnradlokomotiven der Wengern-
        alpbahn", Klb-Ztg. 1910, S. 521, 537, 554
1940   Saliger: „Zwei bosnische Zahnradlokomotiven", Lok 1940, S. 115
        „Wetli-Lokomotive", Lok. 1940, S. 150

Außergewöhnliche Bahnsysteme

1909   Eichel: „Die Einschienenbahn", Kraftbetr. 1909, S. 641 u. 1910, S. 116
1910   Martienssen: „Physikalische Bedenken gegen die Einschienenbahn des Herrn Scherl", Kraftbetr. 1910, S. 593

Schimpff: „Die technischen und wirtschaftlichen Aussichten der einschienigen Kreiselbahnen", Kraftbetr. 1910, S. 127 u. 441 (Kürth)

Wiesinger: „Zur Frage der Einschienen-Kreiselbahn", Kraftbetr. 1910, S. 633

1940   Bäseler: „Zur Theorie des Kreiselwagens", ZMEV 1940, S. 449

Eisenbahnfahrzeuge / allgemein

1909   Spiro: „Tunneluntersuchungswagen der kgl. Eisenbahndirektion Saarbrücken", Kraftbetr. 1909, S. 249
1911   * Marié: „Stabilité du matériel des chemins de fer: a) Théorie des déraillements, profil des bandages, b) Oscillations de lacet des véhicules de chemins de fer", Verlag Dunod & Pinat, Paris 1911. — Bespr. Kraftbetr. 1911, S. 139
1939   Hug: „Über die Laufeigenschaften von Eisenbahnfahrzeugen (u. a. dreiachsiges Liechty-Lenkgestell)", Kongreß 1939, S. 1 [nach Gaz 1938-I, S. 1112]

Riboud: „Die Schmierung bei den Eisenbahnen der Vereinigten Staaten", Kongreß 1939, S. 37 [nach Revue 1938-I, S. 336]

1940   Born: „Die skandinavischen Eisenbahnen und ihre Triebfahrzeuge", VW 1940, S. 287

—* Kadmer: „Schmierstoffe und Maschinenschmierung", Verlag Gebr. Borntraeger, Berlin 1940. — Bespr. Z 1940, S. 704

Kastner: „Graphische Ermittlung des Anschnittwinkels der Achsen von Schienenfahrzeugen", El. Bahnen 1940, S. 150

„Fortschritte im Lokomotiv- und Wagenbau bei den Eisenbahnen der Vereinigten Staaten im Jahre 1938/39", Annalen 1940, S. 227 u. f.

„Untersuchungen über die Geräuschentstörung der Fahrzeuge", Organ 1940, S. 311

Lagerfragen

1940   Beuerlein u. Krywalski: „Versuche an Preßstofflagern für Kippwagen", Z 1940, S. 739

—   Lutze: „Umstellung auf Kunstharz-Preßstofflager in Hartzerkleinerungs- und Aufbereitungsmaschinen", Z 1940, S. 691

Mäkelt: „Ein neuer Kunstharz-Lagerwerkstoff und seine Anwendung bei Achslagern", Braunkohle 1940, S. 351

—   Rumpf: „Reibung und Tragfähigkeit von Gleitlagern", Z 1940, S. 586

Selbsttätige Kupplung

1909   Guillery: „Die selbsttätige Kupplung Perini-Franchi", Klb-Ztg. 1909, S. 1185

Guillery: „Die selbsttätige Kupplung von Castellazzi in Turin", Klb-Ztg. 1909, S. 1313

1910   Guillery: „Die selbsttätige Kupplung von Boirault", Klb-Ztg. 1910, S. 2
1919   „Selbsttätige Straßenbahn-Kupplung Böker & Co", Klb-Ztg. 1919, S. 479
1928   Williams: „The development of the automatic coupler in America", Baldwin Juli 1928, S. 25
1940   Schröder: „Die selbsttätige Mittelpufferkupplung für Eisenbahnfahrzeuge", Z 1940, S. 797

Abfederung

1911   „Gewichtsausgleich bei Lokomotiven", Kraftbetr. 1911, S. 133
1914   Kreißig: „Die labile und stabile Aufhängung der Achsbuchsfedern bei Straßenbahnwagen", Kraftbetr. 1914, S. 193
1940   Lutteroth: „Neuzeitliche Tragfederbearbeitung bei der Deutschen Reichsbahn und ihre Voraussetzungen", Annalen 1940, S. 198
        Ottersbach: „Brüche und Verschleißerscheinungen an Federspannschrauben der Lokomotiven und Tender", Bahn-Ing. 1940, S. 497

Bremse / allgemein

1881   Maurer: „Die Eigenschaften des Heberleinschen Bremsapparates in theoretischer und praktischer Beziehung", Organ 1881, S. 139
1911   Schrödter: „Die Luftdruckbremsen für Straßenbahnen", Klb-Ztg. 1911, S. 405, 427, 441, 460, 473
        „Die einstellbare Ackley-Handbremse mit Zahnrad-Übersetzung", Klb-Ztg. 1911, S. 649
1912   Morgenthaler: „Die durchgehende mechanische Wagenbremse der Wengernalpbahn", Klb-Ztg. 1912, S. 69
1913   Juliusburger: „Die durchgehende Schleifenbremse für elektrische Straßenbahnen", Kraftbetr. 1913, S. 256
        Juliusburger: „Über Handbremsen für elektrische Straßen- und Kleinbahnen", Kraftbetr. 1913, S. 56 u. 120
        Luithlen: „Schienenbremsen bei österreichischen Bahnen", Kraftbetr. 1913, S. 59
        Sauveur: „Über Straßenbahn-Kompressoren", Klb-Ztg. 1913, S. 623
1914   Kort: „Die Luftsaugebremse der Bauart Körting im Kleinbahnbetrieb", Klb-Ztg. 1914, S. 549 u. 1915, S. 251
1915   Sauveur: „Elektrisch gesteuerte Zweikammer-Druckluftbremse", Klb-Ztg. 1915, S. 57
1917   Kreißig: „Die Bemessung des Bremseffektes bei Straßenbahnwagen unter Berücksichtigung der Massenwirkung, der Radkrümmung und der Bremsklotzhängung", Kraftbetr. 1917, S. 285
1940   * Hildebrand u. Möller: „Die Druckluftklotzbremse für schnellfahrende Schienenfahrzeuge", Druckschrift 124 der Knorr-Bremse AG, Berlin 1940. — Bespr. Organ 1940, S. 272
        v. Orel: „Bremsung der Eisenbahnfahrzeuge aus hoher Geschwindigkeit (Auszug aus dem Aufsatz von Gnavi in «L' Elettrotecnica» vom 25. Aug. 1939)", El. Bahnen 1940, S. 156

Elektrische Bremse

1911   Niethammer: „Über Wirbelstrombremsen", Kraftbetr. 1911, S. 601

1912   Berlit: „Straßenbahn-Betriebsmittel mit elektromagnetischen Schienenbremsen der Stadt Wiesbaden", Kraftbetr. 1912, S. 140

1914   Rossinsky: „Selbsttätige elektrische Bremsung von Anhängewagen", Kraftbetr. 1914, S. 5

1916   Wolf: „Neuere Schaltungen für elektrische Energierückgewinnung und Bremsung", Kraftbetr. 1916, S. 61 u. 77

1917   Seefehlner: „Die Nutzbremsung elektrischer Fahrzeuge im Eisenbahnbetrieb", Kraftbetr. 1917, S. 225 u. 237

1919 — Hilpert u. Schleicher: „Untersuchungen an Wirbelstrombremsen mit eisernem Bremskörper", Kraftbetr. 1919, S. 1 u. 9

        Monath: „Einige Verfahren und Schaltungen zur Nutzbremsung elektrischer Wechselstromlokomotiven", Kraftbetr. 1919, S. 209 und 217

        Seefehlner: „Zur Frage der rein elektrischen Bremsung der Straßenbahnwagen und über einen neuzeitlichen Motorwagenentwurf", Kraftbetr. 1919, S. 185

1940   Monath: „Die Beanspruchung des Straßenbahnmotors bei elektrischer Bremsung", VT 1940, S. 251 u. 264

        v. Orel: „Gemischte elektrische und Druckluftbremsung (Auszug aus dem Aufsatz von Greppi in «L' Elettrotecnica» vom 25. Aug. 1939)", El. Bahnen 1940, S. 157

Beleuchtung und Heizung

1911   Messer: „Selbstfahrender benzinelektrischer Beleuchtungswagen, SBB", Kraftbetr. 1911, S. 329

1913   Scharnhorst: „Preßkohlenheizung für Kleinbahnen", Klb-Ztg. 1913, S. 37

1940   Baur: „Heizung und Lichtstromversorgung der Reichsbahn-Personenwagen in Leichtbauart", Organ 1940, S. 297

Dampflokomotiven und -Triebwagen

1906   Wille: „Balanced compound locomotives", Gaz 1906-I, S. 950

1907   Doeppner: „Die Kolonial-Lokomotiven auf der Deutschen Kolonial-Ausstellung", VW 1907/08, S. 43

1909   Doeppner: „Neuerungen im Bau von Kleinbahnlokomotiven (u. a. 1 D - Tenderlokomotive für deutsche Kolonialbahnen)", Klb-Ztg. 1909, S. 991

        Guillery: „Neue Dampftriebwagen Bauart Stolz", Klb-Ztg. 1909, S. 1012

1910   Schwickart: „Der Lokomotivenbau auf der Brüsseler Weltausstellung", Klb-Ztg. 1910, S. 620, 833 u. 1911, S. 55, 245, 330, 346, 373, 425, 457

1911   Schwickart: „Deutsche Pacific - Schnellzuglokomotiven", Klb-Ztg. 1911, S. 2 u. 27

        Schwickart: „Kleinbahnlokomotiven für besondere Zwecke", Klb-Ztg. 1911, S. 879

1912   Schwickart: „Schmidtsche Heißdampflokomotiven im Ausland", Klb-
        Ztg. 1912, S. 321, 354, 369
1916   Meyer: „Neue D-Tenderlokomotiven der AG Hohenzollern in Düssel-
        dorf", Klb-Ztg. 1916, S. 173
1923   „Locomotives for blast furnace and steel works service", Baldwin
        Januar 1923, S. 33
        „Long locomotive runs", Baldwin Juli 1923, S. 35
1924   Austin: „The «Pacific», origin of a famous type (New Zealand)",
        Baldwin Juli 1924, S. 58
        Austin: „A quarter century of the steam locomotive", Baldwin April
        1924, S. 66 u. Juli 1924, S. 73
1925   Austin: „Baldwin steam motor cars", Baldwin Januar 1925, S. 74
        Warner: „Decapod type locomotives", Baldwin April 1925, S. 17
1935 * Gratsch: „Lokomotiven «F D» und «I S»" (1 E 1 u. 1 D 2), Ausgabe
        «Redbüro Lokomotivprojekte» (in russischer Sprache), Moskau 1935
        „1 E 1 - Lokomotive «Felix Dsershinsky»", Ausgabe «Redbüro Loko-
        motivprojekte» (in russischer Sprache), Moskau 1935. — Ver-
        schiedene Verfasser.
1939   Avenmarg: „Kurvenbeweglichkeit vielachsiger Lokomotiven", Kon-
        greß 1939, S. 182 [nach Annalen 1938-II, S. 250]
        „1 D 1 - Heißdampf-Güterzuglokomotive Reihe 41 der Deutschen
        Reichsbahn", Kongreß 1939, S. 187 [nach Lok 1939, S. 75]
1940   Adams u. Brötz: „Die 1 E 1 - Lokomotive der Westfälischen Landes-
        Eisenbahn-Gesellschaft", Annalen 1940, S. 223
        Born: „Belgische leichte 2'B1 h2-Schnellzuglokomotive", Z 1940, S. 723
        Born: „Spanische Gebirgsschnellzuglokomotive: 2'D1'h2-Lokomotive
        der Madrid-Saragossa-Alicante-Bahn", Z 1940, S. 740 — Loc 1940,
        S. 92
      = Clar: „Schnellaufende Dampfmaschinen", Z 1940, S. 765 (u. a. Drei-
        zylinder-Triebwagen-Dampfmaschine mit Joy-Steuerung)
      — Cleve: „Dampfkessel mit Stufenverdampfung", Z 1940, S. 786
        Düesberg: „Lokomotiven auf der Prager Herbstmesse", Lok 1940, S.136
        Flecksener: „Studie zum Umbau eines Lokomotivüberhitzers" (Strah-
        lungsüberhitzer), Annalen 1940, S. 215
     —* Humburg: „Die Gleichstromdampfmaschine", 2 Bände, Sammlung
        Göschen Bd. 257 u. 881, Verlag de Gruyter & Co, Berlin 1940 —
        Bespr. Annalen 1940, S. 206
        Meineke: „Ueber die Beschränkung der Lokomotivleistung durch die
        Umgrenzungslinie (Entwurf einer Gleichstromlokomotive)", Lok
        1940, S. 139
        Metzeltin: „Schwere amerikanische Kesselexplosion (Northern Pacific
        Rr, 7. Juli 1938)", Lok 1940, S. 105
        Möbus: „Eine schwere Speicherlokomotive: Gilli-Lokomotive", VT
        1940, S. 288
     —* Puschmann: „Die Dampfmaschinen", Verlag M. Jänecke, Leipzig
        1940. — Bespr. Annalen 1940, S. 186
     —* Puschmann: „Die Kolbendampfmaschinen", 4. Aufl., Verlag M. Jä-
        necke, Leipzig 1940. — Bespr. Annalen 1940, S. 205
      = Vorkauf: „Heutiger Stand des La Mont-Kesselbaues". Z 1940, S. 725
        „Die erste in Jugoslawien erbaute Lokomotive", Lok 1940, S. 149
        „Wie die Amerikaner zum Barrenrahmen kamen", Lok 1940, S. 136

Elektrische Triebfahrzeuge (ohne Straßenbahn-Triebwagen)

1909 Freund: „Untersuchungs-Triebwagen für die elektrische Wechsel-strombahn Blankenese-Hamburg-Ohlsdorf", Kraftbetr. 1909, S. 251

1910 Brecht: „Schwerpunktslage und Kreiselwirkungen bei elektrischen Lokomotiven", Kraftbetr. 1910, S. 121, 144, 161

„AEG-Betriebsmittel für Wechselstrombahnen", Kraftbetr. 1910, S. 506

1913 Wichert: „Die Triebwagenausrüstungen der Chemins de Fer Depar-tementaux de la Haute-Vienne", Kraftbetr. 1913, S. 461

1923 „Baldwin-Westinghouse electric locomotives for trunk line service", Baldwin Oktober 1923, S. 28

1924 Campbell: „Baldwin-Westinghouse locomotives for mining service", Baldwin Juli 1924, S. 62

1939 „Leichter elektrischer Doppeldeckzug im Versuchsdienst der Long Island Rr", Kongreß 1939, S. 75

1940 Hanko: „50 Hertz-Einphasen-Wechselstrom-Lokomotive Bauart Krupp für schmalspurige (900 mm) Industrie- (Abraum-) Bahnen", Lok 1940, S. 133

„Die Gleichstrom-Triebzüge der Hamburger S-Bahn", El. Bahnen 1940, S. 95 (Peters u. Kniffler: Elektrischer Teil) u. 106 (Taschin-ger: Wagenbaulicher Teil)

Buchhold: „Ueber die Triebwagensteuerung mit Schaltdrossel und die Möglichkeit des Auftretens von Schaltüberströmen", El. Bahnen 1940, S. 145

Michel: „Elektrische Co'Co'-Güterzuglokomotive Gattung E 94 der Deutschen Reichsbahn", El. Bahnen 1940, S. 149

Straßenbahn-Triebwagen und -Anhänger

1909 Dietrich: „Zur Geschichte des Straßenbahnwagenbaues", Klb-Ztg. 1909, S. 309

Guillery: „Neuere Kleinbahnwagen", Klb-Ztg. 1909, S. 1409 u. f.

Schoengarth: „Ein elektrischer Straßenbahn-Meßwagen (Köln)", Kraftbetr. 1909, S. 201

Stahl: „Straßenbahnwagen für besondere Zwecke", Klb-Ztg.1909,S.988

1910 Albrecht: „Anhängewagen der Städtischen Straßenbahn Dortmund mit Rohrgerippe (Leichtbau)", Kraftbetr. 1910, S. 500

„Neue Anhängewagen der Städtischen Straßenbahn Wien", Kraftbetr. 1910, S. 435

1913 Neumann: „Neuerungen im Bau amerikanischer Straßenbahnwagen", Klb-Ztg. 1913, S. 265

Schörling: „Elektrisch betriebener Motor-Sprengwagen der Straßen-bahn Hannover", Klb-Ztg. 1913, S. 701

= Spängler: „Entwürfe für stockhohe Triebwagen und Automobil-Omni-busse bei den Wiener Städt. Straßenbahnen", Kraftbetr. 1913, S. 504

Spängler: „Neue Motorwagen bei den Städtischen Straßenbahnen Wien", Kraftbetr. 1913, S. 41

„Schienenreinigungswagen", Kraftbetr. 1913, S. 745

„Sprengwagen der Straßenbahn Hannover", Kraftbetr. 1913, S. 530

„Motor-Leichenwagen bei Straßenbahnen (Mailand)". Klb-Ztg. 1913, S. 249

1914   Bombe: „Die Entwicklung des Straßenbahnwagen", Klb-Ztg. 1914,
        S. 482, 493 u. 512
1915   Oltersdorf: „Straßenbahn-Motorwagen mit freien Lenkachsen und
        Motoraufhängung am Wagenkasten", Klb-Ztg. 1915, S. 263
        Spängler: „Entwurf für neue Triebwagen der Wiener Städtischen
        Straßenbahn", Kraftbetr. 1915, S. 253
        Spängler: „Neue Anhängewagen der Wiener Städtischen Straßen-
        bahn", Kraftbetr. 1915, S. 77
        „Gütertransport durch die Städtische Straßenbahn in Wien", Kraftbetr.
        1915, S. 77 u. 1917, S. 49
        „Straßenbahn-Schneefegemaschine", Klb-Ztg. 1915, S. 159
1919   Guillery: „Drehgestelle für Straßenbahnen", Klb-Ztg. 1919, S. 347
        „Neue selbstlüftende Straßenbahnmotoren der AEG", Klb-Ztg. 1919,
        S. 311
1920   Hartmann: „Über Wagenkasten elektrischer Fahrbetriebsmittel",
        Kraftbetr. 1920, S. 161
1940   Amecke: „Neue Straßenbahnwagen in Kiel", VT 1940, S. 263
        Dobler: „Der gläserne Aussichtswagen der Stuttgarter Straßenbahn",
        VT 1940, S. 287
        Heuer: „75 Jahre Berliner Straßenbahn: Die Fahrzeuge", VT 1940,
        S. 235
        Otto: „Tatzenlager aus Kunstharz-Preßstoff in Straßenbahnen",
        Z 1940, S. 644
        Vaerst: „Neue Triebwagen der Rostocker Straßenbahn", VT 1940,
        S. 296
        „Der amerikanische Einheits-Straßenbahnwagen. — Ein verbesserter
        PCC-Wagen für St. Louis", VT 1940, S. 298

Verbrennungsmotor-Antrieb

1940 —   Büttner: „Zahnradgetriebe mit außergewöhnlich hohen Drehzahlen
         und Umfangsgeschwindigkeiten", Z 1940, S. 722
   —   Damaschke: „Feste heimische Kraftstoffe für Generatoren", ATZ
         1940, S. 451
         Drechsler: „Treibgasantrieb von Triebwagen bei der Deutschen
         Reichsbahn", MTZ 1940, S. 300
   —   Eckert: „Kühlgebläse für Verbrennungsmotoren", MTZ 1940, S. 316
   —   Gnam: „Versuche an einem schnellaufenden Einzylindermotor über
         den Einfluß der Steuerzeitquerschnitte bei veränderlichem Aus-
         puff-Gegendruck", MTZ 1940, S. 283
         Grazzini: „Holzkohlengas-Triebwagen der Italienischen Staats-
         bahnen", ZMEV 1940, S. 551
   —   Heller: „Neuzeitliche Holzgasanlagen für Kraftfahrzeuge", ATZ
         1940, S. 455
   —   Klug: „Versuche mit Torf als Brennstoff für Gaserzeuger", ATZ
         1940, S. 465
   —   List: „Untersuchung der Luftbewegung im Einspritzmotor mit Fremd-
         zündung", Z 1940, S. 741
   —   Neugebauer: „Untersuchungen über die motorische Verbrennung",
         Z 1940, S. 853

1940 —   Schanze: „Intensivierung des Generatorbetriebes", ATZ 1940, S. 445
          Schmid: „Dreiteiliger dieselelektrischer MAN - Triebwagenzug der
          Chilenischen Staatsbahn", Organ 1940, S. 331
          Woydt: „Der Zweitaktmotor mit hoher Aufladung", MTZ 1940, S. 313
          „Der Kohlenstaubmotor in England", MTZ 1940, S. 294
          „Demag-Diesellokomotive mit angehängtem Gaserzeuger", VT 1940,
          S. 278
          „Die Dieseltriebwagen in Belgien", Organ 1940, S. 345
          „Die Schnelltriebwagen der finnischen Staatsbahnen", Organ 1940, S. 350
          „Entwicklung und Ergebnisse der Triebwagen in Spanien", Organ 1940,
          S. 349
   —*„Nägel-Gedächtnisheft", Forsch. Ing.-Wes. 1940 (Bd. 11), Nr. 5,
          S. 209 u. f. — Bespr. Z 1940, S. 717

Eisenbahnwagen

1925   Dorr: „The «Blue Train» of the Compagnie Internationale des
         Wagons-Lits et des Grands Express Européens", Baldwin April
         1925, S. 51

1939   „Leichter elektrischer Doppeldeckzug im Versuchsdienst der Long
         Island Rr", Kongreß 1939, S. 75
         „Fahrzeug mit neuartiger Pendelaufhängung des Wagenkastens",
         Kongreß 1939, S. 85 [nach Age 1938-I, S. 294]

1940   Taschinger: „Leichtbau-D-Zugwagen nach dem Entwurf des Reichs-
         bahn-Zentralamts München", Organ 1940, S. 273
         v. Waldstätten: „120 t-Großkastenkipper für Abraumbetrieb", Z 1940,
         S. 808
         Pfennings: „Amerikanische Personenwagen für hohe Geschwindig-
         keiten", Organ 1940, S. 310
         „Leichtwagenbau für Meterspurbahnen (La Robla-Bahn, Spanien)",
         Organ 1940, S. 312
         „Neue Gesichtspunkte für die Konstruktion von Personenwagen in
         Amerika: Drehgestellprüfungen", Organ 1940, S. 309

Verschiedenes

1914   Macholl: „Die Profilgestaltung der Untergrundbahnen", Kraftbetr.
         1914, S. 241 u. 261

1918   Bieber: „Ausbildung der Hebestände für Wagen in Straßenbahn-
         Werkstätten", Kraftbetr. 1918, S. 153 u. 161

1922   „Straße - Schiene - Fahrzeuge: Die benzin-elektrischen Austro-Daimler-
         Landwehrzüge für die Österreichische Armee" [Im Aufsatz Wist:
         «Die Antriebsarten von Klein- und Feldbahnen»], Waggon- u.
         Lokbau 1922, S. 4 u. 18

1924   Bailey: „A unique locomotive weighing plant (Eddystone Plant of
         the Baldwin Locomotive Works)", Baldwin Januar 1924, S. 56

1932   Düesberg: „Zur Psychologie der Eisenbahnwerbung", ZMEV 1932,
         S. 757

1933 Düesberg: „Zur Behandlung der Eisenbahn in der Presse", ZMEV
1933, S. 861

1935 Düesberg: „Verkehrsbelebung an Wochentagen", ZMEV 1935, S. 844

1939 Spiess: „Die Betriebswissenschaft des Eisenbahngütertarifs", Archiv
für Eisenbahnwesen 1939, S. 265

1940 — Ambs: „Entwurf und kinematische Untersuchung der Nocken mit
Flachstößel", ATZ 1940, S. 476

Bernmüller: „Fahrscheinautomaten bei der Münchener Straßenbahn",
VT 1940, S. 287

—* Fuchs: „Kreisprozesse der Gasturbinen und die Versuche zu ihrer
Verwirklichung", Verlag Springer 1940 — Bespr. MTZ 1940, S. 312

=* Kadmer: „Schmierstoffe und Maschinenschmierung", Verlag Gebr.
Bornträger, Berlin 1940 — Bespr. Annalen 1940. S. 214

= Kaiser: „Betriebserfahrungen mit einer Zusatzfeuerung für grobe
und feine Holzabfälle', Techn. Überwachg. 1940, S. 145

= Kramer u. Vorbeck: „Lautsprecheranlagen in Verkehrsfahrzeugen
(Straßenbahn Hannover)", VT 1940, S. 275

Lilliendahl: „Unterschieb-Lenkzeug zur Gleisbarmachung von nor-
malen Nutzkraftwagen", ZMEV 1940, S. 568

—* Lübcke: „Schallabwehr im Bau- und Maschinenwesen', Verlag
Springer, Berlin 1940 — Bespr. Annalen 1940, S. 206

= Schumann: „Lautsprecher-Ausrufanlage für großstädtische Verkehrsmittel", VT 1940, S. 294

— Ulrich: „Wärmeschutzmittel aus Kunstharzschaum", Z 1940, S. 720

— Weinig: „Ein Vergleich zwischen Kolbenmaschinen und Tragflügel-
maschinen mit Hilfe dimensionsloser Kenngrößen", MTZ 1940,
S. 255

—* Wintergerst: „Die technische Physik des Kraftwagens", Verlag
Springer, Berlin 1940

=* Wögerbauer: „Werkstoffsparen in Konstruktion und Fertigung",
Heft 1 der Schriftenreihe „Werkstoffsparen" beim VDI-Verlag.
Berlin 1940

VERFASSER-VERZEICHNIS

A

Dieselelektrische 2 Do 1 + 1 Do 2 - Schnellzug-Lokomotive der Rumänischen Staatsbahnen, mit 4400 PS die leistungsfähigste Motorlokomotive der Welt. — Gemeinschaftsarbeit der Firmen Gebr. Sulzer AG, Winterthur; BBC, Baden (Schweiz) und Henschel & Sohn, Kassel. Unser Bild zeigt die Lokomotive vor einem schweren D-Zug in den Karpathen (Strecke Bukarest-Brasov).

24

24*

Diesel 592, 593
Dietl 570, 722
Dietrich 222, 245, 580, 610, 719, 724, 730
Dietz 235, 595
Dietze 90, 252, 557, 571, 643
Dinessen (s. Viehmann u. Dinessen)
Dinser 583
Dion 484
Disney (s. Hengeveld, Disney u. Miskella)
Dittes 99, 106, 115, 116
Dittmann 170
Doble 488
Dobler 578, 731
Dobmaier 70, 77
Dobrowolski 431, 586, 588, 620, 622, 623, 631
Dodd 632
Doeppner 262, 270, 283, 295, 324, 398, 406, 532, 535, 728
Doerfel 449, 600
Doevenspeck 451, 457
Dolezalek 133, 155
Dolinar 245
Doll (s. Berchtenbreiter u. Doll)
Dollfus (siehe de Saunier, Dollfus u. Geoffrey)
Domes 443
Dominik 240
Dominke 127, 546, 556, 567
Domnick 411
Dönges 114, 189, 190, 194
Doniol 250, 277, 531
Dorling (s. Tyas u. Dorling)
Doriot (s. Jouvelet u. Doriot)
Dörnen 705
Dorner 644, 654
Dorpmüller 27, 43, 44, 53, 98, 110
Dorr 57, 371, 732
Döry 547
Dost 64, 85
Dozler 240
Draeger 98, 637
Dragu 455
Draht 238
Dräsel 105, 112
Drawe 93
Drechsel 133, 175, 206, 207, 251, 667, 668
Drechsler 731

Drechsler u. Köppel 589
Dredge 420
Drescher 98, 541
Drew-Bear 22
Drewes 93
Dreyer 142, 178
Dreyhaupt 599
Driessen 144, 145
Droll 693
Drucker 593, 599, 604
Drugeon 179
Drumm (s. Fay u. Drumm)
Dubbel 493, 503
Dubois 120, 128, 375, 495
Duchatel 190, 370
Duchatel u. Forestier 680.
Duer 128, 553, 568
Düerler 127
Düesberg 50, 59, 198, 200, 252, 729, 732, 733
Dugas (s. Parmentier u. Dugas)
Dugluzeau 307, 308
Duis 112
Dülken 88
Dumas 91, 95, 96, 160, 166, 176, 187, 213, 638, 650
Dumas u. Lévy 89, 166, 191, 249, 604, 605, 618, 638
Dümmerling 464
Dunlop 260, 493
Dupriez 247
Durin 467
Dürler 126
Durney 600
Dürrenberger 157, 633
Dütting 221, 691

E

Earle 596
van der Eb 147
Ebbecke 182
Ebbs 495
Ebel 571, 646
Ebel u. Reinhard 442
Ebeling 462, 570
Ebell 276, 296
Eberle 481
Ebert 179, 189, 191, 451, 452, 713

Verfasser

Haeseler 53, 64
Hagenbucher 90, 100, 620, 631
Hahn 26, 602, 613, 718
Haider 453
Haiduk 239, 243
Hailer 161
Hakansson 125
Hale (s. Jones u. Hale)
Halfmann 218, 227
Hallard 509
Haller 191, 218, 647
Hallo 546
Halter 33
Hamacher 33, 37, 95, 132, 579, 638,
  641, 644, 720
Hambleton 356, 357, 513, 515
Hamm 550, 618
Hammer 21, 30, 44, 87, 130, 153, 275,
  279, 290-292, 296, 297, 577
Hammer (s. Stock u. Hammer)
Hampke 88
Hanburg 472
Hancock 443
Handl 595
v. Hänel 137
Hanker 140, 145, 205
Hanko 730
Hannig 554
Hansmann 97
Hanus 277
Happach 251
Hardebeck 492
Harder 30, 280
Hardt 25, 53, 59, 187
Hardy 618
Hargavi 280, 638, 645
Harlacher 153
Harley 231, 253, 431, 509, 530
Harm 250, 439
Harms 669
Harraeus 474, 478
Harran 58, 311
Harrison (s. Royle u. Harrison)
Hart 670
Härtig 693
Hartmann 148, 149, 201, 216, 230,
  450, 477, 481-486, 488, 731
Hartmann u. Kehrer 484
den Hartog 703
Hartung 220-222
Hartwig 522

Harvey 457
Haselmann 718
Hashiguchi (s. Yamada u. Hashiguchi)
Haslam (s. Riches u. Haslam)
Hasse 93, 616
Haßfurter 179
Haswell 304
Hatch 191
Haug 602
Hausen 78
Hauser 711
Hauska 138
Heber 137, 719
Heberlein 236
Hebberling 194
Heck 180
Hecker 603
Hedley 252, 271, 533, 553, 621, 656,
  664, 694
Heeckt 56
van Hees 54, 186, 197, 252, 265, 620,
  664
van Hees (s. Nordmann u. van Hees)
Heggemann 237
Heide 107
Heidebroek 219, 220, 602, 610, 709
Heidelberg 602
Heiderich 22
Heilfron 103, 547
Heim 580, 626
Heim (s. Grospietsch u. Heim)
Heimann 70, 228
Heimpel 111, 259
Hein 33
Heinemann 109, 693
Heinisch 690
Heinrich 43, 163
Heintzenberg 554, 555
Heinz 590
Heinze 587, 588
Heise 197, 212, 283, 323, 382, 394,
  407, 408, 436, 514
Heise (s. Mauck u. Heise)
Heise (s. Mauck, Heise, v. Waldstätten
  u. Lüttich)
Heising 554, 555
Heiss 695
Helander 23
Helbig 452, 457
Heldt 594

Held u. Kuljinski 100
Helffer 232
Heller 93, 534, 535, 537, 587, 592, 595, 607, 637, 655, 663, 731
Hellmann 151
Hellmich u. Niessen 277, 483
Hellmund 568
Helm 38, 166
Helmholtz 708
Helmholtz-Staby 256
v. Helmholtz 201-203, 285, 493, 511, 526, 532
Helsing 549
Hempel 578, 706
Henckel 393
Hengeveld, Disney u. Miskella 194
Henkel 525
Hennch 29, 51
Hennig 51, 452, 586, 607
Henning (s. Niemeyer u. Henning)
Henricot 230
Henry 724
Henry (s. Kuhler u. Henry)
Henschel 663
Hensky 220
Hentschel 192
Henze 593, 608, 643, 644, 647
Herdner 231, 366
Hering 195, 264, 286, 608
Herington 457
Hermann 231, 232, 666, 673
Hermanns 92, 222, 691
Hermle 242, 544-546, 558
Hermle u. Balke 541
Hermle u. Monath 544
Herms 664
Herpen 482
Herr 499, 676
Herrmann 33, 571, 576
Herrmann (s. Zinßer u. Herrmann)
Hershberger 661
Hertwig 162
Herwig 140, 146, 148
Herzbruch 83
Herzog von Saragossa 401
Heslop 62, 407
Hesse 25, 33
Heubel 26
Heubes 63
Heuer 31, 37, 114, 132, 724, 731
Heuer (s. Kreuter u. Heuer)

Heumann 91, 146, 201-205, 207, 208, 214, 430, 447, 508, 542, 583, 586, 668, 672
Heuser 492
Heusinger v. Waldegg (s. v. Waldegg)
Heyden 107, 113, 546, 556, 721, 722
Heydmann 115, 557
Heydmann (s. Michel u. Heydmann)
Heydmann (s. Waldmann u. H.)
Heyenbrock 39
Heyer 219
Heyn 201
van Heys 91, 496
Hildebrand 74, 138, 237, 238, 553-555
Hildebrand u. Möller 239, 727
Hille 63, 546
Hille u. Norden 656
Hiller 205, 602
Hiller (s. Dauner u. Hiller)
Hilliger 475
Hilpert 704, 708, 709
Hilpert u. Adrian 705
Hilpert u. Schleicher 728
Hilsenbeck 106, 153, 155
Hilscher 171, 268, 298, 300, 303, 306, 400, 402, 409
Hinnenthal 255, 256, 665
Hintz 598
Hinz 257, 263, 270, 280, 459, 460
Hinze 105, 170
Hipp u. Schuler 191
Hippe 236
v. Hippel 216
Hirschmann 94, 214, 455
Hitchcock 275, 324
Hirz 554
Hlava 441
Hobart 103
Hochmuth (s. Lauermann u. H.)
Höcker (s. Arend u. Höcker)
v. Hodenberg 151
Hodgson and Lake 183
Hoecker 253, 431
Hoefer 495
Hoeltzel 30
Hoening 201, 667, 672
Hoerner 211
Hofer 144
Hoff, Kumbier u. Anger 19
Hoffmann 26, 32, 37, 47, 220
Hoffmeister 604

J

Jäcker 445
Jackson 22, 274, 339, 457, 458
Jacobi 43, 163, 165, 170, 246, 433, 450, 532
Jacobi (s. Blum, Jacobi u. Risch)
Jacobi (s. Thum u. Jacobi)
Jacobson 222, 579
Jacquet 261, 320, 366, 367, 370, 387, 462
Jacquet (s. Schubert u. Jacquet)
Jadot 597
Jaeger 45, 698
Jahn 88, 170, 201, 203, 204, 206, 207, 215, 231, 256, 259, 432, 504-506
Jahnke 637
Jakob 492
Jakobs 68, 521, 686
James 181, 200
Jamm u. Walter 588
Jandtke 714
Jänecke 31, 89, 95, 113, 114, 164, 219, 692, 709, 716
Janicsek 143
Janisch 277
Jansa 659
Janse 494
Jante 587
Japiot 411, 462, 562
Japp 240
Jaray 211, 243
v. Jaski 440
Jasper 705
Jeancard 659
Jendrassik 602, 663
Jenkyns 190
Jenne 576, 578
Jenny 159, 607, 653
Jenssen (Bursche u. Jenssen)
Jentzsch 588
Jessen 178, 590, 622, 625
Jessen (s. Aysslinger, Jessen u. Stöckmann)
Jessen u. Raab 197, 265, 675
Joachim 592, 598
Joachimi 53, 64
Johannis 602
Johansen 210, 211
Johnson 101, 167, 174, 211, 418, 429, 437, 438, 440, 524, 532, 575

Jokel 407
Jones 128, 147, 521, 523
Jones u. Hale 523
Joseph 40, 48, 165, 172
Josse 481, 483, 484
Jourdan 403
Jouvelet u. Doriot 470
Joy 494
Joynt 381
Judge 593
Judtmann 585, 611, 628, 637, 638, 643, 652, 655, 656, 661
Jukes 392
Juliusburger 465-467, 727
Jullian 103
Jullian u. Lheriand 120
Jullien 70, 140
Jung 261, 448, 494
Jungkunz (s. Wolf u. Jungkunz)
Jurczyk 441, 486, 704
Jurenak 151
Jürgens 36
Jürgensmeyer 223, 224
Jüsgen 50

K

Kaal 232
Kaan 106, 108, 116, 571, 584, 635, 657
Kadmer 726, 733
Kado 138
Kaempf 178, 183, 185
Kagerer 708
Kähler 277
Kahlert 534
Kaiser 733
Kaißling 481
Kaißling (s. Quack u. Kaißling)
Kall 205
Kallen u. Nienhaus 216
Kallmünzer 510
Kamm u. Hoffmeister 604
Kammerer 145, 721
Kammerer (s. Ganzenmüller u. K.)
Kämmerer 448
v. Kando 563
v. Kando (s. Cserhati u. v. Kando)
Kandaouroff 61, 124, 144, 145
Kandaouroff (s. Pohl u. Kandaouroff)
Kantner 705, 709

Lichtenfeld 666
Lichtenfeld (s. Breuer u. Lichtenfeld)
Liebegott 485
Liechty 79, 202-205, 208, 257, 477, 484, 515, 518, 525, 527, 548, 574, 576, 670, 672, 673, 681
Lihoßky 274, 303, 505
v. Lilienstern 169
Lilliendahl 179, 250, 674, 733
Lindemann 231, 235, 505, 601
Lindemann u. Loewenberg 484, 537
Linden 39
Lindermayer 44, 194, 713, 715
Lindner 65, 154, 163, 192, 427, 512, 543, 548, 550, 587
Linke 722
Linneborn 589, 591
Linsinger 241, 559
Linstedt 700
v. Linstow 551
Lion 680, 687
Lipeß 90, 100, 101, 211, 213, 429, 620, 621
Lippart (s. Klaiber u. Lippart)
Lipperheide 496, 514
Lippl 618, 706
Lipschiß 80, 682
List 22, 591, 598, 731
List (s. Rosa u. List)
List u. Niedermayer 597, 598
v. Littrow 67, 93, 195, 259, 260, 264, 279, 303, 477, 540, 637
Liß 91, 269, 279, 282, 336, 526
Livesay 59, 339, 438
Livesey 379, 665
Ljubimoff 622
Lochner 109, 242, 512, 529
v. Lochow 24, 26, 27, 60, 61, 720
v. Loeben 228
van Loenen, Martinet u. Ebert 121
Loercher 724
Loewe u. Zimmermann 19
Loewenberg 507, 514
Loewenberg (s. Lindemann u. L.)
Löffler 90, 91, 452, 456, 481
Lohmann 582, 664
Löhr 722
Löhr (s. Neesen u. Löhr)
Lohse 32, 50
Lommel 152, 527

Lomonossoff 100, 209, 260, 396, 437, 439, 450, 506, 584, 585, 607, 610, 611, 616, 620-622, 628, 631
Lomonossoff (s. Krukowsky u. L.)
Lorenz 46, 90, 115, 116, 133, 193, 201, 229, 264, 471, 492, 505, 521, 540, 559, 609, 663, 692
Loschge 440, 593
Lösel 507
Lossagk 244
Lotter 248, 255, 260, 262, 264, 278, 285-287, 297, 336, 376, 384, 558, 563, 631
Lotter u. Wichert 553
Lottmann 705
Loubiat 617
Louis 214, 579
Lovely 404
Lowe 365
Löwentraut 526, 548, 551, 556, 557, 567, 633, 635
Löwit 129, 722
Lübbeke 115
Lübcke 733
Lubimoff 146, 151, 170, 397, 431, 434, 437, 438, 498, 564, 617
Lübke 692
Lübon 206, 260, 271, 285, 404, 428, 454, 480, 532, 700
Lübsen 257, 394, 407
Lucas 580
Luchsinger 445
Lückerath 141, 146
Lucy 316
Lüdde 242
Lüders 188, 427
Ludewig 55
Ludwig 405, 711
Lueg 146
Luhmann 717
Luithlen 115, 116, 727
Luther 23, 47
Luther, Köpke u. Taschinger 689
Lüthi 566
Lutteroth 667, 727
Lutteroth u. Puße 667, 676
Lüttich 139
Lüttich (siehe Mauck, Heise, v. Waldstätten u. Lüttich)
Luß 591
Luße 726

Steffan 75, 99, 156, 157, 171, 174,
209, 259, 261, 264, 265, 267, 269,
294, 298, 299, 301—303, 306, 320,
337, 340, 366, 372, 382, 391, 402,
407-409, 411, 416, 460, 473, 476,
500, 512, 513, 560
Steffler 39
Stegerwald 31
Stehr 485
Stein 31, 54, 132, 450, 459, 496, 506
v. Stein 132
Steinbauer 558
Steinbrecher 459
Steinbrink 49
Steiner 52, 191, 566, 570, 573-575,
585, 631
Steiner u. Bodmer 242
Steinhagen 137
Steinhoff 296
Steinhoff (s. Günther u. Steinhoff)
Steinhoff u. Kettler 94, 638, 644, 647
Steinitz 134, 224, 510, 617
Stellrecht 223
Stenger 83
Stephany 543
Stern 107
Sternberg 154, 159
Sternenberg 606
Stetza 129, 723
Steuernagel 28
Sticht 164
Stieler 43, 706, 710
Stieler (s. Klöppel u. Stieler)
Stiepel (s. Fodermayer, Poppel u. St.)
Stier 544, 545
Stierl 140
Stigter 205
Stinner 188
Stix 542, 586, 611, 612
Stöber 454
Stock u. Hammer 578
Stockar 241
Stockar (s. Sachs u. Stockar)
Stocker 430
Stöcker 145
v. Stockert 31, 33, 73, 188, 255
Stöckl 107
Stöckmann (s. Aysslinger, Jessen u. St.)
Stodola 485, 489, 598, 663
Stolberg 261, 367, 509

Stoll 589
Strahl 169, 225, 230, 427, 428, 432,
433, 447, 462, 465, 505
Straßburger u. Treptow 94, 647
Straßer 100, 621
Strautthaus 520
Strauss 28, 29, 69, 89, 116, 549, 560,
570, 572, 581, 701
Strauß (s. Clar u. Strauß)
Strecker 680
Streer 237
Streiffeler u. Blasberg 112
Streletzky 161
Strelow 704, 708
v. Strenge 164
Stribeck 595
Stroebe 594 638, 643, 656, 657
Stroebe (s. Rohde, Stroebe u. Fesser)
Stroebe u. Fesser 91, 96
Stroebe u. Hüttebräucker 644
Stroebe u. Wiens 676
Stroebel 50
Stroehlen 448
Strohauer 220
Strohauer (s. Thum u. Strohauer)
Strohhäcker 610
Strommenger 34, 131, 150, 588, 590
Strommenger (s. Pohl u. Strommenger)
Strub 154, 491
Strubel 580
Struck 642, 670
Strunk 271, 276
Stübel 150, 151
Student 94, 166, 167
Studer 125, 565, 581
Stüebing 167, 261
Stummer 263
Stumper 443
Stumpf 47, 50, 52, 58, 501, 502
Stumpp 712
Sturm 25
Stürzenacker 700
Stürzer (s. Bauer u. Stürzer)
Süberkrüb 108, 605, 611
Süberkrub u. Kopp 118
Sudborough 34
Suder 126
Suida u. Salvaterra 194
Sulfrian 443
Sußmann 92, 189, 445, 455

Schneeschleuder-Maschine der Deutschen Reichsbahn in der Ostmark. Die Firma Henschel ist das einzige deutsche Werk, das sich mit dem Bau von Eisenbahn-Schneeschleudern befaßt.

25

25*

Wiens 671, 673, 675, 676, 682
Wiens (s. Stroebe u. Wiens)
Wiesinger 134, 136, 175, 489, 498, 516, 550, 617, 726
Wiessner 609, 713, 715
Wilckens 82
Wilde 470
Wilgus 25
Wilke 108, 597, 599, 600
Wilkinson 35
Willans 228, 463, 465, 473
Wille 728
Willenberg 577
Williams 67, 151, 155, 182, 194, 323, 332, 334, 356, 392, 405, 508, 527, 640, 672, 727
Willigens 377, 466, 532, 621, 664
Wilson 605, 632
Winckler 580, 581
Windel 92
Winkler 47, 104, 463, 556, 557, 576, 718, 719, 721, 724
Winter 130
Wintergerst 733
Wintershalter 107, 130
Wintgen 33, 39
Wintterlin 598
Wirth 140
Wischniakowsky 24
Wisligenus 712
Wiß 708
Wißmann 54
Wist 90, 124, 546, 636
Witte 86, 178, 183, 198, 213, 219, 223, 234, 261, 279, 283, 413, 460, 487, 491, 517, 583, 616, 621, 631, 632, 645, 661, 669
Witte (s. Galle u. Witte)
Witte (s. Wagner u. Witte)
Witte u. Stamm 178, 229, 609, 624
Witte u. Wagner 488, 616
Wittekind 641
Wittenbauer 504
Wittfeld 103, 245, 275, 289, 427, 499, 515, 580, 612
Wittrock 185, 231
Wittschell 80
Woelck 37, 54, 96
Woelke 443
Woeste 86, 87
Wögerbauer 733

Wöhlbier 152
Wöhler 689
Wohllebe 153, 282, 407
Wohlschläger 591
Wohlschläger (s. v. Sanden u. W.)
Wöhrl 183, 185
Wolber 112, 555
Wolf 44, 222, 225, 610, 728
Wolf u. Jungkunz 607
Wolff 33, 78, 88, 218, 220, 221, 224, 260, 270, 271, 276, 279, 292, 402, 437, 439, 514, 577
Wolfframm (s. Becker u. Wolfframm)
Wölke 246
Wollers u. Ehmcke 598
Wolseley 213, 249
Woltering 51, 66
Wolters 173, 278, 501
Wood 690
Woodard 261, 412, 413, 425
Woollen 508, 712
Woydt 732
Wrabetz 724
Wrench 274
Wright 74, 168, 174, 199, 201, 261, 277, 310, 330, 401, 403, 413, 514, 530
Wright (s. Noble u. Wright)
Wronsky 40
Wüger 37, 132
Wulff 32, 42, 706, 712
v. Wülfingen 590
Wülfinghoff 414
Wundenberg 142, 152, 207
Wunderlich (s. Thum u. Wunderlich)
Wünsche 241, 611
Wuppermann 147, 707
Würth 193
Wyant 149
Wyles 77

Y

Yamada u. Hashiguchi 141, 145
Yamchenko 397
Yollant (s. Châtel u. Yollant)
Young 503
de Young 193

STICHWORT-VERZEICHNIS

Company de Salitres y Ferrocarril de
  Junin 626
Compound → Verbund
Connor-Lokomotive 351
Consolitated Diamond Mines of South
  Westafrica 635
Consolitated Main Reef Mines, Jo-
  hannesburg 403
Constantinesco-Lokomotive 609
Conte-Kessel 485
Continental Service 198
Copiapo Railway 332
Corcovado-Bahn 158, 725
Cordoba and Belmez Railway 531
Cordoba-Zentralbahn 403, 684
Cork and Macroom Direct Ry 379
— and Muskerry Light Ry 379
— Bandon and South Coast Railway
  379, 380
Corliss, George Henry 502
— Schieber 502, 503
— Steuerung 503
Cornwall Mineral Railways 364
Corpet & Bourdon-Lokomotive 515
Corridor train 381, 382
Corringham Light Ry 361
Cossart-Steuerung 501
Costa-Rica 118, 426
Cotal-Getriebe 608, 610
County Donegal Rys Joint Committee
  379, 649
Crampton-Lokomotive 255, 259, 278,
  285, 287, 294, 338, 360, 363,
  366, 367, 369-371
Crewe Locomotive Works 189, 342
Cromford & High Peak Ry 365
Crosby-Sicherheitsventil 477
Cross-compound locomotive 315
Crossley-Dieselllokomotive 626
CSD → Tschechoslowakische Staats-
  bahnen
Cucuta-Bahn 22
Culemeyersches Fahrzeug 180, 181
Cundinamarca-Bahn 335
Cusack-Morton-Überhitzer 379, 477
Cutch State Ry 324
Cut-off governor 498
Cuzco-Santa Ana Railway 392
Cyclone-Funkenfänger 478
Cyprus Ry 640
St. Cyr, Tunnel 210, 211

D

Dabeg-Dampfmotor 517
— Fahrpumpe 466
— Ventilsteuerung 374, 502
— Vorwärmer 356, 466, 468
Daimler, Gottlieb 585
Daimler-Motorlokomotive 585
— Motorwagen 640, 646
— Straßenbahn 585
Dalmuir Locomotive Works 267
Damas-Hamah-Bahn 655
Dampf oder Elektrizität? 96—100,
  170, 206, 210, 540-543, 560, 569,
  720, 729 → Elektrifizierung
Dampfablenkung → Windleitblech
Dampfantrieb für Kraftwagen →
  Dampfkraftwagen, Dampfomnibus, Leichte Dampfantriebe
— für Schiffe 101, 481 → Leichte
  Dampfantriebe, Schiffskessel,
  Schiffskolbendampfmaschine
Dampfbetrieb oder Verbrennungs-
  motor-Antrieb? 100-102, 177,
  178, 584, 622, 627, 631, 633, 639
— blase 445
— bremse 243
— dom 476
— dichter Stehbolzen 470
— Diesel-Lokomotive 456, 533, 584
— draisine 537
— drosselung 497
— druckmesser → Druckmesser
— druckschaulinie 495-497, 503 → In-
  dikator-Diagramm
— düse 478
— dynamo → Lichtmaschine
— eigenschaften 430
— einströmquerschnitt (Steuerung)
  497
— elektrische Lokomotive 518, 531
  → Turboelektrische Lokomotive
— entnahme 447
— entwässerung 475, 476
— entwicklung 447
Dämpfen von Schwingungen →
  Schwingungsdämpfung
Dampfer 444, 483, 700 → Fähr-
  dampfer

Deutz-Diesellokomotive 606, 607, 622, 623
— Dieselmotor 594, 595
— Henschel-Diesellokomotive 612
Devisensparer 537, 538
Diagramm der Achsbelastungen 231
Diamantenmine 635
Dichthalten des Bodenringes 469
Dicke Bleche (Schweißen) 706, 708
Dickens, Charles 337
Dickwandige Kesseltrommel 442, 708
Dickwandiger Behälter 442, 705
Dick-Zugbeleuchtung 246
Dienstalter der Lokomotiven 167, 168, 412
Dienstbahn 137
Diesel 593
— betrieb der Eisenbahnen 176, 584, 585, 620, 623, 632, 633, 638, 644, 645 → Motor-Zugförderung
— boiler 618
— Dampflokomotive 533, 584
— Druckluftlokomotive 616, 621
— einspritzung 593, 598, 599, 731
— elektr. Lokomotive 90, 100-102, 586, 588, 592, 605, 611, 612, 619, 628-636, 675
Dieselelektrischer Bahnbetrieb 584, 611, 612, 656
— Omnibus 611
— Stromlinienzug 174-176, 191, 198, 199, 212, 213, 234, 585, 732 → Stromlinienzug
— Triebwagen 95, 96, 570, 586, 611, 612, 628, 635, 639, 655-662
Diesel-Gelenklokomotive 623, 626, 634
— Getriebelokomotive 100, 586, 622-627, 648, 732
— Getriebetriebwagen 170, 586, 639, 645-655
— hydraulische Lokomotive 68, 612-616
— hydraulischer Triebwagen 235, 586, 612-616, 645
— kraftstoff → Brennstoff, Kraftstoff, Treibstoff
— kran 86, 87
— lokomotive 68, 69, 90, 91, 100-102, 175, 585, 586, 605, 606, 620-636, 657, 664, 675, 732 → Dieselelektr. Lok., Dieselgetriebe-Lok.

Dieselmechanische Lokomotive (Triebwagen) → Diesel-Getriebelokomotive (Triebwagen)
— motor 592-604, 628 → Auflade-Motor, Triebwagenmotor, Schnelllaufender Dieselmotor
— Motorschiff 54, 613
— Otto-Verfahren 589
— triebwagen → Verbrennungsmotortriebwagen
— triebzug 198, 213, 684, 685 → Dieselelektrischer Stromlinienzug
Dieselzugförderung → Dieselbetrieb
— auf Steilstrecken 153
Dietrich-Hochbahn-System 133
de Dietrich-Triebwagen 650
Diffusor-Steuerung 497
Dimensionslose Kenngröße 733
de Dion-Bouton-Dampfauto 536
Direkt gekuppeltes Drehgestell 671
Direkt umsteuerbare Diesellokomotive 627
Dispatching system → Zugüberwachung
Dissertation 23, 24, 36, 94, 110, 146, 190, 195, 212, 226, 227, 492, 494, 496, 497, 499, 506, 510, 512, 628, 646, 718
Dissoziiertes Wasserstoffgas 708
District Railway → Metropolitan District Ry
Ditton Junction, LNWR 72
Dnjester-Bahn 395
Doble-Dampferzeuger 487, 488
— Dampfkraftwagen 537
— Dampftriebwagen 538
Dockanlage → Hafenbahn
Dom Pedro II. Ry of Brazil 321
Donau 39
— raum 24
— Save-Adria-Bahn 561
Doncester 253
Donegal Rys 379, 649
Doppelblech für Leichtbau 670
— deckwagen → Zweistöckiger Wagen
— deckzug 95, 172, 198, 213, 230, 249-251, 288, 575, 688, 730, 732 → Zweistöckiger Wagen
— eröffnung des Dampfaustrittkanals 497

Gefälle, Fahrt im G. 210, 234, 429
Gefahrlose Fahrzeugkupplung 288
→ Selbsttätige Kupplung
Gefederter Oberbau 140, 141, 143
Gefrierkonservierung 695
Gegendampf-Bremse 242, 243
Gegendruck-Bremse 242, 243, 434, 507
Gegengewicht im Lokomotivrad
504-506
Gegengewichtsberechnung 505, 506,
513, 602 → Massenausgleich,
Störende Bewegungen
Gegenkurbelstange 494
Geheizte Platte 448
Gehörstörung 88
Gekapselte Steuerung 503, 506
Gekröpfte Kurbelwelle 602 → Kur-
belwelle, Kropfachse
Gekuppeltes Fahren von Triebwagen
230, 638
Geländefahrzeug 594
Gelenk-Drehscheibe 149
— Kette 494
— Kupplung für Einzelachs-Antrieb
548
— Lokomotive 168, 256, 259, 282,
411-414, 526-531, 623, 626,
634 → Bogenläufige Lokomo-
tive, Engerth-Lokomotive, Fairlie-Lokomotive, Garratt-Lokomotive, Günther-Meyer-Loko-
motive, Kitson-Meyer-Loko-
tive, Mallet-Lokomotive, Meyer-
Lokomotive, Stütztender-Lok.
— stehbolzen 470, 471
Gelenkwagen und Gelenk-Triebwagen
68, 208, 538, 539, 573-578, 639,
649-654, 659, 660, 662, 669,
684-688 → Jakobs-Gelenkwagen, Straßenbahn-Gelenkwagen
— 3-teilig 574, 615, 649, 669, 686,
687 → Triebwagen (Triebzug),
dreiteilig
Geltungsbereich der Verkehrsmittel
31 → Zusammenarbeiten der
Verkehrsmittel
Gelüfteter Bahnmotor 541
Gemeinschaftsdienst im Verkehr 32,
131, 163 → Zusammenarbeiten
der Verkehrsmittel

Gemeinwirtschaftlicher Nutzen der
Eisenbahnen 22
Gemischbildung im Motor 599, 600
Gemischte Reibungs- u. Zahnstangen-
bahn → Reibungs- und Zahn-
radbahn
Gemischter Betrieb von Zahnrad-
lokomotiven → Reibungs- und
Zahnradlokomotive
Gemischter Fahrdraht- und Speicher-
betrieb 582 .
Gemischter Straßen-Schienen-Trans-
port →Fahrbares Anschlußgleis,
Haus-Haus-Verkehr, Straße-
Schiene-Fahrzeug
Gemüse-Beförderung 177, 413
— Konservierung 695
Genauigkeitsbau 167
Genehmigungsurkunde 50, 337
General American Transportation Cor-
poration 627
— Electric Company 119, 444, 456,
567, 568, 633
— Electric-Dieselmotor 596
— Motors-Diesel 596
Generator → Dynamomaschine, Fahr-
barer Generator, Gasgenerator
Generatorgas 192, 589-591, 731, 732
Geoghegan-Lokomotive 515
Geometrie der Kulissensteuerungen
493
Georgia 425, 426
Georgsmarienhütte 139
Gepäck-Dampftriebwagen 300, 536
— Verbrennungstriebwagen 639
— wagen 246, 668, 680, 697, 698
Gera-Meuselwitz-Wuitzer Eisenbahn
647
Gerätezug 85
Geräuschbekämpfung (-verminderung)
499, 601, 726 → Lärmabwehr
— bildung bei Zahnrädern 610
— entstörung 726
Geschäftsbericht 45, 53
Geschichte 19-21, 33, 140, 214, 218,
222, 225, 237, 256, 258-260,
266, 276, 353 → Jubiläum
Geschichtete Blattfeder 233
— Kunstharzpreßstoffe 714 →Kunst-
harzpreßstoffe

27*

Lorenz-Zugbeleuchtung 246
Lorenzen-Gasturbine 663
Lose Räder 214, 672, 673 → Einzel-
rad-Antrieb
Lose Radreifen 215
Löseventil 238
Lotrechter (Senkrechter) Motor-An-
trieb 547, 562
Lötschbergbahn 55, 126, 137, 152,
565, 566, 573, 575, 678
Mc Loud River Rr 530
Louisville and Nashville Rr 424
Lourenço-Marques, Eisenbahnen und
Häfen 310, 719
L. P. T. B. → London Passenger Trans-
port Board
Lübeck - Büchener Eisenbahn-Gesell-
schaft 48, 50, 165, 198, 213,
230, 250, 251, 288, 487, 488,
538, 648, 688 → Doppeldeckzug
Lückenloses Gleis 143-145, 148
Lückentafel 143
Lüderitzbucht-Bahn 404
Ludwigsbahn, bayrische → Nürnberg-
Fürth
— hessische → Hessische Ludwigs-
Eisenbahn
Ludwigshafen → Waggonfabrik Ludwigshafen
Luftantrieb für Drehscheibe → Pneumatische Drehscheibe
— aufbereitung (Bewetterung) 248
bis 250, 574, 617, 619, 652,
654, 674, 675, 681, 690
— behälter-Explosion 72
— bereifte Eisenbahnräder 641, 642
→ Elastisches Rad
— bewegung im Einspritzmotor 731
— bremse 243
— druckbremse → Druckluftbremse
Lüfter 249, 695 → Schraubenlüfter
Luftfahrnote 40
— fahrt → Luftverkehr
— federung 232
— feuchtigkeit 597
— filter 600
— gesteuerte Kupplung 608
— heizung 247, 248, 617

Luftkühlung für Dampfniederschlag
492
— für Dieselmotor 593, 595, 603,
604, 731
— für Eisenbahnwagen → Kühlwagen, Luftaufbereitung
Luftlose Einspritzung 595
— pumpe 237, 238, 464, 467
— reifen für Triebwagen 641, 642
— saugebremse → Saugluftbremse
— schraube als Bremse 243
— schrauben-Antrieb 133, 134, 173,
616, 617
— schutzraum 136
— speicher-Motor 592, 595, 598, 599
— überschuß 447, 452, 459
— umsteuerung 496
Lüftung des Eisenbahnwagens →
Luftaufbereitung
— des Elektromotors 546
— des Tunnels 138
Lüftungsgitter 546
— technik 249
Luftverkehr 40, 716
— verkehr / Eisenbahn 40
— versorgung des Verbrennungsmotors 619
— vorwärmer 454, 466, 474
— widerstand 210-214
— widerstand im Tunnel 210
— wirbelbremse 243
Lung-Hai-Bahn 334, 335, 681
Lurgi-Metall 219
Lüscher-Fahrsperre 79
Luttermöller-Radialachse 274, 297,
525, 526
Luxemburg 387, 660
Luxemburg-Bahn 387 → Belgische L.
Luxemburgische Prinz-Heinrich-Bahn
387
Luxuswagen und -Triebwagen 653,
667, 672, 675, 685
Luxuszug 318, 653, 675, 677, 683
→ Expreßzug
Lydd Military Ry 63, 274, 365
Lynton and Barnstaple Line 359, 363,
690
Lyon-Bahnhof, Paris 77
Lysholm-Smith-Getriebe 613, 614

M

Macallan-Adams-Blasrohr 462
Macallen-Getriebe 608
Machacamarca-Bahn 662
Mackelson-Fahrzeug-Kupplung 228
Mac Leod-Diagramm 90
Madagaskar 57, 58, 636
Madeira-Mamore-Bahn, Brasilien 678
Madras Ry 691
Madras and Southern Mahratta Ry
    329, 662, 690
Madrid-Caceres-Portugal-Bahn 402
Madrid-Saragossa-Alicante-Bahn   72,
    401-403, 638, 645, 660, 729
Maffei-Lokomotive 173, 200, 259,
    268, 279, 286, 294, 395, 399
— Turbinenlokomotive 522
Maffei-Schwartzkopff-Achsdruck-Aus-
    gleicher 543
— Lokomotive 557
Magdalena-Bahn 335
Magdeburg-Leipziger Eisenbahn 294,
    295
Maginot-Linie 64
Magirus-Triebwagen 648
Magistrale → Nord-Süd-Magistrale
Magnesia-Wärmeschutz 479
Magnesium 712
— Gußlegierung 707, 712
— Tagung 712
Magnetische Abfederung 232
Magnet-Kupplung 622
— Schienenbremse 242, 728
Maharadja of Indore 681
Mahltrocknung 458
Mahovo-Schwungrad-Booster 519
Maidstone, Englische Südbahn 119
Mailänder Nordbahn 122, 383, 575
Mailänder Triebwagen 577
Main-Neckar-Bahn 149, 294
Main-Weser-Bahn 227, 236, 294
Maisfeuerung 451
Majex-Fahrzeugkupplung 229
Malaga 651
Malaienstaaten 61
Malaiischer Archipel 61
Malakka 387, 388
Malaxa, Lokomotivfabrik, Bukarest
    395

Malay States Rys → Federated Ma-
    lay States Rys
Malines-Terneuzen-Bahn 320
Mallet-Lokomotive mit einfacher
    Dampfdehnung 308, 323, 335,
    389, 415-421, 424, 425, 530
Mallet-Lokomotive für große Ge-
    schwindigkeiten 419, 421, 422,
    425
Mallet-Rimrott-Lokomotive → Mal-
    let-Lokomotive
Mallet-Verbund-Lokomotive 83, 152,
    282, 286, 295, 296, 306, 308,
    313, 321, 322, 327, 329, 333,
    335, 370, 376, 384, 386, 390,
    391, 395, 399, 404, 408, 409,
    411, 414, 417, 418, 421, 422,
    426, 435, 511, 529-531, 701
Malmö, Werkstätten 191
Malmö-Ystad-Bahn 398, 659
Malta-Bahn 426
Maltrate-Rampe 123
Man → Insel Man
MAN-Arbeitsgebiete 639, 666
— Dieselmotor 593, 595, 600, 603,
    650
— Mittelflurwagen 577
— Petrolelektrischer Selbstfahrer
    für Straßenbahnen 657
— Schnelltriebzug 732
MAN-CGC-Schienenomnibus 649
MAN-Eßlingen-Triebwagen 655
MAN-Krupp-Diesellokomotive 624
Manchester, Sheffield and Lincoln-
    shire Ry 361, 362, 531
Mandatsgebiete 24
Mandatsverwaltung 25, 27
Mandschukuo 23, 24, 28, 61, 388,
    563, 584, 630, 719, 720 → Süd-
    mandschurische Eisenbahn
Mandschukuo-Staatsbahnen 61
Mandschurei → Mandschukuo
Manewood Line 29
Manila-Bahn 393
Manitou and Pike's Peak Ry 154, 158
Mann-Schlafwagen 685
Mannheim, Großkraftwerk 484
Manning, Wardle & Co, Lokomotiv-
    bau 363
Manometer 479, 480
Mantelblech 470 → Kesseltrommel

Manufacturer's Ry Company of St. Louis 424

Marbec, Bewegungstheorie von M. 503

Marc Seguin 367

Marchais-Gleisbremse 184

Marcotty-Rauchverbrennung 478

Mar del Plata-Dienst 683

Marensin-Bahn 376

Mariazeller Landesbahn 305

Marienhagen, Kalkwerk 271

Marin-Zugsicherung 78

Marjollet-Kreisschiebebühne 150

Mark Brandenburg 112

Märkisches Elektrizitätswerk 595

Markthallenverkehr 131

Marneschlacht 716

Marokkanische Eisenbahn-Gesellschaft 309

Marokko 57, 309, 623, 679 ➔ Minas del Rif

Martensit-Schiene 146, 725

Martin-Sieder 473

Martinez-Benicia-Brücke 186, 421

Maschineller Gleisumbau 150, 151

Maschinenabmessungen bei Lokomotiven 429

Maschinenbau 709, 711, 713

Maschinenbau- und Bahnbedarf AG 614

Maschinenbau-Gesellschaft Karlsruhe 269, 278, 279, 285, 294, 465 ➔ Keßler, Emil

Maschinendienst ➔ Betriebsmaschinendienst

Maschinendrehgestell für Triebwagen 645, 646

Maschinenfabrik der kgl. Ungarischen Staatsbahn 266, 409

— der Staats-Eisenbahn-Gesellschaft (Steg) 268, 298, 300, 304

— Eßlingen 67, 156, 158, 269, 439, 499, 586 ➔ Eßlinger Buch usw., Keßler (Emil)

— ter Meer 518

Maschinengründung 617-619, 704, 713 ➔ Elastische Lagerung, Lagerung des Verbrennungsmotors

— industrie 285

— laboratorium 436

Maschinenlehre der elektrischen Zugförderung 104, 540, 552

— schmierung 726, 733 ➔ Schmierung

— schwingungen ➔ Maschinengründung, Schwingungen

— technische Gesellschaft ➔ Deutsche Maschinentechnische Gesellschaft

— technischer Betriebsdienst ➔ Betriebsmaschinendienst

— technisches Versuchswesen 434

Maschinenwesen 286, 733 ➔ Eisenbahn-Maschinenwesen

— beim Baubetrieb 197, 271

Mashonaland 307

Mason Locomotive Works 411

— Lokomotive 411, 527

Maßbestimmung der Kulissensteuerungen 493

Massenausgleich beim Dieselmotor 601

— bei elektrischen Lokomotiven 547

— bei Kolbendampflokomotiven 503, 505, 506 ➔ Gegengewichtsberechnung, Störende Bewegungen

Massenbeförderung von Personen 37, 132, 134

— drücke im Steuerungsgetriebe 494, 503

— fertigung 276

— güter, Beförderung 691-693

— güter, Verladung Eisenbahn/Schiff 716 ➔ Güterumschlag

— kräfte beim Taßenlagermotor 544, 548

— trägheitsmoment 703

Massenwirkung am Kurbelgetriebe 505

— beim Bremsen 727

— bei Richtungsänderungen im Fahrzeuglauf 204, 206

Masse-Verteilung bei Treibstangen 508

Massive Bogenbrücke 162

Masut als Dieseltreibstoff 588

Mathematik und Statistik 28

Mathematische Behandlung von Wirtschaftsbewegungen 27

Matheran Ry 324, 682

Matrosoff-Bremse 238

Matthew-Puffer 226

Mauleselbetrieb 135

Metall-Lichtbogenschweißung 707
— Packung → Metall-Stopfbuchse
— Reinigungsverfahren 193
— schlauch 247, 277, 527
— spritze 714
— Stopfbuchse 486, 507
— wirtschaft 715
Metallisation von Holzwagen 668,
679, 681
Metallischer Überzug 193, 714
Metallurgie der Lokomotive 357
— der Schiene 146
Metcalfe-Ejektor 239, 240
— Abdampfinjektor 465
— Friedmann-Adampfinjektor 464
Metergewicht der Wagen 141, 161
Meterspur 61, 66, 67, 313, 732
Metropolitan Ry, London 56, 118,
361-364, 561, 676, 678, 685, 701
— District Ry 361, 364, 561, 572,
573, 678, 679
— Lokomotivtype 340
— Water Board's Light Ry 363, 364,
626
Metrum-A. T. C.-Zugbeeinflussung 79
Met-Vick-Cammell-Triebwagen 649
Mexikanische Staatsbahnen 388, 389
— Zentralbahn 388, 389, 455, 528
Mexiko 123, 135, 388, 389, 720
I. Meyer, Mülhausen (Elsaß) 301
Meyer-Gelenklokomotive 319, 320,
332, 527, 529
Michel-Motor 595
Micheline-Triebwagen, diesel-mecha-
nisch 641, 642
— elektrisch 575
Michigan Central Rr 423, 568
Midland Ry, England 73, 139, 236,
344, 350-355, 357, 383, 506, 581,
685, 697, 199
— Ry, New Zealand 564
— and Glasgow South Western Ry
684
— and Great Northern Joint Ry 350,
357, 363-365
— Great Western Ry of Ireland 379,
380, 648
Mid-Suffolk Light Ry 362, 699
Milchbeförderung, Milchwagen 180,
694, 695
Mile-a-minute train 198, 213

Militär-Eisenbahn 63, 64, 109, 273,
274, 297, 310, 364, 365 → Feld-
eisenbahnwesen
Military Camp Ry, Catterick 63, 274,
365
Milleniums-Ausstellung Budapest 264,
408
Minas del Rif 693
Minderwertige Brennstoffe 451-454
Mineral engine 326, 340, 341,
344-347, 350, 352, 354, 355,
357, 361-363, 496
— railway 68, 362
— wagon 690-692, 699
Mineralölbrand 456, 588
Minerva-Getriebe 608
Minho-Douro-Bahn 394
Miniatur-Dampflokomotive → Lili-
putbahn
— Diesellokomotive 68, 69, 606, 616
— Eisenbahn → Liliputbahn, Mo-
dell-Eisenbahn
— Straßenbahn 585
Minneapolis and St. Louis Rr. 639
Minnesota 177
Mischdampf-Kraftmaschine 491, 520
Mischdieselkraftstoffe 588
Miss Holmes-Steuerung 502
Missouri Pacific Rr 514
Mitchell-Bekohlungsanlage 182
Mitreißen von Wasser 445, 446, 476
Mitropa 172, 684, 685
Mittelafrika 22, 58, 307
— amerika 60, 652, 662
— deutschland 109, 110
— druck-Lokomotive 348, 490, 491
— druck-Regelung beim Dieselmotor
600-602
— einstieg 579
— flurwagen 577, 579
— land-Kanal 39
— meer 23
— meer-Bahn → Italienische Mittel-
meer-Bahn, Santander-Mittelmeer-Bahn, PLM-Bahn
— pufferkupplung 81, 228-230, 550,
551, 727 → Selbsttätige Kupplung
Mittenwald-Bahn 556, 721
Mittlere Führungsachse 204, 207, 208
— Reibschiene 159, 160

Österreich-Ungarn 19, 20, 22, 115, 127, 154, 298, 409
Österreicher-Zugsicherung 78
Österreichisch-deutsche Lokomotiven 291, 295, 306
Österreichisch-ungarische Lokomotivfabriken 266
— Monarchie 19, 20, 22
— Staats-Eisenbahn-Gesellschaft 305, 306
Österreichische Alpenbahnen 297
— Armee 732
— Bundesbahnen 46, 52, 53, 82, 84, 97, 99, 108, 115, 116, 148, 189, 241, 299-301, 500, 536, 540, 556, 559, 560, 571, 572, 583, 614, 636
— Eisenbahnen 21, 52, 238, 513, 584, 585, 697, 723, 727
— Heeresbahnen 274
— Lokomotivfabriken 266, 268, 298, 299, 560
— Nördliche Staatsbahn 305
— Nordwestbahn 304, 305
— Staatsbahn 157, 239, 268, 274, 301-303, 436, 442, 472, 687
— Südbahn 53, 301, 302, 304, 436
— Südliche Staatsbahn 305, 306
— Vakuumbremse 239
— Westbahn 306
Österreichischer Fahrzeugbau 196
— Kaiserzug 682
— Lokomotivbau 267, 298, 299
Osterzgebirge 48, 74
Ostindien 324
Ostindische Bahn → East Indian Ry
Ostkustbanas Aktiebolag Gävle 680
Ostmark 52, 53, 115, 116, 284, 297 bis 306, 559, 560
«Ostmark», Bodenseeschiff 718
Ostoberschlesien 53, 64, 717
Ostpreußen 26, 74, 84, 136
Ostseeraum 27
Otavi-Bahn 58, 307, 404, 689
Otto und Langen 592
Otto-Motor 592, 598, 599, 601, 602
— Motorlokomotive 625
Ottomanische Eisenbahn 407
Ottomanisches Kriegsministerium 407, 514
Oudh and Rohilkund Ry 72, 328, 677

«Oversea» Ry, Brighton 135
Oxford, Worcester and Wolverhampton Ry 362
Oxydation als Oberflächenschutz 714

P

Pacific Coast Service 633
Pacific Locomotive Committee 76, 202, 326
Padarn Ry 361
Paknam-Bahn, Siam 654
Palästina 23, 28, 62, 392, 539, 665, 695
P. A. M.-Wiederholung der Streckensignale 79
Pamplona-San Sebastian-Bahn 644, 660
Panama-Bahn 76, 426
— Kanal 196, 270, 555
Panamerikanische Eisenbahn 22
Panarmonion Gardens, Liverpool 134
Pannier tank 342
Panzerholz 712
— wagen 63, 638
— zug 63, 273, 274, 326, 699
Papierfabrik 365, 485, 532, 591
Papier-Radkörper 216
Päpstliches Eisenbahnwesen 55
Papst Pius IX. 683
Papstwagen 683
Parade der Lokomotiven vor dem Führer 52
Paraffin-Lokomotive 625
Paragon Station, Hull 70, 77
Paraguayische Zentralbahn 426
Parallelkurbelgetriebe 547
Parallelschaltung von Elektromotoren 543, 545
Parana-Plantagenbahn 323
Paria-Casalis-Fahrzeugkupplung 228
Paris-Arpajon-Kleinbahn 130, 273, 366, 376
— Lyon-Mittelmeerbahn → PLM-Bahn
— Orléans-Bahn → PO-Bahn
— St. Germain-Bahn 367
Pariser Gürtelbahn 366, 376, 630
— Stadtbahn 58, 120, 121, 573

Pufferfeder 226, 227
— kraft-Bremse 243
— teller 226
Pullman-Gesellschaft 641, 652
— Palace Car Cy 677
— Triebwagen 652
— Wagen 669, 677, 678, 680, 682,
   683, 685, 686, 698
— Zug 173, 198, 679
Pulsation der Dampffahnen → Flim-
   mern der D.
Pulsierender Gasdruck 600
Pulvis-Schlupfkupplung 605
Pumpenumlauf bei Motorkühlung 603
Punktschweißung 707, 708
Punktsystem der Zugbeeinflussung
   78, 88
Purdue-Hochschule 255, 436, 462, 505
Purrey-Dampftriebwagen 156, 537
Putiloff-Werke 631
Pyle-National-Kopflicht 245
Pym-Hochbahnsystem 136
Pyräus-Athen-Peloponnes-Bahn 651
Pyrenäen 127, 155

Q

Quecksilberdampf-Kraftwerk 491
Queensland Government Rys 316,
   655, 691
Quellen-Verzeichnis → Schriftquellen-
   Nachweis
Querfeldmaschine 245
Quergestellter Triebwagen-Motor 646
Quergleitende Bewegung rollender
   Räder 201
Querlager → Wälzlager
Querschwelle 152
Querschwellen-Oberbau 139, 142, 144,
   145
Quetschöl-Verdrängung 610
Quillacq-Überhitzer 476

R

R. A. D.-Pumpe 601
Rad und Schiene 201-208, 542, 609
   → Bogenlauf
Radanordnung → Achsanordnung

Radbandage → Radreifen
Raddruck 87
— melder 184
— waage 193, 253
Rädersenke 192 → Achssenke, Dreh-
   gestellsenke
Radialachse 207 → Gesteuerte Lenk-
   achse, Lokomotiv-Lenkgestell,
   Luttermöller-Radialachse
— buffer (Tenderkupplung) 230
— einstellbare Kuppelachse 526
Radkörper 216, 504 → Scheibenrad
Radreifen 215, 216, 504, 509 → Um-
   riß des Radreifens
— Abnutzung 148, 201-203, 262, 525
— Befestigung 215
— Bruch 215
— Profil (Umriß) → Umriß des Rad-
   reifens
— Schäden 215
— Schmierung 215
Radsatz 215-217 → Leichtradsatz,
   Scheibenrad, Wagenradsatz
Radsatz-Vermessung 277
Radstand → Achsstand
Ragonnet-Umsteuerung 496
Rahmenbearbeitung 277
— berechnung 524
— bruch 445, 469, 524
— loser Wagen 690
— schweißung 557, 558, 704
— steifigkeit des Gleisrostes 144
— trägersystem für Wagen-Seiten-
   wand 667
Railophone signalling 76
Railway and Locomotive Historical
   Society 412
— Age Book Guide 30
— Express Agency 177
— Foundry Leeds 267
— Magazine 28
— Mania 339
Rainhill → Wettfahrt von R.
Rajputana Malwa Ry 324, 327
Rammelsberg-Bergwerk 270
Ramoneur-Rußausbläser 474
Rampe → Steilstrecke
Ramsay-Turbinenlokomotive 523
Ramsbottom-Wasserschöpfvorrichtung
   275

Reinigungswagen 697
Reise-Bericht (-Eindrücke, -Notizen)
59, 65, 164, 187, 198, 213, 336,
339, 391, 399, 410, 411, 413,
584, 585, 720
Reisegeschwindigkeit 44, 172-176
— von Straßenbahnen 130, 171, 196,
252, 541, 576
Reiselänge von Straßenbahnen 130
Reisezeit 31
Reißen von Stehbolzen 469
Reklame → Werbung
Rekonstruktion → Nachbildung in
natürlicher Größe
Relativbewegungen von Eisenbahn-
Fahrzeugen 201
— von Puffern → Pufferbewegungen
Renault-Triebwagen 649, 650, 652
Rennwagen 211
Rentabilität 26, 165, 170, 465, 467
Reorganisation 24, 317, 335, 397
Repressionsbremse 242
Resonanzerscheinungen 250
— schwingungen 704
Revue Générale des Chemins de Fer
30
Reynolton Colliery Ltd 272
Rhätische Bahn 55, 85, 126, 565, 720
Rhein-Elbe-Kanal 38
— Haardt-Bahn 578, 722
— Mainisches Wirtschaftsgebiet 295
— Ruhr-Bezirk 717
— Ruhr-Häfen 33, 39
— Sieg-Eisenbahn 648
— Weser-Elbe-Kanal 38
Rheinbrücken 48, 49, 51, 162, 285,
287, 718
Rheingold-Zug 47, 676, 682, 683
Rheinisch-Westfälische Städtebahn 571
Rheinisch-Westfälischer Wirtschafts-
raum 33
Rheinisch-Westfälisches Industrie-
gebiet 23, 32, 33, 49
— Kohlensyndikat 452
Rheinische Bahngesellschaft 570, 578,
590
— Eisenbahn 180, 294, 689
— Stahlwerke 270
— Westmark 25
Rheinischer Braunkohlenbergbau 153,
159

Rheinischer Braunkohlenstaub 458
Rheinisches Braunkohlen-Syndikat
452
Rheinmetall-Wagen 689, 694
Rheinschiffahrt 39
Rhimney Ry 363, 678
Rhodesia 310, 582
Rhodesian Ry 307, 310, 499, 652, 690
Rhyl Miniature Ry 68
Ricardo-Dieselmotor 599
Richard Hartmann → Hartmann
Richmond, Fredericksburg and Poto-
mac Rr 424
Richmond Works, Lokomotivbau 416
Richtwand 724
Rickie-Lokomotive 511
— Steuerung 495
Ricour-Bremse 242
— Kolbenschieber 497
Ridge-Geschwindigkeitsmesser 87
Riekie → Rickie
Riepl, Franz Xaver 52
Riffelung der Schienen → Schienen-
riffelung
Riggenbach 155
— Lokomotive 154
Rigibahn 153, 154, 159, 574
Rihosek-Löseventil 238
Riksgräns-Bahn 84, 564, 722, 723
Rillenschiene 146-148, 725
Rimrott-Lokomotive → Mallet-Loko-
motive
Ringfeder-Berechnung 227
— Puffer 227
— Schienenpuffer 152
Ringförmiges Blasrohr 462
Ringvaart-Brücke 162
Rinteln-Stadthagener Eisenbahn 295
Rio Grande do Sul 322-324
Rio Tinto Mines 403
Rippenplatten-Oberbau 140
Rippenrohre 474
Ritter, Gegengewichtsbestimmung
nach R. 506
Rittergut Bärfelde 105, 112
Rittinger-Type 299, 304
Ritzverfahren 703, 704
Riviera-Expreß 371
Rjukan-Bahn 722
Robert-Wasserrohrkessel 472, 473
Robinson-Kletterschutz 81

Rügendamm 23, 47, 700
Ruhiger Fahrzeuglauf 197, 201, 202, 217, 232, 642, 666, 667, 672 ➤ Fahrzeuglauf
— Gang der Lokomotive 504, 505
Ruhrbezirk 32, 38, 39, 45, 717
Ruhrkohle 39, 452
Ruhrkohlen-Handbuch 452
Rumänien 96, 187, 395
Rumänische Eisenbahnen 395, 645, 651
— Lokomotivfabriken 269, 395
— Staatsbahnen 124, 395, 455, 539, 631
Rundschieber 502, 503
Rüping-Oberbau 141
Rußausbläser 474, 475
Russisch-Turkestan 22
Russische Breitspurbahnen 67, 716, 725
— Eisenbahnen 21, 62, 451, 472, 511 ➤ Sowjetrussische Eisenbahnen
— Schraubenkupplung 227
— Staatsbahnen 396, 492, 502, 586, 587, 620, 622-624, 631, 697, 703, 729 ➤ Sowjetrussische Eisenbahnen
— Südwestbahn 396
Russischer Hofzug 675
— Lokomotivbau 396
Russisches Kriegsministerium 273, 396
— Profil 606, 621
Rußland 24, 27, 28, 37, 61, 62, 100, 124, 132, 141, 159, 161, 395 bis 397, 437, 454, 455, 564, 584, 631, 655 ➤ UdSSR
Ruston, Proctor & Co (Lokomotivbau) 515
— Motor 595
— Motorlokomotive 625, 627

S

Saarbrücken, Bahnbetriebswerk 85
Saareisenbahnen 50, 647
Saargebiet 23, 41, 44
Saartal, Straßenbahnen im S. 718, 724
Sachsen 25

Sachsen-Weimar 48
Sächsisch-Schlesische Eisenbahn 83
Sächsische Eisenbahnen 50
— Granit-AG. 105, 112
— Maschinenfabrik vorm. Rich. Hartmann 266, 278, 292, 298, 376, 390, 391, 401 ➤ Hartmann
— Schmalspurbahnen 49, 51, 67, 96
— Staatsbahnen 292, 293, 511, 528, 656
— Werke 554
Sächsischer Lokomotivbau 268
Sächsisches Eisenbahnsystem 22
Sacramento Valley Rr 421
Sahara 26
Sahara-Bahn ➤ Transsahara-Bahn
Salerni-Umformer 613, 616
Saline Cagliari 555
Salonwagen 676, 677, 681-683 ➤ Inspektions-Salonwagen, Hofzug
Salzburger Stadtbahn 722
Salzkammergut-Lokalbahn 306, 719
Salzlösung als Kühlmittel 694
Sammelgleise 183
Samuels Expreßmaschine 534
San Diego & Arizona-Bahn 423
— Francisco-Brücke 78, 129, 162
— Miguel-Minenbahn 401
— Paulo-Bahn 160, 321-323, 662
— Paulo e Rio de Janeiro-Bahn 682
— Paulo-Parana-Bahn 323
— Rosé Rr 422
Sandbahn-Lokomotive 296, 297, 306
— gleis 88, 724
— prellbock 152
— streuer 253
Sander-Bremse 239
Sandwell-Straßenbahn-System 582
Sandwich-Inseln 398
Santa Fé-Bahn, Argentinien 313
Santander-Mittelmeer-Bahn 403
Sanzin 298
Sao Paulo ➤ San Paulo
SAR ➤ South African Rys
SAR-Umsteuerung 496
Sarawak Government Rys 426
Satteltank-Lokomotive 341, 354, 356, 359, 363, 365, 377, 381, 702
Sattelwagen 693
Sauerstoff 707

Sibirien 27, 62, 396
Sibirische Eisenbahn 28, 61, 62, 137, 395, 396
Sicherheit des Eisenbahnreisenden 70, 80, 88 → Betriebssicherheit
— gegen Entgleisungen 204 → Entgleisungsgefahr usw.
— der Gasbeleuchtung 244
Sicherheitsbremse 243
— fahrschaltung 548, 549
— faktor im Luftverkehr 40
— kupplung 227 → Selbsttätige Kupplung
— ventil 477
— wagen (Kletterschutz) 81
— zündvorrichtung für Öldampfkessel 456
Sicherung gegen Spannungsführung 721
— der Wegübergänge → Wegübergänge
Sicherungsvorrichtungen an Steilbahnen 155
Sicherungswesen → Eisenbahn-Sicherungswesen
Sichtschmierapparat 510
Siebanalyse für Kohlenstaub 458
Siebenbürgische Bergwerksbahn 526
Siebengang-Getriebe 608
Siederohr-Bearbeitung 474, 475
Siedlungspolitik 23
Siegkreis 571
Siemens, Werner v. S. 104, 721
Siemens-Bremse 237, 240
— Triebwagen 570
Siemens & Halske 112
— Schnellbahnlokomotive 173, 559
— Schnellbahnsystem 173, 570
Siemens-Schuckert-Werke 104 → SSW
Sierra-Leone-Bahn 307
SIG-VRL-Drehgestell 673
Sigl 268, 291, 409
Signalbuch 77
— melder 78
— ordnung 76, 77
— spiegel 87
— wesen 70, 76-78, 89, 163, 725
Simmeringer Waggonfabrik 595
Simplex-Drehgestell 551
— Motorlokomotive 625

Simplon 125, 400, 723
— Lokomotive 125, 562, 563, 565
— Orient-Expreß 173
— tunnel 125, 137
Sinai-Bahn 62
Sinclair, Robert 339
Sind Pishin Section, Indian State Rys 330
Singapore, Flugstützpunkt 271
Sinuflo-Überhitzer 477
Sirhowy Ry 363
Sitze in 3. Wagenklasse 674
Sizilien 383
Skandinavien 124, 187, 336, 391, 399, 584, 726
SKF-Rollenlager 222-224
— Stangenlager 223, 508
Skier-Transport 697
Skoda-Booster 519
— Lokomotive 387
— Werke 269
Sligo, Leitrim and Northern Counties Ry 379, 642
Slip coach 228, 675, 678
SLM → Schweizerische Lokomotiv- u. Maschinenfabrik, Winterthur
— Getriebe bzw. -Kupplung 605, 607, 608, 650, 651
— Lokomotive 155, 157, 158, 256, 267, 369, 400 → Winterthur-Lokomotive
— Ölschalt-Kupplung 605, 650, 651
Smith-Prüfdruckmesser 480
Smith and Perkins Lokomotive Works 266, 411
Smyrna-Cassaba-Bahn 407
Snaefell Mountain Ry 149
SNCF → Société Nationale des Chemins de Fer Français
Snowdon-Bahn 71, 154, 156-158
Sociedad Española de Construcciones Babcock & Wilcox 403
Société Alsacienne de Constructions Mécaniques → Elsässische Maschinenfabrik
Société Nationale des Chemins de Fer Français 58, 78, 79, 148, 176, 367, 470, 489, 519, 562, 575, 591, 630, 635, 659, 681, 708
Soda-Wagen 697
Solenoïd-Bremse 240

Werkstoff-Beanspruchung bei Rei-
  bungsgetrieben 201, 609
— Ersparnis 551, 706, 708, 709, 715,
  733
— Kunde 709
— Leistung 710
— prüfung 709, 710
— Ratgeber 709
— veränderungen 708
Werkstoffe für Dampfkessel 440, 441
— Getriebe 610
— Gleitlager 218
— Motorkolben 601
Werkzeugmaschine 612, 717
— maschinenbau 193
— wagen 85
Werner-Verbundlokomotive 511
Werra-Bahn 295
Wertung der Strecken → Leistungs-
  fähigkeit von Eisenbahnlinien
Weserbrücken 49, 162
Wesermünde-Geestemünde, Fischerei-
  hafen 177
West Australian Government Rys
  230, 251, 318, 626, 655, 662
— Cannock Colliery 271
— Clare Ry 379, 380
— Coast Joint Ry 684, 685
— Cornwall Ry 365
— Highland Ry 56, 180, 348, 349
— Lancashire Ry 363
— Point Foundry, New York 410
— Somerset Mineral Ry 362
— Sussex Ry 648
Westafrikanische Goldfelder 636
Westbefestigungen 48, 53, 64
Westerland-Sylt 47
Western Maryland Rr 424
— Oases Ry 311
— Pacific Rr 190, 424, 426
Westfälische Bahn 718
— Landes-Eisenbahn 295, 297, 614,
  648, 729
— Stahlwerke 725
Westflandrische Bahn 319
Westfront 274, 716
Westinghouse-Antrieb → AEG-
  Westinghouse-Antrieb
— Bremse 237-239
— Diesellokomotive 632, 633
— Triebwagen 572, 655, 658, 662

Westinghouse-Zugvorrichtung 227
Weston, Clevedon and Portishead
  Ry. 364, 648
Westwall → Westbefestigungen
Wetli-Eisenbahnsystem 71, 153, 154,
  725
Wettbewerb der Verkehrsmittel →
  Zusammenarbeiten der Ver-
  kehrsmittel
Wettbewerber der Reichsbahn 31, 32,
  43, 44
Wettbewerbs-Entwürfe 278
Wetter und Verkehrswesen 31
Wettfahrt von Rainhill 338, 339
Weyerhaeuser Timber Company 425,
  530
Whitcomb-Diesellokomotive 626
White & Burke-Mittelpufferkupplung
  228
White Mountains 153
White Pass and Yukon Route 312
Wickelfeder 232
Wickham & Co, Ltd, Ware 649
Wickham-Triebwagen 649, 653, 654
Widerstand beim Anfahren 208
— der Brennstoffschicht 453
— von Diesellokomotiven 100, 209,
  611, 628
— im Rohrsystem → Rohrwider-
  stand
— bei Wasserstraßen und Eisenbahnen 38
— der Zugbewegung → Bewegungswiderstand
Widerstandsbremse → Elektrische W.
— erwärmung 707
— formeln 208, 209, 214 → Bewegungswiderstand
— proben bei Eisenbahnwagen 668
  → Zerstörungsversuche
— schweißung 477, 707, 708, 715
— spiralen 551
Wiederholung der Signale → Führer-
  standssignale
Wien → Eisenbahnstrecke (Eisenbahnverbindung) Berlin-Wien
— Gloggnitzer Eisenbahn 305
— Neustädter Lokomotivfabrik 268,
  299
— Raaber-Eisenbahn 304

29

ACHS-ANORDNUNGEN

C 1 . . . . 63, 157, 272, 273, 285, 287, 290, 301, 305, 319, 323, 326, 340, 341, 344, 346-348, 351, 353, 358, 360-363, 365, 370, 379, 382, 384, 387, 392, 394, 395, 401, 404, 407, 454, 557, 718

C 2 . . . . 315, 332, 351, 352, 354, 358, 361-363, 365, 369, 379-381, 387, 396, 426

1 C . . . . 157, 273, 286, 288, 291, 296, 302, 303, 305, 307, 309-311, 312, 316, 320, 324, 328, 330, 331, 333-336, 341, 343, 345 bis 347, 349, 350, 353, 355, 356, 358-360, 366, 368, 369, 376, 380-385, 392-396, 399, 400, 408, 410, 422, 423, 426, 453, 472, 473, 513, 514, 566, 701

1 C 1 . . . . 157, 282, 285, 288, 293, 297, 301-303, 305, 308-311, 313, 314, 318, 319, 322, 325-328, 330, 331, 334, 335, 340, 342, 348, 349, 355, 356, 359, 361, 366, 375, 380-384, 387, 388, 390, 393, 396, 397, 399 - 402, 406 - 409, 411, 419, 420, 422, 423, 472, 556, 557, 559, 561, 566, 614, 621 - 623, 626, 630

1 C 2 . . . . 260, 302, 311, 313, 314, 325, 327, 330, 333, 336, 345, 355, 356, 359, 360, 364, 379, 388, 390, 394, 400, 419

2 C . . . . 273, 286, 290-292, 298, 302, 304, 307, 309, 311, 313, 315, 316, 318-320, 322, 324-333, 336, 340-342, 344-346, 348-360, 363, 366-368, 370-374, 376-378, 380-382, 384, 386, 388, 391 - 396, 398 - 400, 402, 404, 407, 409, 411, 416, 419, 420, 423, 425, 489, 500, 501, 507, 517, 525, 701, 702

2 C 1 . . . . 68, 213, 281-286, 291-293, 299, 300, 303, 304, 309, 311, 313-319, 322-331, 334-336, 340, 344, 346, 347-349, 352-354, 356-359, 366-375, 378, 379, 382, 386-390, 394, 395, 397, 398, 401, 402, 404-406, 408, 411, 415-420, 423-425, 437, 438, 440, 490, 492, 493, 500, 606, 701, 702, 728, 729

2 C 2 . . . . 212, 281, 282, 284, 291, 300, 301, 309, 315, 316, 320, 323, 325, 327, 329, 331, 333, 353-355, 358, 359, 368-371, 377-379, 385-387, 389, 390, 401, 403, 408, 412, 414-417, 419, 425, 426, 490, 557

2 C 3 424

D . . . . 259, 271, 281, 285, 287, 290, 293, 295-298, 300, 301, 303, 304, 309, 312, 315, 316, 319, 323, 325, 328, 334, 343 - 346, 350-355, 360, 369, 371, 373, 374, 382, 383, 385, 387, 388, 390, 393, 396, 398-400, 404, 407, 408, 413, 417, 426, 472, 501, 526, 563, 565, 566, 718, 729

D 1 . . . . 157, 303, 319, 321, 324, 330, 344, 346, 352, 353, 398, 407, 702

D 2 . . . . 305, 328, 344, 348, 349, 354, 519

1 D 260, 273, 281, 285, 286, 289, 290, 297, 303, 307, 309, 310, 312, 314, 315, 318, 320-324, 326, 328-330, 331, 333, 334, 336, 340-347, 350, 356, 359, 362, 363, 366, 368, 372, 374-376, 382-385, 387, 388, 390-395, 398-400, 402, 403, 406, 407, 409, 410, 414-420, 423, 426, 490, 491, 495, 728

29 a*

1 D 1 . . . .   68, 281, 282, 284, 292, 293, 296, 297, 299, 300, 303, 307-311,
314, 317, 318, 321-335, 342, 348, 349, 369, 370, 371, 373,
374, 376-378, 383-386, 388-390, 392-394, 403, 406, 407, 409,
418, 423, 426, 437, 456, 473, 499, 507, 514, 519, 523, 559,
563, 565, 606, 701, 729

1 D 2 . . . . 260, 279, 300, 301, 307, 309, 317, 321, 328, 391, 392, 397,
406, 424, 425, 437, 514, 519

2 D 200, 261, 299, 304, 307-310, 312, 314-316, 324, 329, 331,
332, 334, 335, 344, 367, 371, 373, 375, 376, 381, 389, 391,
393, 394, 402, 407, 409, 418, 419, 437, 438

2 D 1 . . . . 68, 309, 310, 312, 316, 317, 323, 324, 332, 335, 370-372,
374, 386, 389, 394, 402-407, 412, 415, 416, 418, 420, 421,
423, 424, 437, 473, 556, 557, 703, 729

2 D 2 . . . . 213, 281, 284, 307, 309, 314, 324, 332, 334, 368, 371, 378,
379, 386, 389, 407, 414-419, 421, 422, 425, 426, 437, 438,
489, 514, 729

E 153, 157, 261, 286, 293, 295-297, 299, 301, 302, 304, 306,
310, 331, 343, 354, 366, 369, 372, 374, 382, 384, 385, 387,
393, 396, 398, 401, 411, 422, 502, 563

1 E 275, 279, 284, 290-292, 296, 297, 299, 302-304, 308, 310,
313, 320, 328, 334, 369, 370, 383, 392, 393, 396, 406-408,
413, 420, 424, 438, 490, 514, 567, 729

E 1 425

1 E 1 . . . . 153, 213, 281-284, 296, 297, 299, 306, 314, 315, 323, 325,
334, 367, 368, 370, 372, 373, 386, 394, 397, 403, 405-408,
412, 414, 416, 421, 521, 526. 556, 559, 622, 703, 723, 729

1 E 2 . . . . 275, 323, 386, 387, 397, 406, 414-417, 425, 437

2 E 1 . . . . 323, 324, 404, 405, 412, 421, 472, 514, 622

2 E 2 702

F 157

1 F 293, 302

1 F 1 390

1 F 2 . . . 331

1 F 3 261

2 F 1 421

1 G 2 397

2 G 2 397

1 A - A 1 . . 422

B - B . . 273, 296, 308, 317, 319, 361, 363-365, 376, 389, 390, 392,
394, 408, 513, 515, 516, 528, 529, 553, 557, 565, 568

1 B - B . . 408

1 B - B 1 . . 322, 332, 557, 565, 566, 568

2 B - B 2 . . 312, 415, 545, 557

2 B 1 - 1 B 2 . . 314, 317

3 B - B 3 . . 420

1 B - C . . 313, 376

2 B - C 1 . . . 414

  C - B . . 527

  C - C . . 292, 295, 306, 308, 313, 319-321, 327, 332, 333, 335, 376, 387, 388, 392, 395, 399, 415, 422, 426, 527-529, 531, 545, 561, 562, 565

C 1 - 1 C . . 333, 368, 529

1 C - C . . 370, 384, 391, 404, 409, 422

1 C - C 1 . . 158, 307, 318, 322, 323, 329, 355, 384, 389, 391, 393, 404, 414, 415, 418, 437, 473, 560, 561, 566, 621

1 C - C 2 . . 321, 322, 425

1 C 1 - 1 C 1 . . 307, 309, 310, 323, 330, 336, 403-405, 406, 499, 528

2 C - C 2 . . 314, 417, 419, 422, 528

2 C - 2 C . . 388

2 C 1 - 1 C 2 . . 307-309, 314, · 323, 335, 389, 405

2 C 2 - 2 C 2 . . 310

  D - D . . 282, 286, 417, 418, 529

1 D - D . . 390, 401, 420

1 D - D 1 . . 322, 326, 327, 335, 347, 388, 414, 416, 417, 421, 422, 426

1 D - D 2 . . 323, 419, 421, 422, 530

1 D 1 - D . . 68

1 D 1 - 1 D . . 423, 531

1 D 1 - 1 D 1 . . 310, 392, 401, 405

2 D - D 1 . . 421

2 D - D 2 . . 326

2 D 1 - 1 D 2 . . 307-310, 314, 321, 392, 405, 406, 528

2 D 2 - 2 D 2 . . 308

1 E - E 1 . . 414, 422

  B - B - B . . 556

1 D - D - D 1 . . 418, 422, 530, 531

1 D - D - D 2 . . 422, 531

Einzelachs-Antrieb

Zu Seite 905 « Abkürzungen »

GiT . . . . . „Gewichtsersparnis im Transportwesen", Verlag Keller u. Co. AG, Luzern (Schweiz)

Kraftbetr. . . . „Elektrische Kraftbetriebe und Bahnen", Druck und Verlag von R. Oldenbourg, München und Berlin

ABKÜRZUNGEN

1. Zeitschriften

Age . . . . „Railway Age", veröffentlicht bei Simmons-Boardmann Publishing Corporation, Philadelphia, Pa., New York, Chicago

Annalen. . . „Glasers Annalen", Verlag F. C. Glaser, Berlin SW 68, Lindenstraße 80

ATZ . . . . „Automobiltechnische Zeitschrift", Verlag Franckh'sche Verlagshandlung, Stuttgart O.

Baldwin . . . „Baldwin Locomotives", Hauszeitschrift der Baldwin Locomotive Works, Philadelphia, Pa.

Beiträge . . „Beiträge zur Lokomotivgeschichte", herausgegeben von Hermann Maey, bearbeitet im Deutschen Lokomotivbild-Archiv, Darmstadt, Technische Hochschule (Einziges erschienenes Heft: Februar 1937)

Betrieb . . . „Maschinenbau / Der Betrieb", VDI-Verlag GmbH, Berlin NW 7

Beyer-Peacock „The Beyer-Peacock Quaterly Review", Hauszeitschrift der Beyer, Peacock & Co, Ltd, Gorton Foundry, Manchester

DRT . . . . „Diesel Railway Traction", Supplement zu Gaz

Engg . . . . „Engineering", Offices for Advertisements and Publication, London, WC 2

Engg. Progress „Engineering Progress", Herausgeber «Progressus» Internationale Technische Verlagsgesellschaft mbH., Berlin SW 68, Markgrafenstr. 21

ERT . . . . „Electric Railway Traction", Supplement zu Gaz

ETZ . . . . „Elektrotechnische Zeitschrift", Verlag von Julius Springer, Berlin

Gaz . . . . „The Railway Gazette", veröffentlicht in London, SW 1

GHH . . . . „Mitteilungen aus den Forschungsanstalten des Gute-Hoffnungshütte-Konzerns", in Kommission beim VDI-Verlag, GmbH, Berlin

HH . . . . „Henschel-Hefte", Hauszeitschrift der Henschel & Sohn GmbH, Kassel

HN . . . . „Hanomag-Nachrichten", Hauszeitschrift der Hanomag, herausgegeben vom Hanomag-Nachrichten-Verlag GmbH, Hannover-Linden

Journal . . . „The Journal of the Institution of Locomotive Engineers", Publishing Office of Institution, Lewes, Sussex (England)

Klb-Ztg. . . „Deutsche Straßen- und Kleinbahn-Zeitung", Verlag von Rothe, Ziemsen & Co., K.-G., Berlin SW 11

Kongreß . . „Monatsschrift der Internationalen Eisenbahn-Kongreß-Vereinigung", Deutsche Ausgabe, Sekretariat der Vereinigung, Brüssel

Loc . . . . . „The Locomotive, Magazine and Railway Carriage and Wagon Review", Verlag The Locomotive Publishing Company Limited, London, EC 4

Lok . . . . „Die Lokomotive", Verlag A. Berg, Wien IV/2; seit April 1939 Verlag E. Gundlach Aktiengesellschaft, Bielefeld

Maschinenbau	„Maschinenbau / Der Betrieb", VDI-Verlag GmbH, Berlin NW 7
Mod. Transp. .	„Modern Transport", Verlag Modern Transport Publishing Co., Ltd., London, WC 2
MTZ	„Motortechnische Zeitschrift", Franckh'sche Verlagshandlung, Abteilung MTZ, Stuttgart O, Pfizerstr. 5
Organ . . .	„Organ für die Fortschritte des Eisenbahnwesens", bis 1929 Verlag C. W. Kreidel, Wiesbaden und München, seit 1930 Verlag Julius Springer, Berlin
RB	„Die Reichsbahn", Amtliches Nachrichtenblatt der Deutschen Reichsbahn, Verlag Otto Elsner Verlagsgesellschaft mbH, Berlin S 42, Oranienstraße 140-142
Revue . . .	„Revue Générale des Chemins de Fer et des Tramways", Verlag Dunod, Paris
Ry Eng . . .	„The Railway Engineer", veröffentlicht in London SW 1
Ry Mech. Eng	„Railway Mechanical Engineer", veröffentlicht bei Simmons-Boardman Publishing Corporation, Philadelphia, Pa., New York, Chicago
The Eng . .	„The Engineer", Office for Publication and Advertisements, London, WC 2
VT	„Verkehrstechnik", Deutscher Verlag, Berlin SW 68
VW	„Verkehrstechnische Woche", Verlag Otto Elsner Verlagsgesellschaft, Berlin SW 68
Z	„Zeitschrift des Vereines Deutscher Ingenieure", VDI-Verlag GmbH, Berlin NW 7
ZVDEV . . .	„Zeitschrift des Vereins Deutscher Eisenbahnverwaltungen", herausgegeben vom Verein in Berlin W 9, Köthener Straße 28-29, seit 1932 ZMEV
ZMEV . . .	„Zeitschrift des Vereins Mitteleuropäischer Eisenbahnverwaltungen", herausgegeben vom Verein in Berlin W 9, Köthener Straße 28-29
ZÖIA . . .	„Zeitschrift des Österreichischen Ingenieur- und Architekten-Vereins", herausgegeben in Wien I, Eschenbachgasse 9

2. Sonstige Abkürzungen

Bespr. . . .	Buchbesprechung
Cie	Compagnie
Co . . . . ⎫ Cy . . . . ⎭	Company
DLA	Deutsches Lokomotivbild-Archiv
Govt	Government
Karte . . .	Landkarte, Streckenkarte
Rr	Railroad
Ry	Railway
TH	Technische Hochschule
VWL . . .	Verkehrswissenschaftliche Lehrmittelgesellschaft m. b. H. bei der Deutschen Reichsbahn
Weltkraft . .	Gesamtbericht über die II. Weltkraft-Konferenz in Berlin, Band XVII, VDI-Verlag 1930

INHALTS-ÜBERSICHT

20 000 SCHRIFTQUELLEN ZUR EISENBAHNKUNDE

Das Eisenbahnwesen

Eisenbahn-Bau und -Betrieb

Die Frage nach dem zweckmäßigen Zugförderungsmittel 90—102

Die Eisenbahn-Fahrzeuge

Der Lauf des Fahrzeuges

Die Dampflokomotive

914 *Inhalts-Übersicht*

918 Inhalts-Übersicht

922 *Inhalts-Übersicht*

Der Eisenbahnwagen

Grenzgebiete

Nachträge

BERICHTIGUNG EINIGER DRUCKFEHLER

Seite 56 — 1875, 2. Zeile von oben; es muß heißen: Dockyard
58 — 1905; Quelle Troske ist **umzusetzen** auf S. 57 unter **Frankreich und Kolonien**
59 — 1909, 1. Zeile von oben; es muß heißen: Le Bush Terminal
79 — 1932, 3. Zeile von oben; es muß heißen: System Lüscher
97 — 1921, 2. Zeile von oben; es ist zu streichen: El. Bahnen 1926, S. 270
101 — 1934, 1. Zeile von oben; es muß heißen: Bredenbreuker
117 — 1940, Quelle ist **umzusetzen** unter **Belgien** (auf gleicher Seite)
148 — 1906, 1. Zeile von oben; es muß heißen: Blum und Giese
157 — 1909, 5. Zeile von oben; es muß heißen: Lok 1910, S. 164
262 — 1936, 2. Zeile von oben; es muß heißen: 23 000
304 — 1855, 4. Zeile von oben; es muß heißen: 1855, S. 290
306 — 1935, 1. Zeile von oben; es muß heißen: Olmütz
350 — 1890; Quelle ist **umzusetzen** auf S. 343 unter **London and North Eastern Ry**
352 — 1909, 5. Zeile von unten; es muß heißen: «Metropolitan»
364 — 1928, 2. Zeile von oben; es muß heißen: Stratford
371 — 1905, 1. Zeile von oben; es muß heißen: Baudry
385 — 1872, 1. Zeile von oben; es muß heißen: Edward
437 — 1931, 4. Zeile von oben; es muß heißen: C & O
490 — Abschnitt Mitteldrucklokomotiven/Delaware & Hudson Rr, USA; unter 1 muß es heißen: Horatio Allen
493 — 1933, 1. Zeile von oben; es muß heißen: **Phillipson**
506 — 1898, 1. Zeile von oben; es muß heißen: Eickenrodt
507 — 1909, 1. Zeile von oben; es muß heißen: Watzinger
560 — 1924; Quelle ist **umzusetzen** an den Anfang des Abschnittes **Argentinien**
572 — 1907; Quelle ist **umzusetzen** auf S. 570 in den Abschnitt Triebwagen/Inland
578 — 1938, 4. Zeile von unten; es muß heißen: Wellmann
586 — 1936, 1. Zeile von oben ist zu streichen
600 — 1935, 2. Zeile von oben; es muß heißen: Eckhardt
606 — 1937, 1. Zeile von oben; es muß heißen: Florig
629 — 1935, 1. Zeile von oben; es muß heißen: 4-8-2 Diesel-electric ...
635 — vorletzte Zeile der Seite; es muß heißen: Frichs
642 — 1937 (oberer Abschnitt), 2. Zeile von oben; es muß heißen Straßenbahnwagenbau
646 — 1933, 4. Zeile von oben; es muß heißen: Ermittelung
648 — 1934, 1. Zeile von oben; Quelle ist **umzusetzen** auf S. 623 Abschnitt **Motor-mechanische Lokomotiven für Streckendienst**
649 — 2. Zeile der Seite von oben; es muß heißen: AEC
651 — 1929, 1. Zeile von oben; es muß heißen: SLM
653 — 1937, 4. Zeile von unten; Quelle ist **umzusetzen** auf S. 654 in Abschnitt **Peru**

Unsere Lichtbilder:

Das Bild neben Seite 32 ist nach einem zeitgenössischen Stich wiedergegeben